KUHMINSA

한 발 앞서나가는 출판사, 구민사
독자분들도 구민사와 함께 한 발 앞서나가길 바랍니다.

구민사 출간도서 中 수험서 분야

- 용접
- 자동차
- 조경/산림
- 품질경영
- 산업안전
- 전기
- 건축토목
- 실내건축

- 기술사
- 기계
- 금속
- 환경
- 보일러
- 가스
- 공조냉동
- 위험물

전문가를 위한 첫걸음, 구민사는 그 이상을 봅니다!

전국 도서판매처

- 일산남부시점
- 안신대동서석
- 대구북앤북스
- 대구하나도서
- 부산브레인박스
- 포항학원사
- 울산처용서림
- 창원그랜드문고
- 순천중앙서점
- 광주조은서림

자격증 시험 접수부터 자격증 수령까지!

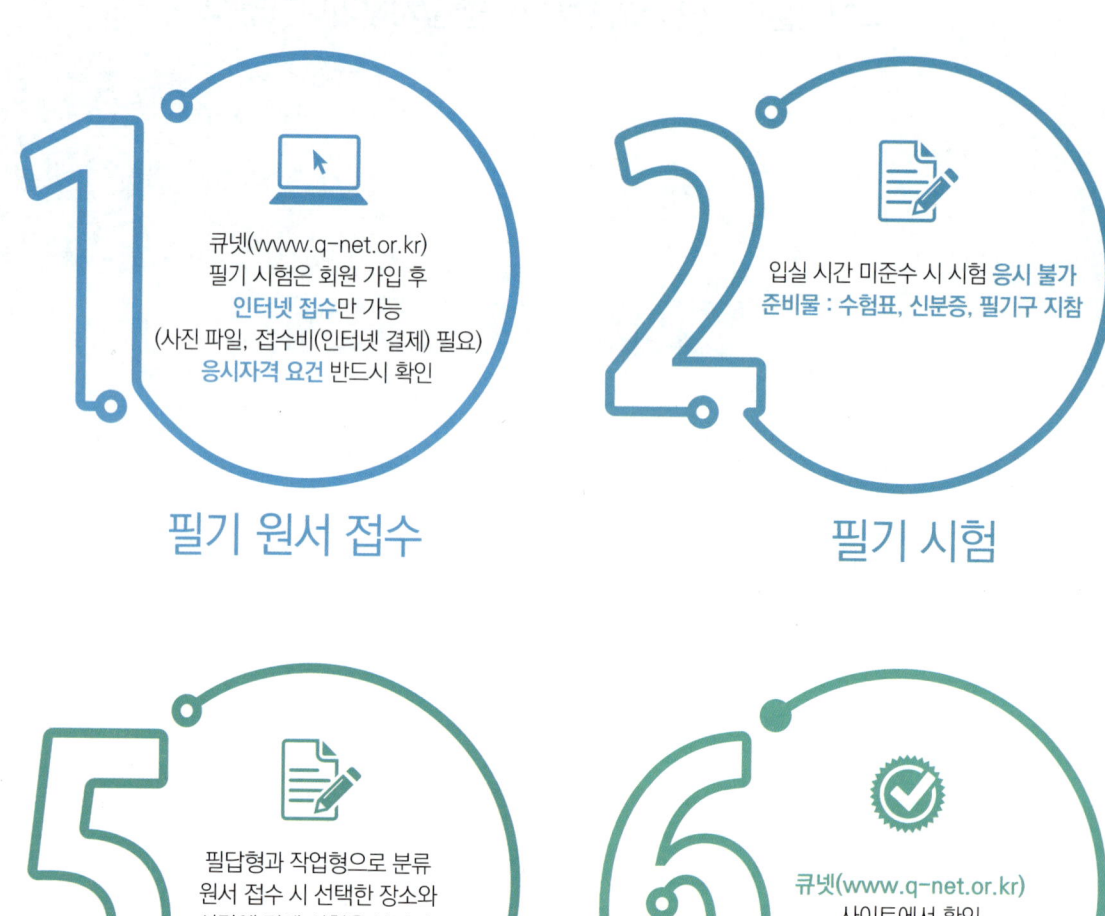

1. 필기 원서 접수
큐넷(www.q-net.or.kr)
필기 시험은 회원 가입 후
인터넷 접수만 가능
(사진 파일, 접수비(인터넷 결제) 필요)
응시자격 요건 반드시 확인

2. 필기 시험
입실 시간 미준수 시 시험 **응시 불가**
준비물 : 수험표, 신분증, 필기구 지참

5. 실기 시험
필답형과 작업형으로 분류
원서 접수 시 선택한 장소와
시간에 맞게 시험을 봅니다.
준비물 : 수험표, 신분증,
필기구 지참!

6. 최종합격 확인
큐넷(www.q-net.or.kr)
사이트에서 확인

전문가를 위한 첫걸음, 구민사는 그 이상을 봅니다!

상시시험 12종목
굴착기운전기능사, 지게차운전기능사, 미용사(일반), 미용사(피부), 미용사(네일)
미용사(메이크업), 조리기능사(양식, 일식, 중식, 한식), 제과・제빵기능사

큐넷(www.q-net.or.kr)
사이트에서 확인

필기 합격 확인

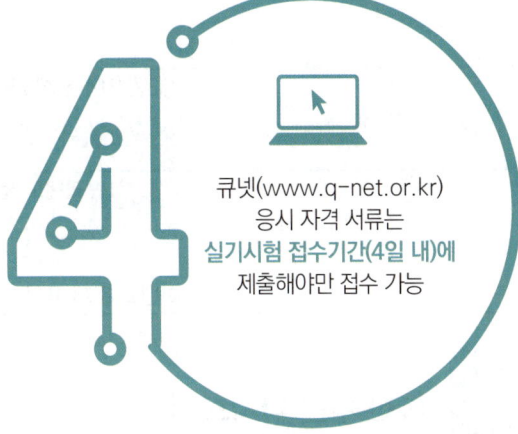

큐넷(www.q-net.or.kr)
응시 자격 서류는
실기시험 접수기간(4일 내)에
제출해야만 접수 가능

실기 원서 접수

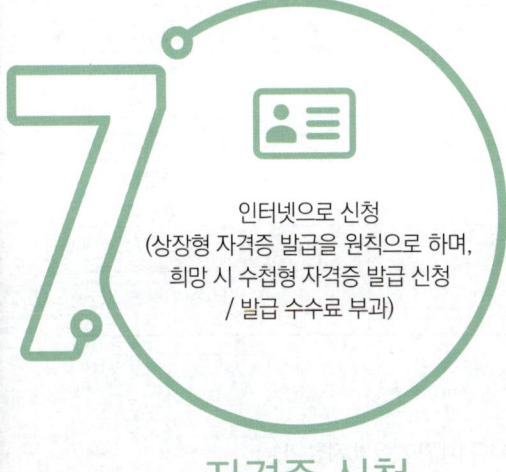

인터넷으로 신청
(상장형 자격증 발급을 원칙으로 하며,
희망 시 수첩형 자격증 발급 신청
／ 발급 수수료 부과)

자격증 신청

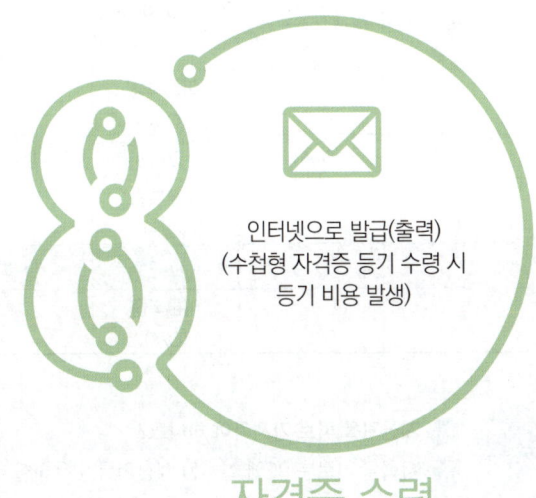

인터넷으로 발급(출력)
(수첩형 자격증 등기 수령 시
등기 비용 발생)

자격증 수령

D-DAY 60 환경기능사 필기 D-60 합격 플랜

(위의 플랜은 가장 이상적인 것이므로 참고하여 개인의 입장과 일정에 맞춰 준비하시기 바랍니다.)

월요일	화요일	수요일	목요일	금요일	토요일	일요일
D-60	D-59	D-58	D-57	D-56	D-55	D-54
제1편 이론 학습 및 복습							
D-53	D-52	D-51	D-50	D-49	D-48	D-47
제2편 이론 학습 및 복습							
D-46	D-45	D-44	D-43	D-42	D-41	D-40
제3편/제4편/제5편 이론 학습 및 복습							
D-39	D-38	D-37	D-36	D-35	D-34	D-33
과년도 문제 풀이							
D-32	D-31	D-30	D-29	D-28	D-27	D-26
과년도 문제 풀이 및 작업형 실기 학습							

D-DAY 60 놓친 부분 다시보기

월요일	화요일	수요일	목요일	금요일	토요일	일요일
D-25	D-24	D-23	D-22	D-21	D-20	D-19
		이론복습 (O/X)				문제풀이 (O/X)
D-18	D-17	D-16	D-15	D-14	D-13	D-12
		이론복습 (O/X)				문제풀이 (O/X)
D-11	D-10	D-9	D-8	D-7	D-6	D-5
		이론복습 (O/X)				문제풀이 (O/X)
D-4	D-3	D-2	D-1			
		이론복습 (O/X)				

시험장 가기 전에 Tip

Q 계산기를 따로 가져가야 하나요?
A 시험을 치르는 PC에 설치된 계산기를 이용하실 수 있습니다.(개인 계산기 지참 가능)

Q PC로 시험을 치르면 종이는 못 쓰나요?
A 시험장에서 필요한 사람에 한해 종이를 제공합니다. 시험장마다 상황이 다를 수 있으니 전화로 해당 시험장의 상황을 파악해보시길 권장합니다. 이 때 시험이 끝나고 종이 반납은 필수입니다.

# 머리말

본 수험서는 환경기능사 필기시험을 준비하는 수험생들을 위해 집필된 교재로, 과년도 문제들을 분석하여 이론을 정립하였으며 출제 빈도가 높은 중요한 문제들은 충분한 해설을 실어 유사문제 및 응용문제에도 대비할 수 있게끔 하였습니다. 따라서 본 수험서를 통하여 환경기능사 필기 공부를 마무리함으로써 수험생 여러분의 실력을 한단계 업그레이드 시키고 합격을 앞당길 수 있도록 마무리 정리에 많은 도움을 줄 것으로 기대합니다.

[본 수험서의 특징]

1. 각 과목마다 최근 출제된 문제를 분석하여 핵심적인 내용으로 이론을 정립하였고, 중요한 이론에는 별표를 표기하여 한번 더 강조하였으며, 또한 예제를 통해 개념을 한번 더 정립할 수 있게끔 하였습니다.
2. 과년도 문제마다 구체적이고 상세한 풀이로 기존에 출제된 문제는 물론이고 유사문제나 응용문제까지 대비할 수 있게끔 하였습니다.
3. 핵심적인 공식은 과목별로 별도로 정리하여 암기할 수 있도록 하였고, 기출문제편에서 계산문제는 공식은 물론 용어까지 해설을 붙여 보다 쉽게 문제를 이해하고 풀이할 수 있게끔 하였습니다.

본인은 다년간의 학원강의를 통하여 얻은 지식들과 최근에 출제되는 문제를 바탕으로 이론을 정립하였으며, 문제풀이를 통하여 수험생들이 궁금해하는 부분들을 상세하게 서술함으로써 수험생들이 환경기능사 자격증에 쉽게 접근하여 자격증 취득에 이르기까지 아주 많은 도움이 되리라 자부합니다.

아무쪼록 본 수험서를 통해 수험생들의 뜻한바 목적을 이루기를 바라며, 내용 중 오류 및 잘못된 점들은 지속적으로 수정하고 보완하여 수험생들이 보다 쉽게 공부할 수 있는 환경자격증의 대표수험서가 될 수 있도록 꾸준한 노력을 다할 것입니다.

끝으로 이 책의 출판을 위해 적극적으로 도움을 주신 구민사 조규백 대표님과 직원 여러분께 깊은 감사를 드립니다.

저자 씀

무료 동영상 강의 네이버카페-자격증만들기
http://cafe.naver.com/makels

CONTENTS

제1편 대기오염방지

제 1장 대기환경관리 … 3
- 제1절 대기오염의 역사적 사건 … 3
- 제2절 광화학 오염 … 5
- 제3절 대기의 성분 및 대기권의 분류 … 8
- 제4절 대기오염물질 … 11
- 제5절 기온역전의 종류 및 안정도에 따른 연기모양 … 23
- 제6절 대기오염현상을 일으키는 현상 … 29

제 2장 대기오염 방지기술 … 35
- 제1절 집진장치 … 35
- 제2절 유해가스처리 공학 … 55

제 3장 연소공학 … 64
- 제1절 자동차 … 64
- 제2절 연료 … 65

제2편 폐수처리

제 1장 수질오염개론 … 73
- 제1절 수질화학 기초 … 73
- 제2절 수자원 및 물의 특성 … 75
- 제3절 수질 미생물학 … 82
- 제4절 수질오염지표 … 88
- 제5절 하천수 관리 … 96
- 제6절 호소수 및 해수의 특징 … 99
- 제7절 공정시험기준 … 102

제 2장 수질오염방지기술 … 105
- 제1절 물리적 처리 … 105
- 제2절 화학적 처리 … 114
- 제3절 생물학적 처리 … 127
- 제4절 고도처리법 … 138
- 제5절 혐기성, 호기성, 슬러지 처리 … 146

제3편 폐기물처리

제 1장 폐기물 개론 — 153
- 제1절 폐기물 발생 및 성상 — 153
- 제2절 폐기물의 관리 — 159
- 제3절 폐기물 감량방법 — 165
- 제4절 퇴비화 및 혐기성소화 — 173
- 제5절 분뇨 및 슬러지 — 178
- 제6절 폐기물 관련 기타 내용 — 180

제 2장 폐기물 처분기술 — 186
- 제1절 폐기물 처리 원리 — 186
- 제2절 폐기물 처리방법 — 189
- 제3절 쓰레기 매립 — 195

제 3장 폐기물 재활용 및 자원화기술 — 208
- 제1절 연소 — 208
- 제2절 연소방식 — 210
- 제3절 소각로 — 215
- 제4절 연소 — 219

제4편 소음진동 방지

- 제1장 소음진동 — 227
- 제2장 진동편 — 238
- 제3장 방진편 — 243

제5편 과목별 중요 공식정리

- 제1장 대기오염방지 공식정리 — 249
- 제2장 폐수처리 공식정리 — 253
- 제3장 폐기물처리 공식정리 — 260
- 제4장 소음진동 방지 공식정리 — 265

CONTENTS

부록　과년도 기출문제

[2010년]
2010년 1회 환경기능사(2010년 1월 31일 시행)　269
2010년 2회 환경기능사(2010년 3월 28일 시행)　283
2010년 5회 환경기능사(2010년 10월 3일 시행)　299

[2011년]
2011년 1회 환경기능사(2011년 2월 13일 시행)　312
2011년 2회 환경기능사(2011년 4월 17일 시행)　325
2011년 5회 환경기능사(2011년 10월 9일 시행)　338

[2012년]
2012년 1회 환경기능사(2012년 2월 12일 시행)　350
2012년 2회 환경기능사(2012년 4월 8일 시행)　364
2012년 5회 환경기능사(2012년 10월 20일 시행)　377

[2013년]
2013년 1회 환경기능사(2013년 1월 27일 시행)　391
2013년 2회 환경기능사(2013년 4월 14일 시행)　403
2013년 5회 환경기능사(2013년 10월 12일 시행)　415

[2014년]
2014년 1회 환경기능사(2014년 1월 26일 시행)　429
2014년 2회 환경기능사(2014년 4월 6일 시행)　442
2014년 5회 환경기능사(2014년 10월 11일 시행)　453

[2015년]
2015년 1회 환경기능사(2015년 1월 25일 시행)　465
2015년 2회 환경기능사(2015년 4월 4일 시행)　477
2015년 4회 환경기능사(2015년 7월 19일 시행)　489
2015년 5회 환경기능사(2015년 10월 10일 시행)　501

[2016년]
2016년 1회 환경기능사(2016년 1월 24일 시행)　513
2016년 2회 환경기능사(2016년 4월 2일 시행)　524
2016년 4회 환경기능사(2016년 7월 10일 시행)　536
2016년 5회 환경기능사 기출복원 문제
(2016년 10월 1일 시행)　548

[2017년] 1회 CBT 기출복원 문제　560
[2018년] 2회 CBT 기출복원 문제　572
[2019년] 3회 CBT 기출복원 문제　583
[2020년] 4회 CBT 기출복원 문제　594
[2021년] 5회 CBT 기출복원 문제　604

[2022년] 1회 CBT 기출복원 문제　614
　　　　 4회 CBT 기출복원 문제　625

[2023년] 1회 CBT 기출복원 문제　638
　　　　 4회 CBT 기출복원 문제　650

[2024년] 1회 CBT 기출복원 문제　661
　　　　 4회 CBT 기출복원 문제　673

[2025년] 1회 CBT 기출복원 문제　685
　　　　 4회 CBT 기출복원 문제　696

기출복원 문제란?
2016년 5회부터 반영되는 CBT시행에 따라 저자께서 수검자들의 도움으로 최대한 유형에 가깝게 복원한 문제입니다. 앞으로도 높은 적중률을 위해 노력하겠습니다.

| 실기편 | **실기작업형(실험수행과정)** |

제1장 요구사항　　　　　　　　　　3

제2장 분석과정　　　　　　　　　　4

제3장 용존산소(DO) 분석 답안지　　8

제4장 대기시료채취장치　　　　　　10

제5장 실험 시약　　　　　　　　　　11

제6장 실험 기자재　　　　　　　　　12

제7장 실험 수행 장면　　　　　　　14

# 이 책의 구성과 특징

01 체계적인 핵심 요약

각 과목마다 최근 출제된 문제를 분석하여 핵심적인 내용으로 이론을 정립하였고, 중요한 이론에는 별표(★)를 표기하여 한번 더 강조하였습니다. 또한 예제를 통해 개념을 한번 더 짚고 넘어갈 수 있습니다.

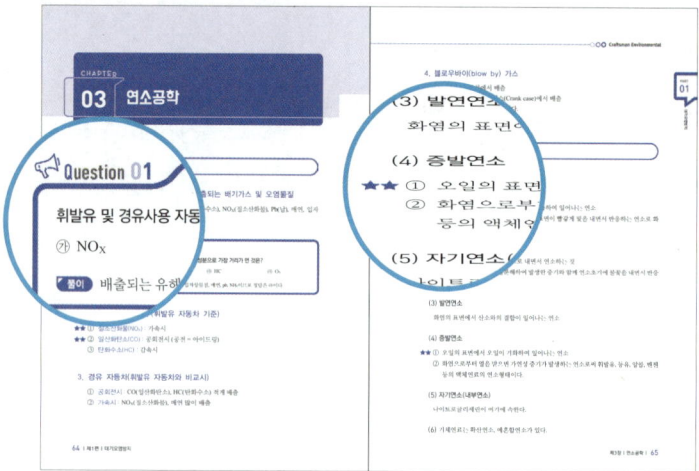

02 핵심 공식 수록

핵심적인 공식은 과목별로 별도로 정리하여 암기할 수 있도록 하였고 기출문제편에서 계산 공식은 물론 용어까지 해설을 붙여 보다 쉽게 문제를 이해하고 풀이할 수 있게끔 하였습니다

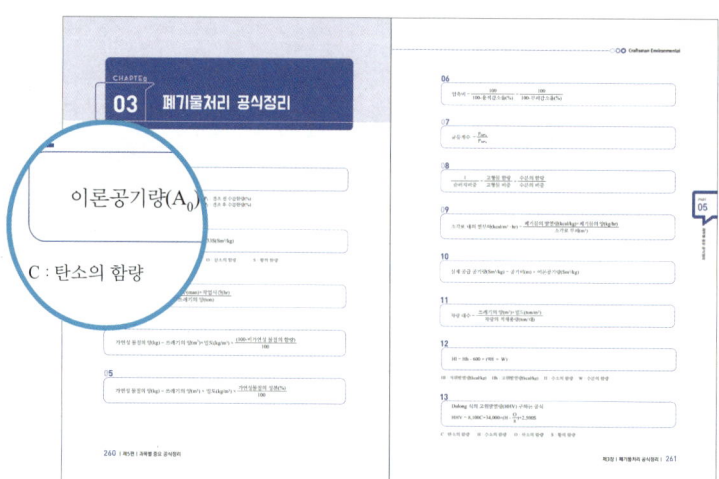

03 과년도 문제 및 CBT 기출복원 문제 수록

과년도는 문제마다 구체적이고 상세한 풀이로 기존에 출제된 문제는 물론 유사문제나 응용문제까지 대비할 수 있게끔 하였고, CBT 기출복원 문제를 수록하여 실제 출제 문제 유형에 가깝게 구성하였습니다.

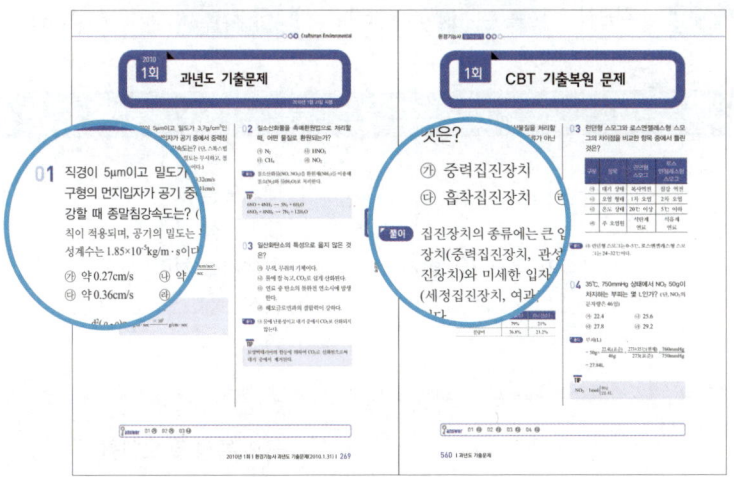

04 실기편 풀컬러 수록

실기작업형 파트는 풀컬러로 수록하여 수험자의 이해를 도왔습니다.

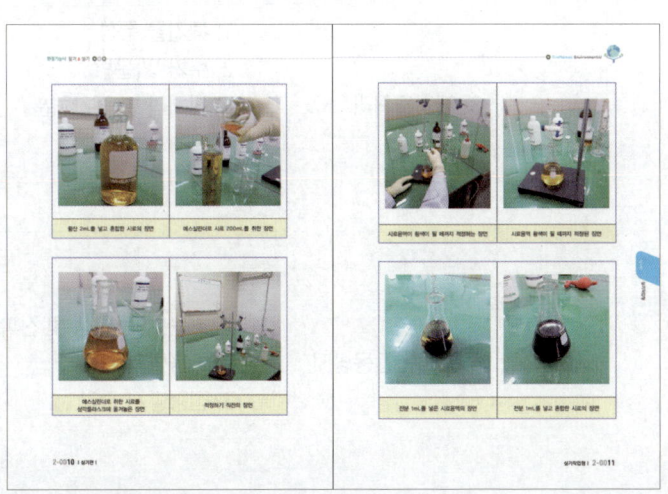

출제기준(필기)

직무분야	환경·에너지	중직무분야	환경	자격종목	환경기능사	적용기간	2025.1.1~2027.12.31
직무내용	대기환경, 수질환경, 폐기물, 소음·진동 분야의 오염원에 대한 현황조사 및 측정하고, 관계법규에서 규정된 배출허용기준 또는 규제기준 이내로 관리하기 위하여 환경시설 유지관리 업무를 수행하는 직무이다.							
필기검정방법	객관식		문제수	60		시험시간		1시간

필기과목명	문제수	주요항목	세부항목
대기오염방지, 폐수처리, 폐기물처리, 소음진동방지	60	1. 대기오염 방지	1. 대기오염 2. 대기현상 3. 유해가스 처리 4. 집진 5. 연소
		2. 폐수처리	1. 물의 특성 및 오염원 2. 수질오염 측정 3. 물리적 처리 4. 화학적 처리 5. 생물학적 처리
		3. 폐기물처리	1. 폐기물 특성 2. 수거 및 운반 3. 전처리 및 중간처분 4. 자원화 5. 폐기물 최종처분
		4. 소음·진동방지	1. 소음, 진동발생 및 전파 2. 소음방지 관리 3. 진동방지 관리

출제기준(실기)

직무분야	환경·에너지	중직무분야	환경	자격종목	환경기능사	적용기간	2025.1.1~ 2027.12.31

직무내용	대기환경, 수질환경, 폐기물, 소음·진동 분야의 오염원에 대한 현황조사 및 측정하고, 관계법규에서 규정된 배출허용기준 또는 규제기준 이내로 관리하기 위하여 환경시설 유지관리 업무를 수행하는 직무이다.
수행준거	1. 수질시료 중 일반 수질오염 항목에 대하여 표준화된 분석방법으로 정량화된 값을 구할 수 있다. 2. 대기오염물질 배출시설에 대한 배출특성을 파악하여 측정분석계획을 수립하고, 공정시험기준에 따라 대기오염물질을 측정·분석할 수 있다. 3. 안전한 폐기물관리를 위하여 폐기물공정시험기준에 근거로 폐기물 조사계획을 수립하고 시료채취와 폐기물을 분석할 수 있다. 4. 소음·진동측정방법, 인원투입, 측정일정, 소요예산 및 평가계획 등을 수립하고 배경, 대상소음·진동과 발생원을 측정할 수 있다.

실기검정방법	작업형	시험시간	2시간 정도

실기과목명	주요항목	세부항목
환경오염공정 시험방법 실무	1. 일반 항목 분석	1. 시료 채취하기 2. 수질오염물질 분석하기
	2. 폐기물 조사분석	1. 시료 채취하기 2. 폐기물 분석하기
	3. 소음·진동 측정	1. 측정범위파악하기 2. 배경·대상 소음·진동측정하기 3. 발생원 측정하기
	4. 대기오염물질 측정분석	1. 시료 채취하기 2. 가스상 물질 기기분석하기

동영상 강의 수강자를 위한
전쌤의 무료 동영상 카페 이용방법

 cafe.naver.com/makels

01
STEP 1.
교재를 구입하셨나요?
전쌤의 **무료 동영상 강의**로 시작하세요.
열심히 해서 **합격**해보자구요!

02
STEP 2.
전쌤 강의는 네이버카페 **자격증만들기**를
통해 공부하실 수 있습니다.
cafe.naver.com/makels

03
STEP 3.
카페에서 도서인증 후
무료 동영상 강의를
마음껏 시청하세요.

04
STEP 4.
공부하다가 궁금한 점이 있거나
알고 넘어가야하는 문제가 있으신가요?
네이버카페 **자격증만들기**를 통해
문의해 주세요.

최고의 합격수험서

전화택 원장님이 제시하는 합격 완벽대비!

💧 수질계열
- 수질환경 기사 필기·과년도
- 수질환경 산업기사 필기·과년도
- 수질환경 기사 실기
- 수질환경 산업기사 실기

❄ 대기계열
- 대기환경 기사 필기·과년도
- 대기환경 산업기사 필기·과년도
- 대기환경 기사 실기
- 대기환경 산업기사 실기

⚙ 환경계열
- 환경기능사 필기&실기

🧪 폐기물계열
- 폐기물처리 기사 필기·과년도
- 폐기물처리 산업기사 필기·과년도
- 폐기물처리 기사 실기
- 폐기물처리 산업기사 실기

🧪 화학계열
- 화학분석기능사 필기&실기

📚 교재분야
- 수질환경분석
- 환경학개론
- 환경기초학 및 환경방지기술
- 수질오염
- 대기오염

❖ 네이버 카페 **자격증 만들기** ❖
http://www.cafe.naver.com/makels

도서출판 구민사
Address (07293) 서울특별시 영등포구 문래북로 116, 604호(문래동3가 46, 트리플렉스)
Tel 02)701-7421 Fax 02)3273-9642 homepage http://www.kuhminsa.co.kr/

원소주기율표

1	2											13	14	15	16	17	18
1 H 수소																	2 He 헬륨
3 Li 리튬	4 Be 베릴륨											5 B 붕소	6 C 탄소	7 N 질소	8 O 산소	9 F 플루오린	10 Ne 네온
11 Na 나트륨	12 Mg 마그네슘											13 Al 알루미늄	14 Si 규소	15 P 인	16 S 황	17 Cl 염소	18 Ar 아르곤
19 K 칼륨	20 Ca 칼슘	21 Sc 스칸듐	22 Ti 타이타늄	23 V 바나듐	24 Cr 크로뮴	25 Mn 망가니즈	26 Fe 철	27 Co 코발트	28 Ni 니켈	29 Cu 구리	30 Zn 아연	31 Ga 갈륨	32 Ge 저마늄	33 As 비소	34 Se 셀레늄	35 Br 브로민	36 Kr 크립톤
37 Rb 루비듐	38 Sr 스트론튬	39 Y 이트륨	40 Zr 지르코늄	41 Nb 나이오븀	42 Mo 몰리브덴	43 Tc 테크네튬	44 Ru 루테늄	45 Rh 로듐	46 Pd 팔라듐	47 Ag 은	48 Cd 카드뮴	49 In 인듐	50 Sn 주석	51 Sb 안티몬	52 Te 텔루륨	53 I 아이오딘	54 Xe 제논
55 Cs 세슘	56 Ba 바륨	57 La 란타넘	72 Hf 하프늄	73 Ta 탄탈	74 W 텅스텐	75 Re 레늄	76 Os 오스뮴	77 Ir 이리듐	78 Pt 백금	79 Au 금	80 Hg 수은	81 Tl 탈륨	82 Pb 납	83 Bi 비스무트	84 Po 폴로늄	85 At 아스타틴	86 Rn 라돈
87 Fr 프랑슘	88 Ra 라듐	89 Ac 악티늄	104 Rf 러더포듐	105 Db 더브늄	106 Sg 시보귬	107 Bh 보륨	108 Hs 하슘	109 Mt 마이트너륨	110 Ds 다름슈타튬	111 Rg 뢴트게늄							

란타넘족:
58 Ce 세륨	59 Pr 프라세오디뮴	60 Nd 네오디뮴	61 Pm 프로메튬	62 Sm 사마륨	63 Eu 유로퓸	64 Gd 가돌리늄	65 Tb 테르븀	66 Dy 디스프로슘	67 Ho 홀뮴	68 Er 에르븀	69 Tm 툴륨	70 Yb 이테르븀	71 Lu 루테튬

악티늄족:
90 Th 토륨	91 Pa 프로트악티늄	92 U 우라늄	93 Np 넵투늄	94 Pu 플루토늄	95 Am 아메리슘	96 Cm 퀴륨	97 Bk 버클륨	98 Cf 캘리포늄	99 Es 아인슈타이늄	100 Fm 페르뮴	101 Md 멘델레븀	102 No 노벨륨	103 Lr 로렌슘

범례:
- 20 Ca 칼슘 — 원자번호 / 원소기호 / 이름
- 원소기호(예: ⓗ:액체, **a**:기체, a:고체)
- 금속 / 비금속 / 전이원소 / 란타넘족 / 악티늄족

PART 01

대기오염방지

CHAPTER 01　대기환경관리
CHAPTER 02　대기오염방지기술
CHAPTER 03　연소공학

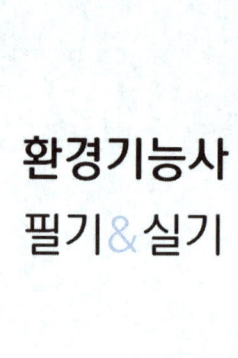

환경기능사
필기 & 실기

CHAPTER 01 대기환경관리

01 대기오염의 역사적 사건

1. 인위적으로 발생한 대기오염사건

① 뮤즈계곡(Meuse Valley) 사건   ② 욧카이치(Tokyo-Yokohama) 사건
③ 도노라(Donora) 사건   ④ 포자리카(Poza Rica) 사건
⑤ 런던(London) 스모그 사건   ⑥ 로스앤젤레스(Los Angeles) 스모그 사건
⑦ 사일시 사건   ⑧ 보팔시(Bopal) 사건

2. 자연적으로 발생한 대기오염사건

크라카타우섬(Krakatau) 사건 : 화산폭발에 의해 발생한 사건

★★ 3. 누설에 의해 발생한 대기오염사건

① 포자리카(Pozarica) 사건 : 황화수소(H_2S) 누설
② 보팔시(Bopal) 사건 : 메틸이소시네이트(CH_3CNO) 누설

★★ 4. 런던(London) 스모그 사건

① 발생 : 1952년 12월 영국 런던
② 아침 일찍 발생한다.
③ 겨울에 주로 발생한다.
④ 복사성 역전형태이다.
⑤ 환원이 주된 반응이다.

> **Question 01**
>
> 런던형 스모그에 관한 설명으로 가장 거리가 먼 것은?
> ㉮ 주로 아침 일찍 발생한다. ㉯ 습도와 기온이 높은 여름에 주로 발생한다.
> ㉰ 복사역전 형태이다. ㉱ 시정거리가 100m 이하이다.
>
> **풀이** ㉯ 습도가 높고 기온이 낮은 겨울에 주로 발생한다.

5. 로스앤젤레스(Los Angeles) 스모그 사건

① **발생** : 1954년 미국 로스앤젤레스
② 로스앤젤레스 스모그 사건은 자동차에서 배출되는 질소산화물, 탄화수소 등에 의하여 침강성 역전, 무풍상태에서 발생한 스모그 사건이다.
③ O_3(오존)이 처음으로 발견된 사건이다.
④ 피해는 눈을 자극하며 중대한 피해는 없다.

> **Question 02**
>
> 다음 중 로스앤젤레스형 스모그와 관련이 먼 것은?
> ㉮ 광화학반응으로 발생한다.
> ㉯ 기온이 21℃ 이상이고, 상대습도가 70% 이하일 때 잘 발생한다.
> ㉰ 주오염원은 자동차이다.
> ㉱ 주로 새벽이나 초저녁 때 자주 발생한다.
>
> **풀이** ㉱ 로스앤젤레스형 스모그는 주로 광화학반응이 왕성한 한낮에 주로 발생된다.

★★★ TIP

런던형 스모그사건과 로스앤젤레스 스모그사건 비교

	런던 스모그 사건	로스앤젤레스 스모그 사건
연료	석탄계	석유계
계절	겨울	여름
기온	0~5℃	24~32℃
습도	높다(90% 이상)	낮다(70% 이하)
오염형태	1차성 오염	2차성 오염
화학반응	환원 반응	광화학 반응(산화반응)
역전	복사성(방사성)역전(복사형)	침강성 역전(침강형)
오염물질	SO_2, 미세먼지	광화학산화물(O_3, PAN 등)

광화학 오염

1. 오염물질의 종류

(1) 오염물질의 발생경로

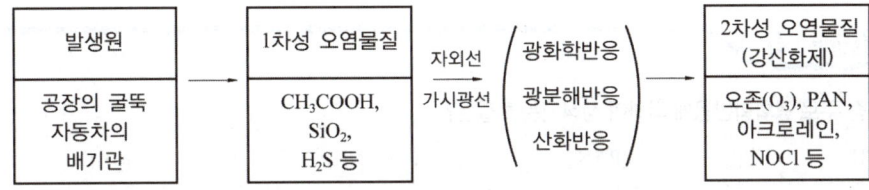

★★ (2) 1차성 오염물질(1차성 스모그의 원인물질)

발생원에서 대기 중으로 방출되어 대기를 직접 오염시키는 물질로서 H_2S, SiO_2, CH_3COOH, C_6H_5OH, $NaOH$, $NaCl$, SO_2, NH_3, NO, Cl_2, CO 등이 있다.

★★ (3) 2차성 오염물질(2차성 스모그 = 광화학 스모그의 원인물질)

대기 중으로 방출된 1차성 오염물질이 광화학반응이나 광분해반응 및 산화반응을 통해서 형성되는 물질로서 O_3, $PAN(CH_3COOONO_2)$, 아크로레인(CH_2CHCHO), $NOCl$, H_2O_2, CO-케톤 등이 있다.

(4) 1, 2차성 오염물질

발생원에서 대기 중으로 직접 배출될 수도 있고, 배출된 물질이 광화학반응을 통해서 형성되는 물질로서 SO_3, NO_2, $HCHO$, 케톤 등이 있다.

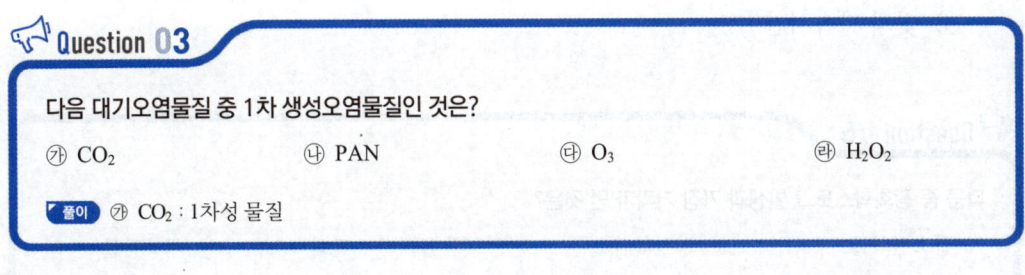

Question 03

다음 대기오염물질 중 1차 생성오염물질인 것은?
㉮ CO_2　　　㉯ PAN　　　㉰ O_3　　　㉱ H_2O_2

풀이 ㉮ CO_2 : 1차성 물질

Question 04

다음 중 2차 대기오염물질이 아닌 것은?

㉮ O_3　　　㉯ H_2O_2　　　㉰ NH_3　　　㉱ PAN

풀이 NH_3(암모니아)는 1차 대기오염물질이므로 정답은 ㉰이다.

Question 05

다음 중 주로 광화학반응에 의하여 생성되는 물질은?

㉮ CH_4　　　㉯ PAN　　　㉰ NH_3　　　㉱ HC

풀이 광화학반응에 의해 생성된 물질은 2차성 물질이며 오존(O_3), NOCl, PAN($CH_3COOONO_2$), 아크로레인(CH_2CHCHO), H_2O_2 등이 있으므로 정답은 ㉯이다.

2. 광화학반응

★★★ **(1) 광화학반응의 3대요소**

① 질소산화물(NO_X) : 주로 NO와 NO_2이다.
② 탄화수소 : 올레핀계 탄화수소(C_nH_{2n})
③ 빛 : 자외선과 가시광선이며 주로 자외선이 참여한다.

(2) 광화학스모그 발생시 산화물의 농도에 미치는 인자

① 반응물의 양
② 빛의 강도
③ 대기의 안정도
④ 빛의 지속시간

Question 06

다음 중 광화학스모그 발생과 가장 거리가 먼 것은?

㉮ 질소산화물　　㉯ 일산화탄소　　㉰ 올레핀계 탄화수소　　㉱ 태양광선

풀이 광화학 스모그의 3대요소는 질소산화물(NO, NO_2), 올레핀계 탄화수소, 태양광선(자외선)이므로 정답은 ㉯이다.

Question 07

여름철 광화학스모그의 일반적인 발생조건으로만 옳게 묶여진 것은?

① 반응성 탄화수소의 농도가 크다.
② 기온이 높고 자외선이 강하다.
③ 대기가 매우 불안정한 상태이다.

㉮ ①, ②　　㉯ ①, ③　　㉰ ②, ③　　㉱ ③

풀이 ③ 대기가 매우 안정한 상태이므로 정답은 ㉮이다.

3. 광화학오염물질

★★ **(1) 오존(O_3)**

★★ ① 무색, 무미, 해초 냄새를 가진 강산화성 물질이며 분자량은 48, 비중은 1.658이다.
② 대류권의 오존은 국지적인 광화학스모그로 생성된 옥시단트의 지표물질이다.
③ 대기 중 오존은 온실가스로 작용한다.
④ 오염된 대기 중의 오존은 LA스모그 사건에서 처음 확인되었다.
★★ ⑤ 대기 중에서 오존의 배경농도는 0.01~0.02ppm 정도이며 청정지역에서 오존농도의 일 변화는 크지 않다.
★★ ⑥ 오존은 타이어나 고무절연제 등 고무제품에 균열을 일으키는 물질이다.
⑦ 실내 냄새 제거제로 사용한다.
★★ ⑧ 지표식물(약한식물)은 담배(연초), 시금치, 자주개나리(알팔파), 토마토, 백송 등이 있다.

Question 08

오존(O_3)에 관한 다음 설명 중 옳지 않은 것은?

㉮ 무색, 무취의 산화력이 강한 기체이다.
㉯ 눈 및 호흡기 점막에 강한 자극을 주며, 고무를 쉽게 노화시킨다.
㉰ 살균 및 탈취작용을 한다.
㉱ 태양으로부터 복사되는 유해 자외선을 차단하여 지표생물권을 보호해주는 역할도 한다.

풀이 ㉮ 무색, 해초냄새의 산화력이 강한 기체이다.

(2) PAN($CH_3COOONO_2$)의 특징

① PAN은 Peroxy Acetyl Nitrate의 약자이다.
★★ ② 생성반응식은 $CH_3COOO + NO_2 \rightarrow CH_3COOONO_2$이다.
③ 무색, 무미이며 분자량은 121이다.
★★ ④ 눈에 통증을 유발한다.
⑤ 식물 잎의 밑부분이 은색 내지 청동색이 되고 점차 퍼져 윗 부분에 흑반병을 발생 시킨다.
⑥ 대기 중에 존재하는 질소산화물과 탄화수소가 자외선에 의해 광화학스모그가 발생할 때 생성된다.

Question 09

다음 설명하는 대기오염물질에 해당하는 것은?

- 강산화제로 작용하고, 눈에 통증을 일으킨다.
- 빛을 분산시키므로 가시거리를 단축시킨다.
- 화학식은 $CH_3COOONO_2$

㉮ Acetic acid　　㉯ PAN　　㉰ PBN　　㉱ CFC

[풀이] ㉯ PAN(Peroxy Acetyl Nitrate)에 관한 설명이다.

03. 대기의 성분 및 대기권의 분류

★★★ 1. 대기의 구성성분

★★ ① 대기의 성분은 지표에서 80km 이내의 건조공기일 경우 부피기준으로 질소(N_2) 78.08%, 산소(O_2) 20.94%, 아르곤(Ar) 0.93%, 이산화탄소(CO_2) 0.038%, 그 외 네온(Ne), 헬륨(He), 메탄(CH_4) 등으로 구성되어 있다.
② 대기의 구성성분을 질소(N_2)와 산소(O_2)로 구성되어 있다고 가정할 때 체적비(부피비)로 질소(N_2) 79%, 산소(O_2) 21%이고 질량비(중량비)로 질소(N_2) 76.8%, 산소(O_2) 23.2%이다.

Question 10

다음 건조한 대기의 화학적 구성 중 농도가 가장 높은 것은?

㉮ 질소   ㉯ 산소   ㉰ 아르곤   ㉱ 이산화탄소

정답 질소 > 산소 > 아르곤 > 이산화탄소 순이므로 정답은 ㉮이다.

2. 대기권의 분류

온도의 고도분포 특징에 따라서 나눈다.

- 80km — 열권(온도권) (고도↑ 온도↑)
- 50km — 중간권 (고도↑ 온도↓) 지구대기층 중에 기온이 가장 낮은 구역이 분포
- 11km — 성층권 (고도↑ 온도↑) O_3층 존재, 20~30km지점 오존 농도 10ppm으로 최대
- 지표 — 대류권 (고도↑ 온도↓) 인간의 활동과 기상현상에 의해 대기오염 발생

★★ **(1) 대류권(Troposphere)** : 지표에서 11km까지

★★ ① 고도가 상승함에 따라 기온이 감소한다.
★★ ② 공기의 수직이동에 의한 대류현상이 일어난다.
★★ ③ 눈이나 비가 내리는 등의 기상현상이 일어난다.
　④ 대기오염이 발생하는 층이다.
　⑤ 대류권에 존재하는 대기의 조성비는 질소 : 산소 : 기타물질이 78 : 21 : 1의 비율을 나타낸다.

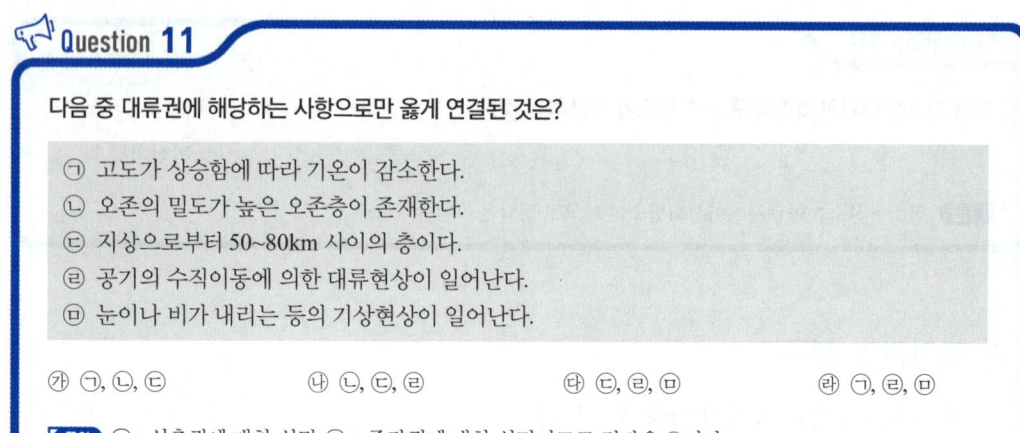

★★ **(2) 성층권(Stratosphere)** : 지상 11km에서 50km까지

① 고도가 높아질수록 온도가 높아진다. (이유 : 성층권의 오존이 태양광선 중의 자외선을 흡수하기 때문이다.)
② 햇빛이 지표면에 도달하기 전에 자외선의 대부분을 흡수함으로써 생물의 성장에 중요한 역할을 한다.
★★ ③ 오존층이란 성층권에서도 오존이 더욱 밀집해 분포하는 지상 20~30km 구간을 말하며 오존의 최대농도는 10ppm이다.
★★ ④ 오존층의 두께를 표시하는 단위는 돕슨(Dobson)이며 극지방이 400돕슨이고 적도지방이 200돕슨이다.
★★ ⑤ 지구대기층의 오존총량을 표준상태에서 두께로 환산했을 때 1mm는 100돕슨에 해당한다.

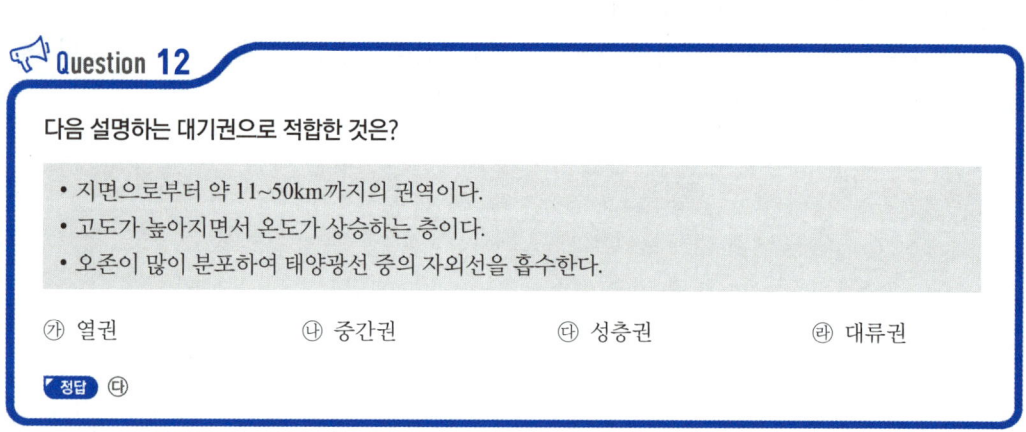

Question 13

다음 중 오존층의 두께를 표시하는 단위는?
㉮ VAL   ㉯ OTL   ㉰ Pa   ㉱ Dobson

정답 ㉱

(3) 중간권(Mesosphere) : 지상 50km에서 80km까지

① 고도가 증가하면서 온도가 낮아지며, 지구대기층 중에서 가장 기온이 낮은 구역이 분포한다.
② 지상 80km 부근에서 온도가 -90℃이다.

(4) 온도권(Thermosphere) : 지상 80km 이상

① 온도권은 열권이라고도 한다.
② 고도가 증가할수록 온도가 상승하는 층이다.

04 대기오염물질

1. 입자상 물질

(1) 입자상 물질의 특징

★★ ① 먼지 중 폐포에 가장 잘 도달할 수 있는 입자의 크기는 0.5~5.0μm이다.
★★ ② 1.2μm 이하의 미세입자에서 세정(Rain out) 효과가 적은 것은 브라운 운동을 하기 때문이다.
③ 실내 미세먼지 중에는 세균, 곰팡이, 곤충, 가루진드기 등이 포함되어 있어서 인체에 큰 영향을 미칠 수 있다.

★★ (2) 입자상 물질의 종류

① 매연(Smoke) : 불완전연소시 배출되며 입자의 크기는 1μm 이하인 물질이다.
② 검댕(Soot) : 연소시 발생되는 유리탄소를 주로하는 미세한 입자로 1μm 이상인 물질이다.

③ 훈연(Fume)
  ㉠ 금속산화물과 같이 가스상 물질이 승화, 증류 및 화학반응과정에서 응축될 때 주로 생성되는 고체입자이다.
  ㉡ 입자지름이 1μm 이하의 고체상 입자로 활발한 브라운 운동을 한다.
  ㉢ 아연과 납 산화물의 훈연은 고온에서 휘발된 금속의 산화와 응축 과정에서 생성된다.
④ 연무(Mist) : 입자의 핵주위에 증기가 응축하여 생긴 액체입자이다.
⑤ 안개(Fog)
  ㉠ 습도가 100% 정도로 수평시정거리가 1km 이하이며 무색이다.
  ㉡ 눈에 보이는 입자상 물질이다.
  ㉢ 대기오염물질과 수분이 반응하여 산성을 띤 산성안개도 있다.
⑥ 박무(Haze) : 습도가 70% 이하로 시야를 방해하는 물질이며 크기는 1μm보다 작으며 유백색을 띤다.
⑦ PM – 10 : 공기역학경을 기준으로 10μm 이하의 입자상 물질을 말하며, 호흡성 먼지량의 척도를 나타낸다.
⑧ PM – 2.5 : 공기역학경을 기준으로 2.5μm 이하의 입자상 물질을 말한다.

Question 14

다음 대기오염 물질 중 물리적 상태가 다른 하나는?

㉮ 먼지(dust)   ㉯ 매연(smoke)   ㉰ 검댕(soot)   ㉱ 황산화물(SO_x)

풀이 ㉮, ㉯, ㉰는 입자상 물질, ㉱는 가스상 물질이므로 정답은 ㉱이다.

Question 15

인체의 폐포에 가장 침착하기 쉬운 입자의 크기는?

㉮ 0.05~0.5μm   ㉯ 0.5~5.0μm   ㉰ 5.0~50μm   ㉱ 50~100μm

정답 ㉯

2. 가스상 물질

물질이 연소·합성·분해될 때에 발생하거나 물리적 성질로 인하여 발생하는 기체상 물질을 말한다.

(1) 황산화물(SO_X)

1) 황산화물(SO_X)의 발생경로

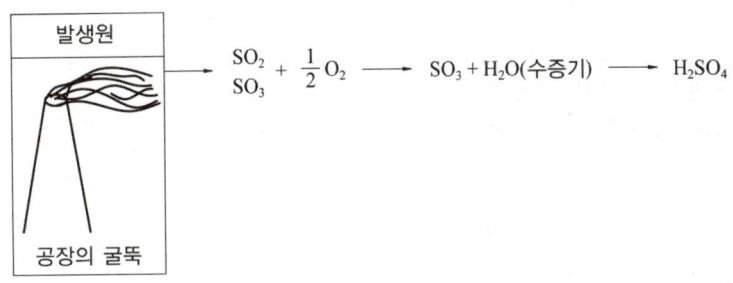

2) SO_X(황산화물의 총칭)의 특징

① SO_X란 황산화물의 총칭이며 SO_2, SO_3, H_2SO_4, H_2S, CS_2 등의 물질을 의미한다.
② SO_X 중 그 양이 가장 많이 존재하는 것이 H_2S(황화수소)이며, 약 80% 이상을 차지한다.
③ 전세계의 황화합물 배출량 중 인위적 배출량이 50%를 차지하며, 나머지 50%는 자연적 발생원에서 배출된다.
④ 연료 중에 황분함량은 석탄이 가장 높다.
⑤ SO_X은 섬유의 인장강도를 가장 크게 떨어뜨리는 대기오염 피해의 원인이 되는 물질이다.
⑥ SO_X은 부유먼지와 더불어 상승작용을 일으켜 인체에 미치는 영향이 크다.

3) SO_2(아황산가스 = 이산화황)

① 무색이고 자극성 냄새를 가지고 있는 가스상 오염물질로 비중이 약 2.2이며 분자량은 64이다.
② 아황산가스의 연간 배출량은 에너지소비량과 비례하여 미국이 가장 많다.
③ 인위적 발생원에서 화석연료 중의 황화합물은 연소하면 대부분 아황산가스(SO_2)가 된다.
④ SO_2가 적당히 노출되었을 때에는 상부호흡기에 영향을 미치며, 단독흡입보다 먼지나 액적 등과 동시에 흡입하게 되면 황산미스트가 되어 SO_2보다 독성이 10배로 증가한다.
⑤ 식물의 잎맥사이 반점이 생기며 표백력이 강하고 대부분의 식물에 피해를 준다.
⑥ 식물에 미치는 영향은 급성이거나 만성이며, 잎 뒤쪽 표피 밑의 세포가 피해를 입기 시작하며, 보통 백화현상에 의해 맥간 반점을 형성한다.
⑦ 지표식물로는 자주개나리, 보리, 참깨, 담배 등이 있다.
⑧ 강한 식물로는 양배추, 무궁화, 옥수수 등이 있다.
⑨ SO_2는 잎뒷면의 기공으로 침입하여 잎을 황갈색으로 고갈시킨다.
⑩ 성장한 잎에 피해를 준다.

Question 16

다음과 같은 피해를 주는 대기오염물질은?

- 식물에 미치는 영향은 급성이거나 만성이며, 잎 뒤쪽 표피 밑의 세포가 피해를 입기 시작하며, 보통 백화현상에 의해 맥간반점을 형성한다.
- 지표식물로는 자주개나리, 보리, 참깨, 담배 등이 있으며 강한 식물로는 양배추, 무궁화, 옥수수 등이 있다.

㉮ 아황산가스　　㉯ 일산화탄소　　㉰ 오존　　㉱ 불화수소가스

정답　㉮

(2) 질소산화물(NO_X)

1) 질소산화물(NO_X) 발생경로

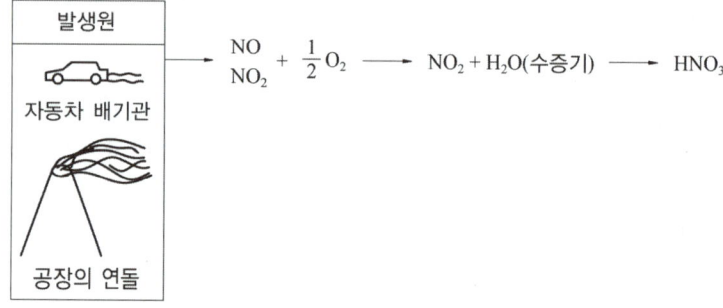

★★ 2) NO_X(질소산화물의 총칭)의 특징

① NO_X란 질소산화물의 총칭이며 NO, NO_2, HNO_3, N_2O 등을 의미한다.
★★ ② 전세계 질소화합물 중 인위적인 질소화합물 배출량은 자연적 배출량의 10% 정도인 것으로 추정되고 있다.
★★ ③ NO_X의 인위적 배출량 중 거의 대부분이 자동차와 연료의 연소과정에서 발생된다.
④ NO_X는 연소시 연료의 성분으로부터 발생하는 fuel NO_X와 고온에서 공기 중의 질소와 산소가 반응하여 생기는 thermal NO_X 등이 있다.
⑤ NO_X는 연소시에 주로 배출되며 탄화수소와 함께 태양광선에 의한 광화학스모그를 형성한다.

★★ 3) NO(일산화질소)

★★ ① 고온의 연소과정에서 화염 속에서 주로 생성되는 질소산화물은 90% 이상이 NO이다.
($NO : NO_2$ = 90% : 10%)

② NO는 연소시에 배출되는 무색의 기체로 물에 매우 난용성이며, 혈액 중의 헤모글로빈과 결합력이 강해 산소운반 능력을 감소시키는 물질이다.
③ NO는 혈액 중 헤모글로빈과의 결합력이 CO의 약 1,000배이다.
★★ ④ 연소시 연료 중 질소의 NO변환율은 연료의 종류와 연소방법에 따라 차이가 있으나 대체로 약 20~50% 범위이다.

★★ 4) NO_2(이산화질소)
★★ ① NO_2는 적갈색, 난용성, 자극성, 공기보다 무거운 기체로, 무색의 NO보다 독성이 5~7배 강하며 공기보다 무겁고 대기 중 고농도로 존재할 경우 단독으로 독성을 가진다.
★★ ② NO_2의 독성은 O_3의 $\frac{1}{10} \sim \frac{1}{15}$ 정도이다.
③ NO_2의 분자량은 46이며 공기에 대한 비중은 1.6이다.
④ NO_2의 급성피해는 자극성 가스로서 눈과 코를 강하게 자극하고 기관지염, 폐기종, 폐렴 등을 일으킨다.

5) N_2O(아산화질소)
① N_2O는 일명 스마일 기체(Smile gas)라고도 하며 상쾌하고 달콤한 냄새와 맛을 가진 무색의 기체이다.
★★ ② N_2O는 대기 중에 존재하는 기체상의 NO_X 중 대류권에서는 온실가스로 알려져 있고, 성층권에서는 오존층 파괴물질로 알려져 있다.

★ 6) NH_3(암모니아)
① 대기오염물질이며 무색의 기체로 특유의 자극성 냄새를 가지고 있다.
② 20℃, 8.8기압에서 액화되어 융점 -77℃, 비등점 -33.3℃이다.
③ 물에 용해되는 수용성 물질이다.
④ 발생원은 비료공장, 냉동공장, 색소제조공장이다.
⑤ 지표식물(약한 식물)에는 토마토, 해바라기, 메밀 등이 있다.

> **TIP**
> 용해도 순서
> $HCl > HF > NH_3 > SO_2 > Cl_2 > O_2$

★★ (3) CO_2(이산화탄소)
① 무색, 무미의 기체로 분자량은 44, 공기에 대한 비중은 1.53이다.

★★ ② CO_2의 농도가 매년 계절적으로 감소를 거듭하는 이유는 식물 및 토양의 광합성 작용과 호흡작용 때문이다.
★★ ③ 대기 중의 CO_2 농도는 여름에 감소하고 겨울에 증가하며 북반구에서 상대적으로 CO_2 농도가 높다.
★★ ④ 대기 중의 CO_2는 식물에 의한 흡수량보다 바다에 많은 양이 흡수된다. (배출되는 CO_2의 50%는 대기내 축적되고 나머지 50%는 바다에 대부분 흡수되고 일부는 식물에 흡수된다.)
⑤ 대기 중의 CO_2의 자연농도는 450ppm(0.045%) 정도이다.
⑥ 실내공기오염의 지표물질이다.
★★ ⑦ 수증기와 함께 지구온난화에 중요하게 기여하고 있는 기체이다.

★★ (4) CO(일산화탄소)

★★ ① 무색, 무미, 무취의 난용성 기체로 분자량은 28이고 공기에 대한 비중은 0.97이다.
★★ ② 혈액내 Hb(헤모글로빈)과의 친화력이 산소의 210배에 달해 산소운반능력을 저하시킨다. (CO+Hb → COHb(카르복시 헤모글로빈))
★★ ③ 가연성분의 불완전연소시나 자동차에서 많이 발생된다.
④ 대기 중에서 이산화탄소로 산화되기 어려우며 다른 물질에 흡착현상도 거의 나타나지 않는다.
⑤ 토양 박테리아의 활동에 의하여 이산화탄소로 산화됨으로써 대기 중에서 제거된다.
⑥ 인위적인 주 배출원은 석탄연소, 쓰레기 소각에 의한 것이며 계속 증가되고 있다.

Question 17

일산화탄소의 특성으로 옳지 않은 것은?
㉮ 무색, 무취의 기체이다.
㉯ 물에 잘 녹고, CO_2로 쉽게 산화된다.
㉰ 연료 중 탄소의 불완전 연소시에 발생한다.
㉱ 헤모글로빈과의 결합력이 강하다.

풀이 ㉯ 물에 난용성이고 대기 중에서 CO_2로 산화되지 않는다.

Question 18

다음 중 폐에서 헤모글로빈과 결합하여 카르복시헤모글로빈을 형성하는 물질은?
㉮ 암모니아   ㉯ 황화수소   ㉰ 과산화수소   ㉱ 일산화탄소

정답 ㉱

(5) 올레핀계 탄화수소

① 올레핀계 탄화수소는 C_nH_{2n}의 화학식을 가지며 C_2H_4, C_3H_6, C_4H_8 등이 있다.
★★ ② 올레핀계 탄화수소는 광화학스모그에 적극 반응하는 물질이다.
③ 올레핀계 탄화수소 중 발암성 물질은 3,4 - 벤조피렌이다.
④ 대기 중의 질소산화물은 광화학반응을 하여 Los Angeles형 스모그를 형성할 때 올레핀계 탄화수소가 촉매역할을 한다.

(6) 불소 및 그 화합물

① 불소는 자연계에 단체로 존재하지 않으며 형석, 빙정석, 인광석에 존재한다.
★★ ② HF는 적은 농도에서 피해를 주며 주로 어린잎(새싹)에 민감하며, 잎의 끝 또는 가장자리가 탄다.
③ HF는 잎의 끝(선단)으로 침입하여 세포를 파괴한다.
★★ ④ 불소의 배출공업으로는 알루미늄공업, 유리공업, 요업공업, 화학비료공업 등이 있다.
⑤ HF는 대기오염물질 중에서 고등식물에 대한 독성이 가장 크다. ($HF > Cl_2 > SO_2 > NO_2$)

(7) HCN(시안화수소)

① 가연성이며 수용성으로 분자량은 27이다.
② 무색 투명한 액체로 복숭아씨 냄새 비슷한 자극취를 내며, 비중은 0.7 정도이다.

★ (8) C_6H_6(벤젠)

① 만성장해로 조혈기능장해를 유발시킨다.
② 체내 흡수는 대부분 호흡기를 통하여 이루어진다.
③ 체내에 흡수된 벤젠은 풍부한 피하조직과 골수에서 고농도로 축적되어 오래 잔존할 수 있다.

★★ (9) 다이옥신

★★ ① PCB의 부분산화 또는 불완전연소에 의하여 생성된다.
② 2,3,7,8 - TCDD는 가장 유해한 다이옥신으로 표준상태에서 증기압이 매우 낮은 고형화합물이다.
★★ ③ 다이옥신의 주요 구성요소는 두개의 산소, 두개의 벤젠, 두개 이상의 염소이다.
④ 유해폐기물을 소각할 때보다 도시폐기물을 소각할 때 다이옥신의 배출량이 훨씬 많다.
★★ ⑤ 열적안정, 낮은 증기압, 낮은 수용성

⑥ 수용성은 낮지만 벤젠 등에는 용해되는 지용성으로 토양 등에 흡수된다.
★★ ⑦ 다이옥신류에는 크게 PCDD는 75개, PCDF는 135개의 이성질체를 가진다.

(10) 염소(Cl_2)

① 상온에서 녹황색이며, 강한 자극성을 가진 기체이다.
② 비중이 2.49이다.
③ 맹독성 가스로 피부나 눈 및 점막을 자극한다.
④ 강한 산화력이 있다.

3. 중금속물질

(1) Hg(수은)

★★ ① 증기 또는 먼지의 형태로 대기 중에 배출되고 미량으로도 인체에 영향을 미치며 널리 알려진 피해는 유기수은에 의한 미나마타병과 헌터루셀증후군이다.
★★ ② 발생공업은 제련, 살충제, 온도계, 압력계 제조업이다.

(2) Cd(카드뮴)

① 산화카드뮴이나 황산카드뮴으로 존재하고 아연정련, 카드뮴 축전지, 전기도금공장 등에서 주로 배출된다.
★★ ② 이따이이따이병의 원인이다.
★★ ③ 발생공업은 아연정련법, 도금공업, 합금공업, 안료공업 등이다.
④ 아연과 성질이 유사한 금속이다.
⑤ 아연제련의 부산물로 발생한다.
⑥ 일반적으로 합금용 첨가제나 충전식 전지에 사용된다.

4. 실내공간오염물질 10가지

① 미세먼지(PM 10)　　② 이산화탄소(CO_2)
③ 포름알데히드(HCHO)　　④ 총부유세균
⑤ 일산화탄소(CO)　　⑥ 이산화질소(NO_2)
⑦ 라돈(Rn)　　⑧ 휘발성유기화합물(VOC)
⑨ 석면　　⑩ 오존

⑪ 초미세먼지(PM-2.5)
⑫ 곰팡이
⑬ 벤젠
⑭ 톨루엔
⑮ 에틸벤젠
⑯ 자일렌
⑰ 스티렌

5. 특정 대기유해물질의 종류

① 카드뮴 및 그 화합물
② 시안화수소
③ 납 및 그 화합물
④ 폴리염화비페닐
⑤ 크롬 및 그 화합물
⑥ 비소 및 그 화합물
⑦ 수은 및 그 화합물
⑧ 프로필렌 옥사이드
⑨ 염소 및 염화수소
⑩ 불소화합물
⑪ 석면
⑫ 니켈 및 그 화합물
⑬ 염화비닐
⑭ 다이옥신
⑮ 페놀 및 그 화합물
⑯ 베릴륨 및 그 화합물
⑰ 벤젠
⑱ 사염화탄소
⑲ 이황화메틸
⑳ 아닐린
㉑ 클로로포름
㉒ 포름알데히드
㉓ 아세트알데히드
㉔ 벤지딘
㉕ 1, 3-부타디엔
㉖ 다환 방향족 탄화수소
㉗ 에틸렌옥사이드
㉘ 디클로로메탄
㉙ 스틸렌
㉚ 테트라클로로에틸렌
㉛ 1, 2-디클로로에탄
㉜ 에틸벤젠
㉝ 트리클로로에틸렌
㉞ 아크릴로니트릴
㉟ 히드라진

Question 19

대기환경보전법규상 특정대기유해물질이 아닌 것은?

㉮ 석면　　㉯ 시안화수소　　㉰ 망간화합물　　㉱ 사염화탄소

정답

6. 실내오염물질

★★★ (1) 라돈

★★ ① 자연계에 널리 존재하며 무색, 무취의 기체이고 액화되어도 색을 띠지 않는다.
★★ ② 공기보다 약 9배 정도 무거워 환기시설이 불량한 지하실 등에서 높은 농도를 나타낸다.
③ 화학적으로 거의 반응을 일으키지 않는다. (안정한 물질)
④ 노출되면 주로 호흡기계통의 질환과 폐암이 발생할 수 있다.
⑤ 일반적으로 흙, 시멘트, 콘크리트, 대리석 등에 존재하며 공기 중으로 방출된다.
★★ ⑥ 사람이 흡입하기 쉬운 가스상 물질이며, 그 반감기는 3.8일간으로 라듐의 핵분열시 생성되는 물질이다.

Question 20

다음에서 설명하는 실내공기 오염물질은?

- 자연 방사능 물질 중의 하나이다.
- 무색, 무취의 기체로 공기보다 9배 정도 무겁다.
- 주요 발생원은 토양, 시멘트, 콘크리트, 대리석 등의 건축자재와 지하수, 동굴 등이다.

㉮ 석면 ㉯ 라돈
㉰ 포름알데히드 ㉱ 휘발성 유기화합물

정답 ㉯

★★ (2) 석면

① 먼지의 형태는 등축형, 판형, 섬유형으로 분류하며 최근에 석면 흡입에 의한 건강상 위해의 문제가 되는 것은 섬유형 형태이다.
② 건축물의 열차단제 등에 쓰이고, 인체에 폐암이나 악성 중피종 등을 일으킨다.
★★ ③ 먼지의 모양 중 다른 두 축이 매우 짧은 길이를 가진 반면에 한 축이 매우 긴 먼지형태로 최근에 석면의 흡입에 의한 건강상 유해한 것이 섬유형이다.
★★ ④ 석면의 발암성은 크로시도라이트(청석면) > 아모사이트(갈석면) > 크리소타일(온석면 또는 백석면) 순이다.

(3) 폼알데하이드(HCHO) = 포름알데히드

① 상온에서 무색의 가연성 기체로 자극성 냄새를 가진 기체로서 점막을 심하게 자극한다.
★★ ② 비중이 약 1.03(공기의 비중 1.0)인 오염물질이다.

③ 메탄알이라고도 하고 알데히드 중에서 가장 간단한 유기화합물이다.
★★ ④ 방부제, 옷감, 잉크 등의 원료로 사용되며, 피혁공업, 합성수지공업 등이 주된 배출업종이다.

(4) 휘발성 유기화합물(VOC$_S$)

★★ ① 상온에서 공기 중으로 쉽게 휘발되는 성질을 가진 톨루엔, 자일렌 등의 물질을 말한다.
★★ ② 건축자재, 접착제, 페인트, 세탁용제, 각종 유기용매 등으로부터 발생된다.
★★ ③ 새로 지은 집, 새 가구를 들여 놓았을 때 맡을 수 있는 냄새 등이 이에 해당된다.
★★ ④ 휘발성 유기화합물질(VOC$_S$)은 다양한 배출원에서 배출되는데 우리나라의 경우 최근 가장 큰 부분(총배출량)을 차지하는 배출원이 유기용제 사용이다.
⑤ VOC$_S$ 중 가장 독성이 강한 것은 톨루엔이며, 다음은 크실렌, 에틸벤젠 순으로 약하다.
⑥ 일반적 의미의 휘발성 유기화합물은 NMHC(non methane hydrocarbon), 할로겐족 탄화수소 화합물, 알콜, 알데히드, 케톤 같은 산소결합 탄화수소 화합물을 내포한다.
⑦ 자연적인 휘발성 유기화합물은 대류권의 오존생성 및 지구온난화 등과도 관련이 있다.
⑧ 인위적 배출량 중 페인트, 잉크, 용제 등의 사용에 의한 배출량도 많은 부분을 차지하고 있다.

📢 Question 21

다음 보기와 같은 특성을 가진 대기오염 물질은?

[보기]
• 상온에서 공기 중으로 쉽게 휘발되는 성질을 가진 톨루엔, 자일렌 등의 물질을 말한다.
• 건축자재, 접착제, 페인트, 세탁용제, 각종 유기용매 등으로부터 발생된다.
• 새로 지은 집, 새 가구를 들여 놓았을 때 맡을 수 있는 냄새 등이 이에 해당된다.

㉮ H_2S　　　　㉯ NH_3　　　　㉰ NO_X　　　　㉱ VOC$_S$

풀이　㉱ VOC$_S$은 Volatile Organic Compounds의 약자로 휘발성 유기화합물이라 한다.

TIP
건축자재에서 발생되는 실내오염물질
석면, 라돈, 포름알데히드, 휘발성 유기화합물(VOC$_S$)

7. 배출오염물질과 배출원

★★ ① 벤젠(C_6H_6) : 석유정제, 피혁제조, 도장공업, 살충제, 수지공업, 포르말린 제조
② 시안화수소(HCN) : 청산제조공업, 제철공업, 화학공업, 가스공업
★★ ③ 카드뮴(Cd) : 아연정련공업(아연소결로), 합금공업, 도금공업, 안료공업
④ 포름알데히드 = 폼알데히드(HCHO) : 합성수지, 포르말린 제조공업, 피혁공장
⑤ 황화수소(H_2S) : 암모니아공업, 석유화학공업, 펄프공업, 석탄건류, 가스공업
★★ ⑥ 불화수소(HF) : 화학비료공업(인산비료공업), 알루미늄공업, 요업공업, 유리공업
⑦ 염화수소(HCl) : 소오다공업, 활성탄제조, 금속제련, 플라스틱공업, 염산제조
⑧ 염소(Cl_2) : 농약제조, 화학공업, 소오다공업
⑨ 브롬(Br_2) : 염료, 의약품, 농약제조
★★ ⑩ 페놀(C_6H_5OH) : 합성수지, 도장, 타르, 염료공업
⑪ 니켈(Ni) : 석유화학, 석탄화력발전소, 석면제조
⑫ 비소(As) : 안료, 화학, 농약, 의약품
⑬ 아황산가스(SO_2) : 중유와 석탄 등 화석연료 사용공장, 제련소, 펄프제조공업, 용광로
⑭ 질소산화물(NO_x) : 내연기관, 폭약, 비료제조업, 필름제조업
★★ ⑮ 암모니아(NH_3) : 도금공업, 냉동공업
⑯ 크롬(Cr) : 피혁공업, 염색공업, 시멘트 제조업
★★ ⑰ 납(Pb) : 인쇄, 도가니제조공장, 축전지제조공장, 고무가공공장, 크레용, 에나멜, 페인트
⑱ 이황화탄소(CS_2) : 비스코스섬유공업, 이황화탄소제조공정

Question 22

다음 오염물질 중 "알루미늄공업, 요업, 인산비료공업, 유리공업" 등이 주요 배출 관련 업종인 것은?

㉮ NH_3 ㉯ HF ㉰ Cd ㉱ Pb

풀이 ㉮ NH_3 : 도금공업, 냉동공업
㉰ Cd : 아연제련공업, 합금공업, 안료공업
㉱ Pb : 인쇄공업, 도가니제조공업, 축전지제조공업, 페인트공업이므로 정답은 ㉯이다.

Question 23

대기오염물질과 주요 발생원의 연결로 가장 적합한 것은?

㉮ 납 - 비료 및 암모니아 제조공업
㉯ 수은 - 알루미늄공업, 유리공업
㉰ 벤젠 - 석유정제, 포르말린 제조
㉱ 브롬 - 석면제조, 니켈광산

풀이
㉮ 납 - 인쇄, 도가니 제조공장, 축전지 제조, 고무가공, 에나멜, 페인트공업
㉯ 수은 - 제련공업, 살충제, 온도계, 압력계 제조업
㉱ 브롬 - 염료, 의약품, 농약제조공업

정답 ㉯

05 기온역전의 종류 및 안정도에 따른 연기모양

1. 기온역전

대류권 내에서는 일반적으로 고도가 높아짐에 따라 기온이 감소하나 반대로 증가하기도 한다. 이를 역전(Inversion)이라 하며 대기오염물의 혼합과 밀접한 관계를 갖는다.

★★ **(1) 접지역전(지표역전)의 종류**

① 복사성(방사성) 역전
② 이류성 역전

★★ **(2) 공중역전의 종류**

① 침강성 역전
② 전선성 역전
③ 해풍 역전
④ 난류성 역전

★★ **(3) 복사성(방사성) 역전**

지표에 접한 공기가 그보다 상공의 공기에 비하여 더 차가워져서 생기는 역전이다.

★★ ① 겨울철 맑은날 아침에 자주 발생한다.
② 단기간 오염물질의 축적으로 대기오염문제를 야기시킨다.

★★ ③ 발생하는 시간대는 주로 밤에서 이른 새벽까지이다.
④ 하늘이 맑고 바람이 적을 때 지표면 근처의 공기가 낮은 온도로 냉각되면서 발생한다.

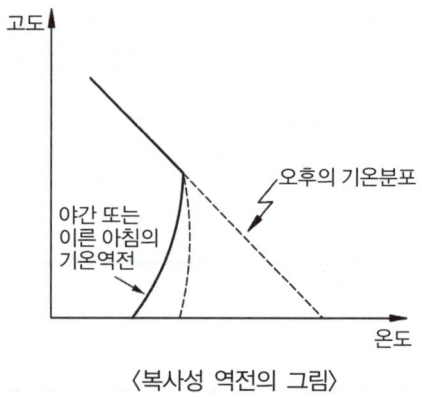

〈복사성 역전의 그림〉

★★ **(4) 침강성 역전**

고기압 중심부분에서 기층이 서서히 침강하면서 기온이 단열변화로 승온되어서 발생한다.

★★ ① 대도시에서 발생한 대기오염사건은 주로 침강역전과 관련이 있다.
② 단시간의 오염 문제라기 보다는 장기간의 오염축적에 의하여 문제를 야기한다.
③ 로스앤젤레스 스모그 발생과 밀접한 관계가 있는 역전 형태이다.

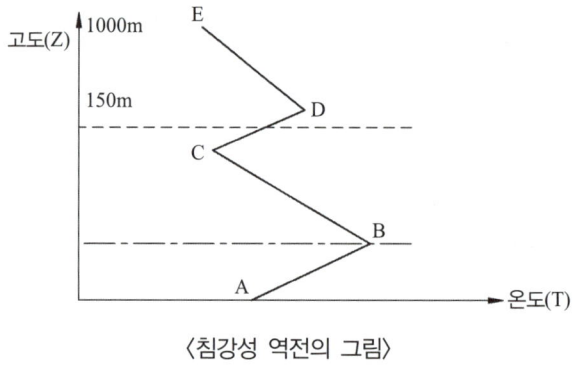

〈침강성 역전의 그림〉

Question 24

복사역전에 대한 다음 설명 중 틀린 것은?

㉮ 복사역전은 공중에서 일어난다.
㉯ 맑고 바람이 없는 날 아침에 해가 뜨기 직전에 강하게 형성된다.
㉰ 복사역전이 형성될 경우 대기오염물질의 수직이동, 확산이 어렵게 된다.
㉱ 해가 지면서부터 열복사에 의한 지표면의 냉각이 시작되므로 복사역전이 형성된다.

풀이 ㉮ 복사역전은 지표에서 일어난다.

2. 대기의 안정도에 따른 연기의 모양

★★ (1) Looping형(환상형, 파상형, 루핑형)

★★ ① 안정도는 과단열(매우 불안정) 조건
② 지표농도가 최대인 연기의 모양이다.
★★ ③ 전체 대기층이 불안정할 경우에 나타나며, 연기의 모양이 상하로 요동이 심하며, 순간적으로 지상에 고농도가 될 수 있다.
④ 난류가 심할 때 발생하고, 강한 난류에 의해 연기는 재빨리 분산되나 연기가 지면에 도달할 경우 굴뚝 가까운 곳의 지표농도는 높게 될 수도 있다.

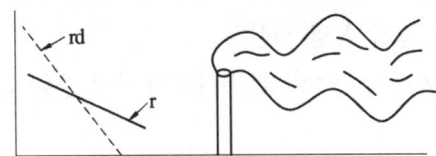

★★ (2) Fanning형(부채형)

★★ ① 안정도는 전체 대기층이 강한 역전(강한 안정) 조건
② 연기가 바람의 하류 방향 먼곳까지 그대로 이동하게 된다.
★★ ③ 굴뚝의 높이가 낮으면 지표부근에 심각한 오염문제를 발생시킨다.

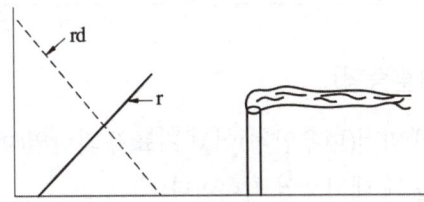

★★ (3) Conning형(원추형)

★★ ① 안정도는 전체 대기층이 중립 조건
② 바람이 다소 강하거나 구름이 많이 낀 경우에 발생한다.
★★ ③ 연기의 퍼지는 모양에서 가우시안 확산모델(Gaussian diffusion model)을 적용할 수 있는 가장 이상적인 연기형태이다.(오염의 단면분포가 전형적인 가우시안 분포를 이루고 있다.)

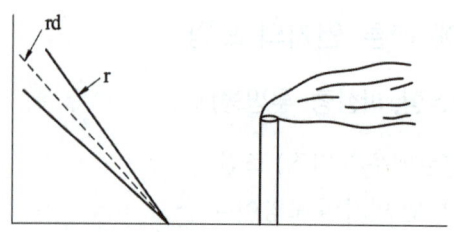

★★ (4) Lofting형(지붕형, 상승형)

- ★★ ① 안정도는 고공이 과단열(매우 불안정)이고 지표가 역전(매우 안정)인 조건
- ★★ ② 굴뚝의 높이보다 더 낮게 지표 가까이에 역전층이 이루어져 있고 그 상공에는 대기가 비교적 불안정상태일 때 발생한다.
- ③ 주로 고기압 지역에서 하늘이 맑고 바람이 약한 경우에 초저녁으로부터 아침에 걸쳐 발생하기 쉽다.
- ④ 지상으로부터의 기온구배는 역전 - 과단열이다.

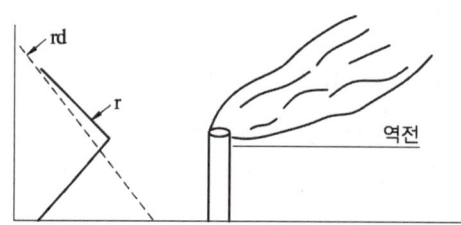

★★ (5) Fumigation형(훈증형)

- ★★ ① 안정도는 고공이 역전(매우안정)이고 지표가 과단열(매우 불안정)인 조건
- ② 연기모양으로 볼 때 대기오염 최대이다.
- ★★ ③ 야간에 형성된 접지역전층은 일출 후 지표면이 가열되면 지표면에서부터 역전이 해소되어 하층은 대류가 활발하여 불안정해지나 그 상층은 아직 안정상태로 남아 있는 경우 나타나는 굴뚝 연기 형태이다.
- ④ 지상으로부터의 기온구배는 과단열 - 역전이다.

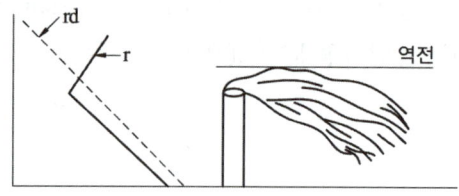

★★ (6) Trapping형(구속형)

★★ ① 안정도는 고공이 침강성 역전, 지표가 복사성 역전인 조건
② 고기압지역에서 자주 발생된다.

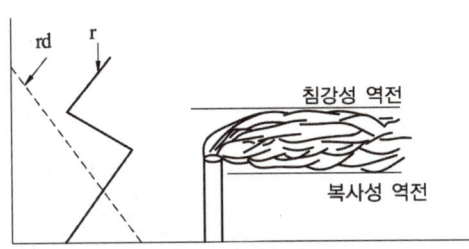

Question 25

다음과 같은 특성을 지닌 굴뚝 연기의 모양은?

[보기]
• 대기의 상태가 하층부는 불안정하고 상층부는 안정할 때 볼 수 있다.
• 하늘이 맑고 바람이 약한 날의 아침에 볼 수 있다.
• 지표면의 오염 농도가 매우 높게 된다.

㉮ 환상형　　㉯ 원추형　　㉰ 훈증형　　㉱ 구속형

풀이　㉮ 환상형(Looping형)의 안정도 : 과단열조건
㉯ 원추형(Conning형)의 안정도 : 중립, 미단열, 등온조건
㉱ 구속형(Trapping형)의 안정도 : 상층부는 침강성 역전, 하층부는 복사성 역전이므로 정답은 ㉰이다.

Question 26

상층부가 불안정하고 하층부가 안정을 이루고 있을 때, 연기의 모양은?

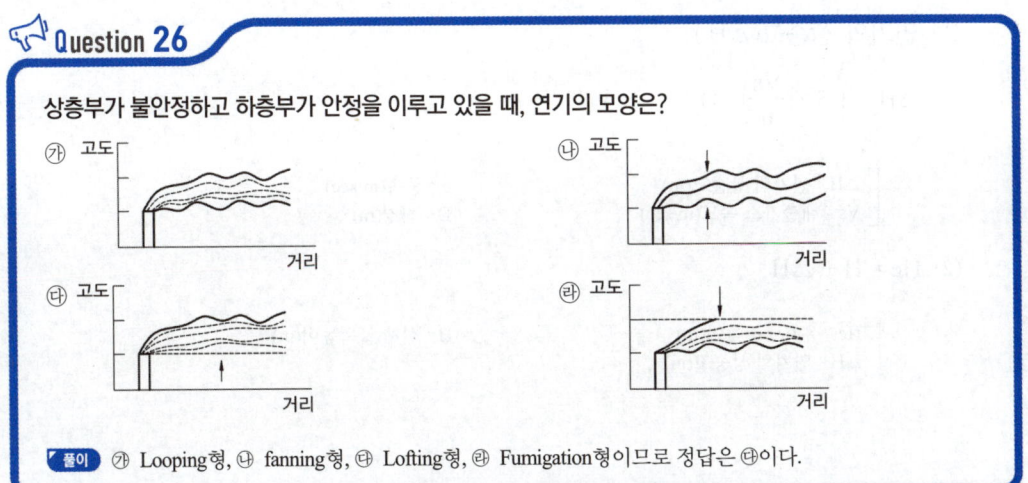

풀이　㉮ Looping형, ㉯ fanning형, ㉰ Lofting형, ㉱ Fumigation형이므로 정답은 ㉰이다.

> **TIP**
> 화살표는 역전층 형성을 의미한다.

★★ 3. 유효굴뚝높이

(1) 유효굴뚝높이의 특징

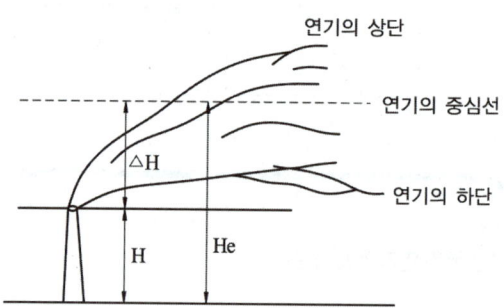

- ★★ ① 배기가스 온도가 높을수록 유효높이는 증가한다.
- ★★ ② 배기가스 속도가 클수록 유효높이는 증가한다.
- ③ 수평 풍속이 클수록 유효높이는 감소한다.
- ★★ ④ 배출가스량이 많을수록 유효높이는 증가한다.
- ★★ ⑤ 토출구의 직경이 작을수록 유효높이는 증가한다.
- ⑥ 연돌의 실제높이와 연기의 상승높이로 나타낸다.

(2) 유효굴뚝높이의 계산식

① 연기의 상승고($\triangle H$)

$$\triangle H = 1.5 \times \left(\frac{Vs}{u}\right) \times D$$

- $\triangle H$: 연기의 상승고(m)
- Vs : 배출가스 속도(m/sec)
- u : 풍속(m/sec)
- D : 직경(m)

② $He = H + \triangle H$

- He : 유효굴뚝높이(m)
- $\triangle H$: 연기의 상승고(m)
- H : 실제 굴뚝높이(m)

06 대기오염현상을 일으키는 현상

★1. 지구온난화 현상 = 온실효과(Green house effect)

(1) 지구온난화의 특징

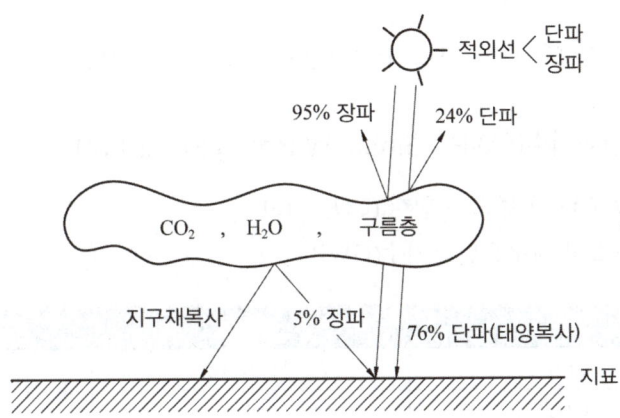

★★ ① 온실효과란 자동차와 공장에서 뿜어내는 가스가 대기권을 덮어 지구의 기온을 상승시키고 기후의 변화를 초래하는 대기오염 현상이다.
★★ ② 지구온난화의 원인물질은 $H_2O - CO_2$ 이다.
★★ ③ 대기 중 적외선을 흡수하는 기체에 기인한다.
   ④ 지구온난화로 도시지역에서 오존농도가 상승하게 된다.
   ⑤ CO_2, CH_4, CFC-11($CFCl_3$), CFC-12(CF_2Cl_2) 등이 대표적 온실가스이다.

Question 27

다음 중 온실효과의 주 원인물질로 가장 적합한 것은?
㉮ 이산화탄소　　㉯ 암모니아　　㉰ 황산화물　　㉱ 프로필렌

풀이 ▶ 온실가스란 적외선 복사열을 흡수하거나 다시 방출하여 온실효과를 유발하는 대기 중의 가스상태의 물질로서 이산화탄소, 메탄, 아산화질소, 수소불화탄소, 과불화탄소, 육불화황이므로 정답은 ㉮이다.

Question 28

온실효과 및 온난화에 관한 설명 중 옳지 않은 것은?
㉮ 교토의정서는 지구온난화 규제 및 방지와 관련한 국제협약이다.

㉰ 온실효과를 일으키는 물질로는 CO_2, CH_4, N_2O 등이 있다.
㉱ CO_2는 바닷물에 잘 녹기 때문에 현재 해양은 대기가 함유하는 CO_2의 약 60배 정도를 함유한다.
㉲ 대기 중의 CO_2는 태양광선 중 자외선을 흡수하여 온실효과를 일으킨다.

풀이 ㉲ 대기 중의 CO_2는 태양광선 중 적외선을 흡수하여 온실효과를 일으킨다.

★★ **(2) 지구온난화 기여도**

CO_2 : 50%, CFC : 18%, CH_4 : 14%, N_2O : 6%, 기타, 물, 오존, 할론류 등이 12% 정도이다.

(3) 지구온난화지수(GWP ; Global Warning Potential)

① GWP는 CO_2 기준으로 한다.(CO_2 = 1.0)
② 온실가스별 지구온난화지수(GWP)

	화학식	물질명	GWP
★★	CO_2	이산화탄소	1.0
	CH_4	메탄	21
	N_2O	아산화질소	310
	HFC_S	수소불화탄소	1,300
	PFC_S	과불화탄소	7,000
★★	SF_6	육불화황	23,900

2. 열섬효과(Heat island effect)

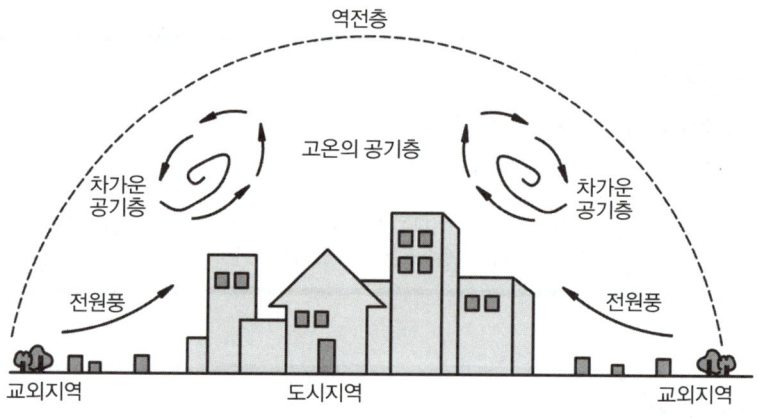

(1) 열섬효과의 정의

★★ ① 대도시에서 열방출량이 많은데 비해 외부로 확산이 안되기 때문에 시내온도가 주변온도보다 높게 되며 비가 많이 오고 안개가 자주 생기는 것을 열섬효과 또는 아열대성 효과라고 한다.

★★ ② 대기오염으로 인한 지구환경 변화 중 도시지역의 공장, 자동차 등에서 배출되는 고온의 가스와 냉난방시설로부터 배출되는 더운 공기가 상승하면서 주변의 찬공기가 도시로 유입되어 도시지역의 대기오염물질에 의한 거대한 지붕을 만드는 현상이다.

(2) 열섬효과의 특징

★★ ① 교외지역에 비해 도시중심지역에서 고온의 공기층을 형성하게 되는 현상이다.
② 도시지역과 교외지역은 풍속이나 대기 안정도의 특성이 서로 다르고, 열섬의 규모와 현상은 시공간적으로 다양하게 나타난다.
★★ ③ 열섬현상의 원인으로서는 인공열 발생증가, 건물 등 구조물에 의한 거칠기 변화, 지표면에서의 증발잠열차이, 도시지역 표면의 열적성질의 차이 등이다.
★★ ④ 도시지역에서의 풍속은 교외지역에 비하여 평균적으로 25~30% 감소하며, 대기오염물질이 응결핵으로 작용하여 운량과 강우량의 증가현상이 나타날 수 있다.
⑤ 도시건물 등 구조물에 의한 거칠기 길이의 변화가 원인이 된다.
★★ ⑥ 도시지역의 인구 집중에 따른 인공열 발생의 운량과 강우량이 증가한다.
⑦ 열섬효과는 직경 10km 이상의 도시에서 특히 잘 발생한다.
⑧ 열섬현상이 생길 경우 강한 바람이 불지 않으면 오염물질은 도시상공에 머물게 되어 축적된다.

Question 29

대기오염으로 인한 지구환경 변화 중 도시지역의 공장, 자동차 등에서 배출되는 고온의 가스와 냉난방시설로부터 배출되는 더운 공기가 상승하면서 주변의 찬 공기가 도시로 유입되어 도시지역의 대기오염물질에 의한 거대한 지붕을 만드는 현상은?

㉮ 라니냐 현상　　㉯ 열섬 현상　　㉰ 엘니뇨 현상　　㉱ 오존층 파괴 현상

정답　㉯

3. 산성비

★★ ① 산성우는 대기 중의 CO_2(이산화탄소)와 평형을 이룬 증류수의 pH 5.6 이하의 pH를 나타내는 강수로 정의한다.
★★ ② 산성비의 원인물질로는 SO_x(H_2SO_4), NO_x(HNO_3), HCl 등이 있다.
③ 독일에서 발생한 슈바르츠발트(검은 숲이라는 뜻)의 고사현상은 산성비에 의한 대표적인 피해이다.
④ 산성비에 의한 피해로는 파르테논신전과 아크로폴리스 같은 유적의 부식 등이 있다.
★★ ⑤ 산성비에 관련된 국제협약으로는 헬싱키 의정서, 소피아 의정서가 있다.
★★ ⑥ 강우의 산성화에 가장 큰 영향을 미치는 것은 아황산가스이다.

Question 30

다음 중 산성비에 관한 설명으로 가장 거리가 먼 것은?
㉮ 독일에서 발생한 슈바르츠발트(검은 숲이란 뜻)의 고사현상은 산성비에 의한 대표적인 피해이다.
㉯ 바젤협약은 산성비 방지를 위한 대표적인 국제협약이다.
㉰ 산성비에 의한 피해로는 파르테논 신전과 아크로폴리스 같은 유적의 부식 등이 있다.
㉱ 산성비의 원인물질로 H_2SO_4, HCl, HNO_3 등이 있다.

풀이 ㉯ 바젤협약은 유해폐기물의 국제적 이동의 통제와 규제를 주요 골자로 하는 국제 협약이다.

★★ 4. 라니냐(Lanina) 현상

★★ ① 스페인어로 여자아이(the girl)라는 뜻이다.
★★ ② 적도무역풍이 평년보다 강해지며 서태평양의 해수면과 수온이 평년보다 상승하게 되고, 찬 해수의 용승현상 때문에 적도 동태평양에서 저수온 현상이 강화되어 나타나는 현상으로 ★★해수면의 온도가 6개월 이상 0.5℃ 이상 낮은 현상이 지속적으로 되는 것을 말한다.

★★ 5. 엘니뇨(Elnino) 현상

★★ ① 스페인어로 귀여운 소년 또는 아기예수라는 뜻이다.
② 열대태평양 남미 해안으로부터 중태평양에 이르는 넓은 범위에서 ★★해수면의 온도가 평년보다 보통 0.5℃ 이상 높은 상태가 6개월 이상 지속되는 현상을 의미한다.
③ 엘니뇨가 발생하는 이유는 태평양 적도부근에서 동태평양의 따뜻한 바닷물을 서쪽으로 밀어내는 무역풍이 불지 않거나 불어도 약하게 불기 때문이다.

④ 엘니뇨로 인한 피해가 주로 농산물 생산지역인 태평양 연안국에 집중되어 있어 농산물 생산이 크게 감축되고 있다.

 Question 31

열대 태평양 남미 해안으로부터 중태평양에 이르는 넓은 범위에서 해수면의 온도가 평균보다 0.5℃ 이상 높은 상태가 6개월 이상 지속되는 현상으로 스페인어로 아기예수를 의미하는 것은?

㉮ 라니냐현상　　㉯ 업웰링현상　　㉰ 뢴트겐현상　　㉱ 엘니뇨현상

정답 ㉱

6. 대기오염현상에 관련된 국제협약

(1) 오존층 보호를 위한 국제협약

① 비엔나 협약 : 1985년 3월 22일 채택된 오존층 보호를 위한 국제협약이다.
② 몬트리올 의정서 : 1987년 오존층 보호를 위한 오존층파괴물질(염화불화탄소)의 생산 및 소비삭감에 관한 내용의 국제협약이다.
③ 런던회의 : 1990년 런던에서 몬트리올 의정서의 내용을 보완, 개정하였다.

(2) 산성비에 관한 국제협약

① 헬싱키 의정서(1985년) : 황산화물(SO_x) 저감에 관한 협약
② 소피아 의정서(1989년) : 질소산화물(NO_x) 저감에 관한 협약

(3) 온실효과 및 기후변화 협약

① 리우선언 : 1992년 6월 '지구를 건강하게, 미래를 풍요롭게' 라는 슬로건 아래 개최된 지구 정상회담에서 환경과 개발에 관한 기본 원칙을 표방하며, 인간은 지속가능한 개발을 위한 관심의 중심으로 자연과 조화를 이룬 건강하고 생산적인 삶을 향유하여야 한다는 주요 원칙을 담고 있다.
② 기후변화협약(1992년) : 인간이 유발하는 지구 기후 시스템의 교란을 방지할 수 있는 수준으로 대기 중의 온실가스를 안정화시키는 것이다.
③ 교토의정서(1997년) : 선진국 38개국(미국, EU, 일본, 러시아 등등)에 대해 2008~2012년까지 온실가스를 1990년 대비 평균 5.2% 감축 의무에 관한 규약이다.

★★ 7. Down Wash(세류) 현상

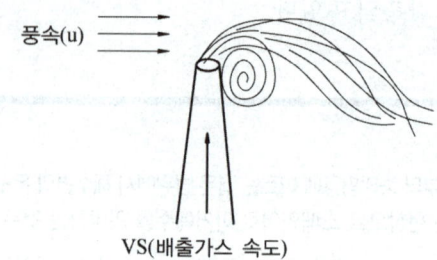

① 원인 : 바람이 불어오는 쪽의 반대로 부압영역이 생겨 연기가 말려 들어가는 현상이다.
② 방지책 : 굴뚝 배출구의 배출가스속도를 풍속보다 최소한 2배 이상 높게 유지한다.

★★ 8. Down Draft(다운드래프트) 현상

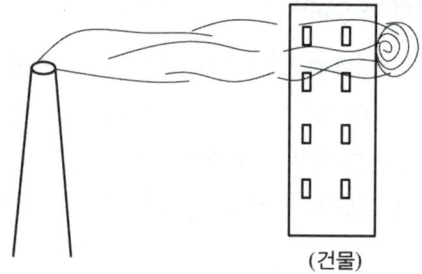

① 원인 : 굴뚝의 높이가 주위 지형이나 건물의 높이보다 낮아 연기가 주위 건물 뒤로 말려들어가는 현상이다.
② 방지책 : 굴뚝의 높이를 주위 건물의 2.5배 이상 유지한다.

CHAPTER 02 대기오염방지기술

01 집진장치

1. 집진장치의 개요

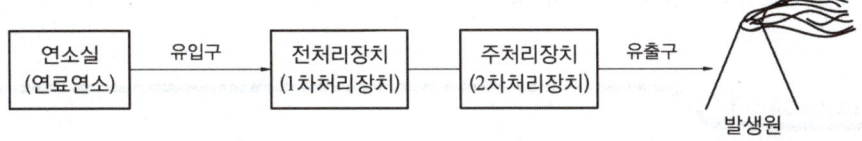

(1) 전처리장치(1차 처리장치)

① 큰 입자 처리하며, 저효율 장치이다.
② 처리효율이 낮다.
③ 중력집진장치, 관성력집진장치, 원심력집진장치가 해당된다.

(2) 주처리장치(2차 처리장치)

① 미세한 입자 처리하며, 고효율 장치이다.
② 처리효율이 높다.
③ 주처리장치 앞에 반드시 전처리장치가 필요
④ 세정집진장치, 여과집진장치, 전기집진장치가 해당된다.

(3) 집진시설 선택시 고려사항

① 입자의 밀도와 입경분포
② 먼지의 물리적, 화학적 특성
③ 배기가스의 부식성과 용해도

④ 함진농도
⑤ 먼지의 부착성
⑥ 처리가스온도
⑦ 전기저항

★★ **(4) 집진장치에서 중요사항**

① 집진장치 선정시 가장 먼저 고려할 사항은 먼지의 입경분포이다.

② 집진장치의 압력손실

★★ • 중력집진장치(5~15mmH$_2$O)
  • 관성력집진장치(30~70mmH$_2$O)
  • 원심력집진장치(50~150mmH$_2$O)
★★★ • 세정집진장치(벤츄리스크러버)(300~800mmH$_2$O)
  • 여과집진장치(100~200mmH$_2$O)
★★ • 전기집진장치(10~20mmH$_2$O)

Question 01

다음 중 압력손실이 가장 큰 집진장치는?

㉮ 중력집진장치 ㉯ 전기집진장치
㉰ 원심력집진장치 ㉱ 벤츄리 스크러버

정답 ㉱

2. 중력 집진장치 : 중력에 의한 자연침강을 이용하는 방법이다.

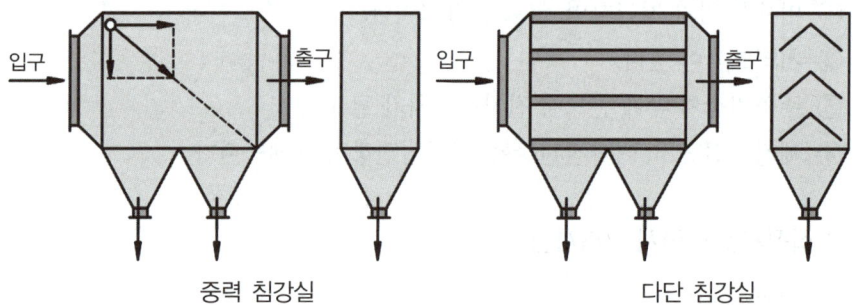

중력 침강실   다단 침강실

(1) 중력 집진장치의 특징

★★ ① 취급입경은 50~1000μm이다.
★★ ② 압력손실은 5~15mmH₂O 정도이다.
　　 ③ 집진효율은 40~60%이다.
　　 ④ 함진가스의 온도변화에 의한 영향을 거의 받지 않는다.
★★ ⑤ 유지비 및 설치비가 적게 드나 신뢰도가 낮다.

★★ (2) 중력 집진장치의 집진효율 향상조건

★★ ① 침강실 내의 처리가스 속도가 작을수록 미립자가 잘 포집된다.
★★ ② 침강실의 높이가 낮고 길이가 길수록 집진율은 높아진다.
　　 ③ 침강실 입구폭이 클수록 유속이 느려지며, 미세한 입자가 포집된다.
　　 ④ 침강실 내의 배기가스 기류는 균일해야 한다.
　　 ⑤ 다단일 경우에는 단수가 증가할수록 집진율은 커지나 압력손실은 증가한다.
　　 ⑥ 입자가 작을 때 침강속도가 작아져 집진이 잘 안된다.

(3) 필수 암기 공식

① $V_g = \dfrac{d^2(\rho_s - \rho)g}{18\mu}$

V_g : 침강속도(m/sec)　　　　d : 직경(m)
ρ_s : 입자의 밀도(kg/m³)　　　ρ : 가스의 밀도(kg/m³)
μ : 점성도(kg/m·sec)　　　　g : 중력가속도(9.8m/sec²)

★★ ② 침강속도(V_g)는 ┌ 직경의 제곱에 비례
　　　　　　　　　　　　│ 밀도차($\rho_s - \rho$)에 비례
　　　　　　　　　　　　│ 중력가속도에 비례
　　　　　　　　　　　　└ 점성도에 반비례

**Question 02**

다음 중 중력 집진장치에 대한 설명으로 옳지 않은 것은?

㉮ 침강실 입구폭이 클수록 유속이 느려지며 미세한 입자가 포집된다.
㉯ 취급입경은 0.1~10μm이며, 유지비용은 비싼 편이다.
㉰ 운전시 압력손실은 5~15mmH₂O로 낮다.
㉱ 침강실의 높이가 낮고, 수평길이가 길수록 집진율이 높아진다.

풀이 ㉯ 취급입경은 50~1000μm이며, 유지비용은 싼 편이다.

> **Question 03**
>
> 중력 집진장치의 집진효율 향상 조건으로 옳지 않은 것은?
> ㉮ 침강실 내의 처리가스 속도를 크게 한다.
> ㉯ 침강실 내의 처리가스의 흐름을 균일하게 한다.
> ㉰ 침강실의 높이를 작게 하고, 길이를 길게 한다.
> ㉱ 다단일 경우에는 단수가 증가될수록 압력손실은 커지나 효율은 증가한다.
>
> **풀이** ㉮ 침강실내의 처리가스 속도를 작게 한다.

3. 관성력 집진장치

함진가스를 방해판에 충돌시켜 기류의 급격한 방향전환을 이용하여 입자를 분리 포집하는 집진장치이다.

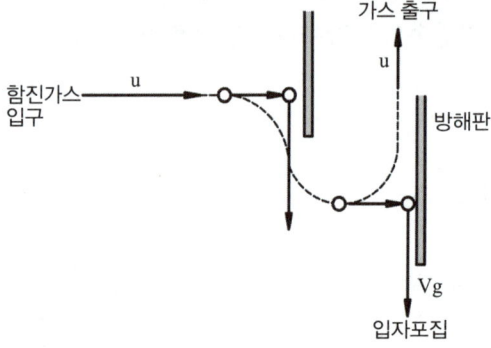

(1) 관성력 집진장치의 특징

① 집진 가능한 입자는 주로 10μm 이상의 조대입자이다.
② 일반적으로 집진율은 50~70% 정도이다.
③ 압력손실은 30~70mmH$_2$O 정도이다.
④ 충돌식과 반전식이 있다.
⑤ 고온가스의 처리가 가능하다.

★★★ (2) 관성력 집진장치의 집진효율 향상조건

① 충돌 전의 처리배기속도는 입자의 성상에 따라 적당히 빠르게 하고 처리 후의 출구 가스속도는 늦을수록 미립자의 제거가 쉽다.

★★ ② 함진가스의 방향전환 각도가 작을수록, 전환 횟수가 많을수록 압력손실은 커지지만 집진율은 높아진다.
★★ ③ 호퍼(DUST BOX)는 적당한 모양과 크기가 필요하다.
④ 출구의 가스속도가 작을수록 집진효율이 좋다.
★★ ⑤ 충돌식은 일반적으로 충돌직전의 처리가스 속도가 크고, 처리후 출구 가스속도는 느릴수록 미립자의 제거가 쉽다.
★★ ⑥ 반전식은 기류의 방향 전환시 곡률반경이 작을수록, 방향전환 횟수는 많을수록, 압력손실은 커지나 집진효율은 좋다.

Question 04

관성력 집진장치의 효율 향상 조건 중에서 틀린 것은?
㉮ 기류의 전환 횟수를 많게 한다.
㉯ 기류의 방향 전환 각도를 작게 한다.
㉰ 처리 후 출구 가스 속도를 높게 한다.
㉱ dust box는 적당한 형상과 크기로 설치한다.

풀이 ㉰ 처리 후 출구 가스 속도를 작게 한다.

4. 원심력 집진장치

입자상 물질에 작용하는 원심력의 원리를 이용하여 포집하는 장치이다.

(1) 원심력 집진장치의 특징

① 집진 가능한 입자는 주로 3~100㎛ 정도의 입자이다.
★★ ② 일반적으로 집진율은 80~95% 정도이다.
③ 압력손실은 50~150mmH$_2$O 정도이다.
④ 형식으로는 싸이클론과 멀티클론이 있다.
★★ ⑤ 고농도일 때는 병렬로 연결하고 응집성이 강한 먼지인 경우는 직렬연결하여 사용한다.
⑥ 일반적으로 축류식 직진형, 접선 유입식, 소구경 multiclone에서 blow down 효과를 얻을 수 있다.
⑦ 함진가스의 온도가 높아지면 집진율은 저하되나 그 영향은 크지 않다.
★★ ⑧ 배기관경(내경)이 작을수록 입경이 작은 더스트를 제거할 수 있다.
⑨ 가동부(moving part)가 없는 것이 기계적 특징이다.
⑩ 원심력과 중력이 동시에 작용하며 중력은 보다 큰 입자의 먼지에 작용한다.
⑪ 유입속도 변화없이 입구면적이 증가하면 압력손실은 증가하고 효율은 감소한다.

★★★ **(2) 사이클론의 집진효율의 성능인자**

★★ ① Blow down 효과를 적용하여 효율을 증대시킨다.
★★ ② Dust box의 모양과 크기도 효율에 영향을 미친다.
★★ ③ 입구유속이 빠를수록 효율이 높은 반면에 압력손실은 높아진다.
★★ ④ 몸체직경 및 출구직경이 커지면 효율은 감소한다.
★★ ⑤ 입자의 입경과 밀도가 클수록 효율은 증가한다.
　　⑥ 입자의 입경이 클수록 입자의 분리속도는 커진다.
　　⑦ 함진가스의 선회속도가 클수록 입자의 분리속도는 커진다.
　　⑧ 내경(배출내관)이 작을수록 입경이 작은 먼지를 제거할 수 있다.
★★ ⑨ 고농도는 병렬로 연결하고, 응집성이 강한 먼지는 직렬연결(단수 3단 한계)하여 주로 사용한다.

(3) Blow Down(블로우다운) 방식

★★ **1) Blow Down(블로우다운) 효과의 정의**

사이클론의 집진효율을 높이는 방법으로 하부의 더스트박스(Dust Box)에서 처리가스량 5~10%를 처리하여 사이클론 내의 난류현상을 억제시킴으로 먼지의 재비산을 막아주며, 장치 내벽 부착으로 일어나는 먼지의 축적도 방지하는 효과이다.

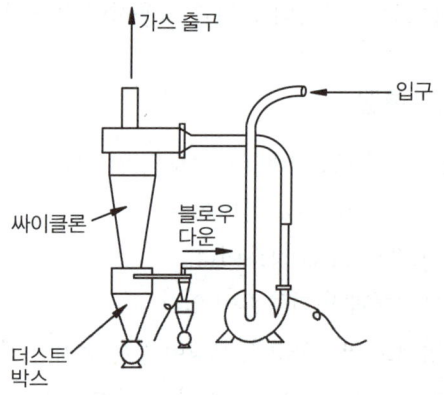

★★ **2) Blow Down(블로우다운) 방식의 특징**

① 원추하부에 가교현상을 억제시켜 재비산을 방지한다.
★★ ② 더스트박스에서 유입유량의 5~10%에 상당하는 가스를 추출시켜 집진장치의 기능을 향상시킨다.
③ 유효원심력을 증가시킨다.
④ 원추하부 또는 출구에 먼지이 퇴적되는 것을 방지한다.

(4) 분리입자경

① 100% 제거입경

$$dp = \sqrt{\frac{9\mu B}{\pi V(\rho_s - \rho)N}} \times 10^6 (\mu m)$$

- dp : 100% 제거입경 = 임계입경 = 한계입경 = 최소제거입경
- μ : 점성도(kg/m·sec)　　　　　B : 폭(m)
- V : 유속(m/sec)　　　　　　　ρ_s : 입자의 밀도(kg/m³)
- ρ : 가스의 밀도(kg/m³)　　　　N : 회전수

② 50% 제거입경

$$dp_{50} = \sqrt{\frac{9\mu B}{2\pi V(\rho_s - \rho)N}} \times 10^6 (\mu m)$$

- dp_{50} : 50% 제거입경 = 절단입경 = Cut size
- μ : 점성도(kg/m·sec)　　　　　B : 폭(m)
- V : 유속(m/sec)　　　　　　　ρ_s : 입자의 밀도(kg/m³)
- ρ : 가스의 밀도(kg/m³)　　　　N : 회전수

Question 05

원심력 집진장치의 집진효율을 높이는 방법으로 옳지 않은 것은?

㉮ 배기관경이 클수록 입경이 작은 먼지를 제거할 수 있다.
㉯ 한계 입구유속 내에서는 그 입구유속이 클수록 효율은 높은 반면 압력손실도 높아진다.
㉰ 고농도일 경우는 병렬연결하여 사용하고, 응집성이 강한 먼지는 직렬연결(단수3단 이내)하여 사용한다.
㉱ 침강먼지 및 미세먼지의 재비산을 막기 위해 스키머와 회전깃 등을 설치한다.

풀이 ㉮ 배기관경이 작을수록 입경이 작은 먼지를 제거할 수 있다.

Question 06

사이클론에 있어서 처리가스량의 5~10%를 흡인하여 선회기류의 흐트러짐을 방지하고 유효원심력을 증대시키는 효과를 무엇이라 하는가?

㉮ 축류효과(Axial effect)　　　　㉯ 나선효과(Herical effect)
㉰ 먼지상자효과(dust box effect)　㉱ 블로다운효과(Blow-down effect)

풀이 ㉱ 블로다운효과는 사이클론(원심력 집진장치)의 효율향상책이다.

Question 07

사이클론으로 100% 집진할 수 있는 최소 입경을 의미하는 것은?

㉮ 절단입경 ㉯ 기하학적 입경
㉰ 임계입경 ㉱ 유체역학적 입경

풀이 ① 100% 제거입경 = 임계입경 = 한계입경 = 최소제거입경
② 50% 제거입경 = 절단입경 = Cut size이므로 정답은 ㉰이다.

5. 흡수장치 및 세정집진장치

(1) 흡수이론

★★★ **1) 흡수액 선정시 고려할 사항**

★★ ① 용해도가 높아야 한다.
★★ ② 휘발성이 낮아야 한다.
★★ ③ 흡수액의 점성은 비교적 작아야 한다.
④ 용매의 화학적 성질과 비슷해야 한다.
⑤ 부식성 및 독성이 없어야 한다.
⑥ 어는점이 낮아야 한다.
⑦ 시장성이 좋고 값이 싸야 한다.
⑧ 재생이 용이해야 한다.

Question 08

흡수공정으로 유해가스를 처리할 때, 흡수액이 갖추어야 할 요건으로 옳지 않은 것은?

㉮ 용해도가 커야 한다. ㉯ 점성이 작아야 한다.
㉰ 휘발성이 커야 한다. ㉱ 용매의 화학적 성질과 비슷해야 한다.

풀이 ㉰ 휘발성이 작아야 한다.

★★★ **2) 충전물의 구비조건**

★★ ① 단위용적에 대한 전표면적(비표면적)이 커야 한다.
★★ ② 공극률이 크며, 압력손실(마찰저항)이 작고, 충전밀도가 커야 한다.
★★ ③ 액의 홀드업(Hold up)이 작아야 한다.
④ 내열성과 내식성이 커야 한다.

⑤ 가격이 저렴해야 한다.
⑥ 가벼우며 일정강도를 가져야 한다.
⑦ 액가스(가스와 액체)의 분포를 균일하게 유지할 수 있어야 한다.
★★ ⑧ 충전제는 화학적으로 불활성이어야 한다.

Question 09

충전탑(packed tower)에 채워지는 충전물의 구비조건으로 틀린 것은?
㉮ 단위용적에 대하여 비표면적이 작을 것
㉯ 마찰저항이 작을 것
㉰ 압력손실이 작고 충전밀도가 클 것
㉱ 내식성과 내열성이 클 것

풀이 ㉮ 단위용적에 대하여 비표면적이 클 것

3) 헨리법칙

★★ ① 적용기체는 난용성 기체로 N_2, NO, NO_2, O_2, H_2, CO 등이 있다.
★★ ② 비적용기체는 수용성 기체로 HCl, SO_2, NH_3, HF 등이 있다.
③ 비교적 용해도가 적은 기체에 적용된다.
④ 헨리상수는 온도에 따라 변하며, 온도는 높을수록, 용해도는 적을수록 커진다.
★★ ⑤ 흡수법은 유해가스처리기술 중 헨리법칙을 바탕으로 하여 오염가스를 제거하는 방법이다.
⑥ 흡수조작에 사용되는 흡수제는 물 또는 수용액을 주로 사용한다.
⑦ 배출가스의 용매에 대한 용해도가 작은 기체인 경우에 헨리의 법칙이 잘 적용된다.
⑧ 헨리법칙에서 특정가스의 분압이 높을수록 용해가스의 액중 농도가 비례하여 증가한다.

★★ ### 4) 헨리법칙 계산식

$$P = H \cdot C$$

$\begin{bmatrix} P : 분압(atm) \\ C : 농도(kmol/m^3) \end{bmatrix}$ H : 헨리상수($atm \cdot m^3/kmol$)

TIP

① $H(atm \cdot m^3/kmol) = \dfrac{PmmHg/760}{C(kmol/m^3)}$

② $H(atm \cdot m^3/kmol) = \dfrac{PmmH_2O/10332}{C(kmol/m^3)}$

③ $C(kmol/m^3) = \dfrac{PmmHg/760}{H(atm \cdot m^3/kmol)}$

Question 10

다음 보기에서 설명하는 기체에 관한 법칙은?

[보기]
일정온도에서 기체 중의 특정 성분의 분압 P(atm)와 액체 중의 농도 $C(kmol/m^3)$ 사이에는 $P = HC$의 비례관계가 성립한다.

㉮ 보일의 법칙 ㉯ 샤를의 법칙
㉰ 헨리의 법칙 ㉱ 보일 - 샤를의 법칙

정답 ㉰

Question 11

다음 중 헨리의 법칙을 적용하기 가장 어려운 것은?

㉮ CO   ㉯ NO   ㉰ HF   ㉱ O_2

정답 ㉰

Question 12

다음 중 헨리의 법칙에 관한 설명으로 가장 적합한 것은?
㉮ 기체의 용매에 대한 용해도가 높은 경우에만 헨리의 법칙이 성립한다.
㉯ HCl, HF, SO_2 등은 헨리의 법칙이 잘 적용되는 가스이다.
㉰ 일정온도에서 특정 유해가스의 압력은 용해가스의 액중 농도에 비례한다.
㉱ 헨리정수는 온도변화에 상관없이 동일성분 가스는 항상 동일한 값을 가진다.

풀이 ㉮ 기체의 용매에 대한 용해도가 낮은 경우에만 헨리의 법칙이 성립된다.
㉯ HCl, HF, SO_2 등은 헨리의 법칙이 적용되지 않는 가스이다.
㉱ 헨리상수는 온도변화에 영향을 받는다. 따라서 정답은 ㉰이다.

(2) 세정 집진장치

★★ 1) **세정 집진장치** : 확산력과 관성력을 주로 이용하는 집진장치이다.

- 장점
① 처리가스량에 대한 고정된 면적이 작다.
② 가동 부분이 작고 조작이 간단하다.
③ 처리가스의 흡수, 증습 등의 조작이 가능하다.

④ 협소한 장소에 설치 가능
★★ ⑤ 입자상 물질과 가스상 물질을 동시에 제거 가능
⑥ 처리가스의 가습기능 활용 가능
★★ ⑦ 고온가스 및 연소성 및 폭발성 가스의 처리가 가능
★★ ⑧ 제진된 먼지의 재비산 염려가 없다.
⑨ 친수성 더스트의 집진효과가 높다.
★★ ⑩ 점착성 및 조해성 먼지의 처리가 가능하다.

- 단점
  ① 소수성 먼지의 집진효과가 낮다.
  ② 구조와 조작이 간단하나 압력손실과 동력소비량이 크고 또한 많은 물이 필요하다.

★★ 2) 세정 집진장치의 입자포집원리
① 미립자 확산에 의하여 액적과의 접촉을 쉽게 한다.
★★ ② 배기의 증습(습도의 증가)에 의하여 입자가 서로 응집한다.
③ 입자를 핵으로 한 증기의 응결에 따라 응집성을 촉진시킨다.
④ 액적에 입자가 충돌하여 부착한다.
⑤ 액막과 기포에 입자가 접촉하여 부착된다.

★★ 3) 세정집진장치의 처리원리
① 관성충돌
② 확산작용
③ 응집작용

(2) 충전탑(흡수탑)

충전물질의 표면을 흡수액으로 도포하여 흡수액의 엷은 층을 형성시킨 후 가스와 흡수액을 접촉시켜 흡수시킨다.

1) 충전탑의 장점
① 급수량이 적당하면 효과가 확실하고 가스량이 변해도 적응성이 있다.
② 처리가스의 압력손실이 그다지 크지 않다.
③ 포말성 흡수액에 적응성이 좋다.
④ 겉보기 여과속도는 0.3~1m/sec이다.

2) 충전탑의 단점

① 가스 유속이 크면 플로딩 상태가 되고 흡수시 고형물(침전물)이 생기면 공극이 막힐 우려가 있다.
② 희석열이 심한 곳에는 부적합하다.
★★ ③ 온도의 변화가 큰 곳에서는 적응성이 낮다.
④ 충전물의 충전방식을 불규칙적으로 했을 때 접촉면적은 크나 압력손실이 커진다.

★★ 3) 충전탑의 처리효율을 높이기 위한 방안

① 탑내의 처리가스량을 줄인다.
② 충전제의 충전밀도를 크게 한다.
③ 충전층의 가스체류시간을 늘린다.
④ 충전재의 표면적을 크게 한다.

(3) 분무탑(Spray Tower)

다수의 분사노즐을 사용하여 세정액을 미립화시켜 오염가스 중에 분무하는 방식이다.

① 구조가 간단하고 압력손실이 2~20mmH$_2$O 정도로 비교적 작다.
★★ ② 충전탑에 비하여 설치비나 유지비가 싸다.
★★ ③ 분무노즐이 막히기 쉽고 물방울을 미세하게 만들기 위하여 많은 동력이 필요하다.
★★ ④ 흡수가 잘 되는 기체에 효과적이다.
⑤ 가스 겉보기속도는 0.2~1m/sec 이다.
⑥ 침전물이 생기는 경우에 적합하며 충전탑보다 설치비 및 유지비가 적게 든다.

(4) 다공판탑

★★ ① 판간격은 40cm, 액가스비는 0.3~5L/m^3 정도이다.
② 비교적 소량의 액량으로 처리가 가능하다.
③ 판수를 증가시키면 고농도 가스처리도 가능하다.
★★ ④ 가스속도는 0.3~1.0m/sec 이다.

(5) 벤츄리스크러버

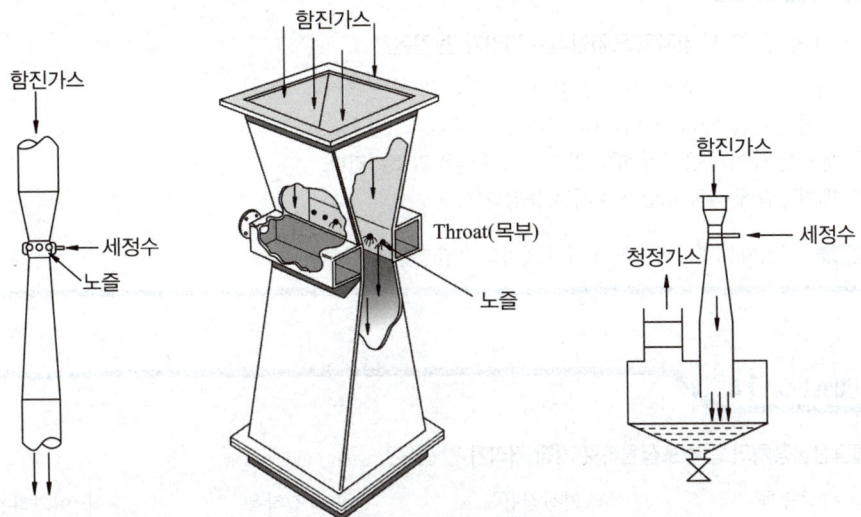

★★ ① 벤츄리관의 목부의 함진가스 유속은 60~90m/sec로 가장 빠르다.
② 액가스비는 보통 0.3~1.5L/m³ 정도이다.
③ 먼지와 가스의 동시제거가 가능하다.
★★★ ④ 압력손실이 300~800mmH$_2$O로 아주 크므로 동력비가 크다.
⑤ 소형으로 대용량의 가스를 처리할 수 있다.
⑥ 효율이 우수하고 광범위하게 사용된다.

(6) 사이클론스크러버

① 비교적 구조가 간단하다.
② 압력손실은 100~200mmH$_2$O이다.
③ 가스의 처리속도는 1~3m/sec이다.
★★ ④ 사이클론의 직경을 작게해야 효율이 증가한다.

(7) 제트스크러버

① 송풍기를 사용하지 않는다.
② 처리가스량이 많을 경우에는 효과가 낮은 편이다.
③ 가스의 저항이 적다.
④ 수량이 많아 동력비가 많이 소요된다.
⑤ 액가스비가 가장 크다.
⑥ 가스량이 많을 때 불리하다.

Question 13

세정 집진장치에서 입자의 포집원리로 거리가 먼 것은?

㉮ 액적에 입자가 충돌하여 부착한다.
㉯ 미립자 확산에 의하여 액적과의 접촉을 쉽게 한다.
㉰ 입자는 증기의 응결에 따라 입자의 응집성을 감소시킨다.
㉱ 배기증습에 의하여 입자가 서로 응집한다.

풀이 ㉰ 입자는 증기의 응결에 따라 입자의 응집성을 촉진시킨다.

Question 14

세정집진장치의 입자 포집원리로 가장 거리가 먼 것은?

㉮ 관성충돌 ㉯ 확산작용 ㉰ 응집작용 ㉱ 여과작용

풀이 세정집진장치의 처리원리는 관성충돌, 확산작용, 응집작용이므로 정답은 ㉱이다.

Question 15

세정 집진장치의 특징으로 거리가 먼 것은?

㉮ 고온의 가스를 처리할 수 있다.   ㉯ 폐수처리 장치가 필요하다.
㉰ 점착성 및 조해성 먼지를 처리할 수 없다.   ㉱ 포집된 먼지의 재비산 염려가 거의 없다.

풀이 ㉰ 점착성 및 조해성 먼지를 처리할 수 있다.

> **TIP**
> 점착성 및 조해성 먼지는 건식 집진장치로는 처리할 수 없고, 습식 집진장치로만 처리가 가능

Question 16

사이클론 스크러버에 관한 다음 설명 중 틀린 것은?

㉮ 용해성이 좋은 가스에 효과적이다.
㉯ 사이클론의 직경을 크게 하면 효율이 증가한다.
㉰ 대용량 가스 처리가 가능하다.
㉱ 비교적 구조가 간단하다.

풀이 ㉯ 사이클론의 직경을 작게 하면 효율이 증가한다.

6. 여과 집진장치

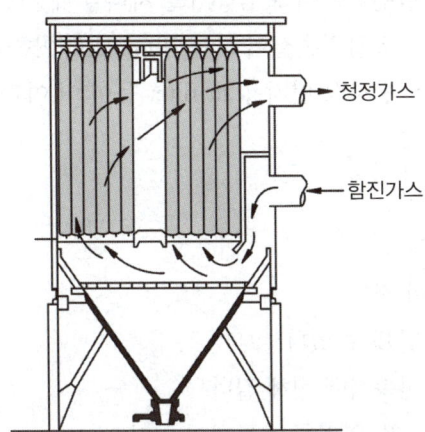

(1) 여과 집진장치의 특징

① 집진 가능한 입자는 주로 0.1~20μm 정도의 입자이다.
② 일반적으로 집진율은 90~99% 정도이다.
③ 압력손실은 100~200mmH$_2$O 정도이다.
★★ ④ 폭발성 및 점착성 먼지제거가 곤란하다.
★★ ⑤ 수분에 대한 적응성이 낮으며, 유지비용이 많이 든다.
★★ ⑥ 여과속도가 클수록 집진효율이 낮아진다.
⑦ 가스온도에 따른 여재의 사용이 제한된다.

★★★ (2) 여과 집진기의 주요 메카니즘의 집진원리

① 확산 : 직경이 0.1μm 이하인 미세입자
② 관성충돌 : 직경이 1.0μm 이상인 입자
③ 차단 : 직경이 0.1~1.0μm인 입자
④ 중력 : 직경이 비교적 크고 비중이 큰 입자

★★ (3) 여과 집진장치의 여과방식 중 내면여과방식의 특징

① 여재를 비교적 엉성하게 틀속에 충전하여 이것을 여과층으로 하여 함진가스 중의 먼지입자를 포집하는 방식으로 여재내면에서 포집된다.
② 습식인 경우 부착입자의 제거가 곤란하므로 일정량 이상의 입자가 부착되면 새로운 여재로 교환해야 한다.

③ 일반적으로 건식으로서 사용되지만 점착성 기름을 여재에 바른 습식도 있다.
④ 주로 저농도의 함진가스의 오염공기를 처리할 때 사용된다.
⑤ 여과속도가 느리고 압력손실이 보통 $30mmH_2O$ 이하이다.
⑥ Package형 filter, 방사성 먼지용 air filter 등이 이 여과방식에 속한다.

(4) 탈진방식

★★ 1) 간헐식 탈진방식
★★ ① 먼지의 재비산이 적다.
★★ ② 높은 집진율을 얻을 수 있다.
③ 여포의 수명은 연속식에 비해 길다.
★★ ④ 진동형과 역기류형, 역기류 진동형이 있다.
⑤ 대용량 처리에 부적당하다.

★★ 2) 연속식 탈진방식
★★ ① 먼지의 재비산이 크다.
★★ ② 집진율이 낮다.
③ 고농도, 대용량의 처리가 용이하다.
★★ ④ 연속식에는 역제트기류 분사형(reverse jet)과 충격제트기류 분사형(pulse jet) 등이 있다.

3) 여과 집진장치의 여포

① 여포의 형상은 원통형, 평판형이 있으나 주로 원통형을 사용한다.
② 여포는 내열성이 약하므로 가스온도가 250℃를 넘지 않도록 주의한다.
③ 여포재질 중 목면은 내산성은 불량하나 가격이 저렴하다.
★★ ④ 고온가스를 냉각시킬 때에 산노점 이하로 유지할 경우 여과포의 눈막힘 현상과 저온 부식을 초래한다.
★★ ⑤ 여포재질 중 glassfiber(유리섬유)는 최고사용온도가 250℃ 정도이며, 내산성이 양호한 편이다.

Question 17

여과집진장치의 주된 집진원리와 가장 거리가 먼 것은?
㉮ 증습   ㉯ 관성충돌   ㉰ 확산   ㉱ 차단

풀이 여과집진장치의 집진원리는 확산, 관성충돌, 차단작용, 중력작용이므로 정답은 ㉮이다.

> **TIP**
> 세정집진장치의 집진원리는 관성충돌, 확산작용, 응집작용이다.

Question 18

여과집진장치의 특징으로 가장 거리가 먼 것은?

㉮ 폭발성, 점착성 및 흡습성의 먼지제거에 매우 효과적이다.
㉯ 가스 온도에 따라 여재의 사용이 제한된다.
㉰ 수분이나 여과속도에 대한 적응성이 낮다.
㉱ 여과재의 교환으로 유지비가 고가이다.

풀이 ㉮ 폭발성, 점착성 및 흡습성의 먼지제거가 곤란하다.

Question 19

다음 중 여과집진장치의 효율 향상조건으로 거리가 먼 것은?

㉮ 간헐식 털어내기 방식은 높은 집진율을 얻는 경우에 적합하고, 연속식 털어내기 방식은 고농도의 함진 가스 처리에 적합하다.
㉯ 필요에 따라 유리섬유의 실리콘 처리 등을 하여 적합한 여포재를 선택하도록 한다.
㉰ 겉보기 여과속도가 클수록 미세한 입자를 포집한다.
㉱ 여포의 파손 및 온도, 압력 등을 상시 파악하여 기능의 손상을 방지한다.

풀이 ㉰ 겉보기 여과속도가 작을수록 미세한 입자를 포집한다.

Question 20

다음 여과집진장치의 탈진방법으로 가장 거리가 먼 것은?

㉮ 진동형　　㉯ 세정형　　㉰ 역기류형　　㉱ pulse jet형

풀이 탈진방법에는 진동형과 역기류형, 역기류진동형, 충격제트기류 분사형이 있으므로 정답은 ㉯이다.

7. 전기 집진장치

(1) 전기 집진장치의 장점

★★ ① 고집진율(99%)을 얻을 수 있다.
★★ ② 고온가스처리가 가능하다.(350℃ 정도)

★★ ③ 대량의 공기를 다룰 수 있다.
④ 부식성 가스가 함유된 먼지도 처리가 가능하다.
★★ ⑤ 전력소비(동력비)가 적게들고 유지관리비가 적게든다.
★★ ⑥ 압력손실이 적다.(건식 10mmH$_2$O, 습식 20mmH$_2$O)
⑦ 광범위한 온도와 대용량 범위에서 운전이 가능하다.
★★ ⑧ 처리입경은 0.1~0.9μm 정도이다.

(2) 전기 집진장치의 단점

① 초기 시설비가 크다.
② 설치면적이 크게 소요된다.
★★★ ③ 전압변동과 같은 조건변동에 쉽게 적응하기 어렵다.
④ 집진율이 서서히 저감된다.

★★★ (3) 전기 집진장치 내의 입자집진에 작용하는 전기력

① 대전입자의 하전에 의한 쿨롱력
② 전계강도의 힘
③ 전기풍에 의한 힘
④ 입자간의 흡인력

★★ (4) 전기 집진장치에서 먼지의 비저항(겉보기 전기 저항률)

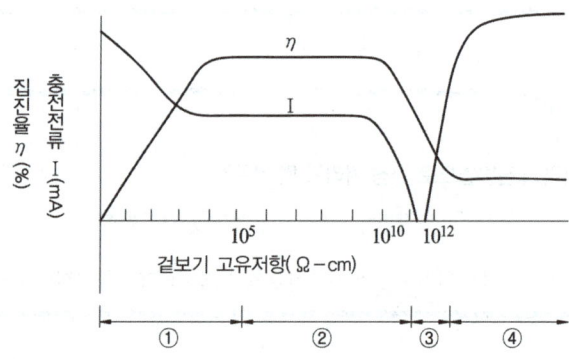

① 영역 : 재비산현상
★★ ② 영역 : 정상상태
③ 영역 : 스파크빈발
④ 영역 : 역전리현상

(5) 전기 집진장치에서 먼지의 비저항(겉보기 전기 저항률)

① 전기 집진장치에서 집진효율에 가장 크게 영향을 주는 것이 전기저항이다.

② 재비산 현상

★★ ㉠ 발생조건 : 먼지의 전기저항이 $10^4 \Omega \cdot cm$ 이하일 때

★★ ㉡ 방지책

      ⓐ NH_3를 주입

      ⓑ 습식집진장치 사용

③ 역전리 현상

★★ ㉠ 발생조건 : 먼지 전기저항이 $10^{11} \Omega \cdot cm$ 이상일 때

★★ ㉡ 방지책

      ⓐ 처리가스의 온도를 조절하거나 습도를 높인다.

      ⓑ SO_3를 스프레이로 주입한다.

      ⓒ 습식집진장치를 사용한다.

      ⓓ 황산을 조절제로 주입한다.

      ⓔ 타격빈도를 높인다.

★★ ④ SO_3에 의한 부식 방지책 : NH_3를 주입

★★ ⑤ 효율이 가장 우수할 때의 먼지의 전기저항은 $10^4 \sim 10^{11} \Omega \cdot cm$ 이다.

Question 21

전기집진장치에 관한 설명으로 옳지 않은 것은?

㉮ 관성력집진장치에 비해 집진효율이 높다.
㉯ 압력손실이 커서 동력비가 많이 소요된다.
㉰ 약 350℃ 정도의 고온가스를 처리할 수 있다.
㉱ 전압변동과 같은 조건변동에 쉽게 적용하기 어렵다.

풀이 ㉯ 압력손실이 작아서 동력비가 적게 소요된다.

Question 22

전기 집진장치에서 먼지의 고유저항과 집진율을 나타낸 다음 그림에서 ①-④ 영역을 바르게 연결한 것은?

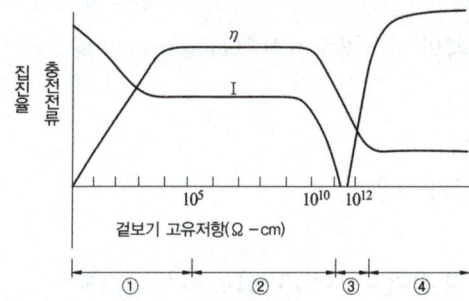

㉮ ① 재비산 - ② 정상 - ③ 스파크빈발 - ④ 역전리
㉯ ① 정상 - ② 스파크빈발 - ③ 역전리 - ④ 재비산
㉰ ① 스파크빈발 - ② 역전리 - ③ 재비산 - ④ 정상
㉱ ① 역전리 - ② 재비산 - ③ 정상 - ④ 스파크빈발

정답 ㉮

Question 23

다음 중 포집먼지의 중화가 적당한 속도로 행해지기 때문에 이상적인 전기집진이 이루어질 수 있는 전기저항의 범위로 가장 적절한 것은?

㉮ $10^2 \sim 10^4 \, \Omega \cdot cm$　　㉯ $10^5 \sim 10^{10} \, \Omega \cdot cm$　　㉰ $10^{12} \sim 10^{14} \, \Omega \cdot cm$　　㉱ $10^{15} \sim 10^{18} \, \Omega \cdot cm$

정답 ㉯

Question 24

다음 중 전기집진장치에서 먼지의 겉보기 전기저항이 $10^{12} \, \Omega \cdot cm$보다 높은 경우 투입하는 물질로 거리가 먼 것은?

㉮ NaCl　　㉯ NH_3　　㉰ H_2SO_4　　㉱ soda lime(소다회)

풀이 ① 먼지의 겉보기 전기저항이 $10^{12} \, \Omega \cdot cm$ 이상인 경우를 역전리현상이라 하며 방지책으로는 NaCl, H_2SO_4, 소다회를 주입한다.
② 먼지의 겉보기 전기저항이 $10^4 \, \Omega \cdot cm$ 이하인 경우를 재비산현상이라 하며 방지책으로는 NH_3를 주입한다.

정답 ㉯

02 유해가스처리 공학

1. 흡착법

★★ (1) 흡착제의 종류별 사용용도

① 활성탄
 ★★ ㉠ 용제회수, 가스정제, 악취제거
  ㉡ 각종 방향족 유기용제, 할로겐화된 지방족 유기용제, 에스테르류, 알코올류 등의 비극성류의 유기용제 흡착
② 분자체 : 탄화수소로부터 오염물질제거
③ 활성알루미나
  ㉠ 습한 가스의 건조
 ★★ ㉡ 물과 유기물을 잘 흡착하며 175~325℃로 가열하여 재생시킬 수 있다.
④ 실리카겔
  ㉠ 가스건조, 황분제거
  ㉡ NaOH 용액 중 불순물 제거
 ★★ ㉢ 250℃ 이하에서 물과 유기물을 잘 흡착
⑤ 보오크사이트
  ㉠ 석유분류물 처리
  ㉡ 석유 중의 유분제거
  ㉢ 가스 및 용액건조
⑥ 합성제올라이트
  ㉠ 특정한 물질을 선택적으로 흡착
  ㉡ 극성이 다른 물질이나 포화정도가 다른 탄화수소 분리 가능

Question 25

오염가스를 흡착하기 위하여 사용되는 흡착제와 가장 거리가 먼 것은?

㉮ 활성탄   ㉯ 실리카겔   ㉰ 마그네시아   ㉱ 활성망간

풀이 ㉱ 활성망간은 흡수제로 사용한다.

> **TIP**
>
> 흡착제의 종류
>
> 활성탄, 실리카겔, 합성제올라이트, 마그네시아, 보오크사이트

(2) 흡착의 종류

★★ 1) 화학적 흡착

① 대부분의 흡착제가 고체이다.
★★ ② 흡착제의 재생성이 낮다.
★★ ③ 흡착열이 물리적 흡착에 비하여 높다.
④ 여러층의 흡착층이 불가능하다.
★★ ⑤ 단분자를 흡착하며 비가역적 반응이다.

★★ 2) 물리적 흡착

★★ ① 가역적 과정이며 흡착열이 낮다.
★★ ② 다분자 흡착이며 흡착제의 재생이나 오염가스의 회수에 용이하다.
★★ ③ 온도가 낮을수록 흡착량이 많아진다.
④ 처리할 가스의 분압이 낮아지면 흡착량은 감소한다.
⑤ Van der Waals 힘과 같은 약한 힘으로 결합된다.
⑥ 기체와 흡착제 분자간의 인력이 작용한다.

📢 Question 26

흡착에 관한 다음 설명 중 옳지 않은 것은?

㉮ 물리적 흡착은 가역적이므로 흡착제의 재생이나 오염가스의 회수에 유리하다.
㉯ 물리적 흡착에서 흡착량은 온도의 영향을 받지 않는다.
㉰ 물리적 흡착은 대체로 용질의 분압이 높을수록 증가하고 분자량이 클수록 잘 흡착된다.
㉱ 화학적 흡착은 물리적 흡착보다 분자간의 결합력이 강하기 때문에 흡착과정에서의 발열량이 더 크다.

풀이 ㉯ 물리적 흡착에서 흡착량은 온도가 낮을수록 흡착량이 많아진다.

(3) 흡착법을 가장 유용하게 적용할 수 있는 경우

① 기체상 오염물질이 비연소성이거나 태우기 어려운 경우
② 오염물질의 회수가치가 충분한 경우
③ 배기내 오염물 농도가 대단히 낮은 경우

(4) 흡착의 돌파곡선(break through curve)

흡착층의 파괴점(break point) 이후의 위치에서라도 흡착은 일어나지만 이후의 흡착질의 배기가스 농도는 급격히 증가한다.

(5) 흡착제의 특징

① 가스가 흡착층 내에 머무르는 체류시간이 충분해야 한다.
② 물리적인 흡착인 경우 흡착과정이 가역적이며, 흡착제의 재생이 가능하다.
③ 흡착제의 흡착능력이 충분해서 사용기간이 길어야 한다.
④ 오염가스를 회수할 가치가 있는 경우에 유용한 방법이다.

 (6) 흡착장치의 종류

① 고정층 흡착장치
② 이동층 흡착장치
③ 유동층 흡착장치

Question 27

대기오염방지시설 중 유해가스상 물질을 처리할 수 있는 흡착장치의 종류와 가장 거리가 먼 것은?

㉮ 고정층 흡착장치   ㉯ 촉매층 흡착장치
㉰ 이동층 흡착장치   ㉱ 유동층 흡착장치

정답 ㉯

Question 28

유동층 흡착장치에 관한 설명으로 옳지 않은 것은?

㉮ 가스의 유속을 빠르게 할 수 있다.
㉯ 다단의 유동층을 이용하여 가스와 흡착제를 향류로 접촉시킬 수 있다.
㉰ 흡착제의 마모가 적게 일어난다.
㉱ 조업조건에 따른 주어진 조건의 변동이 어렵다.

풀이 ㉰ 흡착제의 마모가 크게 일어난다.

★(7) 흡착시설의 조건

★★ ① 기체흐름에 대한 저항(압력손실)이 작아야 한다.
② 흡착제의 사용기간이 길수록 좋다.
③ 가스와 흡착제의 접촉시간이 긴 것이 요구된다.
④ 흡착제의 재생능력이 클수록 좋다.
⑤ 흡착률이 우수해야 한다.
⑥ 흡착물질의 회수가 쉬워야 한다.

2. 황산화물(SO_X)의 처리법

★★(1) 중유탈황법의 종류

① 금속산화물에 의한 흡착탈황
② 미생물에 의한 생화학적 탈황
③ 방사선화학에 의한 탈황
④ 접촉수소화 탈황법 ┌ 가장 많이 사용
 │ 탈황이 이루어지는 온도 : 350~420℃
 └ 탈황이 이루어지는 압력 : 50~220kg/cm^2

★★(2) 배기가스에 포함되어 있는 황산화물(SO_X)의 제거방법

① 석회석에 의한 흡수법(석회석법)
② 활성탄에 의한 흡착법(흡착법)
③ 산화마그네슘에 의한 흡수법(금속산화물법)

★★(3) 황산화물(SO_X)의 저감방법

① 저유황유 사용
② 배기가스 탈황설비 설치
③ 연료 중에 있는 유황분 제거
④ 연료대체(수력, 태양열, 원자력)
⑤ 중유 탈황법

(4) 촉매산화법 = 접촉산화법 = 산화법

① 정의 : 배출가스 중의 황산화물을 촉매를 사용하여 SO_2를 SO_3로 산화시켜 약 80% 농

도의 황산을 직접 회수할 수 있는 방법

★★ ② **사용촉매** : 백금(Pt), 오산화바나듐(V_2O_5), 황산칼륨(K_2SO_4)

Question 29

배출가스 중 아황산가스를 접촉산화법에 의해 산화시켜 황산으로 회수하고자 할 때 사용되는 촉매로 적합한 것은?

㉮ V_2O_5, K_2SO_4 ㉯ SiO_2, $KMnO_4$ ㉰ MgO, $KHSO_4$ ㉱ Al_2O_3, $CaCO_3$

풀이 배출가스 중의 황산화물을 촉매를 사용하여 SO_2를 SO_3로 산화시켜 약 80% 농도의 황산으로 직접 회수할 수 있는 방법을 접촉산화법(촉매산화법=산화법)이라 하며 사용되는 촉매로는 V_2O_5(오산화바나듐), K_2SO_4(황산칼륨), Pt(백금)이 있으므로 정답은 ㉮이다.

★★★ **(5) 황산화물(SO_X) 처리 반응식 및 계산방법**

① $S + O_2 \rightarrow SO_2$

> **TIP**
> 아황산가스(SO_2) 계산 방법
> $\underline{S} + O_2 \rightarrow \underline{SO_2}$
> 32kg   : 22.4Sm³
> 중유량(kg/hr) × $\dfrac{S(\%)}{100}$: X(Sm³/hr)

Question 30

황함량 1.1%인 중유를 2000kg/hr로 연소할 때 생성되는 SO_2가스의 양(Sm³/hr)은 대략 얼마인가? (단, 황분은 모두 SO_2로 된다.)

풀이 $\underline{S} + O_2 \rightarrow \underline{SO_2}$
32kg   : 22.4Sm³
2000kg/hr × 0.011 : x

∴ x = $\dfrac{22.4 Sm^3 \times 2000 kg/hr \times 0.011}{32 kg}$ = 15.4Sm³/hr

② 가성소다(NaOH) 흡수법

$S+O_2 \rightarrow SO_2+2NaOH \rightarrow Na_2SO_3+H_2O$

> **TIP**
>
> 가성소다(NaOH) 계산 방법
>
> $\underline{S} + O_2 \rightarrow SO_2 + \underline{2NaOH} \rightarrow Na_2SO_3 + H_2O$
> 32kg : 2×40kg
>
> 중유량(kg/hr)×$\dfrac{S(\%)}{100}$×$\dfrac{탈황율(\%)}{100}$: X(kg/hr)

Question 31

황함량이 2.5%인 중유를 9ton/h으로 완전연소하는 소각시설의 배출가스를 NaOH로 탈황하고자 할 때 이론적으로 필요한 NaOH양(kg/hr)은? (단, 탈황율은 98% 기준)

 풀이

$\underline{S} + O_2 \rightarrow SO_2 + \underline{2NaOH} \rightarrow Na_2SO_3+H_2O$
32kg : 2×40kg
$9×10^3$kg/hr×0.025×0.98 : x

$\therefore x = \dfrac{9×10^3 kg/hr×0.025×0.98×2×40kg}{32kg} = 551.25 kg/hr$

③ 건식석회석 주입법

$S+O_2 \rightarrow SO_2+CaCO_3+1/2O_2 \rightarrow CaSO_4+CO_2$

> **TIP**
>
> 탄산칼슘(CaCO₃) 계산 방법
>
> $\underline{S} + O_2 \rightarrow SO_2 + \underline{CaCO_3} + 1/2O_2 \rightarrow CaSO_4+CO_2$
> 32kg : 100kg
>
> 중유량(kg/hr)×$\dfrac{S(\%)}{100}$×$\dfrac{탈황율(\%)}{100}$: X(kg/hr)

> **TIP**
>
> 석고(CaSO₄) 계산 방법
>
> $\underline{S} + O_2 \rightarrow SO_2 + CaCO_3 + 1/2O_2 \rightarrow \underline{CaSO_4}+CO_2$
> 32kg : 136kg
>
> 중유량(kg/hr)×$\dfrac{S(\%)}{100}$×$\dfrac{탈황율(\%)}{100}$: X(kg/hr)

Question 32

황성분이 무게비로 1.6%인 중유를 1000kg/hr 연소할 때 배출되는 SO_2를 $CaSO_4$로 회수하는 경우 시간당 생성되는 $CaSO_4$의 양(kg/hr)은? (단, Ca원자량 : 40, 황분은 전량 SO_2로 전환됨)

풀이

$$\underline{S}+O_2 \rightarrow SO_2+CaCO_3+\frac{1}{2}O_2 \rightarrow \underline{CaSO_4}+CO_2$$

32kg : 136kg
1000kg/hr×0.016 : x

$$\therefore x = \frac{1000kg/hr \times 0.016 \times 136kg}{32kg} = 68kg/hr$$

④ 석회세정법

$$S+O_2 \rightarrow SO_2+CaCO_3+\frac{1}{2}O_2+2H_2O \rightarrow CaSO_4 \cdot 2H_2O+CO_2$$

TIP

석고이수염($CaSO_4 \cdot 2H_2O$) 계산 방법

$$\underline{S}+O_2 \rightarrow SO_2+CaCO_3+\frac{1}{2}O_2+2H_2O \rightarrow \underline{CaSO_4 \cdot 2H_2O}+CO_2$$

32kg : 172kg

중유량(kg/hr)×$\frac{S(\%)}{100}$×$\frac{탈황율(\%)}{100}$: X(kg/hr)

Question 33

황성분 1.1%인 중유를 15ton/h으로 연소할 때 배출되는 가스를 $CaCO_3$로 탈황하고 황을 석고($CaSO_4 \cdot 2H_2O$)로 회수하고자 할 경우 회수하는 석고의 양(ton/h)은? (단, 황분은 100% SO_2로 전환되고, 탈황률은 93%이다.)

풀이

$$\underline{S}+O_2 \rightarrow SO_2+CaCO_3+\frac{1}{2}O_2 \rightarrow \underline{CaSO_4 \cdot 2H_2O}+CO_2$$

32kg : 172kg
15ton/hr×0.011×0.93 : x

$$\therefore x = \frac{15ton/hr \times 0.011 \times 0.93 \times 172kg}{32kg} = 0.83ton/hr$$

3. 질소산화물(NO_X)의 처리방법

(1) 질소산화물(NO_X)의 처리방법의 종류

① 선택적 접촉환원법
② 촉매환원법
★★ ③ 선택적 촉매(접촉)환원법(SCR)
④ 무촉매환원법
⑤ 비선택적 접촉환원법(NCR)

★★ (2) NO_X(질소산화물)의 저감방법

★★ ① 저과잉공기량 연소법(저산소연소법)
② 이단연소법
③ 배기가스재순환법
④ 수증기 분무
★★ ⑤ 저온도연소(연소온도 조정)

Question 34

질소산화물을 촉매환원법으로 처리할 때, 어떤 물질로 환원되는가?

㉮ N_2 ㉯ HNO_3 ㉰ CH_4 ㉱ NO_2

풀이 질소산화물(NO, NO_2)을 환원제(NH_3)를 이용해 N_2로 처리하므로 정답은 ㉮이다.

Question 35

다음 중 연소조절에 의한 질소산화물의 발생을 억제하는 방법으로 거리가 먼 것은?

㉮ 과잉공기 공급량을 증가시킨다.   ㉯ 연소부분을 냉각시킨다.
㉰ 배출가스를 재순환시킨다.   ㉱ 2단 연소시킨다.

풀이 ㉮ 과잉공기 공급량을 감소시킨다.

★★ 4. 후드의 흡인요령

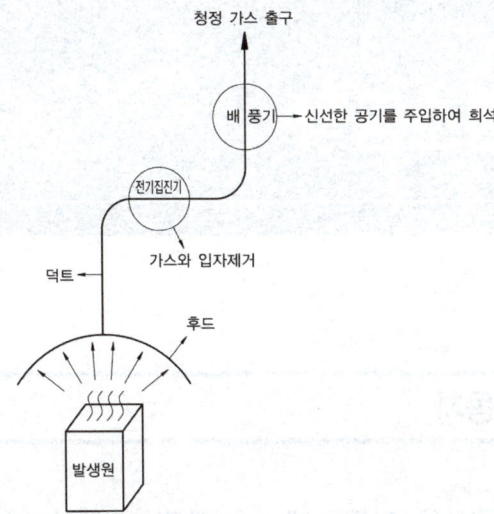

① 후드를 발생원에 가깝게 한다.
② 국부적인 흡인방식을 취한다.
★★ ③ 후드의 개구면적을 작게 한다.
④ 에어커텐을 이용한다.
⑤ 충분한 포착속도를 유지한다.

Question 36

다음 중 후드(Hood)를 이용하여 오염물질을 효율적으로 흡인하는 요령으로 거리가 먼 것은?

㉠ 발생원에 후드를 가급적으로 접근시킨다.
㉡ 국부적인 흡인방식으로 주발생원을 대상으로 한다.
㉢ 후드의 개구면적을 가급적으로 넓게 한다.
㉣ 충분한 포착속도를 유지한다.

풀이 ㉢ 후드의 개구면적을 가급적으로 좁게 한다.

CHAPTER 03 연소공학

01 자동차

★★ 1. 휘발유 및 경유사용 자동차에서 배출되는 배기가스 및 오염물질

CO_2(이산화탄소), CO(일산화탄소), HC(탄화수소), NO_X(질소산화물), Pb(납), 매연, 입자상물질, NH_3(암모니아)

Question 01

휘발유 및 경유사용 자동차 배기구에서 배출되는 유해성분으로 가장 거리가 먼 것은?

㉮ NO_X ㉯ CO ㉰ HC ㉱ O_3

풀이 배출되는 유해성분은 CO_2, CO, HC, NO_X, 입자상물질, 매연, pb, NH_3이므로 정답은 ㉱이다.

2. 많이 배출되는 경우(휘발유 자동차 기준)

★★ ① 질소산화물(NO_X) : 가속시
★★ ② 일산화탄소(CO) : 공회전시 (공전 = 아이드링)
　　③ 탄화수소(HC) : 감속시

3. 경유 자동차(휘발유 자동차와 비교시)

① 공회전시 : CO(일산화탄소), HC(탄화수소) 적게 배출
② 가속시 : NO_X(질소산화물), 매연 많이 배출

4. 블로우바이(blow by) 가스

① 휘발유 자동차에서 배출
② 자동차의 크랭크케이스(Crank case)에서 배출
★★ ③ 주성분은 HC(탄화수소)이다.

02 연 료

★★ 1. 연소형태

(1) 표면연소

① 적열 코크스나 숯의 표면에 산소가 접촉하여 일어나는 연소
★★ ② 코크스나 석탄 등이 고온연소시 고체표면이 빨갛게 빛을 내면서 반응하는 연소로 화염이 없는 연소형태

(2) 분해연소

① 고체연료가 화염을 정상적으로 내면서 연소하는 것
★★ ② 장작, 석탄, 중유 등이 열분해하여 발생한 증기와 함께 연소초기에 불꽃을 내면서 반응하는 것

(3) 발연연소

화염의 표면에서 산소와의 결합이 일어나는 연소

(4) 증발연소

★★ ① 오일의 표면에서 오일이 기화하여 일어나는 연소
② 화염으로부터 열을 받으면 가연성 증기가 발생하는 연소로써 휘발유, 등유, 알콜, 벤젠 등의 액체연료의 연소형태이다.

(5) 자기연소(내부연소)

나이트로글리세린이 여기에 속한다.

(6) 기체연료는 확산연소, 예혼합연소가 있다.

> **Question 02**
>
> 다음은 연소에 관한 설명이다. ( ) 안에 알맞은 것은?
>
> 목재, 석탄, 타르 등은 연소초기에 열분해에 의해 가연성 가스가 생성되고 이것이 긴 화염을 발생시키면서 연소하는데 이러한 연소를 ( )라 한다.
>
> ㉮ 표면연소　　㉯ 분해연소　　㉰ 증발연소　　㉱ 확산연소
>
> 풀이　분해연소는 고체연료가 화염을 정상적으로 내면서 연소하며, 장작, 석탄, 중유 등이 열분해를 하여 발생한 증기와 함께 연소초기에 불꽃을 내면서 반응하는 연소형태이므로 정답은 ㉯이다.

2. 연료의 특성

★★ ① 수분함량이 많으면 착화성이 나쁘고 열손실이 크다.
★★ ② 회분함량이 많으면 연소효과가 나쁘고 취급이 불편하다.
★★ ③ 휘발분이 많으면 불꽃이 길고 연기가 발생한다.
★★ ④ 고정탄소가 많으면 발열량이 높다.

★★★ 3. 완전연소의 구비조건

★★ ① 연소온도를 높게 유지해야 한다.
　　② 공기와 연료의 혼합이 잘 되어야 한다.
　　③ 공기(산소)의 공급이 충분하여야 한다.
★★ ④ 연소를 위한 체류시간이 충분하여야 한다.

> **Question 03**
>
> 연료의 완전연소 조건으로 가장 거리가 먼 것은?
>
> ㉮ 공기(산소)의 공급이 충분해야 한다.
> ㉯ 공기와 연료의 혼합이 잘 되어야 한다.
> ㉰ 연소실 내의 온도를 가능한 한 낮게 유지해야 한다.
> ㉱ 연소를 위한 체류시간이 충분해야 한다.
>
> 풀이　㉰ 연소실 내의 온도를 가능한 한 높게 유지해야 한다.

4. 공기비(m)의 특징

★★ (1) 공기비(m)가 작을 경우 발생하는 현상

① 연소가스 중의 CO와 HC의 농도가 증가
② 매연이나 검댕의 발생량 증가
③ 연소효율 저하

★★ (2) 공기비(m)가 클 경우 발생하는 현상

★★ ① 연소실 내 연소온도 감소(연소실의 냉각효과를 가져옴)
★★ ② 배기가스에 의한 열손실 증대
③ SO_2, NO_2의 함량이 증가하여 부식이 촉진
④ CH_4, CO 및 C 등 물질의 농도가 감소
⑤ 방지시설의 용량이 커지고 에너지 손실 증가
⑥ 희석효과가 높아져 연소 생성물의 농도 감소

Question 04

과잉공기비 m을 크게(m > 1) 하였을 때의 연소 특성으로 옳지 않은 것은?

㉠ 연소가스 중 CO 농도가 높아져 산업공해의 원인이 된다.
㉡ 통풍력이 강하여 배기가스에 의한 열손실이 크다.
㉢ 배기가스의 온도저하 및 SO_X, NO_X 등의 생성물이 증가한다.
㉣ 연소실의 냉각효과를 가져온다.

풀이 ㉠ 연소가스 중 CO 농도가 적게 배출된다.

5. 액체연료 특징

★★ ① 발열량이 높고 품질이 비교적 균일하다.
② 회분이 거의 없고 점화, 소화 및 연소의 조절이 비교적 쉽다.
③ 계량, 기록이 수월하다.
★★ ④ 액체연료는 화재, 역화 등의 위험이 크며, 연소온도가 높아 국부가열을 일으키기 쉽다.
★★ ⑤ 액체연료의 경우 회분은 적지만, 재 속의 금속산화물이 장해원인이 될 수 있다.

6. 액체연료 중 중유

★★ ① 중유에는 A, B, C 중유가 있는데 이것은 점도를 기준으로 분류한다.
② 인화점이 낮은 경우에는 역화의 위험성이 있고, 높을 경우(140℃ 이상)에는 착화가 어렵다.
③ 중유 중 잔류탄소의 함량은 7~16% 정도이다.
④ 점도가 낮을수록 유동점이 낮아진다.
★★ ⑤ 비중이 클수록 유동점, 점도, 잔류탄소 등이 증가한다.
★★ ⑥ 비중이 클수록 발열량이 낮아지고 연소성이 나빠진다.

> **TIP**
> ★★ 황(S) 성분 함량 순서
> B - C유 > 중유 > 경유 > 등유 > 휘발유 > LPG

★★★ 7. 기체연료의 특징

- **장점**

★★ ① 연소효율이 높고 적은 과잉공기량으로도 완전연소가 가능하며 검댕이 발생하지 않는다.
★★ ② 연료 속에 황이 포함되지 않은 것이 많으며 연소배출가스 중에 SO_2가 생성되지 않는다.
③ 연소조절이 용이하고, 점화 및 소화가 간단하다.
④ 연소시 공급연료 및 공기량을 밸브를 이용하여 간단하게 임의로 조절할 수 있어 부하변동 범위가 넓다.
★★ ⑤ 연료의 예열이 쉽고, 저질연료로도 고온을 얻을 수 있다.

- **단점**

① 저장 및 수송이 불편하다.
② 공기와 섞어 점화하면 폭발의 위험성이 있다.
③ 시설비가 많이 든다.

Question 05

다음 중 기체연료의 특징으로 가장 거리가 먼 것은?

㉮ 연료 속에 황이 포함되지 않은 것이 많다.
㉯ 점화와 소화가 용이하다.
㉰ 다른 연료에 비해 연료비가 비싸며, 저장이 곤란하다.
㉱ 재 속의 금속산화물이 주요 장해요인으로 작용한다.

풀이 ㉱는 액체연료에 대한 설명이다.

8. 기체연료의 종류

(1) LNG(액화천연가스)

★★ ① LNG의 주성분은 CH_4(메탄)이다.
  ② LNG의 밀도는 공기보다 작다.
  ③ LNG는 천연가스를 1기압 하에서 -162℃ 정도로 냉각하여 액화시켜 대량 수송 및 저장을 가능하게 한 것이다.

Question 06

다음 중 LNG의 주성분은?

㉮ CO　　㉯ C_2H_2　　㉰ CH_4　　㉱ C_3H_8

풀이 ① LNG(액화천연가스)의 주성분 : CH_4(메탄)
② LPG(액화석유가스)의 주성분 : C_3H_8(프로판), C_4H_{10}(부탄)이므로 정답은 ㉰이다.

(2) LPG(액화석유가스)

★★ ① LPG의 주성분은 C_3H_8(프로판)과 C_4H_{10}(부탄)이다.
  ② LPG의 비중이 공기보다 무거워 인화폭발의 위험성이 높다.
  ③ 석유정제 때에 부산물로 생산되는 것과 천연가스에서 회수되는 것이 있으나 전자의 것이 대부분이다.
  ④ 상온에서 10~20기압을 가하거나 또는 -49℃로 냉각시킬 때 용이하게 액화되는 석유계 탄화수소이다.
  ⑤ 공급원료는 원유, 천연가스를 채취할 때의 부산물, 상압증류, 접촉분해에 의한 석유의 정제공정에서 생성된 것 등이다.

9. 연료의 특징

★★★ (1) 착화온도의 특징

① 가연물의 증발량이 많을수록 낮아진다.
★★ ② 화학결합의 활성도가 클수록 낮아진다.
③ 산소와의 친화성이 클수록 낮아진다.
★★ ④ 활성화에너지가 작을수록 낮아진다.
★★ ⑤ 분자구조가 복잡할수록 낮아진다.
★★ ⑥ 발열량이 높을수록 낮아진다.
⑦ 공기 중의 산소농도가 클수록 낮아진다.
⑧ 화학반응성이 클수록 낮아진다.
⑨ 공기의 압력이 높을수록 착화온도는 낮아진다.
⑩ 비표면적이 클수록 낮아진다.
⑪ 탄화수소의 착화온도는 분자량이 클수록 낮아진다.

★★ (2) 그을음(매연) 발생의 특징

★★ ① 분해나 산화하기 쉬운 탄화수소는 그을음 발생이 적다.
★★ ② C/H비가 큰 연료일수록 그을음이 잘 발생된다.
③ 발생빈도의 순서는 '천연가스 < LPG < 제조가스 < 석탄가스 < 코크스' 이다.
④ - C - C - 의 탄소결합을 절단하기보다 탈수소가 쉬운 쪽이 매연이 생기기 쉽다.
★★ ⑤ 탈수소, 중합 및 고리화합물 등과 같이 반응이 일어나기 쉬운 탄화수소일수록 매연이 잘 생긴다.
⑥ 연소실의 체적이 작을 때 매연이 발생한다.
⑦ 중유 연소에서 공기비가 클수록 검댕이 적게 생긴다.
⑧ 중유 연소에서 생성되는 검댕의 입경을 메탄연소의 경우보다 크다.
★★ ⑨ 석탄 연소에서는 석탄의 휘발분이 많을수록 검댕이 생기기 쉽다.
⑩ 통풍력이 부족할 때 매연이 발생한다.

PART 02

폐수처리

CHAPTER 01   수질오염개론

CHAPTER 02   수질오염방지기술

환경기능사
필기&실기

CHAPTER 01 수질오염개론

01 수질화학 기초

1. 산성폐수의 특성

① 맛이 시다.
② 염기를 중화시킨다.
★★ ③ 푸른 리트머스 종이를 붉은색으로 변화시킨다.
④ 금속과 반응하여 수소가스(H_2)를 발생한다.
⑤ 염기와 반응하여 염과 물을 발생시킨다.
⑥ 물에 용해되면 전해질이 된다.

2. 산(Acid)

① Arrhenius는 수용액에서 양성자 [H^+]를 내어놓는 것이다.
② Brönsted - Lowry는 양성자 [H^+]를 내어주는 물질이다.
③ Lewis는 전자쌍을 수용액에서 받는 화학종이다.

3. 염기(Base)

① Arrhenius는 수용액에서 수산화이온 [OH^-]을 내어놓는 것이다.
② Brönsted - Lowry는 양성자[H^+]를 받는 분자나 이온이다.
③ Lewis는 전자쌍을 수용액에서 주는 화학종이다.

★★ 4. 산화(Oxidation)

① 산소와 화합하는 현상
★★ ② 산화수 증가
③ 전자를 주는 현상(전자를 잃는 현상)
④ 원자가가 증가되는 현상
⑤ 수소화합물에서 수소를 잃은 현상

★★ 5. 환원(Reduction)

① 전자를 얻는 것
② 산화수 감소
③ 수소와 화합하는 현상
④ 산소화합물에서 산소를 잃는 현상

6. 완충용액

① 완충방정식은 $PKa + \log \frac{[염기]}{[산]}$ 으로 표시된다.

② 완충용액은 보통약산과 그 약산의 강염기의 염을 함유하거나 약염기와 그 약염기의 강산의 염이 함유된 용액이다.

> **Question 01**
>
> 다음은 산과 염기에 관한 설명이다. 틀린 것은?
>
> ㉮ Lewis는 전자쌍을 받는 화학종을 산이라고 정의
> ㉯ Arrrhenius는 수용액에서 수산화이온을 내어놓는 것이 염기라고 정의
> ㉰ Brönsted-Lowry는 양성자를 받는 분자나 이온을 산이라 정의
> ㉱ 산은 활성을 띤 금속과 반응하여 원소상태의 수소를 내어 놓음
>
> **풀이** ㉯ 양성자[H^+]를 주는 물질

Question 02

산(Acid)이 물에 녹았을 때 가지는 특성과 가장 거리가 먼 것은?

㉮ 맛이 시다.
㉯ 미끈미끈거리며 염기를 중화한다.
㉰ 푸른 리트머스 시험지를 붉게 한다.
㉱ 활성을 띤 금속과 반응하여 원소상태의 수소를 발생시킨다.

풀이 ㉯ 염기(Base)는 미끈미끈거리며 산을 중화한다.

Question 03

다음 중 산화에 해당하는 것은?

㉮ 수소와 화합   ㉯ 산소를 잃음   ㉰ 전자를 얻음   ㉱ 산화수 증가

풀이 ㉮ 수소를 잃는 현상
　　 ㉯ 산소와 화합하는 현상
　　 ㉰ 전자를 주는 현상 따라서 정답은 ㉱이다.

02 수자원 및 물의 특성

★★★ 1. 수자원

★★ ① 지구상에 존재하는 물의 형태 중 해수가 97%이고 담수가 3%를 차지한다.
★★★ ② 지구상 존재하는 담수 중 가장 많은 부분을 차지하는 형태는 빙하(만년설 포함)이다.
③ 담수의 분포순서 : 빙하(만년설 포함) > 지하수 > 지표수 > 토양의 수분 > 대기 중 수분
④ 우리나라 수자원 이용현황은 농업용수 > 하천유지용수 > 생활용수 > 공업용수 순이다.

Question 04

지구상의 담수 중 가장 큰 비율을 차지하고 있는 것은?

㉮ 호수   ㉯ 하천   ㉰ 빙설 및 빙하   ㉱ 지하수

풀이 담수의 분포순서 : 빙하(만년설 포함) > 지하수 > 지표수 > 토양의 수분 > 대기 중 수분 순서이므로 정답은 ㉰이다.

2. 수자원의 일반적인 특성

★★ ① 호수는 미생물의 번식이 있고, 수온변화에 따른 성층이 형성된다.
★★ ② 지표수는 유기물이 풍부하고 지하수보다 오염이 많이 되고 수온의 변화가 심하다.
③ 수량면에서는 무한하지만 사용목적이 극히 한정적인 수자원은 바닷물이다.
④ 호수는 물의 움직임이 적어 한번 오염되면 회복이 어렵다.
⑤ 호수에는 부영양화현상(녹조현상)이 발생한다.
★★ ⑥ 우리나라 하천은 하상계수(최대유량과 최소유량의 비)가 크다.

Question 05

수자원에 대한 일반적인 설명으로 틀린 것은?

㉮ 호수는 미생물의 번식이 있고, 수온변화에 따른 성층이 형성된다.
㉯ 지표수는 무기물이 풍부하고 지하수보다 깨끗하며 연중 수온이 일정하다.
㉰ 수량면에서는 무한하지만 사용 목적이 극히 한정적인 수자원은 바닷물이다.
㉱ 호수는 물의 움직임이 적어 한 번 오염이 되면 회복이 어렵다.

풀이 ㉯ 지표수는 유기물이 풍부하고 지하수보다 오염이 심하고 수온의 변화가 심하다.

★★★ 3. 지하수의 일반적인 특성

★★ ① 유속이 느리다.
★★ ② 국지적인 환경조건의 영향을 크게 받는다.
★★ ③ 연중 수온이 거의 일정하다.
④ 지질특성에 영향을 받는다.
★★ ⑤ 유량의 변화가 적다.
★★ ⑥ 경도가 높고 탁도가 낮다.
★★ ⑦ 염분의 함량이 지표수보다 높다.
⑧ 환경변화에 대한 반응이 느리다.
⑨ 세균에 의한 유기물 분해가 주된 생물작용이다.
⑩ 미생물에 의한 생화학적 자정작용이나 화학적 자정작용이 느리다.

Question 06

지하수 수질 특성으로 가장 거리가 먼 것은?

㉮ 유속이 느린 편이다.
㉯ 국지적인 환경조건의 영향을 받지 않는다.
㉰ 세균에 의한 유기물 분해가 주된 생물작용이다.
㉱ 연중 수온이 거의 일정하다.

풀이 ㉯ 국지적인 환경조건의 영향을 크게 받는다.

★★ 4. 물의 특성

★★ ① 물분자가 극성을 가지는 이유는 산소와 수소의 전기음성도의 차이 때문이다.
★★ ② 물의 밀도는 4℃에서 최대가 된다.
★★ ③ 분자량이 유사한 다른 화합물에 비해 비열이 큰 편이다.
★★ ④ 화학 구조적으로 극성을 띠어 많은 물질들을 녹일 수 있다.
   ⑤ 상온에서 알칼리금속이나 알칼리토금속 또는 철과 반응하여 수소를 발생시킨다.
   ⑥ 물 분자 사이의 수소결합으로 큰 표면장력을 갖으며 수온이 증가하면 표면장력은 감소한다.
   ⑦ 고체상태인 경우 수소결합에 의한 육각형 결정구조로 되어 있다.
★★ ⑧ 기화열이 크기 때문에 생물의 효과적인 체온조절이 가능하다.
★★ ⑨ 생물체의 결빙이 쉽게 일어나지 않음은 물의 융해열이 크기 때문이다.
   ⑩ 광합성의 수소공여체이며 호흡의 최종 산물이다.

Question 07

물의 특성으로 옳지 않은 것은?

㉮ 물의 밀도는 4℃에서 최소가 된다.
㉯ 분자량이 유사한 다른 화합물에 비해 비열이 큰 편이다.
㉰ 화학 구조적으로 극성을 띠어 많은 물질들을 녹일 수 있다.
㉱ 상온에서 알칼리금속이나 알칼리토금속 또는 철과 반응하여 수소를 발생시킨다.

풀이 ㉮ 물의 밀도는 4℃에서 최대가 된다.

Question 08

물 분자가 극성을 가지는 이유로 가장 적합한 것은?

㉮ 산소와 수소의 원자량의 차
㉯ 산소와 수소의 전기음성도의 차
㉰ 산소와 수소의 끓는점의 차
㉱ 산소와 수소의 온도 변화에 따른 밀도의 차

풀이 물분자가 극성을 가지는 이유는 산소와 수소의 전기음성도의 차 때문이며 화학 구조적으로 극성을 띠어 많은 물질을 녹일 수 있다. 따라서 정답은 ㉯이다.

★★ 5. 알칼리도 자료 이용 분야

① 응집제 투입시 적정 pH 유지 및 응집효과 촉진
② 물의 연수화 과정에서 석회 및 소오다회의 소요량 계산에 고려
③ 폐수와 슬러지의 완충용량 계산

★★ 6. 산업폐수의 일반적인 특징

① 주로 악성폐수가 많다.
② 중금속 등의 오염물질 함량이 생활하수에 비해 높다.
③ 업종 및 생산방식에 따라 수질이 매우 다양하다.
④ 같은 업종일지라도 생산규모에 따라 배수량이 달라진다.

Question 09

산업폐수에 관한 일반적인 설명으로 거리가 먼 것은?

㉮ 주로 악성폐수가 많다.
㉯ 중금속 등의 오염물질 함량이 생활하수에 비해 높다.
㉰ 업종 및 생산방식에 따라 수질이 거의 일정하다.
㉱ 같은 업종 일지라도 생산규모에 따라 배수량이 달라진다.

풀이 ㉰ 업종 및 생산방식에 따라 수질이 다양한다.

7. 점오염원(point pollution source)

(1) 정의

폐수배출시설, 하수발생시설, 축사 등으로서 관거·수로 등을 통하여 일정한 지점으로 수질오염물질을 배출하는 배출원을 말한다.

(2) 점오염원의 종류

① 가정하수
② 공장폐수
③ 공단폐수
④ 축산폐수

8. 비점오염원(nonpoint pollution source)

(1) 정의

도시, 도로, 농지, 산지, 공사장 등으로서 불특정 장소에서 불특정하게 수질오염물질을 배출하는 배출원을 말한다.

(2) 비점오염원의 종류

★★ 농경지 배수

(3) 비점오염원의 특징

① 농경지 유출수가 해당한다.
★★ ② 지표수 유출이 많은 홍수시 하천수 수질 악화에 큰 영향을 미친다.
★★ ③ 기상조건, 지질, 지형 등의 영향이 크다.
④ 빗물, 지하수 등에 의하여 희석되거나 확산되면서 넓은 장소로부터 배출된다.
⑤ 일간, 계절간의 배출량 변화가 크다.

Question 10

비점오염원의 특징이 아닌 것은?

㉮ 지표수 유출이 거의 없는 갈수시 하천수 수질악화에 큰 영향을 미친다.
㉯ 기상조건, 지질, 지형 등의 영향이 크다.
㉰ 빗물, 지하수 등에 의하여 희석되거나 확산되면서 넓은 장소로부터 배출된다.
㉱ 일간, 계절간의 배출량 변화가 크다.

풀이 ㉮ 지표수 유출이 많은 홍수시 하천수 수질악화에 큰 영향을 미친다.

Question 11

오염물질은 배출하는 형태에 따라 점오염원과 비점오염원으로 구분된다. 다음 중 비점오염원에 해당하는 것은?

㉮ 생활하수   ㉯ 농경지배수   ㉰ 축산폐수   ㉱ 산업폐수

정답 ㉯

9. 유해물질과 만성질환 및 발생공업

① PCB
  ★★ ㉠ 증상 : 카네미유증
      ㉡ 발생공업 : 변압기, 콘덴서 공장

② 수은
  ★★ ㉠ 증상 : 헌터루셀 증후군, 미나마타병, 경구염, 수족 떨림
  ★★ ㉡ 발생공업 : 제련, 살충제, 온도계, 압력계 제조업

③ 망간
      ㉠ 증상 : 파킨슨씨 증후군과 유사한 증상
      ㉡ 발생공업 : 광산, 합금, 유리착색 공업

④ 카드뮴
  ★★ ㉠ 증상 : 이따이이따이병, 골연화증
  ★★ ㉡ 발생공업 : 아연정련업, 도금공업

⑤ 아연
      ㉠ 증상 : 소인증
      ㉡ 발생공업 : 도금, 안료공업

⑥ 불소
      ㉠ 증상 : 법랑반점
      ㉡ 발생공업 : 살충제, 도료공업

⑦ 비소
      ㉠ 증상 : 피부염, 발암, 피부흑색(청색)화
      ㉡ 발생공업 : 황산제조, 피혁공업

⑧ 구리
      ㉠ 증상 : 만성중독시 간경변, 윌슨씨 증후군
      ㉡ 발생공업 : 도금공장, 파이프 제조업

Question 12

다음 오염물질에 따른 인체의 피해현상으로 가장 거리가 먼 것은?

㉮ PCB - 황달, 피부장애 ㉯ 페놀 - 불쾌한 맛과 취기
㉰ 시안 - 칼슘 대사장애 ㉱ 메틸수은 - 중추 신경장애

풀이 ㉰ 시안 - 호흡 효소기능 마비

Question 13

다음 중 인체에 만성 중독증상으로 카네미유증을 발생시키는 유해물질은?

㉮ PCB   ㉯ Mn   ㉰ As   ㉱ Cd

정답 ㉮

Question 14

다음은 어떤 중금속에 관한 설명인가?

- 상온에서 유일하게 액체상태로 존재하는 금속이다.
- 인체에 증기로 흡입시 뇌 및 중추신경계에 큰 영향을 미친다.
- 체내에 축적되어 Hunter - Russel 증후군을 일으킨다.

㉮ Cr   ㉯ Hg   ㉰ Mn   ㉱ As

정답 ㉯

Question 15

다음 설명하는 오염물질로 가장 적합한 것은?

[보기]
아연과 성질이 유사한 금속으로 아연 제련의 부산물로 발생하며, 일반적으로 합금용 첨가제나 충전식 전지에도 사용되고, 이따이이따이병의 원인물질로 잘 알려져 있다.

㉮ 비소   ㉯ 크롬   ㉰ 시안   ㉱ 카드뮴

정답 ㉱

★★ **TIP**

분변성 대장균 검사는 병원균의 존재 여부를 파악하기 위해서이다.

Question 16

수질관리를 위해 대장균군을 측정하는 주목적으로 가장 타당한 것은?
㉮ 유기물질의 오염정도를 측정하기 위하여
㉯ 수질의 미생물 성장가능 여부를 알기 위하여
㉰ 공장폐수의 유입폐수를 알기 위하여
㉱ 다른 수인성 병원균의 존재 가능성을 알기 위하여

풀이 대장균군을 측정하는 주목적은 다른 수인성 병원균의 존재 가능성을 알기 위해서이므로 정답은 ㉱이다.

03 수질 미생물학

1. 환경미생물

★★ **(1) 중요한 물질의 경험적 화학식**

① 곰팡이(fungi) : $C_{10}H_{17}O_6N$(암기법 "일공일칠육")
② 박테리아(bacteria) : $C_5H_7O_2N$(암기법 "오칠이")
③ 조류(algae) : $C_5H_8O_2N$(암기법 "오팔이")
④ 원생동물(protozoa) : $C_7H_{14}O_3N$(암기법 "칠일사삼")

★★ **(2) 균류, 곰팡이류(Fungi)**

★★ ① 경험적인 화학식은 $C_{10}H_{17}O_6N$이다.
★★ ② 탄소 동화작용을 하지 않고 유기물을 섭취하는 미생물이다.
③ 폐수내의 질소와 용존산소가 부족한 경우에도 잘 성장하고 pH가 낮은 경우에도 잘 자라 산성폐수의 처리에도 이용된다.
★★ ④ 활성슬러지의 팽화(벌킹)현상을 유발한다.
⑤ 고형물질의 표면에 부착하여 생장하는 미생물이다.
⑥ 핵의 형태가 뚜렷한 단세포가 서로 연결되어 일정한 형태를 이룬다.

⑦ 다세포로 구성된 균사, 생식세포를 형성하는 자실체로 구성되어 있다.
⑧ 각 세포는 독립된 생존능력을 가지며, 영양물질과 에너지 물질인 유기물을 세포 표면으로 흡수하여 생장한다.
⑨ 물질순환 및 자정작용에 중요한 역할을 한다.

Question 17

탄소동화작용을 하지 않고 유기물질을 섭취하는 식물로 폐수내의 질소와 용존산소가 부족한 경우에도 잘 성장하며 pH가 낮은 경우에도 잘자라 산성폐수의 처리에도 이용되는 미생물은?

㉮ Algae   ㉯ Bacteria   ㉰ Rotifer   ㉱ Fungi

정답 ㉱

(3) 조류(Algae)

① 식물성 플랑크톤이라고 불리며 물속에서 엽록소를 가지므로 광합성을 한다.
② 경험적인 화학식이 $C_5H_8O_2N$으로 수중의 용존산소 균형에 영향을 준다.
③ 상수원에서는 색, 맛, 불쾌한 냄새유발, pH저하, 여과재 막힘 등에 영향을 준다.

Question 18

수중의 용존산소균형에 영향을 주며 상수원에서 물에 맛이나 냄새를 주로 일으키는 미생물로 가장 알맞은 것은?

㉮ 박테리아   ㉯ 곰팡이류   ㉰ 원생동물   ㉱ 조류

정답 ㉱

Question 19

수질오염에 관한 미생물의 작용에 있어서 흔히 사용되는 조류(Algae)의 경험적 화학 조성식은?

㉮ $C_5H_7O_2N$ ㉯ $C_5H_8O_3N$ ㉰ $C_5H_7O_3N$ ㉱ $C_5H_8O_2N$

풀이
- 박테리아 : $C_5H_7O_2N$ $\xrightarrow{\text{기억법}}$ "오칠이"   • 조류 : $C_5H_8O_2N$ $\xrightarrow{\text{기억법}}$ "오팔이"
- Fungi : $C_{10}H_{17}O_6N$ $\xrightarrow{\text{기억법}}$ "일공일칠육" 이므로 정답은 ㉱이다.

★★★ (4) 박테리아(Bacteria)

① 가장 간단한 식물(단세포 미생물)로서 용해된 유기물을 섭취한다.
② 막대기모양, 공모양, 나선모양 등이 있다.
★★ ③ 일반적인 화학조성식은 $C_5H_7O_2N$로 나타낼 수 있다.
★★ ④ 수분 80%, 고형물 20% 그리고 고형물 중 유기물이 90%, 무기물이 10%로 구성되어 있다.
⑤ 생물학적 수처리에서 가장 중요한 미생물이다.
★★ ⑥ 박테리아는 0.8~5μm의 단세포생물이며 이분법(세포분열)에 의해 증식한다.
★★ ⑦ 엽록소가 없어 탄소동화작용을 못한다.

Question 20

가장 간단한 식물로서 용해된 유기물을 섭취하며 생물학적 수처리에서 가장 중요한 미생물은?

㉮ rotifer   ㉯ fungi   ㉰ ciliate   ㉱ bacteria

▶ 정답 ㉱

Question 21

Bacteria의 약 80%는 H_2O이고, 약 20%가 고형물로 구성되어 있다. 이 고형물 중 유기물질은 약 몇 %인가?

㉮ 70%   ㉯ 80%   ㉰ 90%   ㉱ 99%

▶ 풀이 Bacteria(박테리아)는 H_2O가 80%, 고형물이 20%로 구성되어 있으며 고형물 중 90%가 유기물이고 10%가 무기물이므로 정답은 ㉰이다.

Question 22

Bacteria에 관한 설명으로 잘못된 것은?

㉮ 혐기성 박테리아 경험적 분자식이 $C_5H_9O_3N$이다.
㉯ 수분이 80%, 고형물 20%로 구성되어 있다.
㉰ 크기는 80~100μm 정도이다.
㉱ 엽록소가 없어 탄소동화작용을 못한다.

▶ 풀이 ㉰ 크기는 0.8~5μm의 단세포 생물이다.

(5) 원생동물(Protozoa)

① 하천수에서 원생동물이 관찰되면 비교적 깨끗한 상태이다.
② 구성물질은 80% 정도가 물이며 경험적으로 $C_7H_{14}O_3N$의 화학구조식으로 사용한다.
③ 대개 호기성으로 크기가 100μm 이내의 것이 많으며 단핵, 운동성, 비광합성 미생물이다.

(6) 후생동물(Metozoa)

① 용존산소에 가장 민감하다고 볼 수 있는 미생물은 로티퍼(Rotifer)이다.
② 고등동물이라고도 하고 다세포동물이다.

> **TIP**
> 폐수처리 분야에서 미생물이라 하는 개체의 크기 기준은 1.0mm 이하이다.

> **TIP**
> **혐기성 미생물**
> 미생물은 산소의 섭취 유무에 따라 분류하기도 하는데 혐기성 미생물은 용존산소가 아닌 SO_4^{2-}, NO_3^- 등과 같은 산화물을 용존산소로 섭취하기 때문에 그 결과 황화수소, 암모니아, 질소 등을 발생시킨다.

Question 23

폐수처리에 이용되는 미생물의 구분 중 다음 (   ) 안에 가장 적합한 것은?

> 미생물은 산소의 섭취 유무에 따라 분류하기도 하는데, (   )미생물은 용존산소가 아닌 SO_4^{2-}, NO_3^- 등과 같은 산화물을 용존산소로 섭취하기 때문에 그 결과 황화수소, 암모니아, 질소 등을 발생시킨다.

㉮ 자산성   ㉯ 호기성   ㉰ 혐기성   ㉱ 통기성

풀이 ㉰ 혐기성 미생물에 대한 설명이다.

2. 에너지원과 탄소원에 의한 미생물의 분류

① 광합성 자가(독립) 영양 미생물의 에너지원은 빛이며 탄소원은 CO_2이다.
② 화학합성 자가(독립) 영양 미생물의 에너지원은 무기물의 산화·환원반응이며 탄소원은 CO_2이다.
③ 광합성 타가(종속) 영양 미생물의 에너지원은 빛이며 탄소원은 유기탄소이다.

④ 화학합성 타가(종속) 영양 미생물의 에너지원은 유기물의 산화·환원반응이며 탄소원은 유기탄소다.

분류	에너지원	탄소원
광합성 자가(독립) 영양 미생물	빛	CO_2
화학합성 자가(독립) 영양 미생물	무기물의 산화·환원 반응	CO_2
광합성 타가(종속) 영양 미생물	빛	유기탄소
화학합성 타가(종속) 영양 미생물	유기물의 산화·환원 반응	유기탄소

Question 24

광합성 종속영양 미생물계의 에너지원과 탄소원으로 가장 알맞은 것은?

㉮ 빛, CO_2　　　　　　㉯ 무기물의 이화작용, 무기탄소
㉰ 빛, 유기탄소　　　　㉱ 유기물의 동화작용, 무기탄소

정답 ㉰

Question 25

화학합성 자가영양미생물계의 에너지원과 탄소원으로 가장 알맞은 것은?

㉮ 빛, CO_2　　　　　　㉯ 무기물의 산화환원반응, CO_2
㉰ 빛, 유기탄소　　　　㉱ 유기물의 산화환원반응, 유기탄소

정답 ㉯

3. 미생물의 성장과정 단계

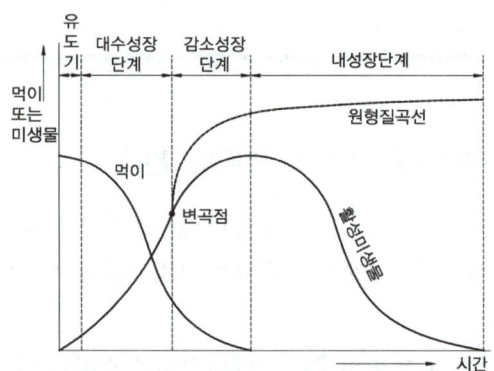

★★ (1) 미생물의 성장과정

유도기 → 대수성장기 → 정지기 → 사멸기

(2) 미생물의 성장단계 중 지체기

일정한 양의 에너지와 영양분이 한번만 주어지는 회분식 배양에서 접종전 배양 말기의 불리한 조건에서 대사산물이나 효소가 고갈된 접종세포가 새로운 환경에 적응할 때까지의 소요기간을 말한다.

 Question 26

회분식으로 일정한 양의 에너지의 영양분을 한번만 주고 미생물을 배양했을 때 미생물의 성장과정을 순서(초기 → 말기)대로 나타낸 것은?

㉮ 대수 성장기 → 유도기 → 정지기 → 사멸기
㉯ 대수 성장기 → 정지기 → 유도기 → 사멸기
㉰ 유도기 → 대수 성장기 → 정지기 → 사멸기
㉱ 유도기 → 정지기 → 대수 성장기 → 사멸기

정답 ㉰

 Question 27

다음은 미생물의 성장단계에 대한 설명이다. (　)안에 알맞은 것은?

> (　)란 일정한 양의 에너지와 영양분이 한번만 주어지는 회분식 배양에서 접종전 배양말기의 불리한 조건에서 대사산물이나 효소가 고갈된 접종세포가 새로운 환경에 적응할 때까지의 소요기간을 말한다.

㉮ 내생호흡기　　㉯ 지체기　　㉰ 감소성장기　　㉱ 대수성장기

풀이　㉮ 내생호흡기 : 미생물 증식이 정지된 단계로 합성된 세포를 이용해 생존한다.
　　　　㉰ 감소성장기 : 미생물이 엉켜 floc(플록) 형성 단계이다.
　　　　㉱ 대수성장기 : 미생물이 엉기지 않고 자라는 분산 성장단계이다.
따라서 문제의 내용은 지체기에 대한 설명이므로 정답은 ㉯이다.

04 수질오염지표

★★★ 1. 용존산소(DO)

★★ ① 염분(용존염류)의 농도가 높을수록 용해율(용존산소량)은 감소한다.
② 수중의 용존산소의 양은 일반적으로 온도가 상승함에 따라 감소한다.
★★ ③ 현존 용존산소 농도가 낮을수록 산소전달율은 높아진다.
④ 같은 수온하에서는 해수보다 담수의 용존산소량이 높다.
★★ ⑤ 물속의 용존산소는 수온이 낮고 기압이 높을 때 증가한다.

📢 Question 28

수중 용존산소와 관련된 일반적인 설명으로 옳지 않은 것은?

㉮ 온도가 높을수록 용존산소값은 감소한다.
㉯ 물의 흐름이 난류일 때 산소의 용해도는 높다.
㉰ 유기물질이 많을수록 용존산소값은 커진다.
㉱ 일반적으로 용존산소값이 클수록 깨끗한 물로 간주할 수 있다.

▸ 풀이 유기물질이 많을수록 용존산소값은 작아진다.

> **TIP**
> 유기물질이 많을수록 용존산소값이 작아지는 이유는 유기물질이 많으면 미생물이 유기물을 분해하는데 용존산소를 많이 소모하므로 물속의 용존산소가 작아진다.

📢 Question 29

수질오염의 지표에서 수중의 DO 농도가 증가하는 것은?

㉮ 동물의 호흡 작용 ㉯ 불순물의 산화 작용
㉰ 유기물의 분해 작용 ㉱ 조류의 광합성 작용

▸ 풀이
- 광합성 반응식 : $CO_2 + H_2O \xrightarrow[\text{낮}]{\text{빛}} [CH_2O] + O_2 \uparrow$
- 조류가 광합성 작용을 함으로써 물속에 산소를 공급하므로 수중의 DO(용존산소)가 증가한다. 따라서 정답은 이다.

2. 생물화학적 산소요구량(BOD)

(1) BOD의 특징

① 통상 BOD라고 하는 것은 20℃에서 5일간 해당 시료를 배양했을때 소모되는 산소량을 말한다.
② 실험실에서 일반적으로 BOD를 측정할 때 배양조건은 20℃에서 5일간 배양한다.
③ BOD가 높은 하수는 희석해서 시험한다.
④ 미생물이 없는 시료는 하천수 등으로 식종한다.
⑤ DO가 과포화된 것은 수온을 23~25℃로 통기, 방냉하여 수온을 20℃로 한다.

(2) BOD 곡선

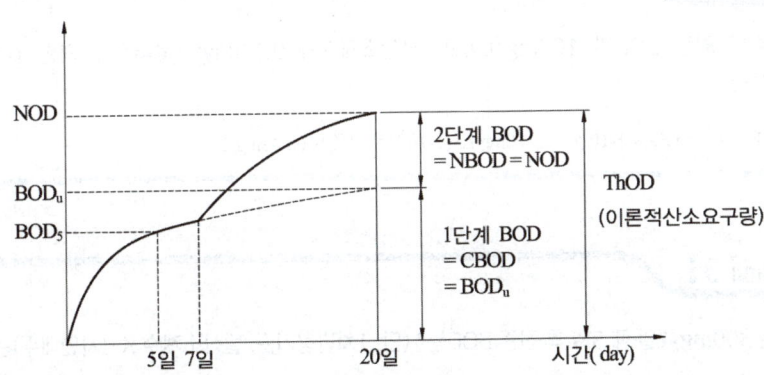

① 1단계 BOD = BOD_u = BOD_{20} = $BOD_5 \times K$ = BDCOD

$$K = \frac{BOD_u}{BOD_5} = \frac{100\%}{67\%} = 1.5$$

② 2단계 BOD = NBOD = NOD

(3) BOD_t 공식

① 소모공식, 밑수 10(또는 상용대수)
$BOD_t = BOD_u \times (1 - 10^{-k_1 \times t})$

② 소모공식, 밑수 e(또는 자연대수)
$BOD_t = BOD_u \times (1 - e^{-k_1 \times t})$

③ 잔류공식, 밑수 10(또는 상용대수)
$BOD_t = BOD_u \times (10^{-k_1 \times t})$

④ 잔류공식, 밑수 e(또는 자연대수)
$BOD_t = BOD_u \times (e^{-k_1 \times t})$

$\begin{bmatrix} BOD_t : t일\ BOD(mg/L) \\ k_1 : 탈산소계수\ (/day) \end{bmatrix}$ $\quad BOD_u : 최종\ BOD(mg/L)$
$\qquad\qquad\qquad\qquad\qquad\qquad\qquad\qquad t : 시간(day)$

> **공식해설**
> ① 식을 기본 공식으로 암기한다.
> ② 식은 ①식에서 밑수 10 → e로 바꾼다.
> ③ 식은 잔류공식이므로 ①식에서 1-를 생략한다.
> ④ 식은 잔류공식, 밑수가 e이므로 ①식에서 1-를 생략하고 10 → e로 바꾼다.
> ⑤ BOD_t에서 t는 t일을 의미하므로 5일 BOD를 구하는 문제에서는 BOD_5으로 나타내면 된다.

Question 30

도시하수의 최종 BOD가 100mg/L이고, 탈산소계수가 0.1/day(상용대수에 의한 값)라면 BOD_5 (mg/L)는?

풀이 $BOD_5 = BOD_u \times (1-10^{-k_1 \times t}) = 100mg/L \times (1-10^{-0.1/day \times 5day}) = 68.38mg/L$

Question 31

BOD_u가 300mg/L일 때 5일 후 잔존 BOD는? (단, 1차반응기준, 탈산소계수 K_1 (자연대수)는 0.1/day)

풀이 $BOD_5 = BOD_u \times (e^{-k_1 \times t}) = 300mg/L \times (e^{-0.1/day \times 5day}) = 181.96mg/L$

Question 32

유기물 과다 유입에 따른 수질오염 현상으로 가장 거리가 먼 것은?
㉮ DO 농도의 감소   ㉯ 혐기 상태로 변화   ㉰ 어패류의 폐사현상   ㉱ BOD 농도의 감소

풀이 ㉱ BOD 농도의 증가

3. 질소화합물의 질산화 및 탈질화과정

(1) 질산화와 탈질화 반응

★★ ① 질산화 과정 : $NH_3-N \rightarrow NO_2-N \rightarrow NO_3-N$
② 탈질화 과정 : $NO_3-N \rightarrow NO_2-N \rightarrow$ 대기 중 N_2

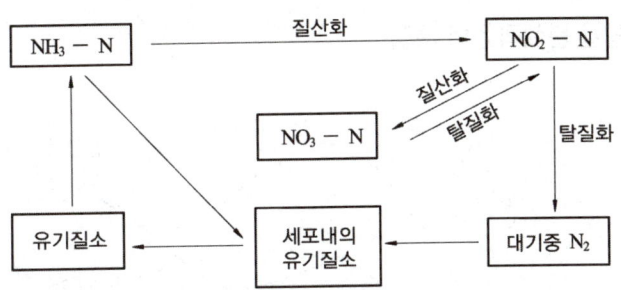

★★★ (2) 생물학적 질산화공정의 특징

- ★★ ① 질산화반응에 참여하는 미생물은 산소(O_2)가 필요한 호기성 미생물이며 독립(자가)영양계 미생물이다.
- ② 질산화반응에는 O_2가 필요하다.
- ③ 암모니아성 질소의 질산화는 Nitrosomonas와 Nitrobacter 미생물이 관여하여 2단계로 진행된다.
- ★★ ④ 암모니아성 질소(NH_3-N)를 아질산성질소(NO_2-N)으로 전환시키는 1단계 반응에는 Nitrosomonas(니트로조모나스)가 관여한다.
- ★★ ⑤ 아질산성 질소(NO_2-N)을 질산성 질소(NO_3-N)으로 전환시키는 2단계 반응에는 Nitrobacter(니트로박터)가 관여한다.
- ⑥ 질산화반응은 호기성 폐수처리의 후기에 진행된다.
- ⑦ 질산화미생물은 유기탄소보다 무기탄소(CO_2)를 새로운 세포합성에 이용된다.
- ⑧ 질산화반응의 최적온도는 30℃이다.
- ★★ ⑨ 질산화공정에서는 (H^+)의 증가로 pH가 감소한다.
- ⑩ 질산화 미생물은 절대호기성이어서 높은 산소 농도를 요구한다.

★★★ (3) 생물학적 탈질화공정의 특징

- ★★ ① 탈질화공정은 주로 종속(타가) 영양계 미생물에 의해 발생된다.
- ★★ ② 탈질공정에서 일반적으로 탄소원 공급용으로 가해주는 화학약품은 메탄올(CH_3OH)이다.
- ★★ ③ NO_3^-가 박테리아에 의해 N_2로 환원되는 경우 질소환원 박테리아의 탄소공급원으로 제공된 CH_3OH 중 OH^-가 발생해 pH가 증가한다.
- ④ 아질산이온, 질산이온 등이 질소가스로 변환되어 대기로 방출되는 공정이다.
- ★★ ⑤ 생물학적 탈질공정은 anoxic구역에서 Pseudomonas, Micrococcus 등에 의해서 이루어 진다.
- ⑥ 탈질화 공정에서 용존산소의 농도는 주요 변수이다.

(4) 질소화합물 분해과정의 특징

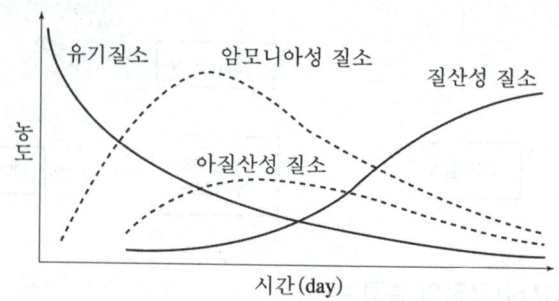

① 유기물에 함유된 유기질소는 점차적으로 무기질소로 변한다.
② 질산화미생물에 의해 최종적으로 질산성 질소로 변한다.
★★ ③ 질산성 질소가 다량 검출되면 오염물질이 배출된 후 오랜 시간이 경과하였다고 볼 수 있다.
★★ ④ 유기질소가 다량 검출되면 수인성 전염병을 유발하는 각종 세균의 존재 가능성을 의심할 수 있다.

📢 **Question 33**

물속에서 단백질과 같은 유기질소의 질산화가 진행될 때 다음 중 가장 늦게 생성되는 물질은?

㉮ Org-N ㉯ NH_3-N ㉰ NO_2-N ㉱ NO_3-N

 ㉱

★★★ 4. 경도(Hardness)

★★ ① ppm으로 표시되는 물의 경도 표시는 $CaCO_3$ mg/H_2O L이다.
★★ ② 경도 유발물질은 2가 양이온 금속성물질 중 Ca^{2+}, Mg^{2+}, Mn^{2+}, Fe^{2+}, Sr^{2+}가 해당된다.
③ 일시경도와 영구경도로 나눌 수 있다.
④ 세제효과를 감소시켜 세제의 소모를 증가시킨다. (센물속의 금속이온들은 세제나 비누와 결합하여 세탁효과를 떨어뜨린다.)
⑤ 일시경도는 가열하면 없어지는 탄산경도를 말한다.
⑥ 영구경도는 가열하여도 없어지지 않는 비탄산경도를 말한다.
★★ ⑦ Na^+은 경도를 유발하는 이온은 아니지만 그 농도가 높을 때에는 경도와 비슷한 작용을 하여 유사경도라 한다.
★★ ⑧ 경도가 높은 물은 관로의 통수저항을 증가시켜 공업용수(섬유제지 등)로 부적합하다.

⑨ SO_4^{2-}, NO_3^-, Cl^-와 화합물을 이루고 있을 때 나타나는 경도를 영구경도라고도 한다.
⑩ 경도 중 OH^-, CO_3^{2-}, HCO_3^- 등과 결합한 형태로 있을 때 이를 탄산경도라 한다.

★★ ⑪ $\dfrac{경도(mg/L)}{50g} = \dfrac{Ca^{2+}(mg/L)}{20g} + \dfrac{Mg^{2+}(mg/L)}{12g} + \dfrac{Fe^{2+}(mg/L)}{28g} + \dfrac{Mn^{2+}(mg/L)}{27.5g} + \dfrac{Sr^{2+}(mg/L)}{43.8g}$

Question 34

다음 중 경도의 주 원인물질은?

㉮ Ca^{2+}, Mg^{2+} ㉯ Ba^{2+}, Cd^{2+} ㉰ Fe^{2+}, Pb^{2+} ㉱ Ra^{2+}, Mn^{2+}

▶풀이 경도유발물질은 Ca^{2+}, Mg^{2+}, Fe^{2+}, Mn^{2+}, Sr^{2+}가 있으며, 주로 Ca^{2+}, Mg^{2+}에 의해 발생되므로 정답은 ㉮이다.

Question 35

경도(Hardness)에 관한 설명으로 거리가 먼 것은?

㉮ Na^+은 농도가 높을 때는 경도와 비슷한 작용을 하여 유사경도라 한다.
㉯ 2가 이상의 양이온 금속의 양을 수산화칼슘으로 환산하여 ppm 단위로 표시한다.
㉰ 센물속의 금속이온들은 세제나 비누와 결합하여 세탁효과를 떨어뜨린다.
㉱ 경도 중 CO_3^{2-}, HCO_3^- 등과 결합한 형태로 있을 때 이를 탄산경도라 하고, 이 성분은 물을 끓일 때 제거된다.

▶풀이 ㉯ 경도는 물의 세기 정도를 말하며, 2가 양이온 금속성물질(Ca^{2+}, Mg^{2+}, Mn^{2+}, Fe^{2+}, Sr^{2+})의 양을 탄산칼슘($CaCO_3$)의 농도로 환산하여 ppm 단위로 표시한다.

★★★ 5. 알칼리도(Alkalinity)

① 산이 유입될 때 이를 중화시킬 수 있는 능력의 척도이다.
② 알칼리도는 화학적 응집, 물의 연수화, 부식제어를 위한 자료로 이용된다.
★★ ③ 알칼리도 유발물질로는 수산화물(OH^-), 중탄산염(HCO_3^-), 탄산염(CO_3^{2-}) 등이 있다.
★★ ④ 메틸오렌지 알칼리도와 총알칼리도는 같은 의미이다.
⑤ 알칼리도가 높은 물은 다른 이온과 반응성이 좋아 관내 침적물을 형성할 수 있다.
★★ ⑥ 0.02N H_2SO_4로 적정하여 소비된 양을 탄산칼슘의 당량으로 환산하여 mg/L로 나타낸다.
⑦ 중탄산염이 많이 포함된 물을 가열하면 CO_2가 대기 중으로 방출되어 물속에 OH^-가 존재하므로 알칼리성을 띠게 된다.
★★ ⑧ 일반적으로 자연수에 존재하는 이온 중 알칼리도에 기여하는 물질의 강도는 $OH^- > CO_3^{2-} > HCO_3^-$ 순이다.

> **TIP**
> ★★ 산도(acidify)나 경도(hardness) 그리고 알칼리도(Alkalinity)는 탄산칼슘($CaCO_3$)으로 환산

Question 36

다음 중 수중의 알칼리도를 ppm 단위로 나타낼 때 기준이 되는 물질은?

㉮ $Ca(OH)_2$ ㉯ CH_3OH ㉰ $CaCO_3$ ㉱ HCl

풀이 알칼리도는 0.02N H_2SO_4로 적정하여 소비된 양을 탄산칼슘($CaCO_3$)의 당량으로 환산하여 ppm(mg/L)로 나타내므로 정답은 ㉰이다.

Question 37

알칼리도(Alkalinity)에 관한 설명으로 틀린 것은?

㉮ 산을 중화시킬 수 있는 능력의 척도이다.
㉯ 알칼리도 유발물질은 수산화물, 중탄산염, 탄산염 등이다.
㉰ 알칼리도는 화학적 응집, 물의 연수화, 부식제어를 위한 자료로 이용된다.
㉱ pH 7까지 낮추는데 주입된 산의 양을 CaO[ppm]으로 환산한 값을 총알칼리도라 한다.

풀이 ㉱ 총알칼리도는 처음 pH에서 pH 4.5까지 소요된 산의 양을 $CaCO_3$ppm으로 환산한 값이다.

> **TIP**
> ① $CaCO_3$ ppm = $CaCO_3$ mg/L
> ★★ ② 총 알칼리도 = M-알칼리도

Question 38

알칼리도에 관한 설명으로 가장 거리가 먼 것은?

㉮ 산이 유입될 때 이를 중화시킬 수 있는 능력의 척도이다.
㉯ 0.01N NaOH로 적정하여 소비된 양을 탄산칼슘의 당량으로 환산하여 mg/L로 나타낸다.
㉰ 중탄산염이 많이 포함된 물을 가열하면 CO_2가 대기 중으로 방출되어 물속에 OH^-가 존재하므로 알칼리성을 띠게 된다.
㉱ 일반적으로 자연수에 존재하는 이온 중 알칼리도에 기여하는 물질의 강도는 $OH^- > CO_3^{2-} > HCO_3^-$ 순이다.

풀이 ㉯ 0.02N H_2SO_4로 적정하여 소비된 양을 탄산칼슘의 당량으로 환산하여 mg/L로 나타낸다.

6. 부유물질(SS ; Suspended Solids)

★★ (1) 친수성 콜로이드 물질

① 유탁상태(에멀전)로 존재한다.
★★ ② 염에 민감하지 못하다.
★★ ③ 표면장력이 용매보다 약하다.
★★ ④ 틴달효과가 약하거나 거의 없다.
⑤ 물과 쉽게 반응한다.
⑥ 재생이 용이하다.

Question 39

친수성 콜로이드에 관한 설명으로 틀린 것은?

㉮ 물과 쉽게 반응한다.   ㉯ 염에 민감하다.
㉰ 표면장력이 용매보다 약하다.   ㉱ 틴달효과가 약하거나 거의 없다.

풀이 ㉯ 염에 민감하지 못하다.

★★ (2) 소수성 콜로이드 물질

① 현탁질(Suspensoid) 상태이다.
★★ ② 염에 매우 민감하다.
★★ ③ 표면장력이 용매와 비슷하다.
★★ ④ 틴달효과가 크다.
⑤ 물과 반발하는 성질이 있다.
⑥ 재생이 어렵다.

Question 40

소수성 콜로이드에 관한 설명으로 틀린 것은?

㉮ 물과 반발하는 성질이 있다.   ㉯ 염에 매우 민감하다.
㉰ 표면장력이 용매와 비슷하다.   ㉱ 틴달효과가 약하거나 거의 없다.

풀이 ㉱ 틴달효과가 크다.

★★ (3) 소수성 콜로이드 입자가 전기를 띠고 있는 것을 조사하는 실험 전해질을 소량 넣고 응집을 조사한다.

(4) 액체 내 콜로이드들을 응집시키는 기본적인 메카니즘

① 전하의 중화
② 침전물에 의한 포착
③ 입자간의 가교형성
④ 이중층의 압축강화

(5) 콜로이드의 안정을 도모하기 위하여 입자를 분산상태로 유지하는 힘

① 중력
② 반데르발스힘(Vander waals)
③ 제타 포텐셜(Zeta potential)

05 하천수 관리

1. 하천의 자정작용

① 생물학적 자정작용인 혐기성 분해는 중간 화합물이 휘발성이므로 유해한 경우가 많으며 호기성 분해에 비하여 장시간이 요구된다.
★★ ② 자정 작용 중 가장 큰 비중을 차지하는 것은 생물학적 작용이라 할 수 있다.
③ 화학적 자정작용인 응집작용은 흡수된 산소에 의해 오염물질이 분해될 때 발생되는 탄산가스가 물의 pH를 증가시켜 수산화물의 생성을 촉진시키므로 용해되어 있는 철이나 망간 등을 침전시킨다.
④ 물리적 자정작용인 확산작용은 분자확산과 난류확산이 있으며 하천에서는 난류확산이 주를 이룬다.
★★ ⑤ 일반적으로 겨울보다는 여름에 자정작용이 크다.
⑥ 생물학적 자정작용은 미생물에 의한 유기물 분해작용과 광합성 작용으로 구분할 수 있다.

★★ **(1) 자정계수(f)의 특징**

★★ ① 자정계수는 $\dfrac{재폭기계수(k_2)}{탈산소\ 계수(k_1)}$ 이다.

★★ ② 자정계수의 단위는 없다.
★★ ③ 유속이 빨라지면 자정계수는 커진다.
　④ 구배가 크면 자정계수는 커진다.
　⑤ 수심이 얕을수록 자정계수는 커진다.
★★ ⑥ 온도가 높아지면 자정계수는 작아진다.
　⑦ 자정계수 순서는 폭포 > 유속이 빠른 하천 > 완만한 하천 > 조그만 연못 순서이다.
　⑧ 유기물질의 구조가 간단할수록 탈산소계수는 증가한다.

> **TIP**
> 온도가 증가함에 따라 k_1, k_2가 모두 증가하지만 k_1 증가율이 더욱 커져 자정계수(f)는 감소한다.

(2) 재폭기(Reaeration) 계수(k_2)의 특징

★★ ① 유속이 클수록 커진다.
　② 수심이 얕을수록 커진다.
★★ ③ 재폭기계수가 커지면 자정계수는 커진다.
　④ 경사가 급할수록 커진다.
　⑤ 하상이 거칠수록 커진다.
★★ ⑥ 수온이 높을수록 커진다.
　⑦ 교란이 있을수록 커진다.

2. 하천의 정화단계

(1) 자정단계에 따른 용존산소의 변화량

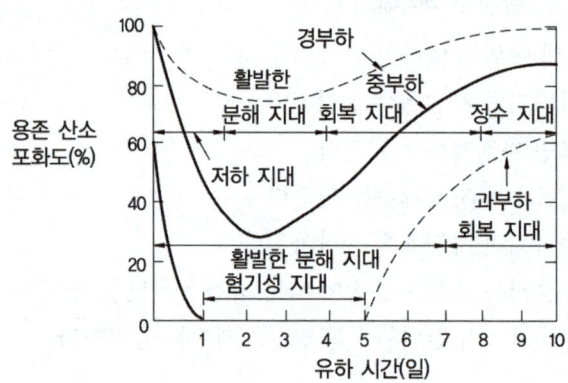

(2) 위플(Whipple)의 하천정화 단계

★★★ ① (초기)분해지대 = 저하지대
- ★★ ㉠ 희석이 잘 되는 큰 하천보다 희석이 덜 되는 작은 하천에서 더 뚜렷이 나타난다.
- ㉡ 세균의 수가 증가하고 유기물을 많이 함유하는 슬러지의 침전이 많아진다.
- ㉢ 오염물질의 유입으로 수질이 저하되어 오염에 약한 고등생물은 오염에 강한 미생물로 교체된다.
- ★★ ㉣ 유기물을 다량 함유하는 슬러지의 침전이 많아지고 용존산소량이 크게 줄어드는 대신에 탄산가스의 양은 증가한다.

★★★ ② 활발한 분해지대
- ㉠ 수중에 DO가 거의 없어 혐기성 Bacteria가 번식한다.
- ㉡ 흑색 및 점성질의 슬러지 침전물이 생기고 기체방울이 수면으로 떠오른다.
- ★★ ㉢ 수중에 CO_2 농도나 NH_3-N 농도가 증가하며 fungi가 사라진다.
- ★★ ㉣ 호기성세균이 혐기성세균으로 교체된다.

★★★ ③ 회복지대
- ★★ ㉠ 혐기성균이 호기성균으로 대체되며 조류가 많이 발생하며 fungi도 조금씩 발생한다.
- ㉡ 광합성을 하는 조류가 번식하며 원생동물, 윤충, 갑각류가 번식하며 큰 수중식물도 다시 나타난다.
- ㉢ 바닥에서는 조개나 벌레의 유충이 번식하며 오염에 견디는 힘이 강한 은빛 담수어 등의 물고기도 서식한다.
- ★★ ㉣ 용존산소가 포화될 정도로 증가한다.
- ★★ ㉤ 아질산염이나 질산염의 농도가 증가한다.

④ 정수지대
★★ ㉠ DO와 BOD가 오염 이전으로 회복된다.
㉡ 호기성 세균이 증가하고 착색조류가 증가, 송어, 쏘가리가 증가한다.
★★ ㉢ NO_3-N가 증가한다.

06 호소수 및 해수의 특징

1. 성층현상 및 전도현상

★★ ① 성층현상이 뚜렷한 계절은 겨울과 여름이다.
② 강한성층은 여름철에 약한성층은 겨울철에 발생한다.
★★ ③ 전도현상(turn over)은 봄과 가을에 발생한다.
④ 깊은 호수나 저수지에서 수면으로부터 성층구분은 epilimnion(순환층) → thermocline(수온약층, 변온층) → hypolimnion(심수층) → 침전물층 순서이다.

Question 41

추운 겨울에 호수가 표면부터 어는 현상 및 호수의 전도현상과 가장 밀접한 연관이 있는 물의 특성은?

㉮ 증산   ㉯ 밀도   ㉰ 증발열   ㉱ 용해도

풀이 봄, 가을에는 일정한 방향을 가진 흐름은 없으나 밀도변화에 의한 수직운동이 일어나므로 정답은 ㉯이다.

> **TIP**
> ① 전도현상 : 봄, 가을
> ② 성층현상 : 여름, 겨울

Question 42

물의 깊이에 따라 나타나는 수온성층에 해당되지 않는 것은?

㉮ 수온약층   ㉯ 표수층   ㉰ 변수층   ㉱ 심수층

풀이 깊은 호수나 저수지에서 수면으로 부터의 성층구분 : epilimnion(순환층, 표수층) → thermocline(수온약층, 변온층) → hypolimnion(심수층, 심층) → 침전물층 순서이므로 정답은 ㉰이다.

★★★ 2. 해수의 특성

① 해수는 염분 외에 온도만 측정하면 해수의 비중을 알 수 있다.
★★ ② 해수의 주요 성분 농도비는 항상 일정하다.
③ 염분은 적도해역에서는 높고 남북 양극 해역에서는 다소 낮다.
★★ ④ 해수의 Mg/Ca비는 3~4 정도로 담수보다 크다.
⑤ 해수는 수자원 중에서 97% 이상 차지하나 사용목적이 극히 한정되어 있는 실정이다.
★★ ⑥ 해수의 pH는 약 8.2 정도로 약알칼리성을 띠고 있다.
⑦ 해수는 강전해질로 염소이온 농도가 약 19,000ppm이다.
★★ ⑧ 해수내 전체 질소 중 35% 정도는 암모니아성 질소, 유기질소 형태이다.
★★ ⑨ 중요한 화학적 성분 7가지(Holy seven)는 Cl^-, Na^+, SO_4^{2-}, Mg^{2+}, Ca^{2+}, K^+, HCO_3^- 이다.
⑩ 해수는 HCO_3^- [bicarbonate : 중탄산염]를 포함시킨 상태로 되어 있다.

Question 43

해수의 특성에 관한 설명으로 옳지 않은 것은?

㉮ 해수 내 전체 질소 중 35% 정도는 암모니아성 질소, 유기질소 형태이다.
㉯ 해수의 pH는 약 5.6 정도로 약산성이다.
㉰ 해수의 주요 성분 농도비는 거의 일정하다.
㉱ 해수의 Mg/Ca비는 담수에 비하여 큰 편이다.

풀이 ㉯ 해수의 pH는 약 8.2정도로 약알칼리성이다.

Question 44

해수의 함유성분 중 "holy seven"이 아닌 것은?

㉮ SO_4^{2-}　　　㉯ Mn^{2+}　　　㉰ HCO_3^-　　　㉱ Ca^{2+}

풀이 Holy seven : Cl^-, Na^+, SO_4^{2-}, Mg^{2+}, Ca^{2+}, K^+, HCO_3^- 이므로 정답은 ㉯이다.

★★★ 3. 적조발생 조건

① 해류의 정체(물의 이동이 적은 정체수역)
★★ ② 염분 농도의 감소
③ 수온의 상승
★★ ④ 영양염류(N, P)의 증가

⑤ 햇빛이 강할 때
⑥ 플랑크톤 농도의 증가
⑦ 하천 유입수의 오염도 증가

Question 45

적조현상의 촉진요인이 아닌 것은?

㉮ 해류의 정체 ㉯ 염분농도 증가 ㉰ 수온의 상승 ㉱ 영양염류 증가

풀이 ㉯ 염분농도의 감소

★★ 4. 해양오염 현상

① 적조 현상
② 부영양화 현상
③ 온열배수 유입

Question 46

다음 중 해양오염 현상으로 거리가 먼 것은?

㉮ 적조 ㉯ 부영양화 ㉰ 용존산소 과포화 ㉱ 온열배수 유입

풀이 용존산소 과포화란 산소가 많이 녹아있다는 뜻이며, 해양오염현상이 발생하기 위해서는 용존산소가 부족해야 한다. 따라서 정답은 ㉰이다.

07 공정시험기준

1. 온도

★★ ① 표준온도는 0℃, 상온은 15~25℃, 실온은 1~35℃로 하며, 찬 곳은 따로 규정이 없는 한 0~15℃의 곳을 뜻한다.

★★ ② 온수는 60~70℃, 열수는 약 100℃, 냉수는 15℃ 이하로 한다. "수욕상 또는 물중탕 중에서 가열한다"라 함은 따로 규정이 없는 한 수온 100℃에서 가열함을 뜻하고 약 100℃의 증기욕을 쓸 수 있다.

★★ 2. 방울수

방울수라 함은 20℃에서 정제수(精製水) 20방울을 적하할 때, 그 부피가 약 1mL 되는 것을 뜻한다.

★★ 3. 항량

"항량으로 될 때까지 건조한다 또는 항량으로 될 때까지 강열한다"라 함은 같은 조건에서 1시간 더 건조하거나 또는 강열할 때 전후 차가 g당 0.3mg 이하일 때를 말한다.

★★ 4. 진공

감압 또는 진공이라 함은 따로 규정이 없는 한 15mmHg 이하를 말한다.

★★ 5. 약이라 함은 기재된 양에 대하여 ±10% 이상의 차가 있어서는 안 된다.

6. 용기

★★ ① 밀폐용기라 함은 취급 또는 저장하는 동안에 이물이 들어가거나 또는 내용물이 손실되지 아니하도록 보호하는 용기를 말한다.

★★ ② 기밀용기라 함은 취급 또는 저장하는 동안에 밖으로부터의 공기 또는 다른 가스가 침입하지 아니하도록 내용물을 보호하는 용기를 말한다.

★★ ③ 밀봉용기라 함은 취급 또는 저장하는 동안에 기체 또는 미생물이 침입하지 아니하도록 내용물을 보호하는 용기를 말한다.
④ 차광용기라 함은 광선이 투과하지 않는 용기 또는 투과하지 않게 포장을 한 용기이며 취급 또는 저장하는 동안에 내용물이 광화학적 변화를 일으키지 아니하도록 방지할 수 있는 용기를 말한다.

Question 47

수질오염공정시험기준상 온도에 대한 내용으로 틀린 것은?

㉮ 냉수는 4℃ 이하
㉯ 상온은 15~25℃
㉰ 온수는 60~70℃
㉱ 찬 곳은 따로 규정이 없는 한 0~15℃

풀이 ㉮ 냉수는 15℃ 이하

Question 48

공정시험기준상 실온이란?

㉮ 10~30℃ ㉯ 15~25℃ ㉰ 5~20℃ ㉱ 1~35℃

정답 ㉱

Question 49

각 시험항목의 제반시험 조작은 따로 규정이 없는 한 다음 어떤 온도에서 실시하는가?

㉮ 상온 ㉯ 실온 ㉰ 표준온도 ㉱ 항온

풀이 제반시험 조작은 따로 규정이 없는 한 상온에서 실시하고 조작 직후 그 결과를 관찰하는 것으로 한다. 단, 온도의 영향이 있는 것의 판정은 표준온도를 기준으로 하므로 정답은 ㉮이다.

Question 50

수질오염 공정시험기준상 각 시험은 따로 규정이 없는 한 어느 온도범위에서 시험하는가?

㉮ 1~35℃ ㉯ 15~25℃ ㉰ 10~20℃ ㉱ 5~15℃

정답 ㉯

Question 51

수질오염 공정시험기준에서 진공이라 함은?

㉮ 따로 규정이 없는 한 15mmHg 이하를 말함
㉯ 따로 규정이 없는 한 15mmH₂O 이하를 말함
㉰ 따로 규정이 없는 한 4mmHg 이하를 말함
㉱ 따로 규정이 없는 한 4mmH₂O 이하를 말함

풀이 감압 또는 진공이라 함은 따로 규정이 없는 한 15mmHg 이하를 말하므로 정답은 ㉮이다.

Question 52

취급 또는 저장하는 동안에 이물이 들어가거나 또는 내용물이 손실되지 아니하도록 보호하는 용기는?

㉮ 밀폐용기   ㉯ 기밀용기   ㉰ 밀봉용기   ㉱ 차단용기

정답 ㉮

Question 53

취급 또는 저장하는 동안에 기체 또는 미생물이 침입하지 아니하도록 내용물을 보호하는 용기는?

㉮ 차광용기   ㉯ 밀봉용기   ㉰ 기밀용기   ㉱ 밀폐용기

정답 ㉯

Question 54

취급 또는 저장하는 동안에 밖으로부터 공기 또는 다른 가스가 침입하지 아니하도록 내용물을 보호하는 용기는?

㉮ 밀폐용기   ㉯ 기밀용기   ㉰ 밀봉용기   ㉱ 차단용기

정답 ㉯

CHAPTER 02 수질오염방지기술

01 물리적 처리

1. 스크린(Screen)

(1) 스크린(Screen) 종류

① 중(medium) 스크린에서 망의 유효간격 : 25~50mm
② 세 스크린에서 망의 유효간격 : 25mm 미만
③ 조 스크린에서 망의 유효간격 : 50mm 이상

(2) 스크린의 특징

★★ ① 폐수 속에 있는 부유물 중에서 스크린으로 제거되는 것은 협잡물이다.
② 폐수처리에 있어서 스크린 조작은 수로 흐름을 용이하게 하기 위해 큰 고형물(나무조각, 플라스틱 등)을 제거하는 조작이다.

> **Question 01**
>
> 스크린 설치 목적으로 가장 거리가 먼 것은?
> ㉮ 슬러지 생성량 증가 ㉯ 펌프 손상 방지
> ㉰ 약품처리시 부하 감소 ㉱ 유기물 부하 감소
>
> **풀이** ㉮ 슬러지 생성량 감소

★★ **(3) 물리적 예비처리 공정**

① 스크린
② 침사지
③ 유량조정조

> **Question 02**
>
> 다음 중 물리적 예비처리공정으로 볼 수 없는 것은?
> ㉮ 스크린 ㉯ 침사지 ㉰ 유량조정조 ㉱ 소화조
>
> **풀이** 소화조는 슬러지 처리조이며 역할은 슬러지를 분해하여 안정화, 감량화이므로 정답은 ㉱이다.

2. 침사지(Grit chamber)

★★ **(1) 침사지의 유지관리 방법**

① 모래, 자갈 등을 침전시켜야 한다.
② 하수의 유속은 적정하게 유지하여야 한다.
③ 침사지에 침전된 침전물은 제거해야 한다.
★★ ④ 유기물을 제외한 무기물을 침전시켜야 한다.

(2) 침사지(Grit chamber)의 특징

① 침사지의 목적은 폐수 중 모래, 자갈 등 무거운 입자를 침전되게 설계한 것이다.
★★ ② 물속에 함유된 모래를 제거할 때에는 침전법을 이용한다.
★★ ③ 모래, 자갈, 뼈조각 등과 같은 무기성의 부유물로 구성된 혼합물을 그릿(grit)이라 한다.
④ 침사지는 무기성 부유물질, 자갈, 모래, 뼈 등 토사류를 제거하여 기계장치 및 배관의 손상이나 막힘을 방지하는 시설이다.

> **Question 03**
>
> 다음 중 침사지 설치의 주요 목적으로 가장 거리가 먼 것은?
> ㉮ 모래와 자갈 등의 제거   ㉯ 콜로이드 물질의 제거
> ㉰ 비중이 큰 무기물질의 제거   ㉱ 산기관 막힘 방지
>
> **풀이** 침사지는 무기물 제거가 목적이므로 정답은 ㉯이다.

(3) 침사지의 특징(하수처리시설 기준)

★★ ① 침사지의 평균 유속은 0.3m/sec를 표준으로 한다.
② 침사지의 표면 부하율은 오수침사지의 경우 $1800m^3/m^2 \cdot$ 일, 우수침사지의 경우 $3600m^3/m^2 \cdot$ 일 정도로 한다.
③ 침사지 수심은 유효수심에 모래 퇴적부의 깊이를 더한 것으로 한다.
④ 저부의 경사는 보통 $\frac{1}{100} \sim \frac{2}{100}$로 하며 그릿 제거설비의 종류별 특성에 따라 범위가 적용된다.
⑤ 수로형 침사지의 길이는 20m 이하로 한다.

(4) 침사지의 특징(상수처리시설 기준)

① 저부경사는 보통 $\frac{1}{100} \sim \frac{2}{100}$로 한다.
② 수심은 유효수심에 모래 퇴적부의 깊이를 더한 것으로 한다.
★★ ③ 체류시간은 30~60초를 표준으로 한다.
④ 표면부하율은 200~500mm/min을 표준으로 한다.
★★ ⑤ 지내 평균유속은 2~7cm/sec를 표준으로 한다.
★★ ⑥ 지의 상단높이는 고수위보다 0.6~1m 정도의 여유고를 둔다.
★★ ⑦ 지의 유효수심은 3~4m를 표준으로 하고, 퇴사심도를 0.5~1m로 한다.
⑧ 지의 길이는 폭의 3~8배를 표준으로 한다.

3. 침전지

(1) 1차 침전지의 조건(하수처리시설 기준)

① 침전지의 지수는 2지 이상으로 한다.
② 표면 부하율은 계획 1일 최대오수량에 대하여 25~40$m^3/m^2 \cdot$ day로 한다.
③ 침전지 수면의 여유고는 40~60cm 정도로 한다.
★★ ④ 유효수심은 2.5~4m를 표준으로 한다.
⑤ 표면부하율은 계획 1일 최대오수량에 대하여 분류식의 경우 35~70$m^3/m^2 \cdot$ day, 합류식의 경우 25~50$m^3/m^2 \cdot$ day로 한다.
★★ ⑥ 침전시간은 계획 1일 최대 오수량에 대하여 표면부하율과 유효수심을 고려하여 정하며 일반적으로 2~4시간으로 한다.
⑦ 직사각형의 경우 폭과 길이의 비는 1 : 3 이상으로 한다.

⑧ 슬러지 수집기를 설치하는 경우의 침전지 바닥기울기는 직사각형에서 $\frac{1}{100} \sim \frac{2}{100}$로 한다.

(2) 2차 침전지의 조건(하수처리시설 기준)

① 직사각형의 경우 길이와 폭의 비는 3 : 1~5 : 1 정도로 하며 덮개를 설치할 경우는 8 : 1 정도까지 할 수 있다.
② 슬러지 제거기를 사용할 경우 원형 또는 정사각형인 경우에는 바닥 기울기를 $\frac{1}{20} \sim \frac{1}{10}$로 한다.
③ 표면 부하율은 계획 1일 최대오수량에 대하여 20~30m³/m²·일로 한다.
④ 고형물 부하율은 95~145kg/m²·일로 한다.
⑤ 월류위어의 부하율은 1900m³/m·day이다.
★★ ⑥ 유효수심은 2.5~4m를 표준으로 한다.
★★ ⑦ 침전시간은 계획 1일 최대 오수량에 따라 정하며 일반적으로 3~5시간으로 한다.

4. 침전의 형태

★★ (1) Ⅰ형침전(독립침전)

① 고형물의 농도가 낮은 현탁액 속의 입자가 등가속도 영역에서 중력에 의해 침전하는 것을 말한다.
② 농도가 낮은 부유물, 독립입자의 침강형태, 비중이 큰 무기성입자 침전, 입자 상호간 방해없다.

★★ (2) Ⅱ형침전(응집침전)

★★ ① 비교적 농도가 낮은 현탁액에서 침전 중 입자들끼리 결합하고 응집하는 것을 말한다.
② 부유물의 농도가 낮을 때, 플록침전, 응결침전이 해당된다.

★★ (3) Ⅲ형침전(지역침전)

① 생물학적 처리시설과 함께 사용되는 2차 침전시설 내에서 발생한다.
★★ ② 입자간의 작용하는 힘에 의해 주변입자들의 침전을 방해하는 중간정도 농도의 부유액에서의 침전을 말한다.
★★ ③ 입자 등은 서로간의 상대적 위치를 변경시키지 않고 입자들은 구조물을 형성하여 한 개의 단위로 침전한다.

④ 함께 침전하는 입자들은 상부에 고체와 액체의 경계면이 형성된다.
⑤ 간섭침전, 방해침전, 중간정도 농도, 서로 방해를 받으며 집단체로 침전한다.

★★ **(4) Ⅳ형침전(압축침전)**

① 압밀침전이 해당된다.
② 입자들은 농도가 너무 커서 입자들끼리 구조물을 형성하여 더 이상의 침전은 압밀에 의해서만 생기는 고농도의 부유액에서 일어나는 침전이다.

Question 04

다음 수처리 공정 중 스톡스(Stokes) 법칙이 가장 잘 적용되는 공정은?

㉮ 1차 소화조 ㉯ 1차 침전지 ㉰ 살균조 ㉱ 포기조

풀이 Stokes 법칙은 중력침강에 적용되므로 1차 침전지와 침사지이므로 정답은 ㉯이다.

Question 05

부유물의 농도와 부유물 입자의 특성에 따른 침전현상의 4가지 형태가 아닌 것은?

㉮ 독립침전 ㉯ 응집침전 ㉰ 지역침전 ㉱ 분리침전

풀이 ① Ⅰ형 침전(독립침전)
② Ⅱ형 침전(응결침전, 응집침전)
③ Ⅲ형 침전(지역침전, 간섭침전, 방해침전)
④ Ⅳ형 침전(압축침전, 압밀침전)이므로 정답은 ㉱이다.

Question 06

입자의 농도가 큰 경우의 침전으로 입자들이 서로 방해함으로써 독립적으로 침전하지 못하고 침전물과 액체 사이에 경계면을 이루면서 진행되는 침전형태로서 방해침전이라고도 하는 것은?

㉮ 독립침전 ㉯ 응집침전 ㉰ 지역침전 ㉱ 압축침전

풀이 지역침전(Ⅲ형 침전)에 대한 설명이므로 정답은 ㉰이다.

Question 07

침전현상의 분류 중 독립침전에 대한 설명으로 가장 적합한 것은?

㉮ 부유물의 농도가 낮은 상태에서 응결하지 않는 입자의 침전으로 입자의 특성에 따라 침전한다.
㉯ 서로 응결하여 입자가 점점 커져 속도가 빨라지는 침전이다.
㉰ 입자의 농도가 큰 경우의 침전으로 입자들이 너무 가까이 있을 때 행해지는 침전이다.
㉱ 입자들이 고농도로 있을 때의 침전으로 서로 접촉해 있을 때의 침전이다.

▶ 풀이   ㉯ Ⅱ형 침전(응결침전, 응집침전)
㉰ Ⅲ형 침전(지역침전, 간섭침전, 방해침전)
㉱ Ⅳ형 침전(압축침전, 압밀침전)이므로 정답은 ㉮이다.

5. 침전속도

★★ (1) 침전속도(Vs) = $\dfrac{d^2(\rho_s-\rho_w)g}{18\mu}$

$\begin{bmatrix} Vs : 침전속도(cm/sec) & d : 직경(cm) \\ \rho_s : 입자의\ 비중(g/cm^3) & \rho_w : 물의\ 비중(1.0g/cm^3) \\ g : 중력가속도(980cm/sec^2) & \mu : 점성도(g/cm \cdot sec) \end{bmatrix}$

① 침전속도는 입자와 물의 밀도차에 비례한다.
② 침전속도는 중력가속도에 비례한다.
★★ ③ 침전속도는 입자지름의 제곱에 비례한다.
④ 침전속도는 물의 점도에 반비례한다.

 Question 08

물 속에서 입자가 침강하고 있을 때 스톡스(Stokes)의 법칙이 적용된다고 한다. 다음 중 입자의 침강속도에 가장 큰 영향을 주는 변화인자는?

㉮ 입자의 밀도   ㉯ 물의 밀도   ㉰ 물의 점도   ㉱ 입자의 직경

▶ 정답   ㉱

 Question 09

스톡스법칙에 따른 입자의 침전속도에 관한 설명으로 틀린 것은?

㉮ 침전속도는 입자와 물의 밀도차에 비례한다.   ㉯ 침전속도는 중력가속도에 비례한다.
㉰ 침전속도는 입자지름의 제곱에 반비례한다.   ㉱ 침전속도는 물의 점도에 반비례한다.

▶ 풀이   ㉰ 침전속도는 입자지름의 제곱에 비례한다.

★★ **(2) 침전효율의 영향인자**

① 침전지 표면적이 클수록 침전효율 양호
② 체류시간이 길수록 침전효율 양호
③ 수온이 높을수록 침전효율 양호
④ 입자직경이 클수록 침전효율 양호
★★ ⑤ 수면부하율이 작을수록 침전효율 양호
⑥ 침전탱크의 크기(m^3)를 유량(m^3/hr)으로 나눈값이 클수록 침전효율이 높아진다.

> **TIP**
> ① 체류시간(hr) = $\dfrac{\text{침전탱크의 크기}(m^3)}{\text{유량}(m^3/hr)}$
>
> ② 수면부하율($m^3/m^2 \cdot day$) = $\dfrac{\text{유량}(m^3/day)}{\text{수면적}(m^2)}$

★★ **(3) 일반 침전지에서 부유물질의 침전속도가 감소되는 경우**

① 폐수의 점도가 큰 경우
② 부유물질의 직경이 작은 경우
③ 부유물질의 밀도가 작은 경우

> **TIP**
> ★★★ 침전지 유입구에 설치하는 정류판(baffle)의 목적은 유속의 감소와 유량의 분산유도이다.

📢 Question 10

침전지 유입부에 설치하는 정류판(baffle)의 기능으로 가장 적합한 것은?

㉮ 침전지 유입수의 균일한 분배와 분포　　㉯ 침전지 내의 침사물 수집
㉰ 바람을 막아 표면난류 방지　　㉱ 침전 슬러지의 재부상 방지

풀이 침전지 유입구에 설치하는 정류판(baffle)의 기능은 유속의 감소와 유량의 분산유도이므로 정답은 ㉮이다.

6. 부상법

(1) 폐수처리방법 중 부상처리

① 가벼운 입자 제거
② 유지류

★★ **(2) 용존공기부상법에서 공기와 고형물간의 비 : A/S비**

$$A/S비 = \frac{1.3 \times Sa \times (f \times P - 1)}{SS} \times R$$

Sa : 공기의 용해도(mL/L)
SS : 부유고형물 농도(mg/L)
P : 절대압력(atm)
R : 반송비

 **Question 11**

다음 중 용존공기 부상법에서 공기와 고형물간의 비를 나타낸 것은?

㉮ A/S비   ㉯ F/M비   ㉰ C/N비   ㉱ SVI비

 정답   ㉮

 **Question 12**

폐수 중의 오염물질을 제거할 때 부상이 침전보다 좋은 점을 설명한 것으로 가장 적합한 것은?

㉮ 침전속도가 느린 작거나 가벼운 입자를 짧은 시간 내에 분리시킬 수 있다.
㉯ 침전에 의해 분리되기 어려운 유해 중금속을 효과적으로 분리시킬 수 있다.
㉰ 침전에 의해 분리되기 어려운 색도 및 경도 유발물질을 효과적으로 분리시킬 수 있다.
㉱ 침전속도가 빠르고 큰 입자를 짧은 시간 내에 분리시킬 수 있다.

 풀이   부상법은 입자의 밀도가 물의 밀도보다 작아서 가벼운 입자에 주로 적용하므로 정답은 ㉮이다.

7. 여과지

(1) 완속여과지의 특징(상수처리시설 기준)

★★ ① 여과지의 여과속도 표준은 4~5m/day이다.
② 여과지의 깊이는 하수집수장치의 높이에 자갈층 두께, 모래층 두께, 모래면 위의 수심과 여유고를 더하여 2.5~3.5m를 표준으로 한다.
★★ ③ 모래층 두께는 70~90cm를 표준으로 한다.

★★ ④ 여과지의 모래면 위의 수심은 0.9~1.2m(90~120cm) 표준으로 한다.
⑤ 여과지의 형상은 직사각형을 표준으로 한다.
⑥ 주위벽 상단은 지반보다 15cm 이상 높여서 여과지 내로 오염수나 토사 등의 유입을 방지하여야 한다.
⑦ 한냉지에서는 여과지 물이 동결할 염려가 있으므로 여과지를 복개한다.
★★ ⑧ 여과지는 2지 이상으로 하고 10지마다 1지 비율로 예비지를 둔다.
★★ ⑨ 여과사의 유효경은 0.3~0.45mm이며, 균등계수는 2.0 이하이다.

(2) 급속여과지의 특징(상수처리시설 기준)

★★ ① 여과속도는 120~150m/day이다.
★★ ② 실트, 조류, 금속산화물 등의 현탁물 외에 점토, 세균, 바이러스, 색도성분 등의 콜로이드성분의 제거가 가능하나 용해성분인 암모니아성 질소, 페놀류, 냄새성분 등에 대해서는 제거효율이 낮다.
③ 여과속도에 따라 120~150m/day의 표준여과 및 200~300m/day 이상의 고속여과로 구분할 수 있다.
★★ ④ 잔류염소를 포함하지 않는 물을 여과하는 경우, 수온이 높은 시기에는 여재표면에 증식한 미생물의 활동에 의해 암모니아성 질소 등의 용해성분 일부가 제거되는 경우도 있다.
⑤ 여과면적은 계획정수량을 여과속도로 나누어 계산한다.
★★ ⑥ 1지의 여과면적은 150m^2 이하로 한다.
⑦ 여과사의 유효경은 0.45~0.7mm 범위이어야 한다.
⑧ 모래층의 두께는 60~120cm의 범위로 한다.
⑨ 여과 모래의 최대경은 2mm 이내이다.
★★ ⑩ 여과 모래의 균등계수는 1.7 이하로 한다.

📢 Question 13

상수처리에서 완속 여과법과 비교한 급속 여과법의 특징으로 가장 거리가 먼 것은?

㉮ 실트, 조류, 금속산화물 등의 현탁물 외에 점토, 세균, 바이러스, 색도성분 등의 콜로이드성분이 제거 가능하나 용해성분인 암모니아성 질소, 페놀류, 냄새성분 등에 대해서는 제거효율이 낮다.
㉯ 여과속도에 따라 120~150m/day의 표준여과 및 200~300m/day 이상의 고속여과로 구분할 수 있다.
㉰ 잔류염소를 포함하지 않는 물을 여과하는 경우, 수온이 높은 시기에는 여재 표면에 증식한 미생물의 활동에 의해 암모니아성 질소 등의 용해성분 일부가 제거되는 경우도 있다.
㉱ 여과시 손실수두가 작고, 원칙적으로 약품을 사용하지 않고 처리하는 방법이다.

▶ 풀이 ㉱ 여과시 수두손실이 크고, 원칙적으로 약품을 사용하지 않고 처리하는 방법이다.

★★★ (3) 여과지 운전 중에 발생하는 주요 문제점
① 진흙덩어리의 축적
② 여재층의 수축
③ 공기결합(모래층에 공기기포 생성)

> **Question 14**
> 여과재 운전 중에 발생하는 주요 문제점으로 가장 거리가 먼 것은?
> ㉮ 여재의 부패 ㉯ 진흙 덩어리의 축적 ㉰ 여재층의 수축 ㉱ 공기 결합
>
> 풀이 여과재 운전 중에 발생하는 주요 문제점은 진흙덩어리의 축적, 여재층의 수축, 공기결합(모래층에 공기기포 생성)이므로 정답은 ㉮이며, 출제빈도가 높은 문제이다.

★★ (4) 급속여과지에서 여과시 손실수두에 영향을 미치는 영향인자
① 여과속도
② 모래층 두께
③ 모래입자의 크기

02 화학적 처리

★★ 1. 화학적 처리의 특징
① 처리시간이 짧다.
② 처리효과가 비교적 일정하며 안정되어 있다.
★★ ③ 고도의 조작기술이 필요하다.
★★ ④ 물리적 처리에 비해 넓은 장소를 필요로 하지 않는다.
⑤ 슬러지 발생이 많고 2차 오염이 우려된다.

2. 화학적 응집

★★ (1) 폐수를 응집처리할 때 영향을 주는 인자
① 수온

② pH
③ Colloid의 종류와 농도
④ 교반속도
⑤ 응집제 첨가량

(2) 폐수의 응집처리시 응집의 원리

① Zeta Potential을 감소시킨다.
② Vander Waals를 증가시킨다.
③ 응집제를 투여하여 입자끼리 뭉치게 한다.

(3) 응집제의 종류 및 특징

1) 황산 알루미늄(황산반토, Alum)

- 장점
  ① 철염에 비해 가격이 저렴하다.
  ② 독성이 없다.
  ③ 부식성이 없어 취급이 용이하다.
  ④ 탁도, 조류, 세균 등의 현탁성 물질, 부유물 제거에 효과적이다.

- 단점
  ① 형성된 플록(floc)이 비교적 가볍다.
  ② 적정 pH 폭이 좁다(pH 5~8)

2) 철염

- 장점
  ① 염화제2철은 고체분말로서 6개의 결정수를 가지며 최적 pH 범위는 4~12 정도이다.
  ② 철염의 floc은 무겁고 침강이 빠르며 pH 9 이상에서 망간 제거가 가능하다.
  ③ 황산제1철은 소석회를 함께 첨가한다.
  ④ 염화제2철은 형성 플록이 무겁고 침강이 빠르다.
  ⑤ 황산제1철은 pH와 알칼리도가 높은 물에서 주로 사용한다.
  ⑥ 알칼리 영역에서도 floc이 용해되지 않는다.

- 단점
  ① 제1철염은 철이온이 잔류한다.
  ② 가격이 비싸다.

③ 부식성이 강하다.
④ 색도를 유발시킨다.

3. PAC(폴리염화알루미늄, Poly Aluminium Chloride)

알루미늄의 축합에 의하여 폴리머를 형성하고 있으므로 그 이름이 붙은 합성고분자 응집제이다.

- 장점
① 황산알루미늄에 비하여 처리수의 pH가 적으며 알칼리도 소비량이 적다.
② 플록형성속도가 빠르며 저온 열화하지 않는다.
③ 적정 주입률이 Alum의 4배로 범위가 넓다.
④ 고탁도나 휴민질성 착색수에 효과적이다.
⑤ 적정 주입율의 폭이 매우 넓다.

- 단점
① 가격이 고가이다.
② Alum보다 부식성이 강하다.
③ 유지비용이 고가이다.
④ 손실수두 증가가 크다.

TIP

폐수에 명반(Alum)을 사용하여 응집침전을 실시하는 경우 생기는 침전물은 수산화알루미늄이다.
$Al_2(SO_4)_3 \cdot 18H_2O + 3Ca(HCO_3)_2 \rightleftarrows 2Al(OH)_3 + 3CaSO_4 + 6CO_2 + 18H_2O$

📢 Question 15

폐수처리에 사용되는 응집제로 적당하지 않은 것은?

㉮ 황산알루미늄　　㉯ 석회　　㉰ 염화제2철　　㉱ 차아염소산나트륨

풀이 응집제의 종류로는 황산알루미늄, 황산제1철, 염화제2철, 석회, 염화알루미늄, 폴리염화알루미늄(PAC) 등 이므로 정답은 ㉱이다.

Question 16

다음 중 황산알루미늄에 비하여 처리수의 pH 강하가 적고 알칼리 소비량도 적은 무기성 고분자 응집제는?

㉮ PAC(poly aluminium chloride)
㉯ ABS(alkyl benzene sulfonate)
㉰ PCB(polychlorinated bipheny)
㉱ PCDD(polychlorinated dibenzo-p-dioxin)

▶ 풀이 PAC(폴리염화알루미늄)는 알루미늄의 축합에 의하여 폴리머를 형성하고 있으므로 그 이름이 붙은 합성 고분자 응집제이다. 따라서 정답은 ㉮이다.

 Question 17

"응집제"에 관한 설명으로 틀린 것은?

㉮ 용수처리에서 가장 널리 사용되는 응집제는 황산알루미늄과 철염이다.
㉯ 황산알루미늄은 대개 철염에 비해 가격이 저렴하다.
㉰ 황산알루미늄은 철염에 비해 보다 넓은 pH 범위에서 적용할 수 있다.
㉱ 보통 용수 처리장에 대한 응집제 선택에는 약품 교반실험에 의한 실험실 연구가 적당하다.

▶ 풀이 ㉰ 황산알루미늄은 철염에 비해 적용 pH 범위가 좁다.

 Question 18

다음 응집제의 특성을 설명한 것 중 틀린 것은?

㉮ 황산알루미늄 : 형성된 플록이 비교적 가볍고 적정 pH폭이 매우 넓어 광범위하게 적용되고 있다.
㉯ 염화제2철 : 형성 플록이 무겁고 침강이 빠르며 부식성이 강하다.
㉰ 황산제1철 : pH와 알칼리도가 높은 물에서 주로 사용하며 부식성이 강하다.
㉱ PAC : 플록형성속도가 빠르며 저온 열화(劣化)하지 않는다.

▶ 풀이 ㉮ 황산알루미늄 : 형성된 플록이 비교적 가볍고 적정 pH폭이 좁다.(pH 5~8)

 Question 19

응집제에 관한 설명으로 틀린 것은?

㉮ 폐수처리에서 가장 널리 사용되는 응집제는 황산알루미늄과 철염이다.
㉯ 황산제1철은 pH가 낮을수록 응집반응이 빠르다.
㉰ 석회는 폐수의 응집처리에 자주 이용되며 형태는 주로 소석회라고 불리우는 수산화칼슘이다.
㉱ 염화제2철(고체상)은 분말로서 6개의 결정수를 가진다.

▶ 풀이 ㉯ 황산제1철은 pH가 높을수록 응집반응이 빠르다.

4. jar-test(응집교반시험) 실험

★★ (1) jar-test는 시료를 일련의 유리비이커에 담고, 여기에 응집제와 응집보조제의 양을 달리 주입하여 1~5분 정도 100rpm으로 혼합한 후 10~15분간 40~50rpm으로 하여 침전시킨다.

(2) jar-test(응집교반시험) 실험시 응집반응속도에 영향을 미치는 인자
① 폐수의 온도
② 교반의 세기
③ SS 농도

★★ (3) Jar-test의 목적
① 폐수처리공정에서 최적응집제 투입량 결정
② 응집제 투입량 대 상징수의 SS 잔류량을 측정하여 최적 응집제 투입량을 결정

 Question 20

일반적으로 약품교반시험(Jar-test)에 관한 다음 설명 중 ( )안에 가장 적합한 것은?

> Jar-test는 시료를 일련의 유리 비이커에 담고, 여기에 응집제와 응집보조제의 양을 달리 주입하여 (①)으로 혼합한 후, (②)으로 하여 침전시킨다.

㉮ ① 1~5분 정도 100rpm, ② 10~15분간 40~50rpm
㉯ ① 1시간 정도 40~50rpm, ② 1~5분 정도 600rpm
㉰ ① 1~5분 정도 1200rpm, ② 1시간 정도 5000rpm
㉱ ① 1시간 정도 150rpm, ② 1~5분 정도 1200rpm

정답 ㉮

Question 21

일반적인 폐수처리공정에서 최적 응집제 투입량을 결정하기 위한 쟈-테스트(jar-test)에 관한 설명으로 가장 적합한 것은?

㉮ 응집제 투입량 대 상징수의 SS 잔류량을 측정하여 최적 응집제 투입량을 결정
㉯ 응집제 투입량 대 상징수의 알칼리도를 측정하여 최적 응집제 투입량을 결정
㉰ 응집제 투입량 대 상징수의 용존산소를 측정하여 최적 응집제 투입량을 결정
㉱ 응집제 투입량 대 상징수의 대장균군수를 측정하여 최적 응집제 투입량을 결정

정답 ㉮

★★ 5. 펜턴(Fenton) 산화반응

① 화학적 산화법의 일종이다.
② 펜턴시약으로부터 발생하는 OH라디칼을 이용하는 처리법이다.
③ 난분해성 유기물의 산화처리에 이용된다.
★★ ④ 최적 반응은 pH 3~4.5(3~5) 정도의 범위이다.
⑤ pH의 조정은 반응조에 과산화수소와 철염을 가한 후 조절하는 것이 효과적이다.
★★ ⑥ 과산화수소(펜턴시약)는 철염(황산제1철)이 과량으로 존재할 때 조금씩 단계적으로 첨가하는 것이 효과적이다.
★★ ⑦ 폐수의 COD는 감소하지만 BOD는 증가한다.
⑧ 철염을 이용하므로 수산화철의 슬러지가 다량 생성될 수 있다.
⑨ 펜턴 산화반응에서 철은 촉매로 작용한다.

Question 22

난분해성 폐수처리에 이용되는 펜턴 시약이란?

㉮ H_2O_2 + 철염
㉯ 알루미늄염 + 철염
㉰ H_2O_2 + 알루미늄염
㉱ 철염 + 고분자응집제

▶ 정답 ㉮

Question 23

펜턴 산화의 특징과 가장 거리가 먼 것은?

㉮ 최적 반응 pH는 3~4.5 정도의 범위이다.
㉯ pH 조정은 반응조에 과산화수소수와 철염을 가한 후 조절하는 것이 효과적이다.
㉰ 과산화수소는 철염이 과량으로 존재할 때 조금씩 단계적으로 첨가하는 것이 효과적이다.
㉱ 폐수의 BOD는 감소하지만 COD는 증가한다.

▶ 풀이 ㉱ 폐수의 COD는 감소하고 BOD는 증가한다.

6. 교반

★★★ (1) 완속교반의 목적

① floc(플록)의 입자를 크게 증가하기 위하여
② 크고 무거운 floc을 만들기 위해

(2) 급속교반조(혼화지)의 목적

응집제와 하수 중의 입자를 균일하게 분산시키기 위해

> **Question 24**
>
> 명반(alum)을 폐수에 첨가하여 응집처리를 할 때 투입조에 약품 주입 후 응집조에서 완속교반을 행하는 주된 목적은?
> ㉮ 명반이 잘 용해되도록 하기 위해
> ㉯ floc과 공기와의 접촉을 원활히 하기 위해
> ㉰ 형성되는 floc을 가능한 한 뭉쳐 밀도를 키우기 위해
> ㉱ 생성된 floc을 가능한 한 미립자로 하여 수량을 증가시키기 위해
>
> **정답** ㉰

7. 살 균

★★ (1) 살균의 특징

★★ ① 염소살균에서 용존염소가 반응하여 물의 불쾌한 맛과 냄새를 유발하는 것은 클로로페놀이다.

② 염소를 이용하여 살균할 때 주입된 염소와 남아있는 염소와의 차이를 염소요구량이라 한다.

③ 염소주입시의 물속의 오염물을 산화시키고 처리수에 남아있는 염소의 양을 잔류염소량이라 한다.

★★ ④ 염소주입량 = 염소요구량 + 염소잔류량

⑤ 선박의 식수소독은 자외선(UV)이다.

★★ ⑥ 물에 주입된 염소의 약 23%는 HOCl로 그리고 77%는 해리된 OCl^-로 존재하는 pH값은 8이다.

★★ ⑦ 살균력 순서는 HOCl > OCl^- > 클로라민이다.

★★ ⑧ 오존살균시 급수계통에서 미생물의 증식을 억제하고 잔류살균 효과를 유지하기 위해 투입하는 약품은 염소이다.

★★ ⑨ 염소주입에 의하여 폐수 중의 질소화합물과 반응하여 생성되는 물질은 클로라민이다.

★★ ⑩ 다른 살균방법에 비해 염소살균을 더 선호하는 이유는 잔류염소의 효과이다.

⑪ 온도가 높을수록 살균속도가 빨라진다.

⑫ 오존은 HOCl보다 더 강력한 산화제이다.

⑬ 같은 농도의 경우 NH_2Cl(모노클로라민)이 HOCl보다 살균력이 약하다.
⑭ 같은 농도의 경우 유리잔류염소는 결합잔류염소보다 살균력이 강하다.

(2) 염소살균(소독)의 특징

★★ ① 살균강도는 HOCl이 OCl^-보다 약 80배 이상 강하다.
★★ ② 염소의 살균력은 반응시간이 길며, 주입농도가 높을수록 강하다.
★★ ③ 염소의 살균력은 pH가 낮을수록 살균능력이 크다.
★★ ④ 염소의 살균력은 온도가 높을수록 살균능력이 크다.
   ⑤ 바이러스 사멸효과가 나쁜 편이다.
★★ ⑥ 잔류효과가 크다.
   ⑦ HOCl은 암모니아와 반응하여 클로라민을 생성한다.

(3) 오존 살균의 특징

   ① 생물학적 분해불가능 유기물 처리에도 적용할 수 있다.
★★ ② 저장이 어려우므로 오존발생기를 이용하여 현장에서 생산한다.
★★ ③ 오존은 HOCl보다 더 강력한 산화제이다.
★★ ④ 오존은 잔류성이 없으므로 최종 살균에는 이용되지 않는다.
   ⑤ 수용액에서 오존은 매우 불안정하여 20℃ 증류수에서의 반감기는 20~30분 정도이다.

(4) 자외선(UV) 소독의 특징

★★ ① 잔류성이 없다.
   ② 염소소독에 비해 안정성이 높다.
★★ ③ pH변화에 관계없이 지속적인 살균이 가능하다.
   ④ 물의 탁도가 높으면 소독능력은 저하된다.
★★ ⑤ 태양광 중에 파장이 커질수록 살균효과는 감소한다.
   ⑥ 소독의 성공여부를 즉시 측정할 수 없다.

Question 25

염소의 살균력에 관한 설명으로 가장 거리가 먼 것은?

㉮ 온도가 높을수록 살균속도가 빨라진다.
㉯ 오존은 HOCl 보다 더 강력한 산화제이다.
㉰ 같은 농도의 경우 NH_2Cl이 HOCl보다 살균력이 강하다.
㉱ 같은 농도의 경우 유리잔류염소는 결합잔류염소보다 살균력이 강하다.

풀이 ㉰ 같은 농도의 경우 NH_2Cl이 HOCl보다 살균력이 약하다.

TIP

살균력 순서
HOCl > OCl⁻ > 클로라민

 Question 26

다음 중 염소 살균의 가장 큰 장점은?

㉮ 대장균을 선택적으로 살균한다.
㉯ 낮은 농도에서도 효과적이며, 충분한 양 투여시 지속적인 살균효과를 나타낸다.
㉰ 독성유해화학물질도 제거할 수 있고 특히 냄새 제거에 탁월한 효능을 나타낸다.
㉱ 플랑크톤 제거에 가장 효과적이다.

풀이 ① 잔류성 있는 소독제 : 염소(Cl_2) 및 염소화합물
② 잔류성이 없는 소독제 : 자외선(UV), 오존(O_3) 따라서 정답은 ㉯이다.

 Question 27

물에 주입된 염소의 약 23%는 HOCl로, 77%는 해리된 OCl⁻로 존재하는 pH의 개략값으로 가장 적합한 것은?

㉮ pH 3　　㉯ pH 5　　㉰ pH 8　　㉱ pH 11

정답 ㉰

Question 28

염소주입에 의하여 폐수 중의 질소화합물과 반응하여 생성되는 물질은 무엇인가?

㉮ 유리잔류질소　　㉯ 액체질소　　㉰ 트리할로메탄　　㉱ 클로라민

정답 ㉱

TIP

클로라민의 종류

① NH_2Cl(모노클로라민)

$$HOCl + NH_3 \xrightarrow{pH\ 8.5\ 이상} NH_2Cl + H_2O$$

② $NHCl_2$(디클로라민)

$$HOCl + NH_2Cl \xrightarrow{pH\ 4.5\sim8.5} NHCl_2 + H_2O$$

③ NCl_3(트리클로라민)

$$HOCl + NHCl_2 \xrightarrow{pH\ 4.4\ 이하} NCl_3 + H_2O$$

Question 29

상수처리시 오존주입에 관한 설명으로 옳은 것은?

㉮ 생물학적 분해 불가능한 유기물 처리에도 적용할 수 있다.
㉯ 트리할로메탄의 생성이 큰 문제로 대두된다.
㉰ 잔류성이 커서 살균 후 미생물의 증식에 의한 2차 오염의 우려가 없다.
㉱ 시설 및 장비가 간단하고 고도의 운전기술이 불필요하다.

풀이　㉯ 트리할로메탄(THM)은 염소소독에서 발생한다.
　　　　㉰ 오존은 잔류성이 없다.
　　　　㉱ 시설 및 장비가 복잡하고, 고도의 운전기술이 필요하다.
　　　　따라서 정답은 ㉮이다.

> **Question 30**
>
> 상수처리에 사용되는 오존살균에 관한 다음 설명 중 옳지 않은 것은?
> ㉮ 저장이 어려우므로 오존발생기를 이용하여 현장에서 생산한다.
> ㉯ 오존은 HOCl보다 더 강력한 산화제이다.
> ㉰ 상수의 최종살균을 위해 가장 권장되는 방법이다.
> ㉱ 수용액에서 오존은 매우 불안정하여 20℃의 증류수에서의 반감기는 20~30분 정도이다.
>
> ▸ 풀이   ㉰ 상수의 최종살균을 위해 가장 권장하는 방법은 염소소독이다.

TIP
★★ ① 최종 살균제로서 가장 중요한 조건은 잔류성이 있어야 한다.
② 잔류성이 없는 소독제로는 O_3(오존), UV(자외선)이다.
③ 잔류성이 있는 소독제로는 Cl_2(염소) 및 염소화합물이다.

8. 흡착법

★★ (1) 흡착제의 종류

활성탄, 분자체, 활성알루미나, 실리카겔, 보오크사이트, 합성제올라이트

> **Question 31**
>
> 폐수처리에 있어서 활성탄은 어떤 목적으로 주로 사용하는가?
> ㉮ 흡착   ㉯ 중화   ㉰ 침전   ㉱ 부유
>
> ▸ 정답   ㉮

(2) 폐수처리에 있어서 활성탄의 용도

① 생물학적 처리를 거친 폐수 내에 남아있는 유기물을 좀 더 흡착시키는데 사용한다.
② 응집, 침전한 후 색깔의 제거
③ 냄새가 나는 물의 탈취
④ 하수 중의 미량 중금속의 제거

★★ (3) 물리적 흡착의 특징

① 흡착열이 적다.
★★ ② 흡착과 탈착이 가역적이며, 재생이 가능하다.

★★ ③ 흡착이 다층(multi-layers)에서 일어난다.
④ 분자량이 클수록 잘 흡착된다.
★★ ⑤ 낮은 온도에서 흡착량이 많다.
⑥ 반데르바알스힘(Van der Waals)이 작용한다.

★ (4) 화학적 흡착의 특징

★★ ① 흡착열이 크다.
② 비가역적이며, 재생이 불가능하다.
③ 단분자 흡착이다.
④ 흡착제 - 용질의 화학반응이다.

★★ (5) 파괴점

① 흡착공정에서 흡착제의 흡착이 완료되어 유출수에서 용질이 배출되는 점
② 염소살균에서 잔류염소량이 가장 낮은점으로 산화반응이 완료되는 점

9. 오염물질 처리법

★★ (1) 폐수처리법 중 고액분리방법

① 부상분리법
② 스크리닝
③ 원심분리법

★★ (2) 카드뮴(Cd) 함유 폐수 처리법

① 수산화물 침전법
② 황화물 침전법
③ 탄산염 침전법

📢 **Question 32**

다음 중 카드뮴(Cd)함유 폐수처리법으로 거리가 먼 것은?
㉮ 수산화물 침전법   ㉯ 황화물 침전법
㉰ 탄산염 침전법   ㉱ 시안화제2철 침전법

> **풀이** 카드뮴(Cd) 처리법에는 부상법, 여과법, 침전법(수산화물, 황화물, 탄산염), 이온교환법, 흡착법이 있으므로 정답은 ㉱이다.

(3) 크롬함유 폐수

독성이 있는 6가 크롬을 독성이 없는 3가 크롬으로 pH 2~4에서 환원시키고 3가 크롬을 pH 8.0~8.5범위에서 침전시킨다.

★★ ① 크롬의 환원에 사용되는 환원제의 종류 : SO_2, Na_2SO_3, $FeSO_4$, $NaHSO_3$
★★ ② Cr^{6+} 함유 폐수 처리법은 환원 → 중화 → 침전 순서로 처리한다.
★★ ③ Cr^{6+} 함유 폐수를 처리하기 위한 가장 적합한 방법은 환원침전법이다.

(4) 유기인 화합물은 파라치온, 말라치온과 같은 농약이 함유되어 있는 폐수에 많이 존재한다.

★★ (5) 불소제거를 위하여 가장 많이 이용되는 폐수처리방법은 화학침전이다.

(6) 시안(CN)이 함유된 폐수는 알칼리 조건하에서 염소처리(산화)가 필요하다.

Question 33

크롬의 환원에 사용되는 환원제가 아닌 것은?

㉮ SO_2 ㉯ Na_2SO_3 ㉰ $FeSO_4$ ㉱ Al_2SO_4

[풀이] 크롬의 환원에 사용되는 환원제로는 SO_2, Na_2SO_3, $FeSO_4$, $NaHSO_3$ 등이므로 정답은 ㉱이다.

Question 34

다음 중 6가크롬(Cr^{6+}) 함유 폐수를 처리하기 위한 가장 적합한 방법은?

㉮ 아밀감법   ㉯ 환원침전법   ㉰ 오존산화법   ㉱ 충격법

[풀이] 6가크롬(Cr6+)함유 폐수처리법 : 독성이 있는 6가 크롬을 독성이 없는 3가 크롬으로 pH 2~4에서 환원시키고 3가 크롬을 pH 8.0~8.5 범위에서 침전시켜 처리하므로 정답은 ㉯이다.

Question 35

Cr^{6+}함유 폐수 처리법으로 가장 적합한 것은?

㉮ 환원 → 중화 → 침전   ㉯ 환원 → 침전 → 중화
㉰ 중화 → 침전 → 환원   ㉱ 중화 → 환원 → 침전

[정답] ㉮

03 생물학적 처리

(1) 생물학적 처리방법의 특징

① 주로 유기성 폐수의 처리에 적용한다.
② 산화지는 자연에 의하여 처리하기 때문에 활성슬러지법에 비해 적정처리가 어렵다.

★★ (2) 생물학적 처리방법의 종류

① 부유성장식 : 활성슬러지법
② 부착성장식 : 살수여상법, 회전원판법

(3) 산기식 포기방식의 포기조의 운영·관리사항

① 활성슬러지의 색에 주의
② 활성슬러지의 냄새에 주의
③ 포기상황(포기강도)에 주의

1. 활성슬러지법

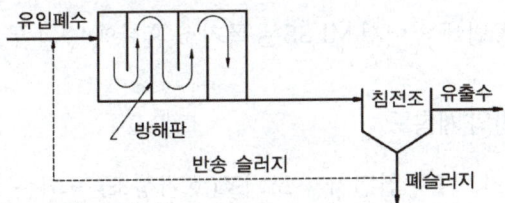

표준활성슬러지법(재래식 활성슬러지법)

★★ (1) 활성슬러지법의 조건

① 온도 : 25~30℃
② pH : 6~8
③ DO : 2mg/L 이상
④ BOD : N : P = 100 : 5 : 1
⑤ HRT(수리학적 체류시간) : 6~8hr
⑥ SRT(미생물 체류시간) : 3~6day
⑦ MLSS : 1,500~2,500mg/L
★★ ⑧ F/M비(kg BOD/kg MLSS·day) : 0.2~0.4

Question 36

활성슬러지법의 운전조건 중 F/M비(kg BOD/kg MLSS·일)는 얼마로 유지하는 것이 가장 적합한가?

㉮ 200~400   ㉯ 20~40   ㉰ 2~4   ㉱ 0.2~0.4

정답 ㉱

(2) 활성슬러지공법으로 폐수처리시 포기량 결정시 주요인자 : BOD

★★ (3) 활성슬러지 공법에서 2차침전지의 슬러지를 폭기조로 반송시키는 주된 목적은 폭기조 내 요구되는 미생물 농도를 유지하기 위해서이다.(MLSS 조절)

 Question 37

활성슬러지 공법에서 슬러지 반송의 주된 목적은?

㉮ 영양물질 공급   ㉯ pH 조절   ㉰ DO 조절   ㉱ MLSS 조절

정답 ㉱

※ 출제빈도가 아주 높은 문제이므로 숙지하셔야 합니다.

(4) 활성슬러지공법에 있어서 MLSS는 폭기조 혼합액 중의 부유물질이다.

★★ (5) 활성슬러지법의 계통도

유입수 → 침사지 → 1차 침전지 → 포기조(호기성조) → 최종 침전지 → 염소접촉조(소독조) → 유출수

 Question 38

도시 폐수처리 계통도의 처리순서가 가장 적합하게 나열된 것은?

㉮ 유입수 → 침사지 → 1차침전지 → 포기조 → 최종침전지 → 염소소독조 → 유출수
㉯ 유입수 → 염소소독조 → 침사지 → 1차침전지 → 포기조 → 최종침전지 → 유출수
㉰ 유입수 → 침사지 → 1차침전지 → 최종침전지 → 염소소독조 → 포기조 → 유출수
㉱ 유입수 → 1차침전지 → 침사지 → 포기조 → 최종침전지 → 염소소독조 → 유출수

풀이 ① 포기조 = 폭기조 = 반응조, ② 최종 침전지 = 2차 침전지를 의미하며, 정답은 ㉮이다.

★★ **(6) 활성슬러지공법으로 운전할 때 발생되는 문제점**

① 슬러지 bulking
② 슬러지 rising
③ pin floc

★★ **(7) 활성슬러지의 팽화(Bulking)**

★★ 활성슬러지공법으로 하수처리시 주로 사상성 미생물의 이상번식으로 2차 침전지에서 침전성이 불량한 슬러지가 침전되지 못하고 유출되는 현상이다.

① 포기조내 사상균에 의한 팽화에 의해 최종침전지에서 침전이 불량해진다.
② 팽화는 포기조내 DO 부족에 기인하는 경우가 있다.
③ 팽화는 BOD/MLSS 부하의 과대 또는 과소에 의한 경우도 있다.
★★ ④ 슬러지팽화(Sludge Bulking) 현상이 일어날 때 가장 많이 출현하는 미생물은 Fungi이다.
⑤ 활성슬러지가 백색을 띠며 유동상태로 된다.
⑥ 슬러지의 침전 분리성이 약화되고 압밀침전이 곤란해진다.
★★ ⑦ 포기조의 SVI(슬러지용적지수)가 200 이상이 된다.
⑧ 폐수처리시설의 2차침전지에서 팽화현상은 유출수의 SS 농도가 높아진다.

★★ **(8) 슬러지팽화(Sludge Bulking) 현상의 원인**

① 미생물에 비해서 유기물 먹이가 너무 많을 때
② 포기조의 용존산소가 부족할 때
③ 유입수에 갑자기 산업폐수가 혼합되어 유입될 경우
④ 포기조내 영양염류(N, P)가 부족할 때
⑤ 짧은 SRT(미생물 체류시간)
⑥ 운전미숙

★★ **(9)** 활성슬러지공법으로 폐수를 처리하는 경우 침전성이 좋은 슬러지가 최종침전지에서 떠오르는 슬러지 부상(Sludge rising)을 일으키는 원인은 탈질작용이다.

Question 39

활성슬러지공법으로 운전할 때 발생되는 문제점으로 가장 거리가 먼 것은?

㉮ 슬러지 bulking　　㉯ 슬러지 rising　　㉰ pin floc　　㉱ ponding

풀이 ㉱ ponding(연못화 현상)은 살수여상법의 문제점이므로 정답은 ㉱이다.

Question 40

다음 중 활성슬러지공법으로 하수처리시 주로 사상성 미생물의 이상번식으로 2차 침전지에서 침전성이 불량한 슬러지가 침전되지 못하고 유출되는 현상을 의미하는 것은?

㉮ 슬러지 벌킹　　㉯ 슬러지 시딩　　㉰ 연못화　　㉱ 역세

풀이 슬러지벌킹 또는 슬러지 팽화라고 하며 슬러지용적지수(SVI)가 200 이상일 때 발생하며 생물학적 처리법 중 활성슬러지공법에서만 발생하는 현상이다. 따라서 정답은 ㉮이다.

Question 41

폐수처리시설의 2차 침전지에서 팽화현상은 주로 어떤 결과를 초래하는가?

㉮ 활성슬러지를 부패시킨다.　　㉯ 포기조 산기관을 막는다.
㉰ 유출수의 SS농도가 높아진다.　　㉱ 포기조내의 이상난류를 발생시킨다.

풀이 슬러지팽화(벌킹) 현상은 활성슬러지법에서 발생하는 현상으로 백색 사상균이 증가되어 발생하며 가벼워 유출수로 빠져나가면서 유출수의 SS농도를 증가시키게 된다. 따라서 정답은 ㉰이다.

Question 42

활성슬러지공법에 있어서 MLSS의 설명을 가장 적합하게 표현한 것은?

㉮ 최종 방류수 중의 부유물질　　㉯ 포기조 혼합액 중의 부유물질
㉰ 최초 유입수 중의 부유물질　　㉱ 탈수 슬러지 중의 부유물질

풀이 활성슬러지법에서 MLSS는 폭기조 혼합액 중의 부유물질을 의미하며, 2차 침전지에서 슬러지를 폭기조로 반송시키는 주된 목적은 폭기조내 요구되는 미생물 농도를 유지하기 위해서이다. 따라서 정답은 ㉯이다.

Question 43

활성슬러지공법에서 포기조내 SVI(Sludge Volume Index)가 적정 값보다 높을 때 발생할 수 있는 현상으로 가장 적합한 것은?

㉮ 슬러지의 밀도가 증가한다.
㉯ 슬러지 벌킹의 우려가 있다.
㉰ 슬러지내 휘발성분이 감소한다.
㉱ 슬러지는 아주 빨리 침강한다.

풀이 SVI(슬러지 용적지수)
① $SVI = \dfrac{SV(mL/L)}{MLSS(mg/L)} \times 10^3 = \dfrac{SV(\%)}{MLSS(mg/L)} \times 10^4 = \dfrac{10^6}{SS_r(mg/L)}$
② 판정 : SVI가 50~150이면 정상 침강, SVI가 200 이상이면 슬러지벌킹 발생하므로 정답은 ㉯이다.

Question 44

활성슬러지공법으로 하(폐)수를 처리하는 과정에서 발생하는 각종 슬러지에 관한 설명으로 옳은 것은?

㉮ 1차슬러지(primary settling sludge)는 포기조 바닥에 퇴적된 슬러지이다.
㉯ 잉여슬러지(excess sludge)는 최초침전지에서 발생한 슬러지로 포기조에 투입된다.
㉰ 반송슬러지(return sludge)는 최종침전지에서 발생하는 활성슬러지로 포기조에 재투입되는 슬러지이다.
㉱ 소화슬러지(digested sludge)는 혐기성 소화조 내부에서 안정화되지 못하고 부상하는 스컴의 일종이다.

풀이 ㉮ 1차슬러지는 1차 침전지에서 발생한 슬러지이다.
㉯ 잉여슬러지는 최종침전지에서 발생한 슬러지로 농축조로 보내진다.
㉱ 소화슬러지는 혐기성 소화조 내부에서 안정화된다. 따라서 정답은 ㉰이다.

Question 45

다음 중 활성슬러지공법으로 폐수를 처리하는 경우 침전성이 좋은 슬러지가 최종침전지에서 떠오르는 슬러지 부상(sludge rising)을 일으키는 원인으로 가장 적합한 것은?

㉮ 층류형성 ㉯ 이온전도도 차 ㉰ 탈질작용 ㉱ 색도 차

풀이 슬러지부상(Sludge rising)의 원인은 침전조의 탈질작용에 의한다. 따라서 정답은 ㉰이다.

(10) 생물학적 처리방법의 원리

① **회전원판법** : 미생물 부착성장형으로서 별도의 산소공급장치가 없다.
② **접촉안정법** : 생물흡수에 의하여 폐수 중의 유기물을 슬러지에 흡착시킨다.
③ **심층포기법** : U자형 관을 이용하여 포기를 실시하며 주로 부상조를 사용하여 슬러지를 분리시킨다.

★★ ④ 산화지법 : 수심 1m 이하의 경우 호기성 세균의 산소공급원은 조류이다.

★★★ (11) 활성슬러지법의 제어 지표

① SVI(슬러지 용적지수) : 포기조에서 성장한 미생물의 2차 침전지에서의 침강농축성을 나타내는 지표이며 포기조 혼합액 1L를 30분간 침강시킨 후 1g의 MLSS가 슬러지로 형성시 차지하는 부피(mL)

★★ ㉠ SVI $\begin{cases} 50{\sim}150 : 침강성\ 양호(정상상태) \\ 200\ 이상 : 슬러지\ 팽화\ 발생 \end{cases}$

★★ ㉡ $SVI(mL/g) = \dfrac{SV(mL/L)}{MLSS(mg/L)} \times 10^3 = \dfrac{SV(\%)}{MLSS(mg/L)} \times 10^4 = \dfrac{10^6}{SS_r(mg/L)}$
($SS_r = SS_w$)

② SDI : 슬러지 밀도지수

㉠ SVI(슬러지 용적지수)의 역수이다.

㉡ SDI는 2~0.67이 적당하다.

★★ ㉢ $SDI = \dfrac{1}{SVI} \times 100(g/100mL)$

★★ 2. 살수여상법

★★ 주요 정화작용은 호기성 산화

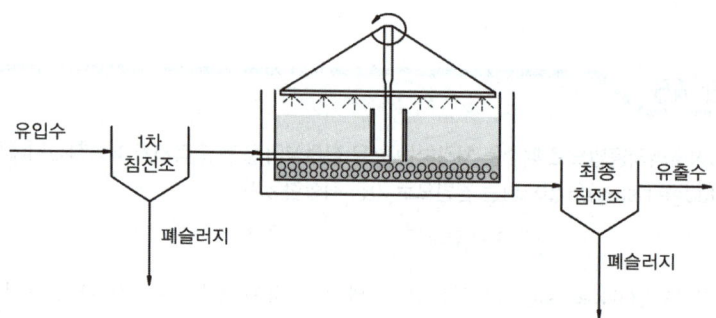

(1) 살수여상법

① 호기성 미생물을 이용한다.
② 대표적인 부착성장식 생물학적 처리공법이다.
③ 쇄석이나 플라스틱과 같은 여재를 채운 탱크에 폐수를 뿌려주어 유기물을 섭취 분해한다.

★★ ④ 연못화 현상이 일어나거나 파리번식과 악취발생의 우려가 있다.
⑤ 살수여상법에서 발생하는 연못화 현상의 원인은 유기물 부하량이 너무 많아 처리가 되지 않을 경우이다.

(2) 살수여상 처리과정

유입수 → 스크린 → 1차침전 → 살수여상 → 2차침전 → 소독 → 방류

(3) 살수여상의 매질

① 미생물이 자랄 수 있는 표면
② 폐수가 통과할 수 있는 공간
③ 공기가 통과할 수 있는 공간

(4) 저속 살수여상

① 공극률이 낮다.
② 파리가 서식하기 쉽다.
③ 수리학적 부하가 낮다.
④ 폐쇄현상이 일어나기 쉽다.

★★ (5) 살수여상 운영시 발생되는 문제점

① 파리발생
★★ ② 연못화현상(ponding)
③ 냄새발생(악취발생)
④ 결빙
⑤ 생물막 탈락

Question 46

다음 설명에 해당하는 폐수처리 공정은?

- 호기성 미생물을 이용한다.
- 대표적인 부착성장식 생물학적 처리공법이다.
- 쇄석이나 플라스틱과 같은 여재를 채운 탱크에 폐수를 뿌려주어 유기물을 섭취 분해한다.
- 연못화 현상이 일어나거나 파리번식과 악취발생 우려가 있다.

㉮ 고정소각법 ㉯ 살수여상법 ㉰ 라군법 ㉱ 활성슬러지법

풀이 생물학적 처리공법
① 부유성장식 생물학적 처리공법에는 활성슬러지법이 있다.
② 부착성장식 생물학적 처리공법에는 살수여상법과 회전원판법이 있다. 따라서 정답은 ㉯이다.

 Question 47

다음 중 폐수처리의 대표적인 부착성장식 생물학적 처리 공법은?

㉮ 활성슬러지법 ㉯ 이온교환법 ㉰ 살수여상법 ㉱ 임호프탱크

정답 ㉰

 Question 48

살수여상에서 발생하는 연못화 현상의 원인으로 가장 거리가 먼 것은?

㉮ 유기물 부하량이 너무 적어 처리가 되지 않을 경우
㉯ 매질이 너무 작거나 균일하지 못한 경우
㉰ 미생물 점막이 과도하게 탈리되어 공극을 메울 경우
㉱ 최초 침전지에서 현탁고형물이 충분히 제거되지 않을 경우

풀이 ㉮ 유기물 부하량이 너무 많아 처리되지 않을 경우

★★ 3. 회전원판법

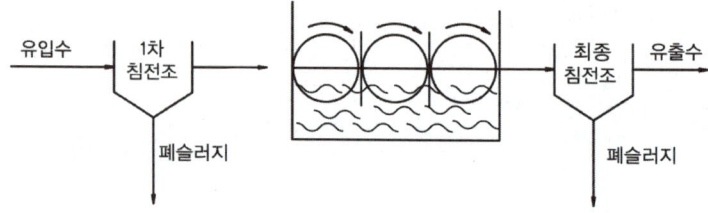

★★ **(1) 회전원판법과 연관된 사항**

① 호기성 처리
② 고밀도 폴리에틸렌
③ 생물학적 처리

(2) 회전원판법의 특징

★★ ① 부하충격에 강하고 에너지 소요가 적다.
★★ ② 미생물에 대한 산소공급 소요전력이 작다.
③ 다단계 공정에서 높은 질산화율을 얻을 수 있다.
★★ ④ 단회로 현상의 제어가 쉽다.
★★ ⑤ 슬러지 반송이 불필요하다.
⑥ 부하변동과 유해물질에 대한 내성이 크다.
⑦ 타 생물학적 처리공정에 비하여 bench-scale의 처리연구를 현장시스템으로 scale-up 시키기가 용이하지 못한다.
★★ ⑧ 운영변수가 많아 모델링이 복잡하다.
⑨ 활성슬러지법에 비해 2차침전지에서 미세한 SS가 유출되기 쉽고 처리수의 투명도가 나쁘다.
⑩ 살수여상과 같이 파리는 발생하지 않으나 하루살이가 발생하는 수가 있다.

Question 49

회전원판법(Rotating Biological Contactors)에 관한 설명으로 틀린 것은?

㉮ 슬러지생산은 살수여상 공정에서의 관측수율과 비슷하다.
㉯ 재순환이 필요없어 모델링이 간단하다.
㉰ 미생물에 대한 산소공급 소요전력이 작다.
㉱ 메디아는 전형적으로 40%가 물에 잠긴다.

풀이 ㉯ 운영변수가 많아 모델링이 복잡하다.

Question 50

회전원판법(RBC)의 단점이 아닌 것은?

㉮ 충격부하 및 부하변동에 약하다.
㉯ 처리수의 투명도가 낮다.
㉰ 일반적으로 회전체가 구조적으로 취약하다.
㉱ 외기기온에 민감하다.

풀이 ㉮ 충격부하 및 부하변동에 강하다.

★★ 4. 산화지법

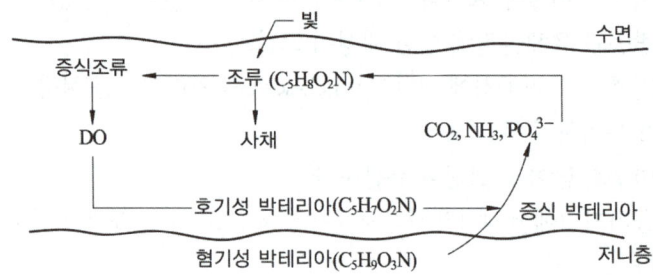

★★ ① 미생물의 생물학적 작용을 이용하여 하수 및 폐수를 자연정화시키는 공법으로, 라군(lagoon)이라고도 하며, 시설비와 운영비가 적게 드는 이점이 있기 때문에 소규모 마을의 오수처리에 많이 이용된다.

★★ ② 미생물과 조류의 생물화학적 작용을 이용한다.

★★ ③ 조류를 이용한 산화지(Oxidation pond)법으로 폐수를 처리할 경우 가장 중요한 영향 인자는 햇빛이다.

Question 51

미생물과 조류의 생물화학적 작용을 이용하여 하수 및 폐수를 자연 정화시키는 공법으로, 라군(lagoon)이라고도 하며, 시설비와 운영비가 적게 들기 때문에 소규모 마을의 오수처리에 많이 이용되는 것은?

㉮ 회전원판법　　㉯ 부패조법　　㉰ 산화지법　　㉱ 살수여상법

풀이 수심이 1m 이하인 연못에서 박테리아와 조류의 공생관계를 이용하여 생물학적 정화능력을 이용해 하수 및 폐수를 처리하는 방법을 산화지법이라 한다. 따라서 정답은 ㉰이다.

Question 52

다음 중 조류를 이용한 산화지(oxidation pond)법으로 폐수를 처리할 경우에 가장 중요한 영향 인자는?

㉮ 산화지의 표면모양 ㉯ 물의 색깔
㉰ 햇빛 ㉱ 산화지 바닥 흙입자 모양

정답 ㉰

 Question 53

'Symbiosis'에 관한 설명으로 가장 알맞은 것은?

㉮ 호기성 미생물의 이화작용, 동화작용에 의한 물질 대사관계
㉯ 폐수와 미생물막의 물질이전관계
㉰ 호기성 박테리아와 혐기성 박테리아의 배양환경조건관계
㉱ 박테리아와 조류간의 공생작용관계

풀이 박테리아와 조류의 공생관계 : 수심 1m 이하의 호기성 산화지에서 적용하며, 정답은 ㉱이다.

5. 접촉산화법(호기성 침지여상)

① 매체로서는 벌집형, 모듈(Module)형, 벌크(Bulk)형, 플라스틱제 등이 쓰인다.
② 부하변동과 유해물질에 대한 내성이 높다.
③ 처리수의 투시도가 높다.
★★ ④ 분해속도가 낮은 기질제거에 효과적이다.
★★ ⑤ 슬러지 반송이 필요없고 슬러지 발생량이 적다.
⑥ 슬러지 보유량이 크며 생물상이 다양하다.
⑦ 슬러지 자산화가 기대되어 잉여슬러지량이 감소한다.
★★ ⑧ 접촉재가 조 내에 있기 때문에 부착생물량의 확인이 용이하지 못한다.
★★ ⑨ 고부하시 매체의 공극으로 인하여 폐쇄위험이 크다.

 Question 54

생물막법인 접촉산화법의 장점으로 틀린 것은?

㉮ 분해속도가 낮은 기질제거에 효과적이다. ㉯ 부하, 수량변동에 대하여 완충능력이 있다.
㉰ 슬러지 반송이 필요없고 슬러지 발생량이 적다. ㉱ 고부하에 따른 폐쇄위험이 적다.

 ㉱ 고부하에 따른 폐쇄위험이 크다.

Question 55

접촉산화법에 관한 설명으로 가장 거리가 먼 것은?

㉮ 슬러지 반송이 필요없고 조 내 슬러지 보유량이 크며 생물상이 다양하다.
㉯ 분해속도가 낮은 기질제거에 효과적이다.
㉰ 부하, 수량 변동에 대하여 완충능력이 있다.
㉱ 영향인자를 정상상태로 유지하기 위한 조작에 용이하다.

풀이 ㉱ 영향인자를 정상상태로 유지하기 위한 조작이 용이하지 못하다.

> **TIP**
> 호기성 미생물에 의한 처리법
> ① 활성슬러지법   ② 살수여상법
> ③ 회전원판법   ④ 산화지법

04 고도처리법

1. 고도처리법의 특징

(1) 하수의 차수별 처리방법

① 1차처리 : 침전법
② 2차처리 : 활성슬러지법, 표준살수여상법 및 기타 이와 같은 정도로 처리할 수 있는 방법
③ 3차처리 : 급속여과법, 활성탄 흡착법, 질소와 인의 제거법 및 기타 이와 같은 정도로 처리할 수 있는 방법

★★(2) 폐수처리공법 중 고도처리

① 활성탄 흡착에 의한 난분해성 유기물의 제거
② 혐기·호기법에 의한 영양물의 제거
③ 화학적 응결에 의한 인(P)의 제거

(3) 고도처리의 제거대상물질과 제거방법

① 질소(N) : 질산화와 탈질산화

② 중금속 : 활성탄 흡착 또는 화학적 응결
③ 인(P) : 미생물에 흡수시키거나 화학적 응결
④ NH_4^+ : pH 조정 후 탈기

★★ **(4) 고도처리법(3차처리법)에서 반응조 역할**

① 혐기성조 : 유기물 제거, 인(P) 방출
② 무산소조 : 탈질작용(질소제거)
③ 호기성조(폭기조) : 인(P)의 과잉흡수

> **Question 56**
>
> 생물학적 처리공법으로 하수내의 질소를 처리할 때, 탈질이 주로 이루어지는 공정은?
>
> ㉮ 탈인조　　㉯ 포기조　　㉰ 무산소조　　㉱ 침전조
>
> **풀이** 반응조의 역할
> ㉮ 탈인조 : 인(P) 방출　㉯ 포기조(호기성조) : 인(P)의 과잉흡수
> ㉰ 무산소조 : 탈질　㉱ 침전조 : 슬러지 침전조
> 따라서 정답은 ㉰이다.

★★ **(5) 고도처리법에서 제거물질별 분류**

① 질소(N)와 인(P)의 처리공법 : A_2/O공법, 5단계(수정)바덴포, UCT공법, VIP공법, SBR공법
② 질소(N)만 처리하는 공법 : 4단계 바덴포
★★③ 인(P)만 처리하는 공법 : A/O 공법, 포스트립(Phostrip) 공법

2. A/O 공법

★★★ **(1) A/O 공법의 공정도**

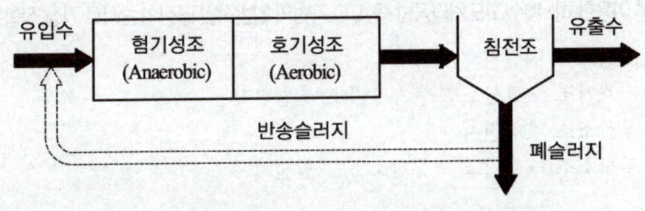

(2) A/O 공법의 반응조 역할

★★ ① 혐기성조(Anaerobic) : 인(P)의 방출, 유기물 제거
★★ ② 호기성조(Aerobic) : 인(P)의 과잉흡수

★★ (3) A/O 공법의 특징

인을 주로 처리하기 위한 3차 처리공법이다.

★★ ① 공정도는 혐기조 - 포기조(호기성조)로 구성되어 있다.
★★ ② 생물학적 원리를 이용하여 인(P)만을 효과적으로 제거하기 위한 고도처리 공법이다.
　　③ 혐기성조/호기성조의 과정을 거치면서 질소제거는 고려되지 않지만 하·폐수 내의 유기물 산화와 생물학적으로 인(P)을 제거하는 공법이다.
　　④ 폭기조(호기성조)에서는 인의 과잉섭취가 일어난다.
　　⑤ 폐슬러지 내의 인의 함량은 비교적 높아 비료 가치가 있다.
　　⑥ 기온이 낮을 때 운전성능이 불확실하다.

Question 57

다음 중 생물학적 원리를 이용하여 인(P)만을 효과적으로 제거하기 위한 고도처리 공법으로 가장 적합한 것은?

㉮ A/O 공법　　　　　　㉯ A_2/O 공법
㉰ 4단계 Bardenpho 공법　㉱ 5단계 Bardenpho 공법

풀이 ㉯ A_2/O공법 : 질소(N)와 인(P) 제거 공법
　　　㉰ 4단계 Bardenpho 공법 : 질소(N) 제거 공법
　　　㉱ 5단계 Bardenpho 공법 : 질소(N)와 인(P) 제거 공법
　　　따라서 정답은 ㉮이다.

Question 58

생물학적 원리를 이용한 하·폐수 고도처리공법 중 A/O 공법의 일반적인 공정의 순서로 가장 적합한 것은?

㉮ 혐기조 → 호기조 → 침전지
㉯ 무산소조 → 호기조 → 무산소조 → 재포기조 → 침전지
㉰ 호기조 → 무산소조 → 침전지
㉱ 혐기조 → 무산소조 → 호기조 → 무산소조 → 침전지

풀이 A/O공법은 혐기성조 - 호기성조(포기조)로 구성되어 있으므로 정답은 ㉮이다.

3. A_2/O 공법

(1) A_2/O 공법의 공정도

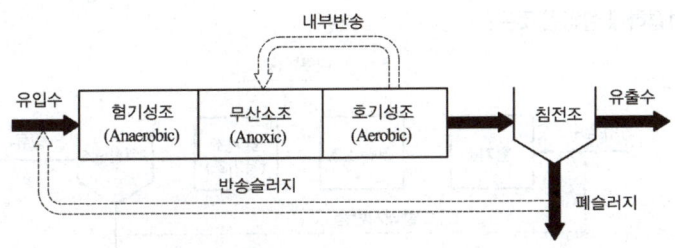

(2) A_2/O 공법의 반응조 역할

★★ ① 혐기성조 : 인의 방출, 유기물 제거
★★ ② 무산조소 : 탈질작용(질소제거)
★★ ③ 호기성조(포기조 또는 폭기조) : 인의 과잉흡수 및 질산화
　　④ 내부반송 : 호기성조(폭기조)에서 질산화를 통하여 생성된 질산성 질소를 무산소조로 보내 질소를 제거한다.

★★★ (3) A_2/O 공법의 특징

★★ ① 혐기성조 - 무산소조 - 호기성조로 구성되어 있다.
★★ ② 혐기조 : 인 방출, 무산소조 : 탈질화, 폭기조(호기성조) : 질산화 및 인의 과잉흡수
　　③ 폐슬러지 내 인의 함량이 높아(3~5%) 비료가치가 있다.
　　④ 폭기조에서 질산화를 통하여 생성된 질산성 질소를 무산소조로 내부 반송하여 질소를 제거한다.
　　⑤ A/O공법에 비하여 탈질성능이 우수하다.
　　⑥ 인과 질소를 동시에 효과적으로 제거할 수 있다.

Question 59

아래의 공정은 생물학적 질소, 인 제거의 대표적 공정인 A₂/O공정을 나타낸 것이다. 각 반응조의 기능에 대하여 가장 적절하게 설명한 것은?

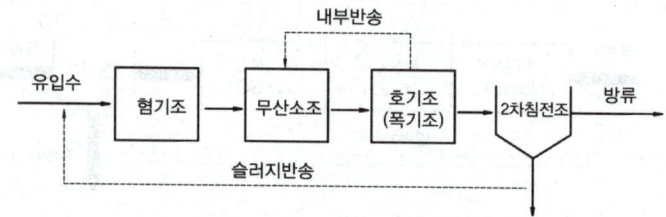

㉮ 혐기조 : 인방출, 무산소조 : 질산화, 폭기조 : 탈질
㉯ 혐기조 : 인방출, 무산소조 : 탈질, 폭기조 : 인과잉섭취
㉰ 혐기조 : 탈질, 무산소조 : 질산화, 폭기조 : 인방출
㉱ 혐기조 : 탈질, 무산소조 : 인과잉섭취, 폭기조 : 인방출

정답 ㉯

Question 60

생물학적 인(P) 제거공법인 A₂/O공법에 관한 설명으로 알맞지 않은 것은?

㉮ 혐기성조, 무산소조, 호기성조로 구성되어 있다.
㉯ 호기성조에서 인의 과잉흡수가 일어난다.
㉰ 무산소조에서 질산화가 주로 일어난다.
㉱ A/O공법에 비하여 탈질성능이 우수하다.

풀이 ㉰ 무산소조에서 탈질화가 일어난다.

★★★ 4. 5단계 Bardenpho 공정(수정 Bardenpho 공정 또는 M-Bardenpho 공정)

(1) 5단계 Bardenpho 공정의 공정도

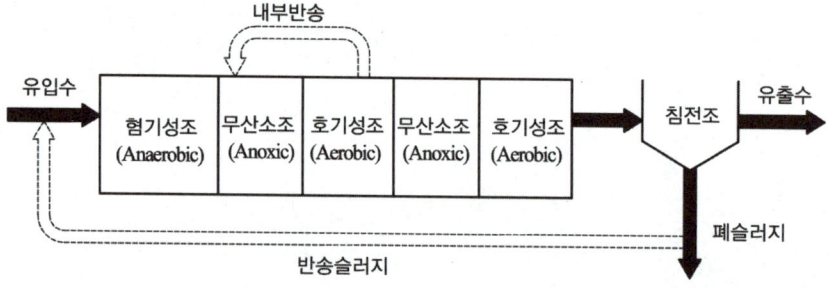

★★ (2) 5단계 Bardenpho 공정의 반응조 역할

① 혐기성조 : 미생물에 의한 인의 방출 및 유기물 제거
② 1단계 무산소조 : 탈질화현상으로 질소제거
③ 1단계 호기성조(포기조 또는 폭기조) : 미생물에 의한 인의 과잉흡수 및 질산화
④ 2단계 무산소조 : 잔류 질산성 질소 제거
⑤ 2단계 호기성조(포기조 또는 폭기조) : 종침에서 탈질에 의한 Rising 현상 및 인의 재방출 방지

★★★ (3) 5단계 Bardenpho 공정(수정 Bardenpho 공정)의 특징

★★ ① 혐기조 - 1단계 무산소조 - 1단계 호기조 - 2단계 무산소조 - 2단계 호기조로 이루어져 있다.
② 질소와 인을 동시에 처리할 수 있다.
★★ ③ 내부반송률이 높고 비교적 큰 규모의 반응조 사용이 가능하다.
④ 폐슬러지 내의 인의 함량이 높아 비료가치가 있다.

Question 61

다음 그림은 하수내 질소, 인을 효과적으로 제거하기 위한 어떤 공법을 나타낸 것인가?

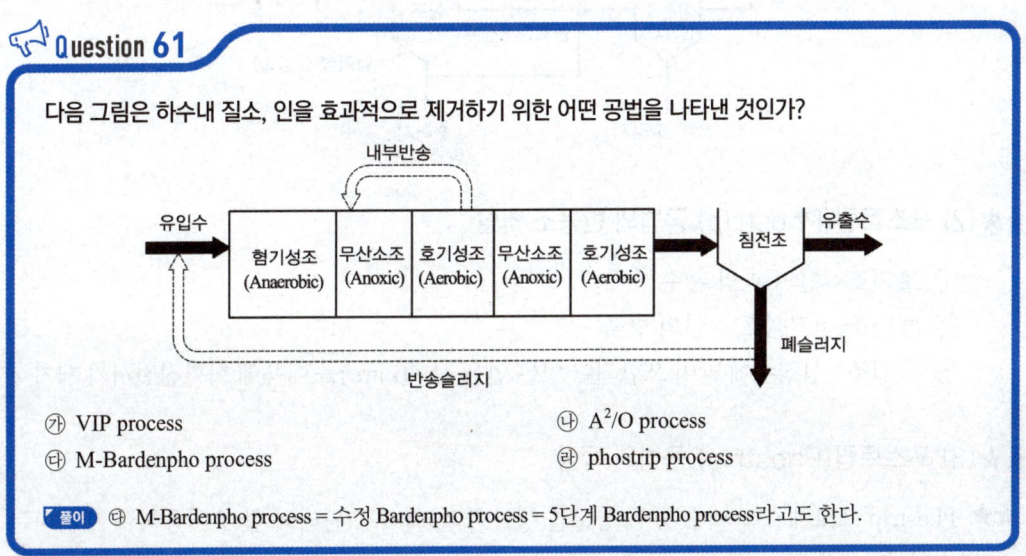

㉮ VIP process
㉯ A²/O process
㉰ M-Bardenpho process
㉱ phostrip process

풀이 ㉰ M-Bardenpho process = 수정 Bardenpho process = 5단계 Bardenpho process라고도 한다.

Question 62

하수고도처리공법인 수정 Bardenpho(5단계)에 관한 설명과 가장 거리가 먼 것은?

㉮ 질소와 인을 동시에 처리할 수 있다.
㉯ 내부반송률을 낮게 유지할 수 있어 비교적 적은 규모의 반응조 사용이 가능하다.
㉰ 폐슬러지 내의 인의 함량이 높아 비료가치가 있다.
㉱ 2차 호기성조(재폭기조)의 역할은 종침에서 탈질에 의한 Rising 현상 및 인의 재방출을 방지하는데 있다.

풀이 ㉯ 내부반송률이 높고 비교적 큰 규모의 반응조 사용이 가능하다.

5. 포스트립(Phostrip) 공법

(1) 포스트립 공법의 공정도

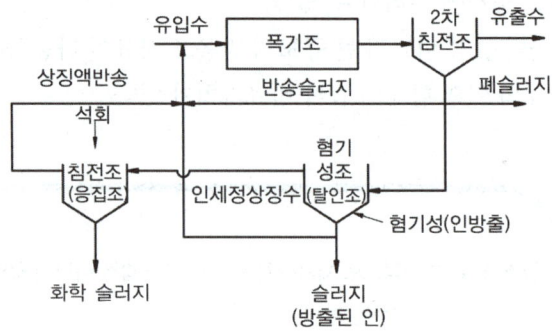

★★ (2) 포스트립(Phostrip) 공법의 반응조 역할

① 포기조 : 인의 과잉 흡수
② 탈인조(혐기성조) : 인의 방출
③ 응집조 : 상징수에 많이 포함되어 있는 인을 석회(Lime)를 이용해 화학침전시켜 제거

★★★ (3) 포스트립(Phostrip) 공법의 특징

★★ Phostrip 프로세스는 폐수 중인 성분을 생물학적, 화학적 원리와 함께 이용하여 제거하는 방법이다.

① 인 침전을 위하여 석회(Lime) 주입이 필요하다.
★★② 최종침전지에서 인 용출 방지를 위하여 MLSS내 DO를 높게 유지하여야 한다.
③ 기존 활성슬러지 처리장에 쉽게 적용 가능하다.
★★④ Stripping(액체 속에 용해되어 있는 기체를 분리, 제거하는 조작)을 위한 별도의 반응조가 필요하다.

⑤ Main Stream 화학침전에 비하여 약품사용량이 적다.
⑥ 반송슬러지의 일부를 혐기성 상태의 조로 유입시켜 인을 방출시킨다.

생물학적 인 제거 공정인 Phostrip 공법에 관한 설명으로 틀린 것은?
㉮ 인 침전을 위하여 석회주입이 필요함
㉯ 최종 침전지에서 인 용출 방지를 위하여 MLSS 내 DO를 높게 유지하여야 함
㉰ 기존 활성슬러지 처리장에 쉽게 적용 가능함
㉱ Stripping을 위한 별도의 반응조가 필요 없음

풀이 ㉱ Stripping(액체속에 용해되어 있는 기체를 분리, 제거하는 조작)을 위한 별도의 반응조가 필요하다.

생물학적 인 제거 공정에 관한 설명으로 틀린 것은?
㉮ Acinetobacter는 인 제거를 위한 중요한 미생물의 하나이다.
㉯ 5단계 Bardenpho 공정에서 인은 폐슬러지에 포함되어 제거된다.
㉰ Phostrip 공정은 인 성분을 Main-stream에서 제거하는 공정이다.
㉱ A^2/O공정은 질소와 인 성분을 함께 제거할 수 있다.

풀이 ㉰ Phostrip 공정은 주류(main stream)에서 유기물을 제거하고 측류(side stream)에서 인을 제거하는 공정이다.

6. 연속회분식 활성슬러지법(SBR ; Sequencing Batch Reactor)

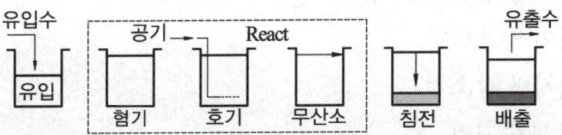

★★ 생물학적 원리를 이용하여 폐수를 고도처리(영양염류 제거공정)하기 위한 공정 중 하나의 탱크에서 시차를 두고 유입, 반송, 침전, 유출 등의 각 과정을 거치는 공정이다.

★★ ① 처리용량이 큰 처리장에는 적용하기 곤란하다.
★★ ② 슬러지반송이 필요없다.
③ 운전주기의 조절로 질소의 제거가 가능하다.
④ 활성슬러지법과 비교하면 에너지 절약형이라고 볼 수 있다.
★★ ⑤ 유입기를 혐기상태로 할 경우 용존산소가 거의 없도록 할 수 있어 포기시 산소전달효율을 극대화 할 수 있다.

★★ ⑥ 방류수질이 기준치에 미달할 경우 처리시설을 연장할 수 있다.

> **Question 65**
>
> 연속회분식 활성슬러지법(SBR)에 관한 설명으로 가장 거리가 먼 것은?
> ㉮ 슬러지 반송이 필요 없다.
> ㉯ 유입기를 혐기 상태로 할 경우 용존산소가 거의 없도록 할 수 있어 포기시 산소전달효율을 극대화 할 수 있다.
> ㉰ 반응조 일부만 사용하므로 단로현상이 자주 발생하고, 침전효율은 낮다.
> ㉱ 방류수질이 기준치에 미달할 경우 처리시간을 연장할 수 있다.
>
> 정답 ㉰

05 혐기성, 호기성, 슬러지 처리

1. 혐기성 소화

★★ **(1) 혐기성 소화**

★★ 주된 목적은 슬러지 생산량의 감소이다.

- 장점
  ① 슬러지의 발생량이 적다.
  ② 탈수성이 양호하다.
  ③ 폐슬러지량 감소
  ④ 고농도 폐수처리
  ⑤ 이용가능한 가스생산

- 단점
  ① 초기 순응시간이 오래 걸린다.
  ② 호기성에 비해 체류시간이 길다.
  ③ 상징액에 질소와 인의 함량이 높다.
  ④ 유출수의 수질이 나쁘다.
  ⑤ 처리과정 중 악취가 발생한다.
  ⑥ 호기성 소화법에 비해 소화속도가 느리다.

Question 66

혐기성 소화가 호기성 소화에 비해 지닌 장점으로 틀린 것은?

㉮ 미생물 성장속도가 빠르다.　　㉯ 처리 후 슬러지 생성량이 적다.
㉰ 동력비가 적게 든다.　　㉱ 유지관리비가 적게 든다.

풀이 ㉮ 혐기성 소화가 호기성 소화에 비해 미생물 성장속도가 느리다.

★★ (2) 혐기성 소화조의 운전 중 소화가스 발생량이 현저히 감소하였을 때 예상할 수 있는 원인

① 저농도의 슬러지 유입　　② 소화조 내부의 온도저하
③ 과다한 유기산 생성　　④ 소화슬러지 과잉 배출
⑤ 소화가스 누출

Question 67

혐기성 소화시 소화가스 발생량 저하의 원인과 가장 거리가 먼 것은?

㉮ 저농도슬러지 유입　　㉯ 소화슬러지 과잉배출　　㉰ 소화가스 누적　　㉱ 조내 온도저하

풀이 ㉰ 소화가스 누출

(3) 상향류 혐기성 슬러지상(UASB)

① 기계적인 교반이나 여재가 필요없기 때문에 비용이 적게든다.
② 수리학적 체류시간을 작게 할 수 있어 반응조 용량이 축소된다.
★★ ③ 고형물의 농도가 높아도 고형물 및 미생물 유실의 염려가 높다.
④ 미생물 체류시간을 적절히 조절하면 저농도 유기성 폐수의 처리도 가능하다.

Question 68

다음 중 상향류 혐기성 슬러지상(UASB)의 특징으로 가장 거리가 먼 것은?

㉮ 기계적인 교반이나 여재가 필요없기 때문에 비용이 적게 든다.
㉯ 수리학적 체류시간을 작게 할 수 있어 반응조 용량이 축소된다.
㉰ 고형물의 농도가 높아도 고형물 및 미생물 유실의 염려가 없다.
㉱ 미생물 체류시간을 적절히 조절하면 저농도 유기성 폐수의 처리도 가능하다.

풀이 ㉰ 고형물의 농도가 높으면 고형물 및 미생물 유실의 염려가 크다.

(4) 혐기성

① 분뇨 정화조의 구조는 부패조이다.
② 임호프탱크(Imhoff tank)의 구성요소 : 소화실, 침전실, 스컴실
③ 혐기성 소화과정에서 에너지원이 될 수 있는 최종생성물은 CH_4이다.

Question 69

다음 중 임호프콘(Imhoff cone)이 측정하는 항목으로 가장 적합한 것은?

㉮ 전기음성도　　㉯ 분원성 대장균군　　㉰ pH　　㉱ 침전물질

풀이 임호프콘(Imhof cone)이 측정하는 항목은 침전물질이다. 따라서 정답은 ㉱이다.

2. 호기성 소화

(1) 호기성소화의 특징

① 산화분해에 의해 혐기성 소화보다 악취가 적은 편이다.
② 포기로 인하여 동력비가 많이 든다.
★★ ③ 소화속도가 혐기성에 비해 빠른 편이며, 효율은 온도변화에 따라 달라진다.
④ 생성된 슬러지의 탈수성이 나쁜편이다.

Question 70

다음 중 호기성 소화방식에 관한 특성으로 가장 거리가 먼 것은?

㉮ 산화분해에 의해 혐기성 소화보다 악취가 적은 편이다.
㉯ 포기로 인하여 동력비가 많이 든다.
㉰ 소화속도가 혐기성에 비해 느린 편이며, 효율은 온도변화에 상관없이 일정하다.
㉱ 생성된 슬러지의 탈수성이 나쁜 편이다.

풀이 ㉰ 소화속도가 혐기성에 비해 빠른 편이며, 효율은 온도변화에 따라 달라진다.

★★ (2) 호기성 미생물에 의한 유기물 분해시 최종산물은 CO_2와 H_2O이다.

> **TIP**
> 혐기성 미생물에 의한 유기물 분해시 최종산물은 CO_2와 CH_4이다.

3. 슬러지

★★ (1) 슬러지처리 처분 계통도

생슬러지 → 농축 → 소화(안정화) → 개량(약품처리) → 기계탈수 → 소각 → 최종처분(매립)

Question 71

다음 중 슬러지 처리 공정으로 옳은 것은?

㉮ 안정화 → 개량 → 농축 → 탈수 → 소각
㉯ 농축 → 안정화 → 개량 → 탈수 → 소각
㉰ 개량 → 농축 → 안정화 → 탈수 → 소각
㉱ 탈수 → 개량 → 안정화 → 농축 → 소각

정답 ㉯

(2) 중력식 농축

① 구조가 간단하다.
② 운전비용이 저렴하다.
★★ ③ 1차 슬러지에 적합하다.
④ 악취가 발생한다.
⑤ 동력이 적게들고 약품을 사용하지 않는다.

(3) 원심분리 농축

① 소요부지가 적다.
★★ ② 악취문제가 적다.
③ 유지관리가 어렵다.
④ 약품주입 없이 운전이 가능하다.
★★ ⑤ 잉여슬러지에 효과적이다.

(4) 부상식 농축

★★ ① 잉여슬러지에 효과적이다.
② 악취가 발생한다.
★★ ③ 실내 설치시 부식이 발생한다.
④ 소요면적이 크다.
★★ ⑤ 약품없이도 운전이 가능하다.

Question 72

하수 슬러지의 농축 방법별 장·단점으로 틀린 것은?

㉮ 중력식 농축 : 잉여슬러지의 농축에 적합
㉯ 부상식 농축 : 약품 주입 없이도 운전 가능
㉰ 원심분리 농축 : 악취가 적음
㉱ 중력벨트 농축 : 고농도로 농축 가능

풀이 ㉮ 중력식 농축 : 잉여슬러지의 농축에 부적합

 Question 73

슬러지 농축방법 중 '부상식 농축'에 관한 내용으로 틀린 것은?

㉮ 소요면적이 크며 악취문제 발생
㉯ 잉여슬러지에 효과적임
㉰ 실내에 설치시 부식 방지
㉱ 약품주입 없이도 운전 가능

풀이 ㉰ 실내에 설치시 부식이 발생한다.

PART 03

폐기물처리

CHAPTER 01　폐기물개론

CHAPTER 02　폐기물처분기술

CHAPTER 03　폐기물 재활용 및 자원화기술

환경기능사
필기&실기

CHAPTER 01 폐기물개론

01 폐기물 발생 및 성상

★★ 1. 지정폐기물의 유해성을 구분하는 분류기준

① 폭발성
② 반응성
③ 인화성
④ 부식성
⑤ EP독성
⑥ 유해가능성
⑦ 난분해성
⑧ 용출특성

Question 01

다음 중 폐기물이 가지고 있는 특성을 중심으로 위해성을 판단하는 인자로 볼 수 없는 것은?
㉮ 부식성　　　㉯ 부패성　　　㉰ 반응성 또는 인화성　　　㉱ 용출특성

정답 ㉯

2. 지정폐기물의 정의 및 특징

① 지정폐기물이란 사업장 폐기물, 폐유, 폐산 등 주변환경을 오염시킬 수 있거나 의료폐기물 등 인체에 위해를 줄 수 있는 유해한 물질로서 대통령령이 정하는 폐기물이다.

② 유독성 물질을 함유하고 있다.
③ 2차 혹은 3차 환경오염의 유발 가능성이 있다.
④ 일반적으로 고도의 처리기술이 요구된다.

Question 02

지정폐기물의 정의 및 그 특징에 관한 설명 중 틀린 것은?
㉮ 생활폐기물 중 환경부령으로 정하는 폐기물을 의미한다.
㉯ 유독성 물질을 함유하고 있다.
㉰ 2차 혹은 3차 환경오염의 유발 가능성이 있다.
㉱ 일반적으로 고도의 처리기술이 요구된다.

풀이 ㉮ 사업장 폐기물 중 대통령령으로 정하는 폐기물을 의미한다.

★★ 3. 수분의 함유형태

① 슬러지 내의 탈수성 순서 : 간극모관결합수 > 모관결합수 > 쐐기상모관결합수 > 표면부착수 > 내부수
★★ ② 간극수(간극모관결합수) : 슬러지 내의 수분 중 일반적으로 가장 많은 양을 차지하며 고형물질과 직접 결합해 있지 않기 때문에 농축 등의 방법으로 용이하게 분리할 수 있는 수분이다.
③ 모관결합수 : 미세한 슬러지 고형물의 입자 사이의 얇은 틈에 존재하는 수분으로 모세관압으로 결합되어 있는 수분이며, 원심력, 진공압 등 기계적 압착으로 분리시킨다.
④ 부착수(표면부착수) : 콜로이드상 결합수로 수분제거가 용이하지 못하다.
⑤ 내부수 : 세포내부에 강하게 결합된 수분이다.

Question 03

슬러지 내의 수분 중 일반적으로 가장 많은 양을 차지하며 고형물질과 직접 결합해있지 않기 때문에 농축 등의 방법으로 용이하게 분리할 수 있는 수분은?
㉮ 간극수(간극모관결합수)　　　　　㉯ 모관결합수
㉰ 부착수(표면부착수)　　　　　　　㉱ 내부수

정답 ㉮

Question 04

다음 중 슬러지 건조시 가장 늦게 증발되는 수분 형태는?

㉮ 간극모관결합수(간극수) ㉯ 내부수
㉰ 표면부착수(부착수) ㉱ 모관결합수

정답 ㉯

Question 05

슬러지를 구성하는 다음 수분 중 (   )안에 가장 알맞은 것은?

( )는 미세한 슬러지 고형물의 입자 사이의 얇은 틈에 존재하는 수분으로 모세관압으로 결합되어 있는 수분이다. 원심력, 진공압 등 기계적 압착으로 분리시킨다.

㉮ 간극수(간극모관결합수) ㉯ 모관결합수
㉰ 부착수(표면부착수) ㉱ 내부수

정답 ㉯

★★★ 4. 폐기물 발생량 예측방법

(1) 다중회귀모델(Multiple Regression Model Method)

하나의 수식으로 각 인자들이 효과를 총괄적으로 나타내어 복잡한 시스템의 분석에 유용하게 사용할 수 있는 쓰레기 발생량을 예측하는 방법이다.

(2) 동적모사모델(Dynamic Simulation Model Method)

① 쓰레기 배출에 영향을 주는 모든 인자를 시간에 대한 함수로 나타낸 후 시간에 대한 함수로 각 영향인자들간에 상관관계를 수식화한 것이다.
② 시간만 고려하는 방법과 시간을 단순히 하나의 독립적인 종속인자로 고려하는 방법의 문제점을 보완할 수 있도록 고안되었다.

(3) 경향모델(Trend Model Method)

폐기물 발생량 예측방법 중 모든 인자를 시간에 대한 함수로 하여 모델화시켜 예측하는 방법으로 단지 시간과 그에 따른 쓰레기발생량 간의 상관관계만을 고려하는 방법이다. 최저 5년 이상의 과거 처리실적을 바탕으로 예측한다.

> **Question 06**
>
> 폐기물 발생량 예측 방법이 아닌 것은?
>
> ㉮ 경향법(trend method)　　　　　㉯ 다중회귀모델(multiple regression model)
> ㉰ 동적모사모델(dynamic simulation model)　㉱ 물질수지법(material balance method)
>
> **정답** ㉱

★★★ 5. 쓰레기 발생량 조사방법

★★ (1) 물질수지법(Meterial Balance Method)

★★ ① 시스템에 유입되는 쓰레기 양과 유출되는 쓰레기 양에 대해서 물질수지를 세워 발생되는 쓰레기의 양을 추정하는 방법이다.
② 물질수지를 세울 수 있는 상세한 데이터가 있는 경우에 가능하다.
③ 우선적으로 조사하고자 하는 계의 경계를 정확하게 설정하여야 한다.
★★ ④ 주로 산업폐기물의 발생량 추산에 이용된다.
⑤ 비용이 많이 들고 작업량이 많아 널리 이용되지 않는다.

(2) 직접계근법(Direct Weighting Method)

① 국내 대형소각장 및 위생매립장에 반입되는 쓰레기의 양을 주로 측정하는데 이용한다.
② 비교적 정확한 발생량을 파악할 수 있다.
★★ ③ 작업량이 많고 번거로운 폐기물의 발생량 조사방법이다.

★★ (3) 적재차량 계수분석법(Load Count Analysis)

★★ ① 일정 기간 동안 특정지역의 쓰레기 수거차량의 대수를 조사하여 이 값에 폐기물의 겉보기 비중을 보정하여 중량으로 환산하여 폐기물의 발생량을 조사하는 방법이다.
② 중간적하장 및 중계처리장에 반입되는 쓰레기의 양을 주로 측정하는데 이용한다.

(4) 통계조사법

1) 표본조사

① 경비가 적게 든다.
② 조사기간이 짧다.
③ 조사상 오차가 크다.

2) 전수조사
① 행정시책의 이용도가 높다.
② 조사기간이 길다.
③ 표본치의 보정역할이 가능하다.
④ 표본오차가 작아 신뢰도가 높다.

Question 07

다음 중 쓰레기 발생량 산정방법으로 가장 거리가 먼 것은?

㉮ 적재차량 계수 분석법　　㉯ 직접계근법　　㉰ 물질수지법　　㉱ 직접 경향 분석법

▶ 풀이　쓰레기 발생 예측방법에는 경향예측모델, 다중회귀모델, 동적모사모델이므로 정답은 ㉱이다.

Question 08

일정 기간 동안 특정지역의 쓰레기 수거차량의 대수를 조사하여 이 값에 쓰레기의 밀도를 곱하여 중량으로 환산하여 쓰레기 발생량을 산출하는 방법은?

㉮ 경향법　　㉯ 직접계근법　　㉰ 물질수지법　　㉱ 적재차량 계수분석법

▶ 정답　㉱

Question 09

주로 사업장 폐기물의 발생량을 추산할 때 이용하는 방법으로 원료 물질의 유입과 생산물질의 유출 관계를 근거로 계산하는 방법은?

㉮ 직접계근법　　㉯ 성분분석법
㉰ 물질수지법　　㉱ 적재차량계수법

▶ 정답　㉰

Question 10

쓰레기의 발생량을 산정하는 방법 중 비교적 정확하게 파악할 수 있는 장점이 있으나 작업량이 많고 번거로운 단점이 있는 것은?

㉮ 직접계근법　　㉯ 물질수지법　　㉰ 중량환산법　　㉱ 적재차량 계수분석법

▶ 정답　㉮

★★★ 6. 우리나라 도시쓰레기 발생과 처리 특성

★★ ① 쓰레기의 성분은 계절에 영향을 받는다.
② 수거빈도와 발생량은 비례한다.
★★ ③ 쓰레기통이 클수록 발생량이 증가한다.
★★ ④ 재활용율이 높을수록 발생량이 감소한다.
⑤ 부엌용 분쇄기를 사용할 경우 음식쓰레기 발생량이 제한적으로 감소한다.
⑥ 쓰레기 관련법규는 쓰레기 발생량에 매우 중요한 영향을 미친다.
★★ ⑦ 생활수준이 높은 주민들의 쓰레기 발생량은 그렇지 않은 주민보다 많다.
⑧ 수거, 운반비용이 폐기물 관리비용의 대부분을 차지한다.
⑨ 종량제 실시 이후 재활용율이 증가하였다.

Question 11

쓰레기 발생량에 영향을 미치는 요인에 대한 설명 중 가장 적합한 것은?
㉮ 기후에 따라 쓰레기 발생량과 종류가 다르게 된다.
㉯ 수거빈도가 잦으면 쓰레기 발생량이 감소하는 경향이 있다.
㉰ 쓰레기통의 크기가 클수록 쓰레기 발생량이 감소하는 경향이 있다.
㉱ 재활용품의 회수 및 재이용률이 높을수록 쓰레기 발생량은 증가한다.

풀이 ㉯ 수거빈도가 잦으면 쓰레기 발생량이 증가하는 경향이 있다.
㉰ 쓰레기통이 크면 클수록 쓰레기 발생량이 증가하는 경향이 있다.
㉱ 재활용품의 회수 및 재이용률이 높을수록 쓰레기 발생량은 감소한다. 따라서 정답은 ㉮이다.

7. 쓰레기 발생량에 영향을 미치는 요인

① 쓰레기통의 크기
② 부엌용 분쇄기의 사용
③ 법규
④ 가구당 인원수
⑤ 생활수준
⑥ 수거빈도
⑦ 계절

8. 폐기물 발생 및 성상의 기타내용

★★ ① 생활폐기물과 지정폐기물의 분류기준은 유해성이다.
★★ ② 의료폐기물이란 보건·의료기관, 동물병원, 시험·검사기관 등에서 배출되는 폐기물 중 인체에 감염 등 위해를 줄 우려가 있는 폐기물과 인체조직 등 적출물, 실험동물의 사체 등 보건·환경보호상 특별한 관리가 필요하다고 인정되는 폐기물로서 대통령령으로 정하는 폐기물을 말한다.
★★ ③ 우리나라에서 도시폐기물이 가장 많이 발생하는 계절은 겨울철이다.

Question 12

다음은 폐기물관리법상 용어의 정의이다. (   )안에 알맞은 것은?

> (   )이란 보건·의료기관, 동물병원, 시험·검사기관 등에서 배출되는 폐기물 중 인체에 감염 등 위해를 줄 우려가 있는 폐기물과 인체 조직 등 적출물, 실험동물의 사체 등 보건·환경보호상 특별한 관리가 필요하다고 인정되는 폐기물로서 대통령령으로 정하는 폐기물을 말한다.

㉮ 병원폐기물   ㉯ 의료폐기물   ㉰ 적출폐기물   ㉱ 기관폐기물

▶정답 ㉯

02 폐기물의 관리

1. 쓰레기 수거

★★★ (1) 쓰레기 관리체계에서 비용이 가장 많이 드는 것은 수거단계이며, 수거단계가 전체 비용의 60% 이상을 차지한다.

Question 13

쓰레기 관리체계에서 비용이 가장 많이 드는 것은?

㉮ 수거   ㉯ 처리   ㉰ 저장   ㉱ 퇴비화

▶정답 ㉮

★★★ (2) 쓰레기 수거노선 설정시 유의사항

★★ ① 가능한 지형지물 및 도로 경계와 같은 장벽을 이용하여 간선도로 부근에서 시작하고 끝나도록 배치하여야 한다.
★★ ② 가능한 한 시계방향으로 수거노선을 정한다.
★★ ③ 발생량이 아주 많은 발생원은 하루 중 가장 먼저 수거한다.
★★ ④ 발생량이 적으나 수거빈도가 동일하기를 원하는 적재지점은 가능한 한 같은 날 왕복 내에서 수거한다.
⑤ 언덕지역에서는 언덕의 위에서부터 적재하면서 아래로 차량을 진행한다.
⑥ U자형 회전을 피한다.
⑦ 가급적 출·퇴근 시간을 피한다.
⑧ 될 수 있는 한 한번 간 길은 가지 않는다.(반복운행을 피하도록 한다.)
⑨ 수거지점과 수거빈도를 결정하는데 기존정책이나 규정을 참고한다.

📢 Question 14

폐기물 수거노선을 결정할 때 고려 사항으로 거리가 먼 것은?

㉮ 가능한 한 시계방향으로 수거노선을 정한다.
㉯ 출발점은 차고지와 가깝게 한다.
㉰ 수거인원 및 차량형식이 같은 기존 시스템의 조건들을 서로 관련시킨다.
㉱ 쓰레기 발생량이 가장 많은 곳을 하루 중 가장 나중에 수거한다.

풀이 ㉱ 쓰레기 발생량이 가장 많은 곳을 하루 중 가장 먼저 수거한다.

(3) 수거노선 결정시 고려사항

① 수거에 필요한 시간
② 수거차량의 적재 방법
③ 폐기물의 발생량
④ 폐기물의 중량
⑤ 수거차량의 수거능력
⑥ 수거인부의 노동력

2. MHT의 특징

★★ ① 작업자 1인이 쓰레기 1톤을 수거하는데 소요되는 총 시간을 뜻한다.

★★ ② man · hour/ton을 뜻한다.
③ 폐기물의 수거효율을 평가하는 단위이다.
④ MHT가 클수록 수거효율이 낮다.
⑤ 주거작업간의 노동력을 비교하기 위한 것이다.

★★ ⑥ $MHT(man \cdot hr/ton) = \dfrac{수거인부수 \times 작업시간(hr)}{쓰레기 \ 수거실적(ton)}$

📢 Question 15

다음 중 MHT에 대한 설명으로 옳지 않은 것은?

㉮ man · hour/ton을 뜻한다.　　　　　㉯ 폐기물의 수거효율을 평가하는 단위로 쓰인다.
㉰ MHT가 클수록 수거효율이 좋다.　　㉱ 수거작업간의 노동력을 비교하기 위한 것이다.

풀이 ㉰ MHT가 클수록 수거효율이 낮다.

3. 폐기물(쓰레기)의 수집 시스템

(1) 모노레일 수송방식

① 적환장에서 최종처분장까지 수송하는데 적용할 수 있다.
② 자동무인화 할 수 있다.
③ 가설이 어렵고 설치비가 높다.
④ 시설완료 후에는 경로변경이 어렵다.
⑤ 반송용 노선이 필요하다.

(2) 컨베이어 수송방식

① 지하에 설치된 컨베이어에 의해 수송하는 방법이다.
② 수송망을 하수도 시설처럼 가설하면 각 가정에서 배출된 쓰레기를 최종처분장까지 운반할 수 있다.
③ 내구성과 미생물 부착 등의 문제가 있다.
④ 유지비가 많이 든다.
⑤ 악취문제의 해결과 경관보전이 가능하다.
⑥ 고가의 시설비와 정기적인 정비가 필요하다.

★★★ (3) 관거(Pipe-line) 수송방식

- 장점
  ① 자동화, 무공해화, 안전화가 가능하다.
  ② 쓰레기가 눈에 띄지 않는다.
  ③ 먼지, 악취, 소음, 진동 등의 문제가 없다.
  ④ 수거차량에 의한 도심지 교통량 증가가 없다.

- 단점
  ★★ ① 쓰레기 발생밀도가 높은 인구밀집지역 및 아파트 지역 등에서 현실성이 있다.
  ★★ ② 조대(대형) 쓰레기는 파쇄, 압축 등의 전처리를 해야 한다.
  ★★ ③ 잘못 투입된 물건은 회수하기가 곤란하다.
  ★★ ④ 장거리 이용이 곤란하다.
  ★★ ⑤ 가설 후 경로(Route) 변경이 곤란하고 설치비가 높다.
  ⑥ 유지관리, 수송능력 등의 문제를 고려할 때 초기 투자비가 높다.
  ⑦ 고도의 시스템 신뢰성이 필요하다.
  ⑧ 투입구를 이용한 범죄나 사고의 위험이 있다.
  ⑨ 사고발생시 시스템 전제가 마비되어 대체 시스템으로의 전환이 필요하다.
  ★★ ⑩ 약 2.5km 이내의 수송에 용이하다.

Question 16

관거(pipe line)수거에 관한 설명으로 틀린 것은?

㉮ 자동화, 무공해화가 가능하다.
㉯ 가설 후에 경로변경이 곤란하고 설치비가 높다.
㉰ 잘못 투입된 물건의 회수가 용이하다.
㉱ 큰 쓰레기는 파쇄, 압축 등의 전처리를 해야 한다.

풀이 ㉰ 잘못 투입된 물건의 회수가 용이하지 못하다.

- 수송방식
  ① 공기수송
  ② 슬러리(slurry)수송
  ③ 캡슐수송

4. 적환장

★★★ (1) 적환장의 필요성

- ★★ ① 폐기물 수집장소와 처분장소가 멀리 떨어져 있는 경우
- ★★ ② 소용량 수집차량이 사용되는 경우
- ★★ ③ 상업지역에서 폐기물 수집에 소형용기를 사용하는 경우
- ④ 불법투기와 다량의 어질러진 쓰레기들이 발생하는 경우
- ⑤ 슬러지 수송이나 공기수송 방식을 사용할 때
- ⑥ 저밀도 주거지역이 존재하는 경우
- ⑦ 작은 규모의 주택들이 밀집되어 있을 때

★★ (2) 적환장(transfer station)의 특징

- ① 최종처리장과 수거지역의 거리가 먼 경우 사용하는 것이 바람직하다.
- ② 폐기물의 수거와 운반을 분리하는 기능을 한다.
- ③ 적환장에서 재사용 가능한 물질의 선별이 가능하다.
- ④ 변질되기 쉬운 쓰레기 수거에는 이용하지 않는 것이 좋다.
- ⑤ 적환장의 주요기능은 작은 용기로 수거한 쓰레기를 대형트럭에 옮겨 싣는 것이다.
- ★★ ⑥ 소규모 주택이 밀집되어 있을 때에는 적환장이 필요하다.
- ⑦ 적환장 설계시에는 주변 환경요건을 고려하여야 한다.
- ⑧ 적환장의 설치장소는 수거하고자 하는 개별적 고형폐기물 발생지역의 하중중심과 되도록 가까운 것이어야 한다.
- ⑨ 적환장은 소형수거를 대형수송으로 연결해 주는 것이며, 효율적인 수송을 위하여 보조적인 역할을 수행한다.
- ★★ ⑩ 적환장은 소형차량에서 대형차량으로 적재하는 방식에 따라 직접투하방식, 저장투하방식, 직접·저장 결합방식이 있다.
- ★★ ⑪ 적환장을 시행하는 이유는 종말처리장이 대형화하여 폐기물의 운반거리가 연장되었기 때문이다.

(3) 적재방식에 따른 분류

- ★★ ① 직접투하방식
  - ㉠ 소형차량에서 대형차량으로 직접 투하하여 적재하는 방식이다.
  - ★★ ㉡ 주택지역과 거리가 먼 교외지역에 주로 사용하는 방식이다.

★★ ② 저장투하방식
  ㉠ 폐기물을 저장한 후 적환하는 방식이다.
★★ ㉡ 대도시의 대용량 폐기물처리에 적합하다.
  ㉢ 수거차의 대기시간이 없이 빠른 시간내에 적하를 마치므로 적환 내외의 교통체증 현상을 없애주는 효과가 있다.
★★ ③ 직접·저장 투하 결합방식
  ㉠ 직접적재방식과 저장한 후 적재하는 방식으로 한 적환장에서 이루어진다.
  ㉡ 부패성 폐기물은 직접 적재하고 재활용품이 많이 포함된 폐기물은 선별 후 적재하는 방식이다.
★★ ㉢ 재활용품의 회수율을 높이기 위한 적재방식이다.

(4) 적환장 설치장소를 정하는데 고려사항
★★ ① 수거하고자 하는 개별적 고형물 발생지역의 하중 중심에 되도록 가까운 곳
★★ ② 주요 간선도로에 쉽게 도달할 수 있는 곳인 동시에 2차적 또는 보조 수송수단에 가까운 곳
  ③ 적환 작업 중에 공중 및 환경피해가 최소인 곳
  ④ 설치 및 작업이 쉬운 곳
  ⑤ 주민의 반대가 적은 곳
  ⑥ 건설비와 운영비가 적게 들고 경제적인 곳

Question 17

다음 중 적환장의 위치로 적당하지 않은 곳은?
㉮ 쉽게 간선도로에 연결될 수 있고 2차 보조 수송수단에의 연결이 쉬운 곳
㉯ 수거해야 할 쓰레기 발생지역의 무게중심으로부터 먼 곳
㉰ 공중의 반대가 적고 환경적 영향이 최소인 곳
㉱ 건설과 운용이 가장 경제적인 곳

풀이 ㉯ 수거해야 할 쓰레기 발생지역의 무게 중심으로부터 가까운 곳

Question 18

적환장의 필요성과 가장 거리가 먼 내용은?
㉮ 작은 규모의 주택들이 밀집되어 있을 때
㉯ 불법투기가 발생할 때
㉰ 작은 용량의 수집차량을 사용할 때
㉱ 처분지가 수집장소로부터 비교적 멀지 않을 때

풀이 ㉱ 처분지가 수집장소로부터 비교적 멀리 떨어져 있을 때

03 폐기물 감량방법

★★ 1. 폐기물 관리에서 가장 우선적으로 중점을 두어야 하는 분야는 폐기물 감량화이다.

Question 19

다음 중 폐기물 처리를 위해 가장 우선적으로 추진해야 하는 방향은?
㉮ 퇴비화 ㉯ 감량 ㉰ 위생매립 ㉱ 소각열회수

풀이 폐기물 처리의 순위는 감량 > 재이용 > 재활용 > 에너지 회수 > 소각 > 매립 순서이므로 정답은 ㉯이다.

2. 압축공정

폐기물의 부피를 감소시키는 공정이다.

★★ (1) 폐기물을 압축하는 이유

① 저장에 필요한 용적을 줄이기 위해
② 수송시 부피를 감소시키기 위해
③ 매립지의 수명을 연장시키기 위해

Question 20

수거된 폐기물을 압축하는 이유로 거리가 먼 것은?
㉮ 저장에 필요한 용적을 줄이기 위해   ㉯ 수송시 부피를 감소시키기 위해
㉰ 매립지의 수명을 연장시키기 위해   ㉱ 소각장에서 소각시 원활한 연소를 위해

풀이 ㉱ 소각장에서 소각시 원활한 연소를 위해 → 파쇄효과

(2) 압축비 구하는 공식

★★★ ① 압축비 = $\dfrac{V_1}{V_2}$

V_1 : 압축 전의 부피(m^3) V_2 : 압축 후의 부피(m^3)

Question 21

밀도가 680kg/m³인 쓰레기 200kg이 압축되어 밀도가 960kg/m³으로 되었다. 압축비를 계산하시오.

풀이

① $V_1 = 200kg \times \dfrac{1}{680kg/m^3} = 0.29m^3$ ② $V_2 = 200kg \times \dfrac{1}{960kg/m^3} = 0.21m^3$

따라서 압축비 $= \dfrac{V_1}{V_2} = \dfrac{0.29m^3}{0.21m^3} = 1.38$

★★★ ② 압축비 $= \dfrac{100}{100 - VR}$

  ⎡ VR : 부피감소율(%)

Question 22

쓰레기 포장시 부피의 감소율은 통상적으로 60% 정도라면 이때 압축비를 계산하시오.

풀이 압축비 $= \dfrac{100}{100 - 부피감소율(\%)} = \dfrac{100}{100 - 60\%} = 2.5$

(3) 부피 감소율 구하는 공식

★★★ ① 부피 감소율(%) $= \left(1 - \dfrac{V_2}{V_1}\right) \times 100$

  ⎡ V_1 : 압축 전 부피(m³) V_2 : 압축 후 부피(m³)

Question 23

쓰레기를 압축시키기 전의 밀도가 0.43ton/m³이었던 것을 압축기에 압축시킨 결과 0.83ton/m³으로 증가하였다. 이때 부피의 감소율(%)을 구하시오.

풀이

① $V_1 = 1ton \times \dfrac{1}{0.43ton/m^3} = 2.326m^3$

② $V_2 = 1ton \times \dfrac{1}{0.83ton/m^3} = 1.205m^3$

따라서 부피 감소율(%) $= \left(1 - \dfrac{V_2}{V_1}\right) \times 100 = \left(1 - \dfrac{1.205m^3}{2.326m^3}\right) \times 100 = 48.19\%$

★★ ② 부피 감소율(%) = $\left(1 - \dfrac{1}{CR}\right) \times 100$

$\left[CR(압축비) = \dfrac{V_1}{V_2} \right.$

Question 24

밀도가 500kg/m³인 폐기물 5톤을 압축비(CR) 2.5로 압축시켰다면 부피 감소율(%)을 계산하시오.

풀이 부피 감소율(%) = $\left(1 - \dfrac{1}{CR}\right) \times 100 = \left(1 - \dfrac{1}{2.5}\right) \times 100 = 60\%$

3. 파쇄공정

(1) 파쇄

★★★ 1) 파쇄시 작용하는 힘의 종류

① 충격력   ② 압축력   ③ 전단력

Question 25

다음 중 효율적인 파쇄를 위해 파쇄대상물에 작용하는 힘의 종류에 해당되지 않는 것은?

㉮ 충격력   ㉯ 전단력   ㉰ 운반력   ㉱ 압축력

정답 ㉰

★★★ 2) 파쇄처리의 효과
- ★★ ① 겉보기 비중 증가(밀도증가)
- ★★ ② 비표면적 증가
- ③ 폐기물 소각시 연소효율 증가
- ④ 고가금속 회수가능
- ⑤ 운반비의 저렴화
- ⑥ 입경분포의 균일화
- ⑦ 유가물의 분리
- ⑧ 용적의 감소

Question 26

고형폐기물의 파쇄처리 목적으로 거리가 먼 것은?

㉮ 특정성분의 분리　　㉯ 겉보기 밀도의 증가　　㉰ 비표면적의 증가　　㉱ 부식효과 방지

정답 ㉱

3) 폐기물의 파쇄를 통한 세립화 및 균일화의 장점
① 조대 폐기물에 의한 소각로의 손상방지
② 용량감소로 인한 운반비의 절감 및 매립부지 절감
③ 자력선별에 의한 고가금속 등의 회수 가능
④ 폐기물의 연소성 증가
⑤ 폐기물의 건조성 증가

★★ 4) 파쇄처리시 문제점
① 소음 발생
② 진동 발생
③ 먼지 발생
④ 폭발 발생

Question 26

폐기물을 파쇄처리 할 때 발생하는 문제점으로 가장 거리가 먼 것은?

㉮ 먼지 발생　　㉯ 소음 및 진동 발생　　㉰ 폭발 발생　　㉱ 침출수 발생

풀이 침출수 발생은 매립시 문제점이므로 정답은 ㉱이다.

(2) 파쇄기의 종류

★★★ **1) 전단파쇄기** : 고정칼, 왕복 또는 회전칼과의 교합에 의하여 폐기물을 전단한다.
　① 주로 목재류, 플라스틱류, 종이류를 파쇄하는데 이용된다.
★★ ② 충격파쇄기에 비하여 파쇄속도가 느리다.
★★ ③ 충격파쇄기에 비하여 이물질 혼입에 약하다.
　④ 충격파쇄기에 비하여 파쇄물의 크기를 고르게 할 수 있다.
　⑤ 소음과 먼지발생이 비교적 적고 폭발의 위험성이 거의 없다.
　⑥ 다른 파쇄기와 조합하여 사용할 수 있다.

★★★ **2) 충격파쇄기**

① 충격파쇄기는 주로 회전식에 적용한다.

② 대량처리가 가능하다.

★★ ③ 연성이 있는 물질에는 부적합하다.

④ 유리나 목질류 파쇄에 적합하다.

★★ ⑤ 파쇄시 먼지, 소음, 진동, 폭발의 위험성이 있다.

Question 28

폐기물 파쇄에 관한 다음 설명 중 가장 거리가 먼 것은?

㉮ 전단식 파쇄기는 고정칼이나 왕복칼 또는 회전칼을 이용하여 폐기물을 전단한다.
㉯ 충격식 파쇄기는 대량처리가 가능하다.
㉰ 충격식 파쇄기는 연성이 있는 물질에는 부적합한 편이다.
㉱ 전단식 파쇄기는 유리나 목질류 등을 파쇄하는데 이용되며, 해머밀은 대표적인 전단식 파쇄기에 해당한다.

풀이 ㉱ 전단식 파쇄기는 목재류, 플라스틱류, 종이류 파쇄에 효과적이며, 해머밀은 대표적인 충격 파쇄기에 해당한다. 따라서 정답은 ㉱이다.

3) 압축파쇄기

① 파쇄기의 마모가 적고 비용이 적게 소요된다.

② 금속류, 고무류, 연질 플라스틱류의 파쇄가 어렵다.

③ 나무, 플라스틱류, 콘크리트 덩어리, 건축 폐기물 파쇄에 이용된다.

④ Rotary Mill식, Impact Crusher 등이 해당된다.

4. 선별 공정

(1) 폐기물의 선별방법

1) 스크린(Screening) 선별

① 폐기물의 자원화 및 재생이용을 위한 방법이다.

② 체의 크기, 폐기물의 부하특성, 지름, 기울기, 회전속도에 지배되는 분리 방법이다.

★★ ③ 주로 큰 폐기물로부터 후속처리장치를 보호하거나 재료회수를 위해 사용된다.

★★★ ④ 도시폐기물 선별에는 회전식이, 골재 분리에는 진동식이 이용된다.

2) 세카터(Secators)

① 물컹거리는 가벼운 물질로부터 딱딱한 물질을 선별하는데 이용한다.

★★ ② 경사진 Conveyor를 통해 폐기물을 주입시켜 천천히 회전하는 드럼 위에 떨어뜨려서 분류하는 선별장치이다.
★★ ③ 퇴비 속의 유리나 돌 선별에 이용한다.

3) 스토너(Stoners)
① Pneumatic Table이라고도 한다.
★★ ② 약간 경사진 판에 진동을 줄 때 무거운 것이 빨리 판의 경사면 위로 올라가는 원리를 이용한다.
③ 공기가 유입되는 다공진동판으로 구성되어 있다.

4) 테이블(Table) 선별법
① 각 물질의 비중차를 이용하는 방법이다.
★★ ② 약간 경사진 평판에 폐기물을 올려놓고 좌우로 빠른 진동과 느린 진동을 주면 가벼운 입자는 빠른 진동쪽으로, 무거운 입자는 느린 진동쪽으로 분류되는 방법이다.

5) 손선별(Hand Separation)
① 컨베이어 벨트를 이용하여 손으로 종이류, 플라스틱류, 금속류, 유리류 등을 분류한다.
② 기계적인 선별보다 작업량은 감소할 수 있다.
★★ ③ 파쇄공정 유입 전 폭발가능성 있는 물질을 분류할 수 있다.
★★ ④ 정확도가 높으나 지저분하고 위험하며 선별효율이 낮다.

6) 공기 선별기(Air Separation)
★★ ① Zigzag 공기선별기는 칼럼 내 난류를 높여줌으로써 선별효율을 증진시키고자 고안된 형태이다.
② 공기선별기의 성능은 주입률이 커질수록 떨어지는 것으로 알려져 있다.
③ 경사공기선별기는 중력에 의해 입구로 들어온 폐기물을 진동판에 의하여 분리된다.
★★ ④ 공기선별은 폐기물 내의 가벼운 물질인 종이나 플라스틱류를 기타 무거운 물질로부터 선별해 내는 방법이다.
⑤ 공기선별시 투입되는 폐기물입자에 작용하는 힘은 중력, 부력, 항력이다.

7) 자력 선별(Magnetic Separation)
① 단위는 T(테슬라)이다.
② 별다른 동력이 소요되지 않으나 주입되는 폐기물의 양이 적어야 효과적이다.
★★★ ③ 철 및 금속류 회수에 이용된다.

8) 와전류 선별법

① 연속적으로 변화하는 자장속에 비자성이며, 전기도성이 좋은 구리, 알루미늄, 아연 등을 넣어 금속 내에 소용돌이 전류를 발생시켜 생기는 반발력의 차를 이용하여 분리하는 방법이다.
② 금속과 비금속을 구분하여 폐기물 중 비철금속(Al, Ni, Zn) 등을 선별 회수하는 방법이다.
③ 전자석유도에 관한 페러데이 법칙을 기초로 한다.

9) 정전기 분리(정전기적 선별법)

① 각 물질의 전도율, 대전효과 및 대전작용을 이용하여 분리 및 선별하는 방법이다.
② 플라스틱, 고무와 종이, 섬유, 합성피혁 선별에 유리하다.

10) 광학선별(Optical Sorter)

① 물질이 가진 광학적 특성의 차를 이용하여 분리하는 방법이다.
② 색유리와 일반유리를 분리한다.
③ 불투명한 것(돌, 코르크 등)과 투명한 것(유리 등)의 분리에 이용한다.

11) 관성선별

분쇄된 폐기물을 중력이나 탄도학을 이용하여 가벼운 물질(주로 유기물)과 무거운 물질(주로 무기물)로 분리하는 방법이다.

12) Fluidized Bed Separators

분쇄한 전기줄로부터 금속을 회수하거나 분쇄된 자동차나 연소재로부터 알루미늄, 구리 등을 회수하는데 사용되는 선별장치이다.

13) Jigs(수중체)

① 물에 잠겨진 스크린 위에 분류하려는 폐기물을 넣고 수위를 1초당 2.5회 가량 0.5~5cm의 폭으로 변화시키면서 선별하는 방법이다.
② 사금 선별에 사용된다.
③ 습식 선별장치에 해당한다.

Question 29

폐기물의 중간처리 공정 중 금속, 유리, 플라스틱 등 재활용 가능한 성분을 분리하기 위한 것은?

㉮ 압축　　㉯ 건조　　㉰ 선별　　㉱ 파쇄

정답 ㉰

Question 30

다음 중 폐기물 선별방법으로 가장 거리가 먼 것은?

㉮ 산화선별   ㉯ 공기선별   ㉰ 자석선별   ㉱ 스크린선별

풀이 선별방법에는 관성선별, 공기선별, 자석선별, 스크린선별, 광학선별, 수선별 등이 있다. 따라서 정답은 ㉮이다.

 Question 31

폐기물을 분리하여 재활용하고자 할 때 철 금속류를 회수하는 가장 적합한 방법은?

㉮ Air Separation   ㉯ Hand Separation   ㉰ Magnetic Separation   ㉱ Screening

풀이 Magnetic Separation(자력선별)은 철 등의 금속류 회수에 이용된다. 따라서 정답은 ㉰이다.

 Question 32

다음 중 Optical Sorter(광학분류기)를 이용하기에 가장 적당한 것은?

㉮ 종이와 플라스틱의 분리   ㉯ 색유리와 일반유리의 분리
㉰ 딱딱한 물질과 물렁한 물질의 분리   ㉱ 유기물과 무기물의 분리

풀이 ㉮ 정전 분리법 및 중력 분리법, ㉰ Secators법, ㉱ 중력분리법을 사용하므로 정답은 ㉯이다.

 Question 33

폐기물 선별에 관한 다음 설명 중 옳지 않은 것은?

㉮ 영구자석을 이용한 선별방법은 별다른 동력이 소요되지 않으나 주입되는 폐기물의 양이 적어야 한다.
㉯ 스크린 선별방법은 주로 큰 폐기물로부터 후속처리장치를 보호하거나 재료회수를 위해 많이 사용한다.
㉰ 스크린 선별방식 중 골재분리에는 회전식이, 도시폐기물 선별에는 진동식이 일반적으로 많이 사용된다.
㉱ 관성 선별방법은 중력이나 탄도학을 이용한 방법이다.

풀이 ㉰ 스크린 선별방식 중 골재분리에는 진동식이, 도시폐기물 선별에는 회전식이 일반적으로 많이 사용된다.

(2) 선별효율 계산공식

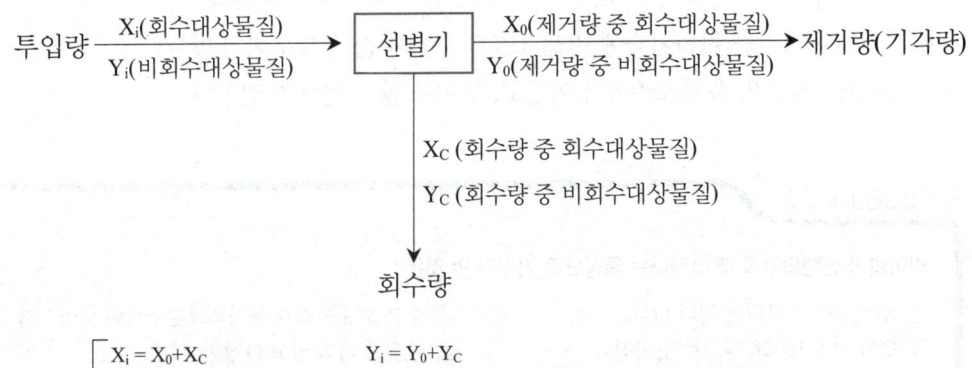

$$X_i = X_0 + X_C \qquad Y_i = Y_0 + Y_C$$
$$투입량 = X_i + Y_i \qquad 제거량 = X_0 + Y_0 \qquad 회수량 = X_C + Y_C$$

① Worrell의 선별효율 공식

$$선별효율(E) = \left(\frac{X_C}{X_i} \times \frac{Y_o}{Y_i}\right) \times 100(\%)$$

② Rietema의 선별효율 공식

$$선별효율(E) = \left|\left(\frac{X_C}{X_i} - \frac{Y_C}{Y_i}\right)\right| \times 100(\%)$$

04 퇴비화 및 혐기성소화

1. 퇴비화의 특징

① 폐기물의 재활용
② 과정 중 낮은 에너지 소모
③ 낮은 초기시설 투자비
④ 비료가치가 낮다.

★★ 2. 유기성 폐기물을 이용하여 만들어진 퇴비의 특성

① 병원균이 거의 사멸된다.
★★ ② C/N비율이 10 전후(10~20)로 낮아지게 된다.
③ 악취가 없는 안정한 유기물이다.
④ 양이온교환능력과 수분보유능력이 우수하다.

★★ ⑤ 생산된 퇴비는 비료가치가 낮으며, 퇴비완성시 부피감소율이 50% 이하이다.
★★ ⑥ 초기시설 투자비가 낮고, 운영시 소요 에너지도 낮은 편이다.
★★ ⑦ 다른 폐기물 처리기술에 비해 고도의 기술수준이 요구되지 않는다.
★★ ⑧ 퇴비제품의 품질표준화가 어렵고, 부지가 많이 필요한 편이다.

Question 34

퇴비화가 진행되었을 때 나타나는 특징으로 거리가 먼 것은?

㉮ 병원균이 사멸되어 거의 없다.
㉯ 수분 보유능력과 양이온교환능력이 낮아진다.
㉰ C/N 비가 10~20 정도로 낮아진다.
㉱ 악취가 거의 없고 안정화된다.

풀이 ㉯ 수분보유능력과 양이온교환능력이 높아진다.

Question 35

다음 중 유기성 폐기물의 퇴비화 특성으로 가장 거리가 먼 것은?

㉮ 생산된 퇴비는 비료가치가 높으며, 퇴비완성시 부피 감소율이 70% 이상으로 큰 편이다.
㉯ 초기 시설투자비가 낮고, 운영시 소요 에너지도 낮은 편이다.
㉰ 다른 폐기물 처리기술에 비해 고도의 기술수준이 요구되지 않는다.
㉱ 퇴비제품의 품질 표준화가 어렵고, 부지가 많이 필요한 편이다.

풀이 ㉮ 생산된 퇴비는 비료가치가 낮고, 퇴비 완성시 부피감소율이 50% 이하로 낮은 편이다.

3. 유기성 폐기물 퇴비화 조작에서 환경변화인자

★★ ① 수분함량 : 원료의 최적 함수율은 50~60% 정도가 적당하다.
★★ ② pH : 퇴비화 미생물의 최적 생육 pH는 6~8이다.
★★ ③ C/N비(적정 C/N비 30)
㉠ C/N비가 너무 낮으면 유기질소의 암모니아화로 악취가 발생한다.
㉡ C/N비가 너무 높으면 질소분의 함량이 적어 퇴비화가 잘 안되고 소요시간이 길어진다.
④ 입도 : 원료의 입도가 너무 작으면 퇴비더미 내 공기의 통기성이 좋지 않아 미생물 활동을 저해한다.(적정입경 100~200mm)
★★ ⑤ 온도 : 60~70℃

Question 36

다음 중 폐기물의 퇴비화 공정에서 유지시켜 주어야 할 최적 조건으로 가장 적합한 것은?

㉮ 온도 : 20 ± 2℃   ㉯ 수분 : 5~10 %   ㉰ C/N 비율 : 100~150   ㉱ pH : 6~8

풀이 ㉮ 온도 : 60~70℃, ㉯ 수분 : 50~60%, ㉰ C/N비율 : 30이므로 정답은 ㉱이다.

4. 폐기물 퇴비화 공정시 발생되는 생성물

① CO_2
② H_2O
③ NH_3

Question 37

폐기물의 퇴비화 공정에서 발생된 생성물로 가장 거리가 먼 것은?

㉮ NO_3^- ㉯ CO_2 ㉰ O_3 ㉱ H_2O

풀이 O_3(오존)은 대기 중에서 광화학반응에 의해 생성되는 2차성 물질이다. 따라서 정답은 ㉰이다.

5. 도시 폐기물의 퇴비화공정

① 퇴비화는 미생물을 이용한 생화학적 공정이다.
② 퇴비화공정은 퇴비화가 진행되는 동안에는 환경에 악영향을 거의 주지 않는다.
③ 퇴비화의 원료로는 주로 음식찌꺼기, 축산폐기물 등을 사용한다.

6. 폐기물 퇴비화의 특징

① 호기성 미생물에 의해 유기물을 분해한다.
② 퇴비화한 후에는 C/N비가 낮아진다.
③ 초기단계에서는 분해되기 쉬운 당류, 아미노산 등이 분해된다.
④ 퇴비화 결과 암갈색의 부식질이 생성된다.
⑤ 퇴비화의 주요목적은 폐기물 중에 함유된 분해가능한 유기물질을 생물학적으로 안정시키고 비료 및 토양개량제로 사용할 수 있게 하는 것이다.
⑥ 퇴비화공정은 유기성 폐기물의 호기성 산화분해가 주 과정으로 여러 종류의 중온 및

고온성 미생물이 관여한다.
⑦ 퇴비화가 완성되면 악취가 없는 안정한 유기물로 병원균이 거의 없으며, 토양 중의 여러 가지 양이온을 흡착할 수 있는 능력이 증가한다.

 Question 38

폐기물의 퇴비화에 대한 설명으로 옳지 않은 것은?
㉮ 퇴비화의 주요 목적은 폐기물 중에 함유된 분해 가능한 유기물질을 생물학적으로 안정시키고 비료 및 토양 개량제로 사용할 수 있게 하는 것이다.
㉯ 퇴비화 공정은 유기성 폐기물의 호기성 산화분해가 주과정으로 여러 종류의 중온 및 고온성 미생물이 관여한다.
㉰ 퇴비화가 완성되면 악취가 없는 안정한 유기물로 병원균이 거의 없으며, 토양 중의 여러 가지 양이온을 흡착할 수 있는 능력이 증가한다.
㉱ 퇴비화 과정은 호기성 분해가 일어나므로 공기를 공급하며 일반적으로 3~4시간 이내에 완성된다.

풀이 ㉱ 퇴비화 과정 중 호기성분해는 3~4주 정도 소요되며 혐기성분해는 6~12개월 정도 소요된다.

7. 퇴비화의 안정화

① 폐기물의 물리적 성질을 변화시켜 취급하기 쉬운 물질을 만든다.
② 오염물질의 손실과 전달이 발생할 수 있는 표면적을 감소시킨다.
③ 폐기물내 오염물질의 용존성 및 용해성을 감소시킨다.
④ 오염물질의 독성을 감소시킨다.

★★ 8. 혐기성소화에서 소화가스 발생량 저하원인

① 소화조내 온도저하
② 소화조내 pH 상승(pH 8.5 이상)
③ 과다한 유기산 생성

 Question 39

혐기성 소화조 운영 중 소화가스 발생량 저하 원인으로 가장 거리가 먼 것은?
㉮ 유기물의 과부하   ㉯ 소화조내 온도저하
㉰ 소화조내의 pH 상승(8.5 이상)   ㉱ 과다한 유기산 생성

풀이 ㉮ 유기물의 감소

★★ 9. 혐기성소화(호기성소화에 비해)

- 장점
  ① 병원균을 죽일 수 있다.
  ② 대규모 시설에 적합하다.
  ③ 관리비가 적게 든다.
  ④ 슬러지 발생량을 줄일 수 있다.
  ⑤ 메탄가스와 같은 가치있는 부산물을 얻을 수 있다.

- 단점
  ① 비료가치가 작다.
  ② 운전이 까다롭다.
  ③ 소화속도가 느리다.
  ④ 미생물의 성장속도가 느리다.
  ⑤ NH_3와 H_2S에 의한 악취발생의 문제가 크다.
  ⑥ 운전조건의 변화에 따른 적응시간이 길다.
  ⑦ 상등액 BOD가 높다.

Question 40

슬러지 혐기성 소화의 장점과 거리가 먼 것은?

㉮ 병원균을 죽일 수 있다.
㉯ 슬러지 발생량을 감소시킬 수 있다.
㉰ 메탄가스와 같은 가치있는 부산물을 얻을 수 있다.
㉱ 호기성 소화에 비해 처리시간이 짧아 경제적이다.

풀이 ㉱ 호기성소화에 비해 처리시간이 길다.

05 분뇨 및 슬러지

★★ 1. 분뇨 처리의 기본 목표(슬러지처리의 목적)

① 안전화
② 감량화
③ 안정화
④ 무해화

> **Question 41**
>
> 분뇨 처리의 목적으로 가장 거리가 먼 것은?
> ㉮ 슬러지의 균일화   ㉯ 생물학적으로 안정화
> ㉰ 위생적으로 안전화   ㉱ 최종 생산물의 감량화
>
> 정답 ㉮

★ 2. 분뇨의 특성

★★ ① 분뇨는 유기물을 많이 함유하고 있다.
★★ ② 분뇨는 염분 및 질소의 농도가 높다.
　　③ 분뇨는 토사 및 협잡물을 다량 함유하고 있다.
★★ ④ 분뇨는 고액분리가 어렵다.
　　⑤ 외관상 황색에서 다갈색이며, 점성의 반고체이다.
　　⑥ 분뇨의 질은 발생지역에 따라서 그 차이가 크다.
　　⑦ 비중은 1.02이고 점도는 1.2~2.0 Poise이다.
　　⑧ 분과 뇨의 혼합비(Vol %)는 1 : 9 정도이다.
　　⑨ 뇨의 80~90%는 질소화합물로 이루어져 있다.
　　⑩ pH 강하를 막는 완충작용이 있다.
　　⑪ 음식섭취와 밀접한 관계가 있다.

Question 42

다음 중 분뇨의 특성으로 가장 거리가 먼 것은?

㉮ 고농도 유기물을 함유하며 고액분리가 쉽다.
㉯ 분과 뇨의 구성비는 약 1 : 8~10 정도이고, 질소화합물의 함유형태는 분의 경우 VS의 12~20% 정도이다.
㉰ 하수슬러지에 비해 염분 및 질소 농도가 높은 편이다.
㉱ 토사 및 협잡물을 다량 함유한다.

풀이 ㉮ 고농도 유기물을 함유하며 고액분리가 어렵다.

3. 분뇨 및 슬러지처리의 특징

① 슬러지는 함수율이 매우 높으므로 그대로 처리하기에는 용적이 너무 크다. 따라서 수분제거를 일차적으로 고려해야 한다.
② 분뇨를 희석하여 대규모로 도시하수와 병행하여 처리할 때 호기성소화를 이용한다.
③ 슬러지의 발생장소는 정수장, 폐수처리장 등이다.
★★ ④ 슬러지의 일반적 처리공정은 농축 → 소화 → 개량 → 탈수 및 건조 → 최종처분으로 구성된다.

4. 슬러지 소화의 목적(슬러지를 혐기성으로 소화시키는 목적)

① 유기물을 분해시켜 안정화시킨다.
② 슬러지의 무게와 부피를 감소시킨다.
③ 병원균을 죽이거나 통제할 수 있다.
④ 함수율을 줄여 수송을 용이하게 할 수 있다.
⑤ 이용가치가 있는 부산물을 얻을 수 있다.
⑥ 호기성보다 체류시간이 길다.

★★ 5. 임호프탱크

★★ ① 상부에서는 부유물의 침전이 일어나고, 하부에서는 침전물의 혐기성 소화가 하나의 탱크에서 이루어지는 소규모 분뇨처리 시설이다.
② 상부와 하부는 분리되어 있으나, 개구가 있어 폐수로 채워진다.
③ 임호프탱크는 침전조, 소화조, 스컴실이 한 조에 있다.

📢 Question 43

상부에서는 부유물의 침전이 일어나고, 하부에서는 침전물의 혐기성 소화가 하나의 탱크에서 이루어지는 소규모 분뇨 처리시설은? (단, 상부와 하부는 분리되어 있으나, 개구가 있어 폐수로 채워진다.)

㉮ 원심분리탱크　　㉯ 저류탱크　　㉰ 임호프탱크　　㉱ 활성슬러지조

풀이 | 임호프탱크는 침전조, 소화조, 스컴실이 한조에 있다. 따라서 정답은 ㉰이다.

★★ 6. 분뇨 및 슬러지의 기타내용

① 우리나라에서 가장 많이 이용되는 분뇨처리방법은 생물학적 처리방법이다.
★★ ② 분뇨처리시설에서 발생하는 취기를 탈취하는 방법 중 물리적 방법은 수세법이다.
③ 분뇨의 저장시설에서 스컴층이 형성되는 것을 방지하는 방법은 교반기를 사용하여 교반한다.
★★ ④ 우리나라 도시사람 1인당 1일 분뇨배출량은 0.9~1.1L 이다.

06 폐기물 관련 기타 내용

★★ 1. 폐기물 부담금 제도의 효과

① 폐기물 발생량 억제
② 자원의 낭비 방지
③ 자원 재활용의 촉진

📢 Question 44

폐기물부담금제도의 효과와 가장 거리가 먼 것은?

㉮ 소비의 증대　　　　　　　㉯ 폐기물 발생량 억제
㉰ 자원의 낭비 방지　　　　　㉱ 자원 재활용의 촉진

풀이 | ㉮ 소비의 감소

2. 폐기물의 감량화 방안 중 폐기물이 발생원에서 발생되지 않도록 사전에 조치하는 발생원 대책

① 적정 저장량 관리
② 과대포장 사용 안하기
③ 철저한 분리수거 실시

> **Question 45**
>
> 다음 폐기물의 감량화 방안 중 폐기물이 발생원에서 발생되지 않도록 사전에 조치하는 발생원 대책으로 거리가 먼 것은?
>
> ㉮ 적정 저장량 관리　　　　　　　㉯ 과대포장 사용 안하기
> ㉰ 철저한 분리수거 실시　　　　　㉱ 폐기물로부터 회수에너지 이용
>
> 풀이　㉱ 폐기물로부터 회수에너지 이용은 폐기물이 발생원에서 발생된 다음 활용방안이므로 정답이다.

★★ 3. 폐기물의 자원화

① RDF(고형화 연료)
② Pyrolysis(열분해)
③ Composting(퇴비화)
④ 발효

> **Question 46**
>
> 폐기물의 자원화와 가장 관계가 먼 것은?
>
> ㉮ RDF　　　　㉯ Pyrolysis　　　　㉰ Land Fill　　　　㉱ Composting
>
> 풀이　㉮ RDF : 고형화 연료, ㉯ Pyrolysis : 열분해, ㉰ Land Fill : 매립, ㉱ Composting : 퇴비화
> 따라서 정답은 ㉰이다.

★★ 4. 전과정평가(Life Cycle Assessment)

사용하는 자원에 의해 환경에 미치는 각종 부하를 생산, 유통, 사용, 폐기 등의 모든 과정에 걸쳐 정량적으로 분석하여 자원의 고갈과 지구환경 문제를 근본적으로 해결하기 위한 각종 개선방안을 모색하는 체계적인 과정이다.

Question 47

사용하는 자원, 에너지, 환경에 미치는 각종 부하를 원료자원 채취-생산-유통-사용-재사용-폐기의 전과정에 걸쳐 가능한 정량적으로 분석 및 평가하여 현재 인류가 직면하고 있는 자원의 고갈 및 생태계의 파괴현상과 지구환경문제 등을 근본적으로 해결하기 위한 각종 개선방안을 모색하는 기술적이며 체계적인 과정을 의미하는 것은?

㉮ LCA(Life Cycle Assessment)
㉯ ISO 14000
㉰ EMAS(Ecomanagement & Audit Scheme)
㉱ ESSD(Enviromentally Sound and Sus-tainble Development)

정답 ㉮

5. NIMBY 현상

지역 이기주의를 나타내는 용어로 폐기물의 최종 매립지 확보를 어렵게 만드는 현상이다.

★★★ 6. 바젤 협약

유해폐기물의 국제적 이동의 통제와 규제를 주요 골자로 하는 국제협약(의정서)이다.

Question 48

다음 중 유해 폐기물의 국제적 이동의 통제와 규제를 주요 골자로 하는 국제협약(의정서)은?

㉮ 교토의정서　　　　　　　㉯ 바젤 협약
㉰ 비엔나 협약　　　　　　　㉱ 몬트리올 의정서

정답 ㉯

★★ 7. 고형물의 분류

① 고상폐기물 : 고형물 함량이 15% 이상
② 반고상폐기물 : 고형물 함량이 5% 이상 15% 미만
③ 액상폐기물 : 고형물 함량이 5% 미만

Question 49

폐기물공정시험방법에 반고상 폐기물의 고형물 함량 범위는?

㉮ 5% 이상 15% 이하 ㉯ 5% 이상 15% 미만
㉰ 15% 이상 25% 이하 ㉱ 15% 이상 25% 미만

정답 ㉯

★★ 8. 폐기물분석을 위한 시료 축소방법

★★ (1) 구획법

① 모아진 대시료를 네모꼴로 엷게 균일한 두께로 편다.
★★ ② 이것을 가로 4등분, 세로 5등분하여 20개의 덩어리로 나눈다.
③ 20개의 각 부분에서 균등량씩을 취하여 혼합하여 하나의 시료로 한다.

★★ (2) 교호삽법

① 분쇄한 대시료를 단단하고 깨끗한 평면 위에 원추형으로 쌓는다.
② 원추를 장소를 바꾸어 다시 쌓는다.
③ 원추에서 일정량을 취하여 장방형으로 도포하고 계속해서 일정량을 취하여 그 위에 입체로 쌓는다.
④ 육면체의 측면을 교대로 돌면서 균등량씩을 취하여 두 개의 원추를 쌓는다.
⑤ 하나의 원추는 버리고 나머지 원추를 앞의 조작을 반복하면서 적당한 크기까지 줄인다.

★★ (3) 원추 4분법

① 분쇄한 대시료를 단단하고 깨끗한 평면 위에 원추형으로 쌓아 올린다.
② 앞의 원추를 장소를 바꾸어 다시 쌓는다.
③ 원추의 꼭지를 수직으로 눌러서 평평하게 만들고 이것을 부채꼴로 사등분한다.
④ 마주 보는 두 부분을 취하고 반은 버린다.
⑤ 반으로 준 시료를 앞의 조작을 반복하여 적당한 크기까지 줄인다.

Question 50

폐기물 분석을 위한 시료의 축소방법에 해당하지 않는 것은?

㉮ 구획법 ㉯ 원추4분법 ㉰ 교호삽법 ㉱ 면체분할법

풀이 시료의 축소방법은 구획법, 원추4분법, 교호삽법이 있다. 따라서 정답은 ㉱이다.

Question 51

폐기물 분석 시료를 얻기 위한 시료의 축소방법 중 다음 보기에 해당하는 것은?

[보기]
① 대시료를 네모꼴로 얇게 균일한 두께로 편다.
② 이것을 가로 4등분, 세로 5등분하여 20개의 덩어리로 나눈다.
③ 20개의 각 부분에서 균등량씩 취한 다음, 혼합하여 하나의 시료로 한다.

㉮ 균일법　　　㉯ 구획법　　　㉰ 교호삽법　　　㉱ 원추사분법

풀이 ㉯ 구획법에 대한 설명이다.

★★ 9. 폐기물의 강열감량 및 유기물 함량 분석방법

백금제, 석영제 또는 사기제 도가니를 미리 600±25℃에서 30분간 강열하고, 황산데시게이터 안에서 식힌 후, 그 무게를 정확히 달고 여기에 시료 적당량을 취하여 도가니와 시료의 무게를 정확히 단다. 여기에 25% 질산암모늄용액을 넣어 시료를 적시고, 천천히 가열한다.

Question 52

다음은 폐기물의 강열감량 및 유기물함량 분석방법(기준)에 관한 설명이다. ( )안에 알맞은 것은?

[보기]
백금제, 석영제 또는 사기제 도가니를 미리 (①)에서 (②) 강열하고, 황산데시케이터 안에서 식힌 후, 그 무게를 정확히 달고 여기에 시료 적당량을 취하여 도가니와 시료의 무게를 정확히 단다. 여기에 (③)을 넣어 시료를 적시고, 천천히 가열한다.

㉮ ① 600±25℃, ② 30분간, ③ 10% 황산은 용액
㉯ ① 900±25℃, ② 1시간, ③ 10% 황산은 용액
㉰ ① 600±25℃, ② 30분간, ③ 25% 질산암모늄 용액
㉱ ① 900±25℃, ② 1시간, ③ 25% 질산암모늄 용액

정답 ㉰

★★ 10. 우리나라에서 현재 가장 많이 쓰고 있는 도시쓰레기의 최종처리 방법은 매립이다.

> **Question 53**
> 우리나라 도시폐기물의 처리방법 중 그 비율이 가장 높은 것은?
> ㉮ 소각　　　　㉯ 매립　　　　㉰ 재활용　　　　㉱ 해양투기
>
> [풀이] 도시폐기물의 처리방법 중 매립이 50% 정도를 차지한다. 따라서 정답은 ㉯이다.

CHAPTER 02 폐기물 처분기술

01 폐기물 처리 원리

1. 폐기물을 안정화 및 고형화 시킬 때의 폐기물 특성

① 폐기물을 물리적으로 고립시킬 수 있다.
② 폐기물을 화학적으로 안정시킨다.
③ 부피증가로 처분비용, 운반비용이 증가한다.
④ 폐기성분의 자연계 유출을 지연시킨다.
⑤ 폐기물 취급 및 물리적 특성 향상
⑥ 오염물질이 이동되는 표면적 감소.
⑦ 폐기물 내에 있는 오염물질의 용해성 제한

> **Question 01**
>
> 폐기물을 안정화 및 고형화 시킬 때의 폐기물 특성으로 거리가 먼 것은?
> ㉮ 오염물질의 독성 증가 ㉯ 폐기물 취급 및 물리적 특성 향상
> ㉰ 오염물질이 이동되는 표면적 감소 ㉱ 폐기물 내에 있는 오염물질의 용해성 제한
>
> **풀이** ㉮ 오염물질의 독성 감소

★★ 2. 탈수기의 종류

① **가압탈수기** : 슬러지 cake 함수율을 가장 낮게 운영할 수 있다.
② **벨트프레스(Belt Press)** : 슬러지 탈수에 널리 이용되는 방법 중 하나로 처음에는 중력에 의해 탈수되다가 롤러에 의해 구동되는 한 개 또는 두 개의 투수성 있는 면 사이의 압력으로 전단 및 압축 탈수가 연속적으로 일어나는 형태의 탈수이다.

③ 원심탈수기 : basket형, disk nozzle형, solid bowl형 등이 있으며, 원심분리 탈수를 이용하기 위해서는 슬러지의 고형물의 비중이 물보다 커야 하며, 정기적인 보수가 필요하다.
④ 필터프레스(Filter Press) : 여과천으로 덮여있는 판사이로 슬러지를 공급시켜 가동한다.
⑤ 진공여과(Vacuum Filtration)탈수기 : rotary drum형, belt형, coil형 등이 있다.

Question 02

다음 중 슬러지 탈수 방법으로 가장 거리가 먼 것은?
㉮ 원심분리 ㉯ 산화지 ㉰ 진공여과 ㉱ 벨트프레스

풀이 슬러지 탈수방법에는 가압탈수, 벨트프레스, 원심탈수, 필터프레스, 진공여과 등이 있다. 따라서 정답은 ㉯이다.

Question 03

기계적인 탈수방법에 관한 다음의 설명 중 가장 거리가 먼 것은?
㉮ 원심분리 탈수를 이용하기 위해서는 슬러지의 고형물의 비중이 물보다 작아야 하며, 정기적 보수는 거의 불필요하다.
㉯ 필터프레스는 여과천으로 덮여있는 판 사이로 슬러지를 공급시켜 가동한다.
㉰ 진공 탈수에는 rotary drum형, belt형, coil형 등이 있다.
㉱ 원심분리 탈수에는 basket형, disk nozzle형, solid bowl형 등이 있다.

풀이 ㉮ 원심분리 탈수를 이용하기 위해서는 슬러지의 고형물의 비중이 물보다 커야 하며, 소모품이 많기 때문에 정기적인 보수가 필요하다.

★★★ 3. 슬러지의 탈수특성을 나타내는 인자는 여과비저항이다.

Question 04

다음 중 슬러지의 탈수 특성을 나타내는 인자로 가장 적합한 것은?
㉮ 여과비저항 ㉯ 균등계수 ㉰ 알칼리도 ㉱ 유효경

풀이 슬러지의 탈수특성을 나타내는 인자는 여과비저항이다. 따라서 정답은 ㉮이다.

★★★ 4. 슬러지 개량(Conditioning)의 목적은 탈수성 향상이다.

> **Question 05**
>
> 다음 중 슬러지 개량(conditioning)의 주 목적은?
> ㉮ 악취 제거　　㉯ 슬러지의 무해화　　㉰ 탈수성 향상　　㉱ 부패 방지
>
> **풀이** 슬러지 개량의 주 목적은 탈수성 향상이다. 따라서 정답은 ㉰이다.

> **Question 06**
>
> 다음 중 슬러지 개량(conditioning)방법에 해당하지 않는 것은?
> ㉮ 슬러지 세척　　㉯ 열처리　　㉰ 약품처리　　㉱ 관성분리
>
> **풀이** 슬러지 개량의 방법에는 슬러지 세척, 열처리, 약품처리 등이 있으므로 정답은 ㉱이다.

5. 슬러지 건조상

① 설계를 위한 고려사항으로는 일기, 슬러지 성질, 주거지역과의 거리, 지하토질의 투수성 등이다.
② 전형적인 구조는 두께가 20~40cm인 자갈로 된 층위에 깊이가 10~20cm인 모래층이 위치하도록 한다.
③ 운전비용이 적게 들고 슬러지 성상에 크게 민감하지 않고 생산된 케익에 수분이 많지 않은 반면, 소요부지가 많다.

6. 슬러지 농축의 특징

★★ ① 슬러지의 개량에 소요되는 약품비용이 절감된다.
★★ ② 후속 공정인 소화조의 부피를 감소시킬 수 있다.
　　③ 슬러지 탈수시설의 규모가 작아지므로 처리비용이 절감된다.
　　④ 슬러지 수송에 드는 비용을 절감할 수 있다.
★★ ⑤ 슬러지 개량에 소요되는 약품의 양을 줄일 수 있다.
　　⑥ 슬러지의 부피가 감소되므로 슬러지 수송의 경우 수송관의 펌프의 용량이 작아도 가능하다.

Question 07

슬러지 농축의 장점으로 가장 거리가 먼 것은?

㉮ 후속 처리시설인 소화조의 부피를 감소시킬 수 있다.
㉯ 슬러지 탈수시설의 규모가 작아지므로 슬러지 처리비용이 절감된다.
㉰ 슬러지 개량에 소요되는 약품의 종류를 줄일 수 있다.
㉱ 슬러지의 부피가 감소되므로 슬러지 수송의 경우 수송관과 펌프의 용량이 작아도 가능하다.

풀이 ㉰ 슬러지 개량에 소요되는 약품의 양을 줄일 수 있다.

7. 슬러지 개량 방법 중 세척

① 소화슬러지를 물과 혼합시킨 후 재침전시키는 방법이다.
② 슬러지 내의 가스방울을 없애줌으로써 부력을 감소시켜 잘 농축되게 한다.
③ 슬러지의 비료가치가 낮아진다.

02 폐기물 처리방법

1. 물리, 화학, 생물학적 처분

(1) **용매추출법** : 액상폐기물에서 제거하려는 성분을 용매에 흡수시켜 처리하는 방법이다.

1) 용매추출방법의 적용대상 폐기물

① 미생물에 의해 분해가 어려운 물질을 처리할 경우
② 활성탄을 이용하기에는 농도가 너무 높은 물질을 처리할 경우
③ 낮은 휘발성으로 인해 Stripping 하기가 곤란한 물질을 처리할 경우
④ 물에 대한 용해도가 낮은 물질을 처리할 경우

★★ 2) 용매추출법에 이용 가능성이 높은 폐기물의 특징

① 높은 분배계수를 가지는 것
② 낮은 끓는점을 가질 것
③ 물에 대한 용해도가 낮은 것
④ 밀도가 물과 다를 것

(2) Fenton(팬턴) 산화법

1) Fenton 산화법의 특징

★★ ① Fenton액은 철염과 과산화수소를 포함한다.
★★ ② 최적반응을 위해 침출수 pH 3~5로 조정한다.
★★ ③ Fenton액을 첨가하여 난분해성 유기물질(NBDCOD)을 산화하여 생분해성 유기물질(BDCOD)로 변화시킨다.(COD는 감소하고 BOD는 증가한다)
④ 슬러지 생산량이 많아질 수 있다.
★★ ⑤ 처리시설은 pH조절조, 중화 및 응집조, 침전조로 구성되어 있다.
⑥ 여분의 과산화수소는 후처리의 미생물 성장에 영향을 줄 수 있다.
⑦ 유입시설의 변화시 탄력적인 대응이 가능하다.
⑧ 시설비는 오존처리시나 활성탄 흡착법보다 적게 소요된다.
⑨ 팬턴시약의 반응시간은 철염과 과산화수소수의 주입농도에 따라 변화된다.

★★ ### 2) Fenton 산화법 정리

① 팬턴시약 : H_2O_2
② 촉매 : 황산제1철
③ 강산화제 : OH 라디칼
④ pH : 3~5(3~4.5)
⑤ 특징 : COD 감소, BOD 증가

★★ ### 3) 습식 고온 고압 산화처리법(Zimmerman 공법)

★★ ① 액상슬러지에 열과 압력을 작용시켜 용존산소에 의하여 화학적으로 슬러지 내의 유기물을 산화시키는 방법이다.
★★ ② 슬러지를 가열(210℃, 210atm 정도)시켜 슬러지 내의 유기물이 공기에 의해 산화되도록 하는 공법이다.
③ 시설의 수명이 짧으며 질소의 제거율이 낮다.
④ 투자, 유지비가 높다.
⑤ 장치의 주요기기는 공기압축기, 고압펌프, 열교환기 등이다.

Question 08

슬러지를 가열(210℃ 정도)·가압(210atm 정도)시켜 슬러지 내의 유기물이 공기에 의해 산화되도록 하는 공법은?

㉮ 가열 건조　　㉯ 습식 산화　　㉰ 혐기성 산화　　㉱ 호기성 소화

풀이　㉰ 혐기성 산화 : 유기물을 무산소상태에서 처리하는 방법
　　　㉱ 호기성 소화 : 유기물을 산소와 반응시켜 처리하는 방법
　　　따라서 정답은 ㉯이다.

4) 응집침전법

일반적인 쓰레기 매립지의 침출수 처리방법이다.

★★ 5) 폐산의 처리방법

① 중화법
② 진공증류법
③ 황산치환법

6) 독성유기물질을 흡착에 의하여 처리할 때 흡착제의 성질을 좌우하는 인자

① 기공구조와 크기분포
② 비표면적
③ 입도

★★ 2. 고형화 처분

★★ (1) 유해폐기물을 고형화하는 목적

① 폐기물을 다루기가 용이하다.
★★ ② 폐기물 내 오염물질의 용해도가 감소한다.
③ 폐기물 표면적의 감소에 따른 폐기물 성분의 손실을 줄인다.
★★ ④ 폐기물의 독성이 감소한다.

(2) 유기성 고형화 및 무기성 고형화

★★ 1) 유기성 고형화 방법의 특징

★★ ① 수밀성이 크고 다양한 폐기물에 적용할 수 있다.
② 방사성 폐기물 처리에 적용된다.

★★ ③ 최종 고화체의 체적 증가가 다양하다.
　　④ 처리비용이 고가이다.
★★ ⑤ 미생물 및 자외선에 대한 안정성이 약하다.
　　⑥ 상업화된 처리법의 현장자료가 빈약하다.
　　⑦ 고도의 기술이 필요하며 촉매 등 유해물질이 사용된다.

★★ 2) 무기성 고형화 방법의 특징
　　① 처리비용이 싸다.
　　② 장기적으로 안정성이 지속된다.
　　③ 고화재료 구입이 용이하며, 재료가 무독성이다.
　　④ 상온, 상압에서 처리가 용이하다.
★★ ⑤ 수용성이 작고, 수밀성이 양호하다.
★★ ⑥ 다양한 산업폐기물에 적용할 수 있다.
★★ ⑦ 고형화재료에 따라 고화체의 체적 증가가 다양하다.

(3) 폐기물의 고화처리방법

★★ 1) 시멘트 기초법
- 장점
　　① 다양한 폐기물을 처리할 수 있다.
★★ ② 폐기물의 건조 또는 탈수가 필요없다.
　　③ 사용되는 시멘트의 양을 조절함으로써 폐기물 콘크리트의 강도를 높일 수 있다.
★★ ④ 가장 널리 사용되는 방법 중의 하나로 포틀랜드 시멘트를 이용한다.
★★ ⑤ 고농도 중금속 폐기물에 적합하다.
★★ ⑥ 가장 흔히 사용되는 보통 포틀랜드 시멘트의 주성분은 CaO, SiO_2이다.
　　⑦ 장치이용이 쉽고 고도의 기술이 필요치 않다.
　　⑧ 재료의 가격이 싸고 풍부하게 존재한다.

- 단점
　　① 낮은 pH에서 폐기물 성분의 용출가능성이 있다.
　　② 고형화된 시료의 $\dfrac{표면적}{부피}$ 비를 감소시키거나 투수성을 감소시키는 것이 중요하다.

> **TIP**
> 포틀랜드 시멘트의 주성분
> ① 석회(CaO) : 60~65% 정도
> ② 규산(SiO_2) : 22% 정도
> ③ 기타 : 13% 정도

2) 석회 기초법

- 장점
    ① 석회의 가격이 싸고 널리 이용되고 있다.
    ② 탈수가 필요하지 않은 경우가 많다.
    ③ 석회 - 포졸란 화학반응이 간단하고 용이하다.
    ④ 공정운전이 간단하고 용이하다.
    ⑤ 두 가지 폐기물을 동시에 처리할 수 있다.

- 단점
    ① pH가 낮을 경우 폐기물 성분의 용출가능성이 증가한다.
    ② 최종처분 물질의 양이 증가한다.

3) 자가시멘트법

- 장점
    ① 혼합률(MR)이 낮다.
    ② 중금속 저지에 효과적이다.
    ③ 탈수 등의 전처리가 필요없다.
    ④ 고농도 황화물 함유 폐기물에 적용한다.(연소가스 탈황시 발생된 슬러지(FGD 슬러지) 처리에 적용)
    ⑤ 폐기물이 스스로 고형화되는 성질을 이용하여 개발되었다.

- 단점
    ① 보조에너지가 필요하다.
    ② 장치비가 크며 숙련된 기술을 요한다.

★★ **4) 피막형성법**

- 장점
  ★★ ① 낮은 혼합률(MR)을 가진다.
  ② 침출성이 낮다.

- 단점
  ★★ ① 에너지 소요가 크다.
  ★★ ② 화재의 위험성이 있다.
  ③ 피막형성을 위한 수지값이 비싸다.

★★ **5) 열가소성 플라스틱법**

- 장점
  ① 용출손실률은 시멘트 기초법에 비해 매우 낮다.
  ② 대부분의 매트릭스 물질은 수용액의 침투에 저항성이 매우 크다.
  ③ 고화처리된 폐기물 성분을 나중에 회수하여 재활용 할 수 있다.

- 단점
  ★★ ① 혼합률(MR)이 비교적 높다.
  ② 높은 온도에서 분해되는 물질에는 사용할 수 없다.
  ★★ ③ 처리과정에서 화재의 위험성이 있다.
  ★★ ④ 에너지 요구량이 크다.
  ⑤ 폐기물을 건조시켜야 한다.

★★ **6) 유리화법**

- 장점
  ① 첨가제의 비용이 비교적 싸다.
  ② 2차 오염물질의 발생이 적다.

- 단점
  ① 에너지 집약적이다.
  ② 특수장치와 숙련된 인원이 필요하다.

Question 09

다음 중 폐기물의 고형화 처리방법에 해당되지 않는 것은?

㉮ 시멘트기초법 ㉯ 활성탄 흡착법
㉰ 유기중합체법 ㉱ 열가소성 플라스틱법

▶ 풀이 ㉯ 활성탄 흡착법은 흡착제인 활성탄을 이용하여 오염물질을 흡착제거하는 방법이므로 정답이다.

Question 10

다음 설명하는 폐기물 안정화법에 해당하는 것은?

- 고농도의 중금속 폐기물에 적합하다.
- 가장 널리 사용되는 방법 중 하나로 포틀랜드 시멘트를 이용한다.
- 중금속이온이 불용성의 수산화물이나 탄산염으로 침전된다.

㉮ 유리화법 ㉯ 석회기초법
㉰ 시멘트기초법 ㉱ 열가소성 플라스틱법

▶ 정답 ㉰

03 쓰레기 매립

1. 매립

(1) 매립공법의 종류

★★★ 1) 내륙매립공법의 종류

① 샌드위치 공법(Sandwich system)
② 셀 공법(Cell system)
③ 압축매립 공법(Baling system)
④ 도랑형 공법(Trench system)

★★★ 2) 해안매립공법의 종류

① 박층뿌림공법
② 순차투입공법
③ 내수배제 및 수중투기공법

Question 11

다음 중 해안매립공법에 해당하는 것은?

㉮ 셀 공법 ㉯ 압축매립공법 ㉰ 박층뿌림공법 ㉱ 샌드위치공법

정답 ㉰

Question 12

폐기물의 최종처분으로 실시하는 내륙매립공법이 아닌 것은?

㉮ 셀 공법 ㉯ 압축매립 공법 ㉰ 박층뿌림 공법 ㉱ 도랑형 공법

풀이 ㉰ 박층뿌림공법은 해양매립공법에 해당한다.

3) 폐기물 매립지 입지 선정시 적합한 기준항목

① 토지 : 주민 밀집 지역과 거리가 먼 곳
② 토양 : 주변 토양 복토재 사용 가능성 있는 곳
③ 지형 및 지질 : 경제성 있는 매립용량 확보 가능한 곳
④ 수문 : 강우배제 침출수 발생 제어가 용이한 곳

Question 13

폐기물 매립지 입지 선정시 적격 기준항목으로 거리가 먼 것은?

㉮ 토지 : 주민 밀집 지역인 곳
㉯ 토양 : 주변 토양 복토재 사용 가능성 있는 곳
㉰ 지형 및 지질 : 경제성 있는 매립용량 확보 가능한 곳
㉱ 수문 : 강우배제 침출수 발생 제어가 용이한 곳

풀이 ㉮ 토지 : 주민 밀집지역과 거리가 먼 곳

(2) 내륙매립공법

★★ 1) 샌드위치 공법

쓰레기를 수평으로 고르게 깔아서 압축한 다음 그 위에 복토를 하여 쓰레기와 복토를 번갈아 하면서 쌓는 방법이다.

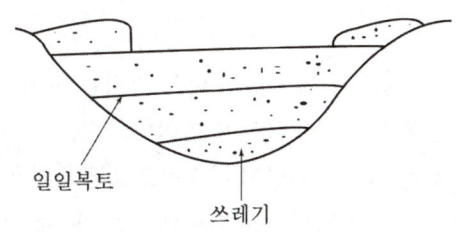
일일복토   쓰레기

2) 셀 공법

★★ ① 쓰레기 비탈면의 경사를 20% 전후(15~25%)로 하여 쓰레기를 셀모양으로 쌓고 각각의 셀에 복토하는 방법이다.
② 화재의 발생 및 확산을 방지할 수 있다.
③ 1일 작업하는 셀 크기는 매립 처분량에 따라 결정된다.
④ 발생가스와 매립층 내 수분의 이동이 용이하지 못하다.

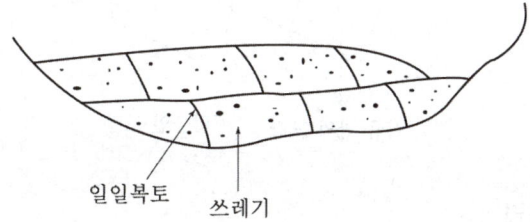
일일복토   쓰레기

3) 압축매립 공법

★★ 쓰레기를 매립하기 전에 이의 감량화를 목적으로 먼저 쓰레기를 일정한 더미형태로 압축하여 부피를 감소시킨 후 포장을 실시하여 매립하는 방법이다.

- 특징
  ① 쓰레기 발생량 증가와 매립지 확보 및 사용년한 문제에 있어서 유리하다.
  ② 운송이 간편하고 안정성이 있다.
  ③ 지가(地價)가 비쌀 경우에 유효한 방법이다.
  ④ 층별로 정렬하는 것이 보편적이며 매립 각 층별로 일일복토를 실시하여야 한다.

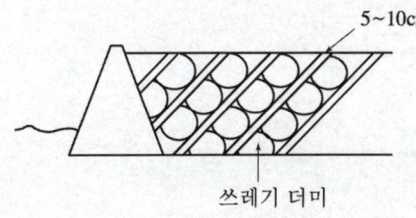
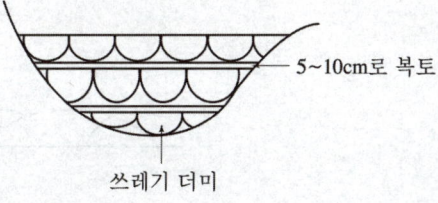

4) 도랑형 공법

① 폭 20m, 깊이 10m 정도의 도랑을 판 다음 일정한 두께로 쓰레기를 매립한 다음 인근 도랑에서 굴착한 흙으로 복토하는 방법이다.
② 매립지 바닥이 두껍고(지하수면이 지표면으로부터 깊은 곳에 있는 경우) 또한 복토로 적합한 지역에 이용하는 방법으로 단층매립만 가능한 공법이다.

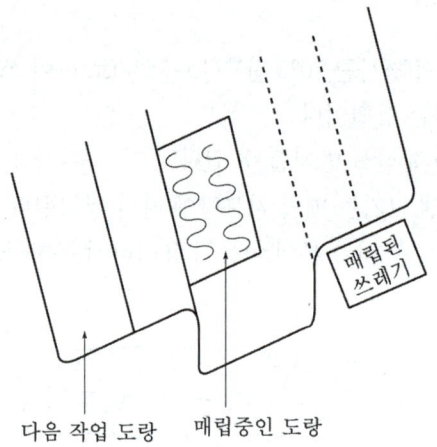

(3) 해안매립 공법

① 처분장은 면적이 크고 1일 처분량이 많다.
② 수중에 쓰레기를 깔고 압축작업과 복토를 실시하기가 어려워 근본적으로 내륙매립과 다르다.

1) 박층뿌림공법

① 개량된 지반이 붕괴될 위험이 있을 땐 밑면이 뚫린 바지선을 이용하여 쓰레기를 박층으로 떨어뜨려 뿌려주어 바닥의 지반하중을 균등하게 하기 위해 사용하는 방법이다.
② 쓰레기 지반 안정화 및 매립부지 조기이용 등에 유리하지만 매립효율이 떨어진다.

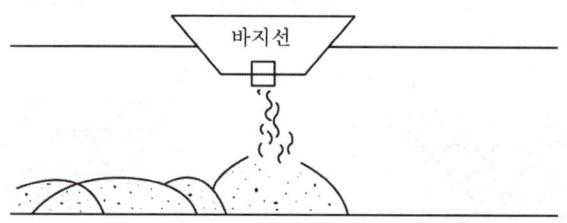

2) 순차투입공법

① 호안측으로부터 순차적으로 쓰레기를 투입하여 육지화하는 방법이다.
② 수심이 깊은 처분장에서는 건설비 과다로 내수를 완전히 배제하기가 곤란한 경우 사용한다.
③ 부유성 쓰레기의 수면확산에 의해 수면부와 육지부 경계구분이 어려워 매립장비가 매몰되기도 한다.

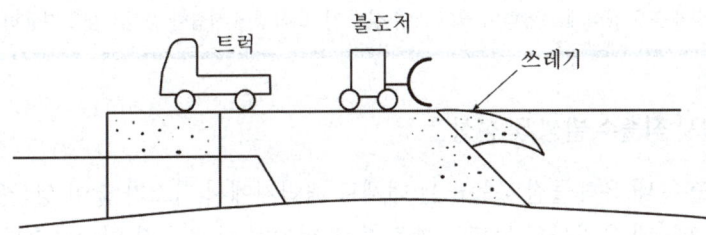

3) 수중투기공법 및 내수배제공법

호 안에 해수를 그대로 둔 채 폐기물을 투기하거나, 매립 전에 내수를 배제시킨 후 폐기물을 매립하는 방법이다.

📢 Question 14

다음은 폐기물의 매립공법에 관한 설명이다. 가장 적합한 것은?

> 쓰레기를 매립하기 전에 이의 감량화를 목적으로 먼저 쓰레기를 일정한 더미형태로 압축하여 부피를 감소시킨 후 포장을 실시하여 매립하는 방법으로 쓰레기 발생량 증가와 매립지 확보 및 사용년한 문제에 있어서 운반이 쉽고 안정성이 유리하다는 것과 지가(地價)가 비쌀 경우 유효한 방법이다.

㉮ 압축매립공법   ㉯ 도랑형공법   ㉰ 셀공법   ㉱ 순차투입공법

 ㉯ 도랑형공법 : 폭 20m, 깊이 10m 정도의 도랑을 판 다음 일정한 두께로 쓰레기를 매립한 다음 인근 도랑에서 굴착한 흙으로 복토하는 방법
㉰ 셀공법 : 경사를 20% 전후로 하여 쓰레기를 셀모양으로 쌓고 각각의 셀에 복토하는 방법
㉱ 순차투입공법 : 해양매립공법으로 중간제방을 설치해 쓰레기를 순차적으로 매립하는 방법
따라서 정답은 ㉮이다.

(4) 폐기물 매립지의 덮개시설의 조건

① 덮개시설은 매립 후 안전한 사후관리를 위해 필요하다.
② 덮개흙은 투수성(투수계수)이 작고 식생에 적합한 양질토양을 이용한다.
③ 덮개흙은 연소가 잘 되지 않아야 한다.
④ 덮개시설은 악취, 비산, 해충 및 야생동물 번식, 화재방지 등을 위해 설치한다.

> **Question 15**
>
> 폐기물 매립지의 덮개시설에 대한 설명으로 가장 거리가 먼 것은?
>
> ㉮ 덮개시설은 매립 후 안전한 사후관리를 위해 필요하다.
> ㉯ 덮개흙으로 가장 적합한 것은 clay이며, 투수계수가 큰 것이 좋다.
> ㉰ 덮개흙은 연소가 잘 되지 않아야 한다.
> ㉱ 덮개시설은 악취, 비산, 해충 및 야생동물번식, 화재방지 등을 위해 설치한다.
>
> **풀이** ㉯ 덮개흙은 침식에 저항력이 크고, 투수성이 작고, 식생에 적합한 양질토양을 사용하는 것이 좋다.

(5) 매립지 침출수 발생 및 성상

① 침출수 내 유해물질의 농도는 대체로 매립지에서 가스가 많이 생산될수록 저하된다.
② 침출수 내 유기물의 농도는 매립지 내 혐기성 분해가 잘 일어날수록 저하된다.
③ 침출수의 특성은 폐기물의 종류와 분해특성에 따라 크게 달라진다.
④ 침출수 내에는 중금속이 많이 포함되어 있으므로 전처리로 중금속을 처리한 다음 생물학적 처리를 해야 효과적이다.

2. 복토

★★ (1) 복토의 종류

1) 당일복토

① 복토의 최소두께 : 15cm 이상
② 복토 실시시기 : 매립작업이 끝난 후

2) 중간복토

① 복토의 최소두께 : 30cm 이상
② 복토 실시시기 : 매립작업이 7일 이상 중단될 때

3) 최종복토

① 복토의 최소두께 : 60cm 이상
② 복토 실시시기 : 매립시설의 사용이 종료되었을 때

★★ (2) 인공복토재의 조건

① 투수계수가 낮아야 한다.
② 연소가 잘 되지 않아야 한다.
③ 생분해가 가능하여야 한다.
④ 살포가 용이해야 한다.
⑤ 미관상 좋아야 한다.
⑥ 매립지 공간을 절약할 수 있어야 한다.
⑦ 위생문제를 해결하여야 한다.

★★★ (3) 복토의 목적

① 우수의 침투를 방지한다.
② 쓰레기의 비산을 방지한다.
③ 화재를 예방한다.
④ 유해곤충이나 해충의 서식을 방지한다.
⑤ 악취를 방지한다.

3. 차수시설 및 침출수

(1) 매립지의 차수시설 재료

① 점토　　② 시멘트　　③ 합성수지

(2) 매립지의 차수시설

① 차수시설은 매립이 시작되면 복구가 불가능하므로 차수막의 특성에 따라 완벽하게 설계 및 시공되어야 한다.
② 차수시설은 형태에 따라 매립지의 바닥 및 경사면의 차수를 위한 표면차수공과 매립지의 하류부 또는 주변부에 연직으로 설치하는 연직차수시설로 나뉜다.
③ 점토에 벤토나이트 등을 첨가하면 차수성을 향상시킬 수 있다.
★★ ④ 매립지의 폐기물에 포함된 수분, 매립지에 유입되는 빗물에 의해 발생하는 침출수 유출방지와 매립지 내부로의 지하수 유입을 방지하기 위하여 설치한다.

Question 16

다음 설명하는 매립시설로 가장 적합한 것은?

> 폐기물에 포함된 수분, 폐기물의 분해시 생성되는 수분, 빗물에 유입되는 침출수의 유출을 방지하기 위한 것으로 매립이 시작되면 보수 및 복구가 불가능하므로 완벽하게 설계·시공해야 한다. 사용되는 재료는 합성고무 및 합성수지계 막이나 점토가 사용된다.

㉮ 덮개 시설 ㉯ 차수 시설
㉰ 저류 구조물 ㉱ 지하수 검사시설

【정답】 ㉯

Question 17

매립지 차수시설에 대한 설명 중 가장 거리가 먼 것은?

㉮ 차수시설은 매립이 시작되면 복구가 불가능하므로 차수막의 특성에 따라 완벽하게 설계 및 시공되어야 한다.
㉯ 차수시설은 형태에 따라 매립지의 바닥 및 경사면의 차수를 위한 표면차수공과 매립지의 하류부 또는 주변부에 연직으로 설치하는 연직 차수시설로 나뉜다.
㉰ 점토에 벤토나이트 등을 첨가하면 차수성을 향상시킬 수 있다.
㉱ 합성수지 및 고무계 차수막은 내화학성과 내구성이 높아 경사면 및 지반침하의 우려가 있는 곳에도 직접 시공할 수 있다.

【풀이】 ㉱ 합성수지 및 고무계 차수막은 경사면 및 지반침하의 우려가 있는 곳에는 직접 시공할 수 없다.

 (3) 연직차수막 공법의 종류

① 강널말뚝 공법
② 굴착에 의한 차수시트 매설 공법
③ 어스댐 코어 공법
④ 그라우트 공법

(4) 차수시설의 종류

 1) 연직차수막

① 차수막 보강시공이 가능하다.
② 지중에 수평방향의 차수층이 존재할 때 사용한다.

★★ ③ 지하수 집배수 시설이 불필요하다.
★★ ④ 단위면적당 공사비는 비싸지만 총공사비는 싸다.
⑤ 지하매설로써 차수성 확인이 어렵다.
⑥ 연직차수막은 지중에 암반 및 점성토로 구성된 불투수층이 수평방향으로 넓게 분포하고 있는 경우 수직 또는 경사로 시공한다.

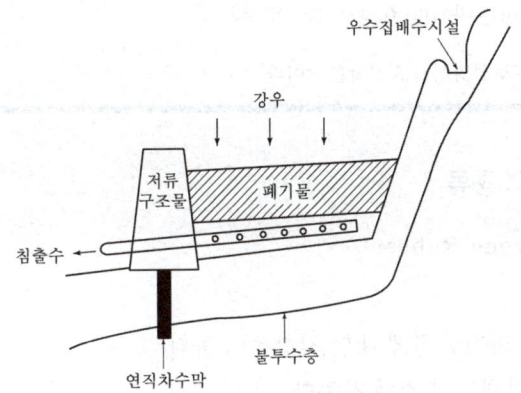

★★ **2) 표면차수막**
① 시공시에는 눈으로 차수성 확인이 가능하나 매립 후에는 곤란하다.
★★ ② 지하수 집배수시설이 필요하다.
★★ ③ 차수막 단위면적당 공사비는 싸지만 매립지 전체를 시공하는 경우가 많아 총공사비는 비싸다.
④ 보수 가능성면에 있어서는 매립 전에는 용이하나 매립 후에는 어렵다.
⑤ 매립지 필요범위에 차수재료로 덮인 바닥이 있을 때 사용한다.
⑥ 매립지 지반의 투수계수가 큰 경우에 사용한다.

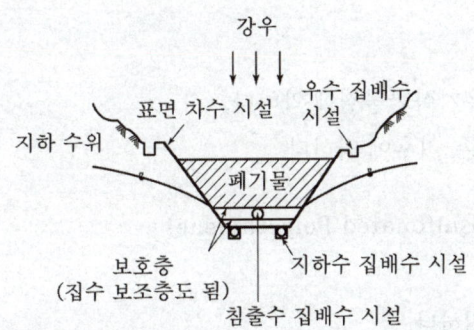

> **Question 18**
>
> 연직차수막에 대한 설명으로 틀린 것은? (단, 표면차수막과 비교기준)
> ㉮ 차수막 보강시공이 가능하다.
> ㉯ 지중에 수평방향의 차수층이 존재할 때 사용한다.
> ㉰ 지하수 집배수시설이 불필요하다.
> ㉱ 단위면적당 공사비는 싸지만 총 공사비는 비싸다.
>
> [풀이] ㉱는 표면차수막 설명이므로 정답은 ㉱이다.

(5) 합성차수막의 종류

1) CR(Choroprene Rubber)
   - 장점
     ① 대부분의 화학물질에 대한 저항성이 높다.
     ② 마모 및 기계적 충격에 강하다.

   - 단점
     ① 접합이 용이하지 못하다.
     ② 가격이 비싸다.

★★ 2) PVC(Polyvinyl Chloride)
   - 장점
     ① 가격이 저렴하다.
     ② 작업이 용이하다.
     ③ 강도가 크다.
     ④ 접합이 용이하다.

   - 단점
   ★★ ① 대부분의 유기화학물질에 약하다.
   ★★ ② 자외선, 오존, 기후에 약하다.

3) CSPE(Chlorosulfonated Polyethylene)
   - 장점
     ① 접합이 용이하다.
   ★★ ② 미생물에 강하다.
   ★★ ③ 산 및 알칼리에 강하다.

- 단점

★★ ① 기름, 탄화수소, 용매류에 약하다.
　　② 강도가 약하다.

4) HDPE & LDPE(High Density Polyethylene & Low Density Polyethylene)

① 대부분의 화학물질에 대한 저항성이 높다.
② 접합상태가 양호하다.
③ 온도에 대한 저항성이 높다.
④ 강도가 높다.
⑤ 유연하지 못하고 손상의 우려가 높다.

5) EPDM(Ethylene Propylene Diene Monomer)

- 장점

① 수분의 함량이 낮다.
② 강도가 높다.

- 단점

① 접합상태가 양호하지 못하다.
★★ ② 기름, 방향족 탄화수소, 용매류에 약하다.

6) CPE(Chlorinated Polyethylene)

① 강도가 높다.
② 접합상태가 양호하지 못하다.
③ 방향족 탄화수소 및 기름종류에 약하다.

★★ (6) 점토의 차수막 적합조건

① 투수계수 : 10^{-7}cm/sec 미만
② 소성지수 : 10% 이상 30% 미만
③ 액성한계 : 30% 이상
④ 점토 및 미사토 함량 : 20% 이상
⑤ 자갈 함유량 : 10% 미만

★★ (7) 침출수 농도에 미치는 영향인자

① 매립된 쓰레기의 높이

② 매립된 쓰레기의 질
③ 연간 평균강수량
④ 매립된 쓰레기의 조성
⑤ 매립된 쓰레기의 경과시간
⑥ 쓰레기의 매립방법

★★ (8) 침출수량에 영향을 주는 요인
① 강우량
② 증발량
③ 지하수량
④ 침투수량
⑤ 표면유출량
⑥ 폐기물 분해시 발생량

★★★ (9) 폐기물 매립후 발생되는 생성가스 농도변화

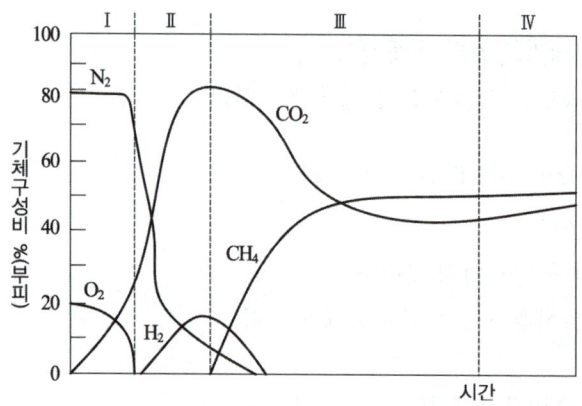

① Ⅰ구역(호기성 단계) : 호기성 단계로 O_2가 소모되며, CO_2 발생이 시작된다.
★★ ② Ⅱ구역(혐기성 비메탄 단계) : 혐기성 단계지만 CH_4가 형성되지 않고, H_2가 생성되기 시작하고 SO_4^{2-}, NO_3^- 등이 환원된다.
③ Ⅲ구역(메탄생성 축적단계) : 혐기성 단계이며 CH_4가 발생하기 시작한다.
④ Ⅳ구역(정상적인 혐기단계) : 정상적인 혐기단계로 CH_4와 CO_2의 함량이 거의 일정하다.(CH_4 55%, CO_2 45%로 구성)

Question 19

다음 그림은 폐기물을 매립한 후 발생하는 생성가스의 농도 변화를 단계적으로 나타낸 것이다. 유기물이 효소에 의해 발효되는 혐기성 비메탄 단계는?

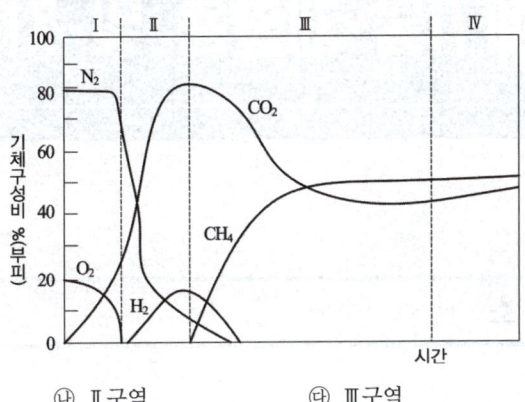

㉮ Ⅰ구역   ㉯ Ⅱ구역   ㉰ Ⅲ구역   ㉱ Ⅳ구역

정답 ㉯

Question 20

생활 쓰레기를 매립하였을 경우 다음 중 매립초기(2단계)에 가스구성비(부피%)가 가장 큰 것은? (단, 2단계는 혐기성단계이나 메탄이 형성되지 않는 단계이다.)

㉮ CO_2 ㉯ C_3H_8 ㉰ H_2S ㉱ O_3

풀이 2단계에서 가장 많이 존재하는 가스는 CO_2(이산화탄소)이다. 따라서 정답은 ㉮이다.

Question 21

매립지에서의 가스 생성과정을 크게 4단계로 분류할 때 각 단계에 관한 일반적인 설명으로 옳지 않은 것은?

㉮ 1단계 : 호기성 단계로 O_2가 소모되며, CO_2 발생이 시작된다.
㉯ 2단계 : 호기성 전이 단계이며 NO_3^-가 산화되기 시작한다.
㉰ 3단계 : 혐기성 단계이며 CH_4가 발생하기 시작한다.
㉱ 4단계 : 정상적인 혐기단계로 CH_4와 CO_2의 함량이 거의 일정하다.

풀이 ㉯ 2단계 : 혐기성 비메탄단계이며 혐기성 단계지만 CH_4(메탄)가 형성되지 않고, H_2(수소)가 생성되기 시작하고 SO_4^{2-}(황산이온), NO_3^-(질산이온) 등이 환원된다.

CHAPTER 03 | 폐기물 재활용 및 자원화기술

01 연 소

★★★ 1. 소각로에서 폐기물 소각시 연소효율 높이는 조건

① 적당한 온도
② 적당한 공기와 연료비
③ 적당한 난류

> **Question 01**
>
> 폐기물을 소각처리시 연료가 잘 연소되기 위해서 갖추어야 할 조건으로 가장 거리가 먼 것은?
> ㉮ 공기연료비가 적절해야 한다.
> ㉯ 공기와 연료가 잘 혼합되어야 한다.
> ㉰ 완전연소를 위해 가능한 체류시간이 짧아야 한다.
> ㉱ 소각로는 점화 온도가 유지되고 재의 방출이 최소가 되어야 한다.
>
> **풀이** ㉰ 완전연소를 위해 가능한 체류시간이 길어야 한다.

★★★ 2. 소각로에서 연소효율을 높이기 위한 조건 중 3T

① 적당한 온도(Temperature)
② 적당한 난류혼합(Turbulence)
③ 충분한 연소시간(Time)

Question 02

유기물을 완전연소시키기 위한 폐기물의 연소성능 필요조건 항목(3T)으로 가장 거리가 먼 것은?
㉮ 온도　　　　㉯ 기압　　　　㉰ 체류시간　　　　㉱ 혼합

풀이 소각로에서 연소효율을 높이기 위한 조건 중 3T
① 적당한 온도(Temperature), ② 적당한 난류혼합(Turbulence), ③ 충분한 연소시간(Time)이므로 정답은 ㉯이다.

3. 폐기물처리에 있어서 열분해를 통한 연료의 성질을 결정하는 요소
   ① 가열속도
   ② 운전온도
   ③ 폐기물 조성

★★ 4. 소각로에서 연소온도를 높이기 위한 방법
   ① 높은 발열량의 연료사용
   ② 연료의 예열
   ③ 연료의 완전연소
   ④ 공기예열

 Question 03

연소시 연소온도를 높일 수 있는 조건으로 가장 거리가 먼 것은?
㉮ 완전연소 시킨다.　　　　　　㉯ 연소용 공기를 예열한다.
㉰ 과잉공기량을 많게 한다.　　　㉱ 발열량이 높은 연료를 사용한다.

풀이 ㉰ 과잉공기량을 적정하게 공급한다.

02 연소방식

1. 연소형태

★★ ① 증발연소 : 연료자체가 타는 경우로 휘발유와 같이 끓는점이 낮은 기름의 연소나 왁스가 액화하여 다시 기화되어 연소되는 형태
★★ ② 표면연소 : 코크스나 석탄 등이 고온 연소시 고체표면이 빨갛게 빛을 내면서 반응하는 연소로 화염이 없는 연소형태이다.
★★ ③ 분해연소 : 장작, 석탄, 중유 등이 열분해하여 발생한 증기와 함께 연소초기에 불꽃을 내면서 반응하는 연소형태이다.
④ 발연연소 : 화염의 표면에서 산소와의 결합이 일어나는 연소형태이다.
⑤ 그을림 연소 : 숯불과 같이 불꽃을 동반하지 않은 열분해와 표면연소의 복합형태의 연소이다.
⑥ 자기연소(내부연소) : 나이트로글리세린 등과 같이 공정 중 산소를 필요로 하지 않고 분자 자신 속의 산소에 의해서 연소하는 형태이다.

Question 04

다음 중 연료 자체가 타는 경우로 휘발유와 같이 끓는점이 낮은 기름의 연소나 왁스가 액화하여 다시 기화되어 연소되는 형태는?

㉮ 분해연소　　㉯ 표면연소　　㉰ 자기연소　　㉱ 증발연소

정답 ㉱

2. 소각장에서 폐기물을 연소시킬 때 조건

① 공기/연료비가 적절해야 한다.
② 연료와 공기가 충분히 혼합되어야 한다.
③ 완전연소를 위해 가능한 체류시간이 길어야 한다.
④ 점화온도가 유지되고 재의 방출이 최소화 될 수 있는 소각로 형태이어야 한다.

3. 폐기물 소각시설의 후연소실의 특징

① 주연소실에서 생성된 휘발성 기체는 후연소실로 흘러들어 연소한다.
② 깨끗하고 가연성인 액상폐기물은 바로 후연소실로 주입될 수 있다.
③ 연기 내의 가연성분의 완전산화를 위해 후연소실은 충분한 양의 잉여공기가 공급되어야 한다.

Question 05

폐기물 소각시설의 후연소실에 대한 설명으로 가장 거리가 먼 것은?
㉮ 주연소시설에서 생성된 휘발성 기체는 후연소실로 흘러들어 연소한다.
㉯ 깨끗하고 가연성인 액상 폐기물은 바로 후연소실로 주입될 수 있다.
㉰ 후연소실 내의 온도는 주연소실의 온도보다 보통 낮게 유지한다.
㉱ 연기 내의 가연성분의 완전산화를 위해 후연소실은 충분한 양의 잉여공기가 공급되어야 한다.

풀이 ㉰ 후연소실 내의 온도는 주연소실의 온도보다 보통 높게 유지한다.

4. 폐기물의 열분해

★★ **(1) 열분해의 정의**

폐기물을 무산소 또는 산소가 부족한 상태에서 고온으로 가열하여 고체, 액체, 기체 상태의 연료를 생산하는 공정이다.

(2) 열분해의 특징

① 열분해의 방법은 저온법과 고온법이 있다.
★★ ② 열분해에서 일반적으로 저온이라 함은 500~900℃, 고온은 1100~1500℃을 말한다.
③ 연소가 고도의 발열반응에 비해 열분해는 고도의 흡열반응이다.
④ 고온의 열분해에서는 가스상태의 연료가 많이 생성된다.
★★ ⑤ 열분해 온도에 따른 가스의 구성비가 좌우되는데 고온이 될수록 CO_2 함량이 감소하고, 수소함량이 증가한다.
⑥ 열분해를 통하여 얻어지는 연료의 성질을 결정짓는 요소로는 운전온도, 가열속도, 폐기물의 성질 등으로 알려져 있다.

(3) 열분해시 생성물질

① 기체상 물질 : 수소(H_2), 메탄(CH_4), 일산화탄소(CO)

② **액체상 물질** : 아세톤, 메탄올, 오일
③ **고체상 물질** : 탄화물(Char), 불활성 물질

★★ **(4) 열분해가 소각처리에 비해 갖는 장점**

① 황 및 중금속이 회분 속에 고정되는 비율이 크다.
② 저장 및 수송이 가능한 연료를 회수할 수 있다.
★★ ③ 환원성 분위기가 유지되어 Cr^{3+}가 Cr^{6+}로 변화되기 어렵다.
④ 배기가스량이 적어 가스처리 장치가 소형이다.
★★ ⑤ 소각처리에 비해 상대적으로 저온이기 때문에 NO_X 발생량이 적다.
⑥ 지속적 환원 분위기로 효과적 에너지 회수 가능하다.

Question 06

"열분해"에 대한 설명으로 가장 적합한 것은?

㉮ 일반적으로 이론공기가 공급된 상태에서 스팀을 주입하는 방법이다.
㉯ 공기가 부족한 상태에서 폐기물을 연소시켜 고체, 액체 및 기체 상태의 연료를 생산하는 공정이다.
㉰ 수소가 많은 상태에서 액체연료를 회수하는 방법이다.
㉱ 200~350℃ 정도의 산소가 없는 상태에서 고압의 조건으로 유기물을 분해하여 기체의 연료를 회수하는 방법이다.

정답 ㉯

★★ 5. 열교환기

★★ 열교환기의 구성은 과열기, 재열기, 절탄기(이코노마이저), 공기예열기로 구성되어 있다.

(1) 과열기(Super heater)

① 과열기는 보일러에서 발생하는 포화증기에 다수의 수분이 함유되어 있으므로 이것을 과열하여 수분을 제거하고 과열도가 높은 증기를 얻기 위해 설치한다.
② 과열기는 부착위치에 따라 전열형태가 다르며, 방사형, 대류형, 방사·대류형 과열기로 구분된다.
③ 방사형 과열기는 화실의 천장부 또는 노벽에 배치한다.
④ 방사·대류형 과열기는 대류 전달면 입구 가까이에 설치하고 방사열과 대류전달열을 동시에 이용하는 과열기이다.
⑤ 일반적으로 보일러의 부하가 높아질수록 방사과열기에 의한 과열온도가 낮아진다.
⑥ 일반적으로 보일러의 부하가 높아질수록 대류과열기에 의한 과열온도가 상승한다.

(2) 재열기(Reheater)

① 과열증기를 재가열한다.
② 설치위치는 과열기의 중간 또는 뒤쪽에 배치되어 있다.
③ 증기터빈 속에서 팽창하여 포화증기에 도달한 증기를 도중에서 이끌어내어 그 압력으로 다시 가열하여 터빈에 되돌려 팽창시키는 장치이다.

★★★ (3) 절탄기(Economizer)

① 설치위치는 연도에 설치한다.
② 폐열회수를 위한 열교환기이다.
★★ ③ 보일러 전열면을 통하여 연소가스의 여열로 보일러 급수를 예열하여 보일러 효율을 높이는 장치이다.

(4) 공기 예열기(Air preheater)

① 굴뚝가스 여열을 이용하여 연소용 공기를 예열하여 보일러의 효율을 높이는 장치이다.
② 연료의 착화와 연소를 양호하게 하고 연소온도를 높이는 부대효과가 있다.

Question 07

연소가스의 잉여열을 이용하여 보일러에 주입되는 물을 예열함으로써 보일러드럼에 발생되는 열응력을 감소시켜 보일러의 효율을 높이는 장치는?

㉮ 과열기(super heater) ㉯ 재열기(reheater)
㉰ 절탄기(economizer) ㉱ 공기예열기(air preheater)

정답 ㉰

---

6. RDF(고형화 연료)

★★ (1) RDF의 특징

① RDF는 Refuse Derived Fuel의 약자이다.
② 폐기물을 이용하여 연료화한 것이다.
③ 성형입자라고도 한다.
④ 폐기물 중의 가연성 물질만을 선별해 함수율, 불순물, 입경, 소각재 함량 등을 조절하여 연료화시킨 것이다.

★★ ⑤ 부패하기 쉬운 유기물질로 구성되어 있기 때문에 수분함량이 증가하면 부패한다.
⑥ 소각로에서 사용할 경우 부식발생으로 수명이 단축될 수 있다.
★★ ⑦ RDF 소각로의 경우 시설비 및 동력비가 고가이며, 운전에 숙련된 기술이 요구된다.

(2) RDF의 구비조건

① 재의 양이 적을 것
② 대기오염이 적을 것
★★ ③ 함수율이 낮을 것
④ 균일한 조성을 가질 것
★★ ⑤ 발열량(칼로리)이 높을 것

Question 08

다음 중 RDF(Refuse Derived Fuel)의 구비조건으로 옳지 않은 것은?

㉮ 함수율이 높을 것 ㉯ 조성이 균일할 것
㉰ 재의 양이 적을 것 ㉱ 칼로리가 높을 것

풀이 ㉮ 함수율이 낮을 것

Question 09

RDF에 대한 설명으로 틀린 것은?

㉮ 소각로에서 사용할 경우 부식발생으로 수명이 단축될 수 있다.
㉯ 폐기물 중의 가연성 물질만을 선별하여 함수율, 불순물, 입경 등을 조절하여 연료화시킨 것이다.
㉰ 부패하기 쉬운 유기물질로 구성되어 있기 때문에 수분 함량이 증가하면 부패한다.
㉱ RDF 소각로의 경우 시설비 및 동력비가 저렴하며, 운전이 용이하다.

풀이 ㉱ RDF 소각로의 경우 시설비 및 동력비가 고가이며, 운전에 숙련된 기술이 요구된다.

03 소각로

★★★ 1. 유동층 소각로(유동상 소각로)

(1) 유동층 소각로의 특징

★★ ① 노의 하부로부터 가스를 주입하여 모래를 띄운 후 이를 가열시켜 상부에서 폐기물을 투입하여 소각하는 방법이다.
② 소각로 하부에서 가스를 주입하여 불활성층을 유동시킨다.
③ 가열된 유동층에 폐기물을 주입하여 폐기물을 연소시킨다.
★★ ④ 과잉공기량이 적고 질소산화물이 적게 배출된다.
★★ ⑤ 폐기물은 로에 주입하기 전 파쇄하여야 한다.
⑥ 소량의 과잉공기량으로도 연소가능하고 배기가스량이 적다.
★★ ⑦ 기계적 구동부분이 없어 유지관리가 용이하다.
★★ ⑧ 유동매체의 손실이 커 유지관리비가 많이 소요된다.
⑨ 노내 온도의 자동제어와 열회수가 용이하다.
⑩ 유동매체의 열용량이 커서 전소 및 혼소가 가능하다.
⑪ 연소효율이 높아 미연소분의 배출이 적고 2차 연소실이 불필요하다.

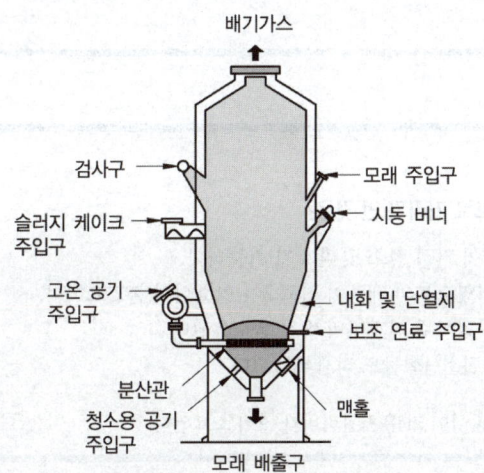

★★ (2) 유동상 소각로에서 유동상의 매질(유동매체) 조건

① 불활성일 것
★★ ② 높은 융점을 가질 것

③ 내마모성이 있을 것
④ 비중이 작을 것
⑤ 열충격에 강할 것
⑥ 가격이 쌀 것

Question 10

다음 중 소각로 형식으로 가장 거리가 먼 것은?

㉮ 화격자식(Stoker type)　　㉯ 소화식(Digestion type)
㉰ 유동상식(Fluidized bed type)　　㉱ 회전로식(Rotary kiln type)

풀이 ㉯ 소화식은 소각로 형식이 아니다.

Question 11

소각로 내의 화상 위에서 폐기물을 태우는 방식으로 플라스틱과 같이 열에 의해 용융되는 물질의 소각에 적당하나 연소효율이 나쁘고 체류시간이 길고 교반능력이 약하여 국부적으로 가열될 염려가 있는 소각로 형식으로 가장 적합한 것은?

㉮ 액체 주입형 소각로　　㉯ 고정상 소각로
㉰ 유동상 소각로　　㉱ 열분해 용융 소각로

정답 ㉯

Question 12

유동상 소각로의 장점으로 거리가 먼 것은?

㉮ 유동매체의 열용량이 커서 전소 및 혼소가 가능하다.
㉯ 연소효율이 높아 미연소분의 배출이 적고 2차 연소실이 불필요하다.
㉰ 유동매체의 손실이 없어 유지관리비가 적게 소요된다.
㉱ 과잉공기량이 적고 질소산화물도 적게 배출된다.

풀이 ㉰ 유동매체의 손실이 커 유지관리비가 많이 소요된다.

2. 화격자 소각로(스토커 방식 소각로)

① 도시폐기물을 소각하는 방식으로 널리 사용된다.
② 체류시간이 길고 교반력이 약하다.

③ 국부가열의 우려가 있다.
★★ ④ 연속적인 소각과 배출이 가능하다.
⑤ 수분이 많은 쓰레기의 소각도 가능하다.
★★ ⑥ 발열량이 낮은 쓰레기의 소각도 가능하다.
★★ ⑦ 복동식과 흔들이식이 있다.
⑧ 플라스틱과 같이 열에 쉽게 용융되는 폐기물의 연소에는 적합하지 않다.
⑨ 고온에서 기계적으로 구동하여 금속부의 마멸이 심할 수 있다.

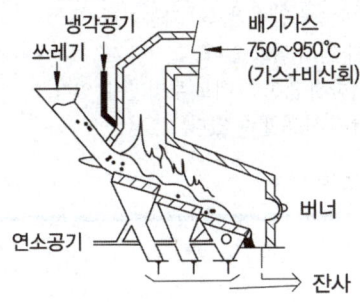

Question 13

다음 보기에서 설명하는 소각로 형식은?

[보기]
- 복동식과 흔들이식이 있다.
- 연속적인 소각과 배출이 가능하다.
- 수분이 많거나 발열량이 낮은 폐기물도 어느 정도 소각이 가능하다.
- 플라스틱과 같이 열에 쉽게 용융되는 폐기물의 연소에는 적합하지 않다.
- 고온에서 기계적으로 구동하여 금속부의 마멸이 심할 수 있다.

㉮ 다단로   ㉯ 회전로   ㉰ 유동상 소각로   ㉱ 화격자 소각로

정답 ㉱

★★ 3. 로타리킬른방식
① 액상이나 고체상의 여러 종류를 한꺼번에 연소시킬 수 있다.
★★ ② 예열이나 혼합 등 전처리가 거의 필요없다.
③ 공급장치의 설계에 있어 유연성이 있다.
④ 연소로 내에서 혼합이 잘 이루어진다.
⑤ 드럼이나 대형용기를 파쇄하지 않고 그대로 투입할 수 있다.

★★ ⑥ 습식가스 세정시스템과 함께 사용할 수 있다.
　　⑦ 넓은 범위의 액상 또는 고상폐기물을 각각 또는 섞어서 소각할 수 있다.
★★ ⑧ 열효율이 낮다. (30~40% 정도)
　　⑨ 먼지발생량이 많다.

Question 14

다음 중 로타리킬른 방식의 장점으로 거리가 먼 것은?

㉮ 열효율이 높고, 적은 공기비로도 완전연소가 가능하다.
㉯ 예열이나 혼합 등 전처리가 거의 필요 없다.
㉰ 드럼이나 대형용기를 파쇄하지 않고 그대로 투입할 수 있다.
㉱ 습식가스 세정시스템과 함께 사용할 수 있다.

풀이 ㉮ 열효율이 30~40% 정도로 낮다.

4. 고정상

　　① 소각로 내의 화상 위에서 쓰레기를 태우는 방식이다.
★★ ② 플라스틱처럼 열에 열화, 용해되는 물질의 소각에 적합한 소각로이다.
　　③ 체류시간이 길고 교반력이 약하다.
　　④ 국부적으로 가열될 염려가 있다.

5. 다단로 소각로

　　① 체류시간이 길어 특히 휘발성이 적은 폐기물의 연소에 유리하다.
★★ ② 온도반응이 느려서 보조연료 사용조절이 어렵다.
　　③ 다량의 수분이 증발되므로 수분함량이 높은 폐기물의 연소도 가능하다.
　　④ 물리·화학적 성분이 다른 각종 폐기물을 처리할 수 있다.

Question 15

다단로 소각에 대한 내용으로 틀린 것은?

㉮ 체류시간이 길어 특히 휘발성이 적은 폐기물의 연소에 유리하다.
㉯ 온도반응이 비교적 신속하여 보조연료 사용조절이 용이하다.
㉰ 다량의 수분이 증발되므로 수분함량이 높은 폐기물의 연소도 가능하다.
㉱ 물리·화학적 성분이 다른 각종 폐기물을 처리할 수 있다.

풀이 ㉯ 온도반응이 느려서 보조연료 사용조절이 어렵다.

04 연소

1. 발열량 계산

(1) 발열량의 정의

① 고위발열량(Hh) : 연료 연소시 발생되는 총 발열량
★★ ② 저위발열량(Hl) : 고위발열량에서 수분의 증발잠열을 제외한 값

> **TIP**
> 소각로 설계의 기준이 되고 있는 발열량은 저위발열량이다.

(2) 고체연료 및 액체연료의 발열량 계산식

★★ ① 고체, 액체 연료의 저위발열량(Hl) 계산식

$$Hl = Hh - 600(9H+W)$$

- Hl : 저위발열량(kcal/kg)
- H : 수소의 함량
- Hh : 고위발열량(kcal/kg)
- W : 수분의 함량

★★ ② 듀롱(Dulong)식에 의한 고위발열량(Hh) 계산식

$$Hh = 8,100C + 34,000\left(H - \frac{O}{8}\right) + 2,500S \,(kcal/kg)$$

- Hh : 고위발열량(kcal/kg)
- O : 산소의 함량
- $\left(H - \frac{O}{8}\right)$: 유효수소
- C : 탄소의 함량
- S : 황의 함량
- $\frac{O}{8}$: 무효수소
- H : 수소의 함량

(3) 기체연료의 발열량 계산식

① 기체연료의 완전연소반응식

$$C_mH_n + \left(m + \frac{n}{4}\right)O_2 \rightarrow mCO_2 + \frac{n}{2}H_2O$$

★★ ② 기체연료의 저위발열량(Hl) 계산식

$$Hl = Hh - 480 \times H_2O량\,(kcal/Sm^3)$$

- Hl : 저위발열량(kcal/kg)
- H_2O : 완전연소 반응식에서 H_2O 개수
- Hh : 고위발열량(kcal/kg)

★★ (4) 쓰레기의 저위발열량을 측정하는 방법

① 추정식에 의한 방법
② 단열열량계에 의한 방법
③ 원소분석에 의한 방법

> **Question 16**
>
> 다음 중 쓰레기의 저위발열량을 측정하는 방법으로 거리가 먼 것은?
> ㉮ 흡착식에 의한 방법   ㉯ 단열열량계에 의한 방법
> ㉰ 추정식에 의한 방법   ㉱ 원소분석에 의한 방법
>
> **풀이** 저위발열량 측정방법에는 단열열량계, 추정식, 원소분석에 의한 방법이 있다. 따라서 정답은 ㉮이다.

★★ (5) 도시폐기물의 개략분석시 4가지 구성성분

① 고정탄소
② 휘발성 고형물
③ 수분
④ 회분

> **Question 17**
>
> 도시 폐기물의 개략분석(Proximate analysis)시 4가지 구성성분에 해당하지 않은 것은?
> ㉮ 다이옥신(dioxin)   ㉯ 휘발성 고형물(volatile solids)
> ㉰ 고정탄소(fixed carbon)   ㉱ 회분(ash)
>
>  **정답** ㉮

2. 고체연료 및 액체연료의 연소계산식

(1) 연소계산식(kg/kg ; 중량비)

① O_o(이론산소량) $= 2.667C + 8\left(H - \dfrac{O}{8}\right) + 1S$

② A_o(이론공기량) $= \left\{2.667C + 8\left(H - \dfrac{O}{8}\right) + 1S\right\} \times \dfrac{1}{0.232}$

★★ (2) 연소계산식(Sm^3/kg ; 체적비)

① O_o(이론산소량) = $1.867C + 5.6\left(H - \dfrac{O}{8}\right) + 0.7S$

★★ ② A_o(이론공기량) = $8.89C + 26.67\left(H - \dfrac{O}{8}\right) + 3.33S$

③ God(이론건연소가스량) = $A_o - 5.6H + 0.7O + 0.8N$

④ Gd(실제건연소가스량) = $mA_o - 5.6H + 0.7O + 0.8N$

⑤ Gow(이론습연소가스량) = $A_o + 5.6H + 0.7O + 0.8N + 1.244W$

⑥ Gw(실제습연소가스량) = $mA_o + 5.6H + 0.7O + 0.8N + 1.244W$

(3) 고체(쓰레기)에서 공급공기량 계산식

★★ ① 실제공기량(A) = $m \times A_o(Sm^3/kg)$

　　[m : 공기비(과잉공기계수)　　A_o : 이론공기량(Sm^3/kg)

★★ ② 공급공기량(Sm^3/hr) = $m \times A_o \times Gf$

　　[m : 공기비(과잉공기계수)　　A_o : 이론공기량(Sm^3/kg)
　　 Gf : 연료량(kg/hr)

3. 기체연료의 연소계산식

★★ (1) 기체연료의 완전연소 반응식 공식

$$C_mH_n + \left(m + \dfrac{n}{4}\right)O_2 \rightarrow mCO_2 + \dfrac{n}{2}H_2O$$

★★ (2) 기체연료의 연소계산식(Sm^3/Sm^3)

① O_o(이론산소량) = 산소의 수

② A_o(이론공기량) = O_o(이론산소량) $\times \dfrac{1}{0.21}$

③ God(이론건연소가스량) = $(1 - 0.21)A_o + CO_2$량

④ Gd(실제건연소가스량) = $(m - 0.21)A_o + CO_2$량

⑤ Gow(이론습연소가스량) = $(1 - 0.21)A_o + CO_2$량 + H_2O량

⑥ Gw(실제습연소가스량) = $(m - 0.21)A_o + CO_2$량 + H_2O량

4. 공연비(AFR)

★★ (1) AFR(공연비)를 체적으로 구하는 식

$$\text{AFR}(Sm^3/Sm^3) = \frac{\text{산소개수} \times 22.4 Sm^3 \times \frac{1}{0.21}}{\text{연료개수} \times 22.4 Sm^3} = \frac{\text{산소개수}}{0.21}$$

★★ (2) AFR(공연비)를 질량으로 구하는 식

$$\text{AFR}(kg/kg) = \frac{\text{산소개수} \times 32kg \times \frac{1}{0.232}}{\text{연료개수} \times \text{연료의 분자량}(kg)}$$

★★ 5. 이론연소온도 계산공식

$$Hl = G \times C \times (t_2 - t_1) \qquad \therefore t_2 = \frac{Hl}{G \times C} + t_1$$

- Hl : 저위발열량(kcal/Sm³)
- G : 가스량(Sm³/Sm³)
- t_1 : 기준온도(℃)
- C : 비열(kcal/Sm³ · ℃)
- t_2 : 이론연소온도(℃)

6. 연소실 열발생율 계산공식

★★ (1) 고체 및 액체연료의 연소실 열발생율 계산공식

$$\text{연소실 열발생율}(kcal/m^3 \cdot hr) = \frac{\text{저위발열량}(kcal/kg) \times \text{연료량}(kg/hr)}{\text{연소실의 체적}(m^3)}$$

(2) 기체연료의 연소실 열발생율 계산공식

$$\text{연소실 열발생율}(kcal/m^2 \cdot hr) = \frac{\text{저위발열량}(kcal/Sm^3) \times \text{연료량}(Sm^3/hr)}{\text{연소실의 체적}(m^3)}$$

★★ 7. 소각로의 화격자 소각능력 계산공식

$$\text{화격자 소각능력}(kg/m^2 \cdot hr) = \frac{\text{소각할 쓰레기의 양}(kg/hr)}{\text{화격자 면적}(m^2)}$$

8. CO_2max(최대탄산가스량) 계산식

★★ (1) 고체 및 액체 연료인 경우

$$CO_2max(\%) = \frac{1.867C}{God} \times 100(\%)$$

$\begin{bmatrix} CO_2max(\%) : \text{최대탄산가스량}(\%) \\ 1.867C : CO_2 \text{량}(Sm^3/kg) \end{bmatrix}$
$God : \text{이론건연소가스량}(Sm^3/kg)$
$God = A_o - 5.6H + 0.7O + 0.8N(Sm^3/kg)$

★★ (2) 기체 연료인 경우

$$CO_2max(\%) = \frac{CO_2 \text{량}}{God} \times 100(\%)$$

$\begin{bmatrix} CO_2max(\%) : \text{최대탄산가스량}(\%) \\ God : \text{이론건연소가스량}(Sm^3/Sm^3) \\ God = (1-0.21)A_o + CO_2\text{량}(Sm^3/Sm^3) \\ CO_2\text{량} : \text{완전연소 반응식에서의 } CO_2 \text{ 발생 개수}(Sm^3/Sm^3) \\ A_o(\text{이론공기량}) = \text{산소의 개수}(Sm^3/Sm^3) \times \dfrac{1}{0.21} \end{bmatrix}$

PART 04

소음진동 방지

CHAPTER 01 소음진동
CHAPTER 02 진동편
CHAPTER 03 방진편

환경기능사

필기&실기

CHAPTER 01 소음진동

★★ 1. 음의 회절의 정의
① 파동이나 빛이 진행하다가 장애물을 만나면 차단되지 않고 장애물의 뒤쪽까지 전파되는 현상이다.
② 벽뒤에 있는 사람은 보이지 않으나 말소리를 들을 수 있다든지, 실제로 경적이 울릴 때 건물의 모서리를 보면 차는 보이지 않으나 소리를 들을 수 있는 현상이다.
★★③ 음은 파동에 의해 전파되므로 장애물 뒤쪽의 암역에도 어느 정도 음이 전달된다. 이는 소리가 장애물의 모퉁이를 돌아 전해지기 때문에 이 현상을 회절이라 한다.

> **Question 01**
> 음은 파동에 의해 전파되므로 장애물 뒤쪽의 암역에도 어느 정도 음이 전달된다. 이는 소리가 장애물의 모퉁이를 돌아 전해지기 때문인데 이 현상을 무엇이라고 하는가?
> ㉮ 반사　　㉯ 굴절　　㉰ 회절　　㉱ 간섭
> **정답** ㉰

2. 음의 회절의 특징
① 장애물 뒤쪽으로 음이 전파하는 현상이다.
★★② 파장이 길수록 회절이 잘 된다.(파장에 비례)
③ 물체의 구멍이 작을수록 회절이 잘 된다.
④ 슬릿의 폭이 좁을수록 회절하는 강도가 크다.
★★⑤ 장애물이 작을수록 회절이 잘 된다.

3. 항공적 소음이 큰 피해를 주는 이유

① 간헐적이고 충격음이다.
② 상공에서 발생하기 때문에 피해 면적이 넓다.
③ 활주로에서 1km 떨어진 곳에서 약 100dB을 나타낸다.

★★ 4. 음의 용어 및 성질

★★① 음파 : 매질 개개의 입자가 파동이 진행하는 방향의 앞뒤로 진동하는 종파이다.
② 파동 : 매질 자체가 이동하는 것이 아니라 매질의 변형운동으로 이루어지는 에너지 전달을 말한다.
③ 파면 : 파동의 위상이 같은 점들을 연결한 면이다.
④ 음선 : 음의 진행방향을 나타내는 선으로 음파의 면(파면)에 수직이다.
⑤ 주파수 : 1초 동안에 사이클(cycle) 수를 말한다.
⑥ 반사음 : 한 매질 중의 음파가 다른 매질의 경계면에 입사한 후 진행방향을 변경하여 본래의 매질 중으로 되돌아오는 음을 말한다.
⑦ 정상소음 : 시간적으로 변동하지 아니하거나 또는 변동폭이 작은 소음을 말한다.
★★⑧ 등가소음도 : 임의의 측정시간 동안 발생한 변동소음의 총에너지를 같은 시간 내의 정상소음의 에너지로 등가하여 얻어진 소음도를 말한다.
⑨ 소음원 : 소음을 발생하는 기계·기구, 시설 및 기타 물체를 말한다.
★★⑩ 암소음 : 한 장소에 있어서의 특정의 음을 대상으로 생각할 경우 대상소음이 없을 때 그 장소의 소음을 대상소음에 대한 암소음이라 한다.
⑪ 대상소음 : 암소음 이외에 측정하고자 하는 특정의 소음을 말한다.
⑫ 변동소음 : 시간에 따라 소음도 변화폭이 큰 소음을 말한다.
⑬ 충격음 : 폭발음, 타격음과 같이 극히 짧은 시간동안에 발생하는 높은 세기의 음을 말한다.
⑭ 지시치 : 계기나 기록지 상에서 판독한 소음도로써 실효치를 말한다.
⑮ 소음도 : 소음계의 청감보정회를 통하여 측정한 지시치를 말한다.
⑯ 측정소음도 : 이 시험방법에 정한 측정방법으로 측정한 소음도 및 등가소음도 등을 말한다.
⑰ 암소음도 : 측정소음도의 측정위치에서 대상소음이 없을 때 이 시험방법에서 정한 측정방법으로 측정한 소음도 및 등가소음도 등을 말한다.
⑱ 대상소음도 : 측정소음도에 암소음을 보정한 후 얻어진 소음도를 말한다.
⑲ 평가소음도 : 대상소음도에 충격음, 관련시간대에 대한 측정소음 발생시간의 백분율, 시간별, 지역별 등의 보정치를 보정한 후 얻어진 소음도를 말한다.

Question 02

다음 중 종파(소밀파)에 해당하는 것은?

㉮ 물결파 ㉯ 전자기파 ㉰ 음파 ㉱ 지진파의 S파

정답 ㉰

Question 03

다음 중 소음·진동에 관련한 용어의 정의가 옳지 않은 것은?

㉮ 반사음은 한 매질 중의 음파가 다른 매질의 경계면에 입사한 후 진행방향을 변경하여 본래의 매질 중으로 되돌아오는 음을 말한다.
㉯ 정상소음은 시간적으로 변동하지 아니하거나 또는 변동폭이 작은 소음을 말한다.
㉰ 등가소음도는 임의의 측정시간동안 발생한 변동소음의 총 에너지를 같은 시간 내의 정상소음의 에너지로 등가하여 얻어진 소음도를 말한다.
㉱ 지발발파는 수 시간 내에 시간차를 두고 발파하는 것을 말한다.

정답 ㉱

Question 04

다음은 소음·진동환경오염공정시험기준에서 사용되는 용어의 정의이다. (   )안에 알맞은 것은?

( )란 임의의 측정시간동안 발생한 변동소음의 총 에너지를 같은 시간 내의 정상소음의 에너지로 등가하여 얻어진 소음도를 말한다.

㉮ 등가소음도 ㉯ 평가소음도 ㉰ 배경소음도 ㉱ 정상소음도

정답 ㉮

★★ 5. 소음의 감쇠요인

① 거리에 의한 감쇠
② 땅의 흡음효과로 생기는 감쇠
③ 바람의 영향과 소음원의 지향성에 의한 감쇠

Question 05

소음의 감쇠요인에 해당하지 않는 것은?
㉮ 거리에 의한 감쇠
㉯ 공기의 반사에 의한 감쇠
㉰ 땅의 흡음효과로 생기는 감쇠
㉱ 바람의 영향과 소음원의 지향성에 의한 감쇠

정답 ㉯

★★ 6. 음의 굴절

① 음파가 한 매질에서 타 매질로 통과할 때 구부러지는 현상이다.
② 대기의 온도차에 의한 굴절은 온도가 낮은 쪽으로 굴절한다.
③ 음원보다 상공의 풍속이 클 때 풍상측에서는 상공으로 굴절한다.
★★ ④ 밤(지표부근의 온도가 상공보다 저온)이 낮(지표부근의 온도가 상공보다 고온)보다 거리감쇠가 작다.

 Question 06

음의 굴절에 관한 다음 설명 중 틀린 것은?
㉮ 음파가 한 매질에서 타 매질로 통과할 때 구부러지는 현상이다.
㉯ 대기의 온도차에 의한 굴절은 온도가 낮은 쪽으로 굴절한다.
㉰ 음원보다 상공의 풍속이 클 때 풍상측에서는 상공으로 굴절한다.
㉱ 밤(지표부근의 온도가 상공보다 저온)이 낮(지표부근의 온도가 상공보다 고온)보다 거리감쇠가 크다.

풀이 ㉱ 밤(지표부군의 온도가 상공보다 저온)이 낮(지표부근의 온도가 상공보다 고온)보다 거리 감쇠가 작다.

7. 소음공해

① 감각공해이다.
② 국소적, 다발적이다.
③ 축적성이 없다.
④ 대책 후에 처리할 물질이 발생되지 않는다.
⑤ 주위의 민원이 많다.

8. 효과 및 원리

★★ (1) 마스킹 효과

① 저음이 고음을 잘 마스킹한다.
② 두 음이 주파수가 비슷할 때는 마스킹 효과가 대단히 커진다.
③ 음파의 간섭에 의해 일어난다.
④ 두 음의 주파수가 거의 같을 때는 맥동이 생겨 마스킹 효과가 감소한다.

★★ (2) 도플러 효과

도플러 효과란 음원이 움직일 때 진동수의 변화가 생겨서 그 진행방향쪽에서는 발생음보다 고음으로, 진행방향의 반대쪽에서는 저음으로 들리는 현상이다.

★★ (3) 호이겐스 원리

하나의 평면상의 모든 점이 파원이 되어 각각 2차적인 구면파를 사출하여 그 파면들을 둘러싸는 면이 새로운 파면을 만드는 현상을 의미한다.

> **Question 07**
>
> 하나의 파면 상의 모든 점이 파원이 되어 각각 2차적인 구면파를 사출하여 그 파면들을 둘러싸는 면이 새로운 파면을 만드는 현상을 의미하는 것은?
>
> ㉮ 도플러효과　　㉯ 마스킹효과　　㉰ 비트효과　　㉱ 호이겐스원리
>
> **정답** ㉱

9. 소음의 영향

★★ (1) 청력에의 영향

① 노인성 난청은 고주파음(6000Hz)에서부터 난청이 시작된다.
② 영구적 청력손실은 4000Hz 정도에서부터 난청이 시작된다.
③ 일시적 청력손실은 어느 정도 큰 소음을 들은 직후에 일시적으로 일어난다.

(2) 정신적 영향

① 수면 방해
② 정서적 영향

③ 작업이나 공부에 방해

★★ (3) 신체적(생리적) 영향

① 순환계 영향 : 혈압 상승, 맥박 증가, 말초혈관 수축
② 호흡기계 영향 : 호흡횟수 증가, 호흡깊이 감소
③ 소화기계 영향 : 위액산도 저하, 타액분비량 증가
④ 혈액 영향 : 백혈구 수 증가, 혈당도 상승, 혈중 아드레날린 증가

(4) 사회적 영향

① 가축의 산란율, 부하율, 우유량 등 저하 유발
② 지가(地價) 하락 유발

10. 흡음재

★★ (1) 흡음재의 종류

① 암면
② 유리솜(유리섬유)
③ 폴리우레탄폼
④ 발포수지재료(연속기포)

★★ (2) 흡음재료의 선택 및 사용상의 주의사항

★★ ① 벽면 부착시 한 곳에 집중시키기 보다는 전체 내벽에 분산시켜 부착한다.
★★ ② 흡음재는 전면을 접착재로 부착하는 것보다는 못으로 시공하는 것이 좋다.
★★ ③ 다공질 재료는 산란하기 쉬우므로 표면에 얇은 직물로 피복하는 것이 바람직하다.
★★ ④ 다공질 재료의 흡음률을 높이기 위해 표면에 종이를 바르는 것은 피해야 한다.
⑤ 다공질 재료의 표면을 도장하면 고음역에서 흡음율이 저하한다.
⑥ 실의 모서리나 가장자리 부분에 흡음재를 부착하면 효과가 좋아진다.
⑦ 막진동이나 판진동형의 것은 도장해도 차이가 없다.
⑧ 저음역에서는 막진동에 의해 흡음률이 증가하는 경우가 많다.
⑨ 표면을 다공판으로 피복할 경우 개공률을 20% 이상으로 하고, 공명흡음의 경우에는 3~20% 범위가 좋다.

Question 08

다음 중 흡음재가 아닌 것은?

㉮ 암면 ㉯ 비닐시트 ㉰ 유리솜 ㉱ 폴리우레탄폼

풀이 흡음재로는 암면, 유리솜, 폴리우레탄폼, 석면 등을 사용한다. 따라서 정답은 ㉯이다.

★★ 11. 소음제어를 위한 방법 중 기류음(공기음)의 발생대책

① 분출유속의 저감
② 관의 곡률완화
③ 밸브의 다단화

Question 09

소음제어를 위한 방법 중 기류음(공기음)의 발생대책이 아닌 것은?

㉮ 분출유속의 저감 ㉯ 관의 곡률완화 ㉰ 밸브의 다단화 ㉱ 가진력 억제

풀이 ㉱ 가진력 억제는 방진대책에 해당한다.

12. 방음대책의 방법

★★ (1) 방음대책의 방법

★★ 1) 음원대책

① 소음기의 설치 : 흡기구 및 배기구에 팽창형 소음기를 설치한다.
② 발생원의 유속저감, 발생원의 마찰력 감소, 발생원의 충돌방지, 발생원의 공명방지
③ 방진 : 차진(전달율이 감소), 소음 방사면의 제진(15dB 정도 차감)
④ 방음커버를 설치한다.

★★ 2) 전파경로 대책

① 공장건물 내벽의 흡음처리 : 실내 음압레벨이 저감된다.
② 지향성변환 : 고주파음에 유효하다.(10dB 정도 차감)
③ 방음벽 설치 : 부지 경계선 부근의 흡음 및 차음이 목적이다.
④ 공장 벽체의 차음성 강화 : 투과손실이 증가한다.
⑤ 거리감쇠

★★ (2) 방음벽 설계시 유의점

① 벽과 투과손실은 회절감쇠치보다 적어도 5dB 이상 크게 하는 것이 바람직하다.
② 방음벽 설계시 음원의 지향성과 크기에 대한 상세한 조사가 필요하다.
③ 벽의 길이는 점음원일 때 벽 높이의 5배 이상, 선음원일 때 음원과 수음점 간의 직선거리의 2배 이상으로 하는 것이 바람직하다.
④ 음원의 지향성이 수음측 방향으로 클 때에는 벽에 의한 감쇠치가 계산치보다 크게 된다.

13. 청각기구

★★ (1) 외이

① 구성 : 귀바퀴(이개), 외이도, 고막
② 음의 전달 매질 : 기체(공기)

★★ (2) 중이

① 구성 : 고실, 이관(유스타키오관)
② 역할
  ㉠ 고실 : 이소골에 의해 고막의 진동을 고체진동으로 변환시켜 진동음압을 20배 증폭
  ★★ ㉡ 이관(유스타키오관) : 외이와 중이의 기압 조정
③ 음의 전달 매질 : 고체(뼈)

★★ (3) 내이

① 구성 : 난원창(전정창), 원형창(고실창), 인두, 평형기, 청신경, 와우각(달팽이관)
② 역할
  ㉠ 난원창 : 이소골의 진동을 와우각 중의 림프액에 전달하는 진동판
③ 음의 전달 매질 : 액체(림프액)

Question 10

다음 인체의 청각기관 중 외이(外耳)에 해당하는 것은?

㉮ 고막   ㉯ 이소골   ㉰ 이관   ㉱ 와우각

풀이 ㉮ 고막 : 외이, ㉯ 이소골 : 중이, ㉰ 이관 : 중이 ㉱ 와우각 : 내이이므로 정답은 ㉮이다.

Question 11

귀의 내부 구조 중 외이와 중이의 기압을 조정하는 기관에 해당하는 것은?

㉮ 고막   ㉯ 유스타키오관   ㉰ 난원정   ㉱ 이소골

풀이 귀의 내부구조 중 외이와 중이의 기압을 조정하는 기관은 유스타키오관이다. 따라서 정답은 ㉯이다.

Question 12

다음 중 중이(中耳)에서 음의 전달매질은?

㉮ 음파   ㉯ 공기   ㉰ 림프액   ㉱ 뼈

풀이 음의 매질
① 외이 : 기체(공기), ② 중이 : 고체(뼈), ③ 내이 : 액체(림프액)
따라서 정답은 ㉱이다.

14. 소음편 환경기준 측정방법

★★ **(1) 측정점의 위치**

① 옥외측정을 원칙으로 하며, 일반지역은 당해 지역의 소음을 대표할 수 있는 장소로 하고, 도로변 지역에서는 소음으로 문제가 일어날 우려가 있는 장소로 한다.
② 당해 지역의 소음평가에 현저한 영향을 미칠 것으로 예상되는 공장, 건설사업장, 비행장, 철도 등의 부지 내는 피해야 한다.
③ 일반지역에서는 가능한 측정점 반경이 3.5m 이내로 하고, 장애물(담, 건물, 기타 반사성 구조물)이 없는 지점의 지면위 1.2~1.5m로 한다.
④ 도로변 지역의 경우에는 장애물이나 주거, 학교, 병원, 상업 등에 활용되는 건물이 있는 경우에는 이들 건축물로부터 도로방향으로 1m 떨어진 지점의 지면위 1.2~1.5m로 하고, 건축물이 보도가 없는 도로에 접해 있는 경우에는 도로단에서 측정한다.
⑤ 상시측정용의 경우 주변환경, 통행 등을 고려하여 지면위 1.2~5m 높이로 할 수 있다.

★★ **(2) 측정조건**

★★ ① 손으로 소음계를 잡고 측정할 경우 소음계는 측정자의 몸으로부터 0.5m 이상 떨어져야 한다.
② 소음계의 마이크로폰은 주소음원 방향으로 향하도록 한다.
③ 소음계의 마이크로폰은 측정위치에 받침장치를 설치하여 측정하는 것이 원칙이다.

④ 풍속이 2m/sec 이상인 경우에는 반드시 마이크로폰에 방풍망을 부착하여야 하며, 풍속이 5m/sec를 초과하는 경우에는 측정하여서는 안 된다.
⑤ 진동이 많은 장소 또는 전자장(대형의 전기기계, 고압선 근처)의 영향을 받는 곳에서는 적절한 방지책을 강구해야 한다.

Question 13

소음·진동 환경오염공정시험기준상 소음의 배출허용기준을 측정할 때, 손으로 소음계를 잡고 측정할 경우에 소음계는 측정자의 몸으로부터 최소 얼마 이상 떨어져야 하는가?

㉮ 0.1m 이상   ㉯ 0.3m 이상   ㉰ 0.5m 이상   ㉱ 1.5m 이상

풀이 소음의 배출허용기준을 측정할 때 손으로 소음계를 잡고 측정할 경우에 소음계는 측정자의 몸으로부터 최소 0.5m 이상 떨어져야 한다. 따라서 정답은 ㉰이다.

★★ 15. 소음편 기타내용

★★ ① 청감보정회로 특성 중 사람의 귀에 가장 적합한 특성은 A 특성이다.
② 한 장소에 있어서 특정음을 대상으로 생각할 경우 대상소음이 없을 때 그 장소의 소음을 대상소음에 대한 암소음이라 한다.
③ 소음계의 표준음발생기 오차범위기준은 ±1.0dB 이내이다.
④ 사람의 귀로 들을 수 있는 최소음의 세기는 $10^{-12}W/m^2$ 이다.
⑤ 어떤 측정된 소음원의 음압이 기준 음압보다 10배 증가할 때 음압레벨은 20dB씩 증가한다.
⑥ 무지향성 점음원이 자유공간에 있을때 지향계수는 1 이다.
★★ ⑦ 원음장 중 음원에서 거리가 2배로 되면 음압레벨이 6dB씩 감소되는 음장은 자유음장이다.
⑧ 소음레벨은 소음계의 주파수 보정회로를 A에 놓고 측정하였을 때의 지시값을 말한다.
★★ ⑨ 가청주파수의 범위는 20~20,000Hz이다.

Question 14

원음장 중 음원에서 거리가 2배로 되면 음압레벨이 6dB씩 감소되는 음장은?

㉮ 근접음장   ㉯ 자유음장   ㉰ 잔향음장   ㉱ 확산음장

풀이 원음장 중 음원에서 거리가 2배가 되면 음압레벨이 6dB씩 감소되는 음장은 자유음장이다. 따라서 정답은 ㉯이다.

Question 15

다음 중 가청주파수의 범위로 옳은 것은?

㉮ 20Hz 이하   ㉯ 20~20,000Hz   ㉰ 20~20,000kHz   ㉱ 20,000kHz 이상

정답 ㉯

CHAPTER 02 진동편

1. 암진동에 대한 보정값

특정진동과 암진동의 차(dB)	3	4	5	6	7	8	9
보정치(dB)	-3	-2	-2	-1	-1	-1	-1

★★ 2. 공해진동

① 문제가 되는 진동레벨은 60dB부터 80dB까지가 많다.
② 사람이 느끼는 최소진동치는 55±5dB 정도이다.
③ 사람에게 불쾌감을 주는 진동을 말한다.
④ 일반적으로 사람에게 피해를 주는 진동공해의 주파수는 1~90Hz이다.
⑤ 수직진동은 4~8Hz 이상에서 영향이 크다.

Question 01

공해진동에 관한 설명 중 틀린 것은?

㉮ 진동수 범위는 1,000~4,000Hz이다.
㉯ 문제가 되는 진동레벨은 60dB부터 80dB까지가 많다.
㉰ 사람이 느끼는 최소진동치는 55±5dB 정도이다.
㉱ 사람에게 불쾌감을 준다.

정답 ㉮

3. 진동픽업

★★ (1) 진동픽업

지면에 설치할 수 있는 구조로서 진동신호를 전기신호로 바꾸어 주는 장치이다.

Question 02

지면에 설치할 수 있는 구조로서 진동신호를 전기신호로 바꾸어 주는 장치는?
㉮ 진동픽업   ㉯ 증폭기   ㉰ 감각보정회로   ㉱ 동특성조절기

정답 ㉮

 (2) 진동픽업을 설치할 수 있는 장소

① 경사 또는 요철이 없는 장소
② 복잡한 반사 회절현상이 없는 지점
③ 온도, 전자기 등의 외부 영향을 받지 않는 곳
★★ ④ 완충물이 없고, 충분히 다져서 단단히 굳은 장소
⑤ 수직방향 진동레벨을 측정할 수 있는 장소

Question 03

진동측정시 진동 픽업을 설치하기 위한 장소로 알맞지 않은 것은?
㉮ 경사 또는 요철이 없는 장소   ㉯ 완충물이 있고 충분히 다져 굳은 장소
㉰ 복잡한 반사 회절현상이 없는 지점   ㉱ 온도, 전자기 등의 외부 영향을 받지 않는 곳

풀이 ㉯ 완충물이 없고 충분히 다져서 단단히 굳은 장소

4. 진동레벨계 측정기 성능기준

① 측정가능 주파수범위 : 1~90Hz 이상
② 측정가능 진동레벨범위 : 45~120dB 이상
③ 진동픽업의 횡감도 : 15dB 이상
★★ ④ 지시계의 눈금오차 : 0.5dB 이내
⑤ 레벨렌지 변환기의 전환오차 : 0.5dB 이내

Question 04

다음 중 진동레벨계의 성능기준으로 옳지 않은 것은?
㉮ 측정가능 주파수 범위 : 1~90Hz 이상   ㉯ 측정가능 진동레벨 범위 : 45~120dB 이상
㉰ 레벨렌지 변환기의 전환오차 : 0.5dB 이내   ㉱ 지시계기의 눈금오차 : 1dB 이내

풀이 ㉱ 지시계기의 눈금오차 : 0.5dB 이내

★★ 5. 진동측정에 사용되는 용어

① 배경진동 : 한 장소에 있어서는 특정의 진동을 대상으로 생각할 경우 대상진동이 없을 때 그 장소의 진동을 대상진동에 대한 배경진동이라 한다.
② 정상진동 : 시간적으로 변동하지 아니하거나 또는 변동폭이 작은 진동을 말한다.
③ 측정진동레벨 : 공정시험방법에서 정한 측정방법에 의해 측정한 진동레벨이다.
④ 진동레벨 : 진동레벨의 감각보정회로를 통하여 측정한 진동 가속도 레벨의 지시치이다.
⑤ 평가진동레벨 : 대상진동레벨에 관련 시간대에 대한 측정진동레벨 발생시간의 백분율, 시간별, 지역별 등의 보정치를 보정한 후 얻어진 진동레벨이다.
⑥ 충격진동 : 단조기의 사용, 폭약의 발파시 등과 같이 극히 짧은 시간동안에 발생하는 높은 세기의 진동을 말한다.
⑦ 진동원 : 진동을 발생하는 기계·기구, 시설 및 기타 물체를 말한다.
⑧ 암진동 : 한 장소에 있어서의 특정의 진동을 대상으로 생각할 경우 대상진동이 없을 때 그 장소의 진동을 대상진동에 대한 암진동이라 한다.
⑨ 대상진동 : 암진동 이외에 측정하고자 하는 특정의 진동을 말한다.
⑩ 변동진동 : 시간에 따른 진동레벨의 변화폭이 크게 변하는 진동을 말한다.
⑪ 암진동레벨 : 측정진동레벨의 측정위치에서 이 시험방법에 정한 측정방법으로 측정한 진동레벨을 말한다.
⑫ 대상진동레벨 : 측정진동레벨에 암진동의 영향을 보정한 후 얻어진 진동레벨을 말한다.

Question 05

다음은 진동과 관련된 용어설명이다. (①)안에 알맞은 것은?

[보기]
(①)은(는) 1~90Hz 범위의 주파수 대역별 진동가속도레벨에 주파수 대역별 인체의 진동감각특성 (수직 또는 수평감각)을 보정한 후의 값들을 dB 합산한 것이다.

㉮ 진동레벨　　㉯ 등감각곡선　　㉰ 변위진폭　　㉱ 진동수

▶정답 ㉮

Question 06

진동측정에 사용되는 용어의 정의로 틀린 것은?

㉮ 배경진동 : 한 장소에 있어서의 특정의 진동을 대상으로 생각할 경우 대상진동이 없을 때 그 장소의 진동을 대상진동에 대한 배경진동이라 한다.
㉯ 정상진동 : 시간적으로 변동하지 아니하거나 또는 변동폭이 작은 진동을 말한다.
㉰ 측정진동레벨 : 대상진동레벨에 관련시간대에 대한 평가진동레벨 발생시간의 백분율, 시간별, 지역별 등의 보정치를 보정한 후 얻어진 진동레벨을 말한다.
㉱ 충격진동 : 단조기의 사용, 폭약의 발파시 등과 같이 극히 짧은 시간 동안에 발생하는 높은 세기의 진동을 말한다.

풀이 ㉰ 측정진동레벨 : 공정시험기준에 정한 측정방법으로 측정한 진동레벨

6. 진동감각에 대한 인간의 느낌

① 진동수 및 상대적인 변위에 따라 느낌이 다르다.
② 수직진동은 주파수 4~8Hz에서 가장 민감하다.
③ 수평진동은 주파수 1~2Hz에서 가장 민감하다.

Question 07

진동 감각에 대한 인간의 느낌을 설명한 것으로 옳지 않은 것은?

㉮ 진동수 및 상대적인 변위에 따라 느낌이 다르다.
㉯ 수직 진동은 주파수 4~8Hz에서 가장 민감하다.
㉰ 수평 진동은 주파수 1~2Hz에서 가장 민감하다.
㉱ 인간이 느끼는 진동가속도의 범위는 0.01~10Gal 이다.

정답 ㉱

★★ 7. 진동편 기타 내용

① 암진동의 영향을 받지 않는 것은 대상기계가 가동시와 중지시에 레벨차가 10dB 이상이다.
② 사람이 느끼는 최소진동치는 55±5dB 이다.
③ 측정된 진동레벨이 배경진동레벨보다 10dB 이상 높으면(크면) 배경진동의 영향을 무시할 수 있다.
★★ ④ 레이노씨 현상(Raynaud's Phenomenon)은 손가락의 말초혈관 운동의 장애로 인한 혈액 순환의 장애로 창백해지는 현상으로 국소진동에 의해 발생된다.

★★ ⑤ 두 개의 진동체의 고유 진동수가 같을 때 한 쪽을 울리면 다른 쪽도 울리는 현상을 공명이라 한다.

Question 08

레이노씨 현상(Raynaud's phenomenon)은 주로 어떤 원인으로 인해 발생하는가?
㉮ 소음　　㉯ 진동　　㉰ 빛　　㉱ 먼지

정답 ㉯

Question 09

두 개의 진동체의 고유진동수가 같을 때 한 쪽을 울리면 다른 쪽도 울리는 현상을 무엇이라 하는가?
㉮ 공명　　㉯ 진폭　　㉰ 회절　　㉱ 굴절

정답 ㉮

CHAPTER 03 방진편

1. 방진대책

① 설치위치의 변경
② 방진재료의 부설
③ 가진력의 감쇠

Question 01

다음 나열한 방진대책 중 바람직하지 않은 것은?
㉮ 설치위치의 변경   ㉯ 방진재료의 부설   ㉰ 공진점에서 기계의 운전   ㉱ 가진력의 감쇠

정답 ㉰

★★ 2. 방진대책

★★ (1) 발생원에서의 대책

① 가진력의 대책
② 기초중량의 가감
③ 탄성지지
④ 동적인 흡진
⑤ 불평형력의 균형

★★ (2) 전파경로에서의 대책

① 진동원 위치를 멀리하여 거리감쇠를 크게 한다.
② 수진점 근방에 방진구를 판다.

★★ (3) 수진측에서의 대책

① 수진측의 강성을 변경시킨다.
② 수진측의 탄성지지

Question 02

다음 방진대책 중 발생원에서의 대책인 것은?

㉮ 탄성지지
㉯ 진동원 위치를 멀리하여 거리감쇠를 크게 한다.
㉰ 수진점 근방에 방진구를 판다.
㉱ 수진측의 강성을 변경시킨다.

정답 ㉮

3. 방진재의 종류

★★ (1) 금속스프링의 특징

① 환경요소에 대한 저항성이 크다.
② 최대변위가 허용된다.
★★ ③ 저주파 차진에 좋다.
★★ ④ 공진시에 전달율이 매우 크다.
⑤ 뒤틀리지 않는다.
⑥ 고주파 진동시에 단락된다.
⑦ 로킹(rocking)에 주의해야 한다.

Question 03

방진재 중 금속스프링의 장점이라 볼 수 없는 것은?

㉮ 환경요소에 대한 저항성이 크다.
㉯ 최대변위가 허용된다.
㉰ 공진시에 전달율이 매우 크다.
㉱ 저주파 차진에 좋다.

풀이 ㉰는 단점에 속한다.

★★ (2) 공기스프링의 특징

① 설계시 스프링의 높이, 스프링 정수를 각각 독립적으로 광범위하게 설정할 수 있다.
★★ ② 사용진폭이 작아 댐퍼가 필요한 경우가 많다.
★★ ③ 부하능력이 광범위하다.

④ 자동제어가 가능하다.
⑤ 하중의 변화에 따라 고유진동수를 일정하게 유지할 수 있다.
⑥ 지지하중이 크게 변하는 경우에는 높이 조정변에 의해 그 높이를 조절할 수 있어 기계 높이를 일정레벨로 유지시킬 수 있다.
⑦ 구조가 복잡하고 시설비가 높다.
⑧ 압축기 등의 부대시설이 필요하다.
⑨ 공기 누출의 위험이 있다.

Question 04

하중의 변화에 따라 고유진동수를 일정하게 유지할 수 있으며, 부하능력이 광범위하고 자동제어가 가능한 고급 방진 시설은?

㉮ 공기스프링　　㉯ 방진고무　　㉰ 금속스프링　　㉱ 진동절연

정답 ㉮

Question 05

공기 스프링에 관한 설명 중 틀린 것은?

㉮ 설계시 스프링의 높이, 스프링정수를 각각 독립적으로 광범위하게 설정할 수 있다.
㉯ 사용진폭이 작아 댐퍼가 필요한 경우가 적다.
㉰ 부하능력이 광범위하다.
㉱ 자동제어가 가능하다.

풀이 ㉯ 사용진폭이 작아 댐퍼가 필요한 경우가 많다.

★★ (3) 방진고무의 특징

★★ ① 고무 자체의 내부 마찰에 의해 내부 저항이 최대화되고 고주파 진동 차진에 효과적이다.
② 형상을 비교적 자유롭게 할 수 있다.
③ 공기 중의 오존에 의해 산화된다.
④ 스프링정수는 재질 및 형상에 따라 광범위하게 선택할 수 있다.
⑤ 내부 마찰에 의한 발열때문에 열화되고, 내유 및 내열성이 약하다.

Question 06

방진고무의 일반적인 성질로 볼 수 없는 것은?

㉮ 고무 자체의 내부 마찰에 의해 내부 저항이 최소화되어 저주파 진동 차진에 효과적이다.
㉯ 형상을 비교적 자유롭게 할 수 있다.
㉰ 공기 중의 오존에 의해 산화된다.
㉱ 스프링정수는 재질 및 형상에 따라 광범위하게 선택할 수 있다.

풀이 ㉮ 고무 자체의 내부 마찰에 의해 내부 저항이 최대화되어 고주파 진동 차진에 효과적이다.

PART 05

과목별 중요 공식정리

CHAPTER 01   대기오염방지 공식정리

CHAPTER 02   폐수처리 공식정리

CHAPTER 03   폐기물처리 공식정리

CHAPTER 04   소음진동 방지 공식정리

CHAPTER 01 대기오염방지 공식정리

01

$$S = \frac{V^2}{R \times g}$$

S : 분리계수 V : 유입가스의 처리속도(m/sec)
R : 반지름(m) g : 중력가속도(9.8m/sec²)

02

$$상당직경(D_o) = \frac{단면적}{평균둘레길이} = \frac{a \times b}{\frac{2(a+b)}{4}} = \frac{2ab}{a+b}$$

03

$$H = NOG \times HOG$$

H : 충진층의 높이(m) HOG : 총괄이동 단위높이(m)
NOG : 총괄이동 단위수 [NOG = $\ln(\frac{1}{1-제거효율})$]

04

$$Q = A \times V = \frac{\pi D^2}{4} \times V$$

Q : 유량(m³/sec) A : 단면적(m²) V : 유속(m/sec) D : 직경(m)

05

$$Q = \pi \times D \times L \times V_f \times n \quad \therefore n = \frac{Q}{\pi \times D \times L \times V_f}$$

Q : 유량(m³/sec) D : 지름(m) L : 유효높이(m)
n : 여과포 개수 V_f : 표면 여과속도(m/sec)

06

$$kW = \frac{PS \times Q}{102 \times \eta} \times \alpha$$

PS : 정압손실(mmH₂O)   Q : 풍량(m³/sec)
η : 송풍기 효율 α : 여유율

07

$$\eta_T = 1-(1-\eta_1) \times (1-\eta_2)$$

η_T : 총합집진효율 η_1 : 1차 집진장치의 효율 η_2 : 2차 집진장치의 효율

08

$$\eta_T = (1 - \frac{C_o}{C_i}) \times 100(\%)$$
$$\eta_T = 1-(1-\eta_1) \times (1-\eta_2)$$
$$\text{따라서 } (1 - \frac{C_o}{C_i}) = 1-(1-\eta_1) \times (1-\eta_2)$$

η_T : 총합효율 η_1 : 1차 집진장치 효율 η_2 : 2차 집진장치 효율
C_i : 입구농도(mg/Sm³) C_o : 출구농도(mg/Sm³)

09

$$\text{이론공기량}(A_o) = 8.89C + 26.67 \times (H - \frac{O}{8}) + 3.33S \,(Sm^3/kg)$$

C : 탄소 함량   H : 수소 함량   O : 산소 함량   S : 황의 함량

10

$$V_g = \frac{d^2(\rho_s - \rho)g}{18\mu}$$

V_g : 종말침강속도(cm/sec)   d : 직경(cm) ρ_s : 입자의 밀도(g/cm³)
ρ : 가스의 밀도(g/cm³)   g : 중력가속도(980cm/sec²) μ : 점성도(g/cm·sec)

11

$$L = \left(\frac{\text{작은입경}}{\text{큰입경}}\right)^2 \times \frac{U \times H}{V_g} = \frac{U \times H}{V_g}$$

L : 집진기 길이(m)   U : 가스속도(m/sec) V_g : 최종침강속도(m/sec)   H : 높이(m)

12

$$t_m = \frac{t_1 - t_2}{2.3 \log\left(\frac{t_1}{t_2}\right)}$$

t_m : 평균가스 온도(℃) t_1 : 굴뚝의 입구온도(℃) t_2 : 굴뚝의 출구온도(℃)

13

$$Z = 355 \times H \times \left(\frac{1}{273+t_a} - \frac{1}{273+t_g}\right)$$

Z : 통풍력(mmH₂O) H : 굴뚝의 높이(m) t_a : 대기의 온도(℃) t_g : 가스의 온도(℃)

14

실제습연소가스량(G_w) = (m-0.21)×A_o+CO_2량+H_2O량(Sm³/Sm³)

15

$$P = \frac{C_o}{C_i} \times 100$$

P : 통과율(%) C_i : 입구농도(g/m³) C_o : 출구농도(g/m³)

16

C_mH_n의 완전연소 반응식의 공식

$$C_mH_n + \left(m + \frac{n}{4}\right)O_2 \rightarrow mCO_2 + \frac{n}{2}H_2O$$

17

$$기체의\ 비중 = \frac{기체의\ 분자량(kg)}{공기의\ 분자량(29kg)}$$

18

$$C_{max} = \frac{2Q}{\pi \cdot e \cdot u \cdot He^2}\left(\frac{C_z}{C_y}\right)$$

C_{max} : 최대지표농도(ppm) Q : 가스량(m³/sec) e : 자연대수(2.72)
u : 평균풍속(m/sec) He : 유효굴뚝높이(m)
C_z : 수직확산계수 C_y : 수평확산계수

19

> Deutsch - Anderson식(전기집진장치)
> $$\eta = \left\{1 - \exp\frac{-A \times We}{Q}\right\} \times 100(\%)$$

η : 효율(%)   A : 집진극 면적(m^2)
We : 입자의 이동속도(m/sec)   Q : 처리가스량(m^3/sec)

$$\eta = \left\{1 - \exp\left(\frac{-A \times We}{Q}\right)\right\} \times 100(\%)$$

$$\exp\frac{A \times We}{Q} = 1 - \eta$$

$$\frac{-A \times We}{Q} = \ln(1-\eta)$$

$$\therefore We = \frac{\ln(1-\eta)}{-\frac{A}{Q}} \quad \therefore A = \frac{\ln(1-\eta)}{-\frac{We}{Q}}$$

20

> 기체연료에서 저위발열량 계산식 : Hl = Hh − 480×H_2O량(kcal/Sm^3)

Hl : 저위발열량(kcal/Sm^3)   Hh : 고위발열량(kcal/Sm^3)
H_2O량 : 연료 연소시 발생되는 H_2O 개수

21

> 헨리법칙 공식 : P = H×C

P : 압력(atm)   H : 헨리상수(atm·m^3/kmol)   C : 농도(kmol/m^3)

22

> 피토우관에서 유속계산식 : $V = C \times \sqrt{\dfrac{2gh}{r}}$

V : 피토우관 유속(m/sec)   C : 피토우관 계수   g : 중력가속도(9.8m/sec^2)
h : 동압(mmH_2O)   r : 밀도(kg/m^3)

23

> 공기비(m) = $\dfrac{N_2(\%)}{N_2(\%) - 3.76(O_2\% - 0.5CO\%)} = \dfrac{N_2(\%)}{N_2(\%) - 3.76 \times O_2(\%)}$

CHAPTER 02 폐수처리 공식정리

01

$$\text{BOD 제거율(\%)} = \left\{1 - \frac{\text{유출수 BOD}}{\text{유입수 BOD}}\right\} \times 100 = \left\{1 - \frac{\text{유출수 BOD} \times \text{희석배수치}}{\text{유입수 BOD}}\right\} \times 100$$

02

$$\text{침전지 월류속도}(m^3/m^2 \cdot day) = \frac{\text{유입평균유량}(m^3/day)}{\text{면적}(m^2)} = \frac{\text{유입평균유량}(m^3/day)}{\frac{\pi}{4} \times D^2(m^2)}$$

03

$$\text{폐수의 유량}(m^3/sec) = \frac{\text{체적}(m^3)}{\text{시간}(sec)} = \frac{\text{수면적(가로×세로)×유효깊이}}{\text{시간}(sec)}$$

04

$$\text{배출되는 총고형물질의 양}(kg/day) = \text{방류수의 부유물질농도}(kg/m^3) \times \text{방류수 유량}(m^3/day)$$

05

$$V_s = \frac{d^2(\rho_s - \rho_w)g}{18\mu}$$

V_s : 침강속도(cm/sec)   d : 직경(cm) ρ_s : 입자의 밀도(g/cm³)
ρ_w : 물의 밀도(g/cm³)   g : 중력가속도(980cm/sec²) μ : 점성도(g/cm·sec)

06

$$Q = A \times V = \frac{\pi D^2}{4} \times V$$

Q : 유량(m/sec)   A : 단면적(m²)   V : 유속(m/sec)   D : 직경(m)

07

$$t = \frac{V}{Q}$$

t : 체류시간(hr)   V : 체적(m³)   Q : 유량(m³/hr)

08

슬러지 공식 : $V_1 \times (100-P_1) = V_2 \times (100-P_2)$

V_1 : 탈수 전 슬러지의 양(m³) P_1 : 탈수 전 함수율(%)
V_2 : 탈수 후 슬러지의 양(m³) P_2 : 탈수 후 함수율(%)

09

$$\text{살수여과상의 BOD 용적부하(kg/m}^3 \cdot \text{day)} = \frac{\text{BOD농도(kg/m}^3) \times (1-\eta) \times (1-\eta_1) \times \text{폐수량(m}^3\text{/day)}}{\text{여과상의 용적(m}^3)}$$

10

$$\text{소모된 공기량(m}^3\text{air/kgBOD)} = \frac{\text{공급공기량(m}^3\text{/day)}}{\text{BOD 농도(kg/m}^3) \times \text{BOD 제거율} \times \text{유량(m}^3\text{/day)}}$$

11

$$\text{BOD 용적부하(kg/m}^3 \cdot \text{day)} = \frac{\text{BOD농도(kg/m}^3) \times Q(\text{m}^3/\text{day})}{V(\text{m}^3)} = \text{BOD농도(kg/m}^3) \times \frac{1}{t}$$

Q : 유량(m³/day)   V : 포기조 용적(m³)
t(체류시간) = $\frac{V}{Q} \rightarrow \frac{1}{t} = \frac{Q}{V}$

12

$$Re = \frac{관성력}{점성력} = \frac{D \times v \times \rho}{\mu} = \frac{D \times v}{\nu}$$

Re : 레이놀즈 수 D : 입자의 직경(cm) v : 침강속도(cm/sec)
ρ : 밀도(g/cm³) μ : 점성도(g/cm·sec) ν : 동점도(cm²/sec)

13

$$BOD농도(mg/L) = \frac{배출되는 BOD농도(g/인·일) \times 인구수(인)}{폐수량(m^3/day)}$$

14

$$F/M비(kg/kg \cdot day) = \frac{BOD(mg/L) \times Q(m^3/day)}{MLSS(mg/L) \times V(m^3)} = \frac{BOD(kg/m^3) \times Q(m^3/day)}{MLSS(kg/m^3) \times V(m^3)}$$

BOD : BOD농도 Q : 폐수량(m³/day) MLSS : MLSS 농도 V : 포기조 용적(m³)

15

$$염화석회의 양(kg) = 염소주입량(kg/m^3) \times 폐수량(m^3) \times \frac{100}{염소함량(\%)}$$

16

① 염소요구량 = 염소주입량 - 염소잔류량
② 염소주입량 = 염소요구량 + 염소잔류량

17

중화적정 공식 : NV = N'V'

N, N' : 노르말 농도   V, V' : 부피

18

$$BOD부하량(kg/day) = BOD농도(kg/m^3) \times 폐수량(m^3/day)$$

19

침전되는 부유물질 양(kg/day) = 유량(m³/day) × 부유물질의 농도(kg/m³) × 침전율

20

$$HRT = \frac{V}{Q}$$

HRT : 수리학적 체류시간(hr)　　V : 체적(m³) = 폭(W) × 길이(L) × 깊이(H)
Q : 폐수량(m³/hr)

21

$$SS\ 제거율(\%) = \left\{1 - \frac{유출수의\ SS농도}{유입수의\ SS농도}\right\} \times 100(\%)$$

22

$$V = W \times L \times H$$
$$V = Q \times t$$

V : 체적(m³)　　　　　W : 폭(m)　　　　　　L : 길이(m)
H : 깊이(m)　　　　　Q : 유량(m³/day)　　t : 체류시간(day)

23

$$슬러지\ 밀도지수(SDI) = \frac{1}{슬러지\ 용적지수(SVI)} \times 100(g/100mL)$$

24

$$월류부하(m³/m \cdot day) = \frac{유량(m³/day)}{월류웨어길이(m)}$$

25

$$수분의\ 함량(\%) = \frac{W_1 - W_2}{W_1} \times 100 = \left(1 - \frac{W_2}{W_1}\right) \times 100$$

W_1 : 탈수 후 슬러지 무게(kg)　　W_2 : 항량으로 건조 후 슬러지무게(kg)

26

$$\text{혼합농도}(C_m) = \frac{Q_1C_1 + Q_2C_2}{Q_1 + Q_2}$$

27

$$BOD_5 = BOD_u \times (1 - 10^{-K_1 \times t})$$

BOD_5 : 5일 BOD(mg/L) BOD_u : 최종 BOD(mg/L)
K_1 : 탈산소계수(/day)   t : 시간(day)

28

$$\text{표면부하율}(m^3/m^2 \cdot day) = \frac{\text{유량}(m^3/day)}{\text{면적}(m^2)} = \frac{\text{체적}(m^3)/\text{시간}(day)}{\text{면적}(m^2)}$$

29

$$\text{수면적 부하}(m^3/m^2 \cdot day) = \frac{\text{유량}(m^3/day)}{\text{수면적}(m^2)} = \frac{\text{유효수심}(H)}{\text{시간}(t)}$$

30

$$Q = \frac{1}{360} CIA \text{(합리식)}$$

Q : 유출유량(m^3/sec)   C : 유출계수   I : 강우강도(mm/hr)   A : 면적(ha)

31

$$\text{염소주입농도}(mg/L) = \frac{\text{염소의 총량}(kg/day)}{\text{상수량}(m^3/day)} \times 10^3$$

32

$$\text{수면적 부하}(m^3/m^2 \cdot day) = \frac{Q(m^3/day)}{A(m^2)} = \frac{V/t}{A} = \frac{A \times H/t}{A} = \frac{H}{t}$$

Q : 폐수량(m^3/day)   A : 단면적(m^2)   V : 체적(m^3)
t : 체류시간(day)   H : 수심(m)

33

SVI(슬러지 용적지수)

① $SVI = \dfrac{SV(mL/L)}{MLSS(mg/L)} \times 10^3 = \dfrac{SV(\%)}{MLSS(mg/L)} \times 10^4 = \dfrac{10^6}{SSr(mg/L)}$

② 판정 : SVI가 50~150이면 정상 침강
　　　　　SVI가 200 이상이면 슬러지벌킹 발생

34

회전원판법에서 BOD 부하 $= \dfrac{\text{BOD농도}(g/m^3) \times \text{유량}(m^3/day)}{\text{면적}(m^2)} = \dfrac{\text{BOD농도}(g/m^3) \times \text{유량}(m^3/day)}{\dfrac{\pi}{4} \times D^2 \times \text{양면}(2) \times \text{매수}}$

35

등온흡착식 $\dfrac{X}{M} = K \cdot C^{\frac{1}{n}}$

X : 농도차($C_i - C_o$)(mg/L)　　　　M : 활성탄 주입농도(mg/L)
C : 유출농도(mg/L)　　　　　　　　k, n : 경험적 상수

36

$COD(mg/L) = \dfrac{(b-a) \times f \times 0.2}{V}$

b : 시료의 적정에 소비된 0.025N KMnO₄용액 양(mL)
a : 바탕시험의 적정에 소비된 0.025N KMnO₄용액 양(mL)
f : 0.025N KMnO₄ 용액의 역가
V : 시료의 양(L)

37

$A/S비 = \dfrac{1.3 \times Sa \times (f \cdot P - 1)}{SS} \times R$ (순환식에 적용)

A/S비 : 공기/고형물　　Sa : 공기의 용해도(mL/L)　　f : 상수
P : 절대압력(atm)　　　SS : 부유고형물 농도(mg/L)　　R : 반송비

38

$$\text{Manning식에서 유속}(v) = \frac{1}{n} \times R^{\frac{2}{3}} \times I^{\frac{1}{2}} \text{(m/sec)}$$

n : 조도계수　　　R : 경심(m)　　　I : 구배(동수구배, 기울기)

39

$$\text{수면적 부하}(m^3/m^2 \cdot day) = \frac{하수량(m^3/day)}{면적(m^2)} = \frac{하수량(m^3/day)}{\frac{\pi D^2}{4}(m^2)}$$

40

$$\frac{경도(mg/L)}{50g} = \frac{Ca^{2+}(mg/L)}{20g} + \frac{Mg^{2+}(mg/L)}{12g} + \frac{Fe^{2+}(mg/L)}{28g} + \frac{Mn^{2+}(mg/L)}{27.5g} + \frac{Sr^{2+}(mg/L)}{43.8g}$$

CHAPTER 03 폐기물처리 공식정리

01

$$W_1 \times (100-P_1) = W_2 \times (100-P_2)$$

W_1 : 건조 전 쓰레기의 양(kg) P_1 : 건조 전 수분함량(%)
W_2 : 건조 후 쓰레기의 양(kg) P_2 : 건조 후 수분함량(%)

02

$$이론공기량(A_0) = 8.89C + 26.67(H - \frac{O}{8}) + 3.33S \; (Sm^3/kg)$$

C : 탄소의 함량   H : 수소의 함량   O : 산소의 함량   S : 황의 함량

03

$$MHT(man \cdot hr/ton) = \frac{작업인부수(man) \times 작업시간(hr)}{쓰레기의 양(ton)}$$

04

$$가연성 물질의 양(kg) = 쓰레기의 양(m^3) \times 밀도(kg/m^3) \times \frac{(100-비가연성 물질의 함량)}{100}$$

05

$$가연성 물질의 양(kg) = 쓰레기의 양(m^3) \times 밀도(kg/m^3) \times \frac{가연성물질의 성분(\%)}{100}$$

06

$$압축비 = \frac{100}{100-용적감소율(\%)} = \frac{100}{100-부피감소율(\%)}$$

07

$$균등계수 = \frac{P_{60\%}}{P_{10\%}}$$

08

$$\frac{1}{슬러지비중} = \frac{고형물\ 함량}{고형물\ 비중} + \frac{수분의\ 함량}{수분의\ 비중}$$

09

$$소각로\ 내의\ 열부하(kcal/m^3 \cdot hr) = \frac{폐기물의\ 발열량(kcal/kg) \times 폐기물의\ 양(kg/hr)}{소각로\ 부피(m^3)}$$

10

$$실제\ 공급\ 공기량(Sm^3/kg) = 공기비(m) \times 이론공기량(Sm^3/kg)$$

11

$$차량\ 대수 = \frac{쓰레기의\ 양(m^3) \times 밀도(ton/m^3)}{차량의\ 적재용량(ton/대)}$$

12

$$Hl = Hh - 600 \times (9H + W)$$

Hl : 저위발열량(kcal/kg)   Hh : 고위발열량(kcal/kg)   H : 수소의 함량   W : 수분의 함량

13

Dulong 식의 고위발열량(HHV) 구하는 공식

$$HHV = 8,100C + 34,000 \times (H - \frac{O}{8}) + 2,500S$$

C : 탄소의 함량   H : 수소의 함량   O : 산소의 함량   S : 황의 함량

14

$$W_1 \times TS_1 = W_2 \times TS_2$$

W_1 : 건조 전 슬러지량(kg) $\quad$ TS_1 : 건조 전 고형물의 함량(%)
W_2 : 건조 후 슬러지량(kg) $\quad$ TS_2 : 건조 후 고형물의 함량(%)

15

$$W_1 \times (100-P_1) = W_2 \times (100-P_2)$$

W_1 : 건조 전 폐기물의 양(kg) $\quad$ P_1 : 건조 전 함수율(%)
W_2 : 건조 후 폐기물의 양(kg) $\quad$ P_2 : 건조 후 함수율(%)

16

$$\text{소각로 내의 열부하}(kcal/m^3 \cdot hr) = \frac{\text{폐기물의 발열량}(kcal/kg) \times \text{폐기물의 양}(kg/hr)}{\text{소각로의 부피}(m^3)}$$

17

$$\text{고형물 부하}(kg/m^2 \cdot day) = \frac{\text{고형물농도}(kg/m^3) \times \text{투입슬러지량}(m^3/day)}{\text{농축조의 표면적}(m^2)}$$

18

$$\text{BOD 부하량}(ton/day) = \text{BOD농도}(ton/m^3) \times \text{분뇨량}(m^3/day)$$

19

$$\text{부피 변화율} = \frac{V_1 - V_2}{V_1} = 1 - \frac{V_2}{V_1}$$

20

$$\text{부피감소율}(\%) = \frac{V_1 - V_2}{V_1} \times 100 = \left(1 - \frac{V_2}{V_1}\right) \times 100$$

21

$$\text{폐기물 발생량}(m^3/day) = \frac{\text{폐기물발생량}(kg/\text{인}\cdot\text{일}) \times \text{인구수}(\text{인})}{\text{밀도}(kg/m^3)}$$

22

$$\text{쓰레기의 소각능력}(kg/m^2\cdot hr) = \frac{\text{쓰레기의 양}(kg/hr)}{\text{화격자의 면적}(m^2)}$$

23

$$\text{쓰레기 발생량}(kg/\text{인}\cdot\text{일}) = \frac{\text{쓰레기 밀도}(kg/m^3) \times \text{수거한 쓰레기양}(m^3/day)}{\text{인구수}(\text{인})}$$

24

$$\text{압축 후 부피}(m^3) = \text{폐기물의 부피}(m^3) \times \frac{\text{압축 전 밀도}(kg/m^3)}{\text{압축 후 밀도}(kg/m^3)}$$

25

$$\text{소각능력}(kg/m^2\cdot hr) = \frac{\text{쓰레기 양}(kg/hr)}{\text{면적}(m^2)}$$

26

$$\text{수거차량수} = \frac{\text{쓰레기의 양}(m^3/day) \times \text{쓰레기 밀도}(kg/m^3)}{\text{적재용량}(kg/\text{대})}$$

27

$$\text{폐기물 발생량}(kg/\text{인}\cdot\text{일}) = \frac{\text{수거실적}(kg/\text{일})}{\text{수거대상인구수}(\text{인})}$$

28

$$\text{소화율}(\%) = \left\{1 - \frac{\text{소화 후 (유기물/무기물)}}{\text{소화 전 (유기물/무기물)}}\right\} \times 100$$

29

$$\text{평균함수율(\%)} = \frac{\text{합(구성비} \times \text{함수율)}}{100}$$

30

$$\text{이론공연비(kg/kg ; 질량비)} = \frac{\text{산소개수} \times 32\text{kg} \times 1/0.232}{\text{연료개수} \times \text{연료의 분자량(kg)}}$$

31

$$\text{체적감소율(\%)} = \left(1 - \frac{1}{\text{압축비}}\right) \times 100$$

32

$$\text{차량운행 횟수} = \frac{\text{폐기물발생량(kg/인·일)} \times \text{인구수(인)} \times \frac{\text{가연성분(\%)}}{100} \times \frac{1}{\text{가연성폐기물밀도(kg/m}^3)}}{\text{폐기물 운반차량의 적재유효용량(m}^3)}$$

33

$$Q = K \times A \times \frac{\triangle h}{\triangle L}$$

Q : 지하수 유입량(m³/day)   K : 투수계수(m/day)   A : 투수 단면적(m²)
△L : 두 지점사이의 수평거리(m)   △h : 두 지점의 수두차(m)

34

$$\text{수분함량(\%)} = \left(\frac{\text{폐기물 시료중량 - 건조 후 시료중량}}{\text{폐기물 시료중량}}\right) \times 100 = \left(1 - \frac{\text{건조 후 시료중량}}{\text{폐기물 시료중량}}\right) \times 100$$

35

$$\text{폐기물 발생량(m}^3\text{/day)} = \text{폐기물 발생량(kg/인·일)} \times \text{인구수} \times \frac{1}{\text{폐기물 밀도(kg/m}^3)}$$

CHAPTER 04 소음진동 방지 공식정리

01

$$\lambda = \frac{v}{f}$$

λ : 파동의 파장(m)　　　v : 전파속도(m/sec)　　　f : 진동수(Hz)

02

$$평균흡음율 = \frac{(바닥면적 \times 바닥흡음율 + 천정면적 \times 천정흡음율 + 벽면적 \times 벽흡음율)}{바닥면적 + 천정면적 + 벽면적}$$

03

$$L = 10\log(10^{\frac{L_1}{10}} + 10^{\frac{L_2}{10}} + \ldots + 10^{\frac{L_m}{10}})$$

L : 합성소음도(dB)　　　　　　　L_1, L_2 : 소음도(dB)

04

$$L = 10\log\left\{\frac{1}{n}\left(10^{\frac{L_1}{10}} + 10^{\frac{L_2}{10}} + \ldots + 10^{\frac{L_m}{10}}\right)\right\}$$

L : 음의 평균 음압레벨(dB)　　L_1, L_2 : 음압레벨(dB)　　n : 음압레벨 개수

05

$$SPL = 20 \times \log\left(\frac{P}{P_0}\right)$$

SPL : 음압레벨(dB)　　P_0 : 기준음압($2 \times 10^{-5} N/m^2$)　　P : 측정음압실효치

06

$$TL = 18 \times \log(m \times f) - 44$$

TL : 투과손실(dB) m : 면 밀도(kg/m^3) f : 주파수(Hz)

07

$$PWL = 10\log\left(\frac{W}{W_0}\right)$$

PWL : 음향파워레벨(dB) W_0 : 기준음의 파워(10^{-12}Watt) W : 임의의 음향파워(Watt)

08

$$I = \frac{P^2}{\rho \times C}$$

I : 음의 세기(W/m^2) P : 음압의 실효치(N/m^2)
ρ : 공기의 평균밀도(kg/m^3) C : 음속(m/sec)

09

$$투과손실(TL) = 10\log\left(\frac{1}{투과율}\right)$$

10

$$VAL = 20\log\left(\frac{A_{rms}}{A_r}\right)(dB)$$

VAL : 진동가속도레벨(dB)
A_m : 진동가속도 진폭 혹은 가속도 피크치(m/sec^2)
A_{rms} : 측정대상 진동의 가속도 실효치(m/sec^2)
A_r : 기준진동의 가속도 실효치($10^{-5} m/sec^2$)

부록

과년도 기출문제

- 기출복원 문제란?
  2016년 5회부터 반영되는 CBT시행에 따라 저자께서 수검자들의 도움으로 최대한 유형에 가깝게 복원한 문제입니다.
  앞으로도 높은 적중률을 위해 노력하겠습니다.

2010년 1회 과년도 기출문제

2010년 1월 31일 시행

01 직경이 5μm이고 밀도가 $3.7g/cm^3$인 구형의 먼지입자가 공기 중에서 중력침강할 때 종말침강속도는? (단, 스톡스법칙이 적용되며, 공기의 밀도는 무시하고, 점성계수는 $1.85×10^{-5}kg/m·s$이다.)

㉮ 약 0.27cm/s   ㉯ 약 0.32cm/s
㉰ 약 0.36cm/s   ㉱ 약 0.41cm/s

풀이

$$Vg = \frac{d^2(\rho_s - \rho)g}{18\mu}$$

- Vg : 침강속도(cm/sec)
- d : 직경(cm)
- ρ_s : 입자의 밀도(g/cm^3)
- ρ : 가스의 밀도(g/cm^3)
- g : 중력가속도($980cm/sec^2$)
- μ : 점성도($g/cm·sec$)

따라서

$$Vg = \frac{(5×10^{-4}cm)^2 × 3.7g/cm^3 × 980cm/sec^2}{18 × 1.85×10^{-4}g/cm·sec}$$

$= 0.27cm/sec$

TIP

① $\mu m \xrightarrow{×10^{-4}} cm$

② $kg/m·sec \xrightarrow{×10^1} g/cm·sec$

02 질소산화물을 촉매환원법으로 처리할 때, 어떤 물질로 환원되는가?

㉮ N_2 ㉯ HNO_3
㉰ CH_4 ㉱ NO_2

풀이 질소산화물(NO, NO_2)을 환원제(NH_3)를 이용해 질소(N_2)와 물(H_2O)로 처리한다.

TIP

$6NO + 4NH_3 \rightarrow 5N_2 + 6H_2O$
$6NO_2 + 8NH_3 \rightarrow 7N_2 + 12H_2O$

03 일산화탄소의 특성으로 옳지 않은 것은?

㉮ 무색, 무취의 기체이다.
㉯ 물에 잘 녹고, CO_2로 쉽게 산화된다.
㉰ 연료 중 탄소의 불완전 연소시에 발생한다.
㉱ 헤모글로빈과의 결합력이 강하다.

풀이 ㉯ 물에 난용성이고 대기 중에서 CO_2로 산화되지 않는다.

TIP 토양박테리아의 활동에 의하여 CO_2로 산화됨으로써 대기 중에서 제거된다.

answer   01 ㉮   02 ㉮   03 ㉯

04 다음 중 온실효과의 주 원인물질로 가장 적합한 것은?

㉮ 이산화탄소 ㉯ 암모니아
㉰ 황산화물   ㉱ 프로필렌

TIP
온실가스란 적외선 복사열을 흡수하거나 다시 방출하여 온실효과를 유발하는 대기 중의 가스상태의 물질로서 이산화탄소, 메탄, 아산화질소, 수소불화탄소, 과불화탄소, 육불화황을 말한다.

05 황(S)성분이 1%인 중유를 10t/h로 연소하는 보일러에서 발생하는 배출가스 중 SO_2를 $CaCO_3$로 완전 탈황하는 경우, 이론상 필요한 $CaCO_3$의 양은? (단, 중유의 S는 모두 SO_2로 배출되며, $CaCO_3$ 분자량 : 100)

㉮ 약 0.9t/h   ㉯ 약 0.6t/h
㉰ 약 0.3t/h   ㉱ 약 0.1t/h

풀이
$S + O_2 \rightarrow SO_2 + CaCO_3 + \frac{1}{2}O_2 \rightarrow CaSO_4 + CO_2$

32kg   : 100kg
10ton/hr×0.01 : x
∴ x = 0.31ton/hr

06 다음과 같은 특성을 지닌 굴뚝 연기의 모양은?

[보기]
- 대기의 상태가 하층부는 불안정하고 상층부는 안정할 때 볼 수 있다.
- 하늘이 맑고 바람이 약한 날의 아침에 볼 수 있다.
- 지표면의 오염 농도가 매우 높게 된다.

㉮ 환상형   ㉯ 원추형
㉰ 훈증형   ㉱ 구속형

풀이
㉮ 환상형(Looping형)의 안정도 : 과단열조건
㉯ 원추형(Conning형)의 안정도 : 중립, 미단열, 등온조건
㉱ 구속형(Trapping형)의 안정도 : 상층부는 침강성 역전, 하층부는 복사성 역전

07 직렬로 조합된 집진장치의 총집진율은 99%이었다. 2차집진장치의 집진율이 96%라면 1차집진장치의 집진율은?

㉮ 75%   ㉯ 82%
㉰ 90%   ㉱ 94%

풀이
$\eta_T = 1 - (1-\eta_1) \times (1-\eta_2)$

η_T : 총집진효율
η_1 : 1차집진장치의 효율
η_2 : 2차집진장치의 효율

따라서 $0.99 = 1 - (1-\eta_1) \times (1-0.96)$
→ $(1-\eta_1) \times (1-0.96) = 1 - 0.99$
→ $(1-\eta_1) = \frac{1-0.99}{1-0.96}$
→ $\eta_1 = 1 - \frac{1-0.99}{1-0.96} = 0.75$
→ 따라서 75%

answer 04 ㉮ 05 ㉰ 06 ㉰ 07 ㉮

08 대기오염물질과 주요 발생원의 연결로 가장 적합한 것은?

㉮ 납 - 비료 및 암모니아 제조공업
㉯ 수은 - 알루미늄공업, 유리공업
㉰ 벤젠 - 석유정제, 포르말린 제조
㉱ 브롬 - 석면제조, 니켈광산

풀이
㉮ 납 - 인쇄, 도가니 제조공장, 축전지 제조, 고무가공, 에나멜, 페인트공업
㉯ 수은 - 제련공업, 살충제, 온도계, 압력계 제조업
㉱ 브롬 - 염료, 의약품, 농약제조공업

09 다음 중 여과집진장치의 효율 향상조건으로 거리가 먼 것은?

㉮ 간헐식 털어내기 방식은 높은 집진율을 얻는 경우에 적합하고, 연속식 털어내기 방식은 고농도의 함진가스 처리에 적합하다.
㉯ 필요에 따라 유리섬유의 실리콘 처리 등을 하여 적합한 여포재를 선택하도록 한다.
㉰ 겉보기 여과속도가 클수록 미세한 입자를 포집한다.
㉱ 여포의 파손 및 온도, 압력 등을 상시 파악하여 기능의 손상을 방지한다.

풀이 ㉰ 겉보기 여과속도가 작을수록 미세한 입자를 포집한다.

10 다음 설명하는 대기권으로 적합한 것은?

- 지면으로부터 약 11 ~ 50km까지의 권역이다.
- 고도가 높아지면서 온도가 상승하는 층이다.
- 오존이 많이 분포하여 태양광선 중의 자외선을 흡수한다.

㉮ 열권　　　㉯ 중간권
㉰ 성층권　　㉱ 대류권

풀이
㉮ 열권(온도권) : 지면으로부터 80km 이상의 권역이며, 고도가 높아지면서 온도가 상승하는 층이다.
㉯ 중간권 : 지면으로부터 50km ~ 80km 까지의 권역이며, 고도가 높아지면서 온도가 낮아지는 층이다.
㉱ 대류권 : 지면으로부터 11km까지의 권역이며, 고도가 높아지면서 온도가 낮아지는 층이다.

11 전기집진장치에 관한 설명으로 옳지 않은 것은?

㉮ 관성력집진장치에 비해 집진효율이 높다.
㉯ 압력손실이 커서 동력비가 많이 소요된다.
㉰ 약 350℃ 정도의 고온가스를 처리할 수 있다.
㉱ 전압변동과 같은 조건변동에 쉽게 적응하기 어렵다.

풀이 ㉯ 압력손실이 작아서 동력비가 적게 소요된다.

TIP
전기집진장치의 압력손실
건식 : 10mmH₂O, 습식 : 20mmH₂O

answer 08 ㉰　09 ㉰　10 ㉰　11 ㉯

12 메탄 5Sm³를 공기비 1.2로 완전 연소시킬 때 필요한 실제공기량(Sm³)은?

㉮ 47.6 ㉯ 50.3
㉰ 53.9 ㉱ 57.1

풀이 ① $CH_4 + 2O_2 \rightarrow CO_2 + 2H_2O$
22.4Sm³ : 2×22.4Sm³
5Sm³ : x(산소량)

∴ x(산소량) = $\dfrac{5Sm^3 \times 2 \times 22.4Sm^3}{22.4Sm^3}$ = 10Sm³

② 실제공기량(Sm³) = $\dfrac{산소량(Sm^3)}{0.21} \times m(공기비)$

= $\dfrac{10Sm^3}{0.21} \times 1.2$ = 57.14Sm³

TIP
완전연소반응식
$C_mH_n + (m + \dfrac{n}{4})O_2 \rightarrow mCO_2 + \dfrac{n}{2}H_2O$

13 연료의 완전연소 조건으로 가장 거리가 먼 것은?

㉮ 공기(산소)의 공급이 충분해야 한다.
㉯ 공기와 연료의 혼합이 잘 되어야 한다.
㉰ 연소실 내의 온도를 가능한 한 낮게 유지해야 한다.
㉱ 연소를 위한 체류시간이 충분해야 한다.

풀이 ㉰ 연소실 내의 온도를 가능한 한 높게 유지해야 한다.

14 다음 중 후드(Hood)를 이용하여 오염물질을 효율적으로 흡인하는 요령으로 거리가 먼 것은?

㉮ 발생원에 후드를 가급적으로 접근시킨다.
㉯ 국부적인 흡인방식으로 주발생원을 대상으로 한다.
㉰ 후드의 개구면적을 가급적으로 넓게 한다.
㉱ 충분한 포착속도를 유지한다.

풀이 ㉰ 후드의 개구면적을 가급적으로 좁게 한다.

15 다음 중 오존층의 두께를 표시하는 단위는?

㉮ VAL ㉯ OTL
㉰ Pa   ㉱ Dobson

풀이 오존층의 두께를 표시하는 단위는 돕슨(Dobson)이며, 지구대기층의 오존총량을 표준상태에서 두께로 환산했을 때 1mm는 100돕슨에 해당한다.

16 경도(Hardness)에 관한 설명으로 거리가 먼 것은?

㉮ Na^+은 농도가 높을 때는 경도와 비슷한 작용을 하여 유사경도라 한다.
㉯ 2가 이상의 양이온 금속의 양을 수산화칼슘으로 환산하여 ppm 단위로 표시한다.
㉰ 센물속의 금속이온들은 세제나 비누와 결합하여 세탁효과를 떨어뜨린다.
㉱ 경도 중 CO_3^{2-}, HCO_3^- 등과 결합한 형태로 있을 때 이를 탄산경도라 하고, 이 성분은 물을 끓일 때 제거된다.

풀이 ㉯ 경도는 물의 세기 정도를 말하며, 2가 양이온 금속성물질(Ca^{2+}, Mg^{2+}, Mn^{2+}, Fe^{2+}, Sr^{2+})의 양을 탄산칼슘($CaCO_3$)의 농도로 환산하여 ppm 단위로 표시한다.

answer 12 ㉱ 13 ㉰ 14 ㉰ 15 ㉱ 16 ㉯

17 염소의 수중 용해상태가 다음 표와 같을 때, 살균력이 가장 큰 것은?

구분	OCl⁻	HOCl
①	80%	20%
②	60%	40%
③	40%	60%
④	20%	80%

㉮ ① ㉯ ②
㉰ ③ ㉱ ④

풀이 HOCl이 OCl⁻보다 살균력이 80배 이상 강하다. 따라서 수중에 HOCl이 많을수록 살균력이 커지게 된다.

18 수질관리를 위해 대장균군을 측정하는 주목적으로 가장 타당한 것은?

㉮ 다른 수인성 병원균의 존재 가능성을 알기 위하여
㉯ 호기성 미생물 성장가능 여부를 알기 위하여
㉰ 공장폐수의 유입여부를 알기 위하여
㉱ 수은의 오염정도를 측정하기 위하여

풀이 수질관리를 위해 대장균군을 측정하는 주목적은 다른 수인성 병원균의 존재 가능성을 알기 위해서이다.

19 미생물과 조류의 생물화학적 작용을 이용하여 하수 및 폐수를 자연 정화시키는 공법으로, 라군(lagoon)이라 고도 하며, 시설비와 운영비가 적게 들기 때문에 소규모 마을의 오수처리에 많이 이용되는 것은?

㉮ 회전원판법 ㉯ 부패조법
㉰ 산화지법   ㉱ 살수여상법

풀이 수심이 1m 이하인 연못에서 박테리아와 조류의 공생관계를 이용하여 생물학적 정화능력을 이용해 하수 및 폐수를 처리하는 방법을 산화지법이라 한다.

20 농축대상 슬러지량이 500m³/day이고, 슬러지의 고형물 농도가 15g/L일 때, 농축조의 고형물 부하를 2.6kg/m²·hr로 하기 위해 필요한 농축조의 면적은? (단, 슬러지의 비중은 1.0이고, 24시간 연속가동 기준)

㉮ 110.4m² ㉯ 120.2m²
㉰ 142.4m² ㉱ 156.3m²

풀이 고형물 부하(kg/m²·hr)

$$= \frac{\text{고형물농도}(kg/m^3) \times \text{슬러지량}(m^3/hr)}{\text{농축조 표면적}(m^2)}$$

$$2.6 kg/m^2 \cdot hr = \frac{15 kg/m^3 \times 500 m^3/day \times \frac{1 day}{24 hr}}{\text{농축조 면적}(m^2)}$$

∴ 농축조 면적(m²)

$$= \frac{15 kg/m^3 \times 500 m^3/day \times \frac{1 day}{24 hr}}{2.6 kg/m^2 \cdot hr} = 120.20 m^2$$

TIP
① 고형물 농도 15g/L = 15kg/m³
② ppm = mg/L = g/m³ 이므로 mg/L×10⁻³ → kg/m³

answer 17 ㉱ 18 ㉮ 19 ㉰ 20 ㉯

21 0.04M NaOH 용액을 mg/L로 환산하면?

㉮ 1.6mg/L ㉯ 16mg/L
㉰ 160mg/L ㉱ 1,600mg/L

풀이

$$mg/L = \frac{0.04mol}{L} \times \frac{40g}{1mol} \times \frac{10^3 mg}{1g}$$
$$= 1,600mg/L$$

TIP
① NaOH의 분자량은 40g
② M농도의 단위는 mol/L이다.

22 500g의 $C_6H_{12}O_6$가 완전한 혐기성 분해를 한다고 가정할 때 발생 가능한 CH_4 가스용적으로 옳은 것은? (단, 표준상태 기준)

㉮ 24.4L ㉯ 62.2L
㉰ 186.7L ㉱ 1339.3L

풀이 $C_6H_{12}O_6 \rightarrow 3CO_2 + 3CH_4$
  180g : 3×22.4L
  500g : x(CH₄)

$$\therefore x(CH_4) = \frac{500g \times 3 \times 22.4L}{180g} = 186.67L$$

23 물 속에서 입자가 침강하고 있을 때 스톡스(Stokes)의 법칙이 적용된다고 한다. 다음 중 입자의 침강속도에 가장 큰 영향을 주는 변화인자는?

㉮ 입자의 밀도 ㉯ 물의 밀도
㉰ 물의 점도 ㉱ 입자의 직경

풀이
① $Vs = \dfrac{d^2(\rho_s - \rho_w)g}{18\mu}$

Vs : 침강속도(cm/sec)
d : 직경(cm)
ρ_s : 입자의 밀도(g/cm³)
ρ_w : 물의 밀도(g/cm³)
g : 중력가속도(980cm/sec²)
μ : 점성계수(g/cm·sec)

② 침강속도에 가장 큰 영향을 주는 것은 입자의 직경과 입자와 물의 밀도차이다.

24 활성슬러지법의 운전조건 중 F/M비(kg BOD/kg MLSS·일)는 얼마로 유지하는 것이 가장 적합한가?

㉮ 200~400 ㉯ 20~40
㉰ 2~4 ㉱ 0.2~0.4

TIP
활성슬러지법의 운전조건
① 온도 : 25~30℃
② pH : 6~8
③ DO : 2mg/L 이상
④ BOD : N : P = 100 : 5 : 1
⑤ F/M비 : 0.2~0.4/day
⑥ MLSS : 1,500~2,500mg/L
⑦ HRT(수리학적 체류시간) : 6~8hr
⑧ SRT(미생물 체류시간) : 3~6day

answer 21 ㉱ 22 ㉰ 23 ㉱ 24 ㉱

25 공장폐수 100mL를 검수로 하여 산성 과망간산칼륨법에 의한 COD 측정을 하였을 때 시료적정에 소비된 0.025N $KMnO_4$용액은 5.13mL이다. 이 폐수의 COD값은? (단, 0.025N $KMnO_4$ 용액의 역가는 0.98이고, 바탕시험 적정에 소비된 0.025N $KMnO_4$ 용액은 0.13mL이다.)

㉮ 9.8mg/L ㉯ 19.6mg/L
㉰ 21.6mg/L ㉱ 98mg/L

풀이
$$COD(mg/L) = \frac{(b-a) \times f \times 적정 N농도 \times 8}{V(L)}$$

b : 시료 적정에 소비된 0.025N $KMnO_4$용액량(mL)
a : 바탕시험 적정에 소비된 0.025N $KMnO_4$용액량(mL)
f : 0.025N $KMnO_4$용액의 역가
V : 시료량(L)

$$COD(mg/L) = \frac{(5.13-0.13) \times 0.98 \times (0.025 \times 8)}{0.1(L)}$$
$$= 9.8mg/L$$

TIP
시료량 100mL = 0.1L

26 다음 중 상향류 혐기성 슬러지상(UASB)의 특징으로 가장 거리가 먼 것은?

㉮ 기계적인 교반이나 여재가 필요없기 때문에 비용이 적게 든다.
㉯ 수리학적 체류시간을 작게 할 수 있어 반응조 용량이 축소된다.
㉰ 고형물의 농도가 높아도 고형물 및 미생물 유실의 염려가 없다.
㉱ 미생물 체류시간을 적절히 조절하면 저농도 유기성 폐수의 처리도 가능하다.

풀이 ㉰ 고형물의 농도가 높으면 고형물 및 미생물 유실의 염려가 크다.

27 MLSS 농도 3,000mg/L인 포기조 혼합액을 1,000mL 메스실린더로 취해 30분간 정치시켰을 때 침강슬러지가 차지하는 용적은 440mL이었다. 이때 슬러지밀도지수(SDI)는?

㉮ 146.7 ㉯ 73.4
㉰ 1.36 ㉱ 0.68

풀이 ① 슬러지용적지수(SVI)
$$= \frac{SV(mL/L)}{MLSS(mg/L)} \times 10^3 = \frac{SV(\%)}{MLSS(mg/L)} \times 10^4$$
$$= \frac{440mL/L}{3,000mg/L} \times 10^3 = 146.67$$

② 슬러지밀도지수(SDI)
$$= \frac{1}{SVI} \times 100(g/100mL) = \frac{1}{146.67} \times 100$$
$$= 0.68$$

28 수질오염공정시험기준상 산성 과망간산칼륨법에 의한 화학적 산소요구량 측정시 적정온도로 가장 적합한 것은?

㉮ 25~30℃ ㉯ 60~80℃
㉰ 110~120℃ ㉱ 185~200℃

TIP

	산성 과망간산칼륨법	알칼리성 과망간산칼륨법
시료액성	황산산성	알칼리성
가열시간	30분	60분
적정용액	0.005M $KMnO_4$ 용액	0.025M $Na_2S_2O_3$ 용액
종말점	엷은 홍색	무색
농도 (mg/L)	COD $=(b-a) \times f \times \frac{1000}{V} \times 0.2$	COD $=(b-a) \times f \times \frac{1000}{V} \times 0.2$

answer 25 ㉮ 26 ㉰ 27 ㉱ 28 ㉯

29 지름이 20m, 깊이가 3m인 원형 침전지에서 시간당 416.7m³의 하수를 처리하는 경우 수면적 부하는? (단, 24시간 연속 가동)

㉮ 31.8m³/m²·day   ㉯ 36.6m³/m²·day
㉰ 42.0m³/m²·day   ㉱ 48.3m³/m²·day

풀이 수면적 부하(m³/m²·day)

$$= \frac{하수량(m^3/day)}{면적(m^2)} = \frac{하수량(m^3/day)}{\frac{\pi D^2}{4}(m^2)}$$

$$= \frac{416.7 m^3/hr \times \frac{24hr}{1day}}{\frac{\pi}{4} \times (20m)^2} = 31.83 m^3/m^2 \cdot day$$

30 1차 침전지의 깊이가 4m, 표면적 1m²에 대해 30m³/day으로 폐수가 유입된다. 이때의 체류시간은?

㉮ 2.3시간   ㉯ 3.2시간
㉰ 5.5시간   ㉱ 6.1시간

풀이 체류시간(t) = $\frac{체적(V)}{유량(Q)}$ = $\frac{면적(A) \times 깊이(H)}{유량(Q)}$

$$= \frac{1m^2 \times 4m}{30m^3/day \times \frac{1day}{24hr}} = 3.20hr$$

31 응집실험에서 폐수 500mL에 0.2%-$Al_2(SO_4)_3 \cdot 18H_2O$ 용액 25mL를 주입하였을 때 최적조건으로 나타났다. 같은 폐수를 2,000m³/day로 처리하는 경우 필요한 응집제의 양(kg/day)은? (단, 응집용액의 밀도는 1.0g/mL이다.)

㉮ 200   ㉯ 300
㉰ 400   ㉱ 500

풀이 ① $Al_2(SO_4)_3 \cdot 18H_2O$의 농도(mg/L)

$$= 0.2\% \times \frac{10^4 ppm(mg)}{1\%(L)} \times 25 \times 10^{-3}L \times \frac{1}{0.5L}$$

$$= 100mg/L$$

② 필요한 응집제의 양(kg/day)
 = $Al_2(SO_4)_3 \cdot 18H_2O$ 농도(kg/m³)×폐수량(m³/day)
 = 0.1kg/m³×2,000m³/day
 = 200kg/day

TIP
① % $\xrightarrow{\times 10^4}$ ppm
② ppm = mg/L = g/m³ 이므로
   mg/L $\xrightarrow{\times 10^{-3}}$ kg/m³
③ 25mL = 25×10⁻³L
④ 500mL = 0.5L
⑤ 100mg/L = 0.1kg/m³

32 물의 특성으로 옳지 않은 것은?

㉮ 물의 밀도는 4℃에서 최소가 된다.
㉯ 분자량이 유사한 다른 화합물에 비해 비열이 큰 편이다.
㉰ 화학 구조적으로 극성을 띠어 많은 물질들을 녹일 수 있다.
㉱ 상온에서 알칼리금속이나 알칼리토금속 또는 철과 반응하여 수소를 발생시킨다.

풀이 ㉮ 물의 밀도는 4℃에서 최대가 된다.

answer 29 ㉮ 30 ㉯ 31 ㉮ 32 ㉮

33 유기물과 무기물의 함량이 각각 80%, 20%인 슬러지를 소화 처리한 후 유기물과 무기물의 함량이 모두 50%로 되었다. 이때 소화율은?

㉮ 50%　　㉯ 67%
㉰ 75%　　㉱ 83%

풀이 소화율(%) = $\left\{1 - \dfrac{\text{소화후(유기물/무기물)}}{\text{소화전(유기물/무기물)}}\right\} \times 100$

= $\left\{1 - \dfrac{50/50}{80/20}\right\} \times 100 = 75\%$

34 유독한 6가 크롬이 함유된 폐수를 처리하는 과정에서 환원제로 사용하기에 적합한 것은?

㉮ O_3　　㉯ Cl_2
㉰ $FeSO_4$　　㉱ $NaOCl$

풀이 6가 크롬(Cr^{6+}) 함유 폐수처리과정에서 사용되는 환원제로는 $FeSO_4$, $NaHSO_3$, Na_2SO_3, SO_2 등이 있다.

35 다음 중 수질오염공정시험기준상 폐수의 총인 측정실험에서 분해되기 쉬운 유기물을 함유한 시료의 전처리를 위해 사용되는 시약은?

㉮ 수산화칼륨　　㉯ 과황산칼륨
㉰ 다이크롬산칼륨　　㉱ 질산칼륨

풀이 ① 분해되기 쉬운 유기물을 함유한 시료의 전처리는 과황산칼륨분해법을 이용한다.
② 다량의 유기물을 함유한 시료의 전처리는 질산·황산분해법을 이용한다.

36 도시 폐기물의 개략분석(Proximate analysis)시 4가지 구성성분에 해당하지 않은 것은?

㉮ 다이옥신(dioxin)
㉯ 휘발성 고형물(volatile solids)
㉰ 고정탄소(fixed carbon)
㉱ 회분(ash)

풀이 도시폐기물의 개략분석시 4가지 구성성분은 고정탄소, 휘발성 고형물, 회분, 수분이다.

37 폐기물의 중간처리 공정 중 금속, 유리, 플라스틱 등 재활용 가능한 성분을 분리하기 위한 것은?

㉮ 압축　　㉯ 건조
㉰ 선별　　㉱ 파쇄

풀이 폐기물의 중간처리 공정 중 금속, 유리, 플라스틱 등 재활용 가능한 성분을 분리하는 공정을 선별이라 한다.

38 분뇨의 일반적인 특성에 대한 설명 중 틀린 것은?

㉮ 유기물을 많이 함유하고 있다.
㉯ 고액분리가 쉽다.
㉰ 토사 및 협잡물을 다량 함유하고 있다.
㉱ 염분 및 질소의 농도가 높다.

풀이 ㉯ 고액분리가 어렵다.

answer 33 ㉰　34 ㉰　35 ㉯　36 ㉮　37 ㉰　38 ㉯

39 기계적인 탈수방법에 관한 다음 각 설명 중 가장 거리가 먼 것은?

㉮ 원심분리 탈수를 이용하기 위해서는 슬러지의 고형물의 비중이 물보다 작아야 하며, 정기적 보수는 거의 불필요하다.
㉯ 필터프레스는 여과천으로 덮여있는 판 사이로 슬러지를 공급시켜 가동한다.
㉰ 진공 탈수에는 rotary drum형, belt형, coil형 등이 있다.
㉱ 원심분리 탈수에는 basket형, disk nozzle형, solid bowl형 등이 있다.

풀이 ㉮ 원심분리 탈수를 이용하기 위해서는 슬러지의 고형물의 비중이 물보다 커야 하며, 소모품이 많기 때문에 정기적인 보수가 필요하다.

40 다음 중 효율적인 파쇄를 위해 파쇄대상물에 작용하는 3가지 힘에 해당되지 않은 것은?

㉮ 충격력 ㉯ 정전력
㉰ 전단력 ㉱ 압축력

풀이 파쇄대상물에 작용하는 3가지 힘은 충격력, 전단력, 압축력이다.

41 인구 2,650,000명인 도시에서 1,154,000 ton/year의 쓰레기가 발생하였다. 이 도시의 1인당 1일 쓰레기 발생량은?

㉮ 0.98kg/인·일 ㉯ 1.19kg/인·일
㉰ 1.51kg/인·일 ㉱ 2.14kg/인·일

풀이
$$kg/인·일 = \frac{쓰레기량(kg/day)}{인구수}$$
$$= \frac{1,154,000 ton/년 \times 10^3 kg/ton \times 1년/365day}{2,650,000명}$$
$$= 1.19 kg/인·day$$

42 폐기물공정시험기준상 용어의 정의 중 "항량으로 될 때까지 건조한다"의 의미로 가장 적합한 것은?

㉮ 같은 조건에서 1시간 더 건조할 때 전후 무게의 차가 g당 0.3mg 이하일 때를 말한다.
㉯ 같은 조건에서 1시간 더 건조할 때 전후 무게의 차가 g당 0.5mg 이하일 때를 말한다.
㉰ 같은 조건에서 1시간 더 건조할 때 전후 무게의 차가 g당 1mg 이하일 때를 말한다.
㉱ 같은 조건에서 1시간 더 건조할 때 전후 무게의 차가 g당 5mg 이하일 때를 말한다.

풀이 "항량으로 될 때까지 건조한다" 또는 "항량으로 될 때까지 강열한다"라 함은 같은 조건에서 1시간 더 건조하거나 또는 강열할 때 전후차가 g당 0.3mg 이하일 때를 말한다.

answer 39 ㉮ 40 ㉯ 41 ㉯ 42 ㉮

43 폐기물관리법령상 지정폐기물 중 부식성폐기물의 "폐산" 기준으로 옳은 것은?

㉠ 액체상태의 폐기물로서 수소이온 농도지수가 2.0 이하인 것으로 한정한다.
㉡ 액체상태의 폐기물로서 수소이온 농도지수가 3.0 이하인 것으로 한정한다.
㉢ 액체상태의 폐기물로서 수소이온 농도지수가 5.0 이하인 것으로 한정한다.
㉣ 액체상태의 폐기물로서 수소이온 농도지수가 5.5 이하인 것으로 한정한다.

풀이 ① 폐산이란 액체상태의 폐기물로서 수소이온 농도지수가 2.0 이하인 것으로 한정한다.
② 폐알칼리란 액체상태의 폐기물로서 수소이온 농도지수가 12.5 이상인 것으로 한정한다.

44 다단로 소각에 대한 내용으로 틀린 것은?

㉠ 체류시간이 길어 특히 휘발성이 적은 폐기물의 연소에 유리하다.
㉡ 온도반응이 비교적 신속하여 보조연료 사용조절이 용이하다.
㉢ 다량의 수분이 증발되므로 수분함량이 높은 폐기물의 연소도 가능하다.
㉣ 물리·화학적 성분이 다른 각종 폐기물을 처리할 수 있다.

풀이 ㉡ 온도반응이 느려서 보조연료 사용조절이 어렵다.

45 도시 쓰레기의 조성을 분석하였더니 탄소 30%, 수소 10%, 산소 45%, 질소 5%, 황 0.5%, 회분 9.5%일 때 듀롱(Dulong)식을 이용한 고위발열량은?

㉠ 약 2,450kcal/kg ㉡ 약 3,940kcal/kg
㉢ 약 4,440kcal/kg ㉣ 약 5,360kcal/kg

풀이 $Hh = 8,100C + 34,000\left(H - \dfrac{O}{8}\right) + 2,500S$

Hh : 고위발열량(kcal/kg)
C : 탄소의 함량
H : 수소의 함량
O : 산소의 함량
S : 황의 함량

따라서
$Hh = 8,100 \times 0.3 + 34,000\left(0.1 - \dfrac{0.45}{8}\right) + 2,500 \times 0.005$
$= 3,940.94 \text{kcal/kg}$

46 퇴비화 공정에 관한 설명으로 가장 적합한 것은?

㉠ 크기를 고르게 할 필요 없이 발생된 그대로의 상태로 숙성시킨다.
㉡ 미생물을 사멸시키기 위해 최적 온도는 90℃ 정도로 유지한다.
㉢ 충분히 물을 뿌려 수분을 100%에 가깝게 유지한다.
㉣ 소비된 산소의 보충을 위해 규칙적으로 교반한다.

풀이 ㉠ 크기를 고르게 해 숙성시킨다.
㉡ 미생물을 사멸시키기 위해 최적온도는 60~70℃ 정도로 유지한다.
㉢ 수분의 함량은 50~70%가 되도록 유지한다.

answer 43 ㉠ 44 ㉡ 45 ㉡ 46 ㉣

47 처음 부피가 1,000m³인 폐기물을 압축하여 500m³인 상태로 부피를 감소시켰다면 체적 감소율은?

㉮ 2% ㉯ 10%
㉰ 50% ㉱ 100%

풀이 체적 감소율(%) = $\left(1 - \dfrac{V_2}{V_1}\right) \times 100(\%)$

$\begin{bmatrix} V_1 : \text{압축 전 부피(m}^3) \\ V_2 : \text{압축 후 부피(m}^3) \end{bmatrix}$

따라서

체적 감소율(%) = $\left\{1 - \dfrac{500\text{m}^3}{1,000\text{m}^3}\right\} \times 100 = 50\%$

48 RDF에 대한 설명으로 틀린 것은?

㉮ 소각로에서 사용할 경우 부식발생으로 수명이 단축될 수 있다.
㉯ 폐기물 중의 가연성 물질만을 선별하여 함수율, 불순물, 입경 등을 조절하여 연료화 시킨 것이다.
㉰ 부패하기 쉬운 유기물질로 구성되어 있기 때문에 수분 함량이 증가하면 부패한다.
㉱ RDF 소각로의 경우 시설비 및 동력비가 저렴하며, 운전이 용이하다.

풀이 ㉱ RDF 소각로의 경우 시설비 및 동력비가 고가이며, 운전에 숙련된 기술이 요구된다.

49 연소시 연소온도를 높일 수 있는 조건으로 가장 거리가 먼 것은?

㉮ 완전연소 시킨다.
㉯ 연소용 공기를 예열한다.
㉰ 과잉 공기량을 많게 한다.
㉱ 발열량이 높은 연료를 사용한다.

풀이 ㉰ 과잉공기량을 적정하게 공급한다.

50 인구 100,000명의 중소도시에서 발생되는 총 쓰레기의 양이 200m³/day(밀도 750kg/m³)이다. 적재량 5ton 트럭으로 운반하려면 1일 소요되는 트럭 대수는? (단, 트럭은 1일 1회 운행)

㉮ 12대 ㉯ 18대
㉰ 24대 ㉱ 30대

풀이 소요되는 트럭대수/일

$= \dfrac{\text{쓰레기양(m}^3\text{/day)} \times \text{밀도(kg/m}^3) \times 10^{-3}\text{ton/kg}}{\text{트럭 적재량(ton/대)}}$

$= \dfrac{200\text{m}^3\text{/day} \times 750\text{kg/m}^3 \times 10^{-3}\text{ton/kg}}{5\text{ton/대}} = 30\text{대/일}$

51 다음 중 슬러지 개량(conditioning)의 주목적은?

㉮ 악취 제거 ㉯ 슬러지의 무해화
㉰ 탈수성 향상 ㉱ 부패 방지

풀이 슬러지 개량의 주목적은 탈수성 향상이다.

---

answer 47 ㉰ 48 ㉱ 49 ㉰ 50 ㉱ 51 ㉰

52 다음 중 유해 폐기물의 국제적 이동의 통제와 규제를 주요 골자로 하는 국제협약(의정서)은?

㉮ 교토의정서   ㉯ 바젤 협약
㉰ 비엔나 협약   ㉱ 몬트리올 의정서

풀이 유해폐기물의 국제적 이동의 통제와 규제를 주요 골자로 하는 국제협약은 바젤협약이다.

53 폐기물 매립지의 덮개시설에 대한 설명으로 가장 거리가 먼 것은?

㉮ 덮개시설은 매립 후 안전한 사후관리를 위해 필요하다.
㉯ 덮개흙으로 가장 적합한 것은 clay이며, 투수계수가 큰 것이 좋다.
㉰ 덮개흙은 연소가 잘 되지 않아야 한다.
㉱ 덮개시설은 악취, 비산, 해충 및 야생동물번식, 화재방지 등을 위해 설치한다.

풀이 ㉯ 덮개흙은 침식에 저항력이 크고, 투수성이 작고, 식생에 적합한 양질토양을 사용하는 것이 좋다.

54 폐기물 시료 100kg을 달아 건조시킨 후의 시료 중량을 측정하였더니 40kg이였다. 이 폐기물의 수분함량(%, w/w)은?

㉮ 40%   ㉯ 50%
㉰ 60%   ㉱ 80%

풀이 수분함량(%)
$= \dfrac{\text{폐기물 시료중량-건조 후 시료중량}}{\text{폐기물 시료중량}} \times 100$
$= \dfrac{100\text{kg}-40\text{kg}}{100\text{kg}} \times 100 = 60\%$

55 수분함량이 25%(w/w)인 쓰레기를 건조시켜 수분함량이 10%(w/w)인 쓰레기로 만들려면 쓰레기 1톤당 약 얼마의 수분을 증발시켜야 하는가?

㉮ 46kg   ㉯ 83kg
㉰ 167kg   ㉱ 250kg

풀이 $W_1 \times (100-P_1) = W_2 \times (100-P_2)$

W_1 : 건조 전 쓰레기량(kg)
P_1 : 건조 전 함수율(%)
W_2 : 건조 후 쓰레기량(kg)
P_2 : 건조 후 함수율(%)

① $1000\text{kg} \times (100-25) = W_2 \times (100-10)$

$\therefore W_2 = \dfrac{1{,}000\text{kg} \times (100-25)}{(100-10)} = 833.33\text{kg}$

② 증발되는 수분량
$= 1{,}000\text{kg} - 833.33\text{kg} = 166.67\text{kg}$

56 소음제어를 위한 방법 중 기류음(공기음)의 발생대책이 아닌 것은?

㉮ 분출유속의 저감
㉯ 관의 곡률 완화
㉰ 밸브의 다단화
㉱ 가진력 억제

풀이 ㉱ 가진력 억제는 방진대책에 해당한다.

answer 52 ㉯ 53 ㉯ 54 ㉰ 55 ㉰ 56 ㉱

57 60phon의 소리는 50phon의 소리에 비해 몇 배 크게 들리는가?

㉮ 2배　㉯ 3배
㉰ 4배　㉱ 5배

풀이

$S = 2^{\left(\frac{L-40}{10}\right)}$

50phon은 $S = 2^{\left(\frac{50-40}{10}\right)} = 2^{\frac{10}{10}} = 2$

60phon은 $S = 2^{\left(\frac{60-40}{10}\right)} = 2^{\frac{20}{10}} = 4$

따라서 $\frac{60phon}{50phon} = \frac{4}{2} = 2$

∴ 2배로 크게 들린다.

58 소음원의 형태가 점음원의 경우 음원으로부터 거리가 2배 멀어질 때 음압레벨의 감쇠치는?

㉮ 1dB　㉯ 3dB
㉰ 6dB　㉱ 9dB

풀이 음원에서 거리가 2배가 되면 음압레벨이 6dB 씩 감소한다.

59 음세기 레벨이 80dB인 전동기 3대가 동시에 가동된다면 합성 소음레벨은?

㉮ 약 81dB　㉯ 약 83dB
㉰ 약 85dB　㉱ 약 89dB

풀이

$L = 10\log(10^{\frac{L_1}{10}} + 10^{\frac{L_2}{10}} + \cdots + 10^{\frac{L_m}{10}})$

L : 합성음압레벨(dB)
L_1, L_2 : 음압레벨

따라서 $L = 10\log(10^{\frac{80}{10}} + 10^{\frac{80}{10}} + 10^{\frac{80}{10}})$
$= 84.77dB$

60 투과손실이 32dB인 벽체의 투과율은?

㉮ 3.2×10^{-3}　㉯ 3.2×10^{-4}
㉰ 6.3×10^{-3}　㉱ 6.3×10^{-4}

풀이

$TL = 10\log\left(\frac{1}{\tau}\right)$

TL : 투과손실(dB)
τ : 투과율(투과계수)

따라서 $32dB = 10\log\left(\frac{1}{\tau}\right)$

$\rightarrow \frac{32dB}{10} = \log\left(\frac{1}{\tau}\right) \rightarrow \frac{1}{\tau} = 10^{\frac{32dB}{10}}$
$\rightarrow \tau = 6.31 \times 10^{-4}$

TIP
log를 없애기 위해 맞은변에 10^x를 취한다.
ln을 없애기 위해 맞은변에 e^x를 취한다.

---

answer 57 ㉮　58 ㉰　59 ㉰　60 ㉱

2010 2회 과년도 기출문제

2010년 3월 28일 시행

01 다음과 같은 피해를 주는 대기오염물질은?

- 식물에 미치는 영향은 급성이거나 만성이며, 잎 뒤쪽 표피 밑의 세포가 피해를 입기 시작하며, 보통 백화현상에 의해 맥간반점을 형성한다.
- 지표식물로는 자주개나리, 보리, 참깨, 담배 등이 있으며 강한식물로는 양배추, 무궁화, 옥수수 등이 있다.

㉮ 아황산가스 ㉯ 일산화탄소
㉰ 오존 ㉱ 불화수소가스

TIP
아황산가스(SO_2)는 무색이고 자극성 냄새를 가지고 있는 가스상 물질로 비중이 2.2이며 분자량은 64이다. 식물의 잎 뒷면 기공으로 침입하여 잎을 황갈색으로 고갈시키며 주로 성장한 잎에 피해를 준다.

02 흡착에 관한 다음 설명 중 옳지 않은 것은?

㉮ 물리적 흡착은 가역적이므로 흡착제의 재생이나 오염가스의 회수에 유리하다.
㉯ 물리적 흡착에서 흡착량은 온도의 영향을 받지 않는다.
㉰ 물리적 흡착은 대체로 용질의 분압이 높을수록 증가하고 분자량이 클수록 잘 흡착된다.
㉱ 화학적 흡착은 물리적 흡착보다 분자간의 결합력이 강하기 때문에 흡착과정에서의 발열량이 더 크다.

풀이 ㉯ 물리적 흡착에서 흡착량은 온도가 낮을수록 흡착량이 많아진다.

answer 01 ㉮ 02 ㉯

03 A전기집진장치의 집진극 면적/처리유량이 $A/Q = 200(m/s)^{-1}$로 운전되고 있다. 입구 먼지농도 $C_i = 100g/m^3$, 출구 먼지농도 $C_o = 1.23g/m^3$일 때 이 먼지의 겉보기 이동속도는? (단, Deutsch Anderson식 $\eta = 1-\exp\left(\dfrac{-A \times We}{Q}\right)$ 이용)

㉮ 0.013m/s ㉯ 0.022m/s
㉰ 0.029m/s ㉱ 0.036m/s

풀이

① $\eta = \left(1 - \dfrac{C_o}{C_i}\right) \times 100(\%)$

η : 처리효율(%)
C_i : 입구 먼지농도(g/m³)
C_o : 출구 먼지농도(g/m³)

따라서 $\eta = \left(1 - \dfrac{1.23g/m^3}{100g/m^3}\right) \times 100 = 98.77\%$

② $\eta = \left\{1-\exp\left(\dfrac{-A \times We}{Q}\right) \times 100(\%)\right\}$

η : 처리효율(%)
A : 단면적(m²)
We : 겉보기 이동속도(m/sec)
Q : 가스량(m³/sec)

$0.9877 = 1-\exp^{(-200sec/m \times We)}$

∴ $We = 0.022m/sec$

TIP

① $\eta = \left\{1-\exp\left(\dfrac{-A \times We}{Q}\right)\right\} \times 100(\%)$

$\exp^{\dfrac{-A \times We}{Q}} = 1-\eta$

$\dfrac{-A \times We}{Q} = \ln(1-\eta)$

∴ $We = \dfrac{\ln(1-\eta)}{-\dfrac{A}{Q}}$ ∴ $A = \dfrac{\ln(1-\eta)}{-\dfrac{We}{Q}}$

② $\exp(e^x)$를 제거하기 위해 맞은변에 ln을 취한다.
10^x를 제거하기 위해 맞은변에 log를 취한다.

04 다음은 연소에 관한 설명이다. ( )안에 알맞은 것은?

목재, 석탄, 타르 등은 연소초기에 열분해에 의해 가연성 가스가 생성되고 이것이 긴 화염을 발생시키면서 연소하는데 이러한 연소를 ( )라 한다.

㉮ 표면연소 ㉯ 분해연소
㉰ 증발연소 ㉱ 확산연소

TIP

분해연소는 고체연료가 화염을 정상적으로 내면서 연소하며, 장작, 석탄, 중유 등이 열분해를 하여 발생한 증기와 함께 연소초기에 불꽃을 내면서 반응하는 연소형태이다.

05 배출가스 중 아황산가스를 접촉산화법에 의해 산화시켜 황산으로 회수하고자 할 때 사용되는 촉매로 적합한 것은?

㉮ V_2O_5, K_2SO_4 ㉯ $SiO_2, KMnO_4$
㉰ $MgO, KHSO_4$ ㉱ $Al_2O_3, CaCO_3$

TIP

배출가스 중의 황산화물을 촉매를 사용하여 SO_2를 SO_3로 산화시켜 약 80% 농도의 황산으로 직접 회수할 수 있는 방법을 접촉산화법(촉매산화법 = 산화법)이라 하며 사용되는 촉매로는 V_2O_5(오산화바나듐), K_2SO_4(황산칼륨), Pt(백금)이 있다.

answer 03 ㉯ 04 ㉯ 05 ㉮

06 다음 설명하는 장치분석법에 해당하는 것은?

> 이 법은 기체시료 또는 기화(氣化)한 액체나 고체시료를 운반가스(Carrier Gas)에 의하여 분리, 관내에 전개시켜 기체상태에서 분리되는 각 성분을 분석하는 방법으로 일반적으로 무기물 또는 유기물의 대기오염 물질에 대한 정성(定性), 정량(定量) 분석에 이용한다.

㉮ 흡광광도법(자외선/가시선분광법)
㉯ 원자흡수분광광도법
㉰ 기체크로마토그래피법
㉱ 비분산적외선분광분석법

07 직경이 20cm, 유효높이 16m인 여과자루를 사용하여 농도가 5g/m³의 배출가스를 1,200m³/min으로 처리하였다. 여과속도가 2cm/sec일 때 필요한 여과자루의 수는?

㉮ 95   ㉯ 96
㉰ 100 ㉱ 107

풀이 $Q = \pi \cdot D \cdot L \cdot V_f \cdot n$

$n = \dfrac{Q}{\pi \cdot D \cdot L \cdot V_f}$

⎡ Q : 배출가스량(m³/sec)
  D : 직경(m)
  L : 유효높이(m)
  V_f : 겉보기 여과속도(m/sec)
  n : 여과자루의 수 ⎦

따라서 $n = \dfrac{1,200\text{m}^3/\text{min} \times \frac{1\text{min}}{60\text{sec}}}{\pi \times 0.2\text{m} \times 16\text{m} \times 0.02\text{m/sec}}$

= 99.47 ≒ 100개

TIP
① 여과자루수는 소수점 첫째자리에서 완전올림한다.
② D = 20cm = 0.2m
③ V_f = 2cm/sec = 0.02m/sec

08 중력집진장치에서 효율 향상조건으로 옳지 않은 것은?

㉮ 침강실 처리가스 속도가 작을수록 미립자가 포집된다.
㉯ 침강실 입구폭이 클수록 유속이 느려지며 미세한 입자가 포집된다.
㉰ 침강실 내의 배기가스 기류는 균일하여야 한다.
㉱ 침강실의 높이가 높고 수평거리가 짧을수록 집진율이 높아진다.

풀이 ㉱ 침강실의 높이가 낮고 수평거리가 길수록 집진율이 높아진다.

09 황(S)의 함량이 2.0%인 중유를 시간당 5ton으로 연소시킨다. 배출가스 중의 SO_2를 $CaCO_3$로 완전히 흡수시킬 때 필요한 $CaCO_3$의 양을 구하면? (단, 중유 중의 황성분은 전량 SO_2로 연소된다.)

㉮ 278.3kg/hr   ㉯ 312.5kg/hr
㉰ 351.7kg/hr   ㉱ 379.3kg/hr

풀이 $S + O_2 \rightarrow SO_2 + CaCO_3 + \dfrac{1}{2}O_2 \rightarrow CaSO_4 + CO_2$

32kg : 100kg
5×10³kg/hr×0.02 : x

∴ $x = \dfrac{100\text{kg} \times 5 \times 10^3 \text{kg/hr} \times 0.02}{32\text{kg}} = 312.5\text{kg/hr}$

answer 06 ㉰ 07 ㉰ 08 ㉱ 09 ㉯

> **TIP**
> ① 5ton/hr = 5×10³kg/hr
> ② S(황)의 분자량 = 32
> ③ CaCO₃(탄산칼슘)의 분자량
>   = 40 + 12 + (16×3) = 100

10 다음 중 전기집진장치에서 먼지의 겉보기 전기저항이 $10^{12}\Omega \cdot cm$보다 높은 경우 투입하는 물질로 거리가 먼 것은?

㉮ NaCl
㉯ NH₃
㉰ H₂SO₄
㉱ soda lime(소다회)

> **풀이**
> ① 먼지의 겉보기 전기저항이 $10^{12}\Omega \cdot cm$ 이상인 경우를 역전리현상이라 하며 방지책으로는 NaCl, H₂SO₄, 소다회를 주입한다.
> ② 먼지의 겉보기 전기저항이 $10^{4}\Omega \cdot cm$ 이하인 경우를 재비산현상이라 하며 방지책으로는 NH₃를 주입한다.

11 효율 90%인 전기 집진기를 효율 99.9%가 되도록 개조하고자 한다. 개조 전보다 집진극의 면적을 몇 배로 늘려야 하는가? (단, Deutsch Anderson 식 $\eta = 1 - \exp\left(\frac{-A \times We}{Q}\right)$ 적용하고, 기타조건은 고려않는다.)

㉮ 2배
㉯ 3배
㉰ 6배
㉱ 9배

> **풀이**
> $$\frac{A_2}{A_1} = \frac{\ln(1-\eta_2) \times \left(-\frac{Q}{We}\right)}{\ln(1-\eta_1) \times \left(-\frac{Q}{We}\right)}$$
> $$= \frac{\ln(1-0.999) \times \left(-\frac{Q}{We}\right)}{\ln(1-0.90) \times \left(-\frac{Q}{We}\right)} = 3배$$

> **TIP**
> $\eta = 1 - \exp\frac{-A \times We}{Q}$
> exp(e^x)를 제거하기 위해 맞은변에 ln을 취한다.
> → $\exp\frac{-A \times We}{Q} = 1-\eta$
> → $\frac{-A \times We}{Q} = \ln(1-\eta)$
> → $A = \frac{\ln(1-\eta)}{-\frac{We}{Q}} = \ln(1-\eta) \times \left(\frac{-Q}{We}\right)$

12 집진효율이 50%인 중력집진장치와 집진효율이 99%인 여과집진장치가 직렬로 연결된 집진시설이 있다. 중력집진장치로 유입되는 먼지의 농도가 3,000mg/Sm³일 때, 여과집진장치 출구의 먼지 농도는?

㉮ 1mg/Sm³
㉯ 5mg/Sm³
㉰ 10mg/Sm³
㉱ 15mg/Sm³

> **풀이**
>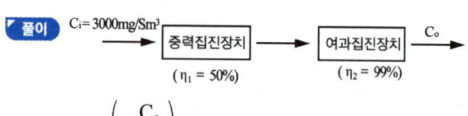
> $\eta_T = \left(1 - \frac{C_o}{C_i}\right) \times 100(\%)$
> $\eta_T = 1 - (1-\eta_1) \times (1-\eta_2)$
>
> η_T : 총합효율(%)
> C_i : 입구농도(mg/Sm³)
> C_o : 출구농도(mg/Sm³)
> η_1 : 1차 처리장치의 효율
> η_2 : 2차 처리장치의 효율
>
> 따라서 $\left(1 - \frac{C_o}{C_i}\right) = 1 - (1-\eta_1) \times (1-\eta_2)$
>
> $\left(1 - \frac{C_o}{3,000mg/Sm^3}\right) = 1 - (1-0.5) \times (1-0.99)$
>
> ∴ $C_o = 3,000mg/Sm^3 \times (1-0.5) \times (1-0.99)$
> $= 15mg/Sm^3$

answer 10 ㉯ 11 ㉯ 12 ㉱

13 대기오염공정시험방법상 시험의 기재 및 용어에 관한 설명으로 틀린 것은?

㉮ "정확히 단다"라 함은 규정한 량의 검체를 취하여 분석용 저울로 0.1mg까지 다는 것을 뜻한다.
㉯ 시험조작 중 "즉시"란 1분 이내에 표시된 조작을 하는 것을 뜻한다.
㉰ "항량이 될 때까지 건조한다 또는 강열한다"라 함은 따로 규정이 없는 한 보통의 건조방법으로 1시간 더 건조 또는 강열할 때 전후 무게의 차가 매 g당 0.3mg 이하일 때를 뜻한다.
㉱ "감압 또는 진공"이라 함은 따로 규정이 없는 한 15mmHg 이하를 뜻한다.

풀이 ㉯ 시험조작 중 "즉시"란 30초 이내에 표시된 조작을 하는 것을 뜻한다.

14 대기오염방지시설 중 유해가스상 물질을 처리할 수 있는 흡착장치의 종류와 가장 거리가 먼 것은?

㉮ 고정층 흡착장치
㉯ 촉매층 흡착장치
㉰ 이동층 흡착장치
㉱ 유동층 흡착장치

풀이 흡착장치의 종류로는 고정층 흡착장치, 이동층 흡착장치, 유동층 흡착장치가 있다.

15 다음 중 연소조절에 의한 질소산화물의 발생을 억제하는 방법으로 거리가 먼 것은?

㉮ 과잉공기 공급량을 증가시킨다.
㉯ 연소부분을 냉각시킨다.
㉰ 배출가스를 재순환시킨다.
㉱ 2단 연소시킨다.

풀이 ㉮ 과잉공기 공급량을 감소시킨다.

16 탈산소계수가 0.1/day인 어떤 유기물질의 BOD_5가 200mg/L이었다. 3일 후에 남아있는 BOD값은? (단, 상용대수 적용)

㉮ 192.3mg/L ㉯ 189.4mg/L
㉰ 184.6mg/L ㉱ 146.6mg/L

풀이 ① $BOD_5 = BOD_u \times (1-10^{-K_1 \times t})$

BOD_5 : 5일 BOD
BOD_u : 최종 BOD
K_1 : 탈산소계수(/day)
t : 시간(day)

따라서 $200mg/L = BOD_u \times (1-10^{-0.1/day \times 5day})$

$BOD_u = \dfrac{200mg/L}{(1-10^{-0.1/day \times 5day})} = 292.50mg/L$

② 3일 후에 남아있는 BOD 값을 구할 때는 잔존 공식을 이용한다.
$BOD_3 = BOD_u \times (10^{-K_1 \times t})$
$= 292.50mg/L \times 10^{-0.1/day \times 3day}$
$= 146.60mg/L$

answer 13 ㉯ 14 ㉯ 15 ㉮ 16 ㉱

17 다음 중 불소 제거를 위한 폐수처리 방법으로 가장 적합한 것은?

㉮ 화학침전 ㉯ P/L 공정
㉰ 살수여상 ㉱ UCT 공정

> **풀이** 불소제거법은 응집제거법, 활성알루미나법, 골탄법, 전기분해법이 있다.

18 1N H_2SO_4 용액으로 옳은 것은?

㉮ 용액 1mL 중 H_2SO_4 98g 함유
㉯ 용액 1,000mL 중 H_2SO_4 98g 함유
㉰ 용액 1,000mL 중 H_2SO_4 49g 함유
㉱ 용액 1mL 중 H_2SO_4 49g 함유

> **풀이** 1N H_2SO_4용액은 용액 1L(1,000mL) 중에서 H_2SO_4(황산) 1당량 g수(49g)가 함유된 것이다.

TIP
① H_2SO_4(황산)은 2당량
② 1당량 $g = \dfrac{98g}{2} = 49g$

19 Ca^{2+}의 농도가 40mg/L, Mg^{2+}의 농도가 24mg/L인 물의 경도(mg/L as $CaCO_3$)는? (단, Ca의 원자량은 40, Mg의 원자량은 24 이다.)

㉮ 100 ㉯ 150
㉰ 200 ㉱ 250

> **풀이**
> $\dfrac{경도(mg/L)}{50g} = \dfrac{Ca^{2+}(mg/L)}{20g} + \dfrac{Mg^{2+}(mg/L)}{12g}$
> $\dfrac{경도(mg/L)}{50g} = \dfrac{40mg/L}{20g} + \dfrac{24mg/L}{12g}$
> ∴ 경도 = 200mg/L as $CaCO_3$

TIP
① $\dfrac{경도(mg/L)}{50g} = \dfrac{Ca^{2+}(mg/L)}{20g} + \dfrac{Mg^{2+}(mg/L)}{12g}$
$+ \dfrac{Fe^{2+}(mg/L)}{28g} + \dfrac{Mn^{2+}(mg/L)}{27.5g} + \dfrac{Sr^{2+}(mg/L)}{43.8g}$
② $CaCO_3$의 분자량 = 40 + 12 + (3×16) = 100g
③ $CaCO_3$는 2당량이므로 1당량 $g = \dfrac{100g}{2} = 50g$
④ Ca^{2+}의 1당량 $g = \dfrac{40g}{2} = 20g$
⑤ Mg^{2+}의 1당량 $g = \dfrac{24g}{2} = 12g$

20 알칼리도(Alkalinity)에 관한 설명으로 틀린 것은?

㉮ 산을 중화시킬 수 있는 능력의 척도이다.
㉯ 알칼리도 유발물질은 수산화물, 중탄산염, 탄산염 등이다.
㉰ 알칼리도는 화학적 응집, 물의 연수화, 부식제어를 위한 자료로 이용된다.
㉱ pH 7까지 낮추는데 주입된 산의 양을 CaO ppm으로 환산한 값을 총알칼리도라 한다.

> **풀이** ㉱ 총알칼리도는 처음 pH에서 pH 4.5까지 소요된 산의 양을 $CaCO_3$ppm으로 환산한 값이다.

TIP
① $CaCO_3$ppm = $CaCO_3$mg/L
② 총 알칼리도 = M-알칼리도

answer 17 ㉮ 18 ㉰ 19 ㉰ 20 ㉱

21 유기물을 호기성으로 완전분해시 최종 산물은?

㉮ 이산화탄소와 메탄
㉯ 일산화탄소와 메탄
㉰ 이산화탄소와 물
㉱ 일산화탄소와 물

풀이 유기물(CHO)+O_2 → CO_2+H_2O

TIP
① 유기물은 탄소(C), 수소(H), 산소(O)로 구성되어 있다.
② 호기성 반응식은 유기물을 산소와 반응시켜 이산화탄소(CO_2)와 물(H_2O)이 발생된다.

22 침전현상의 분류 중 독립침전에 대한 설명으로 가장 적합한 것은?

㉮ 부유물의 농도가 낮은 상태에서 응결하지 않는 입자의 침전으로 입자의 특성에 따라 침전한다.
㉯ 서로 응결하여 입자가 점점 커져 속도가 빨라지는 침전이다.
㉰ 입자의 농도가 큰 경우의 침전으로 입자들이 너무 가까이 있을 때 행해지는 침전이다.
㉱ 입자들이 고농도로 있을 때의 침전으로 서로 접촉해 있을 때의 침전이다.

풀이 ㉯ Ⅱ형 침전(응결침전, 응집침전)
㉰ Ⅲ형 침전(지역침전, 간섭침전, 방해침전)
㉱ Ⅳ형 침전(압축침전, 압밀침전)

23 비점오염원의 특징으로 거리가 먼 것은?

㉮ 지표수 유출이 거의 없는 갈수시 하천수 수질악화에 큰 영향을 미친다.
㉯ 기상조건, 지질, 지형 등의 영향이 크다.
㉰ 빗물, 지하수 등에 의하여 희석되거나 확산되면서 넓은 장소로부터 배출된다.
㉱ 일간, 계절간의 배출량 변화가 크다.

풀이 ㉮ 지표수 유출이 많은 홍수시 하천수 수질악화에 큰 영향을 미친다.

TIP
① 비점오염원이란 도시, 도로, 농지, 산지, 공사장 등으로서 불특정장소에서 불특정하게 수질오염물질을 배출하는 배출원을 말한다.
② 점오염원이란 폐수배출시설, 하수발생시설, 축사 등으로서 관거·수로 등을 통하여 일정한 지점으로 수질오염물질을 배출하는 배출원을 말한다.

24 다음은 어떤 중금속에 관한 설명인가?

• 상온에서 유일하게 액체상태로 존재하는 금속이다.
• 인체에 증기로 흡입시 뇌 및 중추신경계에 큰 영향을 미친다.
• 체내에 축적되어 Hunter-Russel 증후군을 일으킨다.

㉮ Cr ㉯ Hg
㉰ Mn ㉱ As

풀이 ㉮ Cr(크롬) : 신장장해
㉰ Mn(망간) : 파킨슨씨 증후군과 유사한 증상
㉱ As(비소) : 피부 흑색(청색)화

answer 21 ㉰ 22 ㉮ 23 ㉮ 24 ㉯

25 pH 2인 용액의 수소이온[H^+] 농도(mol/L)는?

㉮ 0.01 ㉯ 0.1
㉰ 1 ㉱ 100

풀이 pH = -log[H^+] → [H^+] = 10^{-pH} mol/L이므로
pH 2 → [H^+] = 10^{-2} mol/L = 0.01 mol/L

TIP
① pH = -log[H^+] → [H^+] = 10^{-pH} mol/L
   pOH = -log[OH^-] → [OH^-] = 10^{-pOH} mol/L
② pH + pOH = 14
③ 산성 물질에서 pH = -log[H^+]
   알칼리성 물질에서 pH = 14 + log[OH^-]

26 A공장의 BOD 배출량은 400인의 인구당량에 해당한다. A공장의 폐수량이 200m^3/day일때 이 공장폐수의 BOD (mg/L)값은? (단, 1인이 하루에 배출하는 BOD는 50g 이다.)

㉮ 100 ㉯ 150
㉰ 200 ㉱ 250

풀이 BOD 총량(g/day)
= BOD농도(g/m^3)×폐수량(m^3/day)
50g/인·day×400인 = BOD농도(g/m^3)×200m^3/day
BOD농도(g/m^3) = $\frac{50g/인·day×400인}{200m^3/day}$
= 100g/m^3 = 100mg/L

TIP
① BOD 총량(g/day)
   = BOD농도(g/m^3)×폐수량(m^3/day)
② ppm = mg/L = g/m^3 이므로
   mg/L $\xrightarrow{×10^{-3}}$ kg/m^3

27 다음 중 조류를 이용한 산화지(oxidation pond)법으로 폐수를 처리할 경우에 가장 중요한 영향 인자는?

㉮ 산화지의 표면모양
㉯ 물의 색깔
㉰ 햇빛
㉱ 산화지 바닥 흙입자 모양

TIP 조류를 이용한 산화지법은 수심이 1m 이하에서 조류는 산화지의 표면에서 햇빛을 받아 광합성 작용을 하여 산화지내에서 산소(DO)를 공급하고 호기성 박테리아는 그 산소를 이용해 유기물을 분해하며 영향 물질을 조류에 공급해 박테리아와 조류의 공생관계에 의해 유기물을 처리하는 방법이다.

28 수자원에 대한 일반적인 설명으로 틀린 것은?

㉮ 호수는 미생물의 번식이 있고, 수온변화에 따른 성층이 형성된다.
㉯ 지표수는 무기물이 풍부하고 지하수보다 깨끗하며 연중 수온이 일정하다.
㉰ 수량면에서는 무한하지만 사용 목적이 극히 한정적인 수자원은 바닷물이다.
㉱ 호수는 물의 움직임이 적어 한 번 오염이 되면 회복이 어렵다.

풀이 ㉯ 지표수는 유기물이 풍부하고 지하수보다 오염이 심하고 수온의 변화가 심하다.

answer 25 ㉮ 26 ㉮ 27 ㉰ 28 ㉯

29 신도시를 중심으로 설치되며 생활오수는 하수처리장으로, 우수는 별도의 관거를 통해 직접 수역으로 방류하는 배제방식은?

㉮ 합류식   ㉯ 분류식
㉰ 직각식   ㉱ 원형식

TIP
하수배제방식 중 분류식은 오수관과 우수관이 별도의 관거로 분류되어 있으며 합류식은 오수관과 우수관이 별도의 관거로 분류되어 있지 않다.

30 62.5m³/h의 폐수가 24시간 균일하게 유입되는 폐수처리장의 침전지에서 이 침전지의 월류부하를 100m³/m·day로 할 때 월류위어의 유효길이는?

㉮ 10m   ㉯ 12m
㉰ 15m   ㉱ 50m

풀이
월류부하(m³/m·day)
$= \dfrac{\text{폐수량}(m^3/day)}{\text{월류위어의 유효길이}(m)}$

$100m^3/m\cdot day = \dfrac{62.5m^3/hr \times \dfrac{24hr}{1day}}{\text{월류위어의 유효길이}(m)}$

∴ 월류위어의 유효길이
$= \dfrac{62.5m^3/hr \times \dfrac{24hr}{1day}}{100m^3/m\cdot day} = 15m$

TIP
시간보정 방법
① $\dfrac{m^3}{day} = \dfrac{m^3}{hr} \times \dfrac{24hr}{1day}$
② $\dfrac{m^3}{day} = \dfrac{m^3}{min} \times \dfrac{60min}{1hr} \times \dfrac{24hr}{1day}$
③ $\dfrac{m^3}{day} = \dfrac{m^3}{sec} \times \dfrac{3,600sec}{1hr} \times \dfrac{24hr}{1day}$

31 다음 중 생물학적 원리를 이용하여 인(P)만을 효과적으로 제거하기 위한 고도처리 공법으로 가장 적합한 것은?

㉮ A/O 공법
㉯ A₂/O 공법
㉰ 4단계 Bardenpho 공법
㉱ 5단계 Bardenpho 공법

풀이
㉯ A₂/O공법 : 질소(N)와 인(P) 제거 공법
㉰ 4단계 Bardenpho 공법 : 질소(N) 제거 공법
㉱ 5단계 Bardenpho 공법 : 질소(N)와 인(P) 제거 공법

32 다음 중 수질오염공정시험기준에 의거 페놀류를 측정하기 위한 시료의 보존방법(①)과 최대보존기간(②)으로 가장 적합한 것은?

㉮ ① 현장에서 용존산소 고정 후 어두운 곳 보관 ② 8시간
㉯ ① 즉시 여과 후 4℃ 보관 ② 48시간
㉰ ① 4℃ 보관, H₃PO₄로 pH 4 이하 조정한 후 CuSO₄ 1g/L 첨가 ② 28일
㉱ ① 20℃ 보관, ② 즉시 측정

TIP
중요 시료의 보존방법
① 페놀 : 인산(H₃PO₄), pH 4 이하
② 유기인 : 염산(HCl), pH 5~9
③ PCB : 염산(HCl), pH 5~9
④ 시안 : 수산화나트륨(NaOH), pH 12 이상

answer 29 ㉯ 30 ㉰ 31 ㉮ 32 ㉰

33 다음 설명에 해당하는 폐수처리 공정은?

- 호기성 미생물을 이용한다.
- 대표적인 부착성장식 생물학적 처리 공법이다.
- 쇄석이나 플라스틱과 같은 여재를 채운 탱크에 폐수를 뿌려주어 유기물을 섭취 분해한다.
- 연못화 현상이 일어나거나 파리번식과 악취발생 우려가 있다.

㉮ 고정소각법 ㉯ 살수여상법
㉰ 라군법   ㉱ 활성슬러지법

풀이 생물학적 처리공법
① 부유성장식 생물학적 처리공법에는 활성슬러지법이 있다.
② 부착성장식 생물학적 처리공법에는 살수여상법과 회전원판법이 있다.

34 다음 중 크롬함유 폐수처리시 사용되는 크롬 환원제에 해당하지 않는 것은?

㉮ NH_2SO_4 ㉯ Na_2SO_3
㉰ $FeSO_4$ ㉱ SO_2

풀이 크롬함유 폐수처리시 사용되는 크롬 환원제로는 $FeSO_4$, $NaHSO_3$, Na_2SO_3, SO_2 등이 있다.

35 상수처리에 사용되는 오존살균에 관한 다음 설명 중 옳지 않은 것은?

㉮ 저장이 어려우므로 오존발생기를 이용하여 현장에서 생산한다.
㉯ 오존은 HOCl보다 더 강력한 산화제이다.
㉰ 상수의 최종살균을 위해 가장 권장되는 방법이다.
㉱ 수용액에서 오존은 매우 불안정하여 20℃의 증류수에서의 반감기는 20~30분 정도이다.

풀이 ㉰ 상수의 최종살균을 위해 가장 권장하는 방법은 염소소독이다.

TIP
① 최종 살균제로서 가장 중요한 조건은 잔류성이 있어야 한다.
② 잔류성이 없는 소독제로는 O_3(오존), UV(자외선)이 있다.
③ 잔류성이 있는 소독제로는 Cl_2(염소) 및 염소화합물이다.

36 20%의 수분을 포함하고 있는 폐기물을 연소시킨 결과 고위발열량은 2500kcal/kg이였다. 저위발열량은? (단, 추정식에 의한다.)

㉮ 2,480kcal/kg ㉯ 2,380kcal/kg
㉰ 2,020kcal/kg ㉱ 1,860kcal/kg

풀이 $Hl = Hh - 600 \times (9H + W)$

Hl : 저위발열량(kcal/kg)
Hh : 고위발열량(kcal/kg)
H : 수소의 함량
W : 수분의 함량

$Hl = 2,500 \text{kcal/kg} - 600 \times 0.2 = 2,380 \text{kcal/kg}$

answer 33 ㉯ 34 ㉮ 35 ㉰ 36 ㉯

TIP
기체연료의 발열량 계산
Hl = Hh - 480×H₂O량
- Hl : 저위발열량(kcal/Sm³)
- Hh : 고위발열량(kcal/Sm³)
- H₂O : 연료 연소시 발생되는 H₂O 개수

37 슬러지를 가열(210℃ 정도)·가압(210 atm 정도)시켜 슬러지 내의 유기물이 공기에 의해 산화되도록 하는 공법은?

㉮ 가열 건조 ㉯ 습식 산화
㉰ 혐기성 산화 ㉱ 호기성 소화

풀이 ㉰ 혐기성 소화 : 유기물을 무산소상태에서 처리하는 방법
㉱ 호기성 소화 : 유기물을 산소와 반응시켜 처리하는 방법

38 다음 중 폐기물의 고형화 처리방법에 해당되지 않는 것은?

㉮ 시멘트 기초법
㉯ 활성탄 흡착법
㉰ 유기중합체법
㉱ 열가소성 플라스틱법

풀이 ㉯ 활성탄 흡착법은 흡착제인 활성탄을 이용하여 오염물질을 흡착제거하는 방법이다.

TIP
폐기물의 고형화처리방법에는 열가소성 플라스틱법, 시멘트기초법, 유기중합체법, 피막형성법, 석회기초법, 유리화법 등이 있다.

39 다음 원자흡수분광광도 측정에 사용되는 가연성가스와 조연성가스의 조합 중 불꽃의 온도가 높으므로 불꽃 중에서 해리하기 어려운 내화성 산화물을 만들기 쉬운 원소의 분석에 가장 적합한 것은?

㉮ 아세틸렌-일산화이질소
㉯ 프로판-공기
㉰ 수소-공기
㉱ 석탄가스-공기

TIP
원자흡수분광광도 측정에 사용되는 가연성 가스와 조연성 가스의 조합
① 수소(H_2)-공기 : 원자외 영역에서 분석선을 갖는 원소 분석
② 아세틸렌(C_2H_2)-일산화이질소(N_2O) : 해리하기 어려운 내외성 산화물을 만들기 쉬운 원소
③ 프로판(C_3H_8)-공기 : 높은 감도가 요구될 때

40 폐기물공정시험기준에 따라 폐기물 중의 카드뮴을 원자흡수분광광도계로 분석할 때 측정파장은?

㉮ 123.6nm ㉯ 228.8nm
㉰ 583.3nm ㉱ 880nm

TIP
카드뮴의 원자흡수분광광도법
정량 범위는 사용하는 장치 및 측정조건에 따라 다르지만 228.8nm에서 0.002~2mg/L이고 정량한계는 0.002mg/L이다.

answer 37 ㉯ 38 ㉯ 39 ㉮ 40 ㉯

41 다음은 폐기물공정시험기준에 명시된 용기의 정의이다. ( ) 안에 알맞은 것은?

> ( )라 함은 취급 또는 저장하는 동안에 기체 또는 미생물이 침입하지 아니하도록 내용물을 보호하는 용기를 말한다.

㉮ 밀폐용기 ㉯ 기밀용기
㉰ 밀봉용기 ㉱ 차광용기

풀이 ㉮ 밀폐용기 : 이물질
㉯ 기밀용기 : 공기나 다른 가스
㉰ 밀봉용기 : 기체 또는 미생물
㉱ 차광용기 : 광선

42 함수율 40%(W/W)인 폐기물을 건조시켜 함수율 20%(W/W)로 하였다면 중량은 어떻게 변화되는가? (단, 비중은 모두 1.0 기준)

㉮ 원래의 1/4 로 된다.
㉯ 원래의 1/2 로 된다.
㉰ 원래의 3/4 로 된다.
㉱ 원래의 5/6 로 된다.

풀이 $W_1 \times (100-P_1) = W_2 \times (100-P_2)$

$\begin{bmatrix} W_1 : \text{건조 전 폐기물의 양} \\ W_2 : \text{건조 후 폐기물의 양} \\ P_1 : \text{건조 전 함수율(\%)} \\ P_2 : \text{건조 후 함수율(\%)} \end{bmatrix}$

따라서 $W_1 \times (100-40) = W_2 \times (100-20)$

$\therefore \dfrac{W_2}{W_1} = \dfrac{(100-40)}{(100-20)} = \dfrac{3}{4}$

43 탄소 30kg과 수소 15kg을 완전 연소시키는데 필요한 이론적인 산소의 양은?
(단, 각각의 성분은 완전 연소하여 이산화탄소와 물로 됨)

㉮ 200kg ㉯ 240kg
㉰ 280kg ㉱ 320kg

풀이 ① $C + O_2 \rightarrow CO_2$
12kg : 32kg
30kg : x_1

$\therefore x_1 = \dfrac{30kg \times 32kg}{12kg} = 80kg$

② $H_2 + \dfrac{1}{2}O_2 \rightarrow H_2O$

2kg : $\dfrac{1}{2} \times 32kg$

15kg : x_2

$\therefore x_2 = \dfrac{15kg \times \dfrac{1}{2} \times 32kg}{2kg} = 120kg$

③ 산소의 양 = $x_1 + x_2$
= 80kg + 120kg = 200kg

TIP
① 원자량
   탄소(C) : 12, 산소(O) : 16, 수소(H) : 1
② 분자량(kg)
   C = 12kg
   O_2 = 2×16 = 32kg
   H_2 = 2×1 = 2kg

answer 41 ㉰ 42 ㉰ 43 ㉮

44 다음 중 하부로부터 가스를 주입하여 모래를 띄운 후 이를 가열하여 상부로부터 폐기물을 주입하여 소각하는 형식은?

㉮ 유동상 소각로 ㉯ 회전식 소각로
㉰ 다단식 소각로 ㉱ 화격자 소각로

풀이 유동층 소각로(유동상 소각로)는 노의 하부로부터 가스를 주입하여 모래를 띄운 후 이를 가열시켜 상부에서 폐기물을 투입하여 소각하는 방법이다.

45 다음은 폐기물공정시험기준상 고상 또는 반고상 폐기물에 대해 지정폐기물의 매립방법을 결정하기 위한 용출시험 방법이다. ( ) 안에 적합한 것은?

> 시료 조제방법에 따라 조제한 시료 100g 이상을 정확히 달아 정제수에 염산을 넣어 pH를 5.8~6.3으로 한 용매(mL)를 시료 : 용매 = ( )(W/V)의 비로 2,000mL 삼각플라스크에 넣어 혼합한다.

㉮ 1 : 1   ㉯ 1 : 5
㉰ 1 : 10   ㉱ 1 : 50

TIP
용출시험방법의 적용범위는 고상 또는 반고상 폐기물에 대하여 폐기물관리법에서 규정하고 있는 지정폐기물의 판정 및 지정폐기물의 중간처리방법 또는 매립방법을 결정하기 위한 시험에 적용한다.

46 관거(pipe line)수거에 관한 설명으로 틀린 것은?

㉮ 자동화, 무공해화가 가능하다.
㉯ 가설 후에 경로 변경이 곤란하고 설치비가 높다.
㉰ 잘못 투입된 물건의 회수가 용이하다.
㉱ 큰 쓰레기는 파쇄, 압축 등의 전처리를 해야 한다.

풀이 ㉰ 잘못 투입된 물건의 회수가 용이하지 못하다.

47 다음 중 유기성 폐기물의 퇴비화 특성으로 가장 거리가 먼 것은?

㉮ 생산된 퇴비는 비료가치가 높으며, 퇴비 완성시 부피감소율이 70% 이상으로 큰 편이다.
㉯ 초기 시설투자비가 낮고, 운영시 소요에너지도 낮은 편이다.
㉰ 다른 폐기물 처리기술에 비해 고도의 기술수준이 요구되지 않는다.
㉱ 퇴비제품의 품질 표준화가 어렵고, 부지가 많이 필요한 편이다.

풀이 ㉮ 생산된 퇴비는 비료가치가 낮고 퇴비 완성시 부피감소율이 50% 이하로 낮은 편이다.

answer 44 ㉮ 45 ㉰ 46 ㉰ 47 ㉮

48 착화온도에 관한 다음 설명 중 옳은 것은?

㉮ 분자구조가 간단할수록 착화온도는 낮아진다.
㉯ 발열량이 작을수록 착화온도는 낮아진다.
㉰ 활성화에너지가 작을수록 착화온도는 높아진다.
㉱ 화학결합의 활성도가 클수록 착화온도는 낮아진다.

풀이 ㉮ 분자구조가 간단할수록 착화온도는 높아진다.
㉯ 발열량이 작을수록 착화온도는 높아진다.
㉰ 활성화에너지가 작을수록 착화온도는 낮아진다.

49 매립지에서의 가스 생성과정을 크게 4단계로 분류할 때 각 단계에 관한 일반적인 설명으로 옳지 않은 것은?

㉮ 1단계 : 호기성 단계로 O_2가 소모되며, CO_2 발생이 시작된다.
㉯ 2단계 : 호기성 전이 단계이며 NO_3^-가 산화되기 시작한다.
㉰ 3단계 : 혐기성 단계이며 CH_4가 발생하기 시작한다.
㉱ 4단계 : 정상적인 혐기단계로 CH_4와 CO_2의 함량이 거의 일정하다.

풀이 ㉯ 2단계 : 혐기성 비메탄단계이며 혐기성 단계지만 CH_4(메탄)가 형성되지 않고 H_2(수소)가 생성되기 시작하고 SO_4^{2-}(황산이온), NO_3^-(질산이온) 등이 환원된다.

50 500,000명이 거주하는 지역에서 1주일 동안 10,780m^3의 쓰레기를 수거하였다. 쓰레기 밀도가 0.5톤/m^3이면 1인 1일 쓰레기 발생량은?

㉮ 1.29kg/인·일   ㉯ 1.54kg/인·일
㉰ 1.82kg/인·일   ㉱ 1.91kg/인·일

풀이 쓰레기 발생량(kg/인·일)

$= \dfrac{\text{쓰레기 밀도}(kg/m^3) \times \text{수거한 쓰레기양}(m^3/day)}{\text{거주지역 인구수(인)}}$

$= \dfrac{0.5ton/m^3 \times 10^3 kg/ton \times 10,780m^3/\text{주} \times 1\text{주}/7\text{일}}{500,000\text{인}}$

$= 1.54 kg/\text{인·일}$

51 4,000,000ton/year의 쓰레기를 하루에 6,667명의 인부가 수거하고 있다면 수거능력(MHT)은? (단, 수거인부의 1일 작업시간은 8시간, 1년 작업일수는 300일로 한다.)

㉮ 3   ㉯ 4
㉰ 5   ㉱ 6

풀이 MHT(man·hr/ton)

$= \dfrac{\text{작업인부수(man)} \times \text{작업시간(hr)}}{\text{쓰레기의 양(ton)}}$

$= \dfrac{6,667\text{인} \times 8hr/day \times 300day/year}{4,000,000ton/year}$

$= 4.0 MHT$

TIP
① 수거능력을 MHT라 하고 단위는 man·hr/ton이다.
② MHT의 값이 작을수록 수거효율이 높다.

answer 48 ㉱ 49 ㉯ 50 ㉯ 51 ㉯

52 다음 중 적환장의 위치로 적당하지 않은 곳은?

㉮ 쉽게 간선도로에 연결될 수 있고 2차 보조 수송수단에의 연결이 쉬운 곳
㉯ 수거해야 할 쓰레기 발생지역의 무게중심으로부터 먼 곳
㉰ 공중의 반대가 적고 환경적 영향이 최소인 곳
㉱ 건설과 운용이 가장 경제적인 곳

▶ 풀이 ㉯ 수거해야 할 쓰레기 발생지역의 무게 중심으로부터 가까운 곳

53 다음은 폐기물의 매립공법에 관한 설명이다. 가장 적합한 것은?

> 쓰레기를 매립하기 전에 이의 감량화를 목적으로 먼저 쓰레기를 일정한 더미형태로 압축하여 부피를 감소시킨 후 포장을 실시하여 매립하는 방법으로 쓰레기 발생량 증가와 매립지 확보 및 사용년한 문제에 있어서 운반이 쉽고 안정성이 유리하다는 것과 지가(地價)가 비쌀 경우 유효한 방법이다.

㉮ 압축매립공법   ㉯ 도랑형공법
㉰ 셀공법   ㉱ 순차투입공법

▶ 풀이
㉯ 도랑형 공법 : 폭 20m, 깊이 10m 정도의 도랑을 판 다음 일정한 두께로 쓰레기를 매립한 다음 인근 도랑에서 굴착한 흙으로 복토하는 방법
㉰ 셀공법 : 경사를 20% 전후로 하여 쓰레기를 셀모양으로 쌓고 각각의 셀에 복토하는 방법
㉱ 순차투입공법 : 해양매립공법으로 중간제방을 설치해 쓰레기를 순차적으로 매립하는 방법

54 다음 중 슬러지 개량(conditioning)방법에 해당하지 않는 것은?

㉮ 슬러지 세척   ㉯ 열처리
㉰ 약품처리   ㉱ 관성분리

> **TIP**
> 슬러지 개량의 방법에는 슬러지 세척, 열처리, 약품처리 등이 있으며 슬러지 개량의 목적은 탈수성 향상이다.

55 다음은 폐기물관리법상 용어의 정의이다. ( )안에 알맞은 것은?

> ( )이란 보건·의료기관, 동물병원, 시험·검사기관 등에서 배출되는 폐기물 중 인체에 감염 등 위해를 줄 우려가 있는 폐기물과 인체 조직 등 적출물, 실험동물의 사체 등 보건·환경보호상 특별한 관리가 필요하다고 인정되는 폐기물로서 대통령령으로 정하는 폐기물을 말한다.

㉮ 병원폐기물   ㉯ 의료폐기물
㉰ 적출폐기물   ㉱ 기관폐기물

▶ 풀이 위의 내용은 의료폐기물에 대한 정의이다.

answer 52 ㉯   53 ㉮   54 ㉱   55 ㉯

56 진동수가 100Hz, 속도가 50m/s인 파동의 파장은?

㉮ 0.5m ㉯ 1m
㉰ 1.5m ㉱ 2m

풀이 $V = f \times \lambda$

- V : 전파속도(m/sec)
- f : 진동수(회/sec 또는 Hz)
- λ : 파동의 파장(m)

따라서 $\lambda = \dfrac{V}{f} = \dfrac{50\text{m/sec}}{100\text{Hz}} = 0.5\text{m}$

57 다음 중 중이(中耳)에서 음의 전달매질은?

㉮ 음파 ㉯ 공기
㉰ 림프액 ㉱ 뼈

TIP
음의 매질
① 외이에서 음의 매질 : 기체(공기)
② 중이에서 음의 매질 : 고체(뼈)
③ 내이에서 음의 매질 : 액체(림프액)

58 어느 벽체에서 입사음의 세기가 10^{-2} W/m²이고, 투과음의 세기가 10^{-4}W/m²이다. 이 벽체의 투과손실은?

㉮ 10dB ㉯ 15dB
㉰ 20dB ㉱ 30dB

풀이 $TL = 10\log\dfrac{1}{\tau}$

- TL : 투과손실(dB)
- τ : 투과율

$\tau = \dfrac{1}{\dfrac{\text{투과음 세기}}{\text{입사음 세기}}}$

따라서 $TL = 10\log\dfrac{1}{\dfrac{10^{-4}(\text{W/m}^2)}{10^{-2}(\text{W/m}^2)}} = 20\text{dB}$

59 다음은 소음·진동 환경오염 공정시험기준에서 사용되는 용어의 정의이다. ( )안에 알맞은 것은?

( )란 임의의 측정시간동안 발생한 변동소음의 총 에너지를 같은 시간 내의 정상소음의 에너지로 등가하여 얻어진 소음도를 말한다.

㉮ 등가소음도 ㉯ 평가소음도
㉰ 배경소음도 ㉱ 정상소음도

TIP
임의의 측정시간동안 발생한 변동소음의 총 에너지를 같은 시간 내의 정상소음의 에너지로 등가하여 얻어진 소음도를 등가소음도라 한다.

60 측정소음레벨이 84dB(A)이고, 배경소음레벨이 75dB(A)일 때 대상소음레벨은?

㉮ 74dB(A) ㉯ 83dB(A)
㉰ 84dB(A) ㉱ 85dB(A)

풀이 대상소음레벨 = $10\log(10^{\frac{84}{10}} - 10^{\frac{75}{10}})$
= 83.42dB = 83dB

answer 56 ㉮ 57 ㉱ 58 ㉰ 59 ㉮ 60 ㉯

2010 5회 과년도 기출문제

2010년 10월 3일 시행

01 유동층 흡착장치에 관한 설명으로 옳지 않은 것은?

㉮ 가스의 유속을 빠르게 할 수 있다.
㉯ 다단의 유동층을 이용하여 가스와 흡착제를 향류로 접촉시킬 수 있다.
㉰ 흡착제의 마모가 적게 일어난다.
㉱ 조업조건에 따른 주어진 조건의 변동이 어렵다.

풀이 ㉰ 흡착제의 마모가 크게 일어난다.

02 2대의 집진장치가 직렬로 배치되어 있다. 1차 집진장치의 집진율은 80%이고 2차 집진장치의 집진율은 90%일 때 총 집진효율은?

㉮ 85% ㉯ 90%
㉰ 95% ㉱ 98%

풀이 $\eta_T = 1-(1-\eta_1)\times(1-\eta_2)$

- η_T : 총 집진효율
- η_1 : 1차 집진장치의 효율
- η_2 : 2차 집진장치의 효율

따라서 $\eta_T = 1-(1-0.8)\times(1-0.9) = 0.98$
∴ 98%

03 1,000m³/분의 배출가스를 여과집진시설을 이용하여 겉보기 여과속도 1cm/sec로 처리하고자 할 때 필요한 filter bag의 수량은? (단, filter bag 사양 : 반지름 78mm, 유효길이 3m)

㉮ 829개 ㉯ 1,134개
㉰ 2,268개 ㉱ 3,802개

풀이 $Q = \pi \cdot D \cdot L \cdot V_f \cdot n$

- Q : 배출가스량(m³/sec)
- D : 직경(m)
- L : 유효길이(m)
- V_f : 겉보기 여과속도(m/sec)
- n : 백의 개수

따라서 $n = \dfrac{Q}{\pi \cdot D \cdot L \cdot V_f}$

$= \dfrac{1,000\text{m}^3/\text{min}\times 1\text{min}/60\text{sec}}{\pi \times 2\times 0.078\text{m}\times 3\text{m}\times 0.01\text{m/sec}}$

$= 1133.58 = 1134$개

TIP
① D(직경) = 2×r(반지름) = 2×78mm
    = 2×78×10⁻³m = 2×0.078m
② V_f(여과속도) 1cm/sec
    = 1×10⁻²m/sec = 0.01m/sec

answer 01 ㉰ 02 ㉱ 03 ㉯

04 다음 설명하는 대기오염물질에 해당하는 것은?

- 강산화제로 작용하고, 눈에 통증을 일으킨다.
- 빛을 분산시키므로 가시거리를 단축시킨다.
- 화학식은 $CH_3COOONO_2$

㉮ Acetic acid ㉯ PAN
㉰ PBN ㉱ CFC

풀이 PAN(Peroxy Acetyl Nitrate)에 대한 설명이다.

05 세정집진장치의 입자 포집원리로 가장 거리가 먼 것은?

㉮ 관성충돌 ㉯ 확산작용
㉰ 응집작용 ㉱ 여과작용

풀이 세정집진장치의 포집원리는 관성충돌, 확산작용, 응집작용이다.

06 원심력 집진장치의 집진효율을 높이는 방법으로 옳지 않은 것은?

㉮ 배기관경이 클수록 입경이 작은 먼지를 제거할 수 있다.
㉯ 한계 입구유속 내에서는 그 입구유속이 클수록 효율은 높은 반면 압력손실도 높아진다.
㉰ 고농도일 경우는 병렬연결하여 사용하고, 응집성이 강한 먼지는 직렬연결(단수 3단이내)하여 사용한다.
㉱ 침강먼지 및 미세먼지의 재비산을 막기 위해 스키어와 회전깃 등을 설치한다.

풀이 ㉮ 배기관경이 작을수록 입경이 작은 먼지를 제거할 수 있다.

07 다음 중 포집먼지의 중화가 적당한 속도로 행해지기 때문에 이상적인 전기집진이 이루어질 수 있는 전기저항의 범위로 가장 적절한 것은?

㉮ $10^2 \sim 10^4 \Omega \cdot cm$
㉯ $10^5 \sim 10^{10} \Omega \cdot cm$
㉰ $10^{12} \sim 10^{14} \Omega \cdot cm$
㉱ $10^{15} \sim 10^{18} \Omega \cdot cm$

풀이 ① 효율이 우수할 때는 $10^4 \sim 10^{11} \Omega \cdot cm$
② 재비산 현상은 $10^4 \Omega cm$ 이하
③ 역전리 현상은 $10^{11} \Omega cm$ 이상

08 정지 공기 중에서 침강하는 직경이 3μm인 구형입자의 종말침강속도는? (단, 스톡스 법칙을 적용하며, 입자의 밀도는 $5.2g/cm^3$, 점성계수는 $1.85 \times 10^{-5} kg/m \cdot sec$ 이다.)

㉮ 0.115cm/s ㉯ 0.138cm/s
㉰ 0.234cm/s ㉱ 0.345cm/s

풀이 $Vg = \dfrac{d^2(\rho_s - \rho)g}{18\mu}$

Vg : 침강속도(cm/sec)
ρ_s : 입자의 밀도(g/cm³)
ρ : 가스의 밀도(g/cm³)
g : 중력가속도(980cm/sec²)
μ : 점성계수(g/cm·sec)

따라서
$Vg = \dfrac{(3 \times 10^{-4} cm)^2 \times 5.2 g/cm^3 \times 980 cm/sec^2}{18 \times 1.85 \times 10^{-4} g/cm \cdot sec}$
$= 0.138 cm/sec$

answer 04 ㉯ 05 ㉱ 06 ㉮ 07 ㉯ 08 ㉯

TIP
① ρ(가스의 밀도)는 0.0013g/cm³로 매우 작은 값이므로 생략함.
② 점성계수 : kg/m·sec×10 → g/cm·sec
③ 직경 3μm = 3×10⁻⁴cm = 3×10⁻⁶m

09 사이클론으로 100% 집진할 수 있는 최소 입경을 의미하는 것은?

㉮ 절단입경 ㉯ 기하학적 입경
㉰ 임계입경 ㉱ 유체역학적 입경

풀이 ① 100% 제거입경
= 임계입경 = 한계입경 = 최소제거입경
② 50% 제거입경 = 절단입경 = Cut size

10 다음에서 설명하는 실내공기 오염물질은?

• 자연 방사능 물질 중의 하나이다.
• 무색, 무취의 기체로 공기보다 9배 정도 무겁다.
• 주요 발생원은 토양, 시멘트, 콘크리트, 대리석 등의 건축자재와 지하수, 동굴 등이다.

㉮ 석면
㉯ 라돈
㉰ 포름알데히드
㉱ 휘발성 유기화합물

풀이 ㉯ 라돈(Rn)에 대한 설명이다.

11 중력 집진장치의 집진효율 향상 조건으로 옳지 않은 것은?

㉮ 침강실 내의 처리가스 속도를 크게 한다.
㉯ 침강실 내의 처리가스의 흐름을 균일하게 한다.
㉰ 침강실의 높이를 적게 하고, 길이를 길게 한다.
㉱ 다단일 경우에는 단수가 증가될수록 압력손실은 커지나 효율은 증가한다.

풀이 ㉮ 침강실 내의 처리가스 속도를 작게 한다.

12 다음 건조한 대기의 화학적 구성 중 농도가 가장 높은 것은?

㉮ 질소 ㉯ 산소
㉰ 아르곤 ㉱ 이산화탄소

풀이 대기의 화학적 조성 순서
질소 > 산소 > 아르곤 > 이산화탄소 > 네온 > 헬륨 > 메탄

13 여과집진장치의 특징으로 가장 거리가 먼 것은?

㉮ 폭발성, 점착성 및 흡습성의 먼지제거에 매우 효과적이다.
㉯ 가스 온도에 따라 여재의 사용이 제한된다.
㉰ 수분이나 여과속도에 대한 적용성이 낮다.
㉱ 여과재의 교환으로 유지비가 고가이다.

풀이 ㉮ 폭발성, 점착성 및 흡습성의 먼지제거가 곤란하다.

answer 09 ㉰ 10 ㉯ 11 ㉮ 12 ㉮ 13 ㉮

14 다음 오염물질 중 "알루미늄공업, 요업, 인산비료공업, 유리공업"등이 주요 배출관련 업종인 것은?

㉮ NH_3 ㉯ HF
㉰ Cd ㉱ Pb

> 풀이
> ㉮ NH_3 : 도금공업, 냉동공업
> ㉰ Cd : 아연제련공업, 합금공업, 안료공업
> ㉱ Pb : 인쇄공업, 도가니제조공업, 축전지제조공업, 페인트공업

15 여름철 광화학 스모그의 일반적인 발생조건으로만 옳게 묶여진 것은?

㉠ 반응성 탄화수소의 농도가 크다.
㉡ 기온이 높고 자외선이 강하다.
㉢ 대기가 매우 불안정한 상태이다.

㉮ ㉠, ㉡ ㉯ ㉠, ㉢
㉰ ㉡, ㉢ ㉱ ㉢

> 풀이
> ㉢ 대기가 매우 안정한 상태이다.

> **TIP**
> 광화학 스모그의 3대요소
> ① $NO_x(NO, NO_2)$
> ② HC(올레핀계)
> ③ 자외선

16 여과재 운전 중에 발생하는 주요 문제점으로 가장 거리가 먼 것은?

㉮ 여재의 부패
㉯ 진흙덩어리의 축적
㉰ 여재층의 수축
㉱ 공기결합

> 풀이
> 여과재 운전 중에 발생하는 주요 문제점은 진흙덩어리의 축적, 여재층의 수축, 공기결합(모래층에 공기기포 생성)이다.

17 다음 중 폐수처리의 대표적인 부착성장식 생물학적 처리 공법은?

㉮ 활성슬러지법 ㉯ 이온교환법
㉰ 살수여상법 ㉱ 임호프탱크

> **TIP**
> • 생물학적 처리방법에는 부유성장식과 부착성장식으로 나눌 수 있다.
> • 부유성장식의 대표공법은 활성슬러지법이며, 부착성장식의 대표공법은 살수여상법과 회전원판법이 있다.

18 다음 수처리 공정 중 스톡스(Stokes) 법칙이 가장 잘 적용되는 공정은?

㉮ 1차 소화조 ㉯ 1차 침전지
㉰ 살균조 ㉱ 포기조

> 풀이
> Stokes 법칙은 중력침강에 적용되므로 1차 침전지가 해당된다.

> **TIP**
> $$V_s = \frac{d^2(\rho_s - \rho_w)g}{18\mu}$$
> V_s : 침강속도(cm/sec)
> d : 직경(cm)
> ρ_s : 입자의 밀도(g/cm³)
> ρ_w : 물의 밀도(g/cm³)
> g : 중력가속도(980cm/sec²)
> μ : 점성계수(g/cm·sec)

answer 14 ㉯ 15 ㉮ 16 ㉮ 17 ㉰ 18 ㉯

19 0.05N-HCl 용액의 pH는 얼마인가?
(단, HCl은 100% 이온화한다.)

㉮ 1 ㉯ 1.3
㉰ 3 ㉱ 5

풀이
HCl → H$^+$ + Cl$^-$
0.05M   0.05M   0.05M
pH = -log[H$^+$] = -log[0.05M] = 1.30

TIP
① 1가 물질은 M농도 = N 농도
② HCl은 1가 물질이므로 0.05N = 0.05M
③ 산성 물질에서 pH = -log[H$^+$]
④ 알칼리성 물질에서 pH = 14 + log[OH$^-$]

20 추운 겨울에 호수가 표면부터 어는 현상 및 호수의 전도현상과 가장 밀접한 연관이 있는 물의 특성은?

㉮ 증산 ㉯ 밀도
㉰ 증발열 ㉱ 용해도

풀이 봄, 가을에는 일정한 방향을 가진 흐름은 없으나 밀도변화에 의한 수직운동이 일어난다.

21 수질오염공정시험기준에 의거 부유물질(SS)을 측정하고자 할 때 반드시 필요한 것은?

㉮ 배지
㉯ Gas Chromatography
㉰ 배양기
㉱ GF/C 여지

TIP
미리 무게를 단 유리섬유 여과지(GF/C)를 여과장치에 부착하여 일정량의 시료를 여과시킨 다음 항량으로 건조하여 무게를 달아 여과 전·후의 유리섬유 여과지의 무게를 산출하여 부유물질의 양을 구하는 방법이다.

22 상수처리시 오존주입에 관한 설명으로 옳은 것은?

㉮ 생물학적 분해 불가능한 유기물 처리에도 적용할 수 있다.
㉯ 트리할로메탄의 생성이 큰 문제로 대두된다.
㉰ 잔류성이 커서 살균 후 미생물의 증식에 의한 2차 오염의 우려가 없다.
㉱ 시설 및 장비가 간단하고 고도의 운전기술이 불필요하다.

풀이
㉯ 트리할로메탄(THM)은 염소소독에서 발생한다.
㉰ 오존은 잔류성이 없다.
㉱ 시설 및 장비가 복잡하고, 고도의 운전기술이 필요하다.

23 탈산소 계수가 0.15/day인 어느 유기물질의 BOD$_5$가 200ppm이었다. 2일 후에 남아있는 BOD는? (단, 상용대수 적용)

㉮ 105 ㉯ 118
㉰ 122 ㉱ 136

풀이
① BOD$_5$ = BOD$_u$×(1-10$^{-k_1 \times t}$)
200ppm = BOD$_u$×(1-10$^{-0.15/day \times 5day}$)
∴ BOD$_u$ = $\frac{200ppm}{1-10^{-0.15/day \times 5day}}$ = 243.26ppm

② BOD$_2$ = BOD$_u$×10$^{-k_1 \times t}$
= 243.26ppm×10$^{-0.15/day \times 2day}$
= 121.92ppm

TIP
① 2일 후에 남아있는 BOD를 계산할 때는 잔존공식 이용 BOD$_2$ = BOD$_u$×10$^{-k_1 \times t}$
② 문제조건처럼 일반적인 조건인 경우는 소모공식 이용 BOD$_5$ = BOD$_u$×(1-10$^{-k_1 \times t}$)

answer 19 ㉯ 20 ㉯ 21 ㉱ 22 ㉮ 23 ㉰

24 하천에 유입되는 폐수량이 3,000m³/일이며, 수중에서 0.1ppm의 Cr을 함유하고 있을 때, 유입되는 Cr 량은?

㉮ 0.3 kg Cr/일 ㉯ 3.0 kg Cr/일
㉰ 30 kg Cr/일   ㉱ 300 kg Cr/일

풀이 유입되는 Cr의 양(kg/day)
= Cr의 농도(kg/m³)×폐수량(m³/day)
= $0.1×10^{-3}$kg/m³×3000m³/day = 0.3kg/day

TIP
① ppm = mg/L = g/m³ 이므로
ppm $\xrightarrow{×10^{-3}}$ kg/m³
② Cr의 농도 0.1ppm = $0.1×10^{-3}$kg/m³

25 부유물질(SS)의 측정대상으로 가장 적합한 것은?

㉮ 특정용매에 용해되어 있는 액체상 물질
㉯ 기름상의 물질
㉰ 생물학적으로 분해되는 유기물질
㉱ 여과에 의하여 분리되는 물질

풀이 부유물질(SS)은 여과에 의하여 분리되는 물질로 중량법으로 농도를 계산한다.

26 폐수 중의 오염물질을 제거할 때 부상이 침전보다 좋은 점을 설명한 것으로 가장 적합한 것은?

㉮ 침전속도가 느린 작거나 가벼운 입자를 짧은 시간 내에 분리시킬 수 있다.
㉯ 침전에 의해 분리되기 어려운 유해중금속을 효과적으로 분리시킬 수 있다.
㉰ 침전에 의해 분리되기 어려운 색도 및 경도 유발물질을 효과적으로 분리시킬 수 있다.
㉱ 침전속도가 빠르고 큰 입자를 짧은 시간 내에 분리시킬 수 있다.

풀이 부상법은 입자의 밀도가 물의 밀도보다 작아서 가벼운 입자에 주로 적용하는 방법이다.

27 수중 용존산소와 관련된 일반적인 설명으로 옳지 않은 것은?

㉮ 온도가 높을수록 용존산소값은 감소한다.
㉯ 물의 흐름이 난류일 때 산소의 용해도는 높다.
㉰ 유기물질이 많을수록 용존산소값은 커진다.
㉱ 일반적으로 용존산소값이 클수록 깨끗한 물로 간주할 수 있다.

풀이 ㉰ 유기물질이 많을수록 용존산소값은 작아진다.

TIP
유기물질이 많을수록 용존산소값이 작아지는 이유는 유기물질이 많으면 미생물이 유기물을 분해하는 데 용존산소를 많이 소모하므로 물속의 용존산소가 작아진다.

answer 24 ㉮ 25 ㉱ 26 ㉮ 27 ㉰

28 혐기성 소화조의 완충능력(Buffer capacity)을 표현하는 것으로 가장 적합한 것은?

㉮ 탁도
㉯ 경도
㉰ 알칼리도
㉱ 응집도

[풀이] 혐기성 소화조의 완충능력(Buffer Capacity)은 알칼리도(Alkalinity)로 나타낸다.

29 다음은 미생물의 성장단계에 관한 설명이다. ( )안에 알맞은 것은?

( )란 일정한 양의 에너지와 영양분이 한번만 주어지는 회분식 배양에서 접종 전 배양말기의 불리한 조건에서 대사산물이나 효소가 고갈된 접종세포가 새로운 환경에 적응할 때까지의 소요기간을 말한다.

㉮ 내생호흡기
㉯ 지체기
㉰ 감소성장기
㉱ 대수성장기

30 다음 중 침사지 설치의 주요 목적으로 가장 거리가 먼 것은?

㉮ 모래와 자갈 등의 제거
㉯ 콜로이드 물질의 제거
㉰ 비중이 큰 무기물질의 제거
㉱ 산기관 막힘 방지

[풀이] 침사지는 무기물 제거가 목적이다.

31 C_2H_5OH의 완전산화시 ThOD/TOC의 비는?

㉮ 1.92
㉯ 2.67
㉰ 3.31
㉱ 4

[풀이] $C_2H_5OH + 3O_2 \rightarrow 2CO_2 + 3H_2O$

$$\frac{\text{ThOD(이론적 산소요구량)}}{\text{TOC(유기물 중 탄소량)}} = \frac{3 \times 32\text{kg}}{2 \times 12\text{kg}} = 4.0$$

32 화학적 산소요구량(COD)에 대한 설명으로 옳은 것은?

㉮ 측정하는데 5일이 소요된다.
㉯ 생물화학적 산소요구량과 동일한 값을 나타낸다.
㉰ 미생물에 의해 분해되지 않는 유기물도 산화시킨다.
㉱ 시료 중의 호기성 미생물의 증식과 호흡작용에 의해 소비되는 용존산소의 양을 측정하는 방법이다.

[풀이] ㉮, ㉯, ㉱는 BOD(생물화학적 산소요구량)에 대한 설명이다.

answer 28 ㉰ 29 ㉯ 30 ㉯ 31 ㉱ 32 ㉰

33 포기조의 유입량은 1765m³/day, BOD총량은 250kg/day일 때, BOD 용적부하를 0.4kg/m³·day로 하였다. 포기조 체류시간은 얼마인가?

㉮ 12.5h ㉯ 10.5h
㉰ 8.5h   ㉱ 7.5h

풀이 ① BOD 용적부하(kg/m³·day)

$$= \frac{\text{BOD농도}(kg/m^3) \times \text{유량}(m^3/day)}{\text{용적}(m^3)}$$

$$0.4kg/m^3 \cdot day = \frac{250kg/day}{V(m^3)}$$

$$\therefore V = \frac{250kg/day}{0.4kg/m^3 \cdot day} = 625m^3$$

② 체류시간(hr)

$$= \frac{\text{용적}(m^3)}{\text{유량}(m^3/hr)} = \frac{625m^3}{1765m^3/day \times 1day/24hr}$$

$$= 8.50hr$$

TIP BOD 총량 = BOD 농도(kg/m³)×유량(m³/day)

34 물속에서 단백질과 같은 유기질소의 질산화가 진행될 때 다음 중 가장 늦게 생성되는 물질은?

㉮ Org-N   ㉯ NH_3-N
㉰ NO_2-N ㉱ NO_3-N

풀이 ① 질산화 과정 : NH_3-N → NO_2-N → NO_3-N
② 탈질화 과정 : NO_3-N → NO_2-N → 대기 중 N_2

35 입자의 농도가 큰 경우의 침전으로 입자들이 서로 방해함으로써 독립적으로 침전하지 못하고 침전물과 액체사이에 경계면을 이루면서 진행되는 침전형태로서 방해침전이라고도 하는 것은?

㉮ 독립침전   ㉯ 응집침전
㉰ 지역침전   ㉱ 압축침전

풀이 ㉰ 지역침전(Ⅲ형 침전)에 대한 설명이다.

36 다음 설명하는 폐기물 안정화법에 해당하는 것은?

- 고농도의 중금속 폐기물에 적합하다.
- 가장 널리 사용되는 방법 중 하나로 포틀랜드 시멘트를 이용한다.
- 중금속이온이 불용성의 수산화물이나 탄산염으로 침전된다.

㉮ 유리화법
㉯ 석회기초법
㉰ 시멘트기초법
㉱ 열가소성 플라스틱법

풀이 문제에 대한 설명은 폐기물 안정화법 중 시멘트기초법에 대한 설명이다.

37 다음 중 퇴비화 공정에 있어서 분해가 가장 더딘 물질은?

㉮ 아미노산   ㉯ 리그닌
㉰ 탄수화물   ㉱ 글루코오스

풀이 섬유질인 리그닌이 분해가 가장 느리다.

answer 33 ㉰ 34 ㉱ 35 ㉰ 36 ㉰ 37 ㉯

38 폐기물관리법령상 지정폐기물의 종류 중 부식성폐기물의 폐알칼리 기준으로 옳은 것은?

㉮ 액체상태의 폐기물로서 수소이온농도 지수가 2.0 이하인 것으로 한정한다.
㉯ 액체상태의 폐기물로서 수소이온농도 지수가 5.6 이하인 것으로 한정한다.
㉰ 액체상태의 폐기물로서 수소이온농도 지수가 8.6 이상인 것으로 한정하며, 수산화칼륨 및 수산화나트륨을 포함한다.
㉱ 액체상태의 폐기물로서 수소이온농도 지수가 12.5 이상인 것으로 한정하며, 수산화칼륨 및 수산화나트륨을 포함한다.

풀이
① 폐산 : pH 2.0 이하
② 폐알칼리 : pH 12.5 이상

39 A도시의 쓰레기를 분류하여 다음 표와 같은 결과를 얻었다. 이 쓰레기의 평균 함수율(%)은?

성 분	구성중량(%)	함수율(%)
연탄재	50	10
주방쓰레기	30	50
종이쓰레기	20	5

㉮ 15%
㉯ 18%
㉰ 21%
㉱ 24%

풀이 쓰레기의 평균 함수율(%)
= 50×0.1+30×0.5+20×0.05 = 21%

40 다음 중 로타리킬른 방식의 장점으로 거리가 먼 것은?

㉮ 열효율이 높고, 적은 공기비로도 완전 연소가 가능하다.
㉯ 예열이나 혼합 등 전처리가 거의 필요 없다.
㉰ 드럼이나 대형용기를 파쇄하지 않고 그대로 투입할 수 있다.
㉱ 습식가스 세정시스템과 함께 사용할 수 있다.

풀이 ㉮ 열효율이 30 ~ 40% 정도로 낮다.

41 폐기물을 파쇄처리할 때 발생하는 문제점으로 가장 거리가 먼 것은?

㉮ 먼지 발생
㉯ 소음 및 진동 발생
㉰ 폭발 발생
㉱ 침출수 발생

풀이 ㉱ 침출수 발생은 매립시 문제점이다.

42 폐기물 분석을 위한 시료의 축소방법에 해당하지 않는 것은?

㉮ 구획법
㉯ 원추4분법
㉰ 교호삽법
㉱ 면체분할법

풀이 시료의 축소방법은 구획법, 원추4분법, 교호삽법이 있다.

answer 38 ㉱ 39 ㉰ 40 ㉮ 41 ㉱ 42 ㉱

43 폐기물을 소각처리시 연료가 잘 연소되기 위해서 갖추어야 할 조건으로 가장 거리가 먼 것은?

㉮ 공기연료비가 적절해야 한다.
㉯ 공기와 연료가 잘 혼합되어야 한다.
㉰ 완전연소를 위해 가능한 체류시간이 짧아야 한다.
㉱ 소각로는 점화온도가 유지되고 재의 방출이 최소가 되어야 한다.

풀이 ㉰ 완전연소를 위해 가능한 체류시간이 길어야 한다.

44 다음 중 소각로 형식으로 가장 거리가 먼 것은?

㉮ 화격자식(Stoker type)
㉯ 소화식(Digestion type)
㉰ 유동상식(Fluidized bed type)
㉱ 회전로식(Rotary kiln type)

풀이 ㉯ 소화식은 소각로 형식이 아니다.

45 다음 중 쓰레기의 저위발열량을 측정하는 방법으로 거리가 먼 것은?

㉮ 흡착식에 의한 방법
㉯ 단열열량계에 의한 방법
㉰ 추정식에 의한 방법
㉱ 원소분석에 의한 방법

풀이 쓰레기의 저위발열량 측정방법에는 단열열량계, 추정식, 원소분석에 의한 방법이 있다.

46 다음 중 폐기물 선별방법으로 가장 거리가 먼 것은?

㉮ 산화선별   ㉯ 공기선별
㉰ 자석선별   ㉱ 스크린선별

풀이 선별방법에는 관성선별, 공기선별, 자석선별, 스크린선별, 광학선별, 수선별 등이 있다.

47 쓰레기 1톤을 건조시킨 후 무게를 측정하였더니 550kg이 되었다면 수분함량은?

㉮ 35%   ㉯ 45%
㉰ 55%   ㉱ 85%

풀이 $W_1 \times (100-P_1) = W_2 \times (100-P_2)$

W_1 : 건조 전 쓰레기의 양(kg)
P_1 : 건조 전 함수율(%)
W_2 : 건조 후 쓰레기의 양(kg)
P_2 : 건조 후 함수율(%)

따라서 $1,000kg \times (100-P_1) = 550kg \times (100-0)$

$\therefore P_1 = 100 - \left\{\dfrac{550kg \times (100-0)}{1,000kg}\right\} = 45\%$

TIP
건조 후 함수율(P_2) = 0%

answer 43 ㉰ 44 ㉯ 45 ㉮ 46 ㉮ 47 ㉯

48 쓰레기의 발생량을 산정하는 방법 중 비교적 정확하게 파악할 수 있는 장점이 있으나 작업량이 많고 번거로운 단점이 있는 것은?

㉮ 직접계근법
㉯ 물질수지법
㉰ 중량환산법
㉱ 적재차량 계수분석법

TIP
폐기물 발생량의 조사방법
① 적재차량 계수분석법 : 일정 기간 동안 특정지역의 쓰레기 수거차량의 대수를 조사하여 이 값에 폐기물의 겉보기 비중을 보정하여 중량으로 환산하여 폐기물 발생량을 조사하는 방법이다.
② 물질수지법 : 주로 사업장 폐기물의 발생량을 추산할 때 이용하는 방법으로 원료 물질의 유입과 생산물질의 유출관계를 근거로 계산하는 방법이다.
③ 직접계근법 : 일정 기간 동안 특정지역의 수거운반되는 차량을 중계처리장이나 중간 적하장에서 직접 계근하는 방법이다.

49 밀도가 $450kg/m^3$ 인 생활 폐기물을 매립하기 위해 $850kg/m^3$ 로 압축하였다면 압축비는?

㉮ 1.54   ㉯ 1.73
㉰ 1.89   ㉱ 2.11

압축비 = $\dfrac{\text{압축 전 부피}(V_1)}{\text{압축 후 부피}(V_2)}$

$V_1 = 1kg \times \dfrac{1}{450kg/m^3} = 0.0022m^3$

$V_2 = 1kg \times \dfrac{1}{580kg/m^3} = 0.001176m^3$

따라서 압축비 = $\dfrac{V_1}{V_2} = \dfrac{0.0022m^3}{0.001176m^3} = 1.87$

50 인구 180,000명인 도시에서 1일 1인당 2.5kg의 원단위로 폐기물이 발생된 경우 그 발생량은? (단, 폐기물 밀도는 $500kg/m^3$ 이다.)

㉮ $180m^3/day$ ㉯ $360m^3/day$
㉰ $720m^3/day$ ㉱ $900m^3/day$

폐기물 발생량(m^3/day)
= 폐기물 발생량(kg/인·일)×인구수 $\times \dfrac{1}{\text{폐기물 밀도}(kg/m^3)}$

= $2.5kg/$인$\cdot day \times 180,000$인$\times \dfrac{1}{500kg/m^3}$

= $900m^3/day$

51 고형폐기물의 파쇄처리 목적으로 거리가 먼 것은?

㉮ 특정 성분의 분리
㉯ 겉보기 밀도의 증가
㉰ 비표면적의 증가
㉱ 부식효과 방지

TIP
파쇄의 특징
① 입경 분포의 균일화
② 겉보기 밀도의 증가
③ 입자크기의 균일화
④ 비표면적 증가
⑤ 유가 물질의 분리
⑥ 소각시 연소촉진

answer 48 ㉮ 49 ㉰ 50 ㉱ 51 ㉱

52 폐기물을 소각시 활용할 수 있는 열량은 폐기물의 총 발열량에서 소각할 때 연소가스 중의 수분이 수증기로 배출되는 응축열을 뺀 값이다. 수증기 1kg의 응축열(0℃ 기준)은 약 몇 kcal인가?

㉮ 400kcal ㉯ 500kcal
㉰ 600kcal ㉱ 700kcal

풀이 수증기 1kg의 응축열(0℃ 기준)은 600kcal 이다.

53 옥탄(C_8H_{18})을 이론 공기량으로 완전 연소시킬 때 질량 기준 공기 연료비(AFR, Air/Fuel Ratio)는?

㉮ 12 ㉯ 15
㉰ 18 ㉱ 22

풀이 $C_8H_{18} + 12.5O_2 \rightarrow 8CO_2 + 9H_2O$
공기연료비(AFR : kg/kg)
$= \dfrac{12.5 \times 32kg \times 1/0.232}{114kg} = 15.12$

TIP
① 완전연소반응식
$C_mH_n + (m + \dfrac{n}{4})O_2 \rightarrow mCO_2 + \dfrac{n}{2}H_2O$
② AFR(Sm^3/Sm^3) = $\dfrac{산소개수 \times 22.4Sm^3 \times 1/0.21}{연료개수 \times 22.4Sm^3}$
③ AFR(kg/kg) = $\dfrac{산소개수 \times 32kg \times 1/0.232}{연료개수 \times 연료의 분자량(kg)}$
④ C_8H_{18}의 분자량 = (8×12) + (18×1) = 114kg

54 다음 중 RDF(Refuse Derived Fuel)의 구비조건으로 옳지 않은 것은?

㉮ 함수율이 높을 것
㉯ 조성이 균일할 것
㉰ 재의 양이 적을 것
㉱ 칼로리가 높을 것

풀이 ㉮ 함수율이 낮을 것

55 다음 설명하는 매립시설로 가장 적합한 것은?

> 폐기물에 포함된 수분, 폐기물의 분해시 생성되는 수분, 빗물에 유입되는 침출수의 유출을 방지하기 위한 것으로 매립이 시작되면 보수 및 복구가 불가능하므로 완벽하게 설계·시공해야 한다. 사용되는 재료는 합성고무 및 합성수지계 막이나 점토가 사용된다.

㉮ 덮개 시설 ㉯ 차수 시설
㉰ 저류 구조물 ㉱ 지하수 검사시설

풀이 내용의 핵심인 물을 차단하는 시설 = 차수시설로 숙지하시면 됩니다.

56 하나의 파면 상의 모든 점이 파원이 되어 각각 2차적인 구면파를 사출하여 그 파면들을 둘러싸는 면이 새로운 파면을 만드는 현상을 의미하는 것은?

㉮ 도플러효과 ㉯ 마스킹효과
㉰ 비트효과 ㉱ 호이겐스원리

풀이 ㉱ 호이겐스원리에 대한 설명이다.

answer 52 ㉰ 53 ㉯ 54 ㉮ 55 ㉯ 56 ㉱

57 측정음압 1Pa일 때 음압레벨은 몇 dB 인가?

㉮ 50dB ㉯ 77dB
㉰ 84dB ㉱ 94dB

풀이
$$SPL = 20\log\left(\frac{P}{P_0}\right)$$

- SPL : 음압레벨(dB)
- P : 대상음의 음압실효치
- P_0 : 최소음압실효치($2\times10^{-5}N/m^2$)

따라서 $SPL = 20\log\left(\frac{1Pa}{2\times10^{-5}N/m^2}\right) = 93.98dB$

58 다음 중 가청주파수의 범위로 옳은 것은?

㉮ 20Hz 이하
㉯ 20 ~ 20,000Hz
㉰ 20 ~ 20,000kHz
㉱ 20,000kHz 이상

59 다음 인체의 청각기관 중 외이(外耳)에 해당하는 것은?

㉮ 고막   ㉯ 이소골
㉰ 이관   ㉱ 와우각

풀이
① 중이에 해당하는 것은 이관(유스타키오관), 이소골
② 내이에 해당하는 것은 와우각(달팽이관), 난원창(전정창), 원형창(고실창)
③ 외이에 해당하는 것은 고막, 귀바퀴(이개)

60 1초당 10회 진동하는 파동의 파장이 5m 이면 이 파동의 전파속도는 몇 m/s 인가?

㉮ 2m/s   ㉯ 50m/s
㉰ 500m/s ㉱ 1,000m/s

풀이 $V = f \times \lambda$

- V : 전파속도(m/sec)
- f : 진동수(회/sec)
- λ : 파동의 파장(m)

따라서 V = 5m×10회/sec = 50m/sec

answer 57 ㉱ 58 ㉯ 59 ㉮ 60 ㉯

2011 1회 과년도 기출문제

2011년 2월 13일 시행

01 〈보기〉에서 설명하는 대기오염물질은?

[보기]
자동차 등에서 배출된 질소산화물과 탄화수소가 광화학반응을 일으키는 과정에서 생성되며, 가죽제품이나 고무제품을 각질화 시킨다. 대기환경보전법상 대기 중 농도가 일정기준을 초과하면 경보를 발령하고 있다.

㉮ VOC ㉯ O_3
㉰ CO_2 ㉱ CFC

풀이 O_3(오존)에 대한 설명으로 내용 중 고무제품 부식 = 오존임을 숙지하시면 됩니다.

02 유해가스의 처리에 사용되는 충진탑의 내부에 채워 넣는 충진물이 갖추어야 할 조건으로 옳지 않은 것은?

㉮ 공극율이 커야 한다.
㉯ 단위용적에 대하여 표면적이 작아야 한다.
㉰ 마찰저항이 작아야 한다.
㉱ 충진밀도가 커야 한다.

풀이 ㉯ 단위용적에 대하여 표면적이 커야 한다.

03 연소조절에 의한 NO_X 발생의 억제방법으로 옳지 않은 것은?

㉮ 2단 연소를 실시한다.
㉯ 과잉공기량을 삭감시켜 운전한다.
㉰ 배기가스를 재순환시킨다.
㉱ 부분적인 고온영역을 만들어 연소효율을 높인다.

풀이 ㉱ NO_X는 고온에서 많이 발생하므로 고온영역을 최소화해야 한다.

04 다음 중 냉장고의 냉매와 스프레이용의 분사제 등 CFC 화학물질이 대기에 미치는 가장 주된 오염 현상은?

㉮ 산성비 ㉯ 오존층 파괴
㉰ 도플러 효과 ㉱ Rayleigh 현상

풀이 CFC(프레온가스)는 오존층 파괴물질이다.

---

answer 01 ㉯ 02 ㉯ 03 ㉱ 04 ㉯

05
다음 중 물에 대한 용해도가 가장 큰 기체는? (단, 온도는 30℃ 기준이며, 기타 조건은 동일하다.)

㉮ SO_2 ㉯ CO_2
㉰ HCl ㉱ H_2

> **TIP**
> 용해도 순서
> $HCl > HF > NH_3 > SO_2 > Cl_2 > O_2$

06
CH_4 90%, CO_2 6%, O_2 4%인 기체연료 1 Sm^3에 대하여 10 Sm^3의 공기를 사용하여 연소하였다. 이때 공기비는?

㉮ 1.19 ㉯ 1.49
㉰ 1.79 ㉱ 2.09

풀이
공기비$(m) = \dfrac{A(\text{실제공기량})}{A_o(\text{이론공기량})}$

① $CH_4 + 2O_2 \rightarrow CO_2 + 2H_2O$: 90%
　　　　　　　　　　　　　O_2 : 4%

$A_o = \dfrac{\text{연소성분 산소량} - \text{연료 중 산소량}}{0.21}$

$= \dfrac{2 \times 0.90 - 0.04}{0.21} = 8.38 Sm^3/Sm^3$

② 공기비$(m) = \dfrac{A}{A_o} = \dfrac{10 Sm^3/Sm^3}{8.38 Sm^3/Sm^3} = 1.19$

07
다음 중 1차 및 2차 오염물질에 모두 해당될 수 있는 것은?

㉮ 이산화탄소 ㉯ 납
㉰ 알데하이드 ㉱ 일산화탄소

풀이
㉮ 이산화탄소 : 1차성 물질
㉯ 납 : 1차성 물질
㉰ 알데하이드 : 1, 2차성 물질
㉱ 일산화탄소 : 1차성 물질

08
〈보기〉에 해당하는 대기오염물질은?

> [보기]
> 보통 백화현상에 의해 맥간반점을 형성하고 지표식물로는 자주개나리, 보리, 담배 등이 있고, 강한 식물로는 협죽도, 양배추, 옥수수 등이 있다.

㉮ 황산화물 ㉯ 탄화수소
㉰ 일산화탄소 ㉱ 질소산화물

풀이 황산화물(SO_x)에 대한 설명이다.

09
집진장치의 입구 더스트 농도가 2.8g/Sm^3이고 출구 더스트 농도가 0.1g/Sm^3일 때 집진율(%)은?

㉮ 86.9 ㉯ 94.2
㉰ 96.4 ㉱ 98.8

풀이
$\eta = \left(1 - \dfrac{C_o}{C_i}\right) \times 100(\%)$

$\begin{bmatrix} \eta : \text{집진율(\%)} & C_i : \text{입구농도(g/Sm}^3) \\ C_o : \text{출구농도(g/Sm}^3) & \end{bmatrix}$

따라서 $\eta = \left(1 - \dfrac{0.1 g/Sm^3}{2.8 g/Sm^3}\right) \times 100(\%) = 96.43\%$

10
사이클론의 집진효율 향상조건으로 옳지 않은 것은?

㉮ 일정 한계 내에서 입구 가스의 속도를 빠르게 한다.
㉯ 배기관의 지름을 크게 한다.
㉰ 고농도일 때는 병렬연결을 한다.
㉱ 블로우 다운(blow down) 효과를 이용한다.

풀이 ㉯ 배기관의 지름을 작게 한다.

answer 05 ㉰ 06 ㉮ 07 ㉰ 08 ㉮ 09 ㉰ 10 ㉯

11 유해가스 측정을 위한 시료 채취장치가 순서대로 바르게 구성된 것은?

㉮ 굴뚝-시료채취관-여과재-흡수병-건조제-흡인펌프-가스미터
㉯ 굴뚝-건조제-흡인펌프-가스미터-시료채취관-여과재-흡수병
㉰ 굴뚝-시료채취관-가스미터-여과재-흡수병-건조제-흡인펌프
㉱ 굴뚝-가스미터-흡인펌프-건조제-흡수병-시료채취관-여과재

12 여과식 집진장치에서 지름이 0.3m, 길이가 3m인 원통형 여과포 18개를 사용하여 유량이 30m³/min인 가스를 처리할 경우에 여과포의 표면 여과속도는 얼마인가?

㉮ 0.39m/min ㉯ 0.59m/min
㉰ 0.79m/min ㉱ 0.99m/min

풀이 $Q = \pi \cdot D \cdot L \cdot V_f \cdot n$

$\Rightarrow V_f = \dfrac{Q}{\pi \cdot D \cdot L \cdot n}$

$\begin{bmatrix} Q : 유량(m^3/min) \\ D : 지름(m) \\ L : 길이(m) \\ n : 여과포 개수 \end{bmatrix}$

따라서 $V_f = \dfrac{30m^3/min}{\pi \times 0.3m \times 3m \times 18개} = 0.59m/min$

13 다음 중 유체의 흐름을 판별하는 레이놀드수를 나타낸 식은?

㉮ 점성력 / 관성력
㉯ 관성력 / 점성력
㉰ 탄성력 / 마찰력
㉱ 마찰력 / 탄성력

풀이 $Re = \dfrac{관성력}{점성력} = \dfrac{D \cdot V \cdot \rho}{\mu}$

$\begin{bmatrix} Re : 레이놀드수 \\ D : 직경(m) \\ V : 유속(m/sec) \\ \rho : 밀도(kg/m^3) \\ \mu : 점성계수(kg/m \cdot sec) \end{bmatrix}$

14 아황산가스의 대기환경 중 기준치가 0.06ppm이라면 몇 μg/Sm³인가?(단, 모두 표준상태로 가정한다.)

㉮ 85.7 ㉯ 99.7
㉰ 135.7 ㉱ 171.4

풀이 $\mu g/Sm^3 = \dfrac{0.06mL}{Sm^3} \times \dfrac{64mg}{22.4mL} \times \dfrac{10^3 \mu g}{1mg}$

$= 171.43 \mu g/Sm^3$

TIP
① SO_2의 분자량 = 32 + (2×16) = 64
② SO_2 1mol $\begin{cases} 64mg \\ 22.4mL \end{cases}$
③ ppm = mL/Sm³

answer 11 ㉮ 12 ㉯ 13 ㉯ 14 ㉱

15 〈보기〉와 같이 정의되는 입자의 직경은?

> 측정하고자 하는 입자와 동일한 침강속도를 가지며, 밀도가 1g/cm³인 구형입자의 직경을 말한다.

㉮ 휘렛 직경(Feret diameter)
㉯ 마틴 직경(Martin diameter)
㉰ 공기역학 직경(Aerodynamic diameter)
㉱ 스토크스 직경(stokes' diameter)

풀이 ㉰ 공기역학 직경의 핵심은 밀도 1g/cm³이다.

TIP
① 스토크스 직경 : 본래의 먼지와 밀도 및 침강속도가 동일한 구형입자의 직경이다.
② 마틴직경 : 광학현미경을 이용하여 입경을 측정하는 방법에서 입자의 투영면적을 이용하여 측정한 입경 중 입자의 면적을 2등분하는 선의 길이로 나타낸다.

16 다음 중 살수여상법으로 폐수를 처리할 때 유지관리상 주의할 점이 아닌 것은?

㉮ 슬러지의 팽화 ㉯ 여상의 폐쇄
㉰ 생물막의 탈락 ㉱ 파리의 발생

풀이 슬러지팽화는 활성슬러지법에서 발생한다.

17 Cr^{6+} 함유 폐수 처리법으로 가장 적합한 것은?

㉮ 환원→침전→중화
㉯ 환원→중화→침전
㉰ 중화→침전→환원
㉱ 중화→환원→침전

TIP
독성이 있는 6가크롬을 독성이 없는 3가크롬으로 pH 2~4에서 환원시키고 3가크롬을 pH 8.0~8.5 범위에서 침전시킨다.
① 크롬의 환원에 사용되는 환원제의 종류
 : SO_2, Na_2SO_3, $FeSO_4$, $NaHSO_3$
② Cr^{6+}함유 폐수 처리법은 환원 → 중화 → 침전 순서로 처리한다.
③ Cr^{6+}함유 폐수를 처리하기 위한 가장 적합한 방법은 환원침전법이다.

18 300mL BOD병에 분석대상 시료를 0.2% 넣고, 나머지는 희석수로 채운 다음 최초의 DO농도를 측정한 결과 6.8mg/L이었으며, 5일간 배양 후의 DO 농도는 2.6mg/L이었다. 이 시료의 BOD_5(mg/L)는?

㉮ 8,200 ㉯ 6,300
㉰ 4,800 ㉱ 2,100

풀이 $BOD = (DO_1 - DO_2) \times P$

DO_1 : 희석한 시료용액의 15분 후의 DO농도(mg/L)
DO_2 : 5일간 배양한 후 시료용액의 DO농도(mg/L)
$P(희석배수치) = \dfrac{300mL}{0.6mL} = 500$

따라서 $BOD = (6.8-2.6)mg/L \times 500 = 2,100mg/L$

TIP
시료량 = 분석대상시료의 0.2%
= $300mL \times \dfrac{0.2\%}{100} = 0.6mL$

answer 15 ㉰ 16 ㉮ 17 ㉯ 18 ㉱

19 화학적 산소요구량(COD)에 대한 설명 중 옳지 않은 것은?

㉮ 미생물에 의해 분해되지 않는 물질도 측정이 가능하다.
㉯ 염소이온의 방해는 황산은을 첨가함으로써 감소시킬 수 있다.
㉰ BOD 시험치보다 빨리 구할 수 있으므로 폐수처리시설 운영시 유용하게 사용 가능하다.
㉱ 우리나라는 알칼리성 100℃에서 $K_2Cr_2O_4$를 이용하여 측정하도록 규정하고 있다.

풀이 ㉱ 우리나라는 알칼리성 100℃에서 $KMnO_4$를 이용하여 측정하도록 규정하고 있다.

20 염소는 폐수 내의 질소화합물과 결합하여 무엇을 형성하는가?

㉮ 유리염소 ㉯ 클로라민
㉰ 액체염소 ㉱ 암모니아

풀이 염소주입에 의하여 폐수 중의 질소화합물과 반응하여 생성되는 물질은 클로라민이다.

21 에탄올이 농도가 250mg/L인 폐수의 이론적인 화학적 산소요구량은?

㉮ 397.3mg/L ㉯ 415.6mg/L
㉰ 457.5mg/L ㉱ 521.7mg/L

풀이 $C_2H_5OH + 3O_2 \rightarrow 2CO_2 + 3H_2O$
  46g   : 3×32g
 250mg/L : X(COD)

∴ $X(COD) = \dfrac{3 \times 32g \times 250mg/L}{46g} = 521.74mg/L$

TIP
① 에탄올 = C_2H_5OH
② C_2H_5OH의 분자량
  = (2×12) + (5×1) + 16 + 1 = 46g
③ 이론적인 화학적 산소요구량 = COD

22 다음 중 용존산소에 영향을 주는 인자에 대한 설명으로 옳지 않은 것은?

㉮ 물의 온도가 높을수록 용존산소량은 감소한다.
㉯ 불순물의 농도가 높을수록 용존산소량은 감소한다.
㉰ 물의 흐름이 난류일 때 산소의 용해도가 낮다.
㉱ 현재 물속에 녹아 있는 용존산소량이 적을수록 용해속도가 증가한다.

풀이 ㉰ 물의 흐름이 난류일 때 산소의 용해도가 높다.

23 다음 중 비점오염원에 해당하는 것은?

㉮ 농경지 배수
㉯ 폐수처리장 방류수
㉰ 축산폐수
㉱ 공장의 산업폐수

풀이 ㉯, ㉰, ㉱는 점오염원에 해당된다.

---

answer 19 ㉱ 20 ㉯ 21 ㉱ 22 ㉰ 23 ㉮

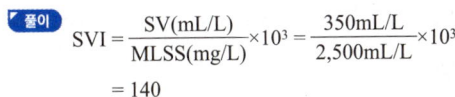

24 활성슬러지법은 여러 가지 변법이 개발되어 왔으며, 각 방법은 특별한 운전이나 제거효율을 달성하기 위하여 발전되었다. 다음 중 활성슬러지법의 변법으로 볼 수 없는 것은?

㉮ 다단 포기법 ㉯ 접촉 안정법
㉰ 장기 포기법 ㉱ 오존 안정법

풀이 활성슬러지법은 부유성장식이며 변법으로는 다단포기법, 접촉안정법, 장기포기법 등이 있다.

25 여과지의 운전 중 발생하는 주요 문제점으로 가장 거리가 먼 것은?

㉮ 진흙 덩어리의 축적
㉯ 공기결합
㉰ 여재층의 수축
㉱ 슬러지벌킹 발생

풀이 ㉱ 슬러지벌킹은 활성슬러지법에서 발생된다.

26 234ppm의 NaCl 용액의 농도는 몇 M인가? (단, 원자량은 Na : 23, Cl : 35.5 이며, 용액의 비중은 1.0)

㉮ 0.002 ㉯ 0.004
㉰ 0.025 ㉱ 0.050

풀이 $mol/L = \dfrac{234mg}{L} \times \dfrac{1g}{10^3 mg} \times \dfrac{1mol}{58.5g} = 0.004 mol/L$

TIP
① M농도 = mol/L
② NaCl의 분자량 = 23 + 35.5 = 58.5g
③ 1mol = 분자량(g)
④ ppm = mg/L

27 MLSS농도가 2,500mg/L인 혼합액을 1L 메스실린더에 취하여 30분 후 슬러지 부피를 측정한 결과 350mL이었다. SVI는?

㉮ 80   ㉯ 100
㉰ 120 ㉱ 140

풀이 $SVI = \dfrac{SV(mL/L)}{MLSS(mg/L)} \times 10^3 = \dfrac{350mL/L}{2,500mL/L} \times 10^3 = 140$

TIP
① SVI가 50~150이면 정상 침강
   SVI가 200 이상이면 슬러지벌킹 발생
② $SVI = \dfrac{SV(mL/L)}{MLSS(mg/L)} \times 10^3 = \dfrac{SV(\%)}{MLSS(mg/L)} \times 10^4$

28 폭 2m, 길이 15m인 침사지에 100cm 수심으로 폐수가 유입할 때 체류시간이 50초라면 유량은?

㉮ 2,000m³/h ㉯ 2,160m³/h
㉰ 2,280m³/h ㉱ 2,460m³/h

풀이 $유량(Q) = \dfrac{용적(V)}{체류시간(t)}$

$= \dfrac{2m \times 15m \times 1m}{50sec \times \dfrac{1hr}{3,600sec}} = 2,160 m^3/hr$

TIP
① 체적(V) = 폭(W)×길이(L)×수심(H)
② H = 100cm = 1m
③ $hr = 50sec \times \dfrac{1hr}{3,600sec}$

answer 24 ㉱ 25 ㉱ 26 ㉯ 27 ㉱ 28 ㉯

29 질소의 고도처리 방법 중 폐수의 pH를 11 이상으로 높여 기체 상태의 암모니아로 전환시킨 다음, 공기를 불어넣어 제거하는 방법은?

㉮ 탈기 ㉯ 막분리법
㉰ 세포합성 ㉱ 이온교환

풀이 수중의 암모니아성 질소 탈기법에 대한 문제이다.

TIP
공기를 불어넣어 제거 = 탈기

30 $200m^3$의 포기조에 BOD 370mg/L인 폐수가 $1,250m^3$/day의 유량으로 유입되고 있다. 이 포기조의 BOD 용적부하는?

㉮ $1.78kg/m^3 \cdot day$ ㉯ $2.31kg/m^3 \cdot day$
㉰ $2.98kg/m^3 \cdot day$ ㉱ $3.12kg/m^3 \cdot day$

풀이 BOD 용적부하$(kg/m^3 \cdot day)$

$= \dfrac{BOD(kg/m^3) \times Q(m^3/day)}{V(m^3)}$

$= \dfrac{0.37kg/m^3 \times 1250m^3/day}{200m^3} = 2.31kg/m^3 \cdot day$

TIP
① ppm = mg/L = g/m^3이므로

mg/L $\xrightarrow{\times 10^{-3}}$ kg/m^3

② BOD 370mg/L = $0.37kg/m^3$
③ kg/day = 농도$(kg/m^3) \times$ 유량(m^3/day)

31 펜턴(Fenton) 산화반응에 대한 설명으로 옳은 것은?

㉮ 황화수소의 난분해성 유기물질 산화
㉯ 과산화수소의 난분해성 유기물질 산화
㉰ 오존의 난분해성 유기물질 산화
㉱ 아질산의 난분해성 유기물질 산화

TIP
Fenton 산화법
① 펜턴시약 : H_2O_2
② 촉매 : 황산 제1철
③ 강산화제 : OH 라디칼
④ pH : 3 ~ 4.5(3 ~ 5)
⑤ 특징 : COD 감소, BOD 증가

32 다음 중 다른 살균방법에 비해 염소살균을 더 선호하는 이유로 가장 적합한 것은?

㉮ 잔류염소의 효과
㉯ 부반응의 억제
㉰ 특정온도에서의 반응성 증가
㉱ 인체에 대한 면역성 증가

풀이 염소 및 염소화합물은 잔류성이 있고, 오존 및 자외선은 잔류성이 없다.

answer 29 ㉮ 30 ㉯ 31 ㉯ 32 ㉮

33 펄프 공장에서 배출되는 폐수의 BOD_5 값이 260mg/L이고 탈산소계수[k, (상용대수 베이스)]가 0.2/day라면 최종 BOD(mg/L)는?

㉮ 265 ㉯ 289
㉰ 312 ㉱ 352

풀이 $BOD_5 = BOD_u \times (1-10^{-k_1 \times t})$

$\begin{bmatrix} BOD_5 : 5일\ BOD(mg/L) \\ BOD_u : 최종\ BOD(mg/L) \\ k_1 : 탈산소계수(/day) \\ t : 시간(day) \end{bmatrix}$

따라서 $260mg/L = BOD_u \times (1-10^{-0.2/day \times 5day})$

$\therefore BOD_u = \dfrac{260mg/L}{(1-10^{-0.2/day \times 5day})} = 288.89mg/L$

TIP
① 밑수가 상용대수이면 10 사용
② 밑수가 자연대수이면 e 사용

34 총인을 자외선/가시선 분광법에 의해 흡광도 측정을 할 때 880nm에서 측정이 불가능할 경우 측정 파장 값으로 옳은 것은?

㉮ 220nm ㉯ 568nm
㉰ 710nm ㉱ 1,065nm

풀이 총인을 자외선/가시선 분광법에 의해 흡광도를 측정할 때 880nm에서 측정이 불가능할 경우 710nm에서 측정이 가능하다.

35 다음 보기 중 물리적 흡착의 특징을 모두 고른 것은?

[보기]
㉠ 흡착과 탈착이 비가역적이다.
㉡ 온도가 낮을수록 흡착량은 많다.
㉢ 흡착이 다층(multi-layers)에서 일어난다.
㉣ 분자량이 클수록 잘 흡착된다.

㉮ ㉠, ㉡ ㉯ ㉡, ㉣
㉰ ㉠, ㉡, ㉢ ㉱ ㉡, ㉢, ㉣

풀이 물리적 흡착은 가역적이며, 재생이 가능하다.

36 폐기물의 발생원에서 처리장까지의 거리가 먼 경우 중간지점에 설치하여 운반비용을 절감시키는 역할을 하는 것은?

㉮ 적환장 ㉯ 소화조
㉰ 살포장 ㉱ 매립지

37 쓰레기 1톤을 수거하는데 수거인부 1인이 소요하는 총 시간을 뜻하는 용어는?

㉮ MHS ㉯ MHT
㉰ MTS ㉱ MTH

answer 33 ㉯ 34 ㉰ 35 ㉱ 36 ㉮ 37 ㉯

38 수분함량이 20%인 쓰레기를 건조시켜 5%가 되도록 하려면 쓰레기 1톤당 증발시켜야할 수분의 양은? (단, 쓰레기의 비중은 1.0으로 동일)

㉮ 126.1 kg ㉯ 132.3 kg
㉰ 157.9 kg ㉱ 184.7 kg

풀이 $W_1 \times (100-P_1) = W_2 \times (100-P_2)$

W_1 : 건조 전 쓰레기량(kg)
P_1 : 건조 전 함수량(%)
W_2 : 건조 후 쓰레기량(kg)
P_2 : 건조 후 함수량(%)

① $1,000kg \times (100-20) = W_2 \times (100-5)$

∴ $W_2 = \dfrac{1,000kg \times (100-20)}{(100-5)} = 842.10kg$

② 증발시켜야 하는 수분량
= $W_1 - W_2$ = 1000kg - 842.10kg = 157.90kg

39 폐기물을 압축시켰을 때 부피감소율이 75%이었다면 압축비는?

㉮ 1.5 ㉯ 2.0
㉰ 2.5 ㉱ 4.0

풀이 압축비 = $\dfrac{100}{100-\text{부피감소율}(\%)} = \dfrac{100}{100-75} = 4.0$

40 분뇨의 특성으로 옳지 않은 것은?

㉮ 분뇨는 연중 배출량 및 특성변화 없이 일정하다.
㉯ 분뇨는 대량의 유기물을 함유하고 점도가 높다.
㉰ 분뇨에 포함되어 있는 질소화합물은 소화시 소화조 내의 pH 강하를 막아준다.
㉱ 분뇨는 도시하수에 비해 고형물 함유도가 높다.

풀이 ㉮ 분뇨는 연중 배출량 및 특성변화가 심하다.

41 다음 중 덮개시설에 관한 설명으로 옳지 않은 것은?

㉮ 당일복토는 매립 작업 종료 후에 매일 실시한다.
㉯ 셀(cell)방식의 매립에서는 상부면의 노출기간이 7일 이상이므로 당일복토는 주로 사면부에 두께 15cm 이상으로 실시한다.
㉰ 당일복토재로 사질토를 사용하면 압축작업이 쉽고 통기성은 좋으나 악취발산의 가능성이 커진다.
㉱ 중간복토의 두께는 15cm 이상으로 하고, 우수배제를 위해 중간복토층은 최소 0.5% 이상의 경사를 둔다.

풀이 ㉱ 중간복토의 두께는 30cm 이상이다.

42 다음 중 슬러지 처리의 일반적인 계통도로 옳은 것은?

㉮ 농축 - 안정화 - 개량 - 탈수 - 소각 - 최종처분
㉯ 안정화 - 탈수 - 농축 - 개량 - 소각 - 최종처분
㉰ 안정화 - 농축 - 탈수 - 소각 - 개량 - 최종처분
㉱ 농축 - 탈수 - 개량 - 안정화 - 소각 - 최종처분

answer 38 ㉰ 39 ㉱ 40 ㉮ 41 ㉱ 42 ㉮

43 A도시의 쓰레기를 분류하여 성분별로 수분 함량을 측정한 결과가 아래와 같다. 이 폐기물의 평균 수분함량은?

성분	구성비 (중량%)	수분함량(%)
음식물	30	80
종이류	40	10
섬유류	5	5
플라스틱류	10	1
유리류	10	1
금속류	5	2

㉮ 3.13 %   ㉯ 13.33 %
㉰ 28.55 %   ㉱ 41.22 %

풀이 평균 수분함량(%)
= 30×0.8+40×0.1+5×0.05+10×0.01+10×0.01+5×0.02
= 28.55%

44 중량비로 수소가 15%, 수분이 1%인 연료의 고위발열량이 9,500kcal/kg일 때 저위발열량은?

㉮ 8,684kcal/kg
㉯ 8,968kcal/kg
㉰ 9,271kcal/kg
㉱ 9,554kcal/kg

풀이 $Hl = Hh - 600 \times (9H+W)$

  Hl : 저위발열량(kcal/kg)
  Hh : 고위발열량(kcal/kg)
  H : 수소의 함량
  W : 수분의 함량

따라서 $Hl = 9{,}500\text{kcal/kg} - 600 \times (9 \times 0.15 + 0.01)$
      $= 8{,}684\text{kcal/kg}$

45 매립지의 복토기능으로 거리가 먼 것은?

㉮ 화재 발생 방지
㉯ 우수의 이동 및 침투방지로 침출수량 최소화
㉰ 유해가스 이동성 향상
㉱ 매립지의 압축효과에 따른 부등침하의 최소화

풀이 ㉰ 유해가스 이동성 저하

46 다음 중 연료형태에 따른 연소의 종류에 해당하지 않는 것은?

㉮ 분해연소   ㉯ 조연연소
㉰ 증발연소   ㉱ 표면연소

풀이 연료의 연소형태에는 표면연소, 분해연소, 발열연소, 증발연소, 포트식연소, 그을림연소, 자기연소(내부연소) 등이 있다.

47 무기성 고형화에 대한 설명으로 가장 거리가 먼 것은?

㉮ 다양한 산업폐기물에 적용이 가능하다.
㉯ 수밀성과 수용성이 높아 다양한 적용이 가능하나 처리비용은 고가이다.
㉰ 고형화 재료에 따라 고화체의 체적 증가가 다양하다.
㉱ 상온 및 상압하에서 처리가 가능하다.

풀이 ㉯번은 유기성 고형화에 대한 설명이다.

answer 43 ㉰ 44 ㉮ 45 ㉰ 46 ㉯ 47 ㉯

48 폐기물처리에서 "파쇄(shredding)"의 목적과 거리가 먼 것은?

㉮ 부식효과 억제
㉯ 겉보기 비중의 증가
㉰ 특정 성분의 분리
㉱ 고체물질간의 균일혼합효과

> **TIP**
> 파쇄의 특징
> ① 입경분포의 균일화 ② 겉보기 밀도의 증가
> ③ 입자크기의 균일화 ④ 비표면적 증가
> ⑤ 유가 물질의 분리   ⑥ 특정성분의 분리
> ⑦ 소각시 연소촉진

49 쓰레기의 발생량을 산정하는 방법 중 일정기간 동안 특정지역의 쓰레기 수거차량의 대수를 조사하여 이 값에 밀도를 곱하여 중량으로 환산하는 방법은?

㉮ 물질수지법
㉯ 직접 계근법
㉰ 적재차량 계수분석법
㉱ 적환법

풀이 적재차량 계수분석법에 대한 설명이다.

> **TIP**
> 쓰레기 발생량의 조사방법
> ① 적재차량 계수분석법 : 일정기간 동안 특정지역의 쓰레기 수거차량의 대수를 조사하여 이 값에 폐기물의 겉보기 비중을 보정하여 중량으로 환산하여 폐기물 발생량을 조사하는 방법이다.
> ② 물질수지법 : 주로 사업장 폐기물의 발생량을 추산할 때 이용하는 방법으로 원료 물질의 유입과 생산물질의 유출관계를 근거로 계산하는 방법이다.
> ③ 직접계근법 : 일정기간 동안 특정지역의 수거운반되는 차량을 중계처리장이나 중간 적하장에서 직접 계근하는 방법이다.

50 다음 중 폐기물의 중간 처리가 아닌 것은?

㉮ 압축   ㉯ 파쇄
㉰ 선별   ㉱ 매립

풀이 ㉱ 매립은 최종처리에 해당한다.

51 다음 중 매립지에서 유기물이 혐기성 분해될 때 가장 늦게 일어나는 단계는?

㉮ 가수분해 단계   ㉯ 알콜발효 단계
㉰ 메탄 생성 단계 ㉱ 산 생성 단계

풀이 ㉮ 가수분해 단계 → ㉯ 알콜발효단계 → ㉱ 산 생성 단계 → ㉰ 메탄 생성 단계 순서이다.

52 슬러지나 분뇨의 탈수 가능성을 나타내는 것은?

㉮ 균등계수   ㉯ 알칼리도
㉰ 여과비저항 ㉱ 유효경

풀이 시험에서 출제빈도가 아주 높은 문제입니다.

53 차수시설에 관한 설명으로 옳지 않은 것은?

㉮ 점토의 경우 급경사면을 포함한 어떤 지반에도 효과적으로 적용가능하고, 부등침하가 발생하지 않는다.
㉯ 점토의 경우 양이온 교환능력 등에 의한 오염물질의 정화기능도 가지고 있을 뿐 아니라 벤토나이트 등을 첨가하면 차수성을 향상시킬 수 있다.
㉰ 연직차수막은 매립지 바닥에 수평방향으로 불투수층이 넓게 분포하고 있는 경우에 수직 또는 경사로 불투수층을 시공한다.

answer 48 ㉮ 49 ㉰ 50 ㉱ 51 ㉰ 52 ㉰ 53 ㉮

㉭ 합성고무 및 합성수지계 차수막은 자체의 차수성은 우수하나 두께가 얇아서 찢어지거나 접합이 불완전하면 차수성이 떨어진다.

풀이 ㉮ 점토의 경우 투수율이 상대적으로 높아 급경사면 등에 적용이 어렵고, 부등침하가 발생한다.

54 폐기물의 기름성분 분석방법 중 중량법(노말헥산 추출시험방법)에 관한 설명으로 옳지 않은 것은?

㉮ 25℃의 물중탕에서 30분간 방치하고, 따로 물 20mL를 취하여 시료의 시험방법에 따라 시험하여 바탕시험액으로 한다.

㉯ 정량한계는 0.1% 이하이다.

㉰ 시료에 적당한 응집제 등을 넣어 노말헥산 추출물질을 포집한 다음 노말헥산으로 추출하고 잔류물의 무게를 측정하여 노말헥산 추출물질의 양으로 한다.

㉱ 시료적당량을 분액깔때기에 넣고 메틸오렌지용액(0.1W/V%)을 2~3방울 넣고 황색이 적색으로 변할 때까지 염산(1+1)을 넣어 pH4 이하로 조절한다.

풀이 ㉮ 따로 시험에 사용된 노말헥산 전량을 미리 항량으로 하여 무게를 단 증발용기에 넣어 시료와 같이 조작하여 노말헥산을 날려 보내어 바탕시험을 행하고 보정한다.

55 탄소 6kg을 완전연소 시킬 때 필요한 이론공기량(Sm^3)은?

㉮ $6Sm^3$ ㉯ $11.2Sm^3$
㉰ $22.4Sm^3$ ㉱ $53.3Sm^3$

풀이 ① $C + O_2 \rightarrow CO_2$
12kg : $22.4Sm^3$
6kg : X(산소량)

∴ X(산소량) = $\dfrac{6kg \times 22.4Sm^3}{12kg}$ = $11.2Sm^3$

② 이론공기량(Sm^3) = $\dfrac{이론산소량(Sm^3)}{0.21}$
= $\dfrac{11.2Sm^3}{0.21}$ = $53.33Sm^3$

56 음압레벨 90dB인 기계 1대가 가동 중이다. 여기에 음압레벨 88dB인 기계 1대를 추가로 가동시킬 때 합성음압레벨은?

㉮ 92dB   ㉯ 94dB
㉰ 96dB   ㉱ 98dB

풀이 $L = 10\log(10^{\frac{L_1}{10}} + 10^{\frac{L_2}{10}} + \cdots + 10^{\frac{L_m}{10}})$

L : 합성음압레벨(dB)
L_1, L_2 : 음압레벨(dB)

따라서 $L = 10\log(10^{\frac{90}{10}} + 10^{\frac{88}{10}}) = 92dB$

answer 54 ㉮   55 ㉱   56 ㉮

57 파동의 특성을 설명하는 용어로 옳지 않은 것은?

㉮ 파동의 가장 높은 곳을 마루라 한다.
㉯ 매질의 진동방향과 파동의 진행방향이 직각인 파동을 횡파라고 한다.
㉰ 마루와 마루 또는 골과 골 사이의 거리를 주기라 한다.
㉱ 진동의 중앙에서 마루 또는 골까지의 거리를 진폭이라 한다.

풀이 ㉰ 주기는 한 파장이 전파되는데 소요되는 시간을 말한다.

58 방음대책을 음원대책과 전파경로대책으로 구분할 때 음원대책에 해당하는 것은?

㉮ 거리감쇠
㉯ 소음기 설치
㉰ 방음벽 설치
㉱ 공장건물 내벽의 흡음처리

풀이 ㉮, ㉰, ㉱번의 설명은 전파경로대책에 해당한다.

59 소음과 관련된 용어의 정의 중 "측정소음도에서 배경소음을 보정한 후 얻어지는 소음도"를 의미하는 것은?

㉮ 대상소음도   ㉯ 배경소음도
㉰ 등가소음도   ㉱ 평가소음도

풀이 ㉮ 대상소음에 대한 설명이다.

60 소음의 배출허용기준 측정방법에서 소음계의 청감보정회로는 어디에 고정하여 측정하여야 하는가?

㉮ A특성   ㉯ B특성
㉰ D특성   ㉱ F특성

---

answer 57 ㉰ 58 ㉯ 59 ㉮ 60 ㉮

2011 2회 과년도 기출문제

2011년 4월 17일 시행

01 중력집진장치에서 먼지의 침강속도 산정에 관한 설명으로 옳지 않은 것은?

㉮ 중력가속도에 비례한다.
㉯ 입경의 제곱에 비례한다.
㉰ 먼지와 가스의 비중차에 반비례한다.
㉱ 가스의 점도에 반비례한다.

풀이 ㉰ 먼지와 가스의 비중차에 비례한다.

TIP
$Vg = \dfrac{d^2(\rho_s - \rho)g}{18\mu}$ 여기서
침강속도(Vg)는
- 직경(d)의 제곱에 비례
- 밀도차($\rho_s - \rho$)에 비례
- 중력가속도(g)에 비례
- 점성도(μ)에 반비례

02 대기환경보전법상 용어의 정의로 옳지 않은 것은?

㉮ "기후·생태계 변화유발물질"이란 지구 온난화 등으로 생태계의 변화를 가져올 수 있는 기체상 물질로서 온실가스와 환경부령으로 정하는 것을 말한다.
㉯ "매연"이란 연소할 때에 생기는 유리탄소가 주가 되는 미세한 입자상물질을 말한다.
㉰ "먼지"란 대기 중에 떠다니거나 흩날려 내려오는 입자상물질을 말한다.
㉱ "온실가스"란 자외선 복사열을 흡수하여 온실효과를 유발하는 대기 중의 가스 상태 물질로서 이산화탄소, 메탄, 아산화질소, 수소불화탄소, 과불화탄소, 육불화황을 말한다.

풀이 ㉱ "온실가스"란 적외선 복사열을 흡수하거나 다시 방출하여 온실효과를 유발하는 대기 중의 가스상태의 물질로서 이산화탄소, 메탄, 아산화질소, 수소불화탄소, 육불화황을 말한다.

03 탄소 12kg이 완전연소 하는데 필요한 이론공기량(Sm^3)은?

㉮ 22.4   ㉯ 32.4
㉰ 86.7   ㉱ 106.7

풀이 ① $C + O_2 \rightarrow CO_2$
12kg : 22.4Sm^3
12kg : X(산소량)

∴ X(산소량) = $\dfrac{12kg \times 22.4Sm^3}{12kg}$ = 22.4Sm^3

② 이론공기량(Sm^3) = 이론산소량(Sm^3) × $\dfrac{1}{0.21}$

= 22.4Sm^3 × $\dfrac{1}{0.21}$ = 106.67Sm^3

answer   01 ㉰   02 ㉱   03 ㉱

04 〈보기〉에 해당하는 국지풍은?

[보기]
- 해안 지방에서 낮에는 태양열에 의하여 육지가 바다보다 빨리 온도가 상승하므로, 육지의 공기가 팽창되어 상승기류가 생기게 된다.
- 이때, 바다에서 육지로 8~15km 정도까지 바람이 불게 되며, 주로 여름에 빈발한다.

㉮ 해풍 ㉯ 육풍
㉰ 산풍 ㉱ 곡풍

TIP
① 육풍 : 육지에서 바다로 부는 바람으로 주로 겨울에 자주 발생한다.
② 해풍 : 바다에서 육지로 부는 바람으로 주로 여름에 자주 발생한다.

05 유해가스를 배출시키기 위해 설치한 가로 30cm, 세로 50cm인 직사각형 송풍관의 상당직경(De)은? (단, 간이식에 의함)

㉮ 37.5cm ㉯ 38.5cm
㉰ 39.5cm ㉱ 40.0cm

풀이 상당직경(De) = $\dfrac{\text{단면적}}{\text{평균 둘레길이}}$

$= \dfrac{a \times b}{\dfrac{2(a+b)}{4}} = \dfrac{2ab}{a+b}\text{(m)}$

$\therefore De = \dfrac{2ab}{a+b} = \dfrac{2 \times 30\text{cm} \times 50\text{cm}}{30\text{cm} + 50\text{cm}} = 37.5\text{cm}$

06 A집진장치의 집진효율은 99%이다. 이 집진시설 유입구의 먼지농도가 13.5g/Sm^3일 때, 집진장치의 출구농도는?

㉮ 0.0135g/Sm^3 ㉯ 135mg/Sm^3
㉰ 1350mg/Sm^3 ㉱ 13.5g/Sm^3

풀이 집진효율(η) = $\left\{1 - \dfrac{\text{유출구의 먼지농도}}{\text{유입구의 먼지농도}}\right\} \times 100(\%)$

$99\% = \left\{1 - \dfrac{\text{유출구의 먼지농도}}{13.5\text{g/Sm}^3}\right\} \times 100(\%)$

따라서 유출구의 먼지농도
= 13.5g/Sm^3 × (1-0.99) = 0.135g/Sm^3
= 135mg/Sm^3

07 다음 중 헨리법칙이 가장 잘 적용되는 기체는?

㉮ O_2 ㉯ HCl
㉰ SO_2 ㉱ HF

풀이 헨리법칙이 잘 적용되는 기체는 물에 잘 녹지 않는 난용성 기체이므로 문제의 조건에는 산소(O_2)가 정답이다.

answer 04 ㉮ 05 ㉮ 06 ㉯ 07 ㉮

08 메탄 1mol이 완전연소 할 경우 건조연소 배기가스 중의 CO_2 농도는 몇 %인가? (단, 부피기준)

㉮ 11.73   ㉯ 16.25
㉰ 21.03   ㉱ 23.82

풀이 $CH_4 + 2O_2 \rightarrow CO_2 + 2H_2O$

① 이론 건연소 가스량(God)
$= (1-0.21)A_o + CO_2$량
$= (1-0.21) \times \dfrac{2}{0.21} + 1 = 8.5238 Sm^3/Sm^3$

② CO_2량 $= CO_2$ 개수 $= 1 Sm^3/Sm^3$

③ $CO_2\% = \dfrac{CO_2 \ 량}{God} \times 100$
$= \dfrac{1 Sm^3/Sm^3}{8.5238 Sm^3/Sm^3} \times 100 = 11.73\%$

TIP
① 완전연소반응식
$C_mH_n + (m + \dfrac{n}{4})O_2 \rightarrow mCO_2 + \dfrac{n}{2}H_2O$
② 체적비 = Sm^3/Sm^3 = 개수비
③ A_o(공기량 ; Sm^3/Sm^3) $= \dfrac{산소량(Sm^3/Sm^3)}{0.21}$

09 대기오염공정시험기준상 굴뚝 배출가스 중 질소산화물의 연속자동 측정방법이 아닌 것은?

㉮ 용액전도율법   ㉯ 적외선흡수법
㉰ 자외선흡수법   ㉱ 화학발광법

풀이 ㉮ 용액전도율법은 아황산가스(SO_2) 측정방법이다.

TIP 굴뚝 배출가스 중의 질소산화물의 연속자동측정방법에는 화학발광법, 적외선 흡수법, 자외선 흡수법, 정전위전해법이 있다.

10 대기 중 광화학반응에 의한 광화학 스모그가 잘 발생하는 조건으로 가장 거리가 먼 것은?

㉮ 일사량이 클 때
㉯ 역전이 생성될 때
㉰ 대기 중 반응성 탄화수소, NO_x, O_3 등의 농도가 높을 때
㉱ 습도가 높고, 기온이 낮은 아침일 때

풀이 ㉱ 기온이 높은 한낮일 때

11 다음 흡수장치 중 장치 내의 가스속도를 가장 크게 해야 하는 것은?

㉮ 분무탑   ㉯ 벤츄리스크러버
㉰ 충진탑   ㉱ 기포탑

풀이 ㉯ 벤츄리스크러버의 입구유속은 60 ~ 90m/sec로 가장 크다.

12 기체연료를 버너노즐로 분출시켜 외부 공기와 혼합하여 연소시키는 방법은?

㉮ 확산 연소법   ㉯ 사전혼합 연소법
㉰ 화격자 연소법   ㉱ 미분탄 연소법

answer 08 ㉮ 09 ㉮ 10 ㉱ 11 ㉯ 12 ㉮

13 다음 업종 중 불화수소가 주된 배출원에 해당하는 것은?

㉮ 고무가공, 인쇄공업
㉯ 인산비료, 알루미늄제조
㉰ 내연기관, 폭약제조
㉱ 코크스 연소로, 제철

풀이 ㉯ 불화수소(HF)의 주된 배출원은 알루미늄공업, 유리공업, 요업공업, 화학비료(인산비료) 공업 등이다.

14 집진율이 각각 90%와 98%인 두 개의 집진장치를 직렬로 연결하였다. 1차 집진장치 입구의 먼지농도가 $5.9g/m^3$일 경우 2차 집진장치 출구에서 배출되는 먼지 농도는?

㉮ $11.8mg/m^3$ ㉯ $15.7mg/m^3$
㉰ $18.3mg/m^3$ ㉱ $21.1mg/m^3$

풀이 ① 총합효율(η_T) = $1-(1-\eta_1)\times(1-\eta_2)$
= $1-(1-0.90)\times(1-0.98) = 0.998$ ∴ 99.8%
② 총합효율
$(\eta_T) = \left\{1 - \dfrac{\text{출구의 먼지농도}}{\text{입구의 먼지농도}}\right\} \times 100(\%)$

$99.8\% = \left\{1 - \dfrac{\text{출구의 먼지농도}}{5.9g/m^3}\right\} \times 100(\%)$

∴ 출구의 먼지농도 = $5.9g/m^3 \times (1-0.998)$
= $0.0118g/m^3 = 11.8mg/m^3$

15 NO 가스를 산화흡수법으로 제거시키고자 한다. 이 방법의 산화제로 적합하지 않은 것은?

㉮ CO   ㉯ O_3
㉰ $KMnO_4$ ㉱ $NaClO_2$

풀이 ㉮ CO는 환원제이다.

16 다음 중 황산(1+2) 혼합용액은?

㉮ 물 1mL에 황산을 가하여 전체 2mL로 한 용액
㉯ 황산 1mL를 물에 희석하여 전체 2mL로 한 용액
㉰ 물 1mL와 황산 2mL를 혼합한 용액
㉱ 황산 1mL와 물 2mL를 혼합한 용액

17 침사지에서 폐수의 평균유속이 0.3m/s, 유효수심이 1.0m, 수면적 부하가 1,800 $m^3/m^2 \cdot d$일 때, 침사지의 유효길이는?

㉮ 20.2m   ㉯ 14.4m
㉰ 10.6m   ㉱ 7.5m

풀이 ① 시간(t)를 계산한다.
수면적 부하($m^3/m^2 \cdot day$ = m/day)
= $\dfrac{\text{유효수심(m)}}{\text{시간(day)}}$

$1,800m/day \times 1day/24hr \times 1hr/3,600sec = \dfrac{1.0m}{\text{시간(sec)}}$

∴ 시간(sec)
= $\dfrac{1.0m}{1,800m/day \times 1day/24hr \times 1hr/3,600sec}$
= 48.0sec

② 침사지의 유효길이(m)
= 평균유속(m/sec) × 시간(sec)
= 0.3m/sec × 48.0sec = 14.4m

answer 13 ㉯ 14 ㉮ 15 ㉮ 16 ㉱ 17 ㉯

18 자연수에 존재하는 다음 이온 중 알칼리도를 유발하는데 가장 크게 기여하는 것은?

㉮ OH^- ㉯ CO_3^{2-}
㉰ HCO_3^- ㉱ NH_4^+

풀이 ㉮ 자연수에 존재하는 이온 중 알칼리도 유발물질은 OH^-, CO_3^{2-}, HCO_3^- 이며, 이중에서 가장 크게 기여하는 것은 OH^-이다.

19 다음 중 응집침전을 위한 폐수처리에서 일반적으로 가장 널리 사용되는 응집제는?

㉮ 염화칼슘
㉯ 석회
㉰ 수산화나트륨
㉱ 황산알루미늄

풀이 ㉱ 폐수처리에서 응집침전을 위해 가장 많이 사용되는 응집제는 황산알루미늄(Alum)이다.

20 7,000m³/day의 하수를 처리하는 침전지 유입하수의 SS농도가 400mg/L, 유출하수의 SS농도가 200mg/L이라면 이 침전지의 SS제거율은?

㉮ 3% ㉯ 25%
㉰ 50% ㉱ 70%

풀이 제거율(%) = $\left\{1 - \dfrac{\text{유출하수의 SS}}{\text{유입하수의 SS}}\right\} \times 100$
= $\left\{1 - \dfrac{200mg/L}{400mg/L}\right\} \times 100 = 50\%$

21 효과적인 응집을 위해 실시하는 약품교반 실험장치(jar tester)의 일반적인 실험순서가 바르게 나열된 것은?

㉮ 정치 침전→상징수 분석→응집제 주입→급속 교반→완속 교반
㉯ 급속 교반→완속 교반→응집제 주입→정치 침전→상징수 분석
㉰ 상징수 분석→정치 침전→완속 교반→급속 교반→상징수 분석
㉱ 응집제 주입→급속 교반→완속 교반→정치 침전→상징수 분석

22 염소를 이용하여 살균할 때 주입된 염소량과 남아있는 염소량과의 차이를 무엇이라 하는가?

㉮ 염소요구량 ㉯ 유리염소량
㉰ 잔류염소량 ㉱ 클로라민

풀이 염소주입량 = 염소요구량+염소잔류량
∴ 염소요구량 = 염소주입량-염소잔류량

23 BOD, SS의 제거유량 비교적 높고, 악취나 파리의 발생이 거의 없고, 설치면적은 적게 드나, 슬러지 팽화의 문제점이 있고, 슬러지 생성량이 비교적 많은 생물학적 처리방법은?

㉮ 활성슬러지법 ㉯ 회전원판법
㉰ 산화지법 ㉱ 살수여상법

풀이 ㉮ 활성슬러지법에 대한 설명으로 가장 핵심인 슬러지 팽화(벌킹) = 활성슬러지법임을 숙지하시면 됩니다.

answer 18 ㉮ 19 ㉱ 20 ㉰ 21 ㉱ 22 ㉮ 23 ㉮

24 산도(acidity)나 경도(hardness)는 무엇으로 환산하는가?

㉮ 염화칼슘 ㉯ 수산화칼슘
㉰ 질산칼슘 ㉱ 탄산칼슘

> 풀이 산도(Acidity), 경도(Hardness), 알칼리도(Alkalinity)는 탄산칼슘($CaCO_3$)로 환산하여 ppm 단위로 나타낸다.

25 다음은 수질오염공정시험기준상 6가 크롬의 자외선 가시선 분광법의 측정원리이다. ( )안에 알맞은 것은?

> 산성용액에서 다이페닐카바자이드와 반응하여 생성되는 (①)의 착화합물의 흡광도를 (②)nm에서 측정한다.

㉮ ① 적자색, ② 253.7
㉯ ① 적자색, ② 540
㉰ ① 청색, ② 253.7
㉱ ① 청색, ② 540

26 시간당 200m³의 폐수가 유입되는 침전조의 위어(weir)의 유효길이가 50m라면 월류부하는?

㉮ 2m³/m·h ㉯ 4m³/m·h
㉰ 8m³/m·h ㉱ 15m³/m·h

> 풀이 월류부하(m³/m·hr) = 폐수량(m³/hr) / 위어의 유효길이(m)
> = 200m³/hr / 50m = 4m³/m·hr

27 다음 ( )안에 가장 적합한 수질오염물질은?

> 물 속에 있는 ( )의 대부분은 산업폐기물과 광산폐기물에서 유입된 것이며, 아연정련업, 도금공업, 화학공업(염료, 촉매, 염화비닐 안정제), 기계제품제조업(자동차부품, 스프링, 항공기) 등에서 배출된다. 그 처리법으로 응집침전법, 부상분리법, 여과법, 흡착법 등이 있다.

㉮ 수은 ㉯ 페놀
㉰ PCB ㉱ 카드뮴

> 풀이 ㉱ 카드뮴(Cd)에 대한 설명이다.

28 물 분자가 극성을 가지는 이유로 가장 적합한 것은?

㉮ 산소와 수소의 원자량의 차
㉯ 산소와 수소의 전기음성도의 차
㉰ 산소와 수소의 끓는점의 차
㉱ 산소와 수소의 온도 변화에 따른 밀도의 차

> 풀이 ㉯ 물분자가 극성을 가지는 이유는 산소와 수소의 전기음성도의 차이 때문이다.

29 다음 중 BOD 600ppm, SS 40ppm인 폐수를 처리하기 위한 공정으로 가장 적합한 것은?

㉮ 활성슬러지법 ㉯ 역삼투법
㉰ 이온교환법 ㉱ 오존소화법

> 풀이 유기물(BOD)과 SS를 처리할 경우 활성슬러지법이 가장 적합하다.

answer 24 ㉱ 25 ㉯ 26 ㉯ 27 ㉱ 28 ㉯ 29 ㉮

30 A폐수를 활성탄을 이용하여 흡착법으로 처리하고자 한다. 폐수 내 오염물질의 농도를 30mg/L에서 10mg/L로 줄이는데 필요한 활성탄의 양은? (단, X/M = $KC^{1/n}$ 사용, k = 0.5, n = 1)

㉮ 3.0 mg/L ㉯ 3.3 mg/L
㉰ 4.0 mg/L ㉱ 4.6 mg/L

풀이 등온흡착식:

$$\frac{X}{M} = K \cdot C^{\frac{1}{n}} \Rightarrow \frac{C_i - C_o}{M} = K \cdot C_o^{\frac{1}{n}}$$

- C_i : 유입수의 농도(mg/L)
- C_o : 유출수의 농도(mg/L)
- M : 활성탄의 주입농도(mg/L)
- K, n : 경험적인 상수

따라서 $\frac{(30-10)mg/L}{M} = 0.5 \times (10 mg/L)^{\frac{1}{1}}$

$\therefore M = \frac{(30-10)mg/L}{0.5 \times (10 mg/L)^{\frac{1}{1}}} = 4.0 mg/L$

31 유기물질의 질산화 과정에서 아질산이온(NO_2^-)이 질산이온(NO_3^-)으로 변할 때 주로 관여하는 것은?

㉮ 디프테리아 ㉯ 니트로박터
㉰ 니트로조모나스 ㉱ 카로티노모나스

TIP 질산화에 관여하는 미생물
① NH_3 - N → NO_2 - N : 니트로조모나스
② NO_2 - N → NO_3 - N : 니트로박터

32 염산(HCl) 0.001mol/L의 pH는? (단, 이 농도에서 염산은 100% 해리한다.)

㉮ 2 ㉯ 2.5
㉰ 3 ㉱ 3.5

풀이 HCl → H^+ + Cl^-
0.001M 0.001M 0.001M
따라서 pH = $-\log[H^+]$ = $-\log[0.001M]$ = 3.0

TIP
① 산성 물질에서 pH = $-\log[H^+]$
② 알칼리성 물질에서 pH = 14 + $\log[OH^-]$

33 상수도계획시 여과에 관한 설명으로 옳지 않은 것은?

㉮ 완속여과를 채용할 경우 색도, 철, 망간도 어느 정도 제거된다.
㉯ 완속여과는 생물막에 의한 세균, 탁질 제거와 생화학적 산화반응에 의해 다양한 수질인자에 대응할 수 있다.
㉰ 급속여과의 여과속도는 70~90m/d를 표준으로 하고, 침전은 필수적이나, 약품사용은 필요치 않다.
㉱ 급속여과는 탁도 유발물질의 제거효과는 좋으나 세균은 안심할 정도의 제거는 어려운 편이다.

풀이 ㉰ 급속여과는 여과속도에 따라 120~150m/day의 표준여과 및 200~300m/day 이상의 고속여과로 구분할 수 있다.

answer 30 ㉰ 31 ㉯ 32 ㉰ 33 ㉰

34 다음 중 회분식 배양조건에서 시간에 따른 박테리아의 성장곡선을 순서대로 옳게 나열한 것은?

㉮ 유도기 → 사멸기 → 대수성장기 → 정지기
㉯ 유도기 → 사멸기 → 정지기 → 대수성장기
㉰ 대수성장기 → 정지기 → 유도기 → 사멸기
㉱ 유도기 → 대수성장기 → 정지기 → 사멸기

35 폐수처리장에서 개방유로의 유량측정에 이용되는 것으로 단면의 형상에 따라 삼각, 사각 등이 있는 것은?

㉮ 확산기(diffuser)
㉯ 산기기(aerator)
㉰ 위어(weir)
㉱ 피토전극기(pitot electrometer)

36 하부에서 뜨거운 가스로 모래를 가열하여 부상시키고, 상부에서는 폐기물을 주입하여 소각시키는 형태의 소각로는?

㉮ 액체 주입형 소각로
㉯ 화격자 소각로
㉰ 회전형 소각로
㉱ 유동상 소각로

[풀이] 유동상 소각로에 대한 설명이다.

37 폐기물 파쇄 전후의 입자크기와 입자크기분포를 이해하는 것은 폐기물 특성을 파악하는데 매우 중요하다. 대표적으로 사용하는 특성입경은 입자의 무게기준으로 몇 %가 통과할 수 있는 체 눈의 크기를 말하는가?

㉮ 36.8%   ㉯ 50%
㉰ 63.2%   ㉱ 80.7%

38 관거(Pipe-line)를 이용한 폐기물 수거방법에 관한 설명으로 가장 거리가 먼 것은?

㉮ 폐기물 발생빈도가 높은 곳이 경제적이다.
㉯ 가설 후에 경로변경이 곤란하다.
㉰ 25km 이상의 장거리 수송에 현실성이 있다.
㉱ 큰 폐기물은 파쇄, 압축 등의 전처리를 해야 한다.

[풀이] ㉰ 장거리 수송이 곤란하다.

39 일정기간 동안 특정지역의 쓰레기 수거 차량의 대수를 조사하여 이 값에 밀도를 곱한 후 중량으로 환산하여 폐기물 발생량을 산정하는 방법을 무엇이라 하는가?

㉮ 직접계근법
㉯ 적재차량계수분석법
㉰ 간접계근법
㉱ 대수조사법

[풀이] ㉯ 적재차량계수분석법에 대한 설명이다.

answer 34 ㉱ 35 ㉰ 36 ㉱ 37 ㉰ 38 ㉰ 39 ㉯

> **TIP**
> **폐기물 발생량의 조사방법**
> ① 적재차량 계수분석법 : 일정 기간 동안 특정지역의 쓰레기 수거차량의 대수를 조사하여 이 값에 폐기물의 겉보기 비중을 보정하여 중량으로 환산하여 폐기물 발생량을 조사하는 방법이다.
> ② 물질수지법 : 주로 사업장 폐기물의 발생량을 추산할 때 이용하는 방법으로 원료 물질의 유입과 생산 물질의 유출관계를 근거로 계산하는 방법이다.
> ③ 직접계근법 : 일정 기간 동안 특정지역의 수거운반되는 차량을 중계처리장이나 중간 적하장에서 직접 계근하는 방법이다.

40 아래 그림과 같이 쓰레기를 대량으로 간편하게 소각 처리하는데 적합하고, 연속적인 소각과 배출이 가능한 소각로의 형태는?

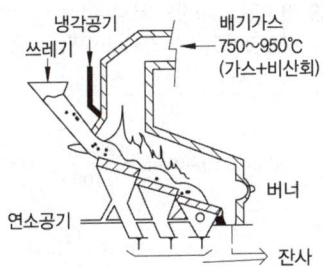

㉮ 스토커식 ㉯ 유동상식
㉰ 회전로식 ㉱ 분무연소식

▶ 풀이 ㉮ 스토커식 소각로에 대한 설명이다.

41 다음 중 내륙매립 공법의 종류가 아닌 것은?

㉮ 도랑형공법 ㉯ 압축매립공법
㉰ 샌드위치공법 ㉱ 박층뿌림공법

▶ 풀이 ㉱ 박층뿌림공법은 해안매립공법에 해당된다.

> **TIP**
> **매립공법의 종류**
> 1. 해안매립공법의 종류
>   ① 순차투입공법   ② 박층뿌림공법
>   ③ 내수배제공법
> 2. 내륙매립공법의 종류
>   ① 셀공법   ② 압축매립공법
>   ③ 도랑형공법   ④ 샌드위치공법

42 침출수를 혐기성 여상으로 처리하고자 한다. 유입유량이 $1,000m^3/day$이고, BOD가 500mg/L, 처리 효율이 90%라면 이때 혐기성 여상에서 발생되는 메탄가스의 양은? (단, $1.5m^3$ 가스/BOD kg, 가스 중 메탄함량 60%)

㉮ $350m^3/day$ ㉯ $405m^3/day$
㉰ $510m^3/day$ ㉱ $550m^3/day$

▶ 풀이 발생되는 메탄가스의 양(m^3/day)
= 유입유량(m^3/day)×BOD농도(kg/m^3)
$\times \dfrac{처리효율(\%)}{100} \times \dfrac{가스 중 메탄함량(\%)}{100}$
$\times \dfrac{가스발생량(m^3)}{BOD(kg)}$
= $1,000m^3/day \times 0.5kg/m^3 \times \dfrac{90}{100} \times \dfrac{60}{100} \times \dfrac{1.5m^3}{BODkg}$
= $405m^3/day$

> **TIP**
> ① ppm = mg/L = g/m^3 이므로
>   mg/L $\xrightarrow{\times 10^{-3}}$ kg/m^3
> ② BOD 500mg/L = $500 \times 10^{-3} kg/m^3$ = $0.5kg/m^3$

answer 40 ㉮ 41 ㉱ 42 ㉯

43 소각로를 설계할 때 가장 기본이 되는 폐기물 발열량인 고위발열량(HHV)과 저위발열량(LHV)과의 관계로 옳은 것은? (단, 발열량의 단위는 kcal/kg, W는 수분함량 %이며, 수소함량은 무시한다.)

㉮ LHV = HHV+6W
㉯ LHV = HHV - 6W
㉰ HHV = LHV+9W
㉱ HHV = LHV - 9W

풀이 LHV = HHV - 6(9H% + W%)(kcal/kg)

44 폐기물 고체연료(RDF)의 구비조건으로 옳지 않은 것은?

㉮ 열량이 높을 것
㉯ 함수율이 높을 것
㉰ 대기 오염이 적을 것
㉱ 성분 배합률이 균일할 것.

풀이 ㉯ 함수율이 낮을 것

45 파쇄 하였거나 파쇄하지 않은 폐기물로부터 철분을 회수하기 위해 가장 많이 사용되는 폐기물 선별방법은?

㉮ 공기선별   ㉯ 스크린선별
㉰ 자석선별   ㉱ 손선별

TIP
① 관성선별 : 폐기물을 가벼운 것과 무거운 것으로 분리하기 위하여 중력이나 탄도학을 이용한다.
② 공기선별(Air Separation) : 공기 선별시 투입되는 폐기물 입자에 작용하는 힘은 중력, 부력, 항력이다.
③ 자석선별(Magnetic Separation) : 별다른 동력이 소요되지 않으나 주입되는 폐기물의 양이 적어야 하고 철 및 금속류를 회수한다.
④ 스크린선별(Screening) : 주로 큰 폐기물로부터 후속처리장치를 보호하거나 재료회수를 위해 많이 사용한다.
⑤ 광학분류기(Optical Sorter) 선별 : 색유리와 일반유리를 분리한다.
⑥ 수선별(Hand Separation) : 정확도가 높으나 지저분하고 위험하며 선별효율이 낮다.

46 어느 슬러지 건조상의 길이가 40m이고, 폭은 25m이다. 여기에 30cm 깊이로 슬러지를 주입할 때 전체 건조기간 중 슬러지의 부피가 70% 감소하였다면 건조된 슬러지의 부피는 몇 m^3가 되겠는가?

㉮ $50m^3$ ㉯ $70m^3$
㉰ $90m^3$ ㉱ $110m^3$

풀이 건조된 슬러지의 부피(m^3)
= 슬러지건조상 길이(m)×폭(m)×슬러지 깊이(m)
$\times \dfrac{100 - 슬러지 감소율(\%)}{100}$

= $40m \times 25m \times 0.3m \times \dfrac{100-70\%}{100} = 90m^3$

TIP
슬러지의 깊이 30cm = 0.3m

answer 43 ㉯   44 ㉯   45 ㉰   46 ㉰

47 에탄가스 1Sm³의 완전연소에 필요한 이론 공기량은?

㉮ 8.67Sm³   ㉯ 10.67Sm³
㉰ 12.67Sm³ ㉱ 16.67Sm³

풀이 $C_2H_6 + 3.5O_2 \rightarrow 2CO_2 + 3H_2O$
이론공기량(A_o; Sm³/Sm³)
$= \dfrac{\text{이론산소량(Sm}^3\text{/Sm}^3\text{)}}{0.21} = \dfrac{3.5}{0.21}$
$= 16.67 \text{Sm}^3/\text{Sm}^3$

TIP
① 체적비 = Sm³/Sm³ = 개수비
② 산소량(Sm³/Sm³) = 산소의 개수

48 연료를 연소시킬 때 실제 공급된 공기량을 A, 이론 공기량을 A_o라 할 때 과잉 공기율을 옳게 나타낸 것은?

㉮ $\dfrac{A-A_o}{A}$ ㉯ $\dfrac{A-A_o}{A_o}$

㉰ $\dfrac{A}{A_o}+1$ ㉱ $\dfrac{A}{A_o}-1$

풀이 과잉 공기율(%) = (m-1)×100
실제 공기량(A)
= 공기비(m)×이론공기량(A_o)이므로
$\dfrac{A-A_o}{A_o} = \dfrac{mA_o - A_o}{A_o} = \dfrac{(m-1)A_o}{A_o} = (m-1)$

49 1,792,500ton/year의 쓰레기를 2,725명의 인부가 수거하고 있다면 수거인부의 수거능력(MHT)은? (단, 수거인부의 1일 작업시간은 8시간, 1년 작업일수는 310일이다.)

㉮ 2.16   ㉯ 2.95
㉰ 3.24   ㉱ 3.77

풀이 MHT(man·hr/ton)
$= \dfrac{\text{작업인부수(man)} \times \text{작업시간(hr)}}{\text{쓰레기의 양(톤)}}$
$= \dfrac{2,725\text{인} \times 8\text{hr/day} \times 310\text{일/년}}{1,792,500\text{톤/년}} = 3.77$

TIP
① 수거능력을 MHT라 하고 단위는 man·hr/ton이다.
② MHT값이 작을수록 수거효율이 높다.

50 폐기물을 파쇄시키는 목적으로 적합하지 않은 것은?

㉮ 분리 및 선별을 용이하게 한다.
㉯ 매립 후 빠른 지반침하를 유도한다.
㉰ 부피를 감소시켜 수송효율을 증대시킨다.
㉱ 비표면적이 넓어져 소각을 용이하게 한다.

TIP
파쇄처리의 목적
① 입경분포의 균일화
② 겉보기 밀도의 증가(겉보기 비중의 증가)
③ 균질화(입자크기의 균일화)
④ 비표면적 증가
⑤ 유가물질의 분리
⑥ 특정성분의 분리
⑦ 소각시 연소촉진

answer 47 ㉱   48 ㉯   49 ㉱   50 ㉯

51 다음 중 일반적인 슬러지 처리 계통도로 가장 적합한 것은?

㉮ 슬러지→농축→개량→탈수→소각→매립
㉯ 슬러지→소화→탈수→개량→농축→매립
㉰ 슬러지→탈수→건조→개량→소각→매립
㉱ 슬러지→개량→탈수→농축→소각→매립

52 다음 중 분뇨수거 및 처분계획을 세울 때 계획하는 우리나라 성인 1인당 1일 분뇨배출량의 평균 범위로 가장 적합한 것은?

㉮ 0.2 ~ 0.5L ㉯ 0.9 ~ 1.1L
㉰ 2.3 ~ 2.5L ㉱ 3.0 ~ 3.5L

[풀이] 우리나라 성인 1인당 1일 분뇨배출량의 평균은 0.9 ~ 1.1L이므로 약 1L로 숙지해 두면 된다.

53 폐기물의 파쇄작용이 일어나게 되는 힘의 3종류와 가장 거리가 먼 것은?

㉮ 압축력 ㉯ 전단력
㉰ 원심력 ㉱ 충격력

[풀이] ㉰ 폐기물 파쇄에 작용하는 힘에는 압축력, 충격력, 전단력이 있다.

54 슬러지 내의 수분을 제거하기 위한 탈수 및 건조방법에 해당하지 않는 것은?

㉮ 산화지법   ㉯ 슬러지 건조상법
㉰ 원심분리법 ㉱ 벨트프레스법

[풀이] ㉮ 산화지법은 미생물과 조류의 생물학적 작용을 이용하여 하수와 폐수를 정화시키는 공법이다.

55 매립처분시설의 분류 중 폐기물에 포함된 수분, 폐기물 분해에 의하여 생성되는 수분, 매립지에 유입되는 강우에 의하여 발생하는 침출수의 유출방지와 매립지 내부로의 지하수 유입방지를 위해 설치하는 것은?

㉮ 부패조   ㉯ 안정탑
㉰ 덮개시설 ㉱ 차수시설

[풀이] ㉱ 차수시설에 대한 설명으로 핵심 내용인 수분 차단 = 차수시설임을 숙지하시면 됩니다.

56 A벽체의 투과손실이 32dB일 때, 이 벽체의 투과율은?

㉮ 6.3×10^{-4} ㉯ 7.3×10^{-4}
㉰ 8.3×10^{-4} ㉱ 9.3×10^{-4}

[풀이] 투과손실(TL) = $10\log\left(\dfrac{1}{투과율}\right)$

$32dB = 10\log\left(\dfrac{1}{투과율}\right)$

$\dfrac{32dB}{10} = \log\left(\dfrac{1}{투과율}\right)$

log를 제거하기 위해 맞은변에 10^x를 취한다.

$10^{\frac{32dB}{10}} = \dfrac{1}{투과율}$ ∴ 투과율 = 6.31×10^{-4}

answer 51 ㉮ 52 ㉯ 53 ㉰ 54 ㉮ 55 ㉱ 56 ㉮

57 금속스프링의 장점이라 볼 수 없는 것은?

㉮ 환경요소(온도, 부식, 용해 등)에 대한 저항성이 크다.
㉯ 최대변위가 허용된다.
㉰ 공진시에 전달율이 매우 크다.
㉱ 저주파 차진에 좋다.

> **풀이** ㉰ 공진시에 전달율이 매우 크다.
> ⇒ 단점에 해당한다.

58 인체 귀의 구조 중 고막의 진동을 쉽게 할 수 있도록 외이와 중이의 기압을 조정하는 것은?

㉮ 고막   ㉯ 고실창
㉰ 달팽이관   ㉱ 유스타키오관

> **풀이** ㉱ 귀의 내부구조 중 외이와 중이의 기압을 조정하는 기관은 유스타키오관(이관)이다.

59 음향출력 100W인 점음원이 반자유공간에 있을 때 10m 떨어진 지점의 음의 세기(W/m²)는?

㉮ 0.08   ㉯ 0.16
㉰ 1.59   ㉱ 3.18

> **풀이** 음의 세기(I) = $\frac{W}{S} = \frac{W}{2\pi r^2}$
>
> ⎡ W : 음향출력(W)
> ⎣ r : 거리(m)
>
> 따라서 I = $\frac{100W}{2 \times \pi \times (10m)^2}$ = 0.16W/m²

60 〈보기〉는 소음의 표현이다. ( )안에 알맞은 것은?

[보기]
1( )은 1,000Hz 순음의 음세기레벨 40dB의 음크기를 말한다.

㉮ SIL   ㉯ PNL
㉰ Sone   ㉱ NNI

---

answer 57 ㉰   58 ㉱   59 ㉯   60 ㉰

2011 5회 과년도 기출문제

2011년 10월 9일 시행

01 다음 기체연료 중 저위발열량이 가장 큰 것은?

㉮ 수소 ㉯ 메탄
㉰ 부탄 ㉱ 에탄

풀이 연료 중 탄소와 수소의 개수가 가장 많은 것이 발열량이 가장 높은 연료이다.
따라서 정답은 ㉰ 부탄(C_4H_{10})이 된다.

02 집진장치 출구 가스의 먼지농도가 0.02g/m³, 먼지통과율은 0.5%일 때, 입구 가스의 먼지농도(g/m³)는?

㉮ 3.5g/m³ ㉯ 4.0g/m³
㉰ 4.5g/m³ ㉱ 8.0g/m³

풀이 $P = \dfrac{C_o}{C_i} \times 100(\%)$

$\begin{bmatrix} P : 통과율 \\ C_i : 입구\ 가스의\ 먼지농도(g/Sm^3) \\ C_o : 출구\ 가스의\ 먼지농도(g/Sm^3) \end{bmatrix}$

$0.5\% = \dfrac{0.02g/m^3}{C_i} \times 100$

$\therefore C_i = \dfrac{0.02g/m^3 \times 100}{0.5\%} = 4.0g/m^3$

03 황 함유량 1.5%인 액체연료 20톤을 이론적으로 완전 연소시킬 때 생성되는 SO_2의 부피는? (단, 연료 중 황은 완전 연소하여 100% SO_2로 전환된다.)

㉮ 140Sm³ ㉯ 170Sm³
㉰ 210Sm³ ㉱ 250Sm³

풀이 $S + O_2 \rightarrow SO_2$
32kg : 22.4Sm³
(20ton×10³)kg×0.015 : X

$\therefore X = \dfrac{20톤 \times 10^3 \times 22.4Sm^3 \times 0.015}{32kg} = 210Sm^3$

04 감압 또는 진공이라 함은 따로 규정이 없는 한 얼마 이하를 의미하는가?

㉮ 15mmHg 이하 ㉯ 20mmHg 이하
㉰ 30mmHg 이하 ㉱ 76mmHg 이하

풀이 감압 또는 진공이라 함은 따로 규정이 없는 한 15mmHg 이하를 말한다.

answer 01 ㉰ 02 ㉯ 03 ㉰ 04 ㉮

05 다음 연소의 종류 중 나이트로글리세린과 같이 공기 중의 산소 공급 없이 그 물질의 분자 자체에 함유하고 있는 산소를 이용하여 연소하는 것은?

㉮ 분해연소　　㉯ 증발연소
㉰ 자기연소　　㉱ 확산연소

풀이 ㉰ 자기연소(내부연소)에 대한 설명이다.

06 〈보기〉와 같은 특성을 지닌 집진장치는?

[보기]
- 고농도 함진가스의 전처리에 사용될 수 있다.
- 배출가스의 유속은 보통 0.3~3m/s 정도가 되도록 설계한다.
- 시설의 규모는 크지만 유지비가 저렴하다.
- 압력손실은 10~15mmH$_2$O 정도이다.

㉮ 중력 집진장치　　㉯ 원심력 집진장치
㉰ 여과 집진장치　　㉱ 전기 집진장치

풀이 ㉮ 중력 집진장치에 대한 설명이다.

07 연소시 연소상태를 조절하여 질소산화물 발생을 억제하는 방법으로 가장 거리가 먼 것은?

㉮ 저온도 연소
㉯ 저산소 연소
㉰ 공급공기량의 과량 주입
㉱ 수증기 분무

풀이 ㉰ 공급공기량을 부족하게 주입

08 〈보기〉에 해당하는 대기오염물질은?

[보기]
- 상온은 무색투명하고, 일반적으로 불쾌한 자극성 냄새를 내는 액체이다.
- 대단히 증발하기 쉬우며, 인화점이 -30℃ 정도이고, 대단히 연소하기 쉽다.
- 이 물질의 증기는 공기보다 2.64배 정도 무겁다.

㉮ 아황산가스　　㉯ 이황화탄소
㉰ 이산화질소　　㉱ 일산화질소

풀이 ㉯ 이황화탄소(CS_2)에 대한 설명이다.

09 A집진장치의 압력손실이 444mmH$_2$O, 처리가스량이 55m^3/s인 송풍기의 효율이 77%일 때, 이 송풍기의 소요동력은?

㉮ 256kW　　㉯ 286kW
㉰ 298kW　　㉱ 311kW

풀이
$$\text{소요동력(kW)} = \frac{P_s \times Q}{102 \times \eta}$$

P_s : 압력손실(mmH$_2$O)
Q : 처리가스량(m^3/sec)
η : 송풍기 효율

따라서 소요동력(kW)
$$= \frac{444\text{mmH}_2\text{O} \times 55\text{m}^3/\text{sec}}{102 \times 0.77} = 310.92\text{kW}$$

answer 05 ㉰　06 ㉮　07 ㉰　08 ㉯　09 ㉱

10 다음 대기오염물질 중 특정대기 유해물질에 해당하지 않는 것은?

㉮ 프로필렌 옥사이드
㉯ 석면
㉰ 벤지딘
㉱ 이산화황

풀이 ㉱ 이산화황은 특정대기 유해물질이 아니다.

11 런던형 스모그에 관한 설명으로 가장 거리가 먼 것은?

㉮ 주로 아침 일찍 발생한다.
㉯ 습도와 기온이 높은 여름에 주로 발생한다.
㉰ 복사역전 형태이다.
㉱ 시정거리가 100m 이하이다.

풀이 ㉯ 습도가 높고(90% 이상) 기온이 낮은 겨울철에 주로 발생한다.

12 〈보기〉 중 대류권에 해당하는 사항으로만 옳게 나열된 것은?

[보기]
㉠ 고도가 상승함에 따라 기온이 감소한다.
㉡ 오존의 밀도가 높은 오존층이 존재한다.
㉢ 지상으로부터 50~85km 사이의 층이다.
㉣ 공기의 수직이동에 의한 대류현상이 일어난다.
㉤ 눈이나 비가 내리는 등의 기상현상이 일어난다.

㉮ ㉠, ㉡, ㉢ ㉯ ㉠, ㉣, ㉤
㉰ ㉢, ㉣, ㉤ ㉱ ㉡, ㉢, ㉣

풀이 ① ㉠, ㉣, ㉤은 대류권에 대한 설명
② ㉡은 성층권에 대한 설명
③ ㉢은 중간권에 대한 설명

13 다음 실내공기 오염물질 중 주로 단열재, 절연재, 브레이크, 방열재 등에서 발생되며 인체에 다량 흡입되면 피부질환, 호흡기질환, 폐암, 중피종 등을 유발시키는 것은?

㉮ 총부유세균   ㉯ 석면
㉰ 오존   ㉱ 일산화탄소

풀이 ㉯ 석면에 대한 설명이다.

14 관성력 집진장치에서 집진율 향상조건으로 옳지 않은 것은?

㉮ 일반적으로 충돌직전의 처리가스의 속도가 적고, 처리 후의 출구 가스속도는 빠를수록 미립자의 제거가 쉽다.
㉯ 기류의 방향전환 각도가 작고, 방향전환 횟수가 많을수록 압력손실은 커지나 집진은 잘 된다.
㉰ 적당한 모양과 크기의 호퍼가 필요하다.
㉱ 함진 가스의 충돌 또는 기류의 방향전환 직전의 가스속도가 빠르고, 방향전환시의 곡률반경이 작을수록 미세입자의 포집이 가능하다.

풀이 ㉮ 일반적으로 충돌직전의 처리가스의 속도가 빠르고, 처리 후의 출구 가스속도는 늦을수록 미립자의 제거가 쉽다.

answer 10 ㉱ 11 ㉯ 12 ㉯ 13 ㉯ 14 ㉮

15 0.3 g/Sm³인 HCl의 농도를 ppm으로 환산하면? (단, 표준상태 기준)

㉮ 116.4 ppm ㉯ 137.7 ppm
㉰ 167.3 ppm ㉱ 184.1 ppm

풀이
$$ppm(mL/Sm^3) = \frac{0.3g}{Sm^3} \times \frac{10^3 mg}{1g} \times \frac{22.4mL}{36.5mg}$$
$$= 184.11 ppm$$

TIP
① ppm = mL/Sm³
② HCl 1mol $\begin{cases} 36.5mg \\ 22.4mL \end{cases}$

16 농도를 알 수 없는 염산 50mL를 완전히 중화시키는데 0.4N 수산화나트륨 25mL가 소모되었다. 이 염산의 농도는?

㉮ 0.2N ㉯ 0.4N
㉰ 0.6N ㉱ 0.8N

풀이 중화적정공식 $N_1 \times V_1 = N_2 \times V_2$
따라서 0.4N×25mL = N_2×50mL
∴ $N_2 = \frac{0.4N \times 25mL}{50mL} = 0.2N$

17 탱크에 쇄석 등의 여재를 채우고 위에서 폐수를 뿌려 쇄석 표면에 번식하는 미생물이 폐수와 접촉하여 유기물을 섭취 분해하여 폐수를 생물학적으로 처리하는 방식은?

㉮ 활성슬러지법 ㉯ 호기성 산화지법
㉰ 회전원판법   ㉱ 살수여상법

풀이 부착성장식인 ㉱ 살수여상법에 대한 설명이다.

18 어느 공장폐수의 Cr^{6+}이 600mg/L이고, 이 폐수를 아황산나트륨으로 환원 처리하고자 한다. 폐수량이 40m³/day일 때, 하루에 필요한 아황산나트륨의 이론양은? (단, Cr의 원자량은 52, Na_2SO_3의 분자량은 126, 반응식은 아래 식을 이용하여 계산하시오.)

$$2H_2CrO_4 + 3Na_2SO_3 + 3H_2SO_4$$
$$\rightarrow Cr_2(SO_4)_3 + 3Na_2SO_4 + 5H_2O$$

㉮ 72kg ㉯ 80kg
㉰ 87kg ㉱ 95kg

풀이 $2Cr^{6+} : 3Na_2SO_3$
2×52g : 3×126g
0.6kg/m³×40m³/day : X

∴ $X = \frac{3 \times 126g \times 0.6kg/m^3 \times 40m^3/day}{2 \times 52g}$
$= 87.23 kg/day$

TIP
① ppm = mg/L = g/m³
② mg/L $\xrightarrow{\times 10^{-3}}$ kg/m³
③ 600mg/L = 0.6kg/m³

19 활성슬러지 공법에 의한 운영상의 문제점으로 옳지 않은 것은?

㉮ 거품 발생   ㉯ 연못화 현상
㉰ Floc 해체 현상 ㉱ 슬러지부상 현상

풀이 ㉯ 연못화 현상은 부착성장식인 살수여상법에 대한 설명이다.

answer 15 ㉱ 16 ㉮ 17 ㉱ 18 ㉰ 19 ㉯

20 물의 깊이에 따라 나타나는 수온성층에 해당되지 않는 것은?

㉮ 수온약층   ㉯ 표수층
㉰ 변수층   ㉱ 심수층

풀이 수면으로부터 성층구분은 순환층(표수층) → 수온약층(변온층) → 심수층 → 침전물층 순서이다.

21 실험실에서 일반적으로 BOD_5를 측정할 때 배양조건은?

㉮ 5℃에서 10일간 배양
㉯ 5℃에서 20일간 배양
㉰ 20℃에서 5일간 배양
㉱ 20℃에서 10일간 배양

풀이 실험실에서 일반적으로 BOD_5를 측정할 때 배양조건은 20℃에서 5일간 배양한다.

22 경도(Hardness)에 관한 설명으로 옳지 않은 것은?

㉮ SO_4^{2-}, NO_3^-, Cl^-와 화합물을 이루고 있을 때 나타나는 경도를 영구경도라고도 한다.
㉯ 경도가 높은 물은 관로의 통수저항을 감소시켜 공업용수(섬유제지 등)로 적합하다.
㉰ 탄산경도는 일시경도라고도 한다.
㉱ Na^+은 경도를 유발하는 이온은 아니지만 그 농도가 높을 때 경도와 비슷한 작용을 하므로 유사 경도라 한다.

풀이 ㉯ 경도가 높은 물은 관로의 통수저항을 증가시켜 공업용수(섬유제지 등)로 부적합하다.

23 오염물질과 피해형태의 연결로 가장 거리가 먼 것은?

㉮ 페놀 - 냄새
㉯ 인 - 부영양화
㉰ 유기물 - 용존산소결핍
㉱ 시안 - 골연화증

풀이 ㉱ 시안 - 호흡 효소기능 마비

24 활성슬러지법의 미생물 성장은 35℃ 정도까지의 경우 10℃ 증가할 때마다 그 성장속도가 일반적으로 몇 배로 증가되는가?

㉮ 2배로 증가   ㉯ 16배로 증가
㉰ 32배로 증가 ㉱ 64배로 증가

풀이 활성슬러지법의 미생물 성장은 35℃ 정도까지의 경우 10℃ 증가할 때마다 그 성장속도가 일반적으로 2배로 증가한다.

25 생물학적 원리를 이용하여 폐수 중의 인과 질소를 동시에 제거하는 공정 중 혐기조의 역할로 가장 적합한 것은?

㉮ 유기물 흡수, 인의 과잉 흡수
㉯ 유기물 흡수, 인 방출
㉰ 유기물 흡수, 탈질소
㉱ 유기물 흡수, 질산화

TIP
반응조의 역할
① 혐기성조 : 인의 방출, 유기물제거
② 무산소조 : 탈질작용(질소제거)
③ 호기성조 : 인의 과잉 흡수

answer 20 ㉰ 21 ㉰ 22 ㉯ 23 ㉱ 24 ㉮ 25 ㉯

26 물 속에서 입자가 침강하고 있을 때 스톡스(Stokes)의 법칙이 적용된다고 한다. 다음 중 입자의 침강속도에 가장 큰 영향을 주는 변화인자는?

㉮ 입자의 밀도　　㉯ 물의 밀도
㉰ 물의 점도　　　㉱ 입자의 직경

▶ 풀이　입자의 침강속도에 가장 큰 영향을 주는 변화인자는 입자의 직경이다.

27 부피 150m³인 종말침전지로 유입되는 폐수량이 900m³/day일 때, 이 침전지의 체류시간은?

㉮ 3시간　　㉯ 4시간
㉰ 5시간　　㉱ 6시간

▶ 풀이
$$체류시간(hr) = \frac{부피(m^3)}{폐수량(m^3/hr)}$$
$$= \frac{150m^3}{900m^3/day \times 1day/24hr} = 4hr$$

28 다음 중 지하수의 일반적인 수질특성에 관한 설명으로 옳지 않은 것은?

㉮ 수온의 변화가 심하다.
㉯ 무기물 성분이 많다.
㉰ 지질 특성에 영향을 받는다.
㉱ 지표면 깊은 곳에서는 무산소 상태로 될 수 있다.

▶ 풀이　㉮ 수온의 변화가 거의 없다.

29 다음 중 생물학적 고도 폐수처리 방법으로 인을 제거할 수 있는 공법으로 가장 거리가 먼 것은?

㉮ A/O 공법　　　㉯ Indore 공법
㉰ Phostrip 공법　㉱ Bardenpho 공법

▶ 풀이　생물학적 고도 폐수처리 방법으로 인을 제거할 수 있는 공법으로는 A/O공법, A_2/O공법, 5단계 바덴포, 포스트립공법, UCT공법, VIP공법이 있다.

30 다음 중 해양오염 현상으로 거리가 먼 것은?

㉮ 적조　　　　　㉯ 부영양화
㉰ 용존산소과포화　㉱ 온열배수유입

▶ 풀이　㉰ 용존산소과포화는 수질이 깨끗함을 의미한다.

31 물의 성질에 관한 설명으로 옳지 않은 것은?

㉮ 물 분자 안의 수소는 부분적으로 양전하(δ^+)를, 산소는 부분적으로 음전하(δ^-)를 갖는다.
㉯ 물은 분자량이 유사한 다른 화합물에 비하여 비열은 작고, 압축성이 크다.
㉰ 물은 4℃ 부근에서 최대 밀도를 나타낸다.
㉱ 일반적으로 물의 점도는 온도가 높아짐에 따라 작아진다.

▶ 풀이　㉯ 물은 분자량이 유사한 다른 화합물에 비하여 비열은 크고, 압축성이 작다.

answer　26 ㉱　27 ㉯　28 ㉮　29 ㉯　30 ㉰　31 ㉯

32 폐수의 화학적 산소요구량을 측정하기 위해 산성 100℃ 과망간산칼륨법으로 측정하였다. 바탕시험 적정에 소비된 0.025N 과망간산칼륨 용액의 양이 0.1mL, 시료용액의 적정에 소비된 0.025N 과망간산칼륨 용액의 양이 5.1mL일 때 COD(mg/L)는? (단, 0.025N 과망간산칼륨의 역가는 1.000, 시험에 사용한 시료의 양은 100mL 이다.)

㉮ 4.0mg/L ㉯ 6.0mg/L
㉰ 8.0mg/L ㉱ 10.0mg/L

풀이
$COD(mg/L) = (b-a) \times f \times \dfrac{1,000}{V} \times 0.2$
$= (5.1-0.1)mL \times 1.0 \times \dfrac{1,000}{100mL} \times 0.2$
$= 10mg/L$

33 레이놀즈수의 관계인자와 거리가 먼 것은?

㉮ 입자의 지름
㉯ 액체의 점도
㉰ 액체의 비표면적
㉱ 입자의 속도

풀이
$Re = \dfrac{D \cdot V \cdot \rho}{\mu} = \dfrac{D \cdot V}{\nu}$

Re : 레이놀드수
D : 입자의 지름
V : 속도
ρ : 밀도
μ : 점성계수
ν : 동점성계수

34 하천의 유량은 1,000m³/일, BOD농도 26ppm이며, 이 하천에 흘러드는 폐수의 양이 100m³/일, BOD농도 165ppm이라고 하면 하천과 폐수가 완전혼합된 후 BOD농도는? (단, 혼합에 의한 기타 영향 등은 고려하지 않는다.)

㉮ 38.6ppm ㉯ 44.9ppm
㉰ 48.5ppm ㉱ 59.8ppm

풀이
혼합공식 $C_m = \dfrac{Q_1C_1 + Q_2C_2}{Q_1 + Q_2}$ 를 이용한다.

$C_m = \dfrac{1,000m^3/day \times 26ppm + 100m^3/day \times 165ppm}{(1,000+100)m^3/day}$
$= 38.64ppm$

35 다음 중 오염원별 하·폐수 발생량이 가장 많은 것은?

㉮ 생활하수 ㉯ 공장폐수
㉰ 축산폐수 ㉱ 매립지 침출수

풀이 하·폐수 발생량이 가장 많은 것은 생활하수이다.

36 다음 중 수분 및 고형물 함량 측정에 필요한 실험기구와 거리가 먼 것은?

㉮ 증발접시 ㉯ 전자저울
㉰ jar-테스터 ㉱ 데시케이터

풀이 ㉰ jar-테스터는 응집교반시험이다.

answer 32 ㉱ 33 ㉰ 34 ㉮ 35 ㉮ 36 ㉰

37 탄소 6kg이 이론적으로 완전연소할 때 발생하는 이산화탄소의 양(kg)은?

㉮ 44kg ㉯ 36kg
㉰ 22kg ㉱ 12kg

풀이
$C + O_2 \rightarrow CO_2$
12kg : 44kg
6kg : X

$\therefore X = \dfrac{6kg \times 44kg}{12kg} = 22kg$

38 인구 100,000명이 거주하고 있는 도시에 1인 1일당 쓰레기 발생량이 평균 1kg이다. 적재용량 4.5톤 트럭을 이용하여 하루에 수거를 마치려면 최소 몇 대가 필요한가?

㉮ 12대 ㉯ 20대
㉰ 23대 ㉱ 32대

풀이
대 = $\dfrac{1kg/인 \cdot day \times 100,000인 \times 10^{-3}톤/kg}{4.5톤/대}$
= 22.22대 ≒ 23대

39 다음 폐기물의 감량화 방안 중 폐기물이 발생원에서 발생되지 않도록 사전에 조치하는 발생원 대책으로 거리가 먼 것은?

㉮ 적정 저장량 관리
㉯ 과대포장 사용안하기
㉰ 철저한 분리수거 실시
㉱ 폐기물로부터 회수에너지 이용

풀이 ㉱번은 발생 후 대책에 해당한다.

40 RDF(Refuse Derived Fuel)의 구비조건으로 가장 거리가 먼 것은?

㉮ 열함량이 높고 동시에 수분함량이 낮아야 한다.
㉯ 염소 함량이 낮아야 한다.
㉰ 미생물 분해가 가능하며, 재의 함량이 높아야 한다.
㉱ 균질성이어야 한다.

풀이 ㉰ 미생물 분해가 불가능하며, 재의 함량이 낮아야 한다.

41 폐기물의 3성분이라 볼 수 없는 것은?

㉮ 수분 ㉯ 무연분
㉰ 회분 ㉱ 가연분

풀이 폐기물의 3성분은 수분, 회분, 가연분이다.

42 폐기물의 저위발열량(LHV)을 구하는 식으로 옳은 것은? (단, HHV : 폐기물의 고위발열량(kcal/kg), H : 폐기물의 원소분석에 의한 수소 조성비(kg/kg), W : 폐기물의 수분 함량(kg/kg), 600 : 수증기 1kg의 응축열(kcal))

㉮ LHV = HHV - 600W
㉯ LHV = HHV - 600(H+W)
㉰ LHV = HHV - 600(9H+W)
㉱ LHV = HHV + 600(9H+W)

answer 37 ㉰ 38 ㉰ 39 ㉱ 40 ㉰ 41 ㉯ 42 ㉰

43 밀도가 0.4t/m³인 쓰레기를 매립하기 위해 밀도 0.85t/m³으로 압축하였다. 압축비는?

㉮ 0.6
㉯ 1.8
㉰ 2.1
㉱ 3.3

풀이
$V_1 = 1톤 \times \dfrac{1}{0.4톤/m^3} = 2.5m^3$

$V_2 = 1톤 \times \dfrac{1}{0.85톤/m^3} = 1.176m^3$

따라서 압축비 $= \dfrac{V_1}{V_2} = \dfrac{2.5m^3}{1.176m^3} = 2.13$

44 다음 중 일반적인 슬러지처리 계통도를 바르게 나열한 것은?

㉮ 농축 → 안정화 → 개량 → 탈수 → 소각 → 최종처분
㉯ 농축 → 안정화 → 소각 → 탈수 → 개량 → 최종처분
㉰ 안정화 → 개량 → 탈수 → 농축 → 소각 → 최종처분
㉱ 안정화 → 농축 → 탈수 → 개량 → 소각 → 최종처분

풀이 일반적인 슬러지처리 계통도는 농축 → 안정화 → 개량 → 탈수 → 소각 → 최종처분 순서이다.

45 도시에서 생활쓰레기를 수거할 때 고려할 사항으로 가장 거리가 먼 것은?

㉮ 처음 수거지역은 차고지에서 가깝게 설정한다.
㉯ U자형 회전을 피하여 수거한다.
㉰ 교통이 혼잡한 지역은 출·퇴근 시간을 피하여 수거한다.
㉱ 쓰레기가 적게 발생하는 지점은 하루 중 가장 먼저 수거하도록 한다.

풀이 ㉱ 쓰레기가 많이 발생하는 지점은 하루 중 가장 먼저 수거하도록 한다.

46 연소가스의 잉여열을 이용하여 보일러에 주입되는 물을 예열함으로써 보일러 드럼에 발생되는 열응력을 감소시켜 보일러의 효율을 높이는 장치는?

㉮ 과열기(super heater)
㉯ 재열기(reheater)
㉰ 절탄기(economizer)
㉱ 공기예열기(air preheater)

풀이 ㉰ 절탄기(economizer)에 대한 설명이다.

47 폐기물 수거 효율을 결정하고 수거작업 간의 노동력을 비교하기 위한 단위로 옳은 것은?

㉮ ton/man·hour
㉯ man·hour/ton
㉰ ton·man/hour
㉱ hour/ton·man

풀이 폐기물 수거 효율을 결정하고 수거작업간의 노동력을 비교하기 위한 단위는 man·hour/ton 이다.

answer 43 ㉰ 44 ㉮ 45 ㉱ 46 ㉰ 47 ㉯

48 아래 그림과 같은 내륙매립공법은?

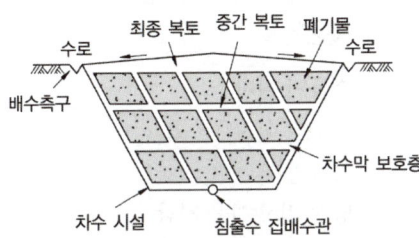

㉮ 셀공법 ㉯ 수중투기공법
㉰ 순차투입공법 ㉱ 박층뿌림공법

▸풀이 ㉮ 셀공법에 대한 그림이다.

49 다음 중 안정된 매립지에서 가장 많이 발생되는 가스는?

㉮ CH_4 ㉯ O_2
㉰ N_2 ㉱ H_2S

▸풀이 안정된 매립지에서 가장 많이 발생되는 가스는 CO_2와 CH_4이며, 그중에서 메탄(CH_4)이 가장 많이 발생한다.

50 소각로에서 완전연소를 위한 3가지 조건(일명 3T)으로 옳은 것은?

㉮ 시간 - 온도 - 혼합
㉯ 시간 - 온도 - 수분
㉰ 혼합 - 수분 - 시간
㉱ 혼합 - 수분 - 온도

▸풀이 소각로에서 완전연소를 위한 3가지 조건(일명 3T)은 적당한 온도, 적당한 난류혼합, 충분한 연소시간이다.

51 85%의 함수율을 갖고 있는 쓰레기를 건조시켜 함수율이 25%가 되었다면 쓰레기 1톤에 대하여 증발하는 수분의 양은? (단, 비중은 모두 1.0)

㉮ 600kg ㉯ 700kg
㉰ 800kg ㉱ 900kg

▸풀이 ① $W_1×(100-P_1) = W_2×(100-P_2)$
1,000kg×(100-85) = W_2×(100-25)
∴ $W_2 = \dfrac{1,000kg×(100-85)}{(100-25)}$ = 200kg
② 증발하는 수분의 양 = 1,000kg - 200kg = 800kg

52 폐기물 분석시료를 얻기 위한 시료의 축소방법 중 다음 〈보기〉에 해당하는 것은?

[보기]
㉠ 대시료를 네모꼴로 얇게 균일한 두께로 편다.
㉡ 이것을 가로 4등분, 세로 5등분하여 20개의 덩어리로 나눈다.
㉢ 20개의 각 부분에서 균등량씩 취한 다음, 혼합하여 하나의 시료로 한다.

㉮ 균일법 ㉯ 구획법
㉰ 교호삽법 ㉱ 원추사분법

▸풀이 ㉯ 구획법에 대한 설명이다.

answer 48 ㉮ 49 ㉮ 50 ㉮ 51 ㉰ 52 ㉯

53 유해 폐기물의 국가간 불법적인 교역을 통제하기 위한 국제협약은?

㉮ 교토의정서 ㉯ 바젤협약
㉰ 리우협약   ㉱ 몬트리올의정서

풀이 유해 폐기물의 국가간 불법적인 교역을 통제하기 위한 국제협약은 바젤협약이다.

54 폐기물의 안정화에 관한 설명으로 거리가 먼 것은?

㉮ 폐기물의 물리적 성질을 변화시켜 취급하기 쉬운 물질을 만든다.
㉯ 오염물질의 손실과 전달이 발생할 수 있는 표면적을 감소시킨다.
㉰ 폐기물내 오염물질의 용존성 및 용해성을 증가시킨다.
㉱ 오염물질의 독성을 감소시킨다.

풀이 ㉰ 폐기물내 오염물질의 용존성 및 용해성을 감소시킨다.

55 다음 중 적환장이 필요한 경우와 거리가 먼 것은?

㉮ 수집 장소와 처분 장소가 비교적 먼 경우
㉯ 작은 용량의 수집 차량을 사용할 경우
㉰ 작은 규모의 주택들이 밀집되어 있는 경우
㉱ 상업지역에서 폐기물 수거에 대형 용기를 주로 사용하는 경우

풀이 ㉱ 상업지역에서 폐기물 수거에 소형 용기를 주로 사용하는 경우

56 방음대책을 음원대책과 전파경로대책으로 구분할 때 다음 중 음원대책이 아닌 것은?

㉮ 소음기 설치
㉯ 방음벽 설치
㉰ 공명방지
㉱ 방진 및 방사율 저감

풀이 ㉯번의 설명은 전파경로대책에 해당한다.

57 소음통계레벨(L_N)에 관한 설명으로 옳지 않은 것은?

㉮ L_{50}은 중앙치라고 한다.
㉯ L_{10}은 80%레인지 상단치라고 한다.
㉰ 총 측정시간의 N(%)를 초과하는 소음레벨을 의미한다.
㉱ L_{90}은 L_{10}보다 큰 값을 나타낸다.

풀이 ㉱ L_{90}은 L_{10}보다 작은 값을 나타낸다.

58 아파트 벽의 음향투과율이 0.1%라면 투과손실은?

㉮ 10dB   ㉯ 20dB
㉰ 30dB   ㉱ 50dB

풀이
$$투과손실(dB) = 10\log\frac{1}{투과율}$$
$$= 10\log\frac{1}{0.001} = 30dB$$

answer 53 ㉯ 54 ㉰ 55 ㉱ 56 ㉯ 57 ㉱ 58 ㉰

59 소음의 영향으로 옳지 않은 것은?

㉮ 소음성 난청은 소음이 높은 공장에서 일하는 근로자들에게 나타나는 직업병으로 4,000Hz 정도에서부터 난청이 시작된다.
㉯ 단순 반복작업보다는 보통 복잡한 사고, 기억을 필요로 하는 작업에 더 방해가 된다.
㉰ 혈중 아드레날린 및 백혈구 수가 감소한다.
㉱ 말초혈관 수축, 맥박 증가 같은 영향을 미친다.

풀이 ㉰ 혈중 아드레날린 및 백혈구 수가 증가한다.

60 다음 중 다공질 흡음재료에 해당하지 않는 것은?

㉮ 암면
㉯ 유리섬유
㉰ 발포수지재료(연속기포)
㉱ 석고보드

풀이 다공질 흡음재료로는 암면, 유리섬유, 발포수지재료 등을 사용한다.

answer   59 ㉰   60 ㉱

2012년 1회 과년도 기출문제

2012년 2월 12일 시행

01 로스앤젤레스(Los Angeles)형 스모그 발생조건으로 가장 거리가 먼 것은?

㉮ 방사성 역전형태
㉯ 24~32℃의 고온
㉰ 광화학적 반응
㉱ 석유계 연료

풀이 ㉮ 침강성 역전형태

TIP
런던 스모그 사건
① 복사성(방사성) 역전형태
② 0~5℃의 저온
③ 환원반응
④ 석탄계 연료

02 농황산의 비중이 약 1.84, 농도는 75%라면 이 농황산의 몰농도(mol/L)는? (단, 농황산의 분자량은 98이다.)

㉮ 9   ㉯ 11
㉰ 14   ㉱ 18

풀이
$$\frac{mol}{L} = \frac{비중(g)}{(mL)} \times \frac{10^3 mL}{1L} \times \frac{1mol}{분자량(g)} \times \frac{농도(\%)}{100}$$

$$= \frac{1.84g}{mL} \times \frac{10^3 mL}{1L} \times \frac{1mol}{98g} \times \frac{75\%}{100}$$

$$= 14.08 mol/L$$

TIP
① M 농도 = mol/L
② 1mol = 분자량(g)
③ H_2SO_4(황산)의 분자량
   $= (2 \times 1) + 32 + (4 \times 16) = 98g$
④ H_2SO_4 1mol = 98g

03 악취성분을 직접연소법으로 처리하고자 할 때 일반적인 연소온도로 가장 적합한 것은?

㉮ 100 ~ 150℃   ㉯ 200 ~ 300℃
㉰ 600 ~ 800℃   ㉱ 1,400 ~ 1,500℃

풀이 직접연소법의 온도는 600 ~ 800℃이며, 촉매연소법의 온도는 250 ~ 450℃이다.

04 원심력 집진장치에 관한 설명으로 옳지 않은 것은?

㉮ 구조가 간단하고 취급이 용이한 편이다.
㉯ 압력손실이 20mmH₂O 정도로 작고, 고집진율을 얻기 위한 전문적인 기술이 불필요하다.
㉰ 점(흡)착성 배출가스 처리는 부적합하다.
㉱ 블로우다운 효과를 사용하여 집진효율 증대가 가능하다.

풀이 압력손실이 50 ~ 150mmH₂O 정도이고, 고집진율을 얻기 위한 전문적인 기술이 필요하다.

answer 01 ㉮ 02 ㉰ 03 ㉰ 04 ㉯

05 직경이 200mm인 표면이 매끈한 직관을 통하여 125m³/min의 표준공기를 송풍할 때, 관내 평균풍속(m/s)은?

㉮ 약 50m/s   ㉯ 약 53m/s
㉰ 약 60m/s   ㉱ 약 66m/s

풀이
$Q = A \times V = \frac{\pi D^2}{4} \times V$

- Q : 송풍량(m³/sec)
- A : 단면적(m²)
- V : 풍속(m/sec)
- D : 직경(m)

따라서
$125m^3/min \times 1min/60sec = \frac{\pi}{4} \times (0.2m)^2 \times V$

$\therefore V = \dfrac{125m^3/min \times 1min/60sec}{\frac{\pi}{4} \times (0.2m)^2} = 66.31 m/sec$

TIP
① 직경(D) 200mm = 200×10⁻³m = 0.2m
② 1min = 60sec

---

06 수소 10%, 수분 5%인 중유의 고위발열량이 10,000kcal/kg일 때 저위발열량(kcal/kg)은?

㉮ 9,310kcal/kg   ㉯ 9,430kcal/kg
㉰ 9,590kcal/kg   ㉱ 9,720kcal/kg

풀이 Hl = Hh-600×(9H+W)(kcal/kg)

- Hl : 저위발열량(kcal/kg)
- Hh : 고위발열량(kcal/kg)
- H : 수소의 함량
- W : 수분의 함량

따라서
Hl = 10,000kcal/kg-600×(9×0.1+0.05)
= 9,430kcal/kg

---

07 다음 중 〈보기〉와 같은 특성에 가장 적합한 연료는?

[보기]
- 저질의 연료로 고온을 얻을 수 있다.
- 연소 효율이 높고, 안정된 연소가 된다.
- 점화와 소화가 쉽고 연소 조절이 간편하여 연소의 자동 제어에 적합하다.
- 대기오염 방지측면에서 볼 때 재, 매연, 황산화물 등의 발생이 거의 없어 청정연료이다.

㉮ 석탄   ㉯ 아탄
㉰ 벙커C유   ㉱ LNG

풀이 ㉱ LNG(액화천연가스)에 대한 설명이다.

---

08 다음 중 수세법을 이용하여 제거시킬 수 있는 오염물질로 가장 거리가 먼 것은?

㉮ NH_3 ㉯ SO_2
㉰ NO_2 ㉱ Cl_2

풀이 쌩수세법을 이용하여 제거할 수 있는 오염물질은 수용성 물질이므로 난용성 물질인 NO_2(이산화질소)는 처리하기가 어렵다.

---

answer   05 ㉱   06 ㉯   07 ㉱   08 ㉰

09 $(CO_2)_{max}$는 어떤 조건으로 연소시켰을 때 연소가스 중 이산화탄소의 농도를 말하는가?

㉮ 공급할 수 있는 최대공기량으로 과잉연소시켰을 때
㉯ 이론 공기량으로 완전연소시켰을 때
㉰ 과잉 공기량으로 부족연소시켰을 때
㉱ 부족 공기량으로 부족연소시켰을 때

> **풀이** $(CO_2)_{max}$(최대탄산가스량)은 이론공기량을 사용하여 가연물을 완전연소시켰을 때 발생되는 건조가스량을 기준으로 한 CO_2의 부피 백분율이다.

10 직경이 30cm, 길이가 15m인 여과자루를 사용하여 농도가 $3g/m^3$의 배출가스를 $1,000m^3/min$으로 처리하였다. 여과속도가 1.5cm/s일 때 필요한 여과자루의 개수는?

㉮ 75개   ㉯ 79개
㉰ 83개   ㉱ 87개

> **풀이** $Q = \pi \cdot D \cdot L \cdot n \cdot V_f$
>
> Q : 배출가스량(m^3/sec)
> D : 직경(m)
> L : 길이(m)
> V_f : 여과속도(m/sec)
> n : 여과자루의 개수
>
> 따라서 $n = \dfrac{Q}{\pi \cdot D \cdot L \cdot V_f}$
>
> $= \dfrac{1,000m^3/min \times 1min/60sec}{\pi \times 0.3m \times 15m \times 0.015m/sec} = 79$개

> **TIP**
> ① 직경(D) 30cm = 30×10^{-2}m = 0.3m
> ② 여과속도(V_f)
> 1.5cm/sec = 1.5×10^{-2}m/sec = 0.015m/sec
> ③ 여과자루의 개수(n) 계산시 소수점 첫째자리에서 완전 올림한다.

11 대류권에서는 온실가스이며 성층권에서는 오존층 파괴물질로 알려져 있는 것은?

㉮ CO   ㉯ N_2O
㉰ HCl   ㉱ SO_2

> **풀이** ㉯ N_2O(아산화질소)는 대류권에서는 온실가스이며 성층권에서는 오존층 파괴물질로 알려져 있다.

12 오염가스를 흡착하기 위하여 사용되는 흡착제와 가장 거리가 먼 것은?

㉮ 활성탄
㉯ 활성망간
㉰ 마그네시아
㉱ 실리카겔

> **풀이** ㉯ 활성망간은 흡수제로 사용된다.

> **TIP**
> 흡착제의 종류에는 활성탄, 실리카겔, 합성지올라이트, 마그네시아, 보크사이트 등이 있다.

answer 09 ㉯ 10 ㉯ 11 ㉯ 12 ㉯

13 대기상태가 중립조건일 때 발생하며, 연기의 수직 이동보다 수평 이동이 크기 때문에 오염물질이 멀리까지 퍼져나가며 지표면 가까이에는 오염의 영향이 거의 없으며, 이 연기 내에서는 오염의 단면분포가 전형적인 가우시안 분포를 나타내는 연기 형태는?

㉮ 환상형 ㉯ 부채형
㉰ 원추형 ㉱ 지붕형

풀이 대기의 안정도
㉮ 환상형 : 대기상태가 과단열조건(매우 불안정)
㉯ 부채형 : 대기상태가 역전조건(매우 안정)
㉰ 원추형 : 대기상태가 중립조건
㉱ 지붕형 : 대기상태가 지표(하층)-역전, 고공(상층)-과단열조건

14 탄소 87%, 수소 10%, 황 3%의 조성을 가진 중유 1.7kg을 완전연소시킬 때, 필요한 이론공기량(Sm^3)은?

㉮ 약 9 ㉯ 약 14
㉰ 약 18 ㉱ 약 21

풀이 이론공기량(A_o)
$= 8.89C + 26.67(H - \dfrac{O}{8}) + 3.33S \, (Sm^3/kg)$

따라서, $A_o = \{8.89 \times 0.87 + 26.67 \times 0.1 + 3.33 \times 0.03\}$
$Sm^3/kg \times 1.7kg = 17.85 Sm^3$

TIP
문제단서에서 산소(O)의 함량이 주어지지 않았으므로 계산시 생략한다.

15 흡수공정으로 유해가스를 처리할 때, 흡수액이 갖추어야 할 요건으로 옳지 않은 것은?

㉮ 휘발성이 커야 한다.
㉯ 점성이 작아야 한다.
㉰ 용해도가 커야 한다.
㉱ 용매의 화학적 성질과 비슷해야 한다.

풀이 ㉮ 휘발성이 작아야 한다.

16 염소계 산화제를 이용하여 무해한 CO_2와 N_2로 분해시키는 보편적인 알칼리 산화법으로 처리할 수 있는 폐수는?

㉮ 시안 함유 폐수
㉯ 크롬 함유 폐수
㉰ 납 함유 폐수
㉱ PCB 함유 폐수

풀이 알칼리 산화법을 이용하여 처리하는 폐수는 시안 함유 폐수이다.

answer 13 ㉰ 14 ㉰ 15 ㉮ 16 ㉮

17 응집침전법으로 폐수를 처리하기 전에 응집제와 응집보조제 투여량을 결정하는 응집실험(jar test)의 일반적인 과정을 순서대로 바르게 나열한 것은?

㉮ 침전 → 완속교반 → 응집제와 보조제 주입 → 급속교반
㉯ 응집제와 보조제 주입 → 급속교반 → 완속교반 → 침전
㉰ 급속교반 → 응집제와 보조제 주입 → 완속교반 → 침전
㉱ 완속교반 → 응집제와 보조제 주입 → 급속교반 → 침전

풀이 응집제와 보조제를 주입한 다음 급속교반(150rpm, 2분 정도)으로 응집제와 폐수 중의 입자를 균일하게 분산시킨 다음 완속교반(50rpm, 20분 정도)으로 급속교반에 의해 생성된 미세한 floc을 거대한 floc으로 만든 다음 침전시킨다.

18 생물학적 처리방법 중 활성슬러지법에 관한 설명으로 거리가 먼 것은?

㉮ 산기식 포기장치에서 산기장치의 일부가 폐쇄되었을 경우 수면의 흐름이 균일하지 못하다.
㉯ 용존성 유기물을 제거하는데 적합하다.
㉰ 슬러지 팽화현상과 거품이 생성될 수 있다.
㉱ 겨울철에 동결될 수 있고 연못화 현상이 발생할 수 있다.

풀이 ㉱번에 대한 설명은 살수여상법에 대한 설명이다.

19 1M H_2SO_4 10mL를 1M NaOH로 중화할 때 소요되는 NaOH의 양은?

㉮ 5mL   ㉯ 10mL
㉰ 15mL   ㉱ 20mL

풀이 중화적정법 공식 : $N_1V_1 = N_2V_2$
  N : 노르말 농도
  V : 부피
따라서 $(1×2)N×10mL = 1N×V_2$
∴ $V_2 = \dfrac{(1×2)N×10mL}{1N} = 20mL$

TIP
① M농도 × 가수 = N농도
② H_2SO_4(황산)은 2가이므로 1M×2 = 2N
③ NaOH(수산화나트륨)은 1가이므로 1M×1 = 1N

20 pH에 관한 설명으로 옳지 않은 것은?

㉮ pH는 수소이온농도를 그 역수의 상용대수로서 나타내는 값이다.
㉯ pH 표준액의 조제에 사용되는 물은 정제수를 증류하여 그 유출액을 15분 이상 끓여서 이산화탄소를 날려 보내고 산화칼슘 흡수관을 달아 식힌 후 사용한다.
㉰ pH 표준액 중 보통 산성표준액은 3개월, 염기성 표준액은 산화칼슘 흡수관을 부착하여 1개월 이내에 사용한다.
㉱ pH 미터는 보통 아르곤전극 및 산화전극으로 된 지시부와 검출부로 되어 있다.

풀이 ㉱ pH 미터는 보통 유리전극 및 비교전극으로 된 검출부와 검출된 pH를 표시하는 지시부로 되어있다.

answer 17 ㉯ 18 ㉱ 19 ㉱ 20 ㉱

21 20℃ 재폭기 계수가 6.0day⁻¹이고, 탈산소 계수가 0.2day⁻¹이면 자정상수는?

㉮ 1.2 ㉯ 20
㉰ 30 ㉱ 120

풀이
f : 자정상수
k_1 : 탈산소계수(/day = day⁻¹)
k_2 : 재폭기계수(/day = day⁻¹)

따라서 $f = \dfrac{k_2}{k_1} = \dfrac{6.0/day}{0.2/day} = 30$

22 30m×18m×3.6m 규격의 직사각형 조에 물이 가득 차 있다. 약품주입농도를 69mg/L로 하기 위해서 주입해야 할 약품량(kg)은?

㉮ 약 214kg ㉯ 약 156kg
㉰ 약 148kg ㉱ 약 134kg

풀이 주입해야 할 약품량(kg)
= 약품주입농도(kg/m³)×체적(m³)
= 69×10⁻³kg/m³×(30m×18m×3.6m)
= 134.14kg

TIP
① ppm = mg/L = g/m³이므로
mg/L $\xrightarrow{\times 10^{-3}}$ kg/m³
② 약품주입농도
69mg/L = 69×10⁻³kg/m³ = 0.069kg/m³
③ 체적(m³) = 30m×18m×3.6m

23 다음 중 환원법과 수산화제2철 공침법으로 처리할 수 있는 폐수는?

㉮ 염소 함유 폐수 ㉯ 비소 함유 폐수
㉰ COD 함유 폐수 ㉱ 색도 함유 폐수

풀이 환원법과 수산화제2철 공침법으로 처리할 수 있는 폐수는 비소함유 폐수이다.

24 회분식으로 일정한 양의 에너지와 영양분을 한번만 주고 미생물을 배양했을 때 미생물의 성장과정을 순서(초기 → 말기)대로 옳게 나타낸 것은?

㉮ 대수 성장기 → 유도기 → 정지기 → 사멸기
㉯ 유도기 → 대수 성장기 → 정지기 → 사멸기
㉰ 대수 성장기 → 정지기 → 유도기 → 사멸기
㉱ 유도기 → 정지기 → 대수 성장기 → 사멸기

풀이 미생물의 성장과정은 유도기 → 대수 성장기 → 정지기 → 사멸기 순서이다.

25 물 속의 탄소유기물이 호기성 분해를 하여 발생하는 것은?

㉮ 암모니아 ㉯ 탄산가스
㉰ 메탄가스 ㉱ 유화수소

풀이 ① 호기성 분해시 탄산가스(CO_2)와 물(H_2O)발생
② 혐기성 분해시 탄산가스(CO_2)와 메탄(CH_4) 발생

answer 21 ㉰ 22 ㉱ 23 ㉯ 24 ㉯ 25 ㉯

26 다음 중 적조현상을 발생시키는 주된 원인물질은?

㉮ Cl ㉯ P
㉰ Mg ㉱ Fe

풀이 적조현상을 발생시키는 주된 원인물질은 인(P)이다.

27 해수의 특성에 관한 설명으로 옳지 않은 것은?

㉮ 해수의 pH는 약 8.2 정도로 약알칼리성을 지닌다.
㉯ 해수의 주요 성분 농도비는 거의 일정하다.
㉰ 염분은 적도해역에서는 높고, 남북 양극 해역에서는 다소 낮다.
㉱ 해수의 Mg / Ca비는 300~400 정도로 담수보다 크다.

풀이 ㉱ 해수의 Mg / Ca비는 3~4 정도로 담수보다 크다.

28 침전지에서 지름이 0.1mm이고 비중이 2.65인 모래입자가 침전하는 경우 침전속도는? (단, Stokes 법칙을 적용, 물의 점도 : 0.01g/cm·sec)

㉮ 0.898cm/s ㉯ 0.792cm/s
㉰ 0.726cm/s ㉱ 0.625cm/s

풀이 $Vg = \dfrac{d^2(\rho_s - \rho_w)g}{18\mu}$

$\begin{bmatrix} Vg : 침전속도(cm/sec) \\ d : 직경(cm) \\ \rho_s : 입자의 밀도(g/cm^3) \\ \rho_w : 물의 밀도(g/cm^3) \\ g : 중력가속도(980cm/sec^2) \\ \mu : 물의 점도(g/cm·sec) \end{bmatrix}$

따라서

$Vg = \dfrac{(0.1 \times 10^{-1} cm)^2 \times (2.65 - 1.0) g/cm^3 \times 980 cm/sec^2}{18 \times 0.01 g/cm \cdot sec}$

$= 0.898 cm/sec$

TIP
① 비중=밀도이며, 단위는 g/cm^3이다.
② 물의 밀도는 $1.0\ g/cm^3$ 기준
③ 중력가속도(g)와 물의 밀도(ρ_w)는 암기해야 함.

29 경도를 일으키는 금속의 2가 양이온으로 옳지 않은 것은?

㉮ Ca^{2+} ㉯ Na^{2+}
㉰ Mg^{2+} ㉱ Sr^{2+}

풀이 경도유발 물질은 양이온 2가 금속성물질로 Ca^{2+}(칼슘), Mg^{2+}(마그네슘), Mn^{2+}(망간), Fe^{2+}(철), Sr^{2+}(스트론튬)이 있다.

30 0.05%는 몇 ppm인가?

㉮ 5ppm ㉯ 50ppm
㉰ 500ppm ㉱ 5,000ppm

풀이 $0.05\% \times 10^4 = 500 ppm$

TIP
① $\% \xrightarrow{\times 10^4} ppm$
② $ppm \xrightarrow{\times 10^{-4}} \%$

---

answer 26 ㉯ 27 ㉱ 28 ㉮ 29 ㉯ 30 ㉰

31 각 생물학적 처리방법에 관한 설명으로 옳지 않은 것은?

㉮ 산화지법 - 수심 1m 이하의 경우 호기성 세균의 산소공급원은 조류와 균류이다.
㉯ 접촉산화법 - 생물막을 이용한 처리방식의 일종으로 포기조에 접촉여재를 침적하여 포기, 교반시켜 처리한다.
㉰ 살수여상법 - 연못화에 따른 악취, 파리의 이상번식 등이 문제점으로 지적되고 있다.
㉱ 회전원판법 - 미생물 부착성장형으로서 슬러지의 반송이 필요없다.

▎풀이 ㉮ 산화지법 - 수심 1m 이하의 경우 호기성 세균의 산소공급원은 조류이다.

32 다음 중 하·폐수 처리시설의 일반적인 처리계통으로 가장 적합한 것은?

㉮ 침사지-1차 침전지-소독조-포기조
㉯ 침사지-1차 침전지-포기조-소독조
㉰ 침사지-소독조-포기조-1차 침전지
㉱ 침사지-포기조-소독조-1차 침전지

▎풀이 하·폐수 처리시설의 일반적인 처리계통은 침사지-1차 침전지-포기조-최종 침전지-소독조-방류수 순서이다.

33 하천이 유기물로 오염되었을 경우 자정과정을 오염원으로부터 하천 유하거리에 따라 분해지대, 활발한 분해지대, 회복지대, 정수지대의 4단계로 구분한다. 〈보기〉와 같은 특성을 나타내는 단계는?

[보기]
- 용존산소의 농도가 아주 낮거나 때로는 거의 없어 부패 상태에 도달하게 된다.
- 이 지대의 색은 짙은 회색을 나타내고, 암모니아나 황화수소에 의해 썩은 달걀 냄새가 나게 되며 흑색이고 점성질이 있는 퇴적물질이 생기고 기포방울이 수면으로 떠오른다.
- 혐기성 분해가 진행되어 수중의 탄산가스 농도나 암모니아성 질소의 농도가 증가한다.

㉮ 분해지대   ㉯ 활발한 분해지대
㉰ 회복지대   ㉱ 정수지대

▎풀이 ㉯ 활발한 분해지대에 대한 설명이다.

TIP
Whipple의 하천정화단계
1. (초기)분해지대
   ① 희석이 잘 되는 큰 하천보다는 희석이 덜 되는 작은 하천에서 더 뚜렷이 나타난다.
   ② 세균의 수가 증가하고 유기물을 많이 함유하는 슬러지의 침전이 많아진다.
   ③ 오염에 잘 견디는 곰팡이류가 녹색 수중식물이나 고등미생물을 대신해 번식한다.
   ④ 유기물을 다량 함유하는 슬러지의 침전이 많아지고 용존산소량이 크게 줄어드는 대신에 탄산가스(CO_2)의 양은 증가한다.
2. 활발한 분해지대
   ① 수중에 DO가 거의 없어 혐기성 박테리아가 번식하며, NH_3-N 농도가 증가한다.
   ② 흑색 및 점성질의 슬러지 침전물이 생기고 기체방울이 수면으로 떠오른다.
   ③ 수중에 CO_2 농도나 NH_3-N 농도가 증가하며 fungi가 사라진다.
   ④ 호기성 세균이 혐기성 세균으로 교체된다.

answer 31 ㉮ 32 ㉯ 33 ㉯

3. 회복지대
   ① 혐기성균이 호기성균으로 대체되며 조류가 많이 발생하며 fungi도 조금씩 발생한다.
   ② 광합성을 하는 조류가 번식하며 원생동물, 윤충, 갑각류가 번식하며 큰 수중식물도 다시 나타난다.
   ③ 바닥에서는 조개나 벌레의 유충이 번식하며 오염에 견디는 힘이 강한 은빛 담수어 등의 물고기도 서식한다.
   ④ 용존산소(DO)가 포화될 정도로 증가한다.
   ⑤ 아질산염(NO_2-N)이나 질산염(NO_3-N)의 농도가 증가한다.
4. 정수지대
   ① 용존산소(DO)와 BOD가 오염이전으로 회복된다.
   ② 호기성세균이 증가하고 착색조류가 증가하고 송어, 쏘가리가 증가한다.
   ③ 질산염(NO_3-N)이 증가한다.

34 BOD가 200mg/L이고, 폐수량이 1,500m³/day인 폐수를 활성슬러지법으로 처리하고자 한다. F/M 비가 0.4kg/kg·day라면 MLSS 1,500mg/L로 운전하기 위해서 요구되는 포기조의 용적은?

㉮ 900m³　　㉯ 800m³
㉰ 600m³　　㉱ 500m³

풀이
$$F/M비 = \frac{BOD(mg/L) \times Q(m^3/day)}{MLSS(mg/L) \times V(m^3)}$$

따라서 $0.4/day = \frac{200mg/L \times 1,500m^3/day}{1,500mg/L \times V(m^3)}$

∴ $V(m^3) = \frac{200mg/L \times 1,500m^3/day}{1,500mg/L \times 0.4/day} = 500m^3$

TIP
F/M비 0.4kg/kg·day = 0.4/day

35 물 속에 녹는 산소의 양은 대기 중에 존재하는 산소의 분압에 의존한다는 것으로 겨울철보다 기압이 낮은 여름철에 강이나 호수에 살고 있는 어패류들의 질식현상이 자주 발생하는 원인을 설명할 수 있는 법칙은?

㉮ 헨리의 법칙　　㉯ 라울의 법칙
㉰ 보일의 법칙　　㉱ 헤스의 법칙

풀이 물 속에 녹는 산소의 양은 대기 중에 존재하는 산소의 분압에 의존한다는 법칙은 헨리의 법칙이다.

36 쓰레기 수거시 수거 작업간의 노동력을 비교하는 MHT(man·hour/ton)를 옳게 설명한 것은?

㉮ 수거인부 1인이 쓰레기 1톤을 수거하는데 소요되는 총 시간
㉯ 쓰레기 1톤을 1시간 동안 수거하는데 소요되는 인부수
㉰ 작업자 1인이 1시간 동안 수거할 수 있는 쓰레기의 총량
㉱ 쓰레기 1톤을 수거하는데 필요한 인부수와 수거시간을 더한 값

풀이 MHT(man·hour/ton)는 수거인부 1인이 쓰레기 1톤을 수거하는데 소요되는 총시간이다.

answer 34 ㉱　35 ㉮　36 ㉮

37 폐기물공정시험기준에서 방울수라 함은 20℃에서 정제수 몇 방울을 적하할 때 그 부피가 약 1mL가 되는 것을 의미하는가?

㉮ 5   ㉯ 10
㉰ 20   ㉱ 50

풀이 방울수라 함은 20℃에서 정제수 20방울을 적하할 때 그 부피가 약 1mL가 되는 것을 의미한다.

38 다음 중 매립지에서 복토를 하여 덮개시설을 하는 목적으로 가장 거리가 먼 것은?

㉮ 악취발생 억제
㉯ 해충 및 야생동물의 번식방지
㉰ 쓰레기의 비산 방지
㉱ 식물성장의 억제

풀이 매립지에서 복토를 하여 덮개시설을 하는 목적으로는 악취발생 억제, 해충 및 야생 동물의 번식방지, 쓰레기의 비산 방지, 화재방지, 빗물배제 등이 있다.

39 강도 Io의 단색광이 정색액을 통과할 때 그 빛의 80%가 흡수되었다면 흡광도는?

㉮ 0.097   ㉯ 0.347
㉰ 0.699   ㉱ 0.80

풀이
$A = \log \frac{1}{t}$

[A : 흡광도   t : 투과율]

따라서 $A = \log \frac{1}{0.2} = 0.699$

TIP
① 흡수율 + 투과율 = 100(%)
② 투과율 = 100(%) - 흡수율(%)
      = 100(%) - 80(%) = 20(%)

40 철과 같이 재활용 가치가 높은 자원을 수거된 폐기물로부터 선별하는데 적합한 선별방법은?

㉮ 공기선별   ㉯ 자석선별
㉰ 부상선별   ㉱ 스크린선별

풀이 철과 같이 재활용 가치가 높은 자원을 수거된 폐기물로부터 선별하는데 적합한 선별방법은 자석선별이다.

41 다음 슬러지 처리공정 중 개량단계에 해당되는 것은?

㉮ 소각   ㉯ 소화
㉰ 탈수   ㉱ 세정

풀이 슬러지 개량(Conditioning)단계에 해당되는 것은 세정이며, 목적은 탈수성 향상이다.

answer 37 ㉰ 38 ㉱ 39 ㉰ 40 ㉯ 41 ㉱

42 투입량이 1ton/h이고, 회수량이 600kg/h (그 중 회수대상 물질이 550kg/h)이며, 제거량은 400kg/h(그 중 회수대상 물질은 70kg/h)일 때, 회수율을 Rietema 식에 의해 구하면?

㉮ 45% ㉯ 66%
㉰ 76% ㉱ 87%

풀이 Rietema식에서 선별효율 $= \left\{\dfrac{X_c}{X_i} - \dfrac{Y_c}{Y_i}\right\} \times 100$

$= \left\{\dfrac{550kg/hr}{620kg/hr} - \dfrac{50kg/hr}{380kg/hr}\right\} \times 100 = 75.55\%$

TIP
X_i(투입량 중 회수대상물질) = 620kg/hr
Y_i(투입량 중 비회수대상물질) = 380kg/hr
X_C(회수량 중 회수대상물질) = 550kg/hr
Y_C(회수량 중 비회수대상물질) = 50kg/hr
X_o(제거량 중 회수대상물질) = 70kg/hr
Y_o(제거량 중 비회수대상물질) = 330kg/hr

43 다음 중 "고상폐기물"을 정의할 때 고형물의 함량기준은?

㉮ 3% 이상
㉯ 5% 이상
㉰ 10% 이상
㉱ 15% 이상

TIP
고형물의 분류
① 고상 폐기물 : 고형물의 함량이 15% 이상
② 반고상 폐기물 : 고형물 함량이 5% 이상 15% 미만
③ 액상 폐기물 : 고형물 함량이 5% 미만

44 분뇨 처리의 목적으로 가장 거리가 먼 것은?

㉮ 최종 생성물의 감량화
㉯ 생물학적으로 안정화
㉰ 위생적으로 안전화
㉱ 슬러지의 균일화

풀이 분뇨처리의 목적은 안전화, 감량화, 안정화, 무해화이다.

45 압축기를 사용하여 어떤 쓰레기를 압축시켰더니 처음 부피의 1/4이 되었다. 이때의 압축비는?

㉮ 3/4 ㉯ 4/5
㉰ 2   ㉱ 4

풀이 압축비 $= \dfrac{V_1}{V_2}$

[V_1 : 압축 전 부피 V_2 : 압축 후 부피

따라서 압축비 $= \dfrac{V_1}{V_2} = \dfrac{1}{\left(\dfrac{1}{4}\right)} = 4$

46 매립지역 선정시 고려사항으로 옳지 않은 것은?

㉮ 매몰 후 덮을 수 있는 충분한 흙이 있어야 하며, 절토의 용이성 등 흙의 성질을 고려해야 한다.
㉯ 용지 매수가 쉽고 경제적이어야 한다.
㉰ 입지선정 후에 야기될 주민들의 반응도 고려한다.
㉱ 지하수 침투를 용이하게 하기 위해 낮은 지역으로 선정한다.

풀이 ㉱ 지하수 침투가 용이하지 않은 지역으로 선정한다.

answer 42 ㉰ 43 ㉱ 44 ㉱ 45 ㉱ 46 ㉱

47 함수율 60%인 폐기물 1,000kg을 건조시켜 함수율을 25%로 하였을 때 건조 후의 폐기물 중량은? (단, 건조 전후의 기타 특성변화는 고려하지 않음)

㉮ 약 0.47ton ㉯ 약 0.53ton
㉰ 약 0.67ton ㉱ 약 0.78ton

풀이
① $W_1 \times (100-P_1) = W_2 \times (100-P_2)$

W_1 : 건조 전 폐기물의 양(kg)
P_1 : 건조 전 함수율(%)
W_2 : 건조 후 폐기물의 양(kg)
P_2 : 건조 후 함수율(%)

따라서 $1,000kg \times (100-60) = W_2 \times (100-25)$

∴ $W_2 = \dfrac{1,000kg \times (100-60)}{(100-25)} = 533.33kg$

② ton = $533.33kg \times \dfrac{1ton}{10^3 kg} = 0.53ton$

TIP
$kg \xrightarrow{\times 10^{-3}} ton$

48 다음은 어느 도시 쓰레기에 대하여 성분별로 수분함량을 측정한 결과이다. 이 쓰레기의 평균 수분함량(%)은?

성 분	중량비(%)	수분함량(%)
음식물	45	70
종 이	30	8
기 타	25	6

㉮ 31.2% ㉯ 32.4%
㉰ 35.4% ㉱ 37.6%

풀이 쓰레기의 평균 수분함량(%)
= 45×0.70+30×0.08+25×0.06 = 35.4%

49 5,000,000명이 거주하는 도시에서 1주일 동안 100,000m³의 쓰레기를 수거하였다. 쓰레기의 밀도가 0.4ton/m³이면 1인 1일 쓰레기 발생량은?

㉮ 0.8kg/인·일
㉯ 1.14kg/인·일
㉰ 2.14kg/인·일
㉱ 8kg/인·일

풀이 쓰레기 발생량(kg/인·일)

$= \dfrac{쓰레기\ 밀도(kg/m^3) \times 수거한\ 쓰레기양(m^3/day)}{인구수(인)}$

$= \dfrac{400kg/m^3 \times 100,000m^3/주 \times 1주/7일}{5,000,000인}$

= 1.14kg/인·일

50 다음 중 공기비의 정의를 옳게 나타낸 것은?

㉮ 연소 물질량과 이론 공기량 간의 비
㉯ 연소에 필요한 절대 공기량
㉰ 공급 공기량과 배출가스량 간의 비
㉱ 실제 공기량과 이론 공기량 간의 비

풀이 공기비(m) = $\dfrac{실제\ 공기량(A)}{이론\ 공기량(A_o)}$ 로 계산한다.

51 쓰레기를 퇴비화 시킬 때의 적정 C/N비 범위는?

㉮ 1 ~ 5 ㉯ 20 ~ 35
㉰ 100 ~ 150 ㉱ 250 ~ 300

풀이 쓰레기를 퇴비화 시킬 때의 적정 C/N비 범위는 30 정도이다.

answer 47 ㉯ 48 ㉰ 49 ㉯ 50 ㉱ 51 ㉯

52 다음 중 고정날과 가동날의 교차에 의해 폐기물을 파쇄하는 것으로 파쇄속도가 느린 편이며, 주로 목재류, 플라스틱 및 종이류 파쇄에 많이 사용되고, 왕복식, 회전식 등이 해당하는 파쇄기의 종류는?

㉮ 냉온파쇄기 ㉯ 전단파쇄기
㉰ 충격파쇄기 ㉱ 압축파쇄기

풀이 ㉯ 전단파쇄기에 대한 설명이다.

53 다음 중 침출수 중의 난분해성 유기물의 처리에 사용되는 것은?

㉮ 중크롬산(Bichromate) 용액
㉯ 옥살산(Oxalic acid) 용액
㉰ 펜턴(Fenton) 시약
㉱ 네슬러(Nessler) 시약

풀이 침출수 중의 난분해성 유기물의 처리에는 Fenton(펜턴)산화법을 이용한다. 그리고 Fenton(펜턴)산화법에서 사용하는 Fenton(펜턴)시약은 과산화수소(H_2O_2)이고 촉매는 황산제1철이며, 강산화제는 OH라디칼이다.

54 다음 중 폐기물의 발열량을 측정하기 위한 주 실험장비는?

㉮ Bomb calorimeter
㉯ pH-tester
㉰ Jar-tester
㉱ Gas chromatography

풀이 폐기물의 발열량을 측정하기 위한 주 실험장비는 Bomb calorimeter를 사용한다.

55 어느 도시 쓰레기의 조성이 탄소 50%, 수소 5%, 산소 39%, 질소 3%, 황 0.5%, 회분 2.5%일 때 고위발열량은? (단, 듀롱의 식 이용)

㉮ 약 3,900kcal/kg ㉯ 약 4,100kcal/kg
㉰ 약 5,700kcal/kg ㉱ 약 7,440kcal/kg

풀이 듀롱의 식에 의한 고위발열량(Hh)

$Hh = 8,100C + 3,4000\left(H - \dfrac{O}{8}\right) + 2,500S$

$= 8,100 \times 0.50 + 34,000 \times \left(0.05 - \dfrac{0.39}{8}\right) + 2,500 \times 0.005$

$= 4,105 \text{kcal/kg}$

TIP
듀롱 공식은 다음의 식을 이용할 수도 있다.

$Hh = 8,100C + 34,250\left(H - \dfrac{O}{8}\right) + 2,250S \text{(kcal/kg)}$

56 진동수가 100Hz, 속도가 50m/s인 파동의 파장은?

㉮ 0.5m ㉯ 1m
㉰ 1.5m ㉱ 2m

풀이 $\lambda = \dfrac{v}{f}$

$\begin{bmatrix} \lambda : \text{파동의 파장(m)} \\ v : \text{전파속도(m/sec)} \\ f : \text{진동수(Hz)} \end{bmatrix}$

따라서 $\lambda = \dfrac{50 \text{m/sec}}{100 \text{Hz}} = 0.5 \text{m}$

answer 52 ㉯ 53 ㉰ 54 ㉮ 55 ㉯ 56 ㉮

57 환경기준 중 소음 측정점 및 측정조건에 관한 설명으로 옳지 않은 것은?

㉮ 손으로 소음계를 잡고 측정할 경우 소음계는 측정자의 몸으로부터 0.5m 이상 떨어져야 한다.
㉯ 소음계의 마이크로폰은 주소음원 방향으로 향하도록 한다.
㉰ 옥외측정을 원칙으로 한다.
㉱ 일반지역의 경우 장애물이 없는 지점의 지면 위 0.5m 높이로 한다.

풀이 ㉱ 일반지역의 경우 장애물(담, 건물, 기타 반사성 구조물 등)이 없는 지점의 지면 위 1.2 ~ 1.5m 높이로 한다.

58 진동레벨 중 가장 많이 쓰이는 수직진동레벨의 단위로 옳은 것은?

㉮ dB(A)　　㉯ dB(V)
㉰ dB(L)　　㉱ dB(C)

풀이 진동레벨 중 가장 많이 쓰이는 수직진동레벨의 단위는 dB(V)이다.

59 음향파워레벨이 125dB인 기계의 음향파워는 약 얼마인가?

㉮ 125 W　　㉯ 12.5 W
㉰ 32 W　　㉱ 3.2 W

풀이 $PWL = 10\log\left(\dfrac{W}{W_0}\right)$

$\begin{bmatrix} PWL : 음향파워레벨(dB) \\ W_0 : 기준음의 파워(10^{-12}Watt) \\ W : 임의의 음향파워(Watt) \end{bmatrix}$

따라서 $125dB = 10\log\left(\dfrac{W}{10^{-12}Watt}\right)$

$\dfrac{125dB}{10} = \log\left(\dfrac{W}{10^{-12}Watt}\right)$

$10^{\left(\dfrac{125dB}{10}\right)} = \left(\dfrac{W}{10^{-12}Watt}\right)$

$\therefore W = 10^{\left(\dfrac{125dB}{10}\right)} \times 10^{-12}Watt = 3.16Watt$

TIP
log를 없애기 위해 맞은변에 10^x를 취하고
ln을 없애기 위해 맞은변에 e^x를 취한다.

60 70dB과 80dB인 두 소음의 합성레벨을 구하는 식으로 옳은 것은?

㉮ $10\log(10^{70}+10^{80})$
㉯ $10\log(70+80)$
㉰ $10\log(10^{70/10}+10^{80/10})$
㉱ $10\log[(80+70)/2]$

풀이 $L = 10\log\left(10^{\frac{L_1}{10}}+10^{\frac{L_2}{10}}+\cdots+10^{\frac{L_m}{10}}\right)$

$\begin{bmatrix} L : 합성소음도(dB) \\ L_1, L_2 : 소음도(dB) \end{bmatrix}$

따라서 $L = 10\log\left(10^{\frac{70}{10}}+10^{\frac{80}{10}}\right) = 80.41dB$

---

answer　57 ㉱　58 ㉯　59 ㉱　60 ㉰

2012 2회 과년도 기출문제

2012년 4월 8일 시행

01 다음 연료 중 일반적으로 착화온도가 가장 높은 것은?

㉮ 갈탄(건조) ㉯ 무연탄
㉰ 역청탄 ㉱ 목탄

풀이 ㉮ 갈탄(건조) : 250 ~ 400℃
㉯ 무연탄 : 440 ~ 500℃
㉰ 역청탄 : 320 ~ 400℃
㉱ 목탄 : 320 ~ 370℃

02 냉매, 세정제, 분사제, 발포제로 널리 사용되는 물질로 최근 성층권에서 오존 고갈현상으로 문제되는 물질은?

㉮ 석면 ㉯ 염화불화탄소
㉰ 염화수소 ㉱ 다이옥신

풀이 냉매, 세정제, 분사제, 발포제로 널리 사용되는 물질로 최근 성층권에서 오존 고갈 현상으로 문제되는 물질은 염화불화탄소이다.

03 2Sm³의 기체연료를 연소시키는데 필요한 이론공기량은 18Sm³이고 실제 사용한 공기량은 21.6Sm³이다. 이때의 공기비는?

㉮ 0.6 ㉯ 1.2
㉰ 2.4 ㉱ 3.6

풀이 공기비(m) = $\dfrac{A(실제공기량)}{A_o(이론공기량)}$ = $\dfrac{21.6Sm^3}{18Sm^3}$ = 1.2

04 다음 중 런던형 스모그에 해당하는 역전의 종류로 가장 적합한 것은?

㉮ 침강성 역전 ㉯ 복사성 역전
㉰ 전선성 역전 ㉱ 난류성 역전

풀이 런던형 스모그는 복사성(방사성)역전이고, LA 스모그는 침강성역전이다.

05 프로판 1Sm³을 이론적으로 완전연소하는데 필요한 이론공기량(Sm³)은?

㉮ $\dfrac{2}{0.79}$ ㉯ $\dfrac{2}{0.21}$
㉰ $\dfrac{5}{0.79}$ ㉱ $\dfrac{5}{0.21}$

풀이 $C_3H_8 + 5O_2 \rightarrow 3CO_2 + 4H_2O$

이론공기량(A_o) = $\dfrac{이론산소량(O_o)}{0.21}$

= $\dfrac{5}{0.21}$ = 23.81 Sm^3/Sm^3

TIP
프로판 = C_3H_8

answer 01 ㉯ 02 ㉯ 03 ㉯ 04 ㉯ 05 ㉱

06 중력식 집진장치의 효율 향상 조건으로 거리가 먼 것은?

㉮ 침강실의 입구폭이 작을수록 미세한 입자가 포집된다.
㉯ 침강실 내의 처리가스 속도가 작을수록 미립자가 포집된다.
㉰ 다단일 경우는 단수가 증가할수록 압력손실은 커지지만 효율은 향상된다.
㉱ 침강실의 높이가 낮고, 길이가 길수록 집진율이 높아진다.

풀이 ㉮ 침강실의 입구폭이 클수록 유속이 느려지며 미세한 입자가 포집된다.

07 세정집진장치의 입자 포집원리에 관한 설명으로 옳지 않은 것은?

㉮ 미립자 확산에 의하여 액적과의 접촉을 쉽게 한다.
㉯ 배기가스의 습도 감소로 인하여 입자가 응집하여 제거효율이 증가한다.
㉰ 액적에 입자가 충돌하여 부착한다.
㉱ 입자를 핵으로 한 증기의 응결에 의하여 응집성을 증가시킨다.

풀이 ㉯ 배기가스의 습도 증가로 인하여 입자가 응집하여 제거효율이 증가한다.

08 연료의 발열량에 관한 설명으로 옳지 않은 것은?

㉮ 연료의 단위량(기체연료 $1Sm^3$, 고체 및 액체연료 1kg)이 완전연소할 때 발생하는 열량(kcal)을 발열량이라 한다.
㉯ 발열량은 열량계로 측정하여 구하거나 연료의 화학성분 분석결과를 이용하여 이론적으로 구할 수 있다.
㉰ 저위발열량은 총발열량이라고도 하며 연료 중의 수분 및 연소에 의해 생성된 수분의 응축열을 포함한 열량이다.
㉱ 실제 연소에 있어서는 연소 배출가스 중의 수분은 보통 수증기 형태로 배출되어 이용이 불가능하므로 발열량에서 응축열을 제외한 나머지 열량이 유효하게 이용된다.

풀이 ㉰ 고위발열량은 총발열량이라고도 하며 연료 중의 수분 및 연소에 의해 생성된 수분의 증발 잠열을 포함한 열량이다.

09 A집진장치의 압력손실이 $250mmH_2O$이고, 처리가스량이 $6,000m^3/hr$일 때 소요동력을 구하면? (단, 송풍기 효율 : 65%, 여유율 : 20%)

㉮ 6.12kW ㉯ 7.54kW
㉰ 8.45kW ㉱ 9.19kW

풀이
$$kW = \frac{Ps \times Q}{102 \times \eta} \times \alpha$$

$\begin{bmatrix} Ps : 압력손실(mmH_2O) & Q : 처리가스량(m^3/sec) \\ \eta : 효율 & \alpha : 여유율 \end{bmatrix}$

따라서
$$kW = \frac{250mmH_2O \times 6,000m^3/hr \times 1hr/3,600sec}{102 \times 0.65} \times 1.2$$
$= 7.54kW$

answer 06 ㉮ 07 ㉯ 08 ㉰ 09 ㉯

TIP
① 1kW = 102kg·m/sec이므로 가스량(Q)의 시간 단위는 반드시 sec임.
② 여유율(α) = (100+20)% = 120%이므로 α = 1.2

10 연료가 완전연소 되기 위한 조건으로 옳지 않은 것은?

㉮ 연소온도를 낮게 유지하여야 한다.
㉯ 공기와 연료의 혼합이 잘 되어야 한다.
㉰ 공기(산소)의 공급이 충분하여야 한다.
㉱ 연소를 위한 체류시간이 충분하여야한다.

풀이 ㉮ 연소온도를 높게 유지하여야 한다.

11 중량비로 수소가 15%, 수분이 1% 함유되어 있는 액체연료의 저위발열량은 12,184kcal/kg이다. 이 연료의 고위발열량은 얼마인가?

㉮ 11,368kcal/kg
㉯ 12,000kcal/kg
㉰ 13,000kcal/kg
㉱ 13,503kcal/kg

풀이 Hh = Hl+600×(9H+W) (kcal/kg)

⎡ Hh : 고위발열량(kcal/kg)
⎢ Hl : 저위발열량(kcal/kg)
⎢ H : 수소의 함량
⎣ W : 수분의 함량

따라서
Hh = 12,184kcal/kg+600×(9×0.15+0.01)
　　= 13,000kcal/kg

TIP
Hl = Hh - 600×(9H+W)kcal/kg

12 일반적으로 광원으로부터 나오는 빛을 단색화장치 또는 필터에 의하여 좁은 파장범위의 빛만을 선택하여 액층을 통과시킨 다음 광전측광으로 하여 목적성분의 농도를 정량하는 분석방법은?

㉮ 기체크로마토그래피법
㉯ 흡광광도법(자외선/가시선 분광법)
㉰ 원자흡수분광광도법
㉱ 비분산 적외선분광분석법

풀이 ㉯ 흡광광도법(자외선 가시선 분광법)에 대한 설명이다.

13 대기조건 중 고도가 높아질수록 기온이 증가하여 수직온도차에 의한 혼합이 이루어지지 않는 상태는?

㉮ 과단열상태　㉯ 중립상태
㉰ 기온역전상태　㉱ 등온상태

풀이 고도가 높아질수록 기온이 증가하여 수직온도차에 의한 혼합이 이루어지지 않는 상태를 기온역전상태라고 하며, 대기오염현상이 발생한다.

14 촉매산화법으로 악취물질을 함유한 가스를 산화, 분해하여 처리하고자 할 때, 다음 중 가장 적합한 연소온도 범위는?

㉮ 100~150℃
㉯ 250~450℃
㉰ 650~800℃
㉱ 850~1000℃

풀이 ① 촉매산화법(연소법) : 250~450℃
② 직접산화법(연소법) : 600~800℃

answer 10 ㉮　11 ㉰　12 ㉯　13 ㉰　14 ㉯

15 다음 중 건조대기 중에 가장 많은 비율로 존재하는 비활성 기체는?

㉮ He ㉯ Ne
㉰ Ar ㉱ Xe

풀이 부피기준으로 질소(N_2) > 산소(O_2) > 아르곤(Ar) > 이산화탄소(CO_2) > 네온(Ne) > 헬륨(He) > 메탄(CH_4) 순서이다.

16 용존산소와 관련하여 폐수처리시 이용되는 미생물의 구분 중 다음 ( )안에 가장 적합한 것은?

> 미생물은 산소 섭취 유무에 따라 분류하기도 하는데, ( ) 미생물은 용존산소가 아닌 SO_4^{2-}, NO_3^- 등과 같은 산화물을 용존산소로 섭취하기 때문에 그 결과 황화수소, 질소가스 등을 발생시킨다.

㉮ 질산성 ㉯ 호기성
㉰ 혐기성 ㉱ 통기성

풀이 ㉰ 혐기성 미생물에 대한 설명이다.

17 소도시에서 발생하는 하수를 산화지로 처리하고자 한다. 유입 BOD농도가 200g/m³이고, 유량이 6,000m³/day이며, BOD 부하량이 300kg/ha·day라면 필요한 산화지의 면적은 몇 ha 인가?

㉮ 1ha ㉯ 2ha
㉰ 3ha ㉱ 4ha

풀이 BOD 부하량(kg/ha·day)

$$= \frac{BOD농도(kg/m^3) \times 유량(m^3/day)}{면적(ha)}$$

따라서 $300kg/ha \cdot day = \frac{0.2kg/m^3 \times 6,000m^3/day}{면적(ha)}$

∴ 면적(ha) $= \frac{0.2kg/m^3 \times 6,000m^3/day}{300kg/ha \cdot day} = 4.0ha$

TIP
① BOD 농도
$200g/m^3 = 200 \times 10^{-3}kg/m^3 = 0.2kg/m^3$
② $g/m^3 \xrightarrow{\times 10^{-3}} kg/m^3$

18 0.001N-NaOH 용액의 농도를 ppm으로 옳게 나타낸 것은?

㉮ 40 ㉯ 400
㉰ 4,000 ㉱ 40,000

풀이 $ppm(mg/L) = \frac{0.001eq}{L} \times \frac{40g}{1eq} \times \frac{10^3mg}{1g} = 40mg/L$
$= 40ppm$

TIP
① N농도의 단위는 eq/L
② NaOH 1eq = 40g
③ ppm = mg/L = g/m^3

answer 15 ㉰ 16 ㉰ 17 ㉱ 18 ㉮

19 다음 중 활성슬러지공법으로 하수를 처리할 때 주로 사상성 미생물의 이상번식으로 2차 침전지에서 침전성이 불량한 슬러지가 침전되지 못하고 유출되는 현상을 의미하는 것은?

㉮ 슬러지 벌킹   ㉯ 슬러지 시딩
㉰ 연못화   ㉱ 역세

풀이 ㉮ 슬러지 벌킹(슬러지 팽화)에 대한 설명이다.

20 아래 설명에 해당하는 생물적 요소로 가장 적합한 것은?

- 고형물질의 표면에 부착하여 생장하는 미생물이다.
- 핵의 형태가 뚜렷한 단세포가 서로 연결되어 일정한 형태를 이룬다.
- 다세포로 구성된 균사, 생식세포를 형성하는 자실체로 구성되어 있다.
- 각 세포는 독립된 생존능력을 가지며, 영양물질과 에너지 물질인 유기물을 세포 표면으로 흡수하여 생장한다.
- 물질순환 및 자정작용에 중요한 역할을 한다.

㉮ 곰팡이   ㉯ 바이러스
㉰ 원생동물   ㉱ 수서곤충

풀이 ㉮ 곰팡이(fungi)에 대한 설명으로 핵심용어인 균사 = 곰팡이임을 숙지하시면 됩니다.

21 다음 중 생물학적 폐수처리 방법과 가장 거리가 먼 것은?

㉮ 활성슬러지법   ㉯ 산화지법
㉰ 부상분리법   ㉱ 살수여상법

풀이 ㉰ 부상분리법은 물리적 폐수처리 방법에 해당한다.

22 생태계의 생물적 요소 중 유기물을 스스로 합성할 수 없으며, 생산자나 소비자의 생체, 사체와 배출물을 에너지원으로 하여 무기물을 생성하고 용존산소를 소비하는 분해자로, 일반적으로 유기물과 영양물질이 풍부한 환경에서 잘 자라며, 물질순환과 자정작용에 중요한 역할을 하는 종으로 가장 적합한 것은?

㉮ 조류
㉯ 호기성 독립 영양 세균
㉰ 호기성 종속 영양 세균
㉱ 혐기성 종속 영양 세균

풀이 ㉰ 호기성 종속 영양 세균에 대한 설명이다.

23 침전지에서 입자가 100% 제거되기 위해 요구되는 침전속도를 의미하는 것으로 침전지에 유입되는 유량을 침전지 표면적으로 나눈 값으로 표현되는 것은?

㉮ 레이놀즈 속도   ㉯ 표면 부하율
㉰ 한계 속도   ㉱ 헤젠 상수

풀이 표면부하율 또는 수면 부하율이라 한다.

표면 부하율($m^3/m^2 \cdot day$) = $\dfrac{Q(m^3/day)}{A(m^2)}$

answer 19 ㉮ 20 ㉮ 21 ㉰ 22 ㉰ 23 ㉯

24 1차 침전지의 깊이가 4m, 표면적 1m²에 대해 30m³/day으로 폐수가 유입된다. 이때의 체류시간은?

㉮ 2.3hr ㉯ 3.2hr
㉰ 5.5hr ㉱ 6.1hr

풀이 체류시간(hr)
$= \dfrac{부피(m^3)}{폐수량(m^3/hr)} = \dfrac{표면적(m^2) \times 깊이(m)}{폐수량(m^3/hr)}$
$= \dfrac{1m^2 \times 4m}{30m^3/day \times 1day/24hr} = 3.2hr$

25 부영양화의 원인물질 또는 영향물질의 양을 측정하는 독립적 평가방법으로 가장 거리가 먼 것은?

㉮ 경도 측정
㉯ 투명도 측정
㉰ 영양염류 측정
㉱ 클로로필-a농도 측정

풀이 부영양화의 원인물질 또는 영향물질의 양을 측정하는 독립적 평가방법으로는 투명도, 영양염류(N, P), 클로로필-a를 측정하여 평가한다.

26 포기조에서 1L 용량의 메스실린더에 시료를 채취하여 30분간 침강시켰더니 슬러지 부피가 150mL가 되었다. 포기조의 MLSS가 2,500mg/L이었다면 이 때 SVI는?

㉮ 210 ㉯ 180
㉰ 120 ㉱ 60

풀이 $SVI = \dfrac{SV(mL/L)}{MLSS(mg/L)} \times 10^3$

SVI : 슬러지 용적지수(mL/g)
SV : 침강슬러지(mL/L)
MLSS : 포기조의 미생물(mg/L)

따라서 $SVI = \dfrac{150mL/L}{2,500mg/L} \times 10^3 = 60mg/L$

27 성층이 형성될 경우 수면부근에서부터 하부로 내려갈수록 형성된 층의 구분으로 옳은 것은?

㉮ 표수층 → 수온약층 → 심수층
㉯ 심수층 → 수온약층 → 표수층
㉰ 수온약층 → 심수층 → 표수층
㉱ 수온약층 → 표수층 → 심수층

answer 24 ㉯ 25 ㉮ 26 ㉱ 27 ㉮

28 다음 침전에 해당하는 것은?

> 입자들이 고농도로 있을 때의 침전현상으로서, 활성슬러지공법으로 폐수를 처리하는 경우에 최종침전지의 하부에서 일어난다. 이 침전은 슬러지 중력 농축 공정에서 중요한 요소로, 포기조로의 반송을 위해 활성슬러지가 농축되어야 하는 활성슬러지 공법의 최종침전지에서 특히 중요하다.

㉮ 독립침전 ㉯ 압축침전
㉰ 지역침전 ㉱ 응집침전

풀이 압축침전(Ⅳ형 침전)에 대한 설명이다.

29 질소제거를 위한 고도처리 방법으로 거리가 먼 것은?

㉮ 탈기   ㉯ A/O 공정
㉰ 염소주입 ㉱ 선택적 이온 교환

풀이 ㉯ A/O 공정은 인(P)을 처리하는 공법이다.

30 산성 과망간산칼륨법 적정에 의한 화학적 산소요구량(COD_{Mn})시험방법에 관한 설명으로 옳지 않은 것은?

㉮ 시료를 황산산성으로 하여 과망간산칼륨 일정과량을 넣고 30분간 수욕상에서 가열반응 시킨다.
㉯ 염소이온은 과망간산에 의해 정량적으로 산화되어 음의 오차를 유발하므로 황산칼륨을 첨가하여 염소이온의 간섭을 제거한다.
㉰ 가열과정에서 오차가 발생할 수 있으므로 물중탕의 온도와 가열시간을 잘 지켜야 한다.
㉱ 아질산염은 아질산성 질소 1mg 당 1.1mg의 산소를 소모하여 COD값의 오차를 유발한다.

풀이 ㉯ 염소이온은 과망간산에 의해 정량적으로 산화되어 양의 오차를 유발하므로 황산은을 첨가하여 염소이온의 간섭을 제거한다.

31 부유물질(Suspended Solids)에 관한 설명으로 옳지 않은 것은?

㉮ 부유물질은 물에 녹는 고형물질로서 유리섬유 거름종이(GF/C)를 통과하는 고형물질의 양을 mg/L로 표시한다.
㉯ 부유물질의 농도는 하·폐수의 특성이나 처리장의 처리효율을 평가하는데 이용된다.
㉰ 침강성 고형물질은 하수처리장의 1차 침전지에서 침강에 필요한 유속을 결정하는 기초 자료가 된다.
㉱ 부유물질이 많을 경우에는 물 속 어류의 아가미에 부착되어 어류를 질식시키는 원인이 된다.

풀이 ㉮ 유리섬유 거름종이(GF/C)에 여과시켜 항량으로 건조하여 무게를 달아 여과 전후의 유리섬유 여과지의 무게를 산출하여 부유물질의 양을 구한다.

32 다음 중 크롬함유 폐수처리시 사용되는 크롬환원제에 해당하지 않는 것은?

㉮ NH_2SO_4 ㉯ Na_2SO_3
㉰ $FeSO_4$ ㉱ SO_2

풀이 크롬함유 폐수처리 시 사용되는 크롬환원제로는 $NaHSO_3$, Na_2SO_3, $FeSO_4$, SO_2가 있다.

answer 28 ㉯ 29 ㉯ 30 ㉯ 31 ㉮ 32 ㉮

33 다음 중 표준대기압(1atm)이 아닌 것은?

㉮ $1,013N/m^2$ ㉯ $14.7psi$
㉰ $10.33mH_2O$ ㉱ $760mmHg$

풀이 표준대기압
$1atm = 760mmHg = 10.332mH_2O = 101,325N/m^2$
$= 1,013.25mba = 101.3KPa = 14.7psi$

34 시안 농도(CN^-) 100mg/L인 폐수 $15m^3$를 처리하는데 필요한 차아염소산나트륨($NaOCl$)의 이론량은 얼마인가? (단, NaOCl의 분자량은 74.5, 시안 함유폐수는 다음 반응식과 같이 염소화합물로 시안을 산화 분해하여 처리한다.)

$$2NaCN + 5NaOCl + H_2O \rightarrow 5NaCl + N_2 + 2NaOH$$

㉮ 7.1kg   ㉯ 8.4kg
㉰ 9.1kg   ㉱ 10.7kg

풀이 $2CN^- : 5NaOCl$
$2 \times 26g : 5 \times 74.5g$
$0.1kg/m^3 \times 15m^3 : X$

$\therefore X = \dfrac{0.1kg/m^3 \times 15m^3 \times 5 \times 74.5g}{2 \times 26g} = 10.75kg$

TIP
① CN의 농도 100mg/L
  $= 100 \times 10^{-3} kg/m^3 = 0.1kg/m^3$
② $ppm = mg/L = g/m^3$ 이므로
  $mg/L \xrightarrow{\times 10^{-3}} kg/m^3$

35 미생물 성장곡선에서 〈보기〉와 같은 특성을 보이는 단계는?

[보기]
• 살아 있는 미생물들이 조금밖에 없는 양분을 두고 서로 경쟁하고, 신진대사율은 큰 비율로 감소한다.
• 미생물은 그들 자신의 원형질을 분해시켜 에너지를 얻는 자산화 과정을 겪게 되어 전체 원형질 무게는 감소된다.

㉮ 지체기   ㉯ 대수성장기
㉰ 감소성장기   ㉱ 내생호흡기

풀이 내용 중 가장 핵심은 자산화 과정 = 내생호흡기 단계임을 숙지하시면 됩니다.

36 황(S) 함유량이 2.5%이고 비중은 0.87인 중유를 350L/hr로 태우는 경우 SO_2 발생량(Sm^3/h)은? (단, 황성분은 전량이 SO_2로 전환되며, 표준상태 기준)

㉮ 약 2.7   ㉯ 약 3.6
㉰ 약 4.6   ㉱ 약 5.3

풀이 $S + O_2 \rightarrow SO_2$
$32kg : 22.4Sm^3$
$(350L/hr \times 0.87)kg/hr \times 0.025 : X$

$\therefore X = \dfrac{22.4Sm^3 \times (350L/hr \times 0.87)kg/hr \times 0.025}{32kg}$

$= 5.33Sm^3$

TIP
① 비중의 단위 $g/mL = g/cm^3 = kg/L = ton/m^3$
② 비중 $0.87 = 0.87kg/L$

answer 33 ㉮ 34 ㉱ 35 ㉱ 36 ㉱

37 다음과 같은 특성을 지닌 폐기물 선별 방법은?

> - 옛부터 농가에서 탈곡 작업에 이용되어 온 것으로 그 작업이 밀폐된 용기 내에서 행해지도록 한 것
> - 공기 중 각 구성물질의 낙하속도 및 공기저항의 차에 따라 폐기물을 분별하는 방법
> - 종이나 플라스틱과 같은 가벼운 물질과 유리, 금속 등의 무거운 물질을 분리하는데 효과적임

㉮ 스크린 선별 ㉯ 공기 선별
㉰ 자력 선별 ㉱ 손 선별

풀이 ㉯ 공기 선별법에 대한 설명으로 가벼운 물질과 무거운 물질의 분리 = 공기선별법임을 숙지하시면 됩니다.

38 폐기물공정시험기준에 따라 폐기물 중의 카드뮴을 원자흡수분광광도계로 분석할 때 측정파장은?

㉮ 123.6nm ㉯ 228.8nm
㉰ 583.3nm ㉱ 880nm

풀이 폐기물 중의 카드뮴을 원자흡수분광광도계로 분석할 때 측정파장은 228.8nm이다.

39 발열량이 800kcal/kg인 폐기물을 용적이 125m³인 소각로에서 1일 8시간씩 연소하여 연소실의 열발생율이 4,000 kcal/m³·hr이었다. 이 소각로에서 하루에 소각한 폐기물의 양은?

㉮ 1톤 ㉯ 3톤
㉰ 5톤 ㉱ 7톤

풀이 연소실의 열발생율(kcal/m³·hr)

$$= \frac{발열량(kcal/kg) \times 폐기물의\ 양(kg/hr)}{용적(m^3)}$$

따라서 4,000kcal/m³·hr

$$= \frac{800kcal/kg \times 폐기물량(kg/day) \times 1day/8hr}{125m^3}$$

∴ 폐기물 양 = 5,000kg/day = 5ton/day

40 폐기물을 분석하기 위한 시료의 축소화 방법으로만 옳게 나열된 것은?

㉮ 구획법, 교호삽법, 원추4분법
㉯ 구획법, 교호삽법, 직접계근법
㉰ 교호삽법, 물질수지법, 원추4분법
㉱ 구획법, 교호삽법, 적재차량계수법

answer 37 ㉯ 38 ㉯ 39 ㉰ 40 ㉮

41 수분함량이 25%인 쓰레기를 건조시켜 수분함량이 5%인 쓰레기가 되도록 하려면 쓰레기 1톤당 증발시켜야 하는 수분량은 약 얼마인가? (단, 쓰레기 비중은 1.0으로 가정함)

㉮ 40kg ㉯ 129kg
㉰ 175kg ㉱ 210kg

풀이 ① $W_1 \times (100-P_1) = W_2 \times (100-P_2)$

W_1 : 건조 전 쓰레기량(kg)
P_1 : 건조 전 수분함량(%)
W_2 : 건조 후 쓰레기량(kg)
P_2 : 건조 후 수분함량(%)

따라서 $1,000kg \times (100-25) = W_2 \times (100-5)$

$\therefore W_2 = \dfrac{1,000kg \times (100-25)}{(100-5)} = 789.47kg$

② 증발시켜야 하는 수분량 = $W_1 - W_2$
= 1,000kg - 789.47kg = 210.53kg

TIP
W_1 = 1ton = 1,000kg

42 다음은 폐기물 매립처분시설 중 어떤 시설에 해당하는 설명인가?

- 악취, 쓰레기의 비산, 해충 및 야생동물의 번식, 화재 등을 방지하기 위해 설치한다.
- 쓰레기의 매립 및 다짐 작업에 필요할 뿐만 아니라 우수의 침투를 방지하는 효과가 있어 침출수 발생량을 감소시키는 역할도 한다.
- 이 시설은 매일복토, 중간복토, 최종복토로 나눈다.

㉮ 차수시설 ㉯ 덮개시설
㉰ 저류 구조물 ㉱ 우수 집배수 시설

풀이 ㉯ 덮개시설에 대한 설명이다.

43 다음 중 폐기물의 선별목적으로 가장 적합한 것은?

㉮ 폐기물의 부피 감소
㉯ 폐기물의 밀도 증가
㉰ 폐기물 저장 면적의 감소
㉱ 재활용 가능한 성분의 분리

풀이 폐기물의 선별목적은 재활용 가능한 성분의 분리이다.

44 다음 중 슬러지 개량(conditioning)의 주목적은?

㉮ 악취 제거
㉯ 슬러지의 무해화
㉰ 탈수성 향상
㉱ 부패 방지

풀이 슬러지 개량(conditioning)의 주목적은 탈수성 향상이다.

45 주로 산업폐기물의 발생량을 추산할 때 이용하는 방법으로 우선 조사하고자 하는 계(system)의 경계를 정확하게 설정한 다음 투입되는 원료와 제품의 흐름을 근거로 폐기물의 발생량을 추정하는 방법으로서 비용이 많이 들며 상세한 데이터가 있을 때 사용하는 방법은?

㉮ 계수분석법 ㉯ 직접계근법
㉰ 흐름분석법 ㉱ 물질수지법

풀이 ㉱ 물질수지법에 대한 설명으로 산업폐기물 발생량 추산방법 = 물질수지법임을 숙지하시면 됩니다.

answer 41 ㉱ 42 ㉯ 43 ㉱ 44 ㉰ 45 ㉱

46 Rotary kiln의 장점으로 가장 거리가 먼 것은?

㉮ 예열, 혼합 등 전처리 없이 폐기물 주입이 가능하다.
㉯ 습식가스세정시스템과 함께 사용할 수 있다.
㉰ 넓은 범위의 액상 및 고상폐기물을 함께 연소 가능하다.
㉱ 비교적 열효율이 높으며, 먼지가 적게 발생된다.

▶풀이 ㉱ 비교적 열효율이 낮으며, 먼지가 많이 발생된다.

47 다음 중 폐기물 중간처리 공정에 해당하지 않는 것은?

㉮ 압축 ㉯ 파쇄
㉰ 선별 ㉱ 매립

▶풀이 매립은 폐기물의 최종처리 공정에 해당된다.

48 다음 중 유기물의 혐기성소화 분해 시 발생되는 물질로 거리가 먼 것은?

㉮ 산소 ㉯ 알콜
㉰ 유기산 ㉱ 메탄

▶풀이 산소는 호기성 분해시 소모되는 물질이다.

49 다음 중 소각로의 형식이라 볼 수 없는 것은?

㉮ 펌프식 ㉯ 화격자식
㉰ 유동상식 ㉱ 회전로식

▶풀이 ㉮ 펌프식은 소각로의 형식이 아니다.

50 도금, 피혁제조, 색소, 방부제, 약품제조업 등의 폐기물에서 주로 검출될 수 있는 성분은?

㉮ PCB ㉯ Cd
㉰ Cr ㉱ Hg

▶풀이 도금, 피혁제조, 색소, 방부제, 약품제조업 등의 폐기물에서 주로 검출될 수 있는 성분은 크롬(Cr)이다.

51 폐기물을 안정화 및 고형화 시킬 때의 폐기물의 전환 특성으로 거리가 먼 것은?

㉮ 오염물질의 독성 증가
㉯ 폐기물 취급 및 물리적 특성 향상
㉰ 오염물질이 이동되는 표면적 감소
㉱ 폐기물 내에 있는 오염물질의 용해성 제한

▶풀이 ㉮ 오염물질의 독성 감소

52 소규모 분뇨처리시설인 임호프 탱크(Imhoff tank)의 구성요소와 거리가 먼 것은?

㉮ 침전실 ㉯ 소화실
㉰ 스컴실 ㉱ 포기조

▶풀이 임호프 탱크(Imhoff tank)의 구성요소는 침전조, 소화조, 스컴실로 구성되어 있다.

answer 46 ㉱ 47 ㉱ 48 ㉮ 49 ㉮ 50 ㉰ 51 ㉮ 52 ㉱

53 폐기물의 수거를 용이하게 하기 위해 적환장의 설치가 필요한 이유로 가장 거리가 먼 것은?

㉮ 작은 규모의 주택들이 밀집되어 있는 경우
㉯ 폐기물 수집에 소형 컨테이너를 많이 사용하는 경우
㉰ 처분장이 수집장소에 바로 인접하여 있는 경우
㉱ 반죽수송이나 공기수송방식을 사용하는 경우

풀이 ㉰ 처분장이 수집장소와 멀리 떨어져 있을 때

54 다음은 어떤 폐기물의 매립공법에 관한 설명인가?

> 쓰레기를 매립하기 전에 이의 감량화를 목적으로 먼저 쓰레기를 일정한 더미형태로 압축하여 부피를 감소시킨 후 포장을 실시하여 매립하는 방법으로, 쓰레기 발생량 증가와 매립지 확보 및 사용년한 문제에 있어서 유리하고, 운송이 간편하고 안정성이 있으며, 지가(地價)가 비쌀 경우에도 유효한 방법이다.

㉮ 압축매립공법 ㉯ 도랑형공법
㉰ 셀공법   ㉱ 순차투입공법

풀이 ㉮ 압축매립공법에 대한 설명으로 더미형태로 압축 = 압축매립공법임을 숙지하시면 됩니다.

55 다음 그림과 같은 형태를 갖는 것으로서 하부로부터 뜨거운 공기를 주입하여 모래를 부상시켜 폐기물을 태우는 소각로는?

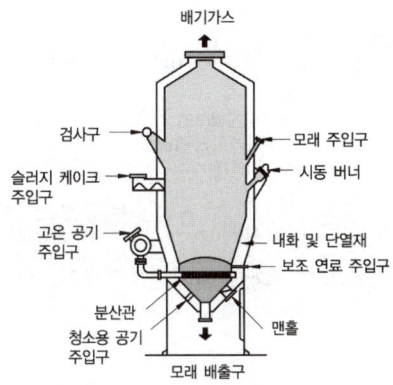

㉮ 화격자 소각로
㉯ 유동상 소각로
㉰ 열분해 응용 소각로
㉱ 액체 주입형 소각로

풀이 ㉯ 유동상 소각로에 대한 그림이다.

56 마스킹 효과에 관한 설명 중 옳지 않은 것은?

㉮ 저음이 고음을 잘 마스킹한다.
㉯ 두 음의 주파수가 비슷할 때는 마스킹 효과가 대단히 커진다.
㉰ 두 음의 주파수가 거의 같을 때는 Doppler 현상에 의해 마스킹 효과가 커진다.
㉱ 음파의 간섭에 의해 일어난다.

풀이 ㉰ 두 음의 주파수가 거의 같을 때는 맥동이 생겨 마스킹 효과가 감소한다.

answer 53 ㉰ 54 ㉮ 55 ㉯ 56 ㉰

57 각각 음향파워레벨이 89dB, 91dB, 95dB 인 음의 평균파워레벨은?

㉮ 92.4dB ㉯ 95.5dB
㉰ 97.2dB ㉱ 101.7dB

풀이

$$L = 10\log\left\{\frac{1}{n}\left(10^{\frac{L_1}{10}}+10^{\frac{L_2}{10}}+\cdots+10^{\frac{L_m}{10}}\right)\right\}$$

$\begin{bmatrix} L : 평균파워레벨(dB) \\ L_1, L_2 : 음향파워레벨(dB) \\ n : 음향파워레벨 개수 \end{bmatrix}$

따라서 $L = 10 \times \log\left\{\frac{1}{3} \times \left(10^{\frac{89}{10}}+10^{\frac{91}{10}}+10^{\frac{95}{10}}\right)\right\}$
= 92.40dB

58 음향파워레벨(PWL)이 100dB인 음원의 음향파워는?

㉮ 0.01W ㉯ 0.1W
㉰ 1W   ㉱ 10W

풀이

$PWL = 10\log\left(\dfrac{W}{W_0}\right)$

$\begin{bmatrix} PWL : 음향파워레벨(dB) \\ W_0 : 기준음의 파워(10^{-12}\text{Watt}) \\ W : 임의의 음향 파워(Watt) \end{bmatrix}$

따라서 $100\text{dB} = 10 \times \log\left(\dfrac{W}{10^{-12}\text{Watt}}\right)$

∴ $W = 10^{10} \times 10^{-12} = 0.01\text{Watt}$

59 다음 지반을 전파하는 파에 관한 설명 중 옳은 것은?

㉮ 종파는 파동의 진행 방향과 매질의 진동 방향이 서로 수직이다.
㉯ 종파는 매질이 없어도 전파된다.
㉰ 음파는 종파에 속한다.
㉱ 지진파의 S파는 파동의 진행 방향과 매질의 진동 방향이 서로 평행하다.

60 다음 그림에서 파장은 어느 부분인가?
(단, 가로축은 시간, 세로축은 변위)

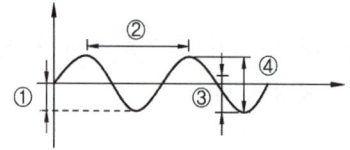

㉮ ① ㉯ ②
㉰ ③ ㉱ ④

answer 57 ㉮ 58 ㉮ 59 ㉰ 60 ㉯

2012년 5회 과년도 기출문제

2012년 10월 20일 시행

01 연료의 연소시 공기비가 클 경우에 나타나는 현상으로 가장 거리가 먼 것은?

㉮ 연소실 내의 온도가 낮아짐
㉯ 배기가스 중 NO_x 양 증가
㉰ 배기가스에 의한 열손실의 증대
㉱ 불완전 연소에 의한 매연 증대

풀이 ㉱ 불완전 연소에 의한 매연 증대는 공기비가 작은 경우에 나타나는 현상이다.

TIP
연소시 공기비가 클 경우
① 연소실 내 연소온도 감소(연소실의 냉각효과를 가져옴)
② 배기가스에 의한 열손실 증대
③ SO_2, NO_2의 함량이 증가하여 부식이 촉진
④ CH_4, CO 및 C 등 물질의 농도가 감소
⑤ 방지시설의 용량이 커지고 에너지 손실 증가
⑥ 희석효과가 높아져 연소 생성물의 농도 감소

02 원심력집진장치에 관한 설명으로 옳지 않은 것은?

㉮ 처리가능 입자는 3~100μm이며, 저효율 집진장치 중 집진율이 우수하고, 경제적인 이유로 전처리 장치로 많이 사용된다.
㉯ 설치비와 유지비가 저렴한 편이다.
㉰ 점착성이나 딱딱한 입자가 함유된 배출가스에 적합하다.
㉱ 블로우다운 효과와 관련이 있다.

풀이 ㉰ 점착성 입자가 함유된 배출가스에 적합한 장치는 세정집진장치이다.

03 다음 중 선택적인 촉매환원법으로 질소산화물을 처리할 때 사용되는 환원제로 가장 적합한 것은?

㉮ 수산화칼슘   ㉯ 암모니아
㉰ 염화수소   ㉱ 불화수소

풀이 촉매환원법은 질소산화물(NO, NO_2)을 환원제인 NH_3를 사용하여 N_2로 환원시켜 제거하는 방법이다.

04 원형 송풍관의 길이가 10m, 내경이 300mm, 직관 내 속도압이 15mmH₂O, 철판의 관마찰 계수가 0.004일 때 이 송풍관의 압력손실은?

㉮ 1mmH₂O   ㉯ 4mmH₂O
㉰ 8mmH₂O   ㉱ 18mmH₂O

풀이
$$\triangle P = 4f \times \frac{L}{D} \times \frac{rv^2}{2g} (mmH_2O)$$

$$= 4f \times \frac{L}{D} \times Vp (mmH_2O)$$

$\triangle P$: 압력손실(mmH_2O)   f : 마찰계수
L : 관의 길이(m)   D : 관의 내경(m)
r : 밀도(kg/m^3)   v : 유속(m/sec)
g : 중력가속도($9.8m/sec^2$)   Vp : 속도압(mmH_2O)

따라서
$$\triangle P = 4 \times 0.004 \times \frac{10m}{0.3m} \times 15mmH_2O = 8mmH_2O$$

TIP
내경(D) 300mm = 0.3m

answer 01 ㉱   02 ㉰   03 ㉯   04 ㉰

05 다음 그림과 같은 집진원리를 갖는 집진장치는?

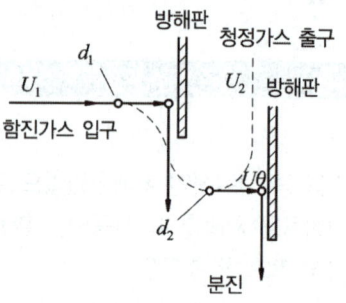

㉮ 중력집진장치 ㉯ 관성력집진장치
㉰ 전기집진장치 ㉱ 음파집진장치

풀이 함진가스를 방해판에 충돌시켜 기류의 방향전환을 통해 관성력에 의해 입자를 분리 포집하는 관성력 집진장치의 그림이다.

06 세정집진장치는 유수식, 가압수식, 회전식으로 분류될 수 있는데, 다음 중 유수식의 분류에 해당되는 것은?

㉮ 분수형   ㉯ 벤츄리스크러버
㉰ 충전탑   ㉱ 분무탑

TIP
1. 유수식의 종류
   ① 가스선회형
   ② 임펠라형
   ③ 로타형
   ④ 분수형
2. 가압수식의 종류
   ① 벤츄리스크러버
   ② 분무탑
   ③ 제트스크러버
   ④ 충전탑
3. 회전식의 종류
   ① 타이젠와셔
   ② 임펄스스크러버

07 황록색의 유독한 기체로 물에 잘 녹으며 강한 자극성이 있는 기체는?

㉮ Cl_2 ㉯ NH_3
㉰ CO_2 ㉱ CH_4

TIP
대기오염물질 중 염소(Cl_2)가스는 황록색, 이산화질소(NO_2)는 적갈색이다. 암기 필수!!!

08 후드의 설치 및 흡인요령으로 가장 적합한 것은?

㉮ 후드를 발생원에 근접시켜 흡인시킨다.
㉯ 후드의 개구면적을 점차적으로 크게 하여 흡인속도에 변화를 준다.
㉰ 에어커텐(air curtain)은 제거하고 행한다.
㉱ 배풍기(blower)의 여유량은 두지 않고 행한다.

풀이 ㉯ 후드의 개구면적을 좁게하여 흡인속도를 크게 한다.
㉰ 에어커텐(air curtain)을 설치한다.
㉱ 배풍기(blower)의 여유량을 충분히 둔다.

answer 05 ㉯ 06 ㉮ 07 ㉮ 08 ㉮

09 다음과 같은 특성을 지닌 굴뚝 연기의 모양은?

> - 대기의 상태가 하층부는 불안정하고 상층부는 안정할 때 볼 수 있다.
> - 하늘이 맑고 바람이 약한 날의 아침에 볼 수 있다.
> - 지표면의 오염 농도가 매우 높게 된다.

㉮ 환상형　　㉯ 원추형
㉰ 훈증형　　㉱ 구속형

풀이 굴뚝의 연기모양에 따른 안정도
㉮ 환상형 : 과단열 조건
㉯ 원추형 : 중립, 미단열, 등온 조건
㉰ 훈증형 : 지표-과단열, 고공-역전 조건
㉱ 구속형 : 지표-복사성역전, 고공-침강성역전

10 섭씨온도 25℃는 절대온도로 몇 K인가?

㉮ 25K　　㉯ 45K
㉰ 273K　　㉱ 298K

풀이 절대온도(K)
= 273+섭씨온도(℃)
= 273+25℃ = 298K

11 다음 집진장치 중 일반적으로 동력비가 가장 적게 드는 것은?

㉮ 벤츄리스크러버　㉯ 사이클론
㉰ 살수탑　　㉱ 중력집진장치

풀이 일반적으로 동력비가 가장 적게 드는 것은 중력집진장치이다.

12 황(S)함량이 2.0%인 중유를 시간당 5ton으로 연소시킨다. 배출가스 중의 SO_2를 $CaCO_3$로 완전히 흡수시킬 때 필요한 $CaCO_3$의 양을 구하면? (단, 중유중의 황성분은 전량 SO_2로 연소된다.)

㉮ 278.3 kg/hr　　㉯ 312.5 kg/hr
㉰ 351.7 kg/hr　　㉱ 379.3 kg/hr

풀이
$S + O_2 \rightarrow SO_2 +$　　$CaCO_3 + \frac{1}{2}O_2 \rightarrow CaSO_4 + CO_2$
32kg : 　　　　100kg
$5 \times 10^3 kg/hr \times 0.02$: X

∴ $X = \dfrac{100kg \times 5 \times 10^3 kg/hr \times 0.02}{32kg} = 312.5 kg/hr$

TIP
① $5ton = 5 \times 10^3 kg$
② S 2.0% = $\dfrac{2.0\%}{100}$ = 0.02

13 다음 중 집진장치에 관한 설명으로 옳은 것은?

㉮ 사이클론은 여과식 집진장치에 해당한다.
㉯ 중력집진장치는 고효율 집진장치에 해당한다.
㉰ 여과집진장치는 수분이 많은 점착성의 먼지처리에 적합하다.
㉱ 전기집진장치는 코로나 방전을 이용하여 집진하는 장치이다.

풀이 ㉮ 사이클론은 원심력 집진장치에 해당한다.
㉯ 중력집진장치는 저효율 집진장치에 해당한다.
㉰ 여과집진장치는 수분이 많은 점착성의 먼지처리에 부적합하다.

answer 09 ㉰　10 ㉱　11 ㉱　12 ㉯　13 ㉱

14 중력집진장치의 효율을 향상시키는 조건으로 거리가 먼 것은?

㉮ 침강실 내의 배기가스의 기류는 균일해야 한다.
㉯ 침강실의 높이가 높고, 길이가 짧을수록 집진율이 높아진다.
㉰ 침강실 내의 처리가스 유속이 작을수록 미립자가 포집된다.
㉱ 침강실의 입구폭이 클수록 미세입자가 포집된다.

풀이 ㉯ 침강실의 높이가 낮고, 길이가 길수록 집진율이 높아진다.

15 실제공기량(A)을 바르게 나타낸 식은?
(단, A_o : 이론공기량, m : 공기비, m > 1)

㉮ $A = mA_o$
㉯ $A = (m+1)A_o$
㉰ $A = (m-1)A_o$
㉱ $A = A_o/m$

풀이 실제공기량(A) = 공기비(m)×이론공기량(A_o)

16 다음 중 폐수를 응집침전으로 처리할 때 영향을 주는 주요인자와 가장 거리가 먼 것은?

㉮ 수온
㉯ pH
㉰ DO
㉱ Colloid의 종류와 농도

풀이 응집침전은 응집제(약품)를 이용해 처리하는 방법으로 DO(용존산소)와는 큰 관계가 없다.

17 다음 중 생물학적 방법으로 가장 적합하게 처리할 수 있는 오염물질은?

㉮ 중금속   ㉯ 유기물
㉰ 방사능   ㉱ 시안 화합물

풀이 생물학적 처리방법은 미생물을 이용하는 방법으로 물속에 존재하는 유기물 처리에 적합하다.

18 활성슬러지공법을 적용하고 있는 폐수 종말처리시설에서 운전상 발생하는 문제점에 관한 설명으로 옳지 않은 것은?

㉮ 슬러지 팽화는 플록의 침전성이 불량하여 농축이 잘 되지 않는 것을 말한다.
㉯ 슬러지 팽화의 원인 대부분은 각종 환경조건이 악화된 상태에서 사상성 박테리아나 균류 등의 성장이 둔화되기 때문이다.
㉰ 포기조에서 암갈색의 거품은 미생물 체류시간이 길고 과도한 과포기를 할 때 주로 발생한다.
㉱ 침전성이 좋은 슬러지가 떠오르는 슬러지 부상문제는 주로 과포기나 저부하에 의해 포기조에서 상당한 질산화가 진행되는 경우 침전조에서 침전슬러지를 오래 방치할 때 탈질이 진행되어 야기된다.

풀이 ㉯ 슬러지 팽화의 원인 대부분은 각종 환경조건이 악화된 상태에서 사상성 곰팡이(fungi)가 급증하기 때문이다.

answer 14 ㉯ 15 ㉮ 16 ㉰ 17 ㉯ 18 ㉯

19 다음 중 수중의 알칼리도를 ppm 단위로 나타낼 때 기준이 되는 물질은?

㉮ $Ca(OH)_2$ ㉯ CH_3OH
㉰ $CaCO_3$ ㉱ HCl

풀이 경도나 알칼리도 그리고 산도의 기준물질은 $CaCO_3$(탄산칼슘)이며, 단위는 ppm(mg/L)이다.

20 지하수를 사용하기 위해 수질 분석을 하였더니 칼슘이온 농도가 40mg/L이고, 마그네슘 이온 농도가 36mg/L이었다. 이 지하수의 총경도(as $CaCO_3$)는?

㉮ 16mg/L ㉯ 76mg/L
㉰ 120mg/L ㉱ 250mg/L

풀이
$$\frac{\text{총경도(mg/L)}}{50g} = \frac{Ca^{2+}mg/L}{20g} + \frac{Mg^{2+}mg/L}{12g}$$

$$\frac{\text{총경도(mg/L)}}{50g} = \frac{40mg/L}{20g} + \frac{36mg/L}{12g}$$

∴ 총경도 = 250mg/L

21 다음 폐수처리법 중 입자의 고액분리 방법과 가장 거리가 먼 것은?

㉮ 전기투석 ㉯ 부상분리
㉰ 침전 ㉱ 침사지

풀이 ㉮ 전기투석 : 해수를 담수화시키는 방법이다.
㉯ 부상분리 : 물보다 비중이 작은 유분을 부상시켜 제거하는 방법이다.
㉰ 침전 : 물보다 비중이 큰 입자를 침강시켜 제거하는 방법이다.
㉱ 침사지 : 모래나 자갈 등의 무기물을 침강시켜 제거한다.

22 〈보기〉와 같은 특성을 가지는 생물학적 폐수처리 방법은?

[보기]
- 대표적인 부착 성장식 생물학적 처리 공법이다.
- 매질(media)로 채워진 탱크에 위에서 폐수를 뿌려 주면 매질 표면에 붙어있는 미생물이 유기물을 섭취하여 제거한다.
- 여재의 크기가 균일하지 않거나 매질이 파손되는 경우에는 연못화 현상이 일어날 수 있다.

㉮ 회전원판법 ㉯ 살수여상법
㉰ 활성슬러지법 ㉱ 산화지

풀이 ㉯ 살수여상법에 대한 설명으로 내용 중 가장 핵심용어인 연못화 현상 = 살수여상법임을 숙지하시면 됩니다.

23 다음 용어 중 흡착과 가장 관련이 깊은 것은?

㉮ 도플러효과
㉯ VAL
㉰ 플랑크상수
㉱ 프로인들리히의 식

풀이 ㉱ 프로인들리히의 식은 흡착제(활성탄)를 이용해 제거하는 등온흡착식이다.

answer 19 ㉰ 20 ㉱ 21 ㉮ 22 ㉯ 23 ㉱

24 다음 중 콜로이드 물질의 크기 범위로 가장 적합한 것은?

㉮ 0.001 ~ 1㎛
㉯ 10 ~ 50㎛
㉰ 100 ~ 1000㎛
㉱ 1,000 ~ 10,000㎛

풀이 콜로이드(Colloid) 물질의 크기는 0.001 ~ 1㎛ 이다.

25 A공장폐수의 최종 BOD 값이 200mg/L 이고, 탈산소계수(K)가 0.2/day일 때, BOD_5 값은? (단, BOD 소비식은 $Y = L_o(1-10^{-kt})$을 이용할 것)

㉮ 90mg/L
㉯ 120mg/L
㉰ 150mg/L
㉱ 180mg/L

풀이 $BOD_5 = BOD_u \times (1-10^{-k_1 \times t})$

$\begin{bmatrix} BOD_5 : 5일\ BOD(mg/L) \\ BOD_u : 최종\ BOD(mg/L) \\ k : 탈산소계수(/day) \\ t : 시간(day) \end{bmatrix}$

따라서
$BOD_5 = 200mg/L \times (1-10^{-0.2/day \times 5day}) = 180mg/L$

26 아래 그래프는 자정단계에 따른 용존산소의 변화량을 나타낸 것이다. 이에 관한 설명으로 옳지 않은 것은?

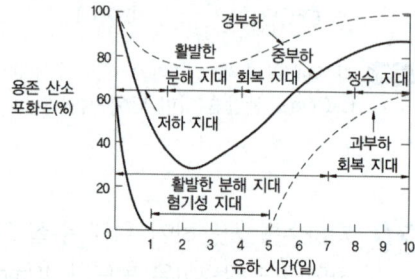

㉮ 저하지대는 오염물질의 유입으로 수질이 저하되어 오염에 약한 고등생물은 오염에 강한 미생물로 교체된다.
㉯ 활발한 분해지대는 용존산소가 가장 높아 활발한 분해가 일어나는 상태에 도달되고, 호기성 세균의 번식이 활발하다.
㉰ 회복지대는 수질이 점차 깨끗해지며, 기포의 발생이 감소하는 등 분해지대와는 반대 현상이 장거리에 걸쳐 발생한다.
㉱ 정수지대는 마치 오염되지 않은 자연수처럼 보이며, 용존산소 농도가 증가하여 오염되지 않은 자연 수계에서 살 수 있는 식물이나 동물이 번식한다.

풀이 ㉯ 활발한 분해지대는 물속에 용존산소가 거의 없어 혐기성 박테리아가 번식한다.

TIP
Whipple의 하천정화단계
1. (초기)분해지대 = 저하지대
① 희석이 잘 되는 큰 하천보다는 희석이 덜 되는 작은 하천에서 더 뚜렷이 나타난다.
② 세균의 수가 증가하고 유기물을 많이 함유하는 슬러지의 침전이 많아진다.
③ 오염에 잘 견디는 곰팡이류가 녹색 수중식물이나 고등미생물을 대신해 번식한다.
④ 유기물을 다량 함유하는 슬러지의 침전이 많아지고 용존산소량이 크게 줄어드는 대신에 탄산가스(CO_2)의 양은 증가한다.

answer 24 ㉮ 25 ㉱ 26 ㉯

2. 활발한 분해지대
   ① 수중에 DO가 거의 없어 혐기성 박테리아가 번식하며, NH_3-N 농도가 증가한다.
   ② 흑색 및 점성질의 슬러지 침전물이 생기고 기체방울이 수면으로 떠오른다.
   ③ 수중에 CO_2 농도나 NH_3-N 농도가 증가하며 fungi가 사라진다.
   ④ 호기성 세균이 혐기성 세균으로 교체된다.
3. 회복지대
   ① 혐기성균이 호기성균으로 대체되며 조류가 많이 발생하며 fungi도 조금씩 발생한다.
   ② 광합성을 하는 조류가 번식하며 원생동물, 윤충, 갑각류가 번식하며 큰 수중식물도 다시 나타난다.
   ③ 바닥에서는 조개나 벌레의 유충이 번식하며 오염에 견디는 힘이 강한 은빛 담수어 등의 물고기도 서식한다.
   ④ 용존산소(DO)가 포화될 정도로 증가한다.
   ⑤ 아질산염(NO_2-N)이나 질산염(NO_3-N)의 농도가 증가한다.
4. 정수지대
   ① 용존산소(DO)와 BOD가 오염이전으로 회복된다.
   ② 호기성세균이 증가하고 착색조류가 증가하고 송어, 쏘가리가 증가한다.
   ③ 질산염(NO_3-N)이 증가한다.

27 다음 중 물리적 예비처리공정으로 볼 수 없는 것은?
㉮ 스크린 ㉯ 침사지
㉰ 유량조정조 ㉱ 소화조

[풀이] ㉱ 소화조는 슬러지를 분해하여 안정화 및 감량화를 위한 단계이며, 호기성소화와 혐기성소화로 나뉘어 진다.

28 〈보기〉와 같은 특성을 가지는 수질오염물질은?

[보기]
• 은백색의 광택이 있고 경도가 높은 금속으로 도금과 합금 재료로 많이 쓰인다.
• 6가 이온은 특히 독성이 강하여 3가 이온의 100배 정도 더 해롭다.
• 피부염, 피부궤양을 일으키며 흡입으로 코, 폐, 위장에 점막을 생성하고 폐암을 유발한다.

㉮ 크롬 ㉯ 구리
㉰ 수은 ㉱ 카드뮴

[풀이] ㉮ 크롬(Cr)에 대한 설명이다.

TIP 수질오염물질 중에서 크롬은 3가나 6가로 존재하는 물질로 6가는 크롬뿐이므로 6가 라는 문구가 있으면 크롬을 찾으면 된다.

29 0.00001M HCl용액의 pH는 얼마인가?
(단, HCl은 100% 이온화 한다.)
㉮ 2 ㉯ 3
㉰ 4 ㉱ 5

[풀이]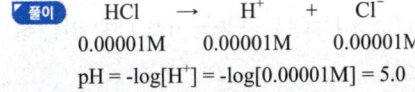
0.00001M   0.00001M   0.00001M
pH = -log[H^+] = -log[0.00001M] = 5.0

TIP
pH = -log[H^+]
pOH = -log[OH^-]

answer 27 ㉱ 28 ㉮ 29 ㉱

30 다음 중 수질오염공정시험기준에 의거 페놀류를 측정하기 위한 시료의 보존 방법(①)과 최대보존기간(②)으로 가장 적합한 것은?

㉮ ① 현장에서 용존산소 고정 후 어두운 곳 보관, ② 8시간
㉯ ① 즉시 여과 후 4℃ 보관, ② 48시간
㉰ ① 20℃ 보관, ② 즉시 측정
㉱ ① 4℃보관, H_3PO_4로 pH 4 이하 조정한 후 $CuSO_4$ 1g/L 첨가, ② 28일

31 우리나라 강수량 분포의 특성으로 가장 거리가 먼 것은?

㉮ 월별 강수량 차이가 큰 편이다.
㉯ 하천수에 대한 의존량이 큰 편이다.
㉰ 6월과 9월 사이에 연 강수량의 약 2/3 정도가 집중되는 경향이 있다.
㉱ 세계 평균과 비교 시 연간 총 강수량은 낮으나, 인구 1인당 가용수량은 높다.

풀이 ㉱ 세계 평균과 비교 시 연간 총 강수량은 높으나, 인구 1인당 가용수량은 낮다.

32 0.04M NaOH 용액을 mg/L로 환산하면?

㉮ 1.6mg/L ㉯ 16mg/L
㉰ 160mg/L ㉱ 1,600mg/L

풀이
① M농도의 단위는 mol/L
② NaOH 1mol = 40g
③ $mg/L = \dfrac{0.04mol}{L} \times \dfrac{40g}{1mol} \times \dfrac{10^3 mg}{1g} = 1,600mg/L$

TIP
① 1mol = 분자량(g)
② NaOH의 분자량 = 23 + 16 + 1 = 40g

33 식품공장폐수를 200배 희석하여 측정한 DO는 8.6mg/L이었고, 5일 동안 배양한 후 DO는 4.2mg/L이었다. 이 폐수의 생물화학적 산소요구량은?

㉮ 750mg/L ㉯ 785mg/L
㉰ 880mg/L ㉱ 915mg/L

풀이 BOD(mg/L) = ($DO_1 - DO_2$)×P

DO_1 : 즉시 측정한 DO 농도(mg/L)
DO_2 : 5일 동안 배양 후 측정한 DO농도(mg/L)
P : 희석배수치

따라서 BOD = (8.6-4.2)mg/L×200 = 880mg/L

34 물 분자의 화학적 구조에 관한 설명으로 옳지 않은 것은?

㉮ 물 분자는 1개의 산소 원자와 2개의 수소 원자가 공유 결합하고 있다.
㉯ 물 분자에는 2개의 고립 전자쌍이 산소 원자에 남아 있다.
㉰ 산소는 전기 음성도가 매우 커서 공유 결합을 하고 있으나 극성을 갖지는 않는다.
㉱ 물 분자의 산소는 음성 전하를 가지며, 수소는 양성 전하를 가지고 있어 인접한 분자 사이에 수소 결합을 하고 있다.

풀이 ㉰ 산소는 전기 음성도가 매우 커서 공유 결합을 하며 극성을 가진다.

answer 30 ㉱ 31 ㉱ 32 ㉱ 33 ㉰ 34 ㉰

> **TIP**
> 전기음성도는 힘의 정도이며 일반적으로 최외각 전자 수가 많은 원소일수록 전기 음성도가 크다. 할로겐 원소(플루오르 등)가 크고 다음으로는 산소, 질소, 탄소 순서이다.

35 다음 중 수질오염공정시험기준에 따른 총질소 분석방법에 해당하는 것은?

㉮ 굴절법
㉯ 당도법
㉰ 전기전도도법
㉱ 자외선/가시선 분광법

▶ 풀이 총질소의 분석방법에는 자외선 가시선 분광법(산화법), 자외선 가시선 분광법(카드뮴-구리 환원법), 자외선 가시선 분광법(환원증류-킬달법), 연속흐름법이 있다.

36 폐기물 파쇄의 목적으로 옳지 않은 것은?

㉮ 용적의 감소
㉯ 입경분포의 균일화
㉰ 겉보기 밀도의 감소
㉱ 매립 시 부등침하 억제효과

▶ 풀이 파쇄를 하면 겉보기 밀도는 증가한다.

37 소형차량으로 수거한 쓰레기를 대형차량으로 옮겨 운반하기 위해 마련하는 적환장의 위치로 적합하지 않은 곳은?

㉮ 주요 간선도로에 인접한 곳
㉯ 수송 측면에서 가장 경제적인 곳
㉰ 공중위생 및 환경피해가 최소인 곳
㉱ 가능한 한 수거지역에서 멀리 떨어진 곳

▶ 풀이 ㉱ 가능한 한 수거지역에서 가까운 곳

38 밑면을 개방할 수 있는 바지선에 폐기물을 적재하여 대상지점에 투하하는 방식으로 내수배제가 곤란하고 수심이 깊은 지역 등에 적합한 해안매립공법은?

㉮ 도랑식공법   ㉯ 셀공법
㉰ 샌드위치공법 ㉱ 박층뿌림공법

▶ 풀이 ㉱ 박층뿌림공법에 대한 설명으로 내용 중 핵심인 바지선 = 박층뿌림공법임을 숙지하시면 됩니다.

39 폐기물의 초기 무게가 250g이고 건조 후 폐기물의 무게가 200g이라면 이때 수분함량(%)은?

㉮ 15%   ㉯ 20%
㉰ 25%   ㉱ 30%

▶ 풀이 ① 수분의 무게(g)
    = 초기 폐기물 무게(g)-건조 후 폐기물 무게(g)
    = 250g-200g = 50g
② 수분함량(%) = $\dfrac{수분의\ 무게(g)}{초기\ 폐기물\ 무게(g)} \times 100(\%)$
    = $\dfrac{50g}{250g} \times 100 = 20\%$

🔑 answer 35 ㉱ 36 ㉰ 37 ㉱ 38 ㉱ 39 ㉯

40 다음 중 퇴비화의 최적조건으로 가장 적합한 것은?

㉮ 수분 50 ~ 60%, pH 5.5 ~ 8 정도
㉯ 수분 50 ~ 60%, pH 8.5 ~ 10 정도
㉰ 수분 80 ~ 85%, pH 5.5 ~ 8 정도
㉱ 수분 80 ~ 85%, pH 8.5 ~ 10 정도

> 풀이 ▶ 퇴비화의 최적조건은 수분 50 ~ 60%, pH 5.5 ~ 8 정도이다.

41 유동상 소각로에서 유동상의 매질이 갖추어야 할 조건이 아닌 것은?

㉮ 불활성   ㉯ 낮은 융점
㉰ 내마모성   ㉱ 작은 비중

> 풀이 ▶ ㉯ 높은 융점

42 다음 그림은 폐기물을 매립한 후 발생하는 생성가스의 농도 변화를 단계적으로 나타낸 것이다. 유기물이 효소에 의해 발효되는 "혐기성 비메탄" 단계는?

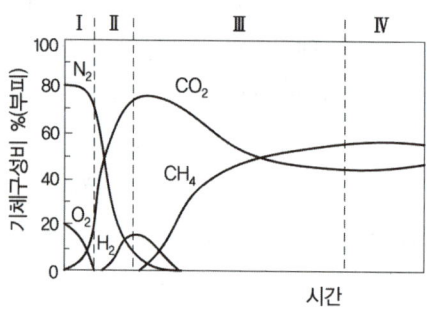

㉮ Ⅰ단계   ㉯ Ⅱ단계
㉰ Ⅲ단계   ㉱ Ⅳ단계

> 풀이 ▶ ㉮ Ⅰ단계 : 호기성 단계
> ㉯ Ⅱ단계 : 혐기성 비메탄 단계
> ㉰ Ⅲ단계 : 메탄생성 축적 단계
> ㉱ Ⅳ단계 : 정상적인 혐기성 단계

43 하수처리장에서 발생하는 슬러지를 혐기성으로 소화처리하는 목적으로 가장 거리가 먼 것은?

㉮ 병원균의 사멸
㉯ 독성 중금속 및 무기물의 제거
㉰ 무게와 부피감소
㉱ 메탄과 같은 부산물 회수

> 풀이 ▶ ㉯ 독성 중금속 및 무기물은 제거할 수 없다.

44 아래 그림과 같은 차수시설에 관한 설명으로 옳지 않은 것은?

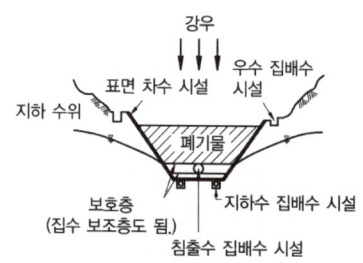

㉮ 매립지의 침출수 유출을 방지한다.
㉯ 지하수가 매립지 내부로 유입하는 것을 방지한다.
㉰ 매립지 내에서의 물의 이동은 헨리법칙으로 나타낸다.
㉱ 투수 방지를 위해 불투수성 차수막 또는 점토를 사용한다.

> 풀이 ▶ ㉰ 매립지 내에서의 물의 이동은 다르시(Darcy) 법칙으로 나타낸다.

answer 40 ㉮ 41 ㉯ 42 ㉯ 43 ㉯ 44 ㉰

45 A폐기물의 성분을 분석한 결과 가연성 물질의 함유율이 무게기준으로 50%이었다. 밀도가 700kg/m³인 A폐기물 10m³에 포함된 가연성 물질의 양은?

㉮ 500kg ㉯ 1500kg
㉰ 2500kg ㉱ 3500kg

풀이 가연성 물질의 양(kg) = 폐기물의 밀도(kg/m³)× 폐기물 량(m³)× $\dfrac{\text{가연성 물질 함유율(\%)}}{100}$

= 700kg/m³×10m³× $\dfrac{50\%}{100}$ = 3,500kg

46 다음 중 효율적인 파쇄를 위해 파쇄대상물에 작용하는 3가지 힘에 해당되지 않는 것은?

㉮ 충격력 ㉯ 정전력
㉰ 전단력 ㉱ 압축력

풀이 효율적인 파쇄를 위해 파쇄대상물에 작용하는 3가지 힘은 충격력, 전단력, 압축력이다.

47 폐기물관리법령상 지정폐기물 중 부식성 폐기물의 "폐산"기준으로 옳은 것은?

㉮ 액체상태의 폐기물로서 수소이온 농도지수가 2.0 이하인 것으로 한정한다.
㉯ 액체상태의 폐기물로서 수소이온 농도지수가 3.0 이하인 것으로 한정한다.
㉰ 액체상태의 폐기물로서 수소이온 농도지수가 5.0 이하인 것으로 한정한다.
㉱ 액체상태의 폐기물로서 수소이온 농도지수가 5.5 이하인 것으로 한정한다.

TIP
① 폐산 : 액체상태의 폐기물로서 수소이온 농도지수가 2.0 이하인 것으로 한정
② 폐알칼리 : 액체상태의 폐기물로서 수소이온 농도지수가 12.5 이상인 것으로 한정하며, 수산화칼륨 및 수산화나트륨을 포함한다.

48 쓰레기 수거노선을 설정하는데 유의하여야 할 사항으로 옳지 않은 것은?

㉮ U자형 회전을 피해 수거한다.
㉯ 될 수 있는 한 한번 간 길은 다시 가지 않는다.
㉰ 가능한 한 시계반대방향으로 수거노선을 정한다.
㉱ 출발점은 차고지와 가깝게 하고 수거된 마지막 컨테이너는 처분장과 가깝도록 배치한다.

풀이 ㉰ 가능한 한 시계방향으로 수거노선을 정한다.

49 습식산화법의 일종으로 슬러지에 통상 200 ~ 270℃ 정도의 온도와 70atm 정도의 압력을 가하여 산소에 의해 유기물을 화학적으로 산화시키는 공법은?

㉮ 짐머만(Zimmerman) 공법
㉯ 유동산화(Fluidized oxidation) 공법
㉰ 내산화(Inter oxidation) 공법
㉱ 포졸란(Pozzolan) 공법

풀이 ㉮ 짐머만(Zimmerman) 공법에 대한 설명이다.

answer 45 ㉱ 46 ㉯ 47 ㉮ 48 ㉰ 49 ㉮

50 폐기물 처리시 에너지를 회수 또는 재활용 할 수 있는 처리법으로 가장 거리가 먼 것은?

㉮ 표준활성처리 ㉯ 열분해
㉰ 발효 ㉱ RDF

풀이 ㉮ 표준활성처리법은 미생물을 이용하여 물속에 있는 유기물을 처리하는 방법이다.

51 매립지의 폐기물에 포함된 수분, 매립지에 유입되는 빗물에 의해 발생하는 침출수의 유출 방지와 매립지 내부로의 지하수 유입을 방지하기 위하여 설치하는 것은?

㉮ 차수시설 ㉯ 복토시설
㉰ 다짐시설 ㉱ 회수시설

풀이 문제의 내용 중 핵심인 물차단 = 차수시설임을 숙지하시면 됩니다.

52 유해폐기물을 "무기적 고형화"에 의한 처리방법에 관한 특성비교로 옳지 않은 것은? (단, 유기적 고형화 방법과 비교)

㉮ 고도의 기술이 필요하며, 촉매 등 유해물질이 사용된다.
㉯ 수용성이 작고, 수밀성이 양호하다.
㉰ 고화재료 구입이 용이하며, 재료가 무독성이다.
㉱ 상온, 상압에서 처리가 용이하다.

풀이 ㉮번은 유기성 고형화 방법에 대한 설명이다.

> **TIP**
> 1. 무기성 고형화 방법의 특징
>   ① 처리비용이 싸다.
>   ② 장기적으로 안정성이 지속된다.
>   ③ 고화재료 구입이 용이하며, 재료가 무독성이다.
>   ④ 상온, 상압에서 처리가 용이하다.
>   ⑤ 수용성이 작고, 수밀성이 양호하다.
>   ⑥ 다양한 산업 폐기물에 적용할 수 있다.
> 2. 유기성 고형화 방법의 특징
>   ① 처리비용이 비싸다.
>   ② 고도의 기술이 필요하며, 촉매 등 유해물질이 사용된다.
>   ③ 미생물이나 자외선에 약하다.
>   ④ 수밀성이 매우 크다.

53 강열감량 및 유기물함량−중량법에 관한 설명으로 옳지 않은 것은?

㉮ 시료를 황산암모늄용액(5%)을 넣고 가열한다.
㉯ 시료에 시약을 넣고 가열하여(600±25)℃의 전기로 안에서 3시간 강열한 다음 데시케이터에서 식힌 후 무게를 단다.
㉰ 평량병 또는 증발접시는 백금제, 석영제 또는 사기제 도가니 또는 접시로 가급적 무게가 적은 것을 사용한다.
㉱ 데시케이터는 실리카겔과 염화칼슘이 담겨 있는 것을 사용한다.

풀이 ㉮ 시료를 질산암모늄용액(25%)을 넣고 가열한다.

answer 50 ㉮ 51 ㉮ 52 ㉮ 53 ㉮

54 매립시설에서 복토의 목적으로 가장 거리가 먼 것은?

㉮ 빗물 배제
㉯ 화재 방지
㉰ 식물 성장 방지
㉱ 폐기물의 비산방지

TIP
매립시설에서 복토의 목적
① 빗물배제
② 화재방지
③ 폐기물(쓰레기)의 비산방지
④ 악취발생 방지
⑤ 유해한 동물 및 유충번식 방지

55 화격자 소각로의 소각 능률이 220kg/m²·hr이고 80,000kg의 폐기물을 1일 8시간 소각한다면 이때 화격자의 면적은?

㉮ 41.6m²
㉯ 45.5m²
㉰ 49.7m²
㉱ 54.6m²

풀이 소각로의 소각 능률(kg/m²·hr)

$$= \frac{폐기물\ 량(kg/hr)}{화격자의\ 면적(m²)}$$

따라서 $220kg/m²·hr = \frac{80,000kg/day \times 1day/8hr}{화격자의\ 면적(m²)}$

∴ 화격자의 면적(m²)

$$= \frac{80,000kg/day \times 1day/8hr}{220kg/m²·hr} = 45.5m²$$

56 음향파워가 0.1watt일 때 PWL은?

㉮ 1dB
㉯ 10dB
㉰ 100dB
㉱ 110dB

풀이 $PWL = 10\log\left(\frac{W}{W_0}\right)$

PWL : 음향파워레벨(dB)
W_0 : 기준음의 파워(10^{-12}Watt)
W : 임의의 음향 파워(Watt)

따라서 $PWL = 10\log\left(\frac{0.1Watt}{10^{-12}Watt}\right) = 110dB$

57 점음원에서 10m 떨어진 곳에서의 음압레벨이 100dB일 때, 이 음원으로부터 20m 떨어진 곳의 음압레벨은?

㉮ 92dB
㉯ 94dB
㉰ 102dB
㉱ 104dB

풀이 점음원인 경우 음압레벨 구하는 공식

$$SPL_1 = SPL_2 + 20\log\left(\frac{r_2}{r_1}\right)$$

SPL_1 : 10m 떨어진 곳에서의 음압레벨(dB)
SPL_2 : 20m 떨어진 곳에서의 음압레벨(dB)
r_1 : 10m
r_2 : 20m

따라서 $100dB = SPL_2 + 20\log\left(\frac{20m}{10m}\right)$

∴ $SPL_2 = 100dB - \left\{20\log\left(\frac{20m}{10m}\right)\right\} = 93.98dB$

TIP
선음원의 경우 음압레벨 구하는 공식
$SPL_1 = SPL_2 + 10\log\left(\frac{r_2}{r_1}\right)$

answer 54 ㉰ 55 ㉯ 56 ㉱ 57 ㉯

58 방음대책을 음원대책과 전파경로대책으로 분류할 때 다음 중 주로 전파경로대책에 해당하는 것은?

㉮ 방음벽 설치
㉯ 소음기 설치
㉰ 발생원의 유속저감
㉱ 발생원의 공명방지

풀이 ㉮ 방음벽 설치 : 전파경로대책
㉯ 소음기 설치 : 음원대책
㉰ 발생원의 유속저감 : 음원대책
㉱ 발생원의 공명방지 : 음원대책

TIP
방음대책의 방법
1. 음원대책
   ① 소음기의 설치 : 흡기구 및 배기구에 팽창형 소음기를 설치한다.
   ② 발생원의 유속 저감, 발생원의 마찰력 감소, 발생원의 충돌 방지, 발생원의 공명 방지
   ③ 방진 : 차진(전달율이 감소한다.), 소음 방사면의 제진(15dB 정도 저감된다.)
   ④ 방음커버를 설치한다.
2. 전파경로 대책
   ① 공장건물 내벽의 흡음처리 : 실내 음압레벨이 저감된다.
   ② 지향성 변환 : 고주파음에 유효하다.(10dB 정도 저감된다.)
   ③ 방음벽 설치 : 부지경계선 부근의 흡음 및 차음이 목적이다.
   ④ 공장 벽체의 차음성 강화 : 투과손실이 증가한다.
   ⑤ 거리감쇠

59 다음 중 다공질 흡음재에 해당하지 않는 것은?

㉮ 암면   ㉯ 비닐시트
㉰ 유리솜   ㉱ 폴리우레탄폼

풀이 흡음재료는 암면, 유리솜, 폴리우레탄폼, 석면 등을 사용한다.

60 다음은 음의 크기에 관한 설명이다. ( ) 안에 알맞은 것은?

[보기]
( ) 순음의 음세기레벨 40dB의 음크기를 1sone이라 한다.

㉮ 10Hz   ㉯ 100Hz
㉰ 1,000Hz   ㉱ 10,000Hz

answer 58 ㉮ 59 ㉯ 60 ㉰

2013년 1회 과년도 기출문제

2013년 1월 27일 시행

01 다음 세정집진장치 중 스로트부 가스속도가 60~90m/s 정도인 것은?

㉮ 충전탑
㉯ 분무탑
㉰ 제트스크러버
㉱ 벤츄리스크러버

[풀이] 벤츄리스크러버는 집진장치 중에서 스로트부 가스속도가 60~90m/s 정도로 가장 크다.

02 사이클론의 집진효율을 높이는 블로우다운 효과를 위해 호퍼부에서 처리가스량의 몇 % 정도를 흡인하는가?

㉮ 0.1~0.5%
㉯ 5~10%
㉰ 100~120%
㉱ 150~180%

TIP

Blow Down(블로우다운) 효과
사이클론의 집진효율을 높이는 방법으로 하부의 더스트박스(Dust Box)에서 처리가스량의 5~10%를 흡인하여 처리한다. 따라서, 사이클론 내의 난류현상을 억제시킴으로써 먼지의 재비산을 막아주고 장치 내벽 부착으로 일어나는 먼지의 축적도 방지하는 효과가 있다.

03 다음 중 산성비에 관한 설명으로 가장 거리가 먼 것은?

㉮ 독일에서 발생한 슈바르츠발트(검은 숲이란 뜻)의 고사현상은 산성비에 의한 대표적인 피해이다.
㉯ 바젤협약은 산성비 방지를 위한 대표적인 국제협약이다.
㉰ 산성비에 의한 피해로는 파르테논 신전과 아크로폴리스 같은 유적의 부식 등이 있다.
㉱ 산성비의 원인물질로 H_2SO_4, HCl, HNO_3 등이 있다.

[풀이] ㉯ 산성비 방지를 위한 대표적인 국제협약으로는 헬싱키 의정서(황산화물 저감에 관한 협약), 소피아 의정서(질소산화물에 관한 협약)가 있다.

04 바람을 일으키는 3가지 힘에 해당하지 않는 것은?

㉮ 응집력
㉯ 전향력
㉰ 마찰력
㉱ 기압경도력

[풀이] 바람을 일으키는 힘에는 기압경도력, 전향력(코리올리힘), 원심력, 마찰력이 있다.

TIP

바람을 일으키는 힘의 종류
① 기압경도력 : 기압차에 의해 발생하며, 바람발생의 근본원인이다.
② 전향력 : 지구의 자전에 의해서 생기는 수평방향으로의 가상적인 힘이다.
③ 원심력 : 회전운동을 하는 물체에 나타나는 관성이

answer 01 ㉱ 02 ㉯ 03 ㉯ 04 ㉮

며, 그 운동을 변경시키려 할 때 발생하는 힘이다.
④ 마찰력 : 물체가 다른 물체에 접촉하면서 운동을 시작하려 할 때, 혹은 운동하고 있을 때, 접촉면에 생기는 운동을 방해하는 힘이다.

05 다음 중 일반적으로 배기가스의 입구처리속도가 증가하면 제거효율이 커지며, 블로다운 효과와 관련된 집진장치는?

㉮ 중력집진장치　㉯ 원심력집진장치
㉰ 전기집진장치　㉱ 여과집진장치

풀이 문제의 내용 중 가장 핵심용어인 블로다운 효과 = 원심력집진장치임을 숙지하시면 됩니다.

06 화학흡착의 특성에 해당되는 것은? (단, 물리흡착과 비교)

㉮ 온도범위가 낮다.
㉯ 흡착열이 낮다.
㉰ 여러 층의 흡착층이 가능하다.
㉱ 흡착제의 재생이 이루어지지 않는다.

풀이 ㉮, ㉯, ㉰항의 설명은 물리적 흡착에 대한 설명이다.

TIP
물리적 흡착과 화학적 흡착의 비교

구분	물리적 흡착	화학적 흡착
흡착과정	가역적 과정	비가역적 과정
오염가스의 회수	용이함	용이하지 못함
온도범위	낮다	높다
흡착열	낮다	높다
흡착층	다분자 (여러층) 흡착	단분자 (한개층) 흡착
흡착제의 재생	용이함	용이하지 못함
작용힘	반데르바알스힘	흡착제-용질의 화학반응

07 다음 중 주로 광화학반응에 의하여 생성되는 물질은?

㉮ CH_4　㉯ PAN
㉰ NH_3　㉱ HC

풀이 광화학반응에 의하여 생성되는 물질은 2차성 물질이며, 보기 중에서 2차성 물질은 ㉯ PAN이다.

08 일산화탄소의 특성으로 옳지 않은 것은?

㉮ 무색, 무취의 기체이다.
㉯ 물에 잘 녹고, CO_2로 쉽게 산화된다.
㉰ 연료 중 탄소의 불완전 연소 시에 발생한다.
㉱ 헤모글로빈과의 결합력이 강하다.

풀이 ㉯ 물에 잘 녹지않고, CO_2로 쉽게 산화되지 않는다.

09 집진장치에 관한 설명으로 옳은 것은?

㉮ 사이클론은 여과집진장치에 해당된다.
㉯ 중력집진장치는 고효율 집진장치에 해당된다.
㉰ 여과집진장치는 수분이 많은 먼지처리에 적합하다.
㉱ 전기집진장치는 코로나 방전을 이용하여 집진하는 장치이다.

풀이 ㉮ 사이클론은 원심력 집진장치에 해당된다.
㉯ 중력집진장치는 저효율 집진장치에 해당된다.
㉰ 여과집진장치는 수분이 많은 먼지처리에 부적합하다.

answer 05 ㉯　06 ㉱　07 ㉯　08 ㉯　09 ㉱

10 액화천연가스의 주성분은?

㉮ 나프타 ㉯ 메탄
㉰ 부탄   ㉱ 프로판

풀이 액화천연가스(LNG)의 주성분은 메탄(CH_4)이며, 액화석유가스(LPG)의 주성분은 프로판(C_3H_8)과 부탄(C_4H_{10})이다.

11 탄소 12kg을 완전연소 시키는데 필요한 이론산소량(Sm^3)은? (단, 표준상태 기준)

㉮ 11.2   ㉯ 22.4
㉰ 53.3   ㉱ 106.7

풀이 C + O_2 → CO_2
12kg : 22.4Sm^3
12kg : X(산소량)

∴ X(산소량) = $\frac{12kg \times 22.4Sm^3}{12kg}$ = 22.4Sm^3

TIP
① 체적(Sm^3) = 계수 × 22.4(Sm^3)
② 질량(kg) = 계수 × 분자량(kg)

12 건조한 대기의 구성성분 중 질소, 산소 다음으로 많은 부피를 차지하고 있는 것은?

㉮ 아르곤 ㉯ 이산화탄소
㉰ 네온   ㉱ 오존

풀이 건조한 대기의 구성성분은 질소(N_2) > 산소(O_2) > 아르곤(Ar) > 이산화탄소(CO_2) > 네온(Ne) > 헬륨(He) > 메탄(CH_4) 순서이다.

13 다음 대기오염물질 중 1차 생성오염물질인 것은?

㉮ CO_2 ㉯ PAN
㉰ O_3 ㉱ H_2O_2

풀이 ㉮ CO_2는 1차 생성오염물질이고, ㉯ PAN, ㉰ O_3, ㉱ H_2O_2는 2차 생성오염물질이다.

14 여과집진장치의 특징으로 가장 거리가 먼 것은?

㉮ 폭발성, 점착성 및 흡습성의 먼지제거에 매우 효과적이다.
㉯ 가스 온도에 따라 여재의 사용이 제한된다.
㉰ 수분이나 여과속도에 대한 적응성이 낮다.
㉱ 여과재의 교환으로 유지비가 고가이다.

풀이 ㉮ 폭발성, 점착성 및 흡습성의 먼지제거에 비효과적이다.

15 수소가 15%, 수분이 0.5% 함유된 중유의 저위발열량이 10,300kcal/kg일 때, 고위발열량은?

㉮ 9,487kcal/kg   ㉯ 10,805kcal/kg
㉰ 11,113kcal/kg ㉱ 12,300kcal/kg

풀이 Hh = Hl+600(9H+W)

Hh : 고위발열량(kcal/kg)
Hl : 저위발열량(kcal/kg)
H : 수소의 함량
W : 수분의 함량

따라서 Hh = 10,300kcal/kg+600×(9×0.15+0.005)
         = 11,113kcal/kg

answer 10 ㉯ 11 ㉯ 12 ㉮ 13 ㉮ 14 ㉮ 15 ㉰

16 0.1M 수산화나트륨 용액의 농도는 몇 ppm인가?

㉮ 40 ㉯ 400
㉰ 4,000 ㉱ 40,000

풀이 $\text{ppm(mg/L)} = \frac{0.1\text{mol}}{\text{L}} \times \frac{40\text{g}}{1\text{mol}} \times \frac{10^3\text{mg}}{1\text{g}} = 4,000\text{mg/L}$

TIP
① ppm의 단위는 mg/L
② 0.1M = 0.1mol/L
③ NaOH의 분자량 = 23 + 16 + 1 = 40g

17 다음 중 불소 제거를 위한 폐수처리 방법으로 가장 적합한 것은?

㉮ 화학침전 ㉯ P/L 공정
㉰ 살수여상 ㉱ UCT 공정

풀이 불소 제거를 위한 폐수처리 방법으로는 응집제거법(화학침전법), 활성알루미나법, 골탄법, 전해법(전기분해법)이 있다.

18 jar-test와 가장 관련이 깊은 것은?

㉮ 응집제 선정과 주입량 결정
㉯ 흡착제(물리, 화학) 선정과 적용
㉰ 경도결정
㉱ 최적 알칼리도 선정

풀이 jar-test(응집 교반 시험)는 응집제 선정과 최적주입량 결정을 위한 것이다.

19 다음 그래프는 하천에서 질소화합물의 분해과정이다. 이에 관한 설명으로 가장 거리가 먼 것은?

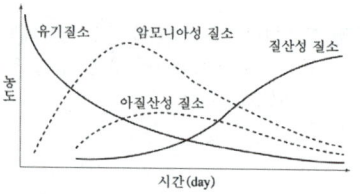

㉮ 유기물에 함유된 유기질소는 점차 무기질소로 변한다.
㉯ 질산화 미생물에 의해 최종적으로 질산성 질소로 변한다.
㉰ 질산성 질소가 다량 검출되면 오염물질이 인근에서 배출되었다고 의심할 수 있다.
㉱ 유기 질소가 다량 검출되면 수인성 전염병을 유발하는 각종 세균의 존재 가능성을 의심할 수 있다.

풀이 ㉰ 질산성 질소가 다량 검출되면 오염물질이 배출된 후 오랜시간이 경과하였다고 볼 수 있다.

20 A식품 제조공장에서 배출되고 있는 폐수의 BOD_5 값이 480mg/L이고, 탈산소계수가 0.2/day라면 최종 BOD_u값은? (단, 상용대수 적용)

㉮ 497mg/L ㉯ 517mg/L
㉰ 526mg/L ㉱ 533mg/L

풀이 $BOD_5 = BOD_u \times (1-10^{-k_1 \times t})$

$\begin{bmatrix} BOD_5 : 5일 BOD(mg/L) \\ BOD_u : 최종 BOD(mg/L) \\ k_1 : 탈산소계수(/day) \\ t : 시간(day) \end{bmatrix}$

따라서 $480\text{mg/L} = BOD_u \times (1-10^{-0.2/\text{day} \times 5\text{day}})$

$\therefore BOD_u = \frac{480\text{mg/L}}{(1-10^{-0.2/\text{day} \times 5\text{day}})} = 533.33\text{mg/L}$

answer 16 ㉰ 17 ㉮ 18 ㉮ 19 ㉰ 20 ㉱

21 유기물을 호기성으로 완전분해시 최종 산물은?

㉮ 이산화탄소와 메탄
㉯ 일산화탄소와 메탄
㉰ 이산화탄소와 물
㉱ 일산화탄소와 물

풀이 ① 호기성 분해시 최종산물 : 이산화탄소(CO_2)와 물(H_2O)
② 혐기성 분해시 최종산물 : 이산화탄소(CO_2)와 메탄(CH_4)

22 다음 중 활성슬러지공법으로 폐수를 처리하는 경우 침전성이 좋은 슬러지가 최종침전지에서 떠오르는 슬러지 부상(sludge rising)을 일으키는 원인으로 가장 적합한 것은?

㉮ 충류 형성 ㉯ 이온전도도 차
㉰ 탈질작용 ㉱ 색도 차

풀이 문제의 내용 중 가장 핵심용어인 슬러지부상 = 탈질작용임을 숙지하시면 됩니다.

23 대표적인 부착성장식 생물학적 처리공법 중의 하나로 미생물이 부착된 매체에 하수를 뿌려주어 유기물을 제거하는 공법은?

㉮ 산화지법 ㉯ 소화조법
㉰ 살수여상법 ㉱ 활성슬러지법

풀이 살수여상법은 부착성장식 생물학적 처리공법 중의 하나로 미생물이 부착된 매체에 하수를 뿌려주어 유기물을 제거하는 공법이다.

24 A공장 폐수의 BOD가 800ppm이다. 유입폐수량 1,000m^3/h일 때 1일 BOD 부하량은? (단, 폐수의 비중이 1.0이고, 24시간 연속가동한다.)

㉮ 19.2 ton ㉯ 20.2 ton
㉰ 21.2 ton ㉱ 22.2 ton

풀이 BOD부하량(ton/day)
= BOD농도(kg/m^3)×폐수량(m^3/day)×10^{-3}ton/kg
= (800mg/L×10^{-3})kg/m^3×1000m^3/hr×24hr/day
　×10^{-3}ton/kg = 19.2ton/day

TIP
① ppm = mg/L = g/m^3
② mg/L $\xrightarrow{\times 10^{-3}}$ kg/m^3
③ kg $\xrightarrow{\times 10^{-3}}$ ton

25 <보기>와 같은 특성을 가지는 수질오염 물질은?

[보기]
• 안료, 화학전지 제조나 도금공장 등에서 발생된다.
• 광산폐수에 함유된 이 물질 때문에 일본에서는 이타이이타이병이 발생했다.
• 급성 중독은 위장 점막에 염증을 일으키며 기침, 현기증, 복통 등의 증상을 나타낸다.

㉮ Cr ㉯ Cu
㉰ Hg ㉱ Cd

풀이 ㉱ Cd(카드뮴)에 대한설명이다.

TIP
꼭 암기해야 할 질병과 원인 물질
① 이타이이타이병 : 카드뮴(Cd)
② 미나마타병과 헌터루셀증후군 : 수은(Hg)
③ 카네미유증 : 폴리클로리네이티드바이페닐(PCB)

answer 21 ㉰ 22 ㉰ 23 ㉰ 24 ㉮ 25 ㉱

26 〈보기〉와 같은 특성을 갖는 수원은?

[보기]
- 일반적으로 무기물이 풍부하고 지표수보다 깨끗하다.
- 연중 수온의 변화가 적으므로 수원으로서 많이 이용되고 있다.
- 일년 내내 온도가 거의 일정하다.

㉮ 호수 ㉯ 하천수
㉰ 지하수 ㉱ 바닷물

풀이 ㉰ 지하수에 대한 설명으로 수온(온도)일정 = 지하수임을 숙지하시면 됩니다.

27 아래 공정은 무기환원제에 의한 크롬 함유 폐수의 처리공정이다. 이에 관한 설명으로 옳지 않은 것은?

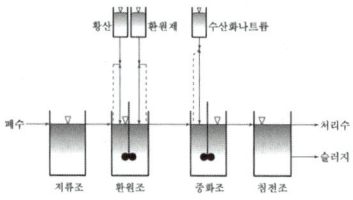

㉮ 알칼리를 주입하여 수산화물로 침전시켜 제거한다.
㉯ 3가 크롬을 함유한 폐수는 NaClO 환원제를 사용하여 6가 크롬으로 환원시켜 처리한다.
㉰ 폐수의 색깔 변화는 황색에서 청록색으로 변하므로 반응의 완결을 알 수 있다.
㉱ 환원반응은 pH 2～3이 적절하고 pH가 낮을수록 반응속도가 빠르나 비경제적이며 pH 4 이상이 되면 반응속도가 급격히 떨어진다.

풀이 ㉯ 6가 크롬을 함유한 폐수는 NaHSO₃ 환원제를 사용하여 3가 크롬으로 환원시켜 처리한다.

28 입자의 침전속도 0.5m/day, 유입유량 50m³/day, 침전지 표면적 50m², 깊이 2m인 침전지에서의 침전효율은?

㉮ 20% ㉯ 50%
㉰ 70% ㉱ 90%

풀이 침전효율(%) = $\dfrac{침전속도(V_s)}{수면적 부하율(V_o)} \times 100$

① 수면적부하율(V_o) = $\dfrac{Q(m^3/day)}{A(m^2)}$

  = $\dfrac{50m^3/day}{50m^2}$ = 1.0m³/m²·day = 1.0m/day

② 침전속도(V_s) = 0.5m/day

③ 침전효율(%) = $\dfrac{0.5m/day}{1.0m/day} \times 100$ = 50%

29 살수여상 운전 시 발생하는 일반적인 문제점으로 거리가 먼 것은?

㉮ 악취의 발생 ㉯ 연못화 현상
㉰ 파리의 발생 ㉱ 슬러지 팽화

풀이 ㉱ 슬러지 팽화(벌킹)은 활성슬러지법에서 백색 사상균(곰팡이)의 번식으로 발생한다.

30 다음 중 비점오염원에 해당하는 것은?

㉮ 농경지 ㉯ 세차장
㉰ 축산단지 ㉱ 비료공장

풀이 비점오염원이란 도시, 도로, 농지, 산지, 공사장 등으로서 불특정 장소에서 불특정하게 수질오염물질을 배출하는 배출원을 말하며, 주로 농경지가 해당한다.

answer 26 ㉰ 27 ㉯ 28 ㉯ 29 ㉱ 30 ㉮

31 바닷물(해수)에 관한 설명으로 옳지 않은 것은?

㉮ 해수는 수자원 중에서 97% 이상을 차지하나 사용목적이 극히 한정되어 있는 실정이다.
㉯ 해수의 pH는 약 8.2 정도로 약알칼리성을 띠고 있다.
㉰ 해수는 약전해질로 염소이온농도가 약 35ppm 정도이다.
㉱ 해수의 주요성분 농도비는 거의 일정하다.

풀이 ㉰ 해수는 강전해질로 염소이온농도가 약 19,000ppm 정도이다.

32 물이 얼어 얼음이 되는 것과 같이 물질의 상태가 액체상태에서 고체상태로 변하는 현상을 무엇이라 하는가?

㉮ 융해   ㉯ 응고
㉰ 액화   ㉱ 승화

풀이 물이 얼어 얼음이 되는 것과 같이 물질의 상태가 액체상태에서 고체 상태로 변하는 현상을 응고라 한다.

33 0.01M 염산(HCl) 용액의 pH는 얼마인가? (단, 이 농도에서 염산은 100% 해리한다.)

㉮ 1   ㉯ 2
㉰ 3   ㉱ 4

풀이 ① HCl → H$^+$ + Cl$^-$
0.01M 0.01M 0.01M
따라서 [H$^+$]의 농도는 0.01M 이다.
② pH = -log[H$^+$] = -log[0.01M] = 2.0

TIP
① 0.01M = 0.01mol/L
② 산성물질에서 pH = -log[H$^+$]
③ 알칼리성물질에서 pH = 14 + log[OH$^-$]

34 아래 그림은 물분자의 구조이다. 이와 관련된 설명으로 옳지 않은 것은?

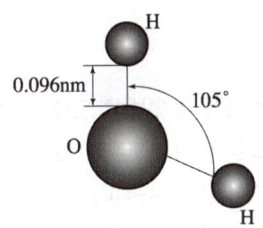

㉮ 분자구조와 비극성의 효과로 작은 쌍극자를 갖는다.
㉯ 산소는 전기 음성도가 매우 커서 공유결합을 하고 있다.
㉰ 산소원자와 수소원자가 공유결합하고, 2개의 고립전자쌍이 산소원자에 남아 있다.
㉱ 고립전자쌍은 서로 반발력을 형성하여 분자 모형은 105°의 각도를 가진다.

풀이 ㉮ 분자구조와 극성의 효과로 큰 쌍극자를 갖는다.

answer 31 ㉰ 32 ㉯ 33 ㉯ 34 ㉮

35 생물학적 고도처리 방법 중 활성슬러지 공법의 포기조 앞에 혐기성조를 추가시킨 것으로 혐기성조, 호기성조로 구성되고, 질소 제거가 고려되지 않아 높은 효율의 N, P의 동시제거는 곤란한 공법은?

㉮ A/O 공법　　㉯ A^2/O 공법
㉰ VIP 공법　　㉱ UCT 공법

풀이 ㉮ A/O공법은 인(P)을 주로 제거하는 공법이다.

36 혐기성 소화방법으로 쓰레기를 처분하려고 한다. 연료로 쓰일 수 있는 가스를 많이 얻으려면 다음 중 어떤 성분이 특히 많아야 유리한가?

㉮ 질소　　㉯ 탄소
㉰ 산소　　㉱ 인

풀이 연료로 쓰일 수 있는 가스를 많이 얻으려면 탄소(C)성분이 많아야 한다.

37 매립 시 발생되는 매립가스 중 악취를 유발시키는 물질은?

㉮ CH_4　　㉯ CO_2
㉰ NH_3　　㉱ CO

풀이 매립 시 발생되는 매립가스 중 악취를 유발시키는 물질은 암모니아(NH_3), 황화수소(H_2S) 등이 있다.

38 물의 증발잠열은 약 얼마인가?

㉮ 300kcal/kg　　㉯ 600kcal/kg
㉰ 900kcal/kg　　㉱ 1,200kcal/kg

풀이 물의 증발잠열은 600kcal/kg이다.

39 슬러지를 가열(210℃ 정도)·가압(210 atm 정도)시켜 슬러지 내의 유기물이 공기에 의해 산화되도록 하는 공법은?

㉮ 가열 건조　　㉯ 습식 산화
㉰ 혐기성 산화　　㉱ 호기성 소화

풀이 습식산화는 슬러지를 가열(210℃ 정도)·가압(210atm 정도)시켜 슬러지 내의 유기물이 공기에 의해 산화되도록 하는 공법이다.

40 다음 폐기물 분석항목 중 폐기물공정시험기준상 원자흡수분광광도법으로 분석하는 것은?

㉮ 감염성 미생물
㉯ 유기물
㉰ 폴리클로리네이티드비페닐
㉱ 6가 크롬

풀이 폐기물공정시험기준상 원자흡수분광광도법으로 분석하는 물질은 중금속이며, 문제상에서는 6가 크롬이다.

41 폐기물의 파쇄 작업 시 발생하는 문제점과 가장 거리가 먼 것은?

㉮ 먼지 발생 ㉯ 폐수 발생
㉰ 폭발 발생 ㉱ 소음·진동 발생

풀이 폐기물의 파쇄 작업 시 발생하는 문제점은 소음, 진동, 먼지발생, 폭발 등이 있다.

42 통상적으로 소각로의 설계기준이 되는 진발열량을 의미하는 것은?

㉮ 고위발열량
㉯ 저위발열량
㉰ 고위발열량과 저위발열량의 기하평균
㉱ 고위발열량과 저위발열량의 산술평균

풀이 소각로의 설계기준이 되는 진발열량은 저위발열량을 의미한다.

43 건조된 고형물(dry solid)의 비중이 1.42이고, 건조 이전의 dry solid 함량이 38%, 건조 중량이 400kg일 때, 슬러지케잌의 비중은?

㉮ 1.32 ㉯ 1.28
㉰ 1.21 ㉱ 1.13

풀이 $\dfrac{1}{\rho_{SL}} = \dfrac{W_{TS}}{\rho_{TS}} + \dfrac{W_P}{\rho_P}$

$\begin{bmatrix} \rho_{SL} : \text{슬러지 케잌의 비중} & \rho_{TS} : \text{건조고형물의 비중} \\ W_{TS} : \text{건조고형물의 함량} & \rho_P : \text{수분의 비중} \end{bmatrix}$

따라서 $\dfrac{1}{\rho_{SL}} = \dfrac{0.38}{1.42} + \dfrac{0.62}{1.0}$

$\therefore \dfrac{1}{\rho_{SL}} = 0.8876$

$\therefore \rho_{SL} = \dfrac{1}{0.8876} = 1.13$

44 A폐기물의 조성이 탄소 42%, 산소 34%, 수소 8%, 황 2%, 회분 14%이었다. 이때 고위발열량을 구하면?

㉮ 약 4,070kcal/kg ㉯ 약 4,120kcal/kg
㉰ 약 4,300kcal/kg ㉱ 약 4,730kcal/kg

풀이 Dulong식에 의한 고위발열량(Hh) 공식

$Hh = 8,100C + 34,000\left(H - \dfrac{O}{8}\right) + 2,500S(kcal/kg)$

$= 8,100 \times 0.42 + 34,000 \times \left(0.08 - \dfrac{0.34}{8}\right) + 2,500 \times 0.02$

$= 4,727 kcal/kg$

45 다음 중 Optical Sorter(광학분류기)를 이용하기에 가장 적합한 것은?

㉮ 종이와 플라스틱의 분리
㉯ 색유리와 일반유리의 분리
㉰ 딱딱한 물질과 물렁한 물질의 분리
㉱ 유기물과 무기물의 분리

풀이 ㉮ 종이와 플라스틱의 분리 : 정전분리법 및 중력분리법
㉯ 색유리와 일반유리의 분리 : Optical Sorter (광학분류기)
㉰ 딱딱한 물질과 물렁한 물질의 분리 : Secators법
㉱ 유기물과 무기물의 분리 : 중력분리법

answer 41 ㉯ 42 ㉯ 43 ㉱ 44 ㉱ 45 ㉯

46 400,000명이 거주하는 A지역에서 1주일 동안 8,000m³의 쓰레기를 수거하였다. 이 지역의 쓰레기 발생원 단위가 1.37kg/인·일이면 쓰레기의 밀도(ton/m³)는?

㉮ 0.28 ㉯ 0.38
㉰ 0.48 ㉱ 0.58

풀이 쓰레기 밀도(ton/m³)

$$= \frac{쓰레기\ 발생량(kg/인·일) \times 인구수(인) \times 10^{-3} ton/kg}{쓰레기\ 수거량(m^3/일)}$$

$$= \frac{1.37 kg/인·일 \times 400,000인 \times 10^{-3} ton/kg}{8,000 m^3/주 \times 1주/7일}$$

$= 0.48 ton/m^3$

47 가로 1.2m, 세로 2m, 높이 12m의 연소실에서 저위발열량이 12,000kcal/kg인 중유를 1시간에 10kg씩 연소시킨다면 연소실의 열발생률은 얼마인가?

㉮ 2,888kcal/m³·hr ㉯ 3,472kcal/m³·hr
㉰ 4,167kcal/m³·hr ㉱ 5,644kcal/m³·hr

풀이 연소실의 열발생률(kcal/m³·hr)

$$= \frac{저위발열량(kcal/kg) \times 연료량(kg/hr)}{연소실\ 체적(가로 \times 세로 \times 높이)}$$

$$= \frac{12,000 kcal/kg \times 10 kg/hr}{1.2m \times 2m \times 12m}$$

$= 4,166.67 kcal/m^3·hr$

48 다음 중 폐기물의 퇴비화 시 적정 C/N 비로 가장 적합한 것은?

㉮ 1 ~ 2   ㉯ 1 ~ 10
㉰ 5 ~ 10   ㉱ 25 ~ 50

풀이 폐기물의 퇴비화 시 적정 C/N비는 30 정도이다.

49 다음 중 적환장을 설치할 필요성이 가장 낮은 경우는?

㉮ 공기수송 방식을 사용하는 경우
㉯ 폐기물 수집에 대형 컨테이너를 많이 사용하는 경우
㉰ 처분장이 원거리에 있어 도중에 불법 투기의 가능성이 있는 경우
㉱ 처분장이 멀리 떨어져 있어 소형 차량에 의한 수송이 비경제적일 경우

풀이 ㉯ 폐기물 수집에 소형 컨테이너를 많이 사용하는 경우

50 하부로부터 가스를 주입하여 모래를 부상시켜 이를 가열하고 상부에서 폐기물을 주입하여 태우는 형식의 소각로는?

㉮ 고정상 소각로
㉯ 화격자 소각로
㉰ 유동층 소각로
㉱ 열분해 용융 소각로

풀이 문제의 내용 중 핵심 내용인 모래부상 = 유동층 소각로임을 숙지하시면 됩니다.

51 다음 폐수처리법 중 고액분리방법이 아닌 것은?

㉮ 부상분리 ㉯ 전기투석
㉰ 원심분리 ㉱ 스크리닝

풀이 ㉯ 전기투석은 해수를 담수화하는 방법이다.

TIP
고액분리방법 = 고체와 액체를 분리하는 방법

answer 46 ㉰ 47 ㉰ 48 ㉱ 49 ㉯ 50 ㉰ 51 ㉯

52 슬러지의 안정화 방법으로 볼 수 없는 것은?

㉮ 혐기성 소화   ㉯ 살수여상법
㉰ 호기성 소화   ㉱ 퇴비화

풀이 ㉯ 살수여상법은 미생물을 이용하여 유기물을 처리하는 부착 성장식이다.

53 혐기성 소화탱크에서 유기물 80%, 무기물 20%인 슬러지를 소화처리하여 소화슬러지의 유기물이 75%, 무기물이 25%가 되었다. 이때 소화효율은?

㉮ 25%   ㉯ 45%
㉰ 75%   ㉱ 85%

풀이 $\xrightarrow{\text{유기물 80\%}}_{\text{무기물 20\%}}$ 소화조 $\xrightarrow{\text{유기물 75\%}}_{\text{무기물 25\%}}$

소화효율(%)
$= \left\{1 - \dfrac{\text{소화 후(유기물/무기물)}}{\text{소화 전(유기물/무기물)}}\right\} \times 100$
$= \left\{1 - \dfrac{75/25}{80/20}\right\} \times 100 = 25\%$

54 유기성 폐기물 매립장(혐기성)에서 가장 많이 발생되는 가스는? (단, 정상상태(Steady-State)이다.)

㉮ 일산화탄소   ㉯ 이산화질소
㉰ 메탄   ㉱ 부탄

풀이 유기성 폐기물 매립장(혐기성)에서 가장 많이 발생되는 가스는 메탄(CH_4)이다.

55 다양한 크기를 가진 혼합 폐기물을 크기에 따라 자동으로 분류할 수 있으며, 주로 큰 폐기물로부터 후속처리장치를 보호하기 위해 많이 사용되는 선별방법은?

㉮ 손 선별   ㉯ 스크린 선별
㉰ 공기 선별   ㉱ 자석 선별

풀이 ㉮ 손 선별 : 정확도가 높으나 지저분하고 위험하며 선별효율이 낮다.
㉯ 스크린 선별 : 주로 큰 폐기물로부터 후속처리장치를 보호하거나 재료회수를 위해 많이 사용한다.
㉰ 공기 선별 : 공기선별시 투입되는 폐기물 입자에 작용하는 힘은 중력, 부력, 항력이다.
㉱ 자석 선별 : 별다른 동력이 소요되지 않으나 주입되는 폐기물의 양이 적어야 하고 철 및 금속류를 회수한다.

56 진동수가 250Hz이고 파장이 5m인 파동의 전파속도는?

㉮ 50m/s   ㉯ 250m/s
㉰ 750m/s   ㉱ 1,250m/s

풀이 $V = \lambda \times f$
$\begin{bmatrix} V : \text{전파속도(m/sec)} \\ \lambda : \text{파장(m)} \\ f : \text{진동수(Hz)} \end{bmatrix}$

따라서 $V = 5m \times 250Hz = 1,250m/sec$

answer   52 ㉯   53 ㉮   54 ㉰   55 ㉯   56 ㉱

57 어느 벽체의 입사음의 세기가 10^{-2} W/m²이고, 투과음의 세기가 10^{-4} W/m² 이었다. 이 벽체의 투과율과 투과손실은?

㉮ 투과율 = 10^{-2}, 투과손실 = 20dB
㉯ 투과율 = 10^{-2}, 투과손실 = 40dB
㉰ 투과율 = 10^{2}, 투과손실 = 20dB
㉱ 투과율 = 10^{2}, 투과손실 = 40dB

풀이
① 투과율 = $\dfrac{\text{투과음의 세기}}{\text{입사음의 세기}}$
　　　　 = $\dfrac{10^{-4} \text{W/m}^2}{10^{-2} \text{W/m}^2}$ = 10^{-2}

② 투과손실 = $10\log\left(\dfrac{1}{\text{투과율}}\right)$
　　　　　 = $10\log\left(\dfrac{1}{10^{-2}}\right)$ = 20dB

58 소음계의 성능기준으로 옳지 않은 것은?

㉮ 레벨레인지 변환기의 전환오차는 5dB 이내이어야 한다.
㉯ 측정가능 주파수 범위는 31.5Hz ~ 8kHz 이상이어야 한다.
㉰ 측정가능 소음도 범위는 35 ~ 130dB 이상이어야 한다.
㉱ 지시계기의 눈금오차는 0.5dB 이내이어야 한다.

풀이 ㉮ 레벨레인지 변환기의 전환오차는 0.5dB 이내이어야 한다.

59 하중의 변화에도 기계의 높이 및 고유진동수를 일정하게 유지시킬 수 있으며, 부하능력이 광범위하나 사용진폭이 적은 것이 많으므로 별도의 댐퍼가 필요한 경우가 많은 방진재는?

㉮ 방진고무　　㉯ 탄성블럭
㉰ 금속스프링　㉱ 공기스프링

풀이 ㉱ 공기스프링에 대한 설명으로 내용 중 핵심인 댐퍼 필요 = 공기스프링임을 숙지하시면 됩니다.

60 다음은 진동과 관련한 용어 설명이다. (①) 안에 알맞은 것은?

(①)은(는) 1 ~ 90Hz 범위의 주파수 대역별 진동가속도레벨에 주파수 대역별 인체의 진동감각특성(수직 또는 수평감각)을 보정한 후의 값들을 dB 합산한 것이다.

㉮ 진동레벨　　㉯ 등감각곡선
㉰ 변위진폭　　㉱ 진동수

풀이 ㉮ 진동레벨에 대한 설명으로 내용 중 핵심내용인 진동가속도레벨, 진동감각특성 = 진동레벨임을 숙지하시면 됩니다.

answer　57 ㉮　58 ㉮　59 ㉱　60 ㉮

2013년 2회 과년도 기출문제

2013년 4월 14일 시행

01 과잉공기비 m을 크게(m > 1) 하였을 때의 연소 특성으로 옳지 않은 것은?

㉮ 연소가스 중 CO 농도가 높아져 산업공해의 원인이 된다.
㉯ 통풍력이 강하여 배기가스에 의한 열손실이 크다.
㉰ 배기가스의 온도저하 및 SO_X, NO_X 등의 생성물이 증가한다.
㉱ 연소실의 냉각효과를 가져온다.

> **풀이** ㉮ 연소가스 중 CO 농도가 적게 배출된다.

TIP
공기비(m)가 클 경우 발생하는 현상
① 연소실내 연소온도 감소(연소실의 냉각효과를 가져옴)
② 배기가스에 의한 열손실 증대
③ SO_2, NO_2의 함량이 증가하여 부식이 촉진
④ CH_4, CO 및 C등 물질의 농도가 감소
⑤ 방지시설의 용량이 커지고 에너지 손실 증가
⑥ 희석효과가 높아져 연소 생성물의 농도 감소

02 중력집진장치의 효율향상 조건이라 볼 수 없는 것은?

㉮ 침강실 내의 처리가스 속도를 작게 한다.
㉯ 침강실 내의 배기가스 기류를 균일하게 한다.
㉰ 침강실의 높이는 작고, 길이는 길게 한다.
㉱ 침강실의 blow down 효과를 유발하여 난류현상을 유발한다.

> **풀이** ㉱ blow down 효과를 유발하는 집진장치는 원심력집진장치이다.

03 측정하고자 하는 입자와 동일한 침강속도를 가지며 밀도가 1g/cm³인 구형입자로 정의되는 직경은?

㉮ 마틴 직경   ㉯ 등속도 직경
㉰ 스토크스 직경 ㉱ 공기역학 직경

TIP
직경의 정의
㉮ 마틴 직경 : 광학현미경을 이용하여 입경을 측정하는 방법에서 입자의 투영면적을 이용하여 측정한 입경 중 입자의 면적을 2등분하는 선의 길이
㉰ 스토크스 직경 : 본래의 먼지와 밀도 및 침강속도가 동일한 구형입자의 직경
㉱ 공기역학 직경 : 측정하고자 하는 입자와 동일한 침강속도를 가지며 밀도가 1g/cm³인 구형입자로 정의되는 직경

04 다음 중 압력손실이 가장 큰 집진장치는?

㉮ 중력집진장치   ㉯ 전기집진장치
㉰ 원심력집진장치 ㉱ 벤츄리스크러버

> **풀이** 각 집진장치의 압력손실
> ㉮ 중력집진장치 : 5 ~ 15mmH₂O
> ㉯ 전기집진장치 : 10 ~ 20mmH₂O
> ㉰ 원심력집진장치 : 50 ~ 150mmH₂O
> ㉱ 벤츄리스크러버 : 300 ~ 800mmH₂O

answer 01 ㉮ 02 ㉱ 03 ㉱ 04 ㉱

05 런던 스모그와 로스앤젤레스 스모그에 대한 비교로 옳지 않은 것은?

<항목>	<런던 스모그>	<로스앤젤레스 스모그>
㉮ 발생시 기온	4℃ 이하	24~32℃
㉯ 발생시 습도	85% 이상	70% 이하
㉰ 발생 시간	이른 아침	한 낮
㉱ 발생한 달	7~9월	12~1월

풀이 ㉱ 발생한 달 : 로스앤젤레스 스모그는 7~9월, 런던 스모그는 12~1월이다.

06 흡착법에 관한 설명으로 옳지 않은 것은?

㉮ 물리적 흡착은 Van der Waals 흡착이라고도 한다.
㉯ 물리적 흡착은 낮은 온도에서 흡착량이 많다.
㉰ 화학적 흡착인 경우 흡착과정이 주로 가역적이며 흡착제의 재생이 용이하다.
㉱ 흡착제는 단위질량당 표면적이 큰 것이 좋다.

풀이 ㉰ 화학적 흡착인 경우 흡착과정이 주로 비가역적이며 흡착제의 재생이 용이하지 못하다.

TIP

물리적 흡착과 화학적 흡착의 비교

구분	물리적 흡착	화학적 흡착
흡착과정	가역적 과정	비가역적 과정
오염가스의 회수	용이함	용이하지 못함
온도범위	낮다	높다
흡착열	낮다	높다
흡착층	다분자 (여러층) 흡착	단분자 (한개층) 흡착
흡착제의 재생	용이함	용이하지 못함
작용힘	반데르바알스힘	흡착제-용질의 화학반응

07 다음 연료 중 탄수소비(C/H)가 가장 작은 연료는?

㉮ 중유   ㉯ 휘발유
㉰ 경유   ㉱ 등유

풀이 연료 중 탄수소비(C/H)가 가장 작은 연료는 기체연료이며, 액체연료 중에서는 휘발유이다.

08 여과집진장치에 사용되는 다음 여포재료 중 가장 높은 온도에서 사용이 가능한 것은?

㉮ 목면   ㉯ 양모
㉰ 카네카론   ㉱ 글라스화이버

풀이 여과재료의 사용온도
㉮ 목면 : 80℃
㉯ 양모 : 80℃
㉰ 카네카론 : 100℃
㉱ 글라스화이버 : 250℃

09 탄소 18kg이 완전연소 하는데 필요한 이론공기량(Sm^3)은?

㉮ 107   ㉯ 160
㉰ 203   ㉱ 208

풀이 ① 이론산소량(Sm^3)을 계산한다.
C + O_2 → CO_2
12kg : 22.4Sm^3
18kg : O_o(이론산소량)

∴ O_o(이론산소량) = $\dfrac{18kg \times 22.4Sm^3}{12kg}$
= 33.6Sm^3

② 이론공기량(Sm^3)을 계산한다.
이론공기량(A_o) = $\dfrac{이론산소량(O_o)}{0.21}$
= $\dfrac{33.6Sm^3}{0.21}$ = 160Sm^3

answer 05 ㉱ 06 ㉰ 07 ㉯ 08 ㉱ 09 ㉯

10 다음 중 연소 시 질소산화물의 저감방법으로 가장 거리가 먼 것은?

㉮ 배출가스 재순환 ㉯ 2단 연소
㉰ 과잉공기량 증대 ㉱ 연소부분 냉각

풀이 ㉰ 과잉공기량 감소

11 상온에서 무색투명하며 일반적으로 불쾌한 자극성 냄새를 내는 액체이며, 끓는점은 46.45℃(760mmHg)이며, 인화점은 −30℃ 정도인 것은?

㉮ SO_2 ㉯ HF
㉰ Cl_2 ㉱ CS_2

풀이 ㉱ CS_2(이황화탄소)에 대한 설명이다.

12 흡수법을 사용하여 오염물질을 제거하고자 한다. 헨리법칙에 잘 적용되는 물질과 가장 거리가 먼 것은?

㉮ NO_2 ㉯ CO
㉰ SO_2 ㉱ NO

풀이 헨리법칙에 적용되는 물질은 물에 잘 녹지 않는 난용성기체이며, 주로 CO, NO, NO_2, O_2, N_2 등이 있다.

13 SO_2의 1일 평균농도는 0℃, 1atm에서 $100\mu g/m^3$이다. ppm으로 환산하면 얼마인가? (단, SO_2의 분자량 : 64)

㉮ 0.035 ㉯ 0.35
㉰ 3.5   ㉱ 35

풀이
$$ppm(mL/Sm^3) = \frac{100\mu g}{Sm^3} \times \frac{1mg}{10^3 \mu g} \times \frac{22.4mL}{64mg}$$
$$= 0.035 mL/Sm^3$$

TIP
① SO_2 1mol $\begin{cases} 64mg \\ 22.4mL \end{cases}$
② ppm = mL/Sm^3
③ 1mg = $10^3 \mu g$
④ 0℃, 1atm(표준상태)에서 $100\mu g/m^3$은 $100\mu g/Sm^3$과 같다.

14 대기오염공정시험기준상 굴뚝 배출가스 중 질소산화물을 분석하는데 사용되는 방법은?

㉮ 아연환원나프틸에틸렌다이아민법
㉯ 정전위전해법
㉰ 침전적정법
㉱ 아르세나조 Ⅲ법

풀이 분석방법과 오염물질
㉮ 아연환원나프틸에틸렌다이아민법 : 질소산화물
㉯ 정전위전해법 : 황산화물
㉰ 침전적정법 : 황산화물
㉱ 아르세나조 Ⅲ법(침전적정법) : 황산화물

15 흡수장치의 흡수액이 갖추어야 할 조건으로 옳지 않은 것은?

㉮ 용해도가 작아야 한다.
㉯ 점성이 작아야 한다.
㉰ 휘발성이 작아야 한다.
㉱ 화학적으로 안정해야 한다.

풀이 ㉮ 용해도가 커야 한다.

answer 10 ㉰ 11 ㉱ 12 ㉰ 13 ㉮ 14 ㉮ 15 ㉮

16 A침전지가 6,000m³/day의 하수를 처리한다. 유입수의 SS농도가 150mg/L, 유출수의 SS농도가 90mg/L이라면 이 침전지의 SS제거율(%)은?

㉮ 60% ㉯ 50%
㉰ 40% ㉱ 30%

풀이 SS제거율(%)
$= \left(1 - \dfrac{\text{유출수의 SS농도}}{\text{유입수의 SS농도}}\right) \times 100$
$= \left(1 - \dfrac{90\text{mg/L}}{150\text{mg/L}}\right) \times 100 = 40\%$

17 4℃에서 순수한 물의 밀도는 1g/mL이다. 이때 물 1L의 질량은 얼마인가?

㉮ 1g ㉯ 10g
㉰ 100g ㉱ 1,000g

풀이 $H_2O(g) = \dfrac{1g}{mL} \times 1L \times \dfrac{10^3 mL}{1L} = 1,000g$

TIP
① 4℃에서 물의 밀도는 1g/mL로 가장 크다.
② $1L = 10^3 mL$

18 명반(alum)을 폐수에 첨가하여 응집처리를 할 때, 투입조에 약품 주입 후 응집조에서 완속교반을 행하는 주된 목적은?

㉮ 명반이 잘 용해되도록 하기 위해
㉯ floc과 공기와의 접촉을 원활히 하기 위해
㉰ 형성되는 floc을 가능한 한 뭉쳐 밀도를 키우기 위해
㉱ 생성된 floc을 가능한 한 미립자로 하여 수량을 증가시키기 위해

풀이 완속교반을 행하는 주된 목적은 형성되는 floc을 가능한 한 뭉쳐 밀도를 키우기 위해서이다.

19 다음 중 물질 순환속도가 가장 느린 것은?

㉮ 망간 ㉯ 탄소
㉰ 수소 ㉱ 산소

풀이 순환속도가 느린 것은 무기물인 망간이다.

20 다음 폐수처리공법 중 고액분리 방법과 가장 거리가 먼 것은?

㉮ 부상분리법 ㉯ 전기투석법
㉰ 스크리닝 ㉱ 원심분리법

풀이 폐수처리공법 중 고액분리 방법이란 고체와 액체를 분리하는 방법으로 부상분리법, 스크리닝, 원심분리법 등이 있다. ㉯ 전기투석법은 해수를 담수로 만드는 방법이다.

21 다음 중 6가크롬(Cr^{6+}) 함유 폐수를 처리하기 위한 가장 적합한 방법은?

㉮ 아말감법 ㉯ 환원침전법
㉰ 오존산화법 ㉱ 충격법

풀이 6가크롬(Cr^{6+}) 함유 폐수처리법은 독성이 있는 6가 크롬을 독성이 없는 3가 크롬으로 pH 2 ~ 4에서 환원시키고 3가 크롬을 pH 8.0 ~ 8.5 범위에서 침전시켜 처리한다.

answer 16 ㉰ 17 ㉱ 18 ㉰ 19 ㉮ 20 ㉯ 21 ㉯

22 폐수 중의 오염물질을 제거할 때 부상이 침전보다 좋은 점을 설명한 것으로 가장 적합한 것은?

㉮ 침전속도가 느린 작거나 가벼운 입자를 짧은 시간 내에 분리시킬 수 있다.
㉯ 침전에 의해 분리되기 어려운 유해 중금속을 효과적으로 분리시킬 수 있다.
㉰ 침전에 의해 분리되기 어려운 색도 및 경도 유발물질을 효과적으로 분리시킬 수 있다.
㉱ 침전속도가 빠르고 큰 입자를 짧은 시간 내에 분리시킬 수 있다.

▶풀이 ㉮번의 설명은 부상법으로 처리
　　　㉱번의 설명은 침전법으로 처리

23 함수율 98%(중량)의 슬러지를 농축하여 함수율 94%(중량)인 농축 슬러지를 얻었다. 이때 슬러지의 용적은 어떻게 변화되는가? (단, 슬러지 비중은 모두 1.0으로 가정한다.)

㉮ 원래의 $\frac{1}{2}$　　㉯ 원래의 $\frac{1}{3}$

㉰ 원래의 $\frac{1}{6}$　　㉱ 원래의 $\frac{1}{9}$

▶풀이 $V_1 \times (100-P_1) = V_2 \times (100-P_2)$

$\begin{bmatrix} V_1 : 농축\ 전\ 슬러지량(m^3) & P_1 : 농축\ 전\ 함수율(\%) \\ V_2 : 농축\ 후\ 슬러지량(m^3) & P_2 : 농축\ 후\ 함수율(\%) \end{bmatrix}$

$V_1 \times (100-98) = V_2 \times (100-94)$

$\frac{V_2}{V_1} = \frac{(100-98)}{(100-94)} = \frac{2}{6} = \frac{1}{3}$

24 A공장의 BOD 배출량은 400인의 인구당량에 해당한다. A공장의 폐수량이 200m³/day일 때 이 공장폐수의 BOD(mg/L) 값은? (단, 1인이 하루에 배출하는 BOD는 50g이다.)

㉮ 100　　㉯ 150
㉰ 200　　㉱ 250

▶풀이 ① BOD 총량(g/day)
　　　= BOD 인구당량(인)×BOD 배출량(g/인·day)
　　　= 400인×50g/인·day = 20,000g/day
② 폐수량 = 200m³/day
　따라서 BOD 농도(mg/L)
　$= \frac{BOD\ 총량(g/day)}{폐수량(m^3/day)}$
　$= \frac{20,000g/day}{200m^3/day} = 100g/m^3 = 100mg/L$

TIP
ppm = mg/L = g/m³

25 BOD 400mg/L, 유량 3,000m³/day인 폐수를 MLSS 3,000mg/L인 포기조에서 체류시간을 8시간으로 운전하고자 한다. 이때 F/M비(BOD-MLSS 부하)는?

㉮ 0.2　　㉯ 0.4
㉰ 0.6　　㉱ 0.8

▶풀이 $F/M비(/day) = \frac{BOD \times Q}{MLSS \times V}$

여기서 $t = \frac{V}{Q}$이므로 $\frac{1}{t} = \frac{Q}{V}$가 된다.

따라서 $\boxed{F/M비(/day) = \frac{BOD}{MLSS} \times \frac{1}{t}}$

answer　22 ㉮　23 ㉯　24 ㉮　25 ㉯

$$\begin{bmatrix} BOD : BOD의\ 농도(mg/L) \\ MLSS : 미생물의\ 농도(mg/L) \\ Q : 유량(m^3/day) \\ V : 폭기조의\ 체적(m^3) \\ t : 체류시간(day) \end{bmatrix}$$

따라서

$$F/M비 = \frac{400mg/L}{3,000mg/L} \times \frac{1}{\left(\frac{8hr}{24}\right)day} = 0.4/day$$

TIP

① 1day = 24hr

② day = 8hr × $\frac{1day}{24hr}$

26 액체염소의 주입으로 생성된 유리염소, 결합잔류염소의 살균력의 크기를 바르게 나열한 것은?

㉮ HOCl > Chloramines > OCl⁻
㉯ OCl⁻ > HOCl > Chloramines
㉰ HOCl > OCl⁻ > Chloramines
㉱ OCl⁻ > Chloramines > HOCl

풀이 살균력의 크기는 HOCl > OCl⁻ > Chloramines 순이다.

27 Wipple이 구분한 하천의 자정작용 단계 중 용존산소의 농도가 아주 낮거나 때로는 거의 없어 부패상태에 도달하게 되는 지대는?

㉮ 정수 지대   ㉯ 회복 지대
㉰ 분해 지대   ㉱ 활발한 분해 지대

풀이 ㉱ 활발한 분해 지대에 대한 설명이다.

TIP
Whipple의 하천정화단계

1. (초기)분해지대
   ① 희석이 잘 되는 큰 하천보다는 희석이 덜 되는 작은 하천에서 더 뚜렷이 나타난다.
   ② 세균의 수가 증가하고 유기물을 많이 함유하는 슬러지의 침전이 많아진다.
   ③ 오염에 잘 견디는 곰팡이류가 녹색 수중식물이나 고등미생물을 대신해 번식한다.
   ④ 유기물을 다량 함유하는 슬러지의 침전이 많아지고 용존산소량이 크게 줄어드는 대신에 탄산가스(CO_2)의 양은 증가한다.
2. 활발한 분해지대
   ① 수중에 DO가 거의 없어 혐기성 박테리아가 번식하며, NH_3-N 농도가 증가한다.
   ② 흑색 및 점성질의 슬러지 침전물이 생기고 기체방울이 수면으로 떠오른다.
   ③ 수중에 CO_2 농도나 NH_3-N농도가 증가하며 fungi가 사라진다.
   ④ 호기성 세균이 혐기성 세균으로 교체된다.
3. 회복지대
   ① 혐기성균이 호기성균으로 대체되며 조류가 많이 발생하며 fungi도 조금씩 발생한다.
   ② 광합성을 하는 조류가 번식하며 원생동물, 윤충, 갑각류가 번식하며 큰 수중식물도 다시 나타난다.
   ③ 바닥에서는 조개나 벌레의 유충이 번식하며 오염에 견디는 힘이 강한 은빛 담수어 등의 물고기도 서식한다.
   ④ 용존산소(DO)가 포화될 정도로 증가한다.
   ⑤ 아질산염(NO_2-N)이나 질산염(NO_3-N)의 농도가 증가한다.
4. 정수지대
   ① 용존산소(DO)와 BOD가 오염 이전으로 회복된다.
   ② 호기성 세균이 증가하고 착색조류가 증가하고 송어, 쏘가리가 증가한다.
   ③ 질산염(NO_3-N)이 증가한다.

28 침전지 또는 농축조에 설치된 스크레퍼의 사용 목적으로 가장 적합한 것은?

㉮ 침전물을 부상시키기 위해서
㉯ 스컴(scum)을 방지하기 위해서
㉰ 슬러지(sludge)를 혼합하기 위해서
㉱ 슬러지(sludge)를 끌어 모으기 위해서

 answer   26 ㉰   27 ㉱   28 ㉱

풀이 스크레이퍼의 사용 목적은 슬러지(sludge)를 끌어 모으는 것이다.

29 다음 수처리 공정 중 스톡스(stokes) 법칙이 가장 잘 적용되는 공정은?

㉮ 1차 소화조 ㉯ 1차 침전지
㉰ 살균조 ㉱ 포기조

풀이 수처리 공정 중 스톡스(stokes) 법칙이 가장 잘 적용되는 공정은 중력에 의해서 침전이 되는 1차 침전지이다.

30 $C_2H_5NO_2$ 150g 분해에 필요한 이론적 산소요구량(g)은? (단, 최종분해산물은 CO_2, H_2O, HNO_3 이다.)

㉮ 89g ㉯ 94g
㉰ 112g ㉱ 224g

풀이 $C_2H_5NO_2 + 3.5O_2 \rightarrow 2CO_2 + 2H_2O + HNO_3$
75g : 3.5×32g
150g : ThOD(이론적 산소요구량)
∴ ThOD(이론적 산소요구량)
$= \dfrac{150g \times 3.5 \times 32g}{75g} = 224g$

31 폐수처리에서 여과공정에 사용되는 여재로 가장 거리가 먼 것은?

㉮ 모래 ㉯ 무연탄
㉰ 규조토 ㉱ 유리

풀이 여과공정에 사용되는 여재로는 모래, 무연탄, 규조토 등이 있다.

32 다음 중 적조현상을 발생시키는 주된 원인물질은?

㉮ Cd ㉯ P
㉰ Hg ㉱ Cl

풀이 적조현상을 발생시키는 주된 원인물질은 인(P)이다.

33 침전지 유입부에 설치하는 정류판의 기능으로 가장 적합한 것은?

㉮ 침전지 유입수의 균일한 분배와 분포
㉯ 침전지 내의 침사물 수집
㉰ 바람을 막아 표면난류 방지
㉱ 침전 슬러지의 재부상 방지

풀이 정류판(baffle)의 기능은 침전지 유입수의 균일한 분배와 분포이다.

34 다음 보기 중 물리적 흡착의 특징을 모두 고른 것은?

㉠ 흡착과 탈착이 비가역적이다.
㉡ 온도가 낮을수록 흡착량은 많다.
㉢ 흡착이 다층(multi-layers)에서 일어난다.
㉣ 분자량이 클수록 잘 흡착된다.

㉮ ㉠, ㉡ ㉯ ㉡, ㉣
㉰ ㉠, ㉡, ㉢ ㉱ ㉡, ㉢, ㉣

풀이 물리적 흡착은 가역적이며, 재생이 가능하다.

answer 29 ㉯ 30 ㉱ 31 ㉱ 32 ㉯ 33 ㉮ 34 ㉱

35 $Cr_2O_7^{2-}$ 이온에서 크롬(Cr)의 산화수는?

㉮ -5   ㉯ -6
㉰ +5   ㉱ +6

풀이 크롬(Cr)의 산화수는 +6이다.

36 발열량이 800kcal/kg인 폐기물을 하루에 6톤씩 소각한다. 소각로 연소실의 용적이 125m³이고, 1일 운전시간이 8시간이면 연소실의 열발생율은?

㉮ 3,600kcal/m³·hr   ㉯ 4,000kcal/m³·hr
㉰ 4,400kcal/m³·hr   ㉱ 4,800kcal/m³·hr

풀이 열발생율(kcal/m³·hr)

$= \dfrac{\text{저위발열량(kcal/kg)} \times \text{폐기물량(kg/hr)}}{\text{연소실 용적(m}^3\text{)}}$

$= \dfrac{800\text{kcal/kg} \times 6 \times 10^3 \text{kg/day} \times 1\text{day/8hr}}{125\text{m}^3}$

$= 4,800\text{kcal/m}^3 \cdot \text{hr}$

37 도시폐기물을 개략분석(proximate analysis)시 구성되는 4가지 성분으로 거리가 먼 것은?

㉮ 수분   ㉯ 질소분
㉰ 휘발성고형물   ㉱ 고정탄소

풀이 도시폐기물을 개략분석시 구성되는 4가지 성분은 휘발성고형물, 고정탄소, 수분, 회분이다.

38 폐기물의 발열량에 대한 설명으로 옳지 않은 것은?

㉮ 발열량은 연료의 단위량(기체연료는 1Sm³, 고체와 액체연료는 1kg)이 완전 연소할 때 발생하는 열량(kcal)이다.
㉯ 고위발열량은 폐기물 중의 수분 및 연소에 의해 생성된 수분의 응축열을 포함하는 열량이다.
㉰ 열량계로 측정되는 열량은 저위발열량이다.
㉱ 실제 연소시설에서는 고위발열량에서 응축열을 공제한 잔여열량이 유효하게 이용된다.

풀이 ㉰ 열량계로 측정되는 열량은 고위발열량이다.

39 폐기물 시료 100kg을 달아 건조시킨 후의 시료 중량을 측정하였더니 40kg이였다. 이 폐기물의 수분함량(%, w/w)은?

㉮ 40%   ㉯ 50%
㉰ 60%   ㉱ 80%

풀이 ① 건조 전 시료 = 100kg
② 건조 후 시료 = 40kg
③ 수분량 = 건조 전 시료 - 건조 후 시료
     = 100kg - 40kg = 60kg

따라서 수분함량(%) = $\dfrac{60\text{kg}}{100\text{kg}} \times 100 = 60\%$

40 폐기물 분석을 위한 시료의 축소방법에 해당하지 않는 것은?

㉮ 구획법   ㉯ 원추4분법
㉰ 교호삽법   ㉱ 면체분할법

풀이 폐기물 분석을 위한 시료의 축소방법에는 구획법, 원추4분법, 교호삽법이 있다.

answer 35 ㉱   36 ㉱   37 ㉯   38 ㉰   39 ㉰   40 ㉱

41 다음 중 유기성 폐기물의 퇴비화 특성으로 가장 거리가 먼 것은?

㉮ 생산된 퇴비는 비료가치가 높으며, 퇴비완성 시 부피감소율이 70% 이상으로 큰 편이다.
㉯ 초기 시설투자비가 낮고, 운영 시 소요에너지도 낮은 편이다.
㉰ 다른 폐기물 처리기술에 비해 고도의 기술수준이 요구되지 않는다.
㉱ 퇴비제품의 품질표준화가 어렵고, 부지가 많이 필요한 편이다.

풀이 ㉮ 생산된 퇴비는 비료가치가 낮으며, 퇴비완성 시 부피감소율이 50% 이하로 낮은 편이다.

42 다음 중 유기성 액상 폐기물을 호기성 분해시킬 때 미생물이 가장 활발하게 활동하는 기간은?

㉮ 고정기 ㉯ 대수증식기
㉰ 휴지기 ㉱ 사멸기

풀이 유기성 액상 폐기물을 호기성 분해시킬 때 미생물이 가장 활발하게 활동하는 기간은 대수증식기이다.

43 퇴비화시 부식질의 역할로 옳지 않은 것은?

㉮ 토양능의 완충능을 증가시킨다.
㉯ 토양의 구조를 양호하게 한다.
㉰ 가용성 무기질소의 용출량을 증가시킨다.
㉱ 용수량을 증가시킨다.

풀이 ㉰ 가용성 무기질소의 용출량을 감소시킨다.

44 폐기물을 파쇄하는 이유로 옳지 않은 것은?

㉮ 겉보기 밀도의 증가
㉯ 고체의 치밀한 혼합
㉰ 부식효과 방지
㉱ 비표면적의 증가

풀이 폐기물을 파쇄하는 이유는 입경분포의 균일화, 겉보기 밀도의 증가, 입자 크기의 균일화, 비표면적 증가, 유가물질의 분리, 특정성분의 분리, 소각시 연소촉진 등이 있다.

45 침출수 내 난분해성 유기물을 펜톤산화법에 의해 처리하고자 할 때, 사용되는 시약의 구성으로 옳은 것은?

㉮ 과산화수소 + 철
㉯ 과산화수소 + 구리
㉰ 질산 + 철
㉱ 질산 + 구리

풀이 펜톤산화법에서 펜톤시약은 과산화수소이고 촉매는 철염(황산제1철)이다.

46 쓰레기 수거노선을 결정하는데 유의할 사항으로 옳지 않은 것은?

㉮ 가능한 한 한번 간 길은 가지 않는다.
㉯ U자형 회전을 피해 수거한다.
㉰ 발생량이 많은 곳은 하루 중 가장 먼저 수거한다.
㉱ 가능한 한 반시계방향으로 수거노선을 정한다.

풀이 ㉱ 가능한 한 시계방향으로 수거노선을 정한다.

---

answer 41 ㉮ 42 ㉯ 43 ㉰ 44 ㉰ 45 ㉮ 46 ㉱

47 다음 중 로타리킬른 방식의 장점으로 거리가 먼 것은?

㉮ 열효율이 높고, 적은 공기비로도 완전 연소가 가능하다.
㉯ 예열이나 혼합 등 전처리가 거의 필요 없다.
㉰ 드럼이나 대형용기를 파쇄하지 않고 그대로 투입할 수 있다.
㉱ 공급장치의 설계에 있어서 유연성이 있다.

풀이 ㉮ 열효율이 낮고, 과잉 공기소모가 많다.

48 다음 중 해안매립공법에 해당하는 것은?

㉮ 셀공법 ㉯ 도랑형공법
㉰ 순차투입공법 ㉱ 샌드위치공법

풀이 해안매립공법에는 순차투입공법, 박층뿌림공법, 내수배제공법이 있다.

49 압축비 1.67로 쓰레기를 압축하였다면 압축 전과 압축 후의 체적 감소율은 몇 %인가? (단, 압축비는 V_1/V_2 이다.)

㉮ 약 20% ㉯ 약 40%
㉰ 약 60% ㉱ 약 80%

풀이 체적감소율(%) = $\left(1 - \dfrac{1}{\text{압축비}}\right) \times 100$
= $\left(1 - \dfrac{1}{1.67}\right) \times 100 = 40.12\%$

50 소각시설의 연소온도를 높이기 위한 방법으로 옳지 않은 것은?

㉮ 발열량이 높은 연료 사용
㉯ 공기량의 과다주입
㉰ 연료의 예열
㉱ 연료의 완전연소

풀이 ㉯ 공기량의 적정 주입

51 인구 240,327명의 도시에서 150,000 ton/년의 쓰레기를 수거하였다. 이 도시의 쓰레기 발생량은?

㉮ 1.71 kg/인·일   ㉯ 1.95 kg/인·일
㉰ 2.05 kg/인·일   ㉱ 2.31 kg/인·일

풀이 쓰레기 발생량(kg/인·일)
= $\dfrac{\text{쓰레기 수거량(kg/일)}}{\text{인구수(인)}}$
= $\dfrac{150{,}000 \times 10^3 \text{kg/년} \times 1\text{년}/365\text{일}}{240{,}327\text{인}}$
= 1.71 kg/인·일

52 합성차수막 중 PVC의 장점으로 가장 거리가 먼 것은?

㉮ 작업이 용이하다.
㉯ 강도가 높다.
㉰ 접합이 용이하다.
㉱ 자외선, 오존, 기후에 강하다.

풀이 ㉱ 자외선, 오존, 기후에 약하다.

53 슬러지를 농축시킴으로써 얻은 이점으로 가장 거리가 먼 것은?

㉮ 소화조 내에서 미생물과 양분이 잘 접촉할 수 있으므로 효율이 증대된다.
㉯ 슬러지 개량에 소요되는 약품이 적게 든다.
㉰ 후속 처리시설인 소화조 부피를 감소시킬 수 있다.
㉱ 난분해성 중금속의 완전제거가 용이하다.

풀이 ㉱ 난분해성 중금속의 완전제거가 용이하지 못하다.

54 분뇨의 특성으로 거리가 먼 것은?

㉮ 유기물 농도 및 염분함량이 낮다.
㉯ 질소농도가 높다.
㉰ 토사와 협잡물이 많다.
㉱ 시간에 따라 크게 변한다.

풀이 ㉮ 유기물 농도 및 염분함량이 높다.

55 폐기물 발생량의 산정방법으로 가장 거리가 먼 것은?

㉮ 적재차량 계수분석
㉯ 직접계근법
㉰ 간접계근법
㉱ 물질수지법

풀이 폐기물 발생량의 산정방법은 적재차량계수분석법, 물질수지법, 직접계근법이 있다.

56 길이 10m, 폭 10m, 높이 10m인 실내의 바닥, 천장, 벽면의 흡음율이 모두 0.0161일 때 Sabine의 식을 이용하여 잔향시간(sec)을 구하면?

㉮ 0.17　㉯ 1.7
㉰ 16.7　㉱ 167

풀이 $T = 0.161 \times \dfrac{V}{A}$

 T : 잔향시간(sec)
 V : 실내의 체적(m^3)
 V(m^3) = 길이×폭×높이
 A : 총 흡음력(m^2)
 A(m^2) = 합(각 재료의 면적×각 재료의 흡음력)

① 총 흡음력(A)을 계산한다.
　㉠ 바닥의 흡음력 = 폭×길이×바닥의 흡음율
　　　　　　　　 = 10m×10m×0.0161
　　　　　　　　 = 1.61m^2
　㉡ 천장의 흡음력 = 폭×길이×천장의 흡음율
　　　　　　　　 = 10m×10m×0.0161
　　　　　　　　 = 1.61m^2
　㉢ 벽면의 흡음력
　　 = (폭×높이×2+길이×높이×2)×벽면의 흡음율
　　 = (10m×10m×2+10m×10m×2)×0.0161
　　 = 6.44m^2
　㉣ 총 흡음력(A) = 1.61m^2+1.61m^2+6.44m^2
　　　　　　　　 = 9.66m^2

② 잔향시간(T)를 계산한다.
$T = 0.161 \times \dfrac{V}{A} = 0.161 \times \dfrac{10m \times 10m \times 10m}{9.66m^2}$
　= 16.67sec

TIP
① 잔향 : 음원으로부터 소리가 없어져도 반사음에 의해 계속하여 소리가 울려 퍼지는 것을 말한다.
② 잔향시간 : 실내에서 음원을 끈 순간부터 음압레벨이 60dB 감소하는데 걸리는 시간을 말한다.

---

answer 53 ㉱　54 ㉮　55 ㉰　56 ㉰

57 점음원에서 5m 떨어진 지점의 음압레벨이 60dB이다. 이 음원으로부터 10m 떨어진 지점의 음압레벨은?

㉮ 30dB ㉯ 44dB
㉰ 54dB ㉱ 58dB

> **풀이** 점음원인 경우 음압레벨 구하는 공식
>
> $$SPL_1 = SPL_2 + 20\log\left(\frac{r_2}{r_1}\right)$$
>
> SPL_1 : 5m 떨어진 곳에서의 음압레벨(dB)
> SPL_2 : 10m 떨어진 곳에서의 음압레벨(dB)
> r_1 : 5m
> r_2 : 10m
>
> 따라서 $60dB = SPL_2 + 20\log\left(\frac{10m}{5m}\right)$
>
> ∴ $SPL_2 = 60dB - 20\log\left(\frac{10m}{5m}\right) = 53.98dB$

58 방진대책을 발생원, 전파경로, 수진측 대책으로 분류할 때, 다음 중 전파경로 대책에 해당하는 것은?

㉮ 가진력을 감쇠시킨다.
㉯ 진동원의 위치를 멀리하여 거리감쇠를 크게 한다.
㉰ 동적흡진한다.
㉱ 수진측의 강성을 변경시킨다.

> **풀이** 대책
> ㉮ 가진력을 감쇠시킨다. - 발생원에서의 대책
> ㉯ 진동원의 위치를 멀리하여 거리감쇠를 크게 한다. - 전파경로에서의 대책
> ㉰ 동적흡진한다. - 발생원에서의 대책
> ㉱ 수진측의 강성을 변경시킨다. - 수진측에서의 대책

59 손으로 소음계를 잡고 측정할 경우 소음계는 측정자의 몸으로부터 얼마 이상 떨어져야 하는가?

㉮ 0.1m 이상 ㉯ 0.2m 이상
㉰ 0.3m 이상 ㉱ 0.5m 이상

> **풀이** 손으로 소음계를 잡고 측정할 경우 소음계는 측정자의 몸으로부터 최소 0.5m 이상 떨어져야 한다.

60 파동의 특성을 설명하는 용어로 옳지 않은 것은?

㉮ 파동의 가장 높은 곳을 마루라 한다.
㉯ 매질의 진동방향과 파동의 진행방향이 직각인 파동을 횡파라고 한다.
㉰ 마루와 마루 또는 골과 골 사이의 거리를 주기라 한다.
㉱ 진동의 중앙에서 마루 또는 골까지의 거리를 진폭이라 한다.

> **풀이** ㉰ 마루와 마루 또는 골과 골 사이의 거리를 파장이라 한다.

answer 57 ㉰ 58 ㉯ 59 ㉱ 60 ㉰

2013 5회 과년도 기출문제

2013년 10월 12일 시행

01 대기층의 구조에 관한 설명으로 옳지 않은 것은?

㉮ 오존농도의 고도분포는 지상으로부터 약 10km 부근인 성층권에서 35ppm 정도의 최대 농도를 나타낸다.
㉯ 대류권에서는 고도증가에 따라 기온이 감소한다.
㉰ 열권은 지상 80km 이상에 위치한다.
㉱ 중간권 중 상부 80km 부근은 지구대기층 중 가장 기온이 낮다.

풀이 ㉮ 오존농도의 고도분포는 지상으로부터 약 20~30km 부근인 성층권에서 10ppm 정도의 최대농도를 나타낸다.

02 후드(hood)는 여러 가지 생산공정에서 발생되는 열이나 대기오염물질을 함유하는 공기를 포획하여 환기시키는 장치이다. 이러한 후드의 형식(종류)에 해당하지 않는 것은?

㉮ 배기형 후드   ㉯ 포위형 후드
㉰ 수형 후드   ㉱ 포집형 후드

풀이 후드의 형식에는 포위형 후드, 포집형 후드, 외부형 후드, 수형 후드가 있다.

03 세정 집진장치의 특징으로 거리가 먼 것은?

㉮ 고온의 가스를 처리할 수 있다.
㉯ 폐수처리 장치가 필요하다.
㉰ 점착성 및 조해성 먼지를 처리할 수 없다.
㉱ 포집된 먼지의 재비산 염려가 거의 없다.

풀이 ㉰ 점착성 및 조해성 먼지를 처리할 수 있다.

04 흡수법을 사용하여 오염물질을 처리하고자 할 때 흡수액의 구비조건으로 옳지 않은 것은?

㉮ 휘발성이 적을 것
㉯ 점성이 클 것
㉰ 부식성이 없을 것
㉱ 용해도가 클 것

풀이 ㉯ 점성이 작을 것

answer 01 ㉮ 02 ㉮ 03 ㉰ 04 ㉯

05 대기의 상층은 안정되어 있고, 하층은 불안정하여 굴뚝에서 발생한 오염물질이 아래로 지표면에까지 확산되어 오염을 발생시킬 수 있는 연기의 형태는?

㉮ fanning형 ㉯ looping형
㉰ fumigation형 ㉱ trapping형

풀이 안정도
㉮ fanning형(부채형) : 역전(매우 안정)상태
㉯ looping형(파상형) : 과단열(매우 불안정) 조건
㉰ fumigation형(훈증형) : 지표-과단열, 고공-역전 조건
㉱ trapping형(구속형) : 지표-복사성 역전, 고공-침강성 역전 조건

06 전기집진장치에 관한 설명으로 가장 거리가 먼 것은?

㉮ 대량의 가스 처리가 가능하다.
㉯ 전압변동과 같은 조건변동에 쉽게 적응할 수 있다.
㉰ 초기 설비비가 고가이다.
㉱ 압력손실이 적어 소요동력이 적다.

풀이 ㉯ 전압변동과 같은 조건변동에 쉽게 적응할 수 없다.

07 프로판(C_3H_8)가스 10kg을 완전연소 하는데 필요한 이론공기량(Sm^3)은?

㉮ 62.2Sm^3 ㉯ 84.2Sm^3
㉰ 104.2Sm^3 ㉱ 121.2Sm^3

풀이 ① 이론산소량(O_o)을 계산한다.
$C_3H_8 + 5O_2 \rightarrow 3CO_2 + 4H_2O$
44kg : 5×22.4Sm^3
10kg : 이론산소량(O_o)

∴ 이론산소량(O_o)
$= \dfrac{10kg \times 5 \times 22.4Sm^3}{44kg} = 25.4545 Sm^3$

② 이론공기량(A_o)을 계산한다.
A_o = 이론산소량(Sm^3) × $\dfrac{1}{0.21}$
$= 25.4545 Sm^3 \times \dfrac{1}{0.21}$
$= 121.21 Sm^3$

TIP
① 질량(kg) = 계수×분자량(kg)
② 체적(Sm^3) = 계수×22.4(Sm^3)

08 건조한 대기의 조성을 부피농도가 높은 순서대로 올바르게 나열된 것은?

㉮ 질소 > 산소 > 아르곤 > 이산화탄소
㉯ 산소 > 질소 > 이산화탄소 > 아르곤
㉰ 이산화탄소 > 산소 > 질소 > 아르곤
㉱ 산소 > 이산화탄소 > 아르곤 > 질소

풀이 대기의 성분은 건조공기일 경우 부피기준으로 질소 > 산소 > 아르곤 > 이산화탄소 > 네온 > 헬륨 > 메탄 순이다.

09 굴뚝의 유효 높이와 관련된 인자에 관한 설명으로 옳지 않은 것은?

㉮ 배기가스의 유속이 빠를수록 증가한다.
㉯ 외기의 온도차가 작을수록 증가한다.
㉰ 풍속이 작을수록 증가한다.
㉱ 굴뚝의 통풍력이 클수록 증가한다.

풀이 ㉯ 외기의 온도차가 클수록 증가한다.

---

answer 05 ㉰ 06 ㉯ 07 ㉱ 08 ㉮ 09 ㉯

10 질소산화물을 촉매환원법으로 처리하는 방법에 관한 설명으로 옳지 않은 것은?

㉮ 비선택적 환원제로는 메탄이 사용된다.
㉯ 선택적 환원제로는 암모니아, 수소, 일산화탄소 등이 사용된다.
㉰ 선택적 촉매 환원법의 촉매로는 백금, 산화알루미늄계, 산화철계, 산화티늄계 등이 사용된다.
㉱ 탄화수소, 수소, 일산화탄소는 산소가 공존하여도 선택적으로 질소산화물과 반응하며, 암모니아는 산소와 우선적으로 반응한다.

▶풀이 ㉱ 암모니아는 산소가 공존하여도 선택적으로 질소산화물과 반응하며, 탄화수소, 수소, 일산화탄소는 산소와 우선적으로 반응한다.

11 중력 집진장치의 집진효율 향상조건으로 옳지 않은 것은?

㉮ 침강실 내의 배기가스 기류는 균일해야 한다.
㉯ 침강실 내의 처리가스 속도가 작을수록 미립자가 포집된다.
㉰ 침강실의 높이가 높고, 길이가 짧을수록 집진효율이 높아진다.
㉱ 침강실 입구폭이 클수록 유속이 느려지며, 미세한 입자가 포집된다.

▶풀이 ㉰ 침강실의 높이가 낮고, 길이가 길수록 집진효율이 높아진다.

12 바람에 관여하는 힘과 거리가 먼 것은?

㉮ 지균력   ㉯ 마찰력
㉰ 전향력   ㉱ 기압경도력

▶풀이 바람에 관여하는 힘은 기압경도력, 전향력(코리올리힘), 원심력, 마찰력이 있다.

13 에탄(C_2H_6) $1Sm^3$를 완전연소시킬 때, 건조배출가스 중의 CO_{2max}(%)는?

㉮ 11.7%   ㉯ 13.2%
㉰ 15.7%   ㉱ 18.7%

▶풀이
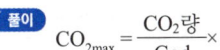

① 완전연소 반응식
  $C_2H_6 + 3.5O_2 \rightarrow 2CO_2 + 3H_2O$
② God(이론건조연소가스량)
  = $(1-0.21)A_o + CO_2$량
  = $(1-0.21) \times \dfrac{3.5}{0.21} + 2$
  = $15.1667 Sm^3/Sm^3$
③ CO_2량 = CO_2 개수 = $2Sm^3/Sm^3$
④ $CO_{2\,max} = \dfrac{2Sm^3/Sm^3}{15.1667Sm^3/Sm^3} \times 100 = 13.19\%$

TIP
체적비(Sm^3/Sm^3) = 개수비

answer 10 ㉱ 11 ㉰ 12 ㉮ 13 ㉯

14 벤츄리스크러버의 특징으로 옳지 않은 것은?

㉮ 소형으로 대용량의 가스처리가 가능하다.
㉯ 목부의 처리가스 속도는 보통 60~90m/s 정도이다.
㉰ 압력손실은 300~800mmH₂O 정도이다.
㉱ 물방울 입경과 먼지의 입경비는 충돌 효율면에서 3 : 1 전후가 좋다.

[풀이] ㉱ 물방울 입경과 먼지의 입경비는 충돌 효율면에서 150 : 1 전후가 좋다.

15 다음 중 연료의 연소과정에서 공기비가 너무 큰 경우 나타나는 현상으로 가장 적합한 것은?

㉮ 배기가스에 의한 열손실이 커진다.
㉯ 오염물의 농도가 커진다.
㉰ 미연분에 의한 매연이 증가한다.
㉱ 불완전 연소되어 연소효율이 저하한다.

[풀이] ㉯, ㉰, ㉱는 공기비가 작은 경우에 해당한다.

TIP
공기비(m)가 클 경우 발생하는 현상
① 연소실 내 연소온도 감소(연소실의 냉각효과를 가져옴)
② 배기가스에 의한 열손실 증대
③ SO_2, NO_2의 함량이 증가하여 부식 촉진
④ CH_4, CO 및 C 등 물질의 농도가 감소
⑤ 방지시설의 용량이 커지고 에너지 손실 증가
⑥ 희석효과가 높아져 연소 생성물의 농도 감소

16 경도(Hardness)에 관한 설명으로 거리가 먼 것은?

㉮ Na^+은 농도가 높을 때는 경도와 비슷한 작용을 하여 유사경도라 한다.
㉯ 2가 이상의 양이온 금속의 양을 수산화칼슘으로 환산하여 ppm 단위로 표시한다.
㉰ 센물 속의 금속이온들은 세제나 비누와 결합하여 세탁효과를 떨어뜨린다.
㉱ 경도 중 CO_3^{2-}, HCO_3^- 등과 결합한 형태로 있을 때 이를 탄산경도라고 하고, 이 성분은 물을 끓일 때 침전제거되므로 일시경도라 한다.

[풀이] ㉯ 2가 양이온 금속의 양을 탄산칼슘으로 환산하여 ppm 단위로 표시한다.

17 지하수의 수질특성에 관한 설명으로 옳지 않은 것은?

㉮ 지하수는 국지적 환경조건의 영향을 크게 받기 쉽다.
㉯ 지하수는 대기와의 접촉이 제한 또는 차단되어 있기 때문에 수질성분들이 대체로 환원 상태로 존재하는 경우가 많다.
㉰ 지하수는 햇빛을 받을 수 없으므로 광합성 반응이 일어나지 않으며, 세균에 의한 유기물의 분해가 주된 생물작용이 되고 있다.
㉱ 지하수의 연평균 수온 변화는 지표수에 비해 현저히 크고, 일반적으로 약 2℃ 이상이다.

[풀이] ㉱ 지하수의 연평균 수온 변화는 지표수에 비해 현저히 작고, 일반적으로 약 4℃ 정도이다.

answer 14 ㉱ 15 ㉮ 16 ㉯ 17 ㉱

18 위플에 의한 하천의 자정과정을 오염원으로부터 하천유하 거리에 따라 단계별로 옳게 구분한 것은?

㉮ 분해지대 → 활발한 분해지대 → 회복지대 → 정수지대
㉯ 분해지대 → 활발한 분해지대 → 정수지대 → 회복지대
㉰ 활발한 분해지대 → 분해지대 → 회복지대 → 정수지대
㉱ 활발한 분해지대 → 분해지대 → 정수지대 → 회복지대

풀이 위플에 의한 하천의 자정과정은 ㉮ 분해지대 → 활발한 분해지대 → 회복지대 → 정수지대이다.

19 다음 중 부상법의 종류에 해당하지 않는 것은?

㉮ 진공부상 ㉯ 산화부상
㉰ 공기부상 ㉱ 용존공기부상

풀이 부상법의 종류에는 진공부상법, 공기부상법, 용존공기부상법이 있으며, 용존공기부상법을 가장 많이 사용한다.

20 0℃ 얼음과 0℃ 물 1L의 무게 차이는 몇 g인가? (단, 물과 얼음의 밀도는 0℃에서 각각 $0.9998g/cm^3$, $0.9167g/cm^3$이고, 기타 조건은 무시한다.)

㉮ 49.2 ㉯ 62.9
㉰ 70.3 ㉱ 83.1

풀이
① 0℃ 물의 무게(g) = $\dfrac{0.9998g}{cm^3} \times \dfrac{10^3 cm^3}{1L}$
= 999.8g

② 0℃ 얼음의 무게(g) = $\dfrac{0.9167g}{cm^3} \times \dfrac{10^3 cm^3}{1L}$
= 916.7g/L

따라서 999.8g/L − 916.7g/L = 83.1g/L

TIP
① cm^3 = mL = cc
② $cm^3 \xrightarrow{\times 10^{-3}}$ L

21 C_2H_5OH의 완전산화시 ThOD/TOC의 비는?

㉮ 1.92 ㉯ 2.67
㉰ 3.31 ㉱ 4

풀이 $C_2H_5OH + 3O_2 \rightarrow 2CO_2 + 3H_2O$

$\dfrac{ThOD}{TOC} = \dfrac{3 \times 32g}{2 \times 12g} = 4$

TIP
ThOD : 이론적 산소요구량
TOC : 총유기탄소량 = 유기물 중 탄소량

answer 18 ㉮ 19 ㉯ 20 ㉱ 21 ㉱

22 A공장폐수의 BOD_5값이 240mg/L이고, 탈산소계수(k)가 0.2/day이다. 최종 BOD 값은? (단, 상용대수 기준)

㉮ 237mg/L ㉯ 267mg/L
㉰ 297mg/L ㉱ 327mg/L

풀이 $BOD_5 = BOD_u \times (1-10^{-k \times t})$

- BOD_5 : 5일 BOD(mg/L)
- BOD_u : 최종 BOD(mg/L)
- k : 탈산소계수(/day)
- t : 시간(day)

따라서
$240mg/L = BOD_u \times (1-10^{-0.2/day \times 5day})$

∴ $BOD_u = \dfrac{240mg/L}{(1-10^{-0.2/day \times 5day})} = 266.67mg/L$

23 상수 처리장에서 처리된 물을 일시 저류하는 정수지의 설치 기능과 이 시설을 지하에 설치하는 이유로 가장 거리가 먼 것은?

㉮ 살균제(Cl_2)와 충분한 시간동안 접촉시키기 위해 설치한다.
㉯ 지상에 설치시 처리수에 미량의 영양염류가 존재하면 조류가 광합성을 하고 증식하여 수질이 악화될 수 있다.
㉰ 살균제가 태양광과 접촉하면 분해하여 손실이 일어날 수 있다.
㉱ 바람의 영향을 받지 않고 처리수 중의 고형물질과 유해 중금속을 침전제거 시킬 수 있다.

풀이 ㉱ 처리수 중의 고형물질과 유해 중금속의 침전은 처리된 물을 일시 저류하는 정수지 이전에서 해야한다.

24 다음 오염물질 함유폐수 중 알칼리 조건하에서 염소처리(산화)가 필요한 것은?

㉮ 시안(CN) ㉯ 알루미늄(Al)
㉰ 6가 크롬(Cr^{6+}) ㉱ 아연(Zn)

풀이 알칼리 염소법으로 처리하는 물질은 시안(CN)이다.

25 농황산의 비중이 1.84, 농도는 70(W/W%) 정도라면 이 농황산의 몰농도(mole/L)는? (단, 농황산의 분자량은 : 98)

㉮ 10 ㉯ 13
㉰ 15 ㉱ 16

풀이
$\dfrac{mol}{L} = \dfrac{비중(g)}{(mL)} \times \dfrac{10^3 mL}{1L} \times \dfrac{1mol}{분자량(g)} \times \dfrac{농도(\%)}{100}$

$= \dfrac{1.84g}{mL} \times \dfrac{10^3 mL}{1L} \times \dfrac{1mol}{98g} \times \dfrac{70\%}{100}$

$= 13.14 mol/L$

TIP
① M농도 = mol/L
② 1mol = 분자량(g)
③ 농황산 = H_2SO_4
④ H_2SO_4의 분자량
  = (2×1) + 32 + (4×16) = 98g

26 정수시설에서 오존처리에 관한 설명으로 가장 거리가 먼 것은?

㉮ 오존은 강력한 산화력이 있어 원수중의 미량 유기물질의 성상을 변화시켜 탈색 효과가 뛰어나다.
㉯ 맛과 냄새 유발물질의 제거에 효과적이다.
㉰ 소독 효과가 우수하면서도 소독 부산물을 적게 형성한다.
㉱ 잔류성이 뛰어나 잔류 소독효과를 얻기 위해 염소를 추가로 주입할 필요가 없다.

[풀이] ㉱ 잔류성이 없어 잔류 소독효과를 얻기 위해 염소를 추가로 주입할 필요가 있다.

27 염소(Cl_2) 가스를 물에 흡수시켰을 때 살균력은 pH가 낮은 쪽이 유리하다고 한다. pH가 9 이상에서 물속에 많이 존재하는 것으로 옳은 것은?

㉮ OCl^- 보다 $HOCl$이 많이 존재한다.
㉯ $HOCl$ 보다 OCl^-이 많이 존재한다.
㉰ pH에 관계없이 항상 $HOCl$이 많이 존재한다.
㉱ NH_3가 없는 물속에서는 NH_2Cl_2가 많이 존재한다.

[풀이] pH가 9 이상에서 물속에 많이 존재하는 물질은 $HOCl$ 보다 OCl^-이다.

28 A도시에서 발생하는 $2,000m^3/day$의 하수를 1차 침전지에서 침전속도가 $2m/day$보다 큰 입자들을 완전히 제거하기 위해 요구되는 1차 침전지의 표면적으로 가장 적합한 것은?

㉮ $100m^2$ 이상
㉯ $500m^2$ 이상
㉰ $1,000m^2$ 이상
㉱ $4,000m^2$ 이상

[풀이] 하수량(m^3/day) = 표면적(m^2) × 침전속도(m/day)

$$\therefore 표면적(m^2) = \frac{하수량(m^3/day)}{침전속도(m/day)}$$

$$= \frac{2,000m^3/day}{2m/day} = 1,000m^2$$

29 다음 중 슬러지 팽화의 지표로서 가장 관계가 깊은 것은?

㉮ 함수율
㉯ SVI
㉰ TSS
㉱ NBDCOD

[풀이] 슬러지 팽화의 지표로 사용되는 것은 SVI(슬러지용적지수)이며, SVI가 200 이상일 때 슬러지팽화(슬러지벌킹)라 한다.

answer 26 ㉱ 27 ㉯ 28 ㉰ 29 ㉯

30 BOD 용적부하(kg/m³·day)식에 관한 설명으로 옳은 것은?

㉮ 유입폐수 BOD농도(mg/L)에 유입유량 (m³/day)과 10^{-3}을 곱한 값을 포기조 용적(m³)으로 나눈 값이다.
㉯ 유출폐수 BOD농도(mg/L)에 유입유량 (m³/day)과 10^{-3}을 곱한 값을 포기조 용적(m³)으로 나눈 값이다.
㉰ 유입폐수 BOD농도(mg/L)에 유입유량 (m³/day)과 10^{-3}을 곱한 값에 미생물 (MLSS) 용적(m³)을 곱한 값이다.
㉱ 유출폐수 BOD농도(mg/L)에 유입유량 (m³/day)과 10^{-3}을 곱한 값에 미생물 (MLSS) 용적(m³)을 곱한 값이다.

풀이 BOD 용적부하(kg/m³·day)

$= \dfrac{\text{BOD 농도(kg/m}^3) \times \text{유량 (m}^3/\text{day})}{\text{포기조 용적 (m}^3)}$

여기서 BOD 농도(kg/m³) = BOD농도(mg/L)×10^{-3}

31 폐수처리에 있어서 활성탄은 주로 어떤 목적으로 사용되는가?

㉮ 흡착   ㉯ 중화
㉰ 침전   ㉱ 부유

풀이 폐수처리에 있어서 활성탄은 흡착제이다.

32 1mM의 수산화칼슘이 녹아 있는 수용액의 pH는 얼마인가? (단, 수산화칼슘은 완전해리 한다.)

㉮ 2.7   ㉯ 4.5
㉰ 9.5   ㉱ 11.3

풀이 $Ca(OH)_2 \rightarrow Ca^{2+} + 2OH^-$
$1\times10^{-3}M \quad 1\times10^{-3}M \quad 2\times10^{-3}M$

∴ pH = 14+log[OH⁻]
= 14+log[2×10^{-3}M]
= 11.30

TIP
① 1mM = 1×10^{-3}M = 1×10^{-3}mol/L
② 산성 물질에서 pH = -log[H⁺]
③ 알칼리성 물질에서 pH = 14 + log[OH⁻]

33 혐기성조-호기성조의 과정을 거치면서 질소제거는 고려되지 않지만 하·폐수 내의 유기물 산화와 생물학적으로 인(P)을 제거하는 공법으로 가장 적합한 것은?

㉮ A/O 공법   ㉯ A_2/O 공법
㉰ UCT 공법   ㉱ Bardenpho 공법

풀이 인(P)만 처리하는 공법은 ㉮ A/O 공법이다.

answer 30 ㉮   31 ㉮   32 ㉱   33 ㉮

34 하수처리장의 침사지 부피가 12m³이고 유입되는 유량이 60m³/hr이라면 체류시간은?

㉮ 0.2min   ㉯ 12min
㉰ 30min   ㉱ 60min

풀이
체류시간(min) = 침사지 부피(m³) / 유량(m³/min)

$$= \frac{12m^3}{60m^3/hr \times 1hr/60min} = 12min$$

35 다음 지구상에 존재하는 담수 중 가장 많은 부분을 차지하는 것은?

㉮ 호소수   ㉯ 하천수
㉰ 지하수   ㉱ 빙설 및 빙하

풀이 담수의 분포는 빙하(만년설포함) > 지하수 > 지표수 > 토양의 수분 > 대기 중 수분 순서이다.

36 혐기성 소화조 운영 중 소화가스 발생량 저하 원인으로 가장 거리가 먼 것은?

㉮ 유기물의 과부하
㉯ 소화조 내 온도저하
㉰ 소화조 내의 pH 상승(8.5 이상)
㉱ 과다한 유기산 생성

풀이 ㉮ 유기물의 과부하는 혐기성 소화조 운전시 이상발포의 원인이다.

TIP
혐기성 소화시 소화가스 발생량 저하 원인
① 저농도 슬러지 유입
② 소화슬러지 과잉 배출
③ 조내 온도 저하
④ 소화가스가 누출될 때
⑤ 과다한 산이 생성되었을 때
⑥ 소화조 내의 pH 상승(pH 8.5 이상)

37 폐기물의 물리화학적 처리방법 중 용매추출에 사용되는 용매의 선택기준이 옳은 것만으로 묶여진 것은?

㉠ 분배계수가 높아 선택성이 클 것
㉡ 끓는점이 높아 회수성이 높을 것
㉢ 물에 대한 용해도가 낮을 것
㉣ 밀도가 물과 같을 것

㉮ ㉠, ㉡   ㉯ ㉠, ㉢
㉰ ㉡, ㉢   ㉱ ㉡, ㉣

풀이 용매추출에 사용되는 용매의 선택기준
① 분배계수가 높아 선택성이 클 것
② 끓는점이 낮아 회수성이 높을 것
③ 물에 대한 용해도가 낮을 것
④ 밀도가 물과 다를 것

38 짐머만(Zimmerman) 공법이라고도 불리며 액상 슬러지에 열과 압력을 작용시켜 용존산소에 의하여 화학적으로 슬러지 내의 유기물을 산화시키는 방법은?

㉮ 혐기성 소화   ㉯ 호기성 소화
㉰ 습식 산화   ㉱ 화학적 안정화

풀이 ㉰ 습식 산화법에 대한 설명이다.

39 슬러지의 탈수성을 개량하기 위한 약품으로 적절하지 않은 것은?

㉮ 명반   ㉯ 철염
㉰ 염소   ㉱ 고분자 응집제

풀이 ㉰ 염소는 살균제이다.

answer 34 ㉯ 35 ㉱ 36 ㉮ 37 ㉯ 38 ㉰ 39 ㉰

40 쓰레기 전환연료(RDF)의 구비조건으로 거리가 먼 것은?

㉮ 칼로리가 높을 것
㉯ 함수율이 높을 것
㉰ 재의 양이 적을 것
㉱ 조성이 균일할 것

풀이 ㉯ 함수율이 낮을 것

41 다음 국제적 협약 중 잔류성 유기오염물질(POPs)을 국제적으로 규제하기 위해 채택된 협약은?

㉮ 스톡홀름 협약   ㉯ 런던 협약
㉰ 바젤 협약   ㉱ 노테르담 협약

풀이 잔류성 유기오염물질(POPs)을 국제적으로 규제하기 위해 채택된 협약은 스톡홀름 협약이다.

42 함수율이 20%인 폐기물을 건조시켜 함수율이 2.3%가 되도록 하려면 폐기물 1000kg당 증발시켜야 할 수분의 양은?
(단, 폐기물 비중은 1.0)

㉮ 약 127kg   ㉯ 약 158kg
㉰ 약 181kg   ㉱ 약 192kg

풀이 ① $W_1 \times (100-P_1) = W_2 \times (100-P_2)$

W_1 : 건조 전 폐기물(kg) P_1 : 건조 전 함수율(%)
W_2 : 건조 후 폐기물(kg) P_2 : 건조 후 함수율(%)

따라서 $1,000kg \times (100-20) = W_2 \times (100-2.3)$

∴ $W_2 = \dfrac{1,000kg \times (100-20)}{(100-2.3)} = 818.83kg$

② 증발시켜야 할 수분량(kg)
= $W_1 - W_2$ = 1,000kg - 818.83kg
= 181.17kg

43 각종 폐수처리 공정에서 발생되는 슬러지를 소화시키는 목적으로 거리가 먼 것은?

㉮ 유기물을 분해시켜 안정화시킨다.
㉯ 슬러지의 무게와 부피를 감소시킨다.
㉰ 병원균을 죽이거나 통제할 수 있다.
㉱ 함수율을 높여 수송을 용이하게 할 수 있다.

풀이 ㉱ 함수율을 낮게 할 수 있다.

44 폐기물을 분쇄하여 세립화 및 균일화하는 것을 파쇄라 한다. 파쇄의 장점으로 가장 거리가 먼 것은?

㉮ 조성을 균일하게 하여 정상 연소시 연소효율을 향상시킨다.
㉯ 폐기물 입자의 표면적이 증가되어 미생물 작용이 촉진되어 매립 시 조기안정화를 꾀할 수 있다.
㉰ 부피가 커져 운반비는 증가하나 고밀도 매립을 할 수 있으며, 토양으로의 산화 및 환원작용이 빨라진다.
㉱ 조대 쓰레기에 의한 소각로의 손상을 방지할 수 있다.

풀이 ㉰ 부피가 작아져 운반비가 감소하며, 고밀도 매립을 할 수 있으며, 토양으로의 산화 및 환원작용이 빨라진다.

answer 40 ㉯ 41 ㉮ 42 ㉰ 43 ㉱ 44 ㉰

45 침출수를 혐기성 여상으로 처리하고자 한다. 유입유량이 1,000m³/day, BOD가 500mg/L, 처리효율이 90%라면, 이 때 혐기성 여상에서 발생되는 메탄가스의 양은? (단, 1.5m³ 가스/BOD kg, 가스 중 메탄 함량은 60%이다.)

㉮ 350m³/day ㉯ 405m³/day
㉰ 510m³/day ㉱ 550m³/day

풀이 메탄가스 발생량(m³/day)
= 유입유량(m³/day)×BOD농도(kg/m³)
$\times \dfrac{\text{제거효율}(\%)}{100} \times \dfrac{\text{가스 중 메탄함량}(\%)}{100}$
$\times \dfrac{\text{가스발생량}(m^3)}{BOD(kg)}$
= 1,000m³/day×0.5kg/m³×0.9×0.6×1.5m³/kg
= 405m³/day

TIP
$mg/L \xrightarrow{\times 10^{-3}} kg/m^3$

46 관거(Pipe-line)를 이용한 폐기물 수거 방법에 관한 설명으로 가장 거리가 먼 것은?

㉮ 폐기물 발생빈도가 높은 곳이 경제적이다.
㉯ 가설 후에 경로변경이 곤란하다.
㉰ 25km 이상의 장거리 수송에 현실성이 있다.
㉱ 큰 폐기물은 파쇄, 압축 등의 전처리를 해야 한다.

풀이 ㉰ 25km 이상의 장거리 수송에 현실성이 없다.

47 다음은 파쇄기의 특성에 관한 설명이다. ( ) 안에 가장 적합한 것은?

( )는 기계의 압착력을 이용하여 파쇄하는 장치로써 나무나 플라스틱류, 콘크리트덩이, 건축폐기물의 파쇄에 이용되며, Rotary Mill식, Impact crusher 등이 있다. 이 파쇄기는 마모가 적고, 비용이 적게 소요되는 장점이 있으나, 금속, 고무, 연질플라스틱류의 파쇄는 어렵다.

㉮ 전단파쇄기 ㉯ 압축파쇄기
㉰ 충격파쇄기 ㉱ 컨베이어파쇄기

풀이 ㉯ 압축파쇄기에 대한 설명으로 내용 중 핵심인 기계의 압착력 = 압축파쇄기임을 숙지하시면 됩니다.

48 다음 중 매립지 내 가스(LFG : Land Fill Gas)에서 주로 발생되는 성분으로 가장 거리가 먼 것은?

㉮ 메탄 ㉯ 질소
㉰ 염소 ㉱ 탄산가스

풀이 매립지 내 가스(LFG)에서 주로 발생되는 성분으로는 탄산가스, 메탄, 질소 등이다.

answer 45 ㉯ 46 ㉰ 47 ㉯ 48 ㉰

49 A도시지역의 쓰레기 수거량은 1,792,500 ton/년이다. 이 쓰레기를 1,363명이 수거한다면 수거능력(MHT)은? (단, 1일 작업시간은 8시간, 1년 작업일수는 310일이다.)

㉮ 1.45   ㉯ 1.77
㉰ 1.89   ㉱ 1.96

풀이
$$MHT = \frac{수거인부수 \times 작업시간}{쓰레기 수거량}$$
$$= \frac{1,363인 \times 8hr/일 \times 310일/년}{1,792,500ton/년} = 1.89$$

TIP
MHT = man · hr/ton

50 쓰레기 수거노선을 설정할 때의 유의사항으로 가장 거리가 먼 것은?

㉮ 가능한 한 간선도로 부근에서 시작하고 끝나도록 한다.
㉯ 언덕길은 내려가면서 수거한다.
㉰ 발생량이 많은 곳은 하루 중 가장 먼저 수거한다.
㉱ 가능한 한 시계 반대방향으로 수거노선을 정한다.

풀이 ㉱ 가능한 한 시계방향으로 수거노선을 정한다.

51 유해폐기물의 물리화학적 처리방법 중 휘발성 물질을 함유하는 유해 액상 폐기물을 수증기와 접촉시켜 휘발성분을 기화시킨 후 분리하는 공정으로 특히 휘발성 물질이 고농도로 농축된 액상 폐기물의 처리에 가장 적합한 방법은?

㉮ 가압 부상   ㉯ 전해 산화
㉰ 공기 탈기   ㉱ 증기 탈기

풀이 ㉱ 증기 탈기법에 대한 설명으로 내용 중 핵심용어인 수증기와 접촉 = 증기탈기법임을 숙지하시면 됩니다.

52 쓰레기의 발생량을 산정하는 방법 중 일정기간 동안 특정지역의 쓰레기 수거차량의 대수를 조사하여 이 값에 밀도를 곱하여 중량으로 환산하는 방법은?

㉮ 물질수지법
㉯ 직접 계근법
㉰ 적재차량 계수분석법
㉱ 경향법

풀이 ㉰ 적재차량 계수분석법에 대한 설명으로 핵심내용인 수거차량의 대수 조사 = 적재차량 계수분석법임을 숙지하시면 됩니다.

TIP
쓰레기 발생량 산정방법
1. 물질수지법(material balance method)
① 시스템에 유입되는 쓰레기 양과 유출되는 쓰레기 양에 대해서 물질수지를 세워 발생되는 쓰레기의 양을 추정하는 방법이다.
② 물질수지를 세울 수 있는 상세한 데이터가 있는 경우에 가능하다.
③ 우선적으로 조사하고자 하는 계의 경계를 정확하게 설정하여야 한다.
④ 주로 산업폐기물의 발생량 추산에 이용된다.
⑤ 비용이 많이 들고 작업량이 많아 널리 이용되지 않는다.

answer 49 ㉰ 50 ㉱ 51 ㉱ 52 ㉰

2. 직접계근법(direct weighting method)
   ① 국내 대형 소각장 및 위생매립장에 반입되는 쓰레기의 양을 주로 측정하는데 이용한다.
   ② 비교적 정확한 발생량을 파악할 수 있다.
   ③ 작업량이 많고 번거로운 폐기물의 발생량 조사방법이다.
3. 적재차량계수법(load count analysis)
   일정 기간 동안 특정 지역의 쓰레기 수거차량의 대수를 조사하여 이 값에 폐기물의 겉보기 비중을 보정하여 중량으로 환산하여 폐기물의 발생량을 조사하는 방법이다.

53 화격자 소각로의 장점으로 가장 적합한 것은?

㉮ 체류시간이 짧고 교반력이 강하다.
㉯ 연속적인 소각과 배출이 가능하다.
㉰ 열에 쉽게 용해되는 물질의 소각에 적합하다.
㉱ 수분이 많은 물질의 소각에 적합하며, 금속부의 마모손실이 적다.

풀이 ㉮ 체류시간이 길고 교반력이 약하다.
㉰ 열에 쉽게 용해되는 물질의 소각에 부적합하다.
㉱ 수분이 많은 물질의 소각에 적합하며, 금속부의 마모손실이 크다.

54 합성차수막 중 PVC의 특성으로 가장 거리가 먼 것은?

㉮ 작업이 용이한 편이다.
㉯ 접합이 용이한 편이다.
㉰ 대부분의 유기화학물질에 약한 편이다.
㉱ 자외선, 오존, 기후 등에 강한 편이다.

풀이 ㉱ 자외선, 오존, 기후 등에 약한 편이다.

55 어떤 물질을 분석한 결과 1,500ppm의 결과를 얻었다. 이것을 %로 환산하면?

㉮ 0.15%   ㉯ 1.5%
㉰ 15%   ㉱ 150%

풀이 $1500\text{ppm} \times 10^{-4} = 0.15\%$

TIP
① $\text{ppm} \xrightarrow{\times 10^{-4}} \%$
② $\% \xrightarrow{\times 10^{4}} \text{ppm}$

56 방음벽 설계 시 유의점으로 옳지 않은 것은?

㉮ 벽의 투과손실은 회절감쇠치보다 적어도 5dB 이상 크게 하는 것이 바람직하다.
㉯ 방음벽 설계시 음원의 지향성과 크기에 대한 상세한 조사가 필요하다.
㉰ 벽의 길이는 점음원일 때 벽높이의 5배 이상, 선음원일 때 음원과 수음점 간의 직선거리의 2배 이상으로 하는 것이 바람직하다.
㉱ 음원의 지향성이 수음측 방향으로 클 때에는 벽에 의한 감쇠치가 계산치보다 작게 된다.

풀이 ㉱ 음원의 지향성이 수음측 방향으로 클 때에는 벽에 의한 감쇠치가 계산치보다 크게 된다.

answer 53 ㉯ 54 ㉱ 55 ㉮ 56 ㉱

57 음향파워가 0.01watt이면 PWL은 얼마인가?

㉮ 1dB ㉯ 10dB
㉰ 100dB ㉱ 1000dB

풀이

$PWL = 10\log\left(\dfrac{W}{W_0}\right)$

- PWL : 음향파워레벨(dB)
- W_0 : 기준음의 파워(10^{-12}Watt)
- W : 임의의 음향 파워(Watt)

따라서 $PWL = 10\log\left(\dfrac{0.01\text{Watt}}{10^{-12}\text{Watt}}\right) = 100\text{dB}$

58 난청이란 4분법에 의한 청력손실이 옥타브밴드 중심 주파수 500 ~ 2,000Hz 범위에서 몇 dB 이상인 경우인가?

㉮ 5 ㉯ 10
㉰ 20 ㉱ 25

풀이 난청이란 4분법에 의한 청력손실이 옥타브밴드 중심 주파수 500 ~ 2,000Hz 범위에서 25dB 이상을 의미한다.

59 다음 중 표시 단위가 다른 것은?

㉮ 투과율 ㉯ 음압 레벨
㉰ 투과손실 ㉱ 음의 세기 레벨

풀이 표시 단위
- ㉮ 투과율 : %
- ㉯ 음압 레벨 : dB
- ㉰ 투과손실 : dB
- ㉱ 음의 세기 레벨 : dB

60 음압이 10배가 되면 음압레벨은 몇 dB 증가하는가?

㉮ 10 ㉯ 20
㉰ 30 ㉱ 40

풀이

$SPL = 20\log\left(\dfrac{P}{P_0}\right)$

- SPL : 음압 레벨
- P_0 : 기준 음압
- P : 실효치 음압

따라서 $\dfrac{SPL_2}{SPL_1} = \dfrac{20\log\left(\dfrac{10P}{P_0}\right)}{20\log\left(\dfrac{P}{P_0}\right)}$

$= 20\log 10 = 20\text{dB}$

answer 57 ㉰ 58 ㉱ 59 ㉮ 60 ㉯

2014 1회 과년도 기출문제

2014년 1월 26일 시행

01 C_8H_{18}을 완전연소 시킬 때 부피 및 무게에 대한 이론 AFR로 맞는 것은?

㉮ 부피 : 59.5, 무게 : 15.1
㉯ 부피 : 59.5, 무게 : 13.1
㉰ 부피 : 35.5, 무게 : 15.1
㉱ 부피 : 35.5, 무게 : 13.1

풀이 ① 완전연소반응식
$$C_8H_{18} + 12.5O_2 \rightarrow 8CO_2 + 9H_2O$$
② 공연비(AFR) 계산

$$AFR(Sm^3/Sm^3) = \frac{12.5 \times 22.4 Sm^3 \times \frac{1}{0.21}}{22.4 Sm^3}$$

$$= \frac{12.5}{0.21} = 59.52$$

$$AFR(kg/kg) = \frac{12.5 \times 32kg \times \frac{1}{0.232}}{114kg} = 15.12$$

TIP
① C_8H_{18}의 분자량 = 8×12 + 18×1 = 114
② AFR = $\frac{공기량}{연료량}$
③ $AFR(Sm^3/Sm^3) = \frac{산소개수 \times 22.4 Sm^3 \times \frac{1}{0.21}}{연료개수 \times 22.4 Sm^3}$
④ $AFR(kg/kg) = \frac{산소개수 \times 32kg \times \frac{1}{0.232}}{연료개수 \times 연료의 분자량(kg)}$

02 프로판(C_3H_8) 44kg을 완전연소 시키기 위해 부피비로 10%의 과잉공기를 사용하였다. 이때 공급한 공기의 양(Sm^3)은 얼마인가?

㉮ $112 Sm^3$ ㉯ $123 Sm^3$
㉰ $587 Sm^3$ ㉱ $1,232 Sm^3$

풀이 ① 이론산소량(Sm^3)을 계산한다.
$$C_3H_8 + 5O_2 \rightarrow 3CO_2 + 4H_2O$$
44kg : 5×22.4Sm^3
44kg : $O_o(Sm^3)$

$$\therefore O_o = \frac{44kg \times 5 \times 22.4 Sm^3}{44kg} = 112 Sm^3$$

② 공급공기량(Sm^3)을 계산한다.
공급공기량(Sm^3)
$$= \frac{이론산소량(Sm^3)}{0.21} \times 공기비(m)$$

$$= \frac{112 Sm^3}{0.21} \times 1.1 = 586.67 Sm^3$$

TIP
① 체적(Sm^3) = 계수×22.4(Sm^3)
② 질량(kg) = 계수×분자량(kg)
③ C_3H_8의 분자량 = 3×12 + 8×1 = 44

answer 01 ㉮ 02 ㉰

03 여름철 광화학스모그의 일반적인 발생 조건으로 바르게 나열된 것은?

> ⊙ 반응성 탄화수소의 농도가 크다.
> ⓒ 기온이 높고 자외선이 강하다.
> ⓒ 대기가 매우 불안정한 상태이다.

㉮ ⊙, ⓒ　　㉯ ⊙, ⓒ
㉰ ⓒ, ⓒ　　㉱ ⓒ

풀이 ⓒ 대기가 매우 안정한 상태이다.

04 중력집진장치의 효율향상 조건에 관한 설명으로 틀린 것은?

㉮ 침강실 내 처리가스 속도가 클수록 미립자가 포집된다.
㉯ 침강실 내 배기가스 기류는 균일하여야 한다.
㉰ 침강실 입구폭이 클수록 유속이 느려지고, 미세한 입자가 포집된다.
㉱ 다단일 경우 단수가 증가될수록 압력손실은 커지나 효율은 증가한다.

풀이 ㉮ 침강실 내 처리가스 속도가 작을수록 미립자가 잘 포집된다.

05 원심력집진장치에서 한계(또는 분리) 입경을 바르게 나타낸 것은?

㉮ 50% 처리효율로 제거되는 입자입경
㉯ 100% 분리 포집되는 입자의 최소입경
㉰ 블로우다운 효과에 적용되는 최소입경
㉱ 분리계수가 적용되는 입자입경

풀이 100% 제거입경 = 임계입경 = 한계입경
　　　　　　　= 최소제거입경

06 메탄(Methane) 1mol을 이론적으로 완전연소 시킬 때, 0℃, 1기압 하에서 필요한 산소의 부피(L)는 얼마인가? (단, 산소는 이상기체로 간주함.)

㉮ 22.4L　　㉯ 44.8L
㉰ 67.2L　　㉱ 89.6L

풀이 이상기체상태방정식을 이용한다.
$PV = nRT$

$$\begin{bmatrix} P : 압력(atm) & V : 부피(L) \\ n : 몰수 & \\ R : 기체상수(0.082L \cdot atm/mol \cdot K) \\ T : 절대온도(273+℃) \end{bmatrix}$$

따라서
$1atm \times V = 2mol \times 0.082L \cdot atm/mol \cdot K \times 273K$

$\therefore V = \dfrac{2mol \times 0.082L \cdot atm/mol \cdot K \times 273K}{1atm}$

　　= 44.77L

TIP

$CH_4 + 2O_2 \rightarrow CO_2 + 2H_2O$
1mol : 2mol
따라서 메탄 1mol을 완전연소 시킬 때 필요한 산소량은 2mol이 된다.

07 배출가스 중의 염소농도가 200ppm이었다. 염소농도를 10mg/Sm³로 최종 배출한다고 하면 염소의 제거율(%)은?

㉮ 95.7%　　㉯ 97.2%
㉰ 98.4%　　㉱ 99.6%

풀이 ① 배출가스 중 염소농도(mg/Sm³)
$= \dfrac{200mL}{Sm^3} \times \dfrac{71mg}{22.4mL} = 633.93mg/Sm^3$

② 최종배출되는 염소농도 = 10mg/Sm³
③ 염소의 제거율(%)
$= \left(1 - \dfrac{최종 배출되는 염소농도}{배출가스 중 염소농도}\right) \times 100$
$= \left(1 - \dfrac{10mg/Sm^3}{633.93mg/Sm^3}\right) \times 100 = 98.42\%$

answer 03 ㉱　04 ㉮　05 ㉯　06 ㉯　07 ㉰

08 대기의 상태가 과단열감율을 나타내는 것으로 매우 불안정하고 심한 와류로 굴뚝에서 배출되는 오염물질이 넓은 지역에 걸쳐 분산되지만 지표면에서는 국부적인 고농도 현상이 발생하기도 하는 연기의 모양은 어느 것인가?

㉮ 환상형(Looping)
㉯ 원추형(Coning)
㉰ 부채형(Fanning)
㉱ 구속형(Trapping)

풀이 대기의 안정도
㉮ 환상형(Looping) : 과단열(매우 불안정) 조건
㉯ 원추형(Coning) : 중립, 미단열, 등온 조건
㉰ 부채형(Fanning) : 역전(매우 안정) 조건
㉱ 구속형(Trapping) : 지표-복사성역전, 고공-침강성역전

09 다음에서 설명하는 장치의 분석법은 어느 것인가?

> 이 법은 기체시료 또는 기화(氣化)한 액체나 고체시료를 운반가스(Carrier Gas)에 의하여 분리, 관내에 전개시켜 기체상태에서 분리되는 각 성분을 분석하는 방법으로 일반적으로 무기물 또는 유기물의 대기오염 물질에 대한 정성(定性), 정량(定量) 분석에 이용한다.

㉮ 흡광광도법(자외선/가시선 분광법)
㉯ 원자흡수분광광도법
㉰ 기체크로마토그래피법
㉱ 비분산적외선분광분석법

풀이 ㉰ 기체크로마토그래피법에 대한 설명으로 내용 중 핵심인 기체시료, 기체상태 = 기체크로마토그래피법임을 숙지하시면 됩니다.

10 SO_2 기체와 물이 30℃에서 평형상태에 있다. 기상에서의 SO_2 분압이 44mmHg일 때 액상에서의 SO_2 농도(kmol/m³)는 얼마인가? (단, 30℃에서 SO_2 기체의 물에 대한 헨리상수는 $1.60 \times 10 atm \cdot m^3/kmol$이다.)

㉮ $2.51 \times 10^{-4} kmol/m^3$
㉯ $2.51 \times 10^{-3} kmol/m^3$
㉰ $3.62 \times 10^{-4} kmol/m^3$
㉱ $3.62 \times 10^{-3} kmol/m^3$

풀이 헨리법칙을 이용한다.
$P = H \cdot C$

$\begin{bmatrix} P : 분압(atm) \\ H : 헨리상수(atm \cdot m^3/kmol) \\ C : 농도(kmol/m^3) \end{bmatrix}$

따라서 $C = \dfrac{P}{H} = \dfrac{44mmHg/760}{1.60 \times 10 atm \cdot m^3/kmol}$

$= 3.62 \times 10^{-3} kmol/m^3$

TIP
① $C(kmol/m^3) = \dfrac{PmmHg/760}{H(atm \cdot m^3/kmol)}$
② $C(kmol/m^3) = \dfrac{PmmH_2O/10,332}{H(atm \cdot m^3/kmol)}$

11 전기집진장치의 집진극이 갖추어야 할 조건으로 틀린 것은?

㉮ 부착된 먼지를 털어내기 쉬울 것
㉯ 전기장 강도가 불균일하게 분포하도록 할 것
㉰ 열, 부식성 가스에 강하고 기계적인 강도가 있을 것
㉱ 부착된 먼지의 탈진시, 재비산이 잘 일어나지 않는 구조를 가질 것

풀이 ㉯ 전기장 강도가 균일하게 분포하도록 할 것

answer 08 ㉮   09 ㉰   10 ㉱   11 ㉯

12 연소조절에 의한 NO$_x$ 발생의 억제방법으로 틀린 것은?

㉮ 2단 연소를 실시한다.
㉯ 과잉공기량을 삭감시켜 운전한다.
㉰ 배기가스를 재순환시킨다.
㉱ 부분적인 고온영역을 만들어 연소효율을 높인다.

풀이 ㉱번은 질소산화물(NO$_x$)이 많이 발생하는 조건이다.

13 황(S) 성분이 1.6(wt%)인 중유가 2,000 kg/hr 연소하는 보일러 배출가스를 NaOH 용액으로 처리할 때 시간당 필요한 NaOH의 양(kg)은 얼마인가? (단, 황성분은 완전연소하여 SO$_2$로 되며, 탈황률은 95% 임.)

㉮ 76   ㉯ 82
㉰ 84   ㉱ 89

풀이 S+O$_2$ → SO$_2$+2NaOH → Na$_2$SO$_3$+H$_2$O
32kg : 2×40kg
2,000kg/hr×0.016×0.95 : X

∴ X = $\dfrac{2{,}000\text{kg/hr}\times 0.016\times 0.95\times 2\times 40\text{kg}}{32\text{kg}}$

= 76kg/hr

TIP
S + O$_2$ → SO$_2$ + 2NaOH → Na$_2$SO$_3$ + H$_2$O
32kg : 2×40kg
중유량(kg/hr)× $\dfrac{S(\%)}{100}$ × $\dfrac{탈황율(\%)}{100}$: x

14 다음 중 오존층의 두께를 표시하는 단위는 어느 것인가?

㉮ VAL   ㉯ OTL
㉰ Pa   ㉱ Dobson

풀이 오존층의 두께를 표시하는 단위는 돕슨(Dobson)이다.

15 질소산화물을 촉매환원법으로 처리하고자 할 때 사용되는 촉매는 어느 것인가?

㉮ K$_2$SO$_4$ ㉯ 백금
㉰ V$_2$O$_5$ ㉱ HCl

풀이 질소산화물을 촉매환원법으로 처리하고자 할 때 사용되는 촉매는 백금(Pt)이다.

16 다음 중 acidity 또는 hardness는 어떤 물질로 환산하는가?

㉮ 염화칼슘   ㉯ 질산칼슘
㉰ 수산화칼슘 ㉱ 탄산칼슘

풀이 acidity(산도), alkality(알칼리도), hardness(경도)는 탄산칼슘(CaCO$_3$)의 농도로 환산한 값이며, 단위는 ppm 또는 mg/L로 표시한다.

answer 12 ㉱ 13 ㉮ 14 ㉱ 15 ㉯ 16 ㉱

17 4m×3m의 여과지에 1,000m³/day의 유량을 처리할 경우 여과율(L/m²·s)은 얼마인가?

㉮ 0.96L/m²·s ㉯ 9.6L/m²·s
㉰ 0.12L/m²·s ㉱ 1.2L/m²·s

풀이 여과율(L/m²·sec) = $\frac{유량(L/sec)}{면적(m^2)}$

= $\frac{1,000m^3/day \times 10^3 L/m^3 \times 1day/24hr \times 1hr/3,600sec}{4m \times 3m}$

= 0.96L/m²·sec

18 에탄올(C_2H_5OH)의 농도가 350mg/L인 폐수의 이론적인 화학적 산소요구량(mg/L)은 얼마인가?

㉮ 620mg/L ㉯ 730mg/L
㉰ 840mg/L ㉱ 950mg/L

풀이 $C_2H_5OH + 3O_2 \rightarrow 2CO_2 + 3H_2O$
　　46g　:　3×32g
　350mg/L : COD

∴ COD = $\frac{350mg/L \times 3 \times 32g}{46g}$ = 730.43mg/L

TIP 산소량을 의미하는 용어는 ThOD, COD, BOD_u이다.

19 활성슬러지법으로 처리하고 있는 어떤 폐수처리시설 포기조의 운영관리 자료 중 가장 거리가 먼 것은?

㉮ SV가 20~30%이다.
㉯ DO가 7~9mg/L이다.
㉰ MLSS가 2,500mg/L이다.
㉱ pH가 6~8이다.

풀이 ㉯ DO가 2mg/L 이상이다.

20 시료의 5일 BOD가 212mg/L이고, 탈산소계수값이 0.15/day(밑수 10)이면 이 시료의 최종 BOD(mg/L)는 얼마인가?

㉮ 243 ㉯ 258
㉰ 285 ㉱ 292

풀이 $BOD_5 = BOD_u \times (1-10^{-k_1 \times t})$
212mg/L = $BOD_u \times (1-10^{-0.15/day \times 5day})$

∴ $BOD_u = \frac{212mg/L}{1-10^{-0.15/day \times 5day}}$ = 257.85mg/L

TIP 최종 BOD = BOD_{20} = BOD_u

21 아래 〈보기〉에서 설명하는 생물학적 처리공정으로 알맞는 것은?

[보기]
- 설치면적이 적게 들며, 처리수의 수질이 양호하다.
- BOD, SS의 제거율이 높다.
- 수량 또는 수질에 영향을 많이 받는다.
- 슬러지 팽화가 문제점으로 지적된다.

㉮ 산화지법　　㉯ 살수여상법
㉰ 회전원판법　㉱ 활성슬러지법

풀이 ㉱ 활성슬러지법에 대한 설명으로 내용의 핵심용어인 슬러지화팽화 = 활성슬러지법임을 숙지하시면 됩니다.

answer 17 ㉮ 18 ㉯ 19 ㉯ 20 ㉯ 21 ㉱

22 아연과 성질이 유사한 금속으로 체내 칼슘균형을 깨뜨려 골연화증의 원인이 되며, 이따이이따이병으로 잘 알려진 물질은?

㉮ Hg ㉯ Cd
㉰ PCB ㉱ Cr^{6+}

풀이 유해물질과 만성질환
㉮ Hg(수은) : 미나마타병, 헌터루셀증후군
㉯ Cd(카드뮴) : 이따이이따이병
㉰ PCB : 카네미유증
㉱ Cr^{6+}(6가크롬) : 신장장해

23 SVI = 125일 때 반송슬러지 농도(mg/L)는 얼마인가?

㉮ 1,000 ㉯ 2,000
㉰ 4,000 ㉱ 8,000

풀이 $SS_r = \dfrac{10^6}{SVI}$

$\begin{bmatrix} SS_r : 반송슬러지 농도(mg/L) \\ SVI : 슬러지 용적지수(mL/g) \end{bmatrix}$

따라서 $SS_r = \dfrac{10^6}{125} = 8,000 mg/L$

TIP
SVI(슬러지용적지수) : 포기조에서 성장한 미생물이 2차 침전지에서 침강농축성을 나타내는 지표

① $SVI(mL/g) = \dfrac{SV(mL/L)}{MLSS(mg/L)} \times 10^3$

② $SVI(mL/g) = \dfrac{SV(\%)}{MLSS(mg/L)} \times 10^4$

③ $SVI(mL/g) = \dfrac{10^6}{SS_r(mg/L)}$

24 아래 식은 크롬 함유 폐수의 수산화물 침전과정의 화학반응식이다. □에 들어갈 알맞은 수치는 얼마인가?

$Cr_2(SO_4)_3 + 6NaOH$
$\rightarrow \Box Cr(OH)_3 \downarrow + 3Na_2SO_4$

㉮ 1 ㉯ 2
㉰ 3 ㉱ 4

풀이 $Cr_2(SO_4)_3$에서 Cr이 2개이므로 □안에 숫자는 2가 들어간다.

25 하수의 고도처리공법 중 인(P)성분만을 주로 제거하기 위한 side stream 공정으로 맞는 것은?

㉮ Bardenpho 공정
㉯ Phostrip 공법
㉰ A_2/O 공정
㉱ UCT 공정

풀이 ㉮ Bardenpho 공정 : 질소(N)와 인(P) 처리공정
㉯ Phostrip 공법 : 인(P) 처리공정
㉰ A_2/O 공정 : 질소(N)와 인(P) 처리공정
㉱ UCT 공정 : 질소(N)와 인(P) 처리공정

answer 22 ㉯ 23 ㉱ 24 ㉯ 25 ㉯

26 효과적인 응집을 위해 실시하는 약품교반 실험장치(jar tester)의 일반적인 실험순서로 맞는 것은?

㉮ 정치 침전→상징수 분석→응집제 주입→급속 교반→완속 교반
㉯ 급속 교반→완속 교반→응집제 주입→정치 침전→상징수 분석
㉰ 상징수 분석→정치 침전→완속 교반→급속 교반→응집제 주입
㉱ 응집제 주입→급속 교반→완속 교반→정치 침전→상징수 분석

풀이 jar tester의 순서는 응집제 주입→급속 교반→완속 교반→정치 침전→상징수 분석 순서이다.

27 다음 중 수처리시 사용되는 응집제의 종류가 아닌 것은?

㉮ PAC   ㉯ 소석회
㉰ 입상활성탄   ㉱ 염화제2철

풀이 ㉰ 입상활성탄은 흡착제의 종류이다.

28 부상법으로 처리해야 할 폐수의 성상으로 가장 적당한 것은?

㉮ 수중에 용존유기물의 농도가 높은 경우
㉯ 비중이 물보다 낮은 고형물이 많은 경우
㉰ 수온이 높은 경우
㉱ 독성물질을 많이 함유한 경우

풀이 ㉯ 비중이 물보다 낮은 고형물이 많은 경우는 부상법을 이용하여 처리한다.

29 MLSS 농도가 1,000mg/L 이고, BOD 농도가 200mg/L인 2,000m³/day의 폐수가 포기조로 유입될 때 BOD/MLSS 부하는 얼마인가? (단, 포기조의 용적은 1,000m³ 임.)

㉮ 0.1kg BOD/kg MLSS · day
㉯ 0.2kg BOD/kg MLSS · day
㉰ 0.3kg BOD/kg MLSS · day
㉱ 0.4kg BOD/kg MLSS · day

풀이
$$F/M비 = \frac{BOD(kg/m^3) \times Q(m^3/day)}{MLSS(kg/m^3) \times V(m^3)}$$
$$= \frac{0.2kg/m^3 \times 2,000m^3/day}{1kg/m^3 \times 1,000m^3}$$
$$= 0.4/day$$

TIP
① BOD/MLSS부하 = F/M비(/day)
② mg/L $\xrightarrow{\times 10^{-3}}$ kg/m³

30 0.1N 염산(HCl) 용액의 예상되는 pH 값은? (단, 이 농도에서 염산 용액은 100% 해리함.)

㉮ 1   ㉯ 2
㉰ 12   ㉱ 13

풀이
HCl → H⁺ + Cl⁻
0.1M   0.1M   0.1M
따라서 pH = -log[H⁺] = -log[0.1M] = 1.0

TIP
① HCl은 1가이므로 M농도 = N농도
② pH = -log[H⁺]
③ pOH = -log[OH⁻]

answer 26 ㉱ 27 ㉰ 28 ㉯ 29 ㉱ 30 ㉮

31 다음 중 살수여상법으로 폐수를 처리할 때 유지관리상 유의할 점으로 틀린 것은?

㉮ 슬러지의 팽화 ㉯ 여상의 폐쇄
㉰ 생물막의 탈락 ㉱ 파리의 발생

풀이 ㉮ 슬러지의 팽화는 활성슬러지법에서 발생한다.

32 166.6g의 $C_6H_{12}O_6$가 완전한 혐기성 분해를 한다고 가정할 때 발생 가능한 CH_4 가스용적(L)은? (단, 표준상태 기준)

㉮ 24.4L ㉯ 62.2L
㉰ 186.7L ㉱ 1,339.3L

풀이 $C_6H_{12}O_6 \rightarrow 3CO_2 + 3CH_4$
180g : 3×22.4L
166.6g : CH_4(L)
∴ $CH_4 = \dfrac{166.6g \times 3 \times 22.4L}{180g} = 62.20$L

33 무기응집제인 알루미늄염의 장점으로 틀린 것은?

㉮ 적정 pH폭이 2~12 정도로 매우 넓은 편이다.
㉯ 독성이 거의 없어 대량으로 주입할 수 있다.
㉰ 시설을 더럽히지 않는 편이다.
㉱ 가격이 저렴한 편이다.

풀이 ㉮ 적정 pH 폭이 5~8 범위로 비교적 좁은 편이다.

34 스토크스(Stokes)의 법칙에 따라 물속에서 침전하는 원형입자의 침전속도에 관한 설명으로 틀린 것은?

㉮ 침전속도는 입자지름의 제곱에 비례한다.
㉯ 침전속도는 물의 점도에 반비례한다.
㉰ 침전속도는 중력가속도에 비례한다.
㉱ 침전속도는 입자와 물간의 밀도차에 반비례한다.

풀이 ㉱ 침전속도는 입자와 물간의 밀도차에 비례한다.

TIP

$$V_s = \dfrac{d^2(\rho_s - \rho_w)g}{18 \times \mu}$$

V_s : 침강속도(cm/sec)
d : 직경(cm)
ρ_s : 입자의 밀도(g/cm^3)
ρ_w : 물의 밀도(g/cm^3)
g : 중력가속도(980cm/sec^2)
μ : 점성도(g/cm·sec)

35 완속여과의 특징에 관한 설명으로 틀린 것은?

㉮ 손실수두가 비교적 적다.
㉯ 유지관리비가 적은 편이다.
㉰ 시공비가 적고 부지가 좁다.
㉱ 처리수의 수질이 양호한 편이다.

풀이 ㉰ 시공비가 많이 들고 부지가 넓다.

answer 31 ㉮ 32 ㉯ 33 ㉮ 34 ㉱ 35 ㉰

36 쓰레기 발생량과 성상에 영향을 미치는 요인에 관한 설명으로 틀린 것은?

㉮ 수집빈도가 높을수록, 그리고 쓰레기 통이 클수록 발생량이 감소하는 경향이 있다.
㉯ 일반적으로 도시의 규모가 커질수록 쓰레기 발생량이 증가한다.
㉰ 쓰레기 관련 법규는 쓰레기 발생량에 매우 중요한 영향을 미친다.
㉱ 대체로 생활수준이 증가하면 쓰레기 발생량도 증가하며 다양화된다.

풀이 ㉮ 수집빈도가 높을수록, 그리고 쓰레기통이 클수록 발생량이 증가하는 경향이 있다.

37 화상위에서 쓰레기를 태우는 방식으로 플라스틱처럼 열에 열화, 용해되는 물질의 소각과 슬러지, 입자상물질의 소각에도 적합하며, 체류시간이 길고 국부적으로 가열될 염려가 있으며, 연소 효율이 나쁘며, 잔사의 용량이 많아질 수 있는 소각로는 어느 것인가?

㉮ 고정상   ㉯ 화격자
㉰ 회전로   ㉱ 다단로

풀이 ㉮ 고정상 소각로에 대한 설명으로 내용 중 핵심인 플라스틱 소각 = 고정상 소각로임을 숙지하시면 됩니다.

38 폐기물 소각시설의 후연소실에 대한 설명으로 틀린 것은?

㉮ 주연소실에서 생성된 휘발성 기체는 후연소실로 흘러들어 연소된다.
㉯ 깨끗하고 가연성인 액상 폐기물은 바로 후연소실로 주입될 수 있다.
㉰ 후연소실 내의 온도는 주연소실의 온도보다 보통 낮게 유지한다.
㉱ 연기 내의 가연성분의 완전산화를 위해 후연소실은 충분한 양의 잉여 공기가 공급되어야 한다.

풀이 ㉰ 후연소실 내의 온도는 주연소실의 온도보다 보통 높게 유지한다.

39 퇴비화에 관련된 부식질(humus)의 특징과 거리가 먼 것은?

㉮ 병원균이 사멸되어 거의 없다.
㉯ 뛰어난 토양개량제이다.
㉰ C/N비가 50~60 정도로 높다.
㉱ 물보유력과 양이온 교환능력이 좋다.

풀이 ㉰ C/N비가 10~20 정도로 낮다.

40 소각로에서 적용하는 공기비(m)에 관한 설명으로 맞는 것은?

㉮ 실제공기량과 이론공기량의 비
㉯ 연소가스량과 이론공기량의 비
㉰ 연소가스량과 실제공기량의 비
㉱ 실제공기량과 이론산소량의 비

풀이 공기비(m) = $\dfrac{\text{실제공기량}(A)}{\text{이론공기량}(A_o)}$

answer 36 ㉮ 37 ㉮ 38 ㉰ 39 ㉰ 40 ㉮

41 슬러지 내의 수분 중 일반적으로 가장 많은 양을 차지하며 고형물질과 직접 결합해 있지 않기 때문에 농축 등의 방법으로 용이하게 분리할 수 있는 수분은?

㉮ 간극수 ㉯ 모관결합수
㉰ 부착수 ㉱ 내부수

풀이 ㉮ 간극수에 대한 설명이다.

TIP
용어설명
① 모관결합수 : 미세한 슬러지 고형물의 입자사이의 얇은 틈에 존재하는 수분으로 모세관압으로 결합되어 있는 수분이며, 원심력, 진공압 등 기계적 압착으로 분리시킨다.
② 부착수 : 콜로이드상 결합수로 수분제거가 용이하지 못하다.
③ 내부수 : 세포 내부에 강하게 결합된 수분이다.

42 매립지에서의 침출수 발생량에 영향을 미치는 인자로 틀린 것은?

㉮ 강우침투량 ㉯ 유출계수
㉰ 증발산량   ㉱ 교통량

풀이 ㉱ 교통량과는 아무런 관계가 없다.

43 폐기물의 해안매립공법 중 밑면이 뚫린 바지선 등으로 쓰레기를 떨어뜨려 줌으로써 바닥지반의 하중을 균일하게 하고, 쓰레기 지반 안정화 및 매립부지 조기이용 등에는 유리하지만 매립효율이 떨어지는 공법은 어느 것인가?

㉮ 셀공법   ㉯ 박층뿌림공법
㉰ 순차투입공법 ㉱ 내수배제공법

풀이 ㉯ 박층뿌림공법에 대한 설명으로 내용 중 핵심 용어인 바지선 = 박층뿌림공법임을 숙지하시면 됩니다.

44 폐기물처리에서 에너지 회수방법으로 틀린 것은?

㉮ 슬러지 개량 ㉯ 혐기성 소화
㉰ 소각열 회수 ㉱ RDF 제조

풀이 ㉮ 슬러지 개량의 목적은 탈수성을 향상시키는 것이다.

45 쓰레기를 파쇄처리하는 이유로 틀린 것은?

㉮ 겉보기 밀도의 감소
㉯ 입자크기의 균일화
㉰ 부등침하의 가능한 억제
㉱ 비표면적의 증가

풀이 ㉮ 겉보기 밀도의 증가

46 어느 도시에 인구 100,000명이 거주하고 있으며, 1인당 쓰레기 발생량이 평균 0.9(kg/인·일)이다. 이 쓰레기를 적재용량이 5톤인 트럭을 이용하여 한 번에 수거를 마치려고 할 때 필요한 트럭의 수는?

㉮ 10대 ㉯ 12대
㉰ 15대 ㉱ 18대

풀이
$$차량수 = \frac{쓰레기의\ 총\ 발생량(톤/일)}{차량의\ 적재용량(톤/대)}$$
$$= \frac{0.9 kg/인 \cdot 일 \times 100,000인 \times 10^{-3} ton/kg}{5 ton/대}$$
$$= 18대/일$$

---

answer 41 ㉮ 42 ㉱ 43 ㉯ 44 ㉮ 45 ㉮ 46 ㉱

47 일정 기간 동안 특정지역의 쓰레기 수거차량의 대수를 조사하여 이 값에 쓰레기의 밀도를 곱하여 중량으로 환산하여 쓰레기 발생량을 산출하는 방법은 어느 것인가?

㉮ 경향법
㉯ 직접계근법
㉰ 물질수지법
㉱ 적재차량 계수분석법

▶ 풀이 ㉱ 적재차량 계수분석법에 대한 설명으로 내용 중 핵심인 대수조사 = 적재차량 계수분석법 임을 숙지하시면 됩니다.

TIP
쓰레기 발생량 예측방법과 조사방법
1. 쓰레기 발생량 예측방법
   ① 다중회귀모델 : 하나의 수식으로 각 인자들이 효과를 총괄적으로 나타내어 복잡한 시스템의 분석에 유용하게 사용할 수 있는 쓰레기 발생량을 예측하는 방법이다.
   ② 동적모사모델 : 쓰레기 배출에 영향을 주는 모든 인자를 시간에 대한 함수로 나타낸 후 시간에 대한 함수로 각 영향인자들간에 상관관계를 수식화 한 것이다.
   ③ 경향모델 : 폐기물 발생량 예측방법 중 모든 인자를 시간에 대한 함수로 하여 모델화시켜 예측하는 방법이다.
2. 쓰레기 발생량 조사방법
   ① 물질수지법 : 시스템에 유입되는 쓰레기 양과 유출되는 쓰레기 양에 대해서 물질수지를 세워 발생되는 쓰레기의 양을 추정하는 방법이다.
   ② 직접계근법 : 국내 대형 소각장 및 위생매립장에 반입되는 쓰레기의 양을 주로 측정하는 방법이다.
   ③ 적재차량계수법 : 일정 기간 동안 특정지역의 쓰레기 수거차량의 대수를 조사하여 이 값에 폐기물의 겉보기 비중을 보정하여 중량으로 환산하여 폐기물의 발생량을 조사하는 방법이다.

48 매립가스 중 축적되면 폭발성의 위험성이 있으며, 가볍기 때문에 위로 확산되며, 구조물의 설계시에는 구조물로 스며들지 않도록 해야 하는 물질은 어느 것인가?

㉮ 메탄   ㉯ 산소
㉰ 황화수소   ㉱ 이산화탄소

▶ 풀이 ㉮ 메탄(CH_4)의 분자량은 16으로 공기(29)에 비해 작으므로 가벼워 위로 확산된다.

49 다단로 소각에 대한 내용으로 가장 거리가 먼 것은?

㉮ 체류시간이 길어 특히 휘발성이 적은 폐기물의 연소에 유리하다.
㉯ 온도반응이 비교적 신속하여 보조연료 사용조절이 용이하다.
㉰ 다량의 수분이 증발되므로 수분함량이 높은 폐기물의 연소도 가능하다.
㉱ 물리·화학적 성분이 다른 각종 폐기물을 처리할 수 있다.

▶ 풀이 ㉯ 온도반응이 느려서 보조연료 사용조절이 어렵다.

50 그림과 같이 쓰레기를 수평으로 고르게 깔아 압축하고 복토를 깔아 쓰레기층과 복토층을 교대로 쌓는 매립공법은?

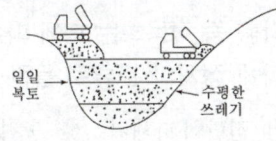

㉮ 박층뿌림공법   ㉯ 샌드위치공법
㉰ 압축매립공법   ㉱ 도랑형공법

▶ 풀이 ㉯ 샌드위치공법에 대한 설명이다.

answer 47 ㉱ 48 ㉮ 49 ㉯ 50 ㉯

51 폐기물의 원소를 분석한 결과 탄소 42%, 산소 40%, 수소 9%, 회분 7%, 황 2%이었다. 듀롱(Dulong)식을 이용하여 계산할 때 고위발열량(kcal/kg)은?

㉮ 약 4,100 ㉯ 약 4,300
㉰ 약 4,500 ㉱ 약 4,800

풀이 듀롱(Dulong)의 식

$Hh = 8,100C + 34,000\left(H - \dfrac{O}{8}\right) + 2,500S \text{(kcal/kg)}$

$= 8,100 \times 0.42 + 34,000 \times \left(0.09 - \dfrac{0.40}{8}\right) + 2,500 \times 0.02$

$= 4,812 \text{kcal/kg}$

TIP
Dulong식에 의한 발열량은 고위발열량(Hh)임에 주의한다.

52 다음 중 MHT에 관한 설명으로 틀린 것은?

㉮ man·hour/ton을 뜻한다.
㉯ 폐기물의 수거효율을 평가하는 단위로 쓰인다.
㉰ MHT가 클수록 수거효율이 좋다.
㉱ 수거작업간의 노동력을 비교하기 위한 것이다.

풀이 ㉰ MHT가 작을수록 수거효율이 좋다.

53 다음 중 작용하는 힘에 따른 폐기물의 파쇄 장치의 분류로 틀린 것은?

㉮ 전단식 파쇄기 ㉯ 충격식 파쇄기
㉰ 압축식 파쇄기 ㉱ 공기식 파쇄기

풀이 작용하는 힘에 따른 파쇄장치의 종류에는 전단식 파쇄기, 충격식 파쇄기, 압축식 파쇄기가 있다.

54 밀도가 1g/cm³인 폐기물 10kg에 고형화 재료 2kg을 첨가하여 고형화 시켰더니 밀도가 1.2g/cm³로 증가했다. 이 경우 부피변화율은 얼마인가?

㉮ 0.7 ㉯ 0.8
㉰ 0.9 ㉱ 1.0

풀이 부피변화율(VCF) $= (1+MR) \times \dfrac{\rho_1}{\rho_2}$

MR : 혼합율($MR = \dfrac{\text{첨가제의 질량}}{\text{폐기물의 질량}}$)
ρ_1 : 고화처리 전 폐기물의 밀도(g/cm³)
ρ_2 : 고화처리 후 폐기물의 밀도(g/cm³)

따라서
부피변화율(VCF) $= \left(1 + \dfrac{2kg}{10kg}\right) \times \dfrac{1g/cm^3}{1.2g/cm^3} = 1.0$

55 다음 중 폐기물의 기계적(물리적) 선별 방법으로 틀린 것은?

㉮ 체선별   ㉯ 공기선별
㉰ 용제선별 ㉱ 관성선별

풀이 폐기물의 기계적(물리적) 선별방법에는 체선별(스크린선별), 공기선별, 관성선별, 자석선별, 광학분류기선별, 수선별 등이 있다.

56 음의 회절에 관한 설명으로 틀린 것은?

㉮ 회절하는 정도는 파장에 반비례한다.
㉯ 슬릿의 폭이 좁을수록 회절하는 정도가 크다.
㉰ 장애물 뒤쪽으로 음이 전파되는 현상이다.
㉱ 장애물이 작을수록 회절이 잘된다.

풀이 ㉮ 회절하는 정도는 파장에 비례한다.

---

answer 51 ㉱ 52 ㉰ 53 ㉱ 54 ㉱ 55 ㉰ 56 ㉮

57 다음 ( )안에 들어갈 말로 맞는 것은?

> 한 장소에 있어서의 특정의 음을 대상으로 생각할 경우 대상소음이 없을 때 그 장소의 소음을 대상소음에 대한 ( )이라 한다.

㉮ 고정소음 ㉯ 기저소음
㉰ 정상소음 ㉱ 배경소음

풀이 ㉱ 배경소음에 대한 설명이다.

58 가속도 진폭의 최대값이 0.01m/s^2인 정현진동의 진동가속도 레벨은 얼마인가? (단, 기준 10^{-5}m/s^2)

㉮ 28 dB ㉯ 30 dB
㉰ 57 dB ㉱ 60 dB

풀이
$$VAL = 20\log\left(\frac{A_s}{A_r}\right)(dB)$$

$\begin{bmatrix} VAL : 진동가속도레벨(dB) \\ A_m : 진동가속도 진폭 혹은 실효치(m/sec^2) \\ A_s : 측정대상 진동의 실효치(m/sec^2) \\ A_r : 진동기준의 가속도 실효치(10^{-5} m/sec^2) \end{bmatrix}$

따라서

$A_s = \frac{A_m}{\sqrt{2}} = \frac{0.01 \text{m/sec}^2}{\sqrt{2}} = 7.071 \times 10^{-3} \text{m/sec}^2$

$\therefore VAL = 20\log\left(\frac{7.071 \times 10^{-3} \text{m/sec}^2}{10^{-5} \text{m/sec}^2}\right) = 56.99 \text{dB}$

59 공해진동에 관한 설명으로 틀린 것은?

㉮ 진동수 범위는 1,000~4,000Hz 정도이다.
㉯ 문제가 되는 진동레벨은 60dB부터 80dB까지가 많다.
㉰ 사람이 느끼는 최소진동역치는 55±5 dB 정도이다.
㉱ 사람에게 불쾌감을 준다.

풀이 ㉮ 일반적으로 공해진동의 주파수 범위는 1~90Hz 이다.

60 무지향성 점음원을 두 면이 접하는 구석에 위치시켰을 때의 지향지수는 얼마인가?

㉮ 0 ㉯ +3dB
㉰ +6dB ㉱ +9dB

TIP
지향계수(Q)와 지향지수(DI)
① 음원이 자유공간에 있는 경우 : Q = 1, DI = 0
② 음원이 반자유공간(바닥 위)에 있는 경우 : Q = 2, DI = +3dB
③ 음원이 두면이 접하는 구석에 있는 경우 : Q = 4, DI = +6dB
④ 음원이 세면이 접하는 구석에 있는 경우 : Q = 8, DI = +9dB

answer 57 ㉱ 58 ㉰ 59 ㉮ 60 ㉰

2014년 2회 과년도 기출문제

2014년 4월 6일 시행

01 표준상태에서 물 6.6g을 수증기로 만들 때 부피(L)로 알맞은 것은 어느 것인가?

㉮ 약 5.16L ㉯ 약 6.22L
㉰ 약 7.24L ㉱ 약 8.21L

풀이 $H_2O(L) = 6.6g \times \dfrac{22.4L}{18g} = 8.21L$

TIP
H_2O 1mol $\begin{cases} 18g \\ 22.4L \end{cases}$

02 다음 중 벤츄리스크러버의 입구 유속으로 알맞은 것은 어느 것인가?

㉮ 60 ~ 90m/sec ㉯ 5 ~ 10m/sec
㉰ 1 ~ 2m/sec   ㉱ 0.5 ~ 1m/sec

풀이 벤츄리스크러버의 입구 유속은 60 ~ 90m/sec이다.

03 대기상태에 따른 굴뚝 연기의 모양으로 알맞은 것은 어느 것인가?

㉮ 역전 상태 - 부채형
㉯ 매우 불안정 상태 - 원추형
㉰ 안정 상태 - 환상형
㉱ 상층 불안정, 하층 안정 상태 - 훈증형

풀이 대기안정도와 연기모양
㉯ 매우 불안정 상태 - 파상형
㉰ 안정 상태(역전상태) - 부채형
㉱ 상층 불안정, 하층 안정 상태 - 상승형

04 역사적인 대기오염 사건 중 포자리카(Poza Rica) 사건의 원인물질은 어느 것인가?

㉮ O_3 ㉯ H_2S
㉰ PCB   ㉱ MIC

풀이 멕시코 포자리카 사건의 원인물질은 황화수소(H_2S)이고 인도 보팔시 사건의 원인물질은 메틸이소시아네이트(MIC)이다.

05 황성분 1%를 함유하는 중유를 20ton/hr로 연소시킬 때 배출되는 SO_2를 석고($CaSO_4$)로 회수하고자 할 때 회수하는 석고의 양(kg/min)은 얼마인가? (단, 24시간 연속 가동되며, 연소율 : 100%, 탈황율 : 80%, 원자량 S : 32, Ca : 40)

㉮ 6.83kg/min   ㉯ 11.33kg/min
㉰ 12.75kg/min ㉱ 14.17kg/min

풀이 $S+O_2 \rightarrow SO_2 + CaCO_3 + 0.5O_2 \rightarrow CaSO_4 + CO_2$
32kg : 136kg
20×10^3kg/hr×1hr/60min×0.01×0.80 : X

∴ $X = \dfrac{20 \times 10^3 \text{kg/hr} \times 1\text{hr}/60\text{min} \times 0.01 \times 0.80 \times 136 \text{ kg}}{32\text{kg}}$

= 11.33kg/min

answer 01 ㉱ 02 ㉮ 03 ㉮ 04 ㉯ 05 ㉯

06 다음 압력 중 크기가 다른 하나는 어느 것인가?
㉮ 1.013N/m² ㉯ 760mmHg
㉰ 1013mbar ㉱ 1atm

풀이 표준기압
101,325N/m² = 760mmHg = 1013mbar = 1atm

07 대기권에서 발생하고 있는 기온역전의 종류로 틀린 것은 어느 것인가?
㉮ 자유역전 ㉯ 이류역전
㉰ 침강역전 ㉱ 복사역전

풀이 역전의 종류
① 접지(지표)역전 : 복사성(방사성)역전, 이류성역전
② 공중역전 : 침강성역전, 전선성역전, 해풍역전, 난류성역전

08 연소시 연소상태를 조절하여 질소산화물 발생을 억제하는 방법으로 틀린 것은 어느 것인가?
㉮ 저온도 연소
㉯ 저산소 연소
㉰ 공급공기량의 과량 주입
㉱ 수증기 분무

풀이 ㉰ 공급공기량의 소량 주입

09 연기의 상승높이에 영향을 주는 인자로 알맞지 않은 것은 어느 것인가?
㉮ 배출가스 유속 ㉯ 오염물질 농도
㉰ 외기의 수평풍속 ㉱ 배출가스 온도

풀이 ㉯ 오염물질의 배출량

10 오존층의 두께를 표시하는 단위는 어느 것인가?
㉮ Plank ㉯ Dobson
㉰ Albedo ㉱ Donora

풀이 오존층의 두께를 표시하는 단위는 돕슨(Dobson) 이다.

11 자동차가 공회전할 때 많이 배출되며 혈액에 흡수되면 헤모글로빈과의 결합력이 산소의 약 210배 정도로 강하고, 이에 따라 중추신경계의 장애를 초래하는 가스는 어느 것인가?
㉮ Ozone ㉯ HC
㉰ CO ㉱ NO$_X$

풀이 ㉰ 일산화탄소(CO)에 대한 설명이다.

12 세정식 집진장치의 유지관리에 대한 설명으로 틀린 것은 어느 것인가?
㉮ 먼지의 성상과 처리가스 농도를 고려하여 액가스비를 결정한다.
㉯ 목부는 처리가스의 속도가 매우 크기 때문에 마모가 일어나기 쉬우므로 수시로 점검하여 교환한다.
㉰ 기액분리기는 시설의 작동이 정지해도 잠시 공회전을 하여 부착된 먼지에 의한 산성의 세정수를 제거해야 한다.
㉱ 벤츄리형 세정기에서 집진효율을 높이기 위하여 될 수 있는 한 처리가스 온도를 높게 하여 운전하는 것이 바람직하다.

풀이 ㉱ 벤츄리형 세정기에서 집진효율을 높이기 위하여 될 수 있는 한 처리가스 온도를 낮게 하여 운전하는 것이 바람직하다.

answer 06 ㉮ 07 ㉮ 08 ㉰ 09 ㉯ 10 ㉯ 11 ㉰ 12 ㉱

13 다음 중 아황산가스에 대한 저항력이 가장 약한 식물은 어느 것인가?

㉮ 담배 ㉯ 옥수수
㉰ 국화 ㉱ 참외

풀이 아황산가스(SO_2)의 지표(약한)식물은 대맥, 담배, 자주개나리(알팔파), 목화, 보리 등이 있다.

14 다음 집진장치 중 일반적으로 압력손실이 가장 큰 것은 어느 것인가?

㉮ 중력집진장치 ㉯ 원심력집진장치
㉰ 전기집진장치 ㉱ 벤츄리 스크러버

풀이 집진장치의 압력손실
㉮ 중력집진장치 : 5~15mmH_2O
㉯ 원심력집진장치 : 50~150mmH_2O
㉰ 전기집진장치 : 10~20mmH_2O
㉱ 벤츄리 스크러버 : 300~800mmH_2O

15 다음 중 여과집진장치에 관한 설명으로 알맞은 것은 어느 것인가?

㉮ 350℃ 이상의 고온의 가스처리에 적합하다.
㉯ 여과포의 종류와 상관없이 가스상 물질도 효과적으로 제거할 수 있다.
㉰ 압력손실이 약 20mmH_2O 전후이며, 다른 집진장치에 비해 설치면적이 작고, 폭발성 먼지 제거에 효과적이다.
㉱ 집진원리는 직접 차단, 관성 충돌, 확산 등의 형태로 먼지를 포집한다.

풀이 ㉮ 250℃ 이하의 처리에 적합하다.
㉯ 여과포의 종류와 상관있고, 가스상 물질의 처리에는 비효과적이다.
㉰ 압력손실이 100~200mmH_2O이며, 다른 집진장치에 비해 설치면적이 크고, 폭발성 먼지 제거에 비효과적이다.

16 산도(acidity)나 경도(hardness)는 어떤 물질을 기준으로 환산하는가?

㉮ 탄산칼슘 ㉯ 탄산나트륨
㉰ 탄화수소나트륨 ㉱ 수산화나트륨

풀이 산도(acidity)나 경도(hardness)는 탄산칼슘($CaCO_3$)으로 환산하며, 단위는 ppm(mg/L)이다.

17 활성슬러지법에서 MLSS가 의미하는 것으로 알맞은 것은 어느 것인가?

㉮ 방류수 중의 부유물질
㉯ 폐수 중의 중금속물질
㉰ 포기조 혼합액 중의 부유물질
㉱ 유입수 중의 부유물질

풀이 활성슬러지법에서 MLSS는 포기조 혼합액 중의 부유물질을 의미한다.

18 미생물과 조류의 생물화학적 작용을 이용하여 하수 및 폐수를 자연 정화시키는 공법으로, 라군(lagoon)이라고도 하며, 시설비와 운영비가 적게 들기 때문에 소규모 마을의 오수처리에 많이 이용되는 공법은 어느 것인가?

㉮ 회전원판법 ㉯ 부패조법
㉰ 산화지법 ㉱ 살수여상법

풀이 호기성 박테리아와 조류의 공생관계를 이용하여 처리하는 공법은 산화지법이다.

answer 13 ㉮ 14 ㉱ 15 ㉱ 16 ㉮ 17 ㉰ 18 ㉰

19 다음 중 인체에 만성 중독증상으로 카네미유증을 유발하는 물질은 어느 것인가?

㉮ PCB ㉯ Mn
㉰ As   ㉱ Cd

> **풀이** 유해물질과 만성질환
> ㉮ PCB : 카네미유증
> ㉯ Mn : 파킨슨씨 증후군과 유사한 증상
> ㉰ As : 피부염
> ㉱ Cd : 이따이이따이병

20 무기성 부유물질, 자갈, 모래, 뼈 등 토사류를 제거하여 기계 장치 및 배관의 손상이나 막힘을 방지하는 시설은 어느 것인가?

㉮ 침전지 ㉯ 침사지
㉰ 조정조 ㉱ 부상조

> **풀이** 무기성 부유물질, 자갈, 모래, 뼈 등 토사류를 제거하여 기계 장치 및 배관의 손상이나 막힘을 방지하는 시설은 침사지이다.

21 다음 중 비점오염원에 해당하는 것은 어느 것인가?

㉮ 농경지 배수
㉯ 폐수처리장 방류수
㉰ 축산폐수
㉱ 공장의 산업폐수

> **풀이** 비점오염원이란 불특정 장소에서 불특정하게 수질오염물질을 배출하는 배출원으로 농경지 배수가 해당된다.

22 동점도(ν)의 단위로 알맞은 것은 어느 것인가?

㉮ g/cm·sec   ㉯ g/m²·sec
㉰ cm²/sec   ㉱ cm²/g

> **풀이** 동점도는 점성계수를 밀도로 나눈 값으로 cm^2/sec로 나타낸다.

23 에탄올(C_2H_5OH)의 농도가 350mg/L인 폐수를 완전산화 시켰을 때 이론적인 화학적 산소요구량(mg/L)은 얼마인가?

㉮ 488mg/L   ㉯ 569mg/L
㉰ 730mg/L   ㉱ 835mg/L

> **풀이** $C_2H_5OH + 3O_2 \rightarrow 2CO_2 + 3H_2O$
> 46g : 3×32g
> 350mg/L : COD
> $\therefore COD = \dfrac{350mg/L \times 3 \times 32g}{46g} = 730.43mg/L$

> **TIP**
> ① C_2H_5OH = 에탄올 = 에틸알콜
> ② C_2H_5OH의 분자량 = 2×12 + 5×1 + 16 + 1 = 46
> ③ 화학적 산소요구량 = COD

24 주간에 호소에서 조류가 성장하는 동안 조류가 수질에 미치는 영향으로 가장 알맞은 것은 어느 것인가?

㉮ 수온의 상승
㉯ 질소의 증가
㉰ 칼슘농도의 증가
㉱ 용존산소 농도의 증가

> **풀이** 조류는 주간에 광합성 작용을 하므로 용존산소 농도가 증가한다.

---

answer 19 ㉮ 20 ㉯ 21 ㉮ 22 ㉰ 23 ㉰ 24 ㉱

25 다음 중 산화에 해당하는 것은 어느 것인가?

㉮ 수소와 화합 ㉯ 산소를 잃음
㉰ 전자를 얻음 ㉱ 산화수 증가

풀이 ㉮, ㉯, ㉰는 환원에 대한 설명이다.

26 하수의 생물화학적 산소요구량(BOD)을 측정하기 위해 시료수를 배양기에 넣기 전의 용존산소량이 10mg/L, 시료수를 5일 동안 배양한 후의 용존산소량이 7mg/L이며, 시료를 5배 희석하였다면 이 하수의 BOD_5(mg/L)는 얼마인가?

㉮ 3mg/L ㉯ 6mg/L
㉰ 15mg/L ㉱ 30mg/L

풀이 $BOD_5(mg/L) = (D_1 - D_2) \times P$

- D_1 : 배양기에 넣기 전의 DO농도(mg/L)
- D_2 : 5일 동안 배양한 후 DO농도(mg/L)
- P : 희석배수치

따라서 BOD_5(mg/L) = (10mg/L-7mg/L)×5
= 15mg/L

27 건조 전 슬러지 무게가 150g이고, 항량으로 건조한 후의 무게가 35g이었다면 이때 수분의 함량(%)은 얼마인가?

㉮ 46.7% ㉯ 56.7%
㉰ 66.7% ㉱ 76.7%

풀이 수분의 함량(%)
$= \dfrac{(건조\ 전\ 무게 - 건조\ 후\ 무게)(g)}{건조\ 전\ 무게(g)} \times 100$

$= \dfrac{150g-35g}{150g} \times 100 = 76.67\%$

28 신도시를 중심으로 설치되며 생활오수는 하수처리장으로, 우수는 별도의 관거를 통해 직접 수역으로 방류하는 배제방식은 어느 것인가?

㉮ 합류식 ㉯ 분류식
㉰ 직각식 ㉱ 원형식

풀이 ㉯ 분류식에 대한 설명이다.

29 다음 중 지표수의 특성으로 틀린 것은 어느 것인가? (단, 지하수와 비교)

㉮ 지상에 노출되어 오염의 우려가 큰 편이다.
㉯ 용존산소 농도가 높고, 경도가 큰 편이다.
㉰ 철, 망간 성분이 비교적 적게 포함되어 있고, 대량 취수가 용이한 편이다.
㉱ 수질 변동이 비교적 심한 편이다.

풀이 ㉯ 용존산소 농도가 높고, 경도가 작은 편이다.

30 생물학적 처리공법으로 하수 내의 질소를 처리할 때 탈질이 주로 이루어지는 공정은 어느 것인가?

㉮ 탈인조 ㉯ 포기조
㉰ 무산소조 ㉱ 침전조

풀이 반응조의 역할
㉮ 탈인조 : 인(P)의 방출
㉯ 포기조 : 인(P)의 과잉흡수
㉰ 무산소조 : 탈질 작용(질소 제거)
㉱ 침전조 : 슬러지 침전

answer 25 ㉱ 26 ㉰ 27 ㉱ 28 ㉯ 29 ㉯ 30 ㉰

31 지구상의 담수 중 가장 큰 비율을 차지하고 있는 것은 어느 것인가?

㉮ 호수 ㉯ 하천
㉰ 빙설 및 빙하 ㉱ 지하수

풀이 지구상의 담수 중 가장 큰 비율을 차지하고 있는 것은 빙설 및 빙하이며, 그 다음은 지하수이다.

32 MLSS 농도가 2500mg/L인 혼합액을 1000mL 메스실린더에 취해 30분간 정치한 후의 침강슬러지가 차지하는 용적이 400mL이었다면 이 슬러지의 SVI는 얼마인가?

㉮ 100 ㉯ 160
㉰ 250 ㉱ 400

풀이
$$SVI = \frac{SV(mL/L)}{MLSS(mg/L)} \times 10^3 = \frac{400mL/L}{2,500mg/L} \times 10^3 = 160$$

TIP
SVI : 슬러지 용적지수로 포기조에서 성장한 미생물의 2차 침전지에서의 침강 농축성을 나타내는 지표이다.

① $SVI(mL/g) = \frac{SV(mL/L)}{MLSS(mg/L)} \times 10^3$

② $SVI(mL/g) = \frac{SV(\%)}{MLSS(mg/L)} \times 10^4$

③ $SVI(mL/g) = \frac{10^6}{SS_r(mg/L)}$

33 다음 중 침전 효율을 높이기 위한 방법으로 틀린 것은 어느 것인가?

㉮ 침전지의 표면적을 크게 한다.
㉯ 응집제를 투여한다.
㉰ 침전지 내 유속을 빠르게 한다.
㉱ 침전된 침전물을 계속 제거시켜 준다.

풀이 ㉰ 침전지 내 유속을 느리게 한다.

34 다음 중 경도의 주 원인물질은 어느 것인가?

㉮ Ca^{2+}, Mg^{2+} ㉯ Ba^{2+}, Cd^{2+}
㉰ Fe^{2+}, Pb^{2+} ㉱ Ra^{2+}, Mn^{2+}

풀이 경도유발 물질로는 Ca^{2+}, Mg^{2+}, Mn^{2+}, Fe^{2+}, Sr^{2+}이 있으며, 주 원인물질로는 Ca^{2+}, Mg^{2+}이다.

35 시간당 125m³의 폐수가 유입되는 침전조가 있다. 위어(weir)의 유효길이가 30m일 때, 월류부하(m³/m·hr)는 얼마인가?

㉮ 약 4.2m³/m·hr
㉯ 약 40m³/m·hr
㉰ 약 100m³/m·hr
㉱ 약 150m³/m·hr

풀이
$$월류부하(m^3/m \cdot hr) = \frac{유량(m^3/hr)}{위어의 길이(m)}$$
$$= \frac{125m^3/hr}{30m} = 4.17m^3/m \cdot hr$$

answer 31 ㉰ 32 ㉯ 33 ㉰ 34 ㉮ 35 ㉮

36 소각에 비하여 열분해 공정의 특징으로 틀린 것은 어느 것인가?

㉮ 무산소 분위기 중에서 고온으로 가열한다.
㉯ 액체 및 기체상태의 연료를 생산하는 공정이다.
㉰ NO_x 발생량이 적다.
㉱ 열분해 생성물의 질과 양의 안정적 확보가 용이하다.

풀이 ㉱ 열분해 생성물의 질과 양의 안정적 확보가 용이하지 못하다.

37 폐기물의 재활용과 감량화를 도모하기 위해 실시할 수 있는 제도로 틀린 것은 어느 것인가?

㉮ 예치금 제도 ㉯ 환경영향평가
㉰ 부담금 제도 ㉱ 쓰레기 종량제

풀이 폐기물의 재활용과 감량화를 도모하기 위해 실시할 수 있는 제도로는 예치금 제도, 부담금 제도, 쓰레기 종량제 등이 있다.

38 퇴비화의 단점으로 틀린 것은 어느 것인가?

㉮ 생산된 퇴비는 비료가치가 낮다.
㉯ 생산품인 퇴비는 토양의 이화학 성질을 개선시키는 토양개선제로 사용할 수 없다.
㉰ 다양한 재료를 이용하므로 퇴비 제품의 품질표준화가 어렵다.
㉱ 퇴비가 완성되어도 부피가 크게 감소되지 않는다.(50% 이하)

풀이 ㉯ 생산품인 퇴비는 토양의 이화학 성질을 개선시키는 토양개선제로 사용할 수 있다.

39 노의 하부로부터 가스를 주입하여 모래를 띄운 후 이를 가열시켜 상부에서 폐기물을 투입하여 소각하는 방식의 소각로는 어느 것인가?

㉮ 유동상 소각로 ㉯ 다단로
㉰ 회전로 ㉱ 고정상 소각로

풀이 ㉮ 유동상 소각로에 대한 설명으로 내용 중 핵심 용어인 모래부상 = 유동상소각로임을 숙지하시면 됩니다.

40 황화수소 $1Sm^3$의 이론연소 공기량(Sm^3)은 얼마인가? (단, 표준상태 기준, 황화수소는 완전연소되어, 물과 아황산가스로 변화됨)

㉮ $5.6Sm^3$ ㉯ $7.1Sm^3$
㉰ $8.7Sm^3$ ㉱ $9.3Sm^3$

풀이 ① 이론산소량(Sm^3)을 계산한다.
H_2S + $1.5O_2$ → $SO_2 + H_2O$
$22.4Sm^3$: $1.5 \times 22.4Sm^3$
$1Sm^3$: O_o

∴ O_o(이론산소량) = $\dfrac{1Sm^3 \times 1.5 \times 22.4Sm^3}{22.4Sm^3}$
$= 1.5Sm^3$

② 이론공기량(Sm^3)을 계산한다.

이론공기량(Sm^3) = 이론산소량(Sm^3) × $\dfrac{1}{0.21}$

$= 1.5Sm^3 \times \dfrac{1}{0.21} = 7.14Sm^3$

answer 36 ㉱ 37 ㉯ 38 ㉯ 39 ㉮ 40 ㉯

41 다음 중 폐기물의 퇴비화 공정에서 유지시켜주어야 할 최적 조건으로 알맞은 것은 어느 것인가?

㉮ 온도 : 20±2℃
㉯ 수분 : 5~10%
㉰ C/N 비율 : 100~150
㉱ pH : 6~8

풀이 ㉮ 온도 : 60~70℃
㉯ 수분 : 50~60%
㉰ C/N 비율 : 30

42 다음 매립공법 중 해안매립공법에 해당하는 것은 어느 것인가?

㉮ 셀공법
㉯ 순차투입공법
㉰ 압축매립공법
㉱ 도랑형공법

풀이 매립공법의 종류
① 해안매립공법 : 박층뿌림공법, 순차투입공법, 내수배제 및 수중투기공법
② 내륙매립공법 : 샌드위치공법, 셀공법, 압축매립공법, 도랑형공법

43 폐기물의 저위발열량(LHV)을 구하는 식으로 알맞은 것은 어느 것인가? (단, HHV : 폐기물의 고위발열량(kcal/kg), H : 폐기물의 원소분석에 의한 수소 조성비(kg/kg), W : 폐기물의 수분 함량(kg/kg), 600 : 수증기 1kg의 응축열(kcal))

㉮ LHV = HHV - 600W
㉯ LHV = HHV - 600(H+W)
㉰ LHV = HHV - 600(9H+W)
㉱ LHV = HHV + 600(9H+W)

44 500,000명이 거주하는 도시에서 1주일 동안 8,720m³의 쓰레기를 수거하였다. 이 쓰레기의 밀도가 0.45ton/m³이라면 1인 1일 쓰레기 발생량은 얼마인가?

㉮ 1.12kg/인·일
㉯ 1.21kg/인·일
㉰ 1.25kg/인·일
㉱ 1.31kg/인일

풀이 쓰레기 발생량(kg/인·일)

$= \dfrac{쓰레기\ 수거량(kg/일)}{인구수(인)}$

$= \dfrac{8,720m^3/주 \times 450kg/m^3 \times 1주/7일}{500,000인} = 1.12kg/인·일$

TIP
① 밀도 0.45ton/m³ = 450kg/m³
② 1주일 = 7일

45 연도로 배출되는 배기가스 중의 폐열을 이용하여 보일러의 급수를 예열함으로써 열효율 증가에 기여하는 설비는 어느 것인가?

㉮ 공기예열기
㉯ 절탄기
㉰ 재열기
㉱ 과열기

풀이 ㉯ 절탄기에 대한 설명이다.

TIP
열교환기의 구성
① 과열기 : 보일러에서 발생하는 포화증기에 다수의 수분이 함유되어 있으므로 이것을 과열하여 수분을 제거하고 과열도가 높은 증기를 얻기 위해 설치한다.
② 재열기 : 증기터빈 속에서 팽창하여 포화증기에 도달한 증기를 도중에서 이끌어내어 그 압력으로 다시 가열하여 터빈에 되돌려 팽창시키는 장치이다.
③ 절탄기(이코노마이저) : 보일러 전열면을 통하여 연소가스의 여열로 보일러 급수를 예열하여 보일러 효율을 높이는 장치이다.
④ 공기예열기 : 굴뚝가스 여열을 이용하여 연소용 공기를 예열하여 보일러의 효율을 높이는 장치이다.

answer 41 ㉱ 42 ㉯ 43 ㉰ 44 ㉮ 45 ㉯

46 소각로 내의 화상 위에서 폐기물을 태우는 방식으로 플라스틱과 같이 열에 의하여 열화되는 물질의 소각에 적합하여 국부적으로 가열의 염려가 있는 소각로는 어느 것인가?

㉮ 회전로 ㉯ 화격자 소각로
㉰ 고정상 소각로 ㉱ 유동상 소각로

풀이 ㉰ 고정상 소각로에 대한 설명으로 내용 중 핵심인 플라스틱 소각 = 고정상 소각로임을 숙지하시면 됩니다.

47 혐기성 소화탱크에서 유기물 75% 무기물 25%인 슬러지를 소화처리하여 소화 슬러지의 유기물이 58%, 무기물이 42%가 되었다. 소화율(%)은 얼마인가?

㉮ 36% ㉯ 42%
㉰ 49% ㉱ 54%

풀이
$$소화율(\%) = \left\{1 - \frac{소화\ 후(유기물/무기물)}{소화\ 전(유기물/무기물)}\right\} \times 100$$
$$= \left\{1 - \frac{58\%/42\%}{75\%/25\%}\right\} \times 100 = 54\%$$

48 밀도가 1.2g/cm³인 폐기물 10kg에다 고형화 재료 5kg을 첨가하여 고형화시킨 결과 밀도가 2.5g/cm³로 증가하였다. 이때의 부피변화율(VCF)은 얼마인가?

㉮ 0.5 ㉯ 0.72
㉰ 1.5 ㉱ 2.45

풀이 부피변화율(VCF) = $(1+MR) \times \frac{\rho_1}{\rho_2}$

$MR(혼합율) = \frac{첨가제의\ 질량}{폐기물의\ 질량} = \frac{5kg}{10kg} = 0.5$
ρ_1 : 고화처리 전 폐기물의 밀도(g/cm³)
ρ_2 : 고화처리 후 폐기물의 밀도(g/cm³)

따라서

부피변화율(VCF) = $(1+0.5) \times \frac{1.2g/cm^3}{2.5g/cm^3} = 0.72$

49 인구 30만명인 도시에서 1인당 쓰레기 발생량이 1.2kg/일이라고 한다. 적재용량이 15m³인 트럭으로 이 쓰레기를 매일 수거하려고 할 때 필요한 트럭의 수는 몇 대인가? (단, 쓰레기 평균밀도는 550kg/m³이다.)

㉮ 31대 ㉯ 36대
㉰ 39대 ㉱ 44대

풀이
수거차량 수 = $\frac{쓰레기\ 발생량(m^3/일)}{적재용량(m^3/대)}$

$= \frac{1.2kg/인 \cdot 일 \times 300,000인 \times \frac{1}{550kg/m^3}}{15m^3/대}$

= 44대/일

answer 46 ㉰ 47 ㉱ 48 ㉯ 49 ㉱

50 슬러지나 분뇨의 탈수 가능성을 나타내는 것은 어느 것인가?

㉮ 균등계수 ㉯ 알칼리도
㉰ 여과비저항 ㉱ 유효경

풀이 슬러지나 분뇨의 탈수 가능성을 나타내는 것은 여과비저항이다.

51 압축기에 플라스틱을 넣고 압축시킨 결과 부피감소율이 80%일 때 압축비는 얼마인가?

㉮ 2 ㉯ 3
㉰ 4 ㉱ 5

풀이 압축비 = $\dfrac{100}{100-\text{부피감소율}(\%)} = \dfrac{100}{100-80} = 5.0$

52 슬러지나 폐기물을 토지에 주입 시 중금속류의 성질에 관한 설명으로 틀린 것은 어느 것인가?

㉮ Cr : Cr^{3+}은 거의 불용성으로 토양 내에서 존재한다.
㉯ Pb : 토양 내에 침전되어 있어 작물에 거의 흡수되지 않는다.
㉰ Hg : 토양 내에서 활성도가 커 작물에 의한 흡수가 용이하고, 강우에 의해 쉽게 지표로 용해되어 나온다.
㉱ Zn : 모래를 제외한 대부분의 토양에 영구적으로 흡착되나 보통 Cu나 Ni보다 장기간 용해상태로 존재한다.

풀이 ㉰ Hg : 토양 내에서 활성도가 작아 작물에 의한 흡수가 용이하지 못하고, 강우에 의해 쉽게 지표로 용해되어 나오지 못한다.

53 도시 폐기물의 개략분석시 4가지 구성성분으로 틀린 것은 어느 것인가?

㉮ 다이옥신 ㉯ 휘발성 고형물
㉰ 고정탄소 ㉱ 회분

풀이 도시 폐기물의 개략분석시 4가지 구성성분은 고정탄소, 휘발성 고형물, 수분, 회분이다.

54 다음 중 슬러지 개량(conditioning)방법으로 틀린 것은 어느 것인가?

㉮ 슬러지 세척 ㉯ 열처리
㉰ 약품처리 ㉱ 관성분리

풀이 슬러지 개량의 방법으로는 슬러지 세척, 약품 처리법, 열 처리법, 생물학적 처리법 등이 있다.

55 함수율 25%인 쓰레기를 건조시켜 함수율이 12%인 쓰레기로 만들려면 쓰레기 1ton당 증발시켜야 할 수분량(kg)은 얼마인가?

㉮ 148kg ㉯ 166kg
㉰ 180kg ㉱ 199kg

풀이 ① $W_1 \times (100-P_1) = W_2 \times (100-P_2)$

W_1 : 건조 전 쓰레기량(kg)
P_1 : 건조 전 함수율(%)
W_2 : 건조 후 쓰레기량(kg)
P_2 : 건조 후 함수율(%)

따라서 $1,000\text{kg} \times (100-25) = W_2 \times (100-12)$

∴ $W_2 = \dfrac{1,000\text{kg} \times (100-25)}{(100-12)} = 852.27\text{kg}$

② 증발되는 수분량
= $W_1 - W_2$ = 1,000kg - 852.27kg
= 147.73kg

answer 50 ㉰ 51 ㉱ 52 ㉰ 53 ㉮ 54 ㉱ 55 ㉮

56 흡음재료의 선택 및 사용상의 주의사항으로 틀린 것은 어느 것인가?

㉮ 벽면 부착 시 한 곳에 집중시키기 보다는 전체 내벽에 분산시켜 부착한다.
㉯ 흡음재는 전면을 접착재로 부착하는 것보다는 못으로 시공하는 것이 좋다.
㉰ 다공질 재료는 산란하기 쉬우므로 표면에 얇은 직물로 피복하는 것이 바람직하다.
㉱ 다공질 재료의 흡음률을 높이기 위해 표면에 종이를 바르는 것이 권장되고 있다.

▶풀이 ㉱ 다공질재료의 흡음률을 높이기 위해 표면에 종이를 바르는 것은 피해야 한다.

57 다음 중 종파에 해당되는 것은 어느 것인가?

㉮ 광파   ㉯ 음파
㉰ 수면파   ㉱ 지진파의 S파

▶풀이 종파에 해당하는 것은 음파이다.

58 진동수가 3,300Hz이고, 속도가 330m/sec인 소리의 파장은 얼마인가?

㉮ 0.1m   ㉯ 1m
㉰ 10m   ㉱ 100m

▶풀이 $V = \lambda \times f$
V : 전파속도(m/sec)
λ : 파장(m)
f : 진동수(Hz)
따라서 $\lambda = \dfrac{V}{f} = \dfrac{330\text{m/sec}}{3,300\text{Hz}} = 0.1\text{m}$

59 진동측정시 진동픽업을 설치하기 위한 장소로 틀린 것은 어느 것인가?

㉮ 경사 또는 요철이 없는 장소
㉯ 완충물이 있고 충분히 다져서 단단히 굳은 장소
㉰ 복잡한 반사, 회절현상이 없는 지점
㉱ 온도, 전자기 등의 외부 영향을 받지 않는 곳

▶풀이 ㉯ 완충물이 없고 충분히 다져서 단단히 굳은 장소

60 선음원의 거리감쇠에서 거리가 2배로 되면 음압레벨의 감쇠치는 얼마인가?

㉮ 1dB   ㉯ 2dB
㉰ 3dB   ㉱ 4dB

▶풀이 출력이 2배가 되면 파워레벨은 10log2dB 만큼 증가한다. 거리가 2배가 되면 음압레벨의 감소분은 20log2dB이므로 따라서 음압레벨의 변화는 10log2-20log2 = -10log2 = -3dB가 된다. 따라서 감쇠치는 3dB이 정답이다.

answer 56 ㉱ 57 ㉯ 58 ㉮ 59 ㉯ 60 ㉰

2014 5회 과년도 기출문제

2014년 10월 11일 시행

01 농황산의 비중이 약 1.84, 농도가 75%일 때 이 농황산의 몰농도(mol/L)는 얼마인가? (단, 농황산의 분자량은 98이다.)

㉮ 9mol/L ㉯ 11mol/L
㉰ 14mol/L ㉱ 18mol/L

풀이

$$mol/L = \frac{비중(g)}{(mL)} \times \frac{10^3 mL}{1L} \times \frac{1mol}{분자량(g)} \times \frac{농도(\%)}{100}$$

$$= \frac{1.84g}{mL} \times \frac{10^3 mL}{1L} \times \frac{1mol}{98g} \times \frac{75\%}{100}$$

$$= 14.08 mol/L$$

TIP
① 몰(M)농도 = mol/L
② 1mol = 분자량(g)
③ H_2SO_4의 분자량 = 2×1 + 32 + 4×16 = 98g
④ 비중 1.84 = 1.84g/mL

02 굴뚝에서 배출되는 가스의 유속을 측정하고자 피토우관을 굴뚝에 넣었더니 동압이 5mmH₂O이었다. 이때 배출가스의 유속(m/sec)은 얼마인가? (단, 피토우관 계수는 0.85이고, 공기의 비중량은 1.3kg/m³이다.)

㉮ 5.92m/s ㉯ 7.38m/s
㉰ 8.84m/s ㉱ 9.49m/s

풀이

$$V = C \times \sqrt{\frac{2gh}{r}}$$

$\begin{bmatrix} V : 배출가스의\ 유속(m/sec) \\ C : 피토우관\ 계수 \\ g : 중력가속도(9.8m/sec^2) \\ h : 동압(mmH_2O) \\ r : 공기의\ 비중량(kg/m^3) \end{bmatrix}$

따라서

$$V = 0.85 \times \sqrt{\frac{2 \times 9.8 m/sec^2 \times 5 mmH_2O}{1.3 kg/m^3}}$$

$$= 7.38 m/sec$$

03 고도에 따라 대기권을 분류할 때 지표로부터 가장 가까이 있는 층은 어느 것인가?

㉮ 열권 ㉯ 대류권
㉰ 성층권 ㉱ 중간권

풀이 대기권을 고도가 증가하는 순서로 분류하면 대류권→성층권→중간권→온도권(열권) 순이다.

04 소각로에서 연소효율을 높일 수 있는 방법으로 틀린 것은 어느 것인가?

㉮ 공기와 연료의 혼합이 좋아야 한다.
㉯ 온도가 충분히 높아야 한다.
㉰ 체류시간이 짧아야 한다.
㉱ 연료에 산소가 충분히 공급되어야 한다.

풀이 ㉰ 체류시간이 길어야 한다.

answer 01 ㉰ 02 ㉯ 03 ㉯ 04 ㉰

05 집진장치에 대한 내용으로 틀린 것은 어느 것인가?

㉮ 중력집진장치는 $50\mu m$ 이상의 큰 입자를 제거하는데 유용하다.
㉯ 원심력집진장치의 일반적인 형태가 사이클론이다.
㉰ 여과집진장치는 여과재에 먼지를 함유하는 가스를 통과시켜 입자를 분리, 포집하는 장치이다.
㉱ 전기집진장치는 함진가스 중의 먼지에 +전하를 부여하여 대전시킨다.

풀이 ㉱ 전기집진장치는 함진가스 중의 먼지에 -전하를 부여하여 대전시킨다. 그리고 집진판의 전하는 (+), 먼지의 전하는 (-)이다.

06 다음 온실가스 중 지구온난화지수(GWP)가 가장 큰 물질은 어느 것인가?

㉮ CH_4 ㉯ SF_6
㉰ CO_2 ㉱ N_2O

풀이 지구온난화 지수(GWP)
㉮ CH_4 : 21   ㉯ SF_6 : 23,900
㉰ CO_2 : 1.0   ㉱ N_2O : 310

07 산성비의 주된 원인 물질로 바르게 된 것은 어느 것인가?

㉮ SO_2, NO_2, Hg ㉯ CH_4, NO_2, HCl
㉰ CH_4, NH_3, HCN ㉱ SO_2, NO_2, HCl

풀이 산성비의 주된 원인물질은 산성물질이므로 산성물질로 구성된 SO_2, NO_2, HCl이 정답이 된다.

08 아래에 설명하는 대기오염물질은 어느 것인가?

> 보통 백화현상에 의해 맥간반점을 형성하고 지표식물로는 자주개나리, 보리, 담배 등이 있고, 강한 식물로는 협죽도, 양배추, 옥수수 등이 있다.

㉮ 황산화물   ㉯ 탄화수소
㉰ 일산화탄소   ㉱ 질소산화물

풀이 ㉮ 황산화물에 대한 설명이다.

09 대기오염공정시험기준상 각 오염물질에 대한 측정방법으로 틀린 것은 어느 것인가?

㉮ 일산화탄소 - 비분산 적외선 분광분석법
㉯ 염소 - 질산은 적정법
㉰ 황화수소 - 메틸렌 블루법
㉱ 암모니아 - 인도페놀법

풀이 오염물질의 측정방법
㉮ 일산화탄소 - 비분산 적외선 분광분석법, 정전위전해법, 기체크로마토그래피
㉯ 염소 - 오르토톨리딘법
㉰ 황화수소 - 메틸렌 블루법, 기체크로마토그래피
㉱ 암모니아 - 인도페놀법

10 다음 중 주로 광화학 반응에 의해 생성되는 물질은 어느 것인가?

㉮ PAN   ㉯ CH_4
㉰ NH_3 ㉱ HC

풀이 광화학 반응에 의해 생성되는 물질은 2차성 물질이며, 보기 중 2차성 물질은 PAN이다.

answer 05 ㉱ 06 ㉯ 07 ㉱ 08 ㉮ 09 ㉯ 10 ㉮

11 유해가스 처리를 위한 흡착제 선택 시 고려해야 할 사항으로 틀린 것은 어느 것인가?

㉮ 흡착효율이 우수해야 한다.
㉯ 흡착제의 회수가 용이해야 한다.
㉰ 흡착제의 재생이 용이해야 한다.
㉱ 기체의 흐름에 대한 압력손실이 커야 한다.

▶풀이 ㉱ 기체의 흐름에 대한 압력손실이 작아야 한다.

12 연소조절에 의하여 NO_x 발생을 억제하는 방법으로 틀린 것은 어느 것인가?

㉮ 연소시 과잉공기를 삭감하여 저산소 연소시킨다.
㉯ 연소의 온도를 높여서 고온 연소를 시킨다.
㉰ 버너 및 연소실 구조를 개량하여 연소실내의 온도분포를 균일하게 한다.
㉱ 화로 내에 물이나 수증기를 분무시켜서 연소시킨다.

▶풀이 ㉯ 연소의 온도를 낮춰서 저온 연소를 시킨다.

13 $0.3g/Sm^3$인 HCl의 농도를 ppm으로 환산하면 얼마인가? (단, 표준상태 기준이다.)

㉮ 116.4ppm   ㉯ 137.7ppm
㉰ 167.3ppm   ㉱ 184.1ppm

▶풀이 HCl 1mol $\begin{cases} 36.5g \\ 22.4L \end{cases}$

$ppm(mL/Sm^3) = \frac{0.3g}{Sm^3} \times \frac{22.4L}{36.5g} \times \frac{10^3 mL}{1L}$
$= 184.11 mL/Sm^3 (ppm)$

14 중량비로 수소가 15%, 수분이 1% 함유되어 있는 중유의 고위발열량이 13,000 kcal/kg이다. 이 중유의 저위발열량(kcal/kg)은 얼마인가?

㉮ 11,368kcal/kg   ㉯ 11,976kcal/kg
㉰ 12,025kcal/kg   ㉱ 12,184kcal/kg

▶풀이 Hl = Hh-600(9H+W)(kcal/kg)

Hl : 저위발열량(kcal/kg)
Hh : 고위발열량(kcal/kg)
H : 수소의 함량
W : 수분의 함량

따라서 Hl = 13,000kcal/kg-600(9×0.15+0.01)
= 12,184kcal/kg

15 다음 중 건조대기 중에 가장 많은 비율로 존재하는 비활성 기체는 어느 것인가?

㉮ He   ㉯ Ne
㉰ Ar   ㉱ Xe

▶풀이 건조대기를 구성하는 성분은 질소(N_2) > 산소(O_2) > 아르곤(Ar) > 이산화탄소(CO_2) > 네온(Ne) > 헬륨(He) > 메탄(CH_4) 순이다.

16 Stokes의 법칙에 의한 침강속도에 영향을 미치는 요소로 틀린 것은 어느 것인가?

㉮ 침전물의 밀도   ㉯ 침전물의 입경
㉰ 폐수의 밀도   ㉱ 대기압

▶풀이 Stokes 법칙

$Vs = \frac{d^2(\rho_s - \rho_w)g}{18\mu}$

Vs : 침전물의 침강속도 μ : 폐수의 점성계수
d : 침전물의 입경 ρ_s : 침전물의 밀도
ρ_w : 폐수의 밀도   g : 중력가속도

answer 11 ㉱   12 ㉯   13 ㉱   14 ㉱   15 ㉰   16 ㉱

17 수처리 시 사용되는 응집제로 틀린 것은 어느 것인가?

㉮ 입상활성탄 ㉯ 소석회
㉰ 명반 ㉱ 황산반토

풀이 ㉮ 입상활성탄은 흡착제에 해당한다.

18 750g의 Glucose($C_6H_{12}O_6$)가 완전한 혐기성 분해를 할 경우 발생가능한 CH_4 가스량(L)은 얼마인가? (단, 표준상태 기준이다.)

㉮ 187L ㉯ 225L
㉰ 255L ㉱ 280L

풀이 $C_6H_{12}O_6 \rightarrow 3CH_4 + 3CO_2$
180g : 3×22.4L
750g : X
∴ $X = \dfrac{750g \times 3 \times 22.4L}{180g} = 280L$

TIP
① $C_6H_{12}O_6$ = Glucose = 포도당
② $C_6H_{12}O_6$의 분자량
 = 6×12 + 12×1 + 6×16 = 180g

19 포기조의 용량이 500m³, 포기조 내의 부유물질의 농도가 2,000mg/L 일 때, MLSS의 양(kg)은 얼마인가?

㉮ 500kg MLSS ㉯ 800kg MLSS
㉰ 1,000kg MLSS ㉱ 1,500kg MLSS

풀이 MLSS(kg)
= 부유물질의 농도(kg/m³)×포기조 용량(m³)
= 2kg/m³×500m³ = 1,000kg

TIP
① mg/L $\xrightarrow{\times 10^{-3}}$ kg/m³
② 2,000mg/L = 2kg/m³

20 활성슬러지공법에서 슬러지 반송의 주된 목적은 무엇인가?

㉮ MLSS 조절 ㉯ DO 공급
㉰ pH 조절 ㉱ 소독 및 살균

풀이 활성슬러지공법에서 슬러지 반송의 주된 목적은 MLSS 조절이다.

21 수돗물을 염소로 소독하는 가장 주된 이유는 무엇인가?

㉮ 잔류염소 효과가 있다.
㉯ 물과 쉽게 반응한다.
㉰ 유기물을 분해한다.
㉱ 생물농축 현상이 없다.

풀이 수돗물을 염소로 소독하는 가장 주된 이유는 잔류염소 효과가 있기 때문이다.

22 폐수처리공정에서 유입폐수 중에 포함된 모래, 기타 무기성의 부유물로 구성된 혼합물을 제거하는데 사용되는 시설은 어느 것인가?

㉮ 응집조 ㉯ 침사지
㉰ 부상조 ㉱ 여과조

풀이 ㉯ 침사지에 대한 설명이다.

23 위어(weir)의 설치 목적으로 가장 적합한 것은 어느 것인가?

㉮ pH 측정 ㉯ DO 측정
㉰ MLSS 측정 ㉱ 유량 측정

풀이 위어(weir)의 설치 목적은 유량 측정이다.

answer 17 ㉮ 18 ㉱ 19 ㉰ 20 ㉮ 21 ㉮ 22 ㉯ 23 ㉱

24 활성슬러지법은 여러가지 변법이 개발되어 왔으며, 각 방법은 특별한 운전이나 제거효율을 달성하기 위하여 발전되었다. 다음 중 활성슬러지법의 변법으로 틀린 것은 어느 것인가?

㉮ 다단 포기법 ㉯ 접촉 안정법
㉰ 장기 포기법 ㉱ 오존 안정법

[풀이] 활성슬러지법의 변법은 미생물을 이용해 유기물을 제거하는 방식이므로 약품(오존)을 사용하는 ㉱번이 정답이 된다.

25 다음 중 임호프콘(Imhoff cone)이 측정하는 항목으로 알맞은 것은 어느 것인가?

㉮ 전기음성도 ㉯ 분원성대장균군
㉰ pH ㉱ 침전물질

[풀이] 임호프콘으로 측정하는 항목은 침전물질이다.

26 SVI와 SDI의 관계식으로 알맞은 것은 어느 것인가? (단, SVI : Sludge Volume Index, SDI : Sludge Density Index)

㉮ SVI = 100/SDI ㉯ SVI = 10/SDI
㉰ SVI = 1/SDI ㉱ SVI = SDI/1,000

[풀이] $SDI = \dfrac{1}{SVI} \times 100$

따라서 $SVI = \dfrac{1}{SDI} \times 100$

SVI : 슬러지 용적 지수
SDI : 슬러지 밀도 지수

27 하수처리장의 유입수 BOD가 225mg/L이고, 유출수의 BOD가 55ppm이었다. 이 하수처리장의 BOD제거율(%)은 얼마인가?

㉮ 약 55% ㉯ 약 76%
㉰ 약 83% ㉱ 약 95%

[풀이]
$BOD\ 제거율(\%) = \left(1 - \dfrac{유출수의\ BOD}{유입수의\ BOD}\right) \times 100$
$= \left(1 - \dfrac{55ppm}{225mg/L}\right) \times 100$
$= 75.56\%$

TIP
ppm = mg/L

28 다음은 수질오염공정시험기준상 방울수에 대한 설명이다. ( ) 안에 알맞은 말은 어느 것인가?

방울수라 함은 20℃에서 정제수 (㉠)을 적하할 때, 그 부피가 약 (㉡)되는 것을 뜻한다.

㉮ ㉠ 10방울, ㉡ 1mL
㉯ ㉠ 20방울, ㉡ 1mL
㉰ ㉠ 10방울, ㉡ 0.1mL
㉱ ㉠ 20방울, ㉡ 0.1mL

answer 24 ㉱ 25 ㉱ 26 ㉮ 27 ㉯ 28 ㉯

29 다음 포기조 내의 미생물 성장 단계 중 신진 대사율이 가장 높은 단계는 어느 것인가?

㉮ 내생 성장 단계
㉯ 감소 성장 단계
㉰ 감소와 내생 성장 단계 중간
㉱ 대수 성장 단계

풀이 포기조 내의 미생물 성장 단계 중 신진 대사율이 가장 높은 단계는 포기조에 먹이가 풍부하여 미생물의 증식속도가 가장 큰 단계이므로 대수성장 단계(log성장단계)가 된다.

30 회전 원판식 생물학적 처리시설로 유량 1,000m³/day, BOD 200mg/L로 유입될 경우, BOD부하(g/m²·day)는 얼마인가? (단, 회전원판의 지름은 3m, 300매로 구성되어 있으며, 두께는 무시하며, 양면을 기준으로 한다.)

㉮ 29.4   ㉯ 47.2
㉰ 94.3   ㉱ 107.6

풀이 BOD부하(g/m²·day)

$= \dfrac{BOD \text{ 농도}(g/m^3) \times \text{유량}(m^3/day)}{\text{면적}(m^2)}$

$= \dfrac{BOD \text{ 농도}(g/m^3) \times \text{유량}(m^3/day)}{\dfrac{\pi \times D^2}{4} \times \text{양면}(2) \times \text{매수}}$

$= \dfrac{200g/m^3 \times 1,000m^3/day}{\dfrac{\pi \times (3m)^2}{4} \times 2 \times 300\text{매}}$

$= 47.16 g/m^2 \cdot day$

TIP
① mg/L = g/m³
② BOD 200mg/L = BOD 200g/m³

31 탈질(denitrification)과정을 거쳐 질소 성분이 최종적으로 변환된 질소의 형태는 어느 것인가?

㉮ NO_2-N   ㉯ NO_3-N
㉰ NH_3-N   ㉱ N_2

풀이 질산화 및 탈질화 과정
① 질산화 과정 : NH_3-N → NO_2-N → NO_3-N
② 탈질화 과정 : NO_3-N → NO_2-N → 대기 중 N_2

32 공장폐수 50mL를 검수로 하여 산성 100℃ $KMnO_4$법에 의한 COD 측정을 하였을 때 시료적정에 소비된 0.025N $KMnO_4$ 용액은 5.13mL이다. 이 폐수의 COD 농도(mg/L)는 얼마인가? (단, 0.025N $KMnO_4$ 용액의 역가는 0.98이고, 바탕시험 적정에 소비된 0.025N $KMnO_4$ 용액은 0.13 mL 이다.)

㉮ 9.8mg/L   ㉯ 19.6mg/L
㉰ 21.6mg/L   ㉱ 98mg/L

풀이 $COD(mg/L) = \dfrac{(b-a) \times f \times 0.2}{V(L)}$

b : 시료적정에 소비된 0.025N $KMnO_4$용액의 양(mL)
a : 바탕시험 적정에 소비된 0.025N $KMnO_4$용액의 양(mL)
f : 0.025N $KMnO_4$ 용액의 역가
V : 폐수량(L)

따라서 $COD(mg/L) = \dfrac{(5.13-0.13)mL \times 0.98 \times 0.2}{50mL \times 10^{-3} L/mL}$

$= 19.6 mg/L$

answer 29 ㉱ 30 ㉯ 31 ㉱ 32 ㉯

33 하천의 유량은 1,000m³/일, BOD농도 26ppm이며, 이 하천에 흘러드는 폐수의 양이 100m³/일, BOD농도 165ppm 이라고 하면 하천과 폐수가 완전혼합된 후 BOD농도(ppm)는 얼마인가? (단, 혼합에 의한 기타 영향 등은 고려하지 않는다.)

㉮ 38.6ppm   ㉯ 44.9ppm
㉰ 48.5ppm   ㉱ 59.8ppm

풀이 $C_m = \dfrac{Q_1C_1 + Q_2C_2}{Q_1 + Q_2}$

- C_m : 혼합지점의 BOD 농도(ppm)
- Q_1 : 하천의 유량(m³/일)
- C_1 : 하천의 BOD 농도(ppm)
- Q_2 : 폐수의 양(m³/일)
- C_2 : 폐수의 BOD 농도(ppm)

따라서

$C_m = \dfrac{1{,}000\text{m}^3/\text{일} \times 26\text{ppm} + 100\text{m}^3/\text{일} \times 165\text{ppm}}{(1{,}000+100)\text{m}^3/\text{일}}$

= 38.64ppm

34 다음 중 레이놀즈수(Reynold's number)와 반비례 하는 것은 어느 것인가?

㉮ 액체의 점성계수 ㉯ 입자의 지름
㉰ 액체의 밀도   ㉱ 입자의 침강속도

풀이 $Re = \dfrac{D \times v \times \rho}{\mu} = \dfrac{D \times v}{\nu}$

- D : 입자의 직경
- V : 유속
- ρ : 액체의 밀도
- μ : 액체의 점성계수
- ν : 액체의 동점성계수

35 염소 살균에서 용존 염소가 반응하여 물의 불쾌한 맛과 냄새를 유발하는 물질은 무엇인가?

㉮ 클로로페놀   ㉯ PCB
㉰ 다이옥신   ㉱ CFC

풀이 페놀이 용존 염소와 반응하면 클로로페놀을 생성하여 불쾌한 맛과 냄새를 유발한다.

36 퇴비화의 장점으로 틀린 것은 어느 것인가?

㉮ 폐기물의 재활용
㉯ 높은 비료가치
㉰ 과정 중 낮은 Energy 소모
㉱ 낮은 초기시설 투자비

풀이 ㉯ 낮은 비료가치

37 다음 중 폐기물의 적환장이 필요한 경우로 틀린 것은 어느 것인가?

㉮ 폐기물 처분장소가 수집장소로부터 16km 이상 멀리 떨어져 있을 때
㉯ 작은 용량의 수집차량(15m³ 이하)을 사용할 때
㉰ 작은 규모의 주택들이 밀집되어 있을 때
㉱ 상업지역에서 폐기물 수집에 대형 수거용기를 많이 사용할 때

풀이 ㉱ 상업지역에서 폐기물 수집에 소형 수거용기를 많이 사용할 때

answer 33 ㉮ 34 ㉮ 35 ㉮ 36 ㉯ 37 ㉱

38 쓰레기의 양이 4,000m³이며, 밀도는 1.2ton/m³이다. 적재용량이 8ton인 차량으로 이 쓰레기를 운반한다면 필요한 운반차량은 몇 대인가?

㉮ 120대 ㉯ 400대
㉰ 500대 ㉱ 600대

풀이 차량수 = $\dfrac{\text{쓰레기의 양}(m^3) \times \text{밀도}(ton/m^3)}{\text{적재용량}(ton/\text{대})}$

= $\dfrac{4{,}000m^3 \times 1.2ton/m^3}{8ton/\text{대}}$ = 600대

39 A도시 쓰레기 성분 중 안타는 성분이 중량비로 약 60% 차지하였다. 지금 밀도가 400kg/m³인 쓰레기가 8m³ 있을 때 타는 성분 물질의 양(ton)은 얼마인가?

㉮ 1.28ton ㉯ 1.92ton
㉰ 3.2ton ㉱ 19.2ton

풀이 타는 성분 물질의 양(ton)
= 쓰레기의 양(m³)×밀도(ton/m³)
×$\dfrac{100-\text{안타는 물질의 중량비}}{100}$
= 8m³×0.4ton/m³×(1−0.60) = 1.28ton

TIP
① 타는 성분 물질 = 가연성 물질
② 안타는 성분 물질 = 불연성 물질

40 유동상 소각로에서 유동상 매질이 갖추어야 할 성질로 틀린 것은 어느 것인가?

㉮ 불활성일 것 ㉯ 내마모성일 것
㉰ 융점이 낮을 것 ㉱ 비중이 작을 것

풀이 ㉰ 융점이 높을 것

41 쓰레기 소각로의 소각능력이 120kg/m²·h인 소각로가 있다. 하루에 8시간씩 가동하여 12,000kg의 쓰레기를 소각하려고 한다. 이때 소요되는 화격자의 넓이(m²)는 얼마인가?

㉮ 11.0m² ㉯ 12.5m²
㉰ 14.0m² ㉱ 15.5m²

풀이 소각로의 소각능력(kg/m²·hr)
= $\dfrac{\text{쓰레기 소각량}(kg/hr)}{\text{화격자 넓이}(m^2)}$

따라서 120kg/m²·hr = $\dfrac{12{,}000kg/day \times 1day/8hr}{\text{화격자 넓이}(m^2)}$

∴ 화격자 넓이 = $\dfrac{12{,}000kg/day \times 1day/8hr}{120kg/m^2 \cdot hr}$

= 12.5m²

42 화격자 연소기에 대한 설명으로 틀린 것은 어느 것인가?

㉮ 연속적인 소각과 배출이 가능하다.
㉯ 체류시간이 짧고 교반력이 강하여 수분이 많은 폐기물의 연소에 효과적이다.
㉰ 고온 중에서 기계적으로 구동하므로 금속부의 마모손실이 심한 편이다.
㉱ 플라스틱과 같이 열에 쉽게 용해되는 물질에 의해 화격자가 막힐 염려가 있다.

풀이 ㉯ 체류시간이 길고 교반력이 약하며, 수분이 많은 폐기물의 연소도 가능하다.

answer 38 ㉱ 39 ㉮ 40 ㉰ 41 ㉯ 42 ㉯

43 유해폐기물 처리를 위해 사용되는 용매 추출법에서 용매의 선택기준으로 틀린 것은 어느 것인가?

㉮ 끓는점이 낮아 회수성이 높을 것
㉯ 밀도가 물과 다를 것
㉰ 분배계수가 낮아 선택성이 작을 것
㉱ 물에 대한 용해도가 낮을 것

풀이 ㉰ 분배계수가 높아 선택성이 클 것

44 매립지에서 매립 후 경과기간에 따라 매립가스(Landfill gas) 생성과정을 4단계로 구분할 때, 각 단계에 대한 내용으로 틀린 것은 어느 것인가?

㉮ 제1단계에서는 친산소성 단계로서 폐기물 내에 수분이 많은 경우에는 반응이 가속화되어 용존산소가 쉽게 고갈되어 2단계 반응에 빨리 도달한다.
㉯ 제2단계에서는 산소가 고갈되어 혐기성 조건이 형성되며 질소가스가 발생하기 시작하며, 아울러 메탄가스도 생성되기 시작하는 단계이다.
㉰ 제3단계에서는 매립지 내부의 온도가 상승하여 약 55℃ 정도까지 올라간다.
㉱ 제4단계에서는 매립가스 내 메탄과 이산화탄소의 함량이 거의 일정하게 유지된다.

풀이 ㉯ 제2단계에서는 산소가 고갈되어 혐기성 조건이 형성되고 질소가스가 감소하며, 메탄가스는 발생되지 않는 혐기성 비메탄단계이다.

45 쓰레기 수거대상인구가 550,000명이고, 쓰레기 수거실적이 220,000톤/년이라면 1인당 1일 쓰레기 발생량(kg)은 얼마인가? (단, 1년은 365일 기준이다.)

㉮ 1.1kg   ㉯ 1.8kg
㉰ 2.1kg   ㉱ 2.5kg

풀이 쓰레기 발생량(kg/인·일)
$= \dfrac{쓰레기 수거실적(kg/일)}{인구수(인)}$
$= \dfrac{220,000 \times 10^3 kg/년 \times 1년/365일}{550,000 인}$
$= 1.10 kg/인 \cdot 일$

46 다음 중 유해 폐기물의 국제적 이동의 통제와 규제를 주요 골자로 하는 국제협약(의정서)은 어느 것인가?

㉮ 교토의정서   ㉯ 바젤 협약
㉰ 비엔나 협약   ㉱ 몬트리올 의정서

풀이 ㉯ 바젤 협약에 대한 설명이다.

47 짐머만 공법이라고도 하며, 액상 슬러지에 열과 압력을 작용시켜 용존산소에 의해 화학적으로 슬러지 내의 유기물을 산화시키는 방법은 어느 것인가?

㉮ 호기성 산화   ㉯ 습식 산화
㉰ 화학적 안정화   ㉱ 혐기성 소화

풀이 짐머만 공법은 습식 산화법이다.

answer 43 ㉰ 44 ㉯ 45 ㉮ 46 ㉯ 47 ㉯

48 도시에서 생활쓰레기를 수거할 때 고려할 사항으로 틀린 것은 어느 것인가?

㉮ 처음 수거지역은 차고지와 가깝게 설정한다.
㉯ U자형 회전을 피하여 수거한다.
㉰ 교통이 혼잡한 지역은 출·퇴근 시간을 피하여 수거한다.
㉱ 쓰레기가 적게 발생하는 지점은 하루 중 가장 먼저 수거하도록 한다.

> 풀이 ㉱ 쓰레기가 가장 많이 발생하는 지점은 하루 중 가장 먼저 수거하도록 한다.

49 소각로에서 완전연소를 위한 3가지 조건(일명 3T)으로 알맞은 것은 어느 것인가?

㉮ 시간 - 온도 - 혼합
㉯ 시간 - 온도 - 수분
㉰ 혼합 - 수분 - 시간
㉱ 혼합 - 수분 - 온도

> 풀이 완전연소를 위한 3T는 적당한 온도(Temperature), 적당한 난류혼합(Turbulence), 충분한 연소시간(Time)이다.

50 파쇄하였거나 파쇄하지 않은 폐기물로부터 철분을 회수하기 위해 가장 많이 사용되는 폐기물 선별방법은 어느 것인가?

㉮ 공기선별   ㉯ 스크린선별
㉰ 자석선별   ㉱ 손선별

> 풀이 폐기물로부터 철분을 회수하는 방법은 자석선별이다.

51 다음 중 분뇨수거 및 처분계획을 세울 때 계획하는 우리나라 성인 1인당 1일 분뇨발생량의 평균범위로 알맞은 것은 어느 것인가?

㉮ 0.2 ~ 0.5 L   ㉯ 0.9 ~ 1.1 L
㉰ 2.3 ~ 2.5 L   ㉱ 3.0 ~ 3.5 L

> 풀이 우리나라 성인 1인당 1일 분뇨발생량의 평균범위는 0.9~1.1L이므로 약 1L로 숙지하시면 됩니다.

52 다음은 연소의 종류에 대한 내용이다. ( )안에 알맞은 말은 어느 것인가?

> 목재, 석탄, 타르 등은 연소 초기에 가연성 가스가 생성되고, 이것이 긴 화염을 발생시키면서 연소하는데 이러한 연소를 ( )라 한다.

㉮ 표면연소   ㉯ 분해연소
㉰ 확산연소   ㉱ 자기연소

> 풀이 ㉯ 분해연소에 대한 설명으로 내용 중 핵심인 긴 화염 발생 = 분해연소임을 숙지하시면 됩니다.

53 폐기물의 파쇄작용이 일어나게 되는 힘의 3종류로 틀린 것은 어느 것인가?

㉮ 압축력   ㉯ 전단력
㉰ 수평력   ㉱ 충격력

> 풀이 폐기물 파쇄에 작용하는 힘은 전단력, 충격력, 압축력이다.

answer 48 ㉱ 49 ㉮ 50 ㉰ 51 ㉯ 52 ㉯ 53 ㉰

54 스크린 선별에 관한 내용으로 틀린 것은 어느 것인가?

㉮ 스크린 선별은 주로 큰 폐기물로부터 후속 처리장치를 보호하거나 재료를 회수하기 위해 많이 사용한다.
㉯ 트롬멜 스크린은 진동 스크린의 형식에 해당한다.
㉰ 스크린의 형식은 진동식과 회전식으로 구분할 수 있다.
㉱ 회전 스크린은 일반적으로 도시폐기물 선별에 많이 사용하는 스크린이다.

풀이 ㉯ 트롬멜 스크린은 회전 스크린의 형식에 해당한다.

55 다음 중 유기물의 혐기성 소화 분해 시 발생되는 물질로 틀린 것은 어느 것인가?

㉮ 산소   ㉯ 알코올
㉰ 유기산   ㉱ 메탄

풀이 유기물을 혐기성 분해시 발생되는 물질은 이산화탄소(CO_2), 메탄(CH_4), 유기산, 알코올 등이 발생된다.

56 음향파워가 0.2watt이면 PWL(dB)은 얼마인가?

㉮ 113dB   ㉯ 123dB
㉰ 133dB   ㉱ 226dB

풀이 $PWL = 10\log\left(\dfrac{W}{W_0}\right)$

- PWL : 음향파워레벨(dB)
- W_0 : 기준음의 파워(10^{-12}Watt)
- W : 음향파워(Watt)

따라서 $PWL = 10\log\left(\dfrac{0.2\text{Watt}}{10^{-12}\text{Watt}}\right) = 113.0$dB

57 사람의 귀는 외이, 중이, 내이로 구분할 수 있다. 다음 중 내이에 대한 내용으로 틀린 것은 어느 것인가?

㉮ 음의 전달 매질은 액체이다.
㉯ 이소골에 의해 진동음압을 20배 정도 증폭시킨다.
㉰ 음의 대소는 섬모가 받는 자극의 크기에 따라 다르다.
㉱ 난원창은 이소골의 진동을 와우각 중의 림프액에 전달하는 진동판이다.

풀이 ㉯번의 설명은 중이에 대한 설명이다.

58 아파트 벽의 음향투과율이 0.1%라면 투과손실(dB)은 얼마인가?

㉮ 10dB   ㉯ 20dB
㉰ 30dB   ㉱ 50dB

풀이 투과손실(TL) $= 10\log\left(\dfrac{1}{\text{투과율}}\right)$ (dB)

$= 10\log\left(\dfrac{1}{0.001}\right) = 30$dB

59 소음계의 구성요소 중 음파의 미약한 압력변화(음압)를 전기신호로 변환하는 것은 무엇인가?

㉮ 정류회로   ㉯ 마이크로폰
㉰ 동특성조절기   ㉱ 청감보정회로

풀이 ㉯ 마이크로폰에 대한 설명이다.

answer 54 ㉯ 55 ㉮ 56 ㉮ 57 ㉯ 58 ㉰ 59 ㉯

60 흡음재료 선택 및 사용상 유의점으로 틀린 것은 어느 것인가?

㉮ 다공질 재료는 산란되기 쉬우므로 표면을 얇은 직물로 피복하는 행위는 금해야 한다.
㉯ 다공질 재료의 표면을 도장하면 고음역에서 흡음율이 저하한다.
㉰ 실의 모서리나 가장자리 부분에 흡음재를 부착하면 효과가 좋아진다.
㉱ 막진동이나 판진동형의 것은 도장해도 차이가 없다.

풀이 ㉮ 다공질 재료는 산란되기 쉬우므로 표면을 얇은 직물로 피복하는 것이 바람직하다.

answer 60 ㉮

2015년 1회 과년도 기출문제

2015년 1월 25일 시행

01 다음 대기오염물질과 연관된 업종 중 불화수소가 주로 배출되는 배출원은 어느 것인가?

㉮ 고무가공, 인쇄공업
㉯ 인산비료, 알루미늄 제조
㉰ 내연기관, 폭약제조
㉱ 코우크스 연소로, 제철

풀이 배출원과 대기오염물질
㉮ 고무가공, 인쇄공업 : 납(Pb)
㉰ 내연기관, 폭약제조 : 질소산화물(NO_X)
㉱ 청산제조, 가스공업, 제철 : 시안화수소(HCN)

02 여과집진장치에 이용되는 여과재 중 최고사용온도가 가장 높은 여과재는 어느 것인가?

㉮ 유리섬유
㉯ 목면
㉰ 양모
㉱ 아마이드계 나일론

풀이 사용온도
㉮ 유리섬유 : 250℃
㉯ 목면 : 80℃
㉰ 양모 : 80℃
㉱ 아마이드계 나일론 : 110℃

TIP 최고사용온도 여과재 = 유리섬유임을 숙지하시면 됩니다.

03 집진효율이 50%인 중력 집진장치와 99%인 여과 집진장치가 직렬로 연결된 집진장치에서 중력 집진장치의 입구 먼지농도가 200mg/Sm^3일 때, 여과 집진장치의 출구 먼지농도(mg/Sm^3)를 구하면 얼마인가?

㉮ 1mg/Sm^3 ㉯ 5mg/Sm^3
㉰ 10mg/Sm^3 ㉱ 50mg/Sm^3

풀이 $\eta_T = 1-(1-\eta_1)\times(1-\eta_2)$

$\eta_T = \left(1-\dfrac{C_o}{C_i}\right)\times 100(\%)$

η_T : 총합효율(%)
η_1 : 중력 집진장치의 효율
η_2 : 여과 집진장치의 효율
C_i : 입구 먼지농도(mg/Sm^3)
C_o : 출구 먼지농도(mg/Sm^3)

① $\eta_T = 1-(1-0.50)\times(1-0.99) = 0.995$
따라서 99.5%

② $99.5\% = \left(1-\dfrac{C_o}{200\text{mg}/Sm^3}\right)\times 100$

∴ $C_o = 200\text{mg}/Sm^3\times(1-0.995)$
  $= 1.0\text{mg}/Sm^3$

04 유해가스상 물질을 처리할 수 있는 대기오염방지시설 중 흡착장치의 종류로 틀린 것은 어느 것인가?

㉮ 고정층 흡착장치   ㉯ 촉매층 흡착장치
㉰ 이동층 흡착장치   ㉱ 유동층 흡착장치

풀이 흡착장치의 종류로는 고정층 흡착장치, 이동층 흡착장치, 유동층 흡착장치가 있다.

 answer   01 ㉯   02 ㉮   03 ㉮   04 ㉯

05 다음 중 섭씨 온도가 20℃인 것은 어느 것인가?

㉮ 20K ㉯ 36°F
㉰ 68°F ㉱ 273K

> 풀이 ℃ → °F : (℃×1.8)+32
> 따라서 (20℃×1.8)+32 = 68°F

06 복사역전에 관한 내용으로 틀린 것은 어느 것인가?

㉮ 복사역전은 공중에서 일어난다.
㉯ 맑고 바람이 없는 날 아침에 해가 뜨기 직전에 강하게 형성된다.
㉰ 복사역전이 형성될 경우 대기오염물질의 수직이동, 확산이 어렵게 된다.
㉱ 해가 지면서부터 열복사에 의한 지표면의 냉각이 시작되므로 복사역전이 형성된다.

> 풀이 ㉮ 복사역전은 지표에서 일어난다.

07 대기환경보전법규상 특정대기유해물질로 틀린 것은 어느 것인가?

㉮ 석면 ㉯ 시안화수소
㉰ 망간화합물 ㉱ 사염화탄소

> 풀이 ㉰ 망간화합물은 특정대기유해물질이 아니다.

08 대류권에서는 온실가스이며, 성층권에서는 오존층 파괴물질로 알려져 있는 물질은 어느 것인가?

㉮ CO ㉯ N_2O
㉰ HCl ㉱ SO_2

> 풀이 ㉯ N_2O(아산화질소)에 대한 설명이다.

09 다음 집진장치 중 집진효율이 가장 낮은 것은 어느 것인가?

㉮ 전기 집진장치 ㉯ 여과 집진장치
㉰ 원심력 집진장치 ㉱ 중력 집진장치

> 풀이 집진장치의 집진효율
> ㉮ 전기 집진장치 : 90 ~ 99.9%
> ㉯ 여과 집진장치 : 90 ~ 99%
> ㉰ 원심력 집진장치 : 70 ~ 95%
> ㉱ 중력 집진장치 : 40 ~ 60%

10 질소산화물의 발생을 억제하는 연소방법으로 틀린 것은 어느 것인가?

㉮ 저과잉공기비 연소법
㉯ 고온 연소법
㉰ 2단 연소법
㉱ 배기가스 재순환법

> 풀이 ㉯ 저온 연소법

answer 05 ㉰ 06 ㉮ 07 ㉰ 08 ㉯ 09 ㉱ 10 ㉯

11 함진가스를 방해판에 충돌시켜 기류의 급격한 방향전환을 이용하여 입자를 분리 포집하는 집진장치는 어느 것인가?

㉮ 중력 집진장치 ㉯ 전기 집진장치
㉰ 여과 집진장치 ㉱ 관성력 집진장치

> 풀이 ㉱ 관성력 집진장치에 대한 설명으로 내용 중 핵심인 방해판에 충돌 = 관성력 집진장치임을 숙지하시면 됩니다.

12 다음 표준상태(0℃, 760mmHg)에 있는 건조공기 중 대기 중의 체류시간이 가장 긴 것은 어느 것인가?

㉮ N_2 ㉯ CO
㉰ NO   ㉱ CO_2

> 풀이 체류시간
> ㉮ N_2 : $4×10^8$년
> ㉯ CO : 1~3개월
> ㉰ NO : 2~5일
> ㉱ CO_2 : 2~4년

13 다음 기체 중 비중이 가장 큰 물질은 어느 것인가?

㉮ SO_2 ㉯ CO_2
㉰ HCHO   ㉱ CS_2

> 풀이 기체의 비중 = $\dfrac{\text{기체의 분자량(kg)}}{\text{공기의 분자량(29kg)}}$
> 따라서 기체의 비중은 기체의 분자량(kg)에 비례한다.
> ㉮ SO_2 : 64, ㉯ CO_2 : 44, ㉰ HCHO : 30, ㉱ CS_2 : 76 이므로 분자량이 가장 큰 ㉱ CS_2 정답이 된다.

14 CO 200kg을 완전연소시킬 경우 필요한 이론산소량(Sm^3)은 얼마인가? (단, 표준상태 기준이다.)

㉮ $15Sm^3$ ㉯ $56Sm^3$
㉰ $80Sm^3$ ㉱ $381Sm^3$

> 풀이 $CO + 0.5O_2 → CO_2$
> $28kg : 0.5×22.4Sm^3$
> $200kg : 산소량(Sm^3)$
> ∴ 산소량 = $\dfrac{200kg×0.5×22.4Sm^3}{28kg} = 80Sm^3$

TIP
① 체적(Sm^3) = 계수 × 22.4(Sm^3)
② 질량(kg) = 계수 × 분자량(kg)

15 다음 중 2차 대기오염 물질에 해당하는 것은 어느 것인가?

㉮ HCl   ㉯ Pb
㉰ CO   ㉱ H_2O_2

> 풀이 ㉱ H_2O_2(과산화수소)는 2차성 대기오염물질이다.

16 다음 중 지하수의 일반적인 수질특성에 대한 내용으로 틀린 것은 어느 것인가?

㉮ 수온의 변화가 심하다.
㉯ 무기물 성분이 많다.
㉰ 지질 특성에 영향을 받는다.
㉱ 지표면 깊은 곳에서는 무산소 상태로 될 수 있다.

> 풀이 ㉮ 수온의 변화가 거의 없다.

answer 11 ㉱ 12 ㉮ 13 ㉱ 14 ㉰ 15 ㉱ 16 ㉮

17 생물학적 처리법에 대한 내용으로 틀린 것은 어느 것인가?

㉮ 주로 유기성 폐수의 처리에 적용한다.
㉯ 미생물을 이용한 처리방법으로 호기성 처리방법은 부패조 등이 있다.
㉰ 살수여상은 부착 성장식 생물학적 처리 공법이다.
㉱ 산화지는 자연에 의하여 처리하기 때문에 활성슬러지법에 비해 적정처리가 어렵다.

풀이 ㉯ 미생물을 이용한 처리방법으로 혐기성 처리방법은 부패조 등이 있다.

18 다음 중 콘크리트 하수관거의 부식을 유발하는 물질로 알맞은 것은 어느 것인가?

㉮ NH_4^+ ㉯ SO_4^{2-}
㉰ Cl^- ㉱ PO_4^{2-}

풀이 콘크리트 하수관거의 부식을 유발하는 물질은 황화합물이므로 ㉯ SO_4^{2-}가 정답이다.

19 명반을 폐수의 응집조에 주입한 후에 완속교반을 행하는 주된 목적은 무엇인가?

㉮ floc의 입자를 크게 하기 위하여
㉯ floc과 공기를 잘 접촉시키기 위하여
㉰ 명반을 원수에 용해시키기 위하여
㉱ 생성된 floc의 수를 증가시키기 위하여

풀이 완속교반을 행하는 주된 목적은 ㉮ floc의 입자를 크게 하기 위해서이다.

20 하천의 자정작용을 4단계(Wipple)로 구분할 때 순서대로 알맞게 나타낸 것은 어느 것인가?

㉮ 분해지대 - 활발분해지대 - 회복지대 - 정수지대
㉯ 정수지대 - 활발분해지대 - 분해지대 - 회복지대
㉰ 활발분해지대 - 회복지대 - 분해지대 - 정수지대
㉱ 회복지대 - 분해지대 - 활발분해지대 - 정수지대

풀이 Wipple의 하천정화 4단계는 분해지대 - 활발분해지대 - 회복지대 - 정수지대 순서 이다.

21 하수 유입량이 2,000m³/일 이고, 침전지의 용적이 250m³일 때, 이때 체류시간(hr)은 얼마인가?

㉮ 3hr   ㉯ 4hr
㉰ 6hr   ㉱ 8hr

풀이 $t = \dfrac{V}{Q}$

$\begin{bmatrix} t : 체류시간(hr) \\ V : 용적(m^3) \\ Q : 하수유입량(m^3/hr) \end{bmatrix}$

따라서 $t(hr) = \dfrac{250m^3}{2,000m^3/day \times 1day/24hr} = 3hr$

22 활성슬러지공법에 의한 운영상의 문제점으로 틀린 것은 어느 것인가?

㉮ 거품 발생   ㉯ 연못화 현상
㉰ floc 해체 현상 ㉱ 슬러지부상 현상

풀이 ㉯ 연못화 현상은 살수여상법의 문제점이다.

---

answer 17 ㉯ 18 ㉯ 19 ㉮ 20 ㉮ 21 ㉮ 22 ㉯

23 다음 중 산화에 대한 내용으로 틀린 것은 어느 것인가?

㉮ 원자가가 감소하는 현상
㉯ 전자를 잃는 현상
㉰ 수소를 잃는 현상
㉱ 산소와 화합하는 현상

풀이 ㉮ 원자가가 증가하는 현상

24 물속에서 침강하고 있는 입자에 스토크스(Stokes)의 법칙이 적용된다면 입자의 침강속도에 가장 큰 영향을 주는 것은 어느 것인가?

㉮ 입자의 밀도 ㉯ 물의 밀도
㉰ 물의 점도   ㉱ 입자의 직경

풀이 $Vs = \dfrac{d^2(\rho_s - \rho_w)g}{18\mu}$

⎡ Vs : 침강속도(cm/sec)
  d : 직경(cm)
  ρ_s : 입자의 밀도(g/cm³)
  ρ_w : 물의 밀도(g/cm³)
  g : 중력가속도(980cm/sec)
  μ : 점성도(g/cm · sec) ⎦

따라서 Vs(침강속도)는 입자의 직경에 가장 크게 영향을 받는다.

25 지하수의 수질을 분석하였더니 Ca^{2+} = 24mg/L, Mg^{2+} = 14mg/L의 결과를 얻었다. 이 지하수의 경도(mg/L)는 얼마인가? (단, 원자량은 Ca = 40, Mg = 24 이다.)

㉮ 98.7mg/L   ㉯ 104.3mg/L
㉰ 118.3mg/L ㉱ 123.4mg/L

풀이 $\dfrac{경도(mg/L)}{50g} = \dfrac{Ca^{2+}(mg/L)}{20g} + \dfrac{Mg^{2+}(mg/L)}{12g}$

$= \dfrac{24mg/L}{20g} + \dfrac{14mg/L}{12g}$

∴ 경도 = 118.33mg/L

TIP
① 경도는 물의 세기이며, 양이온 2가 금속성 물질 5가지(Ca^{2+}, Mg^{2+}, Sr^{2+}, Mn^{2+}, Fe^{2+})이다.
② 경도의 기준물질은 $CaCO_3$며, 단위는 ppm = mg/L 이다.

26 해수의 특징으로 틀린 것은 어느 것인가?

㉮ 해수의 밀도는 수심이 깊을수록 증가한다.
㉯ 해수의 pH는 5.6 정도로 약산성이다.
㉰ 해수의 Mg/Ca비는 3~4 정도이다.
㉱ 해수는 강전해질로서 1L당 35g 정도의 염분을 함유한다.

풀이 ㉯ 해수의 pH는 8.2 정도로 약알칼리성이다.

27 용존산소가 충분한 수중에서 미생물에 의한 단백질 분해순서로 알맞은 것은 어느 것인가?

㉮ $NO_3^- \to NO_2^- \to NH_4^+ \to$ Amino acid
㉯ $NH_4^+ \to NO_2^- \to NO_3^- \to$ Amino acid
㉰ Amino acid $\to NO_3^- \to NO_2^- \to NH_4^+$
㉱ Amino acid $\to NH_4^+ \to NO_2^- \to NO_3^-$

풀이 단백질의 분해 순서는 Amino acid(아미노산) → NH_4^+(암모늄이온) → NO_2^-(아질산이온) → NO_3^-(질산이온)이다.

answer 23 ㉮ 24 ㉱ 25 ㉰ 26 ㉯ 27 ㉱

28 A공장의 최종 방류수 4,000m³/day에 염소를 60kg/day로 주입하여 방류하고 있다. 염소 주입 후 잔류염소량이 3mg/L이였다면 이 때 염소요구량(mg/L)은 얼마인가?

㉮ 12mg/L ㉯ 17mg/L
㉰ 20mg/L ㉱ 23mg/L

풀이 염소요구량 = 염소주입량 - 염소잔류량
$$= \left(\frac{60 \text{kg/day}}{4,000 \text{m}^3/\text{day}} \times 10^3\right) \text{mg/L} - 3\text{mg/L}$$
$$= 12.0 \text{mg/L}$$

TIP
① $\text{mg/L} \xrightarrow{\times 10^{-3}} \text{kg/m}^3$
② $\text{ppm} = \text{mg/L}$
③ $\frac{\text{총량(kg/day)}}{\text{유량(m}^3\text{/day)}} = \text{농도(kg/m}^3\text{)}$
④ $\text{kg/m}^3 \xrightarrow{\times 10^3} \text{mg/L}$

29 생물학적으로 질소와 인을 제거하는 A_2/O 공정 중 혐기조의 주된 역할은 무엇인가?

㉮ 질산화 ㉯ 탈질화
㉰ 인의 방출 ㉱ 인의 과잉섭취

풀이 A_2/O공법의 반응조 역할
① 혐기성조 : 인(P)의 방출 및 유기물 제거
② 무산소조 : 탈질작용(질소제거)
③ 호기성조 : 인(P)의 과잉흡수 및 질산화

30 다음 중 유기수은계 함유폐수의 처리방법으로 알맞은 것은 어느 것인가?

㉮ 오존처리법, 염소분해법
㉯ 흡착법, 산화분해법
㉰ 황산분해법, 시안처리법
㉱ 염소분해법, 소석회처리법

풀이 수은함유 폐수처리방법에는 흡착법, 산화분해법, 아말감법, 황화물침전법, 이온교환법이 있다.

31 폐수 중 총인을 자외선 가시선 분광법으로 측정할 때의 분석파장으로 알맞은 것은 어느 것인가?

㉮ 220nm ㉯ 450nm
㉰ 540nm ㉱ 880nm

풀이 총인을 자외선 가시선 분광법으로 측정할 때의 분석파장으로 880nm이다.

32 다음은 BOD용 희석수(또는 BOD용 식종 희석수)를 검토하기 위한 시험방법이다. ( ) 안에 들어갈 말은 어느 것인가?

( ) 각 150mg씩을 취하여 물에 녹여 1,000mL로 한 액 5mL ~ 10mL를 3개의 300mL BOD병에 넣고 BOD용 희석수(또는 BOD용 식종 희석수)를 완전히 채운 다음 BOD 시험방법에 따라 시험한다.

㉮ 설퍼민산 및 수산화나트륨
㉯ 글루코오스 및 글루타민산
㉰ 알칼리성 요오드화 칼륨 및 아자이드화 나트륨
㉱ 황산구리 및 설퍼민산

answer 28 ㉮ 29 ㉰ 30 ㉯ 31 ㉱ 32 ㉯

33 시중에서 판매되는 농황산의 비중은 약 1.84, 농도는 96%(중량기준)일 때, 이 농황산의 몰농도(mole/L)는 얼마인가?

㉮ 12mole/L ㉯ 18mole/L
㉰ 24mole/L ㉱ 36mole/L

풀이 몰농도(mol/L)

$= \frac{비중(g)}{(mL)} \times \frac{10^3 mL}{1L} \times \frac{1 mol}{분자량(g)} \times \frac{\%농도}{100}$

$= \frac{1.84g}{mL} \times \frac{10^3 mL}{1L} \times \frac{1 mol}{98g} \times \frac{96\%}{100}$

$= 18.02 mol/L$

TIP
① 노르말 농도(eq/L)

$= \frac{비중(g)}{(mL)} \times \frac{10^3 mL}{L} \times \frac{1 eq}{1당량\ g} \times \frac{\%}{100}$

② 1당량 g = $\frac{분자량(g)}{가수}$

34 물리적 처리에 대한 내용으로 틀린 것은 어느 것인가?

㉮ 폐수가 흐르는 수로에 관망을 설치하여 부유물 중 망의 유효간격보다 큰 것을 망 위에 걸리게 하여 제거하는 것이 스크린의 처리원리이다.
㉯ 스크린의 접근유속은 0.15m/sec 이상이어야 하며, 통과유속이 5m/sec를 초과해서는 안된다.
㉰ 침사지는 모래, 자갈, 뼈조각, 기타 무기성 부유물로 구성된 혼합물을 제거하기 위해 이용된다.
㉱ 침사지는 일반적으로 스크린 다음에 설치되며, 침전한 그릿이 쉽게 제거되도록 밑바닥이 한 쪽으로 급한 경사를 이루도록 한다.

풀이 ㉯ 스크린의 접근유속은 0.4m/sec 이상이어야 하며, 통과유속이 1.0m/sec를 초과해서 는 안된다.

35 수질오염공정시험기준에서 "취급 또는 저장하는 동안에 이물질이 들어가거나 또는 내용물이 손실되지 아니하도록 보호하는 용기"를 무엇이라 하는가?

㉮ 차광용기 ㉯ 밀봉용기
㉰ 기밀용기 ㉱ 밀폐용기

풀이 용기
① 밀폐용기 : 이물질
② 기밀용기 : 공기 또는 다른 가스
③ 밀봉용기 : 기체 또는 미생물
④ 차광용기 : 빛

36 수분함량이 30%인 어느 도시의 쓰레기를 건조시켜 수분함량이 10%인 쓰레기로 만들어 처리하려고 한다. 쓰레기 1톤당 증발되는 수분의 양(kg)은 얼마인가? (단, 쓰레기 비중은 1.0으로 가정한다.)

㉮ 204kg ㉯ 215kg
㉰ 222kg ㉱ 242kg

풀이 ① $W_1 \times (100-P_1) = W_2 \times (100-P_2)$

$\begin{bmatrix} W_1 : 건조\ 전\ 쓰레기(kg) \\ P_1 : 건조\ 전\ 함수율(\%) \\ W_2 : 건조\ 후\ 쓰레기(kg) \\ P_2 : 건조\ 후\ 함수율(\%) \end{bmatrix}$

따라서 $1,000kg \times (100-30) = W_2 \times (100-10)$

$\therefore W_2 = \frac{1,000kg \times (100-30)}{(100-10)} = 777.78kg$

② 증발되는 수분량(kg) = $W_1 - W_2$
= 1,000kg - 777.78kg = 222.22kg

answer 33 ㉯ 34 ㉯ 35 ㉱ 36 ㉰

37 다음 중 폐기물 처리를 위해 가장 우선적으로 추진해야 하는 방향은 무엇인가?

㉮ 퇴비화 ㉯ 감량
㉰ 위생매립 ㉱ 소각 열회수

풀이 폐기물 처리의 우선은 감량화이다.

38 장치 아래쪽에서는 가스를 주입하여 모래를 가열시키고 위쪽에서는 폐기물을 주입하여 연소시키는 형태로 기계적 구동부가 적어 고장율이 낮으며, 슬러지나 폐유 등의 소각에 탁월한 성능을 가지는 소각로는 무엇인가?

㉮ 고정상 소각로 ㉯ 화격자 소각로
㉰ 유동상 소각로 ㉱ 열분해 소각로

풀이 ㉰ 유동상 소각로에 대한 설명으로 내용의 핵심인 모래를 이용해 소각하는 것은 유동상 소각로임을 숙지하시면 됩니다.

39 주로 산업 폐기물의 발생량 산정법으로 먼저 조사하고자 하는 계의 경계를 정확히 설정 한 다음 그 시스템으로 유입되는 모든 물질과 유출되는 모든 물질들 간의 물질수지를 세움으로써 발생량을 추정하는 방법은 무엇인가?

㉮ 공장공정법 ㉯ 직접계근법
㉰ 물질수지법 ㉱ 적재차량계수법

풀이 ㉰ 물질수지법에 대한 설명으로 문제 내용의 핵심인 산업폐기물 발생량 산정 = 물질수지법임을 숙지하시면 됩니다.

40 폐기물 고체연료(RDF)의 구비조건이 아닌 것은 어느 것인가?

㉮ 함수율이 높을 것
㉯ 열량이 높을 것
㉰ 대기오염이 적을 것
㉱ 성분 배합률이 균일할 것

풀이 ㉮ 함수율이 낮을 것

41 다음 폐기물 선별방법 중 특징적으로 자장이나 전기장을 이용하는 것은 무엇인가?

㉮ 중력선별 ㉯ 관성선별
㉰ 스크린선별 ㉱ 와전류선별

풀이 와전류 선별법은 연속적으로 변화하는 자장 속에 비자성이며, 전기전도성이 좋은 구리, 알루미늄, 아연 등을 넣어 금속 내에 소용돌이 전류를 발생시켜 생기는 반발력의 차를 이용하여 분리하는 방법이다.

42 관거 수송법에 대한 내용으로 틀린 것은 어느 것인가?

㉮ 쓰레기의 발생밀도가 높은 곳은 적용이 곤란하다.
㉯ 가설 후 경로변경이 곤란하고, 설치비가 높다.
㉰ 잘못 투입된 물건의 회수가 곤란하다.
㉱ 조대쓰레기는 파쇄, 압축 등의 전처리가 필요하다.

풀이 ㉮ 쓰레기의 발생밀도가 작은 곳에서 적용이 곤란하다.

answer 37 ㉯ 38 ㉰ 39 ㉰ 40 ㉮ 41 ㉱ 42 ㉮

43 폐기물의 수거시 수거 작업 간의 노동력을 비교하기 위하여 사용하는 용어로서, 수거 인부 1인이 쓰레기 1톤을 수거하는데 소요되는 총 시간을 의미하는 것은 어느 것인가?

㉮ MHT ㉯ HHV
㉰ LHV ㉱ RDF

풀이 수거 인부 1인이 쓰레기 1톤을 수거하는데 소요되는 총 시간은 MHT(man·hr/ton) 이다.

44 다음에서 설명하는 매립공법은 어느 것인가?

- 폐기물과 복토층을 교대로 쌓는 방식이다.
- 협곡, 산간 및 폐광산 등에서 사용하는 방법이다.
- 외곽 우수배제시설 필요하다.
- 복토재의 외부 반입이 필요하다.

㉮ 샌드위치공법 ㉯ 도랑형공법
㉰ 박층뿌림공법 ㉱ 순차투입공법

풀이 ㉮ 샌드위치공법에 대한 설명으로 문제의 내용 중 핵심인 폐기물과 복토층을 교대로 쌓는 방식 = 샌드위치공법임을 숙지하시면 됩니다.

45 다음 중 폐기물공정시험기준상 폐기물의 강열감량 및 유기물 함량을 측정하고자 할 때 사용되는 기구로 묶여진 것은 어느 것인가?

① 도가니 ② 항온수조
③ 전기로 ④ pH 미터
⑤ 전자저울 ⑥ 황산데시게이터

㉮ ①, ②, ③, ④ ㉯ ②, ④, ⑤, ⑥
㉰ ②, ③, ⑤, ⑥ ㉱ ①, ③, ⑤, ⑥

풀이 폐기물의 강열감량 및 유기물 함량을 측정하고자 할 때 사용되는 기구는 도가니, 전기로, 전자저울, 황산데시게이터 등이 있다.

46 일정기간 동안 특정지역의 쓰레기 수거차량의 대수를 조사하여 이 값에 밀도를 곱하여 중량으로 환산하는 쓰레기 발생량 산정 방법은 무엇인가?

㉮ 직접계근법
㉯ 물질수지법
㉰ 통과중량조사법
㉱ 적재차량 계수분석법

풀이 ㉱ 적재차량 계수분석법에 대한 설명으로 문제 내용의 핵심인 쓰레기 수거차량의 대수조사 = 적재차량 계수분석법임을 숙지하시면 됩니다.

answer 43 ㉮ 44 ㉮ 45 ㉱ 46 ㉱

47 인구 50만명인 A도시의 폐기물 발생량 중 가연성은 20%, 불연성은 80%이다. 1인당 폐기물 발생량이 1.0kg/인·일이고, 운반차량의 적재용량이 5m³일 때, 가연성 폐기물의 운반에 필요한 차량운행횟수는 월 몇 회인가? (단, 가연성 폐기물의 겉보기 비중은 3,000kg/m³, 월 30일, 차량은 1대 기준이다.)

㉮ 185회　　　㉯ 191회
㉰ 200회　　　㉱ 222회

풀이 가연성 폐기물의 운반에 필요한 차량운행 횟수(회/월)

$$= \frac{\text{폐기물 발생량(kg/월)} \times \frac{1}{\text{폐기물 비중(kg/m}^3)} \times \frac{\text{가연성분(\%)}}{100}}{\text{운반차량의 적재용량(m}^3/\text{회)}}$$

$$= \frac{1.0 \text{kg/인·일} \times 500,000\text{인} \times 30\text{일/월} \times \frac{1}{3,000\text{kg/m}^3} \times \frac{20\%}{100}}{5\text{m}^3/\text{회}}$$

= 200 회/월

48 폐기물의 고형화 처리방법으로 틀린 것은 어느 것인가?

㉮ 활성슬러지법　　㉯ 석회기초법
㉰ 유리화법　　　　㉱ 피막형성법

풀이 ㉮ 활성슬러지법은 미생물을 이용하여 폐수를 처리하는 방법이다.

49 폐기물 소각 공정에 사용되는 연소기의 종류로 틀린 것은 어느 것인가?

㉮ Scrubber　　　㉯ Stoker
㉰ Rotary kiln　　㉱ Multiple hearth

풀이 ㉮ Scrubber는 입자상물질이나 가스상 물질을 제거하는 장치이다.

50 호기성 미생물을 이용하여 유기물을 분해하는 퇴비화공정의 최적조건의 범위로 틀린 것은 어느 것인가?

㉮ 수분함량 : 85% 이상
㉯ pH : 6.5~7.5
㉰ 온도 : 55~65℃
㉱ C/N비 : 25~30

풀이 ㉮ 수분함량 : 50~60%

51 매립 시 발생되는 매립가스 중 악취를 유발시키는 물질은 어느 것인가?

㉮ CH_4　　　㉯ CO
㉰ CO_2　　　㉱ NH_3

풀이 매립가스 중 악취를 유발시키는 물질은 NH_3(암모니아)이다.

52 폐기물을 분석하기 위한 시료의 축소화 방법으로 알맞은 것은 어느 것인가?

㉮ 구획법, 교호삽법, 원추4분법
㉯ 구획법, 교호삽법, 직접계근법
㉰ 교호삽법, 물질수지법, 원추4분법
㉱ 구획법, 교호삽법, 적재차량계수법

풀이 시료의 축소화 방법은 구획법, 교호삽법, 원추4분법이 있다.

answer 47 ㉰　48 ㉮　49 ㉮　50 ㉮　51 ㉱　52 ㉮

53 착화온도에 대한 내용으로 알맞은 것은 어느 것인가?

㉮ 분자구조가 간단할수록 착화온도는 낮아진다.
㉯ 발열량이 작을수록 착화온도는 낮아진다.
㉰ 활성화에너지가 작을수록 착화온도는 높아진다.
㉱ 화학결합의 활성도가 클수록 착화온도는 낮아진다.

풀이 ㉮ 분자구조가 간단할수록 착화온도는 높아진다.
㉯ 발열량이 작을수록 착화온도는 높아진다.
㉰ 활성화에너지가 클수록 착화온도는 높아진다.

54 밀도가 0.4t/m³인 쓰레기를 매립하기 위해 밀도 0.85t/m³으로 압축하였다. 압축비는 얼마인가?

㉮ 0.6   ㉯ 1.8
㉰ 2.1   ㉱ 3.3

풀이 압축비 = $\dfrac{V_1}{V_2}$

$\begin{bmatrix} V_1 : \text{압축 전 부피(m}^3) \\ V_2 : \text{압축 후 부피(m}^3) \end{bmatrix}$

$V_1 = 1\text{ton} \times \dfrac{1}{0.4\text{ton/m}^3} = 2.5\text{m}^3$

$V_2 = 1\text{ton} \times \dfrac{1}{0.85\text{ton/m}^3} = 1.176\text{m}^3$

따라서 압축비 = $\dfrac{V_1}{V_2} = \dfrac{2.5\text{m}^3}{1.176\text{m}^3} = 2.13$

55 다음 연료 중 고위발열량(kcal/Sm³)이 가장 큰 물질은 어느 것인가?

㉮ 프로판   ㉯ 일산화탄소
㉰ 부틸렌   ㉱ 아세틸렌

풀이 기체연료 중 고위발열량이 가장 큰 것은 탄소가 가장 많이 함유되어 있는 연료이므로 부틸렌(C_4H_8)이 정답이다.

56 진동수가 200Hz이고 속도가 100m/s인 파동의 파장(m)은 얼마인가?

㉮ 0.2m   ㉯ 0.3m
㉰ 0.5m   ㉱ 2.0m

풀이 $V = \lambda \times f$

$\begin{bmatrix} V : \text{속도(m/sec)} \\ \lambda : \text{파장(m)} \\ f : \text{진동수(Hz)} \end{bmatrix}$

여기서

따라서 $\lambda = \dfrac{V}{f} = \dfrac{100\text{m/sec}}{200\text{Hz}} = 0.5\text{m}$

57 종파(소밀파)에 대한 내용으로 틀린 것은 어느 것인가?

㉮ 매질이 있어야만 전파된다.
㉯ 파동의 진행방향과 매질의 진동방향이 서로 평행하다.
㉰ 수면파는 종파에 해당한다.
㉱ 음파는 종파에 해당한다.

풀이 ㉰ 수면파는 횡파에 해당한다.

answer 53 ㉱ 54 ㉰ 55 ㉰ 56 ㉰ 57 ㉰

58 점음원의 거리감쇠에서 음원으로부터의 거리가 2배로 됨에 따른 음압레벨의 감쇠치는 얼마인가? (단, 자유공간)

㉮ 2dB ㉯ 3dB
㉰ 6dB ㉱ 10dB

풀이 점음원으로부터 거리가 2배 멀어질 때마다 음압레벨의 감소분도 20log2이므로 20log2 = 6dB 이다.

59 방음벽 설치 시 주의사항으로 틀린 것은 어느 것인가?

㉮ 음원의 지향성과 크기에 대한 상세한 조사가 필요하다.
㉯ 음원의 지향성이 수용측 방향으로 클 때에는 벽에 의한 감쇠치가 계산치보다 크게 된다.
㉰ 벽의 투과손실은 회절감쇠치보다 적어도 5dB 이상 크게 하는 것이 바람직하다.
㉱ 소음원 주위에 나무를 심는 것이 방음벽 설치보다 확실한 방음 효과를 기대할 수 있다.

풀이 ㉱ 벽의 길이는 점음원일 때 벽 높이의 5배 이상, 선음원일 때 음원과 수음점 간의 직선거리의 2배 이상으로 하는 것이 바람직하다.

60 2개의 진동물체의 고유진동수가 같을 때 한 쪽의 물체를 울리면 다른 쪽도 울리는 현상은 무엇인가?

㉮ 임피던스 ㉯ 굴절
㉰ 간섭 ㉱ 공명

풀이 ㉱ 공명에 대한 설명이다.

answer 58 ㉰ 59 ㉱ 60 ㉱

2015 2회 과년도 기출문제

01 중력 집진장치의 집진효율 향상 조건으로 틀린 것은 어느 것인가?

㉮ 침강실 내의 처리가스 속도를 크게 한다.
㉯ 침강실 내의 처리가스의 흐름을 균일하게 한다.
㉰ 침강실의 높이를 작게 하고, 길이를 길게 한다.
㉱ 다단일 경우에는 단수가 증가될수록 압력손실은 커지나 효율은 증가한다.

풀이 ㉮ 침강실 내의 처리가스 속도를 작게 한다.

02 대기오염공정시험기준상 "방울수"의 의미로 알맞은 것은 어느 것인가?

㉮ 10℃에서 정제수 10방울을 떨어뜨릴 때 그 부피가 약 1mL 되는 것을 뜻한다.
㉯ 10℃에서 정제수 20방울을 떨어뜨릴 때 그 부피가 약 1mL 되는 것을 뜻한다.
㉰ 20℃에서 정제수 10방울을 떨어뜨릴 때 그 부피가 약 1mL 되는 것을 뜻한다.
㉱ 20℃에서 정제수 20방울을 떨어뜨릴 때 그 부피가 약 1mL 되는 것을 뜻한다.

03 흡수장치의 종류를 액분산형과 기체분산형으로 나눌 때, 다음 중 기체분산형에 해당하는 것은 어느 것인가?

㉮ 충전탑
㉯ 분무탑
㉰ 단탑
㉱ 벤츄리 스크러버

풀이 흡수장치의 종류
㉮ 충전탑 : 액분산형
㉯ 분무탑 : 액분산형
㉰ 단탑 : 기체분산형
㉱ 벤츄리 스크러버 : 액분산형

04 석탄의 탄화도가 클수록 가지는 성질로 틀린 것은 어느 것인가?

㉮ 고정탄소의 양이 증가하고, 산소의 양이 줄어든다.
㉯ 연소속도가 작아진다.
㉰ 수분 및 휘발분이 증가한다.
㉱ 연료비(고정탄소 %/휘발분 %)가 증가한다.

풀이 ㉰ 수분 및 휘발분이 감소한다.

answer 01 ㉮ 02 ㉱ 03 ㉰ 04 ㉰

05 A 공장에서 SO_2 농도 444ppm, 유량 $52m^3/hr$로 배출될 때, 하루에 배출되는 SO_2의 양(kg)은 얼마인가? (단, 24시간 연속가동하고, 표준상태 기준이다.)

㉮ 1.58kg ㉯ 1.67kg
㉰ 1.79kg ㉱ 1.94kg

풀이 배출되는 SO_2량(kg/day)
= SO_2 농도(kg/m^3)×유량(m^3/day)

① SO_2 농도(kg/m^3) = $\frac{444mL}{Sm^3} \times \frac{64mg}{22.4mL} \times \frac{1kg}{10^6 mg}$
= $1.27 \times 10^{-3} kg/Sm^3$

② 유량(m^3/day) = $\frac{52m^3}{hr} \times \frac{24hr}{1day}$ = $1,248 m^3$/day

③ 배출되는 SO_2량(kg/day)
= $1.27 \times 10^{-3} kg/Sm^3 \times 1,248 m^3$/day
= 1.58kg/day

TIP
① SO_2 1mol $\begin{cases} 64mg \\ 22.4mL \end{cases}$
② ppm = mL/Sm^3

06 원심력 집진장치에서 50%의 집진율을 보이는 입자의 크기를 나타내는 용어는 어느 것인가?

㉮ 극한 입경 ㉯ 절단 입경
㉰ 중간 입경 ㉱ 임계 입경

풀이 50% 제거입경은 절단입경이다.

TIP
100% 제거입경 = 임계입경 = 한계입경 = 최소제거입경

07 집진장치 출구 가스의 먼지농도가 0.02 g/m^3, 먼지통과율은 0.5%일 때, 입구 가스의 먼지 농도(g/m^3)는 얼마인가?

㉮ $3.5g/m^3$ ㉯ $4.0g/m^3$
㉰ $4.5g/m^3$ ㉱ $8.0g/m^3$

풀이 $P(\%) = \frac{C_o}{C_i} \times 100$

$\begin{bmatrix} P : 통과율(\%) \\ C_i : 입구가스의 먼지농도(g/m^3) \\ C_o : 출구가스의 먼지농도(g/m^3) \end{bmatrix}$

따라서 $0.5\% = \frac{0.02g/m^3}{C_i} \times 100$

∴ $C_i = \frac{0.02g/m^3 \times 100}{0.5\%} = 4.0g/m^3$

08 다음 집진장치 중 압력손실이 가장 큰 장치는 어느 것인가?

㉮ 중력식 집진장치
㉯ 사이클론
㉰ 백필터
㉱ 벤츄리 스크러버

풀이 장치의 압력손실
㉮ 중력식 집진장치 : 5~15mmH_2O
㉯ 사이클론 : 40~100mmH_2O
㉰ 백필터 : 100~200mmH_2O
㉱ 벤츄리 스크러버 : 300~800mmH_2O

TIP
① 압력손실이 가장 작은 집진장치
  중력 집진장치(5~15mmH_2O)
  전기 집진장치(10~20mmH_2O)
② 압력손실이 가장 큰 집진장치
  벤츄리스크러버(300~800mmH_2O)

answer 05 ㉮ 06 ㉯ 07 ㉯ 08 ㉱

09 전기집진장치에서 입자의 대전과 집진된 먼지의 탈진이 정상적으로 진행되는 겉보기 고유저항의 범위로 알맞은 것은 어느 것인가?

㉮ $10^{-3} \sim 10^1 \Omega \cdot cm$
㉯ $10^1 \sim 10^3 \Omega \cdot cm$
㉰ $10^4 \sim 10^{11} \Omega \cdot cm$
㉱ $10^{12} \sim 10^{15} \Omega \cdot cm$

풀이 효율이 가장 우수할 때의 먼지의 전기저항은 $10^4 \sim 10^{11} \Omega \cdot cm$이다.

10 질소산화물을 촉매환원법으로 처리할 때, 어떤 물질로 환원되는가?

㉮ N_2
㉯ HNO_3
㉰ CH_4
㉱ NO_2

풀이 질소산화물(NO_X)을 촉매환원법으로 처리할 때 질소(N_2)로 환원하여 처리한다.

11 액체연료의 연소장치 중 유압식과 공기분무식을 합한 것으로 유압이 보통 $7kg/cm^2$ 이상이고, 연소가 양호하고 소형이며 전자동 연소가 가능한 것은 어느 것인가?

㉮ 유압분무식 버너
㉯ 회전식 버너
㉰ 선회 버너
㉱ 건타입 버너

풀이 ㉱ 건타입 버너에 대한 설명으로 내용 중 핵심인 소형이고 전자동 연소 = 건타입버너임을 숙지하시면 됩니다.

12 공기에 작용하는 힘 중 "지구 자전에 의해 운동하는 물체에 작용하는 힘"을 의미하는 것은 어느 것인가?

㉮ 경도력
㉯ 원심력
㉰ 구심력
㉱ 전향력

풀이 ㉱ 전향력(코리올리힘)에 대한 설명이다.

13 다음 중 여과집진장치의 탈진방법의 종류로 틀린 것은 어느 것인가?

㉮ 진동형
㉯ 세정형
㉰ 역기류형
㉱ pulse jet형

풀이 여과집진장치의 탈진방법의 종류로는 진동형, 역기류형, pulse jet형(펄스제트형)이 있다.

14 다음 중 광화학스모그 발생 조건으로 틀린 것은 어느 것인가?

㉮ 질소산화물
㉯ 일산화탄소
㉰ 올레핀계 탄화수소
㉱ 태양광선

풀이 광화학스모그 발생 조건으로는 질소산화물(NO, NO_2), 올레핀계 탄화수소, 태양광선 (주로 자외선)이 있다.

15 대기오염공정시험기준에서 제시된 배출가스 중 오염물질별 측정방법의 연결로 틀린 것은 어느 것인가?

㉮ 염소 - 오르토 톨리딘법
㉯ 염화수소 - 싸이오사이안산제이수은법
㉰ 사이안화수소 - 인도페놀법
㉱ 황화수소 - 메틸렌블루우법

answer 09 ㉰ 10 ㉮ 11 ㉱ 12 ㉱ 13 ㉯ 14 ㉯ 15 ㉰

풀이 ㉰ 사이안화수소의 측정방법에는 4-피리딘카복실산-피라졸론법과 연속흐름법이 있다.

16 A하수처리장 유입수의 BOD가 225ppm이고, 유출수의 BOD가 46ppm이었다면, 이 하수처리장의 BOD 제거율(%)은 얼마인가?

㉮ 약 66% ㉯ 약 71%
㉰ 약 76% ㉱ 약 80%

풀이 BOD 제거율(%) = $\left(1 - \dfrac{\text{유출수의 BOD}}{\text{유입수의 BOD}}\right) \times 100$
= $\left(1 - \dfrac{46\text{ppm}}{225\text{ppm}}\right) \times 100$
= 79.56%

17 다음 중 물의 밀도로 틀린 것은 어느 것인가?

㉮ 1g/cm^3 ㉯ $1,000\text{kg/m}^3$
㉰ 1kg/L ㉱ 0.1mg/mm^3

풀이 $1\text{g/cm}^3 = 1\text{g/mL} = 1\text{kg/L} = 1\text{ton/m}^3$
$= 1,000\text{kg/m}^3$

18 직경 1m의 콘크리트 관에 20℃의 물이 동수구배 0.01로 흐르고 있다. 맨닝(Manning)공식에 의한 평균 유속(m/sec)은 얼마인가? (단, n = 0.014 이다.)

㉮ 1.42m/sec ㉯ 2.83m/sec
㉰ 4.62m/sec ㉱ 5.71m/sec

풀이 Manning식에서 유속(v) = $\dfrac{1}{n} \times R^{\frac{2}{3}} \times I^{\frac{1}{2}}$ (m/sec)

- n : 조도계수
- R : 경심(m)
- I : 기울기(동수구배)

$v = \dfrac{1}{0.014} \times \left(\dfrac{1\text{m}}{4}\right)^{\frac{2}{3}} \times (0.01)^{\frac{1}{2}} = 2.83\text{m/sec}$

TIP
① R(경심) = $\dfrac{\text{면적(A)}}{\text{윤변의 길이(S)}}$
② 원형에서 경심(R) = $\dfrac{D}{4}$ (m)
③ 사각형에서 경심(R) = $\dfrac{b \times h}{b + 2h}$ (m)

- D : 직경(m)
- b : 폭(m)
- h : 수두(m)

19 pH에 대한 내용으로 틀린 것은 어느 것인가?

㉮ pH는 수소이온농도를 그 역수의 상용대수로서 나타내는 값이다.
㉯ pH 표준액의 조제에 사용되는 물은 정제수를 증류하여 그 유출액을 15분 이상 끓여서 이산화탄소를 날려 보내고 산화칼슘 흡수관을 달아 식힌 후 사용한다.
㉰ pH 표준액 중 보통 산성표준액은 3개월, 염기성 표준액은 산화칼슘 흡수관을 부착하여 1개월 이내에 사용한다.
㉱ pH 미터는 보통 아르곤전극 및 산화전극으로 된 지시부와 검출부로 되어 있다.

풀이 ㉱ pH미터는 보통 유리전극 및 비교전극으로 된 검출부와 검출된 pH를 표시하는 지시부로 되어 있다.

answer 16 ㉱ 17 ㉱ 18 ㉯ 19 ㉱

20 글리신(Glycine)의 이론적 산소요구량 (g/mol)은 얼마인가? (단, 글리신의 분자식은 $C_2H_5NO_2$이며, 반응하여 CO_2, H_2O, HNO_3로 된다.)

㉮ 112　　㉯ 106
㉰ 94　　㉱ 78

풀이　$C_2H_5NO_2 + 3.5O_2 \rightarrow 2CO_2 + 2H_2O + HNO_3$
1mol : 3.5×32g
1mol : 이론적산소요구량(ThOD)
∴ ThOD = $\dfrac{1mol \times 3.5 \times 32g}{1mol}$ = 112g

21 다음 중 친온성 미생물의 성장속도가 가장 빠른 온도 분포는 어느 것인가?

㉮ 10℃ 부근　　㉯ 15℃ 부근
㉰ 20℃ 부근　　㉱ 35℃ 부근

풀이　친온성 미생물은 35℃ 부근에서 성장속도가 가장 빠르다.

22 자-테스트(jar-test)와 관련이 깊은 것은 어느 것인가?

㉮ 경도　　㉯ 알칼리도
㉰ 응집제　　㉱ 산도

풀이　자-테스트(jar-test)는 적당한 응집제 선정과 적정한 응집제 주입량을 결정하는 시험이다.

23 BOD농도 200mg/L, 유입 폐수량 800 m^3/일, 포기조 용량 200m^3일 때 포기조에 유입되는 BOD 총부하량(kg/일)은 얼마인가?

㉮ 1,600kg/일　　㉯ 160kg/일
㉰ 800kg/일　　㉱ 80kg/일

풀이　BOD 총부하량(kg/일)
= BOD 농도(kg/m^3)×폐수량(m^3/일)
= 0.2kg/m^3×800m^3/일
= 160kg/일

24 폐수 중 중금속의 일반적 처리방법으로 알맞은 것은 어느 것인가?

㉮ 모래여과 처리　　㉯ 미생물학적 처리
㉰ 화학적 처리　　㉱ 희석 처리

풀이　폐수속의 중금속은 화학적 처리(침전법)를 이용하여 제거한다.

25 물을 끓여 쉽게 침전 제거할 수 있는 경도유발 화합물은 어느 것인가?

㉮ $MgCl_2$　　㉯ $CaSO_4$
㉰ $CaCO_3$　　㉱ $MgSO_4$

풀이　경도는 물의 세기의 정도를 말하며, 2가 양이온 금속성 물질(Ca^{2+}, Mg^{2+}, Mn^{2+}, Fe^{2+}, Sr^{2+})의 양을 탄산칼슘($CaCO_3$)의 농도로 환산한 값(ppm = mg/L)이다.

answer　20 ㉮　21 ㉱　22 ㉰　23 ㉯　24 ㉰　25 ㉰

26 폐수처리 유량이 2,000m³/d이고, 염소 요구량이 6.0mg/L, 잔류염소농도가 0.5mg/L일 때, 하루에 주입해야 할 염소량(kg/d)은 얼마인가?

㉮ 6.0kg/d ㉯ 6.5kg/d
㉰ 12.0kg/d ㉱ 13.0kg/d

풀이 ① 염소주입량(mg/L)
= 염소요구량(mg/L) + 염소잔류량(mg/L)
= 6.0mg/L + 0.5mg/L = 6.5mg/L
② 염소주입량(kg/day)
= 염소주입량(kg/m³)×유량(m³/day)
= $6.5×10^{-3}$kg/m³×2,000m³/day
= 13.0kg/day

TIP
① mg/L = ppm = g/m³
② mg/L $\xrightarrow{×10^{-3}}$ kg/m³

27 지하수의 일반적인 특징으로 틀린 것은 어느 것인가?

㉮ 유기물 함량은 적으나, 무기물의 함량이 많고 자연수 중 경도가 아주 높다.
㉯ 지표수에 비해 염분의 함량이 30% 정도 낮은 편이다.
㉰ 자정작용의 속도가 느린 편이다.
㉱ 지하수 성분조성은 하천수와 매우 흡사하나 지표수보다 경도가 높은 편이다.

풀이 ㉯ 지하수는 지표수(하천수)에 비해 염분의 함량이 30% 정도 큰 편이다.

28 수중 용존산소의 내용으로 틀린 것은 어느 것인가?

㉮ 온도가 높을수록 용존산소값은 감소한다.
㉯ 물의 흐름이 난류일 때 산소의 용해도는 높다.
㉰ 유기물질이 많을수록 용존산소값은 커진다.
㉱ 일반적으로 용존산소값이 클수록 깨끗한 물로 간주할 수 있다.

풀이 ㉰ 유기물질이 많을수록 용존산소값은 작아진다.

29 탈산소계수가 0.1/day인 오염물질의 BOD_5 = 880mg/L라면 3일 BOD(mg/L)는 얼마인가? (단, 상용대수 기준이다.)

㉮ 584mg/L ㉯ 642mg/L
㉰ 725mg/L ㉱ 776mg/L

풀이 ① $BOD_5 = BOD_u×(1-10^{-K_1×t})$
880mg/L = $BOD_u×(1-10^{-0.1/day×5day})$
∴ $BOD_u = \dfrac{880mg/L}{(1-10^{-0.1/day×5day})}$
= 1,286.98mg/L
② $BOD_3 = BOD_u×(1-10^{-K_1×t})$
= 1,286.98mg/L×$(1-10^{-0.1/day×3day})$
= 641.96mg/L

30 하천에서의 자정작용을 저해하는 요인으로 틀린 것은 어느 것인가?

㉮ 유기물의 과도한 유입
㉯ 독성 물질의 유입
㉰ 유역과 수역의 단절
㉱ 수중 용존산소의 증가

풀이 ㉱ 수중 용존산소의 감소

answer 26 ㉱ 27 ㉯ 28 ㉰ 29 ㉯ 30 ㉱

31 아래에서 설명하는 오염물질은 어느 것인가?

> 아연과 성질이 유사한 금속으로 아연 제련의 부산물로 발생하며, 일반적으로 합금용 첨가제나 충전식 전지에도 사용되고, 이따이이따이병의 원인물질로 잘 알려져 있다.

㉮ 비소 ㉯ 크롬
㉰ 시안 ㉱ 카드뮴

풀이 ㉱ 카드뮴(Cd)에 대한 설명으로 내용 중 핵심은 이따이이따이병임을 숙지하시면 됩니다.

32 그림은 호수에서의 수온 연직분포(깊이에 대한 온도)에 따른 계절별 변화를 나타낸 것이다. 이에 대한 내용으로 틀린 것은 어느 것인가?

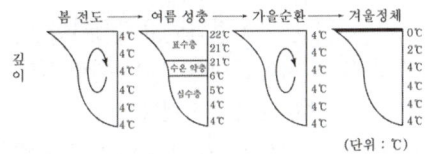

㉮ 수심이 깊은 온대 지방의 호수는 계절에 따른 수온변화로 물의 밀도차이를 일으킨다.
㉯ 겨울에 수면이 얼 경우 얼음 바로 아래의 수온은 0℃에 가깝고 호수바닥은 4℃에 이르며 물이 안정한 상태를 나타낸다.
㉰ 봄이 되면 얼음이 녹으면서 표면의 수온이 높아지기 시작하여 4℃가 되면 표층의 물은 밑으로 이동하여 전도가 일어난다.
㉱ 여름에서 가을로 가면 표면의 수온이 내려가면서 수직적인 평형 상태를 이루어 봄과 다른 순환을 이루어 수질이 양호해진다.

풀이 ㉱ 여름에서 가을로 가면 표면의 수온이 내려가면서 밀도가 증가하여, 표층의 물이 아래로 이동하는 전도현상이 발생된다.

33 다음 중 콜로이드 물질의 크기 범위로 가장 알맞은 것은 어느 것인가?

㉮ $0.001 \sim 1\mu m$ ㉯ $10 \sim 50\mu m$
㉰ $100 \sim 1,000\mu m$ ㉱ $1,000 \sim 10,000\mu m$

풀이 콜로이드 물질의 크기 범위는 $0.001 \sim 1\mu m$ 정도이다.

34 하천의 정화 4단계 중 DO가 아주 낮거나 때로는 거의 없어 부패상태에 도달하게 되는 단계는 어느 것인가?

㉮ 분해지대 ㉯ 활발한 분해지대
㉰ 회복지대 ㉱ 정수지대

풀이 ㉯ 활발한 분해지대에 대한 설명으로 핵심 내용인 부패상태(혐기상태)는 활발한 분해지대임을 숙지하시면 됩니다.

35 폐수처리 공정 중 여과에서 주로 제거되는 물질은 어느 것인가?

㉮ pH ㉯ 부유물질
㉰ 휘발성 물질 ㉱ 중금속 물질

풀이 여과과정에서 제거되는 물질은 입자상 물질인 부유물질(SS)이다.

answer 31 ㉱ 32 ㉱ 33 ㉮ 34 ㉯ 35 ㉯

36 쓰레기 발생량이 24,000kg/일이고 발열량이 500kcal/kg이라면 로내 열부하가 50,000kcal/m³·h인 소각로의 용적(m³)은 얼마인가? (단 1일 가동시간은 12hr 이다.)

㉮ 20m³ ㉯ 40m³
㉰ 60m³ ㉱ 80m³

풀이 로내 열부하(kg/m³·hr)

$$= \frac{발열량(kcal/kg) \times 쓰레기량(kg/hr)}{용적(m^3)}$$

따라서 50,000kcal/m³·hr

$$= \frac{500kcal/kg \times 24,000kg/day \times 1day/12hr}{용적(m^3)}$$

따라서 용적

$$= \frac{500kcal/kg \times 24,000kg/day \times 1day/12hr}{50,000kcal/m^3 \cdot hr}$$

$= 20m^3$

37 공기 중 각 구성물질의 낙하속도 및 공기저항의 차이에 따라 폐기물을 선별하는 방법으로, 주로 종이나 플라스틱과 같은 가벼운 물질을 유리, 금속 등의 무거운 물질로부터 분리하는 데 효과적으로 사용되는 방법은 어느 것인가?

㉮ 손 선별 ㉯ 스크린 선별
㉰ 공기 선별 ㉱ 자력 선별

풀이 ㉰ 공기 선별법에 대한 설명으로 내용 중 핵심인 가벼운 물질과 무거운 물질의 분리는 공기선별법임을 숙지하시면 됩니다.

38 폐기물 고체연료(RDF)의 구비조건으로 틀린 것은 어느 것인가?

㉮ 열량이 높을 것
㉯ 함수율이 높을 것
㉰ 대기 오염이 적을 것
㉱ 성분 배합률이 균일할 것

풀이 ㉯ 함수율이 낮을 것

39 친산소성 퇴비화 공정의 설계 및 운영 시 고려인자에 대한 내용으로 틀린 것은 어느 것인가?

㉮ 퇴비단의 온도는 초기 며칠간은 50~55℃를 유지하여야 하며, 활발한 분해를 위해서는 55~60℃가 적당하다.
㉯ 적당한 분해작용을 위해서는 pH 5.5~6.5 범위를 유지하되, 암모니아 가스에 의한 질소손실을 줄이기 위해서는 pH 3.5~4.5 범위로 유지시킨다.
㉰ 퇴비화 기간 동안 수분함량은 50~60% 범위에서 유지된다.
㉱ 초기 C/N비는 25~50 정도가 적당하다.

풀이 ㉯ 암모니아 가스에 의한 질소손실을 줄이기 위해서 pH 8.5 이상 올라가지 않도록 주의한다.

40 배출상태에 따라 폐기물을 분류할 때 "액상폐기물"은 고형물의 함량이 얼마인 것을 말하는가?

㉮ 5% 미만 ㉯ 10% 미만
㉰ 15% 미만 ㉱ 30% 미만

풀이 폐기물 분류
① 액상폐기물 : 고형물의 함량이 5% 미만

answer 36 ㉮ 37 ㉰ 38 ㉯ 39 ㉯ 40 ㉮

② 반고상폐기물 : 고형물의 함량이 5% 이상 15% 미만
③ 고상폐기물 : 고형물의 함량이 15% 이상

41 산업폐기물 발생량을 추산할 때 이용되며, 상세한 자료가 있는 경우에만 가능하고, 비용이 많이 드는 단점이 있으므로 특수한 경우에만 사용되는 방법은 어느 것인가?

㉮ 적재차량 계수분석
㉯ 물질수지법
㉰ 직접계근법
㉱ 간접계근법

풀이 ㉯ 물질수지법에 대한 설명으로 내용의 핵심인 산업폐기물발생량 = 물질수지법임을 숙지하시면 됩니다.

42 전단파쇄기에 대한 내용으로 틀린 것은 어느 것인가?

㉮ 고정칼, 왕복 또는 회전칼과의 교합에 의해 폐기물을 전단한다.
㉯ 주로 목재류, 플라스틱류 및 종이류를 파쇄하는데 이용된다.
㉰ 파쇄물의 크기를 고르게 할 수 있는 장점이 있다.
㉱ 충격파쇄기에 비해 파쇄속도가 빠르고 이물질의 혼입에 대하여 강하다.

풀이 ㉱ 충격파쇄기에 비해 파쇄속도가 느리고, 이물질의 혼입에 대하여 약하다.

43 옥탄(C_8H_{18})을 이론공기량으로 완전연소시킬 때 질량기준 공기연료비(AFR, Air/Fuel Ratio)는 얼마인가?

㉮ 12
㉯ 15
㉰ 18
㉱ 21

풀이 ① 완전연소 반응식
$C_8H_{18} + 12.5O_2 \rightarrow 8CO_2 + 9H_2O$
② 공연비(AFR : kg/kg)

$$= \frac{\text{산소의 개수} \times 32kg \times \frac{1}{0.232}}{\text{연료의 분자량(kg)}}$$

$$= \frac{12.5 \times 32kg \times \frac{1}{0.232}}{114kg} = 15.12$$

TIP
① 완전연소 반응식 공식
$C_mH_n + \left(m + \frac{n}{4}\right)O_2 \rightarrow mCO_2 + \frac{n}{2}H_2O$
② C_8H_{18}의 분자량 = $8 \times 12 + 18 \times 1 = 114kg$

44 다음은 슬러지 내에 존재하는 물에 대한 설명이다. 알맞은 것은 어느 것인가?

> 큰 고형물질입자 간극에 존재하는 수분으로 가장 많은 양을 차지하며, 고형물과 직접 결합해 있지 않기 때문에 농축 등의 방법으로 용이하게 분리할 수 있다.

㉮ 모관결합수
㉯ 내부수
㉰ 부착수
㉱ 간극수

풀이 ㉱ 간극수에 대한 설명으로 내용 중 핵심인 큰 고형물질입자 간극에 존재하는 수분 = 간극수(간극모관결합수)임을 숙지하시면 됩니다.

answer 41 ㉯ 42 ㉱ 43 ㉯ 44 ㉱

45 다음은 매립가스 중 어떤 성분에 관한 설명인가?

> 매립가스 중 이 성분은 지구 온난화를 일으키며, 공기보다 가벼우므로 매립지 위에 구조물을 건설하는 경우 건물 기초 밑의 공간에 축적되어 폭발의 위험성이 있다. 또한 9% 이상 존재 시 눈의 통증이나 두통을 유발한다.

㉮ CH_4
㉯ CO_2
㉰ N_2
㉱ NH_3

풀이 ㉮ 메탄(CH_4)에 대한 설명으로 내용의 핵심인 온난화 가스, 공기보다 가벼운 기체 = 메탄(CH_4) 가스임을 숙지하시면 됩니다.

46 원자흡수분광광도 측정에 사용되는 가연성가스와 조연성 가스의 조합 중 불꽃의 온도가 높아 불꽃 중에서 해리하기 어려운 내화성 산화물을 만들기 쉬운 원소의 분석에 가장 적합한 것은 어느 것인가?

㉮ 아세틸렌 - 일산화이질소
㉯ 프로판 - 공기
㉰ 수소 - 공기
㉱ 석탄가스 - 공기

풀이 아세틸렌-일산화이질소에 대한 설명으로 내용의 핵심인 내화성산화물 = 아세틸렌(C_2H_2)-일산화이질소(N_2O)임을 숙지하시면 됩니다.

47 $5m^3$의 용기에 2.5kg의 쓰레기가 채워져 있다. 이 쓰레기의 겉보기 비중(kg/m^3)은 얼마인가?

㉮ $0.5kg/m^3$
㉯ $1kg/m^3$
㉰ $2kg/m^3$
㉱ $2.5kg/m^3$

풀이 쓰레기의 겉보기 비중(kg/m^3)
= $\dfrac{\text{쓰레기의 양(kg)}}{\text{용기의 크기}(m^3)} = \dfrac{2.5kg}{5m^3}$
= $0.5kg/m^3$

48 폐수처리 공정에서 발생되는 슬러지를 혐기성으로 소화시키는 목적으로 틀린 것은 어느 것인가?

㉮ 유해중금속 등의 화학물질을 분해시킨다.
㉯ 슬러지의 무게와 부피를 감소시킨다.
㉰ 이용가치가 있는 부산물을 얻을 수 있다.
㉱ 병원균을 죽이거나 통제할 수 있다.

풀이 유해중금속 등의 화학물질은 혐기성처리법으로 분해가 되지 않는다.

49 다음 중 소각로의 형식으로 틀린 것은 어느 것인가?

㉮ 펌프식
㉯ 화격자식
㉰ 유동상식
㉱ 회전로식

풀이 ㉮ 펌프식은 소각로의 형식에 해당하지 않는다.

answer 45 ㉮ 46 ㉮ 47 ㉮ 48 ㉮ 49 ㉮

50 인구가 200,000명인 지역에서 일주일 동안 수거한 쓰레기량은 15,000m³이다. 1인당 1일 쓰레기 발생량(kg/인·일)은 얼마인가? (단, 쓰레기의 밀도는 0.5ton/m³ 이다.)

㉮ 3.50kg/인·일　㉯ 4.45kg/인·일
㉰ 5.36kg/인·일　㉱ 6.43 kg/인·일

풀이 쓰레기의 발생량(kg/인·일)

$= \dfrac{\text{쓰레기 수거량(kg/일)}}{\text{인구수(인)}}$

$= \dfrac{15,000\text{m}^3/\text{주} \times 1\text{주}/7\text{일} \times 500\text{kg/m}^3}{200,000\text{인}}$

$= 5.35$ kg/인·일

TIP
① 1주 = 7일
② 0.5ton/m³ = 500kg/m³

51 타 공법에 비해 옥외 뒤집기식 퇴비화 공법에 대한 내용으로 틀린 것은 어느 것인가?

㉮ 설치비용은 일반적으로 낮은 편이다.
㉯ 날씨에 따른 영향이 거의 없다.
㉰ 부지소요면적이 큰 편이다.
㉱ 악취제어는 주입물에 의해 좌우되며, 악취영향 반경이 큰 편이다.

풀이 ㉯ 날씨에 따른 영향이 크다.

52 다음 중 매립지에서 유기성 폐기물이 혐기성 상태로 분해될 때 가장 먼저 일어나는 단계는 어느 것인가?

㉮ 수소 생성단계　㉯ 산 생성단계
㉰ 메탄 생성단계　㉱ 발효단계

풀이 가수분해단계 → 발효단계 → 산 생성 및 수소 생성단계 → 메탄 생성단계 순이다.

53 소각로의 종류 중 다단로(multiple hearth)의 특징으로 틀린 것은 어느 것인가?

㉮ 다량의 수분이 증발되므로 수분함량이 높은 폐기물도 연소가 가능하다.
㉯ 체류시간이 짧아 온도반응이 신속하다.
㉰ 많은 연소영역이 있으므로 연소효율을 높일 수 있다.
㉱ 물리·화학적 성분이 다른 각종 폐기물을 처리할 수 있다.

풀이 ㉯ 체류시간이 길고, 온도반응이 느리다.

54 폐기물의 수거노선을 결정할 때 고려사항으로 틀린 것은 어느 것인가?

㉮ 가능한 한 지형지물 및 도로경계와 같은 장벽을 이용하여 간선도로 부근에서 시작하고 끝나도록 배치한다.
㉯ 출발점은 차고지와 가깝게 하고 수거된 마지막 콘테이너가 처분지에 가장 가까이 위치하도록 배치한다.
㉰ 교통이 혼잡한 지역에서 발생되는 쓰레기는 가능한 출퇴근 시간을 피하여 새벽에 수거 한다.
㉱ 아주 적은 양의 쓰레기가 발생되는 발생원은 하루 중 가장 먼저 수거한다.

풀이 ㉱ 발생량이 아주 많은 발생원은 하루 중 가장 먼저 수거한다.

answer 50 ㉰　51 ㉯　52 ㉱　53 ㉯　54 ㉱

55 내륙 매립공법 중 샌드위치공법에 대한 내용으로 틀린 것은 어느 것인가?

㉮ 폐기물과 복토층을 교대로 쌓는 방식이다.
㉯ 협곡, 산간 및 폐광산 등에서 사용한다.
㉰ 외곽에 우수배제시설이 필요하다.
㉱ 현재 가장 널리 사용하는 방법이다.

풀이 ㉱ 현재 가장 널리 사용하는 방법은 셀공법이다.

56 음향출력이 100W인 점음원이 지상에 있을 때 12m 떨어진 지점에서의 음의 세기는 얼마인가?

㉮ $0.11 W/m^2$ ㉯ $0.16 W/m^2$
㉰ $0.20 W/m^2$ ㉱ $0.26 W/m^2$

풀이 음의 세기(I) = $\dfrac{W}{S} = \dfrac{W}{2\pi r^2}$

$\begin{bmatrix} W : 음향출력(W) \\ r : 거리(m) \end{bmatrix}$

따라서 I = $\dfrac{100W}{2\times\pi\times(12m)^2}$ = $0.11 W/m^2$

57 공기스프링에 대한 내용으로 틀린 것은 어느 것인가?

㉮ 부하능력이 광범위하다.
㉯ 공기누출의 위험성이 없다.
㉰ 사용진폭이 적은 것이 많으므로 별도의 댐퍼가 필요한 경우가 많다.
㉱ 자동제어가 가능하다.

풀이 ㉯ 공기누출의 위험성이 있다.

58 100sone인 음은 몇 phon인가?

㉮ 106.6   ㉯ 101.3
㉰ 96.8   ㉱ 88.9

풀이 $L_L = 33.3\log S + 40$

$\begin{bmatrix} L_L : 음의 크기레벨(phon) \\ S : 음의 크기(sone) \end{bmatrix}$

따라서 $L_L = 33.3\log(100sone) + 40$
      $= 106.6 phon$

59 환경적 측면에서 문제가 되는 진동 중 특별히 인체에 해를 끼치는 공해진동의 진동수의 범위로 알맞은 것은 어느 것인가?

㉮ 1 ~ 90Hz   ㉯ 0.1 ~ 500Hz
㉰ 20 ~ 12,500Hz ㉱ 20 ~ 20,000Hz

60 다음 중 한 파장이 전파되는데 소요되는 시간을 의미하는 것은 어느 것인가?

㉮ 주파수   ㉯ 변위
㉰ 주기   ㉱ 가속도레벨

풀이 용어의 정의
㉮ 주파수 : 한 고정점을 1초 동안 통과하는 마루(산) 또는 골(곡)의 평균수 또는 1초 동안의 cycle 수
㉯ 변위 : 진동하는 입자(공기)의 어떤 순간의 위치와 그것의 평균위치와의 거리
㉰ 주기 : 한 파장이 전파되는데 소요되는 시간
㉱ 가속도레벨 : 물리량(단위 시간당 속도)을 dB로 나타낸 것

answer 55 ㉱ 56 ㉮ 57 ㉯ 58 ㉮ 59 ㉮ 60 ㉰

2015 4회 과년도 기출문제

2015년 7월 19일 시행

01 다음 중 도자기나 유리제품에 부식을 일으키는 성질을 가진 가스로서 알루미늄 제조, 인산 비료제조 공업 등에 이용되는 물질은 어느 것인가?

㉮ 불소 및 그 화합물
㉯ 염소 및 그 화합물
㉰ 시안화수소
㉱ 아황산가스

풀이 ㉮ 불소 및 그 화합물에 대한 설명으로 내용 중 핵심인 유리제품, 알루미늄공업 = 불소화합물임을 숙지하시면 됩니다.

02 오존층을 파괴하는 특정물질로 틀린 것은 어느 것인가?

㉮ 염화불화탄소(CFC)
㉯ 황화수소(H_2S)
㉰ 염화브롬화탄소(Halons)
㉱ 사염화탄소(CCl_4)

풀이 ㉯ 황화수소(H_2S)는 오존층 파괴물질이 아니다.

03 중력식 집진장치의 효율향상 조건으로 틀린 것은 어느 것인가?

㉮ 침강실 내 처리가스 속도가 빠를수록 미립자가 포집된다.
㉯ 침강실의 높이가 작고, 길이가 길수록 집진율은 높아진다.
㉰ 침강실 입구폭이 클수록 유속이 느려져 미세한 입자가 포집된다.
㉱ 다단일 경우에는 단수가 증가될수록 압력손실은 커지나 효율은 증가한다.

풀이 ㉮ 침강실 내 처리가스 속도가 느릴수록 미립자가 포집된다.

04 A집진장치의 압력손실이 444mmH₂O, 처리가스량이 55m³/s인 송풍기의 효율이 77%일 때, 이 송풍기의 소요동력(kW)은 얼마인가?

㉮ 256kW ㉯ 286kW
㉰ 298kW ㉱ 311kW

풀이
$$kW = \frac{PS \times Q}{102 \times \eta}$$

여기서
- kW : 송풍기의 소요동력
- PS : 압력손실(mmH₂O)
- Q : 처리가스량(m³/s)
- η : 송풍기의 효율

따라서 $kW = \dfrac{444mmH_2O \times 55m^3/s}{102 \times 0.77} = 310.92kW$

answer 01 ㉮ 02 ㉯ 03 ㉮ 04 ㉱

05 중량비로 수소 13.5%, 수분 0.65%인 중유의 고위발열량이 11,000kcal/kg인 경우 저위발열량(kcal/kg)은 얼마인가?

㉮ 약 9,880 ㉯ 약 10,270
㉰ 약 10,740 ㉱ 약 10,980

풀이 Hl = Hh-600(9H+W)(kcal/kg)
여기서
- Hl : 저위발열량(kcal/kg)
- Hh : 고위발열량(kcal/kg)
- H : 수소의 함량
- W : 수분의 함량

따라서
Hl = 11,000kcal/kg-600×(9×0.135+0.0065)
 = 10,267.1kcal/kg

06 충전탑에서 충진물의 구비조건으로 틀린 것은 어느 것인가?

㉮ 내식성과 내열성이 커야 한다.
㉯ 압력손실이 작아야 한다.
㉰ 충진밀도가 작아야 한다.
㉱ 단위용적에 대한 표면적이 커야 한다.

풀이 ㉰ 충진밀도가 커야 한다.

07 다음 중 전기 집진장치의 특징으로 알맞은 것은 어느 것인가?

㉮ 압력손실이 100 ~ 150mmH₂O 정도이다.
㉯ 전압변동과 같은 조건변동에 대해 쉽게 적용한다.
㉰ 초기시설비가 적게 든다.
㉱ 고온가스(350℃ 정도)의 처리가 가능하다.

풀이 ㉮ 압력손실이 10 ~ 20mmH₂O 정도이다.
㉯ 전압변동과 같은 조건변동에 대해 적응이 용이하지 못하다.
㉰ 초기시설비가 많이 든다.

08 유해가스 제거방법 중 흡수법에 사용되는 흡수액의 구비조건으로 알맞은 것은 어느 것인가?

㉮ 흡수능력과 용해도가 커야 한다.
㉯ 화학적으로 안정하고 휘발성이 높아야 한다.
㉰ 독성과 부식성에는 무관하다.
㉱ 점성이 크고 가격이 낮아야 한다.

풀이 ㉯ 화학적으로 안정하고 휘발성이 낮아야 한다.
㉰ 독성과 부식성은 없어야 한다.
㉱ 점성이 작고 가격이 낮아야 한다.

09 다음 중 대기권에 대한 내용으로 알맞은 것은 어느 것인가?

㉮ 대류권에서는 고도 1km 상승에 따라 약 9.8℃ 높아진다.
㉯ 대류권의 높이는 계절이나 위도에 관계없이 일정하다.
㉰ 성층권에서는 고도가 높아짐에 따라 기온이 내려간다.
㉱ 성층권에는 지상 20 ~ 30km 사이에 오존층이 존재한다.

풀이 ㉮ 대류권에서는 고도 1km 상승에 따라 약 9.8℃ 낮아진다.
㉯ 대류권의 높이는 계절이나 위도에 따라 다르다.
㉰ 성층권에서는 고도가 높아짐에 따라 기온이 상승한다.

answer 05 ㉯ 06 ㉰ 07 ㉱ 08 ㉮ 09 ㉱

10 다음 중 헨리법칙이 가장 잘 적용되는 기체는 어느 것인가?

㉮ O_2　　　㉯ HCl
㉰ SO_2　　㉱ HF

풀이 헨리법칙이 잘 적용되는 기체는 물에 잘 녹지 않는 난용성 기체이며, 종류로는 CO, O_2, H_2, NO, NO_2 등이 있다.

11 메탄 94%, 이산화탄소 4%, 산소 2%인 기체연료 $1Sm^3$에 대하여 $9.5m^3$의 공기를 사용하여 연소하였다. 이 경우 공기비(m)는 얼마인가? (단, 표준상태 기준)

㉮ 1.07　　㉯ 1.27
㉰ 1.47　　㉱ 1.57

풀이 ① 이론공기량(A_o)을 계산한다.
$CH_4 + 2O_2 \rightarrow CO_2 + 2H_2O$: 94%
　　　　　　　　　　　　O_2 : 2%
이론공기량(A_o)
$= \dfrac{\text{가연성분 연소시 필요한 산소량 - 연료 중 산소량}}{0.21}$

$= \dfrac{2 \times 0.94 - 0.02}{0.21} = 8.8571 Sm^3/Sm^3$

② 실제공기량(A) = $9.5 Sm^3/Sm^3$
③ 공기비(m)을 계산한다.
공기비(m) = $\dfrac{\text{실제공기량(A)}}{\text{이론공기량}(A_o)}$
$= \dfrac{9.5 Sm^3/Sm^3}{8.8571 Sm^3/Sm^3} = 1.07$

12 아황산가스 농도 0.02ppm을 질량농도(mg/Sm^3)로 전환하면 얼마인가? (단, 표준상태 기준)

㉮ $0.057 mg/Sm^3$　　㉯ $0.065 mg/Sm^3$
㉰ $0.079 mg/Sm^3$　　㉱ $0.083 mg/Sm^3$

풀이 SO_2 1mol $\begin{cases} 64mg \\ 22.4mL \end{cases}$

$SO_2(mg/Sm^3) = \dfrac{0.02 mL}{Sm^3} \times \dfrac{64 mg}{22.4 mL}$
$= 0.057 mg/Sm^3$

TIP
① 가스상 물질에서 ppm = mL/Sm^3
② SO_2 0.02ppm = SO_2 $0.02 mL/Sm^3$

13 다음 〈보기〉에서 설명하는 역전의 종류로 알맞은 것은 어느 것인가?

[보기]
- 맑고 바람이 없는 날 아침에 해가 뜨기 직전에 지표면 근처에서 강하게 형성되며, 공기의 수직혼합이 일어나지 않기 때문에 대기오염물질의 축적으로 이어지게 된다.
- 지표부근에서 일어나므로 지표역전이라고도 한다.
- 보통 가을로부터 봄에 걸쳐서 날씨가 좋고, 바람이 약하며, 습도가 적을 때 잘 형성된다.

㉮ 공중역전　　㉯ 침강역전
㉰ 복사역전　　㉱ 전선역전

풀이 ㉰ 복사역전에 대한 설명이다.

answer 10 ㉮　11 ㉮　12 ㉮　13 ㉰

14 대기오염으로 인한 지구환경 변화 중 도시지역의 공장, 자동차 등에서 배출되는 고온의 가스와 냉난방시설로부터 배출되는 더운 공기가 상승하면서 주변의 찬 공기가 도시로 유입되어 도시지역의 대기오염물질에 의한 거대한 지붕을 만드는 현상을 무엇이라 하는가?

㉮ 라니냐 현상　㉯ 열섬 현상
㉰ 엘니뇨 현상　㉱ 오존층 파괴 현상

풀이 ㉯ 열섬 현상 또는 아열대성 효과라 한다.

15 원심력 집진장치의 효율을 증가시키는 방법으로 틀린 것은 어느 것인가?

㉮ 배기관경이 작을수록 입경이 작은 먼지를 제거할 수 있다.
㉯ 입구유속에는 한계가 있지만 그 한계내에서는 입구 유속이 빠를수록 효율이 높은 반면 압력손실도 높아진다.
㉰ 블로우 다운 효과로 먼지의 재비산을 방지한다.
㉱ 고농도일 경우 직렬로 사용하고, 응집성이 강한 먼지는 병렬연결(5단 한계)하여 사용한다.

풀이 ㉱ 고농도일 경우 병렬로 사용하고, 응집성이 강한 먼지는 직렬연결하여 사용한다.

16 다음은 미생물의 종류에 대한 내용이다. (　)안에 알맞은 말은?

> 미생물은 영양섭취, 온도 또는 산소의 섭취 유무에 따라서도 분류하기도 하는데, (　) 미생물은 용존산소가 아닌 SO_4^{2-}, NO_3^- 등과 같은 화합물에서 산소를 섭취하고, 그 결과 황화수소, 질소 가스 등을 발생시킨다.

㉮ 자산성　㉯ 호기성
㉰ 혐기성　㉱ 고온성

풀이 ㉰ 혐기성 미생물에 대한 설명이다.

17 활성슬러지 공법에서 2차침전지 슬러지를 포기조로 반송시키는 주된 목적으로 알맞은 것은 어느 것인가?

㉮ 슬러지를 순환시켜 배출슬러지를 최소화하기 위해
㉯ 포기조내 요구되는 미생물 농도를 적절하게 유지하기 위해
㉰ 최초침전지 유출수를 농축하기 위해
㉱ 폐수 중 무기고형물을 산화하기 위해

풀이 슬러지 반송의 주된 목적은 포기조내 요구되는 미생물 농도를 적절하게 유지하기 위해서이다.

18 폐수처리에서 여과공정에 사용되는 여재로 틀린 것은 어느 것인가?

㉮ 모래　㉯ 무연탄
㉰ 규조토　㉱ 유리

풀이 여과공정에 사용되는 여재로는 모래, 무연탄, 규조토 등이 사용된다.

answer 14 ㉯　15 ㉱　16 ㉰　17 ㉯　18 ㉱

19 침사지의 수면적부하 1,800m³/m²·day, 수평유속 0.32m/sec, 유효수심 1.2m인 경우, 침사지의 유효길이(m)는 얼마인가?

㉮ 14.4m ㉯ 16.4m
㉰ 18.4m ㉱ 20.4m

풀이 ① 시간(t)를 계산한다.

$$수면적\ 부하(m^3/m^2·day) = \frac{Q(m^3/day)}{A(m^2)} = \frac{H(m)}{t(day)}$$

$$1,800m^3/m^2·day = \frac{1.2m}{t(day)}$$

$$\therefore t = \frac{1.2m}{1,800m^3/m^2·day} = 6.67 \times 10^{-4} day$$

② t(day)를 t(sec)로 환산한다.

$$t(sec) = 6.67 \times 10^{-4} day \times \frac{24hr}{1day} \times \frac{3,600sec}{1hr}$$

$$= 57.63 sec$$

③ 길이(m)를 계산한다.

$$수평유속(m/sec) = \frac{길이(m)}{시간(sec)}$$

$$0.32m/sec = \frac{길이(m)}{57.63sec}$$

$$\therefore 길이 = 0.32m/sec \times 57.63sec = 18.44m$$

20 포기조에 가해진 BOD부하 1g당 100L의 공기를 주입시켜야 한다면 BOD가 100mg/L인 하수 1,000L/day를 처리하기 위해서는 얼마의 공기를 주입시켜야 하는가?

㉮ 1m³/day ㉯ 10m³/day
㉰ 100m³/day ㉱ 1,000m³/day

풀이 주입공기량(m³/day)

$$= \frac{공기량(m^3)}{BOD\ 부하(kg)} \times \frac{BOD\ 농도(kg)}{(m^3)} \times \frac{하수량(m^3)}{(day)}$$

$$= \frac{100m^3}{kg} \times \frac{0.1kg}{m^3} \times \frac{1m^3}{day}$$

$$= 10m^3/day$$

TIP
100L/g = 100m³/kg

21 다음 수처리 공정 중 스톡스(Stokes) 법칙이 가장 잘 적용되는 공정은 어느 것인가?

㉮ 1차 소화조 ㉯ 1차 침전지
㉰ 살균조 ㉱ 포기조

풀이 스톡스(Stokes) 법칙이 가장 잘 적용되는 공정은 침사지와 1차 침전지이다.

22 호기성 상태에서 미생물에 의한 유기질소의 분해과정을 순서대로 알맞게 나열한 것은 어느 것인가?

㉮ 유기질소 - 아질산성 질소 - 암모니아성 질소 - 질산성 질소
㉯ 유기질소 - 질산성 질소 - 아질산성 질소 - 암모니아성 질소
㉰ 유기질소 - 암모니아성 질소 - 아질산성 질소 - 질산성 질소
㉱ 유기질소 - 아질산성 질소 - 질산성 질소 - 암모니아성 질소

answer 19 ㉰ 20 ㉯ 21 ㉯ 22 ㉰

23 흡착에 대한 내용으로 틀린 것은 어느 것인가?

㉮ 폐수처리에서 흡착이라 함은 보통 물리적 흡착을 말하며, 그 대표적인 예로는 활성탄에 의한 흡착이다.
㉯ 냄새나 색도의 제거에도 쓰인다.
㉰ 고도처리시 질소나 인의 제거에 가장 유효하다.
㉱ 흡착이란 제거대상 물질이 흡착제의 표면에 물리적 또는 화학적으로 부착되는 현상이다.

풀이 ㉰ 질소나 인은 흡착법으로 제거되지 않는다.

24 중화 반응공정에서 폐수가 산성일 때 약품조에 들어갈 약품으로 알맞은 것은 어느 것인가?

㉮ 황산   ㉯ 염산
㉰ 염화나트륨   ㉱ 수산화나트륨

풀이 중화 반응공정에서 폐수가 산성일 때 약품조에 들어갈 약품으로는 알칼리성 이어야 하므로 수산화나트륨(NaOH)이 정답이 된다.

25 A공장의 BOD 배출량이 500명의 인구당량에 해당하고, 그 수량은 $50m^3/d$ 이다. 이 공장폐수의 BOD 농도(mg/L)는 얼마인가? (단, 한 사람이 하루에 배출하는 BOD는 50g이다.)

㉮ 350mg/L   ㉯ 410mg/L
㉰ 475mg/L   ㉱ 500mg/L

풀이 폐수의 BOD 농도(mg/L)

$$= \frac{\text{BOD 총량(mg/day)}}{\text{수량(L/day)}}$$

$$= \frac{50 \times 10^3 \text{mg/인} \cdot \text{day} \times 500\text{명}}{50 \times 10^3 \text{L/day}}$$

$= 500\text{mg/L}$

26 독립침전영역에서 스토크스의 법칙을 따르는 입자의 침전속도에 영향을 주는 인자로 틀린 것은 어느 것인가?

㉮ 물의 밀도   ㉯ 물의 점도
㉰ 입자의 지름   ㉱ 입자의 용해도

풀이 $V_s = \dfrac{d^2(\rho_s - \rho_w)g}{18\mu}$

V_s : 침전속도
d : 입자의 지름
ρ_s : 입자의 밀도
ρ_w : 물의 밀도
μ : 물의 점성도

27 폐수중의 오염물질을 제거할 때 부상이 침전보다 좋은 점을 설명한 것으로 알맞은 것은 어느 것인가?

㉮ 침전속도가 느린 작거나 가벼운 입자를 짧은 시간내에 분리시킬 수 있다.
㉯ 침전에 의해 분리되기 어려운 유해 중금속을 효과적으로 분리시킬 수 있다.
㉰ 침전에 의해 분리되기 어려운 색도 및 경도 유발물질을 효과적으로 분리시킬 수 있다.
㉱ 침전속도가 빠르고 큰 입자를 짧은 시간내에 분리시킬 수 있다.

풀이 ㉮번은 부상법, ㉱번은 침전법을 이용해서 처리하면 된다.

answer 23 ㉰ 24 ㉱ 25 ㉱ 26 ㉱ 27 ㉮

28 다음 중 물 속에 녹아 경도를 유발하는 물질로 틀린 것은 어느 것인가?

㉮ K ㉯ Ca
㉰ Mg ㉱ Fe

풀이 경도를 유발하는 물질로는 칼슘이온(Ca^{2+}), 마그네슘이온(Mg^{2+}), 망간이온(Mn^{2+}), 철이온(Fe^{2+}), 스트론듐이온(Sr^{2+})이 있다.

29 혐기성 소화조의 완충능력(Buffer capacity)을 표현하는 것으로 알맞은 것은 어느 것인가?

㉮ 탁도 ㉯ 경도
㉰ 알칼리도 ㉱ 응집도

풀이 혐기성 소화조의 완충능력을 표현하는 것은 알칼리도이며, 자주 출제되는 문제입니다.

30 박테리아에 대한 내용으로 틀린 것은 어느 것인가?

㉮ 60%는 수분, 40%는 고형물질로 구성되어 있다.
㉯ 막대기모양, 공모양, 나선모양 등이 있다.
㉰ 단세포 미생물로서 용해된 유기물을 섭취한다.
㉱ 일반적인 화학조성식은 $C_5H_7O_2N$으로 나타낼 수 있다.

풀이 ㉮ 80%는 수분, 20%는 고형물질로 구성되어 있으며, 고형물 중 90%는 휘발성 고형물(유기물), 10%는 잔류성 고형물(무기물)이다.

31 폐수에 명반(Alum)을 사용하여 응집침전을 실시하는 경우 생성되는 침전물은 어느 것인가?

㉮ 탄산나트륨 ㉯ 수산화나트륨
㉰ 황산알루미늄 ㉱ 수산화알루미늄

풀이 $Al_2(SO_4)_3 \cdot 18H_2O + 3Ca(HCO_3)_2 \rightarrow 3CaSO_4 + 2Al(OH)_3 + 6CO_2 + 18H_2O$에서 생성되는 침전물은 수산화알루미늄[$Al(OH)_3$]이다.

32 침전지 또는 농축조에 설치된 스크레이퍼의 사용목적으로 알맞은 것은 어느 것인가?

㉮ 침전물을 부상시키기 위해서
㉯ 스컴(scum)을 방지하기 위해서
㉰ 슬러지(sludge)을 혼합하기 위해서
㉱ 슬러지(sludge)을 끌어 모으기 위해서

풀이 스크레이퍼는 슬러지를 끌어모으기 위해서 사용하는 장치이다.

33 생물학적 폐수처리에 있어서 팽화(Bulking) 현상의 원인으로 틀린 것은 어느 것인가?

㉮ 유기물 부하량이 급격하게 변동될 경우
㉯ 포기조의 용존산소가 부족할 경우
㉰ 유입수에 고농도의 산업유해폐수가 혼합되어 유입될 경우
㉱ 포기조내 질소와 인이 유입될 경우

풀이 ㉱ 포기조내 질소와 인이 부족할 경우

answer 28 ㉮ 29 ㉰ 30 ㉮ 31 ㉱ 32 ㉱ 33 ㉱

34 활성슬러지공법의 폐수처리장 포기조에서 요구되는 공기공급량이 28.3m³/kg BOD이다. 포기조내 평균유입 BOD가 150mg/L, 포기조로의 유입유량이 7,570m³/day일 때 공급해야 할 공기량(m³/min)은 얼마인가?

㉮ 70.8m³/min   ㉯ 48.1m³/min
㉰ 31.1m³/min   ㉱ 22.3m³/min

풀이 공급공기량(m³/min)

$= \dfrac{\text{공기공급량}(m^3)}{\text{BOD 량}(kg)} \times \dfrac{\text{BOD 농도}(kg)}{(m^3)} \times \dfrac{\text{유입유량}(m^3)}{(min)}$

$= \dfrac{28.3m^3}{kg} \times \dfrac{0.15kg}{m^3} \times \dfrac{7,570m^3}{day} \times \dfrac{1day}{24hr} \times \dfrac{1hr}{60min}$

$= 22.32 m^3/min$

TIP
① $mg/L \xrightarrow{\times 10^{-3}} kg/m^3$
② BOD 150mg/L = BOD 0.15kg/m³

35 수질오염공정시험기준상 따로 규정이 없는 한 감압 또는 진공의 기준으로 알맞은 것은 어느 것인가?

㉮ 5mmHg 이하   ㉯ 10mmHg 이하
㉰ 15mmHg 이하   ㉱ 20mmHg 이하

풀이 감압 또는 진공이라 함은 15mmHg 이하를 말한다.

36 매립시설에서 복토의 목적으로 틀린 것은 어느 것인가?

㉮ 빗물 배제
㉯ 화재 방지
㉰ 식물 성장 방지
㉱ 폐기물의 비산방지

풀이 매립시설에서 복토의 목적으로는 빗물 배제, 화재 방지, 폐기물의 비산방지, 유해한 동물 및 유충번식 방지, 악취발생 방지 등이 있다.

37 폐기물의 열분해에 대한 내용으로 틀린 것은 어느 것인가?

㉮ 공기가 부족한 상태에서 폐기물을 연소시켜 기체, 액체 및 고체 상태의 연료를 생산하는 공정을 열분해 방법이라 부른다.
㉯ 열분해에 의해 생성되는 액체 물질은 아세트산, 아세톤, 메탄올, 오일 등이다.
㉰ 열분해 방법 중 저온법에서는 Tar, Char 및 액체상태의 연료가 보다 많이 생성된다.
㉱ 저온 열분해는 1,100~1,500℃에서 이루어진다.

풀이 ㉱ 저온 열분해는 500~900℃, 고온 열분해는 1,100~1,500℃에서 이루어진다.

38 1,792,500ton/year의 쓰레기를 5,450명의 인부가 수거하고 있다면 수거인부의 MHT는 얼마인가? (단, 수거인부의 1일 작업시간은 8시간이고 1년 작업일수는 310일이다.)

㉮ 2.02   ㉯ 5.38
㉰ 7.54   ㉱ 9.45

풀이 MHT(man·hr/ton)

$= \dfrac{\text{작업인부수} \times \text{작업시간}}{\text{쓰레기 수거실적}}$

$= \dfrac{5,450인 \times 8hr/day \times 310일/년}{1,792,500ton/년}$

$= 7.54 MHT$

answer 34 ㉱ 35 ㉰ 36 ㉰ 37 ㉱ 38 ㉰

39 다음 중 매립지에서 유기물이 혐기성 분해될 때 가장 늦게 일어나는 단계는 어느 것인가?

㉮ 가수분해 단계 ㉯ 알콜발효 단계
㉰ 메탄생성 단계 ㉱ 산 생성단계

풀이 ㉮ 가수분해단계 → ㉯ 알콜발효단계 → ㉱ 산생성단계 → ㉰ 메탄생성단계 순서이다.

40 혐기성 소화법과 비교할 때 호기성 소화법의 특징으로 틀린 것은 어느 것인가?

㉮ 상징수의 BOD 농도가 높으며, 운영이 다소 복잡하다.
㉯ 초기 시공비가 낮고 처리된 슬러지에서 악취가 나지 않는 편이다.
㉰ 포기를 위한 동력요구량 때문에 운영비가 높다.
㉱ 겨울철은 처리효율이 떨어지는 편이다.

풀이 ㉮ 상징수의 BOD 농도가 낮으며, 운영이 단순한 편이다.

41 슬러지 처리의 일반적 혐기성 소화과정이 아래와 같다면 ( )안에 들어갈 말로 알맞은 것은 어느 것인가?

산생성균 + 유기물 → ( ) + 메탄균 → 메탄 + 이산화탄소

㉮ 탄산   ㉯ 황산
㉰ 무기산 ㉱ 유기산

42 분뇨처리법 중 부패조에 대한 내용으로 틀린 것은 어느 것인가?

㉮ 고부하 운전에 적합하다.
㉯ 특별한 에너지 및 기계설비가 필요하지 않은 편이다.
㉰ 처리효율이 낮으며, 냄새가 많이 나는 편이다.
㉱ 조립형인 경우 설치시공이 용이하며, 유지관리에 특별한 기술이 요구되지 않는다.

풀이 ㉮ 고부하 운전에 부적합하다.

43 연소가스의 잉여열을 이용하여 보일러에 주입되는 물을 예열함으로써 보일러드럼에 발생되는 열응력을 감소시켜 보일러의 효율을 높이는 장치는 어느 것인가?

㉮ 과열기(super heater)
㉯ 재열기(reheater)
㉰ 절탄기(economizer)
㉱ 공기예열기(air preheater)

풀이 ㉰ 절탄기에 대한 설명이다.

44 폐기물의 고형화 처리 시 유기성 고형화에 대한 내용으로 틀린 것은 어느 것인가? (단, 무기성 고형화와 비교 시)

㉮ 수밀성이 매우 크며, 다양한 폐기물에 적용이 가능하다.
㉯ 미생물 및 자외선에 대한 안정성이 강하다.
㉰ 최종 고화체의 체적 증가가 다양하다.
㉱ 폐기물의 특정 성분에 의한 중합체 구조의 장기적인 약화가능성이 존재한다.

풀이 ㉯ 미생물 및 자외선에 대한 안정성이 약하다.

answer 39 ㉰ 40 ㉮ 41 ㉱ 42 ㉮ 43 ㉰ 44 ㉯

45 다음 중 해안매립공법에 해당하는 것은 어느 것인가?

㉮ 도랑형공법 ㉯ 압축매립공법
㉰ 샌드위치공법 ㉱ 순차투입공법

> **풀이** 매립공법의 종류
> ① 내륙매립공법 : 샌드위치공법, 셀공법, 압축매립공법, 도랑형공법
> ② 해안매립공법 : 박층뿌림공법, 순차투입공법, 내수배재 및 수중투기공법

46 쓰레기를 유동층 소각로에서 처리할 때 유동상 매질이 갖추어야 할 특성으로 틀린 것은 어느 것인가?

㉮ 공급이 안정적일 것
㉯ 열충격에 강하고 융점이 높을 것
㉰ 비중이 클 것
㉱ 불활성일 것

> **풀이** ㉰ 비중이 작을 것

47 다음은 폐기물공정시험기준상 어떤 용기에 관한 설명인가?

> 취급 또는 저장하는 동안에 이물이 들어가거나 또는 내용물이 손실되지 아니하도록 보호하는 용기를 말한다.

㉮ 밀봉용기 ㉯ 기밀용기
㉰ 차광용기 ㉱ 밀폐용기

> **풀이** 용기
> ㉮ 밀봉용기 : 기체 또는 미생물
> ㉯ 기밀용기 : 공기 또는 다른 가스
> ㉰ 차광용기 : 광선
> ㉱ 밀폐용기 : 이물질

48 함수율 96%인 슬러지를 함수율 75%로 탈수했을 때, 이 탈수 슬러지의 체적(m^3)은 얼마인가? (단, 원래 슬러지의 체적은 $100m^3$이고, 비중은 1.0이다.)

㉮ $12.4m^3$ ㉯ $13.1m^3$
㉰ $14.5m^3$ ㉱ $16.0m^3$

> **풀이** $V_1 \times (100-P_1) = V_2 \times (100-P_2)$
> V_1 : 탈수 전 슬러지량(m^3)
> P_1 : 탈수 전 함수율(%)
> V_2 : 탈수 후 슬러지량(m^3)
> P_2 : 탈수 후 함수율(%)
> 따라서 $100m^3 \times (100-96\%) = V_2 \times (100-75\%)$
> $\therefore V_2 = \dfrac{100m^3 \times (100-96\%)}{(100-75\%)} = 16m^3$

49 쓰레기를 연소시키기 위한 이론공기량이 $10Sm^3/kg$이고, 공기비가 1.1일 때, 실제로 공급된 공기량(Sm^3/kg)은 얼마인가?

㉮ $0.5Sm^3/kg$ ㉯ $0.6Sm^3/kg$
㉰ $10.0Sm^3/kg$ ㉱ $11.0Sm^3/kg$

> **풀이** 실제 공급된 공기량(Sm^3/kg)
> = 공기비(m)×이론공기량(Sm^3/kg)
> = $1.1 \times 10Sm^3/kg = 11Sm^3/kg$

50 폐수 슬러지를 혐기적 방법으로 소화시키는 목적으로 틀린 것은 어느 것인가?

㉮ 유기물을 분해시킴으로써 슬러지를 안정화시킨다.
㉯ 슬러지의 무게와 부피를 증가시킨다.
㉰ 이용가치가 있는 부산물을 얻을 수 있다.
㉱ 유해한 병원균을 죽이거나 통제할 수 있다.

answer 45 ㉱ 46 ㉰ 47 ㉱ 48 ㉱ 49 ㉱ 50 ㉯

㉰ 슬러지의 무게와 부피를 감소시킨다.

51 폐기물 오염을 측정하기 위한 시료의 축소 방법으로 틀린 것은 어느 것인가?

㉮ 구획법 ㉯ 교호삽법
㉰ 사등분법 ㉱ 원추사분법

풀이: 시료의 축소 방법으로는 구획법, 교호삽법, 원추4분법이 있다.

52 투수계수가 0.5cm/sec이며 동수경사가 2인 경우 Darcy법칙을 적용하여 구한 유출속도(cm/sec)는 얼마인가?

㉮ 1.5cm/sec ㉯ 1.0cm/sec
㉰ 2.5cm/sec ㉱ 0.25cm/sec

풀이:
Darcy 법칙에서 $V = k \times \dfrac{\triangle H}{\triangle L} = k \times I$

여기서
- V : 유출속도(cm/sec)
- k : 투수계수(cm/sec)
- $\triangle H$: 높이차(cm)
- $\triangle L$: 길이차(cm)
- I : 기울기

따라서 $V = 0.5\text{cm/sec} \times 2 = 1.0\text{cm/sec}$

53 A도시 쓰레기(가연성+비가연성)의 체적이 8m³, 밀도가 400kg/m³이다. 이 쓰레기 성분 중 비가연성 성분이 중량비로 약 60% 차지한다면, 가연성 물질의 양(ton)은 얼마인가?

㉮ 0.48ton ㉯ 0.69ton
㉰ 1.28ton ㉱ 1.98ton

풀이: 가연성 물질의 양(ton)
= 쓰레기의 체적(m³) × 밀도(ton/m³)
$\times \dfrac{100-\text{비가연성 성분(\%)}}{100}$

= $8\text{m}^3 \times 0.4\text{ton/m}^3 \times \dfrac{100-60\%}{100}$

= 1.28ton

TIP
① 밀도(kg/m³) $\xrightarrow{\times 10^{-3}}$ 밀도(ton/m³)
② 400kg/m³ = 0.4ton/m³
③ 가연성 성분(%) + 비가연성 성분(%) = 100%
④ 가연성 성분(%) = 100 - 비가연성 성분(%)

54 슬러지를 가열(210℃ 정도)·가압(120atm 정도)시켜 슬러지 내의 유기물이 공기에 의해 산화되도록 하는 공법은 어느 것인가?

㉮ 가열 건조 ㉯ 습식 산화
㉰ 혐기성 산화 ㉱ 호기성 산화

풀이: ㉯ 습식 산화(짐머만공법)에 대한 설명이다.

55 적환장의 설치위치로 틀린 것은 어느 것인가?

㉮ 가능한 한 수거지역의 중심에 위치하여야 한다.
㉯ 주요 간선도로와 떨어진 곳에 위치하여야 한다.
㉰ 수송 측면에서 가장 경제적인곳에 위치하여야 한다.
㉱ 적환 작업에 의한 공중 위생 및 환경 피해가 최소인 지역에 위치하여야 한다.

풀이: ㉯ 주요 간선도로에 근접되어 있는 곳에 위치하여야 한다.

answer 51 ㉰ 52 ㉯ 53 ㉰ 54 ㉯ 55 ㉯

56 투과계수가 0.001일 때 투과손실량(dB)은 얼마인가?

㉮ 20 dB ㉯ 30 dB
㉰ 40 dB ㉱ 50 dB

풀이 투과손실량(TL) = $10\log\left(\dfrac{1}{투과계수}\right)$(dB)
$= 10\log\left(\dfrac{1}{0.001}\right) = 30\text{dB}$

57 발음원이 이동할 때 그 진행방향 가까운 쪽에서는 발음원보다 고음으로, 진행 반대쪽에서는 저음으로 되는 현상은 어느 것인가?

㉮ 음의 전파속도 효과
㉯ 도플러 효과
㉰ 음향출력 효과
㉱ 음압레벨 효과

풀이 ㉯ 도플러 효과에 대한 설명이다.

58 다음 중 종파(소밀파)에 해당하는 것은 어느 것인가?

㉮ 물결파 ㉯ 전자기파
㉰ 음파   ㉱ 지진파의 S파

풀이 종파(진동의 방향이 파동의 전파방향과 일치하는 파)에 해당하는 것은 음파이며, 시험에 자주 출제되는 문제이다.

59 진동 감각에 대한 인간의 느낌을 설명한 것으로 틀린 것은 어느 것인가?

㉮ 진동수 및 상대적인 변위에 따라 느낌이 다르다.
㉯ 수직 진동은 주파수 4~8Hz에서 가장 민감하다.
㉰ 수평 진동은 주파수 1~2Hz에서 가장 민감하다.
㉱ 인간이 느끼는 진동가속도의 범위는 0.01~10Gal이다.

60 소음 발생을 기류음과 고체음으로 구분할 때 다음 각 음의 대책으로 틀린 것은 어느 것인가?

㉮ 고체음 : 가진력 억제
㉯ 기류음 : 밸브의 다단화
㉰ 기류음 : 관의 곡률완화
㉱ 고체음 : 방사면 증가 및 공명유도

풀이 ㉱ 고체음 : 방사면 축소 및 공명 방지

> **TIP**
> **기류음과 고체음의 대책**
> ① 기류음 : 밸브의 다단화, 관의 곡률완화, 분출유속의 저감
> ② 고체음 : 가진력 억제, 방사면 축소, 공명방지, 방진

answer 56 ㉯ 57 ㉯ 58 ㉰ 59 ㉱ 60 ㉱

2015 5회 과년도 기출문제

2015년 10월 10일 시행

01 다음 중 산성비에 대한 내용으로 틀린 것은 어느 것인가?

㉮ 독일에서 발생한 슈바르츠발트(검은 숲이란 뜻)의 고사현상은 산성비에 의한 대표적인 피해이다.
㉯ 바젤협약은 산성비 방지를 위한 대표적인 국제협약이다.
㉰ 산성비에 의한 피해로는 파르테논 신전과 아크로폴리스 같은 유적의 부식 등이 있다.
㉱ 산성비의 원인물질로 H_2SO_4, HCl, HNO_3 등이 있다.

풀이 ㉯ 바젤협약은 폐기물의 국가간 이동에 관한 국제협약이다.

02 가솔린 자동차에서 배출되는 가스를 저감하는 기술로 틀린 것은 어느 것인가?

㉮ 기관 개량
㉯ 삼원촉매장치
㉰ 증발가스 방지장치
㉱ 입자상물질 여과장치

풀이 ㉱ 입자상물질 여과장치는 경유 자동차에 해당한다.

03 황산화물(SO_X)은 주로 석탄의 연소, 석유의 연소, 원유의 정제를 위한 정유공정 등에서 발생하는데, 이러한 배출가스 중의 탈황방법으로 틀린 것은 어느 것인가?

㉮ 흡수법   ㉯ 흡착법
㉰ 산화법   ㉱ 수소화법

풀이 배출가스 중의 탈황방법에는 흡수법, 흡착법, 산화법이 있다.

04 HF를 제거하고자 효율 90%의 흡수탑 3대를 직렬로 설치하였다. HF 유입농도가 3,000ppm이라면 처리가스 중의 HF 농도(ppm)는 얼마인가?

㉮ 0.3ppm   ㉯ 3ppm
㉰ 9ppm   ㉱ 30ppm

풀이 ① $\eta_T = 1-(1-\eta_1)^n = 1-(1-0.90)^3 = 0.999$
② $\eta_T = \left(1- \dfrac{유출농도}{유입농도}\right)$
$0.999 = \left(1- \dfrac{유출농도}{3,000ppm}\right)$
따라서 유출농도 = 3,000ppm×(1-0.999) = 3ppm

answer 01 ㉯ 02 ㉱ 03 ㉱ 04 ㉯

05 연료의 연소에서 검댕발생을 줄일 수 있는 방법으로 알맞은 것은 어느 것인가?

㉮ 과잉공기율을 적게 한다.
㉯ 고체연료는 분말화 한다.
㉰ 연소실의 온도를 낮게 한다.
㉱ 중유연소 시에는 분무유적을 크게 한다.

풀이 ㉮ 과잉공기율을 크게 한다.
㉰ 연소실의 온도를 높게 한다.
㉱ 중유연소 시에는 분무유적을 작게 한다.

06 석탄의 탄화도가 증가하면 감소하는 것은 어느 것인가?

㉮ 휘발분 ㉯ 고정탄소
㉰ 착화온도 ㉱ 발열량

풀이 ① 탄화도가 증가하면 고정탄소, 발열량, 착화온도, 연료비 증가
② 탄화도가 증가하면 매연발생량, 비열, 휘발분, 수분, 산소의 양, 연소속도 감소

07 매연의 지상농도에 영향을 주는 인자에 대한 내용으로 틀린 것은 어느 것인가?

㉮ 최대 착지농도 지점은 대기가 안정할수록 멀어진다.
㉯ 농도는 풍속에 반비례한다.
㉰ 유효굴뚝고가 증가하면 농도는 증가한다.
㉱ 농도는 오염물질 배출량에 비례한다.

풀이 ㉰ 유효굴뚝고가 증가하면 농도는 감소한다.

08 압력이 740mmHg인 기체는 몇 atm인가?

㉮ 0.974atm ㉯ 1.013atm
㉰ 1.471atm ㉱ 10.33atm

풀이 1atm = 760mmHg 이므로
1atm : 760mmHg = Xatm : 740mmHg
$$\therefore X = \frac{1atm \times 740mmHg}{760mmHg} = 0.974atm$$

09 PM 10이 의미하는 것은 어느 것인가?

㉮ 총 질량이 10kg 이상인 강하 먼지
㉯ 공기역학적 직경이 $10\mu m$ 이하인 미세먼지
㉰ 공기역학적 직경이 10mm 이하인 미세먼지
㉱ 시료 채취기간 10일 동안의 먼지농도

풀이 PM 10은 공기역학적 직경이 $10\mu m$ 이하인 미세먼지를 의미한다.

10 전기집진장치의 집진효율을 Deutsch-Anderson 식으로 구할 때 직접적으로 필요한 인자로 틀린 것은 어느 것인가?

㉮ 집진극 면적 ㉯ 입자의 이동속도
㉰ 처리가스량 ㉱ 입자의 점성력

풀이 Deutsch-Anderson 식
$$\eta = 1 - e^{\left(\frac{-A \times We}{Q}\right)}$$

η : 제거효율
A : 집진극 면적
We : 입자의 이동속도
Q : 처리가스량

answer 05 ㉯ 06 ㉮ 07 ㉰ 08 ㉮ 09 ㉯ 10 ㉱

11 대기환경보전법규상 연료사용량을 고체연료 환산계수로 환산할 때 기준이 되는 연료는 어느 것인가?

㉮ 경유 ㉯ 무연탄
㉰ 등유 ㉱ 중유

> 풀이 고체연료 환산계수로 환산할 때 기준이 되는 연료는 무연탄이다.

12 다음 유해가스 처리방법 중 황산화물 처리방법으로 틀린 것은 어느 것인가?

㉮ 금속산화물법
㉯ 선택적 촉매환원법
㉰ 흡착법
㉱ 석회세정법

> 풀이 선택적 촉매환원법은 질소산화물(NO_X)의 처리방법이다.

13 사이클론에서 처리가스량이 5~10%를 흡인하여 선회기류의 흐트러짐을 방지하고 유효 원심력을 증대시키는 효과는 어느 것인가?

㉮ 축류효과(Axial effect)
㉯ 나선효과(Herical effect)
㉰ 먼지상자효과(Dust box effect)
㉱ 블로다운효과(Blow-down effect)

> 풀이 ㉱ 블로다운효과에 대한 설명으로 사이클론장치에서만 적용되는 효율향상책이다.

14 지구의 대기권은 고도에 따른 기온의 분포에 의해 몇 개의 권역으로 구분하는데, 다음 설명에 해당하는 것은 어느 것인가?

- 고도가 높아짐에 따라 온도가 상승한다.
- 공기의 상승이나 하강과 같은 수직 이동이 없는 안정한 상태를 유지한다.
- 지면으로부터 20~30km 사이에 오존이 많이 분포하고 있는 오존층이 있다.

㉮ 대류권 ㉯ 성층권
㉰ 중간권 ㉱ 열권

> 풀이 ㉯ 성층권에 대한 설명으로 오존층은 성층권에 존재한다는 내용이 핵심이다.

15 다음 대기 오염물질 중 물리적 성상이 다른 것은 어느 것인가?

㉮ 먼지 ㉯ 매연
㉰ 오존 ㉱ 비산재

> 풀이 ㉮·㉯·㉱는 입자상 물질이고, ㉰는 가스상 물질이다.

16 불소 제거를 위한 폐수처리방법으로 알맞은 것은 어느 것인가?

㉮ 화학침전 ㉯ P/L 공정
㉰ 살수여상 ㉱ UCT 공정

> 풀이 불소 제거를 위한 폐수처리방법은 화학침전이다.

answer 11 ㉯ 12 ㉯ 13 ㉱ 14 ㉯ 15 ㉰ 16 ㉮

17 A공장 폐수를 채취한 뒤 다음과 같은 실험결과를 얻었다. 이때 부유물질의 농도(mg/L)는 얼마인가?

- 시료의 부피 : 250mL
- 유리섬유 여지 무게 : 1.3751g
- 여과 후 건조된 유리섬유 여지 무게 : 1.3859g
- 회화시킨 후의 유리섬유 여지 무게 : 1.3767g

㉮ 6.4mg/L ㉯ 33.6mg/L
㉰ 36.8mg/L ㉱ 43.2mg/L

풀이 부유물질의 농도(mg/L)
$= \frac{(1.3859g - 1.3751g) \times 10^3 mg/g}{0.25L} = 43.2 mg/L$

18 다음 중 "공기를 좋아하는" 미생물로 물 속의 용존산소를 섭취하는 미생물은 어느 것인가?

㉮ 혐기성 미생물 ㉯ 임의성 미생물
㉰ 통기성 미생물 ㉱ 호기성 미생물

풀이 ① 공기를 좋아하는 미생물 = 호기성 미생물
② 공기를 싫어하는 미생물 = 혐기성 미생물

19 BOD 400mg/L, 유량 3,000m³/day인 폐수를 MLSS 3,000mg/L인 포기조에서 체류시간을 8시간으로 운전하고자 할 때 F/M비(BOD-MLSS부하)는 얼마인가?

㉮ 0.2 ㉯ 0.4
㉰ 0.6 ㉱ 0.8

풀이
$F/M비 = \frac{BOD \times Q}{MLSS \times V} = \frac{BOD}{MLSS} \times \frac{1}{t}$

$F/M비 = \frac{400mg/L}{3,000mg/L} \times \frac{1}{\left(\frac{8hr}{24}\right)day} = 0.4/day$

20 폭 2m, 길이 15m인 침사지에 100cm 수심으로 폐수가 유입될 때 체류시간이 60초라면 유량(m³/hr)은 얼마인가?

㉮ 1,800m³/hr ㉯ 2,160m³/hr
㉰ 2,280m³/hr ㉱ 2,460m³/hr

풀이
$유량(m^3/hr) = \frac{폭 \times 길이 \times 수심(m^3)}{체류시간(hr)}$

$= \frac{2m \times 15m \times 1m}{60sec \times \frac{1hr}{3,600sec}} = 1,800 m^3/hr$

21 다음 중 6가 크롬(Cr^{+6}) 함유 폐수를 처리하기 위한 가장 알맞은 방법은 어느 것인가?

㉮ 아말감법 ㉯ 환원침전법
㉰ 오존산화법 ㉱ 충격법

풀이 6가 크롬(Cr^{+6}) 함유 폐수는 3가 크롬으로 환원 후 중화한 다음 침전시키는 환원침전법으로 처리한다.

answer 17 ㉱ 18 ㉱ 19 ㉯ 20 ㉮ 21 ㉯

22 알칼리도 자료가 이용되는 분야로 틀린 것은 어느 것인가?

㉮ 응집제 투입시 적정 pH 유지 및 응집효과 촉진
㉯ 물의 연수화과정에서 석회 및 소오다회의 소요량 계산에 고려
㉰ 부산물 회수의 경제성 여부
㉱ 폐수와 슬러지의 완충용량 계산

23 하수처리장에서의 스크린(screen)의 목적으로 알맞은 것은 어느 것인가?

㉮ 폐수로부터 용해성 유기물을 제거
㉯ 폐수로부터 콜로이드 물질을 제거
㉰ 폐수로부터 협잡물 또는 큰 부유물 제거
㉱ 폐수로부터 침강성 입자를 제거

풀이 스크린(screen)의 목적은 폐수로부터 협잡물 또는 큰 부유물 제거이다.

24 개방유로의 유량측정에 주로 사용되는 것으로서 일정한 수위와 유속을 유지하기 위해 침사지의 폐수가 배출되는 출구에 설치하는 것은 어느 것인가?

㉮ 그릿(grit)
㉯ 스크린(screen)
㉰ 배출관(out-flow tube)
㉱ 위어(weir)

풀이 ㉱ 위어(weir)에 대한 설명으로 문제의 내용 중 가장 핵심은 유량측정법임을 숙지하시면 됩니다.

25 급속모래여과는 다음 중 어떤 오염물질을 처리하기 위하여 설치되는가?

㉮ 용존유기물   ㉯ 암모니아성 질소
㉰ 부유물질   ㉱ 색도

풀이 급속모래여과를 이용해 처리하는 물질은 부유물질이다.

26 상수도의 정수처리장에서 정수처리의 일반적인 순서로 알맞은 것은 어느 것인가?

㉮ 플록형성지 - 침전지 - 여과지 - 소독
㉯ 침전지 - 소독 - 플록형성지 - 여과지
㉰ 여과지 - 플록형성지 - 소독 - 침전지
㉱ 여과지 - 소독 - 침전지 - 플록형성지

27 수로형 침사지에서 폐수처리를 위해 유지해야 하는 폐수의 유속으로 알맞은 것은 어느 것인가?

㉮ 30m/sec   ㉯ 10m/sec
㉰ 5m/sec   ㉱ 0.3m/sec

풀이 수로형 침사지에서 폐수의 유속은 0.3m/sec이다.

28 물이 얼어 얼음이 되는 것과 같이 물질의 상태가 액체상태에서 고체상태로 변하는 현상을 무엇이라 하는가?

㉮ 융해   ㉯ 응고
㉰ 액화   ㉱ 승화

풀이 융해(고체 → 액체), 응고(고체 → 액체), 액화(기체 → 액체), 승화(고체 → 기체)

answer 22 ㉰ 23 ㉰ 24 ㉱ 25 ㉰ 26 ㉮ 27 ㉱ 28 ㉯

29 지하수를 사용하기 위해 수질 분석을 하였더니 칼슘이온 농도가 40mg/L이고, 마그네슘 이온 농도가 36mg/L이었다. 이 지하수의 총경도(as $CaCO_3$)는 얼마인가?

㉮ 16mg/L ㉯ 76mg/L
㉰ 120mg/L ㉱ 250mg/L

풀이
$$\frac{총경도(mg/L)}{50g} = \frac{Ca^{2+}mg/L}{20g} + \frac{Mg^{2+}mg/L}{12g}$$

$$\frac{총경도(mg/L)}{50g} = \frac{40mg/L}{20g} + \frac{36mg/L}{12g}$$

따라서 총경도 = 250mg/L

30 폐수에 화학약품을 첨가하여 침전성이 나쁜 콜로이드상 고형물과 침전속도가 느린 부유물 입자를 침전이 잘 되는 플록으로 만드는 조작을 무엇이라 하는가?

㉮ 중화 ㉯ 살균
㉰ 응집 ㉱ 이온교환

풀이 ㉰ 응집에 대한 설명으로 플록을 크게 만들어 침강이 용이하게 되도록 하는 조작이다.

31 3kg의 박테리아($C_5H_7O_2N$)를 완전히 산화시키려고 할 때 필요한 산소의 양(kg)은 얼마인가? (단, 질소는 모두 암모니아로 무기화된다.)

㉮ 4.25kg ㉯ 3.47kg
㉰ 2.14kg ㉱ 1.42kg

풀이 $C_5H_7O_2N + 5O_2 \rightarrow 5CO_2 + 2H_2O + NH_3$
 113kg : 5×32kg
  3kg : X

따라서 $X = \frac{5 \times 32kg \times 3kg}{113kg} = 4.25kg$

32 침전지의 용량결정을 위하여 폐수의 체류시간과 함께 필수적으로 조사하여야 하는 항목은 어느 것인가?

㉮ 유입폐수의 전해질 농도
㉯ 유입폐수의 용존산소 농도
㉰ 유입폐수의 유량
㉱ 유입폐수의 경도

풀이 침전지의 용량(m^3)
= 유입폐수의 유량(m^3/day)×체류시간(day)

33 폐수를 화학적으로 산화 처리할 때 사용되는 오존처리에 관한 내용으로 알맞은 것은 어느 것인가?

㉮ 생물학적 분해불가능 유기물 처리에도 적용할 수 있다.
㉯ 2차 오염물질인 트리할로메탄을 생성한다.
㉰ 별도 장치가 필요없어 유지비가 적다.
㉱ 색과 냄새 유발성분은 제거할 수 없다.

풀이 ㉯ 2차 오염물질인 트리할로메탄은 생성되지 않는다.
㉰ 별도 장치가 필요하여 유지비가 많이 든다.
㉱ 색과 냄새 유발성분을 제거할 수 있다.

answer 29 ㉱ 30 ㉰ 31 ㉮ 32 ㉰ 33 ㉮

34 활성탄을 이용하여 흡착법으로 A폐수를 처리하고자 한다. 폐수 내 오염물질의 농도를 30mg/L에서 10mg/L로 줄이는데 필요한 활성탄의 양(mg/L)은 얼마인가? (단, $\frac{X}{M} = K \cdot C^{1/n}$ 사용하고, K = 0.5, n = 1이다.)

㉮ 3.0mg/L ㉯ 3.3mg/L
㉰ 4.0mg/L ㉱ 4.6mg/L

풀이 $\frac{(30-10)\text{mg/L}}{M} = 0.5 \times (10\text{mg/L})^{\frac{1}{1}}$

∴ $M = \frac{(30-10)\text{mg/L}}{0.5 \times (10\text{mg/L})^{\frac{1}{1}}} = 4.0\text{mg/L}$

35 염소 살균능력이 높은 것부터 바르게 나타낸 것은 어느 것인가?

㉮ $OCl^- > NH_2Cl > HOCl$
㉯ $HOCl > NH_2Cl > OCl^-$
㉰ $HOCl > OCl^- > NH_2Cl$
㉱ $NH_2Cl > OCl^- > HOCl$

풀이 염소 살균능력 순서는 $HOCl > OCl^- > NH_2Cl$ 순이며, 시험에서 자주 출제되는 문제입니다.

36 수분함량이 25%(w/w)인 쓰레기를 건조시켜 수분함량이 10%(w/w)인 쓰레기로 만들려면 쓰레기 1톤당 증발시켜야 하는 수분량(kg)은 얼마인가?

㉮ 46kg   ㉯ 83kg
㉰ 167kg ㉱ 250kg

풀이 ① $W_1 \times (100-P_1) = W_2 \times (100-P_2)$
1,000kg × (100-25%) = W_2 × (100-10%)

∴ $W_2 = \frac{1,000\text{kg} \times (100-25\%)}{(100-10\%)} = 833.33\text{kg}$

② 증발시켜야 하는 수분량
= $W_1 - W_2$ = 1,000kg - 833.33g = 166.67kg

37 수집 운반차에서의 시료채취 방법이 틀린 것은 어느 것인가?

㉮ 무작위 채취방식을 택한다.
㉯ 수집운반차 2~3대 간격으로 채취한다.
㉰ 1대에서 10kg 이상씩 채취한다.
㉱ 기계식 압축차의 경우 배출 초기에서만 채취한다.

풀이 ㉱ 기계식 압축차의 경우 배출 초기, 중기, 후기 등에서 채취한다.

38 폐기물에 의한 환경오염과 연관된 사건으로 알맞은 것은 어느 것인가?

㉮ 씨프린스호 사건
㉯ 러브캐널 사건
㉰ 런던스모그 사건
㉱ 미나마타병 사건

풀이 폐기물에 의한 환경오염 사건은 러브캐널 사건이다.

answer 34 ㉰ 35 ㉰ 36 ㉰ 37 ㉱ 38 ㉯

39 분뇨의 특성으로 틀린 것은 어느 것인가?

㉮ 유기물 농도 및 염분함량이 낮다.
㉯ 질소농도가 높다.
㉰ 토사와 협잡물이 많다.
㉱ 시간에 따라 크게 변한다.

풀이 ㉮ 유기물 농도 및 염분함량이 높다.

40 폐기물의 최종처분으로 실시하는 내륙 매립공법으로 틀린 것은 어느 것인가?

㉮ 셀 공법   ㉯ 압축매립 공법
㉰ 박층뿌림 공법   ㉱ 도랑형 공법

풀이 ㉰ 박층뿌림 공법은 해안매립 공법이다.

41 연소가스 성분 중에서 저온부식을 유발시키는 물질은 어느 것인가?

㉮ CO_2 ㉯ H_2O
㉰ CH_4 ㉱ SO_X

풀이 저온부식을 유발하는 물질은 황산화물(SO_X)이다.

42 폐기물 중의 열량을 재활용하기 위한 방법 중 소각과 열분해의 공정상 차이점으로 알맞은 것은 어느 것인가?

㉮ 공기의 공급 여부
㉯ 처리온도의 높고 낮음
㉰ 폐기물의 유해성 존재여부
㉱ 폐기물 중의 탄소성분 여부

풀이 소각과 열분해의 공정상 차이점은 공기의 공급 여부이다.

43 퇴비화시 부식질의 역할로 틀린 것은 어느 것인가?

㉮ 토양능의 완충능을 증가시킨다.
㉯ 토양의 구조를 양호하게 한다.
㉰ 가용성 무기질소의 용출량을 증가시킨다.
㉱ 용수량을 증가시킨다.

풀이 ㉰ 가용성 무기질소의 용출량을 감소시킨다.

44 폐기물 중간처리 기술로서 압축의 목적으로 틀린 것은 어느 것인가?

㉮ 부피감소
㉯ 소각의 용이
㉰ 운반비의 감소
㉱ 매립지의 수명연장

풀이 ㉯ 소각 용이는 파쇄의 목적이다.

45 쓰레기 발생량에 영향을 미치는 요인에 대한 내용으로 알맞은 것은 어느 것인가?

㉮ 기후에 따라 쓰레기 발생량과 종류가 달라진다.
㉯ 수거빈도가 잦으면 쓰레기 발생량이 감소하는 경향이 있다.
㉰ 쓰레기통의 크기가 클수록 쓰레기 발생량이 감소하는 경향이 있다.
㉱ 재활용품의 회수 및 재이용율이 높을수록 쓰레기 발생량은 증가한다.

풀이 ㉯ 수거빈도가 잦으면 쓰레기 발생량이 증가하는 경향이 있다.
㉰ 쓰레기통의 크기가 클수록 쓰레기 발생량이 증가하는 경향이 있다.
㉱ 재활용품의 회수 및 재이용율이 높을수록 쓰레기 발생량은 감소한다.

answer 39 ㉮ 40 ㉰ 41 ㉱ 42 ㉮ 43 ㉰ 44 ㉯ 45 ㉮

46 쓰레기의 중간처리 과정에서 수직형 공기 선별기를 사용하여 선별할 수 있는 물질은 어느 것인가?

㉮ 철
㉯ 유리
㉰ 금속
㉱ 플라스틱

47 폐기물의 기름성분 분석방법 중 중량법(노말헥산 추출시험방법)에 대한 내용으로 틀린 것은 어느 것인가?

㉮ 25℃의 물중탕에서 30분간 방치하고, 따로 물 20mL를 취하여 시료의 시험방법에 따라 시험하여 바탕시험액으로 한다.
㉯ 폐기물 중의 비교적 휘발되지 않는 탄화수소, 탄화수소 유도체, 그리스유상물질 중 노말헥산에 용해되는 성분에 적용한다.
㉰ 시료에 적당한 응집제 또는 흡착제 등을 넣어 노말헥산추출물질을 포집한 다음 노말헥산으로 추출하고 잔류물의 무게를 측정하여 노말헥산 추출물질의 양으로 한다.
㉱ 시료 적당량을 분액깔때기에 넣고 메틸오렌지용액(0.1w/v%)을 2~3방울 넣고 황색이 적색으로 변할 때 까지 염산(1+1)을 넣어 pH 4 이하로 조절한다.

풀이 ㉮ 80℃의 물중탕에서 약 10분간 가열 분해한 다음 기준시험에 따라 시험한다.

48 폐기물을 매립한 평탄한 지면으로부터 폭이 좁은 수로를 200m 간격으로 굴착하였더니 지면으로부터 각각 4m, 6m 깊이에 지하수면이 형성되었다. 대수층의 두께가 20m이고 투수계수가 0.1m/일이라면 대수층 폭 10m당 침출수의 유량(m^3/일)은 얼마인가?

㉮ 0.10m^3/일
㉯ 0.15m^3/일
㉰ 0.20m^3/일
㉱ 0.25m^3/일

49 슬러지 처리공정 단위조작으로 틀린 것은 어느 것인가?

㉮ 혼합
㉯ 탈수
㉰ 농축
㉱ 개량

풀이 슬러지의 처리공정으로는 농축, 개량, 탈수, 건조 등이 있다.

50 지정폐기물의 정의 및 그 특징에 대한 내용으로 틀린 것은 어느 것인가?

㉮ 생활폐기물 중 환경부령으로 정하는 폐기물을 의미한다.
㉯ 유독성 물질을 함유하고 있다.
㉰ 2차 및 3차 환경오염의 유발 가능성이 있다.
㉱ 일반적으로 고도의 처리기술이 요구된다.

풀이 ㉮ 사업장 폐기물 중 폐유·폐산 등 주변환경을 오염시킬수 있거나 의료폐기물 등 인체에 위해를 줄 수 있는 해로운 물질로서 대통령령으로 정하는 폐기물이다.

answer 46 ㉱ 47 ㉮ 48 ㉰ 49 ㉮ 50 ㉮

51 5,000,000명이 거주하는 도시에서 1주일 동안 100,000m³의 쓰레기를 수거하였다. 쓰레기의 밀도가 0.4ton/m³이면 1인 1일 쓰레기 발생량(kg/인·일)은 얼마인가?

㉮ 0.8kg/인·일　㉯ 1.14kg/인·일
㉰ 2.14kg/인·일　㉱ 8kg/인·일

풀이
$$kg/인·일 = \frac{쓰레기발생량(kg/일)}{인구수(인)}$$
$$= \frac{100,000m^3/주 \times 1주/7일 \times 400kg/m^3}{5,000,000인}$$
$$= 1.14 kg/인·일$$

52 다음 중 "고상폐기물"을 정의할 때 고형물의 함량기준은 얼마인가?

㉮ 3% 이상　㉯ 5% 이상
㉰ 10% 이상　㉱ 15% 이상

풀이 폐기물의 고형물 함량 기준
① 고상폐기물 : 고형물의 함량이 15% 이상
② 반고상폐기물 : 고형물의 함량이 5% 이상 15% 미만
③ 액상폐기물 : 고형물의 함량이 5% 미만

53 혐기성 위생 매립지로부터 발생되는 침출수의 특성에 관한 내용으로 틀린 것은 어느 것인가?

㉮ 색 : 엷은 다갈색 ~ 암갈색을 보이며 색도 2.0 이하이다.
㉯ pH : 매립지 초에는 pH 6 ~ 7의 약산성을 나타내는 수가 많다.
㉰ COD : 매립지 초에는 BOD 값보다 약간 적으나 시간의 경과와 더불어 BOD 값보다 높아진다.
㉱ P : 침출수에는 많은 양이 포함되어 있으므로 화학적인 인의 제거가 필요하다.

풀이 ㉱ P : 침출수에는 거의 없으므로 화학적인 인의 제거가 필요없다.

54 폐기물 매립을 위한 파쇄의 효과로 틀린 것은 어느 것인가?

㉮ 부등침하를 가능한한 억제
㉯ 겉보기 비중의 감소 및 균질화 촉진
㉰ 연소효과의 촉진
㉱ 퇴비의 경우 분해효과 촉진

풀이 ㉯ 겉보기 비중의 증가 및 균질화 억제

55 소화조로 투입되는 휘발성 고형물의 양이 4,500kg/day이다. 이 분뇨의 휘발성 고형물은 전체 고형물의 2/3를 차지하고 분뇨는 5%의 고형물을 함유한다면 이 때 소화조로 투입되는 분뇨의 양(m³/day)은 얼마인가? (단, 분뇨의 비중은 1.0으로 본다.)

㉮ 65m³/day　㉯ 80m³/day
㉰ 100m³/day　㉱ 135m³/day

풀이 소화조로 투입되는 분뇨의 양(m³/day)
$$= \frac{전체고형물량(kg/day)}{분뇨의 비중량(kg/m^3)} \times \frac{100}{고형물 함량(\%)}$$
$$= \frac{4,500kg/day \times \frac{3}{2}}{1,000kg/m^3} \times \frac{100}{5\%} = 135m^3/day$$

answer 51 ㉯　52 ㉱　53 ㉱　54 ㉯　55 ㉱

56 소음이 인체에 미치는 영향으로 틀린 것은 어느 것인가?

㉮ 혈압상승, 맥박 증가
㉯ 타액 분비량 증가, 위액산도 증가
㉰ 호흡수 감소 및 호흡 깊이 증가
㉱ 혈당도 상승 및 백혈구 수 증가

풀이 ㉰ 호흡수 증가 및 호흡 깊이 감소

57 투과손실이 32dB인 벽체의 투과율은 얼마인가?

㉮ 3.2×10^{-3}dB
㉯ 3.2×10^{-4}dB
㉰ 6.3×10^{-3}dB
㉱ 6.3×10^{-4}dB

풀이 투과손실 = $10\log(\frac{1}{투과율})$

따라서 32dB = $10\log(\frac{1}{투과율})$

∴ 투과율 = $10^{\frac{-32dB}{10}}$ = 6.3×10^{-4}dB

58 음이 온도가 일정치 않는 공기를 통과할 때 음파가 휘는 현상은 어느 것인가?

㉮ 회절
㉯ 반사
㉰ 간섭
㉱ 굴절

풀이 ㉱ 굴절에 대한 설명이다.

59 다음 ( )안에 들어갈 알맞은 말은 어느 것인가?

> 한 장소에 있어서의 특정의 음을 대상으로 생각할 경우 대상소음이 없을 때 그 장소의 소음을 대상소음에 대한 ( )이라 한다.

㉮ 정상소음
㉯ 배경소음
㉰ 상대소음
㉱ 측정소음

풀이 ㉯ 배경소음에 대한 설명이다.

60 환경기준 중 소음측정방법에서 소음계의 청감보정회로는 원칙적으로는 어느 특성에 고정하여 측정하여야 하는가?

㉮ A특성
㉯ B특성
㉰ C특성
㉱ D특성

풀이 소음계의 청감보정회로는 원칙적으로는 A특성에 고정하여 측정하여야 한다.

---

answer 56 ㉰ 57 ㉱ 58 ㉱ 59 ㉯ 60 ㉮

2016 1회 과년도 기출문제

2016년 1월 24일 시행

01 연료의 연소과정에서 공기비가 너무 큰 경우 나타나는 현상으로 알맞은 것은 어느 것인가?

㉮ 배기가스에 의한 열손실이 커진다.
㉯ 오염물의 농도가 커진다.
㉰ 미연분에 의한 매연이 증가한다.
㉱ 불완전 연소되어 연소효율이 저하된다.

풀이 ㉯ ㉰ ㉱의 설명은 공기비가 작은 경우 나타나는 현상이다.

TIP
공기비(m)가 클 경우 발생하는 현상
① 연소실내 연소온도 감소(연소실의 냉각효과를 가져옴)
② 배기가스에 의한 열손실 증대
③ SO_2, NO_2의 함량이 증가하여 부식이 촉진
④ CH_4, CO 및 C등 물질의 농도가 감소
⑤ 방지시설의 용량이 커지고 에너지 손실 증가
⑥ 희석효과가 높아져 연소 생성물의 농도 감소

02 20℃, 740mmHg에서 SO_2가스의 농도가 5ppm이다. 표준상태(S.T.P)로 환산한 농도(ppm)는 얼마인가?

㉮ 4.54   ㉯ 5.00
㉰ 5.51   ㉱ 12.96

풀이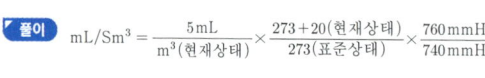
$= 5.51 \text{ mL/Sm}^3$

TIP
ppm = mL/Sm³

03 상층부가 불안정하고 하층부가 안정을 이루고 있을 때의 연기의 모양은 어느 것인가?

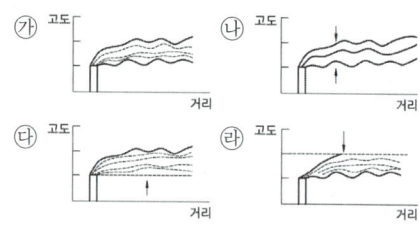

풀이 상층부가 불안정하고 하층부가 안정을 이루고 있을 때의 연기의 모양은 Lofting형(상승형=지붕형)이다.

04 여과집진장치에 사용되는 다음 여포재료 중 가장 높은 온도에서 사용이 가능한 것은 어느 것인가?

㉮ 목면   ㉯ 양모
㉰ 카네카론   ㉱ 글라스화이버

풀이 ㉱ 글라스화이버(유리섬유)의 최고사용온도는 250℃이며, 내산성이 양호하다.

answer 01 ㉮ 02 ㉰ 03 ㉰ 04 ㉱

05 유해가스 흡수장치의 흡수액이 갖추어야 할 조건으로 알맞은 것은 어느 것인가?

㉮ 용해도가 작아야 한다.
㉯ 휘발성이 커야 한다.
㉰ 점성이 작아야 한다.
㉱ 화학적으로 불안정해야 한다.

풀이 ㉮ 용해도가 커야 한다.
㉯ 휘발성이 작아야 한다.
㉱ 화학적으로 안정해야 한다.

06 일반적으로 배기가스의 입구처리속도가 증가하면 제거효율이 커지며, 블로다운 효과와 관련된 집진장치는 어느 것인가?

㉮ 중력집진장치   ㉯ 원심력집진장치
㉰ 전기집진장치   ㉱ 여과집진장치

풀이 ㉯ 원심력집진장치에 대한 설명으로 내용 중 핵심인 블로다운효과 = 원심력집진장치임을 숙지하시면 됩니다.

07 기체의 용해도에 관한 내용으로 틀린 것은 어느 것인가?

㉮ 온도가 증가 할수록 용해도가 커진다.
㉯ 용해도는 기체의 압력에 비례한다.
㉰ 용해도가 작은 기체는 헨리 상수가 크다.
㉱ 헨리의 법칙이 잘 적용되는 기체는 용해도가 작은 기체이다.

풀이 ㉮ 온도가 증가 할수록 용해도가 작아진다.

TIP
물에 잘 녹지 않는 기체에 적용되는 헨리법칙과 물에 잘 녹는 기체에 적용되는 용해도법칙은 반대의 개념으로 숙지하시면 됩니다.

08 사이클론으로 100% 집진할 수 있는 최소입경을 의미하는 것은 어느 것인가?

㉮ 절단입경   ㉯ 기하학적 입경
㉰ 임계입경   ㉱ 유체역학적 입경

풀이 100% 집진할 수 있는 최소입경 = 임계입경 = 한계입경 = 최소제거입경

09 대기환경보전법상 온실가스에 해당하지 않는 것은 어느 것인가?

㉮ NH_3 ㉯ CO_2
㉰ CH_4 ㉱ N_2O

풀이 대기환경보전법상 온실가스는 이산화탄소, 메탄, 아산화질소, 수소불화탄소, 과불화탄소, 육불화황이다.

10 직경이 $5\mu m$ 이고 밀도가 $3.7 g/cm^3$인 구형의 먼지입자가 공기 중에서 중력침강할 때 종말침강속도(cm/s)는 얼마인가? (단, 스톡스 법칙 적용, 공기의 밀도 무시, 점성계수 $1.85 \times 10^{-5} kg/m \cdot s$ 이다.)

㉮ 약 0.27 cm/s   ㉯ 약 0.32 cm/s
㉰ 약 0.36 cm/s   ㉱ 약 0.41 cm/s

풀이
$$Vg = \frac{d^2(\rho_s - \rho)g}{18\mu}$$

여기서, Vg : 침강속도(cm/sec)
d : 직경(cm)
ρ_s : 입자의 밀도(g/cm^3)
ρ : 가스의 밀도(g/cm^3)
g : 중력가속도($980 cm/sec^2$)
μ : 점성계수($g/cm \cdot sec$)

answer 05 ㉰ 06 ㉯ 07 ㉮ 08 ㉰ 09 ㉮ 10 ㉮

따라서
$$Vg = \frac{(5 \times 10^{-4}\,cm)^2 \times 3.7\,g/cm^3 \times 980\,cm/sec^2}{18 \times 1.85 \times 10^{-4}\,g/cm \cdot sec}$$
$$= 0.27\,cm/sec$$

TIP
① $kg/m \cdot sec \times 10^1 \rightarrow g/cm \cdot sec$
② $\mu = 1.85 \times 10^{-5}\,kg/m \cdot sec$
   $= 1.85 \times 10^{-4}\,g/cm \cdot sec$
③ 공기의 밀도 무시라는 단서가 있으므로 ρ는 생략

11 후드의 설치 및 흡인요령으로 알맞은 것은 어느 것인가?

㉮ 후드를 발생원에 근접시켜 흡인시킨다.
㉯ 후드의 개구면적을 점차적으로 크게 하여 흡인속도에 변화를 준다.
㉰ 에어커텐(air curtain)은 제거하고 행한다.
㉱ 배풍기(blower)의 여유량은 두지 않고 행한다.

풀이
㉯ 후드의 개구면적을 작게하여 흡인속도를 크게 한다.
㉰ 에어커텐을 설치한다.
㉱ 배풍기의 여유량을 충분히 둔다.

12 전기집진장치에 대한 내용으로 틀린 것은 어느 것인가?

㉮ 대량의 가스 처리가 가능하다.
㉯ 전압변동과 같은 조건변동에 쉽게 적응할 수 있다.
㉰ 초기 설비비가 고가이다.
㉱ 압력손실이 적어 소요동력이 적다.

풀이 ㉯ 전압변동과 같은 조건변동에 쉽게 적응할 수 없다.

13 가솔린을 연료로 사용하는 자동차의 엔진에서 NO_X가 가장 많이 배출될 때의 운전상태는 어느 것인가?

㉮ 감속 ㉯ 가속
㉰ 공회전 ㉱ 저속(15km 이하)

풀이 가솔린 자동차의 경우 가장 많이 배출되는 운전상태
① 질소산화물(NO_X) : 가속
③ 일산화탄소(CO) : 공회전(아이드링)
④ 탄화수소(HC) : 감속

14 포집먼지의 중화가 적당한 속도로 행해지기 때문에 이상적인 전기집진이 이루어질 수 있는 전기저항의 범위로 가장 적합한 것은 어느 것인가?

㉮ $10^2 \sim 10^4\,\Omega \cdot cm$
㉯ $10^5 \sim 10^{10}\,\Omega \cdot cm$
㉰ $10^{12} \sim 10^{14}\,\Omega \cdot cm$
㉱ $10^{15} \sim 10^{18}\,\Omega \cdot cm$

풀이 전기저항의 범위로 가장 적합한 것은 $10^4 \sim 10^{11}\,\Omega \cdot cm$이다.

15 런던스모그와 비교한 로스앤젤레스형 스모그 현상의 특징으로 알맞은 것은 어느 것인가?

㉮ SO_2, 먼지 등이 주오염물질
㉯ 온도가 낮고 무풍의 기상조건
㉰ 습도가 높은 이른 아침
㉱ 침강성 역전층이 형성

풀이 ㉮ ㉯ ㉰의 설명은 런던스모그에 대한 설명이다.

answer 11 ㉮ 12 ㉯ 13 ㉯ 14 ㉯ 15 ㉱

16 폐수 처리분야에서 미생물이라 하는 개체의 크기 기준으로 가장 알맞은 것은 어느 것인가?

㉮ 1.0mm 이하
㉯ 3.0mm 이하
㉰ 5.0mm 이하
㉱ 10.0mm 이하

풀이 폐수 처리분야에서 미생물이라 하는 개체의 크기 기준은 1.0mm 이하이다.

17 버섯은 어느 부류에 속하는가?

㉮ 세균   ㉯ 균류
㉰ 조류   ㉱ 원생동물

풀이 버섯은 균류에 속한다.

18 살수여상 처리과정에 주의해야 할 점으로 틀린 것은 어느 것인가?

㉮ 악취   ㉯ 연못화
㉰ 팽화   ㉱ 동결

풀이 ㉰ 팽화(벌킹)은 활성슬러지법에서의 문제점이다.

19 기름입자 A와 B의 지름은 동일하나 A의 비중은 0.88이고, B의 비중은 0.91이다. 이때의 A/B의 부상속도 비는 얼마인가? (단, 기타 조건은 같다.)

㉮ 1.03   ㉯ 1.33
㉰ 1.52   ㉱ 1.61

풀이 $Vf = \dfrac{d^2(\rho_w - \rho_s)g}{18\mu}$

$Vf = (\rho_w - \rho_s)$ 이므로

$\dfrac{A}{B} = \dfrac{(1-0.88)}{(1-0.91)} = 1.33$

20 우리나라 강수량 분포의 특성으로 틀린 것은 어느 것인가?

㉮ 월별 강수량 차이가 큰 편이다.
㉯ 하천수에 대한 의존량이 큰 편이다.
㉰ 6월과 9월 사이에 연 강수량의 약 2/3 정도가 집중되는 경향이 있다.
㉱ 세계 평균과 비교 시 연간 총 강수량은 낮으나, 인구 1인당 가용수량은 높다.

풀이 ㉱ 세계 평균과 비교 시 연간 총 강수량은 높으나, 인구 1인당 가용수량은 낮다.

21 다음 용어 중 흡착과 가장 관련이 깊은 것은?

㉮ 도플러효과
㉯ VAL
㉰ 플랑크상수
㉱ 프로인틀리히의 식

풀이 흡착과 관계있는 것은 프로인틀리히의 식이다.

answer 16 ㉮ 17 ㉯ 18 ㉰ 19 ㉯ 20 ㉱ 21 ㉱

22 생물학적으로 인을 제거하는 반응의 단계로 알맞은 것은 어느 것인가?

㉮ 혐기 상태 → 인 방출 → 호기 상태 → 인 섭취
㉯ 혐기 상태 → 인 섭취 → 호기 상태 → 인 방출
㉰ 호기 상태 → 인 방출 → 혐기 상태 → 인 섭취
㉱ 호기 상태 → 인 섭취 → 혐기 상태 → 인 방출

풀이 미생물이 혐기성조에서 인(P)을 방출한 다음, 호기성조에서 인(P)을 과잉 섭취하여 제거한다.

23 어느 공장폐수의 Cr^{6+}이 $600\,mg/L$이고, 이 폐수를 아황산나트륨으로 환원처리 하고자 한다. 폐수량이 $40\,m^3/day$일 때, 하루에 필요한 아황산나트륨의 이론양(kg)은 얼마인가? (단, Cr의 원자량은 52, Na_2SO_3의 분자량은 126이다.)

$$2H_2CrO_4 + 3Na_2SO_3 + 3H_2SO_4 \rightarrow Cr_2(SO_4)_3 + 3Na_2SO_4 + 5H_2O$$

㉮ 72k
㉯ 80kg
㉰ 87kg
㉱ 95kg

풀이
$2Cr^{6+}$: $3Na_2SO_3$
$2 \times 52g$: $3 \times 126g$
$0.6kg/m^3 \times 40m^3/day$: X

$\therefore X = \dfrac{0.6kg/m^3 \times 40m^3/day \times 3 \times 126g}{2 \times 52g}$

$= 87.23 kg/day$

TIP
① $mg/L \xrightarrow{\times 10^{-3}} kg/m^3$
② $600mg/L = 0.6kg/m^3$
③ 총량(kg/day) = 농도(kg/m^3) × 폐수량(m^3/day)

24 C_2H_5OH이 물 1L에 92g 녹아있을 때 COD(g/L) 값은 얼마인가? (단, 완전분해 기준)

㉮ 48g/L
㉯ 96g/L
㉰ 192g/L
㉱ 384g/L

풀이
$C_2H_5OH + 3O_2 \rightarrow 2CO_2 + 3H_2O$
46g : $3 \times 32g$
92 g/L : COD

$\therefore COD = \dfrac{92g/L \times 3 \times 32g}{46g} = 192 g/L$

TIP
① C_2H_5OH의 분자량 $= 2 \times 12 + 5 \times 1 + 16 + 1 = 46g$
② O_2의 분자량 $= 2 \times 16 = 32g$
③ COD는 산소요구량 의미

25 하수관로의 배수형식 중 하수를 방류할 때 일단 간선 하수 차집거에 모아 처리장으로 보내어 처리한 후 배출하는 방식으로 하천 유량이 하수량을 배출하기에는 부족하여 하천의 오염이 심할 것으로 예상되는 경우에 사용되는 방식은 어느 것인가?

㉮ 직각식
㉯ 차집식
㉰ 선형식
㉱ 방사식

풀이 ㉯ 차집식에 대한 설명으로 내용 중 핵심인 차집거에 모아 처리 후 배출 = 차집식임을 숙지하시면 됩니다.

answer 22 ㉮ 23 ㉰ 24 ㉰ 25 ㉯

26 오염물질을 배출하는 형태에 따라 점오염원과 비점오염원으로 구분된다. 다음 중 비점오염원에 해당하는 것은 어느 것인가?

㉮ 생활하수 ㉯ 농경지 배수
㉰ 축산폐수 ㉱ 산업폐수

풀이 ① 점오염원 : 생활하수, 축산폐수, 산업폐수
② 비점오염원 : 농경지 배수

27 폐수의 살균에 대한 내용으로 알맞은 것은 어느 것인가?

㉮ NH_2Cl 보다는 $HOCl$이 살균력이 작다.
㉯ 보통 온도를 높이면 살균속도가 느려진다.
㉰ 같은 농도일 경우 유리잔류염소는 결합잔류염소보다 빠르게 작용하므로 살균능력도 훨씬 크다.
㉱ $HOCl$이 오존보다 더 강력한 산화제이다.

풀이 ㉮ NH_2Cl보다는 $HOCl$이 살균력이 크다.
㉯ 보통 온도를 높이면 살균속도가 빨라진다.
㉱ 오존은 $HOCl$보다 더 강력한 산화제이다.

28 다음 보기에서 우리나라 하천수의 일반적인 수질적 특징만을 골라 묶여진 것은 어느 것인가?

㉠ 계절에 따라 수위 변화가 심하다.
㉡ 여름철과 겨울철에 성층이 형성된다.
㉢ 수온이 비교적 일정하고 무기물이 풍부하다.
㉣ 오염물의 이동, 분해, 희석 등 자정작용이 활발하다.

㉮ ㉠, ㉡ ㉯ ㉡, ㉢
㉰ ㉢, ㉣ ㉱ ㉠, ㉣

풀이 ㉡의 설명은 호수에 대한 내용이다.
㉢ 수온의 변화가 크고 유기물이 풍부하다.

29 다음 중 해역에서 적조 발생의 주된 원인 물질은 어느 것인가?

㉮ 수은 ㉯ 산소
㉰ 염소 ㉱ 질소

풀이 적조 발생의 원인 물질은 인(P), 질소(N), 규소(Si), 칼슘(Ca), 마그네슘(Mg)의 영양염과 미량의 금속, 비타민 등이다.

30 0.1M NaOH 1,000mL를 0.3M H_2SO_4으로 중화 적정할 때 소비되는 이론적 황산량(mL)은 얼마인가?

㉮ 126mL ㉯ 167mL
㉰ 234mL ㉱ 277mL

풀이 $N_1V_1 = N_2V_2$
$0.1N \times 1,000mL = 0.6N \times V_2$
$\therefore V_2 = \dfrac{0.1N \times 1,000mL}{0.6N} = 166.67\,mL$

answer 26 ㉯ 27 ㉰ 28 ㉱ 29 ㉱ 30 ㉯

31 수질오염공정시험기준에 의거 페놀류를 측정하기 위한 시료의 보존방법(㉠)과 최대보존기간(㉡)으로 알맞은 것은 어느 것인가?

㉮ ㉠현장에서 용존산소 고정 후 어두운 곳 보관, ㉡ 8시간
㉯ ㉠ 즉시 여과 후 4℃ 보관, ㉡ 48시간
㉰ ㉠ 20℃ 보관, ㉡ 즉시 측정
㉱ ㉠ 4℃ 보관, H_3PO_4로 pH 4 이하 조정한 후 $CuSO_4$ 1g/L 첨가, ㉡ 28일

32 오존 살균 시 급수계통에서 미생물의 증식을 억제하고, 잔류살균효과를 유지하기 위해 투입하는 약품은 어느 것인가?

㉮ 염소 ㉯ 활성탄
㉰ 실리카겔 ㉱ 활성알루미나

▎풀이 ▎잔류살균효과를 가지는 약품은 염소 및 염소화합물이다.

33 살수여상의 표면적이 300m², 유입분뇨량이 1,500m³/일이다. 표면부하(m³/m²·일)는 얼마인가?

㉮ $3\,m^3/m^2\cdot$일 ㉯ $5\,m^3/m^2\cdot$일
㉰ $15\,m^3/m^2\cdot$일 ㉱ $18\,m^3/m^2\cdot$일

▎풀이 ▎
$$표면부하(m^3/m^2\cdot 일) = \frac{Q(m^3/day)}{A(m^2)}$$
$$= \frac{1,500\,m^3/day}{300\,m^2}$$
$$= 5\,m^3/m^2\cdot day$$

34 MLSS 농도 3,000mg/L인 포기조 혼합액을 1,000mL 메스실린더로 취해 30분간 정치시켰을 때 침강슬러지가 차지하는 용적은 440mL이었다. 이 때 슬러지 밀도지수(SDI)는 얼마인가?

㉮ 146.7 ㉯ 73.4
㉰ 1.36 ㉱ 0.68

▎풀이 ▎
① $SVI = \dfrac{SV(mL/L)}{MLSS(mg/L)} \times 10^3$
$= \dfrac{440\,mL/L}{3,000\,mg/L} \times 10^3$
$= 146.67$

② $SDI = \dfrac{1}{SVI} \times 100(g/100mL)$
$= \dfrac{1}{146.67} \times 100$
$= 0.68$

35 125m³/h의 폐수가 유입되는 침전지의 월류부하가 100m³/m·day일 경우 침전지 월류웨어의 유효길이(m)는 얼마인가?

㉮ 10m ㉯ 20m
㉰ 30m ㉱ 40m

▎풀이 ▎
$$월류부하(m^3/m\cdot day) = \frac{유량(m^3/day)}{유효길이(m)}$$
$$100\,m^3/m\cdot day = \frac{125\,m^3/hr \times 24hr/day}{유효길이(m)}$$
$$\therefore 유효길이 = \frac{125\,m^3/hr \times 24hr/day}{100\,m^3/m\cdot day}$$
$$= 30m$$

answer 31 ㉱ 32 ㉮ 33 ㉯ 34 ㉱ 35 ㉰

36 탄소 1kg이 연소할 때 이론적으로 필요한 산소의 질량(kg)은 얼마인가?

㉮ 4.1kg ㉯ 3.6kg
㉰ 3.2kg ㉱ 2.7kg

풀이 $C + O_2 \rightarrow CO_2$
12kg : 32kg
1kg : 산소량
∴ 산소량 $= \dfrac{1kg \times 32kg}{12kg} = 2.67kg$

37 연료의 연소에 필요한 이론공기량을 A_o, 공급된 실제공기량을 A라 할 때 공기비를 나타낸 식은 어느 것인가?

㉮ $\dfrac{A}{A_o}$ ㉯ $\dfrac{A_o}{A}$

㉰ $\dfrac{A - A_o}{A_o}$ ㉱ $\dfrac{A - A_o}{A}$

풀이 공기비(m) $= \dfrac{A(실제공기량)}{A_o(이론공기량)} = \dfrac{mA_o}{A_o}$

38 수거된 폐기물을 압축하는 이유로 틀린 것은 어느 것인가?

㉮ 저장에 필요한 용적을 줄이기 위해
㉯ 수송 시 부피를 감소시키기 위해
㉰ 매립지의 수명을 연장시키기 위해
㉱ 소각장에서 소각 시 원활한 연소를 위해

풀이 ㉱번은 파쇄의 목적이다.

39 인구 50만명이 거주하는 도시에서 1주일 동안 8,000m³의 쓰레기를 수거하였다. 쓰레기의 밀도가 420kg/m³이라면 쓰레기 발생원 단위는 얼마인가?

㉮ 0.91 kg/인·일
㉯ 0.96 kg/인·일
㉰ 1.03 kg/인·일
㉱ 1.12 kg/인·일

풀이 쓰레기 발생량(kg/인·일)
$= \dfrac{쓰레기 수거량(kg/일)}{인구수(인)}$
$= \dfrac{8,000m^3/주 \times 1주/7일 \times 420kg/m^3}{500,000인}$
$= 0.96 kg/인·일$

40 쓰레기를 수송하는 방법 중 자동화, 무공해화가 가능하고 눈에 띄지 않는다는 장점을 가지고 있으며 공기수송, 반죽수송, 캡슐수송 등의 방법으로 쓰레기를 수거하는 방법은 어느 것인가?

㉮ 모노레일 수거
㉯ 관거 수거
㉰ 콘베이어 수거
㉱ 콘테이너 철도수거

풀이 ㉯ 관거(파이프 라인)수거에 대한 설명으로 자주 출제되는 문제이므로 내용을 반드시 숙지하셔야 합니다.

---

answer 36 ㉱ 37 ㉮ 38 ㉱ 39 ㉯ 40 ㉯

41 매립지에서 발생될 침출수량을 예측하고자 한다. 이때 침출수 발생량에 영향을 받는 항목으로 틀린 것은 어느 것인가?

㉮ 강수량(Precipitation)
㉯ 유출량(Run-off)
㉰ 메탄가스의 함량
㉱ 폐기물 내 수분 또는 폐기물 분해에 따른 수분

풀이 침출수량에 영향을 주는 요인으로는 강우량, 증발량, 지하수량, 침투수량, 표면유출량, 폐기물 분해시 발생량이 있다.

42 다음 중 효율적인 파쇄를 위해 파쇄대상물에 작용하는 3가지 힘으로 틀린 것은 어느 것인가?

㉮ 충격력   ㉯ 정전력
㉰ 전단력   ㉱ 압축력

풀이 파쇄에 작용하는 3가지 힘은 충격력, 전단력, 압축력이며, 출제빈도가 높은 문제이므로 반드시 숙지하셔야 합니다.

43 쓰레기 수거노선을 결정할 때 고려사항으로 틀린 것은 어느 것인가?

㉮ 아주 많은 양의 쓰레기가 발생되는 발생원은 하루 중 가장 나중에 수거한다.
㉯ 가능한 한 시계방향으로 수거노선을 정한다.
㉰ U자형 회전을 피하여 수거한다.
㉱ 적은 양의 쓰레기가 발생하나 동일한 수거빈도를 받기를 원하는 수거지점은 가능한 한 같은 날 왕복내에서 수거하도록 한다.

풀이 ㉮ 아주 많은 양의 쓰레기가 발생되는 발생원은 하루 중 가장 먼저 수거한다.

44 적환장의 설치가 필요한 경우로 틀린 것은 어느 것인가?

㉮ 인구 밀도가 높은 지역을 수집하는 경우
㉯ 폐기물 수집에 소형 컨테이너를 많이 사용하는 경우
㉰ 처분장이 원거리에 있어 도중에 불법 투기의 가능성이 있는 경우
㉱ 공기수송방식을 사용할 경우

풀이 ㉮ 인구 밀도가 낮은 지역을 수집하는 경우

45 합성차수막 중 PVC의 특성으로 틀린 것은 어느 것인가?

㉮ 작업이 용이한 편이다.
㉯ 접합이 용이한 편이다.
㉰ 대부분의 유기화학물질에 약한 편이다.
㉱ 자외선, 오존, 기후 등에 강한 편이다.

풀이 ㉱ 자외선, 오존, 기후 등에 약한 편이다.

46 쓰레기를 건조시켜 함수율을 40%에서 20%로 감소시켰다. 건조 전 쓰레기의 중량이 1톤이었다면 건조 후 쓰레기의 중량(kg)은 얼마인가? (단, 쓰레기의 비중은 1.0으로 가정함.)

㉮ 250kg   ㉯ 500kg
㉰ 750kg   ㉱ 1,000kg

answer 41 ㉰ 42 ㉯ 43 ㉮ 44 ㉮ 45 ㉱ 46 ㉰

풀이 $W_1 \times (100-P_1) = W_2 \times (100-P_2)$
여기서, W_1 : 건조 전 쓰레기량(kg)
P_1 : 건조 전 함수율(%)
W_2 : 건조 후 쓰레기량(kg)
P_2 : 건조 후 함수율(%)
따라서
$1,000\text{kg} \times (100-40) = W_2 \times (100-20)$
$\therefore W_2 = \dfrac{1,000\text{kg} \times (100-40)}{(100-20)} = 750\text{kg}$

47 소각장에서 폐기물을 연소시킬 때 조건으로 틀린 것은 어느 것인가?

㉮ 완전연소를 위해 체류시간은 가능한 한 짧아야 한다.
㉯ 연료와 공기가 충분히 혼합되어야 한다.
㉰ 공기/연료비가 적절해야 한다.
㉱ 점화온도가 적정하게 유지되고 재의 방출이 최소화 될 수 있는 소각로 형태이어야 한다.

풀이 ㉮ 완전연소를 위해 체류시간은 가능한 한 길어야 한다.

48 쓰레기 발생량에 영향을 미치는 일반적인 요인에 대한 내용으로 알맞은 것은 어느 것인가?

㉮ 쓰레기의 성분은 계절에 영향을 받는다.
㉯ 수거빈도와 발생량은 반비례한다.
㉰ 쓰레기통이 클수록 발생량이 감소한다.
㉱ 재활용율이 높을수록 발생량이 증가한다.

풀이 ㉯ 수거빈도와 발생량은 비례한다.
㉰ 쓰레기통이 클수록 발생량이 증가한다.
㉱ 재활용율이 높을수록 발생량이 감소한다.

49 다음 중 슬러지 탈수 방법으로 틀린 것은 어느 것인가?

㉮ 원심분리   ㉯ 산화지
㉰ 진공여과   ㉱ 벨트프레스

풀이 ㉯ 산화지는 박테리아와 조류의 공생관계로 하수를 처리하는 생물학적 처리 방법인 수처리이다.

50 폐기물 수거 효율을 결정하고 수거작업간의 노동력을 비교하기 위한 단위로 알맞은 것은 어느 것인가?

㉮ ton/man·hour   ㉯ man·hour/ton
㉰ ton·man/hour   ㉱ hour/ton·man

풀이 폐기물 수거 효율을 결정하고 수거작업간의 노동력을 비교하기 위한 단위는 MHT(man·hour/ton)이다.

51 폐기물 매립지에서 발생하는 침출수 중 생물학적으로 난분해성인 유기물질을 산화·분해시키는데 사용되는 펜턴시약(Fenton agent)의 성분으로 알맞은 것은 어느 것인가?

㉮ H_2O_2와 $FeSO_4$
㉯ $KMnO_4$와 $FeSO_4$
㉰ H_2SO_4와 $Al_2(SO_4)_3$
㉱ $Al_2(SO_4)_3$와 $KMnO_4$

풀이 펜턴시약은 과산화수소(H_2O_2)와 황산제일철($FeSO_4$)이다.

answer 47 ㉮ 48 ㉮ 49 ㉯ 50 ㉯ 51 ㉮

52 폐기물을 소각할 경우 필요한 폐열회수 및 이용설비로 틀린 것은 어느 것인가?

㉮ 과열기　　㉯ 부패조
㉰ 이코노마이저　㉱ 공기예열기

풀이 폐열회수 및 이용설비로는 과열기, 재열기, 절탄기(이코노마이저), 공기예열기가 있다.

53 다음 중 폐기물의 퇴비화 시 적정 C/N비로 알맞은 것은 어느 것인가?

㉮ 1 ~ 2　　㉯ 1 ~ 10
㉰ 5 ~ 10　　㉱ 25 ~ 50

풀이 폐기물의 퇴비화 시 적정 C/N비로 알맞은 것은 25 ~ 50 이다.

54 다음 중 퇴비화의 최적조건으로 알맞은 것은 어느 것인가?

㉮ 수분 50 ~ 60%, pH 5.5 ~ 8 정도
㉯ 수분 50 ~ 60%, pH 8.5 ~ 10 정도
㉰ 수분 80 ~ 85%, pH 5.5 ~ 8 정도
㉱ 수분 80 ~ 85%, pH 8.5 ~ 10 정도

풀이 퇴비화의 최적조건으로 알맞은 것은 수분 50 ~ 60%, pH 5.5 ~ 8 정도이다.

55 폐기물 전단파쇄기에 대한 내용으로 틀린 것은 어느 것인가?

㉮ 전단파쇄기는 대개 고정칼, 회전칼과의 교합에 의하여 폐기물을 전단한다.
㉯ 전단파쇄기는 충격파쇄기에 비하여 파쇄속도는 느리나, 이물질의 혼입에 대하여는 강하다.
㉰ 전단파쇄기는 파쇄물의 크기를 고르게 할 수 있다.
㉱ 전단파쇄기는 주로 목재류, 플라스틱류 및 종이류를 파쇄하는데 이용된다.

풀이 ㉯ 전단파쇄기는 충격파쇄기에 비하여 파쇄속도가 느리고, 이물질의 혼입에도 약하다.

56 두 진동체의 고유진동수가 같을 때 한쪽을 울리면 다른 쪽도 울리는 현상은 어느 것인가?

㉮ 공명　　㉯ 진폭
㉰ 회절　　㉱ 굴절

풀이 ㉮ 공명에 대한 설명이다.

57 방음대책을 음원대책과 전파경로대책으로 구분할 때 다음 중 음원대책이 아닌 것은 어느 것인가?

㉮ 공명방지
㉯ 방음벽 설치
㉰ 소음기 설치
㉱ 방진 및 방사율 저감

풀이 ㉯ 방음벽 설치는 전파경로 대책이다.

answer 52 ㉯　53 ㉱　54 ㉮　55 ㉯　56 ㉮　57 ㉯

58 점음원에서 5m 떨어진 지점의 음압레벨이 60dB이다. 이 음원으로부터 10m 떨어진 지점의 음압레벨(dB)은 얼마인가?

㉮ 30dB ㉯ 44dB
㉰ 54dB ㉱ 58dB

풀이 점음원인 경우 음압레벨 구하는 공식

$$SPL_1 = SPL_2 + 20\log\left(\frac{r_2}{r_1}\right)$$

SPL_1 : 5m 떨어진 곳에서의 음압레벨(dB)
SPL_2 : 10m 떨어진 곳에서의 음압레벨(dB)
r_1 : 5m
r_2 : 10m

따라서 $60\text{dB} = SPL_2 + 20\log\left(\frac{10\text{m}}{5\text{m}}\right)$

∴ $SPL_2 = 60\text{dB} - 20\log\left(\frac{10\text{m}}{5\text{m}}\right) = 53.98\,\text{dB}$

59 변동하는 소음의 에너지 평균 레벨로서 어느 시간 동안에 변동하는 소음 레벨의 에너지를 같은 시간대의 정상 소음의 에너지로 치환한 값은 어느 것인가?

㉮ 소음레벨(SL)
㉯ 등가소음레벨(L_{eq})
㉰ 시간율 소음도(L_n)
㉱ 주야등가소음도(L_{dn})

풀이 ㉯ 등가소음레벨(L_{eq})에 대한 설명이다.

60 현상의 선택이 비교적 자유롭고 압축, 전단등의 사용방법에 따라 1개로 2축방향 및 회전방향의 스프링 정수를 광범위하게 선택할 수 있으나, 내부마찰에 의한 발열 때문에 열화되는 방진재료는 어느 것인가?

㉮ 방진고무
㉯ 공기스프링
㉰ 금속스프링
㉱ 직접지지판 스프링

풀이 ㉮ 방진고무에 대한 설명이다.

answer 58 ㉰ 59 ㉯ 60 ㉮

2016 2회 과년도 기출문제

2016년 4월 2일 시행

01 링겔만 농도표와 관계가 깊은 것은 어느 것인가?

㉮ 매연측정
㉯ 기체크로마토그래피
㉰ 오존농도측정
㉱ 질소산화물 성분분석

풀이 링겔만 농도표는 매연을 측정하는 장치이다.

02 수세법을 이용하여 제거시킬 수 있는 오염물질로 틀린 것은 어느 것인가?

㉮ NH_3　　㉯ SO_2
㉰ NO_2　　㉱ Cl_2

풀이 수세법(세정법)은 물에 용해도가 큰 오염물질을 처리하는 방법이며, 이산화질소(NO_2)는 난용성 물질이므로 수세법으로 제거할 수 없다.

03 산성비에 관한 내용으로 틀린 것은 어느 것인가?

㉮ 통상 pH가 5.6 이하인 비를 말한다.
㉯ 산성비는 인공건축물의 부식을 더디게 한다.
㉰ 산성비는 토양의 광물질을 씻겨 내려 토양을 황폐화시킨다.
㉱ 산성비는 황산화물이나 질소산화물 등이 물방울에 녹아서 생긴다.

풀이 ㉯ 산성비는 인공건축물의 부식을 촉진시킨다.

04 가스상 물질과 먼지를 동시에 제거할 수 있으면서 압력손실이 큰 집진장치는 어느 것인가?

㉮ 원심력 집진장치　㉯ 여과 집진장치
㉰ 세정 집진장치　　㉱ 전기 집진장치

풀이 ㉰ 세정 집진장치에 대한 설명이다.

05 대기가 매우 안정한 상태일 때 아침과 새벽에 잘 발생하고, 굴뚝의 높이가 낮으면 지표부근에 심각한 오염 문제를 발생시키는 연기의 모양은 어느 것인가?

㉮ 환상형　　㉯ 원추형
㉰ 구속형　　㉱ 부채형

풀이 ㉱ 부채형에 대한 설명으로 내용 중 핵심인 대기가 매우 안정(역전)상태 = 부채형임을 숙지하시면 됩니다.

answer 01 ㉮　02 ㉰　03 ㉯　04 ㉰　05 ㉱

06 중량비가 C : 86%, H : 4%, O : 8%, S : 2%인 석탄을 연소할 경우 필요한 이론산소량(Sm^3/kg)은 얼마인가?

㉮ 약 $1.6\,Sm^3/kg$
㉯ 약 $1.8\,Sm^3/kg$
㉰ 약 $2.0\,Sm^3/kg$
㉱ 약 $2.2\,Sm^3/kg$

풀이 이론산소량
$= 1.867C + 5.6\left(H - \dfrac{O}{8}\right) + 0.7S\,(Sm^3/kg)$
$= 1.867 \times 0.86 + 5.6 \times \left(0.04 - \dfrac{0.08}{8}\right) + 0.7 \times 0.02$
$= 1.79\,Sm^3/kg$

07 집진장치에 대한 내용으로 알맞은 것은 어느 것인가?

㉮ 사이클론은 여과 집진장치에 해당된다.
㉯ 중력 집진장치는 고효율 집진장치에 해당된다.
㉰ 여과 집진장치는 수분이 많은 먼지처리에 적합하다.
㉱ 전기 집진장치는 코로나 방전을 이용하여 집진하는 장치이다.

풀이 ㉮ 사이클론은 원심력 집진장치에 해당된다.
㉯ 중력 집진장치는 저효율 집진장치에 해당된다.
㉰ 여과 집진장치는 수분이 없는 먼지처리에 적합하다.

TIP
이 문제는 출제빈도가 높은 문제이므로 반드시 숙지하셔야 합니다.

08 세정집진장치의 입자 포집원리에 대한 내용으로 틀린 것은 어느 것인가?

㉮ 미립자 확산에 의하여 액적과의 접촉을 쉽게 한다.
㉯ 배기가스의 습도 감소로 인하여 입자가 응집하여 제거효율이 증가한다.
㉰ 액적에 입자가 충돌하여 부착한다.
㉱ 입자를 핵으로 한 증기의 응결에 의하여 응집성을 증가시킨다.

풀이 ㉯ 배기가스의 습도 증가로 인하여 입자가 응집하여 제거효율이 증가한다.

09 액체 부탄 20kg을 1기압, 25℃에서 완전기화시킬 때의 부피(m³)는 얼마인가?

㉮ $5.45\,m^3$　㉯ $8.43\,m^3$
㉰ $12.38\,m^3$　㉱ $16.43\,m^3$

풀이 부피(m^3)
$= 20\,kg \times \dfrac{22.4\,Sm^3}{58\,kg} \times \dfrac{273 + 25}{273} = 8.43\,m^3$

TIP
① 부탄 $= C_4H_{10}$
② C_4H_{10}의 분자량 $= 4 \times 12 + 10 \times 1 = 58\,kg$
③ C_4H_{10} 1 kmol $\begin{cases} 58\,kg \\ 22.4\,Sm^3 \end{cases}$
④ 표준상태의 부피를 계산한 다음 온도와 압력을 보정하여 현재 상태 (25℃, 1기압)의 부피를 계산하는 문제입니다.

answer 06 ㉯　07 ㉱　08 ㉯　09 ㉯

10 물리적 흡착과 화학적 흡착에 대한 비교 설명으로 알맞은 것은 어느 것인가?

㉮ 물리적 흡착과정은 가역적이기 때문에 흡착제의 재생이나 오염가스의 회수에 매우 편리하다.
㉯ 물리적 흡착은 온도의 영향을 받지 않는다.
㉰ 물리적 흡착은 화학적 흡착보다 분자간의 인력이 강하기 때문에 흡착과정에서의 발열량도 크다.
㉱ 물리적 흡착에서는 용질의 분자량이 적을수록 유리하게 흡착한다.

풀이 ㉯ 물리적 흡착은 온도의 영향을 받는다.
㉰ 물리적 흡착은 화학적 흡착보다 분자간의 인력이 약하기 때문에 흡착과정에서의 발열량도 작다.
㉱ 물리적 흡착에서는 용질의 분자량이 클수록 유리하게 흡착한다.

11 다음 집진장치의 원리와 특성에 관한 내용으로 알맞은 것은 어느 것인가?

㉮ 전기 집진장치는 입자를 중력에 의해 분리, 포집하는 장치로서 입경이 $100\,\mu m$ 이상일 때 적용한다.
㉯ 관성력 집진장치는 중력과 관성력을 동시에 이용하는 장치로서 원리와 구조는 간단하지만 압력손실이 크고 운전비가 높다.
㉰ 여과 집진장치는 여러 종류의 먼지를 집진할 수 있어 가장 많이 사용되지만 200℃이상의 고온 가스를 처리하기는 어렵다.
㉱ 중력 집진장치에서 배기관 지름이 작을수록 입경이 작은 먼지를 제거할 수 있고 블로 다운으로 집진된 먼지의 재비산을 방지하여 효율을 높일 수 있다.

풀이 ㉮ 전기 집진장치는 코로나 방전을 이용하여 집진하는 장치로서 입경이 0.1~$0.9\,\mu m$ 정도에 적용한다.
㉯ 관성력 집진장치는 관성력을 이용하는 장치로서 원리와 구조가 간단하고 압력손실이 작으며 운전비가 작다.
㉱ 중력 집진장치는 입자를 중력에 의해 분리, 포집하는 장치로서 입경이 $100\,\mu m$ 이상일 때 적용한다.

12 집진장치의 입구 더스트 농도가 $2.8g/Sm^3$이고 출구 더스트 농도가 $0.1g/Sm^3$일 때 집진율(%)은 얼마인가?

㉮ 86.9% ㉯ 94.2%
㉰ 96.4% ㉱ 98.8%

풀이 집진율(%) $= \left(1 - \dfrac{출구의\ 더스트\ 농도}{입구의\ 더스트\ 농도}\right) \times 100$
$= \left(1 - \dfrac{0.1\,g/Sm^3}{2.8\,g/Sm^3}\right) \times 100$
$= 96.43\%$

13 디젤 기관에서 많이 배출되며 탄화수소와 함께 광화학 스모그를 일으키는 반응에 영향을 미치는 배출가스는 무엇인가?

㉮ 매연 ㉯ 황산화물
㉰ 질소산화물 ㉱ 일산화탄소

풀이 ㉰ 질소산화물(NO_X)에 대한 설명이다.

TIP
광화학 반응의 3대 요소
① 질소산화물(NO_X)
② 올레핀계 탄화수소
③ 자외선

14 도심지역에서 열방출이 많고 외부로 확산이 안되기 때문에 교외지역에 비해 도심지역의 온도가 높게 나타나는 현상은 무엇인가?

㉮ 온실효과 ㉯ 습윤단열감율
㉰ 열섬효과 ㉱ 건조단열감율

▶풀이 ㉰ 열섬현상(아열대성 효과)에 대한 설명이다.

15 연소과정에서 주로 발생하는 질소산화물의 형태는 어느 것인가?

㉮ NO ㉯ NO_2
㉰ NO_3 ㉱ N_2O

▶풀이 연소과정에서 NO와 NO_2의 비가 90:10으로 발생한다.

16 도시화가 진행될수록 하천의 홍수와 갈수현상이 심화되는 이유는 무엇인가?

㉮ 대기오염 물질의 증가
㉯ 생활하수 배출량의 증가
㉰ 생활용수 사용량의 증가
㉱ 지면 포장으로 강수의 침투성 저하

▶풀이 도시화가 진행될수록 하천의 홍수와 갈수현상이 심화되는 이유는 지면 포장으로 강수의 침투성 저하 때문이다.

17 수질오염공정시험기준상 6가크롬의 자외선/가시선 분광법 측정원리에 대한 내용으로 (   )에 알맞은 말은 어느 것인가?

> 6가 크롬에 다이페닐카바자이드를 작용시켜 생성하는 (①)의 착화합물의 흡광도를 (②)nm 에서 측정하여 6가 크롬을 정량한다.

㉮ ① 적자색, ② 253.7
㉯ ① 적자색, ② 540
㉰ ① 청색, ② 253.7
㉱ ① 청색, ② 540

18 염소는 폐수 내의 질소화합물과 결합하여 무엇을 형성하는가?

㉮ 유리염소 ㉯ 클로라민
㉰ 액체염소 ㉱ 암모니아

▶풀이 염소는 질소화합물과 결합하면 클로라민이 형성된다.

19 시판되는 황산의 농도가 96(W/W%), 비중 1.84일 때, 노르말농도(N)는 얼마인가?

㉮ 18N ㉯ 24N
㉰ 36N ㉱ 48N

▶풀이 노르말농도(N)
$= \dfrac{비중(g)}{(mL)} \times \dfrac{10^3 mL}{1L} \times \dfrac{1\,eq}{분자량(g)/가수} \times \dfrac{\%\,농도}{100}$
$= \dfrac{1.84\,g}{mL} \times \dfrac{10^3\,mL}{L} \times \dfrac{1\,eq}{98\,g/2} \times \dfrac{96\%}{100}$
$= 36.05\,N$

answer 14 ㉰ 15 ㉮ 16 ㉱ 17 ㉯ 18 ㉯ 19 ㉰

TIP
① N농도의 단위 : eq/L
② 1eq(당량) = $\dfrac{분자량(g)}{가수}$
③ 황산 = H_2SO_4
④ H_2SO_4의 분자량 $= 2\times 1 + 32 + 4\times 16 = 98g$

20 수질오염 방지시설의 처리능력, 또는 설계 시에 사용되는 다음 용어 중 그 성격이 나머지 셋과 다른 것은 어느 것인가?

㉮ F/M비 ㉯ SVI
㉰ 용적부하 ㉱ 슬러지부하

풀이 ㉯ SVI는 슬러지 용적지수로 슬러지의 침강성 정도를 나타낸다.

21 조류를 이용한 산화지(oxidation pond)법으로 폐수를 처리할 경우에 가장 중요한 영향인자는 어느 것인가?

㉮ 햇빛
㉯ 물의 색깔
㉰ 산화지의 표면모양
㉱ 산화지 바닥 흙입자 모양

풀이 조류를 이용한 산화지법은 조류의 광합성을 이용하는 방법이므로 햇빛이 가장 중요한 인자이다.

22 생물학적 원리를 이용하여 영양염류(인 또는 질소)를 효과적으로 제거할 수 있는 공법이라 볼 수 없는 것은?

㉮ M-A/S ㉯ A/O
㉰ Bardenpho ㉱ UCT

풀이 ㉮ M-A/S는 부유고형물을 처리하는 부상법이다.

23 활성슬러지 공법으로 생활하수처리 시 과량의 유기물이 유입 되었을 때, 가장 적절한 응급조치로 알맞은 것은 어느 것인가?

㉮ 영양물질 투입
㉯ 응집 전처리
㉰ 슬러지 반송율 증가
㉱ 산기기 추가 설비

풀이 활성슬러지 공법으로 생활하수처리 시 과량의 유기물이 유입 되었을 때는 슬러지 반송율을 증가시켜 반응조(폭기조)의 미생물을 증가시켜 처리하면 된다.

24 농촌마을의 발생 하수를 산화지로 처리할 때 유입 BOD농도가 $100 g/m^3$이고, 유량이 $3,000 m^3/day$이며, 필요한 산화지의 면적은 3ha라면 BOD 부하량($kg/ha \cdot day$)은 얼마인가?

㉮ 10 ㉯ 50
㉰ 100 ㉱ 200

풀이 BOD 부하량($kg/ha \cdot day$)
$= \dfrac{BOD농도(kg/m^3) \times 유량(m^3/day)}{산화지 면적(ha)}$
$= \dfrac{100 \times 10^{-3} kg/m^3 \times 3,000 m^3/day}{3 ha}$
$= 100 kg/ha \cdot day$

TIP
① ppm = mg/L = g/m^3
② $g/m^3 \xrightarrow{\times 10^{-3}} kg/m^3$

answer 20 ㉯ 21 ㉮ 22 ㉮ 23 ㉰ 24 ㉰

25 농축대상 슬러지량이 500m³/day이고, 슬러지의 고형물 농도가 15g/L일 때, 농축조의 고형물 부하를 2.6kg/m²·hr로 하기 위해 필요한 농축조의 면적(m²)은 얼마인가? (단, 슬러지의 비중은 1.0이고, 24시간 연속가동 기준이다.)

㉮ 110.4 m²　　㉯ 120.2 m²
㉰ 142.4 m²　　㉱ 156.3 m²

풀이 고형물 부하(kg/m²·hr)
$= \dfrac{\text{고형물 농도}(kg/m^3) \times \text{슬러지량}(m^3/hr)}{\text{농축조의 면적}(m^2)}$

따라서
농축조의 면적(m²)
$= \dfrac{\text{고형물 농도}(kg/m^3) \times \text{슬러지량}(m^3/hr)}{\text{고형물 부하}(kg/m^2 \cdot hr)}$
$= \dfrac{15 kg/m^3 \times 500 m^3/day \times 1 day/24 hr}{2.6 kg/m^2 \cdot hr}$
$= 120.19 m^2$

TIP 고형물 농도 $15 g/L = 15 kg/m^3$

26 아연과 성질이 유사한 금속으로 체내 칼슘균형을 깨뜨려 이따이이따이병과 같은 골연화증의 원인이 되는 물질은 어느 것인가?

㉮ Hg　　㉯ Cd
㉰ PCB　　㉱ Cr^{+6}

풀이 ㉯ 카드뮴(Cd)에 대한 설명이다.

TIP
① 수은(Hg) : 미나마타병, 헌터루셀증후군
② 폴리클로리네이티드바이페닐(PCB) : 카네미유증
③ 카드뮴(Cd) : 이따이이따이병

27 SVI = 150인 경우 반송슬러지 농도(g/m^3)는 얼마인가?

㉮ 8,452 g/m^3　　㉯ 6,667 g/m^3
㉰ 5,486 g/m^3　　㉱ 4,570 g/m^3

풀이 $SVI = \dfrac{10^6}{SS_r}$

여기서 SVI : 슬러지 용적지수
　　　SS_r : 반송슬러지 농도(mg/L)

따라서 $SS_r = \dfrac{10^6}{SVI} = \dfrac{10^6}{150} = 6,666.67 g/m^3$

TIP SS_r 단위 : $mg/L = g/m^3 = ppm$

28 생물학적 고도처리 방법 중 활성슬러지 공법의 포기조 앞에 혐기성조를 추가시킨 것으로 혐기성조, 호기성조로 구성되고, 질소 제거가 고려되지 않아 높은 효율의 N, P의 동시제거가 어려운 공법은 어느 것인가?

㉮ A/O 공법　　㉯ A^2/O 공법
㉰ VIP 공법　　㉱ UCT 공법

풀이 ㉮ A/O 공법은 인(P)만을 제거하기 위한 공법이다.

29 MLSS 농도가 1,000mg/L이고, BOD 농도가 200mg/L인 2,000m³/day의 폐수가 포기조로 유입될 때 BOD/MLSS 부하(kgBOD/kgMLSS·day)는 얼마인가? (단, 포기조의 용적은 1,000m³이다.)

㉮ 0.1　　㉯ 0.2
㉰ 0.3　　㉱ 0.4

answer 25 ㉯　26 ㉯　27 ㉯　28 ㉮　29 ㉱

풀이 BOD/MLSS 부하(/day)

$$= \frac{BOD농도(mg/L) \times 유량(m^3/day)}{MLSS농도(mg/L) \times 체적(m^3)}$$

$$= \frac{200\,mg/L \times 2,000\,m^3/day}{1,000\,mg/L \times 1,000\,m^3} = 0.4/day$$

TIP
BOD/MLSS 부하(/day) = F/M비(/day)

30 지하수의 특성으로 틀린 것은 어느 것인가?

㉮ 광화학반응 및 호기성 세균에 의한 유기물 분해가 주를 이룬다.
㉯ 국지적 환경조건의 영향을 크게 받는다.
㉰ 지표수에 비해 경도가 높고, 용해된 광물질을 보다 많이 함유한다.
㉱ 비교적 깊은 곳의 물일수록 지층과의 보다 오랜 접촉에 의해 용매효과는 커진다.

풀이 ㉮ 혐기성 세균에 의한 유기물 분해가 주를 이룬다.

31 SS 측정은 다음 어느 분석법에 해당되는가?

㉮ 용량법   ㉯ 중량법
㉰ 용매추출법   ㉱ 흡광측정법

풀이 부유물질(SS)와 노말헥산추출물질의 분석법은 중량법이다.

32 미생물 성장곡선에서 다음 설명과 같은 특성을 보이는 단계는 어느 것인가?

- 살아있는 미생물들이 조금밖에 없는 양분을 두고 서로 경쟁하고, 신진대사율은 큰 비율로 감소한다.
- 미생물은 그들 자신의 원형질을 분해시켜 에너지를 얻는 자산화 과정을 겪게 되어 전체 원형질 무게는 감소된다.

㉮ 지체기   ㉯ 대수성장기
㉰ 감소성장기   ㉱ 내생호흡기

풀이 ㉱ 내생호흡기에 대한 설명으로 문제의 내용 중 핵심인 자산화과정 = 내생호흡기단계임을 숙지하시면 됩니다.

33 생물농축에 대한 내용으로 틀린 것은 어느 것인가?

㉮ 생물농축은 먹이연쇄를 통하여 이루어진다.
㉯ 생체내에서 분해가 쉽고, 배설률이 크면 농축이 되질 않는다.
㉰ 농축계수란 유해물의 수중 농도를 생물의 체내 농도로 나눈 값을 말한다.
㉱ 미나마타병은 생물농축에 의한 공해병이다.

풀이 ㉰ 농축계수란 생물의 체내 농도를 유해물의 수중 농도로 나눈 값을 말한다.

answer 30 ㉮ 31 ㉯ 32 ㉱ 33 ㉰

34 모래, 자갈, 뼈조각 등과 같은 무기성의 부유물로 구성된 혼합물을 의미하는 것은 어느 것인가?

㉮ 스크린 ㉯ 그릿
㉰ 슬러지 ㉱ 스컴

풀이 모래, 자갈, 뼈조각 등과 같은 무기성의 부유물로 구성된 혼합물을 그릿(grit)이라 한다.

35 접촉산화법(호기성 침지여상)에 대한 내용으로 틀린 것은 어느 것인가?

㉮ 매체로서는 벌집형, 모듈(Module)형, 벌크(Bulk)형 등이 쓰인다.
㉯ 부하변동과 유해물질에 대한 내성이 높다.
㉰ 운전 휴지기간에 대한 적응력이 낮다.
㉱ 처리수의 투시도가 높다.

풀이 ㉰ 운전 휴지기간에 대한 적응력이 높다.

36 처음 부피가 1,000m³인 폐기물을 압축하여 500m³인 상태로 부피를 감소시켰다면 체적감소율(%)은 얼마인가?

㉮ 2%   ㉯ 10%
㉰ 50% ㉱ 100%

풀이 체적감소율(%) $= \left(1 - \dfrac{V_2}{V_1}\right) \times 100$
$= \left(1 - \dfrac{500\,m^3}{1,000\,m^3}\right) \times 100$
$= 50\%$

37 도시지역의 쓰레기 수거량은 1,792,500 ton/년이다. 이 쓰레기를 1,363명이 수거한다면 수거능력(MHT)은 얼마인가? (단, 1일 작업시간은 8시간, 1년 작업일수는 310일이다.)

㉮ 1.45 ㉯ 1.77
㉰ 1.89 ㉱ 1.96

풀이 $MHT(man \cdot hr/ton)$
$= \dfrac{\text{작업인부수}(man) \times \text{작업시간}(hr)}{\text{쓰레기 수거량}(ton)}$
$= \dfrac{1,363인 \times 8\,hr/day \times 310\,day/년}{1,792,500\,ton/년}$
$= 1.89$

38 도시의 쓰레기를 분석한 결과 밀도는 450kg/m³이고 비가연성 물질의 질량 백분율은 72%였다. 이 쓰레기 10m³ 중에 함유된 가연성 물질의 질량(kg)은 얼마인가?

㉮ 1,180 kg ㉯ 1,260 kg
㉰ 1,310 kg ㉱ 1,460 kg

풀이 가연성물질의 질량(kg)
= 쓰레기의 양(kg) × 밀도(kg/m³) × (1 − 비가연성 물질)
$= 10\,m^3 \times 450\,kg/m^3 \times (1 - 0.72)$
$= 1,260\,kg$

answer 34 ㉯ 35 ㉰ 36 ㉰ 37 ㉰ 38 ㉯

39 폐기물과 선별방법의 연결이 알맞은 것은 어느 것인가?

㉮ 광물과 종이 - 광학선별
㉯ 목재와 철분 - 자석선별
㉰ 스티로폼과 유리조각 - 스크린선별
㉱ 다양한 크기와 혼합폐기물 - 부상선별

풀이 ㉮ 불투명한 것과 투명한 것 - 광학선별
㉰ 다양한 크기와 혼합폐기물 - 스크린선별
㉱ 스티로폼과 유리조각 - 부상선별

40 폐기물 발생특성에 대한 내용으로 알맞게 짝지어진 것은 어느 것인가?

> ㉠ 쓰레기통이 작을수록 발생량은 감소한다.
> ㉡ 계절에 따라 쓰레기 발생량이 다르다.
> ㉢ 재활용률이 증가할수록 발생량은 감소한다.

㉮ ㉠, ㉡ 　　㉯ ㉠, ㉢
㉰ ㉡, ㉢ 　　㉱ ㉠, ㉡, ㉢

풀이 ㉠, ㉡, ㉢의 설명이 모두 맞다.

41 도시폐기물을 위생매립 하였을 때 일반적으로 매립초기(1단계~2단계)에 가장 많은 비율로 발생되는 가스는 어느 것인가?

㉮ CH_4 　　㉯ CO_2
㉰ H_2S 　　㉱ NH_3

풀이 매립초기(1단계~2단계)에 가장 많이 발생하는 가스는 이산화탄소(CO_2)이다.

42 배출가스를 냉각시키거나 유해가스 또는 악취물질이 함유되어 있어 이들을 같이 제거하고자 할 때 사용하는 집진장치로 알맞은 것은 어느 것인가?

㉮ 중력 집진장치 　　㉯ 원심력 집진장치
㉰ 여과 집진장치 　　㉱ 세정 집진장치

풀이 유해가스는 습식인 세정 집진장치에 의해 제거된다.

43 슬러지 내의 수분 중 일반적으로 가장 많은 양을 차지하며 고형물질과 직접 결합해 있지 않기 때문에 농축 등의 방법으로 용이하게 분리할 수 있는 수분은 어느 것인가?

㉮ 간극수(간극모관결합수)
㉯ 모관결합수
㉰ 부착수
㉱ 내부수

풀이 ㉯ 모관결합수 : 미세한 슬러지 고형물의 입자 사이의 얇은 틈에 존재하는 수분
㉰ 부착수(표면부착수) : 콜로이드상 결합수로 수분제거가 용이하지 못하다.
㉱ 내부수 : 세포내부에 강하게 결합된 수분이다.

44 폐기물 소각 후 발생한 폐열의 회수를 위해 열교환기를 설치하였다. 다음 중 열교환기 종류가 아닌 것은 어느 것인가?

㉮ 과열기 　　㉯ 비열기
㉰ 재열기 　　㉱ 공기예열기

풀이 열교환기의 종류에는 과열기, 재열기, 절탄기(이코노마이저), 공기예열기가 있다.

answer 39 ㉯　40 ㉱　41 ㉯　42 ㉱　43 ㉮　44 ㉯

45 폐기물 발생량 산정법 중 직접 계근법의 단점으로 알맞은 것은 어느 것인가?

㉮ 밀도를 고려해야 한다.
㉯ 작업량이 많다.
㉰ 정확한 값을 알기 어렵다.
㉱ 폐기물의 성분을 알아야 한다.

[풀이] 직접 계근법의 단점은 작업량이 많고 번거롭다.

46 수분 및 고형물 함량 측정에 필요한 실험기구로 틀린 것은 어느 것인가?

㉮ 증발접시   ㉯ 전자저울
㉰ Jar-테스터 ㉱ 데시케이터

[풀이] ㉰ Jar-테스터는 응집 교반 시험이다.

47 퇴비화 공정에 대한 내용으로 알맞은 것은 어느 것인가?

㉮ 크기를 고르게 할 필요없이 발생된 그대로의 상태로 숙성시킨다.
㉯ 미생물을 사멸시키기 위해 최적온도는 90℃ 정도로 유지한다.
㉰ 충분히 물을 뿌려 수분을 100%에 가깝게 유지한다.
㉱ 소비된 산소의 보충을 위해 규칙적으로 교반한다.

[풀이] ㉮ 크기를 고르게 하여 숙성시킨다.
㉯ 미생물을 사멸시키기 위해 최적온도는 60~70℃ 정도로 유지한다.
㉰ 충분히 물을 뿌려 수분을 50~70%에 가깝게 유지한다.

48 폐기물처리에서 파쇄(shredding)의 목적으로 틀린 것은 어느 것인가?

㉮ 부식효과 억제
㉯ 겉보기 비중의 증가
㉰ 특정 성분의 분리
㉱ 고체물질간의 균일혼합효과

[풀이] ㉮ 부식효과 억제와는 관계없다.

49 화상위에서 쓰레기를 태우는 방식으로 플라스틱처럼 열에 열화, 용융되는 물질의 소각과 슬러지, 입자상물질의 소각에 적합하지만 체류시간이 길고 국부적으로 가열될 염려가 있는 소각로는 어느 것인가?

㉮ 고정상   ㉯ 화격자
㉰ 회전로   ㉱ 다단로

[풀이] ㉮ 고정상 소각로에 대한 설명으로 문제 내용 중 핵심인 플라스틱소각 = 고정상소각로임을 숙지하시면 됩니다.

50 다음 중 적환장의 위치로 틀린 것은 어느 것인가?

㉮ 수거지역의 무게중심에서 가능한 가까운 곳
㉯ 주요간선 도로에 멀리 떨어진 곳
㉰ 작업에 의한 환경피해가 최소인 곳
㉱ 적환장 설치 및 작업이 가장 경제적인 곳

[풀이] ㉯ 주요간선 도로와 가까운 곳

answer 45 ㉯ 46 ㉰ 47 ㉱ 48 ㉮ 49 ㉮ 50 ㉯

51 생활폐기물의 발생량을 표현하는데 사용하는 단위는 어느 것인가?

㉮ kg/인·일 ㉯ kL/인·일
㉰ m^3/인·일 ㉱ 톤/인·일

풀이 생활폐기물의 발생량은 하루에 한사람이 발생하는 양이므로 kg/인·일로 나타낸다.

52 폐기물 발생량 조사방법으로 틀린 것은 어느 것인가?

㉮ 적재차량 계수분석법
㉯ 원단위 계산법
㉰ 직접 계근법
㉱ 물질수지법

풀이 폐기물 발생량 조사방법에는 적재차량 계수분석법, 직접 계근법, 물질수지법이 있다.

53 메탄 8kg을 완전연소 시키는데 필요한 이론산소량(kg)은 얼마인가?

㉮ 16 kg ㉯ 32 kg
㉰ 48 kg ㉱ 64 kg

풀이 $CH_4 + 2O_2 \rightarrow CO_2 + 2H_2O$
16 kg : 2×32 kg
8 kg : 이론산소량(kg)
∴ 이론산소량 = $\frac{8\,kg \times 2 \times 32\,kg}{16\,kg}$ = 32 kg

54 소화 슬러지의 발생량은 투입량의 15%이고 함수율이 90%이다. 탈수기에서 함수율을 70%로 한다면 케이크의 부피(m^3)는 얼마인가? (단, 투입량은 150 kL 이다.)

㉮ 7.5 m^3 ㉯ 8.7 m^3
㉰ 9.5 m^3 ㉱ 10.7 m^3

풀이 $V_1 \times (100-P_1) = V_2 \times (100-P_2)$
$150\,m^3 \times 0.15 \times (100-90) = V_2 \times (100-70)$
∴ $V_2 = \frac{150\,m^3 \times 0.15 \times (100-90)}{(100-70)} = 7.5\,m^3$

TIP
① V_1은 투입량의 15%이므로 $V_1 = 150\,m^3 \times 0.15$
② kL = m^3

55 폐기물의 물리화학적 처리방법 중 용매추출에 사용되는 용매의 선택기준으로 알맞게 나열된 것은 어느 것인가?

┌─────────────────────────────┐
│ ㉠ 분배계수가 높아 선택성이 클 것 │
│ ㉡ 끓는점이 높아 회수성이 높을 것 │
│ ㉢ 물에 대한 용해도가 낮을 것 │
│ ㉣ 밀도가 물과 같을 것 │
└─────────────────────────────┘

㉮ ㉠, ㉡ ㉯ ㉠, ㉢
㉰ ㉡, ㉢ ㉱ ㉡, ㉣

풀이 ㉡ 끓는점이 낮아 회수성이 높을 것
㉣ 밀도가 물과 다를 것

answer 51 ㉮ 52 ㉯ 53 ㉯ 54 ㉮ 55 ㉯

56 귀의 구성 중 내이에 대한 내용으로 틀린 것은 어느 것인가?

㉮ 난원창은 이소골의 진동을 와우각중의 림프액에 전달하는 진동판이다.
㉯ 음의 전달 매질은 액체이다.
㉰ 달팽이관은 내부에 림프액이 들어있다.
㉱ 이관은 내이의 기압을 조정하는 역할을 한다.

[풀이] ㉱ 이관(유스타키오관)은 외이와 중이의 기압조정의 역할을 한다.

57 다공질 흡음재로 틀린 것은 어느 것인가?

㉮ 암면   ㉯ 비닐시트
㉰ 유리솜   ㉱ 폴리우레탄폼

[풀이] 다공질 흡음재료는 암면, 유리솜(유리섬유), 폴리우레탄폼, 발포수지재료(연속기포)가 있다.

58 흡음기구(吸音機構)에 의한 흡음재료를 분류한 것으로 볼 수 없는 것은 어느 것인가?

㉮ 다공질 흡음재료
㉯ 공명형 흡음재료
㉰ 판진동형 흡음재료
㉱ 반사형 흡음재료

[풀이] 흡음기구에 의한 흡음재료는 다공질 흡음재료, 공명형 흡음재료, 판진동형 흡음재료로 분류한다.

59 진동에 의한 장애는 어느 것인가?

㉮ 난청   ㉯ 중이염
㉰ 레이노씨 현상 ㉱ 피부염

[풀이] ㉰ 레이노씨 현상은 손가락의 말초혈관 운동의 장애로 인한 혈액 순환의 장애로 창백해지는 현상으로 국소진동에 의해 발생된다.

60 소음계의 기본구조 중 "측정하고자 하는 소음도가 지시계기의 범위내에 있도록 하기 위한 감쇠기"를 의미하는 것은 어느 것인가?

㉮ 증폭기
㉯ 마이크로폰
㉰ 동특성 조절기
㉱ 레벨레인지 변환기

[풀이] ㉱ 레벨레인지 변환기에 대한 설명이다.

answer 56 ㉱ 57 ㉯ 58 ㉱ 59 ㉰ 60 ㉱

2016 4회 과년도 기출문제

2016년 7월 10일 시행

01 연료가 완전 연소하기 위한 조건으로 틀린 것은 어느 것인가?

㉮ 공기의 공급이 충분해야 한다.
㉯ 연소용 공기를 예열하여 공급한다.
㉰ 공기와 연료의 혼합이 잘 되어야 한다.
㉱ 연소실 내의 온도를 낮게 유지해야 한다.

풀이 ㉱ 연소실 내의 온도를 높게 유지해야 한다.

02 열대 태평양 남미 해안으로부터 중태평양에 이르는 넓은 범위에서 해수면의 온도가 평균보다 0.5℃ 이상 높은 상태가 6개월 이상 지속되는 현상으로 스페인어로 아기예수를 의미하는 현상은 어느 것인가?

㉮ 라니냐현상   ㉯ 업웰링현상
㉰ 뢴트겐현상   ㉱ 엘니뇨현상

풀이 ① 엘니뇨현상 : 0.5℃ 이상 높은 상태, 아기예수
② 라니냐 현상 : 0.5℃ 이상 낮은 상태, 여자아이

03 대기환경보전법상 ( )에 들어갈 용어로 알맞은 것은 어느 것인가?

( )(이)란 연소할 때에 생기는 유리탄소가 응결하여 입자의 지름이 1미크론 이상이 되는 입자상물질을 말한다.

㉮ VOC   ㉯ 검댕
㉰ 콜로이드   ㉱ 1차 대기오염물질

풀이 ㉯ 검댕에 대한 설명이다.

04 200℃, 650mmHg 상태에서 100m³의 배출가스를 표준 상태로 환산(Sm³)하면 얼마인가?

㉮ $40.7\,Sm^3$ ㉯ $44.6\,Sm^3$
㉰ $49.4\,Sm^3$ ㉱ $98.8\,Sm^3$

풀이 배출가스량(Sm^3)
$= 100\,m^3(현재) \times \dfrac{273(표준)}{273+200(현재)} \times \dfrac{650\,mmHg(현재)}{760\,mmHg(표준)}$
$= 49.36\,Sm^3$

TIP
표준상태 $= 0℃, 760\,mmHg = Sm^3 = Nm^3$

05 중력집진장치에서 먼지의 침강속도 산정에 대한 내용으로 틀린 것은 어느 것인가?

㉮ 중력가속도에 비례한다.
㉯ 입경의 제곱에 비례한다.
㉰ 먼지와 가스의 비중차에 반비례한다.
㉱ 가스의 점도에 반비례한다.

풀이 ㉰ 먼지와 가스의 비중차에 비례한다.

answer 01 ㉱ 02 ㉱ 03 ㉯ 04 ㉰ 05 ㉰

06 대기상태에 따른 굴뚝 연기의 모양으로 알맞은 것은 어느 것인가?

㉮ 역전 상태 - 부채형
㉯ 매우 불안정 상태 - 원추형
㉰ 안정 상태 - 환상형
㉱ 상층 불안정, 하층 안정 상태 - 훈증형

풀이 대기 상태에 따른 굴뚝의 연기모양
㉯ 매우 불안정 상태 - 파상형(환상형)
㉰ 안정 상태 - 부채형
㉱ 상층 불안정, 하층 안정 상태 - 상승형(지붕형)

07 촉매산화법으로 악취물질을 함유한 가스를 산화분해하여 처리하고자 할 때 적합한 연소 온도 범위는 얼마인가?

㉮ 100~150℃ ㉯ 300~400℃
㉰ 650~800℃ ㉱ 850~1,000℃

풀이 적합한 연소온도
① 직접연소법 : 650~800℃
② 촉매산화법 : 300~400℃

08 내연기관, 폭약제조, 비료제조 등에서 발생되며 빛의 흡수가 현저하여 시정거리 단축의 원인으로 작용하는 대기오염물질은 어느 것인가?

㉮ SO_2 ㉯ NO_2
㉰ CO ㉱ NH_3

풀이 ㉯ 이산화질소(NO_2)에 대한 설명이다.

09 집진율이 각각 90%와 98%인 두 개의 집진장치를 직렬로 연결하였다. 1차 집진장치 입구의 먼지농도가 5.9g/m³일 경우, 2차 집진장치 출구에서 배출되는 먼지 농도(mg/m³)는 얼마인가?

㉮ $11.8\,mg/m^3$ ㉯ $15.7\,mg/m^3$
㉰ $18.3\,mg/m^3$ ㉱ $21.\,mg/m^3$

풀이
① $\eta_T = 1-(1-\eta_1)\times(1-\eta_2)$
$= 1-(1-0.90)\times(1-0.98)$
$= 0.998$

② $\eta_T = \left(1 - \dfrac{출구의\ 먼지농도}{입구의\ 먼지농도}\right)$

$0.998 = 1 - \dfrac{출구의\ 먼지농도}{5.9\,g/m^3}$

∴ 출구의 먼지농도 $= 5.9\,g/m^3 \times (1-0.998)$
$= 0.0118\,g/m^3 = 11.8\,mg/m^3$

10 유해가스 처리장치로 부적합한 것은 어느 것인가?

㉮ 충전탑
㉯ 분무탑
㉰ 벤츄리형 세정기
㉱ 중력 집진장치

풀이 ㉱ 중력 집진장치는 유해 입자를 제거하는 장치이다.

TIP
유해가스는 세정액을 사용하는 습식장치에 의해서만 제거된다.

answer 06 ㉮ 07 ㉯ 08 ㉯ 09 ㉮ 10 ㉱

11 그림과 같은 집진원리를 갖는 집진장치는 어느 것인가?

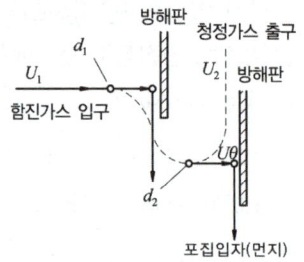

㉮ 중력집진장치 ㉯ 관성력집진장치
㉰ 전기집진장치 ㉱ 음파집진장치

> 풀이 함진가스를 방해판에 충돌시켜 기류의 방향전환을 통해 관성력에 의해 입자를 분리 포집하는 관성력 집진장치의 그림이다.

12 비행기나 자동차에 사용되는 휘발유의 옥탄가를 높이기 위하여 사용되며, 차량에 의한 대기오염물질인 유기연(organic lead)은 어느 것인가?

㉮ 염기성 탄산납 ㉯ 3산화납
㉰ 4에틸납   ㉱ 아질산납

> 풀이 휘발유의 옥탄가를 높이기 위하여 4에틸납을 사용한다.

13 흡착법에 대한 내용으로 틀린 것은 어느 것인가?

㉮ 물리적 흡착은 Van der Waals 흡착이라고도 한다.
㉯ 물리적 흡착은 낮은 온도에서 흡착량이 많다.
㉰ 화학적 흡착인 경우 흡착과정이 주로 가역적이며 흡착제의 재생이 용이하다.
㉱ 흡착제의 단위질량당 표면적이 큰 것이 좋다.

> 풀이 ㉰ 화학적 흡착인 경우 흡착과정이 주로 비가역적이며 흡착제의 재생이 용이하지 못하다.

14 호흡으로 인체에 유입되어 폐 질환을 유발하는 호흡성 먼지의 크기(μm)는 얼마인가?

㉮ 0.5~1.0 μm ㉯ 10.0~50.0 μm
㉰ 50.0~100 μm ㉱ 100~500 μm

> 풀이 폐 질환을 유발하는 호흡성 먼지의 크기는 0.5~1.0 μm이다.

15 수당량이 2,500cal/℃인 봄베열량계를 사용하여 시료 2.3g을 10cm 퓨즈로 연소시켰다. 평형온도는 연소 전 21.31℃에서 연소 후 23.61℃일 때 발열량(cal/g)은 얼마인가?
(단, 퓨즈의 연소열은 2.3cal/cm이다.)

$$Q = \frac{\text{수당량} \times \text{온도 상승값} - \text{퓨즈의 연소열}}{\text{시료의 질량}}$$

㉮ 2,470 cal/g   ㉯ 2,480 cal/g
㉰ 2,490 cal/g   ㉱ 2,500 cal/g

> 풀이 발열량(cal/g)
> $= \dfrac{\text{수당량}(cal/℃) \times \text{온도 상승값}(℃) - \text{퓨즈의 연소실}(cal)}{\text{시료의 질량}(g)}$
> $= \dfrac{2,500 cal/℃ \times (23.61 - 21.31)℃ - 2.3 cal/cm \times 10 cm}{2.3 g}$
> $= 2,490 cal/g$

answer 11 ㉯ 12 ㉰ 13 ㉰ 14 ㉮ 15 ㉰

16 폐수처리공정에서 최적 응집제 투입량을 결정하기 위한 쟈-테스트(jar test)에 대한 내용으로 알맞은 것은 어느 것인가?

㉮ 응집제 투입량 대 상징수의 SS 잔류량을 측정하여 최적 응집제 투입량을 결정
㉯ 응집제 투입량 대 상징수의 알칼리도를 측정하여 최적 응집제 투입량을 결정
㉰ 응집제 투입량 대 상징수의 용존산소를 측정하여 최적 응집제 투입량을 결정
㉱ 응집제 투입량 대 상징수의 대장균군수를 측정하여 최적 응집제 투입량을 결정

풀이 쟈-테스트는 응집제 투입량 대 상징수의 SS 잔류량을 측정하여 최적 응집제 투입량을 결정하는 실험이다.

17 인체에 만성 중독증상으로 카네미유증을 발생시키는 유해물질은 어느 것인가?

㉮ PCB   ㉯ 망간(Mn)
㉰ 비소(As)   ㉱ 카드뮴(Cd)

풀이 카네미유증은 PCB(폴리클로리네이티드비페닐)에 의해 발생하는 질환이다.

18 산도(acidity)나 경도(hardness)는 무엇으로 환산하는가?

㉮ 탄산칼슘
㉯ 탄산나트륨
㉰ 탄화수소나트륨
㉱ 수산화나트륨

풀이 경도나 산도 및 알칼리도는 탄산칼슘($CaCO_3$)으로 환산한다.

19 폐수량 700m³/일, 유입되는 폐수의 오탁물 농도 700mg/L, 침전지로부터 유출되는 처리수의 오탁물 농도는 70mg/L이었다. 발생된 슬러지의 함수율이 98%일 때 제거되는 슬러지량(m³/day)은 얼마인가? (단, 슬러지 비중은 1.0 이다.)

㉮ 11.7m³/day   ㉯ 14.7m³/day
㉰ 22.1m³/day   ㉱ 29.4m³/day

풀이 제거 슬러지량 (m³/day)
$$= \frac{(\text{유입농도}-\text{유출농도})(kg/m^3) \times \text{폐수량}(m^3/day)}{\text{비중량}(kg/m^3)}$$
$$\times \frac{100}{100-\text{함수율}(\%)}$$
$$= \frac{(0.7-0.07)kg/m^3 \times 700m^3/day}{1,000kg/m^3} \times \frac{100}{100-98\%}$$
$$= 22.05 \, m^3/day$$

TIP
① $mg/L \xrightarrow{\times 10^{-3}} kg/m^3$
② 비중 $\xrightarrow{\times 10^3}$ 비중량(kg/m^3)
③ 비중 $1.0 = 1,000 kg/m^3$

20 스톡스 법칙에 따라 침전하는 구형입자의 침전속도는 입자직경(d)과 어떤 관계가 있는가?

㉮ $d^{1/2}$에 비례   ㉯ d에 비례
㉰ d에 반비례   ㉱ d^2에 비례

풀이 스톡스 법칙
$$Vs = \frac{d^2(\rho_s - \rho_w)g}{18\mu}$$
여기서, Vs : 침전속도   d : 직경
ρ_s : 입자의 밀도 ρ_w : 물의 밀도
g : 중력가속도 μ : 점성계수
따라서, 침전속도(Vs)는 입자직경(d)의 제곱에 비례한다.

answer 16 ㉮ 17 ㉮ 18 ㉮ 19 ㉰ 20 ㉱

21 급속여과와 비교한 완속여과의 장점으로 알맞은 것은 어느 것인가?

㉮ 비침전성 floc의 제거에 쓰인다.
㉯ 여과속도는 100~200m/day이다.
㉰ 여층이 얇고 역세척 설비를 갖추고 있다.
㉱ 세균 제거가 효과적이다.

풀이 ㉮ ㉯ ㉰는 급속여과에 대한 설명이다.

22 질소, 인 등이 강이나 호수에 지나치게 유입될 때 발생할 수 있는 현상은 무엇인가?

㉮ 빈영양화   ㉯ 저영양화
㉰ 산영양화   ㉱ 부영양화

풀이 ㉱ 부영양화에 대한 설명이다.

23 120ppm의 NaCl의 농도(M)는 얼마인가? (단, 원자량은 Na : 23, Cl : 35.5이다.)

㉮ 0.0015 M   ㉯ 0.0017 M
㉰ 0.0021 M   ㉱ 0.01 M

풀이 $\text{mol/L} = \frac{120\,\text{mg}}{\text{L}} \times \frac{1\,\text{g}}{10^3\,\text{mg}} \times \frac{1\,\text{mol}}{58.5\,\text{g}}$
$= 0.00205\,\text{mol/L}$

TIP
① M 농도의 단위는 mol/L
② ppm의 단위는 mg/L
③ 1 mol=분자량(g)
④ NaCl의 분자량 = 23+35.5 = 58.5 g

24 수처리 시 사용되는 응집제의 종류가 아닌 것은 어느 것인가?

㉮ PAC   ㉯ 소석회
㉰ 입상활성탄   ㉱ 염화제2철

풀이 ㉰ 입상활성탄은 흡착제이다.

25 활성슬러지법에서 MLSS(Mixed Liquor Suspended Solids)가 의미하는 것은 무엇인가?

㉮ 포기조 혼합액 중의 부유물질
㉯ 처리장 유입폐수 중의 부유물질
㉰ 유입폐수 중의 여과된 물질
㉱ 처리장 방류폐수 중의 부유물질

풀이 활성슬러지법에서 MLSS는 포기조 혼합액 중의 부유물질이다.

26 유기물과 무기물의 함량이 각각 80%, 20%인 슬러지를 소화 처리한 후 유기물과 무기물의 함량이 모두 50%로 되었을 때 소화율(%)은 얼마인가?

㉮ 50%   ㉯ 67%
㉰ 75%   ㉱ 83%

풀이 $\text{소화율}(\%) = \left\{1 - \frac{\text{소화후}(\text{VS/FS})}{\text{소화전}(\text{VS/FS})}\right\} \times 100$
$= \left\{1 - \frac{50\%/50\%}{80\%/20\%}\right\} \times 100 = 75\%$

answer 21 ㉱ 22 ㉱ 23 ㉰ 24 ㉰ 25 ㉮ 26 ㉰

27 부상법의 종류로 틀린 것은 어느 것인가?

㉮ 용존공기부상법 ㉯ 침전부상법
㉰ 공기부상법 ㉱ 진공부상법

▶ 풀이 부상법의 종류에는 용존공기부상법, 공기부상법, 진공부상법이 있다.

TIP

① $mm \xrightarrow{\times 10^{-1}} cm$

② $10^{-2} mm \times 10^{-1} = 10^{-3} cm$

28 독성이 있는 6가를 독성이 없는 3가로 pH 2~4에서 환원시키고, 다시 3가를 pH 8.0~8.5에서 침전시켜 처리하는 폐수는 어느 것인가?

㉮ 납함유 폐수 ㉯ 비소함유 폐수
㉰ 크롬함유 폐수 ㉱ 카드뮴함유 폐수

▶ 풀이 ㉰ 크롬함유 폐수에 대한 설명이다.

29 침사지에서 지름 10^{-2}mm이고, 비중이 2.65인 모래 입자가 20°C인 물속에서 침전하는 속도(cm/s)는 얼마인가? (단, Stoke's 법칙에 따르며, 물의 밀도 1g/cm³, 물의 점성계수 0.01g/cm·s이다.)

㉮ 8.98×10^{-2} ㉯ 8.98×10^{-3}
㉰ 9.34×10^{-2} ㉱ 9.34×10^{-3}

▶ 풀이
$$V_s = \frac{d^2(\rho_s - \rho_w)g}{18\mu}$$

여기서 V_s : 침전속도(cm/sec)
  d : 직경(cm)
  ρ_s : 입자의 밀도(g/cm³)
  ρ_w : 물의 밀도(g/cm³)
  g : 중력가속도(980 cm/sec²)
  μ : 점성계수(g/cm·sec)

따라서
$$V_s = \frac{(10^{-3}cm)^2 \times (2.65-1.0)g/cm^3 \times 980 cm/sec^2}{18 \times 0.01 g/cm \cdot sec}$$
$= 8.98 \times 10^{-3}$ cm/sec

30 산업폐수에 대한 일반적인 내용으로 틀린 것은 어느 것인가?

㉮ 주로 악성폐수가 많다.
㉯ 업종 및 생산방식에 따라 수질이 거의 일정하다.
㉰ 중금속 등의 오염물질 함량이 생활하수에 비해 높다.
㉱ 같은 업종 일지라도 생산 규모에 따라 배수량이 달라진다.

▶ 풀이 ㉯ 업종 및 생산방식에 따라 수질이 다양하다.

31 염소주입 시 물속의 오염물을 산화시키고 처리수에 남아있는 염소의 양을 무엇이라 하는가?

㉮ 잔류 염소량 ㉯ 염소 요구량
㉰ 투입 염소량 ㉱ 파괴 염소량

▶ 풀이 남아있는 염소량은 잔류 염소량을 의미한다.

32 에탄올(C_2H_5OH)의 완전산화 시 ThOD/TOC의 비는 얼마인가?

㉮ 1.92 ㉯ 2.67
㉰ 3.31 ㉱ 4

▶ 풀이 $C_2H_5OH + 3O_2 \rightarrow 2CO_2 + 3H_2O$

---

answer 27 ㉯ 28 ㉰ 29 ㉯ 30 ㉯ 31 ㉮ 32 ㉱

$$\frac{ThOD}{TOC} = \frac{3 \times 32g}{2 \times 12g} = 4$$

> **TIP**
> ① ThOD = 산소량
> ② TOC = 유기물 중의 탄소량

33 표준활성슬러지법으로 폐수를 처리하는 경우 F/M비(kgBOD/kgSS·day)의 적정한 범위로 알맞은 것은 어느 것인가?

㉮ 0.02~0.04 ㉯ 0.2~0.4
㉰ 2~4 ㉱ 4~8

▶ 풀이 표준활성슬러지법으로 폐수를 처리하는 경우 F/M비는 0.2~0.4/day이다.

34 지하수의 일반적인 특징으로 틀린 것은 어느 것인가?

㉮ 유속이 느리다.
㉯ 세균에 의한 유기물 분해가 주된 생물작용이다.
㉰ 연중 수온이 거의 일정하다.
㉱ 국지적인 환경조건의 영향을 적게 받는다.

▶ 풀이 ㉱ 국지적인 환경조건의 영향을 크게 받는다.

35 하수의 고도처리를 위한 A_2/O 공법의 조구성으로 틀린 것은 어느 것인가?

㉮ 혐기조 ㉯ 혼합조
㉰ 포기조 ㉱ 무산소조

▶ 풀이 A_2/O 공법은 혐기조(인의 방출), 무산소조(탈질작용), 포기조(인의 과잉흡수 및 질산화)로 구성되어 있다.

36 퇴비화의 장점으로 틀린 것은 어느 것인가?

㉮ 초기 시설투자비가 낮다.
㉯ 비료로서의 가치가 뛰어나다.
㉰ 토양개량제로 사용가능하다.
㉱ 운영시 소요되는 에너지가 낮다.

▶ 풀이 ㉯ 비료로서의 가치가 낮다.

37 우수 침투방지와 매립지 상부의 식재를 위해 최종 복토를 할 경우 매립 두께(cm)는 얼마인가?

㉮ 10~30 cm ㉯ 30~60 cm
㉰ 60~90 cm ㉱ 90~120 cm

▶ 풀이 복토시 매립두께
① 당일복토 : 15cm 이상
② 중간복토 : 30cm 이상
③ 최종복토 : 60cm 이상

38 화격자 소각로에 대한 내용으로 틀린 것은 어느 것인가?

㉮ 연속적인 소각과 배출이 가능하다.
㉯ 화격자는 주입된 폐기물을 이동시켜 적절히 연소되게 하고, 화격자 사이로 공기가 유통되도록 한다.
㉰ 플라스틱과 같이 열에 쉽게 용융되는 물질의 연소에 적합하다.
㉱ 수분이 많거나 발열량이 낮은 폐기물도 소각시킬 수 있다.

▶ 풀이 ㉰ 플라스틱과 같이 열에 쉽게 용융되는 물질의 연소에 적합한 소각로는 고정상 소각로이다.

answer 33 ㉯ 34 ㉱ 35 ㉯ 36 ㉯ 37 ㉰ 38 ㉰

39 우리나라 수거분뇨의 pH는 대략 어느 범위에 속하는가?

㉮ 1.0~2.5 ㉯ 4.0~5.5
㉰ 7.0~8.5 ㉱ 10~12

▶풀이 우리나라 수거분뇨의 pH는 대략 7.0~8.5 범위이다.

40 슬러지나 폐기물을 토지주입 시 중금속류의 성질에 대한 내용으로 틀린 것은 어느 것인가?

㉮ Cr : Cr^{+3}은 거의 불용성으로 토양내에서 존재한다.
㉯ Pb : 토양내에 침전되어 있어 작물에 거의 흡수되지 않는다.
㉰ Hg : 토양내에서 활성도가 커 작물에 의한 흡수가 용이하고, 강우에 의해 쉽게 지표로 용해되어 나온다.
㉱ Zn : 모래를 제외한 대부분의 토양에 영구적으로 흡착되나 보통 Cu나 Ni보다 장기간 용해상태로 존재한다.

▶풀이 ㉰ Hg : 토양내에서 활성도가 작아 작물에 의한 흡수가 용이하지 못하고, 강우에 의해 쉽게 지표로 용해되어 나오지 못한다.

41 밀도가 $1g/cm^3$인 폐기물 10kg에 고형화 재료 2kg을 첨가하여 고형화시켰더니 밀도가 $1.2g/cm^3$로 증가했다. 이 경우 부피변화율은 얼마인가?

㉮ 0.7 ㉯ 0.8
㉰ 0.9 ㉱ 1.0

▶풀이 부피변화율(VCF) $= (1+MR) \times \dfrac{\rho_1}{\rho_2}$

여기서
$MR = \dfrac{첨가제의\ 질량}{폐기물의\ 질량} = \dfrac{2kg}{10kg} = 0.2$
ρ_1 : 고화처리 전 폐기물의 밀도
ρ_2 : 고화처리 후 폐기물의 밀도
따라서 부피변화율
$= (1+0.2) \times \dfrac{1.0g/cm^3}{1.2g/cm^3} = 1.0$

42 폐기물 발생량 조사방법으로 틀린 것은 어느 것인가?

㉮ 적재차량 계수분석법
㉯ 직접 계근법
㉰ 물질성상분석법
㉱ 물질 수지법

▶풀이 폐기물의 발생량
① 예측방법 : 다중회귀모델, 동적모사모델, 경향모델
② 조사방법 : 물질수지법, 직접계근법, 적재차량 계수분석법, 통계조사법

43 소각로 내의 화상 위에서 폐기물을 태우는 방식으로 플라스틱과 같이 열에 의해 용융되는 물질의 소각에 적당하나 연소효율이 나쁘고 체류시간이 길고 교반력이 약하여 국부적으로 가열될 염려가 있는 소각로 형식으로 알맞은 것은 어느 것인가?

㉮ 액체 주입형 소각로
㉯ 고정상 소각로
㉰ 유동상 소각로
㉱ 열분해 용융 소각로

[풀이] ㉯ 고정상 소각로에 대한 설명으로 내용 중 핵심인 플라스틱 소각 = 고정상소각로임을 숙지하시면 됩니다.

44 폐기물이 발생되어 최종 처분되기까지 폐기물 관리에 관련되는 활동 중 작은 수거 차량으로부터 큰 운반 차량으로 폐기물을 옮겨 싣거나, 수거된 폐기물을 최종 처분장까지 장거리 수송하는 기능 요소는 어느 것인가?

㉮ 발생
㉯ 적환 및 운송
㉰ 처리 및 회수
㉱ 최종 처분

[풀이] ㉯ 적환 및 운송에 대한 설명이다.

45 매립지에서 복토를 하는 목적으로 틀린 것은 어느 것인가?

㉮ 악취 발생 억제
㉯ 쓰레기 비산 방지
㉰ 화재 방지
㉱ 식물 성장 방지

[풀이] 복토의 목적으로는 우수의 침투방지, 쓰레기 비산 방지, 화재 예방, 유해곤충이나 해충의 서식 방지, 악취방지 등이 있다.

46 유해폐기물 침출수 처리 중 펜턴처리에 사용되는 약품으로 알맞은 것은 어느 것인가?

㉮ $Pt + Ca(OH)_2$
㉯ $Hg + Na_2SO_4$
㉰ $NaCl + NaOH$
㉱ $Fe + H_2O_2$

[풀이] 펜턴시약으로는 과산화수소(H_2O_2)와 촉매로 철염(황산제1철)이 있다.

47 밀도가 0.8ton/m³인 쓰레기 1,000m³를 적재용량 4ton인 차량으로 운반한다면 필요 차량 수는 얼마인가?

㉮ 100대   ㉯ 150대
㉰ 200대   ㉱ 250대

[풀이]
$$차량수 = \frac{쓰레기량(ton)}{적재용량(ton)}$$
$$= \frac{1,000m^3 \times 0.8ton/m^3}{4ton/대} = 200대$$

48 건조 고형물의 함량이 15%인 슬러지를 건조시켜 얻은 고형물 중 회분이 25% 휘발분이 75%라고 할 때 슬러지의 비중은 얼마인가? (단, 수분, 회분, 휘발분의 비중은 1.0, 2.0, 1.2 이다.)

㉮ 1.01   ㉯ 1.04
㉰ 1.09   ㉱ 1.13

[풀이]
$$\frac{1}{슬러지 비중} = \frac{유기물 함량}{유기물 비중} + \frac{무기물 함량}{무기물 비중} + \frac{수분의 함량}{수분의 비중}$$
$$= \frac{0.15 \times 0.75}{1.2} + \frac{0.15 \times 0.25}{2.0} + \frac{0.85}{1.0}$$
$$= 0.9625$$

따라서 슬러지 비중 = $\frac{1}{0.9625} = 1.04$

answer 43 ㉯ 44 ㉯ 45 ㉱ 46 ㉱ 47 ㉰ 48 ㉯

> **TIP**
> ① 유기물(VS) = 휘발분 = 75%
> ② 무기물(FS)
> = 회분 = 100 − 유기물(%) = 100 − 75% = 25%
> ③ 수분(P) = 100 − 고형물(%) = 100 − 15% = 85%

49 황화수소 $1Sm^3$의 이론연소 공기량(Sm^3)은 얼마인가? (단, 표준상태 기준, 황화수소는 완전연소되어, 물과 아황산가스로 변화된다.)

㉮ $5.6\,Sm^3$ ㉯ $7.1\,Sm^3$
㉰ $8.7\,Sm^3$ ㉱ $9.3\,Sm^3$

> **풀이** $H_2S + 1.5O_2 \rightarrow SO_2 + H_2O$
> 이론공기량(A_o)
> = 산소갯수 × $\dfrac{1}{0.21}$ = $1.5\,Sm^3/Sm^3$ × $\dfrac{1}{0.21}$
> = $7.14\,Sm^3/Sm^3$

> **TIP**
> Sm^3/Sm^3 = 부피비 = 갯수비

50 쓰레기 발생량과 성상에 영향을 미치는 요인에 대한 내용으로 틀린 것은 어느 것인가?

㉮ 수집빈도가 높을수록, 그리고 쓰레기통이 클수록 발생량이 감소하는 경향이 있다.
㉯ 일반적으로 도시의 규모가 커질수록 쓰레기 발생량이 증가한다.
㉰ 쓰레기 관련 법규는 쓰레기 발생량에 매우 중요한 영향을 미친다.
㉱ 대체로 생활수준이 증가하면 쓰레기 발생량도 증가하며 다양화된다.

> **풀이** ㉮ 수집빈도가 높을수록, 그리고 쓰레기통이 클수록 발생량이 증가하는 경향이 있다.

51 폐기물 수거노선을 결정할 때 고려 사항으로 틀린 것은 어느 것인가?

㉮ 가능한 한 시계방향으로 수거노선을 정한다.
㉯ 출발점은 차고지와 가깝게 한다.
㉰ 수거인원 및 차량형식이 같은 기존 시스템의 조건들을 서로 관련시킨다.
㉱ 쓰레기 발생량이 가장 많은 곳을 하루 중 가장 나중에 수거한다.

> **풀이** ㉱ 쓰레기 발생량이 가장 많은 곳을 하루 중 가장 먼저 수거한다.

52 폐기물 압축의 목적으로 틀린 것은 어느 것인가?

㉮ 물질회수 전처리 ㉯ 부피 감소
㉰ 운반비 감소 ㉱ 매립지 수명 연장

> **풀이** ㉮ 물질회수 전처리는 파쇄공정이다.

53 발생된 폐기물을 유용하게 사용하기 위한 에너지 회수 방법에 대한 내용으로 틀린 것은 어느 것인가?

㉮ 열량이 높고 함수율이 낮은 폐기물 고체연료(RDF)를 생산한다.
㉯ 가연성 폐기물을 장기간 호기성 소화시켜 메탄가스를 생산한다.
㉰ 폐기물을 열분해시켜 재사용이 가능한 가스나 액체를 생산한다.

answer 49 ㉯ 50 ㉮ 51 ㉱ 52 ㉮ 53 ㉯

㉣ 쓰레기 소각장에서 발생한 폐열을 실내 수영장에 이용한다.

풀이 ㉯ 가연성 폐기물을 장기간 혐기성 소화시켜 메탄가스를 생산한다.

54 일반적인 폐기물의 위생매립 공법으로 틀린 것은 어느 것인가?

㉮ 도랑식(Trench method)
㉯ 지역식(Area method)
㉰ 경사식(Slope or Ramp method)
㉣ 혐기식(Anaerobic method)

풀이 위생매립공법으로는 도랑식, 지역식, 경사식 등이 있다.

55 쓰레기 적환장을 설치하기에 가장 적합한 경우는 어느 것인가?

㉮ 산업폐기물과 같이 유해성이 큰 경우
㉯ 인구밀도가 높은 지역을 수집하는 경우
㉰ 음식물 쓰레기와 같이 부패성이 있는 경우
㉣ 처분장이 멀어 소형차량 수송이 비경제적인 경우

풀이 적환장의 필요성
① 폐기물 수집장소와 처분장소가 멀리 떨어져 있는 경우
② 소용량 수집차량이 사용되는 경우
③ 상업지역에서 폐기물 수집에 소형용기를 사용하는 경우
④ 불법투기와 다량의 어질러진 쓰레기들이 발생하는 경우
⑤ 슬러지 수송이나 공기수송 방식을 사용할 때
⑥ 저밀도 주거지역이 존재하는 경우
⑦ 작은 규모의 주택들이 밀집되어 있을 때

56 음압과 음압레벨에 대한 내용으로 틀린 것은 어느 것인가?

㉮ 음원이 존재할 때, 이 음을 전달하는 물질의 압력변화 부분을 음압이라 한다.
㉯ 음압의 단위는 압력의 단위인 Pa(파스칼)($1\text{Pa} = 1\text{N}/\text{m}^2$)이다.
㉰ 가청음압의 범위는 정적 공기압력과 비교하여 200~2,000Pa이다.
㉣ 인간의 귀는 전형적이 아니라 대수적으로 반응하므로 음압측정 시에는 Pa단위를 직접 사용하지 않고 dB단위를 사용한다.

57 흡음재료의 선택 및 사용상의 유의점에 대한 내용으로 틀린 것은 어느 것인가?

㉮ 벽면 부착 시 한 곳에 집중시키기 보다는 전체 내벽에 분산시켜 부착한다.
㉯ 흡음재는 전면을 접착재로 부착하는 것보다는 못으로 시공하는 것이 좋다.
㉰ 다공질재료는 산란하기 쉬우므로 표면에 얇은 직물로 피복하는 것이 바람직하다.
㉣ 다공질 재료의 흡음률을 높이기 위해 표면에 종이를 바르는 것이 권장되고 있다.

풀이 ㉣ 다공질 재료의 흡음률을 높이기 위해 표면에 종이를 바르는 것은 피해야 한다.

answer 54 ㉣ 55 ㉣ 56 ㉰ 57 ㉣

58 각각 음향파워레벨이 89dB, 91dB, 95dB 인 음의 평균 파워레벨(dB)은 얼마인가?

㉮ 92.4dB ㉯ 95.5dB
㉰ 97.2dB ㉱ 101.7dB

풀이
$$L = 10\log\left\{\frac{1}{n}\left(10^{\frac{L_1}{10}} + 10^{\frac{L_2}{10}} + 10^{\frac{L_3}{10}}\right)\right\}$$
$$= 10\log\left\{\frac{1}{3} \times \left(10^{\frac{89}{10}} + 10^{\frac{91}{10}} + 10^{\frac{95}{10}}\right)\right\}$$
$$= 92.40\,\text{dB}$$

59 소음계의 성능기준으로 가장 틀린 것은 어느 것인가?

㉮ 레벨레인지 변환기의 전환오차는 5dB 이내이어야 한다.
㉯ 측정가능 주파수 범위는 31.5 Hz~8 kHz 이상이어야 한다.
㉰ 측정가능 소음도 범위는 35~130dB 이상이어야 한다.
㉱ 지시계기의 눈금오차는 0.5dB 이내이어야 한다.

풀이 ㉮ 레벨레인지 변환기의 전환오차는 0.5dB 이내이어야 한다.

60 일정한 장소에 고정되어 있어 소음 발생 시간이 지속적이고 시간에 따른 변화가 없는 소음은 어느 것인가?

㉮ 공장 소음 ㉯ 교통 소음
㉰ 항공기 소음 ㉱ 궤도 소음

풀이 ㉮ 공장 소음에 대한 설명이다.

answer 58 ㉮ 59 ㉮ 60 ㉮

2016 5회 기출복원 문제

2016년 10월 1일 시행

01 다음 중 일반적으로 배기가스의 입구처리속도가 증가하면 제거효율이 커지며, 블로다운 효과와 관련된 집진장치는?

㉮ 중력집진장치 ㉯ 원심력집진장치
㉰ 전기집진장치 ㉱ 여과집진장치

풀이 블로다운 효과는 원심력집진장치에서 효율을 증가시키는 방법이다.

02 황화수소 $1Sm^3$의 이론연소 공기량(Sm^3)은 얼마인가? (단, 표준상태 기준, 황화수소는 완전연소되어, 물과 아황산가스로 변화된다.)

㉮ $5.6\,Sm^3$ ㉯ $7.1\,Sm^3$
㉰ $8.7\,Sm^3$ ㉱ $9.3\,Sm^3$

풀이 $H_2S + 1.5O_2 \rightarrow SO_2 + H_2O$
이론공기량(A_o)
$= 산소갯수 \times \dfrac{1}{0.21} = 1.5\,Sm^3/Sm^3 \times \dfrac{1}{0.21}$
$= 7.14\,Sm^3/Sm^3$

TIP
① Sm^3/Sm^3 = 부피비 = 갯수비
② $A_o(Sm^3/Sm^3)$ = 이론산소량(Sm^3/Sm^3)$\times \dfrac{1}{0.21}$
③ $A_o(kg/kg)$ = 이론산소량(kg/kg)$\times \dfrac{1}{0.232}$

03 후드(hood)는 여러 가지 생산공정에서 발생되는 열이나 대기오염물질을 함유하는 공기를 포획하여 환기시키는 장치이다. 이러한 후드의 형식(종류)에 해당하지 않는 것은?

㉮ 배기형 후드   ㉯ 포위형 후드
㉰ 수형 후드   ㉱ 포집형 후드

풀이 후드의 형식에는 포위형 후드, 포집형 후드, 외부형 후드, 수형 후드가 있다.

04 A도시 쓰레기 성분 중 안타는 성분이 중량비로 약 60% 차지하였다. 지금 밀도가 400kg/m³인 쓰레기가 8m³ 있을 때 타는 성분 물질의 양(ton)은 얼마인가?

㉮ 1.28ton   ㉯ 1.92ton
㉰ 3.2ton   ㉱ 19.2ton

풀이 타는 성분 물질의 양(ton)
= 쓰레기의 양(m³)×밀도(ton/m³)
$\times \dfrac{100-안타는\ 물질의\ 중량비}{100}$
= 8m³×0.4ton/m³×(1-0.60) = 1.28ton

TIP
① 타는 성분 물질 = 가연성 물질
② 안타는 성분 물질 = 불연성 물질

answer 01 ㉯ 02 ㉯ 03 ㉮ 04 ㉮

05 아래에서 설명하는 오염물질은 어느 것인가?

> 아연과 성질이 유사한 금속으로 아연 제련의 부산물로 발생하며, 일반적으로 합금용 첨가제나 충전식 전지에도 사용되고, 이따이이따이병의 원인물질로 잘 알려져 있다.

㉮ 비소 ㉯ 크롬
㉰ 시안 ㉱ 카드뮴

풀이 ㉱ 카드뮴(Cd)에 대한 설명으로 내용의 핵심인 이따이이따이병 = 카드뮴임을 숙지하시면 됩니다.

06 폐수처리에서 여과공정에 사용되는 여재로 틀린 것은 어느 것인가?

㉮ 모래 ㉯ 무연탄
㉰ 규조토 ㉱ 유리

풀이 여과공정에 사용되는 여재로는 모래, 무연탄, 규조토 등이 사용된다.

07 활성슬러지공법의 폐수처리장 포기조에서 요구되는 공기공급량이 28.3m³/kg BOD이다. 포기조내 평균유입 BOD가 150mg/L, 포기조로의 유입유량이 7,570m³/day일 때 공급해야 할 공기량(m³/min)은 얼마인가?

㉮ 70.8m³/min ㉯ 48.1m³/min
㉰ 31.1m³/min ㉱ 22.3m³/min

풀이 공급공기량(m³/min)

$$= \frac{공기공급량(m^3)}{BOD 량(kg)} \times \frac{BOD 농도(kg)}{(m^3)} \times \frac{유입유량(m^3)}{(min)}$$

$$= \frac{28.3m^3}{kg} \times \frac{0.15kg}{m^3} \times \frac{7,570m^3}{day} \times \frac{1day}{24hr} \times \frac{1hr}{60min}$$

$$= 22.32 m^3/min$$

TIP
① mg/L $\xrightarrow{\times 10^{-3}}$ kg/m³
② BOD 150mg/L = BOD 0.15kg/m³

08 3kg의 박테리아($C_5H_7O_2N$)를 완전히 산화시키려고 할 때 필요한 산소의 양(kg)은 얼마인가? (단, 질소는 모두 암모니아로 무기화된다.)

㉮ 4.25kg ㉯ 3.47kg
㉰ 2.14kg ㉱ 1.42kg

풀이 $C_5H_7O_2N + 5O_2 \rightarrow 5CO_2 + 2H_2O + NH_3$
113kg : 5×32kg
3kg : X

따라서 $X = \frac{5 \times 32kg \times 3kg}{113kg} = 4.25kg$

09 액화천연가스의 주성분은?

㉮ 나프타 ㉯ 메탄
㉰ 부탄 ㉱ 프로판

풀이 액화천연가스(LNG)의 주성분은 메탄(CH_4)이며, 액화석유가스(LPG)의 주성분은 프로판(C_3H_8)과 부탄(C_4H_{10})이다.

answer 05 ㉱ 06 ㉱ 07 ㉱ 08 ㉮ 09 ㉯

10 다음 중 대기권에 대한 내용으로 알맞은 것은 어느 것인가?

㉮ 대류권에서는 고도 1km 상승에 따라 약 9.8℃ 높아진다.
㉯ 대류권의 높이는 계절이나 위도에 관계없이 일정하다.
㉰ 성층권에서는 고도가 높아짐에 따라 기온이 내려간다.
㉱ 성층권에는 지상 20~30km 사이에 오존층이 존재한다.

풀이 ㉮ 대류권에서는 고도 1km 상승에 따라 약 9.8℃ 낮아진다.
㉯ 대류권의 높이는 계절이나 위도에 따라 다르다.
㉰ 성층권에서는 고도가 높아짐에 따라 기온이 상승한다.

11 상온에서 무색투명하며 일반적으로 불쾌한 자극성 냄새를 내는 액체이며, 끓는점은 46.45℃(760mmHg)이며, 인화점은 -30℃ 정도인 것은?

㉮ SO_2 ㉯ HF
㉰ Cl_2 ㉱ CS_2

풀이 ㉱ CS_2(이황화탄소)에 대한 설명이다.

12 다음 중 경도유발물질로 틀린 것은 어느 것인가?

㉮ Ca^{2+} ㉯ Mg^{2+}
㉰ Na^+ ㉱ Sr^{2+}

풀이 경도유발물질은 Ca^{2+}, Mg^{2+}, Fe^{2+}, Mn^{2+}, Sr^{2+}이며, 나트륨이온(Na^+)은 가경도 유발물질이다.

13 다음 중 벤츄리스크러버 적용시 액가스비를 크게하는 요인으로 틀린 것은 어느 것인가?

㉮ 먼지의 입경이 작을 때
㉯ 처리가스의 온도가 높을 때
㉰ 먼지입자의 점착성이 클 때
㉱ 먼지입자의 친수성이 높을 때

풀이 ㉱ 먼지입자의 친수성이 낮을 때

14 혐기성 소화탱크에서 유기물 80%, 무기물 20%인 슬러지를 소화처리하여 소화슬러지의 유기물이 75%, 무기물이 25%가 되었다. 이때 소화효율은?

㉮ 25%   ㉯ 45%
㉰ 75%   ㉱ 85%

풀이 유기물 80% / 무기물 20% → 소화조 → 유기물 75% / 무기물 25%

소화효율(%)
$= \left\{1 - \dfrac{\text{소화 후(유기물/무기물)}}{\text{소화 전(유기물/무기물)}}\right\} \times 100$
$= \left\{1 - \dfrac{75/25}{80/20}\right\} \times 100 = 25\%$

15 $C_2H_5NO_2$ 150g 분해에 필요한 이론적 산소요구량(g)은? (단, 최종분해산물은 CO_2, H_2O, HNO_3 이다.)

㉮ 89g   ㉯ 94g
㉰ 112g   ㉱ 224g

풀이 $C_2H_5NO_2 + 3.5O_2 \rightarrow 2CO_2 + 2H_2O + HNO_3$
75g : 3.5×32g
150g : ThOD(이론적 산소요구량)
∴ ThOD(이론적 산소요구량)

answer 10 ㉱   11 ㉱   12 ㉰   13 ㉱   14 ㉮   15 ㉱

$$= \frac{150g \times 3.5 \times 32g}{75g} = 224g$$

16 산도(acidity)나 경도(hardness)는 어떤 물질을 기준으로 환산하는가?

㉮ 탄산칼슘　　㉯ 탄산나트륨
㉰ 탄화수소나트륨　㉱ 수산화나트륨

풀이 산도(acidity)나 경도(hardness)는 탄산칼슘($CaCO_3$)으로 환산하며, 단위는 ppm(mg/L)이다.

17 수처리 시 사용되는 응집제로 틀린 것은 어느 것인가?

㉮ 입상활성탄　㉯ 소석회
㉰ 명반　　　　㉱ 황산반토

풀이 ㉮ 입상활성탄은 흡착제에 해당한다.

18 물이 얼어 얼음이 되는 것과 같이 물질의 상태가 액체상태에서 고체상태로 변하는 현상을 무엇이라 하는가?

㉮ 융해　㉯ 응고
㉰ 액화　㉱ 승화

풀이 ㉮ 융해 : 고체 → 액체
㉯ 응고 : 액체 → 고체
㉰ 액화 : 기체 → 액체
㉱ 승화 : 고체 → 기체

19 다음 중 물질 순환속도가 가장 느린 것은?

㉮ 망간　㉯ 탄소
㉰ 수소　㉱ 산소

풀이 순환속도가 느린 것은 무기물인 망간이다.

20 다음 화학적 흡착의 설명으로 틀린 것은 어느 것인가?

㉮ 비가역적반응이다.
㉯ 흡착제의 재생성이 낮다.
㉰ 여러층의 흡착이 가능하다.
㉱ 흡착열이 높다.

풀이 ㉰ 여러층의 흡착이 불가능하다.

21 아래 〈보기〉에서 설명하는 생물학적 처리공정으로 알맞는 것은?

[보기]
• 설치면적이 적게 들며, 처리수의 수질이 양호하다.
• BOD, SS의 제거율이 높다.
• 수량 또는 수질에 영향을 많이 받는다.
• 슬러지 팽화가 문제점으로 지적된다.

㉮ 산화지법　　㉯ 살수여상법
㉰ 회전원판법　㉱ 활성슬러지법

풀이 ㉱ 활성슬러지법에 대한 설명으로 내용의 핵심인 슬러지팽화 = 활성슬러지법임을 숙지하시면 됩니다.

answer　16 ㉮　17 ㉮　18 ㉯　19 ㉮　20 ㉰　21 ㉱

22 폐수 중의 오염물질을 제거할 때 부상이 침전보다 좋은 점을 설명한 것으로 가장 적합한 것은?

㉮ 침전속도가 느린 작거나 가벼운 입자를 짧은 시간 내에 분리시킬 수 있다.
㉯ 침전에 의해 분리되기 어려운 유해 중금속을 효과적으로 분리시킬 수 있다.
㉰ 침전에 의해 분리되기 어려운 색도 및 경도 유발물질을 효과적으로 분리시킬 수 있다.
㉱ 침전속도가 빠르고 큰 입자를 짧은 시간 내에 분리시킬 수 있다.

[풀이] ㉮번 조건 : 부상법 적용
㉯번 조건 : 침전법 적용

23 상수 처리장에서 처리된 물을 일시 저류하는 정수지의 설치 기능과 이 시설을 지하에 설치하는 이유로 가장 거리가 먼 것은?

㉮ 살균제(Cl_2)와 충분한 시간동안 접촉시키기 위해 설치한다.
㉯ 지상에 설치시 처리수에 미량의 영양염류가 존재하면 조류가 광합성을 하고 증식하여 수질이 악화될 수 있다.
㉰ 살균제가 태양광과 접촉하면 분해하여 손실이 일어날 수 있다.
㉱ 바람의 영향을 받지 않고 처리수 중의 고형물질과 유해 중금속을 침전제거 시킬 수 있다.

[풀이] ㉱ 처리수 중의 고형물질과 유해 중금속의 침전은 처리된 물을 일시 저류하는 정수지 이전에서 해야한다.

24 폐수 중 중금속의 일반적 처리방법으로 알맞은 것은 어느 것인가?

㉮ 모래여과 처리 ㉯ 미생물학적 처리
㉰ 화학적 처리   ㉱ 희석 처리

[풀이] 폐수속의 중금속은 화학적 처리(침전법)를 이용하여 제거한다.

25 급속모래여과는 다음 중 어떤 오염물질을 처리하기 위하여 설치되는가?

㉮ 용존유기물   ㉯ 암모니아성 질소
㉰ 부유물질   ㉱ 색도

[풀이] 급속모래여과를 이용해 처리하는 물질은 부유물질이다.

26 액체염소의 주입으로 생성된 유리염소, 결합잔류염소의 살균력의 크기를 바르게 나열한 것은?

㉮ HOCl > Chloramines > OCl⁻
㉯ OCl⁻ > HOCl > Chloramines
㉰ HOCl > OCl⁻ > Chloramines
㉱ OCl⁻ > Chloramines > HOCl

[풀이] 살균력의 크기는 HOCl > OCl⁻ > Chloramines 순이다.

answer   22 ㉮   23 ㉱   24 ㉰   25 ㉰   26 ㉰

27 지하수의 수질특성에 관한 설명으로 옳지 않은 것은?

㉮ 지하수는 국지적 환경조건의 영향을 크게 받기 쉽다.
㉯ 지하수는 대기와의 접촉이 제한 또는 차단되어 있기 때문에 수질성분들이 대체로 환원 상태로 존재하는 경우가 많다.
㉰ 지하수는 햇빛을 받을 수 없으므로 광합성 반응이 일어나지 않으며, 세균에 의한 유기물의 분해가 주된 생물작용이 되고 있다.
㉱ 지하수의 연평균 수온 변화는 지표수에 비해 현저히 크고, 일반적으로 약 2℃ 이상이다.

풀이 ㉱ 지하수의 연평균 수온 변화는 지표수에 비해 현저히 작고, 일반적으로 약 4℃ 정도이다.

28 A도시에서 발생하는 2,000m³/day의 하수를 1차 침전지에서 침전속도가 2m/day보다 큰 입자들을 완전히 제거하기 위해 요구되는 1차 침전지의 표면적으로 가장 적합한 것은?

㉮ 100m² 이상
㉯ 500m² 이상
㉰ 1,000m² 이상
㉱ 4,000m² 이상

풀이 하수량(m³/day) = 표면적(m²) × 침전속도(m/day)

∴ 표면적(m²) = $\frac{하수량(m³/day)}{침전속도(m/day)}$

= $\frac{2,000m³/day}{2m/day}$ = 1,000m²

29 다음 중 지표수의 특성으로 틀린 것은 어느 것인가? (단, 지하수와 비교)

㉮ 지상에 노출되어 오염의 우려가 큰 편이다.
㉯ 용존산소 농도가 높고, 경도가 큰 편이다.
㉰ 철, 망간 성분이 비교적 적게 포함되어 있고, 대량 취수가 용이한 편이다.
㉱ 수질 변동이 비교적 심한 편이다.

풀이 ㉯ 용존산소 농도가 높고, 경도가 작은 편이다.

30 주로 산업 폐기물의 발생량 산정법으로 먼저 조사하고자 하는 계의 경계를 정확히 설정 한 다음 그 시스템으로 유입되는 모든 물질과 유출되는 모든 물질들 간의 물질수지를 세움으로써 발생량을 추정하는 방법은 무엇인가?

㉮ 공장공정법
㉯ 직접계근법
㉰ 물질수지법
㉱ 적재차량계수법

풀이 ㉰ 물질수지법에 대한 설명으로 내용 중 핵심인 산업폐기물 발생량 산정 = 물질수지법임을 숙지하시면 됩니다.

31 폐기물을 파쇄하는 이유로 옳지 않은 것은?

㉮ 겉보기 밀도의 증가
㉯ 고체의 치밀한 혼합
㉰ 부식효과 방지
㉱ 비표면적의 증가

풀이 폐기물을 파쇄하는 이유는 입경분포의 균일화, 겉보기 밀도의 증가, 입자 크기의 균일화, 비표면적 증가, 유가물질의 분리, 특정성분의 분리, 소각 시 연소촉진 등이 있다.

answer 27 ㉱ 28 ㉰ 29 ㉯ 30 ㉰ 31 ㉰

32 관거(Pipe-line)를 이용한 폐기물 수거 방법에 관한 설명으로 가장 거리가 먼 것은?

㉮ 폐기물 발생빈도가 높은 곳이 경제적이다.
㉯ 가설 후에 경로변경이 곤란하다.
㉰ 25km 이상의 장거리 수송에 현실성이 있다.
㉱ 큰 폐기물은 파쇄, 압축 등의 전처리를 해야 한다.

풀이 ㉰ 25km 이상의 장거리 수송에 현실성이 없다.

33 무기응집제인 알루미늄염의 장점으로 틀린 것은?

㉮ 적정 pH폭이 2~12 정도로 매우 넓은 편이다.
㉯ 독성이 거의 없어 대량으로 주입할 수 있다.
㉰ 시설을 더럽히지 않는 편이다.
㉱ 가격이 저렴한 편이다.

풀이 ㉮ 적정 pH 폭이 5~8 범위로 비교적 좁은 편이다.

34 시간당 125m³의 폐수가 유입되는 침전조가 있다. 위어(weir)의 유효길이가 30m일 때, 월류부하(m³/m·hr)는 얼마인가?

㉮ 약 4.2m³/m·hr
㉯ 약 40m³/m·hr
㉰ 약 100m³/m·hr
㉱ 약 150m³/m·hr

풀이 월류부하(m³/m·hr)

$= \dfrac{유량(m^3/hr)}{위어의 길이(m)} = \dfrac{125m^3/hr}{30m}$

$= 4.17 m^3/m \cdot hr$

35 선음원의 거리감쇠에서 거리가 2배로 되면 음압레벨의 감쇠치는 얼마인가?

㉮ 1dB ㉯ 2dB
㉰ 3dB ㉱ 4dB

풀이 출력이 2배가 되면 파워레벨은 $10\log2$dB 만큼 증가한다. 거리가 2배가 되면 음압레벨의 감소분은 $20\log2$dB 이므로 따라서 음압레벨의 변화는 $10\log2 - 20\log2 = -10\log2 = -3$dB가 된다. 따라서 감쇠치는 3dB이 정답이다.

36 장치 아래쪽에서는 가스를 주입하여 모래를 가열시키고 위쪽에서는 폐기물을 주입하여 연소시키는 형태로 기계적 구동부가 적어 고장율이 낮으며, 슬러지나 폐유 등의 소각에 탁월한 성능을 가지는 소각로는 무엇인가?

㉮ 고정상 소각로 ㉯ 화격자 소각로
㉰ 유동상 소각로 ㉱ 열분해 소각로

풀이 ㉰ 유동상 소각로에 대한 설명으로 내용 중 핵심인 모래를 가열하여 연소하는 장치는 유동상 소각로 임을 숙지하시면 됩니다.

answer 32 ㉰ 33 ㉮ 34 ㉮ 35 ㉰ 36 ㉰

37 지하수의 일반적인 특징으로 틀린 것은 어느 것인가?

㉮ 유기물 함량은 적으나, 무기물의 함량이 많고 자연수 중 경도가 아주 높다.
㉯ 지표수에 비해 염분의 함량이 30% 정도 낮은 편이다.
㉰ 자정작용의 속도가 느린 편이다.
㉱ 지하수 성분조성은 하천수와 매우 흡사하나 지표수보다 경도가 높은 편이다.

풀이 ㉯ 지하수는 지표수(하천수)에 비해 염분의 함량이 30% 정도 큰 편이다.

38 짐머만(Zimmerman) 공법이라고도 불리며 액상 슬러지에 열과 압력을 작용시켜 용존산소에 의하여 화학적으로 슬러지 내의 유기물을 산화시키는 방법은?

㉮ 혐기성 소화
㉯ 호기성 소화
㉰ 습식 산화
㉱ 화학적 안정화

풀이 ㉰ 습식 산화법에 대한 설명이다.

39 C_2H_5OH의 완전산화시 ThOD/TOC의 비는?

㉮ 1.92
㉯ 2.67
㉰ 3.31
㉱ 4

풀이 $C_2H_5OH + 3O_2 \rightarrow 2CO_2 + 3H_2O$
$$\frac{ThOD}{TOC} = \frac{3 \times 32g}{2 \times 12g} = 4$$

TIP
ThOD : 이론적 산소요구량
TOC : 총유기탄소량 = 유기물 중 탄소량

40 유동상 소각로에서 유동상 매질이 갖추어야 할 성질로 틀린 것은 어느 것인가?

㉮ 불활성일 것
㉯ 내마모성일 것
㉰ 융점이 낮을 것
㉱ 비중이 작을 것

풀이 ㉰ 융점이 높을 것

41 다음 폐기물 선별방법 중 특징적으로 자장이나 전기장을 이용하는 것은 무엇인가?

㉮ 중력선별
㉯ 관성선별
㉰ 스크린선별
㉱ 와전류선별

풀이 와전류 선별법은 연속적으로 변화하는 자장 속에 비자성이며, 전기전도성이 좋은 구리, 알루미늄, 아연 등을 넣어 금속 내에 소용돌이 전류를 발생시켜 생기는 반발력의 차를 이용하여 분리하는 방법이다.

42 농황산의 비중이 1.84, 농도는 70(W/W%) 정도라면 이 농황산의 몰농도(mole/L)는? (단, 농황산의 분자량은 : 98)

㉮ 10
㉯ 13
㉰ 15
㉱ 16

풀이
$$\frac{mol}{L} = \frac{비중(g)}{(mL)} \times \frac{10^3 mL}{1L} \times \frac{1 mol}{분자량(g)} \times \frac{농도(\%)}{100}$$

$$= \frac{1.84g}{mL} \times \frac{10^3 mL}{1L} \times \frac{1 mol}{98g} \times \frac{70\%}{100}$$

$$= 13.14 mol/L$$

TIP
① M농도 = mol/L
② 1mol = 분자량(g)
③ 농황산 = H_2SO_4
④ H_2SO_4의 분자량
  $= (2 \times 1) + 32 + (4 \times 16) = 98g$

answer 37 ㉯ 38 ㉰ 39 ㉱ 40 ㉰ 41 ㉱ 42 ㉯

43 음향파워가 0.01watt이면 PWL은 얼마인가?

㉮ 1dB ㉯ 10dB
㉰ 100dB ㉱ 1,000dB

풀이 $PWL = 10\log\left(\dfrac{W}{W_0}\right)$

- PWL : 음향파워레벨(dB)
- W_0 : 기준음의 파워(10^{-12}Watt)
- W : 임의의 음향 파워(Watt)

따라서 $PWL = 10\log\left(\dfrac{0.01\text{Watt}}{10^{-12}\text{Watt}}\right) = 100$dB

44 에탄(C_2H_6) $1Sm^3$를 완전연소시킬 때, 건조배출가스 중의 CO_{2max}(%)는?

㉮ 11.7% ㉯ 13.2%
㉰ 15.7% ㉱ 18.7%

풀이 $CO_{2max} = \dfrac{CO_2량}{God} \times 100$

① 완전연소 반응식
  $C_2H_6 + 3.5O_2 \rightarrow 2CO_2 + 3H_2O$
② God(이론건조연소가스량)
  $= (1-0.21)A_o + CO_2량$
  $= (1-0.21) \times \dfrac{3.5}{0.21} + 2$
  $= 15.1667 Sm^3/Sm^3$
③ $CO_2량 = CO_2$ 개수 $= 2Sm^3/Sm^3$
④ $CO_{2max} = \dfrac{2Sm^3/Sm^3}{15.1667Sm^3/Sm^3} \times 100 = 13.19\%$

TIP
① 체적비(Sm^3/Sm^3) = 개수비 = 부피비
② 이론공기량(Sm^3/Sm^3) $= \dfrac{이론산소량(Sm^3/Sm^3)}{0.21}$
③ 이론공기량(kg/kg) $= \dfrac{이론산소량(kg/kg)}{0.232}$

45 400,000명이 거주하는 A지역에서 1주일 동안 $8,000m^3$의 쓰레기를 수거하였다. 이 지역의 쓰레기 발생원 단위가 1.37kg/인·일이면 쓰레기의 밀도(ton/m^3)는?

㉮ 0.28 ㉯ 0.38
㉰ 0.48 ㉱ 0.58

풀이 쓰레기 밀도(ton/m^3)
$= \dfrac{쓰레기 발생량(kg/인·일) \times 인구수(인) \times 10^{-3}ton/kg}{쓰레기 수거량(m^3/일)}$
$= \dfrac{1.37kg/인·일 \times 400,000인 \times 10^{-3}ton/kg}{8,000m^3/주 \times 1주/7일}$
$= 0.48 ton/m^3$

46 쓰레기 수거노선을 결정하는데 유의할 사항으로 옳지 않은 것은?

㉮ 가능한 한 한번 간 길은 가지 않는다.
㉯ U자형 회전을 피해 수거한다.
㉰ 발생량이 많은 곳은 하루 중 가장 먼저 수거한다.
㉱ 가능한 한 반시계방향으로 수거노선을 정한다.

풀이 ㉱ 가능한 한 시계방향으로 수거노선을 정한다.

47 다음 중 연료의 연소과정에서 공기비가 너무 큰 경우 나타나는 현상으로 가장 적합한 것은?

㉮ 배기가스에 의한 열손실이 커진다.
㉯ 오염물의 농도가 커진다.
㉰ 미연분에 의한 매연이 증가한다.
㉱ 불완전 연소되어 연소효율이 저하한다.

풀이 ㉯, ㉰, ㉱는 공기비가 작은 경우에 해당한다.

answer 43 ㉰ 44 ㉯ 45 ㉰ 46 ㉱ 47 ㉮

TIP

공기비(m)가 클 경우 발생하는 현상
① 연소실 내 연소온도 감소(연소실의 냉각효과를 가져옴)
② 배기가스에 의한 열손실 증대
③ SO_2, NO_2의 함량이 증가하여 부식이 촉진
④ CH_4, CO 및 C 등 물질의 농도가 감소
⑤ 방지시설의 용량이 커지고 에너지 손실 증가
⑥ 희석효과가 높아져 연소 생성물의 농도 감소

48 가로 1.2m, 세로 2m, 높이 12m의 연소실에서 저위발열량이 12,000kcal/kg인 중유를 1시간에 10kg씩 연소시킨다면 연소실의 열발생률은 얼마인가?

㉮ 2,888kcal/m³·hr
㉯ 3,472kcal/m³·hr
㉰ 4,167kcal/m³·hr
㉱ 5,644kcal/m³·hr

[풀이] 연소실의 열발생률(kcal/m³·hr)
$$= \frac{저위발열량(kcal/kg) \times 연료량(kg/hr)}{연소실 체적(가로 \times 세로 \times 높이)}$$
$$= \frac{12,000 kcal/kg \times 10 kg/hr}{1.2m \times 2m \times 12m}$$
$$= 4,166.67 kcal/m^3 \cdot hr$$

49 그림과 같이 쓰레기를 수평으로 고르게 깔아 압축하고 복토를 깔아 쓰레기층과 복토층을 교대로 쌓는 매립공법은?

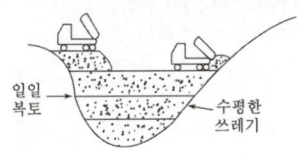

㉮ 박층뿌림공법   ㉯ 샌드위치공법

㉰ 압축매립공법   ㉱ 도랑형공법

[풀이] ㉯ 샌드위치공법에 대한 설명이다.

50 파쇄하였거나 파쇄하지 않은 폐기물로부터 철분을 회수하기 위해 가장 많이 사용되는 폐기물 선별방법은 어느 것인가?

㉮ 공기선별   ㉯ 스크린선별
㉰ 자석선별   ㉱ 손선별

[풀이] 폐기물로부터 철분을 회수하는 방법은 자석선별이다.

51 음압이 10배가 되면 음압레벨은 몇 dB 증가하는가?

㉮ 10   ㉯ 20
㉰ 30   ㉱ 40

[풀이] $SPL = 20\log\left(\frac{P}{P_0}\right)$

SPL : 음압 레벨
P_0 : 기준 음압
P : 실효치 음압

따라서 $\dfrac{SPL_2}{SPL_1} = \dfrac{20\log\left(\dfrac{10P}{P_0}\right)}{20\log\left(\dfrac{P}{P_0}\right)}$

$= 20\log 10 = 20dB$

52 다음 중 헨리법칙에 적용되는 기체가 아닌 것은 어느 것인가?

㉮ CO   ㉯ NO
㉰ O_2 ㉱ HCl

[풀이] HCl은 수용성 물질이므로 헨리법칙에 적용되지 않는다.

answer 48 ㉰   49 ㉯   50 ㉰   51 ㉯   52 ㉱

53 다음 중 슬러지 개량(conditioning)방법으로 틀린 것은 어느 것인가?

㉮ 슬러지 세척 ㉯ 열처리
㉰ 약품처리 ㉱ 관성분리

▶ 풀이 슬러지 개량의 방법으로는 슬러지 세척, 약품 처리법, 열 처리법, 생물학적 처리법 등이 있다.

54 미생물과 조류의 생물화학적 작용을 이용하여 하수 및 폐수를 자연 정화시키는 공법으로, 라군(lagoon)이라고도 하며, 시설비와 운영비가 적게 들기 때문에 소규모 마을의 오수처리에 많이 이용되는 공법은 어느 것인가?

㉮ 회전원판법 ㉯ 부패조법
㉰ 산화지법 ㉱ 살수여상법

▶ 풀이 호기성 박테리아와 조류의 공생관계를 이용하여 처리하는 공법은 산화지법이다.

55 SVI = 125일 때 반송슬러지 농도(mg/L)는 얼마인가?

㉮ 1,000 ㉯ 2,000
㉰ 4,000 ㉱ 8,000

▶ 풀이 $SS_r = \dfrac{10^6}{SVI}$

$\begin{bmatrix} SS_r : \text{반송슬러지 농도(mg/L)} \\ SVI : \text{슬러지 용적지수(mL/g)} \end{bmatrix}$

따라서 $SS_r = \dfrac{10^6}{125} = 8,000 \text{mg/L}$

> **TIP**
> SVI(슬러지용적지수) : 포기조에서 성장한 미생물이 2차 침전지에서 침강농축성을 나타내는 지표
> ① $SVI(mL/g) = \dfrac{SV(mL/L)}{MLSS(mg/L)} \times 10^3$
> ② $SVI(mL/g) = \dfrac{SV(\%)}{MLSS(mg/L)} \times 10^4$
> ③ $SVI(mL/g) = \dfrac{10^6}{SS_r(mg/L)}$

56 4℃에서 순수한 물의 밀도는 1g/mL이다. 이때 물 1L의 질량은 얼마인가?

㉮ 1g ㉯ 10g
㉰ 100g ㉱ 1,000g

▶ 풀이 $H_2O(g) = \dfrac{1g}{mL} \times 1L \times \dfrac{10^3 mL}{1L} = 1,000g$

> **TIP**
> ① 4℃에서 물의 밀도는 1g/mL로 가장 크다.
> ② $1L = 10^3 mL$

57 다음 중 슬러지 팽화의 지표로서 가장 관계가 깊은 것은?

㉮ 함수율 ㉯ SVI
㉰ TSS ㉱ NBDCOD

▶ 풀이 슬러지 팽화의 지표로 사용되는 것은 SVI(슬러지 용적지수)이며, SVI가 200 이상일 때 슬러지팽화(슬러지벌킹)라 한다.

answer 53 ㉱ 54 ㉰ 55 ㉱ 56 ㉱ 57 ㉯

58 진동수가 250Hz이고 파장이 5m인 파동의 전파속도는?

㉮ 50m/s ㉯ 250m/s
㉰ 750m/s ㉱ 1,250m/s

풀이 $V = \lambda \times f$

- V : 전파속도(m/sec)
- λ : 파장(m)
- f : 진동수(Hz)

따라서 $V = 5m \times 250Hz = 1,250$m/sec

59 방음벽 설치 시 주의사항으로 틀린 것은 어느 것인가?

㉮ 음원의 지향성과 크기에 대한 상세한 조사가 필요하다.
㉯ 음원의 지향성이 수용측 방향으로 클 때에는 벽에 의한 감쇠치가 계산치보다 크게 된다.
㉰ 벽의 투과손실은 회절감쇠치보다 적어도 5dB 이상 크게 하는 것이 바람직하다.
㉱ 소음원 주위에 나무를 심는 것이 방음벽 설치보다 확실한 방음 효과를 기대할 수 있다.

풀이 ㉱ 벽의 길이는 점음원일 때 벽 높이의 5배 이상, 선음원일 때 음원과 수음점 간의 직선거리의 2배 이상으로 하는 것이 바람직하다.

60 탄소 12kg을 완전연소 시키는데 필요한 이론산소량(Sm^3)은? (단, 표준상태 기준)

㉮ 11.2 ㉯ 22.4
㉰ 53.3 ㉱ 106.7

풀이 $C + O_2 \rightarrow CO_2$
12kg : 22.4Sm^3
12kg : X(산소량)

∴ X(산소량) = $\dfrac{12kg \times 22.4Sm^3}{12kg}$ = 22.4Sm^3

answer 58 ㉱ 59 ㉱ 60 ㉯

2017 1회 CBT 복원 문제

01 대기오염물질 중 입자상물질을 처리할 수 있는 일반적인 집진장치 종류가 아닌 것은?

㉮ 중력집진장치　㉯ 세정집진장치
㉰ 흡착집진장치　㉱ 여과집진장치

풀이 집진장치의 종류에는 큰 입자를 처리하는 전처리 장치(중력집진장치, 관성력집진장치, 원심력집진장치)와 미세한 입자를 처리하는 주처리장치(세정집진장치, 여과집진장치, 전기집진장치)가 있다.

02 대류권에 존재하는 대기의 조성을 질소, 산소 기타물질로 분류하여 보았을 때 질소 : 산소 : 기타물질의 실제 조성비율에 가장 근접한 비율은?

㉮ 20 : 79 : 1　㉯ 31 : 68 : 1
㉰ 78 : 21 : 1　㉱ 81 : 18 : 1

풀이

공기의 구성성분	N_2(질소)	O_2(산소)
체적비	79%	21%
질량비	76.8%	23.2%

03 런던형 스모그와 로스엔젤레스형 스모그의 차이점을 비교한 항목 중에서 틀린 것은?

구분	항목	런던형 스모그	로스엔젤레스형 스모그
㉮	대기 상태	복사역전	침강 역전
㉯	오염 형태	1차 오염	2차 오염
㉰	온도 상태	20℃ 이상	5℃ 이하
㉱	주 오염원	석탄계 연료	석유계 연료

풀이 ㉰ 런던형 스모그는 0~5℃, 로스엔젤레스형 스모그는 24~32℃이다.

04 35℃, 750mmHg 상태에서 NO_2 50g이 차지하는 부피는 몇 L인가? (단, NO_2의 분자량은 46임)

㉮ 22.4　㉯ 25.6
㉰ 27.8　㉱ 29.2

풀이 부피(L)

$= 50g \times \dfrac{22.4L(표준)}{46g} \times \dfrac{273+35℃(현재)}{273(표준)} \times \dfrac{760mmHg}{750mmHg}$

$= 27.84L$

TIP
NO_2　$1mol \begin{cases} 46g \\ 22.4L \end{cases}$

answer 01 ㉰　02 ㉰　03 ㉰　04 ㉰

05 활성오니 공법에서 슬러지 반송의 주된 목적은?

㉮ 영양물질 공급 ㉯ pH 조절
㉰ DO 조절 ㉱ MLSS 조절

풀이 활성오니 공법에서 2차 침전지의 슬러지를 폭기조로 반송시키는 주된 목적은 폭기조내에 요구되는 미생물 농도를 유지하기 위해서이다.

06 다음은 수질 오염 지표에 관한 설명이다. 틀린 것은?

㉮ pH : 산성 또는 알칼리성의 정도
㉯ SS : 수중에 부유하고 있는 물질량
㉰ DO : 수중에 용해되어 있는 산소량
㉱ COD : 생화학적 산소 요구량

풀이 ㉱ COD : 화학적 산소요구량

07 포기조내에서 활성슬러지법의 반응속도는 포기시간, 활성슬러지의 미생물량, 영양물질 등의 인자에 의하여 좌우된다. 포기조의 설계 및 유지관리의 지표로 사용하고 있는 F/M비의 계산공식은?

㉮ F/M비 = $\dfrac{1일 포기조 유입량 \times 포기조 유입수의 BOD농도}{포기조의 MLVSS농도 \times 포기조 용량}$

㉯ F/M비 = $\dfrac{포기조의 MLSS 유입량 \times 포기조 1일 유입량}{포기조 용량}$

㉰ F/M비 = $\dfrac{1일 포기조 유입량 \times 포기조 유입수의 SS농도}{포기조 용량}$

㉱ F/M비 = $\dfrac{포기조액의 SV30(mL/L) \times 1000}{포기조의 MLVSS 농도(ML/L)}$

풀이 F/M비 = $\dfrac{먹이}{미생물}$ = $\dfrac{BOD(kg/m^3) \times Q(m^3/day)}{MLVSS(kg/m^3) \times V(m^3)}$

08 일반도시 폐수처리에 이용되고 있는 활성슬러지법의 시설로 옳게 배열된 것은?

㉮ 유입수→침사지→1차침전지→포기조→최종침전지→염소접촉조→유출수
㉯ 유입수→침사지→1차침전지→염소접촉조→포기조→최종침전지→접촉조→유출수
㉰ 유입수→침사지→1차침전지→최종침전지→염소접촉조→포기조→유출수
㉱ 유입수→1차침전지→침사지→포기조→최종침전지→염소접촉조→유출수

풀이 활성슬러지법 계통도
유입수 → 스크린 → 침사지 → 1차 침전지 → 포기조(반응조) → 2차 침전지(최종침전지) → 염소접촉조 → 방류(유출수)

09 수질 오염의 지표 중 경도의 주원인은?

㉮ Ca^{2+}, Mg^{2+} ㉯ Mg^{2+}, Cd^{2+}
㉰ Fe^{2+}, Pb^{2+} ㉱ Cu^{2+}, Mn^{2+}

풀이 경도유발물질은 2가 양이온 금속성 물질로 Ca^{2+}, Mg^{2+}, Mn^{2+}, Fe^{2+}, Sr^{2+}이다.

10 혐기성 소화법의 단점이 아닌 것은?

㉮ 호기성 소화법에 비해 슬러지가 많이 발생한다.
㉯ 소화 체류기간이 길다.
㉰ 처리과정중 악취가 발생한다.
㉱ 호기성 소화법에 비해 소화속도가 느리다.

풀이 ㉮ 호기성 소화법에 비해 슬러지가 적게 발생한다.

answer 05 ㉱ 06 ㉱ 07 ㉮ 08 ㉮ 09 ㉮ 10 ㉮

11 80%의 함수율을 가진 쓰레기를 건조시켜 함수율 40%로 하였다면 쓰레기 1톤당 증발되는 수분량(kg)은?

㉮ 약 670 ㉯ 약 710
㉰ 약 760 ㉱ 약 790

풀이 ① $W_1 \times (100-P_1) = W_2 \times (100-P_2)$

W_1 : 건조 전 쓰레기의 양(kg)
P_1 : 건조 전 수분함량(%)
W_2 : 건조 후 쓰레기의 양(kg)
P_2 : 건조 후 수분함량(%)

따라서 $1,000kg \times (100-80) = W_2 \times (100-40)$

∴ $W_2 = \dfrac{1,000kg \times (100-80)}{(100-40)} = 333.33kg$

② 증발되는 수분량
= 1,000kg - 333.33kg = 666.67kg

TIP 쓰레기 1ton = 1,000kg

12 폐기물 열분해에 관한 설명으로 알맞지 않은 것은?

㉮ 부식문제와 생산된 기름의 저장성이 문제가 된다.
㉯ 시설비와 운영비가 비싸다.
㉰ 과잉공기 공급으로 인한 가스배출량이 많아진다.
㉱ 기술적인 신뢰성이 부족하다.

풀이 열분해는 무산소상태나 공기가 부족한 상태에서 폐기물을 연소시켜 고체, 액체 및 기체 상태의 연료를 생산하는 공정이다.

13 다음 중 고체 폐기물의 파쇄 목적이 아닌 것은?

㉮ 유기물의 회수용이
㉯ 입자크기의 균일화
㉰ 소각시 연소촉진
㉱ 비표면적 감소

풀이 ㉱ 비표면적 증가

14 공정시험방법에서 '방울수'라 함은 20℃에서 정제수 몇 방울이 1mL가 되는 것을 의미하는가?

㉮ 10 ㉯ 15
㉰ 20 ㉱ 25

풀이 방울수라 함은 20℃에서 정제수 20방울을 적하할 때 그 부피가 1mL가 되는 것을 뜻한다.

15 공기 스프링에 관한 설명 중 틀린 것은?

㉮ 설계시 스프링의 높이, 스프링정수를 각각 독립적으로 광범위하게 설정할 수 있다.
㉯ 사용진폭이 작아 댐퍼가 필요한 경우가 적다.
㉰ 부하능력이 광범위하다.
㉱ 자동제어가 가능하다.

풀이 ㉯ 사용진폭이 작아 댐퍼가 필요한 경우가 많다.

answer 11 ㉮ 12 ㉰ 13 ㉱ 14 ㉰ 15 ㉯

16 진동수가 100Hz이고 속도가 20m/s인 파동의 파장은?

㉮ 0.2m ㉯ 0.5m
㉰ 2.0m ㉱ 5.0m

▎풀이 $\lambda = \dfrac{v}{f}$

λ : 파동의 파장(m)
v : 전파속도(m/sec)
f : 진동수(Hz)

따라서 $\lambda = \dfrac{20\text{m/sec}}{100\text{Hz}} = 0.2\text{m}$

17 대기가 불안정하여 난류가 심할 때 발생하는 굴뚝으로 부터 배출되는 연기 형태는?

㉮ 훈증형   ㉯ 부채형
㉰ 원추형   ㉱ 환상형

▎풀이
㉮ 훈증형(Fumigation)은 고공 역전, 지표 과단열 조건
㉯ 부채형(Fanning)은 역전(매우 안정) 조건
㉰ 원추형(Conning)은 중립, 등온, 미단열 조건
㉱ 환상형(Looping)은 과단열(매우 불안정) 조건

18 염화수소를 함유한 배기가스를 총괄이동 단위높이(HOG)가 0.5m인 충진탑을 사용하여 제거할 때 염화수소의 제거효율은 99%이었다. 충진층의 높이는?

㉮ 1.2m ㉯ 2.3m
㉰ 3.4m ㉱ 4.5m

▎풀이 H = NOG×HOG

H : 충진층의 높이(m)
HOG : 총괄이동단위높이(m)
NOG : 총괄이동 단위 수(NOG = $\ln \dfrac{1}{1-\text{제거효율}}$)

따라서 H = $0.5\text{m} \times \ln\left(\dfrac{1}{1-0.99}\right) = 2.30\text{m}$

19 연료가 완전 연소되기 위한 조건으로 틀린 것은?

㉮ 연소온도를 낮게 유지하여야 한다.
㉯ 공기와 연료의 혼합이 잘 되어야 한다.
㉰ 공기(산소)의 공급이 충분하여야 한다.
㉱ 연소를 위한 체류시간이 충분하여야한다.

▎풀이 ㉮ 연소온도를 높게 유지하여야 한다.

20 직접 연소법으로 악취물질을 함유한 가스를 연소, 산화하여 처리하고자 할 때 일반적인 연소 온도범위는?

㉮ 100~200℃ ㉯ 300~400℃
㉰ 500~600℃ ㉱ 700~800℃

▎풀이
① 직접연소법의 온도 : 700~800℃
② 촉매 연소법의 온도 : 300~400℃

21 수소 이온 농도가 3.9×10^{-6} mol/L인 경우 용액의 pH는?

㉮ 4.9 ㉯ 5.4
㉰ 6.1 ㉱ 6.7

▎풀이 pH = -log[H⁺] = -log[3.9×10^{-6} mol/L] = 5.41

---

answer 16 ㉮ 17 ㉱ 18 ㉯ 19 ㉮ 20 ㉱ 21 ㉯

22 도시하수가 유입되고 있는 하천에 물고기가 살수 없는 이유 중 가장 타당한 것은?

㉮ 하수내에 있는 독성물질에 의한 폐사
㉯ 용존산소가 부족하여 물고기가 살수 없게 되었다.
㉰ 하수내 미생물에 의하여 병들어 죽었다.
㉱ 하수내 미생물에 의해 영양소가 모두 소비되었다.

풀이 도시하수에는 유기물의 농도가 높아 소비되는 용존산소량이 많아 물속에 존재하는 용존산소가 부족하게 되어 물고기가 살 수 없다.

23 적조현상을 발생시키는 주된 원인 물질은?

㉮ 산소 ㉯ 인(P)
㉰ 수은(Hg) ㉱ 염소(Cl)

TIP
적조발생 조건
① 해류의 정체(물의 이동이 적은 정체수역)
② 염분 농도의 감소
③ 수온의 상승
④ 영양염류(N, P)의 증가
⑤ 햇빛이 강할 때
⑥ 플랑크톤 농도의 증가
⑦ 하천 유입수의 오염도 증가

24 슬러지 팽화(Bulking) 현상이 일어날 때 가장 많이 출현하는 미생물은?

㉮ Zoogloea ㉯ Achromobacter
㉰ Algae ㉱ Fungi

풀이 슬러지 팽화현상이 일어날 때 가장 많이 출현하는 미생물은 Fungi(곰팡이)이며, 활성슬러지법에서 문제가 된다.

25 침전지에서 입자가 100% 제거되기 위해서 요구되는 침전 속도는?

㉮ 표면 부하율 ㉯ 침강 속도
㉰ 침전 효율 ㉱ 유입 속도

풀이 제거효율(%) = $\dfrac{침강속도(V_s)}{표면적\ 부하율(V_0)} \times 100$ 이므로 침전지에서 입자가 100% 제거되기 위해서 요구되는 침전속도는 표면적 부하율이다.

26 액상 슬러지에 열과 압력을 작용시켜 화학적으로 슬러지내의 유기물을 산화시키는 공법은?

㉮ 짐머만(zimmerman)공법
㉯ 임호프(imhoff)공법
㉰ 시멘트(cimment)공법
㉱ 포졸란(pozzolan)공법

풀이 짐머만(Zimmerman)공법은 액상 슬러지에 열과 압력을 작용시켜 화학적으로 슬러지내의 유기물을 산화시키는 공법이다.

27 폐기물 중간처리 기술로서 압축의 목적으로 틀린 것은 어느 것인가?

㉮ 부피감소
㉯ 소각의 용이
㉰ 운반비의 감소
㉱ 매립지의 수명연장

풀이 ㉯ 소각 용이는 파쇄의 목적이다.

answer 22 ㉯ 23 ㉯ 24 ㉱ 25 ㉮ 26 ㉮ 27 ㉯

28 폐기물 고체연료(RDF)의 조건에 대한 설명 중 잘못된 것은?

㉮ 열량이 높을 것
㉯ 함수율이 높을 것
㉰ 대기 오염이 적을 것
㉱ 성분 배합률이 균일할 것

풀이 ㉯ 함수율이 낮을 것

TIP
RDF(고체연료)의 특징
① RDF는 Refuse Derived Fuel의 약자이다.
② 폐기물을 이용하여 연료화한 것이다.
③ 성형입자라고도 한다.
④ 폐기물중의 가연성 물질만을 선별해 함수율, 불순물, 입경, 소각재 함량 등을 조절하여 연료화시킨 것이다.
⑤ 부패하기 쉬운 유기물질로 구성되어 있기 때문에 수분함량이 증가하면 부패한다.
⑥ 소각로에서 사용할 경우 부식발생으로 수명이 단축될 수 있다.
⑦ RDF 소각로의 경우 시설비 및 동력비가 고가이며, 운전에 숙련된 기술이 요구된다.

29 매립시 발생되는 매립가스 중 악취를 유발시키는 물질은?

㉮ 메탄   ㉯ 이산화탄소
㉰ 암모니아   ㉱ 일산화탄소

풀이 매립가스 중 악취를 유발하는 물질은 암모니아(NH$_3$)가스이다.

30 화상위에서 쓰레기를 태우는 방식으로 플라스틱처럼 열에 열화, 용해되는 물질의 소각에 적합한 소각로는?

㉮ 고정상   ㉯ 화격자
㉰ 회전로   ㉱ 다단로

TIP
고정상 소각로
① 소각로내의 화상위에서 쓰레기를 태우는 방식이다.
② 플라스틱처럼 열에 열화, 용해되는 물질의 소각에 적합한 소각로이다.
③ 체류시간이 길고 교반력이 있다.
④ 국부적으로 가열될 염려가 있다.

31 진동측정시 진동 픽업을 설치하기 위한 장소로 알맞지 않은 것은?

㉮ 경사 또는 요철이 없는 장소
㉯ 완충물이 있고 충분히 다져 굳은 장소
㉰ 복잡한 반사 회절현상이 없는 지점
㉱ 온도, 전자기 등의 외부 영향을 받지 않는 곳

풀이 ㉯ 완충물이 없고 충분히 다져서 단단히 굳은 장소

32 소음의 감쇠요인에 해당하지 않는 것은?

㉮ 거리에 의한 감쇠
㉯ 공기의 반사에 의한 감쇠
㉰ 땅의 흡음효과로 생기는 감쇠
㉱ 바람의 영향과 소음원의 지향성에 의한 감쇠

answer 28 ㉯ 29 ㉰ 30 ㉮ 31 ㉯ 32 ㉯

33 분자식 C_mH_n인 탄화수소 가스 $1Sm^3$당 완전 연소시 필요한 이론 산소량은? (단, mole기준)

㉮ $m + n$ ㉯ $m + (n/2)$
㉰ $m + (n/4)$ ㉱ $m + (n/8)$

풀이 $C_mH_n + (m + \frac{n}{4})O_2 \to mCO_2 + \frac{n}{2}H_2O$에서 산소량은 $(m + \frac{n}{4})(Sm^3/Sm^3)$이다.

34 대기중에 존재하는 질소산화물과 탄화수소가 자외선에 의해 광화학 스모그가 발생될 때 생성되며, 호흡기 계통의 피해와 면역성을 감소시키고 눈을 따갑게 하는 2차 오염물질은?

㉮ 이산화탄소   ㉯ 황산화물
㉰ 일산화탄소   ㉱ 옥시단트

풀이 2차성 오염물질을 대표적으로 옥시단트(Oxidant)라 하며 강산화제로 작용한다.

35 흡수공정으로 유해가스를 처리할 때, 흡수액이 갖추어야 할 요건으로 옳지 않은 것은?

㉮ 용해도가 커야 한다.
㉯ 점성이 작아야 한다.
㉰ 휘발성이 커야 한다.
㉱ 가격이 저렴하여야 한다.

풀이 ㉰ 휘발성이 작아야 한다.

TIP
흡수액 선정시 고려할 사항
① 용해도가 높아야 한다.
② 휘발성이 낮아야 한다.
③ 흡수액의 점성은 비교적 작아야 한다.
④ 용매의 화학적 성질과 비슷해야 한다.
⑤ 부식성 및 독성이 없어야 한다.
⑥ 어는점이 낮아야 한다.
⑦ 시장성이 좋고 값이 싸야 한다.
⑧ 재생이 용이해야 한다.

36 다음 중 질소 산화물의 저감방법이 아닌 것은?

㉮ 배기가스 재순환
㉯ 2단 연소
㉰ 과잉공기량 증대
㉱ 연소온도 조정

풀이 ㉰ 저과잉공기량 연소법

37 살수여상의 주요 정화작용은 다음 어느 것인가?

㉮ 기계적 여과   ㉯ 호기성 산화
㉰ 혐기성 분해   ㉱ 화학적 응집침전

풀이 살수여상의 주요 정화작용은 호기성 산화이다.

38 SS 측정은 다음 어느 분석법에 해당되는가?

㉮ 용량법   ㉯ 중량법
㉰ 용매추출법   ㉱ 흡광측정법

풀이 SS(부유물질)과 노말헥산 추출물질은 중량법을 이용해 분석한다.

answer 33 ㉰ 34 ㉱ 35 ㉰ 36 ㉰ 37 ㉯ 38 ㉯

39 생물학적 처리방법과 방법의 원리가 잘못 설명된 것은?

㉮ 회전원판법 - 미생물 부착성장형으로서 별도의 산소공급장치가 없다.
㉯ 접촉안정법 - 생물흡수(Biosorption)에 의하여 폐수중의 유기물을 슬러지에 흡착시킨다.
㉰ 심층포기법 - U자형의 관을 이용하여 포기를 실시하며 주로 부상조를 사용하여 슬러지를 분리시킨다.
㉱ 산화지법 - 수심 1m 이하의 경우 호기성 세균의 산소 공급원은 조류와 균류이다.

풀이 ㉱ 산화지법 - 수심 1m 이하의 경우 산소공급원은 조류이며, 박테리아와 조류의 공생관계를 이용해 처리한다.

40 6가 크롬(Cr^{6+})을 처리하기 위한 방법은?

㉮ 산화침전법 ㉯ 환원침전법
㉰ 오존산화법 ㉱ 전해산화법

풀이 독성이 있는 6가 크롬을 독성이 없는 3가 크롬으로 pH 2~4에서 환원시키고 3가 크롬을 pH 8.0~8.5 범위에서 침전시켜 처리한다.

41 실험실에서 일반적으로 BOD를 측정할 때 배양 조건은?

㉮ 5℃에서 20일간 배양
㉯ 5℃에서 20번 배양
㉰ 20℃에서 5일간 배양
㉱ 20℃에서 5번 배양

풀이 시료를 20℃에서 5일간 저장하여 두었을 때 시료 중의 호기성 미생물의 증식과 호흡작용에 의하여 소비되는 용존산소의 양으로부터 측정한다.

42 수송차량 또는 쓰레기 투하방식에 따라 구분한 적환장의 형식으로 알맞지 않는 것은?

㉮ 저장 투하방식
㉯ 직접 - 저장 복합 투하방식
㉰ 직접 투하방식
㉱ 간접 투하방식

풀이 적환장의 형식
① 저장 투하방식 : 대용량의 쓰레기 처리 및 대도시에 적용
② 직접 투하방식 : 소용량의 쓰레기 처리 및 소도시에 적용
③ 직접 -저장 복합 투하방식 : 재활용 제품이 많을 때 적용

43 수거분뇨의 특징이 아닌 것은?

㉮ 고농도 유기물을 함유하며 고액분리가 쉽다.
㉯ 분과 뇨의 혼합비(Vol %)는 1 : 9 정도이다.
㉰ 뇨의 80~90%는 질소화합물로 이루어져 있다.
㉱ pH 강하를 막는 완충작용이 있다.

풀이 ㉮ 고농도 유기물을 함유하며 고액분리가 어렵다.

44 반고상폐기물의 고형물함량의 범위로 알맞은 것은?

㉮ 3% 이상 ~ 10% 미만
㉯ 5% 이상 ~ 15% 미만
㉰ 15% 이상 ~ 25% 미만
㉱ 25% 이상 ~ 35% 미만

answer 39 ㉱ 40 ㉯ 41 ㉰ 42 ㉱ 43 ㉮ 44 ㉯

풀이 고형물의 분류
① 고상 폐기물 : 고형물 함량이 15% 이상
② 반고상 폐기물 : 고형물 함량이 5% 이상 15% 미만
③ 액상 폐기물 : 고형물 함량이 5% 미만

45 폐기물 20,000kg/d을 1일 10시간 가동하여 소각 처리하려고 한다. 소각로내의 열부하가 40,000kcal/m³·hr이며 폐기물의 발열량이 500kcal/kg이라면 소각로의 부피는?

㉮ 10m³ ㉯ 15m³
㉰ 20m³ ㉱ 25m³

풀이 소각로내의 열부하(kcal/m³·hr)

$$= \frac{폐기물의\ 발열량(kcal/kg) \times 폐기물의\ 양(kg/hr)}{소각로\ 부피(m^3)}$$

따라서 40,000kcal/m³·hr

$$= \frac{500kcal/kg \times 20,000kg/day \times 1day/10hr}{소각로\ 부피(m^3)}$$

∴ 소각로 부피

$$= \frac{500kcal/kg \times 20,000kg/day \times 1day/10hr}{40,000kcal/m^3 \cdot hr}$$

$= 25m^3$

46 전단식 파쇄기에 관한 설명으로 틀린 것은?

㉮ 목재류, 플라스틱류, 종이류 파쇄에 효과적이다.
㉯ 파쇄시 먼지, 소음, 진동의 발생이 현저하여 폭발의 위험성이 높다.
㉰ 파쇄후 폐기물의 입도가 거칠지만 파쇄물의 크기를 고르게 할 수 있다.
㉱ 충격파쇄기에 비해 대체적으로 파쇄속도가 느리고 이물질의 혼입에 대해 약하다.

풀이 ㉯ 파쇄시 먼지, 소음, 진동의 발생이 적고 폭발의 위험성이 낮다.

47 어떤 송풍기의 풍전압이 250mmH₂O이고, 풍량이 6,000m³/hr일 때 소요동력을 구하면? (단, 송풍기 효율 : 65%, 여유율 : 20%)

㉮ 6.2kW ㉯ 7.5kW
㉰ 8.4kW ㉱ 9.1kW

풀이
$$kW = \frac{Ps \times Q}{102 \times \eta} \times \alpha$$

PS : 풍전압(mmH₂O)
Q : 풍량(m³/sec)
η : 송풍기 효율
α : 여유율

$$\therefore kW = \frac{250mmH_2O \times 6,000m^3/hr \times 1hr/3,600sec}{102 \times 0.65} \times 1.2$$

$= 7.54kW$

TIP
① 1kW = 102kg·m/sec
② 여유율이 20%이면 $\alpha = 1.2$

48 탄소 87%, 수소 10%, 황 3%의 조성을 가진 중유 2kg을 완전 연소시킬 때, 필요한 이론공기량은(Sm³)?

㉮ 8.6   ㉯ 14
㉰ 18   ㉱ 21

풀이 이론공기량(A_o)

$= 8.89C + 26.67(H - \frac{O}{8}) + 3.33S (Sm^3/kg)$

C : 탄소 함량
H : 수소함량
O : 산소함량
S : 황의 함량

answer 45 ㉱ 46 ㉯ 47 ㉯ 48 ㉱

A_o = {8.89×0.87+26.67×0.1+3.33×0.03}(Sm³/kg)×2kg
     = 21.0Sm³

49 지구의 대기권에서 오존층이 존재하는 권역은?

㉮ 열권   ㉯ 성층권
㉰ 중간권 ㉱ 대류권

풀이 오존층은 성층권에 존재하며 오존의 농도가 10ppm으로 최대를 나타내는 높이는 20~30km 지점이다.

50 0.05%는 몇 ppm인가?

㉮ 5ppm   ㉯ 50ppm
㉰ 500ppm   ㉱ 5,000ppm

풀이 0.05%×10⁴ = 500ppm

TIP
① % $\xrightarrow{\times 10^4}$ ppm
② ppm $\xrightarrow{\times 10^{-4}}$ %

51 폭 10m, 길이 30m, 높이 3m인 장방형 침전지에 0.05m³/sec의 유량이 유입될 때 체류시간(hr)은?

㉮ 3   ㉯ 4
㉰ 5   ㉱ 6

풀이 $t = \dfrac{V}{Q}$

- t : 체류시간(hr)   V : 체적(m³)
- Q : 유량(m³/hr)

따라서 $t = \dfrac{10m \times 30m \times 3m}{0.05m^3/sec \times 3,600sec/hr} = 5hr$

TIP
① 장방형(직사각형)에서
   체적(m³) = 폭(W)×길이(L)×높이(H)
② 원형에서 체적(m³) = $\dfrac{\pi D^2}{4}$×H(깊이)

52 생물학적 원리를 이용하여 영양염류(인 또는 질소)를 효과적으로 제거할 수 있는 공법이라 볼 수 없는 것은?

㉮ M - A/S   ㉯ A/O
㉰ Bardenpho   ㉱ UCT

풀이 ㉮ M - A/S : 유분을 처리하는 부상법
㉯ A/O 공법 : 인(P) 처리공법
㉰ Bardenpho 공법 : 4단계 Bardenpho 공법(질소(N) 처리공법), 5단계 Bardenpho 공법(질소(N), 인(P) 처리공법)
㉱ UCT공법 : 질소(N), 인(P) 처리공법

53 Ca(OH)₂ 1mM이 용해된 수용액의 pH는? (단, Ca(OH)₂ 100% 완전해리됨)

㉮ 10.4   ㉯ 10.7
㉰ 11.0   ㉱ 11.3

풀이 $Ca(OH)_2 \rightarrow Ca^{2+} + 2OH^-$
        xM   xM   2xM
따라서 xM = 1mM = 1×10⁻³M이다.
∴ pH = 14+log[OH⁻] = 14+log[2×1×10⁻³M]
     = 11.30

TIP
① 산성물질에서 pH = -log[H⁺]
② 알칼리성물질에서 pH = 14+log[OH⁻]
③ 1mM = 1×10⁻³M = 1×10⁻³mol/L

answer 49 ㉯ 50 ㉰ 51 ㉰ 52 ㉮ 53 ㉱

54 소수성 콜로이드에 관한 설명으로 틀린 것은?

㉮ 염에 대하여 큰 영향을 받지 않는다.
㉯ 매우 작은 입자로 존재한다.
㉰ 물과 반발하는 성질을 가지고 있다.
㉱ 물속에 현탁상태로 존재한다.

풀이 ㉮ 염에 대해 민감하다.

TIP
콜로이드성 물질의 특징
1. 친수성 콜로이드 물질
   ① 유탁상태(에멀젼)으로 존재한다.
   ② 염에 민감하지 못하다.
   ③ 표면장력이 용매보다 약하다.
   ④ 틴달효과가 약하거나 거의 없다.
   ⑤ 물과 쉽게 반응한다.
   ⑥ 재생이 용이하다.
2. 소수성 콜로이드 물질
   ① 현탁질(Suspensoid) 상태이다.
   ② 염에 매우 민감하다.
   ③ 표면장력이 용매와 비슷하다.
   ④ 틴달효과가 크다.
   ⑤ 물과 반발하는 성질이 있다.
   ⑥ 재생이 어렵다.

55 매립지의 침출수 발생 및 그 성상에 관한 다음 설명 중 옳지 않은 것은?

㉮ 침출수내 유기물질의 농도는 대체적으로 매립지에서 가스가 많이 생산될수록 저하된다.
㉯ 침출수내 유기물질의 농도는 매립지내 혐기성분해가 잘 일어날수록 저하된다.
㉰ 침출수의 특성은 폐기물의 종류와 분해 특성에 따라 크게 달라진다.
㉱ 침출수내에는 중금속이 거의 포함되어 있지 않기 때문에 생물학적처리가 가장 효과적이다.

풀이 ㉱ 침출수내에는 중금속이 포함되어 있으므로 생물학적 처리가 비효과적이다.

56 쓰레기 수거노선을 결정할 때 고려사항으로 틀린 것은?

㉮ U자형 회전을 피하여 수거한다.
㉯ 가능한 한 시계방향으로 수거노선을 정한다.
㉰ 아주 많은 양의 쓰레기가 발생되는 발생원은 하루 중 가장 나중에 수거한다.
㉱ 적은 양의 쓰레기가 발생하나 동일한 수거빈도를 받기를 원하는 수거지점은 가능한 한 같은 날 왕복내에서 수거하도록 한다.

풀이 ㉰ 아주 많은 양의 쓰레기가 발생되는 발생원은 하루 중 가장 먼저 수거한다.

TIP
쓰레기 수거노선
① U자형 회전을 피하여 수거한다.
② 가능한 시계방향으로 수거노선을 정한다.
③ 아주 많은 양의 쓰레기가 발생되는 발생원은 하루 중 가장 먼저 수거한다.
④ 적은 양의 쓰레기가 발생하나 동일한 수거빈도를 받기를 원하는 수거지점은 가능한 한 같은 날 왕복내에서 수거하도록 한다.
⑤ 가능한 지형 지물 및 도로경계와 같은 장벽을 이용하여 간선도로 부근에서 시작하고 끝나도록 한다.
⑥ 언덕길은 내려가면서 수거한다.
⑦ 출발점은 차고지에 가깝게 하고 수거된 마지막 콘테이너가 가장 처분지에 가까이 위치하도록 배치한다.
⑧ 교통이 혼잡한 지역에서 발생되는 쓰레기는 가능한 출퇴근 시간을 피하여 새벽에 수거한다.

answer 54 ㉮ 55 ㉱ 56 ㉰

57 쓰레기의 양이 1,000m³이며 밀도는 0.9톤/m³이다. 적재용량이 13톤인 차량이 있다면 모든 쓰레기를 동시에 운반하는데 몇 대의 차량이 필요한가?

㉮ 69대　　㉯ 70대
㉰ 71대　　㉱ 72대

풀이
$$차량\ 대수 = \frac{쓰레기의\ 양(m^3) \times 밀도(ton/m^3)}{차량의\ 적재용량(ton/대)}$$
$$= \frac{1,000m^3 \times 0.9ton/m^3}{13ton/대} = 69.23 = 70대$$

TIP
차량 대수를 계산할 때는 소수점 첫째자리에서 완전 올림한다.

58 노의 하부로부터 가스를 주입하여 모래를 띄운 후 이를 가열시켜 상부에서 폐기물을 투입하여 소각하는 방법은?

㉮ 유동상소각로　　㉯ 다단로
㉰ 회전로　　㉱ 고정상소각로

TIP
유동층 소각로
① 노의 하부로부터 가스를 주입하여 모래를 띄운 후 이를 가열시켜 상부에서 폐기물을 투입하여 소각하는 방법이다.
② 소각로 하부에서 가스를 주입하여 불활성층을 유동시킨다.
③ 가열된 유동층에 폐기물에 주입하여 폐기물을 연소시킨다.
④ 과잉공기량이 적고 질소산화물이 적게 배출된다.
⑤ 폐기물은 로에 주입하기전 파쇄하여야 한다.
⑥ 소량의 과잉공기량으로도 연소가능하고 배기가스량이 적다.
⑦ 기계적 구동부분이 없어 유지관리가 용이하다.
⑧ 유동매체의 손실이 커 유지관리비가 많이 소요된다.
⑨ 노내 온도의 자동제어와 열회수가 용이하다.
⑩ 유동매체의 열용량이 커서 전소 및 혼소가 가능하다.
⑪ 연소효율이 높아 미연소분의 배출이 적고 2차 연소실이 불필요하다.

59 폐기물을 수집하기 위한 적환장의 설치 이유와 가장 거리가 먼 것은?

㉮ 작은 용량의 수집차량을 이용할 때
㉯ 작은 규모의 주택들이 밀집되어 있을 때
㉰ 상업지역의 수거에 대형용기를 사용할때
㉱ 처분지가 수집 장소로부터 비교적 멀리 떨어져 있을 때

풀이 ㉰ 상업지역의 수거에 소형용기를 사용할 때

60 음원이 움직일 때 진동수의 변화가 생겨서 그 진행방향 쪽에서는 발생 음보다 고음으로, 진행방향의 반대쪽에서는 저음으로 들리는 현상을 무엇이라 하는가?

㉮ 에코효과　　㉯ 도플러효과
㉰ 맥놀이효과　　㉱ 음의 간섭효과

풀이 ㉯ 도플러효과에 대한 설명으로 내용 중 핵심인 진행방향은 고음, 반대방향은 저음은 도플러효과임을 숙지하시면 됩니다.

answer 57 ㉯　58 ㉮　59 ㉰　60 ㉯

2018년 2회 CBT 복원 문제

01 식물의 잎맥사이 반점이 생기며 표백력이 강하고 대부분의 식물에 피해를 일으키는 대표적 대기오염물질은 어느 것인가?

㉮ 아황산가스 ㉯ 염소가스
㉰ 오존 ㉱ 불화수소가스

풀이 ㉮ 아황산가스(SO_2)에 대한 설명이다.

02 굴뚝의 유효높이에 관한 내용으로 틀린 것은 어느 것인가?

㉮ 배기가스 온도가 높을수록 유효높이가 감소한다.
㉯ 연돌실제 높이와 연기상승 높이로 나타낸다.
㉰ 수평풍속이 클수록 유효높이가 감소한다.
㉱ 배출가스 속도가 클수록 유효높이가 증가한다.

풀이 ㉮ 배기가스 온도가 높을수록 유효높이는 증가한다.

03 탄소 12kg이 완전히 연소하는데 필요한 이론공기량(Sm^3)은 얼마인가?

㉮ 106.7 ㉯ 157.3
㉰ 203.3 ㉱ 207.9

풀이 ① 이론산소량(Sm^3)을 계산한다.
$C + O_2 \rightarrow CO_2$
12kg : 22.4Sm^3
12kg : O_o(이론산소량)

∴ O_o(이론산소량) = $\dfrac{12kg \times 22.4Sm^3}{12kg}$
= 22.4Sm^3

② 이론공기량(Sm^3)을 계산한다.
이론공기량(Sm^3) = $\dfrac{이론산소량(Sm^3)}{0.21}$
= $\dfrac{22.4Sm^3}{0.21}$ = 106.67Sm^3

04 휘발유 자동차의 배출가스에 함유되어 있는 특정유해물질은 다음 중 어느 것인가?

㉮ Cr ㉯ Cu
㉰ Pb ㉱ As

풀이 ㉰ 휘발유 자동차는 첨가제로 사에틸납을 사용한다. 따라서 배출되는 특정유해물질은 납(Pb)이다.

05 다음의 대기오염방지 방법 중 황산화물의 처리방법으로 틀린 것은 어느 것인가?

㉮ 금속산화물법
㉯ 선택적 촉매환원법
㉰ 흡착법
㉱ 석회석법

풀이 ㉯ 선택적 촉매환원법은 질소산화물(NO_X)을 질소(N_2)로 환원시켜 처리하는 방법이다.

---

answer 01 ㉮ 02 ㉮ 03 ㉮ 04 ㉰ 05 ㉯

06 메탄 1몰이 완전연소할 경우 건조연소 배기가스 중의 CO_2 농도는 몇 %(부피)인가?

㉮ 11.74% ㉯ 16.25%
㉰ 21.03% ㉱ 23.62%

풀이 $CH_4 + 2O_2 \rightarrow CO_2 + 2H_2O$

$$CO_2\% = \frac{CO_2량}{God} \times 100$$

$God = (1 - 0.21)A_o + CO_2량$

따라서

$$CO_2\% = \frac{1}{(1-0.21) \times \frac{2}{0.21} + 1} \times 100 = 11.73\%$$

07 다음은 기체흡수에 관한 헨리의 법칙을 설명한 것이다. 알맞은 것은 어느 것인가?

㉮ 기체의 용해도가 높은 경우에만 헨리의 법칙이 성립한다.
㉯ 액상의 농도는 헨리정수가 클수록 높아진다.
㉰ 용질가스의 기상분압은 액상농도에 비례한다.
㉱ 일반적으로 헨리정수는 온도에 반비례한다.

풀이 ㉮ 기체의 용해도가 낮은 경우에만 헨리의 법칙이 성립한다.
㉯ 액상의 농도는 헨리정수가 작을수록 높아진다.
㉱ 일반적으로 헨리정수는 온도에 비례한다.

08 황산화물의 채취관의 재질로 틀린 것은 어느 것인가?

㉮ 스테인리스강 ㉯ 플루오로수지
㉰ 보통강철   ㉱ 염화비닐수지

풀이 ㉰ 보통강철은 암모니아와 일산화탄소의 채취관의 재질로 사용된다.

09 세정집진장치는 유수식과 가압수식으로 분류된다. 다음 중 유수식에 해당되는 것은?

㉮ 오리피스 스크러버
㉯ 벤튜리 스크러버
㉰ 제트 스크러버
㉱ 사이클론 스크러버

풀이 ① 유수식 : 오리피스 스크러버, 분수형, 나선가이드 베인
② 가압수식 : 사이클론 스크러버, 제트 스크러버, 벤튜리 스크러버, 충전탑, 분무탑

10 오염가스를 흡착하기 위하여 사용되는 흡착제의 종류로 틀린 것은 어느 것인가?

㉮ 활성탄   ㉯ 실리카겔
㉰ 활성알루미나 ㉱ 활성망간

풀이 ㉱ 활성망간은 흡수제이다.

---

answer 06 ㉮ 07 ㉰ 08 ㉰ 09 ㉮ 10 ㉱

11 불화수소를 함유한 배가스를 충전탑으로 흡수처리 하고자 한다. 기상총괄이동단위수(NOG)가 10이고 기상총괄단위 높이(HOG)가 0.5m이었다. 충전층의 높이(m)는 얼마인가?

㉮ 6.5m ㉯ 5m
㉰ 4.3m ㉱ 3.5m

풀이 H = NOG × HOG
여기서 H : 충전층의 높이(m)
NOG : 기상총괄이동단위수
HOG : 기상총괄단위 높이(m)
따라서 H = 10 × 0.5m = 5m

12 연료를 연소시킬 때 공기비가 큰 경우 발생하는 현상으로 틀린 것은 어느 것인가?

㉮ 연소실의 냉각효과를 가져온다.
㉯ 배기가스의 증가로 인한 열손실이 증대된다.
㉰ CO, HC의 농도가 증가한다.
㉱ 배기가스의 온도저하 및 황산화물, 질소산화물 등의 발생량이 증가한다.

풀이 ㉰ CO, HC의 농도가 증가하는 경우는 공기비가 적은 경우에 해당한다.

13 사이클론으로 100% 집진할 수 있는 최소 입경은 어느 것인가?

㉮ 절단입경(Cut size)
㉯ 기하학적 입경
㉰ 임계입경
㉱ 유체역학적 입경

풀이 ① 100% 제거입경 = 한계입경 = 임계입경
② 50% 제거입경 = 절단입경 = cut size

14 Stokes 영역에서 입자의 종말속도(V_t)를 나타내는 식으로 알맞은 것은 어느 것인가? (단, d : 입자직경, g : 중력가속도, ρ_s : 고체의 밀도, ρ_g : 가스밀도, μg : 가스점도)

㉮ $V_t = d^2 \cdot g(\rho_s - \rho_g)/(18\mu g)$
㉯ $V_t = d^3 \cdot g(\rho_s - \rho_g)/(9\mu g)$
㉰ $V_t = d^3 \cdot g(\rho_s - \rho_g)/(18\mu g)$
㉱ $V_t = d^2 \cdot g(\rho_s - \rho_g)/(9\mu g)$

풀이 Stokes 영역에서 입자의 종말속도(V_t)식으로 알맞은 것은 ㉮이다.

15 메탄(CH_4) 1Sm^3를 완전연소시킬 때 발생되는 이론건조 연소가스량(Sm^3)은 얼마인가?

㉮ 6.52 ㉯ 8.52
㉰ 10.52 ㉱ 12.52

풀이 $CH_4 + 2O_2 \rightarrow CO_2 + 2H_2O$에서
이론건조 연소가스량(God)
= (1 - 0.21)A_o + CO_2량
= (1 - 0.21) × $\frac{2}{0.21}$ + 1
= 8.52Sm^3

answer 11 ㉯ 12 ㉰ 13 ㉰ 14 ㉮ 15 ㉯

16 분뇨의 BOD가 200mg/L, 유입수량이 1800m³/일, 폭기조의 크기가 900m³이다. BOD용적부하는 얼마인가?

㉮ 0.4 BOD kg/m³·day
㉯ 0.6 BOD kg/m³·day
㉰ 0.8 BOD kg/m³·day
㉱ 0.9 BOD kg/m³·day

풀이 BOD용적부하(kg/m³·day)

$$= \frac{\text{BOD농도(kg/m}^3) \times \text{유입수량(m}^3/\text{day)}}{\text{폭기조크기(m}^3)}$$

$$= \frac{0.2\text{kg/m}^3 \times 1,800\text{m}^3/\text{day}}{900\text{m}^3}$$

$= 0.4\text{kg/m}^3 \cdot \text{day}$

17 다음의 오수처리 방법 중 호기성 미생물에 의한 처리법으로 틀린 것은 어느 것인가?

㉮ 활성슬러지법 ㉯ 산화지법
㉰ 습식산화법   ㉱ 살수여상법

풀이 ㉰ 습식산화법은 호기성 미생물을 이용한 오수처리법이 아니고, 호기성 소화법으로 유기물을 안정화 시키는 방법이다.

18 시료 10mL에 맛이나 냄새가 없는 물을 최대 190mL 넣어 희석했을 때까지 맛이나 냄새를 감지할 수 있었다면 냄새 역치는 얼마인가?

㉮ 18   ㉯ 19
㉰ 20   ㉱ 21

풀이 냄새역치(TON)

$$= \frac{\text{시료 부피(mL)} + \text{무취 정제수 부피(mL)}}{\text{시료 부피(mL)}}$$

$$= \frac{10\text{mL} + 190\text{mL}}{10\text{mL}}$$

$= 20$

19 살수여상의 주요 정화작용은 어느 것인가?

㉮ 기계적 여과   ㉯ 호기성 산화
㉰ 혐기성 산화   ㉱ 화학적 응집침전

풀이 ㉯ 살수여상의 주요 정화작용은 호기성 산화이다.

20 생물학적 원리를 이용하여 인과 질소를 동시에 제거하는 공법의 공정 중 혐기조의 역할로 알맞은 것은 어느 것인가?

㉮ 유기물 제거, 인의 과잉 흡수
㉯ 유기물 제거, 인의 방출
㉰ 유기물 제거, 탈질소
㉱ 유기물 제거, 질산화

풀이 반응조의 역할
① 무산소조 : 질소제거(탈질작용)
② 혐기성조 : 인(P)의 방출, 유기물 흡수(제거)
③ 호기성조 : 인(P)의 과잉흡수, 질산화

21 하수관거의 최소 매설깊이 중 기준이 되는 것은?

㉮ 0.5m   ㉯ 1m
㉰ 1.5m   ㉱ 2m

풀이 ㉯ 하수관거의 최소 매설깊이는 1m이상이다.

answer 16 ㉮ 17 ㉰ 18 ㉰ 19 ㉯ 20 ㉯ 21 ㉯

22 활성 슬러지법의 적절한 운영을 위한 다음 조건들의 범위로 가장 알맞은 것은?

	온도	pH
㉮	30~35℃	7~9
㉯	25~30℃	5~7
㉰	25~30℃	6~8
㉱	15~25℃	5~7

	DO	BOD : N : P
㉮	3mg/L이상	100 : 5 : 1
㉯	1mg/L이상	100 : 5 : 2
㉰	2mg/L이상	100 : 5 : 1
㉱	1.5mg/L이상	100 : 5 : 1

풀이 활성 슬러지법의 적정 조건 중 온도는 중온(25~30℃), pH는 6~8, 용존산소(DO)는 2mg/L이상, BOD : N : P의 비는 100 : 5 : 1이다.

23 질소화합물의 분해과정을 알맞게 나타낸 것은?

㉮ 유기물 → 질산성질소 → 아질산성질소 → 암모니아성질소
㉯ 유기물 → 아질산성질소 → 질산성질소 → 암모니아성질소
㉰ 유기물 → 암모니아성질소 → 아질산성질소 → 질산성질소
㉱ 유기물 → 유기질소 → 질산성질소 → 아질산성질소

풀이 질소화합물의 분해과정(질산화과정)은 유기물 → 암모니아성질소 → 아질산성질소 → 질산성질소 이다.

24 LC_{50}의 의미로 알맞은 것은 어느 것인가?

㉮ 시험용 물고기 생체내 실제로 받아들이는 독성물질의 반치사량을 말한다.
㉯ 시험용 물고기가 반수생존 할 수 있는 독성물질의 생체 농도
㉰ 시험용 물고기가 50% 죽는 폐수중의 독성물질 농도
㉱ 어떤 시험 시료의 50% 독성물질 함유 농도

풀이 LD_{50}(50% 경구 치사량)은 집단 시험의 50%를 죽일 수 있는 단 1회의 투여량이므로 정답은 ㉰ 이다.

25 하수의 처리정도는 일반적으로 차수별로 구분한다. 차수별 처리방법으로 틀린 것은?

㉮ 1차처리 : 침전법
㉯ 2차처리 : 활성슬러지법, 표준살수여상법 및 기타 이와같은정도로 처리할수있는 방법
㉰ 3차처리 : 급속여과법, 활성탄흡착법, 질소와 인의 제거법 및 기타 이와 같은 정도로 처리할 수 있는 방법
㉱ 4차처리 : 이온교환법, 전기분해법 및 이와 같은 정도로 처리할 수 있는 방법

풀이 하수의 차수별 처리방법으로는 1차처리, 2차처리, 3차처리로 나눌 수 있다.

answer 22 ㉰ 23 ㉰ 24 ㉰ 25 ㉱

26 침전지에서 지름이 0.1mm이고 비중이 2.65인 모래입자가 침전하는 경우에 침전속도(cm/sec)는 얼마인가? (단, 물의 점도는 0.01g/cm·sec이다.)

㉮ 약 0.9cm/sec ㉯ 약 1.2cm/sec
㉰ 약 1.8cm/sec ㉱ 약 2.2cm/sec

풀이
$$V_g = \frac{d^2(\rho_s - \rho_w)g}{18\mu}$$
$$= \frac{(0.01cm)^2 \times (2.65-1)g/cm^3 \times 980cm/sec^2}{18 \times 0.01 g/cm \cdot sec}$$
$$= 0.90 \text{ cm/sec}$$

27 혐기성 소화의 단점으로 틀린 것은 어느 것인가?

㉮ 초기 순응시간이 오래 걸린다.
㉯ 발생된 슬러지의 탈수성이 좋지 않다.
㉰ 호기성에 비해 체류시간이 길다.
㉱ 상징액에 질소와 인의 함량이 높다.

풀이 ㉯ 발생된 슬러지의 탈수성이 좋다.

28 다음 중 침사지의 유지관리 방법으로 틀린 것은 어느 것인가?

㉮ 모래, 자갈 등을 침전시켜야 한다.
㉯ 무기물 및 유기물 등을 모두 침전시켜야 한다.
㉰ 하수의 유속은 적정하게 유지하여야 한다.
㉱ 침사지에 침전된 침전물은 제거해야 한다.

풀이 ㉯ 무기물을 침전시켜야 한다.

29 하천의 SS가 100ppm이며 유량은 10,000m^3/일 이다. 부유물질의 10%가 침전된다면 침전물질량은 얼마인가?

㉮ 10kg/일   ㉯ 9,900kg/일
㉰ 1,000kg/일 ㉱ 100kg/일

풀이 침전물질량(kg/일)
= 침전되는 SS량(kg/m^3) × 유량(m^3/일)
= 0.1kg/m^3 × 0.1 × 10,000m^3/일
= 100kg/일

TIP
① ppm = mg/L = g/m^3
② mg/L $\xrightarrow{\times 10^{-3}}$ kg/m^3
③ 100ppm = 0.1kg/m^3

30 하수관거내에는 다음과 같은 기체(gas)들이 존재하고 있다. 이들 중 인체에 해를 가장 많이 미친다고 볼 수 있는 물질은 어느 것인가?

㉮ 이산화탄소 ㉯ 질소
㉰ 황화수소   ㉱ 메탄가스

풀이 ㉰ 황화수소(H_2S)는 혐기성상태에서 발생하는 물질이며, 인체에 해를 미치는 것은 물론이고 하수관거의 관정부식의 원인물질이다.

31 CH_2O를 완전산화 시킬 때 ThOD/TOC의 비는 얼마인가?

㉮ 1.57 ㉯ 1.98
㉰ 2.67 ㉱ 2.95

풀이 $CH_2O + O_2 \rightarrow CO_2 + H_2O$에서
$$\frac{\text{ThOD(이론적인 산소요구량)}}{\text{TOC(총유기 탄소량)}} = \frac{1 \times 32g}{1 \times 12g} = 2.67$$

answer 26 ㉮ 27 ㉯ 28 ㉯ 29 ㉱ 30 ㉰ 31 ㉰

32 생물학적 처리방법의 원리로 틀린 것은 어느 것인가?

㉮ 회전원판법 - 미생물 부착성장형으로서 별도의 산소공급장치가 없다.
㉯ 접촉안정법 - 생물흡수에 의하여 폐수 중의 유기물을 슬러지에 흡착시킨다.
㉰ 심층포기법 - U자형의 관을 이용하여 포기를 실시하며 주로 부상조를 사용하여 슬러지를 분리 시킨다.
㉱ 산화지법 - 수심 1m이하의 경우 호기성 세균의 산소 공급원은 조류와 균류이다.

풀이 ㉱ 산화지법 - 수심 1m이하의 경우 호기성 세균의 산소 공급원은 조류이다.

33 Jar-test를 실시한 결과 pH 7.3에서 500mL의 폐수에 0.2% $Al_2(SO_4)_3 \cdot 18H_2O$(밀도=$1.0g/cm^3$) 용액 20mL를 넣었을 경우 소요되는 응집제의 양(kg)은 얼마인가? (단, 폐수량은 $100m^3/day$이다.)

㉮ 8 ㉯ 10
㉰ 12 ㉱ 14

풀이 ① 응집제의 농도(mg/L)

$$= \frac{0.2 \times 10^4 mg}{L} \times 20 \times 10^{-3} L \times \frac{1}{0.5L} = 80mg/L$$

② 응집제의 양(kg)
= 응집제의 농도(kg/m^3) × 폐수량(m^3/day)
= $0.08kg/m^3$ × $100m^3/day$
= $8kg/day$

TIP

① % $\xrightarrow{\times 10^4}$ ppm
② 0.2% = 0.2×10^4 ppm = 0.2×10^4 mg/L
③ ppm = mg/L = g/m^3
④ mg/L $\xrightarrow{\times 10^{-3}}$ kg/m^3
⑤ 80ppm = $0.08kg/m^3$

34 카드뮴(Cd) 함유 폐수처리법으로 틀린 것은 어느 것인가?

㉮ 수산화물 침전법
㉯ 황화물 침전법
㉰ 탄산염 침전법
㉱ 수산화제2철 침전법

풀이 카드뮴(Cd) 함유 폐수처리법으로는 수산화물 침전법, 황화물 침전법, 탄산염 침전법, 부상법, 여과법, 이온교환법, 흡착법이 있다.

35 시안(CN^-) 성분의 주배출원으로 가장 알맞은 것은?

㉮ 안료 및 의약공장
㉯ 농약 및 피혁공장
㉰ 페놀 수지공장
㉱ 코우크스 공장 및 도금 공장

풀이 ㉱ 시안(CN^-) 성분의 주배출원은 코우크스 공장 및 도금 공장이다.

36 폐기물관리에 관련되는 활동 중 도시폐기물 관리에서 가장 많은 비용을 차지하는 부분은 어느 것인가?

㉮ 처리 ㉯ 저장
㉰ 처분 ㉱ 수집

풀이 도시폐기물 관리에서 가장 많은 비용을 차지하는 부분은 수집단계이며, 수집단계가 전체비용의 60%이상을 차지한다.

answer 32 ㉱ 33 ㉮ 34 ㉱ 35 ㉱ 36 ㉱

37 퇴비화의 장점으로 틀린 것은 어느 것인가?

㉮ 폐기물의 재활용
㉯ 높은 비료가치
㉰ 과정 중 낮은 Energy 소모
㉱ 낮은 초기시설 투자비

풀이 ㉯ 비료의 가치가 낮다.

38 밀도가 0.4t/m³인 쓰레기를 매립하기 위해 밀도 0.85t/m³으로 압축하였다. 압축비는 얼마인가?

㉮ 0.6
㉯ 1.8
㉰ 2.1
㉱ 3.3

풀이 압축비 = $\dfrac{\text{압축 전 부피}}{\text{압축 후 부피}}$ = $\dfrac{\text{압축 후 밀도}}{\text{압축 전 밀도}}$

= $\dfrac{0.85 t/m^3}{0.4 t/m^3}$ = 2.13

39 알칼리도 자료의 이용에 관한 내용으로 틀린 것은 어느 것인가?

㉮ 응집제 투입시 적정 pH 유지 및 응집효과 촉진
㉯ 석회 및 소오다회의 소요량 계산
㉰ 질산화 및 탈질에 소모되는 용존산소량 산정
㉱ 폐수와 슬러지의 완충용량 계산

풀이 알칼리도 자료의 이용
① 응집제 투입시 적정 pH 유지 및 응집효과 촉진
② 석회 및 소오다회의 소요량 계산
③ 폐수와 슬러지의 완충용량 계산

40 슬러지 개량 방법 중 세척에 대한 내용으로 틀린 것은 어느 것인가?

㉮ 소화슬러지를 물과 혼합시킨 후 재침전시키는 방법이다.
㉯ 슬러지내의 가스방울을 없애줌으로써 부력을 감소시켜 잘 농축되게 한다.
㉰ 슬러지의 비료가치가 낮아진다.
㉱ 슬러지의 산도(Acidity)를 줄여 슬러지 탈수에 사용되는 응집제량을 줄일 수 있다.

풀이 ㉱ 슬러지의 알칼리도를 줄여 슬러지 탈수에 사용되는 응집제량을 줄일 수 있다.

41 다음에서 설명하는 매립공법은 어느 것인가?

- 폐기물과 복토층을 교대로 쌓는 방식이다.
- 협곡, 산간 및 폐광산 등에서 사용하는 방법이다.
- 외곽 우수배제시설 필요하다.
- 복토재의 외부 반입이 필요하다.

㉮ 샌드위치공법
㉯ 도랑형공법
㉰ 박층뿌림공법
㉱ 순차투입공법

풀이 ㉮ 샌드위치공법이다.

42 탈수기중 슬러지 cake 함수율을 가장 낮게 운영 가동할 수 있는 탈수기는 어느 것인가?

㉮ 진공탈수기
㉯ 가압탈수기
㉰ 벨트프레스탈수기
㉱ 원심탈수기

풀이 ㉯ 가압탈수기는 cake 함수율이 50%정도이고, 나머지는 60~85% 전후이다.

answer 37 ㉯ 38 ㉰ 39 ㉰ 40 ㉱ 41 ㉮ 42 ㉯

43 99% 잉여슬러지 20m³를 농축하여 95%로 했을 때 슬러지량(m³)은 얼마인가?

㉮ 4   ㉯ 6
㉰ 8   ㉱ 10

풀이
$V_1 \times (100 - P_1) = V_2 \times (100 - P_2)$
$20m^3 \times (100 - 99) = V_2 \times (100 - 95)$
$\therefore V_2 = 4m^3$

44 Dulong 공식을 사용하여 슬러지의 건조 무게당 발열량을 구하는 방법은 어느 것인가?

㉮ 원소분석법   ㉯ 근사치분석법
㉰ 열량계법   ㉱ 열분해법

풀이 ㉮ Dulong 공식은 원소분석법에 해당한다.

TIP
Dulong 공식
고위발열량(Hh)
$= 8,100C + 34,000(H - \dfrac{O}{8}) + 2,500S$ (Kcal/kg)

45 폐기물 고형화에 대한 설명으로 틀린 것은 어느 것인가?

㉮ 폐기물을 물리적으로 고립시킬 수 있다.
㉯ 폐기물을 화학적으로 안정시킨다.
㉰ 부피축소로 처분비용, 운반비용을 줄일 수 있다.
㉱ 폐기성분의 자연계 유출을 지연시킨다.

풀이 ㉰ 부피증가로 처분비용, 운반비용이 증가한다.

46 우리나라에서 가장 많이 이용되는 분뇨 처리방법은 어느 것인가?

㉮ 생물학적 처리방법
㉯ 화학적 처리방법
㉰ 물리적 처리방법
㉱ 해양투기 방법

풀이 우리나라에서 가장 많이 이용되는 분뇨처리방법은 생물학적 처리방법이다.

47 밀도가 400kg/m³인 폐기물을 밀도 600kg/m³으로 압축시킬 경우 부피는 몇 % 감소하는가?

㉮ 25%   ㉯ 33%
㉰ 40%   ㉱ 42%

풀이 부피감소율(%)
$= \dfrac{\text{압축 전 부피} - \text{압축 후 부피}}{\text{압축 전 부피}} \times 100$
$= \dfrac{\text{압축 후 밀도} - \text{압축 전 밀도}}{\text{압축 후 밀도}} \times 100$
$= \dfrac{600kg/m^3 - 400kg/m^3}{600kg/m^3} \times 100$
$= 33.33\%$

48 쓰레기통의 위치나 모양에 따라 쓰레기 수거 효율이 결정된다면 다음 중 수거효율이 가장 우수한 방식은?

㉮ 집안 이동식   ㉯ 집밖 이동식
㉰ 집안 고정식   ㉱ 집밖 고정식

풀이 수거효율이 우수한 순서는 ㉯ 집밖 이동식 > ㉮ 집안 이동식 > ㉱ 집밖 고정식 > ㉰ 집안 고정식 순이다.

answer 43 ㉮ 44 ㉮ 45 ㉰ 46 ㉮ 47 ㉯ 48 ㉯

49 분뇨처리의 기본목표로 틀린 것은 어느 것인가?

㉮ 안전화 ㉯ 유기화
㉰ 감량화 ㉱ 안정화

> 풀이 ㉯ 분뇨처리의 기본목표는 안전화, 감량화, 안정화, 무해화이다.

50 기름에 불이 붙는 방식과 같은 방식의 연소는 어떠한 연소방식인가?

㉮ 증발연소 ㉯ 분해연소
㉰ 표면연소 ㉱ 자기연소

> 풀이 ㉮ 기름에 불이 붙는 방식과 같은 방식의 연소는 증발연소이다.

51 다음의 품목 중 재활용이 가장 곤란한 폐기물 품목은 어느 것인가?

㉮ 폐지류 ㉯ 고철류
㉰ 혼합 폐기물 ㉱ 폐타이어

> 풀이 ㉰ 재활용이 가장 곤란한 폐기물 품목은 혼합 폐기물이다.

52 유동층 소각로를 설명한 내용으로 틀린 것은 어느 것인가?

㉮ 소각로 하부에서 가스를 주입하여 불활성 층을 유동시킨다.
㉯ 가열된 유동층에 폐기물을 주입하여 폐기물을 연소시킨다.
㉰ 유동층의 충진물은 활성이 강하고, 융점이 낮은 것이 좋다.
㉱ 폐기물은 로에 주입하기전 파쇄하여야 한다.

> 풀이 ㉰ 유동층의 충진물은 비활성이고 높은 융점을 가져야 한다.

53 도시지역에서의 쓰레기 수거계통으로 알맞은 것은 어느 것인가?

㉮ 발생원 - 저장용기 - 처리장 - 수거차 - 적환장
㉯ 발생원 - 적환장 - 수거차 - 저장용기 - 처리장
㉰ 발생원 - 저장용기 - 수거차 - 적환장 - 처리장
㉱ 발생원 - 저장용기 - 적환장 - 수거차 - 처리장

> 풀이 ㉰ 도시지역에서의 쓰레기 수거계통은 발생원 - 저장용기 - 수거차 - 적환장 - 처리장 순이다.

54 쓰레기의 수거노선을 결정할 때 고려사항으로 틀린 것은 어느 것인가?

㉮ U자형 회전을 피하여 수거한다.
㉯ 가능한 한 시계방향으로 수거노선을 정한다.
㉰ 아주 많은 양의 쓰레기가 발생되는 발생원은 하루 중 가장 나중에 수거한다.
㉱ 적은 양의 쓰레기가 발생하나 동일한 수거빈도를 받기를 원하는 수거지점은 가능한 한 같은 날 왕복내에서 수거하도록 한다.

> 풀이 ㉰ 아주 많은 양의 쓰레기가 발생되는 발생원은 하루 중 가장 먼저 수거한다.

answer 49 ㉯ 50 ㉮ 51 ㉰ 52 ㉰ 53 ㉰ 54 ㉰

55 쓰레기를 위생적으로 매립할 때 쓰이는 lining 재료로 가장 알맞은 것은 어느 것인가?

㉮ 자갈 ㉯ 실트
㉰ 점토 ㉱ 모래

풀이 ㉯ lining 재료로 사용되는 것은 실트이다.

> **TIP**
> lining(라이닝)이란 내마모, 내열 등을 위해서 물체 표면에 목적에 알맞은 재료의 얇은 층을 만드는 것을 말한다.

56 다음 ( ) 안에 알맞은 말은?

> 한 장소에 있어서 특정 음을 대상으로 생각할 경우, 대상소음이 없을 때 그 장소의 소음을 대상소음에 대한 ( ) 이라 한다.

㉮ 정상소음 ㉯ 암소음
㉰ 상대소음 ㉱ 측정소음

풀이 ㉯ 암소음에 대한 설명이다.

57 음압레벨 90dB인 기계가 가동중이다. 여기에 음압레벨 88dB인 기계를 추가로 가동시킬 때 합성음압 레벨(dB)은 얼마인가?

㉮ 92dB ㉯ 94dB
㉰ 96dB ㉱ 98dB

풀이
합성음압레벨$(L) = 10\log\left(10^{\frac{L_1}{10}} + 10^{\frac{L_2}{10}} \cdots\right)$
$= 10\log\left(10^{\frac{90}{10}} + 10^{\frac{88}{10}}\right)$
$= 92.12\text{dB}$

58 진동측정시 진동 픽업을 설치하기 위한 장소로 틀린 것은 어느 것인가?

㉮ 경사 또는 요철이 없는 장소
㉯ 완충물이 있고 충분히 다져 굳은 장소
㉰ 복잡한 반사 회절현상이 없는 지점
㉱ 온도, 전자기 등의 외부 영향을 받지 않는 곳

풀이 ㉯ 완충물이 없고, 충분히 다져서 단단히 굳은 장소

59 청감보정회로 특성 중 사람의 귀에 가장 적합한 특성은 어느 것인가?

㉮ A 특성 ㉯ B 특성
㉰ C 특성 ㉱ D 특성

풀이 청감보정회로 특성 중 사람의 귀에 가장 적합한 특성은 A 특성이다.

60 투과율이 0.01인 건축재료의 투과손실은 얼마인가?

㉮ 5dB ㉯ 10dB
㉰ 20dB ㉱ 30dB

풀이
투과손실$(TL) = 10\log\left(\frac{1}{\text{투과율}}\right)$
$= 10\log\left(\frac{1}{0.01}\right) = 20\text{dB}$

answer 55 ㉯ 56 ㉯ 57 ㉮ 58 ㉯ 59 ㉮ 60 ㉰

2019 3회 CBT 복원 문제

01 연료의 특성에 관한 설명이 틀린 것은?

㉮ 수분 함유량이 많으면 착화성이 나쁘고 열손실이 크다.
㉯ 회분함량이 많으면 연소효과가 나쁘고 취급이 불편하다.
㉰ 휘발분이 많으면 불꽃이 길고 연기가 발생한다.
㉱ 고정탄소가 많으면 발열량이 낮고 불꽃의 길이가 짧다.

풀이 ㉱ 고정탄소가 많으면 발열량이 높고 불꽃의 길이가 짧다.

02 황 함유량이 2%인 중유 10ton을 연소할 때 생성되는 SO_2의 부피는 얼마인가? (단, 함유된 황은 전량 SO_2로 된다고 가정한다.)

㉮ $32Nm^3$ ㉯ $64Nm^3$
㉰ $128Nm^3$ ㉱ $140Nm^3$

풀이 $S + O_2 \rightarrow SO_2$
32kg : $22.4Nm^3$
$10 \times 10^3 kg \times 0.02$: X

$\therefore X = \dfrac{22.4Nm^3 \times 10 \times 10^3 kg \times 0.02}{32kg} = 140Nm^3$

TIP
① ton $\xrightarrow{\times 10^3}$ kg
② $Nm^3 = Sm^3 = 0℃, 760mmHg =$ 표준상태

03 프로판가스(C_3H_8) $1Sm^3$을 완전 연소하는데 필요한 이론 공기량(Sm^3)은 얼마인가?

㉮ 7.14 ㉯ 9.52
㉰ 14.28 ㉱ 23.81

풀이 $C_3H_8 + 5O_2 \rightarrow 3CO_2 + 5H_2O$

이론 공기량(A_o) = $\dfrac{산소량(Sm^3)}{0.21}$

$= \dfrac{5}{0.21} = 23.81 Sm^3/Sm^3$

TIP
① $Sm^3/Sm^3 =$ 체적비 = 갯수비
② 이론 공기량(A_o) = $\dfrac{산소량(Sm^3)}{0.21} = \dfrac{산소의 갯수}{0.21}$

04 1 V/V ppm에 상당하는 W/W ppm값이 가장 큰 대기오염 물질은?

㉮ 염화수소 ㉯ 이산화황
㉰ 이산화질소 ㉱ 시안화수소

풀이 V/V ppm에 상당하는 W/W ppm 값이 가장 큰 물질은 분자량이 클수록 증가하므로 분자량이 가장 큰 물질을 찾으면 된다. 따라서 이산화황이 정답이다.

TIP
① 분자량 = 원자량 + 원자량
② 각 물질의 분자량
   염화수소(HCl) = 1 + 35.5 = 36.5

answer 01 ㉱ 02 ㉱ 03 ㉱ 04 ㉯

이산화황(SO_2) = 32 + 2 × 16 = 64
이산화질소(NO_2) = 14 + 2 × 16 = 46
시안화수소(HCN) = 1 + 12 + 14 = 27

> **TIP**
> **헨리법칙**
> ① 적용기체는 난용성 물질로 CO, NO, NO_2, O_2, N_2, H_2 등이 있다.
> ② 비적용기체는 수용성 물질로 HCl, HF, NH_3, SO_2, Cl_2 등이 있다.

05 불완전 연소시 발생하는 물질로 우리 몸의 적혈구내에 있는 헤모글로빈과 결합하여 적혈구의 산소이동 능력을 저하시킴으로서 치명적인 피해를 입게 하는 가스는?

㉮ 이산화탄소 가스
㉯ 아황산 가스
㉰ 아질산 가스
㉱ 일산화탄소 가스

풀이 ㉱ 일산화탄소(CO) 가스에 대한 설명이다.

06 아황산가스, 황화수소, 암모니아의 가스 제거에 적합하지 않은 흡착제는 어느 것인가?

㉮ 실리카겔   ㉯ 활성탄
㉰ 알루미나겔 ㉱ 지올라이트

풀이 아황산가스, 황화수소, 암모니아의 가스제거에 부적합한 흡착제는 활성탄이다.

07 유해가스 처리기술 중 헨리법칙을 바탕으로 하여 오염 가스를 제거하는 방법으로 가장 알맞은 것은?

㉮ 흡수   ㉯ 흡착
㉰ 연소   ㉱ 집진

풀이 헨리법칙의 원리는 흡수이다.

08 연소과정에서 생성되는 질소산화물의 특성 중 맞는 것은?

㉮ 화염속에서 생성되는 질소산화물은 주로 NO_2이며, 소량의 NO를 함유한다.
㉯ 질소산화물의 생성은 연료중의 질소와 공기 중의 질소가 산소와 반응하여 이루어진다.
㉰ 화염온도가 낮을수록 질소산화물의 생성량은 커진다.
㉱ 배기가스중 산소분압이 낮을수록 생성이 커진다.

풀이 ㉮ 화염속에서 생성되는 질소산화물은 주로 NO이며, 소량의 NO_2를 함유한다.
㉰ 화염온도가 높을수록 질소산화물의 생성량은 커진다.
㉱ 배기가스 중 산소분압이 높을수록 생성이 커진다.

09 중유의 가장 중요한 성질로서 온도가 상승할수록 그 수치가 낮아지는 것은?

㉮ 착화점   ㉯ 인화점
㉰ 황분   ㉱ 점도

풀이 액체는 온도가 상승 할수록 점도는 낮아지고, 기체는 온도가 상승 할수록 점도가 높아진다.

answer 05 ㉱ 06 ㉯ 07 ㉮ 08 ㉯ 09 ㉱

10 보기와 같은 특성을 지닌 대기오염 물질은?

> [보기]
> ㉠ 산화력이 매우 강한 물질이다.
> ㉡ 가죽제품이나 고무제품을 각질화 시킨다.
> ㉢ 마늘냄새 같은 특유의 냄새를 내는 기체이다.
> ㉣ 대기중 배경농도는 0.01 ~ 0.02ppm 정도이다.

㉮ 오존 ㉯ 암모니아
㉰ 황화수소 ㉱ 일산화탄소

풀이 ㉮ 오존(O_3)에 대한 설명이다.

11 다음 중 사이클론(cyclone)에 대한 설명으로 틀린 것은?

㉮ 사이클론은 중력집진장치의 일반적인 형태이다.
㉯ 같은 사이클론에서는 압력손실이 클수록 집진효율이 높아진다.
㉰ 사이클론은 몸통직경이 작을수록 작은 입자를 포집할 수 있다.
㉱ 작은 몸통직경의 사이클론을 여러개 병렬로 연결한 것을 멀티사이클론이라 한다.

풀이 ㉮ 사이클론은 원심력집진장치의 일반적인 형태이다.

TIP
집진장치의 종류
① 큰 입자를 처리하며 제거효율이 낮은 전처리 장치로는 중력집진장치, 관성력집진장치, 원심력집진장치가 있다.
② 미세한 입자를 처리하며 효율이 높은 주처리 장치로는 세정집진장치, 여과집진장치, 전기집진장치가 있다.

12 가스상 대기 오염물질의 제거방법이 아닌 것은?

㉮ 흡수법 ㉯ 흡착법
㉰ 연소법 ㉱ 여과법

풀이 ㉱ 여과법은 입자상 물질을 제거하는 방법이다.

13 어떤 집진시설의 집진율이 99%이고, 집진시설 유입구의 먼지농도가 15.5g/m³일 때 유출구의 먼지농도(g/m³)는 얼마인가?

㉮ 0.01 ㉯ 0.135
㉰ 0.145 ㉱ 0.155

풀이
집진효율(η) = $\left(1 - \dfrac{\text{유출구의 먼지농도}(C_o)}{\text{유입구의 먼지농도}(C_i)}\right) \times 100$

따라서 $0.99 = \left(1 - \dfrac{C_o}{15.5\text{g/m}^3}\right)$

∴ $C_o = 15.5\text{g/m}^3 \times (1 - 0.99)$
  $= 0.155\text{g/m}^3$

14 다음 집진장치 중 동력비가 가장 적은 것은?

㉮ 충진탑 ㉯ 사이클론
㉰ 여과 집진기 ㉱ 중력 집진기

풀이 일반적으로 압력손실이 가장 작은 집진장치가 동력비도 가장 적게 소요되므로 중력집진기가 정답이 된다.

answer 10 ㉮ 11 ㉮ 12 ㉱ 13 ㉱ 14 ㉱

15 대기 중 비산먼지를 측정할 때 사용하는 기기는?

㉮ 스택샘플러
㉯ 분광광도계
㉰ 기체크로마토그래피
㉱ 고용량공기시료채취기

풀이 비산먼지를 측정하는 가장 대표적인 장치는 고용량공기시료채취기이다.

16 염소혼화지에 2,000m³/day의 처리수가 유입할 때 혼화시간을 15분으로 하고 혼화지의 폭은 1.0m, 수심은 0.8m로 하였다. 수로(혼화지)의 유효길이는 얼마인가?

㉮ 12m   ㉯ 15m
㉰ 20m   ㉱ 26m

풀이 ① 체적(V) 계산
$V(m^3) = Q(m^3/day) \times t(day)$
$= 2000m^3/day \times 15min \times 1hr/60min \times 1day/24hr$
$= 20.83m^3$
② $V = W \times H \times L$
$\therefore L = \dfrac{V}{W \times H} \times \dfrac{20.83m^3}{1.0m \times 0.8m} = 26.04m$

17 혐기성 소화조의 장점이라 볼 수 없는 것은?

㉮ 폐슬러지량 감소
㉯ 유출수의 수질 양호
㉰ 고농도 폐수처리
㉱ 이용 가능한 가스생산

풀이 ㉯ 유출수의 수질 불량

18 수심이 4m이고 체류시간이 3시간인 장방형 침전지의 표면 부하율은 얼마인가?

㉮ $32m^3/m^2 \cdot day$ ㉯ $30m^3/m^2 \cdot day$
㉰ $28m^3/m^2 \cdot day$ ㉱ $26m^3/m^2 \cdot day$

풀이 표면적부하율($m^3/m^2 \cdot day$)
$= \dfrac{유량(Q)}{수면적(A)} = \dfrac{수심(H)}{체류시간(t)}$
$= \dfrac{4m}{\left(\dfrac{3hr}{24}\right)day} = 32m/day(m^3/m^2 \cdot day)$

19 30m × 18m × 3.6m 규격의 직사각형조에 물이 가득차 있다. 약품주입 농도를 80mg/L로 하기 위하여 주입해야 할 화학약품은 얼마인가?

㉮ 214kg   ㉯ 156kg
㉰ 148kg   ㉱ 134kg

풀이 주입해야 할 양(kg)
= 농도(kg/m³) × 체적(V)
= 80 × 10⁻³kg/m³ × (30m × 18m × 3.6m)
= 155.52kg

TIP
① ppm = mg/L = g/m³
② mg/L $\xrightarrow{\times 10^{-3}}$ kg/m³

20 함수율 97%인 슬러지 20m³을 함수율 95%로 농축하였다면 슬러지의 부피는?

㉮ 8m³   ㉯ 10m³
㉰ 12m³   ㉱ 14m³

풀이 $V_1 \times (100 - P_1) = V_2 \times (100 - P_2)$
따라서 20m³ × (100 - 97) = V_2 × (100 - 95)
$\therefore V_2 = 12m^3$

answer 15 ㉱ 16 ㉱ 17 ㉯ 18 ㉮ 19 ㉯ 20 ㉰

21 다음 중 슬러지 팽화의 지표로서 관계가 깊은 것은?

㉮ SRT
㉯ SVI
㉰ MLSS
㉱ MLVSS

풀이 침강성의 정도를 나타내는 지수는 슬러지용적지수(SVI)이다.

> **TIP**
> ① $SVI(mL/g) = \dfrac{\text{침강슬러지(mL/L)}}{\text{미생물(mg/L)}} \times 10^3$
> ② SVI가 50~150이면 정상 침강
> ③ SVI가 200이상이면 슬러지 팽화

22 산성 폐수의 특성으로 틀린 것은?

㉮ 맛이 시다.
㉯ 염기를 중화시킨다.
㉰ 리트머스 시험지를 푸르게 한다.
㉱ 금속과 반응하여 H_2 가스를 발생한다.

풀이 ㉰ 리트머스 시험지를 붉게 한다.

23 생물학적 폐수처리에 있어서 팽화(Bulking)현상의 원인으로 틀린 것은?

㉮ 미생물에 비해서 유기물 먹이가 너무 많을 경우
㉯ 포기조의 용존산소가 부족할 경우
㉰ 유입수에 갑자기 산업폐수가 혼합되어 유입될 경우
㉱ 포기조내 질소와 인이 유입될 경우

풀이 ㉱ 포기조내 질소와 인이 부족할 때

24 독성 있는 6가를 독성 없는 3가로 pH 2~4에서 환원시키고 3가를 pH 8.0~8.5 범위에서 침전시키는 폐수는?

㉮ 납 함유 폐수
㉯ 비소 함유 폐수
㉰ 크롬 함유 폐수
㉱ 카드뮴 함유 폐수

풀이 ㉰ 크롬 함유 폐수에 대한 설명이다.

25 파라티온, 이피엔과 같은 농약이 함유되었던 폐수와 가장 관계가 깊은 것은?

㉮ 납 화합물
㉯ 시안 화합물
㉰ 크롬 화합물
㉱ 유기인 화합물

풀이 파라티온, 이피엔, 다이아지논, 메틸디메톤, 펜토에이트는 유기인계 농약성분이다.

26 산도(acidity)나 경도(hardness)는 무엇으로 환산하는가?

㉮ 염화칼슘
㉯ 탄산칼슘
㉰ 질산칼슘
㉱ 수산화칼슘

풀이 산도나 경도 그리고 알칼리도의 기준물질은 탄산칼슘($CaCO_3$)이다.

27 입자가 침강하는 동안 입자가 점점 커져서 침전속도가 빨라지는 침전은?

㉮ 독립침전(Ⅰ형)
㉯ 응집(응결)침전(Ⅱ형)
㉰ 지역침전(Ⅲ형)
㉱ 압축침전(Ⅳ형)

풀이 ㉯ 응집(응결)침전(Ⅱ형)에 대한 설명이다.

answer 21 ㉯ 22 ㉰ 23 ㉱ 24 ㉰ 25 ㉱ 26 ㉯ 27 ㉯

28 침전한 슬러지에서 가장 먼저 처리하는 것은?

㉮ 수분 제거
㉯ 병원균 제거
㉰ 고형물 함량 제거
㉱ 부패성 유기물 제거

풀이 슬러지 처리의 목적은 수분을 제거하는 것이다.

29 염소 살균에서 용존염소가 반응하여 불쾌한 맛과 냄새를 유발하는 것은?

㉮ 클로라민   ㉯ 용존불소
㉰ 클로로페놀 ㉱ 트리할로메탄

풀이 염소 살균에서 용존염소가 반응하여 불쾌한 맛과 냄새를 유발하는 물질은 클로로페놀이다.

30 침전지 유입구에 설치하는 정류판(baffle) 목적은?

㉮ 폐수의 부유물 제거
㉯ 유속의 감소와 유량의 분산유도
㉰ 폐수의 흐름을 일정한 방향으로 유도
㉱ 유입구 측의 침전방지를 위해 유속증가

풀이 정류판의 목적은 유속의 감소와 유량의 분산유도이다.

31 레이놀드 수의 관계인자로 틀린 것은?

㉮ 입자의 지름   ㉯ 액체의 점도
㉰ 액체의 비표면적 ㉱ 입자의 속도

풀이 레이놀드 수(Re) = $\dfrac{D \times V \times \rho}{\mu} = \dfrac{D \times V}{\nu}$

D : 직경, V : 유속, ρ : 밀도, μ : 점성도, ν : 동점도

32 입자의 침강속도 0.5m/day, 유입수량 50m³/day, 침전지 표면적 50m², 깊이 2m인 침전지에서의 제거효율은?

㉮ 20%   ㉯ 50%
㉰ 70%   ㉱ 90%

풀이 침강속도(Vs) = 수면부하율(Vo) × 제거효율(η)

$0.5\text{m/day} = \dfrac{50\text{m}^3/\text{day}}{50\text{m}^2} \times \eta$

$\therefore \eta = \dfrac{0.5\text{m/day}}{\dfrac{50\text{m}^3/\text{day}}{50\text{m}^2}} = 0.50$

따라서 제거효율(η)은 50%이다.

TIP

수면부하율(Vo) = $\dfrac{\text{유입수량(m}^3/\text{day)}}{\text{수면적(m}^2)}$

33 pH 2인 폐수와 pH 5인 폐수를 중화 처리하고자 할 때 소요되는 중화제 약품량의 비는?

㉮ 3 : 1   ㉯ 300 : 1
㉰ 1000 : 1   ㉱ 10000 : 1

풀이 pH = -log[H⁺]에서
[H⁺] = 10^{-pH} mol/L이므로
pH = 2에서 [H⁺] = 10^{-2} mol/L
pH = 5에서 [H⁺] = 10^{-5} mol/L

따라서 $\dfrac{10^{-2}\text{mol/L}}{10^{-5}\text{mol/L}} = 1000$

answer 28 ㉮ 29 ㉰ 30 ㉯ 31 ㉰ 32 ㉯ 33 ㉰

34 명반을 폐수의 응집조에 주입 후 완속교반을 행하는 주된 목적은?

㉮ floc의 입자를 크게 증가시키기 위하여
㉯ floc과 공기를 잘 접촉시키기 위하여
㉰ 명반을 원수에 용해시키기 위하여
㉱ 생성된 floc의 수를 증가시키기 위하여

> **풀이** 완속교반의 주된 목적은 floc의 입자를 크게 증가시키기 위해서이다.

35 어떤 폐수의 응집처리를 하기 위하여 Jar Test를 하였다. 폐수 300mL에 대하여 0.2%의 황산알루미늄 15mL를 넣었을 때 가장 좋은 결과가 나왔다. 폐수 1L당 황산알루미늄의 주입량은?

㉮ 10mg/L   ㉯ 50mg/L
㉰ 100mg/L ㉱ 150mg/L

> **풀이** 황산알루미늄의 주입량
> $= \dfrac{0.2 \times 10^4 \text{mg}}{\text{L}} \times 15 \times 10^{-3}\text{L} \times \dfrac{1}{0.3\text{L}}$
> $= 100\text{mg/L}$

TIP
① $\% \xrightarrow{\times 10^4}$ ppm
② ppm = mg/L = g/m³
③ mL $\xrightarrow{\times 10^{-3}}$ L

36 소각로에서 폐기물을 소각할 때 연소 효율을 높이기 위한 조건으로 틀린 것은?

㉮ 적당한 온도
㉯ 적당한 공기와 연료비
㉰ 적당한 압력
㉱ 적당한 난류

> **풀이** 연소효율 증가 조건
> ① 적당한 온도
> ② 적당한 공기와 연료비
> ③ 적당한 난류

37 함수율이 40%인 폐기물을 건조시켜 함수율 20%로 하였다면 중량은 어떻게 되는가?

㉮ 1/4로 감소   ㉯ 1/2로 감소
㉰ 3/4로 감소   ㉱ 5/6로 감소

> **풀이** $W_1 \times (100 - P_1) = W_2 \times (100 - P_2)$
> $\dfrac{W_2}{W_1} = \dfrac{(100 - P_1)}{(100 - P_2)}$
> $= \dfrac{(100 - 40\%)}{(100 - 20\%)} = \dfrac{60\%}{80\%} = \dfrac{3}{4}$

38 도시지역에서의 쓰레기 수거계통으로 가장 적합한 것은?

㉮ 발생원 - 저장용기 - 처리장 - 수거차 - 적환장
㉯ 발생원 - 적환장 - 수거차 - 저장용기 - 처리장
㉰ 발생원 - 저장용기 - 수거차 - 적환장 - 처리장
㉱ 발생원 - 저장용기 - 적환장 - 수거차 - 처리장

> **풀이** 쓰레기의 수거계통은 발생원 - 저장용기 - 수거차 - 적환장 - 처리장 순이다.

answer 34 ㉮ 35 ㉰ 36 ㉰ 37 ㉰ 38 ㉰

39 폐기물을 압축시킨 결과 용적 감소율이 80%였다면 압축비는 얼마인가?

㉮ 3 ㉯ 4
㉰ 5 ㉱ 6

풀이 압축비 = $\dfrac{100}{100 - 용적\ 감소율(\%)} = \dfrac{100}{100 - 80\%} = 5$

40 어느 도시의 쓰레기 수거량은 3,000,000 톤/년이다. 이 도시의 쓰레기를 1일 평균 수거인부 5,000명이 1년 중 300일 동안 수거하였다면 수거능력(MHT)은? (단, 1일 작업시간은 7시간이다.)

㉮ 1.5 ㉯ 3.5
㉰ 5 ㉱ 14

풀이 MHT(man·hr/ton)

$= \dfrac{수거인부 \times 작업시간}{쓰레기\ 수거량}$

$= \dfrac{5,000명 \times 7hr/일 \times 300일/년}{3,000,000톤/년}$

$= 3.5$

41 폐기물 파쇄의 목적으로 틀린 것은?

㉮ 입경의 분포화
㉯ 겉보기 밀도의 증가
㉰ 균질화
㉱ 비표면적의 감소

풀이 ㉱ 비표면적의 증가

42 폐기물을 가벼운 것과 무거운 것으로 분리하기 위하여 중력이나 탄도학을 이용한 선별 방법은?

㉮ 손 선별   ㉯ 스크린 선별
㉰ 자석 선별 ㉱ 관성 선별

풀이 ㉱ 관성 선별에 대한 설명이다.

43 분뇨의 특성으로 틀린 것은?

㉮ 분뇨는 유기물을 많이 함유하고 있다.
㉯ 분뇨는 염분 및 질소의 농도가 높다.
㉰ 분뇨는 토사 및 협잡물을 다량 함유하고 있다.
㉱ 분뇨는 고액분리가 쉽다.

풀이 ㉱ 분뇨는 고액분리가 어렵다.

44 분뇨처리시설에서 발생하는 취기를 탈취하는 방법 중 물리적 방법은?

㉮ 수세법   ㉯ 마스킹법
㉰ 스크린법 ㉱ 촉매연소법

풀이 분뇨처리시설에서 발생하는 취기를 탈취하는 물리적 방법은 수세법이다.

45 분뇨의 저장시설에서 스컴층이 형성되는 것을 방지하는 방법은?

㉮ 응집제를 투여한다.
㉯ 물을 살수 한다.
㉰ 35℃ 정도로 가열한다.
㉱ 교반기를 사용하여 교반한다.

풀이 스컴층 형성의 방지법은 교반기로 교반한다.

answer 39 ㉰ 40 ㉯ 41 ㉱ 42 ㉱ 43 ㉱ 44 ㉮ 45 ㉱

> **TIP**
> 스컴(scum)이란 수처리시 수면위에 생기는 부유물질이다.

46 부피가 1,000m³이고 밀도가 400kg/m³인 폐기물을 밀도가 700kg/m³이 되도록 압축시키면 부피는?

㉮ 424m³ ㉯ 571m³
㉰ 653m³ ㉱ 714m³

▶ 풀이 압축후의 부피(m³)
= 압축전의 부피(m³) × $\frac{압축\ 전의\ 밀도}{압축\ 후의\ 밀도}$
= 1,000m³ × $\frac{400kg/m^3}{700kg/m^3}$
= 571.43m³

47 분뇨 및 슬러지 처리에 대한 설명으로 틀린 것은?

㉮ 슬러지는 함수율이 매우 높으므로 그대로 처리하기에는 용적이 너무 크다. 따라서 수분제거를 일차적으로 고려해야 한다.
㉯ 분뇨를 희석하여 대규모로 도시하수와 병행하여 처리할 때 혐기성 소화를 이용한다.
㉰ 슬러지의 발생장소는 정수장, 폐수처리장등이다.
㉱ 슬러지의 일반적 처리공정은 농축→소화→개량→탈수 및 건조→최종처분 순이다.

▶ 풀이 ㉯ 분뇨를 희석하여 대규모로 도시하수와 병행하여 처리할 때 호기성 소화를 이용한다.

48 노의 하부로부터 가스를 주입하여 모래를 띄운 후 이를 가열시켜 상부에서 폐기물을 투입하여 소각하는 방법은?

㉮ 유동상 소각로 ㉯ 다단로
㉰ 회전로 ㉱ 고정상 소각로

▶ 풀이 ㉮ 유동상 소각로에 대한 설명으로 내용의 핵심인 모래를 가열하여 처리하는 장치는 유동상 소각로임을 숙지하시면 됩니다.

49 쓰레기 발생량을 조사하는 방법으로 틀린 것은?

㉮ 적재차량 계수분석
㉯ 물질 수지법
㉰ 통계 분석법
㉱ 직접 계근법

▶ 풀이 ① 쓰레기 발생량 예측방법 : 다중회귀모델, 동적모사모델, 경향모델
② 쓰레기 발생량 조사방법 : 물질수지법, 직접계근법, 적재차량계수법, 통계조사법

50 쓰레기의 수거노선을 결정하는데 고려되어야 할 요소로 틀린 것은?

㉮ 발생량 ㉯ 교통 혼잡
㉰ 노선의 지형 ㉱ 생활정도

▶ 풀이 수거노선 결정시 고려사항
① 쓰레기 발생량
② 교통 혼잡
③ 노선의 지형
④ 수거에 필요한 시간
⑤ 수거차량의 적재방법
⑥ 폐기물의 중량
⑦ 수거차량의 수거능력
⑧ 수거인부의 노동력

answer 46 ㉯ 47 ㉯ 48 ㉮ 49 ㉰ 50 ㉱

51 다음 그림은 폐기물을 매립한 후 발생하는 생성가스의 농도 변화를 단계적으로 나타낸 것이다. 유기물이 효소에 의해 발효되는 혐기성 비메탄 단계는?

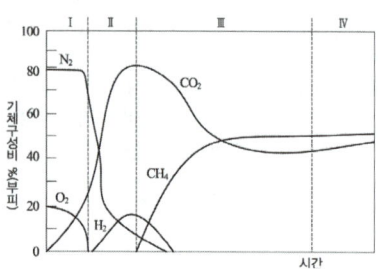

㉮ Ⅰ구역 ㉯ Ⅱ구역
㉰ Ⅲ구역 ㉱ Ⅳ구역

풀이 ㉮ Ⅰ구역(호기성 단계) : O_2가 소모되고, CO_2가 발생한다.
㉯ Ⅱ구역(혐기성 비메탄 단계) : CH_4가 형성되지 않고, H_2가 생성되기 시작한다.
㉰ Ⅲ구역(메탄생성 축적 단계) : 혐기성 단계이며, CH_4가 발생되기 시작한다.
㉱ Ⅳ구역(정상적인 혐기단계) : CH_4와 CO_2의 함량이 거의 일정하다.

52 슬러지에 열과 압력을 작용시켜 용존산소에 의하여 화학적으로 슬러지 내의 유기물을 산화시키는 방법은?

㉮ 포졸란(Pozzolan)공법
㉯ 초임계(Supercritical)공법
㉰ 임호프(Imhoff)공법
㉱ 짐머만(Zimmerman)공법

풀이 ㉱ 짐머만공법(습식산화법)에 대한 설명이다.

53 매립지에서 지반 침하를 일으키는 요인으로 틀린 것은?

㉮ 초기의 다짐 정도
㉯ 폐기물의 물리적 특성
㉰ 폐기물의 분해속도
㉱ 차수막의 재질과 두께

풀이 ㉱ 차수막의 재질과 두께는 침출수와 관련이 있다.

54 각종 폐수처리 공정에서 발생되는 슬러지를 소화시키는 목적으로 틀린 것은?

㉮ 유기물을 분해시켜 안정화시킨다.
㉯ 슬러지의 무게와 부피를 감소시킨다.
㉰ 병원균을 죽이거나 통제 할 수 있다.
㉱ 함수율을 높여 수송을 용이하게 할 수 있다.

풀이 ㉱ 함수율을 줄여 수송을 용이하게 할 수 있다.

55 침출수 중의 난분해성 유기물의 처리에 사용되는 것은?

㉮ 펜턴(Fenton)시약
㉯ 옥살산(Oxalic acid) 용액
㉰ 중크롬산(Bichromate) 용액
㉱ 네슬러(Nessler) 시약

풀이 침출수 중의 난분해성 유기물의 처리에 사용되는 것은 펜턴시약이다.

TIP
펜턴(Fenton)산화법
① 펜턴(Fenton)시약 : 과산화수소(H_2O_2)
② 촉매 : 철염(황산제1철)

answer 51 ㉯ 52 ㉱ 53 ㉱ 54 ㉱ 55 ㉮

56 어느 벽체의 투과 손실값이 32dB라면 이 벽체의 투과율(τ)은?

㉮ 6.3×10^{-4} ㉯ 7.3×10^{-4}
㉰ 8.3×10^{-4} ㉱ 9.3×10^{-4}

풀이 투과손실(TL) = $10\log \dfrac{1}{투과율}$

$32dB = 10\log \dfrac{1}{투과율}$

따라서 투과율 = $10^{\frac{-32}{10}} = 6.31 \times 10^{-4}$

57 음의 회절에 관한 설명으로 틀린 것은?

㉮ 장애물 뒤쪽으로 음이 전파하는 현상이다.
㉯ 파장이 길수록 회절이 잘 된다.
㉰ 물체의 구멍이 작을수록 잘 회절한다.
㉱ 고주파음 일수록 회절이 잘 된다.

풀이 ㉱ 저주파음 일수록 회절이 잘 된다.

58 어떤 기기의 진동을 측정하였을 때 암진동보다 3dB이 높게 측정되었다. 이때의 암진동에 대한 보정은?

㉮ 0dB ㉯ -1dB
㉰ -2dB ㉱ -3dB

풀이

특정 소음도와 암소음의 차(dB)	3	4	5	6	7	8	9
보정치(dB)	-3	-2			-1		

59 소음계의 표준음 발생기 오차범위 기준으로 알맞은 것은?

㉮ ± 1.0dB 이내 ㉯ ± 0.5dB 이내
㉰ ± 0.3dB 이내 ㉱ ± 0.1dB 이내

풀이 소음계의 표준음 발생기 오차범위 기준은 ± 1.0dB 이내이다.

60 진동 측정시 진동 픽업을 설치하기 위한 장소로 틀린 것은?

㉮ 경사 또는 요철이 없는 장소
㉯ 복잡한 반사 회절현상이 없는 지점
㉰ 완충물이 있고 충분히 다져 굳은 장소
㉱ 온도, 전자기 등의 외부 영향을 받지 않는 곳

풀이 ㉰ 완충물이 없고 충분히 다져 단단히 굳은 장소

answer 56 ㉮ 57 ㉱ 58 ㉱ 59 ㉮ 60 ㉰

2020년 4회 CBT 복원 문제

01 광화학 스모그 발생 조건이 아닌 것은?

㉮ 일사량이 클 때
㉯ 침강성 역전
㉰ 대기중 탄화수소, NO_X, O_3의 농도 높을 때
㉱ 습도가 높고 기온이 낮은 아침

> 풀이 ㉱ 습도가 낮고 기온이 높은 한낮

02 연료가 연소할 때 발생하는 유리탄소가 응결하여 지름이 1㎛ 이상이 되는 입자상 물질을 무엇이라 하는가?

㉮ 매연(smoke) ㉯ 검댕(soot)
㉰ 훈연(fume) ㉱ 미스트(mist)

> 풀이 ㉯ 검댕(soot)에 대한 설명이다.

03 대기오염공정시험방법중 굴뚝 등에서 배출되는 배출가스 중 질소산화물($NO+NO_2$)을 분석하는데 사용되는 분석방법은?

㉮ 아연환원나프틸에틸렌다이아민법
㉯ 용액전도율법
㉰ 침전 적정법
㉱ 아르세나조 Ⅲ법

> 풀이 ㉯ 용액전도율법 : 황산화물
>   ㉰ 침전 적정법 : 황산화물
>   ㉱ 아르세나조 Ⅲ법 : 황산화물

> TIP
> 분석방법
> ① 질소산화물 : 자동측정법, 아연환원나프틸에틸렌다이아민법
> ② 황산화물 : 침전 적정법(아르세나조 Ⅲ법), 자동측정법

04 집진율을 높이기 위한 방법으로 집진실 내 기류의 일부 (5~10%)를 빼내어 재순환 시키는 사이클론 형태를 무엇이라 하는가?

㉮ 축류형(Axial type)
㉯ 나선형(Herical type)
㉰ 다중방해판형(Multi-baffle type)
㉱ 블로우다운형(Blow-down type)

> 풀이 ㉱ 블로우다운형에 대한 설명이다.

> TIP
> 블로우다운 효과는 사이클론(원심력 집진장치)의 효율 증가책이다.

05 휘발유, 디젤유 등을 사용하는 자동차에서 발생되는 오염 물질로 가장 거리가 먼 것은?

㉮ 구리(Cu)
㉯ 납(Pb)
㉰ 질소산화물(NO_X)
㉱ 일산화탄소(CO)

answer 01 ㉱ 02 ㉯ 03 ㉮ 04 ㉱ 05 ㉮

풀이 **발생되는 오염물질**
① 가솔린 자동차 : 질소산화물, 일산화탄소, 탄화수소, 알데하이드, 입자상 물질, 암모니아
② 경유 자동차 : 질소산화물, 일산화탄소, 탄화수소, 매연, 입자상 물질, 암모니아

06 자동차와 공장에서 뿜어내는 가스가 대기권을 덮어 지구의 기온을 상승시키고 기후의 변화를 초래하는 대기오염 현상은?

㉮ 가시도의 감소 ㉯ 산성비
㉰ 오존층파괴 ㉱ 온실효과

풀이 ㉱ 온실효과(지구온난화 현상)에 대한 설명이다.

07 상온에서 황록색이며 강한 자극성 냄새를 가진 기체로 비중이 2.45인 오염물질은? (단, 공기분자량 : 29, 공기비중 : 1)

㉮ CH_4 ㉯ Cl_2
㉰ HCHO ㉱ SO_2

풀이 기체의 분자량 = 비중 × 공기의 분자량 = 2.45 × 29 = 71.05이므로 분자량이 71인 물질인 염소(Cl_2)가 정답이다.

TIP
분자량
㉮ $CH_4 = 12+1×4 = 16$
㉯ $Cl_2 = 2×35.5 = 71$
㉰ $HCHO = 1+12+1+16 = 30$
㉱ $SO_2 = 32+2×16 = 64$

08 배출가스량과 이동속도를 감안하여 덕트의 단면적과 관경을 산정하는 공식은? (단, A = 관의 단면적(m^2), Q = 배출가스량(m^3/min), V = 덕트내 유속(m/sec), D = 덕트의 직경(m))

㉮ $A = \dfrac{Q}{V}$, $D = \left(\dfrac{4A}{\pi}\right)^2$

㉯ $A = \dfrac{Q}{V}$, $D = \left(\dfrac{4A}{\pi}\right)^{1/2}$

㉰ $A = \dfrac{Q}{V \times 60}$, $D = \left(\dfrac{4A}{\pi}\right)^2$

㉱ $A = \dfrac{Q}{V \times 60}$, $D = \left(\dfrac{4A}{\pi}\right)^{1/2}$

풀이 ① $Q(m^3/min) = A(m^2) \times V(m/sec)$
∴ $A = \dfrac{Q(m^3/min)}{V(m/sec) \times 60sec/min}$

② $A = \dfrac{\pi \times D^2}{4}$
∴ $D = \sqrt{\dfrac{4 \times A}{\pi}} = \left(\dfrac{4 \times A}{\pi}\right)^{\frac{1}{2}}$

09 전기집진장치에 사용되는 전원은?

㉮ 저압의 교류 ㉯ 고압의 교류
㉰ 저압의 직류 ㉱ 고압의 직류

풀이 전기집진장치에 사용되는 전원은 고압의 직류이다.

TIP
전기집진장치에서 집진극의 전하는 (+), 입자의 전하는 (-)이다.

10 자동차에서 배출되는 대기오염 물질 중 탄화수소(HC)가 가장 많이 배출되는 곳은?

㉮ 배기관(muffler)
㉯ 기화기(carbureter)
㉰ 연료탱크(fuel tank)
㉱ 크랭크케이스(crank case)

answer 06 ㉱ 07 ㉯ 08 ㉱ 09 ㉱ 10 ㉮

풀이 자동차에서 배출되는 대기오염 물질 중 탄화수소 (HC)가 가장 많이 배출되는 곳은 배기관(muffler) 이다.

11 다음 중 대기오염 문제가 발생되는 대기 권역은?

㉮ 열권   ㉯ 성층권
㉰ 대류권 ㉱ 중간권

풀이 인간의 활동이나 기상현상으로 발생되는 대기오염 문제가 발생되는 대기권역은 대류권이다.

TIP
① 대기권역을 나누는 기준은 고도에 따른 온도분포이다.
② 순서는 대류권 → 성층권 → 중간권 → 열권(온도권)

12 99%의 집진율로 운전되고 있는 집진기가 집진효율의 저하로 96%로 떨어진 상태로 운전되고 있다. 집진기 입구의 먼지 농도는 변하지 않는다고 할 때 집진기 출구의 먼지 농도는 어떻게 변화하겠는가?

㉮ 30% 증가 ㉯ 40% 증가
㉰ 3배 증가   ㉱ 4배 증가

풀이 출구의 먼지농도 = $\frac{나중\ 통과율(\%)}{처음\ 통과율(\%)}$
= $\frac{4\%}{1\%}$ = 4배

13 다음 중 질소산화물의 저감방법이 아닌 것은?

㉮ 배기가스 재순환
㉯ 2단 연소
㉰ 과잉공기량 증대
㉱ 연소온도 조정

풀이 ㉰ 과잉공기량 감소

TIP
질소산화물이 많이 발생하는 조건은 완전연소 시 이므로 ① 연소온도 고온과 ② 과잉공기량 연소에 초점을 맞춰서 학습하는 것이 중요합니다!!

14 다음 중 유기염소 화합물이 아닌 것은?

㉮ 염화에틸렌   ㉯ 클로로포름
㉰ 사염화탄소   ㉱ 폼알데하이드

풀이 화학식
㉮ 염화에틸렌 : C_2H_4Cl
㉯ 클로로포름 : $CHCl_3$
㉰ 사염화탄소 : CCl_4
㉱ 폼알데하이드 : $HCHO$

15 다음 중 미세입자를 집진하기에 부적합한 집진장치는?

㉮ 전기집진장치 ㉯ 여과집진장치
㉰ 세정집진장치 ㉱ 중력집진장치

풀이 ㉱ 중력집진장치는 전처리장치로, 큰 입자를 제거하는 장치이다.

16 다음 중에서 수질오염 현상이라고 볼 수 없는 것은?

㉮ 적조현상   ㉯ 부영양화
㉰ 용존산소 과포화 ㉱ 온배수 유입

풀이 ㉰ 용존산소 과포화는 산소가 많은 상태이므로 깨끗한 수질을 말한다.

answer 11 ㉰ 12 ㉱ 13 ㉰ 14 ㉱ 15 ㉱ 16 ㉰

17 오염물질과 피해형태의 관계 중 옳지 않은 것은?

㉮ 페놀 - 냄새
㉯ 인 - 부영양화
㉰ 유기물 - 용존산소결핍
㉱ 시안 - 골연화증

[풀이] ㉱ 카드뮴 - 골연화증

18 유입하수량이 1000m³/day이고 침전지의 용적이 250m³일 때 이 침전지의 체류시간은?

㉮ 2시간 ㉯ 4시간
㉰ 6시간 ㉱ 8시간

[풀이] ① 체류시간 = $\dfrac{250m^3}{1,000m^3/day}$ = 0.25day

② 시간(hr) = 0.25day × $\dfrac{24hr}{1day}$ = 6hr

19 하수 처리시 우수를 배제하는 방식 중 가장 적합한 방법은?

㉮ 분류식 ㉯ 합류식
㉰ 직류식 ㉱ 병류식

[풀이] ① 하수 처리시 우수를 배제하는 방식 : 분류식
② 하수 처리시 우수를 배제하지 않는 방식 : 합류식

20 살수여상 운영시 발생되는 문제점이라 볼 수 없는 것은?

㉮ 파리발생 ㉯ 연못화 현상
㉰ 냄새발생 ㉱ 슬러지 팽화현상

[풀이] ㉱ 슬러지 팽화(슬러지 벌킹)현상은 활성슬러지법의 문제점이다.

21 침전효율 영향인자에 관한 설명과 가장 거리가 먼 사항은?

㉮ 침전지 표면적 - 클수록 효율 양호
㉯ 체류시간 - 길수록 효율 양호
㉰ 수온 - 낮을수록 효율 양호
㉱ 입자직경 - 클수록 효율 양호

[풀이] ㉰ 수온 - 높을수록 효율이 양호

22 지구상에 존재하는 물의 형태 중 해수가 차지하는 비율은?

㉮ 약 75% ㉯ 약 84%
㉰ 약 91% ㉱ 약 97%

[풀이] 지구상에 존재하는 물의 형태 중 해수는 약 97% 정도이고, 담수는 3% 정도이다.

23 오수처리 시설에 있어서 슬러지의 혐기성 소화의 주된 목적으로 가장 알맞은 것은?

㉮ 메탄가스의 생성
㉯ 슬러지의 생산량 감소
㉰ 슬러지의 점성증가
㉱ 박테리아의 사멸

[풀이] 슬러지의 혐기성 소화의 주된 목적은 슬러지의 생산량을 감소시키는 데 있다.

answer 17 ㉱ 18 ㉰ 19 ㉮ 20 ㉱ 21 ㉰ 22 ㉱ 23 ㉯

24 하수고도처리공법 중 인(P)성분만을 주로 제거하기 위하여 고안된 공법으로 가장 알맞은 것은?

㉮ Bardenpho공법 ㉯ Phostrip공법
㉰ A_2/O공법 ㉱ UCT공법

풀이
㉮ Bardenpho공법 : 4단계-바덴포 : 질소만 제거, 5단계-바덴포 : 질소와 인 동시 제거
㉯ Phostrip공법 : 인만 제거
㉰ A_2/O공법 : 질소와 인 동시 제거
㉱ UCT공법 : 질소와 인 동시 제거

25 분변성 대장균 검사는 다음 중 어느 사항과 가장 관계가 있는가?

㉮ 병원균의 존재여부 파악
㉯ 물의 오염시기 추정
㉰ 폐수의 오염강도
㉱ 윤충의 존재파악

풀이 분변성 대장균 검사는 병원균의 존재여부 파악함에 있다.

26 침전지 유입부의 정류판(baffle)의 기능은 무엇인가?

㉮ 바람을 막아 표면난류 방지
㉯ 침전지내 적정수위유지
㉰ 침전지 유입수의 균일한 분배 · 분포
㉱ 침전 슬러지의 재부상 방지

풀이 침전지 유입부의 정류판(baffle)의 기능은 침전지 유입수의 균일한 분배 및 분포이다.

27 폐수 중 암모니아는 다음 중 어디에서 유래된다고 보는 것이 가장 타당한가?

㉮ 지방 및 기름 ㉯ 셀룰로오스
㉰ 단백질 ㉱ 포도당

풀이 폐수 중 암모니아는 단백질에서 유래 되었다.

TIP
질산화 과정
단백질(아미노산) → NH_3-N → NO_2-N → NO_3-N

28 염소를 이용하여 살균할 때 주입된 염소와 남아있는 염소와의 차이를 무엇이라 하는가?

㉮ 클로라민 ㉯ 유리염소
㉰ 잔류염소 ㉱ 염소요구량

풀이 염소를 이용하여 살균할 때 주입된 염소와 남아있는 염소와의 차이를 염소요구량이라 한다.

TIP
① 염소주입량 = 염소잔류량 + 염소요구량
② 암기법 : 술(주)은 요잔에 드세요.
   술(주) : 주입량, 요 : 요구량, 잔 : 잔류량

29 상수도의 정수처리장에서 정수처리의 일반적인 순서는?

㉮ 침전 - 여과 - 염소소독
㉯ 침전 - 소독 - 여과
㉰ 여과 - 활성슬러지처리 - 염소소독
㉱ 여과 - 염소소독 - 응집침전

풀이 정수처리의 일반적인 순서는 스크린-침사지-1차 침전지-혼화지-플록형성지-최종 침전지-여과지-살균조(염소소독)-급수 순이다.

answer 24 ㉯ 25 ㉮ 26 ㉰ 27 ㉰ 28 ㉱ 29 ㉮

30 알카리도 자료가 이용되는 분야와 거리가 먼 것은?

㉮ 응집제 투입시 적정 pH 유지 및 응집효과 촉진
㉯ 물의 연수화과정에서 석회 및 소오다회의 소요량 계산에 고려
㉰ 부산물 회수의 경제성 여부
㉱ 폐수와 슬러지의 완충용량 계산

풀이 알카리도 자료가 이용되는 분야
① 응집제 투입시 적정 pH 유지 및 응집효과 촉진
② 물의 연수화과정에서 석회 및 소오다회의 소요량 계산에 고려
③ 폐수와 슬러지의 완충용량 계산

31 다음 중 수처리시 사용되는 응집제와 관계가 없는 것은?

㉮ 황산반토   ㉯ 소석회
㉰ 입상활성탄   ㉱ 명반

풀이 ㉰ 입상활성탄은 흡착제이다.

32 일반도시 정수처리장에서 급속사 여과지의 여과속도(m/day)로 가장 알맞은 것은?

㉮ 40   ㉯ 60
㉰ 80   ㉱ 120

풀이 여과속도
① 완속사 여과속도 : 4~5m/day
② 급속사 여과속도 : 120~150m/day

33 117ppm의 NaCl 용액의 농도는 몇 M인가? (단, 원자량은 Na : 23, Cl : 35.5)

㉮ 0.002   ㉯ 0.004
㉰ 0.025   ㉱ 0.050

풀이 $0.117 \text{g/L} \times \dfrac{1\text{mol}}{58.5\text{g}} = 0.00164 \text{mol/L} = 0.002\text{M}$

TIP
① ppm = mg/L = g/m³
② mg/L $\xrightarrow{\times 10^{-3}}$ g/L
③ 117mg/L $\xrightarrow{\times 10^{-3}}$ 0.117g/L
④ 1M = 분자량(g)
⑤ NaCl의 분자량 = 23+35.5 = 58.5g

34 슬러지 팽화(Bulking) 현상이 일어날 때 가장 많이 출현하는 미생물은?

㉮ Zoogloea   ㉯ Achromobacter
㉰ Algae   ㉱ Fungi

풀이 슬러지 팽화(벌킹) 현상이 일어날 때 가장 많이 출현하는 미생물은 곰팡이(Fungi)이며, 활성슬러지법에서 가장 문제가 되고 있다.

35 침사지(Grit chamber)의 목적으로 가장 적절한 것은?

㉮ 폐수 중 주로 유기물질을 침전되게 설계한 것이다.
㉯ 폐수 중 모래, 자갈 등 무거운 입자를 침전되게 설계한 것이다.
㉰ 폐수 중 주로 콜로이드 물질을 침전되게 설계한 것이다.
㉱ 폐수 중 불용성 유기물질만 침전되게 설계한 것이다.

answer 30 ㉰ 31 ㉰ 32 ㉱ 33 ㉮ 34 ㉱ 35 ㉯

풀이 침사지의 목적은 폐수 중 모래, 자갈 등의 무거운 입자(무기물)을 침전 시키는 것이다.

36 쓰레기를 압축시켜 용적감소율이 20%인 경우 압축비는?

㉮ 0.80 ㉯ 1.20
㉰ 1.25 ㉱ 2.0

풀이
$$압축비 = \frac{100}{100-용적감소율(\%)}$$
$$= \frac{100}{100-20\%} = 1.25$$

37 다음 매립방법에 대한 설명 중 틀린 것은?

㉮ 폐기물을 고밀도로 매립하는 것이 매립지의 수명을 길게 한다.
㉯ 폐기물 매립시 매일 복토하는 것이 좋다.
㉰ 샌드위치 방식이나 셀방식은 복토를 하지 않는 방식이다.
㉱ 단순 투입방식은 고밀도 매립을 기대할 수 없다.

풀이 ㉰ 샌드위치 방식이나 셀 방식은 복토를 하는 방식이며, 셀 방식은 내륙매립 중 가장 많이 사용하는 공법이다.

38 폐기물의 관리체제에서 비용이 가장 많이 소요되는 것은?

㉮ 수거 ㉯ 소각
㉰ 매립 ㉱ 저장

풀이 폐기물의 관리체제에서 비용이 가장 많이 소요되는 것은 수거단계이다.

39 분뇨처리 목적과 거리가 먼 것은?

㉮ 안전화 ㉯ 유기화
㉰ 안정화 ㉱ 감량화

풀이 분뇨처리 목적은 안전화, 안정화, 감량화, 무해화이다.

40 4,000,000ton/year의 쓰레기를 5000명의 인부가 수거하고 있다면 수거인부의 수거능력(MHT)는? (단, 수거인부의 1일 작업시간 8시간, 1년 작업일수 300일)

㉮ 3 ㉯ 4
㉰ 5 ㉱ 6

풀이
$$MHT = \frac{5000명 \times 8hr/day \times 300day/년}{4,000,000톤/년} = 3MHT$$

TIP
① MHT의 단위는 man·hr/ton이다.
② MHT의 값이 작을수록 수거효율이 높다.

41 소화조 첫번째 탱크에서 슬러지를 교반시켜 주는 가장 큰 이유는?

㉮ 고형물의 분리
㉯ pH 조절
㉰ 소화슬러지의 고형물 함유도를 높임
㉱ 탱크내 스컴(scum)발생 방지

풀이 소화조 첫번째 탱크에서 슬러지를 교반시켜 주는 가장 큰 이유는 탱크내 스컴(scum)발생을 방지하기 위해서이다.

answer 36 ㉰ 37 ㉰ 38 ㉮ 39 ㉯ 40 ㉮ 41 ㉱

42 폐기물의 관리에 있어서 가장 우선적으로 중점을 두어야 하는 분야는?

㉮ 폐기물 재회수 및 재활용
㉯ 폐기물 감량화
㉰ 폐기물 처리
㉱ 폐기물 최종처분

풀이 폐기물의 관리에 있어서 가장 우선적으로 중점을 두어야 하는 분야는 폐기물의 감량화이다.

43 쓰레기 수거노선을 설정할 때 유의할 사항으로 틀린 것은?

㉮ 가능한 한 간선도로 부근에서 시작하고 끝나도록 한다.
㉯ 언덕길은 내려가면서 수거한다.
㉰ 발생량이 많은 곳은 하루 중 가장 먼저 수거한다.
㉱ 가능한 시계반대방향으로 수거노선을 정한다.

풀이 ㉱ 가능한 시계방향으로 수거노선을 정한다.

44 쓰레기의 저위발열량을 측정하는 방법으로 알맞지 않는 것은?

㉮ 추정식에 의한 방법
㉯ 단열열량계에 의한 방법
㉰ 흡착식에 의한 방법
㉱ 원소분석에 의한 방법

풀이 쓰레기의 저위발열량을 측정하는 방법
① 추정식에 의한 방법
② 단열열량계에 의한 방법
③ 원소분석에 의한 방법
④ 물리적 조성분석에 의한 방법

45 호기성 소화에 비하여 혐기성 소화의 장점이라 볼 수 없는 것은?

㉮ 상등액 BOD가 높다.
㉯ 슬러지의 비료가치가 크다.
㉰ 운전이 까다롭다.
㉱ 대규모 시설에 적합하다.

풀이 ㉯번은 호기성 소화에 대한 설명이다.

46 일반적 쓰레기 매립지의 침출수 처리방법으로 가장 알맞은 것은?

㉮ 소각처리법   ㉯ 혐기성소화법
㉰ 호기성소화법 ㉱ 응집침전법

풀이 일반적 쓰레기 매립지의 침출수 처리방법은 주로 응집침전법을 사용한다.

47 우리나라 도시인 1인당 1일 분뇨배출량의 범위로 가장 알맞은 것은?

㉮ 0.5 - 0.7L   ㉯ 0.9 - 1.1L
㉰ 1.3 - 1.7L   ㉱ 2.0 - 2.5L

풀이 우리나라 도시인 1인당 1일 분뇨배출량은 약 0.9 - 1.1L이다.

48 소각로에서 연소효율을 높이기 위한 조건 중 3T에 해당 되지 않는 것은?

㉮ 적당한 온도
㉯ 적당한 난류혼합
㉰ 충분한 연소시간
㉱ 적당한 산소공급

풀이 소각로에서 연소효율을 높이기 위한 조건 중 3T

---

answer 42 ㉯ 43 ㉱ 44 ㉰ 45 ㉯ 46 ㉱ 47 ㉯ 48 ㉱

는 적당한 온도, 적당한 난류혼합, 충분한 연소시간이다.

49 슬러지의 탈수가능성을 표현하는 방법으로 맞는 것은?

㉮ 여과비저항 ㉯ 균등계수
㉰ 알칼리도   ㉱ 유효경

풀이 슬러지의 탈수가능성을 표현하는 방법은 여과비저항이며, 출제빈도가 아주 높은 문제입니다.

50 폐기물의 고화처리방법이라 볼 수 없는 것은?

㉮ 열가소성 플라스틱법
㉯ 시멘트 기초법
㉰ 피막 형성법
㉱ 무기 중합체법

풀이 폐기물의 고화처리방법에는 시멘트 기초법, 석회 기초법, 자가 시멘트법, 피막 형성법, 열가소성 플라스틱법, 유리화법이 있다.

51 우리나라에서 도시폐기물 발생량이 가장 많은 계절은?

㉮ 봄   ㉯ 여름
㉰ 가을 ㉱ 겨울

풀이 우리나라에서 도시폐기물 발생량이 가장 많은 계절은 겨울이다.

52 유동상 소각로의 장점이라 볼 수 없는 것은?

㉮ 소량의 과잉공기량으로도 연소 가능하고 배기가스량이 적다.
㉯ 기계적 구동부분이 없어 유지관리가 용이하다.
㉰ 유동매체의 손실이 없어 유지관리비가 적게 소요된다.
㉱ 노내 온도의 자동제어와 열회수가 용이하다.

풀이 ㉰ 유동매체의 손실로 유지관리비가 많이 소요된다.

53 다음 중 매립방법에 따라 분류한 형태로 틀린 것은?

㉮ 호기성 매립 ㉯ 단순 매립
㉰ 위생 매립   ㉱ 안전 매립

풀이 ㉮ 호기성 매립은 매립구조에 따라 분류한 형태이다.

TIP
폐기물 매립지 분류
① 매립방법에 따라 : 단순 매립, 위생 매립, 안전 매립
② 매립구조에 따라 : 혐기성 매립, 혐기성위생 매립, 개량혐기성 매립, 준호기성 매립, 호기성 매립

54 폐산의 처리방법 중 틀린 것은?

㉮ 중화법   ㉯ 원심농축법
㉰ 진공증류법 ㉱ 황산치환법

풀이 폐산의 처리방법은 중화법, 진공증류법, 황산치환법 등이 있다.

answer 49 ㉮ 50 ㉱ 51 ㉱ 52 ㉰ 53 ㉮ 54 ㉯

55 정상적으로 운영되는 도시쓰레기 매립장에서 가장 많이 발생하는 가스성분은?

㉮ 일산화탄소 ㉯ 이산화질소
㉰ 메탄 ㉱ 부탄

풀이 정상적으로 운영되는 도시쓰레기 매립장에서 가장 많이 발생하는 가스성분은 메탄(CH_4)이다.

56 항공기 소음이 큰 피해를 주는 이유에 관한 기술 중 틀린 것은?

㉮ 간헐적이고 충격음이다.
㉯ 발생음량이 많고 금속성 저주파음이다.
㉰ 상공에서 발생하기 때문에 피해 면적이 넓다.
㉱ 활주로에서 1km 떨어진 곳에서 약 100dB을 나타낸다.

풀이 ㉯ 발생음량이 많고 금속성 고주파음이다.

57 방진고무의 일반적인 성질로 볼 수 없는 것은?

㉮ 고무자체의 내부마찰에 의해 내부저항이 최소화되어 저주파 진동 차진에 효과적이다.
㉯ 형상을 비교적 자유롭게 할 수 있다.
㉰ 공기중의 오존에 의해 산화된다.
㉱ 스프링정수는 재질 및 형상에 따라 광범위하게 선택할 수 있다.

풀이 ㉮ 고무자체의 내부마찰에 의해 저항을 얻을 수 있어 고주파 진동 차진에 효과적이다.

58 금속 스프링에 대한 설명 중 장점으로 틀린 것은?

㉮ 환경요소(온도, 부식 등)에 대한 저항성이 크다.
㉯ 뒤틀리거나 오므라들지 않는다.
㉰ 최대변위가 허용된다.
㉱ 고주파 차진에 좋다.

풀이 ㉱ 저주파 차진에 좋다.

59 다음 방진대책중 발생원에서의 대책인 것은?

㉮ 탄성지지
㉯ 진동원 위치를 멀리하여 거리감쇠를 크게 한다.
㉰ 수진점 근방에 방진구를 판다.
㉱ 수진측의 강성을 변경시킨다.

풀이 방진대책
㉮ 발생원에서의 대책
㉯ 전파경로에서의 대책
㉰ 전파경로에서의 대책
㉱ 수진측에서의 대책

60 매초 10회 진동하는 파동의 파장이 5m이면 이 파동의 전파 속도는 몇 m/s인가?

㉮ 15m/s ㉯ 50m/s
㉰ 500m/s ㉱ 1000m/s

풀이 V(전파속도) = f(진동수)×λ(파장)
= 10회/sec×5m = 50m/sec

answer 55 ㉰ 56 ㉯ 57 ㉮ 58 ㉱ 59 ㉮ 60 ㉯

2021년 5회 CBT 복원문제

01 유해가스와 물이 일정온도에서 평형상태에 있을 때 기상의 유해가스 분압이 76mmHg이고 수중 유해가스 농도가 2kmol/m³라 가정하면 헨리상수(atm·m³/kmol)는? (단, 전압의 단위는 atm으로 하며, P : 분압, H : 헨리상수, C : 농도이다.)

㉮ 0.05
㉯ 0.2
㉰ 20
㉱ 38

풀이 P = H×C에서

$$H = \frac{P}{C} = \frac{76mmHg/760}{2kmol/m^3}$$

$$= 0.05 atm \cdot m^3/kmol$$

02 어떤 집진장치의 집진효율이 99%이고 집진시설 유입구의 먼지농도가 10.5g/Nm³일 때 출구농도는?

㉮ 0.0105mg/Nm³
㉯ 105mg/Nm³
㉰ 1.05mg/Nm³
㉱ 1050mg/Nm³

풀이 $\eta = \left(1 - \frac{C_o}{C_i}\right) \times 100$

$0.99 = \left(1 - \frac{C_o}{10.5g/Nm^3}\right)$

∴ $C_o = 10.5g/Nm^3 \times (1-0.99)$
$= 0.105g/Nm^3 = 105mg/Nm^3$

03 표준상태에서 대류권내 정상 공기 조성 중 가장 큰 부피를 차지하는 것은?

㉮ 질소
㉯ 산소
㉰ 탄산가스
㉱ 아르곤

풀이 대류권내 정상공기 조성 중 부피 순서는 $N_2 > O_2 > Ar > CO_2 > Ne > He > CH_4$이다.

04 가로 a, 세로 b인 직사각형의 상당지름(D_o)은 얼마인가?

㉮ $\dfrac{ab}{a+b}$
㉯ $\dfrac{2ab}{a+b}$
㉰ $\dfrac{ab}{2(a+b)}$
㉱ $\dfrac{a(a+b)}{ab}$

풀이 상당지름(D_o) = $\dfrac{단면적}{평균둘레길이} = \dfrac{a \times b}{\dfrac{2 \times (a+b)}{4}}$

$= \dfrac{2ab}{a+b}$

05 함진가스를 방해판에 충돌시켜 기류의 급격한 방향전환을 이용한 집진장치는 무엇인가?

㉮ 중력 집진장치
㉯ 전기 집진장치
㉰ 여과 집진장치
㉱ 관성력 집진장치

풀이 ㉱ 관성력집진장치에 대한 설명이다.

answer 01 ㉮ 02 ㉯ 03 ㉮ 04 ㉯ 05 ㉱

06 압축된 프로판(C_3H_8)가스 1kg이 모두 기화된다면 표준상태에서 몇 Sm^3이 되는가?

㉮ $0.51Sm^3$ ㉯ $0.69Sm^3$
㉰ $0.76Sm^3$ ㉱ $0.85Sm^3$

풀이 C_3H_8 1kmol $\begin{cases} 44kg \\ 22.4Sm^3 \end{cases}$

∴ $1kg \times \dfrac{22.4Sm^3}{44kg} = 0.51Sm^3$

07 다음에 열거한 연료 중에서 탄소와 수소의 비(C/H ratio)가 가장 작은 연료는?

㉮ 중유   ㉯ 휘발유
㉰ 경유   ㉱ 등유

풀이 탄수소비가 가장 작은 연료는 보기 중에서 가장 질이 우수한 연료인 ㉯ 휘발유가 된다.

08 하수고도처리공법 중 인(P)성분만을 주로 제거하기 위하여 고안된 공법으로 가장 알맞은 것은?

㉮ Bardenpho공법   ㉯ Phostrip공법
㉰ A_2/O공법   ㉱ UCT공법

풀이 인(P)성분만을 주로 제거하기 위하여 고안된 공법으로는 A/O공법과 Phostrip공법이 있다.

09 하수관거의 종류 중 맞지 않는 것은?

㉮ 아연강관
㉯ 현장타설 콘크리트관
㉰ 무근 콘크리트관
㉱ 철근 콘크리트관

풀이 하수관거의 종류로는 현장타설 콘크리트관, 무근 콘크리트관, 철근 콘크리트관 등을 사용한다.

10 연료의 발열량에는 고발열량과 저발열량이 있는데, 이들 값의 차이는 무엇인가?

㉮ 연료 중의 탄소 성분의 연소열
㉯ 연소시 발생되는 비산재의 현열
㉰ 연료의 불완전 연소로 생성된 일산화탄소의 연소열
㉱ 연료중의 수분 및 연소에 의해 생성된 수분의 응축열

풀이 고발열량과 저발열량의 차이는 수분의 증발잠열(응축열) 차이이다.

11 유해가스 흡수장치에서 흡수액의 구비조건에 대한 설명 중 옳지 않은 것은?

㉮ 점성이 커야 한다.
㉯ 용해도가 커야 한다.
㉰ 휘발성이 작아야 한다.
㉱ 화학적으로 안정해야 한다.

풀이 ㉮ 점성이 작아야 한다.

12 촉매산화법으로 악취 물질을 함유한 가스를 산화, 분해하여 처리하고자 할 때, 연소온도 범위는?

㉮ 100~200℃   ㉯ 300~400℃
㉰ 500~600℃   ㉱ 700~800℃

풀이 연소온도
① 직접연소법 : 600~800℃
② 촉매연소법 : 250~450℃

---

answer 06 ㉮ 07 ㉯ 08 ㉯ 09 ㉮ 10 ㉱ 11 ㉮ 12 ㉯

13 연소과정에서 주로 발생하는 질소산화물의 형태는 어느 것인가?

㉮ NO
㉯ NO_2
㉰ NO_3
㉱ N_2O

풀이 연소과정에서 배출되는 질소산화물의 비는 NO와 NO_2의 비가 90 : 10이다.

14 다음 중 전기 집진장치의 장점으로 볼 수 없는 것은?

㉮ 고효율 집진 장치이다.
㉯ 미립자의 집진이 가능하다.
㉰ 초기 시설비가 적게 든다.
㉱ 고온 가스에서도 처리가 가능하다.

풀이 ㉰ 초기 시설비가 많이 든다.

15 여과식 집진장치의 집진 원리와 가장 거리가 먼 것은?

㉮ 관성 충돌
㉯ 직접 차단
㉰ 확산 포집
㉱ 원심력 포집

풀이 여과식 집진장치의 집진 원리는 관성 충돌, 직접 차단, 확산 포집, 중력 침강이다.

16 탄소동화작용을 하지 않고 유기물질을 섭취하는 미생물이며 폐수내의 질소와 용존산소가 부족한 경우에도 잘 성장하여 슬러지팽화를 유발하는 것은?

㉮ 곰팡이류
㉯ 조류
㉰ 세균류
㉱ 원생동물류

풀이 활성슬러지공법에서 슬러지팽화(벌킹)현상을 유발하는 것은 곰팡이(Fungi)이다.

17 생물학적 원리를 이용한 하수고도처리공법 중 A/O공법의 공정으로 알맞은 것은?

㉮ 포기조 - 무산소조 - 침전지
㉯ 무산소조 - 포기조 - 무산소조 - 재포기조 - 침전지
㉰ 혐기조 - 포기조 - 침전지
㉱ 혐기조 - 호기조 - 무산소조 - 침전지

풀이 A/O공법은 인(P)을 제거하는 공법으로 혐기조 - 포기조 - 침전지로 구성되어 있다.

18 생물학적 원리를 이용하여 인(P)을 효과적으로 제거하기 위한 고도처리 공법은?

㉮ 활성슬러지 공법
㉯ 3단계 Bardenpho 공법
㉰ phostrip 공법
㉱ 살수여상 공법

풀이 생물학적 원리를 이용하여 인(P)을 효과적으로 제거하기 위한 고도처리 공법으로는 A/O공법과 phostrip 공법이 있다.

19 ppm으로 표시되는 물의 경도 표시는?

㉮ $CaCO_3mg/H_2O$ 1L
㉯ $CaOmg/H_2O$ 1L
㉰ $CaCO_3mg/H_2O$ 100cc
㉱ $CaOmg/H_2O$ 100cc

풀이 경도를 표시할 때 기준물질은 탄산칼슘($CaCO_3$)이며, 단위는 ppm(mg/L)이다.

answer 13 ㉮ 14 ㉰ 15 ㉱ 16 ㉮ 17 ㉰ 18 ㉰ 19 ㉮

20 상수도의 정수처리장에서 정수처리의 일반적인 순서는?

㉮ 침전 - 여과 - 염소소독
㉯ 침전 - 소독 - 여과
㉰ 여과 - 활성슬러지처리 - 염소소독
㉱ 여과 - 염소소독 - 응집침전

풀이) 정수처리의 일반적인 순서는 침전 - 여과 - 염소소독 - 방류이다.

21 성층현상이 뚜렷한 계절을 알맞게 짝지은 것은?

㉮ 겨울, 가을   ㉯ 가을, 봄
㉰ 겨울, 여름   ㉱ 봄, 여름

풀이) ① 성층현상이 발생하는 계절 : 겨울, 여름
② 전도현상이 발생하는 계절 : 봄, 가을

22 카드뮴은 다음 어떤 공장에서 주로 배출되는가?

㉮ 제지업   ㉯ 주류제조업
㉰ 코크스 제조업   ㉱ 도금공장

풀이) 카드뮴의 배출원으로는 아연정련공장과 도금공장이다.

23 수거 되어온 분뇨의 염소이온 농도가 5,000mg/L이던 것이 생물학적 처리과정을 거쳐 최종 방류수에서는 500mg/L가 되었다. 이로서 알 수 있는 내용으로 가장 적절한 것은? (단, 염소소독은 하지 않았음)

㉮ 생물학적 처리효율이 90%이다.
㉯ 예기치 않은 화학반응이 일어났다.
㉰ 방류수의 함수율이 90% 이상이다.
㉱ 수거분뇨를 10배 희석하여 처리하였다.

풀이) 희석배수(P) = $\dfrac{5,000\text{mg/L}}{500\text{mg/L}}$ = 10배

24 알칼리도에 관한 설명으로 틀린 것은?

㉮ 산이 유입될 때 이를 중화시킬 수 있는 능력의 척도이다.
㉯ 알칼리도는 물에 알칼리를 주입, 소모된 알칼리물질의 양을 환산한 값이다.
㉰ 알칼리도 유발물질로는 수산화물, 중탄산염, 탄산염 등이 있다.
㉱ 메틸오렌지알칼리도와 총알칼리도는 같은 의미이다.

풀이) ㉯ 알칼리도는 pH를 낮추기 위해 주입되는 산의 양을 $CaCO_3$로 환산한 값이다.

25 일반적 슬러지 처리처분 계통으로 알맞은 것은?

㉮ 생슬러지 → 농축 → 개량(약품처리) → 소화 → 기계탈수 → 최종처분
㉯ 생슬러지 → 농축 → 기계탈수 → 소화 → 열처리 → 최종처분
㉰ 생슬러지 → 농축 → 개량(약품처리) → 기계탈수 → 소화 → 최종처분
㉱ 생슬러지 → 농축 → 소화 → 개량(약품처리) → 기계탈수 → 최종처분

풀이) 일반적 슬러지 처리처분 순서는 생슬러지 → 농축 → 소화 → 개량(약품처리) → 기계탈수 → 최종처분 순이다.

answer 20 ㉮ 21 ㉰ 22 ㉱ 23 ㉱ 24 ㉯ 25 ㉱

26 도로와 사유지의 경계선에 따라서 도로 부지내에 설치하는 배수로를 무엇이라 하는가?

㉮ 우수받이　㉯ 측구
㉰ 오수받이　㉱ 맨홀

풀이 도로와 사유지의 경계선에 따라서 도로 부지내에 설치하는 배수로를 측구라 한다.

27 다음 폐수처리법 중 고액분리 방법이 아닌 것은?

㉮ 전기투석법　㉯ 부상분리법
㉰ 스크리닝　㉱ 원심분리법

풀이 ㉮ 전기투석법은 해수를 담수화하는 방법이다.

28 pH가 3.5인 용액의 $[H^+]$는 몇 mole/L 인가?

㉮ 2.36×10^{-4}　㉯ 2.86×10^{-4}
㉰ 3.16×10^{-4}　㉱ 3.46×10^{-4}

풀이 pH = $-\log[H^+]$에서 $[H^+] = 10^{-pH}$ mol/L
따라서 $[H^+] = 10^{-3.5}$ mol/L = 3.16×10^{-4} mol/L

29 활성오니법으로 처리한 슬러지의 탈수 후 무게가 150kg이고 항량으로 건조 후 무게가 50kg이라면 탈수 후 슬러지 수분의 함량은?

㉮ 46.7%　㉯ 56.7%
㉰ 66.7%　㉱ 76.7%

풀이 수분의 함량(%) = $\dfrac{150kg - 50kg}{150kg} \times 100$
= 66.67%

30 활성오니법을 적용하고 있는 종말처리장에서 팽화가 발생하였다. 이로 인하여 나타난 현상으로 보기 어려운 것은?

㉮ 활성슬러지가 백색을 띠며 유동상태로 된다.
㉯ 슬러지의 침전분리성이 악화되고 압밀침전이 곤란해진다.
㉰ 포기조의 SVI가 200 이상 된다.
㉱ 최종 침전지에서 플록(Floc)이 미세하게 해체되어 침강하지 않고 상징수와 함께 월류한다.

풀이 ㉱번은 핀플록(Pin floc)에 대한 설명이다.

31 BOD 측정시 잔류염소의 방해를 제거하기 위해 주입하는 시약은?

㉮ NaOH　㉯ $AgNO_3$
㉰ Na_2SO_3　㉱ $FeCl_2$

풀이 BOD 측정시 잔류염소의 방해를 제거하기 위해 주입하는 시약은 아황산나트륨(Na_2SO_3)이다.

32 다음 중 SVI(Sludge Volume Index)와 SDI(Sludge Density Index)의 관계가 맞는 것은?

㉮ SVI = 100/SDI　㉯ SVI = 10/SDI
㉰ SVI = 1/SDI　㉱ SVI = SDI/1000

풀이 SDI(슬러지밀도지수) = $\dfrac{1}{SVI} \times 100$ 이므로

SVI(슬러지용적지수) = $\dfrac{1}{SDI} \times 100$ 이다.

answer 26 ㉯　27 ㉮　28 ㉰　29 ㉰　30 ㉱　31 ㉰　32 ㉮

33 활성슬러지 공법에서 2차침전지 슬러지를 폭기조로 반송시키는 주된 목적은?

㉮ 슬러지를 순환시켜 배출슬러지를 최소화하기 위해
㉯ 폭기조내 요구되는 미생물 농도를 유지하기 위해
㉰ 최초침전 유출수를 농축하기 위해
㉱ 폐수 중 무기고형물을 산화하기 위해

풀이 활성슬러지 공법에서 2차침전지 슬러지를 폭기조로 반송시키는 주된 목적은 폭기조내 요구되는 미생물 농도를 유지하기 위해서이다.

34 폐수를 응집처리할 때 영향을 주는 인자와 가장 거리가 먼 것은?

㉮ 수온
㉯ pH
㉰ DO
㉱ Colloid의 종류와 농도

풀이 ㉰ 용존산소(DO)는 생물학적처리에서 중요한 인자이다.

35 다음 중 점오염원(Point source)과 가장 거리가 먼 것은?

㉮ 가정하수   ㉯ 공장폐수
㉰ 공단폐수   ㉱ 농경지 유출수

풀이 ㉱ 농경지 유출수는 비점오염원에 해당한다.

36 슬러지 농축방법 중 원심분리 농축에 관한 설명으로 틀린 것은?

㉮ 소요 부지가 크다.
㉯ 악취문제가 적다.
㉰ 유지관리가 어렵다.
㉱ 약품 주입없이 운전이 가능하다.

풀이 ㉮ 소요 부지가 작다.

37 안정된 매립지에서 가장 많이 발생되는 가스는?

㉮ CH_4 ㉯ O_2
㉰ N_2 ㉱ H_2S

풀이 안정된 매립지에서 발생하는 가스의 비율을 살펴보면 메탄(CH_4)이 55%이고 이산화탄소(CO_2)가 45% 정도이다. 따라서 정답은 메탄이 된다.

38 폐기물 위생매립의 종류에 해당되지 않는 것은?

㉮ 지역식   ㉯ 경사식
㉰ 도랑식   ㉱ 저장식

풀이 위생매립이란 매립지 운영에 따른 환경피해를 최소화 하기 위해 복토를 실시하고 침출수 차수시설과 처리기능을 갖춘 매립형태로 지역식, 경사식, 도랑식, 계곡매립식이 있다.

39 폐기물의 파쇄(shredding)목적이 아닌 것은?

㉮ 부식효과 억제
㉯ 겉보기 비중의 증가
㉰ 특정 성분의 분리
㉱ 비표면적의 증가

풀이 파쇄의 목적으로는 겉보기 비중의 증가, 비표면적 증가, 소각시 연소효율 증가, 고가금속 회수 가능, 운반비의 저렴화, 입경분포의 균일화, 용적의 감소 등이 있다.

answer 33 ㉯ 34 ㉰ 35 ㉱ 36 ㉮ 37 ㉮ 38 ㉱ 39 ㉮

40 착화온도와 착화점에 관한 다음 설명 중 옳은 것은?

㉮ 착화온도 이하에서는 점화원을 접촉시켜도 연소가 일어나지 않는다.
㉯ 착화온도는 좋은 연료일수록 높아진다.
㉰ 화학반응성이 클수록 착화온도는 높아진다.
㉱ 화학결합의 활성도가 클수록 착화온도는 낮다.

풀이 ㉮ 착화온도 이하에서 점화원을 접촉시키면 연소가 일어난다.
㉯ 착화온도는 좋은 연료일수록 낮아진다.
㉰ 화학반응성이 클수록 착화온도는 낮아진다.

41 폐기물 퇴비화 공정시 발생되는 생성물과 가장 거리가 먼 것은?

㉮ NH_3 ㉯ CO_2
㉰ C_2H_5OH ㉱ H_2O

풀이 폐기물 퇴비화 공정시 발생되는 생성물은 암모니아(NH_3), 이산화탄소(CO_2), 물(H_2O)이다.

42 하수처리 방류수에서 염소요구량이 5ppm, 잔류염소량이 4ppm으로 하고자 할 때 실질적으로 필요한 염소량은 몇 ppm인가?

㉮ 2 ㉯ 4
㉰ 5 ㉱ 9

풀이 염소주입량 = 염소요구량+염소잔류량
= 5ppm+4ppm = 9ppm

43 RDF에 대한 설명으로 틀린 것은?

㉮ RDF는 Refuse Derived Fuel의 약자이다.
㉯ 폐기물을 이용하여 연료화한 것이다.
㉰ 성형입자라고도 한다.
㉱ 밀도가 균일하지 않다.

풀이 ㉱ 밀도가 균일하다.

44 쓰레기 발생량에 영향을 미치는 요인과 가장 거리가 먼 것은?

㉮ 쓰레기통의 크기
㉯ 쓰레기통의 색도
㉰ 부엌용 분쇄기의 사용
㉱ 법규

풀이 쓰레기 발생량에 영향을 미치는 요인으로는 쓰레기통의 크기, 부엌용 분쇄기의 사용, 법규, 가구당 인원수, 생활수준, 수거빈도, 계절 등이 있다.

45 폐기물 발생량 조사방법으로 알맞지 않은 것은?

㉮ 적재차량계수분석
㉯ 직접계근법
㉰ 물질성상분석법
㉱ 물질수지법

풀이 ① 폐기물 발생량 조사방법 : 물질수지법, 직접계근법, 적재차량계수분석법
② 폐기물 발생량 예측방법 : 다중회귀모델, 동적모사모델, 경향모델

answer 40 ㉱ 41 ㉰ 42 ㉱ 43 ㉱ 44 ㉯ 45 ㉰

46 2.5의 압축비로 쓰레기를 압축하였다면 압축하기 전과 압축 후의 체적감소율(%)은 얼마인가?

㉮ 20%　　㉯ 40%
㉰ 60%　　㉱ 80%

풀이 압축비 = $\dfrac{100}{100-체적감소율(\%)}$

$2.5 = \dfrac{100}{100-체적감소율(\%)}$

∴ 체적감소율 = 60%

47 유기성 고형물의 퇴비화를 위한 함수율로 적당한 것은?

㉮ 10 ~ 20%　　㉯ 30 ~ 40%
㉰ 50 ~ 60%　　㉱ 70 ~ 80%

풀이 퇴비화의 조건
① 수분함량 : 50 ~ 60%
② pH : 6 ~ 8
③ 적정 C/N비 : 30
④ 입도 : 100 ~ 200mm
⑤ 온도 : 60 ~ 70℃

48 짐머만(Zimmerman)공법이라고도 불리며 액상 슬러지에 열과 압력을 작용시켜 용존산소에 의하여 화학적으로 슬러지 내의 유기물을 산화시키는 방법은?

㉮ 혐기성 소화　　㉯ 호기성 소화
㉰ 습식 산화　　㉱ 화학적 안정화

풀이 ㉰ 습식 산화법에 대한 설명이다.

49 산화(oxidation)반응의 개념으로 잘못된 것은?

㉮ 산소와 화합하는 현상
㉯ 수소화합물에서 수소를 잃은 현상
㉰ 전자를 받아들이는 현상
㉱ 원자가가 증가되는 현상

풀이 ㉰ 전자를 내어주는 현상

50 폐기물의 수거노선을 결정할 때 고려해야 할 사항이 아닌 것은?

㉮ 가능한 한 지형지물 및 도로경계와 같은 장벽을 이용하여 간선도로 부근에서 시작하고 끝나도록 배치한다.
㉯ 출발점은 차고지와 가깝게 하고 수거된 마지막 콘테이너가 가장 처분지에 가까이 위치하도록 배치한다.
㉰ 교통이 혼잡한 지역에서 발생되는 쓰레기는 가능한 출퇴근 시간을 피하여 새벽에 수거한다.
㉱ 아주 적은 양의 쓰레기가 발생되는 발생원은 하루 중 가장 먼저 수거한다.

풀이 ㉱ 발생량이 아주 많은 발생원은 하루 중 가장 먼저 수거한다.

51 폐기물을 잘게 부수는 파쇄 장치에 작용하는 힘에 따라 분류할 때 적당하지 않은 것은?

㉮ 임호프파쇄기　　㉯ 전단식파쇄기
㉰ 충격식파쇄기　　㉱ 압축식파쇄기

풀이 파쇄 장치에 작용하는 힘에 따라 분류하면 전단식파쇄기, 충격식파쇄기, 압축식파쇄기로 나눌 수 있다.

answer 46 ㉰　47 ㉰　48 ㉰　49 ㉰　50 ㉱　51 ㉮

52 폐기물의 최종처리 방법으로 알맞은 것은?

㉮ 압축　　㉯ 매립
㉰ 파쇄　　㉱ 선별

풀이 폐기물의 최종처리 방법은 매립이다.

53 폐기물의 퇴비화 과정에서 산성발효로 인하여 pH가 낮아질 경우 첨가시킬 수 있는 물질은?

㉮ $CaCl_2$　　㉯ $CaCO_3$
㉰ H_3PO_4　　㉱ $MgCl_2$

풀이 폐기물의 퇴비화 과정에서 산성발효로 인하여 pH가 낮아질 경우 첨가시킬 수 있는 물질은 알칼리성 물질이므로 탄산칼슘($CaCO_3$)이 정답이다.

54 폐기물에서 에너지를 회수하는 방법이 아닌 것은?

㉮ 혐기성 소화　　㉯ 슬러지 개량
㉰ RDF 제조　　㉱ 소각열 회수

풀이 ㉯ 슬러지 개량은 탈수성 향상을 위한 약품처리 공정이다.

55 슬러지를 개량(conditioning)하는 가장 큰 목적은?

㉮ 탈수성 향상　　㉯ 조성의 변화
㉰ 악취 제거　　㉱ 부패 방지

풀이 슬러지를 개량하는 가장 큰 목적은 탈수성 향상이다.

56 항공기 소음이 큰 피해를 주는 이유에 관한 기술 중 틀린 것은?

㉮ 간헐적이고 충격음이다.
㉯ 발생음량이 많고 금속성 저주파음이다.
㉰ 상공에서 발생하기 때문에 피해 면적이 넓다.
㉱ 활주로에서 1km 떨어진 곳에서 약 100dB을 나타낸다.

풀이 ㉯ 발생음량이 많고 금속성 고주파음이다.

57 지면에 설치할 수 있는 구조로서 진동신호를 전기신호로 바꾸어 주는 장치는?

㉮ 진동픽업　　㉯ 증폭기
㉰ 감각보정회로　　㉱ 동특성조절기

풀이 지면에 설치할 수 있는 구조로서 진동신호를 전기신호로 바꾸어 주는 장치는 진동픽업이다.

58 손으로 소음계를 잡고 소음을 측정할 경우 소음계는 측정자의 몸으로부터 몇 cm 이상 떨어져야 하는가?

㉮ 20cm 이상　　㉯ 30cm 이상
㉰ 50cm 이상　　㉱ 70cm 이상

풀이 손으로 소음계를 잡고 소음을 측정할 경우 소음계는 측정자의 몸으로부터 50cm 이상 떨어져야 한다.

answer 52 ㉯　53 ㉯　54 ㉯　55 ㉮　56 ㉯　57 ㉮　58 ㉰

59 파동이나 빛이 진행하다가 장애물을 만나면 차단되지 않고 장애물의 뒤쪽까지 전파되는 현상은?

㉮ 회절   ㉯ 반사
㉰ 간섭   ㉱ 굴절

풀이) 파동이나 빛이 진행하다가 장애물을 만나면 차단되지 않고 장애물의 뒤쪽까지 전파되는 현상은 회절이다.

60 방진재 중 금속스프링의 장점이라 볼 수 없는 것은?

㉮ 환경요소에 대한 저항성이 크다.
㉯ 최대변위가 허용된다.
㉰ 공진시에 전달율이 매우 크다.
㉱ 저주파 차진에 좋다.

풀이) ㉰번의 설명은 금속스프링의 단점에 해당한다.

answer 59 ㉮ 60 ㉰

2022 1회 CBT 복원 문제

01 런던형 스모그에 대한 내용으로 틀린 것은?

㉮ 아침 일찍 발생한다.
㉯ 겨울에 주로 발생한다.
㉰ 복사형 역전형태이다.
㉱ 산화가 주된 화학반응이다.

풀이 ㉱ 환원이 주된 화학반응이다.

02 감압 또는 진공이라 함은 따로 규정이 없는 한 몇 mmHg 이하를 뜻하는가?

㉮ 15   ㉯ 20
㉰ 25   ㉱ 30

풀이 감압 또는 진공이라 함은 따로 규정이 없는 한 15mmHg 이하를 말한다.

03 대기오염물질 중 입자상물질을 처리할 수 있는 일반적인 집진장치 종류로 틀린 것은?

㉮ 중력집진장치   ㉯ 세정집진장치
㉰ 흡착집진장치   ㉱ 여과집진장치

풀이 ㉰ 흡착집진장치는 집진장치의 종류에 해당하지 않는다.

04 다음 중 배기가스에 포함되어 있는 황산화물의 제거방법으로 틀린 것은?

㉮ 석회석에 의한 흡수법
㉯ 활성탄에 의한 흡착법
㉰ 산화마그네슘에 의한 흡수법
㉱ 접촉수소화 탈황법

풀이 문제는 배연탈황법이 아닌 것을 찾는 문제이며, ㉱번은 중유탈황법에 해당한다.

05 대기오염 물질을 배출하는 굴뚝에서 유효고란 무엇을 말하는가?

㉮ 지상에서 굴뚝 끝까지의 총 높이
㉯ 굴뚝에서 대기의 안정층까지 높이
㉰ 굴뚝높이와 연기의 수직상승 높이
㉱ 지상에서 대기 안정층까지의 높이

풀이 유효고(유효굴뚝높이)란 실제굴뚝높이와 연기의 수직상승 높이를 더한 높이이다.

06 연료의 불완전 연소시 주로 발생되는 물질은?

㉮ CO   ㉯ SO_2
㉰ NO_2 ㉱ H_2O

풀이 연료의 불완전 연소시 주로 발생되는 물질은 일산화탄소(CO)이다.

---

answer 01 ㉱ 02 ㉮ 03 ㉰ 04 ㉱ 05 ㉰ 06 ㉮

07 다음 중 광화학 스모그를 발생시키는 원인물질로 틀린 것은?

㉮ 질소산화물　㉯ 탄화수소
㉰ 자외선　　　㉱ 먼지

풀이 광화학 스모그의 3대 요소
① 질소산화물(NO_X)
② 올레핀계 탄화수소
③ 햇빛(자외선)

08 다음 물질 중 자기연소(내부연소)를 할 수 있는 물질은?

㉮ 석탄　　　　㉯ 휘발유
㉰ 나이트로글리세린　㉱ 에틸알콜

풀이 연소형태
㉮ 석탄 : 표면연소, 분해연소
㉯ 휘발유 : 증발연소
㉰ 나이트로글리세린 : 자기연소
㉱ 에틸알콜 : 증발연소

09 원심력 집진장치의 특성에 대한 내용으로 틀린 것은?

㉮ 운전비용이 적게 들고 특히 고온가스 처리가 가능하다.
㉯ 구조가 간단하며, 취급이 용이하다.
㉰ 관경이 클수록 미세입자 분리에 유리하다.
㉱ 고함진 가스처리에 유리하고 집진율도 높다.

풀이 ㉰ 관경이 작을수록 미세입자 분리에 유리하다.

10 다음 오염가스 중 자극성과 질식성이 있으며 적갈색을 나타내는 가스는?

㉮ SO_2　　㉯ HF
㉰ Cl_2　　㉱ NO_2

풀이 ㉱ 이산화질소(NO_2)에 대한 내용이며, 핵심 내용인 "적갈색=이산화질소"임을 숙지하시면 됩니다.

11 대류권에 존재하는 대기의 조성을 질소, 산소 기타물질로 분류하여 보았을 때 질소 : 산소 : 기타물질의 실제 조성비율에 가장 근접한 비율은?

㉮ 20 : 79 : 1　㉯ 31 : 68 : 1
㉰ 78 : 21 : 1　㉱ 81 : 18 : 1

풀이 질소 : 산소 : 기타물질의 실제 조성비율은 78 : 21 : 1이다.

12 사이클론의 반지름이 16cm, 유입가스의 처리속도가 3m/sec일 때 분리계수는?

㉮ 5.21　㉯ 5.74
㉰ 5.85　㉱ 5.93

풀이 분리계수
$$= \frac{(속도)^2}{(반지름 \times 중력가속도)} = \frac{(3\,\text{m/sec})^2}{0.16\,\text{m} \times 9.8\,\text{m/sec}^2}$$
$= 5.74$

answer 07 ㉱　08 ㉰　09 ㉰　10 ㉱　11 ㉰　12 ㉯

13 관성력 집진장치의 효율향상 조건 중에서 틀린 것은?

㉮ 기류의 전환 횟수를 많게 한다.
㉯ 기류의 방향 전환 각도를 작게 한다.
㉰ 처리 후 출구 가스 속도를 높게 한다.
㉱ dust box는 적당한 형상과 크기로 설치한다.

풀이 ㉰ 처리 후 출구 가스 속도를 작게 한다.

14 대기 환경기준을 나타내는 항목 중 PM-10은 무엇을 의미하는가?

㉮ 공기역학적 직경이 $10\mu m$ 미만인 입자
㉯ 공기역학적 직경이 $10\mu m$ 이상인 입자
㉰ 공기역학적 직경이 $10\mu m$ 미만인 가스
㉱ 공기역학적 직경이 $10\mu m$ 이상인 가스

풀이 대기 환경기준을 나타내는 항목 중 PM-10은 공기역학적 직경이 $10\mu m$ 미만인 입자를 의미한다.

15 질소산화물(NO_X)을 촉매환원법으로 처리할 때, 어떤 물질로 환원되는가?

㉮ 질소
㉯ 산소
㉰ 탄화수소
㉱ 이산화질소

풀이 질소산화물(NO_X) $\xrightarrow[\text{촉매}]{\text{환원제}}$ 질소(N_2) + 물(H_2O)

TIP
질소산화물(NO_X)의 선택적촉매환원법
$6NO + 4NH_3 \rightarrow 5N_2 + 6H_2O$
$6NO + 8NH_3 \rightarrow 7N_2 + 12H_2O$

16 순수한 물의 농도는?

㉮ 45.56M
㉯ 55.56M
㉰ 65.56M
㉱ 75.56M

풀이 $M = \dfrac{1,000g}{L} \times \dfrac{1\,mol}{18g} = 55.56M$

TIP
① 물의 비중 : $1.0g/cm^3 = 1.0g/mL = 1,000g/L$
② 물(H_2O)의 분자량 = $1 \times 2 + 16 = 18g$
③ $1M$ = 분자량(g)

17 폭기조의 크기가 $450m^3$, 폭기조 내의 부유물농도 $2,000mg/L$이라면 MLSS 양은?

㉮ 450kg MLSS
㉯ 200kg MLSS
㉰ 900kg MLSS
㉱ 550kg MLSS

풀이 $2kg/m^3 \times 450m^3 = 900kg$

TIP
① $ppm = mg/L = g/m^3$
② $mg/L \xrightarrow{\times 10^{-3}} kg/m^3$
③ $2,000mg/L \xrightarrow{\times 10^{-3}} 2kg/m^3$

18 염소를 이용하여 살균할 때 주입된 염소와 남아있는 염소와의 차이를 무엇이라 하는가?

㉮ 클로라민
㉯ 유리염소
㉰ 잔류염소
㉱ 염소요구량

answer 13 ㉰ 14 ㉮ 15 ㉮ 16 ㉯ 17 ㉰ 18 ㉱

풀이 염소주입량 − 염소잔류량 = 염소요구량

TIP
① 염소주입량 = 염소잔류량 + 염소요구량
② 암기법 : 술(주)은 요잔에 드세요.
여기서, 술(주) : 주입량, 요 : 요구량, 잔 : 잔류량

19 지하수의 일반적 특징으로 틀린 것은?

㉮ 유속이 느리다.
㉯ 국지적인 환경조건의 영향을 적게 받는다.
㉰ 세균에 의한 유기물분해가 주된 생물작용이다.
㉱ 연중 수온이 거의 일정하다.

풀이 ㉯ 국지적인 환경조건의 영향을 많이 받는다.

20 완충용액을 알맞게 나타낸 것은?

㉮ 보통 약산과 그 약산의 강염기의 염을 함유한 용액
㉯ 보통 약산과 그 약산의 약염기의 염을 함유한 용액
㉰ 보통 강산과 그 강산의 강염기의 염을 함유한 용액
㉱ 보통 강산과 그 강산의 약염기의 염을 함유한 용액

풀이 완충용액은 보통 약산과 그 약산의 강염기의 염을 함유한 용액이다.

21 활성오니공법에서 슬러지 반송의 주된 목적은?

㉮ 영양물질 공급   ㉯ pH 조절
㉰ DO 조절   ㉱ MLSS 조절

풀이 활성오니공법에서 슬러지 반송의 주된 목적은 미생물(MLSS) 조절이다.

TIP
① 활성오니공법 = 활성슬러지법
② MLSS = 미생물(박테리아)

22 폐수처리 과정 중 응집제를 넣어 완속교반을 하는 주된 목적은?

㉮ 입자를 미세하게 하기 위하여
㉯ 응집제를 확산시키기 위하여
㉰ 응집제와 탁질입자의 접촉을 위하여
㉱ 크고 무거운 floc을 만들가 위해

풀이 완속교반을 하는 주된 목적은 크고 무거운 floc을 만들어 침강을 용이하게 하기 위해서이다.

23 황산(1+2)는 무엇을 의미하는가?

㉮ 황산 1ml을 물에 희석하여 2ml로 한다.
㉯ 황산 1ml와 물 2ml를 혼합한 용액
㉰ 물 1ml에 황산 2ml를 혼합한 용액
㉱ 물 1ml에 황산을 가하여 전체 2ml로 한다.

풀이 황산(1+2)는 황산 1ml와 물 2ml를 혼합한 용액이다.

answer 19 ㉯ 20 ㉮ 21 ㉱ 22 ㉱ 23 ㉯

24 하수처리장의 유입수 BOD가 250ppm이고 유출수 BOD가 50ppm이였다면 이 하수처리장의 BOD 제거율(%)은?

㉮ 50% ㉯ 60%
㉰ 70% ㉱ 80%

풀이 BOD 제거율(%)
$= \left(1 - \dfrac{유출수\ BOD}{유입수\ BOD}\right) \times 100$
$= \left(1 - \dfrac{50\,ppm}{250\,ppm}\right) \times 100 = 80\%$

25 활성슬러지법은 여러가지 변법이 개발되어 왔으며 각 방법은 특별한 운전이나 제거효율을 달성하기 위하여 발전되었다. 다음 중 활성슬러지법의 변법으로 볼 수 없는 것은?

㉮ 계단식포기법
㉯ 접촉안정법
㉰ 장기포기법
㉱ 살수여상법

풀이 ㉱ 살수여상법은 부착성장식에 해당한다.

TIP
① 부유성장식 : 미생물이 부유하면서 유기물을 제거하는 방식이며, 대표적으로 활성슬러지법이 있다.
② 부착성장식 : 미생물을 여재에 부착시켜 유기물을 제거하는 방식이며, 대표적으로 살수여상법과 회전원판법이 있다.

26 포기조내에서 활성슬러지법의 반응속도는 포기시간, 활성슬러지의 미생물량, 영양물질 등의 인자에 의하여 좌우된다. 포기조의 설계 및 유지관리의 지표로 사용되는 F/M비의 계산공식은?

㉮ F/M비 $= \dfrac{1일\ 포기조\ 유입량 \times 포기조\ 유입수의\ BOD농도}{포기조의\ MLVSS농도 \times 포기조의\ 용량}$

㉯ F/M비 $= \dfrac{포기조의\ MLSS유입량 \times 포기조\ 1일\ 유입량}{포기조\ 용량}$

㉰ F/M비 $= \dfrac{1일\ 포기조\ 유입량 \times 포기조\ 유입수\ SS농도}{포기조\ 용량}$

㉱ F/M비 $= \dfrac{포기조액의\ SV30(mL/L) \times 1,000}{포기조의\ MLVSS\ 농도(mL/L)}$

27 소금 2g을 증류수에 녹여서 100mL의 소금물을 만든다면 소금물의 농도(mg/L)는?

㉮ 200mg/L ㉯ 2,000mg/L
㉰ 20,000mg/L ㉱ 200,000mg/L

풀이 소금물의 농도
$= \dfrac{2 \times 10^3\,mg}{100 \times 10^{-3}\,L} = 20,000\,mg/L$

TIP
① g $\xrightarrow{\times 10^3}$ mg
② mL $\xrightarrow{\times 10^{-3}}$ L
③ g/mL $\xrightarrow{\times 10^6}$ mg/L

answer 24 ㉱ 25 ㉱ 26 ㉮ 27 ㉰

28 일반도시 폐수처리에 이용되고 있는 활성슬러지법의 시설로 옳게 배열된 것은?

㉮ 유입수→침사지→1차침전지→포기조→최종침전지→염소접촉조→유출수
㉯ 유입수→침사지→1차침전지→염소접촉조→포기조→최종침전지→접촉조→유출수
㉰ 유입수→침사지→1차침전지→최종침전지→염소접촉조→포기조→유출수
㉱ 유입수→1차침전지→침사지→포기조→최종침전지→염소접촉조→유출수

▶ 풀이 활성슬러지법의 장치 순서는 유입수→침사지→1차침전지→포기조(호기조)→최종침전지(2차침전지)→염소접촉조→유출수 순이다.

29 통상 BOD라고 하는 것은 20℃에서 몇 일간 해당 시료를 배양했을 때 소모된 산소량을 말하는가?

㉮ 5일   ㉯ 10일
㉰ 15일   ㉱ 20일

▶ 풀이 통상 BOD라고 하는 것은 20℃에서 5일간 해당 시료를 배양했을 때 소모된 산소량을 말한다. 즉 BOD_5를 의미한다.

30 PCB의 우수한 성질을 이용하여 제조하였지만 환경오염 특히 인체에 미치는 영향이 커서 금지된 품목은?

㉮ 전동기 시동유
㉯ 변압기 절연유
㉰ 콘덴서 접착유
㉱ 형광등 가스 유입

▶ 풀이 ㉯ 변압기 절연유에 대한 내용이다.

31 수질 오염의 지표 중 경도의 주원인 물질은?

㉮ Ca^{2+}, Mg^{2+} ㉯ Mg^{2+}, Cd^{2+}
㉰ Fe^{2+}, Pb^{2+} ㉱ Cu^{2+}, Mn^{2+}

▶ 풀이 수질 오염의 지표 중 경도의 원인물질은 칼슘이온(Ca^{2+}), 마그네슘이온(Mg^{2+}), 철이온(Fe^{2+}), 망간이온(Mn^{2+}), 스트론튬이온(Sr^{2+})이며, 이 중에서 주원인 물질은 칼슘이온(Ca^{2+})과 마그네슘이온(Mg^{2+})이다.

32 식물성 플랑크톤이라고 불리며 물속에서 광합성을 하는 것은?

㉮ 균류   ㉯ 조류
㉰ 박테리아   ㉱ 원생동물

▶ 풀이 식물성 플랑크톤이라고 불리며 물속에서 광합성을 하는 것은 조류이다.

33 하천물에서 무엇이 관찰되면 비교적 깨끗한 상태라고 할 수 있는가?

㉮ 유기물   ㉯ 박테리아
㉰ 원생동물   ㉱ 바이러스

▶ 풀이 보기 중에서는 원생동물이 관찰되면 비교적 깨끗한 상태라고 할 수 있다.

answer 28 ㉮ 29 ㉮ 30 ㉯ 31 ㉮ 32 ㉯ 33 ㉰

34 일반침전지에서 부유물질의 침전속도가 감소되는 경우는?

㉮ 폐수의 점도가 클 경우
㉯ 부유물질의 입자가 클 경우
㉰ 부유물질의 입자밀도가 클 경우
㉱ 폐수의 밀도와 부유물질의 밀도차가 클 경우

> **풀이** 일반침전지에서 부유물질의 침전속도가 감소되는 조건
> ① 폐수의 점도가 클 경우
> ② 부유물질의 입자가 작은 경우
> ③ 부유물질의 입자밀도가 작은 경우
> ④ 폐수의 밀도와 부유물질의 밀도차가 작은 경우

35 분뇨 정화조의 구조에 해당하는 것은?

㉮ 라군 ㉯ 부패조
㉰ 슬러지조 ㉱ 회전원판 생물막

> **풀이** 분뇨 정화조의 구조에 해당하는 것은 부패조이다.

36 혐기성 소화법의 단점으로 틀린 것은?

㉮ 호기성 소화법에 비해 슬러지가 많이 발생한다.
㉯ 소화 체류기간이 길다.
㉰ 처리과정 중 악취가 발생한다.
㉱ 호기성 소화법에 비해 소화속도가 느리다.

> **풀이** ㉮ 호기성 소화법에 비해 슬러지가 적게 발생하는 장점을 가지고 있다.

37 폐기물을 분석하기 위한 시료의 축소방법으로 틀린 것은?

㉮ 구획법 ㉯ 원추4분법
㉰ 교호삽법 ㉱ 면체분할법

> **풀이** 시료의 축소방법
> ① 구획법
> ② 원추4분법
> ③ 교호삽법

38 폐기물 열분해에 대한 내용으로 틀린 것은?

㉮ 부식문제와 생산된 기름의 저장성이 문제가 된다.
㉯ 시설비와 운영비가 비싸다.
㉰ 과잉공기 공급으로 인한 가스배출량이 많아진다.
㉱ 기술적인 신뢰성이 부족하다.

> **풀이** ㉰ 무산소상태나 산소를 거의 공급하지 않는 상태이므로 가스배출량이 적다.

39 소각로 중 로타리킬른방식의 장점으로 틀린 것은?

㉮ 액상이나 고체상의 여러종류를 한꺼번에 연소시킬 수 있다.
㉯ 예열이나 혼합등 전처리가 거의 필요없다.
㉰ 열효율이 높고 먼지의 발생량이 적다.
㉱ 연소로 내에서 혼합이 잘 이루어진다.

> **풀이** ㉰ 열효율이 낮고(30~40% 정도) 먼지의 발생량이 많다.

answer 34 ㉮ 35 ㉯ 36 ㉮ 37 ㉱ 38 ㉰ 39 ㉰

40 폐기물처리를 비롯한 전체적인 관리 중 가장 많은 비용을 차지하는 부분은?

㉮ 수거
㉯ 압축
㉰ 파쇄
㉱ 소각

풀이 폐기물처리를 비롯한 전체적인 관리 중 가장 많은 비용을 차지하는 부분은 수거단계로 전체 비용의 약 60% 정도를 차지한다.

41 사용하는 자원에 의해 환경에 미치는 각종 부하를 생산, 유통, 사용, 폐기 등의 모든 과정에 걸쳐 정량적으로 분석하여 자원의 고갈과 지구환경 문제를 근본적으로 해결하기 위한 각종 개선방안을 모색하는 체계적인 과정은?

㉮ 전과정평가(Llife cycle assessmemt)
㉯ 환경영향평가(Environment impact assessmemt)
㉰ 환경오염부하(Environment pollution load)
㉱ 자원주기평가(Law cycle assessment)

풀이 ㉮ 전과정평가(LCA)에 대한 내용이다.

42 다음 중 유해 폐기물의 국가간 이동 및 처리의 규제를 채택한 회의는?

㉮ 몬트리올의정서
㉯ 바젤협약
㉰ 리우선언
㉱ 그린라운드

풀이 ㉯ 바젤협약에 대한 내용이며, 핵심 내용인 "유해 폐기물의 국가간 이동=바젤협약"임을 숙지하시면 됩니다.

43 쓰레기 발생량에 영향을 미치는 일반적인 요인에 대한 내용으로 알맞은 것은?

㉮ 쓰레기의 성분은 계절에 영향을 받는다.
㉯ 수거빈도와 발생량은 반비례한다.
㉰ 쓰레기통이 클수록 발생량이 감소한다.
㉱ 재활용율이 높을수록 발생량이 증가한다.

풀이 ㉯ 수거빈도와 발생량은 비례한다.
㉰ 쓰레기통이 클수록 발생량이 증가한다.
㉱ 재활용율이 높을수록 발생량이 감소한다.

44 어느 도시의 쓰레기를 분석한 결과 밀도는 $450\,kg/m^3$이고 비가연성 물질의 질량백분율은 72%였다. 이 쓰레기 $10\,m^3$ 중에 함유된 가연성 물질의 양(kg)은?

㉮ 1,180kg
㉯ 1,260kg
㉰ 1,310kg
㉱ 1,460kg

풀이 가연성 물질의 양
$= 10\,m^3 \times 450\,kg/m^3 \times (1-0.72) = 1,260\,kg$

45 폐기물의 새로운 수단인 관거(파이프라인) 수송의 단점으로 틀린 것은?

㉮ 잘못 투입된 물건의 회수가 곤란하다.
㉯ 파쇄, 압축 시설이 필요하다.
㉰ 장거리 수송이 곤란하다.
㉱ 폐기물의 발생 밀도가 높은 곳은 사용이 불가능하다.

풀이 ㉱ 폐기물의 발생 밀도가 높은 곳에서 사용이 가능하다.

---

answer 40 ㉮ 41 ㉮ 42 ㉯ 43 ㉮ 44 ㉯ 45 ㉱

46 고농도의 중금속 함유 폐기물의 처리에 적합한 방법으로 포틀랜드 시멘트를 이용하여 고형화하는 방법은?

㉮ 석회기초법
㉯ 피막형성법
㉰ 시멘트기초법
㉱ 자가시멘트법

풀이 ㉰ 시멘트기초법에 대한 내용이며, 핵심 내용인 "포틀랜드 시멘트=시멘트기초법"임을 숙지하시면 됩니다.

47 무기성 고형화에 대한 내용으로 틀린 것은?

㉮ 다양한 산업폐기물에 적용이 가능하다.
㉯ 방사선폐기물 처리에 적용된다.
㉰ 수용성이 작고 수밀성이 양호하다.
㉱ 상온 및 상압하에서 처리가 가능하며 처리가 용이하다.

풀이 ㉯번은 유기성 고형화에 대한 설명이다.

48 다음 매립방법에 대한 내용으로 틀린 것은?

㉮ 폐기물을 고밀도로 매립하는 것이 매립지의 수명을 길게 한다.
㉯ 폐기물 매립시 매일 복토하는 것이 좋다.
㉰ 샌드위치 방식이나 셀방식은 복토를 하지 않는 방식이다.
㉱ 단순 투입방식은 고밀도 매립을 기대할 수 없다.

풀이 ㉰ 샌드위치방식이나 셀방식은 복토를 하는 방식이다.

49 발열량이 높은 폐기물을 소각하며, 소각로 연소실 내의 연소가스와 폐기물의 흐름이 같은 형식인 것은?

㉮ 교류식   ㉯ 병류식
㉰ 회류식   ㉱ 향류식

풀이 ㉯ 병류식에 대한 내용이며, 핵심 내용인 "발열량 높고, 가스와 폐기물의 흐름이 같은 형식=병류식"임을 숙지하시면 됩니다.

50 쓰레기의 저위발열량을 측정하기 위한 방법으로 틀린 것은?

㉮ 추정식에 의한 방법
㉯ 단열열량계에 의한 방법
㉰ 원소분석에 의한 방법
㉱ 직접연소에 의한 방법

풀이 쓰레기의 저위발열량을 측정하기 위한 방법
① 추정식에 의한 방법
② 단열열량계에 의한 방법
③ 원소분석에 의한 방법

51 유기성 폐기물의 퇴비화 조작에서 환경변화인자가 아닌 것은?

㉮ 온도
㉯ pH
㉰ 탄소/질소율(C/N ratio)
㉱ 질소/인 (N/P ratio)

풀이 유기성 폐기물의 퇴비화 조작에서 환경변화인자로는 함수율, 온도, pH, C/N비 등이 있다.

---

answer 46 ㉰   47 ㉯   48 ㉰   49 ㉯   50 ㉱   51 ㉱

52 매립시에 사용하는 연직차수막에 대한 내용으로 틀린 것은?

㉮ 수평방향의 차수층 존재시에 사용된다.
㉯ 지하수 집배수시설이 필요하다.
㉰ 단위면적당 공사비가 비싸다.
㉱ 차수성 확인이 어렵다.

풀이 ㉯ 지하수 집배수시설이 필요없다.

53 폐기물 파쇄에 작용하는 힘의 종류로 틀린 것은?

㉮ 압축력   ㉯ 충격력
㉰ 전단력   ㉱ 인장력

풀이 파쇄에 작용하는 힘
① 압축력
② 충격력
③ 전단력

54 반고상폐기물의 고형물의 함량은?

㉮ 5% 이상 15% 미만
㉯ 10% 이상 25% 미만
㉰ 15% 이상 25% 미만
㉱ 20% 이상 30% 미만

풀이 폐기물의 분류
① 고상폐기물 : 고형물의 함량이 15% 이상
② 반고상폐기물 : 고형물의 함량이 5% 이상 15% 미만
③ 액상폐기물 : 고형물의 함량이 5% 미만

55 소각로의 연소온도를 높이기 위한 방법으로 틀린 것은?

㉮ 높은 발열량의 연료사용
㉯ 과잉공기량의 과다주입
㉰ 연료의 예열
㉱ 연료의 완전연소

풀이 ㉯ 적정한 공기 주입

56 유동상 소각로에서 유동상 매질이 갖추어야 할 조건으로 틀린 것은?

㉮ 불활성   ㉯ 낮은 융점
㉰ 내마모성 ㉱ 작은 비중

풀이 ㉯ 높은 융점

57 분뇨의 물리화학적 특성에 대한 내용으로 틀린 것은?

㉮ 외관상 황색에서 다갈색이며, 점성은 반고체이다.
㉯ 비중은 0.9 이하이고, 점도는 1.2~2.2 정도이다.
㉰ 질소성분이 많이 포함되어 있다.
㉱ 분뇨의 질은 발생지역에 따라서 그 차이가 크다.

풀이 ㉯ 비중은 1.02이고, 점도는 1.2~2.2 정도이다.

answer 52 ㉯ 53 ㉱ 54 ㉮ 55 ㉯ 56 ㉯ 57 ㉯

58 사람이 느끼는 최소진동치(dB)로 가장 알맞은 것은?

㉮ 40 ± 5 ㉯ 45 ± 5
㉰ 50 ± 5 ㉱ 55 ± 5

풀이 사람이 느끼는 최소진동치는 55 ± 5 dB이다.

59 방진고무의 일반적인 성질에 대한 내용으로 틀린 것은?

㉮ 고무자체의 내부마찰에 의해 내부저항이 최소화되어 저주파 진동 차진에 효과적이다.
㉯ 형상을 비교적 자유롭게 할 수 있다.
㉰ 공기 중의 오존에 의해 산화된다.
㉱ 스프링정수는 재질 및 형상에 따라 광범위하게 선택할 수 있다.

풀이 ㉮ 고무자체의 내부마찰에 의해 내부저항이 최대화되어 고주파 진동 차진에 효과적이다.

60 다음 중 마스킹 효과에 대한 내용으로 틀린 것은?

㉮ 음파의 간섭에 의해서 일어난다.
㉯ 두음의 주파수가 비슷할 때는 마스킹 효과가 대단히 크다.
㉰ 고음이 저음을 잘 마스킹한다.
㉱ 두음의 주파수가 거의 같을 때는 맥동이 생겨 마스킹 효과가 감소한다.

풀이 ㉰ 저음이 고음을 잘 마스킹한다.

answer 58 ㉱ 59 ㉮ 60 ㉰

2022 4회 CBT 복원 문제

01 다음 중 통풍력에 대한 설명으로 틀린 것은?

㉮ 굴뚝 내의 굴곡이 없을수록 통풍력이 커진다.
㉯ 배출가스의 온도가 낮을수록 통풍력이 작아진다.
㉰ 계절별로 여름보다 겨울에 통풍력이 작아진다.
㉱ 외기주입이 없을수록 통풍력이 커진다.

풀이 ㉰ 계절별로 여름보다 겨울에 통풍력이 커진다.

02 기온역전의 종류 중 공중역전에 해당하지 않는 것은?

㉮ 침강성역전   ㉯ 복사성역전
㉰ 전선성역전   ㉱ 해풍역전

풀이 기온역전의 종류
① 지표(접지)역전 : 복사성(방사성)역전, 이류성역전
② 공중역전 : 침강성역전, 전선성역전, 해풍역전, 난류성역전

03 다음 중 오존층보호를 위한 국제협약이 아닌 것은?

㉮ 비엔나협약
㉯ 몬트리올의정서
㉰ 런던회의
㉱ 헬싱키의정서

풀이 국제협약
① 오존층보호 협약 : 비엔나협약(1985년), 몬트리올의정서(1987년), 런던회의(1990년)
② 산성비 협약 : 헬싱키의정서(1985년), 소피아의정서(1989년)

04 다음 중 다운드래프트(Down Draft)현상의 방지책으로 알맞은 것은?

㉮ 굴뚝의 높이를 주위 건물높이의 1.5배 이상 유지한다.
㉯ 굴뚝의 높이를 주위 건물높이의 2.0배 이상 유지한다.
㉰ 굴뚝의 높이를 주위 건물높이의 2.5배 이상 유지한다.
㉱ 굴뚝의 높이를 주위 건물높이의 3.0배 이상 유지한다.

풀이 ① 다운와쉬현상의 방지책 : 배출가스의 속도를 풍속의 2배 이상
② 다운드래프트현상의 방지책 : 굴뚝의 높이를 주위 건물높이의 2.5배 이상 유지

answer 01 ㉰   02 ㉯   03 ㉱   04 ㉰

05 다음 중 일산화탄소에 대한 설명으로 틀린 것은?

㉮ 혈액 내의 헤모글로빈과 친화력이 산소의 210배에 달한다.
㉯ 가연성분의 불완전연소시나 자동차에서 많이 발생한다.
㉰ 대기 중에서 이산화탄소로 산화되기 어렵다.
㉱ 물에 수용성이므로 비에 의해 쉽게 제거된다.

풀이 ㉱ 물에 난용성이므로 비에 의한 영향은 거의 받지 않는다.

06 다음 중 아황산가스(SO_2)에 약한식물로 틀린 것은?

㉮ 담배   ㉯ 자주개나리
㉰ 목화   ㉱ 양배추

풀이 ① SO_2에 지표(약한)식물 : 대맥, 담배(연초), 자주개나리(알팔파), 목화, 보리 등
② SO_2에 강한식물 : 양배추, 까치밤나무, 쥐당나무, 셀러리, 소나무, 옥수수 등

07 엔진작동상태에 따른 전형적인 자동차 배기가스 조성 중 감속 시에 가장 큰 농도 증가를 나타내는 물질은? (단, 정상운행 조건 기준)

㉮ NO_2 ㉯ H_2O
㉰ CO_2 ㉱ HC

풀이 전형적인 자동차(가솔린 자동차)에서 가장 많이 배출되는 조건
① 질소산화물(NO_X) : 가속 시
② 일산화탄소(CO) : 공회전(아이드링) 시
③ 탄화수소(HC) : 감속 시

08 라돈에 대한 내용으로 틀린 것은?

㉮ 조혈기능 및 중추신경계통에 영향을 미친다.
㉯ 무색, 무취의 기체로 액화되어도 색을 띠지 않는다.
㉰ 공기보다 9배나 무거워 지표에 가깝게 존재한다.
㉱ 주로 건축자재를 통하여 인체에 영향을 미친다.

풀이 ㉮ 일반적으로 호흡기계통의 질환과 폐암을 유발시킨다.

09 연료의 착화온도에 대한 설명으로 틀린 것은?

㉮ 공기의 산소농도 및 압력이 높을수록 낮아진다.
㉯ 활성화에너지는 작을수록 낮아진다.
㉰ 비표면적이 클수록 낮아진다.
㉱ 발열량이 작을수록 낮아진다.

풀이 착화온도와의 상관관계
① 착화온도는 활성화에너지, 석탄의 탄화도와는 비례 관계
② 착화온도는 화학결합의 활성도, 산소와의 친화성, 분자구조, 발열량, 산소농도, 화학반응성, 압력, 분자량, 비표면적과는 반비례 관계

answer 05 ㉱ 06 ㉱ 07 ㉱ 08 ㉮ 09 ㉱

10 다음 중 흡수액 선정시 고려할 사항으로 틀린 것은?

㉮ 어는점이 낮아야 한다.
㉯ 용매의 화학적 성질과 비슷해야 한다.
㉰ 휘발성이 높아야 한다.
㉱ 용해성이 높아야 한다.

풀이 ㉰ 휘발성이 낮아야 한다.

11 다음 중 유수식 세정집진장치에 해당하지 않는 것은?

㉮ 가스선회형   ㉯ 로타형
㉰ 분수형   ㉱ 벤츄리스크러버

풀이 ㉱ 벤츄리스크러버는 가압수식에 해당한다.

TIP
세정집진장치의 종류
① 유수식 : 가스선회형, 임펠라형, 로타형, 분수형
② 가압수식 : 벤츄리 스크러버, 분무탑, 제트 스크러버, 충전탑
③ 회전식 : 타이젠와셔, 임펄스 스크러버

12 처리가스량이 30,000m³/h, 압력손실이 300mmH₂O인 집진장치를 효율이 47%인 송풍기로 운전할 때, 송풍기의 소요동력(kw)은?

㉮ 38   ㉯ 43
㉰ 49   ㉱ 52

풀이 $kw = \dfrac{Ps \times Q}{102 \times \eta} \times \alpha$

여기서 Ps : 압력손실(mmH₂O)
    Q : 가스량(m³/sec)

η : 효율
α : 여유율

$$kw = \dfrac{300mmH_2O \times 30,000m^3/hr \times 1hr/3,600sec}{102 \times 0.47}$$
$$= 52.15\,kw$$

TIP
1kw = 102 kg·m/sec이므로 가스량(Q)의 시간단위는 반드시 "sec"임을 숙지하셔야 합니다.

13 가스가 덕트를 통과할 때 발생하는 압력손실에 대한 다음 설명 중 맞는 것은?

㉮ 덕트의 길이에 반비례한다.
㉯ 덕트의 직경에 반비례한다.
㉰ 가스 통과유속의 제곱에 반비례한다.
㉱ 가스의 밀도에 반비례한다.

풀이 ㉮ 덕트의 길이에 비례한다.
㉰ 가스 통과유속의 제곱에 비례한다.
㉱ 가스의 밀도에 비례한다.

TIP
$$\Delta P = \lambda \times \dfrac{L}{D} \times \dfrac{r \times V^2}{2 \times g} \ (mmH_2O)$$

14 원추하부의 반지름이 40cm인 사이클론에서 배출가스의 접선속도가 5m/sec일 경우 분리계수는?

㉮ 3.2   ㉯ 6.4
㉰ 8.5   ㉱ 12.8

풀이 $분리계수(S) = \dfrac{V^2}{R \times g}$

$$= \dfrac{(5m/sec)^2}{0.4m \times 9.8m/sec^2} = 6.38$$

answer 10 ㉰   11 ㉱   12 ㉱   13 ㉯   14 ㉯

15 다음 중 중력집진장치에 대한 설명으로 틀린 것은?

㉮ 함진가스의 먼지부하나 유량변동에 적응성이 낮다.
㉯ 유지비 및 설치비가 적게 들며 신뢰도가 높은 편이다.
㉰ 침강실의 높이가 낮고 길이가 길수록 미립자가 잘 포집된다.
㉱ 침강실 내의 처리가스 속도가 작을수록 미립자가 잘 포집된다.

풀이 ㉯ 유지비 및 설치비가 적게 드나 신뢰도가 낮은 편이다.

16 적조(red tide)의 발생조건으로 틀린 것은?

㉮ 물의 이동이 적은 정체수역
㉯ 수온의 상승
㉰ 염분 농도의 증가
㉱ 플랑크톤 농도의 증가

풀이 ㉰ 염분 농도의 감소

17 지구상에 분포하는 담수 중 빙하(만년설 포함) 다음으로 가장 많은 비율을 차지하고 있는 것은?

㉮ 하천수　　㉯ 지하수
㉰ 대기습도　㉱ 토양수

풀이 담수의 분포 순서 : 빙하(만년설 포함) > 지하수 > 지표수 > 토양의 수분 > 대기중의 수분 순이다.

18 해수의 특성에 대한 내용으로 틀린 것은?

㉮ 해수의 밀도는 수온, 염분, 수압에 영향을 받는다.
㉯ 해수는 강전해질로서 1L 당 평균 35g의 염분을 함유한다.
㉰ 해수내 전체질소 중 35% 정도는 질산성 질소 등 무기성 질소 형태이다.
㉱ 해수의 Mg/Ca비는 3~4 정도이다.

풀이 ㉰ 해수내 전체질소 중 35% 정도는 암모니아성 질소와 유기질소의 형태이다.

19 수질오염에 관한 미생물의 작용에 있어서 흔히 사용되는 조류(Algae)의 경험적 화학 조성식은?

㉮ $C_5H_7O_2N$　　㉯ $C_5H_9O_3N$
㉰ $C_{10}H_{17}O_6N$　㉱ $C_5H_8O_2N$

풀이 ㉮ $C_5H_7O_2N$: 호기성 박테리아(암기법 : 오칠이)
㉯ $C_5H_9O_3N$: 혐기성 박테리아(암기법 : 오구삼)
㉰ $C_{10}H_{17}O_6N$: 곰팡이(암기법 : 일공 일칠 육)
㉱ $C_5H_8O_2N$: 조류(암기법 : 오팔이)

20 수은주 높이 150mm는 수주로 몇 mm 인가?

㉮ 약 2,040　㉯ 약 2,530
㉰ 약 3,240　㉱ 약 3,530

풀이 $150 mmHg \times 13.6 = 2,040 mmH_2O$

answer　15 ㉯　16 ㉰　17 ㉯　18 ㉰　19 ㉱　20 ㉮

TIP

① 수은주 비중
$= \dfrac{10,332\,\text{mmH}_2\text{O}}{760\,\text{mmHg}} = 13.6\,(\text{mmH}_2\text{O}/\text{mmHg})$

② $\text{mmHg} \xrightarrow{\times 13.6} \text{mmH}_2\text{O}$

③ $\text{mmH}_2\text{O} \xrightarrow{\div 13.6} \text{mmHg}$

21 호수의 성층 중에서 부영양화(Eutrophication)가 주로 발생하는 곳은?

㉮ epilimnion ㉯ thermocline
㉰ hypolimnion ㉱ mesolimnion

[풀이] 호수에서 부영양화가 나타나는 층은 표수층(epilimnion)이다.

22 BOD가 10,000mg/L이고 염소이온농도가 1,000mg/L인 분뇨를 희석하여 활성슬러지법으로 처리한 결과 방류수의 BOD는 20mg/L, 염소이온의 농도는 25mg/L으로 나타났다. 활성슬러지법의 처리효율(%)은? (단, 염소는 생물학적 처리에서 제거되지 않는다.)

㉮ 86% ㉯ 88%
㉰ 90% ㉱ 92%

[풀이] 제거효율(%) $= \left(1 - \dfrac{\text{BOD}_o \times P}{\text{BOD}_i}\right) \times 100\,(\%)$

① 희석배수치(P)
$= \dfrac{\text{유입수의 Cl}^-}{\text{유출수의 Cl}^-} = \dfrac{1,000\text{mg/L}}{25\text{mg/L}} = 40$

② 제거효율(%) $= \left(1 - \dfrac{20\text{mg/L} \times 40}{10,000\text{mg/L}}\right) \times 100$
$= 92\%$

23 다음 중 물의 물리적 특성에 대한 내용으로 틀린 것은?

㉮ 물은 유사한 분자량의 화합물보다 비열이 커 수온의 급격한 변화를 방지해 준다.
㉯ 물분자 사이의 수소결합으로 큰 표면장력을 가지며, 수온이 증가하면 표면장력은 증가한다.
㉰ 기화열이 크기 때문에 생물의 효과적인 체온조절이 가능하다.
㉱ 물은 비압축성이며, 4℃일 때 물의 비중은 최대값을 가진다.

[풀이] ㉯ 물분자 사이의 수소결합으로 큰 표면장력을 가지며, 수온이 증가하면 표면장력은 감소한다.

24 다음 중 박테리아에 대한 내용으로 틀린 것은?

㉮ 가장 간단한 식물로서 용해된 유기물을 섭취한다.
㉯ 이분법에 의해 증식한다.
㉰ 박테리아는 0.8~5 μm의 단세포생물이다.
㉱ 활성슬러지의 팽화현상을 유발한다.

[풀이] ㉱번은 곰팡이(fungi)에 대한 내용이다.

answer 21 ㉮ 22 ㉱ 23 ㉯ 24 ㉱

25 알칼리도(Alkalinity)에 대한 내용으로 틀린 것은?

㉮ 자연수 중의 알칼리도 원인물질은 HCO_3^-, CO_3^{2-}, OH^- 이다.
㉯ 총알칼리도를 측정할 때 사용하는 지시약은 페놀프탈레인이다.
㉰ 유발물질 중 자연수의 경우 중탄산염(HCO_3^-)에 의한 알칼리도가 지배적이다.
㉱ 알칼리도는 수중에 존재하는 [H^+]을 중화시키기 위하여 반응할 수 있는 이온의 총량을 말한다.

풀이 ㉯ 총알칼리도를 측정할 때 사용하는 지시약은 메틸 오렌지이다.

26 기체 상태의 염소가 물에 들어가면 가수분해와 이온화반응이 일어나 살균력을 나타낸다. 이때 살균력이 가장 높은 pH 범위는?

㉮ 산성영역
㉯ 알칼리성영역
㉰ 중성영역
㉱ pH와 관계 없다.

풀이 염소소독에서 살균력이 가장 강한 물질은 HOCl이며, HOCl은 pH가 낮을수록 많이 발생하므로 살균력이 가장 높은 pH 범위는 산성영역이 된다.

27 표준활성슬러지법의 특성으로 틀린 것은? (단, 하수도 시설기준 기준)

㉮ MLSS농도(mg/L) : 1,500~2,500
㉯ 반응조의 수심(m) : 2~3
㉰ HRT(시간) : 6~8
㉱ SRT(일) : 3~6

풀이 ㉯ 반응조의 수심(m) : 4~6

28 활성슬러지법과 비교한 생물막 공법의 특징으로 틀린 것은?

㉮ 적은 에너지를 요구한다.
㉯ 단순한 운전이 가능하다.
㉰ 2차 침전지에서 슬러지 벌킹의 문제가 없다.
㉱ 충격 및 독성부하로부터 회복이 느리다.

풀이 ㉱ 충격 및 독성부하로부터 회복이 빠르다.

29 정수시설인 플록형성지에서 플록형성시간의 표준으로 옳은 것은?

㉮ 계획 정수량에 대하여 2~5분간
㉯ 계획 정수량에 대하여 5~10분간
㉰ 계획 정수량에 대하여 10~20분간
㉱ 계획 정수량에 대하여 20~40분간

풀이 플록형성지의 핵심 내용
① 플록형성 표준시간 : 20~40분
② 플록큐레이션의 주변속도 : 15~80cm/sec

answer 25 ㉯ 26 ㉮ 27 ㉯ 28 ㉱ 29 ㉱

30 BOD 용적부하 0.2 kg/m³·d로 하여 유량 300 m³/d, BOD 200 mg/L인 폐수를 활성슬러지법으로 처리하고자 할 때 필요한 폭기조의 용량은?

㉮ 150 m³ ㉯ 200 m³
㉰ 250 m³ ㉱ 300 m³

풀이 BOD 용적부하(kg/m³·day)

$$= \frac{BOD\ 농도(kg/m^3) \times 유량(m^3/day)}{폭기조\ 용적(m^3)}$$

$$0.2 kg/m^3 \cdot day = \frac{0.2 kg/m^3 \times 300 m^3/day}{폭기조\ 용적(m^3)}$$

∴ 폭기조 용적

$$= \frac{0.2 kg/m^3 \times 300 m^3/day}{0.2 kg/m^3 \cdot day} = 300 m^3$$

TIP
① ppm = mg/L = g/m³
② mg/L $\xrightarrow{\times 10^{-3}}$ kg/m³ 이므로
   BOD 200 mg/L = 0.2 kg/m³

31 자외선(UV) 살균의 특징에 대한 내용으로 틀린 것은?

㉮ 유량과 수질의 변동에 대해 적응력이 강하다.
㉯ 접촉시간이 짧다.
㉰ 물의 탁도나 혼탁이 소독효과에 영향을 미치지 않는다.
㉱ 강한 살균력으로 바이러스에 대해 효과적이다.

풀이 ㉰ 물의 탁도나 혼탁이 소독효과에 영향을 미친다.

32 혐기성 소화조 운전 중 이상발포가 발생되었을 때의 대책으로 틀린 것은?

㉮ 슬러지의 유입을 줄이고 배출을 일시 중지한다.
㉯ 소화온도를 높인다.
㉰ 조내 교반을 중지한다.
㉱ 스컴을 파쇄·제거한다.

풀이 ㉰ 조내 교반을 충분히 한다.

33 유입하수의 BOD농도가 200 mg/L이고 포기조내 체류시간이 4시간이며 포기조의 F/M비를 0.3 kgBOD/kgMLSS-day로 유지한다고 하면 포기조의 MLSS 농도는?

㉮ 2,500 mg/L ㉯ 3,000 mg/L
㉰ 35,00 mg/L ㉱ 4,000 mg/L

풀이
$$F/M비 = \frac{BOD \times Q}{MLSS \times V} = \frac{BOD}{MLSS} \times \frac{1}{t}$$

$$0.3/day = \frac{200 mg/L}{MLSS} \times \frac{1}{\left(\frac{4hr}{24}\right)day}$$

$$\therefore MLSS = \frac{200 mg/L}{0.3/day \times \left(\frac{4hr}{24}\right)day} = 4,000 mg/L$$

TIP
① SVI : 슬러지 용적지수
② $SVI = \frac{SV(mL/L)}{MLSS(mg/L)} \times 10^3$
③ SVI가 50~150이면 정상 침강
④ SVI가 200 이상이면 슬러지 팽화(벌킹) 발생

answer 30 ㉱ 31 ㉰ 32 ㉰ 33 ㉱

34 슬러지 처리공정을 순서대로 알맞게 배치한 것은?

㉮ 농축→약품조정(개량)→유기물의 안정화→건조→탈수→최종처분
㉯ 농축→유기물의 안정화→약품조정(개량)→탈수→건조→최종처분
㉰ 약품조정(개량)→농축→유기물의 안정화→탈수→건조→최종처분
㉱ 유기물의 안정화→농축→약품조정(개량)→탈수→건조→최종처분

풀이 슬러지 처리공정의 순서는 농축조(슬러지 농축) → 소화조(유기물의 안정화) → 개량조(약품조정) → 탈수 → 건조 → 최종처분 순이다.

35 상수처리시설인 침사지에 대한 내용으로 틀린 것은?

㉮ 표면부하율은 200~500mm/min을 표준으로 한다.
㉯ 지내 평균유속은 30cm/sec를 표준으로 한다.
㉰ 지의 상단높이는 고수위보다 0.6~1m의 여유고를 둔다.
㉱ 지의 유효수심은 3~4m를 표준으로 한다.

풀이 ㉯ 지내 평균유속은 2~7cm/sec를 표준으로 한다.

36 다음 중 돌, 코르크 등의 불투명한 것과 유리같은 투명한 것의 분리에 이용되는 선별방법은?

㉮ 광학선별
㉯ 정전기적 선별
㉰ 자력선별
㉱ 손선별

풀이 ㉮ 광학선별에 대한 내용이며, 핵심 내용인 "불투명한 것과 투명한 것 분리=광학선별"임을 숙지하시면 됩니다.

37 부피감소율이 80%인 쓰레기의 압축비는?

㉮ 2   ㉯ 3
㉰ 4   ㉱ 5

풀이
$$압축비 = \frac{100}{100 - 부피감소율(\%)}$$
$$= \frac{100}{100 - 80\%} = 5$$

38 하나의 수식으로 각 인자들이 효과를 총괄적으로 나타내어 복잡한 시스템의 분석에 유용하게 사용할 수 있는 쓰레기 발생량을 예측하는 방법은?

㉮ 다중회귀모델
㉯ 동적모사모델
㉰ 경향모델
㉱ 물질수지모델

풀이 ㉮ 다중회귀모델에 대한 내용이며, 핵심 내용인 "복잡한 시스템의 분석=다중회귀모델"임을 숙지하시면 됩니다.

answer 34 ㉯ 35 ㉯ 36 ㉮ 37 ㉱ 38 ㉮

39 폐기물 발생의 특징에 대한 내용으로 틀린 것은?

㉮ 쓰레기의 성분은 계절에 영향을 받는다.
㉯ 생활수준이 증가할수록 쓰레기의 종류는 다양화되고 발생량은 증가한다.
㉰ 쓰레기를 자주 수거해 가면 쓰레기 발생량이 감소한다.
㉱ 쓰레기 관련 법규는 쓰레기 발생량에 매우 중요한 영향을 미친다.

풀이 ㉰ 쓰레기를 자주 수거해 가면 쓰레기 발생량이 증가한다.

40 수분이 60%, 수소가 8%인 폐기물의 고위발열량이 4,000kcal/kg이라면 저위발열량 (kcal/kg)은?

㉮ 3,018 ㉯ 3,208
㉰ 3,408 ㉱ 3,508

풀이 $Hl = Hh - 600(9H + W)(kcal/kg)$
여기서 Hl : 저위발열량(kcal/kg)
Hh : 고위발열량(kcal/kg)
H : 수소의 함량
W : 수분의 함량
$Hl = 4,000 kcal/kg - 600 \times (9 \times 0.08 + 0.6)$
$= 3,208 kcal/kg$

TIP
기체연료에서 저위발열량(Hl)
$Hl(kcal/Sm^3) = Hh(kcal/Sm^3) - 480 \times H_2O$ 량

41 폐기물 시료의 성상절차 중 가장 먼저 시행하는 것은?

㉮ 밀도측정
㉯ 물리적 조성분석
㉰ 건조
㉱ 전처리

풀이 폐기물의 성상분석 절차 순서는 시료 → 밀도 측정 → 물리적 조성분석 → 건조 → 분류(가연성, 불연성) → 전처리(절단 및 분쇄) → 화학적 조성 분석이다.

42 다음 중 슬러지의 함유 수분 중 탈수가 가장 어려운 수분은?

㉮ 간극모관결합수
㉯ 모관결합수
㉰ 표면부착수
㉱ 내부수

풀이 슬러지내의 탈수성의 순서는 간극모관결합수 > 모관결합수 > 표면부착수 > 내부수 순이다.

43 다음 중 쓰레기 수거노선을 설정 시 유의사항으로 틀린 것은?

㉮ 언덕지역에서는 위에서 아래로 진행한다.
㉯ U자형 회전을 피한다.
㉰ 가능한 반시계방향으로 수거노선을 정한다.
㉱ 발생량이 아주 많은 발생원은 하루 중 가장 먼저 수거한다.

풀이 ㉰ 가능한 시계방향으로 수거노선을 정한다.

answer 39 ㉰ 40 ㉯ 41 ㉮ 42 ㉱ 43 ㉰

44 다음 중 관거(pipe-line) 수송방식에 대한 내용으로 틀린 것은?

㉮ 쓰레기의 발생빈도가 낮아야 현실성이 있다.
㉯ 대형 폐기물에 대한 전처리가 필요하다.
㉰ 잘못 투입된 물건은 회수하기가 곤란하다.
㉱ 장거리 이송이 곤란하다.

풀이 ㉮ 쓰레기 발생빈도가 높아야 현실성이 있다.

45 다음 중 적환장의 필요성으로 틀린 것은?

㉮ 폐기물 수집장소와 처분장소가 멀리 떨어져 있는 경우
㉯ 슬러지수송이나 공기수송 방식을 사용하는 경우
㉰ 고밀도 주거지역이 존재하는 경우
㉱ 불법투기와 다량의 어질러진 쓰레기들이 발생하는 경우

풀이 ㉰ 저밀도 주거지역이 존재하는 경우

46 고화처리법 중 자가시멘트법에 대한 내용으로 틀린 것은?

㉮ 장치비가 크며 숙련된 기술을 요한다.
㉯ 많은 황화물을 가지는 폐기물에 적합하다.
㉰ 혼합률(MR)이 높다.
㉱ 탈수 등 전처리가 필요없다.

풀이 ㉰ 혼합률(MR)이 낮다.

TIP
$$MR = \frac{\text{첨가제의 질량}}{\text{폐기물의 질량}}$$

47 C_6H_6 $5Sm^3$가 완전 연소하는데 필요한 이론공기량(Sm^3)은?

㉮ $167.6 Sm^3$ ㉯ $178.6 Sm^3$
㉰ $189.6 Sm^3$ ㉱ $192.6 Sm^3$

풀이 ① $C_6H_6 + 7.5O_2 \rightarrow 6CO_2 + 3H_2O$
$22.4 Sm^3$: $7.5 \times 22.4 Sm^3$
$5 Sm^3$: O_o(이론산소량)
∴ O_o(이론산소량) $= \dfrac{5Sm^3 \times 7.5 \times 22.4 Sm^3}{22.4 Sm^3}$
$= 37.5 Sm^3$

② 이론공기량 Sm^3)
= 이론산소량(Sm^3) $\times \dfrac{1}{0.21}$
$= 37.5 Sm^3 \times \dfrac{1}{0.21} = 178.57 Sm^3$

TIP
① 체적(Sm^3) = 계수 × 22.4(Sm^3)
② 질량(kg) = 계수 × 분자량(kg)

48 매립지의 합성차수막 중 PVC의 장점으로 틀린 것은?

㉮ 가격이 저렴하며 작업이 용이하다.
㉯ 강도가 높다.
㉰ 대부분의 유기화학물질에 강하다.
㉱ 접합이 용이하다.

풀이 ㉰ 대부분의 유기화학물질에 약하다.

49 매립층의 바닥층이 두껍고 복토로 적합한 지역에 이용하는 매립방법은?

㉮ 도랑법   ㉯ 지역법
㉰ 경사법   ㉱ 계곡매립법

---

answer 44 ㉮ 45 ㉰ 46 ㉰ 47 ㉯ 48 ㉰ 49 ㉮

풀이 매립층의 바닥층이 두껍고 복토로 적합한 지역에는 도랑법이 적합하다.

50 매립지의 차수막 중 연직차수막에 대한 내용으로 틀린 것은?

㉮ 지중에 수평방향의 차수층 존재시 사용한다.
㉯ 지하수 집배수시설이 필요하다.
㉰ 지하매설로써 차수성의 확인이 어렵다.
㉱ 차수막 보강시공이 가능하다.

풀이 ㉯ 지하수 집배수시설이 불필요하다.

TIP
연직차수막과 표면차수막의 비교

	연직차수막	표면차수막
차수성 확인	지하에 매설하기 때문에 확인이 어렵다.	시공시에는 가능하나 매립 후에는 곤란하다.
경제성	단위면적당 공사비가 비싼 반면 총공사비는 싸다.	단위면적당 공사비는 싸지만 매립지 전체를 시공하는 경우가 많아 총공사비는 비싸다.
보수성	차수막 보강시공이 가능하다.	매립 전에는 가능하나 매립 후에는 어렵다.
지하수 집배수 시설	필요없다.	필요하다.

51 매연발생에 대한 내용으로 틀린 것은?

㉮ 분해가 쉽거나 산화하기 쉬운 탄화수소는 매연발생이 적다.
㉯ 탈수소, 중합 및 고리화합물 생성 등과 같은 반응이 일어나기 쉬운 탄화수소일수록 매연발생이 적다.
㉰ -C-C-의 탄소결합을 절단하기보다는 탈수소가 쉬운 쪽이 매연이 생기기 쉽다.
㉱ 연료의 C/H의 비율이 클수록 매연이 생기기 쉽다.

풀이 ㉯ 탈수소, 중합 및 고리화합물 생성 등과 같은 반응이 일어나기 쉬운 탄화수소일수록 매연발생이 많다.

52 황분 2%를 함유한 석탄 1.5ton를 완전연소하면 표준상태에서 발생하는 아황산가스의 양(Sm^3)은? (단, 모든 황분은 아황산가스만을 생성한다.)

㉮ 32   ㉯ 21
㉰ 16   ㉱ 10

풀이 $S + O_2 \rightarrow SO_2$

32kg : 22.4 Sm^3
1,500 kg × 0.02 : X

$\therefore X = \dfrac{1,500\text{kg} \times 0.02 \times 22.4 Sm^3}{32\text{kg}}$

$= 21.0 Sm^3$

53 폐기물의 열분해에 대한 내용으로 틀린 것은?

㉮ 열분해는 흡열반응이다.
㉯ 열분해방법에서 저온은 500~900℃, 고온은 1,100~1,500℃를 말한다.
㉰ 열분해 온도에 따른 가스의 구성비는 고온이 될수록 CO_2 함량이 증가한다.
㉱ 열분해에 의해 생성되는 액체물질에는 아세트산, 아세톤, 메탄올 등이 있다.

풀이 ㉰ 열분해 온도에 따른 가스의 구성비는 고온이 될수록 CO_2 함량이 감소하고, 수소함량이 증가한다.

answer 50 ㉯ 51 ㉯ 52 ㉯ 53 ㉰

54 매립공법에 의한 분류 중 육상매립공법에 해당하지 않는 것은?

㉮ 도랑형 공법(Trench system)
㉯ 셀 공법(Cell system)
㉰ 박층뿌림 공법(Thin layer system)
㉱ 압축매립 공법(Baling system)

▶ 풀이 **매립공법의 종류**
① 내륙매립공법 : 샌드위치 공법, 셀 공법, 압축매립 공법, 도랑형 공법
② 해안매립 공법 : 박층뿌림 공법, 순차투입 공법, 내수배제 및 수중투기 공법

55 퇴비화의 장·단점으로 틀린 것은?

㉮ 운영시에 소요되는 에너지가 낮다.
㉯ 다양한 재료를 이용하므로 퇴비제품의 품질 표준화가 어렵다.
㉰ 퇴비화 시 부피가 크게(60% 이상) 감소한다.
㉱ 생산된 퇴비는 비료가치가 낮다.

▶ 풀이 ㉰ 퇴비화 시 부피가 크게 감소되지 않는다. (감용율 50% 이하)

56 방진대책을 발생원, 전파경로, 수진측 대책으로 분류할 때, 다음 중 전파경로 대책에 해당하는 것은?

㉮ 가진력을 감쇠시킨다.
㉯ 진동원의 위치를 멀리하여 거리감쇠를 크게 한다.
㉰ 동적흡진한다.
㉱ 수진측의 강성을 변경시킨다.

▶ 풀이 **방진대책**
㉮ 발생원에서의 대책
㉯ 전파경로에서의 대책
㉰ 발생원에서의 대책
㉱ 수진측에서의 대책

TIP
방진대책
(1) 발생원 대책
 ① 가진력 감쇠
 ② 탄성지지
 ③ 동적 흡진
 ④ 기초질량의 부가 및 경감
 ⑤ 불평형력의 균형
(2) 전파경로 대책
 ① 수진점 근처에 방진구 설치
 ② 진동원 위치를 멀리하여 거리감쇠 증가
(3) 수진측 대책
 ① 수진측의 강성 변경
 ② 수진측의 탄성지지

57 공해진동에 대한 내용으로 틀린 것은?

㉮ 주파수 범위는 1,000~4,000Hz 정도이다.
㉯ 문제가 되는 진동레벨은 60dB부터 80dB까지가 많다.
㉰ 사람이 느끼는 최소진동역치는 55±5dB 정도이다.
㉱ 사람에게 불쾌감을 준다.

▶ 풀이 ㉮ 일반적으로 공해진동의 주파수 범위는 1~90Hz이다.

answer 54 ㉰ 55 ㉰ 56 ㉯ 57 ㉮

58 진동수가 3,300Hz이고, 속도가 330m/sec인 소리의 파장은?

㉮ 0.1m ㉯ 1m
㉰ 10m   ㉱ 100m

풀이 $V = \lambda \times f$
여기서 V : 전파속도(m/sec)
λ : 파장(m)
f : 진동수(Hz)
$\lambda = \dfrac{V}{f} = \dfrac{330\,\text{m/sec}}{3,300\,\text{Hz}} = 0.1\,\text{m}$

59 2개의 진동물체의 고유진동수가 같을 때 한 쪽의 물체를 울리면 다른 쪽도 울리는 현상은?

㉮ 임피던스 ㉯ 굴절
㉰ 간섭   ㉱ 공명

풀이 ㉱ 공명에 대한 내용이며, 핵심 내용인 "한 쪽의 물체를 울리면 다른 쪽도 울리는 현상=공명"임을 숙지하시면 됩니다.

60 다음 인체의 청각기관 중 외이(外耳)에 해당하는 것은?

㉮ 고막   ㉯ 이소골
㉰ 이관   ㉱ 와우각

풀이 ① 중이 : 이관(유스타키오관), 고실, 이소골
② 내이 : 와우각(달팽이관), 난원창(전정창), 원형창(고실창), 청신경
③ 외이 : 이개(귀바퀴), 외이도, 고막

answer 58 ㉮ 59 ㉱ 60 ㉮

2023 1회 CBT 복원 문제

01 1984년 인도의 보팔시에서 발생한 대기오염사건의 주원인 물질은?

㉮ 황화수소
㉯ 황산화물
㉰ 멀캡탄
㉱ 메틸이소시아네이트

풀이 인도의 보팔시사건은 메틸이소시아네이트(CH_3CNO)가 누설되어 발생한 사건이다.

02 다음 (   )안에 알맞은 것은?

(   )이란 적도무역풍이 평년보다 강해지며 서태평양의 해수면과 수온이 평년보다 상승하게 되고, 찬해수의 용승현상 때문에 적도 동태평양에서 저수온 현상이 강화되어 나타나는 현상으로, 해수면의 온도가 6개월 이상 0.5℃ 이상 낮은 현상이 지속되는 것을 말한다.

㉮ 엘니뇨 현상   ㉯ 사헬현상
㉰ 라니냐 현상   ㉱ 헤들리셀 현상

풀이
① 라니냐 현상 : 해수면의 온도가 6개월 이상 0.5℃ 이상 낮게 지속되는 현상
② 엘니뇨 현상 : 해수면의 온도가 6개월 이상 0.5℃ 이상 높게 지속되는 현상

03 전체대기층이 불안정할 경우 나타나며, 연기모양이 상하로 요동이 심하며, 순간적으로 지상에 고농도가 될 수 있는 연기의 모양은?

㉮ 파상형   ㉯ 원추형
㉰ 부채형   ㉱ 상승형

풀이 ㉮ 파상형(Looping형)에 대한 설명이며, 핵심 내용인 "불안정(과단열)조건=파상형"임을 숙지하시면 됩니다.

04 다음 중 오존(O_3)에 대한 내용으로 틀린 것은?

㉮ 대기 중 오존은 야간에 NO_2와 반응하여 소멸된다.
㉯ 오염된 대기중의 오존은 LA스모그 사건에서 처음 확인되었다.
㉰ 대기중에서 오존의 배경농도는 0.01~0.02ppm이다.
㉱ 오존의 일변화는 대도시지역에 비해 청정지역에서 매우 크다.

풀이 ㉱ 오존의 일변화는 1차성오염물질이 많은 대도시지역이 청정지역에 비해 매우 크다.

answer 01 ㉱ 02 ㉰ 03 ㉮ 04 ㉱

05 연소과정 중 고온에서 발생하는 주된 질소화합물의 형태로 가장 적합한 것은?

㉮ N_2 ㉯ NO
㉰ NO_2 ㉱ NO_3

풀이 고온의 화염속에서 생성되는 질소산화물의 90% 이상은 일산화질소(NO)이다.

06 다음 대기오염물질 중 비중이 가장 큰 것은?

㉮ CO ㉯ SO_2
㉰ CS_2 ㉱ NO_2

풀이 기체의 비중 = $\frac{기체의\ 분자량}{공기의\ 분자량}$ 에서 기체의 비중과 기체의 분자량은 비례관계이므로 비중이 가장 큰 물질은 분자량이 가장 큰 물질이므로 보기 중 정답은 ㉰ 이황화탄소(CS_2)이다.

TIP
기체의 분자량
㉮ CO : 28 ㉯ SO_2 : 64
㉰ CS_2 : 76 ㉱ NO_2 : 46

07 연돌 내의 배기가스의 평균온도가 325℃, 대기의 온도는 25℃이다. 이 때 통풍력을 40 mmH₂O로 하기 위한 연돌의 높이는? (단, 연소가스와 공기의 표준상태에서의 밀도는 1.3 kg/Sm³이고, 연돌 내의 압력손실은 무시한다.)

㉮ 약 79m ㉯ 약 72m
㉰ 약 70m ㉱ 약 67m

풀이 $Z = 355 \times H \times \left(\frac{1}{273+ta} - \frac{1}{273+tg}\right)(mmH_2O)$

$40\,mmH_2O = 355 \times H \times \left(\frac{1}{273+25℃} - \frac{1}{273+325℃}\right)$

$\therefore H = \dfrac{40\,mmH_2O}{355 \times \left(\dfrac{1}{273+25℃} - \dfrac{1}{273+325℃}\right)} = 66.93\,m$

08 다음 중 석탄의 탄화도가 증가하면 감소하는 것은?

㉮ 매연발생량 ㉯ 착화온도
㉰ 발열량 ㉱ 고정탄소

풀이 석탄의 탄화도가 증가하면
① 고정탄소, 발열량, 착화온도, 연료비는 증가
② 매연발생량, 비열, 휘발분, 수분, 산소의 양, 연소속도는 감소

09 다음 중 액화천연가스(LNG)의 주성분은?

㉮ CH_4 ㉯ C_2H_6
㉰ C_3H_8 ㉱ C_4H_{10}

풀이 ① 액화천연가스(LNG)의 주성분 : 메탄(CH_4)
② 액화석유가스(LPG)의 주성분 : 프로판(C_3H_8), 부탄(C_4H_{10})

10 후드의 일반적인 흡인방법과 설치요령에 대한 내용으로 틀린 것은?

㉮ 충분한 포착속도를 유지한다.
㉯ 국부적인 흡인방식을 채택한다.
㉰ 후드의 개구면적은 가능한 크게 한다.
㉱ 후드를 가능하면 발생원에 근접시킨다.

풀이 ㉰ 후드의 개구면적은 가능한 작게 한다.

answer 05 ㉯ 06 ㉰ 07 ㉱ 08 ㉮ 09 ㉮ 10 ㉰

11 다음 중 물리적 흡착에 대한 설명으로 틀린 것은?

㉮ 결합에너지는 액체분자 사이의 인력과 비슷하다.
㉯ 다분자흡착이며 흡착제의 재생이나 오염가스의 회수에 용이하다.
㉰ 흡착온도를 증가시키면 평형 흡착량은 증가한다.
㉱ 압력을 감소시키면 흡착물질이 흡착제로부터 분리되는 가역적 반응이다.

풀이 ㉰ 흡착온도를 증가시키면 평형 흡착량은 감소한다.

12 CO_2 14.5%, N_2 79%, O_2 6%, CO 0.5%일 때의 공기비(m)는?

㉮ 1.18 ㉯ 1.38
㉰ 1.58 ㉱ 1.78

풀이 공기비(m)
$= \dfrac{N_2\%}{N_2\% - 3.76 \times (O_2\% - 0.5CO\%)}$
$= \dfrac{79\%}{79\% - 3.76 \times (6\% - 0.5 \times 0.5\%)} = 1.38$

13 다음 중 공기비(m)가 클 경우 발생하는 현상으로 틀린 것은?

㉮ 연소실 내 연소온도 감소
㉯ 방지시설의 용량이 커지고 에너지 손실 증가
㉰ 매연이나 검댕량의 증가
㉱ 희석효과가 높아져 연소 생성물의 농도 감소

풀이 ㉰번에 대한 설명은 공기비가 작을 경우 발생하는 현상이다.

14 액화 프로판 660kg를 기화시켜 $8Sm^3/hr$로 연소시킨다면 몇 시간 사용할 수 있는가? (단, 표준상태 기준)

㉮ 34시간 ㉯ 42시간
㉰ 46시간 ㉱ 49시간

풀이 프로판(C_3H_8) 1kmol $\begin{cases} 44kg \\ 22.4Sm^3 \end{cases}$

$660\,kg \times \dfrac{22.4\,Sm^3}{44\,kg} = 336\,Sm^3$

따라서 $\dfrac{336\,Sm^3}{8\,Sm^3/hr} = 42\,hr$

15 세정집진장치에서 관성충돌계수를 크게 하는 조건으로 틀린 것은?

㉮ 액적의 직경이 커야 한다.
㉯ 먼지의 밀도가 커야 한다.
㉰ 처리가스의 액적의 상대속도가 커야 한다.
㉱ 먼지의 입경이 커야 한다.

풀이 ㉮ 액적의 직경이 작아야 한다.

16 다음 중 물이 가지는 특성에 대한 내용으로 틀린 것은?

㉮ 고체인 경우 수소결합에 의해 육각형 결정구조를 가진다.
㉯ 물은 광합성의 수소공여체이다.
㉰ 생물체의 결빙이 일어나지 않음은 물의 융해열이 작기 때문이다.

answer 11 ㉰ 12 ㉯ 13 ㉰ 14 ㉯ 15 ㉮ 16 ㉰

㉣ 모세관 현상과 관계 있는 표면장력은 72.75 dyne/cm(20℃)이다.

풀이 ㉢ 생물체의 결빙이 일어나지 않음은 물의 융해열이 크기 때문이다.

17 포도당($C_6H_{12}O_6$) 500mg이 탄산가스와 물로 완전산화 하는데 소요되는 이론적 산소요구량은?

㉮ 512mg ㉯ 521mg
㉰ 533mg ㉱ 548mg

풀이 $C_6H_{12}O_6 + 6O_2 \rightarrow 6CO_2 + 6H_2O$
180g : 6×32g
500mg : ThOD
∴ ThOD = $\frac{6 \times 32g \times 500mg}{180g}$ = 533.33mg

18 수중에 탄산가스 농도나 암모니아성 질소의 농도가 증가하며 Fungi가 사라지는 하천의 변화과정 지대는? (단, Whipple의 4지대 기준)

㉮ 활발한 분해지대
㉯ 점진적 분해지대
㉰ 분해지대
㉱ 점진적 회복지대

풀이 ㉮ 활발한 분해지대에 대한 내용이며, 핵심 내용인 "암모니아성 질소 증가=활발한 분해지대"임을 숙지하시면 됩니다.

19 자연수 중 지하수의 경도가 높은 이유는 다음 중 주로 어떤 물질의 영향인가?

㉮ NH_3 ㉯ O_2
㉰ Colloid ㉱ CO_2

풀이 지하수의 경도가 높은 이유는 토양 내 유기물질 분해에 따른 탄산가스(CO_2)의 발생과 약산성의 빗물로 인하여 광물질이 용해되기 때문이다.

20 탄광폐수가 하천이나 호수, 저수지에 유입되어 유발되는 오염의 형태로 틀린 것은?

㉮ 부식성이 높은 수질이 될 수 있다.
㉯ 대체적으로 물의 pH를 낮춘다.
㉰ 비탄산경도를 높이게 된다.
㉱ 일시경도를 높이게 된다.

풀이 ㉱ 영구경도를 높이게 된다.

21 해수의 온도와 염분의 농도에 의한 밀도차에 의해 형성되는 해류는?

㉮ 조류 ㉯ 쓰나미
㉰ 상승류 ㉱ 심해류

풀이 ㉮ 조류 : 태양과 달의 영향
㉯ 쓰나미 : 지진이나 화산의 영향
㉰ 상승류 : 바람과 해양 및 육지의 상호작용
㉱ 심해류 : 해수의 온도와 염분의 농도에 의한 밀도차

answer 17 ㉰ 18 ㉮ 19 ㉱ 20 ㉱ 21 ㉱

22 화학반응에서 의미하는 산화에 대한 내용으로 틀린 것은?

㉮ 산소와 화합하는 현상이다.
㉯ 원자가가 증가되는 현상이다.
㉰ 전자를 받아들이는 현상이다.
㉱ 수소화합물에서 수소를 잃는 현상이다.

> 풀이 ㉰ 전자를 주는 현상이다.

23 다음 중 점성계수의 단위로 적절한 것은?

㉮ cm^2/sec ㉯ $g/cm \cdot sec$
㉰ $dyne/cm^2$ ㉱ $dyne/cm$

> 풀이
> ㉮ cm^2/sec : 동점성계수 단위
> ㉯ $g/cm \cdot sec$: 점성계수 단위
> ㉰ $dyne/cm^2$: 압력 단위
> ㉱ $dyne/cm$: 표면장력 단위

24 하수처리시설의 2차 침전지에 대한 내용으로 틀린 것은?

㉮ 유효수심은 2.5~4 m를 표준으로 한다.
㉯ 2차 침전지의 고형물부하율은 95~145 $kg/m^2 \cdot d$로 한다.
㉰ 침전시간은 계획 1일 최대오수량에 따라 정하며 일반적으로 6~8시간으로 한다.
㉱ 침전지 수면의 여유고는 40~60 cm 정도로 한다.

> 풀이 ㉰ 침전시간은 계획 1일 최대오수량에 따라 정하며 일반적으로 3~5시간으로 한다.

25 정수시설 중 플록형성지에 대한 내용으로 틀린 것은?

㉮ 기계식교반에서 플록큐레이터(flocculator)의 주변속도는 5~10cm/sec를 표준으로 한다.
㉯ 플록형성시간은 계획정수량에 대하여 20~40분간을 표준으로 한다.
㉰ 직사각형이 표준이다.
㉱ 혼화지와 침전지 사이에 위치하고 침전지에 붙여서 설치한다.

> 풀이 ㉮ 기계식교반에서 플록큐레이터(flocculator)의 주변속도는 15~80 cm/sec를 표준으로 한다.

26 막공법 중 물질 분리를 유발하는 추진력(driving force)으로 틀린 것은?

㉮ 전기투석(Electrodialysis) - 전위차
㉯ 투석(Dialysis) - 정수압차
㉰ 역삼투(Reverse Osmosis) - 정수압차
㉱ 한외여과(Utrafiltration) - 정수압차

> 풀이 ㉯ 투석(Dialysis) - 농도차

27 표준활성슬러지법에서 MLSS농도(mg/L)의 표준 운전범위는?

㉮ 1,000~1,500
㉯ 1,500~2,500
㉰ 2,500~4,500
㉱ 4,500~6,000

> 풀이 표준활성슬러지법에서 MLSS농도의 표준 운전범위는 1,500~2,500mg/L이다.

answer 22 ㉰ 23 ㉯ 24 ㉰ 25 ㉮ 26 ㉯ 27 ㉯

28 폐수처리 과정인 침전 시 입자의 농도가 매우 높아 입자들끼리 구조물을 형성하는 침전 형태는?

㉮ 농축침전　㉯ 응집침전
㉰ 압밀침전　㉱ 독립침전

풀이 Ⅳ형 침전인 압밀침전에 대한 내용이며, 핵심 내용인 "입자들끼리 구조물 형성=압밀침전"임을 숙지하시면 됩니다.

29 다음 중 Phostrip 공법에 대한 내용으로 틀린 것은?

㉮ 생물학적 처리방법과 화학적 처리방법을 조합한 공법이다.
㉯ 유입수의 일부를 혐기성 상태의 조(槽)로 유입시켜 인을 방출시킨다.
㉰ 유입수의 BOD부하에 따라 인 방출이 큰 영향을 받지 않는다.
㉱ 기존에 활성슬러지 처리장에 쉽게 적용이 가능하다.

풀이 ㉯ 반송슬러지의 일부를 혐기성 상태의 조(槽)로 유입시켜 인을 방출시킨다.

30 펜톤(Fenton)반응에서 사용되는 과산화수소의 용도는?

㉮ 응집제　㉯ 촉매제
㉰ 산화제　㉱ 침강촉진제

풀이 펜톤(Fenton) 산화법
① 펜톤시약(H_2O_2)의 용도 : 산화제
② 철염(황산제1철) : 촉매

31 염소 요구량이 5mg/L인 하수 처리수에 잔류염소 농도가 0.5mg/L가 되도록 염소를 주입하려고 할 때 염소의 주입량은?

㉮ 4.5mg/L　㉯ 5.0mg/L
㉰ 5.5mg/L　㉱ 6.0mg/L

풀이 염소의 주입량
= 염소의 요구량 + 염소잔류량
= 5mg/L + 0.5mg/L = 5.5mg/L

32 다음 중 오존(O_3)처리법에 대한 내용으로 틀린 것은?

㉮ 소독부산물의 생성을 유발하는 각종 전구물질에 대한 처리효율이 높다.
㉯ 오존은 자체의 높은 산화력으로 염소에 비하여 높은 살균력을 가지고 있다.
㉰ 전염소처리를 할 경우, 염소와 반응하여 잔류염소를 증가시킨다.
㉱ 철, 망간의 산화능력이 크다.

풀이 ㉰ 전염소처리를 할 경우, 염소와 반응하여 잔류염소를 증가시키지 않는다.

33 다음 중 A/O공정에 대한 내용으로 틀린 것은?

㉮ 타공법에 비하여 운전이 비교적 간단하다.
㉯ 폐슬러지내 인의 함량이 비교적 높고(3~5%) 비료의 가치가 있다.
㉰ 낮은 BOD/P비 조건이 요구된다.
㉱ 추운 기후의 운전조건에서 성능이 불확실하다.

풀이 ㉰ 높은 BOD/P비 조건이 요구된다.

answer　28 ㉰　29 ㉯　30 ㉰　31 ㉰　32 ㉰　33 ㉰

> **TIP**
> **폐(잉여)슬러지의 비료가치 판단**
> ① 인(P)은 미생물이 흡수하여 처리되므로 인(P)을 처리하는 공정의 폐슬러지에는 인(P)의 함유량이 높아 비료의 가치가 높다.
> ② 질소(N)는 탈질시켜 대기중 N_2로 처리하므로 질소(N)를 처리하는 공정의 폐슬러지에는 질소(N)의 함유량이 낮아 비료의 가치가 낮다.

34 NH_4^+가 미생물에 의해 NO_3^-로 산화될 때 pH의 변화로 알맞은 것은?

㉮ 감소한다.
㉯ 증가한다.
㉰ 변화없다.
㉱ 증가하다 감소한다.

풀이 ① 질산화 과정 : [H^+]가 증가하므로 pH는 감소한다.
② 탈질화 과정 : [OH^-]가 증가하므로 pH는 증가한다.

35 미생물의 고정화를 위한 팰렛(Pellet) 재료로서 이상적인 요구조건으로 틀린 것은?

㉮ 기질, 산소의 투과성이 양호한 것
㉯ 압축강도가 높을 것
㉰ 암모니아 분배계수가 낮을 것
㉱ 고정화 시 활성수율과 배양후의 활성이 높을 것

풀이 ㉰ 암모니아 분배계수가 높을 것

36 전과정평가(LCA)의 평가단계에 해당하지 않는 것은?

㉮ 사전평가
㉯ 목적 및 범위 설정
㉰ 목록분석
㉱ 영향평가

풀이 전과정평가(LCA)의 평가단계
① 목적 및 범위 설정
② 목록분석
③ 영향평가
④ 개선평가 및 해석

37 다음 중 파쇄처리의 효과로 틀린 것은?

㉮ 겉보기 비중 감소
㉯ 운반비용의 저렴화
㉰ 입경분포의 균일화
㉱ 용적의 감소

풀이 ㉮ 겉보기 비중 증가

38 다음 중 충격파쇄기에 대한 내용으로 틀린 것은?

㉮ 충격파쇄기는 주로 회전식을 적용한다.
㉯ 대량처리가 불가능하다.
㉰ 연성이 있는 물질에는 부적합하다.
㉱ 유리나 목질류 파쇄에 적합하다.

풀이 ㉯ 대량처리가 가능하다.

answer 34 ㉮ 35 ㉰ 36 ㉮ 37 ㉮ 38 ㉯

39 약간 경사진판에 진동을 줄 때 무거운 것이 빨리 판의 경사면 위로 올라가는 원리를 이용하며, 공기가 유입되는 다공 진동판으로 구성되어 있는 선별법은?

㉮ Secators
㉯ Stoners
㉰ Table Separation
㉱ Hand Separation

풀이 ㉯ 스토너(Stoners)에 대한 내용이며, 핵심 내용인 "무거운 것이 빨리 판의 경사면 위로 올라가는 원리=스토너"임을 숙지하시면 됩니다.

40 결정도(Crystallinity)가 증가할수록 합성수지막에 나타나는 성질로 틀린 것은?

㉮ 인장강도가 감소한다.
㉯ 열에 대한 저항도가 증가한다.
㉰ 화학물질에 대한 저항성이 증가한다.
㉱ 투수계수가 감소한다.

풀이 ㉮ 인장강도가 증가한다.

TIP
결정도(Crystallinity)가 증가할수록 충격과 투수계수는 감소하고, 나머지 조건은 증가함을 숙지하시면 됩니다.

41 다음 중 폐기물 퇴비화 공정 시 발생되는 생성물이 아닌 것은?

㉮ CO_2 ㉯ O_3
㉰ H_2O ㉱ NH_3

풀이 ㉯ 오존(O_3)은 대기 중에서 광화학반응에 의해서 생성되는 2차성물질이다.

42 채취한 쓰레기 시료의 성상분석을 위한 절차 중 가장 먼저 이루어지는 것은?

㉮ 건조   ㉯ 밀도 측정
㉰ 분류   ㉱ 전처리

풀이 폐기물의 성상분석 절차 순서는 시료 → 밀도 측정 → 물리적 조성분석 → 건조 → 분류(가연성, 불연성) → 전처리(절단 및 분쇄) → 화학적 조성분석이다.

43 적환장에 대한 내용으로 틀린 것은?

㉮ 최종 처리장과 수거지역의 거리가 먼 경우 사용하는 것이 바람직하다.
㉯ 폐기물의 수거와 운반을 분리하는 기능을 한다.
㉰ 적환장에서 재사용 가능한 물질의 선별이 가능하다.
㉱ 적환장의 위치는 최종 처분지와 가깝게 위치하는 것이 바람직하다.

풀이 ㉱ 적환장의 위치는 수거해야 할 쓰레기 발생지역의 무게중심에 가까운 곳에 설치한다.

44 일정기간동안 특정지역의 쓰레기 수거차량의 대수를 조사하여 이 값에 폐기물의 겉보기비중을 보정하여 질량으로 환산하여 폐기물의 발생량을 조사하는 방법은?

㉮ 물질수지법   ㉯ 직접계근법
㉰ 적재차량계수법   ㉱ 통계조사법

풀이 적재차량계수법에 대한 내용이며, 핵심 내용인 "쓰레기 수거차량의 대수 조사=적재차량계수법"임을 숙지하시면 됩니다.

answer 39 ㉯ 40 ㉮ 41 ㉯ 42 ㉯ 43 ㉱ 44 ㉰

45 함수율 80%인 슬러지 500kg을 완전건조 시켰을 때 건조된 슬러지의 양(kg)은? (단, 슬러지의 비중은 1.0이다.)

㉮ 100   ㉯ 200
㉰ 300   ㉱ 400

풀이
$W_1 \times (100 - P_1) = W_2 \times (100 - P_2)$
여기서 W_1 : 건조 전 슬러지량(kg)
P_1 : 건조 전 함수율(%)
W_2 : 건조 후 슬러지량(kg)
P_2 : 건조 후 함수율(%)
$500\text{kg} \times (100 - 80\%) = W_2 \times (100 - 0\%)$
$\therefore W_2 = \dfrac{500\text{kg} \times (100 - 80\%)}{(100 - 0\%)} = 100\text{kg}$

TIP
건조 후의 함수율이 주어지지 않고, 완전건조란 조건에 의해 $P_2 = 0\%$ 이다.

46 청소상태의 평가법 중 서비스를 받는 사람들의 만족도를 설문조사하여 나타내어지는 사용자 만족도 지수는?

㉮ CEI   ㉯ USI
㉰ SVI   ㉱ SDI

풀이 청소상태의 평가법
① CEI : 청소상태 만족도 평가를 위한 지역사회 효과지수
② USI : 서비스를 받는 시민들의 만족도를 설문조사하여 나타내어지는 사용자 만족도 지수

47 인구 3,800명인 도시에서 하루동안 발생되는 쓰레기를 수거하기 위하여 용량 8 m^3인 청소 차량이 5대, 1일 2회 수거, 1일 근무시간이 8시간인 환경미화원이 5명 동원된다. 이 쓰레기의 적재밀도가 0.3 ton/m^3일 때 MHT값(man·hour/ton)은? (단, 기타 조건은 고려하지 않음)

㉮ 1.38   ㉯ 1.42
㉰ 1.67   ㉱ 1.83

풀이
$\text{MHT} = \dfrac{\text{수거인부수} \times \text{작업시간}}{\text{쓰레기 수거실적}}$
$= \dfrac{5\text{인} \times 8\text{hr/day}}{8m^3/1\text{회} \cdot 1\text{대} \times 2\text{회}/1\text{일} \times 5\text{대} \times 0.3\text{ton}/m^3}$
$= 1.67\text{MHT}$

TIP
① MHT = man·hr/ton
② MHT : 1ton의 쓰레기를 수거하는데 수거인부 1인이 소요하는 총시간
③ MHT가 클수록 수거효율이 낮다.

48 다음 중 복토의 목적으로 틀린 것은?

㉮ 우수의 침투를 방지한다.
㉯ 식물이 식생하는 것을 방지한다.
㉰ 화재를 예방한다.
㉱ 유해곤충이나 해충의 서식을 방지한다.

풀이 ㉯번은 복토의 목적과 무관하다.

answer 45 ㉮   46 ㉯   47 ㉰   48 ㉯

49 메탄올(CH_3OH) 10kg을 완전 연소하는 데 필요한 이론공기량(Sm^3)은?

㉮ $35 Sm^3$
㉯ $40 Sm^3$
㉰ $45 Sm^3$
㉱ $50 Sm^3$

 ① $CH_3OH + 1.5O_2 \rightarrow CO_2 + 2H_2O$
　　32kg　:　$1.5 \times 22.4 Sm^3$
　　10kg　:　O_o(이론산소량)

∴ O_o(이론산소량) $= \dfrac{10kg \times 1.5 \times 22.4 Sm^3}{32kg}$
　　　　　　　　　$= 10.5 Sm^3$

② 이론공기량(Sm^3)
　　$=$ 이론산소량(Sm^3) $\times \dfrac{1}{0.21}$
　　$= 10.5 Sm^3 \times \dfrac{1}{0.21} = 50 Sm^3$

TIP
① $CH_3OH =$ 메탄올 $=$ 메틸알콜
② CH_3OH의 분자량 $= 12 + 3 \times 1 + 16 + 1 = 32kg$
③ 질량(kg) $=$ 계수 $\times$ 분자량(kg)
④ 체적(Sm^3) $=$ 계수 $\times 22.4(Sm^3)$

50 폐기물을 완전연소 시키기 위한 소각로의 연소조건으로 틀린 것은?

㉮ 충분한 체류시간
㉯ 충분한 난류
㉰ 충분한 압력
㉱ 적당한 온도

풀이 소각로의 완전연소 조건(3T)
① 충분한 체류시간(Time)
② 충분한 난류(Turbulence)
③ 적당한 온도(Temperature)

51 폐기물처리 시 에너지를 회수할 수 있는 처리방법으로 틀린 것은?

㉮ RDF
㉯ 열분해
㉰ 호기성 소화
㉱ 혐기성 소화

풀이 에너지를 회수방법
① RDF
② 열분해
③ 혐기성 소화

52 다음 중 팽화제(Bulking Agent)에 대한 내용으로 틀린 것은?

㉮ 처리대상물질의 수분함량을 조절한다.
㉯ 톱밥, 볏짚, 낙엽에 기존 퇴비를 혼합하여 퇴비화를 시킨다.
㉰ 처리대상물질 내의 공기를 차단시켜 주는 역할을 한다.
㉱ 퇴비생산에 필요한 탄소나 질소를 함유시켜 제공할 수도 있다.

풀이 ㉰ 처리대상물질 내의 공기가 원활히 유동될 수 있도록 한다.

answer　49 ㉱　50 ㉰　51 ㉰　52 ㉰

53 인구가 50,000명인 도시에서 발생한 폐기물을 압축하여 도랑식 위생매립방법으로 처리하고자 한다. 1년 동안 매립에 필요한 매립지의 부지면적(m^2)은?

- 도랑깊이 : 3.5m
- 발생 폐기물의 밀도 : 500 kg/m^3
- 폐기물 발생량 : 1.5kg/인·일
- 쓰레기의 부피 감소율 : 30%

㉮ 10,950 m^2 ㉯ 14,950 m^2
㉰ 17,950 m^2 ㉱ 19,950 m^2

풀이 매립지의 면적(m^2/년)
$= \dfrac{쓰레기\,발생량(kg/년) \times (1 - 부피\,감소율)}{밀도(kg/m^3) \times 깊이(m)}$
$= \dfrac{1.5kg/인 \cdot 일 \times 50,000인 \times 365일/년 \times (1 - 0.3)}{500kg/m^3 \times 3.5m}$
$= 10,950\,m^2$

54 고화처리방법 중 열가소성 플라스틱법의 장·단점으로 틀린 것은?

㉮ 용출 손실률은 시멘트 기초법에 비해 상당히 높다.
㉯ 혼합률(MR)이 비교적 높다.
㉰ 높은 온도에서 분해되는 물질에는 사용할 수 없다.
㉱ 처리과정에서 화재의 위험성이 있다.

풀이 ㉮ 용출 손실률은 시멘트 기초법에 비해 상당히 낮다.

55 합성차수막의 종류 중 CR(Chloroprene Rubber)에 대한 내용으로 틀린 것은?

㉮ 대부분의 화학물질에 대한 저항성이 높다.
㉯ 마모 및 기계적 충격에 강하다.
㉰ 접합이 용이하다.
㉱ 가격이 비싸다.

풀이 ㉰ 접합이 용이하지 못하다.

56 다공질 흡음재로 틀린 것은?

㉮ 암면 ㉯ 비닐시트
㉰ 유리솜 ㉱ 폴리우레탄폼

풀이 다공질 흡음재로
① 암면
② 유리솜(유리섬유)
③ 폴리우레탄폼
④ 발포수지재료(연속기포)

57 흡음재료의 선택 및 사용상의 주의사항으로 틀린 것은?

㉮ 벽면 부착 시 한곳에 집중시키기 보다는 전체 내벽에 분산시켜 부착한다.
㉯ 흡음재는 전면을 접착재로 부착하는 것보다는 못으로 시공하는 것이 좋다.
㉰ 다공질재료는 산란하기 쉬우므로 표면에 얇은 직물로 피복하는 것이 바람직하다.
㉱ 다공질재료의 흡음률을 높이기 위해 표면에 종이를 바르는 것이 권장되고 있다.

풀이 ㉱ 다공질재료의 흡음률을 높이기 위해 표면에 종이를 바르는 것은 피해야 한다.

answer 53 ㉮ 54 ㉮ 55 ㉰ 56 ㉯ 57 ㉱

58 아파트 벽의 음향투과율이 0.1%라면 투과손실(dB)은?

㉮ 10dB ㉯ 20dB
㉰ 30dB ㉱ 50dB

풀이 투과손실(TL)
$= 10\log\left(\dfrac{1}{투과율}\right)(dB)$
$= 10\log\left(\dfrac{1}{0.001}\right) = 30\,dB$

59 공기스프링에 대한 내용으로 틀린 것은?

㉮ 부하능력이 광범위하다.
㉯ 공기누출의 위험성이 없다.
㉰ 사용진폭이 적은 것이 많으므로 별도의 댐퍼가 필요한 경우가 많다.
㉱ 자동제어가 가능하다.

풀이 ㉯ 공기누출의 위험성이 있다.

60 음이 온도가 일정치 않은 공기를 통과할 때 음파가 휘는 현상은?

㉮ 회절 ㉯ 반사
㉰ 간섭 ㉱ 굴절

풀이 ㉱ 굴절에 대한 내용이며, 핵심 내용인 "음파가 휘는 현상=굴절"임을 숙지하시면 됩니다.

answer 58 ㉰ 59 ㉯ 60 ㉱

2023 4회 CBT 복원 문제

01 다음 중 공중역전의 종류로 틀린 것은?

㉮ 침강성역전 ㉯ 전선성역전
㉰ 해풍역전   ㉱ 복사성역전

풀이 역전의 종류
① 접지(지표)역전 : 복사성(방사성)역전, 이류성 역전
② 공중역전 : 침강성역전, 전선성역전, 해풍역전, 난류성역전

02 다음 중 라돈에 대한 내용으로 틀린 것은?

㉮ 공기보다 9배 무겁다.
㉯ 일반적으로 흙, 시멘트, 콘크리트, 대리석 등에 존재하며 공기 중으로 방출된다.
㉰ 반감기는 3.8일간이다.
㉱ 무색, 무취의 기체이며, 액화되면 청색을 띤다.

풀이 ㉱ 무색, 무취의 기체이며, 액화되어도 색을 띠지 않는다.

03 염화수소의 주요 배출관련 업종으로 틀린 것은?

㉮ 금속제련   ㉯ 플라스틱 공장
㉰ 유리공업   ㉱ 소다 공업

풀이 염화수소의 배출원은 소다공업, 활성탄제조, 금속제련, 플라스틱공업, 염산제조이다.

04 다음 중 온실효과를 유발하는 원인물질로 틀린 것은?

㉮ CH_4 ㉯ CO
㉰ CO_2 ㉱ N_2O

풀이 온실기체의 종류에는 이산화탄소(CO_2), 메탄(CH_4), 아산화질소(N_2O), 수소불화탄소, 과불화탄소, 육불화황, 염화불화탄소, 수소염화불화탄소이다.

05 서울시에 산성비가 내리고 있다. 이때 산성비의 기준이 되는 pH는?

㉮ 7.0 이하   ㉯ 6.5 이하
㉰ 5.6 이하   ㉱ 4.5 이하

풀이 산성비의 pH는 5.6 이하이며, 원인물질은 황산(H_2SO_4), 질산(HNO_3), 염산(HCl)이다.

06 다음 중 대기오염물질과 관련이 가장 적은 사건은?

㉮ 포자리카 사건
㉯ 뮤즈밸리 사건
㉰ 도쿄 요꼬하마 사건
㉱ 러브커넬 사건

풀이 ㉱ 러브커넬 사건은 유해폐기물의 불법매립에 대한 사건이다.

---

answer 01 ㉱ 02 ㉱ 03 ㉰ 04 ㉯ 05 ㉰ 06 ㉱

07 굴뚝에서 배출되는 연기의 형태가 Lofting 형일 때의 대기안정도는? (단, 보기 중 상과 하의 구분은 굴뚝 높이 기준)

㉮ 상 : 불안정, 하 : 불안정
㉯ 상 : 안정, 하 : 안정
㉰ 상 : 안정, 하 : 불안정
㉱ 상 : 불안정, 하 : 안정

풀이 상승형(지붕형=Lofting형)의 대기안정도는 상층 불안정(과단열), 하층 안정(역전)이다.

08 다음 중 2차성 오염물질로 틀린 것은?

㉮ O_3 ㉯ SO_2
㉰ H_2O_2 ㉱ H_2S

풀이
㉮ O_3 : 광화학반응에 의해 생성된 2차성물질
㉯ SO_2 : 광분해반응에 의해 생성된 2차성물질
㉰ H_2O_2 : 광화학반응에 의해 생성된 2차성물질
㉱ H_2S : 환원반응에 의해 생성된 1차성물질

09 기상 총괄이동단위높이가 2m인 충전탑을 이용하여 배출가스 중의 HF를 NaOH 수용액으로 흡수제거하려 할 때, 제거율을 98%로 하기 위한 충전탑의 높이는? (단, 평형분압은 무시한다.)

㉮ 5.6 m   ㉯ 5.9 m
㉰ 6.5 m   ㉱ 7.8 m

풀이
$$H = NOG \times HOG = \ln\left[\frac{1}{1-\frac{\eta(\%)}{100}}\right] \times HOG$$
$$= \ln\left(\frac{1}{1-0.98}\right) \times 2m = 7.82m$$

10 매연발생에 대한 설명으로 틀린 것은?

㉮ 분해가 쉽거나 산화하기 쉬운 탄화수소는 매연발생이 적다.
㉯ 탈수소, 중합 및 고리화합물 생성 등과 같은 반응이 일어나기 쉬운 탄화수소일수록 매연발생이 적다.
㉰ -C-C-의 탄소결합을 절단하기보다는 탈수소가 쉬운 쪽이 매연이 생기기 쉽다.
㉱ 연료의 C/H의 비율이 클수록 매연이 생기기 쉽다.

풀이 ㉯ 탈수소, 중합 및 고리화합물 생성 등과 같은 반응이 일어나기 쉬운 탄화수소일수록 매연발생이 많다.

11 액체연료에 대한 설명으로 틀린 것은?

㉮ 저장, 운반이 용이하며 배관공사 등에 걸리는 비용도 적게 소요된다.
㉯ 완전 연소시 다량의 과잉공기가 필요하므로 연소장치가 대형화되는 단점이 있다.
㉰ 단위질량당의 발열량이 커, 화력이 강하다.
㉱ 액체연료는 비교적 저가로 안정하게 공급되고 품질에도 큰 차가 없다는 장점이 있다.

풀이 ㉯ 완전 연소시 과잉공기가 적게 필요하므로 연소장치가 소형화되는 장점이 있다.

12 다음 중 황함량이 가장 낮은 연료는?

㉮ LPG   ㉯ 중유
㉰ 경유   ㉱ 휘발유

answer 07 ㉱ 08 ㉱ 09 ㉱ 10 ㉯ 11 ㉯ 12 ㉮

풀이 황함량 순서는 LPG < 휘발유 < 경유 < 중유 순이다.

13 반지름 245mm, 유효길이 3.5m인 원통형 bag filter를 사용하여 농도 $6g/m^3$인 배출가스를 $22m^3/sec$로 처리하고자 한다. 겉보기 여과속도를 14cm/sec로 할 때 bag filter의 필요한 수는?

㉮ 21개 ㉯ 30개
㉰ 44개 ㉱ 59개

풀이 $Q = \pi \times D \times L \times Vf$

$$\therefore n = \frac{Q}{\pi \times D \times L \times Vf}$$

$$= \frac{22\,m^3/sec}{\pi \times (0.245 \times 2)m \times 3.5m \times 0.14m/sec}$$

$$= 29.17 = 30개$$

14 원심력집진장치에서 선회기류의 흐트러짐을 방지하고 집진된 먼지의 재비산 방지를 위한 운전방법에 해당하는 것은?

㉮ 블로우다운(Blow down)
㉯ 펄스젯트(Pulse jet)
㉰ 기계적진동(Mechanical shaking)
㉱ 공기역류(Reveres air)

풀이 ㉮ 블로우다운(Blow down)효과는 원심력집진장치에서 효율을 증가시키는 방법이다.

15 촉매연소법에서의 반응온도로 알맞은 것은?

㉮ 50~150℃ ㉯ 250~450℃
㉰ 500~600℃ ㉱ 700~800℃

풀이 연소방법의 온도
① 촉매연소법 : 250~450℃
② 직접연소법 : 700~800℃

16 침전지의 수면적부하와 관련이 없는 것은?

㉮ 유량 ㉯ 표면적
㉰ 속도 ㉱ 유입농도

풀이 수면적부하(속도) = $\dfrac{유량}{표면적(수면적)}$

17 우리나라의 수자원 이용현황 중 가장 많은 용도로 사용하는 용수는?

㉮ 생활용수 ㉯ 공업용수
㉰ 농업용수 ㉱ 유지용수

풀이 수자원 이용현황 순서는 농업용수〉하천유지용수〉생활용수〉공업용수 순이다.

18 세균(Bacteria)의 경험적 분자식으로 알맞은 것은?

㉮ $C_5H_8O_2N$ ㉯ $C_5H_7O_2N$
㉰ $C_7H_8O_5N$ ㉱ $C_8H_9O_5N$

풀이 박테리아의 경험적 분자식(호기성 기준)은 $C_5H_7O_2N$이며, 암기법은 "오칠이"임을 숙지하시면 됩니다.

answer 13 ㉯ 14 ㉮ 15 ㉯ 16 ㉱ 17 ㉰ 18 ㉯

19 수중의 알칼리도를 ppm으로 나타낼 때 기준이 되는 물질은?

㉮ $MgCO_3$
㉯ $CaCO_3$
㉰ $Ca(OH)_2$
㉱ $Mg(OH)_2$

[풀이] 알칼리도는 0.02N 황산(H_2SO_4)으로 적정하여 소비된 양을 탄산칼슘($CaCO_3$)의 당량으로 환산하여 ppm으로 나타낸 값이다.

20 다음 중 비점오염원에 대한 내용으로 틀린 것은?

㉮ 농경지 유출수가 해당한다.
㉯ 지표수 유출이 적은 갈수시 하천수 수질 악화에 큰 영향을 미친다.
㉰ 기상조건, 지질, 지형 등의 영향이 크다.
㉱ 일간, 계절간의 배출량 변화가 크다.

[풀이] ㉯ 지표수 유출이 많은 홍수시 하천수 수질 악화에 큰 영향을 미친다.

21 반감기가 3일인 방사성 폐수의 농도가 10mg/L라면 감소속도정수(day^{-1})는? (단, 1차 반응속도 기준, 자연대수 기준이다.)

㉮ 0.132
㉯ 0.231
㉰ 0.326
㉱ 0.430

[풀이] 반감기 공식 : $\ln\frac{1}{2} = -k \times t$

$\ln\frac{1}{2} = -k \times 3day$

∴ $k = \dfrac{\ln\frac{1}{2}}{-3day} = 0.231/day$

22 정수처리시설 중 완속여과지에 대한 내용으로 틀린 것은?

㉮ 완속여과지의 여과속도는 15~25m/day를 표준으로 한다.
㉯ 여과면적은 계획정수량을 여과속도로 나누어 구한다.
㉰ 완속여과지의 모래층의 두께는 70~90cm를 표준으로 한다.
㉱ 여과지의 모래면 위의 수심은 90~120cm를 표준으로 한다.

[풀이] ㉮ 완속여과지의 여과속도는 4~5 m/day를 표준으로 한다.

23 다음 중 해양오염 현상으로 틀린 것은?

㉮ 적조 현상
㉯ 부영양화 현상
㉰ 용존산소 과포화
㉱ 온열배수 유입

[풀이] ㉰ 용존산소 과포화란 산소가 많이 녹아 있다는 의미이며, 해양이 깨끗한 상태를 나타낸다.

24 미생물 중 Fungi에 대한 내용으로 틀린 것은?

㉮ 탄소 동화작용을 하지 않는다.
㉯ pH가 낮아도 잘 성장한다.
㉰ 충분한 용존산소에서만 잘 성장한다.
㉱ 폐수처리 중에는 sludge bulking의 원인이 된다.

[풀이] ㉰ 용존산소가 부족한 경우에도 잘 자란다.

answer 19 ㉯ 20 ㉯ 21 ㉯ 22 ㉮ 23 ㉰ 24 ㉰

25 회복지대의 특성에 대한 내용으로 틀린 것은? (단, Whipple의 하천정화단계기준)

㉮ 용존산소량이 증가함에 따라 질산염과 아질산염의 농도가 감소한다.
㉯ 혐기성균이 호기성균으로 대체되며 Fungi도 조금씩 발생한다.
㉰ 광합성을 하는 조류가 번식하고 원생동물, 윤충, 갑각류가 번식한다.
㉱ 바닥에서는 조개나 벌레의 유충이 번식하며 오염에 견디는 힘이 강한 은빛 담수어 등의 물고기도 서식한다.

풀이 ㉮ 용존산소량이 증가함에 따라 질산염과 아질산염의 농도가 증가한다.

26 농업용수의 수질 평가 시 사용되는 SAR(Sodium Adsorption Ratio)산출식에 관련된 원소로만 짝지어진 것은?

㉮ Na, Ca, Mg   ㉯ Mg, Ca, Fe
㉰ K, Ca, Mg   ㉱ Na, Al, Mg

풀이 $SAR(나트륨\ 흡착률) = \dfrac{Na^+}{\sqrt{\dfrac{Ca^{2+}+Mg^{2+}}{2}}}$

27 침전지에서 입자의 침강속도가 증대되는 원인으로 틀린 것은?

㉮ 입자 비중의 증가
㉯ 액체 점성계수 증가
㉰ 수온의 증가
㉱ 입자 직경의 증가

풀이 ㉯ 액체 점성계수 감소

28 일반적으로 회전원판법은 원판의 몇 % 정도가 물에 잠긴 상태에서 운영되는가?

㉮ 20%   ㉯ 40%
㉰ 60%   ㉱ 80%

풀이 회전원판법에서 원판의 침지율은 40% 정도이다.

29 염소의 살균력에 대한 내용으로 틀린 것은?

㉮ pH가 낮을수록 살균능력이 크다.
㉯ 온도가 낮을수록 살균능력이 크다.
㉰ HOCl은 OCl⁻ 보다 살균력이 크다.
㉱ Chloramine은 OCl⁻ 보다 살균력이 작다.

풀이 ㉯ 온도가 낮을수록 살균능력이 작다.

30 폐수유량이 $3,000\,m^3/d$, 부유고형물의 농도가 200mg/L이다. 공기부상시험에서 공기/고형물비가 0.03일 때 최적의 부상을 나타내며 이때 공기용해도는 18.7mL/L이고 공기용존비가 0.5이다. 부상조에서 요구되는 압력은?
(단, 비순환식 기준)

㉮ 약 2.0atm   ㉯ 약 2.5atm
㉰ 약 3.0atm   ㉱ 약 3.5atm

풀이 $A/S비 = \dfrac{1.3 \times Sa \times (f \cdot P - 1)}{SS}$
여기서 Sa : 공기의 용해도(mL/L)
　　　SS : 부유고형물의 농도(mg/L)
　　　P : 절대압력(atm)
$0.03 = \dfrac{1.3 \times 18.7mL/L \times (0.5 \times P - 1)}{200mg/L}$
∴ P = 2.49atm

---

answer 25 ㉮ 26 ㉮ 27 ㉯ 28 ㉯ 29 ㉯ 30 ㉯

31 잉여슬러지의 농도가 10,000mg/L일 때 포기조 MLSS를 2,500mg/L로 유지하기 위한 반송비는? (단, 기타 조건은 고려하지 않음)

㉮ 0.23   ㉯ 0.33
㉰ 0.43   ㉱ 0.53

풀이 반송비(R) = $\dfrac{MLSS - SS_i}{SS_r - MLSS}$

= $\dfrac{2,500\,mg/L}{10,000\,mg/L - 2,500\,mg/L}$ = 0.33

TIP
SS_r (반송슬러지 농도) = SS_w (잉여슬러지 농도)

32 활성슬러지법에 의한 폐수처리의 운전 및 유지 관리상 가장 중요도가 낮은 사항은?

㉮ 포기조 내의 수온
㉯ 포기조에 유입되는 폐수의 용존산소량
㉰ 포기조에 유입되는 폐수의 pH
㉱ 포기조에 유입되는 폐수의 BOD 부하량

풀이 포기조에 유입되는 폐수의 용존산소량보다 포기조의 용존산소량이 중요하다.

33 다음 중 A/O 공법의 공정 중 혐기조의 역할은?

㉮ 유기물제거, 질산화
㉯ 탈질, 유기물 제거
㉰ 유기물 제거, 용해성 인 방출
㉱ 유기물 제거, 인 과잉흡수

풀이 A/O 공법의 반응조 역할
① 혐기성조 : 인(P)의 방출, 유기물 제거
② 호기성조 : 인(P)의 과잉흡수

34 폐수처리 과정인 침전 시 입자의 농도가 매우 높아 입자들끼리 구조물을 형성하는 침전형태는?

㉮ 농축침전   ㉯ 응집침전
㉰ 압밀침전   ㉱ 독립침전

풀이 ㉰ 압밀침전(Ⅳ 형침전)에 대한 내용이며, 핵심 내용인 "입자들끼리 구조물 형성=압밀침전" 임을 숙지하시면 됩니다.

35 최종침전지에서 발생하는 침전성이 우수한 슬러지의 부상(sludge rising) 원인은?

㉮ 침전조의 슬러지 압밀 작용에 의한다.
㉯ 침전조의 탈질화 작용(denitrification)에 의한다.
㉰ 침전조의 질산화 작용(nitrification)에 의한다.
㉱ 사상균류(flamentus bacteria)의 출현에 의한다.

풀이 슬러지부상의 원인은 침전조의 탈질화 작용이다.

answer 31 ㉯ 32 ㉯ 33 ㉰ 34 ㉰ 35 ㉯

36 다음 중 폐기물 발생의 특징에 대한 내용으로 틀린 것은?

㉮ 대도시보다는 문화수준이 열악한 중소도시의 주변이 쓰레기를 더 많이 발생한다.
㉯ 쓰레기 성분은 계절에 영향을 받는다.
㉰ 쓰레기 관련 법규는 쓰레기 발생량에 매우 중요한 영향을 미친다.
㉱ 부엌용 분쇄기를 사용할 경우 음식쓰레기 발생량이 제한적으로 감소한다.

풀이 ㉮ 대도시보다는 문화수준이 열악한 중소도시의 주변이 쓰레기를 더 적게 발생한다.

37 물렁거리는 가벼운 물질로부터 딱딱한 물질을 선별하는데 사용되는 것으로, 경사진 Conveyor를 통해 폐기물을 주입시켜 천천히 드럼위에 떨어뜨려서 분류하는 선별장치는?

㉮ Stoners
㉯ Ballistic Separator
㉰ Fluidized Bed Separators
㉱ Secators

풀이 ㉱ Secators에 대한 내용이며, 핵심 내용인 "물렁거리는 가벼운 물질로부터 딱딱한 물질 선별=세카터"임을 숙지하시면 됩니다.

38 다음 중 폐기물을 관리하는 가장 우선 순위는?

㉮ 감량화   ㉯ 재사용
㉰ 물질재활용   ㉱ 에너지회수

풀이 폐기물 관리 순서는 감량화 → 재사용 → 물질재활용 → 에너지회수 → 최종처분(매립) 순이다.

39 쓰레기의 3성분의 조성비에 의한 저위발열량을 측정하는 방법이 아닌 것은?

㉮ 원소분석에 의한 방법
㉯ 물리적 조성분석에 의한 방법
㉰ 단열열량계에 의한 방법
㉱ 쓰레기 조성에 의한 확정식을 이용하는 방법

풀이 ㉱ 쓰레기 조성에 의한 추정식을 이용하는 방법

40 쓰레기 소각로 설계기준이 되는 것은?

㉮ 고위발열량   ㉯ 총발열량
㉰ 저위발열량   ㉱ 증발잠열량

풀이 쓰레기 소각로 설계기준은 저위발열량이다.

41 폐기물의 초기 함수율이 65%이었다. 이 폐기물을 노천건조시킨 후의 함수율이 45%로 감소되었다면, 증발된 물의 양(kg)은? (단, 초기 폐기물의 양은 100kg, 폐기물의 비중은 1.0이다.)

㉮ 약 31.2kg   ㉯ 약 32.6kg
㉰ 약 34.5kg   ㉱ 약 36.4kg

풀이 ① $W_1 \times (100 - P_1) = W_2 \times (100 - P_2)$
여기서 W_1 : 건조 전 폐기물(kg)
P_1 : 건조 전 함수율(%)
W_2 : 건조 후 폐기물(kg)
P_2 : 건조 후 함수율(%)
$100kg \times (100 - 65\%) = W_2 \times (100 - 45\%)$
$\therefore W_2 = \dfrac{100kg \times (100 - 65\%)}{(100 - 45\%)} = 63.64 kg$
② 증발된 물의 양(kg)
$= W_1 - W_2$
$= 100kg - 63.64kg = 36.36kg$

answer 36 ㉮ 37 ㉱ 38 ㉮ 39 ㉱ 40 ㉰ 41 ㉱

42 다음 중 MHT에 대한 내용으로 틀린 것은?

㉮ 1톤의 쓰레기를 수거하는데 수거인부 1인이 소요하는 총 시간을 의미한다.
㉯ MHT의 단위는 man/hr · ton이다.
㉰ MHT가 클수록 수거효율이 낮다.
㉱ 수거작업간의 노동력을 비교하기 위한 것이다.

풀이 ㉯ MHT의 단위는 man·hr/ton이다.

43 다음 중 쓰레기 수거노선 설정시 유의사항으로 틀린 것은?

㉮ 가능한 한 시계방향으로 수거노선을 정한다.
㉯ 발생량이 아주 많은 발생원은 하루 중 가장 나중에 수거한다.
㉰ 언덕지역에서는 위에서 아래로 적재하면서 수거한다.
㉱ U자형 회전을 피해서 수거한다.

풀이 ㉯ 발생량이 아주 많은 발생원은 하루 중 가장 먼저 수거한다.

44 쓰레기 수집 시스템 중 관거(Pipe-line) 방식에 대한 내용으로 틀린 것은?

㉮ 조대 쓰레기는 파쇄, 압축 등의 전처리를 해야 한다.
㉯ 잘못 투입된 물건은 회수가 어렵다.
㉰ 장거리 이송이 곤란하다.
㉱ 가설 후에도 경로(Route)변경은 용이하나 설치비가 고가이다.

풀이 ㉱ 가설 후에는 경로변경이 어렵고 설치비가 고가이다.

45 쓰레기를 압축시켜 용적 감소율이 33%인 경우 압축비는?

㉮ 1.29　㉯ 1.31
㉰ 1.49　㉱ 1.57

풀이 압축비 = $\dfrac{100}{100 - 용적 감소율(\%)}$
= $\dfrac{100}{100 - 33\%}$ = 1.49

46 폐기물 파쇄시 작용하는 힘으로 틀린 것은?

㉮ 충격력　㉯ 압축력
㉰ 인장력　㉱ 전단력

풀이 폐기물 파쇄시 작용하는 힘으로는 충격력, 압축력, 전단력이 있다.

47 다음 중 내륙매립공법의 종류가 아닌 것은?

㉮ 샌드위치 공법　㉯ 셀 공법
㉰ 도랑형 공법　㉱ 박층뿌림 공법

풀이 매립공법의 종류
① 내륙매립공법 : 샌드위치 공법, 셀 공법, 압축매립 공법, 도랑형 공법
② 해안매립 공법 : 박층뿌림 공법, 순차투입 공법, 내수배제 공법, 수중투기 공법

48 다음 중 유동층 소각로에 대한 내용으로 틀린 것은?

㉮ 2차 연소실이 필요없다.
㉯ 연소효율이 높아 미연분의 배출이 적다.
㉰ 로내 온도의 자동제어와 열회수가 용이

answer 42 ㉯　43 ㉯　44 ㉱　45 ㉰　46 ㉰　47 ㉱　48 ㉱

하다.
㉣ 기계적 구동부분이 많아 고장율이 높다.

풀이 ㉣ 기계적 구동부분이 적어 고장율이 낮다.

49 다음 중 착화온도에 대한 내용으로 틀린 것은?

㉮ 발열량이 높을수록 착화온도는 낮아진다.
㉯ 분자구조가 복잡할수록 착화온도는 낮아진다.
㉰ 가연물의 증발량이 많을수록 착화온도는 낮아진다.
㉱ 활성화에너지가 클수록 착화온도는 낮아진다.

풀이 ㉱ 활성화에너지가 작을수록 착화온도는 낮아진다.

TIP
착화온도는 활성화에너지와 석탄의 탄화도에 비례 관계이고, 나머지 조건에는 반비례관계임을 숙지하시면 됩니다.

50 다음 중 탄수소비(C/H)에 대한 내용으로 틀린 것은?

㉮ 탄수소비가 크면 비교적 비점이 높은 연료는 매연이 발생하기 쉽다.
㉯ 액체연료의 탄수소비는 휘발유 > 등유 > 경유 > 중유 순으로 증가한다.
㉰ 탄수소비가 클수록 이론공연비는 감소된다.
㉱ 탄수소비가 클수록 휘도가 높고 방사율이 크다.

풀이 ㉯ 액체연료의 탄수소비는 휘발유 < 등유 < 경유 < 중유 순으로 증가한다.

51 소각로에서 완전연소 조건에 해당하지 않는 것은?

㉮ 충분한 체류시간
㉯ 충분한 난류
㉰ 적당한 온도
㉱ 적당한 압력

풀이 완전연소 조건
① 충분한 체류시간
② 충분한 난류
③ 적당한 온도

52 코크스 또는 분해가 끝난 석탄은 열분해가 일어나기 어려운 탄소가 주성분으로 그것 자체가 연소하는 과정으로 적열할 따름이지 화염이 없는 연소형태는?

㉮ 표면연소   ㉯ 분해연소
㉰ 발연연소   ㉱ 증발연소

풀이 ㉮ 표면연소에 대한 내용이며, 핵심 내용인 "화염이 없는 연소형태 = 표면연소"임을 숙지하시면 됩니다.

53 슬러지를 개량(conditioning)하는 주된 목적은?

㉮ 농축성질을 향상시킨다.
㉯ 탈수성질을 향상시킨다.
㉰ 소화성질을 향상시킨다.
㉱ 구성성분 성질을 개선, 향상시킨다.

풀이 슬러지 개량의 주된 목적은 탈수성 향상이다.

answer 49 ㉱ 50 ㉯ 51 ㉱ 52 ㉮ 53 ㉯

54 고형화 방법 중 자가시멘트법에 대한 내용으로 틀린 것은?

㉮ 혼합률(MR)이 낮다.
㉯ 중금속의 처리에 효율적이다.
㉰ 탈수 등 전처리가 필요없다.
㉱ 보조에너지가 필요없다.

풀이 ㉱ 보조에너지가 필요하다.

TIP
혼합률(MR) = $\dfrac{\text{첨가제의 질량}}{\text{폐기물의 질량}}$

55 다음 중 차수시설에 대한 내용으로 틀린 것은?

㉮ 지하수가 매립지 내부로 유입되는 것을 방지한다.
㉯ 투수방지를 위해 불투수층 차수막 또는 점토를 사용한다.
㉰ 매립지 내에서의 물의 이동은 헨리(Henry)법칙으로 나타낸다.
㉱ 매립지의 침출수 유출을 방지한다.

풀이 ㉰ 매립지 내에서의 물의 이동은 다르시(Darcy) 법칙으로 나타낸다.

56 방음벽 설계 시 유의점으로 틀린 것은?

㉮ 벽의 투과손실은 회절감쇠치보다 적어도 5dB 이상 크게 하는 것이 바람직하다.
㉯ 방음벽 설계시 음원의 지향성과 크기에 대한 상세한 조사가 필요하다.
㉰ 벽의 길이는 점음원일 때 벽높이의 5배 이상, 선음원일 때 음원과 수음점 간의 직선거리의 2배 이상으로 하는 것이 바람직하다.
㉱ 음원의 지향성이 수음측 방향으로 클 때에는 벽에 의한 감쇠치가 계산치보다 작게 된다.

풀이 ㉱ 음원의 지향성이 수음측 방향으로 클 때에는 벽에 의한 감쇠치가 계산치보다 크게 된다.

57 진동에 의한 장애에 해당하는 것은?

㉮ 난청   ㉯ 중이염
㉰ 레이노씨 현상   ㉱ 피부염

풀이 ㉰ 레이노씨 현상은 손가락의 말초혈관 운동의 장애로 인한 혈액 순환의 장애로 창백해지는 현상으로 국소진동에 의해 발생된다.

58 흡음재료 선택 및 사용상 주의사항으로 틀린 것은?

㉮ 다공질 재료는 산란되기 쉬우므로 표면을 얇은 직물로 피복하는 행위는 금해야 한다.
㉯ 다공질 재료의 표면을 도장하면 고음역에서 흡음율이 저하한다.
㉰ 실의 모서리나 가장자리 부분에 흡음재를 부착하면 효과가 좋아진다.
㉱ 막진동이나 판진동형의 것은 도장해도 차이가 없다.

풀이 ㉮ 다공질 재료는 산란되기 쉬우므로 표면을 얇은 직물로 피복하는 것이 바람직하다.

answer   54 ㉱   55 ㉰   56 ㉱   57 ㉰   58 ㉮

59 일정한 장소에 고정되어 있어 소음 발생 시간이 지속적이고 시간에 따른 변화가 없는 소음은?

㉮ 공장 소음   ㉯ 교통 소음
㉰ 항공기 소음   ㉱ 궤도 소음

> **풀이** ㉮ 공장 소음에 대한 내용이며, 핵심 내용인 "지속적이고 시간에 따른 변화가 없는 소음=공장 소음"임을 숙지하시면 됩니다.

60 환경기준 중 소음측정방법에서 소음계의 청감보정회로는 원칙적으로는 어느 특성에 고정하여 측정하여야 하는가?

㉮ A특성   ㉯ B특성
㉰ C특성   ㉱ D특성

> **풀이** 소음계의 청감보정회로는 원칙적으로는 A특성에 고정하여 측정하여야 한다.

answer 59 ㉮   60 ㉮

2024 1회 CBT 복원 문제

01 다음 중 카드뮴 화합물의 가장 큰 배출원은?

㉮ 요업공장 소성로
㉯ 철광석 소결로
㉰ 코크스 제조로
㉱ 아연 소결로

풀이 카드뮴 화합물의 배출원은 아연정련공업(아연 소결로), 합금공업, 도금공업, 안료공업 등이다.

02 탄수소비 (C/H)에 대한 내용으로 틀린 것은?

㉮ 중질 연료일수록 C/H비는 크다.
㉯ C/H비가 클수록 이론공연비는 감소된다.
㉰ C/H비는 휘발유 > 등유 > 경유 > 중유 순으로 증가한다.
㉱ C/H비가 클수록 휘도가 높고 방사율이 크다.

풀이 ㉰ 탄수소비(C/H비)는 휘발유 < 등유 < 경유 < 중유 순으로 증가한다.

03 다음의 대기오염물질 중 비중이 가장 큰 것은?

㉮ CO
㉯ SO_2
㉰ CS_2
㉱ NO

풀이 비중이 크다는 것은 기체의 분자량이 가장 큰 물질을 의미하므로 이황화탄소(CS_2)가 정답이 된다.

TIP
① 기체의 비중 = $\dfrac{\text{기체의 분자량(kg)}}{\text{공기의 분자량(29kg)}}$
② 분자량은 CO : 28, SO_2 : 64, CS_2 : 76, NO : 30이다.

04 우리나라에서 복사성역전(radiation inversion)이 가장 많이 발생하는 시기는?

㉮ 겨울철 맑은 날 아침
㉯ 겨울철 흐린 날 아침
㉰ 여름철 맑은 날 아침
㉱ 여름철 흐린 날 아침

풀이 복사성역전(방사성역전)은 주로 겨울철 맑은 날 아침에 발생한다.

05 표준상태에서 배기가스 내에 존재하는 CO_2의 농도가 0.045%라면 농도(mg/Sm^3)는?

㉮ 86.1
㉯ 88.4
㉰ 861
㉱ 884

풀이 mg/Sm^3 = (0.045% × 10^4) mL/Sm^3 × $\dfrac{44\,\text{mg}}{22.4\,\text{mL}}$
= 883.93 mg/Sm^3

answer 01 ㉱ 02 ㉰ 03 ㉰ 04 ㉮ 05 ㉱

> **TIP**
> ① $\% \xrightarrow{\times 10^4}$ ppm, ppm $\xrightarrow{\times 10^{-4}} \%$
> ② ppm $= mL/Sm^3 = mL/Nm^3$
> ③ CO_2 1mol $\begin{cases} 44mg \\ 22.4mL \end{cases}$

06 1985년 3월 22일 채택된 오존층 보호를 위한 국제협약은?

㉮ 제네바 협약
㉯ 비엔나 협약
㉰ 기후변화 협약
㉱ 리우 협약

> **풀이** 오존층 보호를 위한 국제협약
> ① 비엔나 협약(1985년)
> ② 몬트리올 의정서(1987년)
> ③ 런던회의(1990년)

07 물질을 취급 또는 보관하는 동안에 외부로부터의 공기 또는 다른 가스가 침입하지 않도록 내용물을 보호하는 용기는?

㉮ 밀폐용기 ㉯ 기밀용기
㉰ 밀봉용기 ㉱ 차광용기

> **풀이** ㉯ 기밀용기에 대한 설명이며, 핵심 내용인 "공기 또는 다른 가스=기밀용기"임을 숙지하시면 됩니다.

> **TIP**
> 용기
> ① 밀폐용기 : 이물질
> ② 기밀용기 : 공기 또는 다른 가스
> ③ 밀봉용기 : 기체 또는 미생물
> ④ 차광용기 : 광선

08 다음 중 액체연료에 대한 내용으로 틀린 것은?

㉮ 단위질량당의 발열량이 커 화력이 강하다.
㉯ 점화, 소화 및 연소의 조절이 용이하다.
㉰ 화재나 역화 등의 위험성이 작다.
㉱ 연소온도가 높아 국부가열을 일으키기 쉽다.

> **풀이** ㉰ 화재나 역화 등의 위험성이 크다.

09 다음 중 착화온도에 대한 내용으로 틀린 것은?

㉮ 화학결합의 활성도가 클수록 착화온도는 낮아진다.
㉯ 발열량이 클수록 착화온도는 낮아진다.
㉰ 화학반응성이 클수록 착화온도는 낮아진다.
㉱ 활성화에너지가 클수록 착화온도는 낮아진다.

> **풀이** ㉱ 활성화에너지가 작을수록 착화온도는 낮아진다.

> **TIP**
> 착화온도와의 상관관계
> ① 착화온도는 활성화에너지, 석탄의 탄화도와는 비례 관계
> ② 착화온도는 증발량, 화학결합의 활성도, 산소와의 친화성, 분자구조, 발열량, 산소농도, 화학반응성, 압력, 분자량, 비표면적과는 반비례 관계

answer 06 ㉯ 07 ㉯ 08 ㉰ 09 ㉱

10 다음 중 물리적 흡착에 대한 내용으로 틀린 것은?

㉮ 흡착열은 화학적 흡착에 비해 작은 편이다.
㉯ 가역적 반응이다.
㉰ 다분자 흡착이며 재생이 용이하다.
㉱ 처리할 가스의 분압이 낮아지면 흡착량은 증가한다.

풀이 ㉱ 처리할 가스의 분압이 낮아지면 흡착량은 감소한다.

11 다음 중 여과집진장치의 주요 메커니즘의 집진원리가 아닌 것은?

㉮ 확산작용
㉯ 관성충돌
㉰ 차단작용
㉱ 원심력작용

풀이 ㉱ 중력작용

12 다음 중 벤츄리스크러버에 대한 내용으로 틀린 것은?

㉮ 액가스비는 보통 $0.3~1.5\,L/m^3$이다.
㉯ 압력손실은 $300~800\,mmH_2O$로 집진장치 중 가장 크다.
㉰ 벤츄리관의 목부의 함진가스 유속은 60~90m/sec이다.
㉱ 물방울 입경과 먼지 입경의 비는 충돌 효율면에서 50 : 1 전후가 적당하다.

풀이 ㉱ 물방울 입경과 먼지 입경의 비는 충돌 효율면에서 150 : 1 전후가 적당하다.

13 세정 집진장치의 입자포집 원리에 대한 내용으로 틀린 것은?

㉮ 미립자 확산에 의하여 액적과의 접촉을 쉽게 한다.
㉯ 배기의 습도 감소에 의하여 입자가 서로 응집한다.
㉰ 입자를 핵으로 한 증기의 응결에 따라 응집성을 촉진시킨다.
㉱ 액적에 입자가 충돌하여 부착한다.

풀이 ㉯ 배기의 습도 증가(증습)에 의하여 입자가 서로 응집한다.

14 수소 12.5%, 수분 0.3%인 중유의 고위발열량이 10,500kcal/kg이다. 이 중유의 저위발열량은? (단, 수증기의 증기잠열은 600kcal/kg)

㉮ 9,823kcal/kg
㉯ 9,535kcal/kg
㉰ 9,300kcal/kg
㉱ 9,018kcal/kg

풀이 저위발열량
= 고위발열량 $- 600 \times (9H + W)\,(kcal/kg)$
= $10,500\,kcal/kg - 600 \times (9 \times 0.125 + 0.003)$
= $9,823.2\,kcal/kg$

15 중력집진장치의 효율향상 조건으로 틀린 것은?

㉮ 침강실 처리가스 속도를 작게 한다.
㉯ 침강실내의 배기기류를 균일하게 한다.
㉰ 침강실의 높이는 작고, 길이는 길게 한다.
㉱ 침강실의 Blow Down효과를 이용하여 난류현상을 억제한다.

풀이 ㉱번에 대한 설명은 원심력집진장치(사이클론)에서 효율향상책에 해당한다.

answer 10 ㉱ 11 ㉱ 12 ㉱ 13 ㉯ 14 ㉮ 15 ㉱

16 Wipple의 하천의 생태변화에 따른 4지대 구분 중 '분해지대'에 대한 내용으로 틀린 것은?

㉮ 오염에 잘 견디는 곰팡이류가 심하게 번식한다.
㉯ 유기물을 다량 함유하는 슬러지의 침전이 많아지고 용존산소량이 크게 줄어드는 대신에 탄산가스의 양은 증가한다.
㉰ 희석이 덜되는 작은 하천에서 더 뚜렷이 나타난다.
㉱ 아질산염이나 질산염의 농도가 증가한다.

풀이 ㉱번은 회복지대에 대한 내용이다.

17 수원의 종류 중 지하수에 대한 내용으로 틀린 것은?

㉮ 수온변동이 적고 탁도가 낮다.
㉯ 미생물이 없고 오염물이 적다.
㉰ 유속이 빠르고, 광역적인 환경조건의 영향을 많이 받는다.
㉱ 무기염류 농도와 경도가 높다.

풀이 ㉰ 유속이 느리고, 국소적인 환경조건의 영향을 많이 받는다.

18 적조 발생지역으로 틀린 것은?

㉮ 정체 수역
㉯ 질소, 인 등의 영양염류가 풍부한 수역
㉰ upwelling 현상이 있는 수역
㉱ 갈수기시 수온, 염분이 급격히 높아진 수역

풀이 ㉱ 홍수시 수온이 높고, 염분농도가 낮아진 수역

19 어떤 하천수의 분석결과이다. 총경도(mg/L as $CaCO_3$)는?(단, 원자량: Ca 40, Mg 24, Na 23, Sr 88)

[분석 결과]
Na^+ : 25mg/L, Mg^{2+} : 11mg/L,
Ca^{2+} : 8mg/L, Sr^{2+} : 2mg/L

㉮ 약 68 ㉯ 약 78
㉰ 약 88 ㉱ 약 98

풀이
$$\frac{총경도(mg/L)}{50g} = \frac{Ca^{2+} mg/L}{20g} + \frac{Mg^{2+} mg/L}{12g} + \frac{Sr^{2+} mg/L}{44g}$$
$$= \frac{8mg/L}{20g} + \frac{11mg/L}{12g} + \frac{2mg/L}{44g}$$
∴ 총경도 = 68.11 mg/L

20 동점성(Kinematic viscosity)계수에 대한 내용으로 틀린 것은?

㉮ Poise
㉯ Stoke
㉰ cm^2/sec
㉱ μ/ρ(점성계수/밀도)

풀이 ㉮ Poise = g/cm·sec로 점성계수의 단위이다.

21 여과지 운전 중에 발생하는 주요 문제점으로 틀린 것은?

㉮ 여재의 부패
㉯ 진흙덩어리의 축적
㉰ 여재층의 수축
㉱ 공기결합

answer 16 ㉱ 17 ㉰ 18 ㉱ 19 ㉮ 20 ㉮ 21 ㉮

풀이 여과지 운전시 문제점
① 진흙덩어리의 축적
② 여재층의 수축
③ 공기결합(모래층에 공기기포 생성)

22 다음 중 자정계수에 대한 내용으로 틀린 것은?

㉮ 유속이 빨라지면 자정계수는 커진다.
㉯ 자정계수의 단위는 day^{-1}이다.
㉰ 온도가 높아지면 자정계수는 낮아진다.
㉱ 구배가 크면 자정계수는 커진다.

풀이 ㉯ 자정계수의 단위는 없다.

23 화학합성 자가영양미생물계의 에너지원과 탄소원으로 알맞은 것은?

㉮ 빛, CO_2
㉯ 유기물의 산화환원반응, 유기탄소
㉰ 빛, 유기탄소
㉱ 무기물의 산화환원반응, CO_2

풀이 화학합성 자가영양미생물계의 에너지원은 무기물의 산화환원반응이며, 탄소원은 무기탄소(CO_2)이다.

TIP

에너지원과 탄소원에 의한 분류

분류	에너지원	탄소원
광합성 자가(독립) 영양 미생물	빛	CO_2
화학합성 자가(독립) 영양 미생물	무기물의 산화·환원 반응	CO_2
광합성 타가(종속) 영양 미생물	빛	유기탄소
화학합성 타가(종속) 영양 미생물	유기물의 산화·환원 반응	유기탄소

24 칼슨(Carlson)지수 산정시 적용되는 Parameter에 해당하지 않는 것은?

㉮ 클로로필-a   ㉯ T-P
㉰ 투명도(SD)   ㉱ SS

풀이 칼슨지수 산정시 인자
① 클로로필-a
② 총인(T-P)
③ 투명도(SD)

25 호소에서 발생되는 전도현상이 발생하는 계절은?

㉮ 봄, 가을   ㉯ 봄, 여름
㉰ 봄, 겨울   ㉱ 여름, 겨울

풀이 ① 전도현상이 발생하는 계절 : 봄, 가을
② 성층현상이 발생하는 계절 : 여름, 겨울

26 소독방법인 UV의 특징에 대한 내용으로 틀린 것은?

㉮ 유량과 수질의 변동에 대해 적응력이 강하다.
㉯ 과학적으로 증명된 정밀한 처리시스템이다.
㉰ 접촉시간이 길며 잔류효과가 있다.
㉱ pH 변화에 관계없이 지속적 살균이 가능하다.

풀이 ㉰ 접촉시간이 짧고, 잔류효과가 없다.

answer 22 ㉯ 23 ㉱ 24 ㉱ 25 ㉮ 26 ㉰

27 다음 중 혐기성소화의 특징에 대한 내용으로 틀린 것은?

㉮ 처리 후 슬러지 생성량이 많다.
㉯ 탈수성이 우수하다.
㉰ 유출수의 수질이 불량하다.
㉱ 상징액에 질소와 인의 함량이 높다.

풀이 ㉮ 처리 후 슬러지 생성량이 적다.

28 다음 액체염소의 주입으로 생성된 물질의 살균력 순서로 알맞은 것은?

㉮ HOCl > Chloramines > OCl⁻
㉯ HOCl > OCl⁻ > Chloramines
㉰ OCl⁻ > Chloramines > HOCl
㉱ OCl⁻ > HOCl > Chloramines

풀이 살균력의 순서는 HOCl > OCl⁻ > Chloramines이다.

29 정수방법인 완속여과방식에 대한 내용으로 틀린 것은?

㉮ 약품처리가 필요없다.
㉯ 완속여과의 정화는 주로 생물작용에 의한 것이다.
㉰ 비교적 양호한 원수에 알맞은 방식이다.
㉱ 부지면적 소요가 적다.

풀이 ㉱ 부지면적 소요가 많다.

30 하수관의 부식과 가장 관계가 깊은 가스는?

㉮ NH_3 가스   ㉯ H_2S 가스
㉰ CO_2 가스   ㉱ CH_4 가스

풀이 하수관의 관정부식은 유기물이 혐기성 상태에서 분해되어 황화수소(H_2S)가 발생되며 이는 공기 중에서 호기성박테리아에 의해 SO_2나 SO_3로 변화되고 다시 수분과 반응하여 황산(H_2SO_4)이 생성되어 콘크리트를 부식시킨다.

31 일차 침전지의 침전효율에 가장 큰 영향을 미치는 인자는?

㉮ 침전지 폭
㉯ 침전지 깊이
㉰ 침전지 표면적
㉱ 침전지 부피

풀이 일차 침전지의 침전효율에 가장 큰 영향을 미치는 인자는 침전지의 표면적(수면적)이다.

32 수질오염공정시험기준상 총칙에서 규정하는 온도에 대한 내용으로 틀린 것은?

㉮ 상온 : 15℃~25℃
㉯ 실온 : 1℃~35℃
㉰ 온수 : 50℃~60℃
㉱ 찬곳 : 따로 규정이 없는 한 0℃~15℃

풀이 ㉰ 온수 : 60℃~70℃

answer 27 ㉮ 28 ㉯ 29 ㉱ 30 ㉯ 31 ㉰ 32 ㉰

33 스크린의 설치 목적으로 틀린 것은?

㉮ 슬러지 생성량의 증가
㉯ 펌프 손상 방지
㉰ 약품처리시 부하 감소
㉱ 유기물 부하 감소

풀이 ㉮ 슬러지 생성량의 감소

34 수처리 공정 중 스톡스(Stokes)법칙이 적용되는 공정은?

㉮ 1차 소화조   ㉯ 1차 침전지
㉰ 살균조   ㉱ 포기조

풀이 스톡스(Stokes)법칙이 적용되는 공정은 중력침강이 적용되는 침사지와 1차 침전지이다.

35 약품 주입 후 응집조에서 완속교반을 하는 목적은?

㉮ 응집제가 잘 용해되도록 하기 위해
㉯ floc과 공기의 접촉을 원활히 하기 위해
㉰ 형성된 floc을 가능한 한 미립자로 하여 수량을 증가시키기 위해
㉱ 형성되는 floc을 가능한 한 뭉쳐 밀도를 키우기 위해

풀이 완속교반을 하는 목적은 형성되는 floc을 가능한 한 뭉쳐 밀도를 크게 하여 침강을 용이하게 하기 위함이다.

36 다음 중 쓰레기 관리체계에서 비용이 가장 많이 드는 단계는?

㉮ 수거   ㉯ 처리
㉰ 저장   ㉱ 분석

풀이 쓰레기 관리체계에서 비용이 가장 많이 드는 단계는 수거단계이며, 수거단계가 전체 비용의 60% 이상을 차지한다.

37 도시쓰레기의 조성이 탄소 48%, 수소 6.4%, 산소 37.6%, 질소 2.6%, 황 0.4% 그리고 회분 5%일 때 고위발열량(kcal/kg)은? (단, Dulong식을 적용할 것)

㉮ 약 7,500   ㉯ 약 6,500
㉰ 약 5,500   ㉱ 약 4,500

풀이 고위 발열량(H_h)
$= 8,100C + 34,000\left(H - \dfrac{O}{8}\right) + 2,500S \text{ (kcal/kg)}$
$= 8,100 \times 0.48 + 34,000 \times \left(0.064 - \dfrac{0.376}{8}\right) + 2,500 \times 0.004$
$= 4,476 \text{ kcal/kg}$

38 발생된 쓰레기를 감량화하기 위한 대책으로는 발생원 대책과 발생 후 대책으로 크게 구분한다. 다음의 감량화 방법 중 그 특성이 다른 하나는?

㉮ 식단제 개선
㉯ 분리수거 실시
㉰ 가정용품의 적절한 정비
㉱ 재생 이용

풀이 ㉱ 재생 이용은 발생 후 대책에 해당한다.

answer 33 ㉮ 34 ㉯ 35 ㉱ 36 ㉮ 37 ㉱ 38 ㉱

39 어느 도시폐기물 중 비가연 성분이 40% (W/W%)이다. 밀도가 450 kg/m³인 폐기물 10m³ 중 가연성 물질의 양(ton)은?

㉮ 1.7ton ㉯ 2.7ton
㉰ 17ton   ㉱ 27ton

풀이 가연성 물질의 양(ton)
= 폐기물(m³) × 밀도(kg/m³) × 10³ton/kg
 × (1 − 비가연성분)
= 10m³ × 450kg/m³ × 10⁻³ton/kg × (1 − 0.4)
= 2.7ton

TIP
① 가연성분(%) + 비가연성분(%) = 100%
② 가연성분(%) = 100% − 비가연성분(%)

40 수거노선을 설정할 때 유의사항으로 틀린 것은?

㉮ 지형지물 및 도로 경계와 같은 장벽을 피하여 간선도로 부근에서 시작하고 끝나도록 한다.
㉯ 가능한 한 시계방향으로 수거노선을 정한다.
㉰ 발생량이 아주 많은 발생원은 하루 중 가장 먼저 수거한다.
㉱ 발생량이 적으나 수거빈도가 동일하기를 원하는 적재지점은 가능한 한 같은 날 왕복 내에서 수거한다.

풀이 ㉮ 지형지물 및 도로 경계와 같은 장벽을 이용하여 간선도로 부근에서 시작하고 끝나도록 한다.

41 유해폐기물의 국제적 이동의 통제와 규제를 주요 골자로 하는 국제협약은?

㉮ 바젤협약   ㉯ 런던협약
㉰ 비엔나협약 ㉱ 몬트리올협약

풀이 ㉮ 바젤협약에 대한 내용이며, 핵심 내용인 "유해폐기물의 국제적 이동의 통제 = 바젤협약"임을 숙지하시면 됩니다.

42 다음 중 전단파쇄기에 대한 설명으로 틀린 것은?

㉮ 충격파쇄기에 비하여 이물질 혼입에 약하다.
㉯ 충격파쇄기에 비하여 파쇄속도가 빠르다.
㉰ 충격파쇄기에 비하여 파쇄물의 크기를 고르게 할 수 있다.
㉱ 소음과 먼지발생이 비교적 적고 폭발의 위험성이 거의 없다.

풀이 ㉯ 충격파쇄기에 비하여 파쇄속도가 느리다.

43 다음 중 적환장을 설치하는 경우로 틀린 것은?

㉮ 폐기물 수집장소와 처분장소가 멀리 떨어져 있는 경우
㉯ 대용량의 수집차량이 사용되는 경우
㉰ 상업지역에서 폐기물 수집에 소형용기를 사용하는 경우
㉱ 불법투기와 다량의 어지러운 쓰레기들이 발생하는 경우

풀이 ㉯ 소용량의 수집차량이 사용되는 경우

answer 39 ㉯ 40 ㉮ 41 ㉮ 42 ㉯ 43 ㉯

44 하나의 수식으로 각 인자들의 효과를 총괄적으로 나타내어 복잡한 시스템의 분석에 유용하게 사용할 수 있는 쓰레기 발생량 예측방법은?

㉮ 경향법
㉯ 동적모사방법
㉰ 정적모사모델
㉱ 다중회귀모델

풀이 ㉱ 다중회귀모델에 대한 내용이며, 핵심 내용인 "복잡한 시스템의 분석=다중회귀모델"임을 숙지하시면 됩니다.

45 용적이 5m³인 쓰레기를 압축하였더니 3m³으로 감소되었을 때 압축비(CR)는?

㉮ 0.43
㉯ 0.60
㉰ 1.67
㉱ 2.50

풀이 압축비 = $\dfrac{압축\ 전\ 부피(V_1)}{압축\ 후\ 부피(V_2)} = \dfrac{5m^3}{3m^3} = 1.67$

46 다음 선별법과 선별물질의 연결로 틀린 것은?

㉮ 정전기적선별 - 플라스틱, 고무와 종이 선별
㉯ 광학선별 - 유기물과 무기물 선별
㉰ 자력선별 - 철 및 금속류 선별
㉱ 와전류선별 - 철금속, 비철금속, 유리병 선별

풀이 ㉯ 광학선별 - 불투명한 것(돌, 코르크)과 투명한 것(유리)

47 쓰레기의 새로운 수집 시스템인 모노레일 수송에 대한 내용으로 틀린 것은?

㉮ 적환장에서 최종처분장까지 수송하는 데 적용할 수 있다.
㉯ 자동무인화 할 수 있다.
㉰ 가설이 어렵고 설치비가 많이 든다.
㉱ 시설완료 후에도 경로변경이 용이하다.

풀이 ㉱ 시설완료 후에는 경로변경이 어렵다.

48 다음 중 석회 기초법에 대한 내용으로 틀린 것은?

㉮ 공정운전이 간단하고 용이하다.
㉯ 탈수가 필요하다.
㉰ 두 가지 폐기물을 동시에 처리할 수 있다.
㉱ pH가 낮을 경우 폐기물 성분의 용출가능성이 증가한다.

풀이 ㉯ 탈수가 필요없다.

49 코크스 또는 분해연소가 끝난 석탄 자체가 연소하는 과정으로 연소되면 적열(赤熱)할뿐 화염이 없는 연소는?

㉮ 증발연소
㉯ 표면연소
㉰ 내부연소
㉱ 자기연소

풀이 ㉯ 표면연소에 대한 내용이며, 핵심 내용인 "화염이 없는 연소=표면연소"임을 숙지하시면 됩니다.

answer 44 ㉱ 45 ㉰ 46 ㉯ 47 ㉱ 48 ㉯ 49 ㉯

50 다음 중 로터리 킬른에 대한 내용으로 틀린 것은?

㉮ 액상이나 고상의 여러가지 폐기물을 동시에 처리할 수 있다.
㉯ 습식가스 세정시스템과 함께 사용할 수 있다.
㉰ 경사진 구조로 용융상태의 물질에 의하여 방해를 받는다.
㉱ 대체로 예열, 혼합, 파쇄 등의 전처리 없이 폐기물 주입이 가능하다.

풀이 ㉰ 경사진 구조로 용융상태의 물질에 의하여 방해를 받지 않는다.

51 이론적으로 순수한 탄소 3kg을 완전연소 시키는데 필요한 산소의 양은?

㉮ 6kg   ㉯ 8kg
㉰ 10kg   ㉱ 12kg

풀이 $C + O_2 \rightarrow CO_2$
12kg : 32kg
3kg : X
∴ $X = \frac{3kg \times 32kg}{12kg} = 8kg$

TIP
공기량(kg) = 산소량(kg) $\times \frac{1}{0.232}$
= 8kg $\times \frac{1}{0.232}$ = 34.48kg

52 어느 도시에서 소각대상 폐기물이 1일 100톤 발생되고 있다. 스토커 소각로에서 화상부하율은 $200 \, kg/m^2 \cdot hr$로 설계하고자 하는 경우 소요되는 스토커의 화상면적(m^2)은? (단, 소각로는 연속 운행한다.)

㉮ 약 $21 \, m^2$ ㉯ 약 $42 \, m^2$
㉰ 약 $214 \, m^2$ ㉱ 약 $521 \, m^2$

풀이 화상 부하율$(kg/m^2 \cdot hr) = \frac{폐기물량(kg/hr)}{화상면적(m^2)}$

$200 kg/m^2 \cdot hr = \frac{100 \times 10^3 kg/day \times 1day/24hr}{화상면적(m^2)}$

∴ 화상면적 $= \frac{100 \times 10^3 kg/day \times 1day/24hr}{200 kg/m^2 \cdot hr}$
$= 20.83 m^2$

TIP
① ton $\xrightarrow{\times 10^3}$ kg
② 폐기물 100ton/day = $100 \times 10^3 kg/day$

53 다음 중 열분해가 소각처리에 비해 갖는 장점으로 틀린 것은?

㉮ 황 및 중금속이 회분 속에 고정되는 비율이 크다.
㉯ 배기가스량이 적어 가스처리 장치가 소형이다.
㉰ 환원성 분위기가 유지되어 Cr^{3+}가 Cr^{6+}로 변화되기가 쉽다.
㉱ 소각처리에 비해 상대적으로 저온이기 때문에 질소산화물(NO_X)의 발생량이 적다.

풀이 ㉰ 환원성 분위기가 유지되어 Cr^{3+}가 Cr^{6+}로 변화되기 어렵다.

answer 50 ㉰ 51 ㉯ 52 ㉮ 53 ㉰

54 다음 중 검댕이나 매연발생에 대한 내용으로 틀린 것은?

㉮ 연소실의 체적이 작을 때 매연이 발생한다.
㉯ 석탄연소에서는 석탄의 휘발분이 많을수록 검댕의 발생이 적다.
㉰ 중유연소에서 공기비가 클수록 검댕이 적게 발생한다.
㉱ 통풍력이 부족할 때 매연이 발생한다.

풀이 ㉯ 석탄연소에서는 석탄의 휘발분이 많을수록 검댕의 발생이 많다.

55 쓰레기를 수평으로 고르게 깔아서 압축한 다음 그 위에 복토를 하여 쓰레기와 복토를 번갈아 하면서 쌓는 매립방법은?

㉮ 샌드위치 공법
㉯ 셀 공법
㉰ 압축매립 공법
㉱ 도랑형 공법

풀이 ㉮ 샌드위치 공법에 대한 내용이며, 핵심 내용인 "쓰레기와 복토를 번갈아 쌓는 방식=샌드위치 공법"임을 숙지하시면 됩니다.

56 음향파워가 0.01watt이면 PWL은?

㉮ 1dB
㉯ 10dB
㉰ 100dB
㉱ 1,000dB

풀이 $PWL = 10\log\left(\dfrac{W}{W_o}\right)$
여기서 PWL : 음향파워레벨(dB)
  W_o : 기준음의 파워(10^{-12} Watt)
  W : 임의의 음향 파워(Watt)

$PWL = 10\log\left(\dfrac{0.01\,\text{Watt}}{10^{-12}\,\text{Watt}}\right) = 100\text{dB}$

57 진동측정시 진동픽업을 설치하기 위한 장소로 틀린 것은?

㉮ 경사 또는 요철이 없는 장소
㉯ 완충물이 있고 충분히 다져서 단단히 굳은 장소
㉰ 복잡한 반사, 회절현상이 없는 지점
㉱ 온도, 전자기 등의 외부 영향을 받지 않는 곳

풀이 ㉯ 완충물이 없고 충분히 다져서 단단히 굳은 장소

58 다음 중 한 파장이 전파되는데 소요되는 시간을 의미하는 것은?

㉮ 주파수   ㉯ 변위
㉰ 주기   ㉱ 가속도레벨

풀이 용어의 정의
㉮ 주파수 : 한 고정점을 1초동안 통과하는 마루(산) 또는 골(곡)의 평균수 또는 1초 동안의 cycle 수
㉯ 변위 : 진동하는 입자(공기)의 어떤 순간의 위치와 그것의 평균위치와의 거리
㉰ 주기 : 한 파장이 전파되는데 소요되는 시간
㉱ 가속도레벨 : 물리량(단위 시간당 속도)을 dB로 나타낸 것

answer 54 ㉯ 55 ㉮ 56 ㉰ 57 ㉯ 58 ㉰

59 발음원이 이동할 때 그 진행방향 가까운 쪽에서는 발음원보다 고음으로, 진행 반대쪽에서는 저음으로 되는 현상은?

㉮ 음의 전파속도 효과
㉯ 도플러 효과
㉰ 음향출력 효과
㉱ 음압레벨 효과

> **풀이** ㉯ 도플러 효과에 대한 내용이며, 핵심 내용인 "진행방향쪽은 고음이고 진행반대쪽은 저음=도플러 효과"임을 숙지하시면 됩니다.

60 방음대책을 음원대책과 전파경로대책으로 구분할 때 다음 중 음원대책이 아닌 것은?

㉮ 공명방지
㉯ 방음벽 설치
㉰ 소음기 설치
㉱ 방진 및 방사율 저감

> **풀이** 방음대책의 방법
> ① 음원대책 : 발생원(유속 저감, 마찰력 감소, 충돌방지, 공명방지), 소음기 설치, 방음커버, 방진(차진, 소음 방사면 제진)
> ② 전파경로 대책 : 공장건물 내벽의 흡음처리, 공장 벽체의 차음성 강화, 방음벽 설치, 거리감쇠, 지향성 변환

answer 59 ㉯ 60 ㉯

2024 4회 CBT 복원 문제

01 다음 중 아황산가스의 약한식물로 틀린 것은?

㉮ 대맥 ㉯ 담배
㉰ 자주개나리 ㉱ 양배추

풀이 아황산가스(SO_2)의 지표식물 및 강한식물
① 지표(약한)식물 : 대맥, 담배, 자주개나리(알팔파), 목화, 보리 등
② 강한식물 : 양배추, 까치밤나무, 쥐당나무, 셀러리, 소나무, 옥수수 등

02 다음 중 일산화탄소에 대한 내용으로 틀린 것은?

㉮ 대기 중에서 체류시간은 1~3개월 정도이다.
㉯ 물에 잘 녹아 강우속에서 쉽게 제거된다.
㉰ 가연성분의 불완전연소시나 자동차에서 많이 배출된다.
㉱ 대기 중에서 이산화탄소로 산화되기 어려우며 다른 물질에 흡착현상도 거의 나타나지 않는다.

풀이 ㉯ 물에 잘 녹지 않는 난용성이며, 강우속에서 거의 제거되지 않는다.

03 대기내 질소산화물이 LA스모그와 같이 광화학반응을 할 때 다음 중 어떤 탄화수소가 주된 역활을 하는가?

㉮ 올레핀계 탄화수소
㉯ 메탄계 탄화수소
㉰ 파라핀계 탄화수소
㉱ 프로판계 탄화수소

풀이 광화학반응의 3대요소
① 질소산화물(NO_X)
② 올레핀계 탄화수소
③ 자외선

04 굴뚝의 직경이 3m, 배출속도가 7m/sec, 평균풍속은 3.5m/sec일 때, 다음식을 이용하여 ΔH(유효상승고)를 계산한 값은? (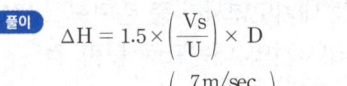)

㉮ 12.0m ㉯ 9.0m
㉰ 7.0m ㉱ 6.0m

풀이
$$\Delta H = 1.5 \times \left(\frac{Vs}{U}\right) \times D$$
$$= 1.5 \times \left(\frac{7 m/sec}{3.5 m/sec}\right) \times 3m = 9.0m$$

answer 01 ㉱ 02 ㉯ 03 ㉮ 04 ㉯

05 다음에서 설명하는 굴뚝의 연기형태는?

> 굴뚝의 높이보다는 더 낮게 지표 가까이에 역전층이 이루어져 있고, 그 상공에는 대기가 비교적 불안정상태일 때 발생한다. 따라서 이러한 조건은 주로 고기압 지역에서 하늘이 맑고 바람이 약한 경우에 초저녁으로부터 아침에 걸쳐 발생하기 쉽다.

㉮ 환상형   ㉯ 지붕형
㉰ 훈증형   ㉱ 원추형

풀이 ㉯ 지붕형(상승형)에 대한 설명이며, 핵심 내용인 "지표 역전(안정), 고공 불안정(과단열) 조건=지붕형"임을 숙지하시면 됩니다.

06 1984년 인도 중부의 보팔(Bopal)시에서 발생한 대기오염 사건의 원인물질은?

㉮ 황화수소(H_2S)
㉯ 황산화물(SO_X)
㉰ 메틸이소시아네이트(CH_3CNO)
㉱ 머캡탄(CH_3SH)

풀이 인도 보팔시 사건은 메틸이소시아네이트(CH_3CNO)가 누설되어 발생한 사건이다.

07 역사적 대기오염사건 중 런던형 스모그(Smog)사건의 내용으로 틀린 것은?

㉮ 발생기온 : 0~5℃
㉯ 화학반응 : 산화
㉰ 발생시간 : 아침, 저녁
㉱ 역전종류 : 복사성역전

풀이 런던스모그사건의 화학반응은 환원반응이고, LA 스모그사건의 화학반응은 산화(광화학)반응이다.

08 비행기가 초음속으로 고공비행을 할 때 대기에 어떤 영향을 주는가?

㉮ Ozone층의 파괴와 CO_2의 증가
㉯ Mesosphere의 파괴와 NO_2의 증가
㉰ 대류권의 파괴와 CO_2의 증가
㉱ 지표대기층의 파괴와 NO_2의 증가

풀이 비행기가 초음속으로 오존층(20~30km)이 존재하는 성층권을 고공비행을 하므로 Ozone층이 파괴되고 CO_2가 증가한다.

09 다음 중 화학적 흡착에 대한 내용으로 틀린 것은?

㉮ 흡착열이 물리적 흡착에 비해 높다.
㉯ 대부분의 흡착제가 고체이다.
㉰ 흡착제의 재생성이 낮다.
㉱ 다분자를 흡착하며 비가역적 반응이다.

풀이 ㉱ 단분자를 흡착하며 비가역적 반응이다.

10 세정집진장치의 장점으로 틀린 것은?

㉮ 처리가스량에 대한 고정된 면적이 작다.
㉯ 가동부분이 작고 조작이 간단하다.
㉰ 소수성 먼지의 집진효과가 높다.
㉱ 처리가스의 흡수, 증습 등의 조작이 가능하다.

풀이 ㉰ 소수성(비친수성) 먼지의 집진효과가 낮다.

answer   05 ㉯   06 ㉰   07 ㉯   08 ㉮   09 ㉱   10 ㉰

11 액측 저항이 큰 경우 이용이 유리한 기체분산형 흡수장치는?

㉮ 살수탑   ㉯ 단탑
㉰ 충전탑   ㉱ 벤츄리스크러버

풀이 기체흡수장치의 종류
① 액분산형 : 충전탑(흡수탑), 분무탑, 벤츄리스크러버, 제트스크러버
② 기체분산형 : 다공판탑(단탑), 종탑(포종탑), 기포탑

12 집진장치 중 압력손실이 가장 큰 것은?

㉮ 중력 집진장치
㉯ 원심력 집진장치
㉰ 전기 집진장치
㉱ 벤츄리스크러버

풀이 집진장치의 압력손실
㉮ 중력 집진장치 : $5 \sim 10\,mmH_2O$
㉯ 원심력 집진장치 : $80 \sim 100\,mmH_2O$
㉰ 전기 집진장치 : $10 \sim 20\,mmH_2O$
㉱ 벤츄리스크러버 : $300 \sim 800\,mmH_2O$

13 메탄올(CH_3OH) 0.5kg이 연소하는데 필요한 이론공기량은?

㉮ $0.5\,Sm^3$ ㉯ $1.5\,Sm^3$
㉰ $2.5\,Sm^3$ ㉱ $3.5\,Sm^3$

풀이 ① $CH_3OH + 1.5O_2 \rightarrow CO_2 + 2H_2O$
32kg : $1.5 \times 22.4\,Sm^3$
0.5kg : O_o(이론산소량)
$\therefore O_o = \dfrac{0.5kg \times 1.5 \times 22.4\,Sm^3}{32kg} = 0.525\,Sm^3$
② A_o(이론공기량) $= \dfrac{O_o(\text{이론산소량})}{0.21}$
$= \dfrac{0.525\,Sm^3}{0.21} = 2.5\,Sm^3$

TIP
① 메탄올(CH_3OH)의 분자량
$= 12 + (3 \times 1) + 16 + 1 = 32kg$
② 체적(Sm^3) = 계수 $\times 22.4(Sm^3)$
③ 질량(kg) = 계수 $\times$ 분자량(kg)

14 어떤 유해가스와 물이 일정온도에서 평형상태에 있다면 헨리상수($atm \cdot m^3/kmol$)는? (단, 기상의 유해가스 분압이 38mmHg일 때 수중 유해 가스의 농도가 $2.5\,kmol/m^3$이며, 전압은 1atm이다.)

㉮ 0.01   ㉯ 0.02
㉰ 0.04   ㉱ 0.08

풀이 헨리상수($atm \cdot m^3/kmol$)
$= \dfrac{P(atm)}{C(kmol/m^3)}$
$= \dfrac{(38/760)atm}{2.5\,kmol/m^3} = 0.02\,atm \cdot m^3/kmol$

15 충전탑에서 사용하는 충전재의 요구조건으로 틀린 것은?

㉮ 충전물의 내식성이 커야 한다.
㉯ 액·가스의 분포를 균일하게 유지할 수 있어야 한다.
㉰ 액의 홀드 업(hold-up)과 충전밀도가 커야 한다.
㉱ 단위면적에 대한 표면적이 커야 한다.

풀이 ㉰ 액의 홀드 업(hold-up)은 작고, 충전밀도는 커야 한다.

answer 11 ㉯   12 ㉱   13 ㉰   14 ㉯   15 ㉰

16 다음 중 용존산소에 대한 내용으로 틀린 것은?

㉮ 수온이 높을수록 기압이 낮을수록 용존산소량은 증가한다.
㉯ 용존염류의 농도가 높을수록 용존산소량은 감소한다.
㉰ 현존 용존산소 농도가 낮을수록 산소전달률은 높아진다.
㉱ 같은 수온하에서는 해수보다 담수의 용존산소량이 높다.

【풀이】 ㉮ 수온이 높을수록 기압이 낮을수록 용존산소량은 감소한다.

17 다음 중 곰팡이(fungi)에 대한 내용으로 틀린 것은?

㉮ pH가 낮은 경우에도 잘 자라 산성폐수 처리에 이용된다.
㉯ 경험적인 화학식은 $C_{10}H_{17}O_6N$ 이다.
㉰ 활성슬러지의 팽화현상을 유발한다.
㉱ 엽록소가 있어 탄소동화작용을 한다.

【풀이】 ㉱ 엽록소가 없어 탄소동화작용을 못한다.

18 소수성 콜로이드에 대한 내용으로 틀린 것은?

㉮ 현탁질(Suspensoid)상태이다.
㉯ 물과 반발하는 성질이 있다.
㉰ 염에 매우 민감하다.
㉱ 틴달(Tyndall) 효과가 약하거나 거의 없다.

【풀이】 ㉱ 틴달(Tyndall) 효과가 크다.

19 적조의 발생요인으로 틀린 것은?

㉮ 수괴의 연직 안정도가 작다.
㉯ 영양염의 공급이 충분하다.
㉰ 하천수 유입으로 해수의 염분량이 저하된다.
㉱ 해저의 산소가 고갈된다.

【풀이】 ㉮ 수괴의 연직 안정도가 크다.

20 물의 특성에 대한 내용으로 틀린 것은?

㉮ 물의 표면장력은 온도가 상승할수록 감소한다.
㉯ 물은 4℃에서 밀도가 가장 크다.
㉰ 물의 여러가지 특성은 물의 수소결합 때문에 나타난다.
㉱ 융해열과 기화열이 작아 생명체의 열적 안정을 유지할 수 있다.

【풀이】 ㉱ 융해열과 기화열이 커 생명체의 열적안정을 유지할 수 있다.

21 정화조로 유입된 생분뇨의 BOD가 21,500mg/L, 염소이온 농도가 5,500mg/L, 방류수의 염소이온 농도가 200mg/L이라면, 방류수의 BOD 농도가 30mg/L일 때 정화조의 BOD제거율(%)은?

㉮ 99.6% ㉯ 96.2%
㉰ 93.4% ㉱ 89.8%

【풀이】 ① 희석배수치(P)
$= \dfrac{\text{유입수의 Cl}^-}{\text{유출수의 Cl}^-} = \dfrac{5,500\text{mg/L}}{200\text{mg/L}} = 27.5$

② BOD 제거효율(%)
$= \left(1 - \dfrac{\text{유출수의 BOD} \times P}{\text{유입수의 BOD}}\right) \times 100$

answer 16 ㉮ 17 ㉱ 18 ㉱ 19 ㉮ 20 ㉱ 21 ㉯

$$= \left(1 - \frac{30\text{mg/L} \times 27.5}{21,500\text{mg/L}}\right) \times 100 = 96.16\%$$

22 곰팡이(Fungi)류의 경험적 화학 분자식으로 알맞은 것은?

㉮ $C_{12}H_7O_4N$ ㉯ $C_{12}H_8O_5N$
㉰ $C_{10}H_{17}O_6N$ ㉱ $C_{10}H_{18}O_4N$

풀이 곰팡이(Fungi)류의 경험적 화학 분자식은 $C_{10}H_{17}O_6N$ 이며, 암기법은 "일공 일칠 육"임을 숙지하시면 됩니다.

23 산성비를 정의할 때 기준이 되는 수소이온농도(pH)는?

㉮ 4.3 ㉯ 4.5
㉰ 5.6 ㉱ 6.3

풀이 산성비 기준의 pH는 5.6 이하이며, 원인물질은 황산화물(SO_X), 질소산화물(NO_X), 염산(HCl)이다.

24 상수원에 대한 수질검사 결과 질산성 질소만 다량 검출되었을 때 알맞은 것은?

㉮ 유기질소에 의한 일시적인 오염
㉯ 유기질소에 의한 계속적인 오염
㉰ 유기질소에 의한 영구적인 오염
㉱ 지질(地質)에 의한 오염

풀이 질산성 질소만 다량 검출된 경우는 유기질소에 의한 일시적인 오염이다.

25 점오염원에 대한 내용으로 틀린 것은?

㉮ 고농도의 하·폐수가 특정한 한 점에서 집중 배출되는 오염원이다.
㉯ 대체로 좁은 지역에서 발생하며 시간에 따른 수질의 변화가 있다.
㉰ 배출위치를 정확히 파악할 수 있다.
㉱ 강우시 집중적으로 발생하는 영양염류가 주요 오염물질이다.

풀이 ㉱번은 비점오염원에 대한 내용이다.

26 정수시설인 급속여과지에 대한 내용으로 틀린 것은?

㉮ 여과면적은 계획정수량을 여과속도로 나누어 구한다.
㉯ 1지의 여과면적은 $250\,m^2$ 이하로 한다.
㉰ 여과모래의 유효경이 $0.45\sim0.7\,mm$의 범위인 경우에는 모래층의 두께는 $60\sim120\,cm$를 표준으로 한다.
㉱ 여과속도는 $120\sim150\,m/d$를 표준으로 한다.

풀이 ㉯ 1지의 여과면적은 $150\,m^2$ 이하로 한다.

27 BOD 농도가 200ppm인 유량이 2,000 m^3/d인 폐수를 표준 활성슬러지법으로 처리한다. 폭기조의 크기가 폭 5m, 길이 10m, 유효 깊이 4m로 할 때 폭기조의 용적부하($kg\,BOD/m^3 \cdot day$)는?

㉮ 1.5 ㉯ 2.0
㉰ 2.5 ㉱ 3.0

answer 22 ㉰ 23 ㉰ 24 ㉮ 25 ㉱ 26 ㉯ 27 ㉯

풀이 BOD 용적부하 $(kg/m^3 \cdot day)$

$= \dfrac{BOD(kg/m^3) \times Q(m^3/day)}{폭 \times 길이 \times 유효길이(m^3)}$

$= \dfrac{0.2kg/m^3 \times 2,000m^3/day}{5m \times 10m \times 4m}$

$= 2.0 kg/m^3 \cdot day$

TIP
① $mg/L \xrightarrow{\times 10^{-3}} kg/m^3$ 이므로

  BOD $200mg/L = 0.2 kg/m^3$

② $ppm = mg/L = g/m^3$

28 다음 중 오존소독에 대한 내용으로 틀린 것은? (단, 염소소독과 비교)

㉮ Cl_2보다 더 강력한 산화제이다.
㉯ 저장시스템 파괴 사고의 위험이 있다.
㉰ 모든 박테리아와 바이러스를 살균시킨다.
㉱ 초기 투자비와 부속설비가 비싸다.

풀이 ㉯ 저장시스템 파괴 사고의 위험이 없다.

29 활성슬러지법의 폭기조 내 MLSS 농도 2,000mg/L, 폭기조의 용량 $5m^3$, 유입 폐수의 BOD 농도 300mg/L, 폐수 유량 $15m^3$/day일 때, F/M비(kg BOD/kg MLSS·day)는?

㉮ 0.15　㉯ 0.25
㉰ 0.35　㉱ 0.45

풀이 F/M비(/day)

$= \dfrac{BOD(kg/m^3) \times Q(m^3/day)}{MLSS(kg/m^3) \times V(m^3)}$

$= \dfrac{0.3kg/m^3 \times 15m^3/day}{2kg/m^3 \times 5m^3} = 0.45/day$

30 다음 중 보통 1차침전지에서 부유물질의 침강속도가 작게 되는 조건으로 틀린 것은? (단, Stokes 법칙 적용)

㉮ 부유물질 입자의 밀도가 작을 경우
㉯ 부유물질 입자의 입경이 작을 경우
㉰ 처리수의 밀도가 클 경우
㉱ 처리수의 점성도가 작을 경우

풀이 ㉱ 처리수의 점성도가 클 경우

31 다음 중 분뇨와 같은 고농도 유기폐수를 처리하는데 적합한 최적처리법은?

㉮ 표준활성슬러지법
㉯ 응집침전법
㉰ 여과·흡착법
㉱ 혐기성소화법

풀이 분뇨와 같은 고농도 유기폐수는 혐기성 소화법이 가장 적합하다.

32 카드뮴 함유폐수의 처리방법으로 틀린 것은?

㉮ 수산화물 침전법
㉯ 황화물 침전법
㉰ 질화물 침전법
㉱ 이온교환법

풀이 카드뮴 함유폐수의 처리방법으로는 부상법, 여과법, 침전법(수산화물, 황화물, 탄산염), 이온교환법, 흡착법이며, 암기법은 "카부여에 침전된(수황탄)에 이온 좀 붙여라"임을 숙지하시면 됩니다.

answer 28 ㉯　29 ㉱　30 ㉱　31 ㉱　32 ㉰

33 하수처리에 사용되는 생물학적 처리공정 중 부유미생물을 이용한 공정으로 틀린 것은?

㉮ 산화구법
㉯ 접촉산화법
㉰ 질산화내생탈질법
㉱ 막분리활성슬러지법

풀이 ㉮, ㉰, ㉱번은 부유성장식이고, ㉯번은 부착성장식이다.

34 취급 또는 저장하는 동안에 밖으로부터의 공기 또는 다른 가스가 침입하지 아니하도록 내용물을 보호하는 용기는?

㉮ 밀폐용기   ㉯ 기밀용기
㉰ 밀봉용기   ㉱ 차광용기

풀이 용기
㉮ 밀폐용기 : 이물질
㉯ 기밀용기 : 공기 또는 다른 가스
㉰ 밀봉용기 : 기체 또는 미생물
㉱ 차광용기 : 광선

35 0.05N–$KMnO_4$ 4.0L를 만들려고 할 때 필요한 $KMnO_4$의 양(g)은? (단, 원자량은 K : 39, Mn : 55)

㉮ 3.2   ㉯ 4.6
㉰ 5.2   ㉱ 6.3

풀이 $N = \dfrac{W(g)}{V(L)} \times \dfrac{1eq}{1당량g}$

$0.05N = \dfrac{W(g)}{4.0L} \times \dfrac{1eq}{158g/5}$

$\therefore W = 6.32g$

TIP
① N농도 = 노르말농도 = 규정농도
② N농도의 단위는 eq/L
③ $KMnO_4$의 1eq = $\dfrac{분자량(g)}{당량수} = \dfrac{158g}{5}$

36 폐기물 수거노선을 결정할 때 고려사항으로 틀린 것은?

㉮ 가능한 한 시계방향으로 수거노선을 정한다.
㉯ 유턴(U-turn) 운행은 피한다.
㉰ 수거의 시작은 차고와 가까운 곳에서 한다.
㉱ 저지대에서 고지대로 상향식으로 운행하며 수거한다.

풀이 ㉱ 고지대에서 저지대로 하향식으로 운행하며 수거한다.

37 쓰레기 관리체계에서 비용이 가장 많이 드는 단계는?

㉮ 수거   ㉯ 처리
㉰ 저장   ㉱ 분석

풀이 쓰레기 관리체계에서 비용이 가장 많이 드는 단계는 수거단계이며, 수거단계가 전체 비용의 60% 이상을 차지한다.

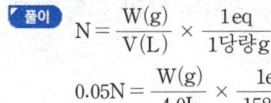
answer 33 ㉯ 34 ㉯ 35 ㉱ 36 ㉱ 37 ㉮

38 전과정평가(LCA)의 평가단계를 순서대로 나열한 것은?

㉮ 목적 및 범위 설정 → 목록분석 → 영향평가 → 개선평가 및 해석
㉯ 목적 및 범위 설정 → 영향평가 → 목록분석 → 개선평가 및 해석
㉰ 목적 및 범위 설정 → 개선평가 및 해석 → 목록분석 → 영향평가
㉱ 목적 및 범위 설정 → 목록분석 → 개선평가 및 해석 → 영향평가

풀이 전과정평가(LCA)의 평가단계는 목적 및 범위 설정 → 목록분석 → 영향평가 → 개선평가 및 해석 순이다.

39 수소의 함량이 12%이고 수분의 함량이 20%인 폐기물의 고위발열량이 3,000kcal/kg일 때 저위발열량은? (단, 원소분석법 기준이다.)

㉮ 2,280kcal/kg ㉯ 2,268kcal/kg
㉰ 2,232kcal/kg ㉱ 2,203kcal/kg

풀이 $Hl = Hh - 600(9H + W)$ (kcal/kg)
여기서 Hl : 저위발열량(kcal/kg)
　　　　Hh : 고위발열량(kcal/kg)
　　　　H : 수소의 함량
　　　　W : 수분의 함량
$Hl = 3,000\text{kcal/kg} - 600 \times (9 \times 0.12 + 0.2)$
　　$= 2,232 \text{kcal/kg}$

40 다음 중 적환장에 대한 내용으로 틀린 것은?

㉮ 폐기물의 수거와 운반을 분리하는 기능을 한다.
㉯ 적환장에서 재사용 가능한 물질의 선별이 가능하다.
㉰ 변질되기 쉬운 쓰레기 수거에는 이용하지 않는 것이 좋다.
㉱ 대규모 주택이 밀집되어 있을 때에는 적환장이 필요하다.

풀이 ㉱ 소규모 주택이 밀집되어 있을 때에는 적환장이 필요하다.

41 쓰레기 수송법 중 관거(pipe line) 방법에 대한 내용으로 틀린 것은?

㉮ 초기 투자비용이 많이 소요된다.
㉯ 쓰레기 발생밀도가 상대적으로 높은 지역에서 사용 가능하다.
㉰ 장거리 수송이 경제적으로 현실성이 있다.
㉱ 관거 설치 후 노선변경이 어렵다.

풀이 ㉰ 단거리 수송이 경제적으로 현실성이 있다.

42 선별방식 중 각 물질의 비중차를 이용하는 방법으로 약간 경사진 평판에 폐기물을 올려놓고 좌우로 빠른 진동과 느린 진동을 주면 가벼운 입자는 빠른 진동쪽으로, 무거운 입자는 느린 진동 쪽으로 분류되는 것은?

㉮ Secators ㉯ Stoners
㉰ Table ㉱ Jig

answer 38 ㉮ 39 ㉰ 40 ㉱ 41 ㉰ 42 ㉰

풀이 ㉰ Table에 대한 내용이며, 핵심 내용인 "가벼운 입자는 빠른 진동 쪽으로, 무거운 입자는 느린 진동 쪽으로 분류=Table"임을 숙지하시면 됩니다.

43 쓰레기 발생량 조사방법으로 틀린 것은?

㉮ 물질수지법
㉯ 적재차량 계수분석법
㉰ 수거트럭 수지법
㉱ 직접계근법

풀이 폐기물 발생량
① 예측방법 : 다중회귀모델, 동적모사모델, 경향모델
② 조사방법 : 물질수지법, 직접계근법, 적재차량 계수법, 통계조사법
③ 암기법 : 예측은 다중이 동적으로 경향을 파악하고/조사는 물질을 직접 적재한 통계로 한다.

44 폐기물 시멘트 고형화법 중 시멘트 기초법에 대한 내용으로 틀린 것은?

㉮ 시멘트-포졸란 반응과 처리기술이 잘 발달되어 있다.
㉯ 사용되는 시멘트의 양을 조절하여 폐기물 콘크리트의 강도를 높일 수 있다.
㉰ 폐기물의 건조나 탈수가 필요하지 않다.
㉱ 원료가 풍부하고 값이 싸다.

풀이 ㉮번은 석회기초법에 대한 설명이다.

45 포도당($C_6H_{12}O_6$)으로 구성된 유기물 1kg이 혐기성 미생물에 의해 완전히 분해되어 생성되는 메탄의 용적(Sm^3)은?

㉮ 0.224   ㉯ 0.373
㉰ 0.462   ㉱ 0.561

풀이
$C_6H_{12}O_6 \rightarrow 3CO_2 + 3CH_4$
180kg : $3 \times 22.4 Sm^3$
1kg : X

$\therefore X = \dfrac{1kg \times 3 \times 22.4 Sm^3}{180kg} = 0.373 Sm^3$

TIP
① 포도당 = 글루코스 = $C_6H_{12}O_6$
② $C_6H_{12}O_6$의 분자량
 $= 6 \times 12 + 12 \times 1 + 6 \times 16 = 180$
③ CH_4 1kmol $\begin{cases} 16kg \\ 22.4 Sm^3 \end{cases}$
④ 표준상태 = 0℃, 760mmHg = $Sm^3 = Nm^3$

46 다음 중 인공 복토재의 조건으로 틀린 것은?

㉮ 매립지 공간을 절약할 수 있어야 한다.
㉯ 연소가 잘 되지 않아야 한다.
㉰ 투수계수가 높아야 한다.
㉱ 생분해가 가능해야 한다.

풀이 ㉰ 투수계수가 낮아야 한다.

answer 43 ㉰ 44 ㉮ 45 ㉯ 46 ㉰

47 다음 중 차수시설에 대한 내용으로 틀린 것은?

㉮ 지하수가 매립지 내부로 유입되는 것을 방지한다.
㉯ 투수방지를 위해 불투수층 차수막 또는 점토를 사용한다.
㉰ 매립지 내에서의 물의 이동은 헨리(Henry)법칙으로 나타낸다.
㉱ 매립지의 침출수 유출을 방지한다.

풀이 ㉰ 매립지 내에서의 물의 이동은 다르시(Darcy)법칙으로 나타낸다.

48 다음 중 유동층 소각로에 대한 내용으로 틀린 것은?

㉮ 2차 연소실이 필요없다.
㉯ 연소효율이 높아 미연분의 배출이 적다.
㉰ 로내 온도의 자동제어와 열회수가 용이하다.
㉱ 기계적 구동부분이 많아 고장율이 높다.

풀이 ㉱ 기계적 구동부분이 적어 고장율이 낮다.

49 다음 중 열분해의 특징으로 틀린 것은?

㉮ 폐기물을 공기 과잉상태에서 고온으로 가열하여 연료를 생산하는 공정이다.
㉯ 열분해에서 일반적으로 고온은 1,100~1,500℃를 말한다.
㉰ 열분해 온도가 고온일수록 이산화탄소의 함량은 감소한다.
㉱ 열분해는 흡열반응이다.

풀이 ㉮ 폐기물을 무산소 또는 산소가 부족한 상태에서 고온으로 가열하여 연료를 생산하는 공정이다.

50 쓰레기를 매립하기 전에 이의 감량화를 목적으로 먼저 쓰레기를 일정한 더미형태로 압축하여 부피를 감소시킨 후 포장을 실시하여 매립하는 방법은?

㉮ 샌드위치 공법
㉯ 셀 공법
㉰ 압축매립 공법
㉱ 도랑형 공법

풀이 ㉰ 압축매립 공법에 대한 내용이며, 핵심 내용인 "일정한 더미로 압축=압축매립 공법"임을 숙지하시면 됩니다.

51 탄소 5kg을 완전 연소하는데 소요되는 이론공기량(Nm^3)은?

㉮ 13.6 ㉯ 28.9
㉰ 32.8 ㉱ 44.4

풀이 ① $C + O_2 \rightarrow CO_2$
  12kg : 22.4 Nm^3
  5kg : 이론산소량(Nm^3)
  ∴ 이론산소량
  $= \dfrac{5kg \times 22.4 Nm^3}{12kg} = 9.3333 Nm^3$

② 이론공기량(Nm^3)
  $=$ 이론산소량(Nm^3) $\times \dfrac{1}{0.21}$
  $= 9.3333 Nm^3 \times \dfrac{1}{0.21} = 44.44 Nm^3$

answer 47 ㉰ 48 ㉱ 49 ㉮ 50 ㉰ 51 ㉱

52 다단로식 소각로에 대한 내용으로 틀린 것은?

㉮ 유해폐기물의 완전분해를 위해서는 2차 연소실이 필요하다.
㉯ 액상 및 기상 폐기물의 이용은 보조연료의 양을 감소시켜 운전비용을 절감하는 경제적 이점이 있다.
㉰ 수분함량이 높은 폐기물의 연소가 가능하며, 먼지의 발생율이 낮다.
㉱ 체류시간이 길어 특히 휘발성이 적은 폐기물 연소에 유리하다.

▶풀이 ㉰ 수분함량이 높은 폐기물의 연소가 가능하며, 먼지의 발생율이 높다.

53 합성차수막의 종류 중 CR(Chloroprene Rubber)에 대한 내용으로 틀린 것은?

㉮ 대부분의 화학물질에 대한 저항성이 높다.
㉯ 마모 및 기계적 충격에 강하다.
㉰ 접합이 용이하다.
㉱ 가격이 비싸다.

▶풀이 ㉰ 접합이 용이하지 못하다.

54 다음 중 착화온도에 대한 내용으로 틀린 것은?

㉮ 발열량이 높을수록 착화온도는 낮아진다.
㉯ 분자구조가 복잡할수록 착화온도는 낮아진다.
㉰ 가연물의 증발량이 많을수록 착화온도는 낮아진다.
㉱ 석탄의 탄화도가 클수록 착화온도는 낮아진다.

▶풀이 ㉱ 석탄의 탄화도가 작을수록 착화온도는 낮아진다.

TIP 착화온도는 활성화에너지와 석탄의 탄화도에 비례 관계이고, 나머지 조건에는 반비례관계임을 숙지하시면 됩니다.

55 다음 중 Fenton 산화법의 특징으로 틀린 것은?

㉮ Fenton액은 철염과 과산화수소수를 포함한다.
㉯ 슬러지 생산량이 많아질 수 있다.
㉰ COD는 감소하고 BOD는 증가한다.
㉱ 최적반응을 위해 침출수 pH를 5~8로 조정한다.

▶풀이 ㉱ 최적반응을 위해 침출수 pH를 3~5로 조정한다.

56 진동수가 250Hz이고 파장이 5m인 파동의 전파속도는?

㉮ 50m/s   ㉯ 250m/s
㉰ 750m/s   ㉱ 1,250m/s

▶풀이 $V = \lambda \times f$
여기서 V : 전파속도(m/sec)
λ : 파장(m)
f : 진동수(Hz)
$V = 5m \times 250Hz = 1,250 m/sec$

answer 52 ㉰ 53 ㉰ 54 ㉱ 55 ㉱ 56 ㉱

57 다음 중 표시 단위가 다른 것은?

㉮ 투과율   ㉯ 음압레벨
㉰ 투과손실   ㉱ 음의 세기레벨

▶ 풀이 표시 단위
㉮ 투과율 : %
㉯ 음압레벨 : dB
㉰ 투과손실 : dB
㉱ 음의 세기레벨 : dB

58 사람의 귀는 외이, 중이, 내이로 구분할 수 있다. 다음 중 내이에 대한 내용으로 틀린 것은?

㉮ 음의 전달 매질은 액체이다.
㉯ 이소골에 의해 진동음압을 20배 정도 증폭시킨다.
㉰ 음의 대소는 섬모가 받는 자극의 크기에 따라 다르다.
㉱ 난원창은 이소골의 진동을 와우각 중의 림프액에 전달하는 진동판이다.

▶ 풀이 ㉯번은 중이에서 고실에 대한 내용이다.

59 종파(소밀파)에 대한 내용으로 틀린 것은?

㉮ 매질이 있어야만 전파된다.
㉯ 파동의 진행방향과 매질의 진동방향이 서로 평행하다.
㉰ 수면파는 종파에 해당한다.
㉱ 음파는 종파에 해당한다.

▶ 풀이 ㉰ 수면파는 횡파에 해당한다.

60 소음발생을 기류음과 고체음으로 구분할 때 다음 각 음의 대책으로 틀린 것은?

㉮ 고체음 : 가진력 억제
㉯ 기류음 : 밸브의 다단화
㉰ 기류음 : 관의 곡률완화
㉱ 고체음 : 방사면 증가 및 공명유도

▶ 풀이 ㉱ 고체음 : 방사면 축소 및 공명 방지

TIP
기류음과 고체음의 대책
① 기류음 : 밸브의 다단화, 관의 곡률완화, 분출유속의 저감
② 고체음 : 가진력 억제, 방사면 축소, 공명방지, 방진

answer 57 ㉮   58 ㉯   59 ㉰   60 ㉱

2025 1회 CBT 복원 문제

01 다음 중 복사성역전에 대한 내용으로 틀린 것은?

㉮ 겨울철 맑은날 아침에 자주 발생한다.
㉯ 구름이 낀 날이나, 센 바람이 부는 날에는 잘 생기지 않는다.
㉰ 대기오염물질 배출원이 위치하는 대기층에서 주로 생성된다.
㉱ 장기간의 오염물질의 축적으로 대기오염문제를 야기시킨다.

풀이 ㉱ 단기간의 오염물질의 축적으로 대기오염문제를 야기시킨다.

02 실내 공기 오염의 지표가 되는 것은?

㉮ SO_2 ㉯ NO_X
㉰ CO_2 ㉱ CO

풀이 실내 공기오염의 지표는 이산화탄소(CO_2)이다.

03 다음에서 설명하는 굴뚝의 연기형태는?

> 굴뚝의 높이보다는 더 낮게 지표 가까이에 역전층이 이루어져 있고, 그 상공에는 대기가 비교적 불안정 상태일 때 발생한다. 따라서 이러한 조건은 주로 고기압 지역에서 하늘이 맑고 바람이 약한 경우에 초저녁으로부터 아침에 걸쳐 발생하기 쉽다.

㉮ 환상형   ㉯ 원추형
㉰ 훈증형   ㉱ 상승형

풀이 ㉱ 상승형(지붕형)에 대한 설명이며, 핵심 내용은 "지표 역전, 고공 불안정=상승형"임을 숙지하시면 됩니다.

04 다음의 기온역전 중 공중역전으로 틀린 것은?

㉮ 침강역전   ㉯ 난류역전
㉰ 해풍역전   ㉱ 이류형역전

풀이 역전의 종류
① 접지(지표)역전 : 복사성(방사성)역전, 이류성역전
② 공중역전 : 침강성역전, 전선성역전, 해풍역전, 난류성역전

05 다음 중 PAN에 대한 내용으로 틀린 것은?

㉮ 생성반응식은 $CH_3COOO + NO_2 \rightarrow CH_3COOONO_2$
㉯ 무색, 무취이며 분자량은 121이다.
㉰ 하루 중 PAN의 농도는 한낮에 최고로 된다.
㉱ 빛을 흡수시켜 가시거리를 증가시킨다.

풀이 ㉱ 빛을 분산시켜 가시거리를 감소시킨다.

answer 01 ㉱ 02 ㉰ 03 ㉱ 04 ㉱ 05 ㉱

06 오존층 보호를 위한 국제협약은?

㉮ 바젤 협약 ㉯ 비엔나 협약
㉰ 기후변화 협약 ㉱ 리우 협약

풀이 오존층 보호를 위한 국제협약
① 비엔나협약(1985년)
② 몬트리올의정서(1987년)
③ 런던회의(1990년)

07 상온 상압의 공기유속을 피토우관으로 측정한 결과, 그 동압이 6mmH₂O 이었다. 공기유속은?(단, 피토우관계수 : 1.0, 중력가속도 : 9.8 m/sec², 습한 배기가스 단위체적당 질량 : 1.3 kg/m³)

㉮ 3.24 m/sec ㉯ 5.02 m/sec
㉰ 7.12 m/sec ㉱ 9.51 m/sec

풀이
$$V = C \times \sqrt{\frac{2gh}{r}}$$
여기서 V : 공기의 유속(m/sec)
　　　C : 피토우관 계수
　　　g : 중력가속도(9.8m/sec²)
　　　h : 동압(mmH₂O)
　　　r : 밀도(kg/m³)
$$V = 1.0 \times \sqrt{\frac{2 \times 9.8\text{m/sec}^2 \times 6\text{mmH}_2\text{O}}{1.3\text{kg/m}^3}}$$
$$= 9.51\text{m/sec}$$

08 온도에 대한 내용으로 틀린 것은?

㉮ 표준온도는 0℃, 상온은 (15~25)℃, 실온은 (1~35)℃로 한다.
㉯ 찬곳은 따로 규정이 없는 한 (0~15)℃의 곳을 뜻한다.
㉰ 온수는 (50~70)℃, 냉수는 4℃ 이하로 한다.
㉱ '수욕상 또는 수욕중에서 가열한다'라 함은 따로 규정이 없는 한 수온 100℃에서 가열함을 뜻한다.

풀이 ㉰ 온수는 (60~70)℃, 냉수는 15℃ 이하로 한다.

09 다음 중 그을음(매연)의 발생에 대한 내용으로 틀린 것은?

㉮ -C-C-의 탄소결합을 절단하기 보다 탈수소가 쉬운 쪽이 매연이 생기기 쉽다.
㉯ 탈수소 및 고리화합물 등과 같이 반응이 일어나기 쉬운 탄화수소일수록 매연이 잘 생긴다.
㉰ 분해나 산화가 쉬운 탄화수소는 그을음 발생이 많다.
㉱ C/H비가 큰 연료일수록 그을음이 잘 발생된다.

풀이 ㉰ 분해나 산화가 쉬운 탄화수소는 그을음 발생이 적다.

10 다음 중 물리적 흡착에 대한 내용으로 틀린 것은?

㉮ 가역적 과정이며 흡착열이 화학적 흡착보다 작다.
㉯ 기체와 흡착제 분자간의 인력이 작용한다.
㉰ 흡착온도를 증가시키면 평형 흡착량은 증가한다.
㉱ 처리할 가스의 분압이 낮아지면 흡착량은 감소한다.

풀이 ㉰ 흡착온도를 증가시키면 평형 흡착량은 감소한다.

answer　06 ㉯　07 ㉱　08 ㉰　09 ㉰　10 ㉰

11 악취(냄새)물질을 처리하는 화학적산화법에서 화학적산화제로 사용할 수 없는 것은?

㉮ O_3 ㉯ $K_2Cr_2O_7$
㉰ $KMnO_4$ ㉱ H_2O_2

풀이 화학적산화법에서 화학적산화제는 O_3, $KMnO_4$, $NaOCl$, ClO_2, H_2O_2가 있다.

12 다음 중 석탄의 탄화도가 증가하면 감소하는 것은?

㉮ 연료비 ㉯ 휘발분
㉰ 고정탄소 ㉱ 착화온도

풀이 석탄의 탄화도가 증가하면
① 고정탄소, 발열량, 착화온도, 연료비는 증가
② 매연발생량, 비열, 휘발분, 수분, 산소의 양, 연소속도는 감소

13 다음 중 액화천연가스(LNG)의 주성분은?

㉮ CH_4 ㉯ C_2H_6
㉰ C_3H_8 ㉱ C_4H_{10}

풀이 ① 액화천연가스(LNG)의 주성분 : 메탄(CH_4)
② 액화석유가스(LPG)의 주성분 : 프로판(C_3H_8), 부탄(C_4H_{10})

14 중력집진장치에서 효율향상 조건으로 틀린 것은?

㉮ 침강실의 높이가 낮으면 제거효율이 증가한다.
㉯ 입자가 작으면 제거효율은 낮아진다.
㉰ 침강실 내의 배기가스 기류는 균일해야 한다.
㉱ 침강실 내의 처리가스 속도가 빠를수록 제거효율은 증가한다.

풀이 ㉱ 침강실 내의 처리가스 속도가 느릴수록 제거효율은 증가한다.

15 프로판가스 $1Sm^3$을 과잉공기를 1.1로 연소하면 생성되는 건조 연소가스량은?

㉮ $26.80\,Sm^3$ ㉯ $24.19\,Sm^3$
㉰ $22.31\,Sm^3$ ㉱ $21.80\,Sm^3$

풀이 $C_3H_8 + 5O_2 \rightarrow 3CO_2 + 4H_2O$
실제건연소가스량(Gd)
$= (m - 0.21)A_o + CO_2$량
$= (1.1 - 0.21) \times \dfrac{5}{0.21} + 3$
$= 24.19\,Sm^3/Sm^3$

TIP
이론공기량(A_o : Sm^3/Sm^3)
$= \dfrac{\text{이론산소량}}{0.21} = \dfrac{\text{산소의 개수}}{0.21}$

16 호소의 성층현상이 일어나는 계절은?

㉮ 봄, 여름 ㉯ 여름, 겨울
㉰ 봄, 가을 ㉱ 여름, 가을

풀이 ① 전도현상 : 봄, 가을
② 성층현상 : 여름, 겨울

answer 11 ㉯ 12 ㉯ 13 ㉮ 14 ㉱ 15 ㉯ 16 ㉯

17 수질오염물질과 그로 인한 공해병의 연결이 틀린 것은?

㉮ Hg : 미나마타병
㉯ Cr : 이따이이따이병
㉰ F : 반상치
㉱ PCB : 카네미유증

풀이 ㉯ Cd : 이따이이따이병

18 해수의 Holy Seven에서 가장 농도가 낮은 것은?

㉮ Cl^-
㉯ Mg^{2+}
㉰ Ca^{2+}
㉱ HCO_3^-

풀이 Holy Seven에서 농도 순서는 $Cl^- > Na^+ > SO_4^{2-} > Mg^{2+} > Ca^{2+} > K^+ > HCO_3^-$ 이며, 암기법은 "염나황은 마네칼슘칼륨에서 중탄산을 먹는다"임을 숙지하시면 됩니다.

19 생체내에 필수적인 금속으로 결핍 시에는 인슐린의 저하를 일으킬 수 있는 유해물질은?

㉮ Cd
㉯ Mn
㉰ CN
㉱ Cr

풀이 ㉱ 크롬(Cr)에 대한 내용이며, 핵심 내용인 "인슐린의 저하 유발=크롬"임을 숙지하시면 됩니다.

20 CH_2O 100mg/L의 이론적 COD 값은?

㉮ 97mg/L
㉯ 107mg/L
㉰ 117mg/L
㉱ 127mg/L

풀이 $CH_2O + O_2 \rightarrow CO_2 + H_2O$
30g : 32g
100mg/L : COD
$\therefore COD = \dfrac{32g \times 100mg/L}{30g} = 106.67\,mg/L$

21 다음 중 가경도(유사경도) 유발물질로 가장 대표적인 것은?

㉮ 칼슘
㉯ 염소
㉰ 나트륨
㉱ 철

풀이 가경도 유발물질은 나트륨(Na^+)과 칼륨(K^+)이며, 대표적인 물질은 나트륨(Na^+)이다.

22 $[H^+] = 5.0 \times 10^{-6}$ mol/L인 용액의 pH는?

㉮ 5.0
㉯ 5.3
㉰ 5.6
㉱ 5.9

풀이 $pH = -\log[H^+]$
$= -\log[5.0 \times 10^{-6}\,mol/L] = 5.30$

TIP
① 산성 물질에서 $pH = -\log[H^+]$
② 알칼리성 물질에서 $pH = 14 + \log[OH^-]$

23 우리나라 물의 이용 형태별로 볼 때 가장 수요가 많은 용수는?

㉮ 생활용수
㉯ 공업용수
㉰ 농업용수
㉱ 유지용수

풀이 우리나라 수자원 이용현황은 농업용수 > 하천유지용수 > 생활용수 > 공업용수 순이다.

answer 17 ㉯ 18 ㉱ 19 ㉱ 20 ㉯ 21 ㉰ 22 ㉯ 23 ㉰

24 다음 중 자정계수의 특징에 대한 내용으로 틀린 것은?

㉮ 자정계수의 단위는 없다.
㉯ 온도가 높아지면 자정계수는 커진다.
㉰ 유속이 빨라지면 자정계수는 커진다.
㉱ 수심이 얕을수록 자정계수는 커진다.

풀이 ㉯ 온도가 높아지면 자정계수는 낮아진다.

25 정수시설인 급속여과지에 대한 내용으로 틀린 것은?

㉮ 여과면적은 계획정수량을 여과속도로 나누어 구한다.
㉯ 여과지 1지의 여과면적은 $200\,m^2$ 이하로 한다.
㉰ 모래층의 두께는 여과모래의 유효경이 0.45~0.7mm의 범위인 경우에는 60~120cm를 표준으로 한다.
㉱ 여과속도는 120~150m/d를 표준으로 한다.

풀이 ㉯ 여과지 1지의 여과면적은 $150\,m^2$ 이하로 한다.

26 생물학적 방법과 화학적 방법을 함께 이용한 고도처리 방법은?

㉮ 수정 Bardenpho 공정
㉯ Phostrip 공정
㉰ SBR 공정
㉱ UCT 공정

풀이 생물학적 방법과 화학적 방법을 함께 이용하여 인(P)을 제거하는 공법은 Phostrip 공정이다.

27 고농도의 유기물질(BOD)이 오염이 적은 수계에 배출될 때 나타나는 현상으로 틀린 것은?

㉮ pH의 감소
㉯ DO의 감소
㉰ 박테리아의 증가
㉱ 조류의 증가

풀이 ㉮ pH의 감소 : 질산화반응에 의해 $[H^+]$가 증가한다.
㉯ DO의 감소 : 호기성 박테리아의 유기물분해에 의해 용존산소(DO) 소비
㉰ 박테리아의 증가 : 유기물을 분해하기 위해 호기성 박테리아 증가
㉱ 조류의 증가 : 유기물분해가 끝나고 수계가 정화된 후 조류 출현

28 호기성 소화법에 대한 내용으로 틀린 것은? (혐기성 소화법과 비교)

㉮ 운전이 용이하다.
㉯ 소화슬러지 탈수가 용이하다.
㉰ 가치 있는 부산물이 생성되지 않는다.
㉱ 저온시의 효율이 저하된다.

풀이 ㉯ 소화슬러지 탈수가 용이하지 못하다.

29 BOD 300mg/L, 유량 $2,000\,m^3$/day의 폐수를 활성슬러지법으로 처리할 때 BOD 슬러지부하 0.25kgBOD/kgMLSS · day, MLSS 2,000mg/L로 하기 위한 포기조의 용적은?

㉮ $800\,m^3$
㉯ $1,000\,m^3$
㉰ $1,200\,m^3$
㉱ $1,400\,m^3$

answer 24 ㉯ 25 ㉯ 26 ㉯ 27 ㉱ 28 ㉯ 29 ㉰

풀이

$$\text{F/M비(/day)} = \frac{\text{BOD}(kg/m^3) \times Q(m^3/day)}{\text{MLSS}(kg/m^3) \times V(m^3)}$$

$$0.25/day = \frac{0.3kg/m^3 \times 2,000m^3/day}{2kg/m^3 \times V(m^3)}$$

$$\therefore V = \frac{0.3kg/m^3 \times 2,000m^3/day}{2kg/m^3 \times 0.25/day} = 1,200m^3$$

TIP

① $mg/L \xrightarrow{\times 10^{-3}} kg/m^3$ 이므로

BOD $300mg/L = 0.3kg/m^3$

② $ppm = mg/L = g/m^3$

30 펜톤산화처리방법에 대한 내용으로 틀린 것은?

㉮ 일반적인 적정 반응 pH는 3~4.5이다.
㉯ 펜톤시약은 철염과 과산화수소를 말한다.
㉰ 과산화수소수를 과량으로 첨가하면 수산화철의 침전율을 향상시킬 수 있다.
㉱ 폐수의 COD는 감소하지만 BOD는 증가한다.

풀이 ㉰ 철염(황산제1철)을 과량으로 첨가하면 수산화철의 침전율을 향상시킬 수 있다.

31 입자농도와 상호작용에 따른 침전형태 중 Stokes Law를 적용할 수 있는 것은?

㉮ 응결침전(flocculent settling)
㉯ 독립침전(piscrete settling)
㉰ 지역침전(zone settling)
㉱ 압축침전(compression settling)

풀이 ㉯ 독립침전에 대한 내용이며, 핵심 내용인 "Stokes Law=독립침전"임을 숙지하시면 됩니다.

32 회전원판법의 특징에 대한 내용으로 틀린 것은?

㉮ 단회로 현상의 제어가 어렵다.
㉯ 폐수량 변화에 강하다.
㉰ 파리는 발생하지 않으나 하루살이가 발생할 수 있다.
㉱ 활성슬러지법에 비해 최종침전지에서 미세한 부유물질이 유출되기 쉽다.

풀이 ㉮ 단회로 현상의 제어가 쉽다.

33 다음 중 살수여상법의 문제점으로 틀린 것은?

㉮ 연못화 현상   ㉯ 냄새 발생
㉰ 생물막 부착   ㉱ 결빙

풀이 ㉰ 생물막 탈락

34 활성슬러지공법에서 슬러지 반송의 주된 목적은?

㉮ 영양물질 공급
㉯ pH 조절
㉰ DO 조절
㉱ MLSS 조절

풀이 슬러지 반송의 주된 목적은 폭기조내 요구되는 미생물(MLSS)의 농도를 유지하기 위해서이다.

answer 30 ㉰ 31 ㉯ 32 ㉮ 33 ㉰ 34 ㉱

35 폐수처리에 있어서 활성탄은 어떤 목적으로 주로 사용되는가?

㉮ 중화
㉯ 침전
㉰ 흡착
㉱ 부유

풀이 활성탄의 주된 목적은 흡착이다.

36 다음 중 폐기물 발생량의 예측방법으로 틀린 것은?

㉮ 다중회귀모델
㉯ 동적모사모델
㉰ 경향모델
㉱ 직접계근모델

풀이 폐기물 발생량
① 예측방법 : 다중회귀모델, 동적모사모델, 경향모델
② 조사방법 : 물질수지법, 직접계근법, 적재차량계수법, 통계조사법
③ 암기법 : 예측은 다중이 동적으로 경향을 파악하고/조사는 물질을 직접 적재한 통계로 한다.

37 폐기물 발생량의 조사방법인 물질수지법에 대한 내용으로 틀린 것은?

㉮ 물질수지를 세울수 있는 상세한 데이터가 있는 경우에 가능하다.
㉯ 우선적으로 조사하고자 하는 계의 경계를 정확하게 설정하여야 한다.
㉰ 비용이 많이 들고 작업량이 많아서 널리 이용되지 않는다.
㉱ 주로 도시생활폐기물의 발생량 추산에 이용된다.

풀이 ㉱ 주로 산업폐기물의 발생량 추산에 이용된다.

38 폐기물 발생에 대한 내용으로 틀린 것은?

㉮ 쓰레기통이 클수록 쓰레기 발생량은 감소한다.
㉯ 대도시보다는 중소도시에서 쓰레기 발생량이 감소한다.
㉰ 쓰레기를 자주 수거해 가면 쓰레기 발생량은 증가한다.
㉱ 쓰레기 관련법규는 쓰레기 발생량에 매우 중요한 영향을 미친다.

풀이 ㉮ 쓰레기통이 클수록 쓰레기 발생량은 증가한다.

39 어떤 도시에서 발생되는 쓰레기를 인부 840명이 1일 8시간의 작업으로 수거운반 시 MHT는? (단, 연간 수거실적은 2,851,312ton, 인부 1인당 휴가일수는 연중 60일, 1년은 365일 기준)

㉮ 0.34
㉯ 0.56
㉰ 0.72
㉱ 0.96

풀이
$$MHT(man \cdot hr/ton)$$
$$= \frac{수거시간 \times 작업시간}{쓰레기\ 수거실적}$$
$$= \frac{840인 \times 8hr/day \times 305day/년}{2,851,312ton} = 0.72 MHT$$

TIP
① MHT = man·hr/ton
② MHT : 1ton의 쓰레기를 수거하는데 수거인부 1인이 소요하는 총시간
③ MHT가 클수록 수거효율이 낮다.

answer 35 ㉰ 36 ㉱ 37 ㉱ 38 ㉮ 39 ㉰

40 폐기물처리 부산물인 가스를 최대한 이용하고자 할 때 폐기물 성분 중 가장 큰 영향을 미치는 성분은?

㉮ C   ㉯ H
㉰ O   ㉱ S

> 풀이 폐기물 부산물로 발생하는 사용 가능 가스는 가연성가스이며, 주로 탄소화합물이므로 폐기물을 구성하는 성분 중 탄소(C)가 가장 크게 영향을 미친다.

41 쓰레기 수거노선의 결정 시 주의사항으로 틀린 것은?

㉮ 적은 양의 쓰레기가 발생하나 동일한 수거빈도를 받기를 원하는 적재지점은 가능한 한 같은 날 왕복 내에서 수거한다.
㉯ 아주 많은 양의 쓰레기가 발생되는 발생원은 가장 나중에 수거한다.
㉰ 언덕지역에서는 언덕의 위에서부터 적재하면서 차량을 아래로 진행하도록 한다.
㉱ 가능한 한 시계 방향으로 수거노선을 정한다.

> 풀이 ㉯ 아주 많은 양의 쓰레기가 발생되는 발생원은 가장 먼저 수거한다.

42 일반적인 적환장 설치 조건으로 틀린 것은?

㉮ 작은 용량의 수집차량을 사용할 때
㉯ 고밀도 거주지역이 존재할 때
㉰ 불법 투기와 다량의 어지러진 쓰레기들이 발생할 때
㉱ 슬러지 수송이나 공기수송 방식을 사용할 때

> 풀이 ㉯ 저밀도 거주지역이 존재할 때

43 다음 폐기물 관리체계에서 감량화를 시키기 위한 발생원 대책으로 틀린 것은?

㉮ 식단제 개선
㉯ 분리수거 실시
㉰ 포장재 절약
㉱ 에너지 회수

> 풀이 ㉱ 에너지 회수는 발생 후 대책에 해당한다.

44 소각 조건의 3T란 무엇인가?

㉮ 온도, 연소량, 혼합
㉯ 온도, 연소량, 압력
㉰ 온도, 압력, 혼합
㉱ 온도, 연소시간, 혼합

> 풀이 소각 조건의 3T
> ① 온도(Temperature)
> ② 연소시간(Time)
> ③ 혼합(Turbulence)

45 합성차수막의 종류 중 PVC(Polyvinyl Chloride)에 대한 내용으로 틀린 것은?

㉮ 강도가 크다.
㉯ 접합이 용이하다.
㉰ 대부분의 유기화학물질에 약하다.
㉱ 자외선, 오존, 기후에 강하다.

> 풀이 ㉱ 자외선, 오존, 기후에 약하다.

---

answer   40 ㉮   41 ㉯   42 ㉯   43 ㉱   44 ㉱   45 ㉱

46 배기가스의 분석치가 CO_2 : 10%, O_2 : 5%, N_2 : 85%이면 연소 시 공기비(m)는?

㉮ 약 1.3 ㉯ 약 1.5
㉰ 약 1.7 ㉱ 약 1.9

풀이 공기비(m)
$$= \frac{N_2\%}{N_2\% - 3.76 \times O_2\%}$$
$$= \frac{85\%}{85\% - 3.76 \times 5\%} = 1.284$$

47 용매추출에 이용 가능성이 높은 폐기물의 특징으로 틀린 것은?

㉮ 높은 분배계수를 가지는 것
㉯ 높은 끓는점을 가질 것
㉰ 물에 대한 용해도가 낮을 것
㉱ 밀도가 물과 다를 것

풀이 ㉯ 낮은 끓는점을 가질 것

48 쓰레기 조성을 분석한 결과 C : 50%, H : 18%, O : 32%이었다. 쓰레기 1톤을 소각처리하고자 할 때 이론공기량은?

㉮ 약 $5,500\,Sm^3$ ㉯ 약 $6,200\,Sm^3$
㉰ 약 $7,100\,Sm^3$ ㉱ 약 $8,200\,Sm^3$

풀이 이론공기량(A_o)
$$= 8.89C + 26.67\left(H - \frac{O}{8}\right) + 3.33S\,(Sm^3/kg)$$
$$= 8.89 \times 0.50 + 26.67 \times \left(0.18 - \frac{0.32}{8}\right)$$
$$= 8.1788\,Sm^3/kg$$
따라서 $8.1788\,Sm^3/kg \times 1,000\,kg = 8,178.8\,Sm^3$

49 유동층 소각로의 장점으로 틀린 것은?

㉮ 연소효율이 낮고 미연소분의 배출이 많다.
㉯ 액상, 기상, 고형 폐기물의 전소 및 혼소가 가능하다.
㉰ 단기간 정지 후 가동시 보조연료 사용없이 정상가동이 가능하다.
㉱ 가스의 온도가 낮아 질소산화물이 적게 배출된다.

풀이 ㉮ 연소효율이 높고 미연소분의 배출이 적다.

50 다음 중 내륙매립공법으로 틀린 것은?

㉮ 샌드위치 공법
㉯ 셀 공법
㉰ 압축매립 공법
㉱ 박층뿌림 공법

풀이 매립공법의 종류
① 내륙매립공법 : 샌드위치 공법, 셀 공법, 압축매립 공법, 도랑형 공법
② 해안매립공법 : 박층뿌림 공법, 순차투입 공법, 내수배제 및 수중투기 공법

51 연직차수막에 대한 내용으로 틀린 것은? (단, 표면차수막과 비교 기준)

㉮ 차수막 보강시공이 가능하다.
㉯ 지중에 수평방향의 차수층이 존재할 때 사용한다.
㉰ 지하수 집배수시설이 불필요하다.
㉱ 단위면적당 공사비는 싸지만 총공사비는 비싸다.

풀이 ㉱ 단위면적당 공사비는 비싸지만 총공사비는 싸다.

answer 46 ㉮ 47 ㉯ 48 ㉱ 49 ㉮ 50 ㉱ 51 ㉱

TIP
연직차수막과 표면차수막의 비교

	연직차수막	표면차수막
차수성 확인	지하에 매설하기 때문에 확인이 어렵다.	시공시에는 가능하나 매립 후에는 곤란하다.
경제성	단위면적당 공사비가 비싼 반면 총공사비는 싸다.	단위면적당 공사비는 싸지만 매립지 전체를 시공하는 경우가 많아 총공사비는 비싸다.
보수성	차수막 보강시공이 가능하다.	매립 전에는 가능하나 매립 후에는 어렵다.
지하수 집배수 시설	필요없다.	필요하다.

52 고형폐기물의 파쇄처리 효과로 틀린 것은?

㉮ 겉보기 비중의 감소
㉯ 운반비의 저렴화
㉰ 입경분포의 균일화
㉱ 유가물의 분리

풀이 ㉮ 겉보기 비중의 증가

53 소각로 중 다단로 소각로에 대한 내용으로 틀린 것은?

㉮ 열적 충격이 방지되어 내화물 등의 손상이 적다.
㉯ 수분 함량이 높은 폐기물의 연소가 가능하다.
㉰ 휘발성이 적은 폐기물 연소에 유리하다.
㉱ 많은 연소영역이 있으므로 연소효율을 높일 수 있다.

풀이 ㉮ 열적 충격이 발생되고 내화물 등의 손상이 발생된다.

54 소각로에서 연소온도를 높이기 위한 방법으로 틀린 것은?

㉮ 높은 발열량의 연료 사용
㉯ 연료의 예열
㉰ 공기량 많이 공급
㉱ 공기예열

풀이 ㉰ 공기량 적정 공급

55 다음 중 고형화연료(RDF)의 구비조건으로 틀린 것은?

㉮ 재의 양이 적을 것
㉯ 함수율이 높을 것
㉰ 균일한 조성을 가질 것
㉱ 발열량이 높을 것

풀이 ㉯ 함수율이 낮을 것

answer 52 ㉮ 53 ㉮ 54 ㉰ 55 ㉯

56 진동 측정시 진동픽업을 설치할 수 있는 장소로 틀린 것은?

㉮ 경사 또는 요철이 없는 장소
㉯ 복잡한 반사 회절현상이 없는 지점
㉰ 온도, 전자기 등의 외부 영향을 받지 않는 곳
㉱ 완충물이 있고, 충분히 다져서 단단히 굳은 장소

풀이 ㉱ 완충물이 없고, 충분히 다져서 단단히 굳은 장소

57 음의 회절에 대한 내용으로 틀린 것은?

㉮ 회절하는 정도는 파장에 반비례한다.
㉯ 슬릿의 폭이 좁을수록 회절하는 정도가 크다.
㉰ 장애물 뒤쪽으로 음이 전파되는 현상이다.
㉱ 장애물이 작을수록 회절이 잘된다.

풀이 ㉮ 회절하는 정도는 파장에 비례한다.

58 음향파워가 0.2watt 이면 PWL(dB)은?

㉮ 113dB   ㉯ 123dB
㉰ 133dB   ㉱ 226dB

풀이
$$PWL = 10\log\left(\frac{W}{W_o}\right)$$
여기서 PWL : 음향파워레벨(dB)
W_o : 기준음의 파워(10^{-12} Watt)
W : 음향파워(Watt)
$$PWL = 10\log\left(\frac{0.2\text{Watt}}{10^{-12}\text{Watt}}\right) = 113.0\text{dB}$$

59 현상의 선택이 비교적 자유롭고 압축, 전단 등의 사용방법에 따라 1개로 2축방향 및 회전방향의 스프링 정수를 광범위하게 선택할 수 있으나, 내부마찰에 의한 발열 때문에 열화되는 방진재료는?

㉮ 방진고무
㉯ 공기스프링
㉰ 금속스프링
㉱ 직접지지판 스프링

풀이 ㉮ 방진고무에 대한 내용이며, 핵심 내용인 "내부마찰로 발열 때문에 열화됨=방진고무"임을 숙지하시면 됩니다.

60 하나의 파면 상의 모든 점이 파원이 되어 각각 2차적인 구면파를 사출하여 그 파면들을 둘러싸는 면이 새로운 파면을 만드는 현상을 의미하는 것은?

㉮ 도플러 효과
㉯ 마스킹 효과
㉰ 비트 효과
㉱ 호이겐스 원리

풀이 ㉱ 호이겐스 원리에 대한 내용이며, 핵심 내용인 "각각 2차적인 구면파 사출=호이겐스원리"임을 숙지하시면 됩니다.

answer 56 ㉱ 57 ㉮ 58 ㉮ 59 ㉮ 60 ㉱

2025 4회 CBT 복원 문제

01 스페인어로 여자아이(the girl)라는 뜻이며, 적도무역풍이 평년보다 강해지며 서태평양의 수면과 수온이 평년보다 상승하게 되고 찬 해수의 용승현상 때문에 적도 동태평양에서 수온현상이 강화되어 나타나는 현상으로 해수면의 온도가 6개월 이상 0.5℃ 이상 낮아지는 현상이 지속적으로 되는 현상은?

㉮ 라니냐(Lanina) 현상
㉯ 엘니뇨(Elnino) 현상
㉰ 열섬 현상
㉱ 온실 효과

풀이 ㉮ 라니냐 현상에 대한 설명이며, 핵심 내용인 "해수면의 온도가 6개월 이상 0.5℃ 이상 낮아지는 현상=라니냐 현상"임을 숙지하시면 됩니다.

02 서울시에 산성비가 내리고 있다. 이때 산성비의 기준이 되는 pH는?

㉮ 7.0 이하   ㉯ 6.5 이하
㉰ 5.6 이하   ㉱ 4.5 이하

풀이 산성비의 pH는 5.6 이하이며, 원인물질은 황산(H_2SO_4), 질산(HNO_3), 염산(HCl)이다.

03 실제기온감률이 단열감률보다 클 때 볼 수 있고 날씨가 맑고 따뜻할 때 나타나며 연기는 상하로 수직운동을 하기 때문에 대기오염물질이 빨리 희석되어 지표면까지 이동하는 굴뚝연기형태는?

㉮ 부채형   ㉯ 환상형
㉰ 지붕형   ㉱ 훈증형

풀이 ㉯ 환상형(Looping)에 대한 설명이며, 핵심 내용은 "과단열(매우 불안정)조건=환상형"임을 숙지하시면 됩니다.

04 대기오염사건 중 런던형 스모그(Smog) 사건에 대한 내용으로 틀린 것은?

㉮ 발생기온 : 0~5℃
㉯ 발생시간 : 이른 아침
㉰ 오염형태 : 2차 오염
㉱ 역전종류 : 복사역전

풀이 ㉰ 오염형태 : 1차 오염

answer 01 ㉮ 02 ㉰ 03 ㉯ 04 ㉰

05 1984년 인도 중부의 보팔(Bopal)시에서 발생한 대기오염사건의 원인물질은?

㉮ 황화수소(H_2S)
㉯ 황산화물(SO_X)
㉰ 메틸이소시아네이트(CH_3CNO)
㉱ 머캡탄(CH_3SH)

풀이 인도 보팔시 사건은 메틸이소시아네이트(CH_3CNO)의 누출에 의해서 발생한 사건이다.

06 오존층 보호를 위한 파괴물질의 생산 및 소비삭감에 대한 내용의 국제협약은?

㉮ 몬트리올 의정서
㉯ 바젤협약
㉰ 리우선언
㉱ 기후변화협약

풀이 오존층 보호를 위한 국제협약
① 비엔나 협약(1985년)
② 몬트리올 의정서(1987년)
③ 런던회의(1990년)

07 자동차에서 배출되는 대기오염물질 중 crank case에서 많이 배출되어 문제가 되는 blowby 가스의 주성분은?

㉮ HC
㉯ NO_X
㉰ CO
㉱ SO_X

풀이 블로바이 가스는 휘발유 자동차에서 발생하며, 주 원인물질은 탄화수소(HC)이다.

08 다음 중 중력집진장치에 대한 내용으로 틀린 것은?

㉮ 함진가스의 먼지부하나 유량변동에 적응성이 낮다.
㉯ 전처리로 사용된다.
㉰ 유지비 및 설치비가 적게 드나 신뢰도가 높은 편이다.
㉱ 함진가스의 온도변화에 의한 영향을 거의 받지 않는다.

풀이 ㉰ 유지비 및 설치비가 적게 드나 신뢰도가 낮은 편이다.

09 다음 중 헨리법칙에 적용받는 기체가 아닌 것은?

㉮ N_2
㉯ O_2
㉰ H_2
㉱ Cl_2

풀이 헨리법칙
① 적용기체(난용성물질) : N_2, O_2, H_2, NO, NO_2, CO 등
② 비적용기체(수용성물질) : HCl, SO_2, NH_3, HF 등

10 다음 중 질소산화물(NO_X)을 저감하는 방법으로 틀린 것은?

㉮ 저과잉공기량 연소법
㉯ 이단 연소법
㉰ 배기가스 재순환법
㉱ 고온 연소법

풀이 ㉱ 저온 연소법

answer 05 ㉰ 06 ㉮ 07 ㉮ 08 ㉰ 09 ㉱ 10 ㉱

11 가스유량이 $200\,m^3/min$인 함진가스를 여과속도 2cm/sec로 여과하는 백필터의 소요여과면적은?

㉮ $167\,m^2$ ㉯ $176\,m^2$
㉰ $186\,m^2$ ㉱ $284\,m^2$

풀이 소요여과면적
$$= \frac{유량(m^3/sec)}{여과속도(m/sec)}$$
$$= \frac{200\,m^3/min \times 1min/60sec}{0.02\,m/sec} = 166.67\,m^2$$

12 다음 가스연료의 완전연소 반응식 중에서 틀린 것은?

㉮ 수소 : $2H_2 + O_2 \rightarrow 2H_2O$
㉯ 일산화탄소 : $2CO + O_2 \rightarrow 2CO_2$
㉰ 메탄 : $CH_4 + O_2 \rightarrow CO_2 + 2H_2$
㉱ 프로판 : $C_3H_8 + 5O_2 \rightarrow 3CO_2 + 4H_2O$

풀이 ㉰ 메탄 : $CH_4 + 2O_2 \rightarrow CO_2 + 2H_2O$

13 전기집진장치의 특징으로 틀린 것은?

㉮ 초기 시설비가 많이 든다.
㉯ 설치면적이 크게 소요된다.
㉰ 주어진 조건에 따라 변동이 어렵다.
㉱ 대량공기를 다루기 어렵다.

풀이 ㉱ 대량공기를 다루기가 용이하다.

14 후드에 의한 흡인요령에 대한 내용으로 틀린 것은?

㉮ 후드를 발생원에 가깝게 한다.
㉯ 국부적인 흡인방식을 취한다.
㉰ 후드 개구면적을 크게 한다.
㉱ 에어커텐을 이용한다.

풀이 ㉰ 후드 개구면적을 작게 한다.

15 다음 중 전기집진장치에서 전기집진이 가장 잘 이루어질 수 있는 전기저항의 영역은?

㉮ $10^4\,\Omega\cdot cm$
㉯ $10^7 \sim 10^{10}\,\Omega\cdot cm$
㉰ $10^{12} \sim 10^{15}\,\Omega\cdot cm$
㉱ $10^{15}\,\Omega\cdot cm$ 이상

풀이 전기집진장치에서 전기집진이 가장 잘 이루어 질 수 있는 전기저항의 영역은 $10^4 \sim 10^{11}\,\Omega\cdot cm$ 이다.

16 다음 중 산화에 대한 내용으로 틀린 것은?

㉮ 산소와 화합하는 현상
㉯ 전자를 잃는 현상
㉰ 산화수 감소
㉱ 수소화합물에서 수소를 잃는 현상

풀이 ㉰ 산화수 증가

answer 11 ㉮   12 ㉰   13 ㉱   14 ㉰   15 ㉯   16 ㉰

17 다음 중 지하수에 대한 내용으로 틀린 것은?

㉮ 경도가 높고 탁도가 낮다.
㉯ 유속이 느리다.
㉰ 국지적인 환경조건의 영향을 크게 받지 않는다.
㉱ 년중 수온의 변동 및 유량의 변화가 적다.

[풀이] ㉰ 국지적인 환경조건의 영향을 크게 받는다.

18 Bacteria에 대한 내용으로 틀린 것은?

㉮ 혐기성 박테리아 경험적 분자식이 $C_5H_9O_3N$ 이다.
㉯ 수분이 80%, 고형물이 20%로 구성되어 있다.
㉰ 크기는 80~100 μm 정도이다.
㉱ 엽록소가 없어 탄소동화작용을 못한다.

[풀이] ㉰ 크기는 0.8~5 μm 정도이다.

19 다음 중 점오염원에 해당하지 않는 것은?

㉮ 농경지 배수   ㉯ 가정하수
㉰ 공단폐수   ㉱ 축산폐수

[풀이] ㉮ 농경지 배수는 비점오염원에 해당한다.

20 시료의 BOD_5가 200 mg/L 이고 탈산소계수값이 0.15/day (밑수는 10)일 때 최종 BOD(mg/L)는?

㉮ 213 mg/L   ㉯ 223 mg/L
㉰ 233 mg/L   ㉱ 243 mg/L

[풀이]
$BOD_5 = BOD_u \times (1 - 10^{-k_1 \times t})$
$200\text{mg/L} = BOD_u \times (1 - 10^{-0.15/\text{day} \times 5\text{day}})$
$\therefore BOD_u = \dfrac{200\text{mg/L}}{(1 - 10^{-0.15/\text{day} \times 5\text{day}})}$
$= 243.26 \text{ mg/L}$

21 다음 중 미생물의 증식 단계를 순서대로 나열한 것은?

㉮ 정지기 - 유도기 - 대수성장기 - 사멸기
㉯ 대수성장기 - 유도기 - 사멸기 - 정지기
㉰ 유도기 - 대수성장기 - 사멸기 - 정지기
㉱ 유도기 - 대수성장기 - 정지기 - 사멸기

[풀이] 미생물의 증식단계 순서는 유도기 - 대수성장기 - 정지기 - 사멸기 순이며, 암기법은 "유대정사"임을 숙지하시면 됩니다.

22 다음 중 용존산소(DO)에 대한 내용으로 틀린 것은?

㉮ 수온이 높을수록 기압이 낮을수록 용존산소량은 감소한다.
㉯ 용존염류의 농도가 높을수록 용존산소량은 감소한다.
㉰ 현존 용존산소 농도가 낮을수록 산소전달률이 높아진다.
㉱ 같은 수온하에서는 해수보다 담수의 용존산소량이 낮다.

[풀이] ㉱ 같은 수온하에서는 해수보다 담수의 용존산소량이 높다.

23 물의 특성을 나타내는 용어로 틀린 것은?

㉮ 유용한 용매
㉯ 수소결합
㉰ 비극성 형성
㉱ 육각형 결정구조

풀이 ㉰ 극성 형성

24 지구에서 담수 중 가장 많은 양을 차지하는 것은?

㉮ 빙하(만년설 포함)
㉯ 지하수
㉰ 지표수
㉱ 토양의 수분

풀이 지구에서 담수 중 가장 많은 양을 차지하는 것은 빙하(만년설 포함)이다.

25 다음 중 하천수에 대한 내용으로 틀린 것은?

㉮ 탁도와 색도를 나타낸다.
㉯ 하상계수가 작다.
㉰ 갈수기에는 수질이 악화되기 쉽다.
㉱ 미생물과 유기물이 많이 함유되어 있다.

풀이 ㉯ 하상계수(최대유량과 최소유량의 비)가 크다.

26 다음 중 경도의 주원인 물질은?

㉮ Ca^{2+}, Mg^{2+} ㉯ Ba^{2+}, Cd^{2+}
㉰ Fe^{2+}, Pb^{2+} ㉱ Ra^{2+}, Mn^{2+}

풀이 경도는 물의 세기를 말하며, 2가 양이온 금속성 물질(Ca^{2+}, Mg^{2+}, Mn^{2+}, Fe^{2+}, Sr^{2+})의 양을 탄산칼슘($CaCO_3$)으로 환산한 값이며, 주 원인 물질은 Ca^{2+}, Mg^{2+} 이다.

27 생물학적 인 및 질소제거 공정 중 질소제거를 주 목적으로 개발한 공법은?

㉮ 4단계 Bardenpho 공법
㉯ A^2/O 공법
㉰ A/O 공법
㉱ Phostrip 공법

풀이 ㉮ 4단계 Bardenpho 공법 : 질소(N)만 제거
㉯ A^2/O 공법 : 질소(N)와 인(P) 제거
㉰ A/O 공법 : 인(P)만 제거
㉱ Phostrip 공법 : 인(P)만 제거

28 활성슬러지법에서 발생하는 슬러지 팽화(bulking)현상의 원인으로 틀린 것은?

㉮ 미생물에 비해서 유기물 먹이가 너무 많을 때
㉯ 포기조의 용존산소가 부족할 때
㉰ 미생물의 체류시간이 너무 길 때
㉱ 포기조내 영양물질(N, P)가 부족할 때

풀이 ㉰ 미생물의 체류시간이 너무 짧을 때

answer 23 ㉰ 24 ㉮ 25 ㉯ 26 ㉮ 27 ㉮ 28 ㉰

29 염소의 살균력에 대한 내용으로 틀린 것은?

㉮ 살균강도는 HOCl > OCl⁻ 이다.
㉯ 염소의 살균력은 반응시간이 길고 온도가 높을 때 강하다.
㉰ 염소의 살균력은 주입농도가 높고 pH가 낮을 때 강하다.
㉱ Chloramines은 살균력은 강하나 살균작용은 오래 지속되지 않는다.

■풀이 ㉱ Chloramines은 살균력은 약하나 살균작용은 오래 지속된다.

30 급속 모래여과를 운전할 때 나타나는 문제점이라 할 수 없는 것은?

㉮ 진흙 덩어리(mud ball)의 축적
㉯ 여재의 층상구조 형성
㉰ 여과상의 수축
㉱ 공기 결합(air binding)

■풀이 급속 모래여과 운전시 문제점
① 진흙 덩어리의 축적
② 여과상의 수축
③ 공기 결합(모래층에 공기기포 생성)

31 활성슬러지공법에서 슬러지 반송의 주된 목적은?

㉮ 영양물질 공급   ㉯ pH 조절
㉰ DO 조절   ㉱ MLSS 조절

■풀이 슬러지 반송의 주된 목적은 폭기조(호기조)내 요구되는 미생물(MLSS)의 농도를 유지하기 위해서이다.

32 침전하는 입자들이 너무 가까이 있어서 입자간의 힘이 이웃입자의 침전을 방해하게 되고 동일한 속도로 침전하며 최종 침전지 중간 정도의 깊이에서 일어나는 침전형태는?

㉮ 지역침전   ㉯ 응집침전
㉰ 독립침전   ㉱ 압축침전

■풀이 ㉮ 지역침전(Ⅲ형침전)에 대한 내용이며, 핵심 내용인 "이웃입자의 침전방해=지역침전"임을 숙지하시면 됩니다.

33 폭기조 혼합액을 30분간 침전시킨 후 침전물의 부피가 600mL/L이고 이때 MLSS가 3,000mg/L이면 SVI는?

㉮ 140   ㉯ 160
㉰ 180   ㉱ 200

■풀이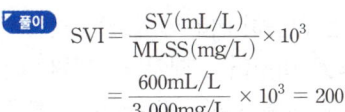

TIP
① SVI : 슬러지 용적지수
② SVI의 단위 : mL/g
③ 정상침강 : SVI가 50~150
④ 슬러지 팽화(벌킹) : SVI가 200 이상

34 회전원판법에 대한 내용으로 틀린 것은?

㉮ 유지관리비가 저렴하다.
㉯ 슬러지 반송이 필요없다.
㉰ 충격부하 및 부하변동에 약하다.
㉱ 처리수의 투명도가 낮은 편이다.

■풀이 ㉰ 충격부하 및 부하변동에 강하다.

answer 29 ㉱ 30 ㉯ 31 ㉱ 32 ㉮ 33 ㉱ 34 ㉰

35 호수에서 전도현상이 발생하는 계절은?

㉮ 여름, 가을　㉯ 여름, 겨울
㉰ 봄, 가을　㉱ 봄, 겨울

풀이 ① 전도현상 : 봄, 가을
② 성층현상 : 여름, 겨울

36 다음 중 전과정평가(LCA)의 평가단계에 해당하지 않는 것은?

㉮ 목적 및 범위의 설정
㉯ 목록분석
㉰ 사후평가
㉱ 개선평가 및 해석

풀이 전과정평가(LCA)는 목적 및 범위의 설정 → 목록분석 → 영향평가 → 개선평가 및 해석 순이다.

37 폐기물은 단순히 버려져 못쓰는 것이라는 인식을 바꾸어 '폐기물 = 자원'이라는 공감대를 확산시킴으로써 재활용 정책에 활력을 불어 넣은 생산자책임재활용제도는?

㉮ ROHS　㉯ ESSD
㉰ EPR　㉱ WEE

풀이 ㉰ 생산자책임재활용제도(EPR)에 대한 내용이며, 핵심 내용인 "폐기물=자원이라는 공감대=EPR"임을 숙지하시면 됩니다.

38 다음 중 유해폐기물의 국제적 이동의 통제와 규제를 골자로 하는 국제협약은?

㉮ 런던국제덤핑협약
㉯ GATT협약
㉰ 리우협약
㉱ 바젤협약

풀이 ㉱ 바젤협약에 대한 내용이며, 핵심 내용인 "유해폐기물의 국제적 이동 규제=바젤협약"임을 숙지하시면 됩니다.

39 우리나라 생활폐기물의 발생량은?

㉮ 0.3 kg/인 · 일
㉯ 1.0 kg/인 · 일
㉰ 2.0 kg/인 · 일
㉱ 3.0 kg/인 · 일

풀이 우리나라 생활폐기물의 일일 발생량은 1.0 kg/인·일이다.

40 다음 중 현재 우리나라에서 가장 많이 발생되는 생활 폐기물은?

㉮ 연탄재　㉯ 음식쓰레기류
㉰ 플라스틱류　㉱ 섬유류

풀이 현재 우리나라에서 가장 많이 발생되는 생활 폐기물은 음식쓰레기류이다.

answer 35 ㉰　36 ㉰　37 ㉰　38 ㉱　39 ㉯　40 ㉯

41 폐기물 관리에 있어서 가장 우선적으로 고려할 사항은?

㉮ 감량화 ㉯ 재사용
㉰ 물질재활용 ㉱ 최종처분(매립)

> 풀이 폐기물 관리순서는 감량화 → 재사용 → 물질재활용 → 에너지회수 → 최종처분(매립) 순이다.

42 쓰레기 발생량에 영향을 주는 모든 인자를 시간에 대한 함수로 나타낸 후, 시간에 대한 함수로 표현된 각 영향인자들 간의 상관관계를 수식화하는 쓰레기 발생량 예측방법은?

㉮ 시간인지회귀모델
㉯ 다중회귀모델
㉰ 정적모사모델
㉱ 동적모사모델

> 풀이 ㉱ 동적모사모델에 대한 내용이며, 핵심 내용인 "각 영향인자들 간의 상관관계 수식화=동적모사모델"임을 숙지하시면 됩니다.

43 다음 중 파쇄시 작용하는 힘이 아닌 것은?

㉮ 충격력 ㉯ 압축력
㉰ 전단력 ㉱ 인장력

> 풀이 파쇄시 작용하는 힘
> ① 충격력
> ② 압축력
> ③ 전단력

44 밀도가 $500\,kg/m^3$인 폐기물 중 5ton을 압축시켰더니 처음 부피보다 60%가 감소하였다. 이때 압축비(CR)는?

㉮ 1.5 ㉯ 2.0
㉰ 2.5 ㉱ 3.0

> 풀이 $$압축비 = \frac{100}{100 - 부피감소율(\%)}$$
> $$= \frac{100}{100 - 60} = 2.5$$

45 다음 중 전단파쇄기에 대한 내용으로 틀린 것은?

㉮ 충격파쇄기에 비해 이물질 혼입에 약하다.
㉯ 충격파쇄기에 비해 파쇄물의 크기를 고르게 할 수 있다.
㉰ 충격파쇄기에 비해 파쇄속도가 빠르다.
㉱ 소음과 먼지발생이 비교적 적고 폭발의 위험성이 거의없다.

> 풀이 ㉰ 충격파쇄기에 비해 파쇄속도가 느리다.

46 쓰레기 관리체계에서 비용이 가장 많이 드는 단계는?

㉮ 수거 ㉯ 저장
㉰ 처리 ㉱ 처분

> 풀이 쓰레기 관리체계에서 비용이 가장 많이 드는 것은 수거단계이며, 수거단계가 전체 비용의 60% 이상을 차지한다.

answer 41 ㉮ 42 ㉱ 43 ㉱ 44 ㉰ 45 ㉰ 46 ㉮

47 쓰레기 발생량 조사방법 중 물질수지법에 대한 내용으로 틀린 것은?

㉮ 주로 산업폐기물 발생량을 추산할 때 이용된다.
㉯ 먼저 조사하고자 하는 계의 경계를 정확하게 설정한다.
㉰ 물질수지를 세울 수 있는 상세한 데이터가 있는 경우에 가능하다.
㉱ 비용이 저렴하고 작업량이 적어 많이 사용된다.

〔풀이〕 ㉱ 비용이 많이 들고 작업량이 많아 많이 사용되지 않는다.

48 물렁거리는 가벼운 물질로부터 딱딱한 물질을 선별하는데 이용되며, 경사진 컨베이어를 통해 폐기물을 주입시켜 천천히 회전하는 드럼 위에 떨어뜨려서 분류하는 선별장치는?

㉮ 세커터
㉯ 스토너
㉰ 테이블 선별법
㉱ 공기 선별법

〔풀이〕 ㉮ 세커터(Secators)에 대한 내용이며, 핵심 내용인 "물렁거리는 가벼운 물질로부터 딱딱한 물질선별=세카터"임을 숙지하시면 됩니다.

49 합성차수막의 종류 중 PVC(Polyvinyl Chloride)의 설명으로 틀린 것은?

㉮ 접합이 용이하다.
㉯ 강도가 크다.
㉰ 가격이 저렴하다.
㉱ 자외선, 오존, 기후에 강하다.

〔풀이〕 ㉱ 자외선, 오존, 기후에 약하다.

50 석유계 액체연료의 탄수소비(C/H)에 대한 내용으로 틀린 것은?

㉮ C/H비가 클수록 이론공연비는 증가한다.
㉯ C/H비가 클수록 방사율이 크다.
㉰ 중질연료일수록 C/H비가 크다.
㉱ C/H비가 크면 비교적 비점이 높은 연료는 매연이 발생되기 쉽다.

〔풀이〕 ㉮ C/H비가 클수록 이론공연비는 감소한다.

51 시멘트 고형화법 중 시멘트 기초법에 대한 내용으로 틀린 것은?

㉮ 다양한 폐기물을 처리할 수 있다.
㉯ 폐기물의 건조 또는 탈수가 필요하다.
㉰ 낮은 pH에서 폐기물 성분의 용출 가능성이 있다.
㉱ 사용되는 시멘트의 양을 조절함으로써 폐기물 콘크리트의 강도를 높일 수 있다.

〔풀이〕 ㉯ 폐기물의 건조 또는 탈수가 필요없다.

answer 47 ㉱ 48 ㉮ 49 ㉱ 50 ㉮ 51 ㉯

52 프로판(C_3H_8) $3Sm^3$의 연소에 필요한 이론공기량(Sm^3)은?

㉮ $67.6 Sm^3$ ㉯ $71.4 Sm^3$
㉰ $89.5 Sm^3$ ㉱ $95.3 Sm^3$

풀이 ① $C_3H_8 + 5O_2 \rightarrow 3CO_2 + 4H_2O$
$22.4Sm^3 \quad : \quad 5 \times 22.4Sm^3$
$3Sm^3 \quad : \quad 이론산소량(O_o)$
∴ 이론산소량(O_o) = $\dfrac{3Sm^3 \times 5 \times 22.4Sm^3}{22.4Sm^3}$
$= 15Sm^3$
② 이론공기량(Sm^3)
= 이론산소량(Sm^3) × $\dfrac{1}{0.21}$
= $15Sm^3 \times \dfrac{1}{0.21}$ = $71.43Sm^3$

53 배연탈황시 발생된 슬러지 처리에 많이 쓰이는 고형화 처리법은?

㉮ 시멘트 기초법
㉯ 석회 기초법
㉰ 자가 시멘트법
㉱ 열가소성 플라스틱법

풀이 ㉰ 자가 시멘트법에 대한 내용이며, 핵심 내용인 "배연탈황시 발생된 슬러지 처리=자가 시멘트법"임을 숙지하시면 됩니다.

54 일반적으로 매립지 침출수 생성에 가장 큰 영향을 미치는 인자는?

㉮ 표토에 침투하는 강수
㉯ 쓰레기의 함수율
㉰ 지하수의 유입
㉱ 쓰레기 분해과정에서 발생하는 발생수

풀이 매립지 침출수 생성에 가장 큰 영향을 미치는 인자는 표토에 침투하는 강수이다.

55 매립지 내의 이동을 나타내는 다르시(Darcy)의 법칙을 기준으로 침출수의 유출을 방지하기 위한 방법으로 알맞은 것은?

㉮ 투수계수는 감소시키고 수두차는 증가시킨다.
㉯ 투수계수는 증가시키고 수두차는 감소시킨다.
㉰ 투수계수 및 수두차를 증가시킨다.
㉱ 투수계수 및 수두차를 감소시킨다.

풀이 침출수의 유출을 방지하기 위해서는 투수계수 및 수두차를 감소시킨다.

56 귀의 구성 중 내이에 대한 내용으로 틀린 것은?

㉮ 난원창은 이소골의 진동을 와우각 중의 림프액에 전달하는 진동판이다.
㉯ 음의 전달 매질은 액체이다.
㉰ 달팽이관은 내부에 림프액이 들어있다.
㉱ 이관은 내이의 기압을 조정하는 역할을 한다.

풀이 ㉱ 이관(유스타키오관)은 외이와 중이의 기압조정의 역할을 한다.

answer 52 ㉯   53 ㉰   54 ㉮   55 ㉱   56 ㉱

57 다음 ( )안에 들어갈 말로 맞는 것은?

> 한 장소에 있어서의 특정의 음을 대상으로 생각할 경우 대상소음이 없을 때 그 장소의 소음을 대상소음에 대한 ( )이라 한다.

㉮ 고정소음　　㉯ 기저소음
㉰ 정상소음　　㉱ 배경소음

풀이 ㉱ 배경소음에 대한 내용이며, 핵심 내용인 "대상소음이 없을 때 그 장소의 소음=배경소음"임을 숙지하시면 됩니다.

58 소음계의 구성요소 중 음파의 미약한 압력변화(음압)를 전기신호로 변환하는 것은?

㉮ 정류회로　　㉯ 마이크로폰
㉰ 동특성조절기　㉱ 청감보정회로

풀이 ㉯ 마이크로폰에 대한 내용이며, 핵심 내용인 "압력변화(음압)를 전기신호로 변환=마이크로폰"임을 숙지하시면 됩니다.

59 방음벽 설치 시 주의사항으로 틀린 것은?

㉮ 음원의 지향성과 크기에 대한 상세한 조사가 필요하다.
㉯ 음원의 지향성이 수용측 방향으로 클 때에는 벽에 의한 감쇠치가 계산치보다 크게 된다.
㉰ 벽의 투과손실은 회절감쇠치보다 적어도 5dB 이상 크게 하는 것이 바람직하다.
㉱ 소음원 주위에 나무를 심는 것이 방음벽 설치보다 확실한 방음효과를 기대할 수 있다.

풀이 ㉱ 벽의 길이는 점음원일 때 벽 높이의 5배 이상, 선음원일 때 음원과 수음점 간의 직선거리의 2배 이상으로 하는 것이 바람직하다.

60 소음이 인체에 미치는 영향으로 틀린 것은?

㉮ 혈압상승, 맥박 증가
㉯ 타액 분비량 증가, 위액산도 증가
㉰ 호흡수 감소 및 호흡깊이 증가
㉱ 혈당도 상승 및 백혈구 수 증가

풀이 ㉰ 호흡수 증가 및 호흡깊이 감소

answer 57 ㉱　58 ㉯　59 ㉱　60 ㉰

PART
실기편

실기작업형(실험수행과정)

CHAPTER 01　요구사항

CHAPTER 02　분석과정

CHAPTER 03　용존산소(DO) 분석 답안지

CHAPTER 04　대기시료채취장치

CHAPTER 05　실험 시약

CHAPTER 06　실험 기자재

CHAPTER 07　실험 수행 장면

환경기능사
필기 & 실기

실기작업형(실험수행과정)

제1장 요구사항

※ **다음의 요구사항과 단서조항을 시험시간 내에 완성하시오.**

1. 감독위원이 지정하는 용기에서 시료수를 채취하여 시료수 중의 용존산소(DO)를 측정하고 답안지의 해당사항을 기재한 후 제출하시오.

   (단서조항)
   (작업조건)
   1) 이 때 시험방법은 수질오염공정시험기준에 따라야 합니다.
   2) 시료수는 담수이며, 유기물이 함유되지 않았다고 가정합니다.
   3) 시험에 사용하는 용존산소측정병 또는 BOD병은 300mL를 기준(보정 불필요)으로 하며, 철이온은 무시합니다.

   ※ **측정값 기재시 유의사항**
   1) 기재사항 정정 시 반드시 감독위원의 날인을 받아야 하며, 날인하지 않은 경우는 0점 처리 됩니다.
   2) 계산값은 소수점 둘째자리에서 반올림하여 반드시 소수점 첫째자리까지 계산하여야 합니다.
      (최종결과 값(답)에서 소수점 둘째자리에서 반올림하여 소수점 첫째자리까지 구하여야 합니다.

   TIP
   소수점 처리는 시험을 시행하는 매회 변경될 수 있으므로 반드시 확인하셔야 합니다.

   3) 적정 시에는 반드시 감독위원을 입회시킨 후 실시하여야 하며 그 값을 확인, 날인 받아야 한다.(답안지)

2. 시료채취를 위한 장치를 알맞게 구성하시오.

   1) 분석실험 중 또는 분석실험이 종료된 후 감독위원의 지시에 따라 시료 채취에 관한 검정에 임하시오.
   2) 시료채취에 관한 검정이 끝난 수험자는 타수험자에게 방해가 되지 않도록 주의하여야 하며 계속 분석실험을 수행하시오.
   3) 시험방법은 대기오염공정시험기준을 따라야 합니다.

제2장 분석과정

※ 실험을 수행하기 전에 감독위원의 지시사항을 따라서 실험을 수행하여야 합니다.

※ 실험을 수행하기 전 기자재를 수돗물로 세척하고, 본인 자리에서 세척된 기자재를 증류수로 2번 이상 헹군 다음 사용하시면 됩니다.

1. BOD병에 시료수 채수

   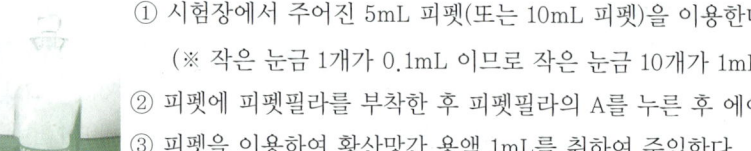
   ① 오른손으로 BOD병 몸통과 병마개의 격막이 바깥쪽을 향하게 하여 잡는다.
   ② 왼손으로는 시료수통 밸브(또는 콕크)를 연다.
   ③ 시료수의 주입구와 BOD병 입구의 간격을 시료수로 채울 때 기포가 발생하지 않게 유지한다.
   ④ 시료수가 넘치는 순간부터 3초간 흐른 후 왼손으로 시료수 밸브를 잠근다.
   ⑤ BOD병 몸통을 왼손으로 옮겨 잡고 오른손 두 번째 손가락으로 병마개를 누른 후 병마개 주위의 물을 수평으로 뒤집어 완전히 제거한다.

2. 황산망간 용액 1mL + 알칼리성 요오드화포타슘 - 아자이드화소듐 용액 1mL 주입

   ① 시험장에서 주어진 5mL 피펫(또는 10mL 피펫)을 이용한다.
      (※ 작은 눈금 1개가 0.1mL 이므로 작은 눈금 10개가 1mL 임에 주의한다.)
   ② 피펫에 피펫필라를 부착한 후 피펫필라의 A를 누른 후 에어를 뺀다.
   ③ 피펫을 이용하여 황산망간 용액 1mL를 취하여 주입한다.
   ④ 피펫을 이용하여 알칼리성 요오드화포타슘-아자이드화소듐 용액 1mL를 취하여 주입한다.
   ⑤ 병마개를 닫고 왼손으로 몸통을 잡고 오른손 두 번째 손가락으로 병마개를 누른 후 조심해서 본인 자리로 온다.
   ⑥ BOD병 몸통을 왼손으로 잡고 오른손 두 번째 손가락으로 병마개를 누른 후 병마개 주위의 액을 수평으로 뒤집어 완전히 제거한다.(폐수병 이용)
   ⑦ 오른손으로 BOD병 몸통을 잡고 두 번째 손가락으로 병마개를 누른 후 30회 정도 흔들어 혼합한다.

3. 황산(H_2SO_4)용액 2mL 주입

① BOD병의 1/3 정도의 상등액이 형성될 때 까지 기다린다.
② BOD병의 1/3 정도의 상등액이 형성되면 BOD병을 가지고 황산을 취하러 간다.
③ 피펫에 피펫필라를 부착한 후 피펫필라의 A를 누른 후 에어를 뺀다.
④ 피펫을 이용하여 황산(H_2SO_4)용액 2mL를 취하여 주입한다.
  (※ 황산을 취할 때에는 반드시 실험용 장갑을 착용하여야 한다.)
⑤ 병마개를 닫고 왼손으로 몸통을 잡고 오른손 두 번째 손가락으로 병마개 누른 상태로 조심해서 본인 자리로 온다.
⑥ BOD병 몸통을 왼손으로 잡고 오른손 두 번째 손가락으로 병마개를 누른 후 병마개 주위의 액을 수평으로 뒤집어 완전히 제거한다.(본인 자리 폐액통 이용)
⑦ 오른손으로 BOD병 몸통을 잡고 두번째 손가락으로 병마개를 누른 후 흔들어 혼합하면서 액속의 미세한 입자가 완전히 없어질 때 까지 흔들어 혼합한다.

4. 메스실린더를 이용하여 시료 200mL 분취

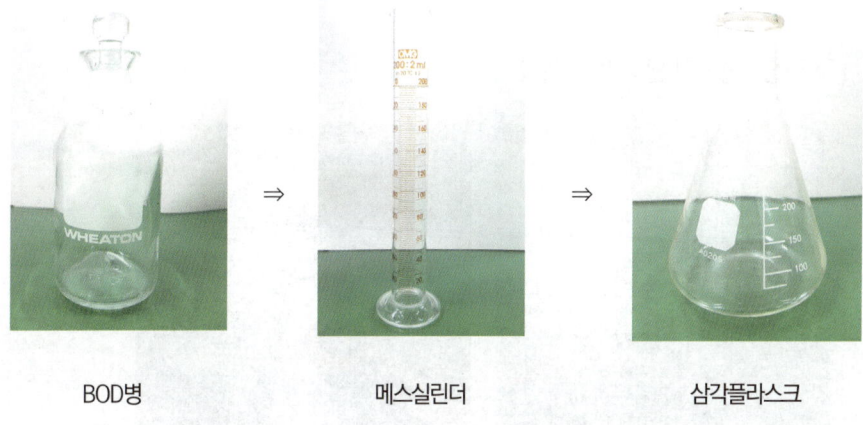

BOD병   메스실린더   삼각플라스크

① BOD병의 액을 200mL 메스실린더 180mL 정도 주입한다.
② 나머지 20mL 정도는 바닥에 주저 앉은 후 BOD병 입구를 메스실린더에 걸치게 한 후 본인의 두 눈을 메스실린더 0mL 눈금에 맞춘 후 서서히 주입하여 정확히 표선을 맞춘다.
  (※ 메스실린더의 용량은 100mL, 200mL, 250mL 중 하나가 주어지며, 분취하는 양은 정확히 200mL만 분취해야 함을 주의해야 한다.)
③ 메스실린더에 분취한 시료 200mL를 300mL 삼각플라스크에 옮겨 담는다.

5. 적정준비 과정 : 뷰렛 세척

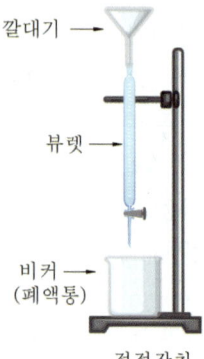

깔대기
뷰렛
비커 (폐액통)
적정장치

① 시료용액을 적정하기 전에 뷰렛 세척 및 적정 준비를 한다.
② 그림처럼 뷰렛을 설치한다.
  (※ 적정대에 부착되어 있는 집게를 이용하여 뷰렛의 탈착 및 부착을 할 수 있으며, 위와 아래로 움직여 높이를 조절할 수 있다.)
③ 뷰렛 아랫쪽에 준비되어 있는 500mL 비커(또는 폐액통)를 놓는다.
④ 뷰렛 위쪽에는 깔때기를 꽂는다.
⑤ 뷰렛의 세척은 그림처럼 구성한 다음 증류수병(세척병)을 이용하여 2번 이상 세척한다.
  (※ 세척시 뷰렛의 밸브를 열어 놓은 상태로 하며, 숙지해야 할 점은 세척을 하면서 뷰렛에 부착되어 있는 밸브의 잠김 정도와 적하되는 방울의 크기를 확인하면서 세척을 한다.)

TIP
뷰렛 세척은 기자재 세척 시 해도 무방하며, 적정대에 설치해 놓고(그림처럼) 세척을 해야 합니다.

6. 1차 적정 : 황색이 될 때까지 적정

 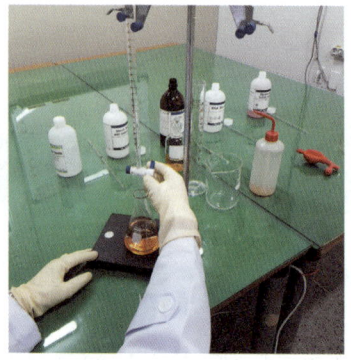

① 뷰렛 세척이 끝나면 100mL(또는 50mL) 비커를 가지고 0.025M 티오황산소듐 용액을 2/3 정도 가지고 온다.
  (※ 비커 안쪽을 준비되어 있는 키친타올로 닦아 물기를 완전히 제거한 다음 티오황산소듐 용액을 비커에 담아온다.)
② 뷰렛 윗부분에 깔때기를 꽂고, 아랫부분에 폐액통(500mL 비커)를 놓고, 밸브를 잠근다.
③ 깔때기를 살짝 들고 100mL(또는 50mL)에 받아온 0.025M 티오황산소듐 용액을 주입하여 0mL 눈금을 정확히 맞춘다.

> **TIP**
> 감독위원의 지시사항이 있으면 감독위원의 지시에 따라 눈금을 맞추면 됩니다.

④ 깔때기와 폐액통(500mL 비커)를 제거하고, 시료가 들어있는 300mL 삼각플라스크를 그림과 같이 놓는다.
⑤ 감독위원에서 "적정 하겠습니다"라고 감독위원을 부른다.
⑥ 감독위원의 "적정 하세요"라고 확인 후 적정을 시작한다.
⑦ 1차 적정은 황색(주입량 4~5mL)될 때 까지 적정한다.
⑧ 황색(주입량 4~5mL)되면 "1차 적정 끝났습니다"라고 감독위원에게 말하고 지시약(전분용액) 1mL를 주입한다. (지시약을 주입하면 액의 색이 청색이 된다.)

7. 2차 적정 : 무색이 될 때까지 적정

① 지시약(전분용액) 1mL를 주입하여 청색이 된 시료를 다시 그림처럼 뷰렛 아랫부분에 놓고, 감독위원에게 "2차 적정하겠습니다."라고 말한다.
② 뷰렛의 밸브를 서서히 열어 액이 한방울씩 천천히 적하되도록 한 다음 삼각플라스크를 흔들어 준다.
③ 삼각플라스크 액의 색이 엷어지기 시작하면 색의 변화를 보면서 적정에 집중한다.
④ 마지막 한 방울이 적하되면서 무색으로 변하면 뷰렛의 밸브를 잠근다.
⑤ 감독위원에서 "적정 끝났습니다"라고 감독위원을 부른다.
⑥ 감독위원이 "얼마가 들어갔습니까? 또는 적정액의 수치를 적으세요."라고 하면 지시사항에 따라 하면 된다.
⑦ 흑색볼펜으로 답안지를 작성한다.
⑧ 퇴실하시기 전에는 반드시 실험 기자재를 수돗물로 세척해서 실험 전과 동일하게 해 놓으면 된다.

※ 피펫필라 사용법

① 피펫필라의 아래쪽을 잡고 S 표시가 있는 구멍으로 피펫을 살짝 끼운다.
② 위쪽의 A 표시를 누른 다음 볼록한 부분을 살짝 누르면 에어가 빠진다.
③ 분취시는 아래쪽의 S 표시를, 적하시에는 E 표시를 누르면 된다.
   (※ 피펫이 부착되어 있는 경우에는 피펫이 빠지지 않도록 주의를 하여야 한다.)

제3장 용존산소(DO) 분석 답안지

용존산소(DO) 분석 모범 답안지

종목 및 등급 : 환경기능사	비번호 :

1. 용존산소 산출식을 쓰고 기호의 의미를 기술하시오.

(1) $DO(O\,mg/L) = a \times f \times \dfrac{V_1}{V_2} \times \dfrac{1000}{V_1 - R} \times 0.2$

   a : 적정에 소비된 티오황산소듐용액(0.025M)의 양(mL)
   f : 티오황산소듐용액(0.025M)의 인자(factor)
   V_1 : 전체 시료의 양(mL)
   V_2 : 적정에 사용한 시료의 양(mL)
   R : 황산망간용액과 알칼리성 요오드화포타슘-아자이드화소듐용액 첨가량(mL)

(2) 계산과정

$DO(O\,mg/L) = 6.9mL \times 1.001 \times \dfrac{300mL}{200mL} \times \dfrac{1000}{300mL - 2mL} \times 0.2$

$= 7.0 mg/L$

2. DO(O mg/L) : 7.0mg/L

적정량	6.9mL	확인

| 대기시료채취장치 순서 | ( ) ─ ( ) ─ ( ) ─ ( ) ─ ( ) ─ ( ) |
|---|---|//
| 흡수액 : ( ) | |
| 바이패스용 세척병으로 주입될 용액 : ( ) | |

용존산소(DO) 분석 답안지

종목 및 등급 : 환경기능사   비번호 :

1. 용존산소 산출식을 쓰고 기호의 의미를 기술하시오.
(1) DO(Omg/L) =

(2) 계산과정
    DO(Omg/L) =

2. DO(Omg/L) :

적정량		확인

대기시료채취장치 순서	( ) ─ ( ) ─ ( ) ─ ( ) ─ ( ) ─ ( )

흡수액 : (   )
바이패스용 세척병으로 주입될 용액 : (   )

제4장 대기시료채취장치

예상문제 다음의 그림을 보고 대기시료 채취장치 구성순서를 쓰시오.

정답 (3) - (5) - (1) - (6) - (4) - (2)

| 문제해설1 | 시험일에 따라 그림의 번호가 달라지므로 그림과 명칭을 정확히 숙지하셔야 합니다.
| 문제해설2 | 대기시료 채취장치 구성순서의 번호를 답안지에 기재하셔야 합니다.

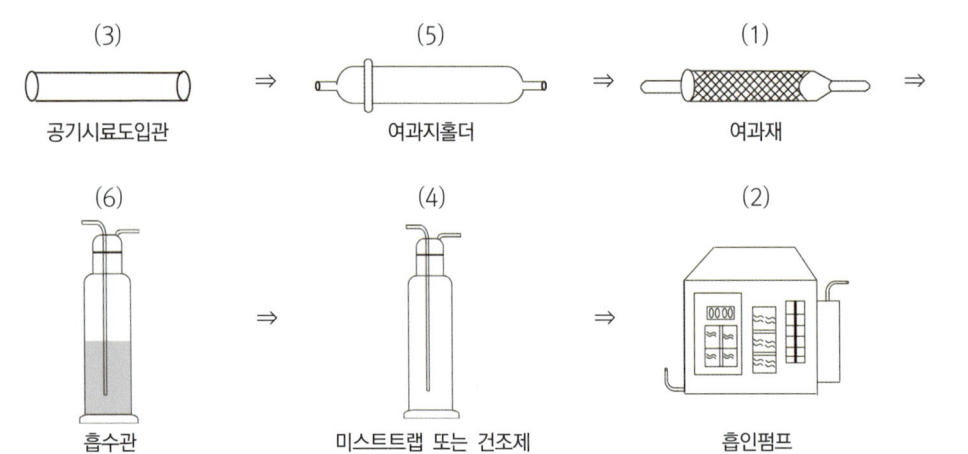

※ 가상시료에 해당하는 흡수액과 바이패스용 세척병으로 주입되는 용액(필수 암기사항)

가상시료 (가스)	흡 수 액	바이패스용 세척병으로 주입되는 용액
암모니아	붕산용액	황산용액
염화수소	수산화소듐용액	수산화소듐용액
황산화물	과산화수소용액	과산화수소용액
황화수소	아연아민착염용액	수산화소듐용액

예제문제 암모니아의 흡수액과 바이패스용 세척병으로 주입되는 용액을 다음의 표를 보고 찾아 쓰시오.

정답
- 흡수액 : 붕산용액
- 바이패스용 세척병으로 주입되는 용액 : 황산용액

| 문제해설1 | 각 가상시료에 해당하는 흡수액과 바이패스용 세척병으로 주입되는 용액을 반드시 숙지하셔야 합니다.
| 문제해설2 | 감독위원이 보여주는 A4용지에 있는 용액의 이름을 보고 감독위원이 요구하는 가스의 흡수액과 바이패스용 세척병으로 주입되는 용액을 답안지에 기재하시면 됩니다.

제5장 실험 시약

실험시약(황산망간용액)의 모습

실험시약(알칼리성요오드화포타슘
－아자이드화소듐용액)의 모습

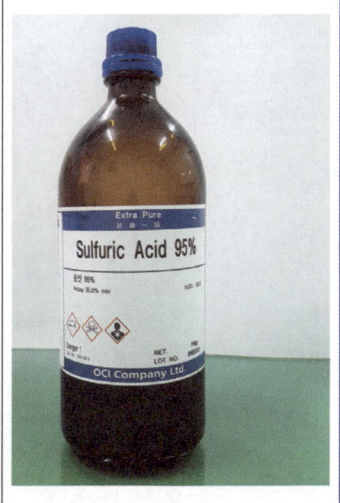

실험시약(황산)의 모습

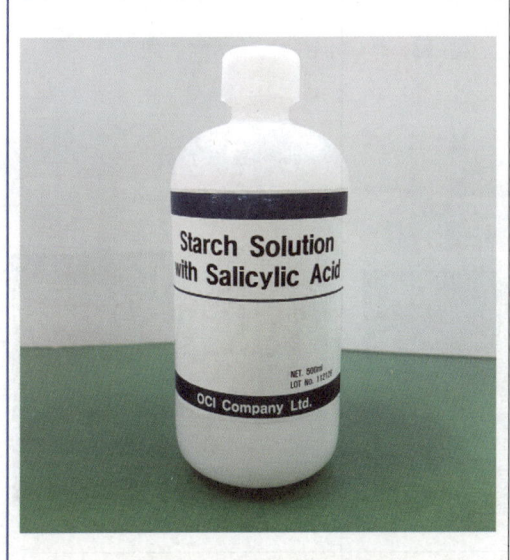

실험시약(전분용액)의 모습

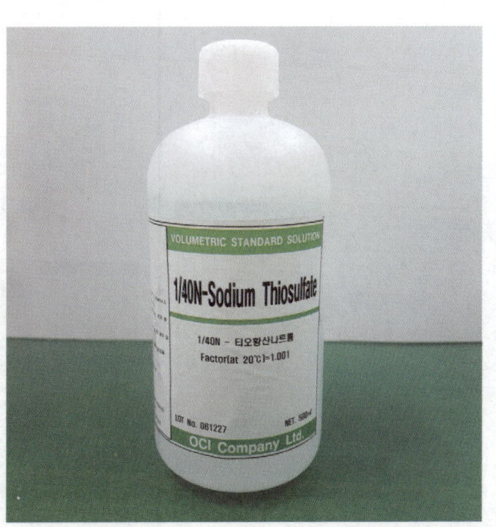

실험시약(0.025M 티오황산소듐용액)의 모습

제6장 실험 기자재

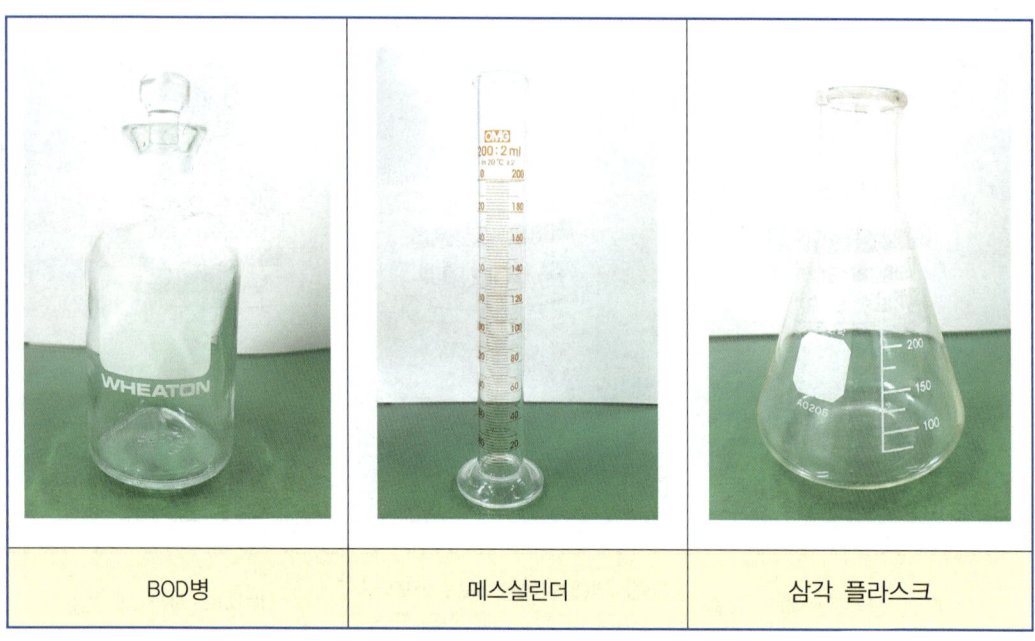

| BOD병 | 메스실린더 | 삼각 플라스크 |

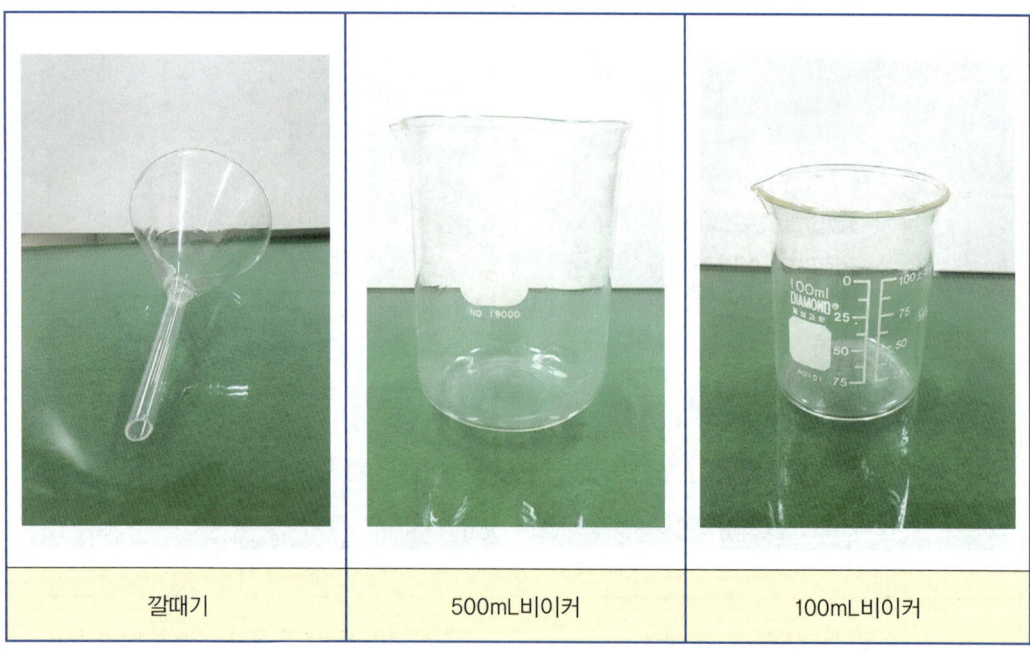

| 깔때기 | 500mL비이커 | 100mL비이커 |

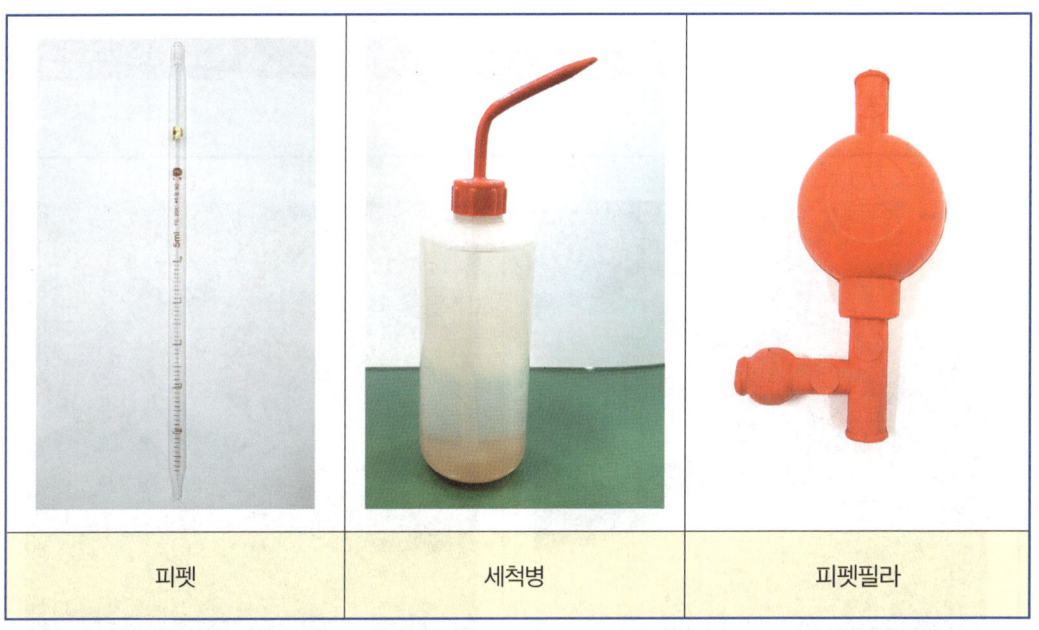

| 피펫 | 세척병 | 피펫필라 |

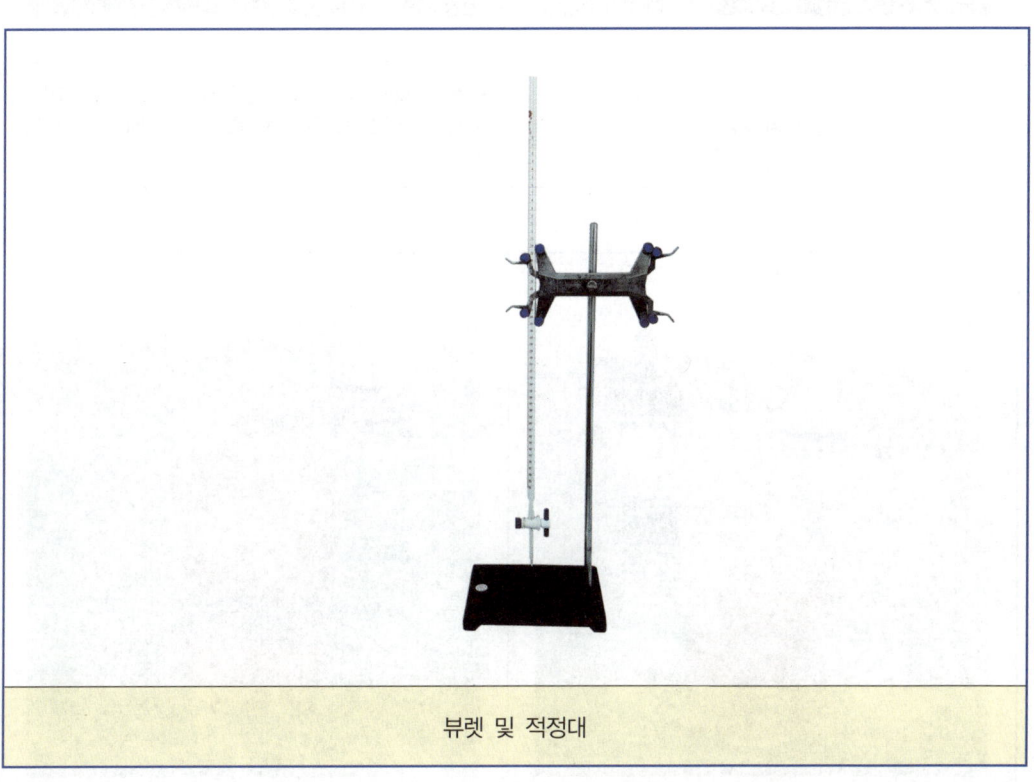

뷰렛 및 적정대

제7장 실험 수행 장면

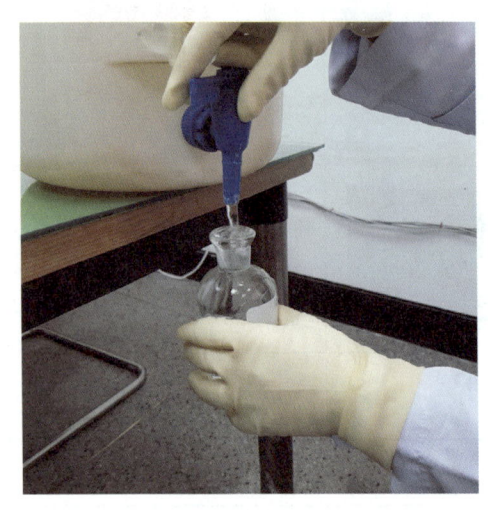

시료채수장면

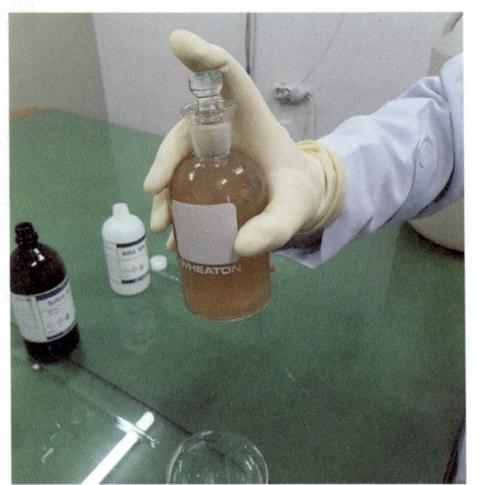

황산망간용액 1mL와 알칼리성요오드화포타슘-아자이드화소듐용액 1mL를 넣고 혼합한 시료의 장면

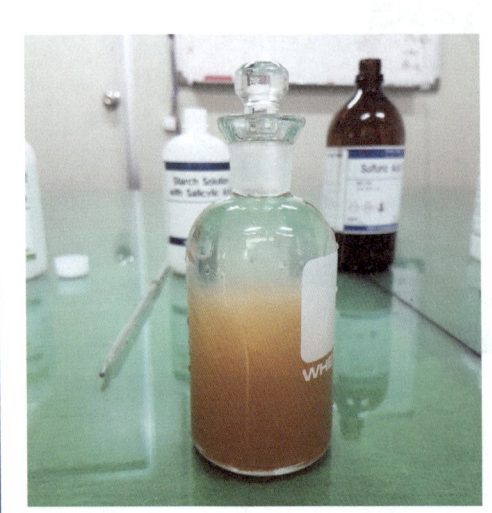

BOD병에 1/3 상등액이 생긴 시료의 장면

황산 2mL를 넣었을때의 시료의 장면

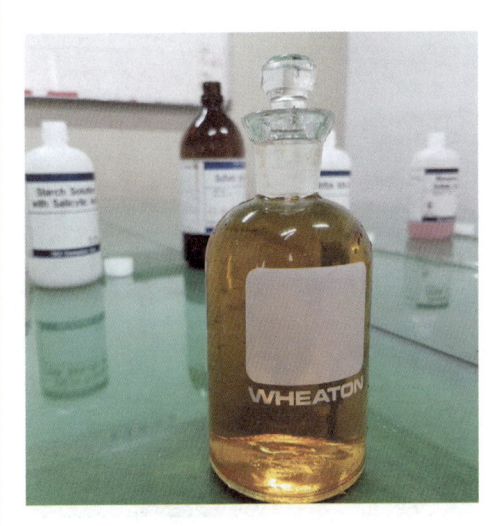

황산 2mL를 넣고 혼합한 시료의 장면

메스실린더로 시료 200mL를 취한 장면

메스실린더로 취한 시료를 삼각플라스크에 옮겨놓은 장면

적정하기 직전의 장면

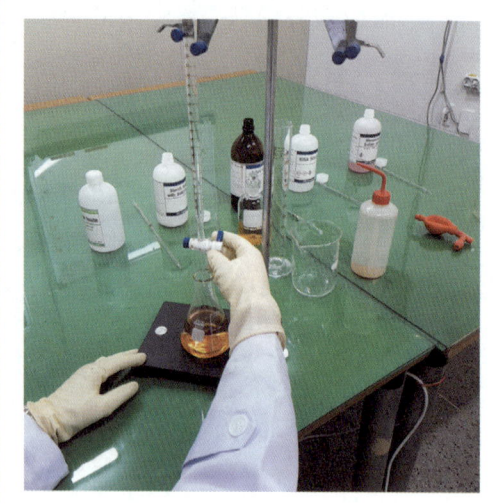

시료용액이 황색이 될 때까지 적정하는 장면

시료용액 황색이 될 때까지 적정된 장면

전분 1mL를 넣은 시료용액의 장면

전분 1mL를 넣고 혼합한 시료의 장면

종말점(무색)으로 변한 시료의 장면

환경기능사 필기&실기

초 판 인쇄 | 2016년 1월   5일
초 판 발행 | 2016년 1월 10일
개정7판 발행 | 2024년 1월   5일
개정8판 발행 | 2025년 1월 10일
개정9판 발행 | 2026년 1월 15일

지은이 | 전화택
발행인 | 조규백
발행처 | **도서출판 구민사**
　　　　　(07293) 서울특별시 영등포구 문래북로 116, 604호(문래동3가 46, 트리플렉스)
전화 (02) 701-7421
팩스 (02) 3273-9642
홈페이지 www.kuhminsa.co.kr

신고번호 | 제2012-000055호(1980년 2월 4일)
I S B N | 979-11-6875-608-3 13500

값   27,000원

※ 낙장 및 파본은 구입하신 서점에서 바꿔드립니다.
※ 본서를 허락없이 부분 또는 전부를 무단복제, 게재행위는 저작권법에 저촉됩니다.